Fundamentos da análise estrutural

Dados Internacionais de Catalogação na Publicação (CIP)
(Câmara Brasileira do Livro, SP, Brasil)

L487f	Leet, Kenneth M.
	Fundamentos da análise estrutural / Kenneth M. Leet, Chia-Ming Uang, Anne M. Gilbert ; tradução: João Eduardo Nóbrega Tortello ; revisão técnica: Pedro V. P. Mendonça. – 3. ed. – Porto Alegre : AMGH, 2009.
	xxii, 790 p. : il. ; 25 cm.
	ISBN 978-85-7726-059-1
	1. Engenharia civil. 2. Análise estrutural. I. Uang, Chia-Ming. II. Gilbert, Anne M. III. Título.
	CDU 624.01

Catalogação na publicação: Poliana Sanchez de Araujo – CRB 10/2094

Fundamentos da análise estrutural

3ª edição

Kenneth M. Leet
Professor emérito, Universidade Northeastern

Chia-Ming Uang
Professor, Universidade da Califórnia, San Diego

Anne M. Gilbert
Conferencista, Universidade de Yale

Tradução:
João Eduardo Nóbrega Tortello

Revisão Técnica:
Pedro V. P. Mendonça
Departamento de Engenharia de Estruturas
Universidade Federal de Minas Gerais

Reimpressão 2014

AMGH Editora Ltda.
2009

Obra originalmente publicada sob o título:
Fundamentals of structural analysis
Publicada pela McGraw-Hill, uma unidade de negócios da McGraw-Hill Companies, Inc.
1221 Avenue of the Americas, New York, NY 10020
© 2008 by The McGraw-Hill Companies, Inc.
ISBN: 978-0-07-313295-2

Coordenadora Editorial: *Guacira Simonelli*
Editora de Desenvolvimento: *Mel Ribeiro*
Produção Editorial: *Josie Rogero*
Supervisora de Pré-impressão: *Natália Toshiyuki*
Preparação de Texto: *Lumi Casa de Edição*
Design de Capa: *John Joran*
Imagem de Capa: © *Vince Streano: T.Y. Lin International*
Diagramação: *Casa de Idéias*

Reservados todos os direitos de publicação, em língua portuguesa, à
AMGH EDITORA LTDA., uma parceria entre GRUPO A EDUCAÇÃO S.A. e
McGRAW-HILL EDUCATION
Av. Jerônimo de Ornelas, 670 – Santana
90040-340 – Porto Alegre – RS
Fone: (51) 3027-7000   Fax: (51) 3027-7070

É proibida a duplicação ou reprodução deste volume, no todo ou em parte, sob quaisquer formas ou por quaisquer meios (eletrônico, mecânico, gravação, fotocópia, distribuição na Web e outros), sem permissão expressa da Editora.

Unidade São Paulo
Av. Embaixador Macedo Soares, 10.735 – Pavilhão 5 – Cond. Espace Center
Vila Anastácio – 05095-035 – São Paulo – SP
Fone: (11) 3665-1100   Fax: (11) 3667-1333

SAC 0800 703-3444 – www.grupoa.com.br

IMPRESSO NO BRASIL
PRINTED IN BRAZIL

Para Judith H. Leet

OS AUTORES

Kenneth Leet tem doutorado em Engenharia de Estruturas pelo Massachusetts Institute of Technology. Como professor de Engenharia Civil na Universidade Northeastern, deu cursos de graduação e pós-graduação sobre projeto de concreto armado, análise estrutural, fundações, placas e cascas e cursos de avaliação final sobre projetos abrangentes de engenharia por mais de 30 anos. Em 1992, recebeu o prêmio Excellence in Teaching da Universidade Northeastern. Também foi membro, por 10 anos, do corpo docente da Universidade de Drexel, em Filadélfia, EUA.

Além de ser o autor da primeira edição deste livro sobre análise estrutural, publicado originalmente pela Macmillan, em 1988, também é autor do livro *Fundamentals of reinforced concrete,* publicado pela McGraw-Hill em 1982 e agora em sua terceira edição.

Antes de lecionar, foi engenheiro supervisor de construções do Corps of Army Engineers, engenheiro de campo da Catalytic Construction Company e projetista de estruturas em várias empresas de engenharia estrutural. Também foi consultor de estruturas em vários órgãos governamentais e empresas privadas, incluindo o Departamento de Transportes dos EUA, a Procter & Gamble, a Teledyne Engineering Services e o Departamento de Pontes de Filadélfia e de Boston.

Como membro da American Arbitration Association, do American Concrete Institute, da ASCE e da Boston Society of Civil Engineers, o professor Leet participou ativamente de comunidades profissionais por muitos anos.

Chia-Ming Uang é professor de Engenharia de Estruturas da Universidade da Califórnia, San Diego (UCSD). Graduou-se em Engenharia Civil pela National Taiwan University e tem mestrado e doutorado em Engenharia Civil pela Universidade da Califórnia, Berkeley. Suas áreas de pesquisa incluem análise sísmica e projeto de estruturas de aço, compostas e de madeira.

O professor Uang é coautor do livro *Ductile design of steel structures*, da McGraw-Hill. Em 2004, recebeu o prêmio UCSD Academic Senate Distinguished Teaching Award. Também recebeu os prêmios ASCE Raymond C. Reese Research Prize em 2001 e Moisseiff Award, em 2004.

Anne M. Gilbert, PE, é professora assistente de Engenharia de Estruturas da Escola de Arquitetura da Universidade de Yale. Também é engenheira de projetos sênior da Spiegel Zamecnik & Shah, Inc., engenheiros de estruturas de New Haven, Conn. e Washington, D.C. É graduada em arquitetura pela Universidade da Carolina do Norte, em Engenharia Civil pela Universidade Northeastern e tem mestrado em Engenharia Civil pela Universidade de Connecticut.

É especializada em projeto estrutural de hospitais, laboratórios, universidades e prédios residenciais, preparação de desenhos e especificações, avaliação sísmica (renovação de estruturas em áreas de alta atividade sísmica) e administração de construções. Sua experiência em projetos arquitetônicos inclui o projeto de prédios comerciais e residenciais, assim como a reabilitação de conjuntos residenciais populares.

SUMÁRIO

Prefácio — xv

Capítulo 1 Introdução — 3
1.1 Visão geral do texto — 3
1.2 O processo do projeto: relação da análise com o projeto — 5
1.3 Resistência e utilidade — 7
1.4 Desenvolvimento histórico dos sistemas estruturais — 8
1.5 Elementos estruturais básicos — 11
1.6 Montando elementos básicos para formar um sistema estrutural estável — 20
1.7 Análise por computador — 23
1.8 Preparação dos cálculos — 24
Resumo — 25

Capítulo 2 Cargas de projeto — 27
2.1 Código de construção e de projeto — 27
2.2 Cargas — 28
2.3 Cargas permanentes — 29
2.4 Sobrecargas — 36
2.5 Cargas de vento — 43
2.6 Forças de terremoto — 59
2.7 Outras cargas — 63
2.8 Combinações de carga — 64
Resumo — 65

Capítulo 3 Estática das estruturas — reações — 73
3.1 Introdução — 73
3.2 Forças — 74
3.3 Apoios — 81
3.4 Idealizando estruturas — 85
3.5 Diagramas de corpo livre — 86
3.6 Equações de equilíbrio estático — 88
3.7 Equações de condição — 94
3.8 Influência das reações na estabilidade e determinação de estruturas — 97

	3.9	Classificando estruturas	106
	3.10	Comparação entre estruturas determinadas e indeterminadas	110
	Resumo		112

Capítulo 4 — Treliças — 123

4.1	Introdução	123
4.2	Tipos de treliças	126
4.3	Análise de treliças	127
4.4	Método dos nós	128
4.5	Barras zero	132
4.6	Método das seções	134
4.7	Determinação e estabilidade	142
4.8	Análise de treliças por computador	148
Resumo		151

Capítulo 5 — Vigas e pórticos — 167

5.1	Introdução	167
5.2	Escopo do capítulo	172
5.3	Equações de cortante e de momento	173
5.4	Diagramas de cortante e de momento	180
5.5	Princípio da superposição	198
5.6	Esboçando a forma defletida de uma viga ou pórtico	202
5.7	Grau de indeterminação	207
Resumo		211

Capítulo 6 — Cabos — 225

6.1	Introdução	225
6.2	Características dos cabos	226
6.3	Variação da força no cabo	227
6.4	Análise de um cabo suportando cargas gravitacionais (verticais)	228
6.5	Teorema geral dos cabos	229
6.6	Estabelecendo a forma funicular de um arco	232
Resumo		235

Capítulo 7 — Arcos — 241

7.1	Introdução	241
7.2	Tipos de arcos	241
7.3	Arcos triarticulados	244
7.4	Forma funicular de um arco que suporta carga uniformemente distribuída	245
Resumo		250

Capítulo 8   Cargas móveis: linhas de influência para estruturas determinadas   257

8.1   Introdução   257
8.2   Linhas de influência   257
8.3   Construção de uma linha de influência   258
8.4   O princípio de Müller–Breslau   266
8.5   Uso das linhas de influência   269
8.6   Linhas de influência de vigas mestras suportando sistemas de piso   272
8.7   Linhas de influência de treliças   278
8.8   Cargas móveis para pontes de rodovias e estradas de ferro   283
8.9   Método do aumento–diminuição   286
8.10   Momento de carga móvel máximo absoluto   291
8.11   Cortante máximo   295
Resumo   296

Capítulo 9   Deflexões de vigas e pórticos   309

9.1   Introdução   309
9.2   Método da integração dupla   309
9.3   Método dos momentos de áreas   317
9.4   Método da carga elástica   336
9.5   Método da viga conjugada   340
9.6   Ferramentas para projeto de vigas   349
Resumo   352

Capítulo 10   Métodos de trabalho-energia para calcular deflexões   363

10.1   Introdução   363
10.2   Trabalho   364
10.3   Energia de deformação   366
10.4   Deflexões pelo método do trabalho-energia (trabalho real)   368
10.5   Trabalho virtual: treliças   370
10.6   Trabalho virtual: vigas e pórticos   387
10.7   Somatório finito   399
10.8   Princípio de Bernoulli dos deslocamentos virtuais   401
10.9   Lei de Maxwell-Betti das deflexões recíprocas   404
Resumo   408

Capítulo 11 **Análise de estruturas indeterminadas pelo método da flexibilidade** **421**
  11.1 Introdução 421
  11.2 Conceito de redundante 421
  11.3 Fundamentos do método da flexibilidade 422
  11.4 Concepção alternativa do método da flexibilidade (fechamento de uma lacuna) 426
  11.5 Análise usando liberações internas 436
  11.6 Recalques de apoio, mudança de temperatura e erros de fabricação 443
  11.7 Análise de estruturas com vários graus de indeterminação 448
  11.8 Viga sobre apoios elásticos 455
  Resumo 458

Capítulo 12 **Análise de vigas e pórticos indeterminados pelo método da inclinação-deflexão** **469**
  12.1 Introdução 469
  12.2 Ilustração do método da inclinação-deflexão 469
  12.3 Deduzindo a equação da inclinação-deflexão 471
  12.4 Análise de estruturas pelo método da inclinação-deflexão 478
  12.5 Análise de estruturas livres para se deslocar lateralmente 494
  12.6 Indeterminação cinemática 504
  Resumo 505

Capítulo 13 **Distribuição de momentos** **513**
  13.1 Introdução 513
  13.2 Desenvolvimento do método da distribuição de momentos 514
  13.3 Resumo do método da distribuição de momentos sem translação de nó 519
  13.4 Análise de vigas pela distribuição de momentos 520
  13.5 Modificação da rigidez do membro 528
  13.6 Análise de pórticos livres para deslocar lateralmente 543
  13.7 Análise de pórtico não contraventado para carga geral 549

	13.8 Análise de pórticos de vários pavimentos	554
	13.9 Membros não prismáticos	555
	Resumo	566

Capítulo 14 Estruturas indeterminadas: linhas de influência — 575

- 14.1 Introdução — 575
- 14.2 Construção de linhas de influência usando distribuição de momentos — 576
- 14.3 Princípio de Müller–Breslau — 580
- 14.4 Linhas de influência qualitativas para vigas — 582
- 14.5 Posicionamento da sobrecarga para maximizar as forças em prédios de vários andares — 588
- Resumo — 598

Capítulo 15 Análise aproximada de estruturas indeterminadas — 603

- 15.1 Introdução — 603
- 15.2 Análise aproximada para carga gravitacional em uma viga contínua — 605
- 15.3 Análise aproximada para carga vertical em um pórtico rígido — 611
- 15.4 Análise aproximada de uma treliça contínua — 615
- 15.5 Estimando deflexões de treliças — 621
- 15.6 Treliças com diagonais duplas — 623
- 15.7 Análise aproximada para carga gravitacional de um pórtico rígido de vários pavimentos — 626
- 15.8 Análise para carga lateral em pórticos não contraventados — 635
- 15.9 Método do portal — 638
- 15.10 Método da viga em balanço — 646
- Resumo — 651

Capítulo 16 Introdução ao método da rigidez geral — 659

- 16.1 Introdução — 659
- 16.2 Comparação entre os métodos da flexibilidade e da rigidez — 660
- 16.3 Análise de uma viga indeterminada pelo método da rigidez geral — 665
- Resumo — 678

Capítulo 17	**Análise matricial de treliças pelo método da rigidez direta**	**683**
	17.1 Introdução	683
	17.2 Matrizes de rigidez de membro e da estrutura	688
	17.3 Construção da matriz de rigidez de membro para uma barra individual de treliça	688
	17.4 Montagem da matriz de rigidez da estrutura	690
	17.5 Solução do método da rigidez direta	693
	17.6 Matriz de rigidez de membro de uma barra de treliça inclinada	697
	17.7 Transformação de coordenadas de uma matriz de rigidez de membro	709
	Resumo	710
Capítulo 18	**Análise matricial de vigas e pórticos pelo método da rigidez direta**	**715**
	18.1 Introdução	715
	18.2 Matriz de rigidez da estrutura	717
	18.3 A matriz 2×2 de rigidez rotacional de um membro sob flexão	718
	18.4 A matriz 4×4 de rigidez de membro em coordenadas locais	729
	18.5 A matriz 6×6 de rigidez de membro em coordenadas locais	739
	18.6 A matriz 6×6 de rigidez de membro em coordenadas globais	748
	18.7 Montagem de uma matriz de rigidez da estrutura — método da rigidez direta	750
	Resumo	753

Apêndice Revisão das operações básicas com matrizes	757
Glossário	769
Respostas dos problemas de numeração ímpar	772
Créditos	777
Índice remissivo	778

PREFÁCIO

Este livro introduz os estudantes de Engenharia e Arquitetura nas técnicas básicas necessárias para analisar a maioria das estruturas e os elementos dos quais a maior parte delas é composta, incluindo vigas, pórticos, arcos, treliças e cabos. Embora os autores suponham que os leitores tenham concluído cursos básicos de estática e resistência dos materiais, examinamos brevemente as técnicas fundamentais desses cursos na primeira vez que as mencionamos. Para esclarecer a discussão, utilizamos muitos exemplos cuidadosamente escolhidos para ilustrar as diversas técnicas analíticas apresentadas e, quando possível, selecionamos exemplos confrontando os engenheiros com a prática profissional da vida real.

Características deste texto*

1. **Tratamento de cargas ampliado.** O Capítulo 2 é dedicado a uma ampla discussão das cargas, que incluem peso próprio e sobrecarga, áreas de influência e forças sísmicas e eólicas. As especificações de vento e terremoto atualizadas correspondem à edição mais recente do padrão ASCE. Simplificamos as cláusulas mais complexas do código de construção nacional norte-americano mais recente (ANSI/ASCE), destinado a engenheiros profissionais, para fornecer aos leitores um entendimento básico de como os prédios de vários pavimentos, pontes e outras estruturas respondem aos terremotos e ao vento.
2. **Novos problemas propostos**. Um número significativo dos problemas é novo ou foi revisado para esta edição (no Sistema Internacional e unidades americanas) e muitos são típicos de análise, encontrados na prática. As muitas opções permitem ao instrutor escolher aqueles adequados a uma classe ou a uma ênfase em particular.
3. **Problemas de computador e aplicações.** Os problemas de computador, alguns novos nesta edição, proporcionam aos leitores um entendimento mais aprofundado do comportamento estrutural de treliças, pórticos, arcos e outros sistemas estruturais. Esses proble-

---

* Os sites com conteúdo *on-line* descritos neste livro estão em inglês e poderão sofrer alterações ao longo do tempo, pois são atualizados sempre que são publicadas novas edições dos livros. Caso não consiga ter acesso a algum recurso informado neste livro, entre em contato com a McGraw-Hill Interamericana do Brasil pelo e-mail: divulgacao_brasil@mcgraw-hill.com.

mas cuidadosamente personalizados ilustram aspectos significativos do comportamento estrutural que, no passado, os projetistas experientes precisavam de muitos anos de prática para entender e analisar corretamente. Os problemas de computador são identificados com um ícone de tela de computador e começam no Capítulo 4 do livro. Esses problemas podem ser resolvidos usando-se a versão educativa do *software* comercial RISA-2D, disponível em inglês para os usuários no centro de aprendizado *on-line* do texto. Contudo, qualquer *software* que produza formas deformadas, assim como diagramas de cortante, momento e carga axial, pode ser usado para solucioná-los. Uma visão geral sobre o uso do *software* RISA-2D e um exercício dirigido escrito pelo autor também estão disponíveis no centro de aprendizado *on-line*.
4. **Leiaute melhorado dos exemplos de problemas.** O conteúdo dos exemplos é mais bem apresentado, pois são mostrados em uma página ou duas adjacentes — circundadas com linhas — para que os estudantes possam ver o problema completo sem virar a página.
5. **Discussão ampliada do método da rigidez geral.** O Capítulo 16, sobre o método da rigidez geral, oferece uma transição clara dos métodos de análise clássicos para os que utilizam formulações matriciais para análise no computador, de acordo com o que está discutido nos capítulos 17 e 18.
6. **Ilustrações realistas e representadas completamente.** As ilustrações do texto fornecem um quadro realista dos elementos estruturais reais e um claro entendimento de como o projetista modela ligações e condições de contorno. Fotografias complementam o texto ilustrando exemplos de falhas em prédios e pontes.
7. **A precisão das soluções dos problemas foi cuidadosamente verificada.** Os autores verificaram as soluções dos problemas várias vezes, mas gostariam que os leitores indicassem quaisquer ambiguidades ou erros. As correções podem ser enviadas para o professor Chia-Ming Uang (cmu@ucsd.edu).
8. **Centro de aprendizado *on-line*.** Este texto oferece um centro de aprendizado na internet, disponível em inglês para os usuários no endereço www.mhhe.com/leet3e. O site oferece várias ferramentas, um banco de imagens da arte do texto, *links* úteis da web, o *software* educativo RISA-2D e muito mais.

Conteúdo e sequência dos capítulos

Apresentamos os assuntos deste livro em uma sequência cuidadosamente planejada para facilitar o estudo da análise pelo estudante. Além disso, adequamos as explicações no nível dos estudantes em estágio inicial do curso de Engenharia. Essas explicações são baseadas nos muitos anos de experiência dos autores no ensino da análise.

O **Capítulo 1** fornece um panorama histórico da Engenharia de Estruturas (desde as primeiras estruturas de pilares e vergas até os edifícios altos e pontes de cabo atuais) e uma breve explicação da correlação entre análise e projeto. Também descrevemos as características fundamentais das estruturas básicas, detalhando tanto as vantagens como as desvantagens.

O **Capítulo 2**, sobre cargas, foi descrito anteriormente no item 1 da seção Características deste texto.

Os **Capítulos 3, 4 e 5** abordam as técnicas básicas necessárias para determinar forças nas barras de treliças, e o cortante e momento em vigas e pórticos. Os métodos apresentados nesses capítulos são utilizados para resolver quase todos os problemas do restante do texto.

Os **Capítulos 6 e 7** correlacionam o comportamento dos arcos e cabos e examinam suas características especiais (de atuar geralmente em tensão normal direta e usar os materiais com eficiência).

O **Capítulo 8** aborda métodos de posicionamento de sobrecarga em estruturas estaticamente determinadas para maximizar a força interna em uma seção específica de uma viga, pórtico ou em barras de uma treliça.

Os **Capítulos 9 e 10** fornecem métodos utilizados para calcular as deformações de estruturas, para verificar se uma estrutura não é excessivamente flexível e analisar estruturas estaticamente indeterminadas pelo método das deformações consistentes.

Os **Capítulos 11, 12 e 13** apresentam vários métodos clássicos de análise de estruturas estaticamente indeterminadas. Embora as estruturas estaticamente indeterminadas mais complexas agora sejam analisadas por computador, certos métodos tradicionais (por exemplo, distribuição do momento) são úteis para estimar as forças em vigas e pórticos hiperestáticos e para estabelecer as propriedades iniciais das barras para a análise no computador.

O **Capítulo 14** amplia o método de linha de influência introduzido no Capítulo 8 para a análise de estruturas estaticamente indeterminadas. Os engenheiros utilizam as técnicas desses dois capítulos para projetar pontes e outras estruturas sujeitas a cargas móveis ou a sobrecargas cuja posição na estrutura possa mudar.

O **Capítulo 15** examina métodos de análise aproximados utilizados para estimar o valor das forças em pontos selecionados de estruturas hiperestáticas. Com os métodos aproximados, os projetistas podem verificar a precisão dos estudos feitos por computador ou conferir os resultados de longas análises mais tradicionais feitas manualmente, descritas em capítulos anteriores.

Os **Capítulos 16, 17 e 18** apresentam os métodos matriciais de análise. O Capítulo 16 amplia o método da rigidez geral para uma variedade de estruturas simples. A formulação matricial do método da rigidez é aplicada na análise de treliças (Capítulo 17) e de vigas e pórticos (Capítulo 18).

AGRADECIMENTOS

Como autor principal, gostaria de agradecer as muitas horas de edição e apoio de minha esposa, Judith Leet, há mais de 40 anos; sua ajuda é inestimável.

Gostaria de lembrar meu último editor, David E. Johnstone, da Macmillan, e agradecer sua valiosa ajuda na primeira edição deste livro.

Também quero agradecer a Richard Scranton, Saul Namyet, Robert Taylor, Marilyn Scheffler e Anne Gilbert, pela ajuda na primeira edição, e a Dennis Bernal, que escreveu o Capítulo 18; todos, à época, da Universidade Northeastern.

Pela ajuda na primeira edição da McGraw-Hill, agradecemos a Amy Hill, Gloria Schiesl, Eric Munson e Patti Scott, da McGraw-Hill, e a Jeff Lachina, da Lachina Publishing Services.

Pela ajuda na segunda e terceira edições, agradecemos a Amanda Green, Suzanne Jeans, Jane Mohr e Gloria Schiesl, da McGraw-Hill, a Rose Kernan, da RPK Editorial Services, Inc., e a Patti Scott, que editou a segunda edição.

Também queremos agradecer a Bruce R. Bates, da RISA Technologies, por fornecer uma versão para o estudante do avançado programa de computador RISA-2D, com suas muitas opções para apresentar resultados.

Gostaríamos de agradecer ainda aos seguintes revisores pelos seus comentários e conselhos muitos apreciados:

Ramzi B. Abdul-Ahad, *Universidade de Tennessee*
Abi Aghayere, *Rochester Institute of Technology*
Lawrence C. Bank, *Universidade de Wisconsin, Madison*
David M. Bayer, *Universidade da Carolina do Norte, Charlotte*
Robert Barnes, *Universidade Auburn*
Jerry Bayless, *Universidade de Missouri, Rolla*
Charles Merrill Bowen, *Universidade Estadual de Oklahoma*
F. Necati Catbas, *Universidade da Flórida Central*
William F. Cofer, *Universidade Estadual de Washington*
Ross Corotis, *Universidade de Colorado, Boulder*
Richard A. DeVries, *Faculdade de Engenharia de Milwaukee*
Asad Esmaeily, *Universidade Estadual de Kansas*
Fouad Fanous, *Universidade Estadual de Iowa*
James Hanson, *Instituto de Tecnologia Rose-Hulman*
Yue Li, *Universidade Tecnológica de Michigan*
Daniel Linzell, *Universidade Estadual da Pensilvânia*
Donald Liou, *Universidade da Carolina do Norte, Charlotte*
John D. McNamara, *Universidade Estadual do Novo México*
Thomas Miller, *Universidade Estadual de Oregon*
Jim Morgan, *Texas A&M University*
Husam Najm, *Universidade Rutgers*

Duc T. Nguyen, *Old Dominion University*
Malcolm H. Ray, *Worcester Polytechnic Institute*
T. T. Soong, *Universidade Estadual de Nova York em Buffalo*
Bozidar Stojadinovic, *Universidade da Califórnia, Berkeley*
Michael Symans, *Rensselaer Polytechnic Institute*
George Turkiyyah, *Universidade de Washington*
John W. van de Lindt, *Universidade Estadual do Colorado*
Shien (Jim) Wang, *Universidade de Kentucky*
Jerry Wekezer, *Florida State University*
Nadim Wehbe, *Universidade Estadual de Dakota do Sul*

Kenneth Leet
Professor emérito
Universidade Northeastern

Chia-Ming Uang
Professor
Universidade da Califórnia, San Diego

Anne M. Gilbert
Professora assistente
Universidade de Yale

PASSEIO GUIADO

ESTRATÉGIA

Leet, Uang e Gilbert combinam uma mistura de métodos clássicos e análise de computador.

Neste texto, um grande número de problemas compostos é novo ou foi revisado.

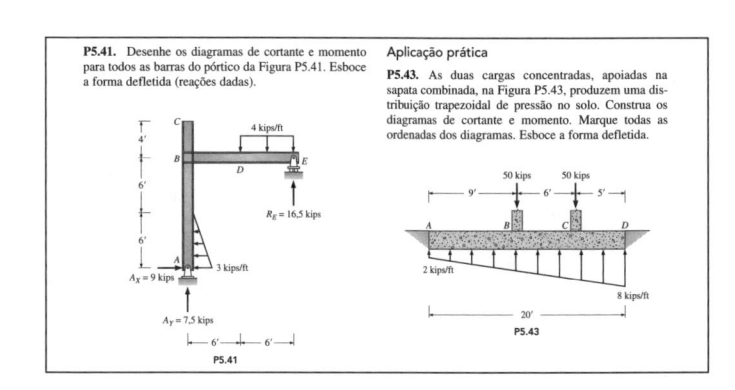

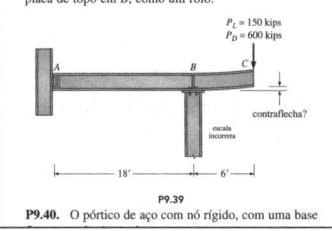

Em todo o texto, ícones indicam problemas propostos que podem ser analisados utilizando-se um computador.

SOFTWARE EDUCATIVO

RISA-2D

Os estudantes podem fazer o download de uma versão acadêmica em inglês gratuita do RISA-2D.

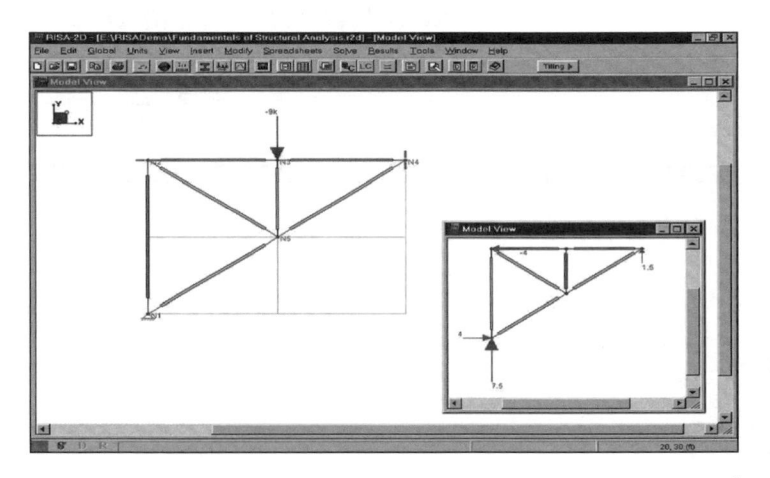

xxi

PROGRAMA DE ARTE ALTAMENTE REALISTA

As ilustrações do texto fornecem uma imagem realista dos elementos estruturais reais.

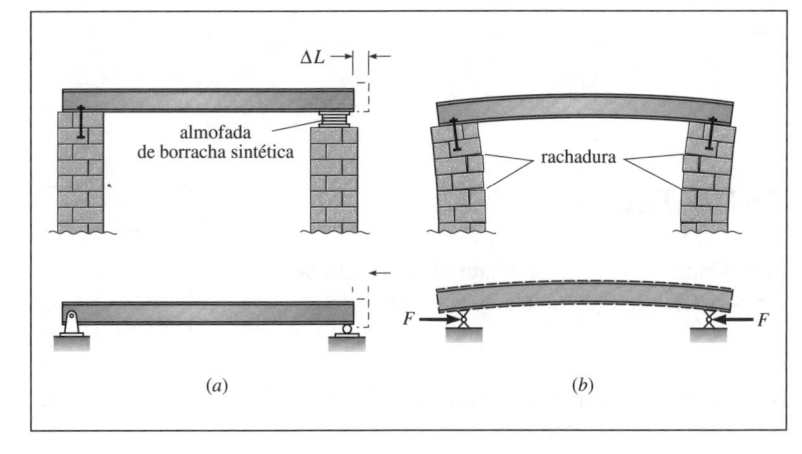

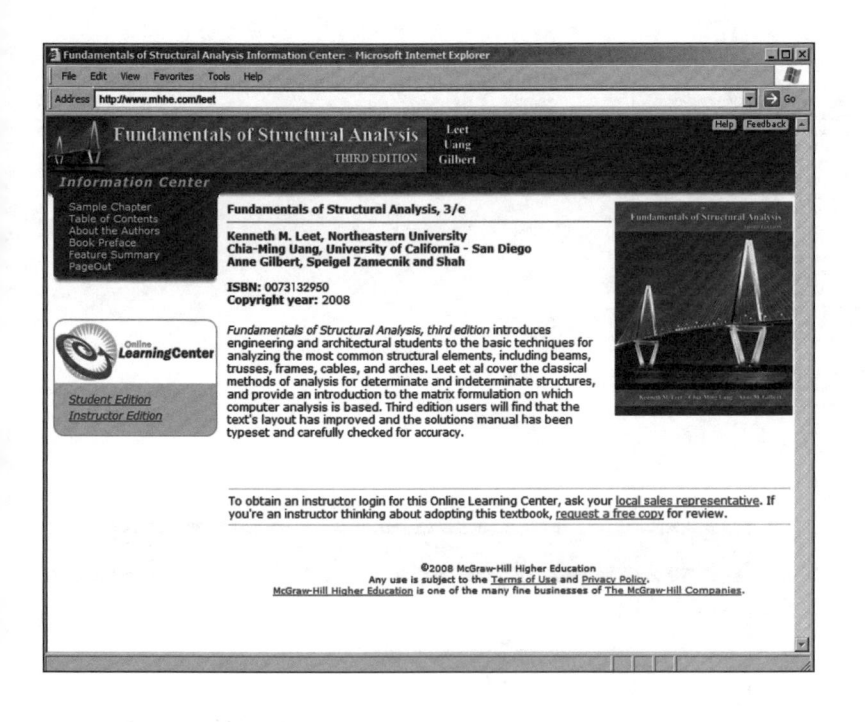

MATERIAL COMPLEMENTAR

O texto oferece um centro de aprendizado *on-line* na internet, no endereço www.mhhe.com/leet3e. O site oferece várias ferramentas em inglês, como *links* úteis, a versão educativa do software RISA-2D, um exercício dirigido escrito pelo autor etc.

Fundamentos da análise estrutural

Ponte do Brooklyn. Inaugurada em 1883, a um custo de US$ 9 milhões, esta ponte foi proclamada a "oitava maravilha do mundo". O vão central, que chega a mais de 40 metros de altura sobre o rio East, estende-se por aproximadamente 490 metros entre as torres. Projetada em parte por avaliação de engenharia e em parte por meio de cálculos, a ponte é capaz de suportar mais de três vezes a carga projetada original. As enormes torres de alvenaria são apoiadas em caixões pneumáticos de mais de 30 por 50 metros em planta. Em 1872, o coronel Washington A. Roebling, diretor do projeto, ficou paralítico devido a acidente de descompressão, enquanto supervisionava a construção de um dos pilares submersos. Com invalidez permanente, dirigiu o restante do projeto na cama, com a ajuda de sua esposa e da equipe de engenharia.

C A P Í T U L O 1

Introdução

1.1 Visão geral do texto

Como engenheiro ou arquiteto envolvido no projeto de prédios, pontes e outras estruturas, você será obrigado a tomar muitas decisões técnicas sobre sistemas estruturais. Essas decisões incluem: (1) selecionar uma forma estrutural eficiente, econômica e atraente; (2) avaliar sua segurança, ou seja, sua resistência e rigidez; e (3) planejar sua edificação sob cargas de construção temporárias.

Para projetar uma estrutura, você vai aprender a pôr em prática uma *análise estrutural* que estabelece as forças internas e deslocamentos em todos os pontos, produzidos pelas cargas de projeto. Os projetistas determinam as forças internas nos membros importantes para dimensionar tanto os membros como as ligações entre eles. Além disso, avaliam os deslocamentos para garantir uma estrutura resistente — que não apresente deslocamento ou vibração excessivos sob carga de modo que sua função seja prejudicada.

Análise de elementos estruturais básicos

Durante os cursos anteriores de estática e resistência dos materiais, você desenvolveu alguma formação em análise estrutural, quando calculou as forças de barras em treliças e construiu diagramas de cisalhamento e momento para vigas. Agora, você vai expandir sua base em análise estrutural aplicando, de maneira sistemática, uma variedade de técnicas para determinar as forças e deslocamentos de diversos elementos estruturais básicos: vigas, treliças, pórticos, arcos e cabos. Esses elementos representam os componentes básicos utilizados para formar sistemas estruturais mais complexos.

Além disso, à medida que você trabalhar nos problemas de análise e examinar a distribuição das forças em vários tipos de estruturas, entenderá mais como as estruturas são solicitadas e deformadas pelo carregamento. Gradualmente, você também desenvolverá uma percepção clara sobre qual configuração estrutural é a mais adequada para uma situação de projeto em particular.

À medida que você desenvolver uma percepção quase intuitiva sobre o comportamento de uma estrutura, também aprenderá a avaliar, com alguns cálculos simples, os valores aproximados das forças nas seções mais importantes da estrutura. Essa habilidade será muito útil para você, e permitirá (1) verificar a precisão dos resultados de uma análise feita por computador de estruturas grandes e complexas e (2) estimar as forças de projeto preliminares necessárias para dimensionar os componentes individuais de estruturas de vários membros, durante a fase inicial do projeto, quando a configuração experimental e as proporções da estrutura são estabelecidas.

Analisando estruturas bidimensionais

Conforme você pode ter observado ao assistir a construção de um prédio de andares múltiplos, a estrutura, quando está totalmente exposta, é um sistema tridimensional complexo, composto de vigas, colunas, lajes, paredes e contraventamentos. Embora a carga aplicada em um ponto específico de uma estrutura tridimensional solicite todos os membros adjacentes, normalmente a maior parte da carga é transmitida, por intermédio de certos membros-chave, diretamente para outros membros de apoio ou para a fundação.

Uma vez entendidos o comportamento e a função dos vários componentes da maioria das estruturas tridimensionais, normalmente o projetista pode simplificar a análise da estrutura real, subdividindo-a em subsistemas bidimensionais menores que atuam como vigas, treliças ou pórticos. Esse procedimento também reduz significativamente a complexidade da análise, pois as estruturas bidimensionais são muito mais fáceis e rápidas de analisar do que as estruturas tridimensionais. Visto que, com poucas exceções (por exemplo, cúpulas geodésicas construídas com barras tubulares leves), os projetistas normalmente analisam uma série de estruturas bidimensionais simples — mesmo quando estão projetando as estruturas tridimensionais mais complexas —, dedicaremos uma grande parte deste livro à análise de estruturas bidimensionais ou *planares*, aquelas que transmitem as forças situadas no plano da estrutura.

Uma vez que você entenda claramente os tópicos básicos abordados neste texto, terá aprendido as técnicas fundamentais necessárias para analisar a maioria dos prédios, pontes e sistemas estruturais normalmente encontrados na prática profissional. Evidentemente, antes de projetar e analisar com segurança, serão necessários alguns meses de experiência em projetos reais em um escritório de engenharia para compreender melhor o processo de um projeto completo da perspectiva profissional.

Para aqueles que pretendem se especializar em estruturas, o domínio dos assuntos deste livro fornecerá os princípios estruturais básicos necessários em cursos de análise mais avançados — que abordam, por exemplo, métodos matriciais ou placas e cascas. Além disso, como o projeto e a análise estão intimamente relacionados, você vai utilizar novamente muitos dos procedimentos analíticos deste texto em cursos mais especializados, em projetos com aço, concreto armado e pontes.

1.2 O processo do projeto: relação da análise com o projeto

O projeto de qualquer estrutura — seja o arcabouço de um veículo espacial, um prédio alto, uma ponte pênsil, uma plataforma de perfuração de petróleo no mar, um túnel etc. — normalmente é executado em etapas alternadas de *projeto* e *análise*. Cada etapa fornece novas informações que permitem ao projetista passar para a fase seguinte. O processo continua até que a análise indique que não é mais necessária nenhuma alteração no tamanho dos membros. As etapas específicas do procedimento estão descritas a seguir.

Projeto conceitual

Um projeto começa com a necessidade específica de um cliente. Um construtor, por exemplo, pode autorizar uma empresa de engenharia ou arquitetura a preparar planos de um complexo esportivo para abrigar um campo de futebol oficial, assim como lugares para 60 mil pessoas, estacionamento para 4 mil carros e espaço para as instalações básicas. Em outro caso, uma cidade pode contratar um engenheiro para projetar uma ponte sobre um rio de 600 metros de largura e suportar certo volume de tráfego por hora.

O projetista começa considerando todas as disposições e sistemas estruturais que possam atender aos requisitos do projeto. Frequentemente, os arquitetos e engenheiros consultam uma equipe nesse estágio, para estabelecer as disposições que proporcionam sistemas estruturais eficientes, além de satisfazer os requisitos arquitetônicos (funcionais e estéticos) do projeto. Em seguida, o projetista prepara esboços de natureza arquitetônica, mostrando os principais elementos estruturais de cada projeto, embora nesse ponto os detalhes do sistema estrutural sejam geralmente incompletos.

Projeto preliminar

Na fase do projeto preliminar, o engenheiro seleciona vários sistemas estruturais do projeto conceitual que parecem ser mais promissores e dimensiona seus componentes principais. Esse dimensionamento preliminar dos membros estruturais exige um entendimento do comportamento estrutural e conhecimento das condições de carga (peso próprio, acidental, vento e outras) que provavelmente afetarão o projeto. Nesse ponto, o projetista experiente pode fazer alguns cálculos aproximados para estimar as proporções de cada estrutura em suas seções críticas.

Análise de projetos preliminares

Neste estágio, as cargas precisas que a estrutura suportará não são conhecidas, pois o tamanho exato dos membros e os detalhes arquitetônicos do projeto não estão finalizados. Utilizando os valores estimados da carga, o engenheiro realiza uma análise dos diversos sistemas estruturais sob consideração para determinar as forças nas seções críticas e os deslocamentos em qualquer ponto que influenciem a resistência da estrutura.

O peso real dos membros não pode ser calculado até que a estrutura seja dimensionada exatamente, e certos detalhes arquitetônicos serão influenciados pela estrutura. Por exemplo, o tamanho e o peso do equipamento mecânico não podem ser determinados até que o volume da construção seja estabelecido, o qual, por sua vez, depende do sistema estrutural. Contudo, o projetista sabe da experiência passada com estruturas semelhantes como estimar valores para a carga que sejam aproximações razoáveis dos valores finais.

Redefinição das estruturas

Usando os resultados da análise dos projetos preliminares, o projetista recalcula as proporções dos principais elementos de todas as estruturas. Embora cada análise tenha sido baseada em valores de carga estimados, as forças estabelecidas neste estágio provavelmente são indicativas do que uma estrutura em particular deve suportar; portanto, é improvável que as proporções mudem significativamente, mesmo depois que os detalhes do projeto final forem estabelecidos.

Avaliação de projetos preliminares

Em seguida, os diversos projetos preliminares são comparados com relação ao custo, disponibilidade de materiais, aparência, manutenção, tempo de construção e outras considerações pertinentes. A estrutura que melhor atende aos critérios estabelecidos pelo cliente é escolhida para um maior refinamento na fase de projeto final.

Fases finais de projeto e análise

Na fase final, o engenheiro faz pequenos ajustes na estrutura escolhida para melhorar sua economia ou aparência. Agora o projetista avalia cuidadosamente os pesos próprios e considera as posições específicas da carga acidental que maximizarão as tensões nas seções críticas. Como parte da análise final, a resistência e a rigidez da estrutura são avaliadas para todas as cargas significativas e combinações de carga permanente e acidental, incluindo vento, neve, terremoto, mudança de temperatura e recalques. Se os resultados do projeto final confirmarem que as proporções da estrutura são adequadas para suportar as forças primitivas, o projeto estará terminado. Por outro lado, se o projeto final revelar certas deficiências (por exemplo, certos membros são solicitados demais, a estrutura é incapaz de resistir eficientemente às cargas de vento laterais, membros são excessivamente flexíveis ou os custos estão acima do orçamento), o projetista terá de modificar a configuração da estrutura ou considerar um sistema estrutural alternativo.

Aço, concreto armado, madeira e metais, como o alumínio, são todos analisados da mesma maneira. As diferentes propriedades dos materiais são levadas em consideração durante o processo de projeto. Quando os membros são dimensionados, os projetistas consultam normas técnicas de projeto, as quais levam em conta as propriedades especiais de cada material.

Este texto se preocupa principalmente com a *análise* das estruturas, conforme detalhado anteriormente. Na maioria dos cursos de engenharia, o projeto é estudado em outras disciplinas; contudo, como os dois assuntos são tão intimamente relacionados, abordaremos necessariamente alguns problemas de projeto.

1.3 Resistência e utilidade

O projetista deve dimensionar as estruturas de modo que não apresentem falhas nem deformem excessivamente sob quaisquer condições de carregamento. Os membros são sempre projetados com uma capacidade significativamente maior do que a exigida para suportar as *cargas de serviço* previstas (as cargas reais ou as cargas especificadas pelas normas técnicas de projeto). Essa capacidade adicional também determina um fator de segurança contra uma sobrecarga acidental. Além disso, limitando o nível de solicitação, o projetista fornece indiretamente algum controle sobre as deformações da estrutura. A tensão máxima permitida em um membro é determinada pela resistência à tração ou compressão do material ou, no caso de membros de compressão delgados, pela tensão sob a qual um membro (ou um componente de um membro) flamba.

Embora as estruturas precisem ser projetadas com um fator de segurança adequado para reduzir a probabilidade de falha a um nível aceitável, o engenheiro também precisa garantir que a estrutura tenha rigidez suficiente para funcionar de forma adequada sob todas as condições de carregamento. Por exemplo, as vigas de piso não devem se deslocar excessivamente ou vibrar sob carga acidental. Deslocamentos muito grandes das vigas podem produzir rachadura de paredes de alvenaria e tetos de argamassa ou danificar equipamento que venha a ficar desalinhado. Os prédios altos não devem balançar demasiadamente sob cargas de vento (senão o prédio poderá causar náusea nos moradores dos andares superiores). Os movimentos excessivos não apenas incomodam os moradores, que ficam preocupados com a segurança da estrutura, mas também podem levar à rachadura das paredes de vedação e janelas exteriores. A Foto 1.1 mostra um moderno prédio de escritórios cuja fachada foi construída com grandes painéis de vidro do chão ao teto. Logo depois de construído o edifício, cargas de vento maiores do que as previstas fizeram muitos painéis rachar e cair, com perigo evidente para os transeuntes. Após uma investigação completa e mais testes, todos os painéis originais foram removidos. Para corrigir as deficiências do projeto, a estrutura do prédio foi reforçada, e a fachada reconstruída com painéis de vidro temperado mais grosso. As áreas escuras na Foto 1.1 mostram os painéis de compensado utilizados temporariamente para envolver o prédio durante o período em que os painéis originais foram removidos e substituídos pelos de vidro temperado mais durável.

Foto 1.1: Danos causados pelo vento. Logo depois que as janelas de vidro térmico foram colocadas neste edifício de escritórios, começaram a cair e dispersar, espalhando vidro quebrado sobre os transeuntes.

Antes que o prédio pudesse ser ocupado, a estrutura teve de ser reforçada e todos os painéis de vidro originais precisaram ser substituídos por vidro temperado mais grosso — procedimentos dispendiosos que atrasaram a inauguração do prédio por vários anos.

Figura 1.1: Antiga construção de coluna e verga encontrada em um templo egípcio.

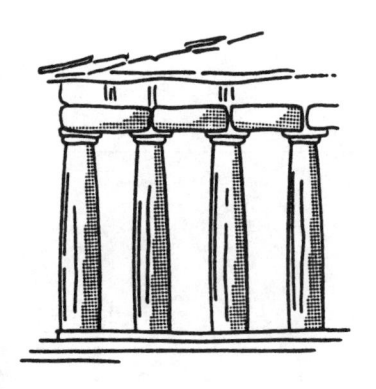

Figura 1.2: Frente do Parthenon, com colunas afuniladas e estriadas para decoração.

1.4 Desenvolvimento histórico dos sistemas estruturais

Para mostrar uma perspectiva histórica da engenharia de estruturas, apresentaremos brevemente a evolução dos sistemas estruturais, desde os projetos de tentativa e erro usados pelos egípcios e gregos antigos até as configurações altamente sofisticadas empregadas atualmente. A evolução das formas estruturais está intimamente relacionada com os materiais disponíveis, o estado da tecnologia da construção, o conhecimento do projetista sobre o comportamento estrutural (e, muito depois, a análise) e a habilidade dos trabalhadores de construção.

Para suas notáveis façanhas de engenharia, os antigos construtores egípcios usaram pedras retiradas de pedreiras ao longo do Nilo para construir templos e pirâmides. Como a resistência à tração da pedra, um material frágil, é baixa e altamente variável (devido a uma profusão de rachaduras e vazios internos), os vãos das vigas nos templos precisavam ser curtos (ver Figura 1.1) para evitar falhas por flexão. Como esse sistema de *coluna e verga* — vigas de rocha maciça distribuídas igualmente sobre colunas de pedra relativamente grossas — possuía capacidade limitada para cargas horizontais ou verticais excêntricas, as construções tinham de ser relativamente baixas. Para dar estabilidade, as colunas precisam ser grossas — uma coluna delgada cai mais facilmente do que uma grossa.

Os gregos, muito interessados em refinar a aparência estética da coluna de pedra, usaram o mesmo tipo de construção com coluna e verga no Parthenon (cerca de 400 a.C.), templo considerado um dos exemplos mais elegantes de construção em pedra de todos os tempos (Figura 1.2). Até o início do século XX, muito tempo depois de a construção com coluna e verga ter sido superada pelos pórticos de aço e concreto armado, os arquitetos continuavam a impor a fachada do clássico templo grego na entrada dos prédios públicos. A tradição clássica dos gregos antigos exerceu influência por vários séculos depois do declínio de sua civilização.

Construtores talentosos, os engenheiros romanos fizeram uso amplo do arco, frequentemente empregando-o em vários níveis em anfiteatros, aquedutos e pontes (Foto 1.2). A forma curva do arco possibilita um afastamento das linhas retangulares e permite vãos livres muito mais longos do que na construção com coluna e verga de alvenaria. A estabilidade do arco de alvenaria exige (1) que sua seção transversal inteira seja solicitada em compressão sob todas as combinações de carga e (2) que os encontros ou blocos de base tenham resistência suficiente para absorver o grande empuxo na base do arco. Os romanos também desenvolveram (em grande parte por tentativa e erro) um método para confinar um espaço interior com uma cúpula de alvenaria, que pode ser observada no Panteão ainda existente em Roma.

Durante o período gótico das grandes construções de catedrais (Chartres, Notre Dame), o arco foi refinado pelo corte de material excedente, e seu formato tornou-se bem mais alongado. O teto abobadado, uma forma tridimensional do arco, também apareceu na construção de catedrais. Elementos de alvenaria em arco, chamados *arcobotantes*, foram usados junto com pilares (grossas colunas de alvenaria) ou paredes para transmitir o empuxo dos tetos abobadados para o chão (Figura 1.3). A engenharia

Foto 1.2: Os romanos foram os pioneiros no uso de arcos para pontes, prédios e aquedutos. Pont du Gard. Aqueduto romano construído em 19 a.C. para transportar água pelo vale do Gardon até Nimes. Os vãos dos arcos de primeiro e segundo níveis são de aproximadamente 16 a 24 metros. (Próximo a Remoulins, França.)

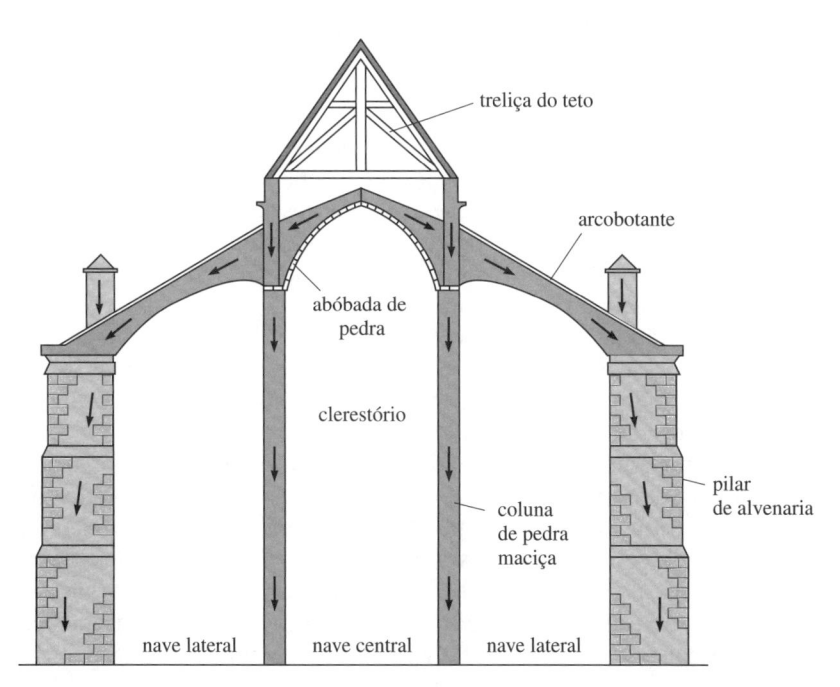

Figura 1.3: Corte transversal simplificado mostrando os principais elementos estruturais da construção gótica. Arcos de alvenaria exteriores, chamados de *arcobotantes*, eram utilizados para estabilizar a abóbada de pedra sobre a nave central. O empuxo da abóbada é transmitido por meio dos arcobotantes para robustos pilares de alvenaria no exterior da construção. Normalmente, os pilares se alargam em direção à base da construção. Para que a estrutura seja estável, a alvenaria precisa ser solicitada em compressão por toda parte. As setas mostram o fluxo das forças.

Foto 1.3: A Torre Eiffel, construída em ferro forjado, em 1889, domina a linha do horizonte de Paris nesta fotografia antiga. Precursora da edificação moderna com estrutura de aço, a torre se eleva a uma altura de 300 m a partir de uma base quadrada de 100,6 m. A base larga e o eixo afunilado apresentam uma eficiente forma estrutural para resistir às grandes forças de tombamento do vento. No topo da torre, onde as forças do vento são maiores, a largura da construção é menor.

desse período era extremamente empírica, baseada no que os pedreiros mestres aprendiam e passavam para os seus aprendizes; essas habilidades eram passadas de geração em geração.

Embora catedrais e palácios suntuosos tenham sido construídos durante muitos séculos na Europa por mestres construtores, não ocorreu nenhuma mudança significativa na tecnologia da construção até a produção do ferro fundido em quantidades comerciais, em meados do século XVIII. A introdução do ferro fundido possibilitou aos engenheiros desenhar prédios com vigas delgadas, porém fortes, e colunas com seções transversais compactas, permitindo o projeto de estruturas mais leves, com vãos livres mais longos e áreas de iluminação maiores. As paredes resistentes e maciças exigidas para a construção de alvenaria não eram mais necessárias. Posteriormente, o aço com alta resistência à tração e à compressão permitiu a construção de estruturas mais altas e, finalmente, levou aos arranha-céus atuais.

No final do século XIX, o engenheiro francês Eiffel construiu muitas pontes de aço de vãos longos, além de sua inovadora Torre Eiffel, o marco internacionalmente conhecido de Paris (Foto 1.3). Com o desenvolvimento dos cabos de aço de alta resistência, os engenheiros foram capazes de construir pontes pênseis de vãos longos. A ponte Verrazano-Narrows, na entrada do porto de Nova York — uma das mais longas do mundo —, tem vão de quase 1 300 metros entre as torres.

A adição de reforço de aço no concreto permitiu aos engenheiros transformar concreto simples (um material frágil como a pedra) em membros estruturais resistentes e maleáveis. O concreto armado assume a forma dos moldes temporários em que é derramado e possibilita a construção de uma grande variedade de configurações. Como as estruturas de concreto armado são *monolíticas*, significando que agem como unidade contínua, elas são estaticamente indeterminadas.

Até que métodos aprimorados de análise estaticamente indeterminada permitissem aos projetistas prever as forças internas na construção de concreto armado, o projeto permaneceu semiempírico; isto é, cálculos simplificados eram baseados no comportamento observado e em testes, assim como nos princípios da mecânica. Com a introdução, no início dos anos 1920, do método da *distribuição de momentos* por Hardy Cross, os engenheiros conseguiram uma técnica relativamente simples para analisar estruturas contínuas. À medida que os projetistas se tornaram familiarizados com a distribuição de momentos, puderam analisar pórticos estaticamente indeterminados, e o uso do concreto armado como material de construção aumentou rapidamente.

A introdução da soldagem no final do século XIX facilitou a ligação de membros de aço — eliminou as placas pesadas e as cantoneiras exigidas pelos métodos de rebitagem anteriores — e simplificou a construção de pórticos de aço de nós rígidos.

Nos últimos anos, o computador e a pesquisa da ciência dos materiais produziram grandes alterações na capacidade dos engenheiros de construir estruturas para fins específicos, como os veículos espaciais. A introdução do computador e o subsequente desenvolvimento das matrizes de rigidez para vigas, placas e elementos de casca permitiram aos projetistas analisar muitas estruturas complexas rápida e precisamente. Estruturas que até os anos 1950 exigiam das equipes de engenheiros meses para a análise, agora podem ser avaliadas com mais precisão em questão de minutos, por um único projetista usando um computador.

1.5 Elementos estruturais básicos

Todos os sistemas estruturais são compostos de vários elementos estruturais básicos — vigas, colunas, tirantes, treliças e outros. Nesta seção, descreveremos as principais características desses elementos básicos para que você aprenda como utilizá-los mais eficientemente.

Tirantes, cabos de suspensão — barras axialmente carregadas em tração

Como todas as seções transversais das barras axialmente carregadas são tracionadas de modo uniforme, o material é usado com máxima eficiência. A capacidade de tensionar membros é uma função direta da resistência à tração do material. Quando as barras são construídas de materiais com alta resistência, como as ligas de aço, até as barras de seções transversais pequenas têm capacidade de suportar cargas grandes (ver Figura 1.4).

Como característica negativa, as barras de seções transversais pequenas são muito flexíveis e tendem a vibrar facilmente sob cargas móveis. Para reduzir essa tendência à vibração, a maioria das normas técnicas de construção determina que certos tipos de barras tracionadas devem ter uma quantidade mínima de rigidez à flexão, impondo um limite superior em seu *índice de esbeltez l/r*, em que *l* é o comprimento da barra e *r* é o raio de giração. Por definição, $r = \sqrt{I/A}$, em que I é o momento de inércia e A é a área da seção transversal. Se a direção da carga inverte repentinamente (uma condição produzida pelo vento ou por um terremoto), uma barra tracionada esbelta flambará, antes que possa oferecer qualquer resistência à carga.

Colunas — barras axialmente carregadas em compressão

As colunas também transmitem carga em compressão direta muito eficientemente. A capacidade de uma barra em compressão é uma função de seu índice de esbeltez *l/r*. Se *l/r* é grande, a barra é esbelta e falhará por flambagem, quando as tensões forem baixas — frequentemente sem muito aviso. Se *l/r* é pequeno, o membro é compacto. Como os membros compactos falham por excesso de carregamento — por esmagamento ou escoamento —, sua capacidade para carga axial é alta. A capacidade de uma coluna esbelta também depende da contenção fornecida em suas extremidades. Por exemplo, uma coluna esbelta em balanço — engastada em uma extremidade e livre na outra — suportará uma carga equivalente a um quarto daquela suportada por uma coluna idêntica com as duas extremidades articuladas (Figura 1.5*b* e *c*).

Na verdade, colunas suportando carga axial pura só ocorrem em situações idealizadas. Na prática, a ligeira curvatura inicial das colunas ou uma excentricidade da carga aplicada cria momentos de flexão que devem ser levados em conta pelo projetista. Além disso, em estruturas em concreto armado ou elementos soldados, nas quais as vigas e colunas são conectadas por ligações

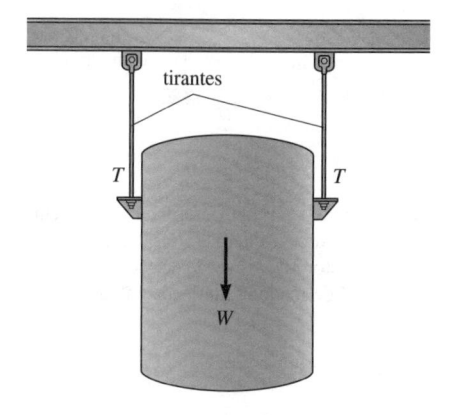

Figura 1.4: Tanque de armazenamento químico apoiado por tirantes tracionados suportando a força T.

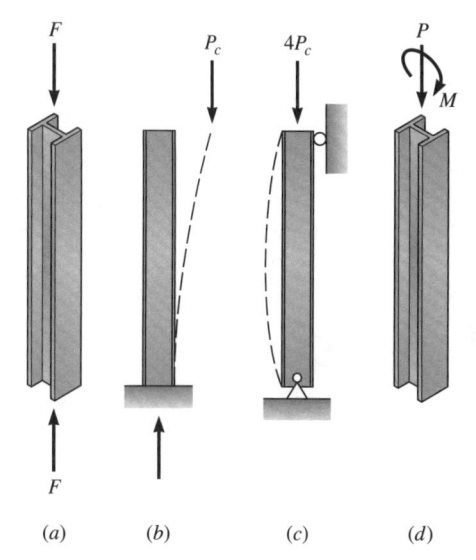

Figura 1.5: (*a*) Coluna carregada axialmente; (*b*) coluna em balanço com carga de flambagem P_c; (*c*) coluna biarticulada com carga de flambagem $4P_c$; (*d*) viga-coluna.

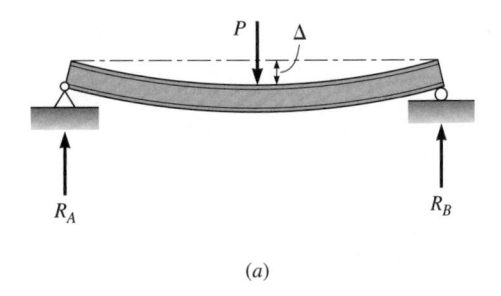

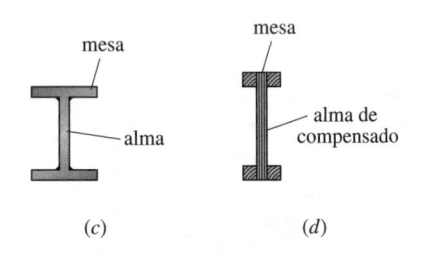

Figura 1.6: (*a*) A viga deforma em uma curva suave; (*b*) forças internas (cisalhamento *V* e momento fletor *M*); (*c*) seção de aço em forma de I; (*d*) viga I de madeira laminada colada.

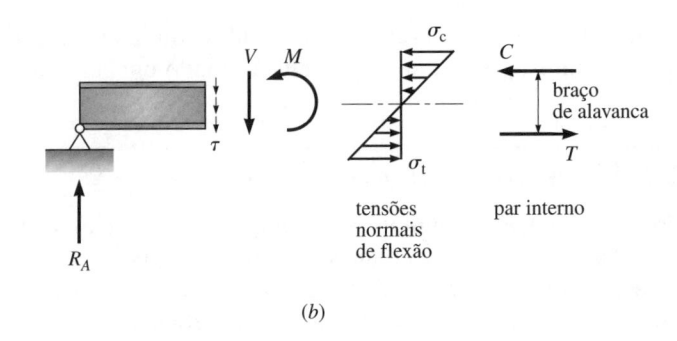

rígidas, as colunas transmitem carga axial e momento fletor. Esses membros são chamados de *vigas-colunas* (veja a Figura 1.5*d*).

Vigas — cisalhamento e momento de flexão criados por cargas

As vigas são membros delgados carregados perpendicularmente ao seu eixo longitudinal (ver Figura 1.6*a*). Quando a carga é aplicada, a viga se deforma em uma curva suave. Em uma seção típica de uma viga, desenvolvem-se forças internas de cisalhamento *V* e momento fletor *M* (Figura 1.6*b*). A não ser em vigas curtas e extremamente carregadas, as tensões de cisalhamento τ produzidas por *V* são relativamente pequenas, mas as tensões normais de flexão longitudinais produzidas por *M* são grandes. Se a viga tem comportamento elástico, as tensões normais de flexão em uma seção transversal (compressão na parte superior e tração na parte inferior) variam linearmente a partir de um eixo horizontal, passando pelo centroide da seção transversal. As tensões de flexão são diretamente proporcionais ao momento fletor e variam em amplitude ao longo do eixo da viga.

As vigas rasas (delgadas) são relativamente ineficientes na transmissão da carga, pois o braço entre as forças *C* e *T* que constitui o momento interno é pequeno. Para aumentar o tamanho do braço, frequentemente é removido material do centro da seção transversal e concentrado nas superfícies superior e inferior, produzindo uma seção em forma de I (Figura 1.6*c* e *d*).

Treliças planas — todos os membros axialmente carregados

Treliça é um elemento estrutural composto de barras delgadas cujas extremidades são supostamente conectadas por articulações sem atrito. Se treliças de nós articulados são carregadas apenas nos nós, desenvolve-se um carregamento axial em todas as barras. Assim, o material é usado com máxima eficiência. Normalmente, as barras da treliça são montadas em padrão triangular — a configuração geométrica estável mais simples (Figura 1.7*a*). No século XIX, geralmente as treliças recebiam seus nomes como homenagem aos projetistas que estabeleciam uma configuração específica de barras (ver Figura 1.7*b*).

O comportamento de uma treliça é semelhante ao de uma viga, pois a alma sólida (que transmite o cisalhamento) é substituída por uma série de barras verticais e diagonais. Eliminando a alma sólida, o projetista

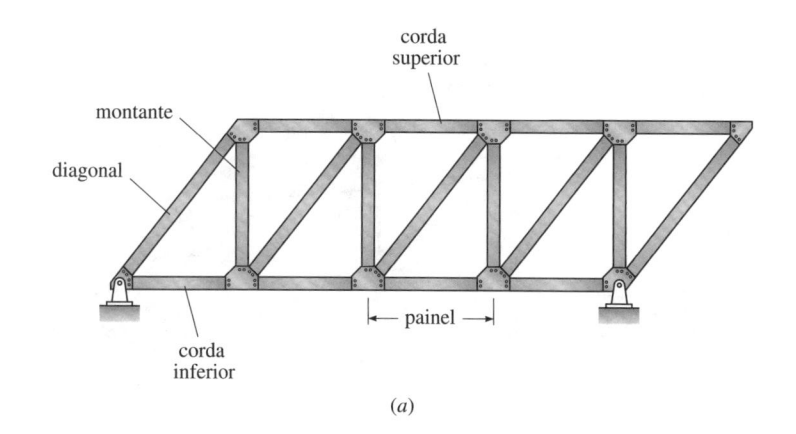

Figura 1.7: (*a*) Montagem de elementos triangulares para formar uma treliça; (*b*) dois tipos comuns de treliça com nomes dados em homenagem ao projetista original.

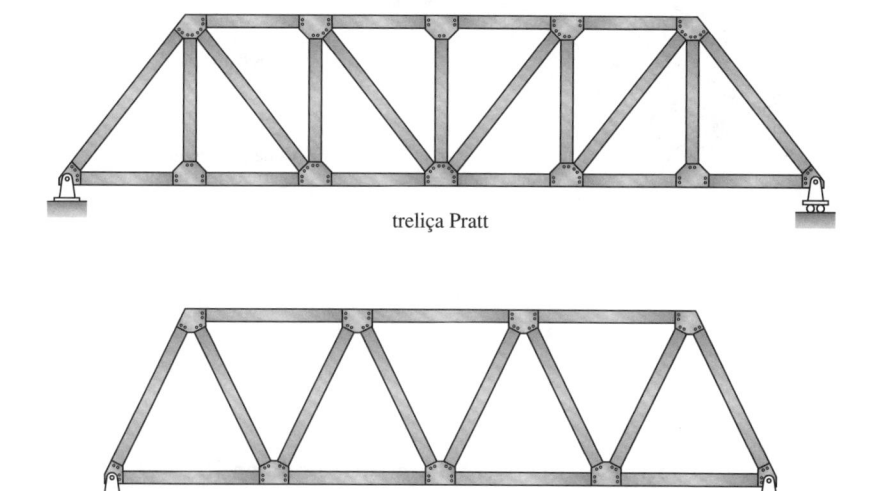

pode reduzir significativamente o próprio peso da treliça. Como as treliças são muito mais leves do que as vigas de mesma capacidade, são mais fáceis de erigir. Embora a maioria das ligações de treliça seja formada pela soldagem ou pelo aparafusamento das extremidades das barras em uma placa de conexão (ou ligação) (Figura 1.8*a*), uma análise da treliça baseada na suposição de ligações articuladas produz um resultado aceitável.

Embora as treliças sejam muito rígidas em seu plano específico, são muito flexíveis quando carregadas perpendicularmente a esse plano. Por isso, as cordas de compressão das treliças devem ser estabilizadas e alinhadas por meio de contraventamento cruzado (Figura 1.8*b*). Por exemplo, nos prédios, os sistemas de teto ou piso ligados aos nós da corda superior servem como apoios laterais para evitar a flambagem lateral desse membro.

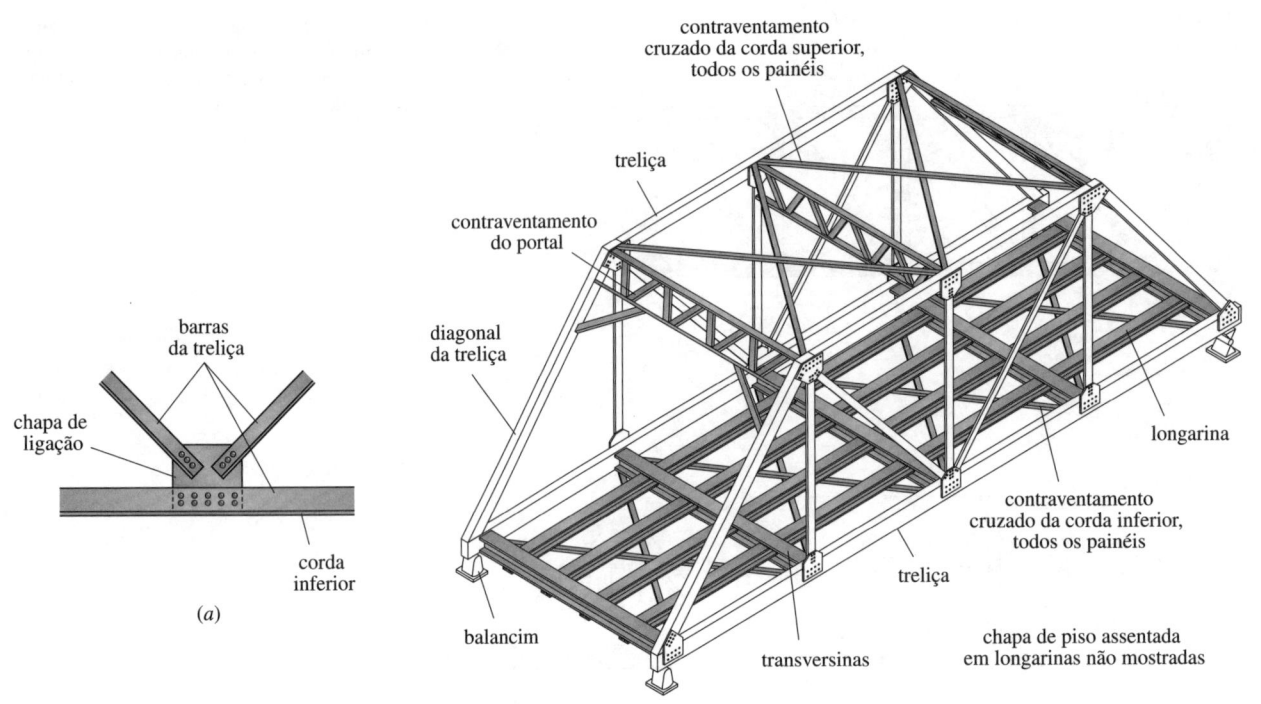

Figura 1.8: (*a*) Detalhe da ligação aparafusada; (*b*) ponte de treliça mostrando o contraventamento cruzado necessário para estabilizar as duas treliças principais.

Arcos — membros curvos fortemente solicitados em compressão direta

Normalmente, os arcos são solicitados em compressão sob seu peso próprio. Devido ao uso eficiente do material, os arcos têm sido construídos com vãos de mais de 600 metros. Para estar em compressão pura, um estado de tensão eficiente, o arco deve ser projetado de modo que a resultante das forças internas de cada seção passe pelo centroide. Para determinado vão e elevação, existe somente uma forma de arco na qual a solicitação direta ocorrerá para um sistema de forças em particular. Para outras condições de carga, desenvolvem-se momentos fletores que podem produzir grandes deslocamentos em arcos delgados. A escolha da forma de arco apropriada por parte dos antigos construtores nos períodos romano e gótico representou um entendimento bastante sofisticado do comportamento estrutural. (Como os registros históricos relatam muitas falhas de arcos de alvenaria, obviamente nem todos os construtores entenderam a ação do arco.)

Como a base do arco cruza os apoios extremos (chamados de *encontros* ou *pegões*) em um ângulo agudo, a força interna nesse ponto exerce um empuxo horizontal, assim como vertical, sobre os encontros. Quando os vãos são grandes, as cargas são pesadas e a inclinação do arco é rasa, o componente horizontal do empuxo é grande. A não ser que existam paredes de rocha naturais para absorver o empuxo horizontal (Figura 1.9a), devem ser construídos encontros maciços (Figura 1.9b) ou as extremidades do arco devem ser interligadas por um tirante (Figura 1.9c) ou o encontro deve ser apoiado em estacas (Figura 1.9d).

Cabos — membros flexíveis solicitados em tração por cargas transversais

Os cabos são membros relativamente delgados e flexíveis, compostos por um grupo de fios de aço de alta resistência trançados mecanicamente. Trefilando barras de liga de aço por meio de moldes — processo que alinha as moléculas do metal —, os fabricantes são capazes de produzir fios com resistência à tração que chega a 1,86 GPa. Como os cabos não têm nenhuma rigidez à flexão, só podem transmitir força de tração direta (obviamente, eles se deformariam sob menor força compressiva). Devido à sua alta resistência à tração e maneira eficiente de transmitir carga (por tração direta), as estruturas a cabo têm força para suportar as grandes cargas de estruturas de vão longo com mais economia do que a maioria dos outros elementos estruturais. Por exemplo, quando as distâncias dos vãos ultrapassam 600 metros, os projetistas normalmente escolhem pontes pênseis ou estaiadas (ver Foto 1.4). Os cabos podem ser usados para construir tetos, assim como torres estaiadas.

Sob o próprio peso (uma carga uniforme atuando ao longo do arco do cabo), o cabo assume a forma de *catenária* (Figura 1.10a). Se o cabo suportar uma carga distribuída uniformemente sobre a projeção horizontal de seu vão, assumirá a forma de *parábola* (Figura 1.10b). Quando a *flecha* (a distância vertical entre a corda do cabo e o cabo na metade do vão) é pequena (Figura 1.10a), o formato do cabo produzido pelo próprio peso pode ser bem próximo de uma parábola.

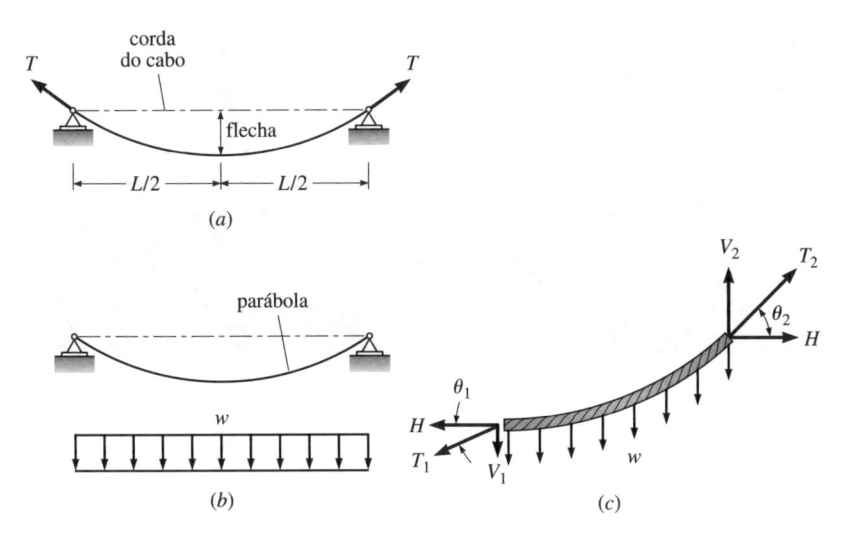

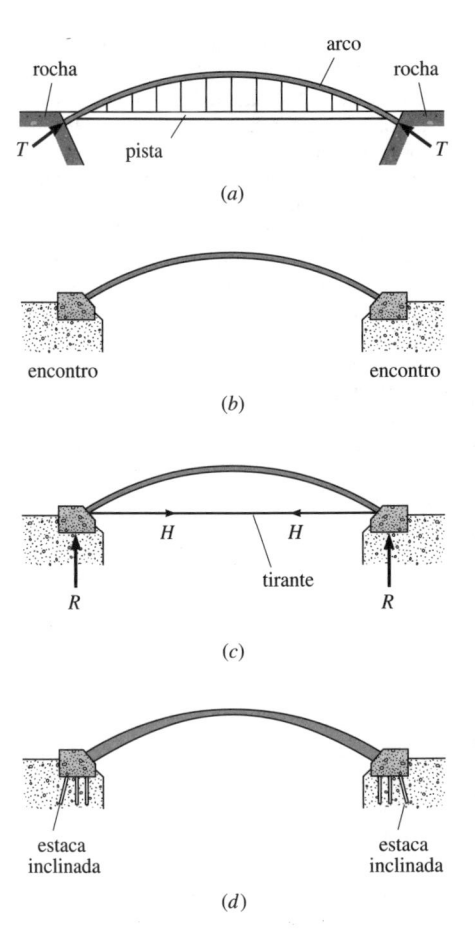

Figura 1.9: (a) Um arco com extremidades fixas suporta a pista sobre um desfiladeiro onde paredes de rocha fornecem um apoio natural para o empuxo do arco T; (b) encontros grandes destinados a suportar o empuxo do arco; (c) tirante adicionado na base para suportar o empuxo horizontal; fundações projetadas apenas para reação vertical R; (d) fundação colocada sobre estacas; estacas inclinadas usadas para transferir o componente horizontal do empuxo para o chão.

Figura 1.10: (a) Cabo na forma de catenária sob o próprio peso; (b) cabo parabólico produzido por uma carga uniforme; (c) diagrama de corpo livre de uma seção de cabo suportando uma carga vertical uniforme; o equilíbrio na direção horizontal mostra que a componente de tração horizontal H no cabo é constante.

Foto 1.4: (*a*) Ponte Golden Gate (Baía de São Francisco). Inaugurada em 1937, o vão principal de mais de 1 280 metros era o mais longo daquela época e manteve esse título por 29 anos. O projetista principal foi Joseph Strauss, que anteriormente colaborou com Ammann na ponte George Washington, em Nova York; (*b*) ponte do rio Rhine, em Flehe, próximo a Dusseldorf, Alemanha. Projeto de torre única. A linha única de cabos é ligada ao centro do piso da ponte e existem três faixas de rolamento em cada lado. Essa disposição depende da rigidez à torção da estrutura do piso da ponte para obter uma estabilidade global.

(*a*)

(*b*)

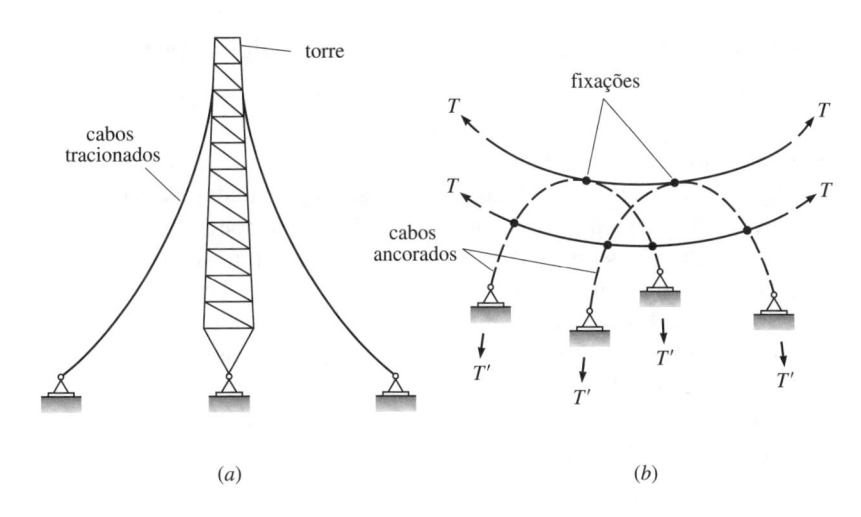

Figura 1.11: Técnicas para enrijecer cabos: (*a*) torre estaiada com cabos pré-tensionados com aproximadamente 50% de sua resistência à tração máxima; (*b*) rede de cabos tridimensional; cabos ancorados estabilizam os cabos inclinados para cima; (*c*) teto em cabo coberto por blocos de concreto para manter o cabo tracionado a fim de eliminar as vibrações. Cabos apoiados por pilares maciços (colunas) em cada extremidade.

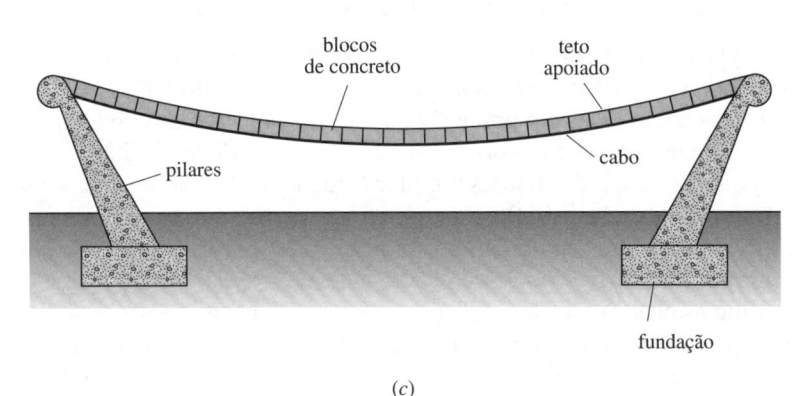

Devido à falta de rigidez à flexão, os cabos passam por grandes alterações na forma, quando cargas concentradas são aplicadas. A falta de rigidez à flexão também torna muito fácil pequenas forças perturbadoras (por exemplo, o vento) causarem oscilações (tremor) em tetos e pontes apoiados por cabos. Para utilizar eficientemente cabos como membros estruturais, os engenheiros inventaram diversas técnicas para minimizar as deformações e vibrações produzidas por sobrecarga. As técnicas para enrijecer cabos incluem (1) pré-tensionamento, (2) uso de cabos ancorados; e (3) adição de peso próprio extra (ver Figura 1.11).

Como parte dos sistemas de cabo, devem ser projetados apoios para absorver as reações das extremidades do cabo. Onde existe rocha sólida disponível, os cabos podem ser ancorados de forma econômica, cimentando a ancoragem na rocha (ver Figura 1.12). Se não houver rocha disponível, devem ser construídas fundações pesadas para ancorar os cabos. No caso de pontes pênseis, são necessárias torres grandes para suportar o cabo, do mesmo modo que um poste suporta um varal de roupas.

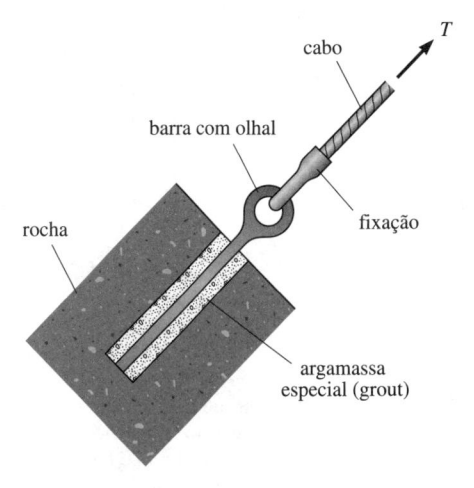

Figura 1.12: Detalhe de uma ancoragem de cabo na rocha.

Pórticos rígidos — solicitados por carga axial e momento

Exemplos de pórticos rígidos (estruturas com nós rígidos) aparecem na Figura 1.13a e b. As barras de um pórtico rígido, que normalmente suportam carga axial e momento, são chamadas de *vigas-pilares*. Para que uma ligação seja rígida, o ângulo entre as barras vinculadas a essa ligação não deve mudar quando carregado. Em estruturas de concreto armado, as ligações rígidas são simples de construir, devido à natureza monolítica do concreto vertido. Contudo, as ligações rígidas fabricadas com vigas de aço com mesas (Figura 1.6c) geralmente exigem enrijecedores para transferir as forças intensas nas mesas entre as barras que compõem a ligação (ver Figura 1.13c). Embora as ligações possam ser formadas por rebitagem ou aparafusamento, a soldagem simplifica muito a fabricação de ligações rígidas em pórticos de aço.

Placas ou lajes — carga transmitida por flexão

As placas são elementos planares cuja profundidade (ou espessura) é pequena, comparada ao comprimento e à largura. Normalmente, elas são usadas como pisos em prédios e pontes ou como paredes de tanques de armazenamento. O comportamento de uma placa depende da posição dos apoios ao longo das bordas. Se placas retangulares são apoiadas em bordas opostas, elas se flexionam em curvatura única (ver Figura 1.14a). Se os apoios são contínuos em torno das bordas, ocorre flexão de curvatura dupla.

Como as chapas são flexíveis, por causa da pequena espessura, a distância que podem vencer sem se deformar excessivamente é relativamente pequena. (Por exemplo, as lajes de concreto armado podem abranger aproximadamente de 3,6 a 4,8 metros.) Se os vãos são grandes, normalmente as lajes são apoiadas em vigas ou reforçadas pela adição de nervuras (Figura 1.14b).

Se a ligação entre uma laje e sua viga de apoio é projetada adequadamente, os dois elementos agem em conjunto (condição chamada de *ação composta*) para formar uma viga T (Figura 1.14c). Quando a laje atua como a mesa de uma viga retangular, a rigidez da viga aumenta por um fator aproximadamente igual a 2.

Corrugando as placas, o projetista pode criar uma série de vigas altas (chamadas *placas dobradas*) que podem vencer longos vãos. No aeroporto Logan, em Boston, EUA, uma placa dobrada de concreto protendido do tipo mostrado na Figura 1.14d se estende por mais de 82 metros para atuar como teto de um hangar.

Cascas finas (elementos de superfície curvos) — tensões atuando principalmente no plano do elemento

As cascas finas são superfícies curvas tridimensionais. Embora sua espessura seja muitas vezes pequena (é comum terem alguns centímetros no caso de uma casca de concreto armado), elas podem vencer grandes vãos, devido à resistência e rigidez inerentes à forma curva. Cúpulas esféricas, que são comumente utilizadas para cobrir praças de

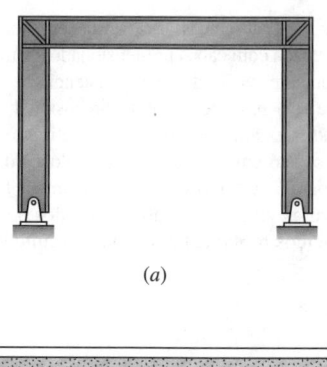

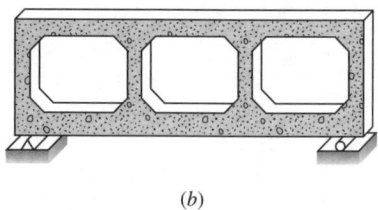

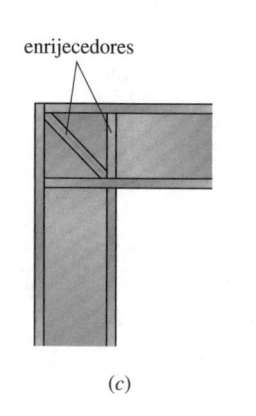

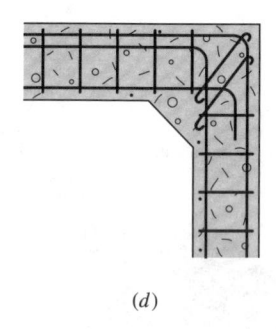

Figura 1.13: Estruturas com nós rígidos: (a) pórtico rígido de um andar; (b) viga Vierendeel, cargas transmitidas por tração direta e flexão; (c) detalhes de uma ligação soldada no canto de um pórtico rígido de aço; (d) detalhe do reforço do canto do pórtico de concreto em (b).

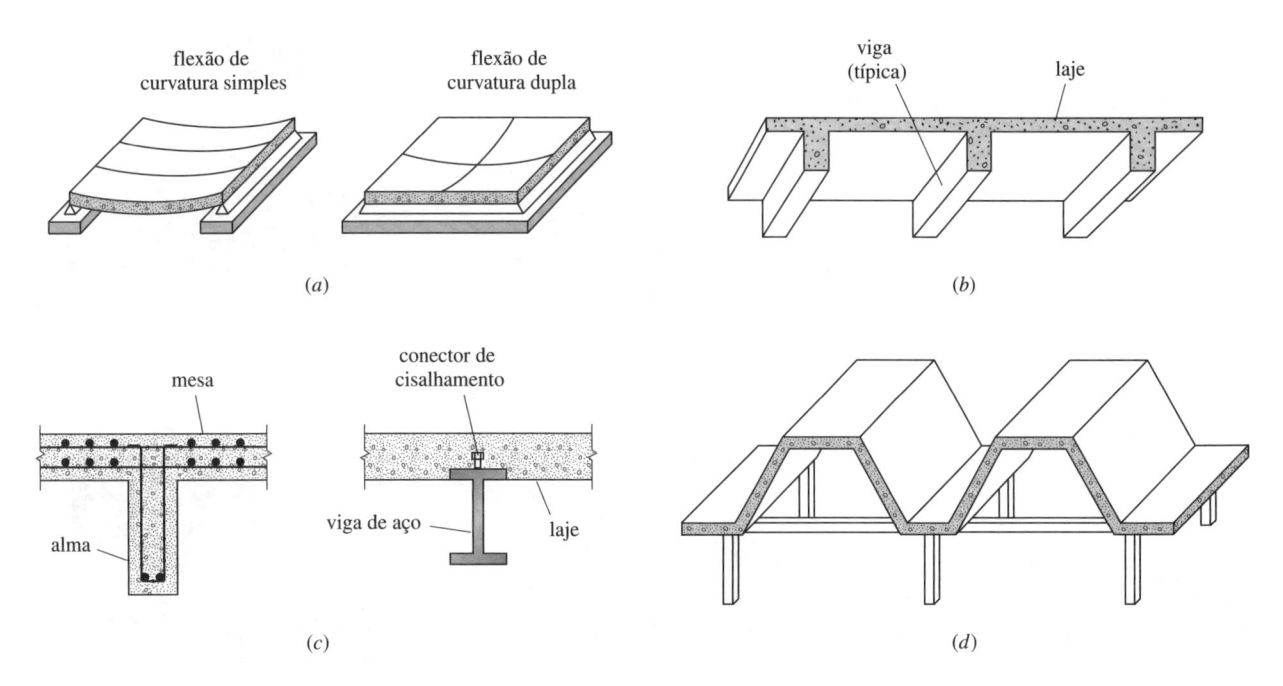

Figura 1.14: (*a*) Influência das bordas na curvatura; (*b*) sistema de viga e laje; (*c*) laje e vigas atuam como uma unidade. À esquerda, a laje de concreto se funde com a viga para formar uma viga T; à direita, o conector de cisalhamento une a laje de concreto à viga de aço produzindo uma viga composta; (*d*) teto de placa dobrada.

esporte e tanques de armazenamento, são dos tipos mais comuns de cascas construídas.

Sob cargas uniformemente distribuídas, as cascas desenvolvem tensões no plano (chamadas *tensões de membrana*) que suportam a carga externa eficientemente (Figura 1.15). Além das tensões de membrana, que normalmente têm magnitude pequena, também se desenvolvem tensões de cisalhamento perpendiculares ao plano da casca, momentos fletores e momentos de torção. Se a cobertura tiver bordas que possam equilibrar as tensões de membrana em todos os pontos (ver Figura 1.16*a* e *b*), a maior parte da carga será transmitida pelas tensões de membrana. Mas se as bordas da casca não puderem fornecer reações para as tensões de membrana (Figura 1.16*d*), a região da casca próxima às bordas se deformará. Como essas deformações criam cisalhamento normal à superfície da casca, assim como momentos, deve-se engrossar a casca ou fornecer um elemento de borda. Na maioria das cascas, o cisalhamento e os momentos da borda diminuem rapidamente com a distância da borda.

A capacidade das cascas finas de abranger grandes áreas desobstruídas sempre despertou grande interesse dos engenheiros e arquitetos. Contudo, o alto custo para moldar a casca, os problemas acústicos, a dificuldade de produzir um teto impermeável e problemas de flambagem com tensões baixas têm restringido seu uso. Além disso, as cascas finas não são capazes de suportar cargas intensamente concentradas sem a adição de nervuras ou outros tipos de enrijecedores.

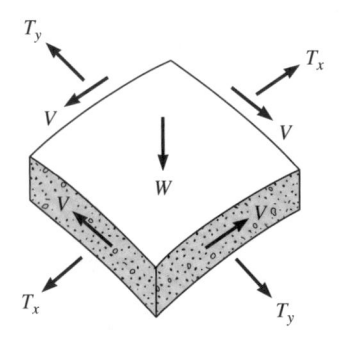

Figura 1.15: Tensões de membrana atuando em um pequeno elemento de casca.

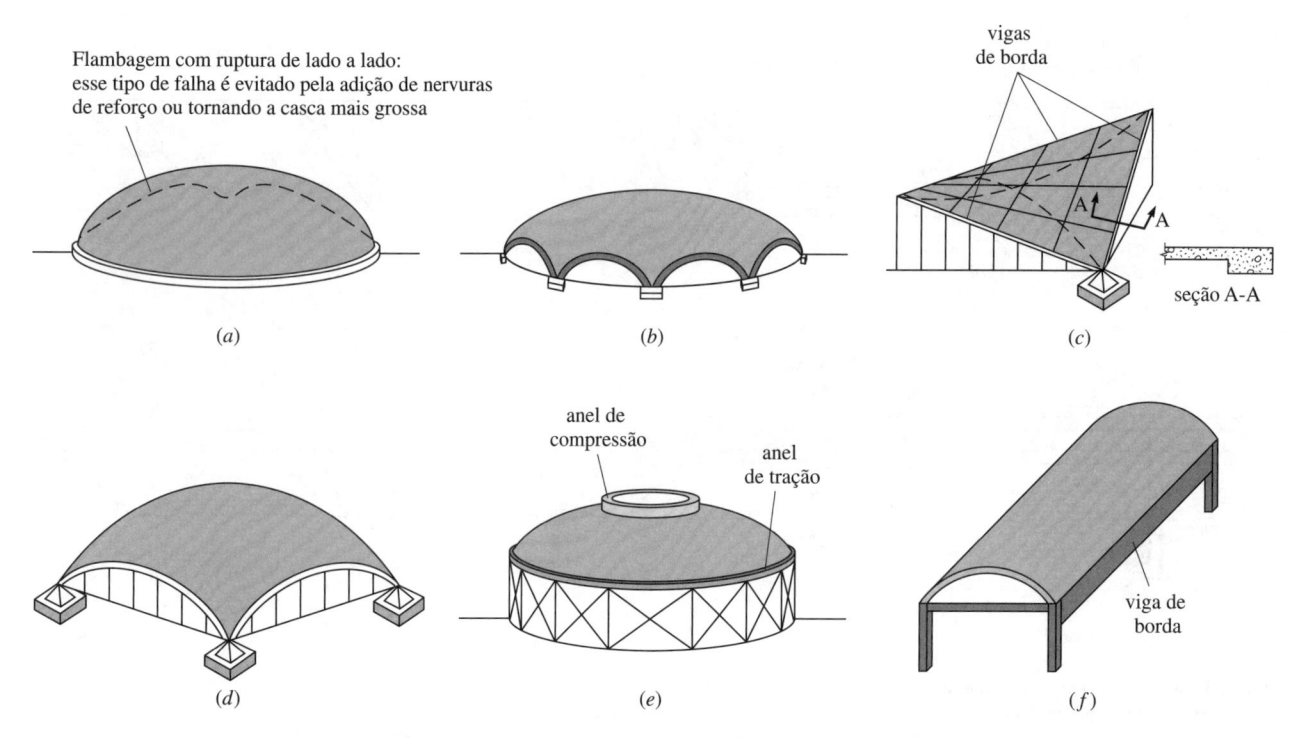

Figura 1.16: Tipos de cascas comumente construídas: (a) cúpula esférica apoiada continuamente. É fornecida a condição de contorno da ação de membrana; (b) cúpula modificada com apoios próximos entre si. Devido às aberturas, a condição de membrana é um pouco alterada nas bordas. Deve-se engrossar a casca ou fornecer vigas de borda nas aberturas; (c) paraboloide hiperbólico. Geratrizes em linha reta formam esta casca. São necessárias vigas de borda para fornecer reação para as tensões de membrana; (d) cúpula com apoios distantes entre si. Forças de membrana não podem se desenvolver nas bordas. São necessárias vigas de borda e espessamento da casca em torno do perímetro; (e) cúpula com um anel de compressão no topo e um anel de tração na parte inferior. Esses anéis fornecem reações para as tensões de membrana. As colunas devem suportar somente carga vertical; (f) casca cilíndrica.

1.6 Montando elementos básicos para formar um sistema estrutural estável

Prédio de um andar

Para ilustrar como o projetista combina os elementos estruturais básicos (descritos na Seção 1.5) em um sistema estrutural estável, discutiremos em detalhes o comportamento de uma estrutura simples, considerando a estrutura de um andar tipo caixa da Figura 1.17a. Essa construção, representando um pequeno estabelecimento de armazenagem, consiste em pórticos de aço estrutural cobertos com painéis leves de metal corrugado. (Por simplicidade, ignoramos as janelas, portas e outros detalhes arquitetônicos.)

Na Figura 1.17b, mostramos um dos pórticos de aço localizado imediatamente dentro da parede da extremidade (indicada como ABCD na Figura 1.17a) do prédio. Aqui, a plataforma do teto de metal é apoiada na viga CD que se estende entre duas colunas de ligação localizadas nos cantos do prédio. Como mostrado na Figura 1.17c, as extremidades da viga são conectadas nas partes superiores das colunas por parafusos que passam pela mesa inferior da viga e uma chapa de topo soldada na parte superior da coluna. Como esse tipo de conexão não pode transmitir momento eficientemente entre a extremidade da

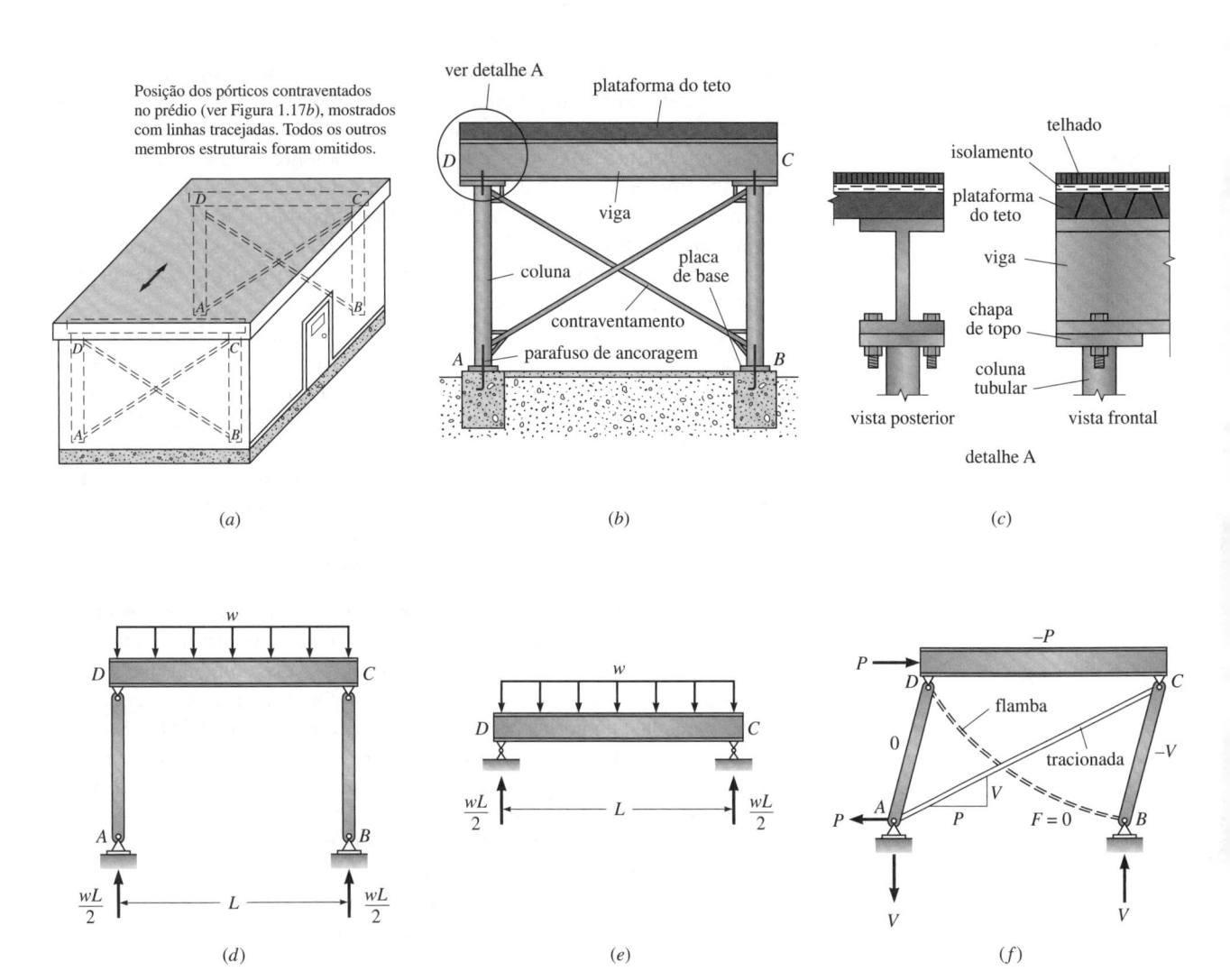

Seção 1.6 Montando elementos básicos para formar um sistema estrutural estável

viga e o topo da coluna, o projetista supõe que ele atua como uma articulação de diâmetro pequeno.

Como essas junções aparafusadas não são rígidas, membros leves adicionais (geralmente barras circulares ou cantoneiras de aço) são dispostos diagonalmente entre colunas adjacentes no plano do pórtico e servem para estabilizar ainda mais a estrutura. Sem esse reforço diagonal (Figura 1.17*b*), a resistência do pórtico às cargas laterais seria pequena e a estrutura não teria rigidez. Os projetistas inserem contraventamento semelhante nas outras três paredes — e, às vezes, no plano do teto.

O pórtico é ligado à fundação por meio de parafusos que passam por uma placa de base leve de aço, soldada na parte inferior da coluna. As extremidades inferiores dos parafusos, chamados *parafusos de ancoragem*, são engastadas nas bases de concreto, localizadas imedia-

Figura 1.17: (*a*) Visão tridimensional do prédio (a seta indica a direção na qual a plataforma do teto se estende); (*b*) detalhes do pórtico com contraventamento com ligações aparafusadas; (*c*) detalhes das ligações entre viga e coluna; (*d*) modelo idealizado do sistema estrutural transmitindo cargas gravitacionais do teto; (*e*) modelo da viga *CD*; (*f*) modelo idealizado de sistema de treliça para transmitir carga lateral atuando à direita. A barra diagonal *DB* se deforma e é ineficiente.

tamente sob a coluna. Normalmente, os projetistas supõem que uma conexão aparafusada simples desse tipo atua como um *apoio de pino*; isto é, a conexão impede que a base da coluna se desloque vertical e horizontalmente, mas não tem rigidez suficiente para evitar a rotação (frequentemente, os estudantes de engenharia presumem erroneamente que uma placa de base plana aparafusada em uma base de concreto produz uma condição de extremidade fixa, mas não levam em consideração a grande perda de restrição rotacional induzida mesmo por pequenas deformações de curvatura da placa).

Embora a conexão aparafusada tenha capacidade de aplicar uma pequena, porém incerta, quantidade de restrição rotacional na base da coluna, normalmente o projetista a trata de forma conservadora como um *pino sem atrito*. Contudo, normalmente é desnecessário obter uma conexão mais rígida, pois é cara e a rigidez adicional pode ser fornecida de forma mais simples e econômica, aumentando o momento de inércia das colunas. Se os projetistas quiserem produzir um apoio fixo na base de uma coluna para aumentar sua rigidez, devem utilizar uma placa de base grossa e reforçada, e a fundação deve ser maciça.

Projeto de pórtico para carga gravitacional. Para analisar esse pequeno pórtico sob a ação de carga gravitacional, o projetista presume que o peso do teto e de qualquer carga acidental vertical (por exemplo, neve ou gelo) é suportado pela plataforma do teto (atuando como uma série de pequenas vigas paralelas) no pórtico mostrado na Figura 1.17d. Esse pórtico é idealizado pelo projetista como uma viga conectada nas colunas por uma ligação presa com pinos. O *projetista despreza o contraventamento diagonal como um membro secundário — supostamente inativo quando a carga vertical atua*. Como supostamente nenhum momento se desenvolve nas extremidades da viga, o projetista a analisa simplesmente como uma barra biapoiada, com uma carga uniforme (ver Figura 1.17e). Como as reações da viga são aplicadas diretamente sobre as linhas de centro das colunas, o projetista presume que a coluna transmite apenas compressão direta e se comporta como um membro de compressão carregado axialmente.

Projeto para carga lateral. Em seguida, o projetista verifica as cargas laterais. Se uma carga lateral P (produzida pelo vento, por exemplo) é aplicada no topo do teto (ver Figura 1.17f), o projetista pode supor que uma das diagonais, atuando junto com a viga de teto e com as colunas, forma uma treliça. Se as diagonais são membros leves e flexíveis, apenas a diagonal que vai de A a C, que alonga e desenvolve forças de tração à medida que a viga se desloca para a direita, é presumida como efetiva. Supõe-se uma deformação na diagonal oposta BD, pois ela é delgada e colocada em compressão pelo movimento lateral da viga. Se a direção do vento invertesse, a outra diagonal BD se tornaria efetiva e a diagonal AC deformaria.

Conforme ilustramos nesse problema simples, sob determinados tipos de cargas alguns membros entram em ação para transmitir as cargas para os apoios. Desde que o projetista saiba como escolher um caminho lógico para essas cargas, a análise pode ser bastante simplificada pela eliminação de membros não efetivos.

1.7 Análise por computador

Até o final dos anos 1950, a análise de alguns tipos de estruturas indeterminadas era um procedimento longo e maçante. A análise de uma estrutura com muitas ligações e barras (uma treliça espacial, por exemplo) poderia exigir muitos meses de cálculos de uma equipe de engenheiros estruturais experientes. Além disso, como muitas vezes eram necessárias várias suposições sobre o comportamento estrutural para simplificação, a precisão dos resultados finais era incerta. Atualmente, estão disponíveis programas de computador que podem analisar a maioria das estruturas rapida e precisamente. Ainda existem algumas exceções. Se a estrutura tem uma forma incomum e complexa — um recipiente de contenção nuclear de paredes grossas ou o casco de um submarino —, a análise por computador ainda pode ser complicada e demorada.

A maioria dos programas de computador para análise de estruturas é escrita para produzir uma *análise de primeira ordem*; isto é, eles presumem (1) que o comportamento é linear e elástico; (2) que as forças dos membros não são afetadas pelas deformações (mudança na geometria) da estrutura e (3) que nenhuma redução na rigidez à flexão é produzida nas colunas por forças de compressão.

Os métodos clássicos de análise abordados neste livro produzem uma análise de primeira ordem, conveniente para a maioria das estruturas, como treliças, vigas contínuas e pórticos, encontradas na prática da engenharia. Quando é utilizada uma análise de primeira ordem, as normas técnicas para o projeto estrutural fornecem os procedimentos empíricos necessários para ajustar as forças que podem ser subestimadas.

Embora sejam mais complicados de usar, os programas de segunda ordem, que levam em conta o comportamento inelástico, mudanças na geometria e outros efeitos que influenciam a magnitude das forças nos membros, são mais precisos e produzem uma análise mais fiel. Por exemplo, arcos longos e delgados sob cargas móveis podem passar por mudanças na geometria que aumentam significativamente os momentos de flexão. Para estruturas desse tipo, é essencial uma análise de segunda ordem.

Normalmente, os engenheiros utilizam programas de computador preparados por equipes de especialistas em estruturas que também são hábeis programadores e matemáticos. Obviamente, se o projetista não estabelecer uma estrutura estável ou se uma condição de carga importante for negligenciada, a informação fornecida pela análise não será adequada para produzir uma estrutura útil e segura.

Em 1977, a falha da grande treliça espacial tridimensional (ver páginas 72 e 682) que apoiava o teto de aproximadamente 90 por 110 metros do Hartford Civic Center Arena é um exemplo de projeto estrutural em que os projetistas confiaram em uma análise incompleta feita por computador e não produziram uma estrutura segura. Dentre os fatores que contribuíram para esse desastre estavam dados imprecisos (o projetista subestimou o peso próprio do teto em mais de 680 mil kg) e a incapacidade do programa de computador de prever a carga de flambagem das barras sob compressão na treliça. Em outras palavras, havia no programa a suposição de que a estrutura era estável — suposição essa presente na maioria dos antigos programas de computador utilizados para analisar estruturas. Logo depois que uma tempestade de inverno depositou uma pesada carga de neve ensopada pela chuva e pelo gelo no teto, a flambagem de certas barras delgadas sob compressão na treliça do teto causou o desmoronamento repentino do teto inteiro. Felizmente, a falha ocorreu horas depois que 5 mil espectadores de um jogo de basquete tinham deixado o prédio. Se a falha tivesse ocorrido horas antes (quando o prédio estava ocupado), centenas de pessoas teriam morrido. Embora não tenha havido nenhuma perda de vida, o lugar ficou inutilizado por um tempo considerável, e foi necessário muito dinheiro para limpar os destroços, reprojetar o prédio e reconstruir a praça de esportes.

Embora o computador tenha reduzido o número de horas de cálculos necessárias para analisar estruturas, o projetista ainda precisa ter um discernimento básico sobre todos os tipos de falha em potencial para avaliar a confiabilidade das soluções geradas pelo computador. A preparação de um modelo matemático que represente adequadamente a estrutura continua sendo um dos aspectos mais importantes da engenharia de estruturas.

1.8 Preparação dos cálculos

A preparação de um conjunto de cálculos bem definido e completo para cada análise é responsabilidade importante de cada engenheiro. Um conjunto de cálculos bem organizado não somente reduzirá a possibilidade de erros, mas também fornecerá informações fundamentais, caso a resistência de uma estrutura existente precise ser investigada no futuro. Por exemplo, talvez o proprietário de um prédio queira determinar se um ou mais andares podem ser adicionados à estrutura existente sem solicitar em excesso o arcabouço estrutural e as fundações. Se os cálculos originais são completos e o engenheiro pode determinar as cargas de projeto, as tensões admissíveis e as hipóteses nas quais a análise e o projeto original foram baseadas, a avaliação da resistência da estrutura modificada fica facilitada.

Ocasionalmente, uma estrutura falha (no pior caso, vidas são perdidas) ou se mostra insatisfatória em serviço (por exemplo, pisos afundam ou vibram; paredes racham). Nessas situações, os cálculos originais serão examinados com cuidado por todos os envolvidos para estabelecer a responsabilidade do projetista. Um conjunto de cálculos desleixado ou incompleto pode causar danos à reputação de um engenheiro.

Como os cálculos exigidos para resolver os problemas propostos neste livro são semelhantes aos feitos por engenheiros profissionais em escritórios de projeto, os estudantes devem considerar cada tarefa como uma oportunidade de aprimorar os conhecimentos necessários para produzir cálculos de qualidade profissional. Com esse objetivo em mente, são oferecidas as seguintes sugestões:

1. Formule o objetivo da análise em uma frase curta.
2. Faça um esboço claro da estrutura, mostrando todas as cargas e dimensões. Use um lápis apontado e uma régua para desenhar as linhas. Figuras e números claros e organizados têm uma aparência mais profissional.

3. *Inclua todas as etapas de seus cálculos.* Cálculos não podem ser facilmente verificados por outro engenheiro a não ser que todas as etapas sejam mostradas. Escreva uma ou duas palavras dizendo o que está sendo feito, conforme for necessário para esclarecimento.
4. *Verifique os resultados* de seus cálculos por meio de uma checagem estática (isto é, escrevendo equações de equilíbrio adicionais).
5. Se a estrutura for complexa, verifique os cálculos fazendo uma análise aproximada (consultar Capítulo 14).
6. Verifique se a direção das deformações é coerente com a direção das forças aplicadas. Se uma estrutura é analisada por computador, os deslocamentos dos nós (parte dos dados de saída) podem ser representados em escala em um gráfico para produzir uma visão clara da estrutura deformada.

Resumo

- Para iniciar nosso estudo da análise estrutural, examinamos a relação entre planejamento, projeto e análise. Nesse processo correlacionado, o engenheiro de estruturas primeiramente estabelece uma ou mais configurações iniciais das formas estruturais possíveis, estima os pesos próprios, seleciona as cargas de projeto importantes e analisa a estrutura. Analisada a estrutura, os membros principais são redimensionados. Se os resultados do projeto confirmarem que as suposições iniciais estavam corretas, o projeto está concluído. Se houver grandes diferenças entre as proporções iniciais e finais, o projeto será modificado, e a análise e o dimensionamento serão repetidos. Esse processo continua até que os resultados finais confirmem que as proporções da estrutura não exigem mais modificações.
- Examinamos também as características dos elementos estruturais comuns que compõem prédios e pontes típicos. Eles incluem vigas, treliças, arcos, pórticos com ligações rígidas, cabos e cascas.
- Embora a maioria das estruturas seja tridimensional, o projetista que desenvolve um entendimento do comportamento estrutural muitas vezes pode dividir a estrutura em uma série de estruturas planares mais simples para análise. O projetista é capaz de escolher um modelo simplificado e idealizado que represente precisamente os fundamentos da estrutura real. Por exemplo, embora a alvenaria exterior ou janelas e painéis de parede de um prédio ligados ao arcabouço estrutural aumentem a rigidez da estrutura, normalmente essa interação é desprezada.
- Como a maioria das estruturas é analisada por computador, os engenheiros de estruturas devem desenvolver uma compreensão do comportamento estrutural para que, com alguns cálculos simples, possam verificar se os resultados da análise feita pelo computador são razoáveis. As falhas estruturais não somente envolvem altos custos, mas também podem resultar em lesões nas pessoas ou perda de vidas.

O forte terremoto de 1999 (magnitude 7,7) ocorrido em Chi-Chi, Taiwan, fez que os andares superiores dos prédios de apartamentos, mostrados na foto, desabassem como um conjunto. Embora as colunas de apoio do prédio fossem projetadas para forças sísmicas, a ligação de paredes divisórias de concreto rígido e tijolos às colunas dos andares superiores invalidou o objetivo do projetista e causou a falha dos segmentos mais flexíveis das colunas dos andares inferiores, quando o bloco superior do prédio se deslocou lateralmente como um todo.

CAPÍTULO 2

Cargas de projeto

2.1 Código de construção e de projeto

Código é um conjunto de especificações e padrões técnicos que controlam os principais detalhes da análise, projeto e construção de prédios, equipamentos e pontes. O objetivo dos códigos é produzir estruturas seguras e econômicas para proteger o público de projetos e construções de baixa qualidade ou inadequados.

Existem dois tipos de código. Um deles, chamado *código estrutural*, é escrito por engenheiros e outros especialistas interessados no projeto de uma classe de estrutura específica (por exemplo, prédios, pontes em rodovias ou usinas nucleares) ou na utilização correta de um material específico (aço, concreto armado, alumínio ou madeira). Normalmente, os códigos estruturais especificam as cargas de projeto, as tensões admissíveis para vários tipos de barras, as hipóteses de projeto e os requisitos dos materiais. Exemplos de códigos estruturais frequentemente utilizados por engenheiros de estruturas:

1. *Standard Specifications for Highway Bridges* (*Especificações-padrão para pontes em rodovias*), da American Association of State Highway and Transportation Officials (AASHTO), que abrange o projeto e a análise de pontes em rodovias.
2. *Manual for Railway Engineering* (*Manual de engenharia de estradas de ferro*), da American Railway Engineering and Maintenance of Way Association (Arema), que abrange o projeto e a análise de pontes em vias férreas.
3. *Building Code Requirements for Reinforced Concrete* – ACI 318 (*Requisitos do código de construção para concreto armado*), do American Concrete Institute (ACI), que abrange a análise e o projeto de estruturas de concreto.
4. *Manual of Steel Construction* (*Manual de construção com aço*), do American Institute of Steel Construction (AISC), que abrange a análise e o projeto de estruturas de aço.
5. *National Design Specifications for Wood Construction* (*Especificações nacionais de projeto para construção com madeira*), da American Forest & Paper Association (AFPA), que abrange a análise e o projeto de estruturas de madeira.

O segundo tipo de código, chamado *código de construção*, é estabelecido para abranger a construção em determinada região (frequentemente, uma cidade ou um estado). O código de construção contém disposições pertinentes aos requisitos arquitetônicos, estruturais, mecânicos e elétricos. O objetivo do código de construção também é proteger o público, informando sobre a influência das condições locais na construção. Essas disposições, de particular interesse para o projetista de estruturas, abordam tópicos como as condições do solo (pressões admissíveis), sobrecargas, pressões do vento, cargas de neve e gelo e forças de terremoto. Atualmente, muitos códigos de construção adotam as disposições do *Standard Minimum Design Loads for Buildings and Other Structures* (*Cargas-padrão de projeto mínimas para prédios e outras estruturas*), publicado pela American Society of Civil Engineers (ASCE), ou o mais recente *International Building Code* (*Código de construção internacional*), do International Code Council.

À medida que novos sistemas se desenvolvem, novos materiais tornam-se disponíveis ou ocorrem falhas repetidas de sistemas aceitos, o conteúdo dos códigos é revisto e atualizado. Nos últimos anos, o grande volume de pesquisa sobre comportamento estrutural e materiais resultou em frequentes alterações nos dois tipos de código. Por exemplo, o ACI Code Committee publica um adendo anual e produz uma edição revisada do código nacional a cada seis anos.

A maioria dos códigos estabelece cláusulas para o projetista divergir dos padrões prescritos, caso possa mostrar, por meio de testes ou estudos analíticos, que tais mudanças produzem um projeto seguro.

2.2 Cargas

As estruturas devem ser dimensionadas de modo que não falhem nem deformem excessivamente sob carga. Portanto, o engenheiro deve tomar muito cuidado ao prever as cargas prováveis que uma estrutura deve suportar. Embora as cargas de projeto especificadas pelos códigos geralmente sejam satisfatórias para a maioria das construções, o projetista também deve decidir se essas cargas se aplicam à estrutura específica que está sob consideração. Por exemplo, se o formato de uma construção é incomum (e causa velocidades de vento maiores), as forças do vento podem divergir significativamente do mínimo prescrito por um código de construção. Nesses casos, o projetista deve fazer testes com túnel de vento em modelos para estabelecer as forças de projeto apropriadas. O projetista também deve tentar prever se a função de uma estrutura (e, consequentemente, as cargas que ela deve suportar) mudará no futuro. Por exemplo, se existe a possibilidade de que um equipamento mais pesado possa ser introduzido em uma área originalmente projetada para uma carga menor, o projetista pode optar por aumentar as cargas de projeto especificadas pelo código. Normalmente, os projetistas diferenciam dois tipos de carga: carga permanente e sobrecarga.

2.3 Cargas permanentes

A carga associada ao peso da estrutura e seus componentes permanentes (pisos, tetos, tubulações e outros) é chamada *carga permanente*. Como o peso próprio deve ser usado nos cálculos para dimensionar as barras, mas não é conhecido precisamente até que as barras sejam dimensionadas, sua magnitude deve ser estimada inicialmente. Depois que as barras são dimensionadas e os detalhes arquitetônicos finalizados, o peso próprio pode ser calculado mais precisamente. Se o valor calculado do peso próprio é aproximadamente igual (ou ligeiramente menor) à estimativa inicial, a análise está concluída. Mas, se existe uma grande diferença entre os valores estimados e calculados do peso próprio, o projetista deve revisar os cálculos, usando o valor aperfeiçoado.

Ajuste da carga permanente para instalações e paredes divisórias

Na maioria dos prédios, o espaço imediatamente abaixo de cada piso é ocupado por uma variedade de tubos de instalações diversas e apoios para aparelhos, incluindo dutos de ventilação, tubulações de água e esgoto, conduítes elétricos e luminárias. Em vez de tentar levar em consideração o peso e a posição real de cada item, os projetistas acrescentam de 0,479 kN/m² a 0,718 kN/m² (10 lb/ft² a 15 lb/ft²) ao peso do sistema de piso para garantir que a resistência do piso, das colunas e de outras peças estruturais seja adequada.

Normalmente, os projetistas tentam posicionar as vigas justamente sob as paredes pesadas de alvenaria para transferir seu peso diretamente para os apoios. Se um proprietário exige flexibilidade para mover paredes ou divisórias periodicamente a fim de reconfigurar o espaço do escritório ou laboratório, o projetista pode adicionar uma margem de segurança apropriada ao peso próprio do piso. Se as divisórias são leves, pode ser um peso próprio adicional de 0,479 kN/m² (10 lb/ft²) ou menos. Em uma fábrica ou laboratório que abrigue equipamento de teste pesado, a margem de segurança pode ser três ou quatro vezes maior.

Distribuição da carga permanente em sistemas de piso em lajes e vigas

Muitos sistemas de piso consistem em uma laje de concreto armado apoiada em uma grade retangular de vigas. As vigas de apoio reduzem o vão da laje e permitem ao projetista reduzir a espessura e o peso do sistema de piso. A distribuição da carga em uma viga de piso depende da configuração geométrica das vigas que formam a grade. Para desenvolver a percepção de como a carga de uma região específica de uma laje é transferida para as vigas de apoio, examinaremos os três casos

Figura 2.1: Conceito de área de influência: (*a*) laje quadrada, todas as vigas de borda suportam uma área triangular; (*b*) duas vigas de borda dividem a carga igualmente; (*c*) carga em uma largura de 1 pé da laje da Figura *b*; (*d*) as áreas de influência das vigas B1 e B2 aparecem sombreadas; todas as linhas diagonais têm inclinação de 45°; (*e*) a figura superior mostra a carga mais provável na viga B2 da Figura *d*; a figura inferior mostra a distribuição de carga simplificada na viga B2; (*f*) carga mais provável na viga B1 da Figura *d*; (*g*) distribuição de carga simplificada na viga B1.

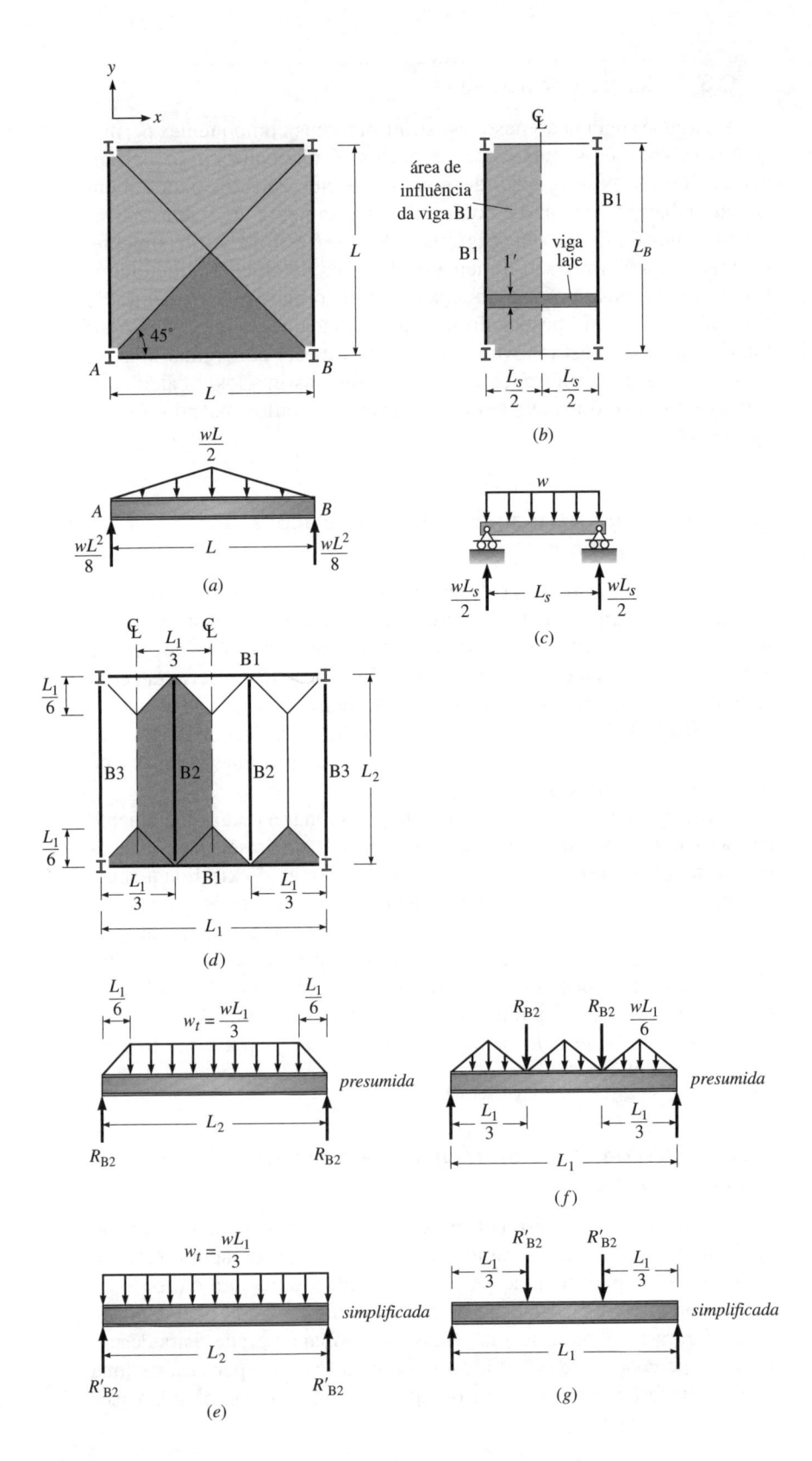

mostrados na Figura 2.1. No primeiro caso, as vigas de borda suportam uma *laje quadrada* uniformemente carregada (ver Figura 2.1*a*).

A partir da simetria, podemos inferir que cada uma das quatro vigas ao longo das bordas externas da laje suporta a mesma carga triangular. De fato, se uma laje com a mesma área de armadura de reforço uniformemente distribuída nas direções x e y fosse carregada até a ruptura com uma carga uniforme, grandes rachaduras se abririam ao longo das diagonais principais, confirmando que cada viga suporta a carga em uma área triangular. A área da laje suportada por uma viga em particular é denominada *área de influência* da viga.

No segundo caso, consideramos uma laje retangular suportada nos lados opostos por duas vigas paralelas (Figura 2.1*b*). Nesse caso, se imaginarmos uma faixa de laje de 1 pé de largura uniformemente carregada atuando como uma viga abrangendo a distância L_s entre duas vigas de borda B1 e B2 (Figura 2.1*b*), poderemos ver que a carga na laje se divide igualmente entre as vigas de borda de apoio; isto é, cada pé de viga suporta uma carga uniformemente distribuída de $wL_s/2$ (Figura 2.1*c*), e a área de influência de cada viga é uma área retangular que se estende a uma distância de $L_s/2$ da viga até a linha central da laje.

Para o terceiro caso, mostrado na Figura 2.1*d*, uma laje suportando uma carga uniformemente distribuída w é apoiada em uma grade retangular de vigas. A área de influência para uma viga interior e uma exterior aparece sombreada na Figura 2.1*d*. Cada viga interior B2 (ver Figura 2.1*d*) suporta uma carga trapezoidal. A viga de borda B1, que é carregada nos pontos que dividem seu vão em três partes pelas reações das duas vigas interiores, também suporta quantidades menores de carga de três áreas triangulares da laje (Figura 2.1*f*). Se a relação do lado maior para o menor de um painel é de aproximadamente 2 ou mais, as distribuições de carga reais na viga B2 podem ser simplificadas pela suposição conservadora de que a carga total por pé, $w_t = wL_1/3$, está uniformemente distribuída pelo comprimento inteiro (ver Figura 2.1*e*), produzindo a reação R'_{B2}. No caso da viga B1, podemos simplificar a análise supondo que a reação R'_{B2} das vigas B2 uniformemente carregadas é aplicada como uma carga concentrada na terça parte do vão (ver Figura 2.1*g*).

A Tabela 2.1*a* lista os pesos unitários de vários materiais de construção comumente usados, e a Tabela 2.1*b* contém os pesos dos componentes frequentemente especificados na construção civil. Utilizaremos essas tabelas nos exemplos e problemas.

Os exemplos 2.1 e 2.2 apresentam os cálculos da carga permanente.

EXEMPLO 2.1

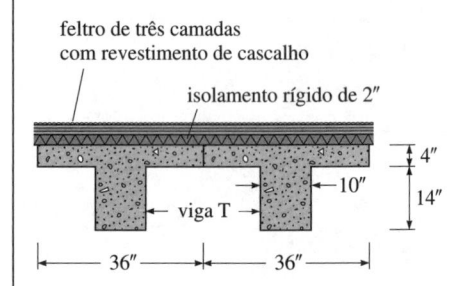

Figura 2.2: Seção transversal de vigas de concreto armado.

Um teto revestido de feltro asfáltico de três camadas e cascalho sobre uma placa de isolamento de 2 polegadas de espessura é apoiado em vigas de concreto armado pré-moldado de 18 polegadas de profundidade com mesas de 3 pés de largura (ver Figura 2.2). Se o isolamento pesa 3 lb/ft² e o revestimento de feltro pesa $5\frac{1}{2}$ lb/ft², determine a carga permanente total por pé de comprimento que cada viga deve suportar.

Solução
O peso da viga é o seguinte:

Mesa $\quad \dfrac{4}{12}$ ft $\times \dfrac{36}{12}$ ft $\times$ 1 ft $\times$ 150 lb/ft³ = 150 lb/ft

Alma $\quad \dfrac{10}{12}$ ft $\times \dfrac{14}{12}$ ft $\times$ 1 ft $\times$ 150 lb/ft³ = 145 lb/ft

Isolamento $\quad$ 3 lb/ft² $\times$ 3 ft $\times$ 1 ft = 9 lb/ft

Revestimento $\quad 5\frac{1}{2}$ lb/ft² $\times$ 3 ft $\times$ 1 ft = 16,5 lb/ft

$\qquad\qquad\qquad\qquad$ Total = 320,5 lb/ft,
$\qquad\qquad\qquad\qquad$ arredondado para 0,321 kip/ft

EXEMPLO 2.2

A planta estrutural do pavimento de um pequeno prédio aparece na Figura 2.3a. O piso consiste em uma laje de concreto armado de 5 polegadas de espessura apoiada em vigas de aço (ver Seção 1-1 na Figura 2.3b). As vigas estão ligadas entre si e às colunas de canto por meio de cantoneiras; ver Figura 2.3c. Admite-se que as ligações com cantoneiras fornecem o equivalente a um apoio de pino para as vigas; isto é, elas podem transmitir carga vertical, mas nenhum momento. Um forro de placa acústica com peso de 1,5 lb/ft² é suspenso da laje de concreto por apoios próximos entre si e pode ser tratado como uma carga uniforme adicional na laje. Para levar em conta o peso dos dutos, tubulações, conduítes etc., localizados entre a laje e o forro (e suportados por tirantes presos à laje), acrescenta-se carga permanente adicional de 20 lb/ft². Inicialmente, o projetista estima o peso das vigas B1 em 30 lb/ft e das vigas mestras B2 de 24 pés nas linhas de coluna 1 e 2 em 50 lb/ft. Estabeleça a magnitude da distribuição de carga permanente na viga B1 e na viga mestra B2.

Solução
Vamos supor que toda carga entre as linhas centrais do painel nos dois lados da viga B1 (a área de influência) é suportada pela viga B1 (ver área sombreada na Figura 2.3a). Em outras palavras, conforme discutido anteriormente, para calcular as reações aplicadas pela laje na viga, tratamos a laje como uma série de vigas de 1 pé de largura com apoios simples e próximas entre si, apoiadas sobre as vigas de aço nas linhas de colunas A e B, e entre B e C (ver área hachurada na Figura 2.3a).

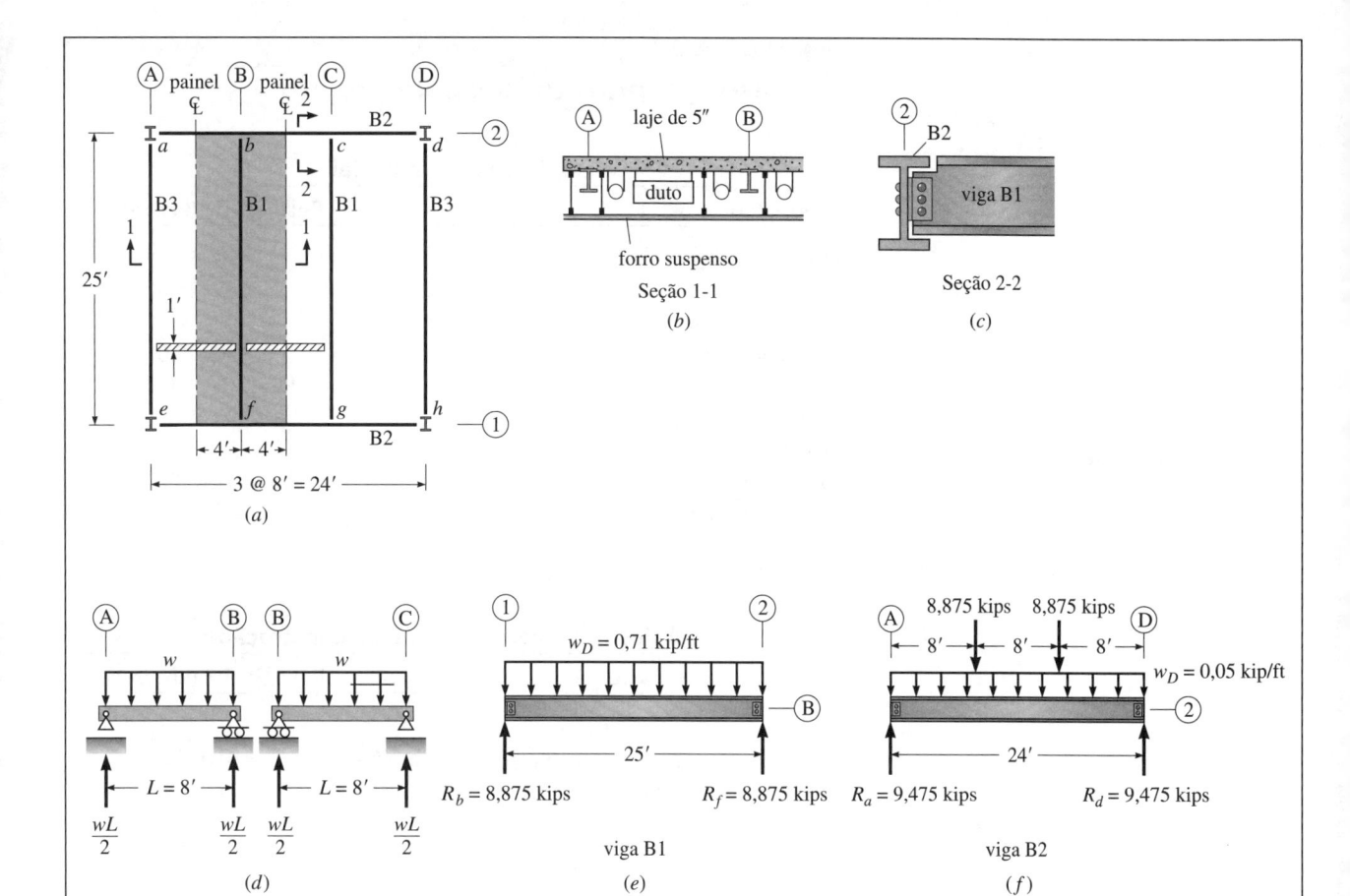

Figura 2.3: Determinação da carga permanente da viga e da viga mestra.

Metade da carga, $wL/2$, irá para cada viga de apoio (Figura 2.3d), e a reação total da laje aplicada por pé de viga de aço é igual a $wL = 8w$ (ver Figura 2.3e).

Carga permanente total aplicada por pé na viga B1:

Peso da laje $1 \text{ ft} \times 1 \text{ ft} \times \dfrac{5}{12} \text{ ft} \times 8 \text{ ft} \times 150 \text{ lb/ft}^3 = 500 \text{ lb/ft}$

Peso do forro $1,5 \text{ lb/ft}^2 \times 8 \text{ ft} = 12 \text{ lb/ft}$

Peso dos dutos etc. $20 \text{ lb/ft}^2 \times 8 \text{ ft} = 160 \text{ lb/ft}$

Peso estimado da viga $= 30 \text{ lb/ft}$

Total $= 702$ lb/ft, arredondado para 0,71 kip/ft

Esboços de cada viga com suas cargas aplicadas aparecem na Figura 2.3e e f. As reações (8,875 kips) das vigas B1 são aplicadas como cargas concentradas na terça parte do vão da viga mestra B2 na linha de coluna 2 (Figura 2.3f). A carga uniforme de 0,05 kip/ft é o peso estimado da viga mestra B2.

TABELA 2.1
Pesos próprios típicos para projeto

(a) Pesos de material

Substância	Peso, lb/ft³ (kN/m³)
Aço	490 (77,0)
Alumínio	165 (25,9)
Concreto armado	
Peso normal	150 (23,6)
Peso leve	90–120 (14,1–18,9)
Tijolo	120 (18,9)
Madeira	
Pinheiro-do-sul	37 (5,8)
Abeto Douglas	34 (5,3)

(b) Pesos de componente de construção

Componente	Peso, lb/ft² (kN/m²)
Forros	
Argamassa de gesso em malha de metal suspensa	10 (0,48)
Painel de fibra acústica sobre lã de rocha e perfil U	5 (0,24)
Pisos	
Laje de concreto armado por polegada de espessura	
Peso normal	$12\frac{1}{2}$ (0,60)
Peso leve	6–10 (0,29–0,48)
Revestimentos	
Feltro com piche de três camadas e cascalho	$5\frac{1}{2}$ (0,26)
Isolamento de 2 polegadas	3 (0,14)
Paredes e divisórias	
Placa de gesso (espessura de 1 polegada)	4 (0,19)
Tijolo (por polegada de espessura)	10 (0,48)
Bloco de concreto vazado (espessura de 12 polegadas)	
Agregado pesado	80 (3,83)
Agregado leve	55 (2,63)
Bloco vazado de argila (espessura de 6 polegadas)	30 (1,44)
Suportes verticais de 2 × 4 pol espaçados de 16 polegadas, parede de gesso de $\frac{1}{2}$ polegada nos dois lados	8 (0,38)

Áreas de influência de colunas

Para determinar carga permanente transmitida para uma coluna a partir de uma laje de piso, o projetista pode (1) determinar as reações das vigas que se apoiam na coluna ou (2) multiplicar a área de influência do piso em volta da coluna pela magnitude da carga permanente por unidade de área que atua sobre o piso. A *área de influência* de uma coluna é definida como *a área em volta da coluna limitada pelas linhas centrais do painel*. O uso de áreas de influência é o procedimento mais comum dos dois métodos de cálculo de cargas de coluna. Na Figura 2.4, as áreas de influência estão sombreadas para a coluna de canto A1, coluna interna B2 e coluna externa C1. As colunas externas localizadas no perímetro de um prédio também suportam as paredes externas, assim como as cargas do piso.

Como você pode ver, comparando as áreas de influência do sistema de piso na Figura 2.4, quando o espaçamento entre as colunas tem aproximadamente o mesmo comprimento nas duas direções, as colunas internas suportam aproximadamente quatro vezes mais carga permanente do piso do que as colunas de canto. Quando usamos as áreas de influência para estabelecer cargas de coluna, não consideramos a posição das vigas de piso, mas incluímos uma margem de segurança para seu peso.

O uso de áreas de influência, nos dois métodos, é o procedimento mais comum para calcular cargas de colunas porque os projetistas também precisam das áreas de influência para calcular as sobrecargas, dado que os códigos de projeto especificam que a porcentagem de *sobrecarga* transmitida para uma coluna é uma função inversa das áreas de influência; isto é, à medida que as áreas de influência aumentam, a redução da sobrecarga cresce. Para colunas que suportam áreas grandes, essa redução pode atingir no máximo 40% a 50%. Abordaremos o padrão ASCE para redução de sobrecarga na Seção 2.4.

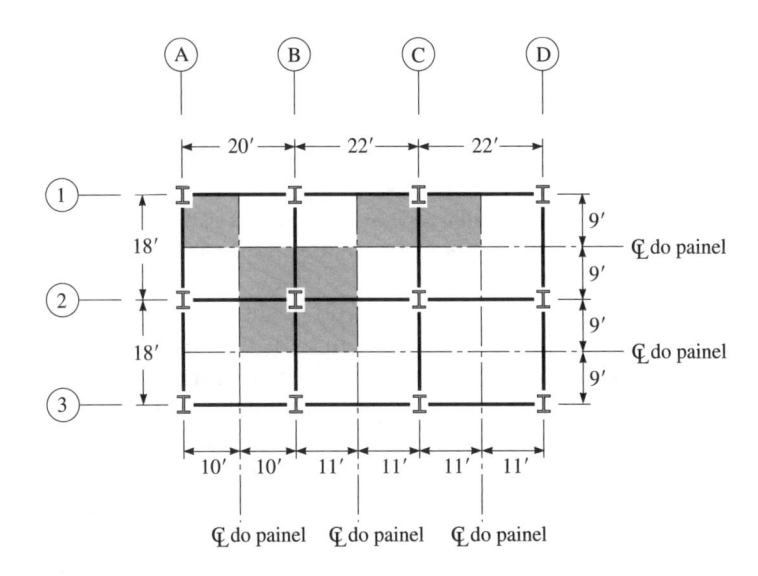

Figura 2.4: As áreas de influência das colunas A1, B2 e C1 aparecem sombreadas.

EXEMPLO 2.3

Usando o método da área de influência, calcule as cargas permanentes suportadas pelas colunas A1 e B2 na Figura 2.4. O sistema de piso consiste em uma laje de concreto armado de 6 polegadas de espessura, e pesa 75 lb/ft². Deixe uma margem de segurança de 15 lb/ft² para o peso das vigas de piso, dutos e um forro suspenso a partir do piso. Além disso, deixe uma margem de 10 lb/ft² para divisórias leves. A parede externa de pré-moldado apoiada nas vigas de perímetro pesa 600 lb/ft.

Solução

A carga permanente total do piso é

$$D = 75 + 15 + 10 = 100 \text{ lb/ft}^2 = 0{,}1 \text{ kip/ft}^2$$

A carga permanente para a coluna A1 é a seguinte:

Área de influência $A_t = 9 \times 10 = 90 \text{ ft}^2$

Carga do piso $A_t D = 90 \times 0{,}1 \text{ kip/ft}^2 = 9 \text{ kips}$

Peso da parede externa =

peso/ft (comprimento) = $(0{,}6 \text{ kip/ft})(10 + 9) = 11{,}4 \text{ kips}$

             Total = 20,4 kips

A carga permanente para a coluna B2 é a seguinte:

Área de influência = $18 \times 21 = 378 \text{ ft}^2$

Carga do piso = $378 \text{ ft}^2 \times 0{,}1 \text{ kip/ft}^2 = 37{,}8 \text{ kips}$

2.4 Sobrecargas

Cargas de prédios

As cargas que podem atuar ou não sobre uma estrutura são classificadas como *sobrecargas*. As sobrecargas incluem o peso das pessoas, mobiliário, máquinas e outros equipamentos. Podem variar com o passar do tempo, particularmente se a ocupação do prédio muda. As sobrecargas especificadas pelos códigos para vários tipos de prédios representam uma estimativa conservadora da carga máxima que provavelmente será produzida pelo uso pretendido e pela ocupação do prédio. Em cada região do país, os códigos de construção normalmente especificam a sobrecarga de projeto. Atualmente, muitos códigos de construção estaduais e municipais baseiam a magnitude das sobrecargas e os procedimentos de projeto no padrão ASCE, que evoluiu com o decorrer do tempo e relaciona a magnitude da carga de projeto com o desempenho satisfatório dos prédios reais. Ao dimensionar peças estruturais, os projetistas também devem considerar as sobrecargas de construção de curta duração, particularmente se elas são grandes. No passado, ocorreram várias falhas em prédios durante a construção, quando grandes pilhas de material de construção pesado ficavam concentradas em uma pequena área de um piso ou teto de um prédio parcialmente erguido, quando a capacidade das peças estruturais, não completamente aparafusadas ou contraventadas, está aquém de sua capacidade potencial de carga.

Normalmente, o padrão ASCE especifica um valor mínimo de sobrecarga uniformemente distribuída para vários tipos de prédio (Tabela 2.2). Se certas estruturas, como estacionamentos, também estão sujeitas a grandes cargas concentradas, o padrão pode exigir que as forças nos membros sejam examinadas tanto para cargas uniformes como concentradas e que o projeto seja baseado na condição de carga que crie as maiores tensões. Por exemplo, o padrão ASCE especifica que, no caso de estacionamentos, as peças estruturais sejam projetadas de modo a transmitir as forças produzidas por uma sobrecarga uniformemente distribuída de 40 lb/ft^2 ou uma carga concentrada de 3 000 lb atuando sobre uma área de 4,5 pol por 4,5 pol — a que for maior.

TABELA 2.2
Sobrecargas de projeto típicas para piso, L_o

Uso da ocupação	Carga móvel, lb/ft^2 (kN/m^2)
Áreas de reunião e cinemas	
Assentos fixos (presos no piso)	60 (2,87)
Saguões	100 (4,79)
Pisos do palco	150 (7,18)
Bibliotecas	
Salões de leitura	60 (2,87)
Salas de estantes	150 (7,18)
Prédios de escritório	
Saguões	100 (4,79)
Escritórios	50 (2,40)
Residências	
Sótãos habitáveis e quartos	30 (1,44)
Sótãos inabitáveis com depósito	20 (0,96)
Todas as outras áreas	40 (1,92)
Escolas	
Salas de aula	40 (1,92)
Corredores acima do primeiro andar	80 (3,83)

Redução da sobrecarga

Reconhecendo que é menos provável que uma barra que suporta uma área de influência grande seja menos carregada em todos os pontos pelo valor máximo da sobrecarga do que outra que suporta uma área de piso menor, os códigos de construção permitem reduções de sobrecarga para barras que tenham uma área de influência grande. Para essa situação, o padrão ASCE permite uma redução das sobrecargas de projeto L_0, conforme listado na Tabela 2.2, pela seguinte equação, quando a *área de influência* $K_{LL}A_T$ é maior do que 400 ft² (37,2 m²). Contudo, a sobrecarga reduzida não deve ser menor do que 50% de L_0, para barras que suportam um piso ou parte de um único piso, nem menor do que 40% de L_0, para barras que suportam dois ou mais pisos:

$$L = L_o\left(0{,}25 + \frac{15}{\sqrt{K_{LL}A_T}}\right) \quad \text{unidades convencionais dos EUA} \quad (2.1a)$$

$$L = L_o\left(0{,}25 + \frac{4{,}57}{\sqrt{K_{LL}A_T}}\right) \quad \text{unidades do SI} \quad (2.1b)$$

em que L_0 = carga de projeto listada na Tabela 2.2
L = valor reduzido da sobrecarga
A_T = área de influência, ft² (m²)
K_{LL} = fator de elemento da sobrecarga: igual a 4, para colunas internas e colunas externas sem lajes em balanço, e 2, para vigas interiores e vigas de borda sem lajes em balanço.

A sobrecarga reduzida para tetos é

$$L = L_o R_1 R_2 \quad (2.1c)$$

em que $R_2 = 1$, para teto plano, e $R_2 = 1{,}2 - 0{,}001A_T$ ($R_2 = 1{,}2 - 0{,}011A_T$ em unidades do SI) para 200 ft² < A_T < 600 ft² (18,58 m² < A_T < 55,74 m²); $R_2 = 1$ para $AT \leq 200$ ft² (18,58 m²), e $R_2 = 0{,}6$ para $A_T \geq 600$ ft² (55,74 m²).

Para uma coluna ou viga que apoia mais de um piso, o termo A_T representa a soma das áreas de influência de todos os pisos.

Note que o padrão ASCE limita a quantidade de redução de carga móvel para ocupações especiais, como áreas de reunião públicas ou quando a sobrecarga é alta (>100 psf).

EXEMPLO 2.4

Para o prédio de três andares mostrado na Figura 2.5*a* e *b*, calcule a sobrecarga de projeto suportada pela (1) viga de piso A; (2) viga mestra B; e (3) coluna interna C localizada na grade 2B no primeiro andar. Suponha uma sobrecarga de projeto de 50 lb/ft², L_o, em todos os pisos, incluindo o teto.

Solução

(1) Viga de piso A

Vão = 20 ft   área de influência $A_T = 8(20) = 160$ ft² $K_{LL} = 2$

Determine se as sobrecargas podem ser reduzidas:

$$K_{LL}A_T = 2A_T = 2(160) = 320 \text{ ft}^2 < 400 \text{ ft}^2$$

portanto, nenhuma redução da sobrecarga é permitida.

Calcule a sobrecarga uniforme por pé na viga:

$$w = 50(8) = 400 \text{ lb/ft} = 0{,}4 \text{ kip/ft}$$

Veja as cargas e reações na Figura 2.5*d*.

(2) Viga mestra B

A viga mestra B é carregada em cada terça parte pelas reações de duas vigas de piso. Sua área de influência se estende 10 pés para fora a partir de seu eixo longitudinal até o ponto central dos painéis em cada lado (ver área sombreada na Figura 2.5*a*); portanto, $A_T = 20(16) = 320$ ft².

$$K_{LL}A_T = 2(320) = 640 \text{ ft}^2$$

Como $K_{LL}A_T = 640$ ft² > 400 ft², é permitida uma redução da sobrecarga. Use a Equação 2.1*a*.

$$L = L_o\left(0{,}25 + \frac{15}{\sqrt{K_{LL}A_T}}\right) = 50\left(0{,}25 + \frac{15}{\sqrt{640}}\right) = 50(0{,}843) = 42{,}1 \text{ lb/ft}^2$$

Como 42,1 lb/ft² > 0,5(50) = 25 lb/ft² (o limite inferior), ainda usamos $w = 42{,}1$ lb/ft².

$$\text{Carga na terça parte} = 2\left[\frac{42{,}1}{1000}(8)(10)\right] = 6{,}736 \text{ kips}$$

As cargas de projeto resultantes estão mostradas na Figura 2.5*e*.

(3) Coluna C no primeiro andar

A área sombreada na Figura 2.5*c* mostra a área de influência da coluna interna *para cada piso*. Calcule a área de influência do teto:

$$A_T = 20(24) = 480 \text{ ft}^2$$

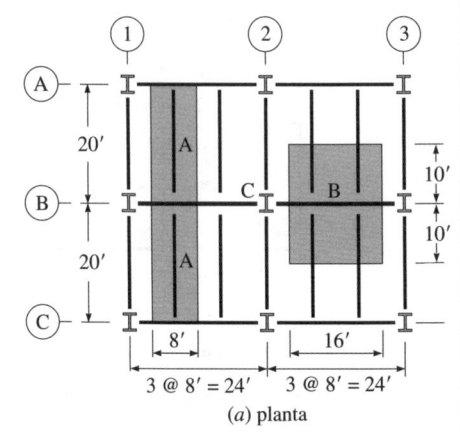

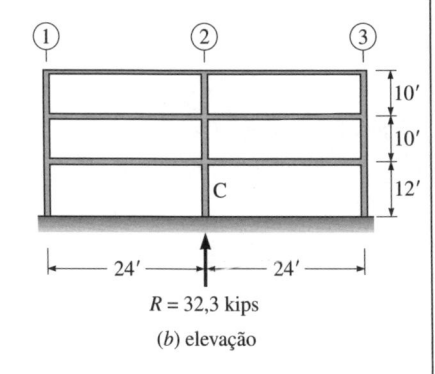

Figura 2.5: Redução de sobrecarga [*continua*].

(*a*) planta

(*b*) elevação

$R = 32{,}3$ kips

[*continua*]

[*continuação*]

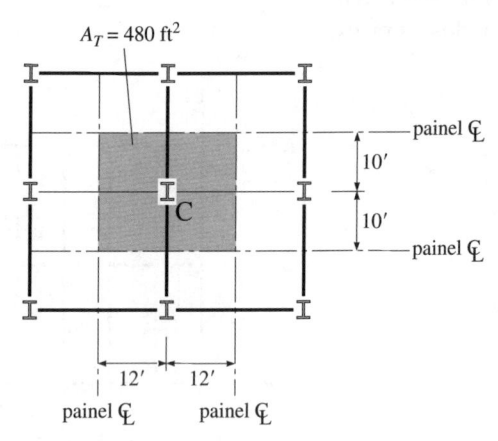

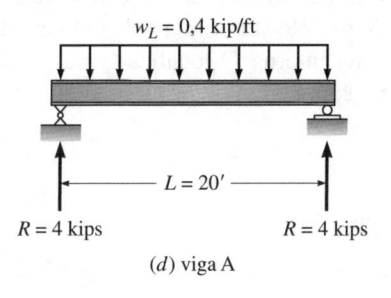

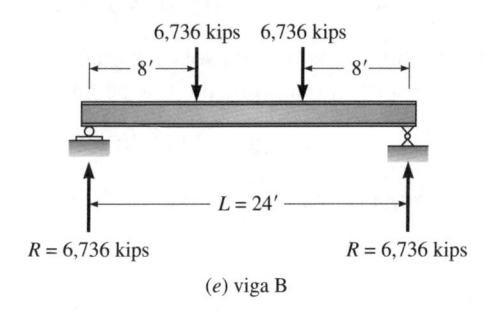

Figura 2.5: [*continuação*]

(c) área de influência da coluna C (sombreada)
$A_T = 480$ ft²

(d) viga A
$w_L = 0{,}4$ kip/ft, $L = 20'$, $R = 4$ kips

(e) viga B
6,736 kips, 8', $L = 24'$, $R = 6{,}736$ kips

A redução da sobrecarga do teto é:

$$R_1 = 1{,}2 - 0{,}001 A_T = 0{,}72$$

e a sobrecarga reduzida do teto é:

$$L_{\text{teto}} = L_o R_1 = 50(0{,}72) = 36{,}0 \text{ psf}$$

Calcule a área de influência dos dois pisos restantes:

$$2A_T = 2(480) = 960 \text{ ft}^2$$

e

$$K_{LL} A_T = 4(960) = 3\,840 \text{ ft}^2 > 400 \text{ ft}^2$$

Portanto, a sobrecarga reduzida dos dois pisos usando a Equação 2.1a (mas não menos do que $0{,}4L_o$), é:

$$L_{\text{piso}} = L_o \left(0{,}25 + \frac{15}{\sqrt{K_{LL} A_T}} \right) = 50 \text{ lb/ft}^2 \left(0{,}25 + \frac{15}{\sqrt{3840}} \right) = 24{,}6 \text{ lb/ft}^2$$

Como 24,6 lb/ft² > 0,4 × 50 lb/ft² = 20 lb/ft² (o limite inferior), use $L = 24{,}6$ lb/ft².

Carga na coluna = $A_T(L_{\text{teto}}) + 2A_T(L_{\text{piso}}) = 480(36{,}0) + 960(24{,}6) = 40\,896$ lb = 40,9 kips.

TABELA 2.3
Fator de impacto de sobrecarga

Situação de carga	Fator de impacto I, porcentagem
Suportes de elevadores e maquinário de elevador	100
Suportes de máquinas leves, movidas a eixo ou motor	20
Suportes de máquinas rotativas ou unidades motorizadas	50
Tirantes suportando pisos e balcões	33
Vigas mestras e suas conexões para apoio de ponte rolante operada por cabine	25

Impacto

Normalmente, os valores das sobrecargas especificados pelos códigos de construção são tratados como cargas estáticas, pois em sua maioria as cargas (escrivaninhas, estantes de livros, fichários etc.) ficam imóveis. Se as cargas são aplicadas rapidamente, geram forças de impacto adicionais. Quando um corpo que se move (por exemplo, um elevador parando repentinamente) carrega uma estrutura, a estrutura deforma e absorve a energia cinética do objeto que se move. Como alternativa a uma análise dinâmica, as cargas que se movem são frequentemente tratadas como forças estáticas e ampliadas empiricamente por um fator de impacto. A magnitude do fator de impacto I para vários suportes estruturais comuns está relacionada na Tabela 2.3.

EXEMPLO 2.5

Determine a magnitude da força concentrada para a qual deve ser projetada a viga da Figura 2.6 que suporta um elevador. O elevador, que pesa 3 000 lb, pode transportar no máximo seis pessoas com um peso médio de 160 lb.

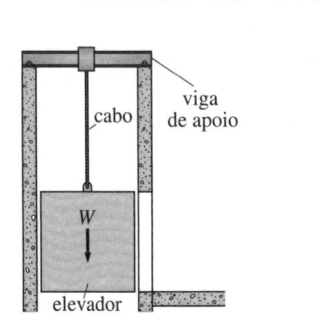

Solução

Leia na Tabela 2.3 que um fator de impacto I de 100% se aplica a todas as cargas de elevador. Portanto, o peso do elevador e de seus passageiros deve ser duplicado.

Carga total = $D + L$ = 3 000 + 6 × 160 = 3 960 lb
Carga de projeto = $(D + L)2$ = 3 960 × 2 = 7 920 lb

Figura 2.6: Viga suportando um elevador.

Pontes

Os padrões para projeto de pontes rodoviárias são governados pelas especificações AASHTO, as quais exigem que o engenheiro considere um caminhão HS20 ou as cargas concentradas e uniformemente distribuídas mostradas na Figura 2.7. Normalmente, o caminhão HS20 governa o projeto de pontes mais curtas, cujos vãos não ultrapassam aproximadamente 45 metros. Para vãos mais longos, a carga distribuída normalmente governa.

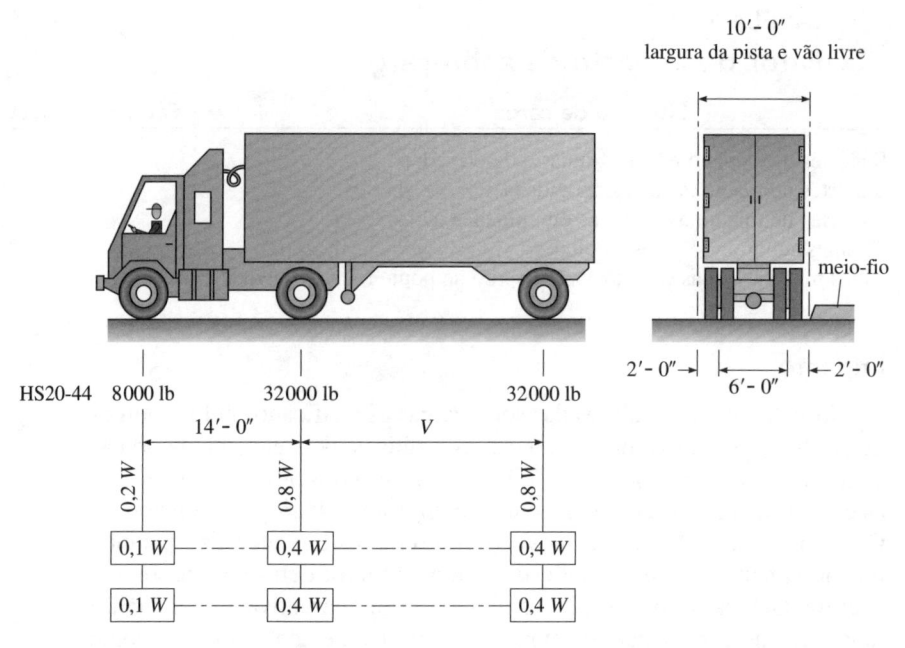

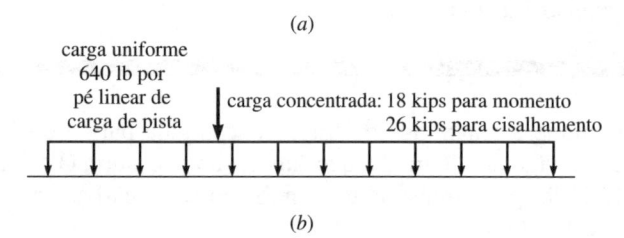

Figura 2.7: Cargas móveis de projeto AASHTO para HS20-44.

W = Peso combinado dos dois primeiros eixos, que é o mesmo do caminhão H correspondente.
V = Espaçamento variável – de 14 a 30 pés, inclusive. O espaçamento a ser usado é aquele que produz tensões máximas.

Como o tráfego em movimento, particularmente em superfícies de pistas irregulares, causa saltos, produzindo forças de impacto, as cargas do caminhão devem ser ampliadas por um fator de impacto I dado por

$$I = \frac{50}{L + 125} \quad \text{unidades convencionais dos EUA} \quad (2.2a)$$

$$I = \frac{15,2}{L + 38,1} \quad \text{unidades do SI} \quad (2.2b)$$

mas o fator de impacto não precisa ser maior do que 30% e L = o comprimento em pés (metros) da parte do vão que é carregada para produzir a máxima tensão no componente.

A posição do comprimento L do vão no denominador da Equação 2.2 indica que as forças adicionais geradas pelo impacto são uma função inversa do comprimento do vão. Em outras palavras, como os vãos longos são mais volumosos e têm um período natural mais longo do que os vãos curtos, as cargas dinâmicas produzem forças muito maiores em uma ponte de vão curto do que em uma ponte de vão longo.

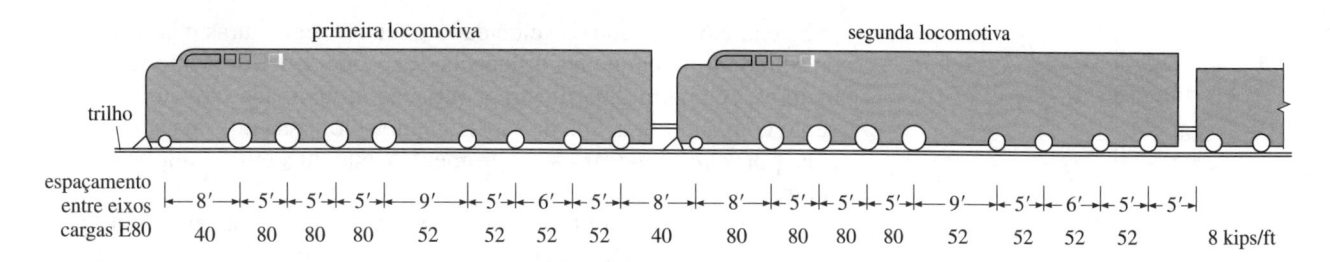

Figura 2.8: Cargas de estrada de ferro E80 da Arema.

O projeto de pontes de estrada de ferro utiliza o carregamento Cooper E80 (Figura 2.8), contido no *Manual for railway engineering* (*Manual de engenharia de estradas de ferro*) da Arema. Esse carregamento consiste em duas locomotivas seguidas por uma carga uniforme que representa o peso dos vagões de carga. O manual da Arema também fornece uma equação para impacto. Como os carregamentos AASHTO e Cooper exigem o uso de linhas de influência para estabelecer a posição das rodas que maximize as forças em várias posições de um elemento da ponte, os exemplos de projeto ilustrando o uso de cargas de roda serão deixados para o Capítulo 9.

2.5 Cargas de vento

Introdução

Conforme observamos nos danos causados por um furacão ou tornado, ventos fortes exercem forças intensas. Essas forças podem arrancar galhos de árvores, destelhar casas e quebrar janelas. Como a velocidade e a direção do vento mudam continuamente, é difícil determinar a pressão ou sucção exatas aplicadas pelos ventos nas estruturas. Contudo, reconhecendo que o vento é como um fluido, é possível compreender muitos aspectos de seu comportamento e chegar a cargas de projeto razoáveis.

A magnitude das pressões do vento sobre uma estrutura depende da sua velocidade, da forma e da rigidez da estrutura, da rugosidade e do perfil do solo nos arredores e da influência das estruturas adjacentes. Quando o vento atinge um objeto em seu caminho, a energia cinética das partículas de ar em movimento é convertida em uma pressão q_s, dada por

$$q_s = \frac{mV^2}{2} \qquad (2.3)$$

em que m representa a densidade de massa do ar e V corresponde à velocidade do vento. Assim, a pressão do vento varia com a densidade do ar — uma função da temperatura — e com o quadrado da velocidade do vento.

O atrito entre a superfície do solo e o vento influencia fortemente a velocidade do vento. Por exemplo, ventos passando por grandes áreas abertas e pavimentadas (por exemplo, pistas de decolagem de um aeroporto) ou superfícies aquáticas não têm a velocidade tão reduzida quanto ventos que sopram em áreas mais acidentadas e cobertas por vegetação, onde o atrito é maior. Além disso, próximo à superfície do chão, o atrito entre o ar e o solo reduz a velocidade, enquanto em alturas maiores acima do solo o atrito tem pouca influência e as velocidades do vento são muito maiores. A Figura 2.9a mostra a variação aproximada da velocidade do vento com a altura acima da superfície do solo. Essa informação é fornecida por *anemômetros* — instrumentos que medem a velocidade do vento.

A pressão do vento também depende da forma da superfície atingida pelo vento. As pressões são menores quando o corpo tem uma seção transversal aerodinâmica e maiores para seções transversais ásperas ou côncavas, que não permitem que o vento passe suavemente (ver Figura 2.10). A influência da forma na pressão do vento é avaliada por meio de *fatores de arrasto*, que são tabulados em alguns códigos de construção.

Como alternativa para o cálculo das pressões do vento a partir de sua velocidade, alguns códigos de construção especificam uma pressão horizontal do vento equivalente. Essa pressão aumenta com a altura acima da superfície do solo (Figura 2.9b). A força exercida pelo vento é presumida como igual ao produto da pressão do vento pela área de superfície de um prédio ou outra estrutura.

Quando o vento passa por um telhado inclinado (ver Figura 2.11a), é obrigado a aumentar sua velocidade para manter a continuidade do fluxo

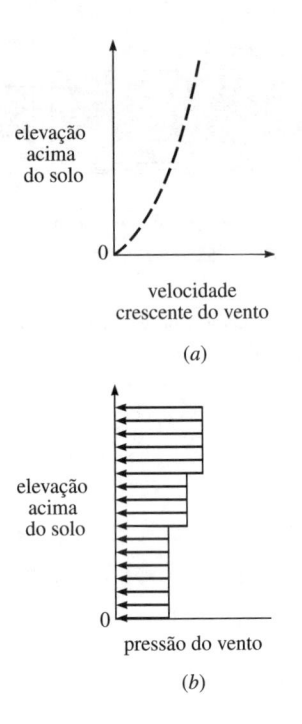

Figura 2.9: (a) Variação da velocidade do vento com a distância acima da superfície do solo; (b) variação da pressão do vento especificada pelos códigos de construção típicos para o lado a barlavento da construção.

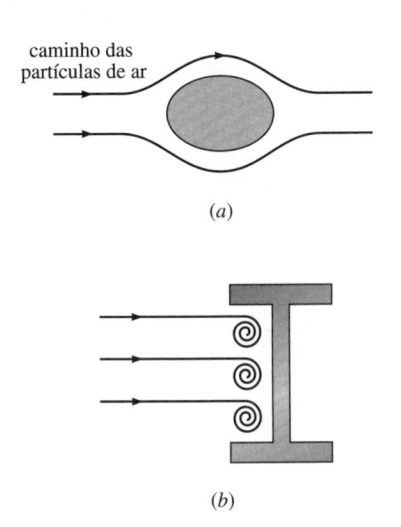

Figura 2.10: Influência da forma no fator de arrasto: (a) o perfil curvo permite que o ar contorne o corpo facilmente (o fator de arrasto é pequeno); (b) os ventos aprisionados pelos flanges aumentam a pressão na alma da viga mestra (o fator de arrasto é grande).

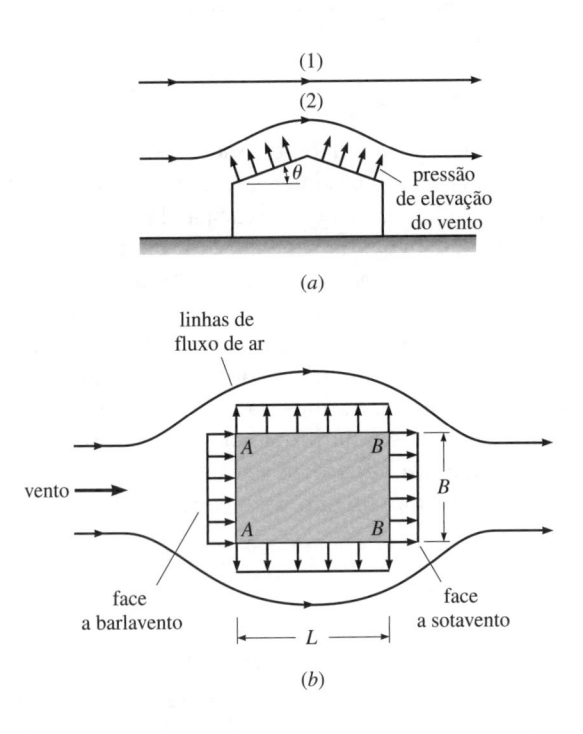

Figura 2.11: (a) Pressão de elevação do vento em um telhado inclinado; a velocidade do vento ao longo do caminho 2 é maior do que ao longo do caminho 1, devido ao comprimento maior do caminho. A maior velocidade reduz a pressão no topo do telhado, criando um diferencial de pressão entre o interior e o exterior do prédio. A elevação do vento é uma função do ângulo θ do telhado; (b) a maior velocidade cria uma pressão negativa (sucção) nas laterais e na face a sotavento; pressão direta na face a barlavento AA.

de ar. À medida que a velocidade do vento aumenta, a pressão no telhado diminui (princípio de Bernoulli). A redução na pressão causa uma elevação do vento — de maneira muito parecida com o fluxo de ar nas asas de um avião — que pode levar embora um telhado fixado de forma inadequada. Uma pressão negativa semelhante ocorre nos dois lados de um prédio paralelo à direção do vento e em menor grau no lado a sotavento (ver lados *AB* e lado *BB* na Figura 2.11*b*), à medida que a velocidade do vento aumenta para contornar o prédio.

Desprendimento de vórtices. Quando o vento, movendo-se a uma velocidade constante, passa sobre objetos em seu caminho, as partículas de ar são retardadas pelo atrito da superfície. Sob certas condições (velocidade crítica do vento e a forma da superfície), pequenas massas de ar represado se desprendem e fluem para longe periodicamente (ver Figura 2.12). Esse processo é chamado *desprendimento de vórtices*. À medida que a massa de ar se move, sua velocidade causa uma alteração na pressão sobre a superfície de descarga. Se o período (intervalo de tempo) dos vórtices que saem da superfície for próximo do período natural da estrutura, as variações de pressão causarão oscilações na estrutura. Com o tempo, essas oscilações aumentarão e sacudirão a estrutura vigorosamente. A falha da ponte Tacoma-Narrows, mostrada na Foto 2.1, é um exemplo drástico dos danos que o desprendimento de vórtices pode causar. Chaminés altas e tubulações suspensas são outras

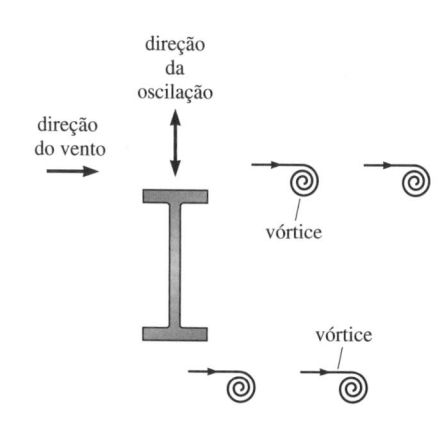

Figura 2.12: Vórtices sendo liberados de uma viga mestra de aço. À medida que a velocidade do vórtice aumenta, ocorre uma redução na pressão, fazendo a viga mestra mover-se verticalmente.

Foto 2.1: Falha da ponte Tacoma-Narrows mostra o primeiro segmento da pista caindo no canal Puget. O desmoronamento da ponte estreita e flexível foi produzido pela grande oscilação causada pelo vento.

estruturas suscetíveis às vibrações causadas pelo vento. Para evitar danos a estruturas sensíveis à vibração causada pelo desprendimento de vórtices, *spoilers* (ver Figura 2.13), que fazem os vórtices se desprenderem em um padrão aleatório, ou *amortecedores*, que absorvem energia, podem ser anexados à superfície de descarga. Como solução alternativa, o período natural da estrutura pode ser modificado de modo que fique fora do intervalo suscetível ao desprendimento de vórtices. Normalmente, o período natural é modificado aumentando-se a rigidez do sistema estrutural.

Por várias décadas após a falha da ponte Tacoma-Narrows, os projetistas adicionaram treliças de reforço nas laterais das pistas das pontes pênseis, para minimizar a flexão dos pisos (Foto 2.2). Atualmente, os projetistas utilizam seções de caixa rígidas moldadas de forma aerodinâmica que resistem eficientemente às deflexões causadas pelo vento.

Sistemas de contraventamento estrutural para forças do vento e de terremotos

Os pisos dos prédios normalmente são apoiados em colunas. Sob pesos próprios e sobrecargas que atuam verticalmente para baixo (também chamadas *cargas gravitacionais*), as colunas são carregadas principalmente por forças de compressão axial. Como as colunas transmitem carga axial eficientemente em compressão direta, têm seções transversais relativamente pequenas — uma condição desejável, pois os proprietários querem maximizar o espaço útil do piso.

Quando cargas laterais, como o vento ou as forças de inércia geradas por um terremoto, atuam em um prédio, ocorrem deslocamentos laterais. Esses deslocamentos são zero na base do prédio e aumentam com a

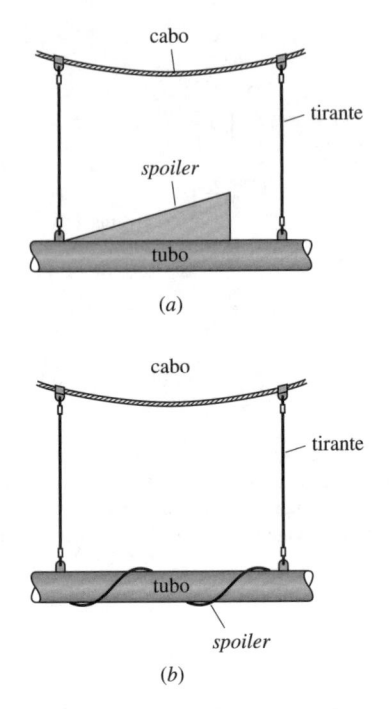

Figura 2.13: *Spoilers* soldados em um tubo suspenso para alterar o período dos vórtices: (*a*) placa triangular utilizada como *spoiler*; (*b*) haste espiral soldada no tubo, usada como *spoiler*.

Foto 2.2: Ponte Verrazano-Narrows na entrada do porto de Nova York. Essa ponte, aberta ao tráfego em 1964, liga a Staten Island ao Brooklyn. A foto mostra as treliças de reforço no nível da pista que amortecem as oscilações causadas pelo vento.

altura. Como colunas delgadas têm seções transversais relativamente pequenas, sua rigidez à flexão é pequena. Como resultado, em um prédio com colunas como únicos elementos de suporte, podem ocorrer grandes deslocamentos laterais. Esses deslocamentos laterais podem rachar paredes divisórias, danificar instalações e causar enjôo nos ocupantes (particularmente nos pisos superiores de prédios com vários andares, onde eles têm maior efeito).

Para limitar os deslocamentos laterais, os projetistas de estruturas frequentemente inserem paredes estruturais de alvenaria armada ou concreto armado em locais apropriados dentro do prédio. Esses *pilares-parede* atuam no plano como vigas-coluna de grandes dimensões em balanço, com grande rigidez à flexão, muitas vezes maior que as de todas as colunas combinadas. Devido à sua grande rigidez, muitas vezes se presume que os pilares-parede transmitem todas as cargas transversais do vento ou terremoto para a fundação. Como as cargas laterais atuam no plano que contém o eixo longitudinal da parede exatamente como o cisalhamento atua em uma viga, ela é chamada de pilar-parede (Figura 2.14a). Na verdade, essas paredes também devem ser reforçadas para flexão em torno dos dois eixos principais, pois podem fletir em ambas as direções. A Figura 2.14b mostra os diagramas de cisalhamento e momento de um pilar-parede típico.

As cargas são transmitidas para as paredes por meio de lajes de piso contínuas que atuam como diafragmas rígidos, o que é denominado *ação de diafragma* (Figura 2.14a). No caso do vento, as lajes de piso recebem a carga da pressão atmosférica que atua nas paredes externas. No caso do

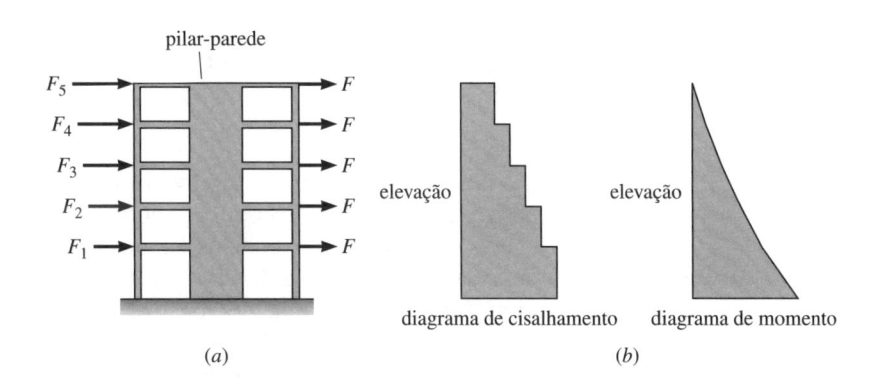

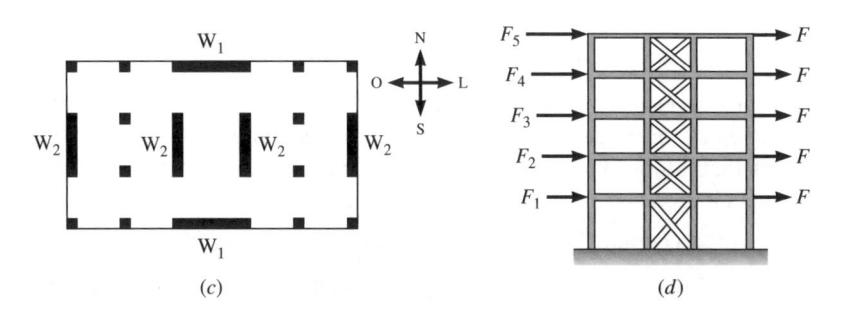

Figura 2.14: Sistemas estruturais para resistir às cargas laterais do vento ou de terremoto: (a) O pilar-parede de concreto armado transmite todas as cargas laterais de vento; (b) diagramas de cisalhamento e momento do pilar-parede, produzidos pela soma das cargas de vento nos lados a barlavento e sotavento do prédio em a; (c) planta do prédio mostrando a posição dos pilares-parede e das colunas; (d) o contraventamento entre as colunas de aço forma uma treliça para transmitir as cargas laterais de vento para as fundações.

terremoto, a massa combinada dos pisos e da construção associada determina a magnitude das forças de inércia transmitidas para os pilares-parede quando o prédio flexiona com o movimento do chão.

Os pilares-parede podem estar localizados no interior dos prédios ou nas paredes externas (Figura 2.14c). Como somente a rigidez à flexão no plano da parede é significativa, são necessárias paredes nas duas direções. Na Figura 2.14c, dois pilares-parede, rotulados como W_1, são usados para resistir às cargas de vento que atuam na direção leste–oeste do lado mais curto do prédio; quatro pilares-parede, rotulados como W_2, são utilizados para resistir à carga do vento na direção norte–sul, atuando no lado mais longo do prédio.

Nos prédios construídos com aço estrutural, como alternativa à construção de pilares-parede, o projetista pode adicionar contraventamento em forma de X ou em forma de V entre as colunas para formar treliças de vento profundas, as quais são muito rígidas no plano da treliça (Figura 2.14d e Foto 2.3).

Equações para prever pressões de vento de projeto

Nosso principal objetivo no estabelecimento das pressões do vento em um prédio é determinar as forças que devem ser utilizadas para dimensionar os membros estruturais que constituem o sistema de contraventamento. Nesta seção, discutiremos os procedimentos para estabelecer pressões do vento usando um formato simplificado, baseado nas disposições da edição mais recente do padrão ASCE.

Se a densidade de massa do ar a 59 °F (15 °C) e a pressão no nível do mar de 29,92 polegadas de mercúrio (101,3 kPa) forem substituídas na Equação 2.3a, a equação da pressão estática do vento q_s se tornará

$$q_s = 0{,}00256 V^2 \quad \text{unidades convencionais dos EUA} \quad (2.4a)$$

$$q_s = 0{,}613 V^2 \quad \text{unidades do SI} \quad (2.4b)$$

em que q_s = pressão estática do vento, lb/ft² (N/m²)

V = velocidade básica do vento, mph (m/s). As velocidades básicas do vento, utilizadas para estabelecer a força do vento de projeto para lugares específicos nos Estados Unidos continentais, estão representadas no mapa da Figura 2.15. Essas velocidades são medidas por anemômetros localizados a 33 pés (10 m) de altitude em terreno aberto e representam as velocidades do vento que têm apenas 2% de probabilidade de serem ultrapassadas em qualquer ano. Observe que as maiores velocidades de vento ocorrem ao longo da costa, onde o atrito entre o vento e a água é mínimo.

A pressão estática do vento q_s dada pela Equação 2.4a ou b é modificada a seguir, na Equação 2.5, por quatro fatores empíricos, para estabelecer a magnitude da pressão do vento causada pela velocidade q_z em diversas elevações acima da superfície da Terra.

$$q_z = 0{,}00256 V^2 I K_z K_{zt} K_d \quad \text{unidades convencionais dos EUA} \quad (2.5a)$$

$$q_z = 0{,}613 V^2 I K_z K_{zt} K_d \quad \text{unidades do SI} \quad (2.5b)$$

Foto 2.3: O contraventamento, junto com as colunas e vigas de piso horizontais associadas no plano do contraventamento, forma uma treliça vertical contínua e profunda que se estende por toda a altura do prédio (da fundação ao telhado) e produz um elemento estrutural leve e rígido para transmitir forças laterais de vento e terremoto para a fundação.

Figura 2.15: Mapa de contorno de velocidade do vento básica do padrão ASCE. As maiores velocidades de vento ocorrem ao longo das costas orientais e do sudeste dos Estados Unidos.

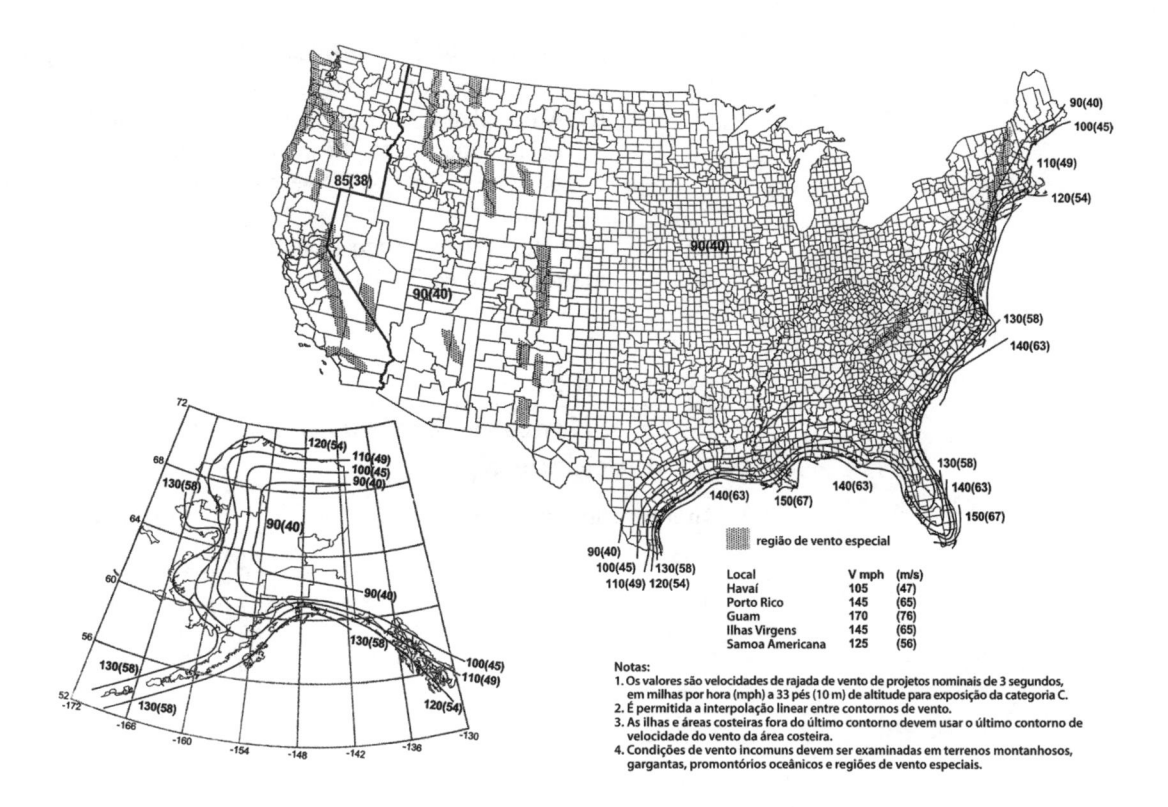

Ou então, usando a Equação 2.4*a*, podemos substituir os dois primeiros termos da Equação 2.5 por q_s para obter

$$q_z = q_s I K_z K_{zt} K_d \qquad (2.6)$$

em que q_z = *pressão do vento causada pela velocidade* na altura *z* acima da superfície da Terra.

I = *fator de importância*, que representa quanto determinada estrutura é fundamental para a comunidade. Por exemplo, $I = 1$ para prédios de escritórios, mas aumenta para 1,15 para hospitais, delegacias de polícia e outros estabelecimentos públicos vitais para a segurança e bem-estar da comunidade ou cuja falha pode causar grande perda de vidas. Para estruturas cuja falha não produz nenhuma perda econômica grave ou perigo para o público, *I* reduz para 0,87 ou 0,77 se *V* ultrapassa 100 mph.

K_z = *coeficiente de exposição à pressão causada pela velocidade*, que leva em conta a influência da altitude e condições de exposição. As três categorias de exposição (B a D) consideradas são as seguintes:

B: Áreas urbanas e suburbanas ou cobertas de mata, com estruturas baixas.

C: Terreno aberto com obstáculos esporádicos, geralmente com menos de 30 pés (9,1 m) de altura.

D: Áreas planas e desobstruídas, expostas ao fluxo do vento sobre água aberta por uma distância de pelo menos 5 000 pés (1,524 km) ou 20 vezes a altura do prédio, o que for maior.

Os valores de K_z estão tabulados na Tabela 2.4 e mostrados graficamente na Figura 2.16.

TABELA 2.4
Coeficiente de exposição à pressão causada pela velocidade K_z

Altura z acima do solo		Exposição		
pés	(m)	B	C	D
0–15	(0–4,6)	0,57 (0,70)*	0,85	1,03
20	(6,1)	0,62 (0,70)	0,90	1,08
25	(7,6)	0,66 (0,70)	0,94	1,12
30	(9,1)	0,70	0,98	1,16
40	(12,2)	0,76	1,04	1,22
50	(15,2)	0,81	1,09	1,27
60	(18)	0,85	1,13	1,31
70	(21,3)	0,89	1,17	1,34
80	(24,4)	0,93	1,21	1,38
90	(27,4)	0,96	1,24	1,40
100	(30,5)	0,99	1,26	1,43
120	(36,6)	1,04	1,31	1,48
140	(42,7)	1,09	1,36	1,52
160	(48,8)	1,13	1,39	1,55
180	(54,9)	1,17	1,43	1,58

*Para prédios baixos com altura média de telhado não ultrapassando 60 pés (18 m) e dimensão horizontal mínima.

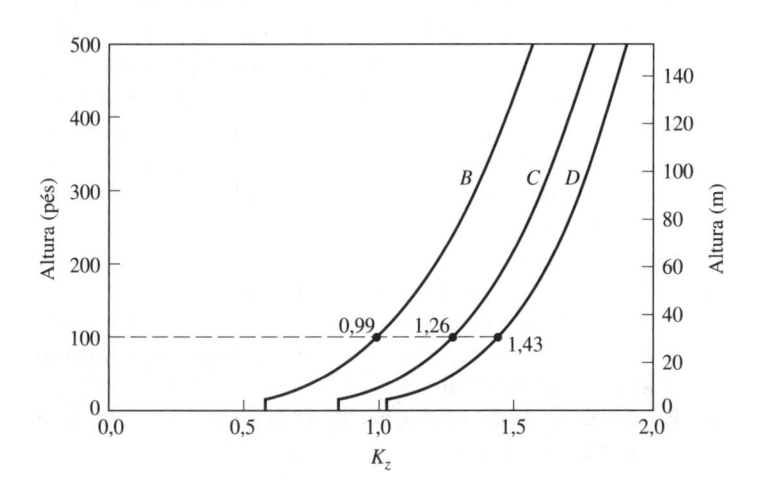

Figura 2.16: Variações de K_z.

TABELA 2.5
Fator de direção do vento K_d

Tipo estrutural	K_d
Prédios	
Sistema principal de resistência à força do vento	0,85
Componentes e revestimento	0,85
Chaminés, tanques e estruturas semelhantes	
Quadrados	0,90
Redondos ou hexagonais	0,95
Torres treliçadas	
Triangulares, quadradas, retangulares	0,85
Todas as outras seções transversais	0,95

K_{zt} = *fator topográfico*, que é igual a 1 se o prédio está localizado em solo plano; para prédios localizados em lugares elevados (topo de colinas), K_{zt} aumenta para levar em conta a maior velocidade do vento.

K_d = *fator de direção do vento*, que leva em conta a probabilidade reduzida de ventos máximos vindos de qualquer direção dada e a probabilidade reduzida da pressão máxima desenvolvendo-se para qualquer direção de vento dada (consultar Tabela 2.5).

O último passo para estabelecer a *pressão do vento de projeto p* é modificar q_z, dado pela Equação 2.5a ou b, por dois fatores adicionais, G e C_p:

$$p = q_z G C_p \qquad (2.7)$$

em que p = *pressão do vento de projeto* em uma face específica do prédio.

G = *fator de rajada*, que é igual a 0,85 para estruturas rígidas; isto é, o período natural é menor do que 1 segundo. Para estruturas flexíveis, com período natural maior do que 1 segundo, uma série de equações para G está disponível no padrão ASCE.

C_p = *coeficiente de pressão externa*, que estabelece como uma fração da pressão do vento (dada pela Equação 2.5a ou b); deve ser distribuída em cada um dos quatro lados do prédio (consultar Tabela 2.6). Para o vento aplicado à normal da parede no lado a barlavento do prédio, $C_p = 0,8$. No lado a sotavento, $C_p = -0,2$ a $-0,5$. O sinal de menos indica uma pressão atuando de fora da face do prédio. A magnitude de C_p é uma função da relação do comprimento L na direção a barlavento, com o comprimento B na direção normal ao vento. O sistema de contraventamento principal deve ser dimensionado para a soma das forças do vento nos lados a barlavento e a sotavento do prédio. Por fim, nos lados do prédio perpendiculares à direção do vento, onde também ocorre pressão negativa, $C_p = -0,7$.

TABELA 2.6
Coeficiente de pressão externa C_p

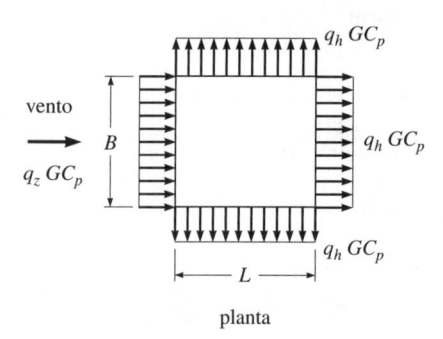

planta

Coeficientes de pressão nas paredes C_p

Superfície	L/B	C_p	Use com
Parede a barlavento	Todos os valores	0,8	q_z
Parede a sotavento	0–1	−0,5	
	2	−0,3	q_h
	≥4	−0,2	
Parede lateral	Todos os valores	−0,7	q_h

Notas:
1. Os sinais de mais e menos significam pressões atuando em direção das superfícies e para fora delas, respectivamente.
2. Notações: B é a dimensão horizontal do prédio, em pés (metros), medida normal à direção do vento, e L é a dimensão horizontal do prédio em pés (metros), medida paralela à direção do vento.

A pressão do vento aumenta com a altura somente no lado a barlavento de um prédio, onde a pressão do vento atua para dentro nas paredes. Nos outros três lados, a magnitude da pressão negativa do vento, atuando para fora, é constante com a altura, e o valor de K_z é baseado na altura média h do teto. Uma distribuição típica da pressão do vento em um prédio de vários andares é mostrada na Figura 2.17. O Exemplo 2.6 ilustra o procedimento para avaliar a pressão do vento nos quatro lados de um prédio de 100 pés de altura.

Como o vento pode atuar em qualquer direção, os projetistas também devem considerar possibilidades adicionais de carga de vento atuando em vários ângulos em relação ao prédio. Para prédios altos em uma cidade — particularmente aqueles com formato incomum —, frequentemente são feitos estudos em túnel de vento com modelos em pequena escala para determinar as pressões máximas do vento. Para esses estudos devem ser incluídos os prédios altos adjacentes, que influenciam a direção da corrente de ar. Normalmente, os modelos são construídos em uma pequena plataforma que pode ser inserida em um túnel de vento e girada para determinar a orientação do vento que produz os maiores valores de pressão positiva e negativa.

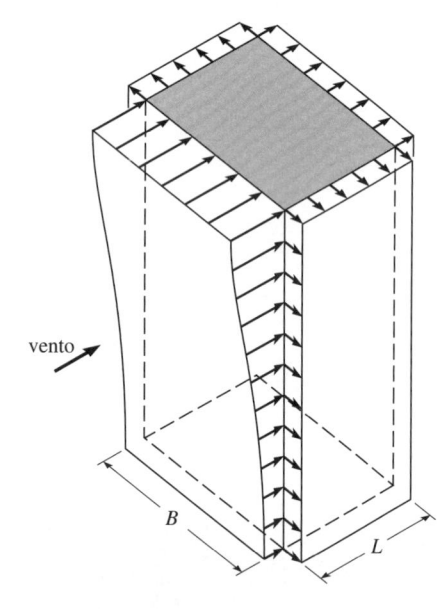

Figura 2.17: Distribuição típica de carga de vento em um prédio de vários andares.

Seção 2.5 Cargas de vento

EXEMPLO 2.6

Determine a distribuição da pressão do vento nos quatro lados de um hotel de oito andares localizado em solo plano; a velocidade do vento básica é de 130 mph. Considere o caso de um vento forte atuando diretamente na face *AB* do prédio da Figura 2.18*a*. Suponha que o prédio é classificado como rígido, pois seu período natural é menor do que 1 s; portanto, o fator de rajada *G* é igual a 0,85. O fator de importância *I* é igual a 1,15 e se aplica à exposição *D*. Como o prédio está localizado em solo plano, $K_{zt} = 1$.

Solução

PASSO 1 Calcule a pressão estática do vento usando a Equação 2.4*a*:

$$q_s = 0{,}00256 V^2 = 0{,}00256(130)^2 = 43{,}26 \text{ lb/ft}^2$$

PASSO 2 Calcule a magnitude da pressão do vento no lado a barlavento no topo do prédio, 100 pés de altura, usando a Equação 2.5*a*:

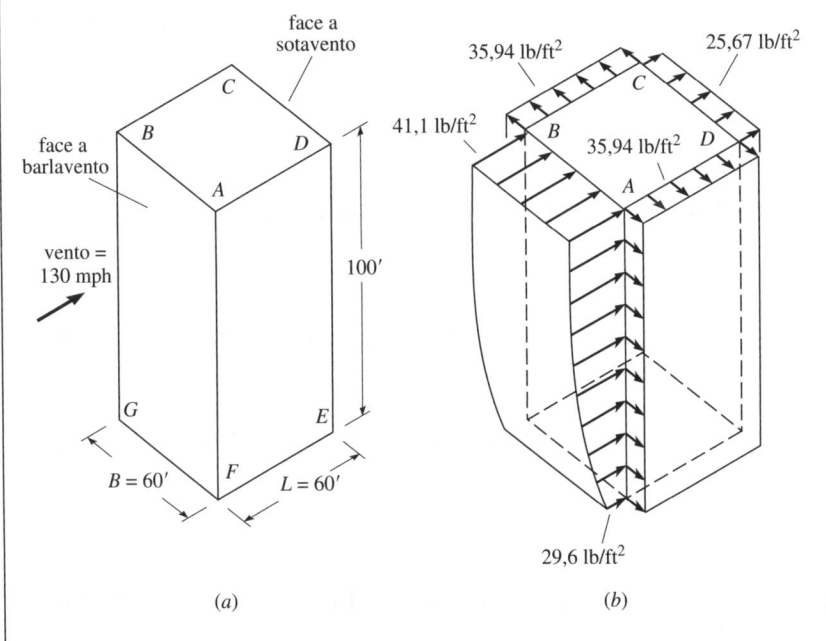

Figura 2.18: Variação da pressão do vento nas laterais de prédios.

[*continua*]

[*continuação*]

$$I = 1{,}15$$

$$K_z = 1{,}43 \quad \text{(Figura 2.16 ou Tabela 2.4)}$$

$$K_{zt} = 1 \quad \text{(solo plano)}$$

$$K_d = 0{,}85 \quad \text{(Tabela 2.5)}$$

Substituindo os valores acima na Equação 2.6 para determinar a pressão do vento de projeto a 100 pés acima do solo, temos

$$q_z = q_s I K_z K_{zt} K_d$$

$$= 43{,}26(1{,}15)(1{,}43)(1)(0{,}85) = 60{,}4 \text{ lb/ft}^2$$

Nota: Para calcular as pressões do vento em outras elevações no lado a barlavento, o único fator que muda na equação acima é K_z, tabulado na Tabela 2.4. Por exemplo, a uma elevação de 50 pés, $K_z = 1{,}27$ e $q_z = 53{,}64$ lb/ft².

PASSO 3 Determine a pressão do vento de projeto na face a *barlavento AB*, usando a Equação 2.7.

Fator de rajada $G = 0{,}85$, $C_p = 0{,}8$ (lido na Tabela 2.6). Substituindo na Equação 2.7, temos

$$p = q_z G C_p = 60{,}4(0{,}85)(0{,}8) = 41{,}1 \text{ lb/ft}^2$$

PASSO 4 Determine a pressão do vento no lado a *sotavento*:

$$C_p = -0{,}5 \quad \text{(Tabela 2.6)} \quad \text{e} \quad G = 0{,}85$$

$$p = q_z G C_p = 60{,}4(0{,}85)(-0{,}5) = -25{,}67 \text{ lb/ft}^2$$

PASSO 5 Calcule a pressão do vento nos dois *lados perpendiculares* ao vento:

$$C_p = -0{,}7 \quad G = 0{,}85$$

$$p = q_z G C_p = 60{,}4(0{,}85)(-0{,}7) = -35{,}94 \text{ lb/ft}^2$$

A distribuição de pressões do vento é mostrada na Figura 2.18*b*.

Procedimento simplificado: cargas de vento para prédios baixos

Além do procedimento que acabamos de discutir para o cálculo de cargas de vento, o padrão ASCE fornece um procedimento simplificado para estabelecer as pressões do vento em prédios baixos fechados ou parcialmente fechados de forma regular, cuja altura de telhado média h não ultrapasse 60 pés (18,2 m) nem sua dimensão horizontal mínima e para os quais as seguintes condições se aplicam.

1. As lajes de piso e teto (diafragmas) devem ser projetadas para atuar como placas rígidas e conectar-se com o sistema de resistência à força do vento principal, o que pode incluir pilares-parede, pórticos de momento ou pórticos contraventados.
2. O prédio tem seção transversal aproximadamente simétrica e a inclinação θ do telhado não passa de 45°.
3. O prédio é classificado como rígido; isto é, sua frequência natural é maior do que 1 Hz. (A maioria dos prédios baixos com sistemas de resistência à força do vento, como pilares-parede, pórticos de momento ou pórticos contraventados, cai nessa categoria.)
4. O prédio não é sensível à torção.

Para tais estruturas *retangulares* normais, o procedimento para estabelecer as pressões de projeto é o seguinte:

1. Determine a velocidade do vento no local do prédio, usando a Figura 2.15.
2. Estabeleça a pressão do vento de projeto p_s que atua nas paredes e no telhado

$$p_s = \lambda K_{zt} I p_{s30} \tag{2.8}$$

em que p_{s30} é a *pressão do vento de projeto simplificada* para exposição B, com $h = 30$ pés e o *fator de importância I* adotado como 1,0 (consultar Tabela 2.7). Se o fator de importância I é diferente de 1, substitua seu valor na Equação 2.8. Para exposição C ou D e para h diferente de 30 pés, o padrão ASCE fornece um *fator de ajuste* λ, tabulado na Tabela 2.8.

TABELA 2.7
Pressão do vento de projeto simplificada p_{S30} (lb/ft²) (Exposição B com $h = 30$ pés com $I = 1,0$ e $K_{zt} = 1,0$)

Velocidade do vento básica (mph)	Ângulo do telhado (graus)	Zonas							
		Pressões horizontais				Pressões verticais			
		A	B	C	D	E	F	G	H
90	0° a 5°	12,8	−6,7	8,5	−4,0	−15,4	−8,8	−10,7	−6,8
	10°	14,5	−6,0	9,6	−3,5	−15,4	−9,4	−10,7	−7,2
	15°	16,1	−5,4	10,7	−3,0	−15,4	−10,1	−10,7	−7,7
	20°	17,8	−4,7	11,9	−2,6	−15,4	−10,7	−10,7	−8,1
	25°	16,1	2,6	11,7	2,7	−7,2	−9,8	−5,2	−7,8
		—	—	—	—	−2,7	−5,3	−0,7	−3,4
	30° a 45°	14,4	9,9	11,5	7,9	1,1	−8,8	0,4	−7,5
		14,4	9,9	11,5	7,9	5,6	−4,3	4,8	−3,1

TABELA 2.8
Fator de ajuste λ para altura e exposição de prédio

Altura média do telhado h (pés)	Exposição		
	B	C	D
15	1,00	1,21	1,47
20	1,00	1,29	1,55
25	1,00	1,35	1,61
30	1,00	1,40	1,66
35	1,05	1,45	1,70
40	1,09	1,49	1,74
45	1,12	1,53	1,78
50	1,16	1,56	1,81
55	1,19	1,59	1,84
60	1,22	1,62	1,87

Do padrão ASCE.

A distribuição de p_s nas paredes e no telhado para carga de vento nas direções transversal e longitudinal é mostrada na Figura 2.19. Cada linha na Tabela 2.7 relaciona os valores da pressão do vento uniforme para oito áreas das paredes e do telhado de um prédio.

- Os sinais de mais e menos significam pressões atuando na direção das superfícies projetadas e para fora delas.
- As pressões para velocidades adicionais do vento são dadas no padrão ASCE.

Essas áreas, mostradas na Figura 2.19, são rotuladas com *letras dentro de um círculo* (de A a H). A Tabela 2.7 contém valores de p_{s30} para prédios sujeitos a ventos de 90 mph; o padrão completo fornece dados para ventos que variam de 85 mph a 170 mph.

O valor de *a*, que define a extensão das *regiões de maior pressão do vento* (ver áreas A, B, E e F nas paredes e no telhado na Figura 2.19), é avaliado como 10% da menor dimensão horizontal do prédio ou 0,4h, o que for menor (h é a altura média), mas não menos do que 4% da menor dimensão horizontal ou 3 pés (0,9 m). Note que as pressões do vento são maiores próximo dos cantos das paredes e bordas dos telhados. O padrão ASCE também especifica uma carga de vento mínima, com 10 psf de p_s atuando nas zonas A, B, C e D, enquanto as outras zonas não são carregadas.

O Exemplo 2.7 ilustra o uso do procedimento simplificado para estabelecer as pressões do vento de projeto para a análise de vento de um prédio retangular de 45 pés de altura.

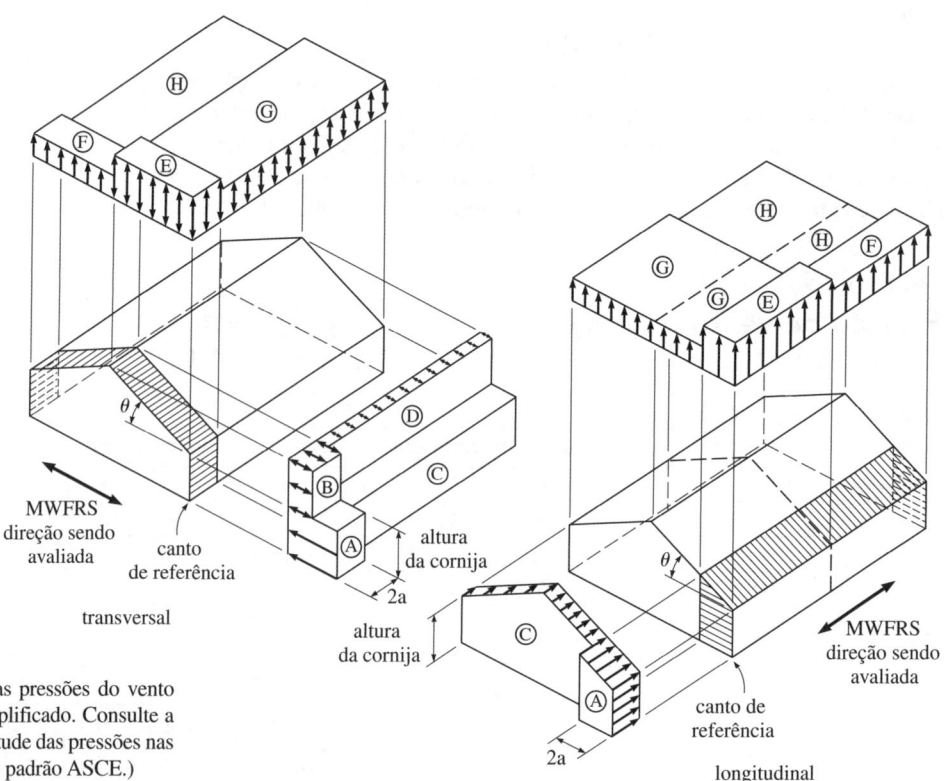

Figura 2.19: Distribuição das pressões do vento de projeto para o método simplificado. Consulte a Tabela 2.7 para saber a magnitude das pressões nas áreas de A a H. $h = 60$ ft. (Do padrão ASCE.)

EXEMPLO 2.7

A Figura 2.15 indica que a velocidade do vento que atua no prédio de três andares e 45 pés de altura da Figura 2.20a é de 90 mph. Se a condição de exposição C se aplica, determine a força do vento transmitida para as fundações do prédio por cada um dos dois grandes pilares-parede de concreto armado que constituem o sistema principal de resistência ao vento. As paredes localizadas no ponto central de cada lado do prédio têm proporções idênticas. O fator de importância I é igual a 1 e $K_{zt} = 1,0$.

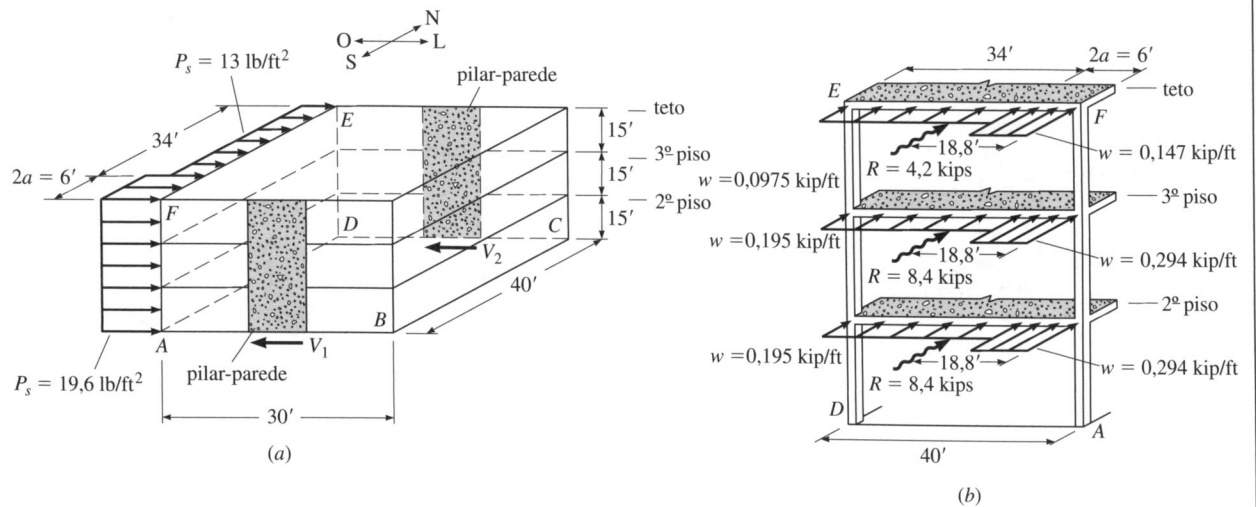

Figura 2.20: Análise da pressão do vento horizontal pelo método simplificado: (*a*) distribuição da pressão do vento e detalhes da estrutura carregada; (*b*) forças do vento aplicadas pelas paredes externas na borda do telhado e nas lajes de piso; (*c*) vista superior da força do vento resultante e das reações dos pilares-parede; (*d*) diagrama de corpo livre do pilar-parede localizado no plano *ABDF* mostrando as forças do vento aplicadas pelas lajes de piso e as reações na base. [*continua*]

Solução

Calcule a carga de vento transmitida da parede no lado a barlavento para o teto e para cada laje de piso. Suponha que cada faixa vertical de 1 pé de largura da parede atue como uma viga apoiada de forma simples abrangendo 10 pés entre as lajes de piso; portanto, metade da carga de vento na parede entre os pisos é transmitida para as lajes acima e abaixo pela viga fictícia (ver Figura 2.20b).

PASSO 1 Como o teto é plano, $\theta = 0$. Para as *pressões do vento de projeto simplificadas* p_{s30}, leia a linha superior na Tabela 2.7.

Região A: $p_{s30} = 12,8$ lb/ft²
Região C: $p_{s30} = 8,5$ lb/ft²

Nota: não há necessidade de calcular os valores de p_s para as zonas B e D, pois o prédio não tem telhado inclinado.

PASSO 2 Ajuste p_{s30} para exposição C e altura média $h = 45$ ft. Veja na Tabela 2.8 que o fator de ajuste $\lambda = 1,53$. Calcule a pressão do vento $p_s = \lambda K_{zt} I p_{s30}$.

Região A: $p_s = 1,53(1)(1)(12,8) = 19,584$, arredondado para 19,6 lb/ft²
Região C: $p_s = 1,53(1)(1)(8,5) = 13,005$, arredondado para 13 lb/ft²

[*continua*]

[continuação]

*V*₂ = 9,87 kips

R = 21 kips

18,8′

40′

*V*₁ = 11,13 kips

|← 30′ →|

(c)

2,23 kips — 15′
4,45 kips — 15′
4,45 kips — 15′

← *V*₁ = 11,13 kips

*M*₁ = 300,6 kip · ft

(d)

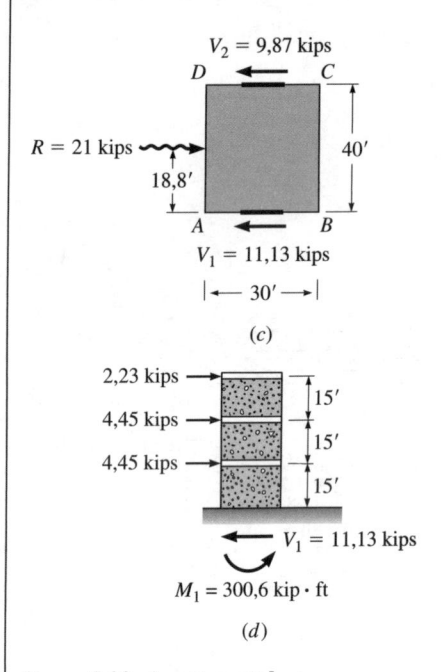

Figura 2.20: *[continuação]*

PASSO 3 Calcule as forças do vento resultantes transmitidas das paredes externas para a borda do telhado e para as lajes de piso.

Carga por pé, w, para a laje do telhado (ver Figura 2.20*b*):

$$\text{Região A:} \quad w = \frac{15}{2} \times \frac{19,6}{1\,000} = 0,147 \text{ kip/ft}$$

$$\text{Região C:} \quad w = \frac{15}{2} \times \frac{13}{1\,000} = 0,0975 \text{ kip/ft}$$

Carga por pé, w, para a segunda e para a terceira lajes de piso:

$$\text{Região A:} \quad w = 15 \times \frac{19,6}{1\,000} = 0,294 \text{ kip/ft}$$

$$\text{Região C:} \quad w = 15 \times \frac{13}{1\,000} = 0,195 \text{ kip/ft}$$

PASSO 4 Calcule as resultantes das cargas de vento distribuídas.

Laje do telhado:

$$R_1 = 0,147 \times 6 + 0,0975 \times 34 = 4,197, \text{ arredondado para } 4,2 \text{ kips}$$

Segundo e terceiro pisos:

$$R_2 = 0,294 \times 6 + 0,195 \times 34 = 8,394, \text{ arredondado para } 8,4 \text{ kips}$$

Força do vento horizontal total = 4,2 + 8,4 + 8,4 = 21 kips

PASSO 5 Localize a posição da resultante. Some os momentos sobre um eixo vertical por meio dos pontos A e F (ver Figura 2.20*c*).

No nível da primeira laje de piso

$$R\bar{x} = \Sigma F \cdot x$$
$$4,197\bar{x} = 0,882(3) + 3,315\left(6 + \frac{34}{2}\right)$$
$$\bar{x} = 18,797 \text{ ft, arredondado para } 18,8 \text{ ft}$$

Como a variação da distribuição da pressão é idêntica em todos os níveis de piso na parte posterior da parede, a resultante de todas as forças atuando nas extremidades do teto e nas lajes de piso está localizada a uma distância de 18,8 pés a partir da borda do prédio (Figura 2.20*b*).

PASSO 6 Calcule a força de cisalhamento na base dos pilares-parede. Some os momentos de todas as forças sobre um eixo vertical passando pelo ponto A no canto do prédio (ver Figura 2.20*c*).

$\Sigma M_A = 21 \times 18,8 - V_2(40)$ e $V_2 = 9,87$ kips **Resp.**

Calcule V_1: $\quad V_2 + V_1 = 21$ kips
$\quad\quad\quad\quad\quad V_1 = 21 - 9,87 = 11,13$ kips **Resp.**

Nota: Uma análise completa do vento exige que o projetista considere as pressões verticais nas zonas E a H que atuam no teto. Essas pressões são suportadas por um sistema estrutural separado, composto das lajes e vigas de teto, que as transmite para as colunas, assim como para os pilares-parede. No caso de um teto plano, o vento que flui por ele produz pressões para cima (elevação do vento) que reduzem a compressão axial nas colunas.

Foto 2.4: Dano em estruturas causado por terremoto: (*a*) A via expressa Hanshin desmoronou durante o terremoto de 1995 ocorrido em Hyogoken-Nanbu, Japão; (*b*) desmoronamento da ponte Struve Sough: o forte tremor do solo causado pelo terremoto Loma Prieta de 1989 na Califórnia produziu *recalques diferenciais* das fundações que suportavam as fileiras de colunas que sustentavam a laje da pista de rolamento. Esse recalque desigual fez que as colunas que sofreram os maiores recalques transferissem o peso do estrado da ponte para as colunas adjacentes, cujo recalque era menor. A carga adicional, que teve de ser transferida para a coluna por tensões de cisalhamento na laje em torno do perímetro da coluna, produziu as falhas de *puncionamento* mostradas.

2.6 Forças de terremoto

Terremotos ocorrem em muitas regiões do mundo. Em alguns locais, onde a intensidade do tremor do solo é pequena, o projetista não precisa considerar os efeitos sísmicos. Em outros locais — particularmente em regiões próximas a uma falha geológica (uma linha de fratura na estrutura rochosa) ativa, como a falha de San Andreas que se estende pela costa ocidental da Califórnia —, frequentemente ocorrem grandes movimentos do solo que podem danificar ou destruir prédios e pontes em áreas extensas das cidades (ver Foto 2.4*a* e *b*). Por exemplo, São Francisco foi devastada por um terremoto em 1906, antes que os códigos de construção e de pontes contivessem disposições sísmicas.

Os movimentos do solo gerados por grandes forças de terremoto fazem os prédios oscilar para a frente e para trás. Supondo que o prédio seja fixo em sua base, o deslocamento dos pisos variará de zero na base até um máximo no teto (ver Figura 2.21*a*). Quando os pisos se movem lateralmente, o sistema de contraventamento lateral é tensionado, pois age de forma a resistir ao deslocamento lateral dos pisos. As forças associadas a esse movimento, as *forças de inércia*, são uma função do peso dos pisos e do equipamento e das divisórias associadas, assim como da rigidez da estrutura. A soma das forças de inércia laterais atuando em todos os pisos e transmitida para as fundações é denominada *cisalhamento de base* e é denotada por V (ver Figura 2.21*b*). Na maioria dos prédios em que o peso dos pisos tem magnitude similar, a distribuição das forças de inércia é semelhante àquela criada pelo vento, conforme discutido na Seção 2.6.

Embora existam vários procedimentos analíticos para determinar a magnitude do cisalhamento de base para a qual os prédios devem ser projetados, consideraremos somente o *procedimento da força lateral*

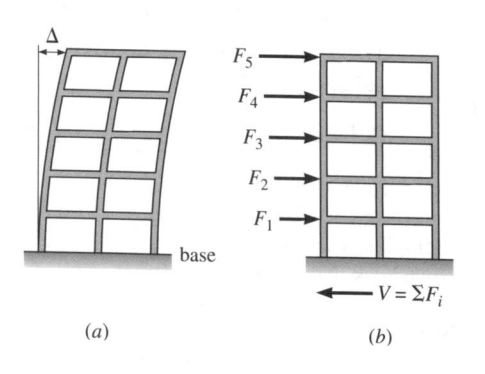

Figura 2.21: (*a*) Deslocamento dos pisos quando o prédio oscila; (*b*) forças de inércia produzidas pelo movimento dos pisos.

equivalente, descrito no padrão ASCE. Usando esse procedimento, calculamos a magnitude do cisalhamento de base como

$$V = \frac{S_{D1}W}{T(R/I)} \quad (2.8a)$$

mas não ultrapassa

$$V_{máx} = \frac{S_{DS}W}{R/I} \quad (2.8b)$$

e não é menor que

$$V_{mín} = 0{,}044 S_{DS} I W \quad (2.8c)$$

em que W = peso próprio total do prédio e seu equipamento e divisórias permanentes.

T = período natural fundamental do prédio, que pode ser calculado pela seguinte equação empírica

$$T = C_t h_n^x \quad (2.9)$$

h_n = a altura do prédio em pés (metros, acima da base), C_t = 0,028 (ou 0,068 em unidades do SI) e x = 0,8 para pórticos rígidos de aço (pórticos de momento); C_t = 0,016 (0,044 SI) e x = 0,9 para pórticos rígidos de concreto armado; e C_t = 0,02 (0,055 SI) e x = 0,75 para a maioria dos outros sistemas (por exemplo, sistemas com pórticos contraventados ou paredes estruturais). O período natural de um prédio (o tempo necessário para que um prédio passe por um ciclo completo de movimento) é uma função da rigidez lateral e da massa da estrutura. Como o cisalhamento de base V é inversamente proporcional à magnitude do período natural, ele diminui à medida que a rigidez lateral do sistema de contraventamento estrutural aumenta. Evidentemente, se a rigidez do sistema de contraventamento lateral é muito pequena, os deslocamentos laterais podem tornar-se excessivos, danificando janelas, paredes externas e outros elementos não estruturais.

S_{D1} = um fator calculado com o uso de mapas sísmicos que mostra a intensidade do terremoto de projeto para estruturas com T = 1 s. A Tabela 2.9 fornece os valores para vários lugares.

S_{DS} = um fator calculado com o uso de mapas sísmicos que mostra a intensidade do terremoto de projeto em locais específicos para estruturas com T = 0,2 s. Consulte a Tabela 2.9 para ver os valores em diversos locais.

R = *fator de modificação de resposta*, que representa a capacidade de um sistema estrutural de resistir às forças sísmicas. Esse fator, que varia de 8 a 1,25, está relacionado na Tabela 2.10 para vários sistemas estruturais comuns. Os valores mais altos são atribuídos aos sistemas flexíveis; os valores mais baixos, aos sistemas rígidos. Como R ocorre no denominador das equações 2.8a e b, um sistema estrutural com valor ele-

TABELA 2.9
Valores representativos de S_{DS} e S_{D1} em cidades selecionadas

Cidade	S_{DS}, g	S_{D1}, g
Los Angeles, Califórnia	1,3	0,5
Salt Lake City, Utah	1,2	0,5
Memphis, Tennessee	0,83	0,27
Nova York, Nova York	0,27	0,06

Nota: Os valores de S_{DS} e S_{D1} são baseados na suposição de que as fundações são apoiadas em rocha de resistência moderada. Esses valores aumentam para solos mais fracos, com menor capacidade de suporte.

TABELA 2.10
Valores de *R* para vários sistemas estruturais comuns de contraventamento lateral

Descrição do sistema estrutural	R
Aço maleável ou pórtico de concreto com ligações rígidas	8
Pilares-parede de concreto armado normal	4
Pilares-parede de alvenaria armada normal	2

vado de *R* permitirá uma grande redução na força sísmica que o sistema estrutural deve ser projetado para suportar.

I = *fator de importância da ocupação*, que representa quanto determinada estrutura é essencial para a comunidade. Por exemplo, *I* é 1 para prédios de escritórios, mas aumenta para 1,5 para hospitais, delegacias de polícia ou outros estabelecimentos públicos vitais à segurança e ao bem-estar da comunidade ou cuja falha poderia causar grande perda de vidas.

Nota: o limite superior dado pela Equação 2.8*b* é necessário, pois a Equação 2.8*a* gera valores de cisalhamento de base conservadores demais para estruturas muito rígidas que têm períodos naturais curtos. O padrão ASCE também define um limite inferior (Equação 2.8*c*) para garantir que o prédio seja projetado para uma força sísmica mínima.

Distribuição do cisalhamento de base sísmico *V* para cada nível de piso

A distribuição do *cisalhamento de base sísmico V* para cada piso é calculada usando a Equação 2.10.

$$F_x = \frac{w_x h_x^k}{\sum_{i=1}^{n} w_i h_i^k} V \qquad (2.10)$$

em que F_x = a força sísmica lateral no nível x
w_i e w_x = peso próprio do piso nos níveis i e x
h_i e h_x = altura da base até os pisos nos níveis i e x
k = 1 para $T \leq 0{,}5$ s, 2 para $T \geq 2{,}5$ s. Para estruturas com um período entre 0,5 e 2,5 s, k é determinado pela interpolação linear entre *T* igual a 1 e 2 como

$$k = 1 + \frac{T - 0{,}5}{2} \qquad (2.11)$$

Veja na Figura 2.22 a representação gráfica da Equação 2.11.

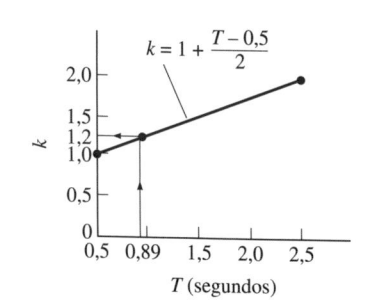

Figura 2.22: Interpolação para o valor de *k*.

EXEMPLO 2.8

Determine as forças sísmicas de projeto que atuam em cada piso do prédio de escritórios de seis andares da Figura 2.23. A estrutura do prédio consiste em pórticos de momento de aço (todas as ligações são rígidas) que têm um valor de R igual a 8. O prédio de 75 pés de altura está localizado em uma região de alta atividade sísmica, com $S_{D1} = 0,4\,g$ e $S_{D5} = 1,0\,g$ para um prédio apoiado em rocha, em que g é a aceleração gravitacional. O peso próprio de cada piso é 700 kips.

Solução

Calcule o período fundamental, usando a Equação 2.9:

$$T = C_t h_n^x = 0,028(75)^{0,8} = 0,89 \text{ s}$$

Supondo que o peso próprio do piso contém uma margem de segurança para o peso das colunas, vigas, divisórias, teto etc., o peso total W do prédio é $W = 700(6) = 4\,200$ kips.

O fator de importância da ocupação I é 1 para prédios de escritórios. Calcule o cisalhamento de base V usando as Equações 2.8a e c:

$$V = \frac{S_{D1}}{T(R/I)}W = \frac{0,4}{0,89(8/1)}(4200) = 236 \text{ kips} \qquad (2.8a)$$

mas não mais do que

$$V_{\text{máx}} = \frac{S_{DS}}{R/I}W = \frac{1,0}{8/1}(4200) = 525 \text{ kips} \qquad (2.8b)$$

e não menos que

$$V_{\text{mín}} = 0,044 S_{DS} I W = 0,044 \times 1,0 \times 1 \times 4200 = 184,8 \text{ kips} \qquad (2.8c)$$

Portanto, use $V = 236$ kips.

Os cálculos da força sísmica lateral em cada nível de piso estão resumidos na Tabela 2.11. Para ilustrar esses cálculos, calculamos a carga no terceiro piso. Como $T = 0,89$ s, está entre 0,5 e 2,5 s, devemos interpolar usando a Equação 2.11 para calcular o valor de k (ver Figura 2.22):

$$k = 1 + \frac{T - 0,5}{2} = 1 + \frac{0,89 - 0,5}{2} = 1,2$$

$$F_{3^{\circ}\text{ piso}} = \frac{w_3 h_3^k}{\sum_{i=1}^{n} w_i h_i^k} V$$

$$= \frac{700 \times 27^{1,2}}{700 \times 15^{1,2} + 700 \times 27^{1,2} + 700 \times 39^{1,2} + 700 \times 51^{1,2} + 700 \times 63^{1,2} + 700 \times 75^{1,2}}(236)$$

$$= \frac{36\,537}{415\,262}(236) = 20,8 \text{ kips}$$

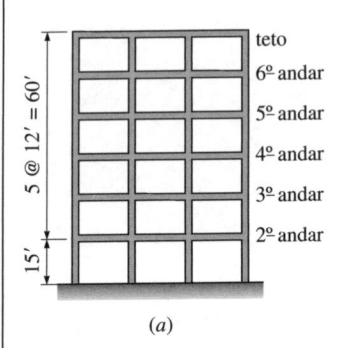

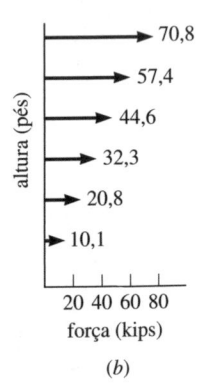

Figura 2.23: (*a*) Prédio de seis andares; (*b*) perfil da carga lateral.

TABELA 2.11
Cálculo das forças sísmicas laterais

Peso	Peso w_i (kips)	Altura do piso h_i ft	$w_i h_i^k$	$\dfrac{w_x h_x^k}{\sum_{i=1}^{6} w_i h_i^k}$	F_x (kips)
Teto	700	75	124 501	0,300	70,8
6º	700	63	100 997	0,243	57,4
5º	700	51	78 376	0,189	44,6
4º	700	39	56 804	0,137	32,3
3º	700	27	36 537	0,088	20,8
2º	700	15	18 047	0,043	10,1

$$W = \sum_{i=1}^{6} w_i = 4\,200 \qquad \sum_{i=1}^{6} w_i h_i^k = 415\,262 \qquad V = \sum_{i=1}^{6} F_i = 236$$

2.7 Outras cargas

Nas regiões frias, a carga da neve sobre os telhados precisa ser considerada. A carga de neve de projeto em um telhado inclinado é dada pelo padrão ASCE como se segue:

$$p_s = 0{,}7 C_s C_e C_t I p_g \tag{2.12}$$

em que p_g = carga de neve de base de projeto (por exemplo, 40 lb/ft² em Boston, 25 lb/ft² em Chicago)

C_s = fator de inclinação do telhado (reduz de 1,0 à medida que a inclinação do telhado aumenta)

C_e = fator de exposição (0,7 em área exposta ao vento e 1,3 em áreas protegidas com pouco vento)

C_t = fator térmico (1,2 em prédios sem calefação e 1,0 em prédios com calefação)

I = fator de importância

Tetos planos precisam ser drenados adequadamente para evitar o acúmulo da água da chuva. O padrão ASCE exige que cada parte do teto seja projetada para suportar o peso de toda água da chuva que possa se acumular, caso o sistema de drenagem principal dessa parte seja obstruído. Se não forem corretamente consideradas no projeto, as cargas de chuva podem produzir deflexões excessivas das vigas do teto, causando um problema de instabilidade (denominado *acumulação de água*) que faz o teto desmoronar.

Quando apropriado, outros tipos de carga também precisam ser incluídos no projeto de estruturas, como pressões do solo, pressões hidrostáticas, forças causadas por calor, dentre outros.

2.8 Combinações de carga

As forças (por exemplo, força axial, momento, cisalhamento) produzidas pelas várias combinações de cargas discutidas precisam ser somadas de maneira correta e aumentadas por um fator de segurança (fator de carga) para produzir o nível de segurança desejado. O efeito da carga combinada, às vezes chamado *resistência ponderada exigida*, representa a resistência mínima para a qual os elementos precisam ser projetados. Considerando o efeito de carga produzido pelo peso próprio D, pela sobrecarga L, pela sobrecarga do teto L_t, pela carga do vento W, pela carga de terremoto E e pela carga de neve S, o padrão ASCE exige que as seguintes combinações de carga sejam consideradas:

$$1,4D \tag{2.13}$$

$$1,2D + 1,6L + 0,5(L_t \text{ ou } S) \tag{2.14}$$

$$1,2D + 1,6(L_t \text{ ou } S) + (L \text{ ou } 0,8W) \tag{2.15}$$

$$1,2D + 1,6W + L + 0,5(L_t \text{ ou } S) \tag{2.16}$$

$$1,2D + 1,0E + L + 0,2S \tag{2.17}$$

A combinação de carga que produz o *maior* valor de força representa a carga para a qual o elemento deve ser projetado.

EXEMPLO 2.9

Uma coluna em um prédio está sujeita apenas à carga gravitacional. Usando o conceito de área de influência, as cargas axiais produzidas pelo peso próprio, pela sobrecarga e pela sobrecarga do teto são

$$P_D = 90 \text{ kips}$$
$$P_L = 120 \text{ kips}$$
$$P_{L_t} = 20 \text{ kips}$$

Qual é a resistência axial exigida da coluna?

Solução

$$1,4P_D = 1,4(90) = 126 \text{ kips} \tag{2.13}$$

$$1,2P_D + 1,6P_L + 0,5P_{L_t} = 1,2(90) + 1,6(120) + 0,5(20) = 310 \text{ kips} \tag{2.14}$$

$$1,2P_D + 1,6P_{L_t} + 0,5P_L = 1,2(90) + 1,6(20) + 0,5(120) = 200 \text{ kips} \tag{2.15}$$

Portanto, a carga axial exigida é de 310 kips. Nesse caso, a combinação de carga na Equação 2.14 governa. Contudo, se o peso próprio é significativamente maior do que as sobrecargas, a Equação 2.13 pode governar.

EXEMPLO 2.10

Para determinar a resistência à flexão exigida em uma extremidade de uma viga em um pórtico de concreto, os momentos produzidos pelo peso próprio, sobrecarga e carga de vento são:

$$M_D = -100 \text{ kip} \cdot \text{ft}$$
$$M_L = -50 \text{ kip} \cdot \text{ft}$$
$$M_w = \pm 200 \text{ kip} \cdot \text{ft}$$

em que o sinal de menos indica que a extremidade da viga está sujeita a momento no sentido anti-horário, enquanto o sinal de mais indica momento no sentido horário. Tanto o sinal de mais como o de menos são atribuídos a M_w, pois a carga de vento pode atuar no prédio em uma ou outra direção. Calcule a resistência à flexão exigida para momento positivo e negativo.

Solução

Momento negativo:

$$1{,}4M_D = 1{,}4(-100) = -140 \text{ kip} \cdot \text{ft} \tag{2.13}$$

$$1{,}2M_D + 1{,}6M_L = 1{,}2(-100) + 1{,}6(-50) = -200 \text{ kip} \cdot \text{ft} \tag{2.14}$$

$$1{,}2M_D + 1{,}6M_w + M_L = 1{,}2(-100) + 1{,}6(-200) + (-50)$$
$$= -490 \text{ kip} \cdot \text{ft} \quad \text{(governa)} \tag{2.16}$$

Momento positivo: as combinações de carga das equações 2.13 e 2.14 não precisam ser consideradas, pois ambas produzem momentos negativos.

$$1{,}2M_D + 1{,}6M_w + M_L = 1{,}2(-100) + 1{,}6(+200) + (-50)$$
$$= +150 \text{ kip} \cdot \text{ft} \tag{2.16}$$

Portanto, a viga precisa ser projetada para um momento positivo de 150 kip · ft e um momento negativo de 490 kip · ft.

Resumo

- As cargas que os engenheiros devem considerar no projeto de prédios e pontes incluem pesos próprios, sobrecargas e forças do meio ambiente — vento, terremoto, neve e chuva. Outros tipos de estruturas, como represas, reservatórios de água e fundações, devem resistir às pressões de fluido e solo, e para esses casos especialistas são frequentemente consultados para avaliar essas forças.
- As cargas que determinam o projeto de estruturas são especificadas por códigos de construção nacionais e locais. Os códigos estruturais também especificam as disposições de carregamento adicionais que se aplicam especificamente aos materiais de construção, como aço, concreto armado, alumínio e madeira.

- Como é improvável que os valores máximos de sobrecarga, neve, vento, terremoto etc. atuem simultaneamente, os códigos permitem uma redução nos valores das cargas, quando várias combinações de carga são consideradas. Entretanto, o peso próprio nunca é reduzido, a não ser que isso proporcione um efeito benéfico.
- Para levar em conta os efeitos dinâmicos de veículos se movendo, elevadores, apoios do maquinário correspondente etc., são especificados nos códigos de construção *fatores de impacto* que aumentam a sobrecarga.
- Nas zonas onde as forças do vento ou de terremotos são pequenas, os prédios baixos são dimensionados inicialmente para sobrecarga e peso próprio e, então, verificados quanto a vento, terremoto ou ambos, dependendo da região; o projeto pode ser modificado facilmente, quando necessário. Por outro lado, para prédios altos localizados em regiões onde grandes terremotos ou ventos fortes são comuns, os projetistas devem dar alta prioridade na fase do projeto preliminar à escolha de sistemas estruturais (por exemplo, pilares-parede ou pórticos contraventados) que resistam às cargas laterais eficientemente.
- A velocidade do vento aumenta com a altura acima do solo. Valores positivos de pressões do vento são dados pelo coeficiente de exposição à pressão causada pela velocidade K_z, tabulado na Tabela 2.4.
- Pressões negativas de intensidade uniforme se desenvolvem em três lados de prédios retangulares, as quais são avaliadas por meio da multiplicação da magnitude da pressão positiva a barlavento no topo do prédio pelos coeficientes da Tabela 2.6.
- O sistema de contraventamento em cada direção deve ser projetado para suportar a soma das forças do vento nos lados a barlavento e a sotavento do prédio.
- Para prédios altos ou com um perfil incomum, estudos em túnel de vento usando modelos em pequena escala equipados com instrumentos frequentemente estabelecem a magnitude e a distribuição das pressões do vento. O modelo também deve incluir os prédios adjacentes, os quais influenciam a magnitude e a direção da pressão atmosférica no prédio estudado.
- Os movimentos do solo produzidos por terremotos fazem os prédios, pontes e outras estruturas oscilarem. Nos prédios, esse movimento gera forças de inércia laterais consideradas concentradas em cada andar. As forças de inércia são maiores no topo dos prédios, onde os deslocamentos são maiores.
- A magnitude das forças de inércia depende do tamanho do terremoto, do peso do prédio, do período natural do prédio, da rigidez e da flexibilidade do pórtico estrutural e do tipo de solo.
- Prédios com pórticos flexíveis (que suportam grandes deformações sem desmoronar) podem ser projetados para forças sísmicas muito menores do que as estruturas que dependem de um sistema rígido (por exemplo, alvenaria não armada).

PROBLEMAS

P2.1. Determine o peso próprio de um segmento de 1 pé de comprimento da viga de concreto armado cuja seção transversal é mostrada na Figura P2.1. A viga é construída com concreto leve que pesa 120 lbs/ft³.

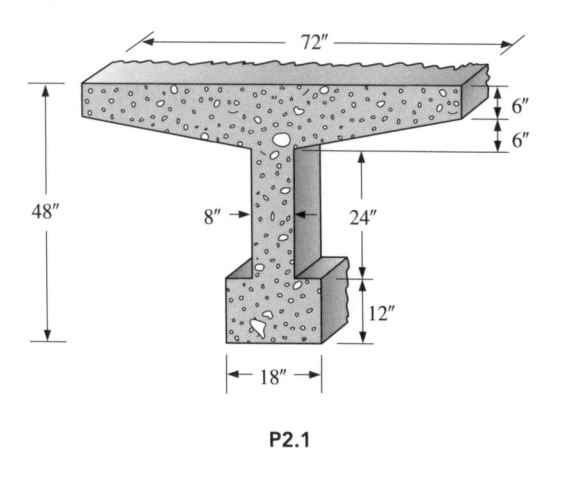

P2.2. Determine o peso próprio de um segmento de 1 metro de comprimento da viga de concreto armado da Figura P2.2, construída de concreto leve com peso unitário de 16 kN/m³.

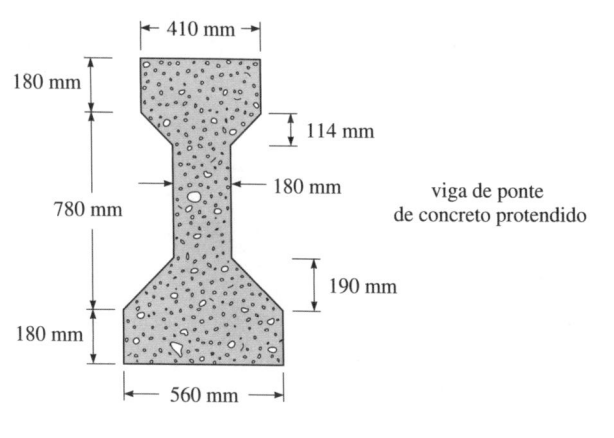

P2.3. Determine o peso próprio de um segmento de 1 pé de comprimento de um módulo típico de 20 polegadas de largura de um teto apoiado em uma viga de pinheiro-do-sul de 2 pol × 16 pol nominais (as dimensões reais são $\frac{1}{2}$ pol menores). O compensado de $\frac{3}{4}$ pol pesa 3 lb/ft².

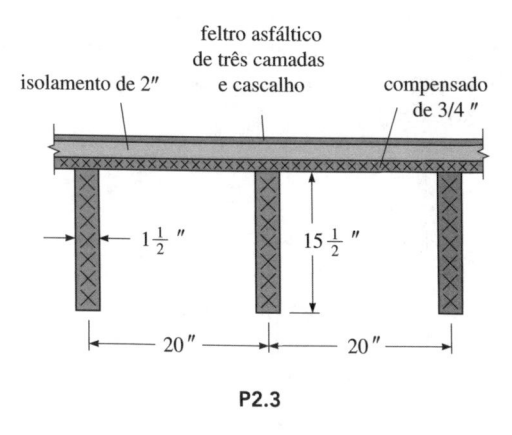

P2.4. Considere a planta baixa de andar mostrada na Figura P2.4. Calcule as áreas de influência da (*a*) viga de piso B1; (*b*) viga mestra G1; (*c*) viga mestra G2; (*d*) coluna de canto C3; e (*e*) coluna interna B2;

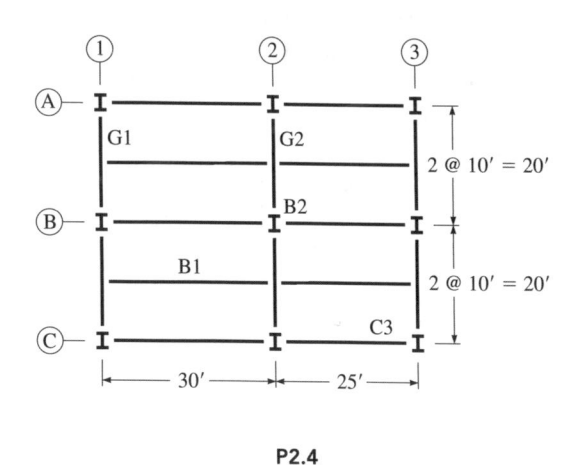

P2.5. Consulte a planta baixa de andar da Figura P2.4. Calcule as áreas de influência da (*a*) viga de piso B1; (*b*) viga mestra G1; (*c*) viga mestra G2; (*d*) coluna de canto C3; e (*e*) coluna interna B2.

P2.6. A sobrecarga uniformemente distribuída na planta baixa de andar da Figura P2.4 é de 60 lb/ft². Estabeleça a carga dos membros (*a*) viga de piso B1; (*b*) viga mestra G1; e (*c*) viga mestra G2. Considere a redução de sobrecarga, caso seja permitida pelo padrão ASCE.

P2.7. A elevação associada à planta baixa de andar da Figura P2.4 é mostrada na Figura P2.7. Suponha uma sobrecarga de 60 lb/ft² em todos os três andares. Calcule as forças axiais produzidas pela sobrecarga na coluna B2 no terceiro e no primeiro andares. Considere qualquer redução de sobrecarga, se for permitida pelo padrão ASCE.

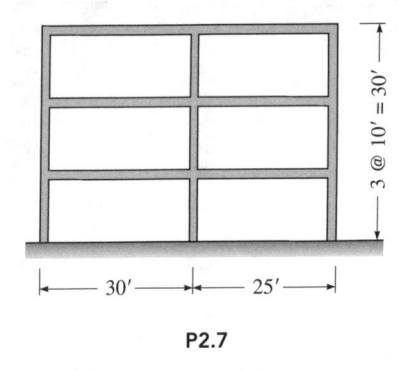

P2.7

P2.8

P2.8. Um prédio de cinco andares é mostrado na Figura P2.8. Seguindo o padrão ASCE, a pressão do vento ao longo da altura no lado a barlavento foi estabelecida como mostrado na Figura P2.8 *c*. (*a*) Considerando a pressão a barlavento na direção leste–oeste, use o conceito de área de influência para calcular a força do vento resultante em cada nível de piso. (*b*) Calcule o cisalhamento de base horizontal e o momento de tombamento do prédio.

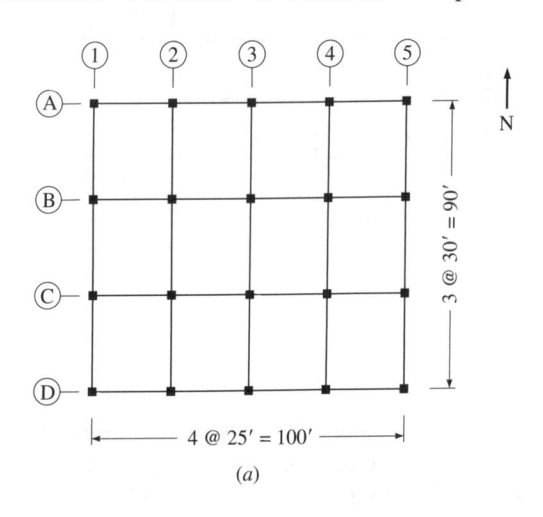

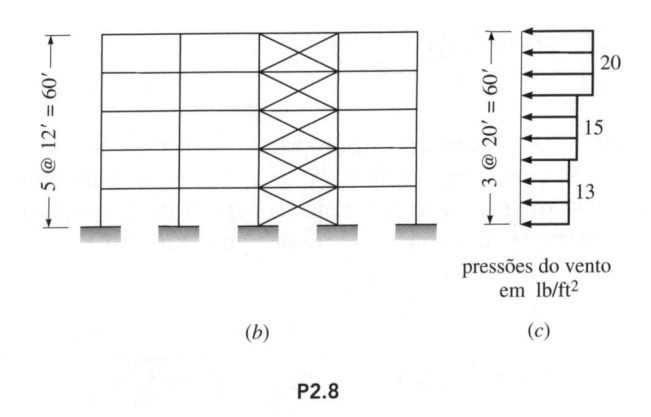

P2.9. As dimensões de um armazém de 9 metros de altura são mostradas na Figura P2.9. Os perfis da pressão do vento a barlavento e a sotavento no sentido do comprimento do armazém também são mostrados. Estabeleça as forças do vento com base nas seguintes informações: velocidade do vento básica = 40 m/s; categoria de exposição ao vento = C; K_d = 0,85; K_{zt} = 1,0; G = 0,85; e C_p = 0,8 para a parede a barlavento e −0,2 para a parede a sotavento. Use os valores de K_z listados na Tabela 2.4. Qual é a força total do vento atuando no sentido do comprimento do armazém?

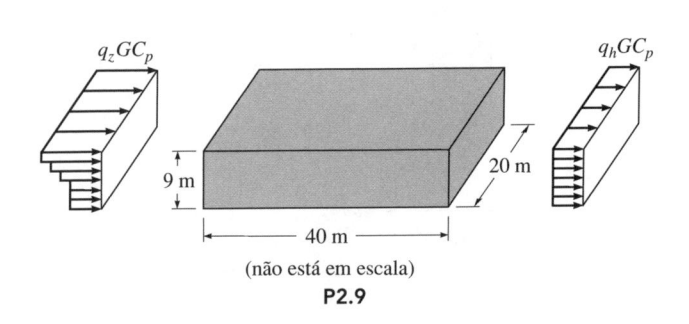

P2.8

P2.9

P2.10. As dimensões de um prédio com frontão triangular estão mostradas na Figura P2.10a. As pressões externas da carga de vento perpendicular à cumeeira do prédio são mostradas na Figura P2.10b. Note que a pressão do vento pode atuar na direção da superfície a barlavento do telhado ou para fora dela. Para as dimensões dadas do prédio, o valor de C_p para o telhado, baseado no padrão ASCE, pode ser determinado a partir da Tabela P2.10, em que os sinais de mais e de menos significam pressões atuando na direção das superfícies ou para fora delas, respectivamente. Dois valores de C_p indicam que a inclinação do telhado a barlavento está sujeita a pressões positivas ou negativas e que a estrutura do telhado deve ser projetada para as duas condições de carga. O padrão ASCE permite interpolação linear para o valor do ângulo inclinado θ do telhado. Mas a interpolação só deve ser realizada entre valores de mesmo sinal. Estabeleça as pressões do vento no prédio quando a pressão positiva atua no telhado a barlavento. Use os seguintes dados: velocidade do vento básica = 100 mi/h; categoria de exposição ao vento = B; $K_d = 0{,}85$; $K_{zt} = 1{,}0$; $G = 0{,}85$; e $C_p = 0{,}8$ para a parede a barlavento e $-0{,}2$ para a parede a sotavento.

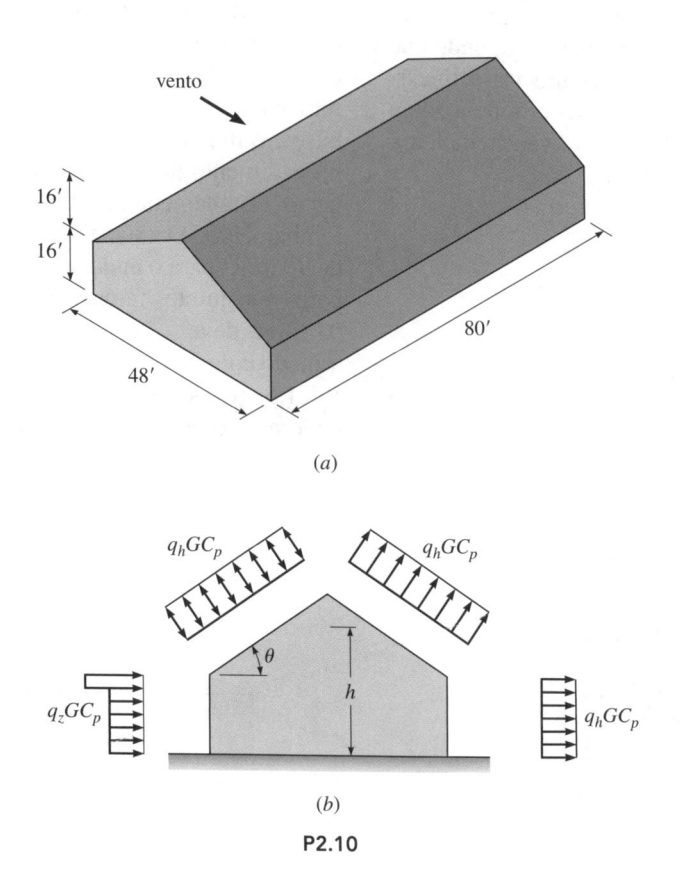

P2.10

TABELA P2.10
Coeficiente de pressão no telhado C_p

*θ definido na Figura P2.10

	Barlavento								Sotavento		
Ângulo θ	10	15	20	25	30	35	45	≥ 60	10	15	≥ 20
C_p	−0,9	−0,7	−0,4	−0,3	−0,2	−0,2	0,0	0,01θ*	−0,5	−0,5	−0,6
			0,0	0,2	0,2	0,3	0,4				

P2.11. Estabeleça as pressões do vento no prédio do Problema P2.10 quando o telhado a barlavento é sujeito a uma força do vento atuando para fora dele.

P2.12. (*a*) Determine a distribuição da pressão do vento nos quatro lados do hospital de 10 andares mostrado na Figura P2.12. O prédio está localizado próximo à costa da Geórgia, para a qual o mapa de contorno da velocidade do vento da Figura 2.15 do texto especifica uma velocidade do vento de projeto de 140 mph. O prédio, localizado em terreno plano, é classificado como *rígido*, pois seu período natural é menor do que 1 s. No lado a barlavento, avalie a magnitude da pressão do vento a cada 35 pés na direção vertical. (*b*) Supondo que a pressão do vento no lado a barlavento varia linearmente entre os intervalos de 35 pés, determine a força do vento total no prédio, na direção do vento. Inclua a pressão negativa no lado a sotavento.

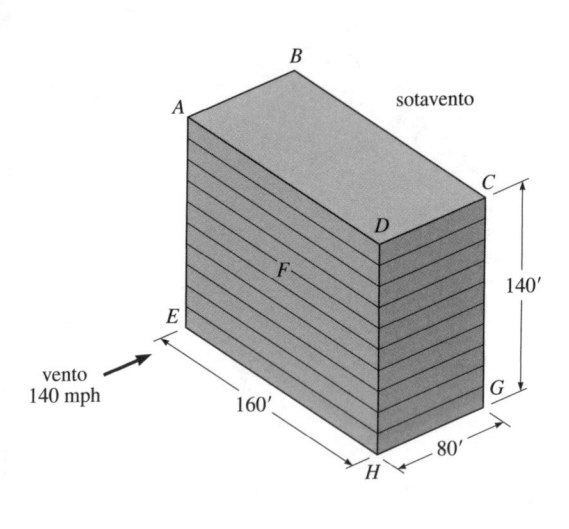

P2.13. Considere o prédio de cinco andares mostrado na Figura P2.8. Os pesos médios do piso e do teto são 90 lb/ft² e 70 lb/ft² respectivamente. Os valores de S_{DS} e S_{D1} são iguais a 0,9 g e 0,4 g respectivamente. Como são utilizados pórticos de momento *de aço* na direção norte–sul para resistir às forças sísmicas, o valor de R é igual a 8. Calcule o cisalhamento de base sísmico V. Em seguida, distribua o cisalhamento de base ao longo da altura do prédio.

P2.14. (*a*) Um estabelecimento hospitalar de dois andares, mostrado na Figura P2.14, está sendo projetado em Nova York, com velocidade do vento básica de 90 mi/h e exposição ao vento D. O fator de importância I é 1,15 e $K_z = 1,0$. Use o procedimento simplificado para determinar a carga de vento de projeto, o cisalhamento de base e o momento de tombamento do prédio. (*b*) Use o procedimento da força lateral equivalente para determinar o cisalhamento de base sísmico e o momento de tombamento. O estabelecimento, com um peso médio de 90 lb/ft² para o andar e para o teto, deve ser projetado para os seguintes fatores sísmicos: $S_{DS} = 0,27$ g e $S_{D1} = 0,06$ g; devem ser utilizados pórticos de concreto armado com valor de R igual a 8. O fator de importância I é 1,5. (*c*) As forças do vento ou as forças sísmicas governam o projeto de resistência do prédio?

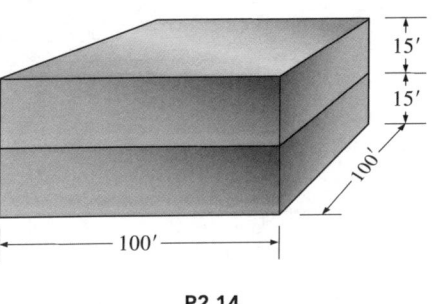

P2.12

P2.14

P2.15. Quando um pórtico de momento não ultrapassa 12 andares de altura e a altura do andar é de no mínimo 10 pés, o padrão ASCE fornece uma expressão mais simples para calcular o período fundamental aproximado:

$$T = 0,1N$$

em que N = número de andares. Recalcule T com a expressão acima e compare com o valor obtido no Problema P2.13. Qual método produz o maior cisalhamento de base sísmico?

Treliça espacial projetada para suportar o telhado da Hartford Civic Center Arena. Essa imensa estrutura, que cobria uma área retangular de aproximadamente 91 por 109 metros, era apoiada em quatro colunas de canto. Para acelerar a construção, a treliça foi montada no solo, antes de ser içada para seu lugar. Na foto, a treliça espacial foi levantada a uma pequena altura para permitir aos operários instalar tubulações, conduítes e outros acessórios a partir do chão. Em 1977, a estrutura desmoronou sob o peso de uma grande carga de neve úmida.

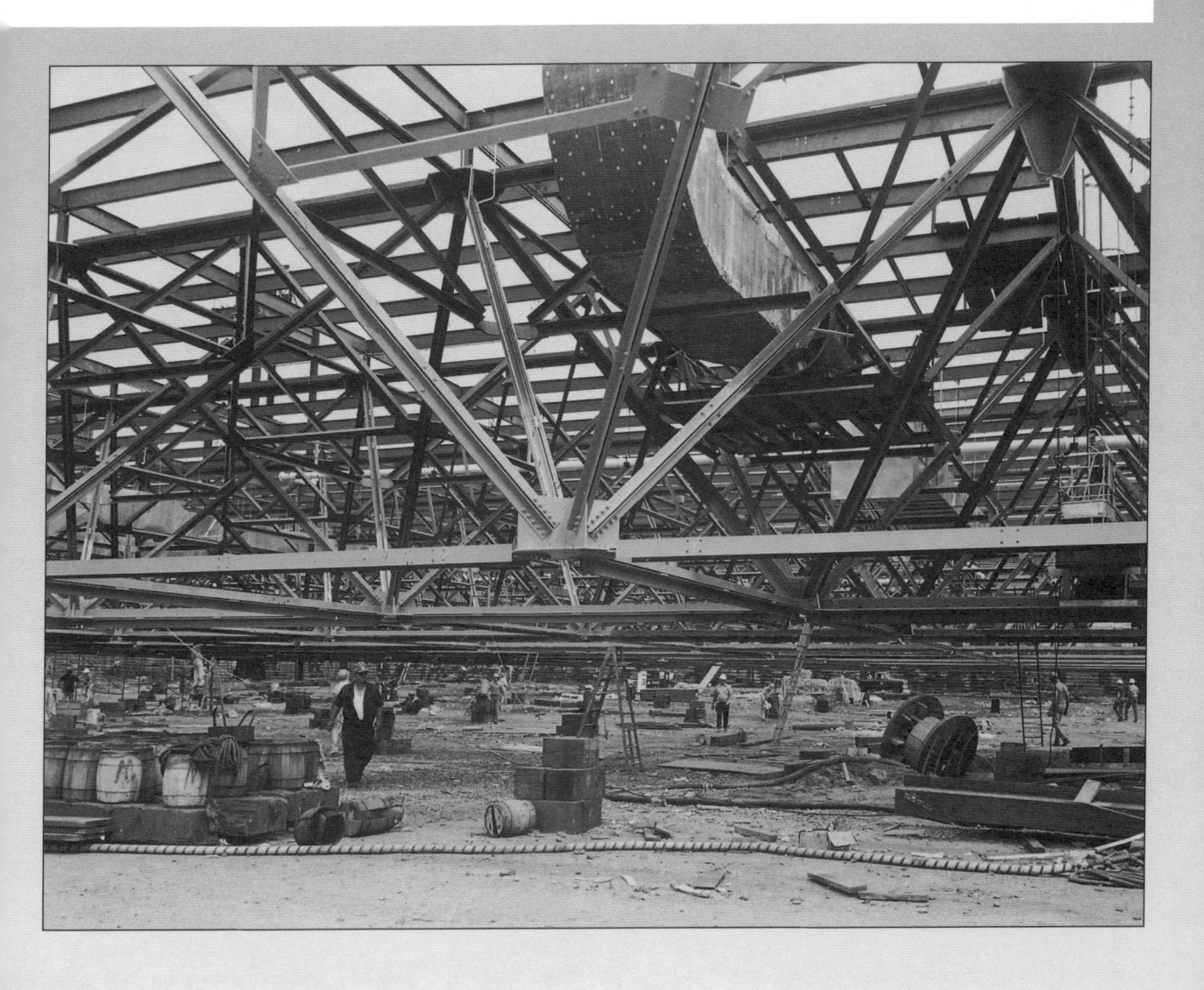

CAPÍTULO 3

Estática das estruturas — reações

3.1 Introdução

Com poucas exceções, as estruturas devem ser estáveis sob todas as condições de carregamento; isto é, devem ser capazes de suportar as cargas aplicadas (o próprio peso, as sobrecargas antecipadas, vento etc.) sem mudar de forma, sofrer grandes deslocamentos ou ruir. Como as estruturas estáveis não se movem perceptivelmente quando carregadas, em grande parte sua análise — a determinação das forças internas e externas (reações) — é baseada nos princípios e nas técnicas contidas no ramo da mecânica denominado *estática*. A estática, que você estudou anteriormente, aborda os sistemas de forças que atuam em corpos rígidos em repouso (o caso mais comum) ou se movendo em velocidade constante; isto é, em qualquer caso, a aceleração do corpo é zero.

Embora as estruturas que estudaremos neste livro não sejam absolutamente rígidas, pois sofrem pequenas deformações elásticas quando carregadas, na maioria das situações as deflexões são tão pequenas que podemos (1) tratar a estrutura ou seus componentes como corpos rígidos e (2) basear a análise nas dimensões iniciais da estrutura.

Iniciaremos este capítulo com uma breve revisão da estática. Nessa revisão, consideraremos as características das forças, discutiremos as equações do equilíbrio estático para estruturas bidimensionais (planares) e usaremos essas equações para determinar as reações e as forças internas em uma variedade de estruturas determinadas simples, como vigas, treliças e pórticos simples.

Concluiremos este capítulo com uma discussão sobre *determinação* e *estabilidade*. Por determinação, referimo-nos aos procedimentos para estabelecer se somente as equações da estática são suficientes para permitir a análise completa de uma estrutura. A estrutura que não pode ser analisada pelas equações da estática é denominada *indeterminada*. Para analisar uma estrutura indeterminada, devemos fornecer equações adicionais, considerando a geometria da forma defletida. Essas estruturas serão discutidas em capítulos posteriores.

Por *estabilidade*, referimo-nos à organização geométrica dos membros e apoios necessários para produzir uma estrutura estável; isto é, uma estrutura que possa resistir à carga de qualquer direção sem sofrer uma mudança radical no formato ou grandes deslocamentos de corpo rígido. Neste capítulo, consideraremos a estabilidade e a determinação de estruturas que podem ser tratadas como um único corpo rígido ou como vários corpos rígidos conectados. Os princípios que estabelecermos para essas estruturas simples serão ampliados para estruturas mais complexas em capítulos posteriores.

3.2 Forças

Para resolver problemas estruturais típicos, usamos equações que envolvem forças ou suas componentes. Uma força pode ser *linear*, se tende a produzir translação, ou um *conjugado*, se tende a produzir rotação do corpo em que atua. Como força tem magnitude e direção, pode ser representada por um vetor. Por exemplo, a Figura 3.1a mostra uma força **F** com magnitude F situada no plano xy e passando pelo ponto A.

Um conjugado consiste em duas forças iguais e de direção contrária, situadas no mesmo plano (ver Figura 3.1b). O momento **M** associado ao conjugado é igual ao produto da força **F** e a distância perpendicular (ou braço) d entre as forças. Como o momento é um vetor, ele tem magnitude, assim como direção. Embora frequentemente representemos o momento com uma seta curva para mostrar que ele atua no sentido horário ou anti-horário (ver Figura 3.1c), também podemos representá-lo com um vetor — normalmente uma seta de duas pontas —, usando a *regra da mão direita*. Na regra da mão direita, curvamos os dedos da mão direita na direção do momento, e a direção na qual o polegar aponta indica a direção do vetor.

Figura 3.1: Vetores de força e momento: (a) vetor de força linear decomposto nas componentes x e y; (b) conjugado de magnitude Fd; (c) representação alternativa do momento M por meio de um vetor, usando a regra da mão direita.

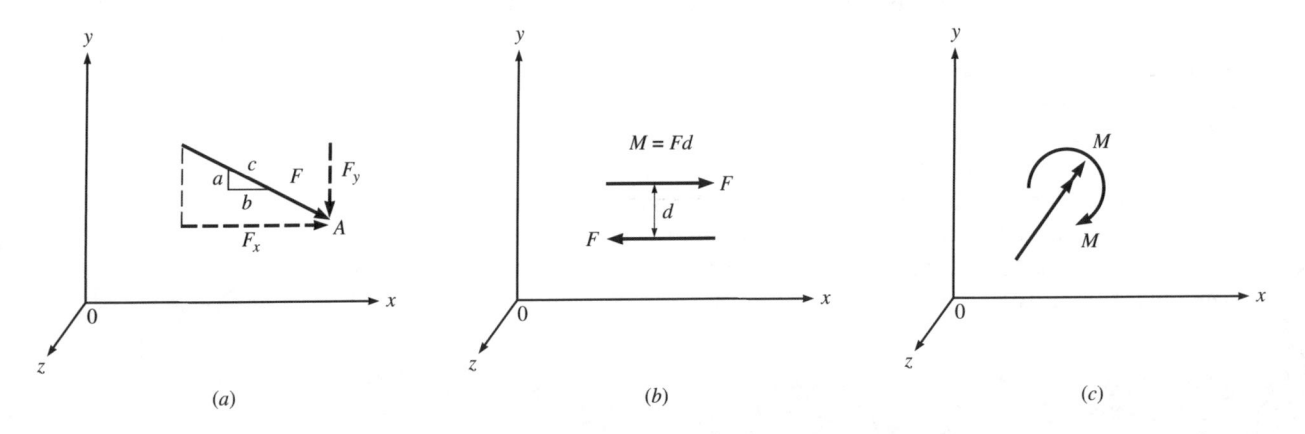

Precisamos muitas vezes efetuar cálculos que exigem decompor uma força em suas componentes ou combinar várias forças para produzir uma única força resultante. Para facilitar esses cálculos, é conveniente selecionar eixos horizontais e verticais arbitrariamente — um sistema de coordenadas x-y — como direções básicas de referência.

Uma força pode ser decomposta em componentes por meio da relação geométrica — triângulos semelhantes — existente entre as componentes e a inclinação do vetor. Por exemplo, para expressar a componente vertical F_y do vetor F na Figura 3.1a relativa a sua inclinação, escrevemos, usando triângulos semelhantes,

$$\frac{F_y}{a} = \frac{F}{c}$$

e

$$F_y = \frac{a}{c} F$$

Analogamente, se estabelecermos uma proporção entre a componente horizontal F_x e F e os lados do triângulo oblíquo observado no vetor, podemos escrever

$$F_x = \frac{b}{c} F$$

Se uma força precisar ser decomposta em componentes que não são paralelos a um sistema de coordenadas x-y, a *lei dos senos* fornece uma relação simples entre o comprimento dos lados e os ângulos internos opostos dos respectivos lados. Para o triângulo mostrado na Figura 3.2, podemos formular a lei dos senos como

$$\frac{a}{\text{sen } A} = \frac{b}{\text{sen } B} = \frac{c}{\text{sen } C}$$

em que A é o ângulo do lado oposto a, B é o ângulo do lado oposto b e C é o ângulo do lado oposto c.

O Exemplo 3.1 ilustra o uso da lei dos senos para calcular as componentes ortogonais de uma força vertical em direções arbitrárias.

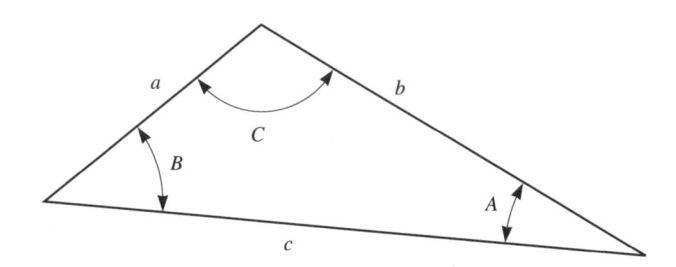

Figura 3.2: Diagrama para ilustrar a lei dos senos.

EXEMPLO 3.1

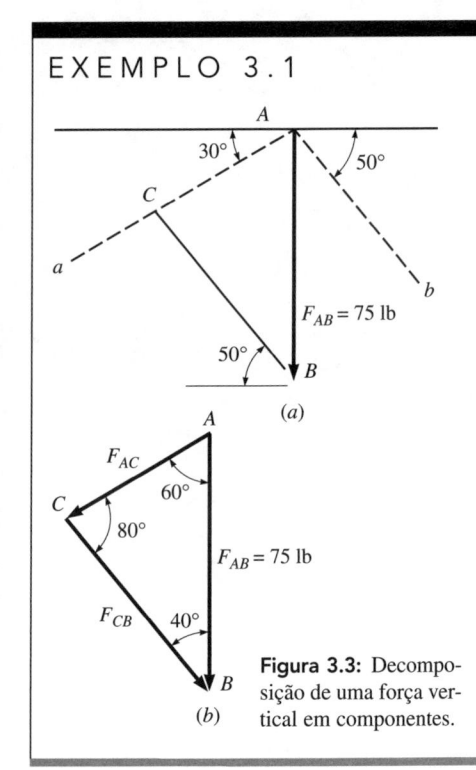

Usando a lei dos senos, decomponha a força vertical $\mathbf{F}_{AB}$ de 75 lb da Figura 3.3a nas componentes orientadas na direção das linhas a e b.

Solução

Através do ponto B, desenhe uma linha paralela à linha b, formando o triângulo ABC. Os ângulos internos do triângulo são calculados facilmente a partir da informação dada. Os vetores AC e CB (Figura 3.3b) representam as componentes exigidas da força $\mathbf{F}_{AB}$. A partir da lei dos senos, podemos escrever

$$\frac{\operatorname{sen} 80°}{75} = \frac{\operatorname{sen} 40°}{F_{AC}} = \frac{\operatorname{sen} 60°}{F_{CB}}$$

em que sen 80° = 0,985, sen 60° = 0,866 e sen 40° = 0,643. Resolvendo para F_{AC} e F_{CB}, temos

$$F_{AC} = \frac{\operatorname{sen} 40°}{\operatorname{sen} 80°}(75) = 48{,}96 \text{ lb} \quad \textbf{Resp.}$$

$$F_{CB} = \frac{\operatorname{sen} 60°}{\operatorname{sen} 80°}(75) = 65{,}94 \text{ lb} \quad \textbf{Resp.}$$

Figura 3.3: Decomposição de uma força vertical em componentes.

Resultante de um sistema de forças planares

Em certos problemas estruturais, precisaremos determinar a magnitude e a localização da *resultante* de um sistema de forças. Como a resultante é uma força única que produz em um corpo o mesmo efeito externo do sistema de forças original, a resultante R deve satisfazer as três condições a seguir:

1. A componente horizontal R_x da resultante deve ser igual à soma algébrica das componentes horizontais de todas as forças:

$$R_x = \Sigma F_x \tag{3.1a}$$

2. A componente vertical R_y da resultante deve ser igual à soma algébrica das componentes verticais de todas as forças:

$$R_y = \Sigma F_y \tag{3.1b}$$

3. O momento M_o produzido pela resultante sobre um eixo de referência através do ponto o deve ser igual ao momento sobre o ponto o produzido por todas as forças e conjugados que compõem o sistema de forças original:

$$M_o = Rd = \Sigma F_i d_i + \Sigma M_i \tag{3.1c}$$

em que R = força resultante = $\sqrt{R_x^2 + R_y^2}$

d = distância perpendicular da linha de ação da resultante até o eixo sobre o qual os momentos são calculados $\quad$ (3.1d)

$\Sigma F_i d_i$ = momento de todas as forças sobre o eixo de referência

ΣM_i = momento de todos os conjugados sobre o eixo de referência

Cálculo de uma resultante

EXEMPLO 3.2

Determine a magnitude e localização da resultante R das três cargas de roda mostradas na Figura 3.4.

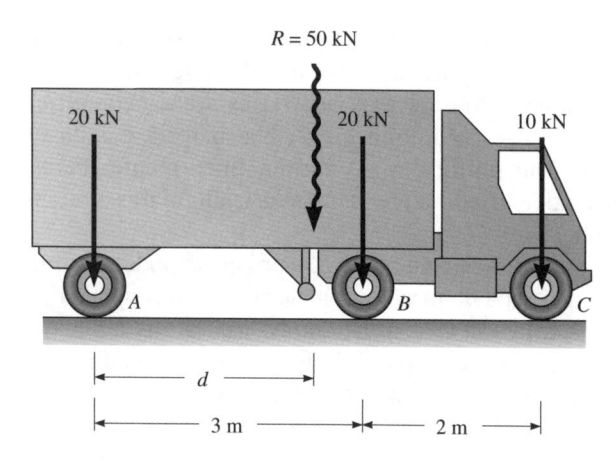

Figura 3.4

Solução

Como nenhuma das forças atua na direção horizontal nem tem componentes na direção horizontal,

$$R_x = 0$$

Usando a Equação 3.1b, temos

$$R = R_y = \Sigma F_y = 20 + 20 + 10 = 50 \text{ kN} \qquad \textbf{Resp.}$$

Localize a posição da resultante, usando a Equação 3.1c; isto é, iguale o momento produzido pelo sistema de forças original ao momento produzido pela resultante R. Selecione um eixo de referência através do ponto A (a escolha de A é arbitrária).

$$Rd = \Sigma F_i d_i$$

$$50d = 20(0) + 20(3) + 10(5)$$

$$d = 2{,}2 \text{ m} \qquad \textbf{Resp.}$$

Resultante de uma carga distribuída

Além das cargas concentradas e dos conjugados, muitas estruturas suportam cargas distribuídas. O efeito externo de uma carga distribuída (o cálculo das reações que ela produz, por exemplo) é mais facilmente tratado substituindo-se as cargas distribuídas por uma força resultante equivalente. Conforme já aprendido nos cursos de estática e mecânica dos materiais, a magnitude da resultante de uma carga distribuída é igual à área sob a curva de carga e atua em seu centroide (consultar na Tabela A.1 os valores de área e localização do centroide de diversas formas geométricas comuns). O Exemplo 3.3 ilustra o uso de integrais para calcular a magnitude e a localização da resultante de uma carga distribuída com uma variação parabólica.

Se o formato de uma carga distribuída é complexo, muitas vezes o projetista pode simplificar o cálculo da magnitude e da posição da resultante subdividindo a área em várias áreas geométricas menores, cujas propriedades são conhecidas. Na maioria dos casos, as cargas distribuídas são uniformes ou variam linearmente. Para este último caso, você pode dividir a área em áreas triangulares e retangulares (ver Exemplo 3.7).

Como procedimento alternativo, o projetista pode substituir uma carga distribuída que varia de maneira complexa por um conjunto de cargas concentradas *estaticamente equivalentes*, usando as equações da Figura 3.5. Para usar essas equações, dividimos as cargas distribuídas em um número arbitrário de segmentos de comprimento h. As extremidades dos segmentos são denominadas *nós*. A Figura 3.5 mostra dois segmentos típicos. Os nós são rotulados como 1, 2 e 3. O número de segmentos nos quais a carga é dividida depende do comprimento e do formato da carga distribuída e da quantidade que calcularemos. Se a carga distribuída varia *linearmente* entre os nós, a força concentrada equivalente em cada nó é dada pelas equações da Figura 3.5a. As equações das forças rotuladas como P_1 e P_3 se aplicam a um nó externo (um segmento está localizado somente em um lado do nó) e P_2 aplica-se a um nó interno (os segmentos estão localizados nos dois lados do nó).

Para uma carga distribuída com *variação parabólica* (de concavidade para cima ou de concavidade para baixo), devem ser usadas as equações da Figura 3.5b. Essas equações também fornecerão bons resultados (dentro de 1% ou 2% dos valores exatos) para cargas distribuídas cuja forma seja representada por uma curva de ordem superior. Se o comprimento dos segmentos não for grande demais, as equações mais simples da Figura 3.5a também podem ser aplicadas para uma carga distribuída cujas ordenadas se situem em uma curva, como mostrado na Figura 3.5b. Quando elas são aplicadas dessa maneira, estamos na verdade substituindo a curva de carregamento real por uma série de elementos trapezoidais, conforme mostrado pela linha tracejada na Figura 3.5b. À medida que reduzimos a distância h entre os nós (ou, equivalentemente, aumentamos o número de segmentos), a aproximação trapezoidal vai se assemelhando à curva real. O Exemplo 3.4 ilustra o uso das equações da Figura 3.5.

Embora a resultante de uma carga distribuída produza em um corpo o mesmo efeito externo da carga original, as tensões internas produzidas pela resultante não são iguais àquelas produzidas pela carga distribuída. Por exemplo, a força resultante pode ser usada para calcular as reações de uma viga, mas os cálculos das forças internas — por exemplo, cisalhamento e momento — devem ser baseados na carga real.

$$P_1 = \frac{h}{6}(2w_1 + w_2)$$
$$P_2 = \frac{h}{6}(w_1 + 4w_2 + w_3)$$
$$P_3 = \frac{h}{6}(2w_3 + w_2)$$

(a)

$$P_1 = \frac{h}{24}(7w_1 + 6w_2 - w_3)$$
$$P_2 = \frac{h}{12}(w_1 + 10w_2 + w_3)$$
$$P_3 = \frac{h}{24}(7w_3 + 6w_2 - w_1)$$

(b)

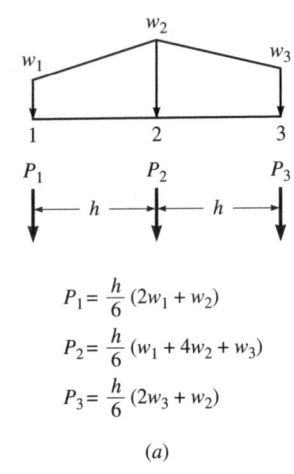

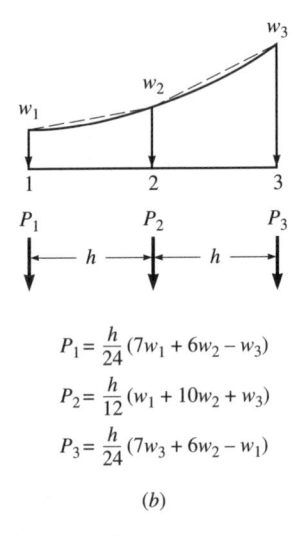

Figura 3.5: (a) Expressões para converter uma variação de carga trapezoidal em um conjunto de cargas concentradas igualmente espaçadas e estaticamente equivalentes; (b) equações para converter uma variação de carga parabólica em um conjunto de cargas concentradas estaticamente equivalentes. As equações também são válidas para parábolas de concavidade para baixo e fornecem uma boa aproximação para curvas de ordem superior.

EXEMPLO 3.3

Calcule a magnitude e a localização da resultante da carga parabólica mostrada na Figura 3.6. A inclinação da parábola é zero na origem.

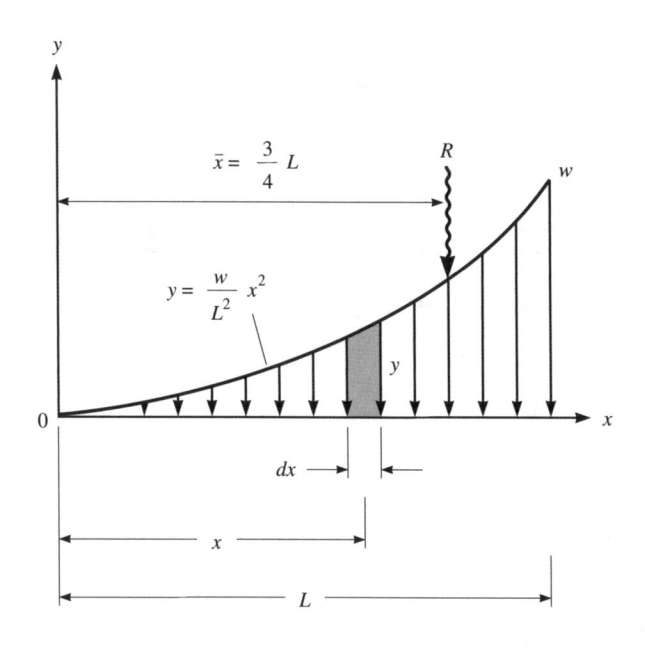

Figura 3.6

Solução

Calcule R integrando a área sob a parábola $y = (w/L^2)x^2$.

$$R = \int_0^L y\,dx = \int_0^L \frac{wx^2}{L^2}\,dx = \left[\frac{wx^3}{3L^2}\right]_0^L = \frac{wL}{3} \quad \textbf{Resp.}$$

Localize a posição do centroide. Usando a Equação 3.1c e somando os momentos sobre a origem o, temos

$$R\bar{x} = \int_0^L y\,dx(x) = \int_0^L \frac{w}{L^2}x^3\,dx = \left[\frac{wx^4}{4L^2}\right]_0^L = \frac{wL^2}{4}$$

Substituindo $R = wL/3$ e resolvendo a equação acima para x resulta

$$\bar{x} = \frac{3}{4}L \quad \textbf{Resp.}$$

EXEMPLO 3.4

A viga da Figura 3.7a suporta uma carga distribuída cujas ordenadas se situam em uma curva parabólica. Substitua a carga distribuída pelo conjunto de cargas concentradas estaticamente equivalentes.

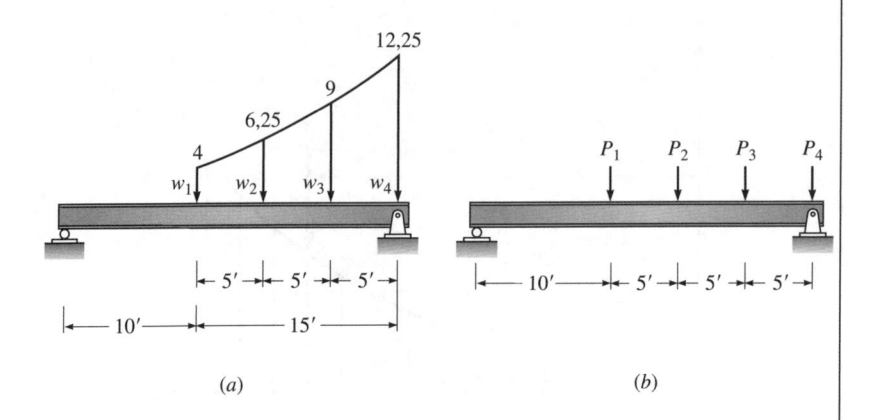

Figura 3.7: (a) Viga com uma carga distribuída (unidades de carga em kips por pé); (b) viga com cargas concentradas equivalentes.

Solução

Divida a carga em três segmentos, em que $h = 5$ ft. Avalie as cargas equivalentes, usando as equações da Figura 3.5b.

$$P_1 = \frac{h}{24}(7w_1 + 6w_2 - w_3) = \frac{5}{24}[7(4) + 6(6,25) - 9] = 11,77 \text{ kips}$$

$$P_2 = \frac{h}{12}(w_1 + 10w_2 + w_3) = \frac{5}{12}[4 + 10(6,25) + 9] = 31,46 \text{ kips}$$

$$P_3 = \frac{h}{12}(w_2 + 10w_3 + w_4) = \frac{5}{12}[6,25 + 10(9) + 12,25] = 45,21 \text{ kips}$$

$$P_4 = \frac{h}{24}(7w_4 + 6w_3 - w_2) = \frac{5}{24}[7(12,25) + 6(9) - 6,25] = 27,81 \text{ kips}$$

Calcule também os valores aproximados das cargas P_1 e P_2, usando as equações da Figura 3.5a para uma distribuição de carga trapezoidal.

$$P_1 = \frac{h}{6}(2w_1 + w_2) = \frac{5}{6}[2(4) + 6,25] = 11,88 \text{ kips}$$

$$P_2 = \frac{h}{6}(w_1 + 4w_2 + w_3) = \frac{5}{6}[4 + 4(6,25) + 9] = 31,67 \text{ kips}$$

A análise indica que, para esse caso, os valores aproximados de P_1 e P_2 se desviam menos de 1% dos valores exatos.

Princípio da transmissibilidade

O princípio da transmissibilidade declara que uma força pode mover-se ao longo de sua linha de ação sem alterar o efeito externo que produz em um corpo. Por exemplo, na Figura 3.8a, podemos ver, considerando o equilíbrio na direção x, que a força horizontal P aplicada no ponto A da viga gera uma reação horizontal igual a P no apoio C. Se a força no ponto A for movida ao longo de sua linha de ação até o ponto D na extremidade direita da viga (ver Figura 3.8b), a mesma reação horizontal P se desenvolverá em C. Embora o efeito de mover a força ao longo de sua linha de ação não produza nenhuma alteração nas reações, podemos ver que a força interna no membro é afetada pela posição da carga. Por exemplo, na Figura 3.8a, a tensão de compressão se desenvolve entre os pontos A e C. Por outro lado, se a carga atuar em D, a tensão entre os pontos A e C será zero, e serão criadas forças de tração entre C e D (ver Figura 3.8b).

A capacidade do engenheiro de mover vetores ao longo de suas linhas de ação é frequentemente utilizada na análise estrutural para simplificar os cálculos, para resolver graficamente problemas envolvendo vetores e para desenvolver uma compreensão mais clara do comportamento. Por exemplo, na Figura 3.9, as forças que atuam em um muro de arrimo consistem no peso W do muro e no empuxo do solo T atrás do muro. Esses vetores de força podem ser adicionados na figura deslizando-se T e W ao longo de suas linhas de ação até que se interceptem no ponto A. Nesse ponto, os vetores podem ser combinados para produzir a força resultante R que atua no muro. A magnitude e a direção de R são avaliadas graficamente na Figura 3.9b. Agora, de acordo com o princípio da transmissibilidade, a resultante pode ser movida ao longo de sua linha de ação até que intercepte a base no ponto x. Se a resultante intercepta a base dentro do terço central, pode-se demonstrar que existem tensões compressivas sobre a base inteira — um estado de tensão desejável, pois o solo não pode transmitir tração. Por outro lado, se a resultante cair fora do terço central da base, existirá compressão somente sob uma parte da base, e a estabilidade do muro — a possibilidade de que ele tombe ou comprima excessivamente o solo — deverá ser investigada.

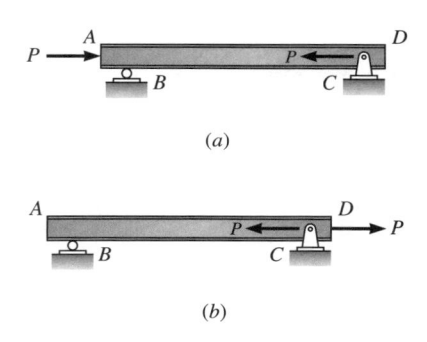

Figura 3.8: Princípio da transmissibilidade.

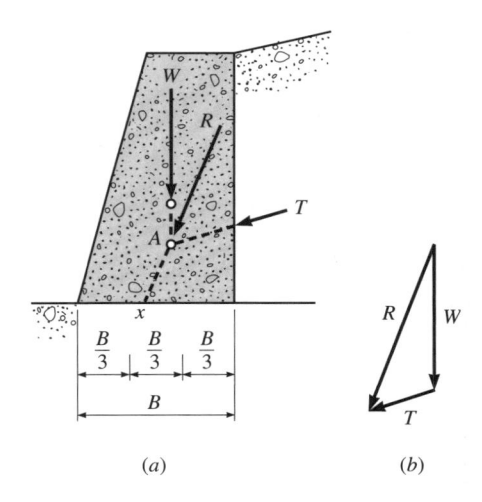

Figura 3.9: Forças atuando em um muro: (a) adição do peso W e do empuxo do solo T; (b) adição vetorial de W e T para produzir R.

3.3 Apoios

Para garantir que uma estrutura ou um elemento estrutural permaneçam na posição desejada sob todas as condições de carregamento, eles são fixados em uma fundação ou conectados a outros membros estruturais por meio de apoios. Em certos casos de construção leve, os apoios são fornecidos pregando ou aparafusando os membros em paredes, vigas ou colunas de sustentação. Tais apoios são simples de construir e se dá pouca atenção aos detalhes do projeto. Em outros casos, em que estruturas grandes e que sofrem carga pesada precisam ser apoiadas, devem ser projetados dispositivos mecânicos grandes e complexos que permitam a ocorrência de determinados deslocamentos, enquanto impedem outros, para transmitir cargas grandes.

Embora os dispositivos usados como apoios possam variar amplamente no aspecto e na forma, podemos classificar os apoios em quatro categorias principais, com base nas *restrições* ou *reações* que exercem na estrutura. Os apoios mais comuns, cujas características estão resumidas na Tabela 3.1, incluem a articulação fixa, a articulação móvel, o engastamento e a rótula.

A articulação fixa, mostrada na Tabela 3.1, caso (*a*), representa um dispositivo que conecta um membro a um ponto fixo por meio de um pino sem atrito. Embora impeça o deslocamento em qualquer direção, esse apoio permite que a extremidade do membro gire livremente. Os engastamentos [consultar Tabela 3.1, caso (*f*)], embora não sejam comuns, existem ocasionalmente, quando a extremidade de um membro está profundamente incrustada em um bloco de concreto maciço ou cimentada em rocha sólida (Figura 3.11).

O sistema de apoios escolhido pelo projetista influenciará as forças que se desenvolverão em uma estrutura e também as forças transmitidas para os elementos de apoio. Por exemplo, na Figura 3.10*a*, a extremidade esquerda de uma viga está ligada a uma parede por meio de um parafuso que impede o deslocamento relativo entre a viga e a parede, enquanto a da direita está apoiada em uma almofada de borracha sintética que permite que a extremidade da viga se mova lateralmente sem desenvolver nenhuma força de restrição significativa. Se a temperatura da viga aumentar, a viga se dilatará. Como nenhuma restrição longitudinal se desenvolve na extremidade direita para resistir à dilatação, nenhuma tensão é gerada na viga nem nas paredes. Por outro lado, se as duas extremidades da mesma viga são aparafusadas em paredes de alvenaria (ver Figura 3.10*b*), uma dilatação da viga produzida por um aumento na temperatura empurrará as paredes para fora e possivelmente as rachará. Se forem rígidas, as paredes exercerão uma força de restri-

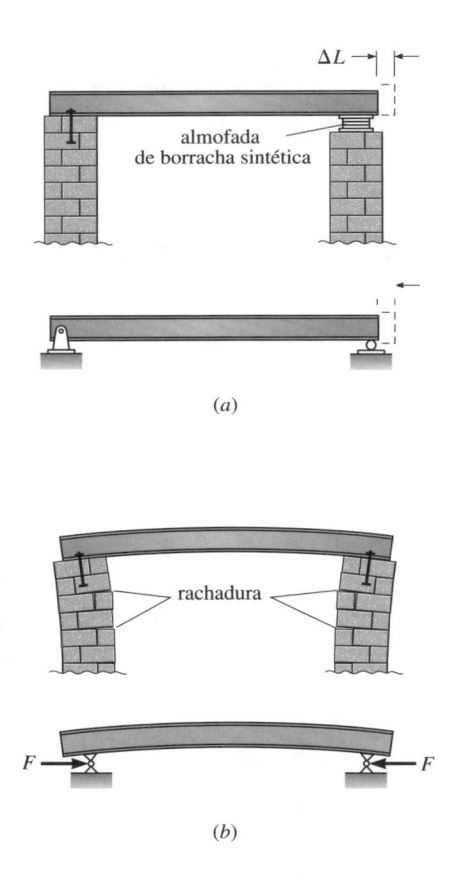

Figura 3.10: Influência dos apoios: representação idealizada mostrada abaixo da condição de construção real: (*a*) a extremidade da direita fica livre para expandir lateralmente; nenhuma tensão é criada pela mudança da temperatura; (*b*) as duas extremidades são restritas; tensões compressivas e de flexão se desenvolvem na viga. Os muros racham.

Foto 3.1: Uma das três articulações fixas de cobertura de concreto conectando-a com a fundação.

Foto 3.2: Articulação fixa carregada pelo empuxo da base do arco e pela extremidade da viga mestra externa do piso.

TABELA 3.1
Características dos apoios

Tipo	Esboço	Símbolo	Movimentos permitidos ou impedidos	Forças de reação	Incógnitas criadas
(a) Articulação fixa			*Impedido*: translação horizontal, translação vertical *Permitido*: rotação	Uma única força linear de direção desconhecida ou equivalente Uma força horizontal e uma força vertical que são as componentes da força única de direção desconhecida	
(b) Rótula			*Impedido*: deslocamento relativo das extremidades do membro *Permitido*: rotação e deslocamento horizontal e vertical	Forças horizontais e verticais iguais e de direção oposta	
(c) Articulação móvel			*Impedido*: translação vertical *Permitido*: translação horizontal, rotação	Uma única força linear (para cima ou para baixo*)	
(d) Balancim		OU			
(e) Almofada de elastômero					
(f) Engastamento			*Impedido*: translação horizontal, translação vertical, rotação *Permitido*: nenhum	Componentes horizontais e verticais de uma resultante linear; momento	
(g) Elo			*Impedido*: translação na direção do elo *Permitido*: translação perpendicular ao elo, rotação	Uma única força linear na direção do elo	
(h) Guia			*Impedido*: translação vertical, rotação *Permitido*: translação horizontal	Uma única força linear vertical; momento	

*Embora o símbolo da articulação móvel, por simplicidade, não mostre nenhuma restrição contra movimento para cima, subentende-se que uma articulação móvel possa fornecer uma força de reação para baixo, se necessário.

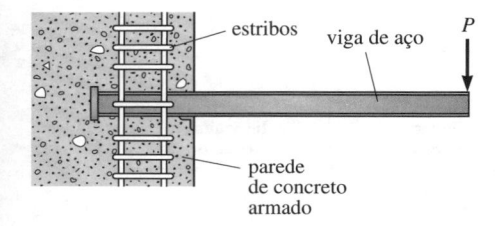

Figura 3.11: Viga com extremidade engastada criada pelo embutimento da extremidade esquerda em uma parede de concreto armado.

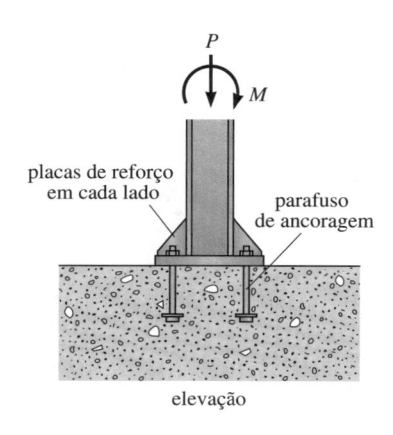

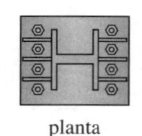

Figura 3.12: Uma coluna de aço apoiada em uma placa de base reforçada, que é aparafusada em uma fundação de concreto, produzindo uma condição de engastamento em sua base.

Figura 3.13: (*a*) Viga de concreto armado com uma extremidade engastada; (*b*) coluna de concreto armado cuja extremidade inferior está especificada para atuar como articulação.

ção sobre a viga que gerará tensões compressivas (e possivelmente tensões de flexão, caso os apoios sejam excêntricos em relação ao centroide do membro) na viga. Embora esses efeitos normalmente sejam pequenos nas estruturas, quando os vãos são curtos ou as mudanças de temperatura são moderadas, eles podem produzir resultados indesejados (deformação ou membros tracionados em demasia) quando os vãos são longos ou as mudanças de temperatura, grandes.

Produzir uma condição de engastamento para uma viga ou coluna de aço é dispendioso e raramente é feito. Para uma viga de aço, uma condição de engastamento pode ser criada pelo embutimento de uma de suas extremidades em um bloco de concreto armado maciço (ver Figura 3.11).

Para produzir uma condição de engastamento na base de uma coluna de aço, o projetista deve especificar uma placa de base de aço grossa, reforçada por placas de aço verticais conectadas na coluna e na placa de base (ver Figura 3.12). Além disso, a placa de base deve ser ancorada no apoio por meio de parafusos de ancoragem fortemente tensionados.

Por outro lado, quando os membros estruturais são construídos com concreto armado, um engastamento ou uma articulação fixa pode ser produzida mais facilmente. No caso de uma viga, um engastamento é produzido estendendo barras de armação no elemento de apoio a uma distância especificada (ver Figura 3.13*a*). Para uma coluna de concreto armado, o projetista pode criar uma articulação em sua base (1) entalhando a parte inferior da coluna imediatamente acima da parede de apoio ou base e (2) cruzando as barras de armação, como mostrado na Figura 3.13*b*. Se a força axial na coluna é grande, para garantir que o concreto na região do entalhe não falhe por esmagamento, mais barras verticais de armação devem ser adicionadas na linha central da coluna para transferir a força axial.

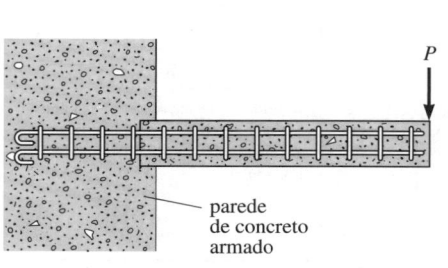

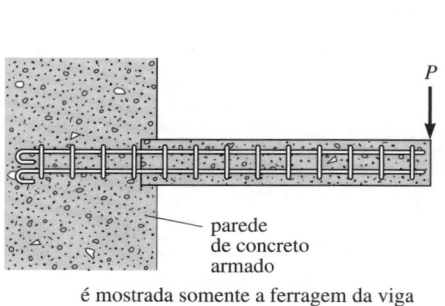

3.4 Idealizando estruturas

Antes que uma estrutura possa ser analisada, o projetista deve criar um modelo físico simplificado da estrutura e de seus apoios, assim como das cargas aplicadas. Normalmente, esse modelo é representado por um desenho feito com linhas simples. Para ilustrar esse procedimento, consideraremos o pórtico rígido de aço estrutural da Figura 3.14a. Para propósitos de análise, o projetista provavelmente representaria o pórtico rígido por meio do esboço simplificado da Figura 3.14b. Nesse esboço, as colunas e vigas mestras são representadas pelas linhas centrais das barras reais. Embora a carga máxima aplicada na viga mestra do pórtico possa ser criada pelo acúmulo desigual de neve úmida e pesada, o projetista, seguindo especificações de código, projetará o pórtico para uma carga uniforme w equivalente. Desde que a carga equivalente produza nas barras forças com a mesma magnitude da carga real, o projetista poderá dimensionar as barras com a resistência necessária para suportar a carga real.

Na estrutura real, placas soldadas nas bases das colunas são aparafusadas nas paredes das fundações para suportar o pórtico. Às vezes, um tirante também é estendido entre as bases das colunas para transmitir o empuxo lateral produzido na viga mestra pela carga vertical. Usando o tirante para transmitir as forças horizontais que tendem a mover para fora as bases das colunas apoiadas nas paredes das fundações, os projetistas podem dimensionar as paredes e fundações somente para carga vertical, condição que reduz significativamente o custo das paredes. Embora alguma restrição rotacional obviamente se desenvolva na base das colunas, normalmente os projetistas a desprezam e presumem que os apoios reais podem ser representados por articulações fixas. Essa suposição é feita pelos seguintes motivos:

1. O projetista não dispõe de nenhum procedimento simples para avaliar a restrição rotacional.

Figura 3.14: (a) Pórtico rígido soldado com carga de neve; (b) pórtico idealizado no qual a análise é baseada.

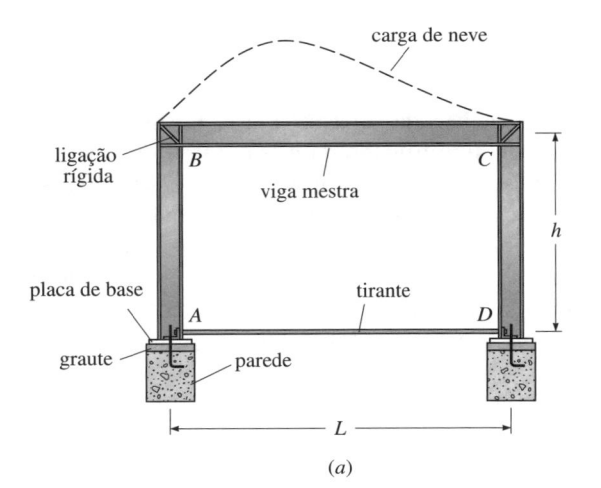

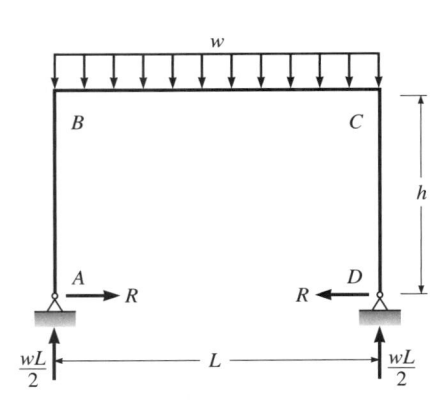

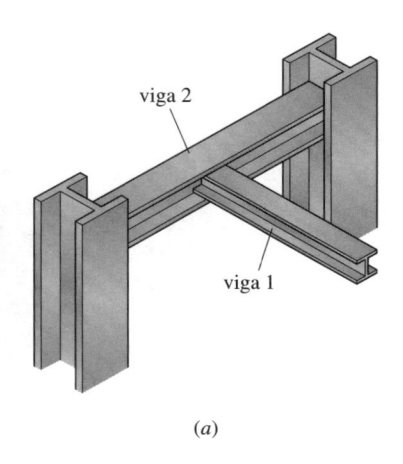

Figura 3.15: Ligação de alma aparafusada idealizada como articulação fixa: (*a*) perspectiva da ligação; (*b*) detalhes da ligação mostrados em escala ampliada: a inclinação da viga 1 curva a alma flexível da viga 2. Presume-se que a ligação flexível não permite nenhuma restrição rotacional; (*c*) como a ligação permite somente restrição vertical (sua capacidade de restrição lateral não é mobilizada), estamos livres para modelar a ligação como uma articulação fixa ou móvel, como mostrado em (*d*).

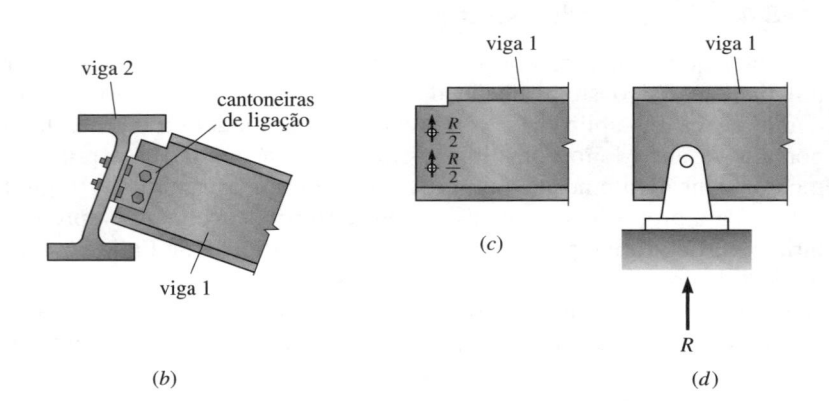

2. A restrição rotacional é modesta, devido à deformação de flexão da placa, ao alongamento dos parafusos e aos pequenos movimentos laterais da parede.
3. Por fim, a suposição de uma articulação fixa na base é conservadora (restrições de qualquer tipo tornam a estrutura mais rígida).

Como exemplo, consideraremos o comportamento da ligação de alma padrão entre as duas vigas de aço da Figura 3.15*a*. Como mostrado na Figura 3.15*b*, a mesa superior da viga 1 é cortada para que as mesas superiores tenham a mesma elevação. A ligação entre as duas vigas é feita por meio de duas cantoneiras aparafusadas (ou soldadas) nas almas das duas vigas. As forças aplicadas nas barras pelos parafusos são mostradas na Figura 3.15*c*. Como a alma da viga 2 é relativamente flexível, normalmente a ligação é projetada para transferir somente carga vertical entre as duas barras. Embora a ligação tenha uma capacidade limitada para carga horizontal, essa capacidade não é utilizada, pois a viga 1 suporta principalmente carga gravitacional e pouca ou nenhuma carga axial. Normalmente, os projetistas modelam esse tipo de ligação como uma articulação rígida ou móvel (Figura 3.15*d*).

3.5 Diagramas de corpo livre

Como primeiro passo na análise de uma estrutura, normalmente o projetista desenhará um esboço simplificado da estrutura ou da parte da estrutura em consideração. Esse esboço, que mostra as dimensões necessárias, junto com todas as forças externas e internas que atuam na estrutura, é chamado de *diagrama de corpo livre* (*FBD* – do inglês, *free-body diagram*). Por exemplo, a Figura 3.16*a* mostra um diagrama de corpo livre de um arco triarticulado que suporta duas cargas concentradas. Como as reações nos apoios *A* e *C* são desconhecidas, suas direções devem ser pressupostas.

O projetista também poderia representar o arco por meio do esboço da Figura 3.16*b*. Embora os apoios não sejam mostrados (como acontece na Figura 3.16*a*) e o arco seja representado por uma linha, o diagrama de corpo livre contém todas as informações necessárias para analisá-lo. Contudo, como as articulações fixas em A e C não são mostradas, não é evidente para alguém que não esteja familiarizado com o problema (e esteja vendo o esboço pela primeira vez) que os pontos A e B não têm deslocamento livre, por causa das articulações fixas nessas posições. Em cada caso, os projetistas devem utilizar seu parecer para decidir quais detalhes necessitam de esclarecimento. Se as forças internas na articulação central em B precisassem ser calculadas, um dos dois corpos livres mostrados na Figura 3.16c poderia ser usado.

Quando a direção de uma força atuando em um corpo livre é desconhecida, o projetista está livre para pressupor sua direção. Se a direção da força for presumida corretamente, a análise usando as equações de equilíbrio produzirá um valor positivo para a força. Por outro lado, se a análise produzir um valor negativo de uma força desconhecida, a direção inicial foi presumida incorretamente e o projetista deverá inverter a direção da força (ver Exemplo 3.5).

Os diagramas de corpo livre também podem ser usados para determinar as forças internas nas estruturas. Na seção a ser estudada, imaginamos que a estrutura é seccionada, passando um plano imaginário através do elemento. Se o plano tem orientação perpendicular ao eixo longitudinal do membro e se a força interna no corte transversal é decomposta nas componentes paralelas e perpendiculares ao corte, no caso mais geral as forças que atuam na

Figura 3.16: Diagramas de corpo livre: (a) diagrama de corpo livre de arco triarticulado; (b) corpo livre simplificado do arco em (a); (c) diagramas de corpo livre de segmentos do arco; (d) diagramas de corpo livre para analisar forças internas na seção 1-1.

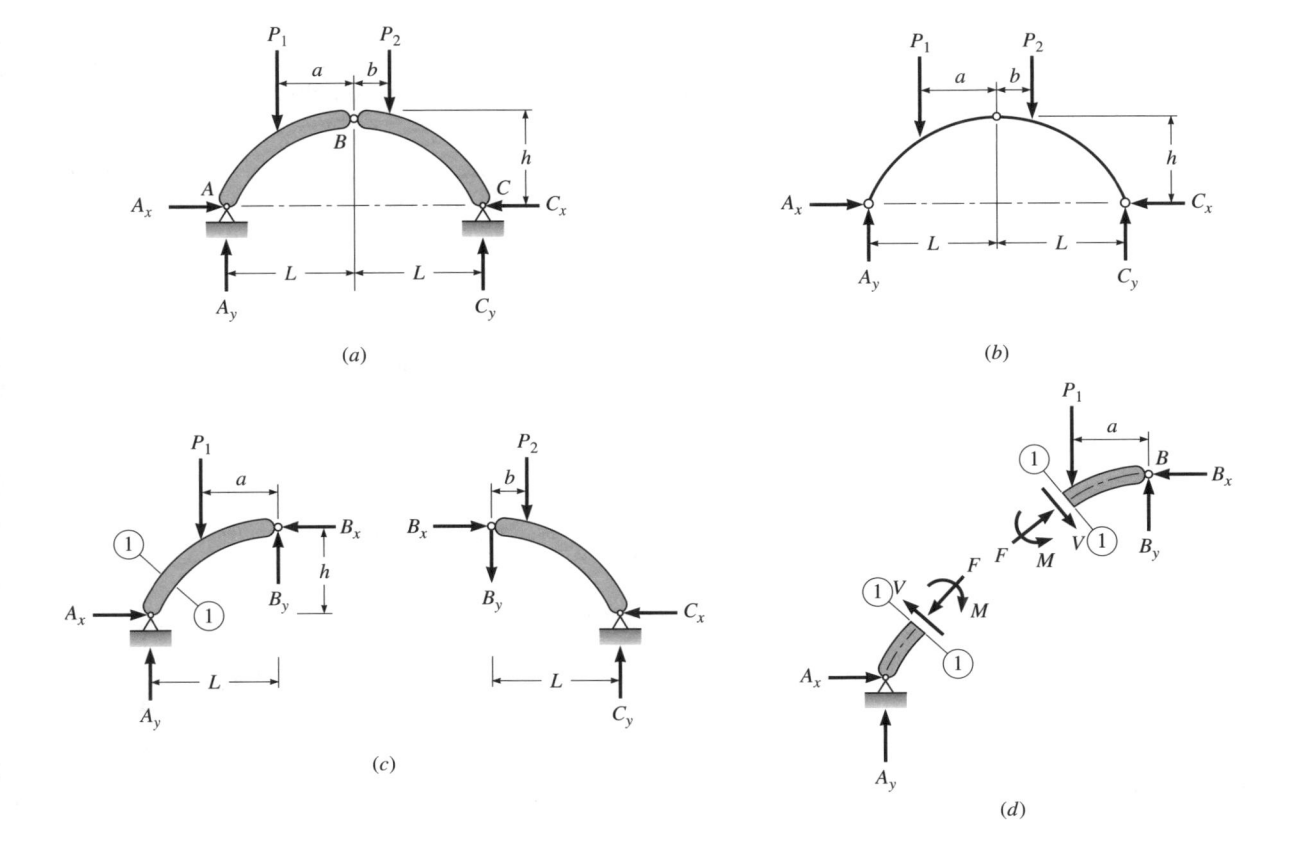

superfície de corte consistirão em uma força axial **F**, um cisalhamento **V** e um momento **M** (neste livro não consideraremos os membros que transmitem torção). Uma vez avaliados **F**, **V** e **M**, podemos usar equações-padrão (desenvolvidas em um curso básico de *resistência dos materiais*) para calcular as tensões axiais, de cisalhamento e de flexão no corte transversal.

Por exemplo, se quiséssemos determinar as forças internas na seção 1-1 do segmento esquerdo do arco (ver Figura 3.16c), usaríamos os corpos livres mostrados na Figura 3.16d. Seguindo a terceira lei de Newton, "para cada ação existe uma reação igual e contrária", reconhecemos que as forças internas em cada lado do corte são iguais em magnitude e de direção oposta. Supondo que as reações na base do arco e as forças de articulação em *B* foram calculadas, as forças de cisalhamento, momento e axiais podem ser determinadas pela aplicação das três equações da estática em um dos dois corpos livres da Figura 3.16d.

3.6 Equações de equilíbrio estático

Conforme você aprendeu em dinâmica, um sistema de *forças planares* atuando em uma estrutura rígida (ver Figura 3.17) sempre pode ser reduzido a duas forças resultantes:

1. Uma força linear *R* passando pelo centro de gravidade da estrutura, em que *R* é igual à soma vetorial das forças lineares.
2. Um momento *M* em relação ao centro de gravidade. O momento *M* é avaliado pela soma dos momentos de todas as forças e conjugados atuando na estrutura com relação a um eixo pelo centro de gravidade e perpendicular ao plano da estrutura.

Pela segunda lei de Newton, a aceleração linear *a* do centro de gravidade e as acelerações angulares α do corpo sobre o centro de gravidade são relativas às forças resultantes *R* e *M*, o que pode ser expresso como segue:

$$R = ma \quad (3.2a)$$
$$M = I\alpha \quad (3.2b)$$

em que *m* é a massa do corpo e *I* é o momento de inércia da massa do corpo com relação ao seu centro de gravidade.

Se o corpo está em repouso — o que é denominado estado de *equilíbrio estático* —, tanto a aceleração linear *a* quanto a aceleração angular α são iguais a zero. Para essa condição, as equações 3.2a e 3.2b tornam-se

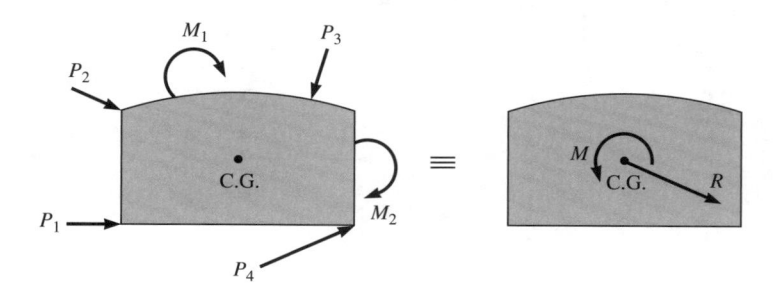

Figura 3.17: Sistemas de forças planares equivalentes atuando em um corpo rígido.

$$R = 0 \quad (3.3a)$$
$$M = 0 \quad (3.3b)$$

Se R for substituída por suas componentes R_x e R_y, que podem ser expressas relativamente às componentes do sistema de forças reais pelas equações 3.1a e 3.1b, podemos escrever as equações de equilíbrio estático para um sistema de forças planar como

$$\sum F_x = 0 \quad (3.4a)$$
$$\sum F_y = 0 \quad (3.4b)$$
$$\sum M_z = 0 \quad (3.4c)$$

As equações 3.4a e 3.4b estabelecem que a estrutura não está se movendo nem na direção x nem na y, enquanto a Equação 3.4c garante que a estrutura não está girando. Embora a Equação 3.4c tenha sido baseada em um somatório de momentos em relação ao centro de gravidade da estrutura, pois estávamos considerando a aceleração angular do corpo, essa restrição pode ser eliminada para estruturas em equilíbrio estático. Obviamente, se uma estrutura está em repouso, a força resultante é zero. Como o sistema de forças real pode ser substituído por sua resultante, segue-se que a soma dos momentos sobre qualquer eixo paralelo ao eixo de referência z e normal ao plano da estrutura deve ser igual a zero, pois a resultante é zero.

Conforme você pode se lembrar do curso de estática, as equações 3.4a e 3.4b (ou uma delas) também podem ser substituídas por equações de momento. Alguns conjuntos de equações de equilíbrio igualmente válidos são

$$\sum F_x = 0 \quad (3.5a)$$
$$\sum M_A = 0 \quad (3.5b)$$
$$\sum M_z = 0 \quad (3.5c)$$

ou
$$\sum M_A = 0 \quad (3.6a)$$
$$\sum M_B = 0 \quad (3.6b)$$
$$\sum M_z = 0 \quad (3.6c)$$

em que os pontos A, B e z não ficam na mesma linha reta.

Como as deformações que ocorrem em estruturas reais geralmente são muito pequenas, normalmente escrevemos as equações de equilíbrio nos termos das dimensões iniciais da estrutura. Na análise de colunas flexíveis, arcos de vão longo ou outras estruturas flexíveis sujeitas à flambagem, as deformações dos elementos estruturais ou da estrutura sob certas condições de carga podem ser grandes o suficiente para aumentar as forças internas em um número significativo. Nessas situações, as equações de equilíbrio devem ser escritas nos termos da geometria da estrutura deformada para que a análise forneça resultados precisos. As estruturas que passam por deflexões grandes desse tipo não serão abordadas neste texto.

Se as forças que atuam em uma estrutura — incluindo as reações e as forças internas — podem ser calculadas usando qualquer um dos conjuntos de equações de equilíbrio estático anteriores, diz-se que a estrutura é *estaticamente determinada* ou, mais simplesmente, *determinada*. Os exemplos 3.5 a 3.7 ilustram o uso das equações de equilíbrio estático para calcular as reações de uma estrutura determinada que pode ser tratada como um único corpo rígido.

Se a estrutura é estável, mas as equações de equilíbrio não fornecem equações suficientes para analisá-la, é chamada *indeterminada*. Para analisar estruturas indeterminadas devemos derivar equações adicionais a partir da geometria da estrutura deformada, para complementar as equações de equilíbrio. Esses assuntos serão abordados nos capítulos 11, 12 e 13.

EXEMPLO 3.5

Calcule as reações para a viga da Figura 3.18a.

Solução

Decomponha a força em C nas componentes e suponha direções para as reações em A e B (ver Figura 3.18b). Ignore a altura da viga.

Método 1. Encontre as reações usando as equações 3.4a a 3.4c. Suponha uma direção positiva para as forças, conforme indicado pelas setas:

$$\rightarrow^+ \quad \Sigma F_x = 0 \qquad -A_x + 6 = 0 \qquad (1)$$

$$\uparrow^+ \quad \Sigma F_y = 0 \qquad A_y + B_y - 8 = 0 \qquad (2)$$

$$\circlearrowleft^+ \quad \Sigma M_A = 0 \qquad -10 B_y + 8(15) = 0 \qquad (3)$$

Resolvendo as equações 1, 2 e 3, temos

$$A_x = 6 \text{ kips} \qquad B_y = 12 \text{ kips} \qquad A_y = -4 \text{ kips} \qquad \textbf{Resp.}$$

em que um sinal de mais indica que a direção assumida está correta e um sinal de menos estabelece que a direção assumida está incorreta e a reação deve ser invertida. Consulte a Figura 3.18c para ver os resultados finais.

Método 2. Recalcule as reações usando equações de equilíbrio que contêm somente uma incógnita. Uma possibilidade é

$$\circlearrowleft^+ \quad \Sigma M_A = 0 \qquad -B_y(10) + 8(15) = 0$$

$$\circlearrowleft^+ \quad \Sigma M_B = 0 \qquad A_y(10) + 8(5) = 0$$

$$\rightarrow^+ \quad \Sigma F_x = 0 \qquad -A_x + 6 = 0$$

Resolvendo novamente, gera $A_x = 6$ kips, $B_y = 12$ kips, $A_y = -4$ kips.

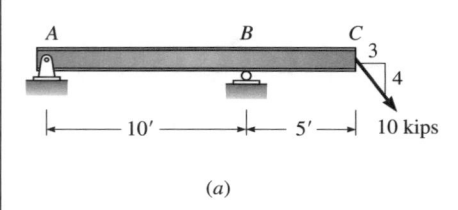

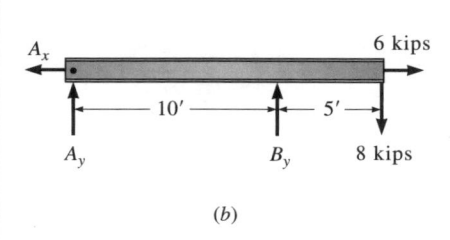

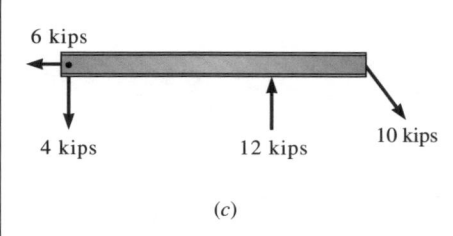

Figura 3.18

Calcule as reações para a treliça da Figura 3.19.

EXEMPLO 3.6

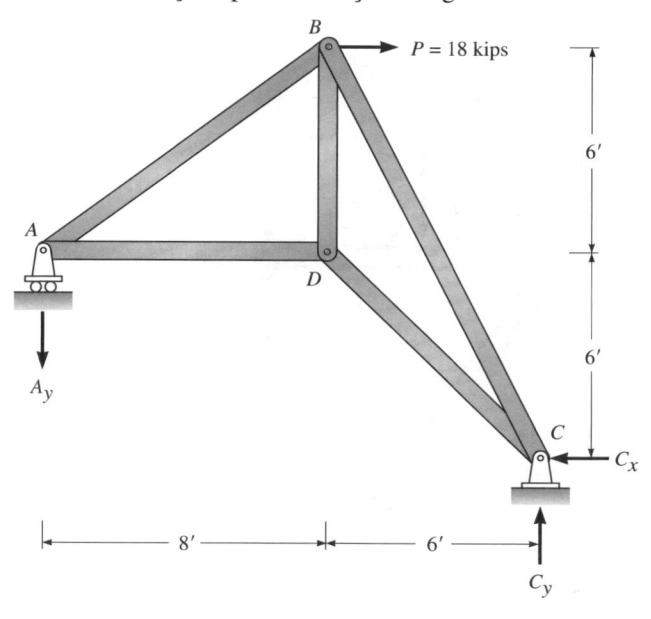

Figura 3.19

Solução

Trate a treliça como um corpo rígido. Suponha direções para as reações (ver Figura 3.19). Use equações de equilíbrio estático.

$\circlearrowleft^+$ $\Sigma M_C = 0$ $18(12) - A_y(14) = 0$ (1)

$\rightarrow^+$ $\Sigma F_x = 0$ $18 - C_x = 0$ (2)

$\uparrow^+$ $\Sigma F_y = 0$ $-A_y + C_y = 0$ (3)

Resolvendo as equações 1, 2 e 3, temos

$C_x = 18$ kips $A_y = 15{,}43$ kips $C_y = 15{,}43$ kips   **Resp.**

NOTA. As reações foram calculadas usando as dimensões iniciais da estrutura descarregada. Como os deslocamentos em estruturas bem projetadas são pequenos, não resultaria nenhuma alteração significativa na magnitude das reações se tivéssemos usado as dimensões da estrutura deformada.

Por exemplo, suponha que o apoio A se mova 0,5 pol para a direita e a ligação B se mova 0,25 pol para cima, quando a carga de 18 kips é aplicada; os braços de momento para A_y e a carga de 18 kips na Equação 1 seriam iguais a 13,96 pés e 12,02 pés respectivamente. Substituindo essas dimensões na Equação 1, calcularíamos $A_y = 15{,}47$ kips. Conforme você pode ver, o valor de A_y não muda o suficiente (0,3% neste problema) para justificar o uso das dimensões da estrutura deformada, cujo cálculo é demorado.

EXEMPLO 3.7

O pórtico da Figura 3.20 suporta uma carga distribuída que varia de 4 a 10 kN/m. Calcule as reações.

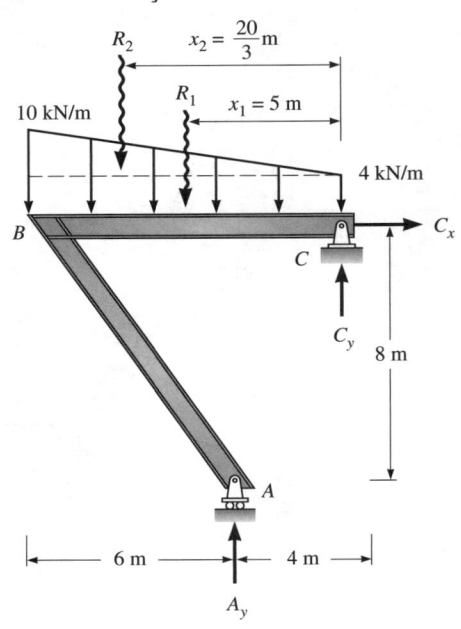

Figura 3.20

Solução

Divida a carga distribuída em uma triangular e uma retangular (ver linha tracejada). Substitua as cargas distribuídas por suas resultantes.

$$R_1 = 10(4) = 40 \text{ kN}$$
$$R_2 = \frac{1}{2}(10)(6) = 30 \text{ kN}$$

Calcule A_y.

$$\circlearrowleft^+ \quad \Sigma M_C = 0$$
$$A_y(4) - R_1(5) - R_2\left(\frac{20}{3}\right) = 0$$
$$A_y = 100 \text{ kN} \quad \textbf{Resp.}$$

Calcule C_y.

$$\uparrow^+ \quad \Sigma F_y = 0$$
$$100 - R_1 - R_2 + C_y = 0$$
$$C_y = -30 \text{ kN} \downarrow$$

(o sinal de menos indica direção inicial pressuposta incorretamente)

Calcule C_x.

$$\rightarrow^+ \quad \Sigma F_x = 0$$
$$C_x = 0 \quad \textbf{Resp.}$$

EXEMPLO 3.8

Calcule as reações para a viga da Figura 3.21a, tratando o membro AB como um elo.

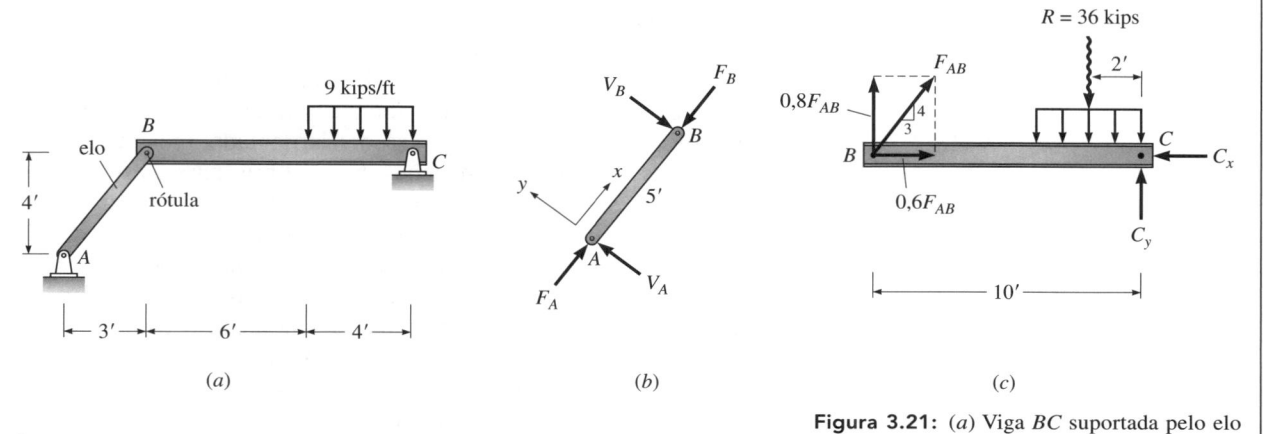

Figura 3.21: (a) Viga BC suportada pelo elo AB; (b) corpo livre do elo AB; (c) corpo livre da viga BC.

Solução

Primeiro, calcule as forças no elo. Como o elo AB está preso com rótulas em A e B, não há momentos nesses pontos. Suponha inicialmente que o cisalhamento V e a força axial F são transmitidos pelas rótulas (ver Figura 3.21b). Usando um sistema de coordenadas com o eixo x ao longo do eixo longitudinal da barra, escrevemos as seguintes equações de equilíbrio:

$$\rightarrow^+ \quad \Sigma F_x = 0 \qquad 0 = F_A - F_B \qquad (1)$$

$$\uparrow^+ \quad \Sigma F_y = 0 \qquad 0 = V_A - V_B \qquad (2)$$

$$\circlearrowleft^+ \quad M_A = 0 \qquad 0 = V_B(5) \qquad (3)$$

Resolvendo as equações acima, temos

$$F_A = F_B \text{ (chamamos de } F_{AB}\text{) e } V_A = V_B = 0$$

Esses cálculos mostram que uma barra presa com rótulas nas duas extremidades e não carregada entre elas transmite somente carga axial; isto é, é uma barra de *duas forças*.

Agora, calcule F_{AB}. Considere a viga BC como um corpo livre (ver Figura 3.21c). Decomponha F_{AB} nas componentes em B e some os momentos sobre C.

$$\circlearrowleft^+ \quad \Sigma M_c = 0 \qquad 0 = 0{,}8F_{AB}(10) - 36(2)$$

$$\rightarrow^+ \quad \Sigma F_x = 0 \qquad 0 = 0{,}6F_{AB} - C_x$$

$$\uparrow^+ \quad \Sigma F_y = 0 \qquad 0 = 0{,}8F_{AB} - 36 + C_y$$

Resolvendo, temos: $F_{AB} = 9$ kips, $C_x = 5{,}4$ kips e $C_y = 28{,}8$ kips.

3.7 Equações de condição

As reações de muitas estruturas podem ser determinadas tratando a estrutura como um único corpo rígido. Outras estruturas determinadas estáveis, compostas de vários elementos rígidos conectados por meio de uma articulação ou que contêm outros dispositivos ou condições de construção que liberam certas restrições internas, exigem que a estrutura seja dividida em vários corpos rígidos para se avaliarem as reações.

Considere, por exemplo, o arco triarticulado mostrado na Figura 3.16a. Se escrevermos as equações de equilíbrio para a estrutura inteira, veremos que estão disponíveis somente três equações para dar uma solução, para os quatro componentes de reação desconhecidos, A_x, A_y, C_x e C_y. Para obter a solução, devemos estabelecer uma equação de equilíbrio adicional, sem introduzir novas variáveis. Podemos escrever uma quarta equação de equilíbrio independente, considerando o equilíbrio de qualquer segmento de arco entre a articulação em B e um apoio de extremidade (ver Figura 3.16c). Como a articulação em B pode transferir uma força com componentes horizontais e verticais, mas não tem capacidade de transferir momento (isto é, $M_B = 0$), podemos somar os momentos sobre a articulação em B para produzir uma equação adicional relativamente às reações de apoio e das cargas aplicadas. Essa equação adicional é chamada de *equação de condição* ou *equação de construção*.

Se o arco fosse contínuo (nenhuma articulação existisse em B), um momento interno poderia se desenvolver em B e não poderíamos escrever mais uma equação sem introduzir uma incógnita adicional — M_B, o momento em B.

Como uma estratégia alternativa, poderíamos determinar as reações nos apoios e as forças na articulação central escrevendo e resolvendo três equações de equilíbrio para cada segmento do arco da Figura 3.16c. Considerando os dois corpos livres, temos seis equações de equilíbrio disponíveis para resolver, para seis forças desconhecidas (A_x, A_y, B_x, B_y, C_x e C_y). Os exemplos 3.9 e 3.10 ilustram o procedimento para analisar estruturas com dispositivos (uma rótula em um caso e um rolo no outro) que liberam restrições internas.

EXEMPLO 3.9

Calcule as reações para a viga da Figura 3.22a. Uma carga de 12 kips é aplicada diretamente na articulação em C.

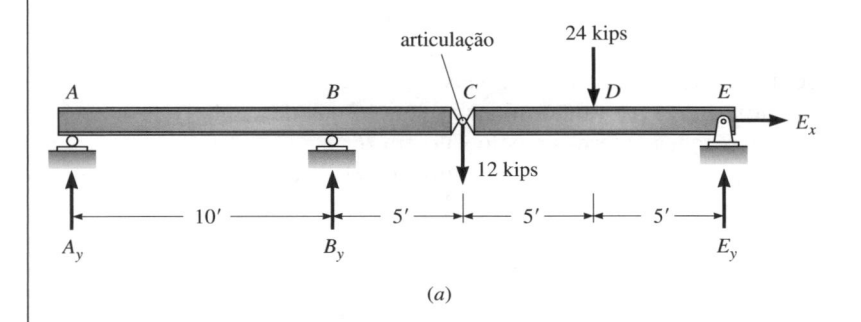

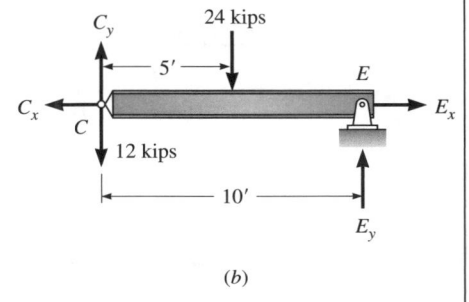

Figura 3.22

Solução

Os apoios fornecem quatro reações. Como estão disponíveis três equações de equilíbrio para a estrutura inteira na Figura 3.22a e a articulação em C fornece uma equação de condição, a estrutura é determinada. Calcule E_y somando os momentos sobre C (ver Figura 3.22b).

$$\circlearrowleft^+ \quad \Sigma M_c = 0$$

$$0 = 24(5) - E_y(10) \quad \text{e} \quad E_y = 12 \text{ kips} \quad \textbf{Resp.}$$

Conclua a análise usando o corpo livre da Figura 3.22a.

$$\rightarrow^+ \quad \Sigma F_x = 0 \quad 0 + E_x = 0$$

$$E_x = 0 \quad \textbf{Resp.}$$

$$\circlearrowleft^+ \quad \Sigma M_A = 0 \quad 0 = -B_y(10) + 12(15) + 24(20) - 12(25)$$

$$B_y = 36 \text{ kips} \quad \textbf{Resp.}$$

$$\uparrow^+ \quad \Sigma F_y = 0 \quad 0 = A_y + B_y - 12 - 24 + E_y$$

Substituindo $B_y = 36$ kips e $E_y = 12$ kips, calculamos $A_y = -12$ kips (para baixo).

EXEMPLO 3.10

Calcule as reações para as vigas da Figura 3.23a.

Solução

Se tratarmos a estrutura inteira da Figura 3.23a como um único corpo rígido, os apoios externos fornecerão cinco reações: A_x, A_y, C_y, D_x e D_y. Como somente três equações de equilíbrio estão disponíveis, as reações não podem ser estabelecidas. Uma solução é possível, pois o rolo em B fornece duas informações adicionais (isto é, $M_B = 0$ e $B_x = 0$). Separando a estrutura em dois corpos livres (ver Figura 3.23b), podemos escrever um total de seis equações de equilíbrio (três para cada corpo livre) para determinar as seis forças desconhecidas exercidas pelas reações externas e pelo rolo em B.

Aplicando as equações de equilíbrio no membro BD na Figura 3.23b, temos

$$\rightarrow^+ \quad \Sigma F_x = 0 \qquad 0 = 15 - D_x \qquad (1)$$

$$\circlearrowleft^+ \quad \Sigma M_D = 0 \qquad 0 = B_y(10) - 20(5) \qquad (2)$$

$$\uparrow^+ \quad \Sigma F_y = 0 \qquad 0 = B_y - 20 + D_y \qquad (3)$$

Resolvendo as equações 1, 2 e 3, calculamos $D_x = 15$ kips, $B_y = 10$ kips e $D_y = 10$ kips.

Com B_y avaliada, podemos determinar o balanço das reações aplicando as equações de equilíbrio no membro AC da Figura 3.23b.

$$\rightarrow^+ \quad \Sigma F_x = 0 \qquad 0 = A_x \qquad (4)$$

$$\circlearrowleft^+ \quad \Sigma M_A = 0 \qquad 0 = 10(10) - 15C_y \qquad (5)$$

$$\uparrow^+ \quad \Sigma F_y = 0 \qquad 0 = A_y - 10 + C_y \qquad (6)$$

Resolvendo as equações 4, 5 e 6, encontramos $A_x = 0$, $C_y = 20/3$ kips e $A_y = 10/3$ kips.

Como o rolo em B não pode transferir uma força horizontal entre as vigas, reconhecemos que a componente horizontal de 15 kips da carga aplicada em BD deve ser equilibrada pela reação D_x. Como nenhuma força horizontal atua no membro AC, $A_x = 0$.

Verificação estática: para verificar a precisão dos cálculos, aplicamos $\Sigma F_y = 0$ na estrutura inteira da Figura 3.23a.

$$A_y + C_y + D_y - 0{,}8(25) = 0$$

$$\frac{10}{3} + \frac{20}{3} + 10 - 20 = 0$$

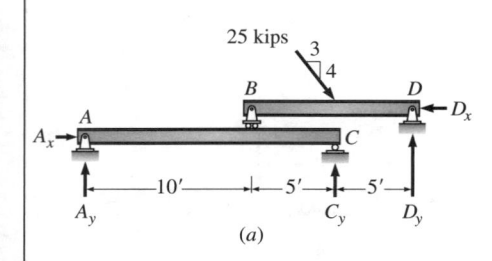

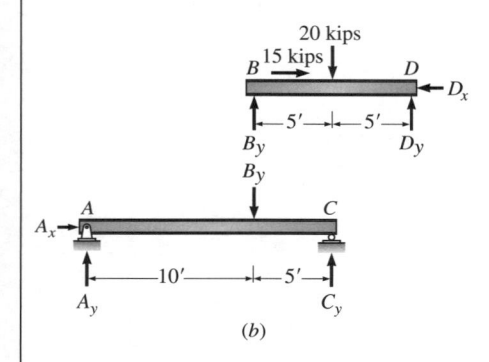

$$0 = 0 \quad \text{OK}$$

Figura 3.23

3.8 Influência das reações na estabilidade e determinação de estruturas

Para produzir uma estrutura estável, o projetista deve fornecer um conjunto de apoios que impeça a estrutura ou qualquer um de seus componentes de se mover como um corpo rígido. O número e os tipos de apoios necessários para estabilizar uma estrutura dependem da organização geométrica dos membros, das condições de construção características da estrutura (articulações, por exemplo) e da posição dos apoios. As equações de equilíbrio da Seção 3.6 fornecem a teoria necessária para entender a influência das reações na (1) estabilidade e na (2) determinação (a capacidade de calcular reações usando as equações da estática). Iniciamos esta discussão considerando estruturas compostas de um *único corpo rígido* e, então, estenderemos os resultados para estruturas compostas de vários corpos interligados.

Para que um conjunto de apoios impeça o movimento de uma estrutura sob todas as condições de carga possíveis, as cargas aplicadas e as reações fornecidas pelos apoios devem satisfazer as três equações de equilíbrio estático

$$\Sigma F_x = 0 \quad (3.4a)$$

$$\Sigma F_y = 0 \quad (3.4b)$$

$$\Sigma M_z = 0 \quad (3.4c)$$

Com a finalidade de desenvolver critérios para estabelecer a estabilidade e a determinação de uma estrutura, dividiremos esta discussão em três casos que são uma função do número de reações.

Caso 1. Os apoios fornecem menos de três restrições: $R < 3$ (R = número de restrições ou reações)

Como três equações de equilíbrio devem ser satisfeitas para que um corpo rígido esteja em equilíbrio, o projetista deve aplicar pelo menos três reações para produzir uma estrutura estável. Se os apoios fornecem menos de três reações, então uma ou mais das equações de equilíbrio não pode ser satisfeita, e a estrutura não está em equilíbrio. Uma estrutura que não está em equilíbrio é *instável*. Por exemplo, vamos usar as equações de equilíbrio para determinar as reações da viga da Figura 3.24a. A viga, apoiada em dois rolos, suporta uma carga vertical P em meio vão e uma força horizontal Q.

$$\stackrel{+}{\uparrow} \quad \Sigma F_y = 0 \qquad 0 = R_1 + R_2 - P \qquad (1)$$

$$\circlearrowleft^+ \quad \Sigma M_A = 0 \qquad 0 = \frac{PL}{2} - R_2 L \qquad (2)$$

$$\rightarrow+ \quad \Sigma F_x = 0 \qquad 0 = Q \quad \text{inconsistente;} \qquad (3)$$
$$\text{instável}$$

Figura 3.24: (*a*) Instável, falta a restrição horizontal; (*b*) instável, livre para girar sobre *A*; (*c*) instável, livre para girar sobre *A*; (*d*) e (*e*) momentos não balanceados produzem falha; (*f*) e (*g*) estruturas estáveis.

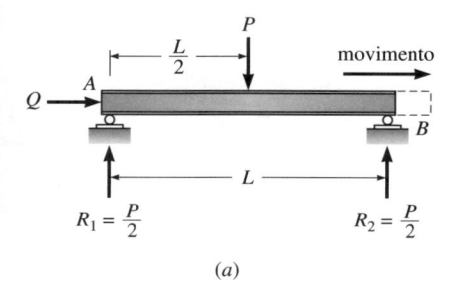

As equações 1 e 2 podem ser satisfeitas se $R_1 = R_2 = P/2$; entretanto, a Equação 3 não é satisfeita, pois Q é uma força real e não é igual a zero. Como o equilíbrio não é satisfeito, a viga é instável e se moverá para a direita sob a força não balanceada. Os matemáticos diriam que o conjunto de equações acima é *inconsistente* ou *incompatível*.

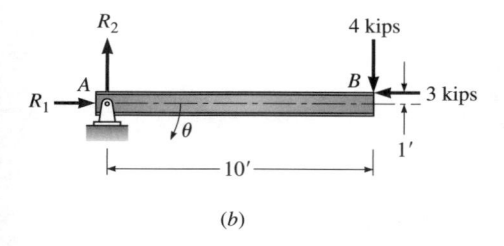

Como segundo exemplo, aplicaremos as equações de equilíbrio na viga apoiada por uma articulação fixa no ponto *A*, na Figura 3.23*b*.

$$\rightarrow+ \quad \Sigma F_x = 0 \qquad 0 = R_1 - 3 \qquad (4)$$

$$\stackrel{+}{\uparrow} \quad \Sigma F_y = 0 \qquad 0 = R_2 - 4 \qquad (5)$$

$$\circlearrowleft^+ \quad \Sigma M_A = 0 \qquad 0 = 4(10) - 3(1) = 37 \qquad (6)$$

Um exame das equações 4 a 6 mostra que as equações 4 e 5 podem ser satisfeitas se $R_1 = 3$ kips e $R_2 = 4$ kips; entretanto, a Equação 6 não é satisfeita, pois o lado direito é igual a 37 kip · ft e o lado esquerdo é igual a zero. Uma vez que a equação de equilíbrio de momento não é satisfeita, a estrutura é instável; isto é, a viga girará sobre a articulação fixa em *A*.

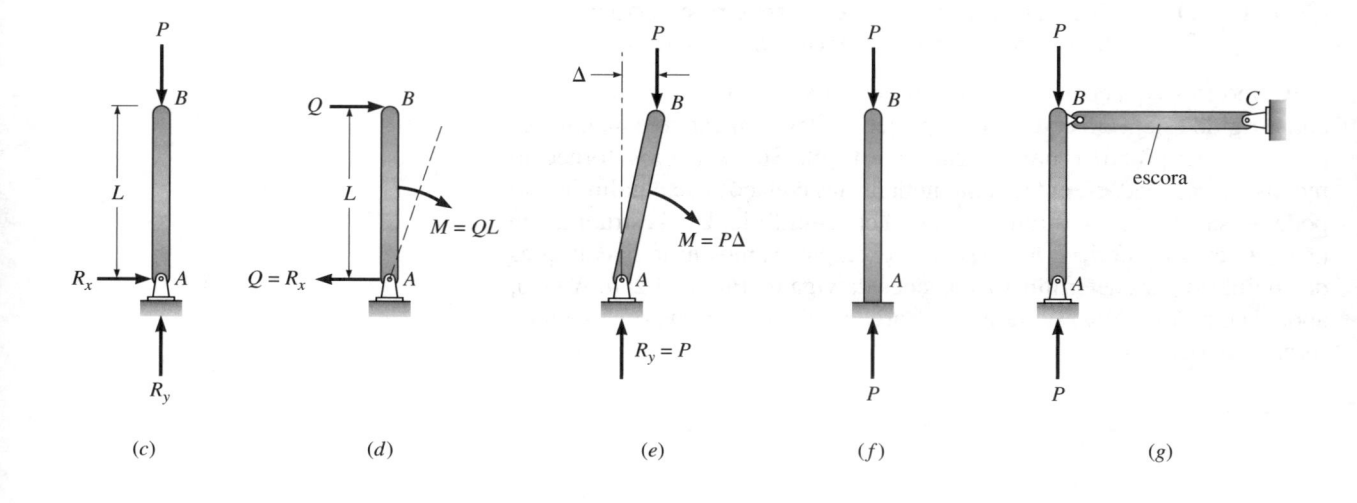

Como último exemplo, aplicaremos as equações de equilíbrio na coluna da Figura 3.24c.

$$\rightarrow^+ \quad \Sigma F_x = 0 \qquad 0 = R_x \tag{7}$$

$$\uparrow^+ \quad \Sigma F_y = 0 \qquad 0 = R_y - P \tag{8}$$

$$\circlearrowleft^+ \quad \Sigma M_A = 0 \qquad 0 = 0 \tag{9}$$

Um exame das equações de equilíbrio mostra que, se $R_x = 0$ e $R_y = P$, todas as equações são satisfeitas e a estrutura está em equilíbrio. (A Equação 9 é satisfeita automaticamente, porque todas as forças passam pelo centro do momento.) Mesmo que as equações de equilíbrio sejam satisfeitas quando a coluna suporta uma força vertical, reconhecemos intuitivamente que a estrutura é instável. Embora a articulação fixa em A impeça a base da coluna de deslocar-se em qualquer direção, ela não fornece nenhuma restrição rotacional para a coluna. Portanto, ou a aplicação de uma pequena força lateral Q (ver Figura 3.24d) ou um pequeno desvio do nó superior em relação ao eixo vertical que passa pela articulação fixa em A, enquanto a carga vertical P atua (ver Figura 3.24e), produzirá um momento de tombamento que fará a coluna desmoronar por causa da rotação sobre a articulação em A. A partir desse exemplo, vemos que, para ser classificada como estável, uma estrutura deve ter a capacidade de resistir à carga de qualquer direção.

Para fornecer restrição contra rotação, estabilizando a coluna, o projetista poderia escolher uma das opções a seguir.

1. Substituir a articulação fixa em A por um engastamento que possa fornecer um momento de restrição na base da coluna (ver Figura 3.24f).
2. Como mostrado na Figura 3.24g, conectar o topo da coluna a um apoio estável em C, com uma barra horizontal BC (uma barra como BC, cuja principal função é alinhar a coluna verticalmente e não suportar carga, é denominada *escora* ou *barra secundária*).

Resumindo, concluímos que uma estrutura é instável se os apoios fornecem menos de três reações.

Caso 2. Os apoios fornecem três reações: R = 3

Se os apoios fornecerem três reações, normalmente será possível satisfazer as três equações de equilíbrio (o número de incógnitas é igual ao número de equações). Obviamente, se as três equações de equilíbrio estático são satisfeitas, a estrutura está em equilíbrio (ou seja, é *estável*). Além disso, se as equações de equilíbrio são satisfeitas, os valores das três reações são determinados exclusivamente e dizemos que a estrutura é *determinada externamente*. Por fim, como três equações de equilíbrio precisam ser satisfeitas, segue-se que, no mínimo, três restrições são necessárias para produzir uma estrutura estável sob qualquer condição de carga.

Figura 3.25: (a) Geometricamente instável, as reações formam um sistema de forças paralelas; (b) posição de equilíbrio; uma reação horizontal se desenvolve quando o elo é alongado e muda de inclinação; (c) geometricamente instável; as reações formam um sistema de forças concorrentes passando pela articulação em A; (d) viga indeterminada.

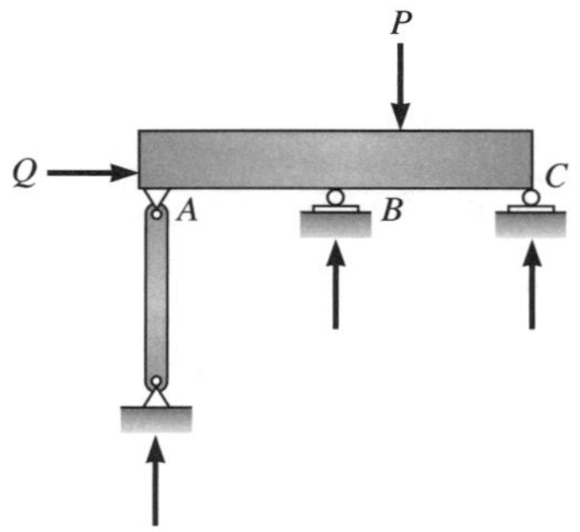

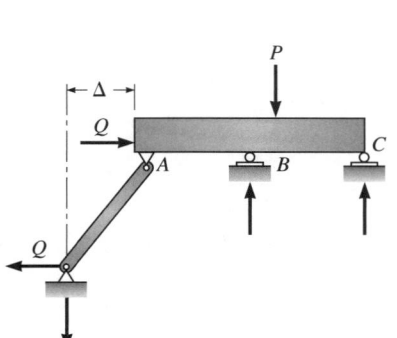

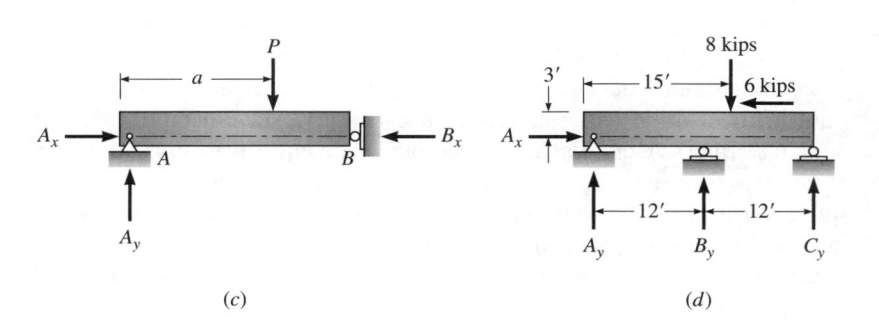

Se um sistema de apoios fornece três reações configuradas de tal maneira que as equações de equilíbrio não podem ser satisfeitas, a estrutura é denominada *geometricamente instável*. Por exemplo, na Figura 3.25a, a barra *ABC*, que suporta uma carga vertical *P* e uma força horizontal *Q*, é apoiada por um elo e dois rolos que aplicam três restrições ao membro *ABC*. Como todas atuam verticalmente, as restrições não oferecem nenhuma resistência ao deslocamento na direção horizontal (isto é, as reações formam um sistema de forças paralelas). Escrevendo a equação de equilíbrio para a viga *ABC* na direção *x*, encontramos

$$\rightarrow+ \quad \Sigma F_x = 0$$

$$Q = 0 \quad \text{(não consistente)}$$

Como *Q* é uma força real e não é igual a zero, a equação de equilíbrio não é satisfeita. Portanto, a estrutura é instável. Sob a ação da força *Q*, a estrutura se moverá para a direita até que o elo desenvolva uma componente horizontal (por causa de uma alteração na geometria) para equilibrar *Q* (ver Figura 3.25b). Assim, para ser classificada como uma estrutura estável, necessitamos que as cargas aplicadas sejam equilibradas pela direção original das reações na estrutura não carregada. Uma estrutura que precisa sofrer alteração na geometria antes que suas reações sejam mobilizadas para equilibrar as cargas aplicadas é classificada como instável.

Como segundo exemplo de estrutura instável restrita por três reações, consideramos na Figura 3.25c uma viga apoiada por uma articulação fixa em *A* e um rolo em *B*, cuja reação é direcionada horizontalmente. Embora o equilíbrio nas direções *x* e *y* possa ser satisfeito pelas restrições horizontais e verticais fornecidas pelos apoios, as restrições não estão posicionadas de modo a impedir a rotação da estrutura sobre o ponto *A*. Escrever a equação de equilíbrio para o momento sobre o ponto *A* fornece

$$\circlearrowleft^+ \quad \Sigma M_A = 0 \quad (3.4c)$$

$$Pa = 0 \quad \text{(não consistente)}$$

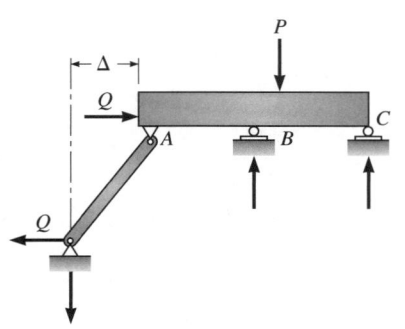

Uma vez que nem *P* nem *a* são iguais a zero, o produto *Pa* não pode ser igual a zero. Assim, uma equação de equilíbrio não é satisfeita — um sinal de que a estrutura é instável. Visto que as linhas de ação de todas as reações passam pela articulação em *A* (isto é, as reações são equivalentes a um sistema de forças *concorrentes*), elas não são capazes de impedir a rotação inicialmente.

Resumindo, concluímos que, para um único corpo rígido, no mínimo três restrições são necessárias para produzir uma estrutura estável (que está em equilíbrio) — sujeita à limitação de que as restrições não sejam equivalentes a um sistema de forças paralelas ou concorrentes.

Também demonstramos que a estabilidade sempre pode ser verificada pela análise da estrutura com as equações de equilíbrio para várias condições de carga arbitrárias. Se a análise produz um resultado inconsistente, isto é, as equações de equilíbrio não são satisfeitas para qualquer parte da estrutura, podemos concluir que a estrutura é instável. Esse procedimento está ilustrado no Exemplo 3.11.

Caso 3. Restrições maiores do que 3: $R > 3$

Se um sistema de apoios, que não é equivalente a um sistema de forças paralelas ou concorrentes, fornece mais de três restrições para uma *única* estrutura rígida, os valores das restrições não podem ser determinados exclusivamente, pois o número de incógnitas ultrapassa as três equações de equilíbrio disponíveis para sua solução. Como uma ou mais das reações não pode ser determinada, a estrutura é denominada *indeterminada* e o *grau de indeterminação* é igual ao número de restrições superior a 3, isto é,

$$\text{Grau de indeterminação} = R - 3 \quad (3.7)$$

em que R é igual ao número de reações e 3 representa o número de equações da estática.

Como exemplo, na Figura 3.25*d* uma viga é apoiada por uma articulação fixa em *A* e em rolos nos pontos *B* e *C*. A aplicação das três equações de equilíbrio produz

$$\rightarrow^+ \quad \Sigma F_x = 0 \qquad A_x - 6 = 0$$

$$\uparrow^+ \quad \Sigma F_y = 0 \qquad -8 + A_y + B_y + C_y = 0$$

$$\circlearrowleft^+ \quad \Sigma M_A = 0 \qquad -6(3) + 8(15) - 12B_y - 24C_y = 0$$

Como as quatro incógnitas A_x, A_y, B_y e C_y existem e somente três equações estão disponíveis, não é possível uma solução completa (A_x pode ser determinada a partir da primeira equação), e dizemos que a estrutura é indeterminada no primeiro grau.

Se o apoio de rolo em *B* fosse removido, teríamos uma estrutura determinada estável, pois agora o número de incógnitas seria igual ao número de equações de equilíbrio. Essa observação forma a base de um procedimento comum para estabelecer o grau de indeterminação. Nesse método, estabelecemos o grau de indeterminação eliminando restrições até que reste uma estrutura determinada estável. O número de restrições

Figura 3.26: (*a*) Estrutura indeterminada; (*b*) estrutura de base (ou liberada) restante depois de removidos os apoios redundantes.

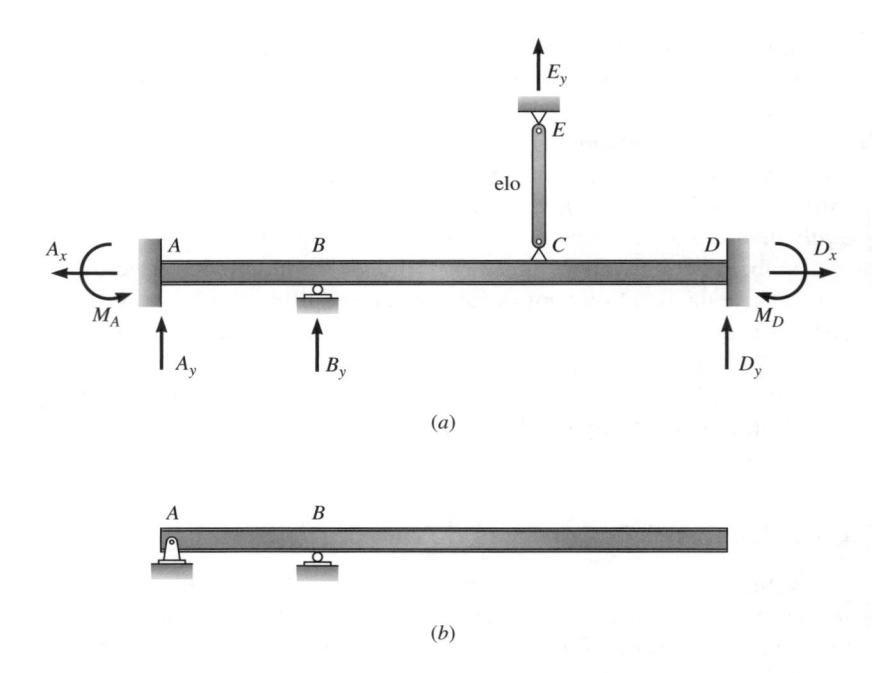

eliminadas é igual ao grau de indeterminação. Como exemplo, estabeleceremos o grau de indeterminação da viga da Figura 3.26*a* eliminando restrições. Embora esteja disponível uma variedade de opções, eliminaremos primeiro a restrição rotacional (M_A) no apoio A, mas manteremos a restrição horizontal e vertical. Esse passo é equivalente a substituir o engastamento por uma articulação fixa. Se agora removermos o elo em C e o engaste em D, teremos removido um total de cinco restrições, produzindo a estrutura estável de *base* ou estrutura *l liberada* determinada, como mostra a Figura 3.26*b* (as restrições eliminadas são denominadas *redundantes*). Assim, concluímos que a estrutura original era indeterminada no quinto grau.

Determinação e estabilidade de estruturas compostas de vários corpos rígidos

Se uma estrutura consiste em vários corpos rígidos interligados por dispositivos (articulações, por exemplo) que liberam C restrições internas, C equações de equilíbrio (também chamadas de *equações de condição*) adicionais podem ser escritas para resolver as reações (consultar Seção 3.7). Para estruturas nessa categoria, os critérios desenvolvidos para definir a estabilidade e a determinação de uma única estrutura rígida devem ser modificados como segue:

1. Se $R < 3 + C$, a estrutura é instável.
2. Se $R = 3 + C$ e se nem as reações da estrutura inteira nem as de um de seus componentes são equivalentes a um sistema de forças paralelas ou concorrentes, a estrutura é estável e determinada.

3. Se $R > 3 + C$ e as reações não são equivalentes a um sistema de forças paralelas ou concorrentes, a estrutura é estável e indeterminada; além disso, o grau de indeterminação para essa condição, dado pela Equação 3.7, deve ser modificado subtraindo o número $(3 + C)$ do número de reações, que representa o número de equações de equilíbrio disponíveis para solucionar as reações; isto é,

$$\text{Grau de indeterminação} = R - (3 + C) \qquad (3.8)$$

A Tabela 3.2 resume a discussão sobre a influência das reações na estabilidade e na determinação de estruturas.

TABELA 3.2a
Resumo dos critérios de estabilidade e determinação de uma única estrutura rígida

Condição*	Estável — Determinada	Estável — Indeterminada	Instável
$R < 3$	—	—	Sim; as três equações de equilíbrio não podem ser satisfeitas para todas as condições de carga possíveis.
$R = 3$	Sim, se as reações são determinadas unicamente.	—	Somente se as reações formarem um sistema de forças paralelas ou concorrentes.
$R > 3$	—	Sim; grau de indeterminação = R – 3	Somente se as reações formarem um sistema de forças paralelas ou concorrentes.

*R é o número de reações.

TABELA 3.2b
Resumo dos critérios de estabilidade e determinação de várias estruturas rígidas interligadas

Condição*	Estável — Determinada	Estável — Indeterminada	Instável
$R < 3 + C$	—	—	Sim; as equações de equilíbrio não podem ser satisfeitas para todas as condições de carga possíveis.
$R = 3 + C$	Sim, se as reações puderem ser determinadas unicamente.	—	Somente se as reações formarem um sistema de forças paralelas ou concorrentes.
$R > 3 + C$	—	Sim, grau de indeterminação = $R - (3 + C)$	Somente se as reações formarem um sistema de forças paralelas ou concorrentes.

*Aqui, R é o número de reações; C é o número de condições.

EXEMPLO 3.11

Investigue a estabilidade da estrutura da Figura 3.27a. Articulações nos nós B e D.

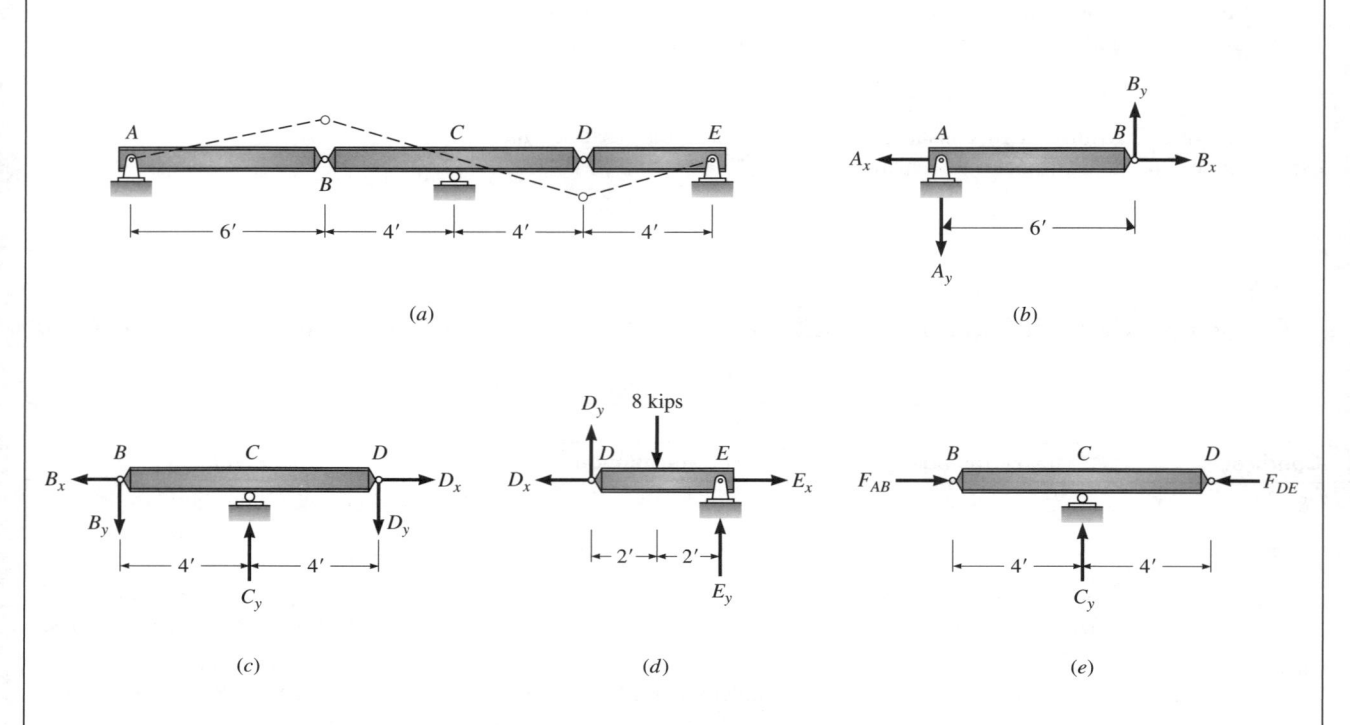

Figura 3.27: (a) Detalhes da estrutura; (b) corpo livre da barra AB; (c) corpo livre da barra BD; (d) corpo livre da barra DE; (e) estrutura instável (se AB e DE forem tratados como elos, isto é, as reações formarem um sistema de forças concorrentes).

Solução

Uma condição necessária para a estabilidade exige

$$R = 3 + C$$

Como R, o número de reações, é igual a 5 e C, o número de equações de condição, é igual a 2, a condição necessária é satisfeita. Contudo, como a estrutura tem tantas articulações fixas e rótulas, existe a possibilidade de que ela seja geometricamente instável. Para investigar essa possibilidade, aplicaremos uma carga arbitrária na estrutura para verificar se as equações de equilíbrio podem ser satisfeitas para cada segmento. Imagine que apliquemos uma carga vertical de 8 kips no centro da barra DE (ver Figura 3.27d).

PASSO 1 Verifique o equilíbrio de DE.

$$\rightarrow^+ \quad \Sigma F_x = 0 \qquad E_x - D_x = 0$$
$$E_x = D_x$$
$$\circlearrowleft^+ \quad \Sigma M_D = 0 \qquad 8(2) - 4E_y = 0$$
$$E_y = 4 \text{ kips}$$
$$\uparrow^+ \quad \Sigma F_y = 0 \qquad D_y + E_y - 8 = 0$$
$$D_y = 4 \text{ kips}$$

CONCLUSÃO. Embora não possamos determinar D_x nem E_x, as equações de equilíbrio são satisfeitas. Além disso, como as forças que atuam no corpo livre não compreendem um sistema de forças paralelas ou concorrentes, neste estágio não há nenhuma indicação de que a estrutura é instável.

PASSO 2 Verifique o equilíbrio da barra BD (ver Figura 3.27c).

$$\circlearrowleft^+ \quad \Sigma M_c = 0 \qquad 4D_y - 4B_y = 0$$
$$B_y = D_y = 4 \text{ kips} \qquad \textbf{Resp.}$$
$$\rightarrow^+ \quad \Sigma F_x = 0 \qquad D_x - B_x = 0$$
$$D_x = B_x$$
$$\uparrow^+ \quad \Sigma F_y = 0 \qquad -B_y + C_y - D_y = 0$$
$$C_y = 8 \text{ kips} \qquad \textbf{Resp.}$$

CONCLUSÃO. Todas as equações de equilíbrio podem ser satisfeitas para a barra BD. Portanto, ainda não há nenhuma evidência de uma estrutura instável.

PASSO 3 Verifique o equilíbrio da barra AB. (Ver Figura 3.27b.)

$$\circlearrowleft^+ \quad \Sigma M_A = 0 \qquad 0 = -B_y(6) \quad \text{(equação inconsistente)}$$

CONCLUSÃO. Como os cálculos anteriores para a barra BD estabeleceram que $B_y = 4$ kips, o lado direito da equação de equilíbrio é igual a -24 kip·ft — diferente de zero. Portanto, a equação de equilíbrio não é satisfeita, indicando que a estrutura é instável. Um exame mais minucioso da barra BCD (ver Figura 3.27e) mostra que a estrutura é instável, pois é possível que as reações fornecidas pelas barras AB e DE e pelo rolo C formem um sistema de forças concorrentes. A linha tracejada na Figura 3.27a mostra uma possível forma defletida da estrutura como um mecanismo instável.

3.9 Classificando estruturas

Um dos principais objetivos deste capítulo é estabelecer diretrizes para a construção de uma estrutura estável. Nesse processo, vimos que o projetista deve considerar a geometria da estrutura e o número, a posição e o tipo de apoios fornecidos. Para concluir esta seção, examinaremos as estruturas das figuras 3.28 e 3.29 para estabelecer se elas são estáveis ou instáveis com relação às reações externas. Para as estruturas estáveis, também estabeleceremos se são determinadas ou indeterminadas. Por fim, se uma estrutura for indeterminada, estabeleceremos o grau de indeterminação. Todas as estruturas desta seção serão tratadas como um único corpo rígido que pode ou não conter dispositivos que liberam restrições internas. O efeito de articulações internas ou rolos será levado em conta, considerando-se o número de equações de condição associadas.

Na maioria dos casos, para estabelecer se uma estrutura é determinada ou indeterminada, simplesmente comparamos o número de reações externas com as equações de equilíbrio disponíveis para a solução — isto é, as três equações da estática, mais todas as equações de condição. Em seguida, conferimos a estabilidade, verificando se as reações não são equivalentes a um sistema de forças *paralelas* ou *concorrentes*. Se ainda restar alguma dúvida, como teste final aplicamos uma carga na estrutura e fazemos uma análise usando as equações de equilíbrio estático. Se uma solução é possível — indicando que as equações de equilíbrio são satisfeitas —, a estrutura é estável. Alternativamente, se uma inconsistência se revela, reconhecemos que a estrutura é instável.

Na Figura 3.28a, a viga é restrita por quatro reações — três no engaste e uma na articulação móvel. Como estão disponíveis somente três equações de equilíbrio, a estrutura é indeterminada no primeiro grau.

Figura 3.28: Exemplos de estruturas estáveis e instáveis: (*a*) indeterminada no primeiro grau; (*b*) estável e determinada; (*c*) indeterminada no segundo grau; (*d*) indeterminada no primeiro grau.

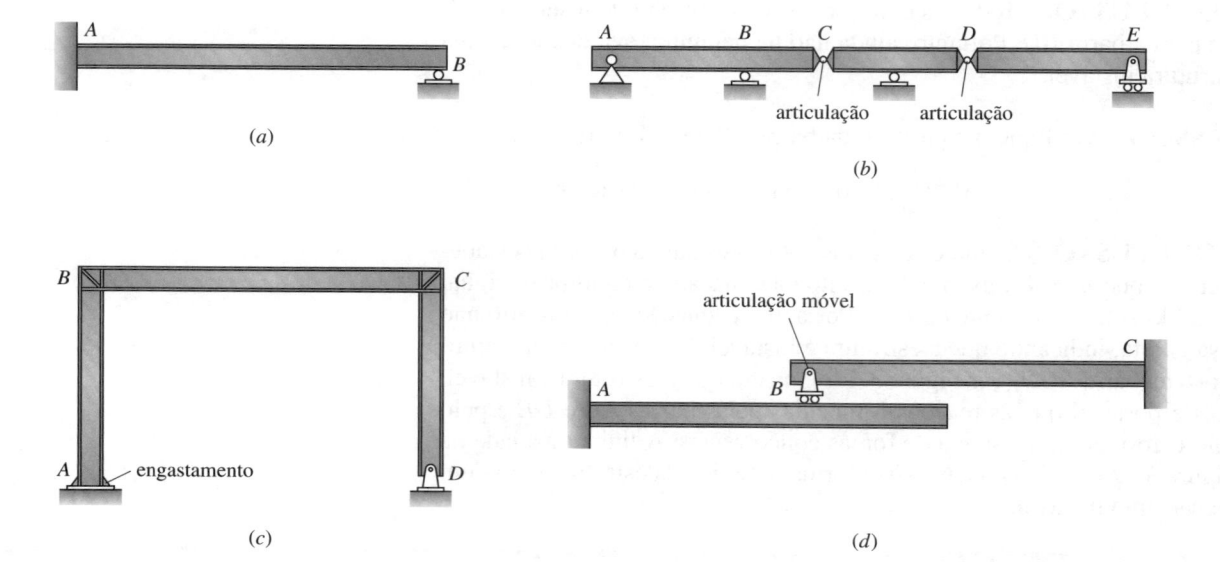

Obviamente a estrutura é estável, pois as reações não são equivalentes a um sistema de forças paralelas ou concorrentes.

A estrutura da Figura 3.28*b* é estável e determinada, pois o número de reações é igual ao número de equações de equilíbrio. Cinco reações são fornecidas — duas da articulação fixa em *A* e uma de cada uma das três articulações móveis. Para resolver as reações, estão disponíveis três equações de equilíbrio para a estrutura inteira, e as articulações em *C* e *D* fornecem duas equações de condição. Também podemos deduzir que a estrutura é estável, observando que a barra *ABC* — apoiada por uma articulação fixa em *A* e por um rolo em *B* — é estável. Portanto, a articulação em *C*, que está ligada à barra *ABC*, é um ponto estável no espaço e, como um apoio articulado fixo, pode aplicar uma restrição horizontal e uma vertical na barra *CD*. O fato de a articulação em *C* poder sofrer um pequeno deslocamento devido às deformações elásticas da estrutura não afeta sua capacidade de restringir a barra *CD*. Como é fornecida uma terceira restrição para *CD* pela articulação móvel em meio vão, concluímos que se trata de um elemento estável; ou seja, apoiado por três restrições que não são equivalentes a um sistema de forças paralelas nem concorrentes. Reconhecendo que a articulação em *D* está ligada a uma estrutura estável, podemos ver que a barra *DE* também está apoiada de maneira estável; isto é, duas restrições da articulação e uma da articulação móvel em *E*.

A Figura 3.28*c* mostra um pórtico rígido restrito por um engastamento em *A* e uma articulação fixa em *D*. Como estão disponíveis três equações de equilíbrio, mas são aplicadas cinco restrições pelos apoios, a estrutura é indeterminada no segundo grau.

A estrutura da Figura 3.28*d* consiste em duas vigas em balanço unidas por um rolo em *B*. Se o sistema é tratado como um único corpo rígido, os engastes em *A* e *C* fornecem seis restrições no total. Como o rolo fornece duas equações de condição (o momento em *B* é zero e nenhuma força horizontal pode ser transmitida pela junção *B*) e estão disponíveis três equações da estática, a estrutura é indeterminada no primeiro grau. Como segunda estratégia, poderíamos estabelecer o grau de indeterminação removendo o rolo em *B*, que fornece uma única reação vertical, para produzir duas vigas em balanço estáveis e determinadas. Como foi necessário eliminar somente uma restrição para produzir uma estrutura de base determinada (ver Figura 3.26), verificamos que a estrutura é indeterminada no primeiro grau. Um terceiro método para estabelecer o grau de indeterminação seria separar a estrutura em dois diagramas de corpo livre e contar as reações desconhecidas aplicadas pelos apoios e pelo rolo interno. Cada corpo livre funcionaria de acordo com três reações dos engastes em *A* ou *C*, assim como uma reação vertical do rolo em *B* — um total de sete reações para os dois corpos livres. Como, no total, estão disponíveis seis equações de equilíbrio — três para cada corpo livre —, concluímos novamente que a estrutura é indeterminada no primeiro grau.

Na Figura 3.29*a*, seis reações *externas* são fornecidas pelas articulações fixas em *A* e *C* e pelas articulações móveis em *D* e *E*. Como estão disponíveis três equações de equilíbrio e duas equações de condição, a

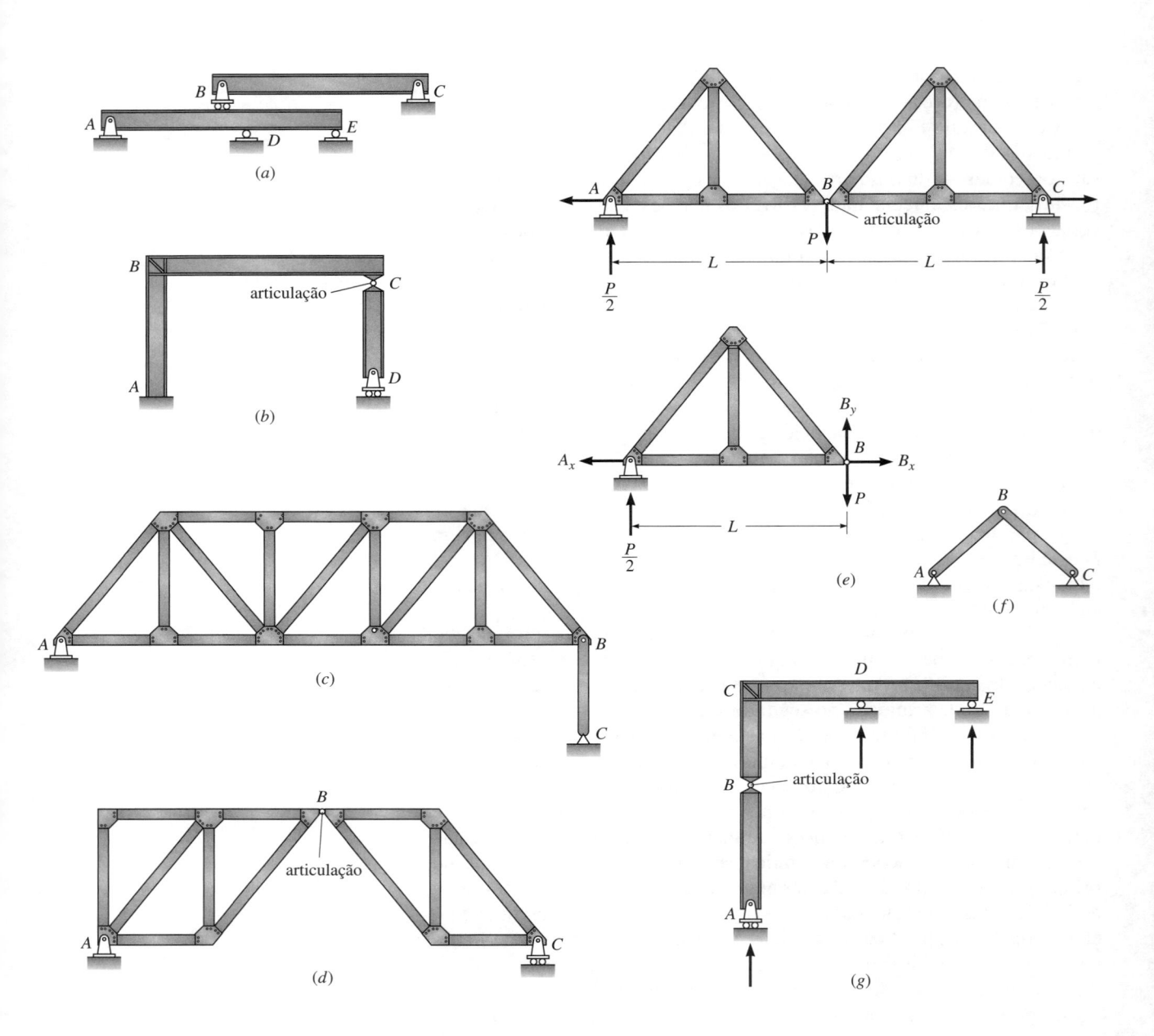

Figura 3.29: (*a*) Indeterminada no primeiro grau; (*b*) instável; as reações aplicadas em *CD* formam um sistema de forças concorrentes; (*c*) estável e determinada; (*d*) instável $R < 3 + C$; (*e*) instável; as reações aplicadas em cada treliça formam um sistema de forças concorrentes; (*f*) estável e indeterminada; (*g*) instável; as reações em *BCDE* são equivalentes a um sistema de forças paralelas.

estrutura é indeterminada no primeiro grau. A viga *BC*, apoiada por uma articulação fixa em *C* e uma articulação móvel em *B*, é um componente estável e determinado da estrutura; portanto, independentemente da carga aplicada em *BC*, a reação vertical na articulação móvel em *B* sempre pode ser calculada. A estrutura é indeterminada, pois a barra *ADE* está restrita por quatro reações — duas da articulação fixa em *A* e uma em cada uma das articulações móveis em *D* e *E*.

O pórtico da Figura 3.29*b* está restrito por quatro reações — três do engastamento *A* e uma da articulação móvel em *D*. Como estão disponíveis três equações de equilíbrio e uma equação de condição ($M_c = 0$, da articulação em *C*), parece que a estrutura pode ser estável e determinada. Contudo, embora a barra *ABC* seja definitivamente estável, pois consiste em uma única barra em forma de L ligada a um engastamento em *A*, a barra *CD* não está apoiada de maneira estável, pois a reação vertical da articulação móvel em *D* passa pela articulação em *C*. Assim, as reações aplicadas à barra *CD* constituem um sistema de forças concorrentes, indicando que a barra é instável. Por exemplo, se aplicássemos uma força horizontal na barra *CD* e então somássemos os momentos sobre a articulação em *C*, resultaria uma equação de equilíbrio inconsistente.

Na Figura 3.29*c*, uma treliça, que pode ser considerada um corpo rígido, é suportada por uma articulação fixa em *A* e um elo *BC*. Como as reações aplicam três restrições que não são equivalentes a um sistema de forças paralelas nem concorrentes, a estrutura é estável e determinada externamente. (Conforme mostraremos no Capítulo 4, quando examinarmos as treliças com mais detalhes, a estrutura também é determinada internamente.)

Na Figura 3.29*d*, consideramos uma treliça composta de dois corpos rígidos unidos por uma rótula em *B*. Considerando a estrutura como uma unidade, observamos que os apoios em *A* e *C* fornecem três restrições. Contudo, como quatro equações de equilíbrio devem ser satisfeitas (três para a estrutura, mais uma equação de condição em *B*), concluímos que a estrutura é instável; isto é, existem mais equações de equilíbrio do que reações.

Tratando a treliça da Figura 3.29*e* como um único corpo rígido contendo uma rótula em *B*, verificamos que as articulações fixas em *A* e *C* fornecem quatro reações. Como estão disponíveis três equações de equilíbrio para a estrutura inteira e uma equação de condição é fornecida pela articulação em *B*, a estrutura parece ser estável e determinada. Contudo, se uma carga vertical *P* fosse aplicada na rótula em *B*, a simetria exigiria que reações verticais de *P*/2 se desenvolvessem nos apoios *A* e *C*. Se agora tomarmos a treliça entre *A* e *B* como um corpo livre e somarmos os momentos sobre a articulação em *B*, encontraremos

$$\circlearrowleft^+ \quad \Sigma M_B = 0$$

$$\frac{P}{2} L = 0 \qquad \text{(inconsistente)}$$

Assim, verificamos que a equação de equilíbrio $\Sigma M_B = 0$ não é satisfeita, e agora concluímos que a estrutura é instável.

Como as articulações fixas em *A* e *C* fornecem quatro reações nas barras conectadas por pinos na Figura 3.29*f* e como estão disponíveis três equações de equilíbrio e uma equação de condição (na junção *B*), a estrutura é estável e determinada.

Na Figura 3.29*g*, um pórtico rígido é apoiado por um elo (barra *AB*) e dois rolos. Como todas as reações aplicadas à barra *BCDE* atuam na direção vertical (constituem um sistema de forças paralelas), a barra *BCDE* não tem capacidade para resistir à carga horizontal, e concluímos que a estrutura é instável.

3.10 Comparação entre estruturas determinadas e indeterminadas

Como estruturas determinadas e indeterminadas são usadas extensivamente, é importante que os projetistas saibam a diferença em seus comportamentos para prever os problemas que podem surgir durante a construção ou, posteriormente, quando a estrutura estiver em serviço.

Se uma estrutura determinada perde um apoio, ocorre uma falha imediata, pois a estrutura não é mais estável. Na Foto 3.3 aparece um exemplo de colapso de uma ponte composta de vigas sobre apoios simples, durante o terremoto de 1964 ocorrido em Niigata, no Japão. Quando o terremoto fez a estrutura oscilar, em cada vão, as extremidades das vigas que eram apoiadas em rolos deslizaram dos pilares e caíram na água. *Se as extremidades das vigas mestras fossem contínuas ou conectadas, com toda probabilidade a ponte teria sobrevivido com danos mínimos.* Na Califórnia, como resposta ao colapso de pontes semelhantes sobre apoios simples em rodovias devido a terremotos, os códigos de projeto foram modificados para garantir que as vigas mestras das pontes sejam ligadas aos apoios.

Por outro lado, em uma estrutura indeterminada existem caminhos alternativos para a carga ser transmitida aos apoios. A perda de um ou mais apoios em uma estrutura indeterminada ainda pode deixar a estrutura estável, desde que os apoios restantes forneçam três ou mais restrições adequa-

Foto 3.3: Um exemplo do colapso de uma ponte composta de vigas sobre apoios simples durante o terremoto de 1964 ocorrido em Niigata, Japão, é mostrado aqui.

damente organizadas. Embora a perda de um apoio em uma estrutura indeterminada possa produzir em algumas barras um aumento significativo na tensão, o que pode acarretar grandes deflexões ou mesmo uma falha local parcial, uma estrutura cuidadosamente detalhada, que se comporte de maneira dúctil, pode ter resistência suficiente para resistir ao colapso total. Mesmo que uma estrutura deformada e danificada não possa mais ser funcional, seus ocupantes provavelmente não sofrerão ferimentos.

Durante a II Guerra Mundial, quando as cidades eram bombardeadas, vários prédios com pórticos altamente indeterminados continuavam de pé, mesmo tendo seus principais membros estruturais — vigas e colunas — danificados ou destruídos. Por exemplo, se o apoio C na Figura 3.30a é perdido, permanece a viga em balanço estável e determinada mostrada na Figura 3.30b. Alternativamente, a perda do apoio B deixa a viga simples estável, mostrada na Figura 3.30c.

As estruturas indeterminadas também são mais rígidas do que as estruturas determinadas de mesmo vão, por causa do apoio adicional fornecido pelas restrições extras. Por exemplo, se compararmos a magnitude das deflexões de duas vigas com propriedades idênticas na Figura 3.31, veremos que a deflexão de meio vão da viga determinada com apoio simples é cinco vezes maior do que a da viga indeterminada de extremidade fixa. Embora as reações verticais nos apoios sejam as mesmas para as duas vigas, na viga de extremidades fixas os momentos negativos nos apoios das extremidades resistem aos deslocamentos verticais produzidos pela carga aplicada.

Como as estruturas indeterminadas são mais fortemente restritas do que as estruturas determinadas, recalques de apoio, deformação lenta, mudança de temperatura e erros de fabricação podem aumentar a dificuldade de edificação durante a construção ou produzir tensões indesejáveis durante a vida útil da estrutura. Por exemplo, se a viga mestra AB na Figura 3.32a for construída longa demais ou aumentar de comprimento devido a uma elevação da temperatura, a extremidade inferior da estrutura se estenderá além do apoio em C. Para erigir o pórtico, a equipe de trabalho, usando macacos hidráulicos ou outros dispositivos de carregamento, precisa deformar a estrutura até que ela possa ser conectada em seus apoios (ver Figura 3.32b). Como resultado do procedimento de edificação, as barras serão tensionadas e reações se desenvolverão, mesmo quando nenhuma carga for aplicada na estrutura.

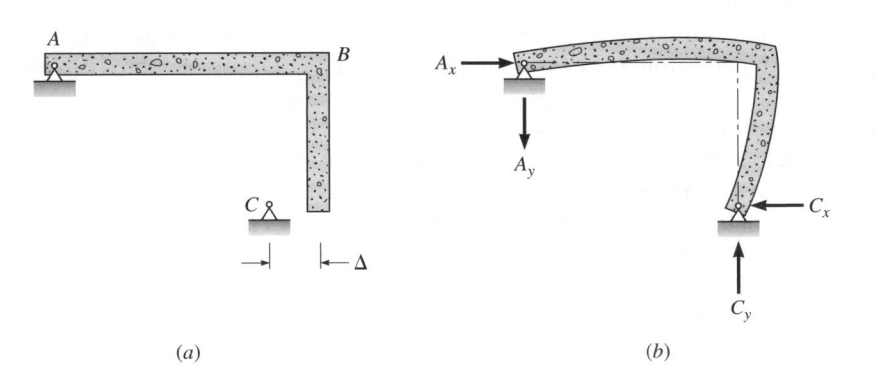

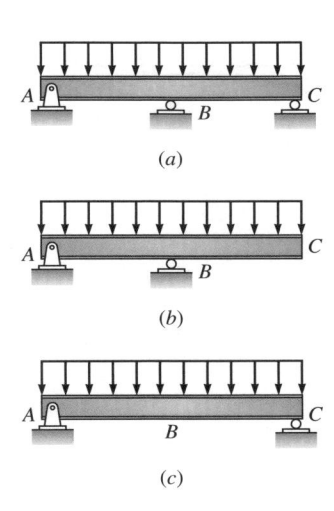

Figura 3.30: Modos alternativos de transmitir carga para os apoios.

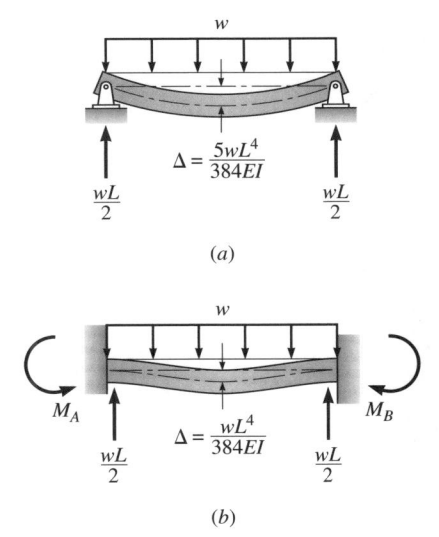

Figura 3.31: Comparação da flexibilidade entre uma estrutura determinada e outra indeterminada. A deflexão da viga determinada em (a) é cinco vezes maior do que a da viga indeterminada em (b).

Figura 3.32: Consequências do erro de fabricação: (a) a coluna ultrapassa o apoio porque a viga mestra é longa demais; (b) reações produzidas ao forçar a parte inferior da coluna nos apoios.

A Figura 3.33 mostra as forças desenvolvidas em uma viga contínua quando o apoio central sofre recalque. Como nenhuma carga atua na viga — desprezando-se o peso da própria viga —, é gerado um conjunto de reações autoequilibradas. Se fosse uma viga de concreto armado, o momento criado pelo recalque do apoio, quando somado àqueles produzidos pelas cargas de serviço, poderia produzir uma mudança radical nos momentos de projeto em seções fundamentais. Dependendo de como a viga é armada, as alterações no momento poderiam sobretensionar a viga ou produzir rachaduras extensas em certas seções ao longo do eixo da viga.

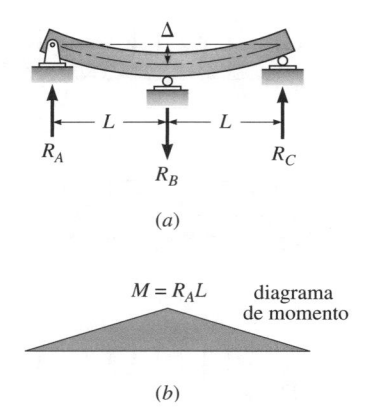

Figura 3.33: (a) O apoio B sofre recalque, gerando reações; (b) diagrama de momento produzido pelo recalque do apoio.

Resumo

- Como a maioria das estruturas carregadas está em repouso e é restrita contra deslocamentos por parte de seus apoios, seu comportamento é governado pelas leis da estática, as quais, para estruturas planares, podem ser expressas como segue:

$$\Sigma F_x = 0$$
$$\Sigma F_y = 0$$
$$\Sigma M_o = 0$$

- As estruturas planares cujas reações e forças internas podem ser determinadas pela aplicação dessas três equações da estática são chamadas *estruturas determinadas*. As estruturas altamente restritas que não podem ser analisadas pelas três equações da estática são denominadas *estruturas indeterminadas*. Essas estruturas necessitam de equações adicionais baseadas na geometria da forma deformada. Se as equações da estática não puderem ser satisfeitas para uma estrutura ou para qualquer parte de uma estrutura, a estrutura é considerada instável.
- Os projetistas utilizam uma variedade de símbolos para representar os apoios reais, conforme resumido na Tabela 3.1. Esses símbolos representam a principal ação de um apoio em particular, mas desprezamos pequenos efeitos secundários, para simplificar a análise. Por exemplo, presume-se que uma articulação fixa aplica restrição contra deslocamento em qualquer direção, mas não fornece nenhuma restrição rotacional, quando na verdade pode fornecer um pequeno grau de restrição rotacional, devido ao atrito na junção.
- Como as estruturas indeterminadas têm mais apoios ou membros do que o mínimo exigido para produzir uma estrutura estável determinada, geralmente elas são mais rígidas do que as estruturas determinadas e têm menos probabilidade de entrar em colapso, caso um apoio ou membro falhe.
- A análise por computador é igualmente simples para estruturas determinadas e indeterminadas. Contudo, se uma análise de computador produzir resultados ilógicos, os projetistas deverão considerar a forte possibilidade de que estão analisando uma estrutura instável.

PROBLEMAS

P3.1 a **P3.6.** Determine as reações de cada estrutura nas figuras P3.1 a P3.6.

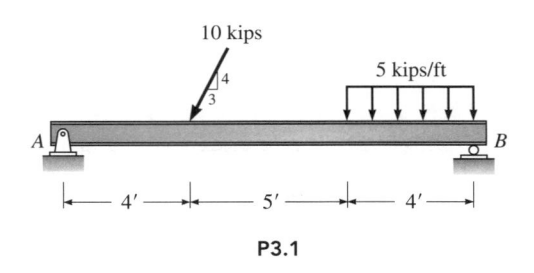

P3.1

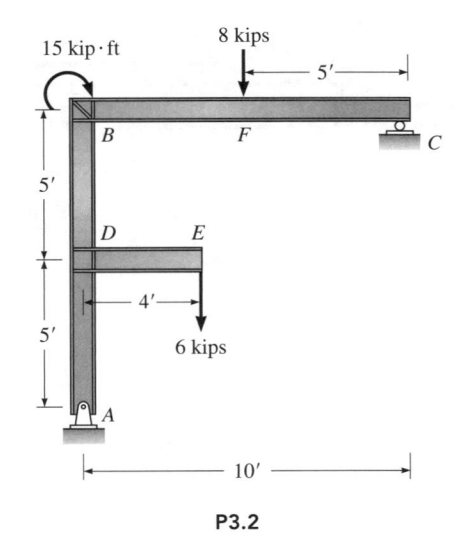

P3.2

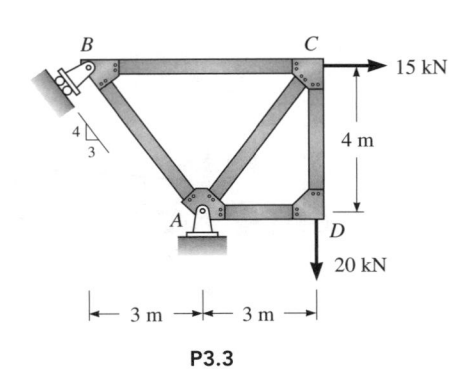

P3.3

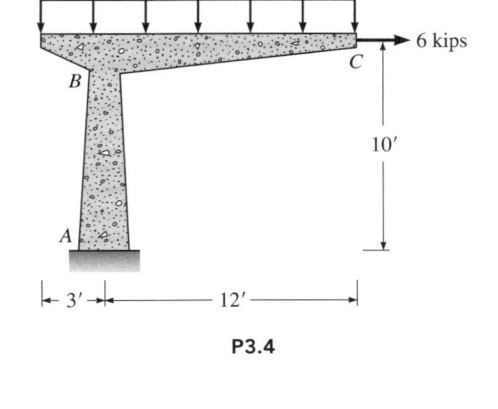

P3.4

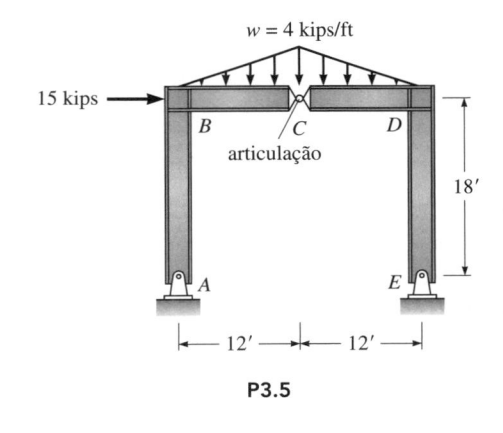

P3.5

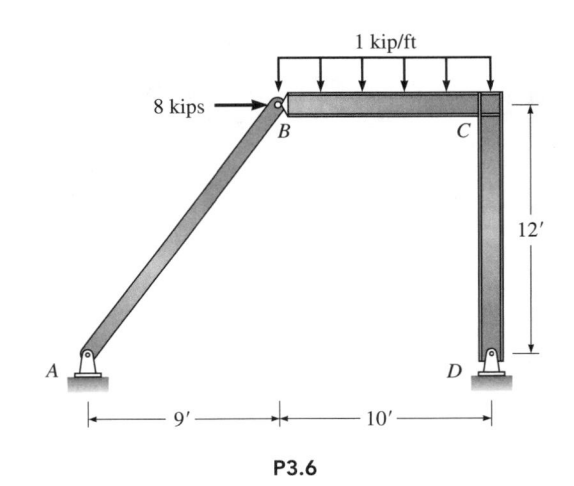

P3.6

P3.7. O apoio em *A* impede rotação e deslocamento horizontal, mas permite deslocamento vertical. Supõe-se que a placa de cisalhamento em *B* atua como uma rótula. Determine o momento em *A* e as reações em *C* e *D*.

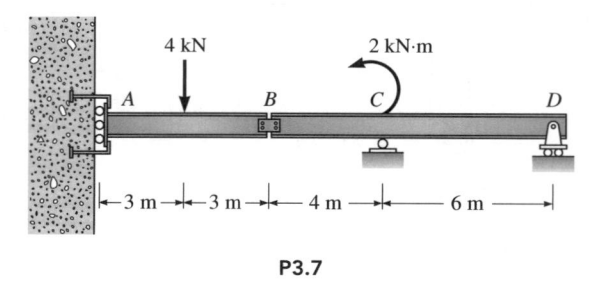

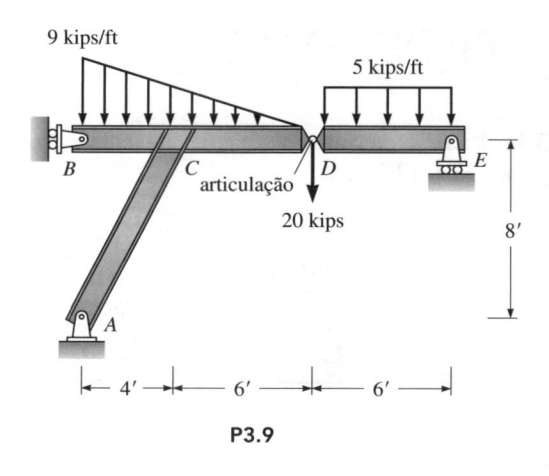

P3.8 a P3.10. Determine as reações para cada estrutura. Todas as dimensões são medidas a partir das linhas centrais das barras.

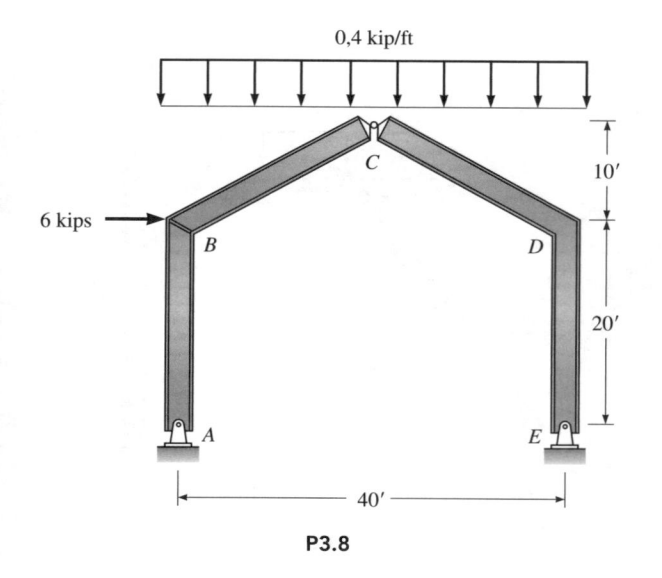

P3.11. Determine todas as reações. A junção de pino em *C* pode ser tratada como uma rótula.

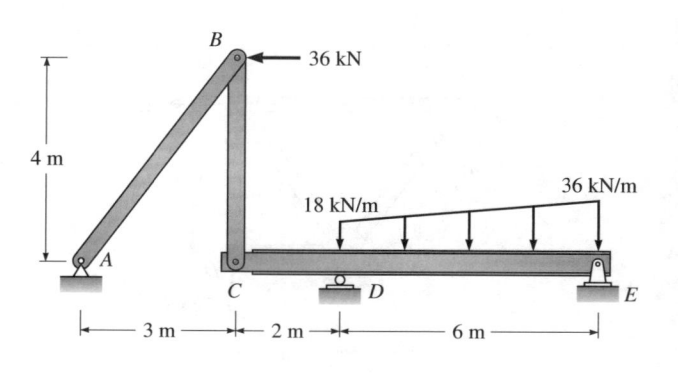

P3.12. Determine todas as reações. A junção de pino em *D* atua como uma rótula.

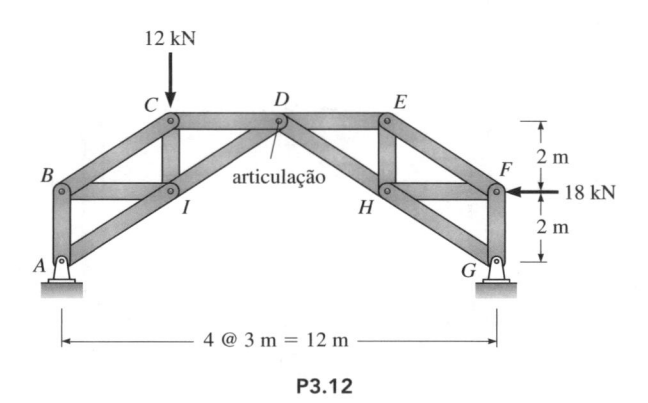

P3.15. Determine todas as reações. Pode-se supor que a ligação em *C* atua como uma rótula.

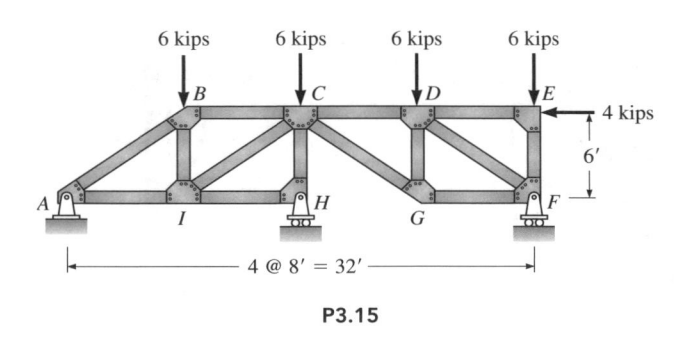

P3.13. Determine as reações em todos os apoios e a força transmitida pela rótula em *C*.

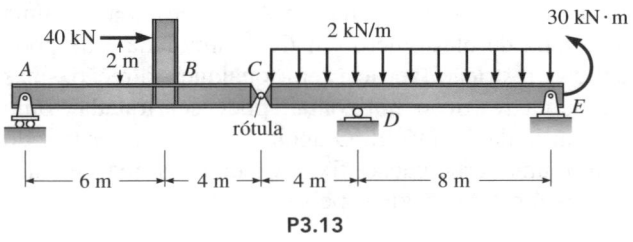

P3.16. Determine todas as reações. A carga uniforme em todas as vigas mestras se estende até as linhas centrais das colunas.

P3.14. Determine as reações nos apoios *A*, *C* e *E*.

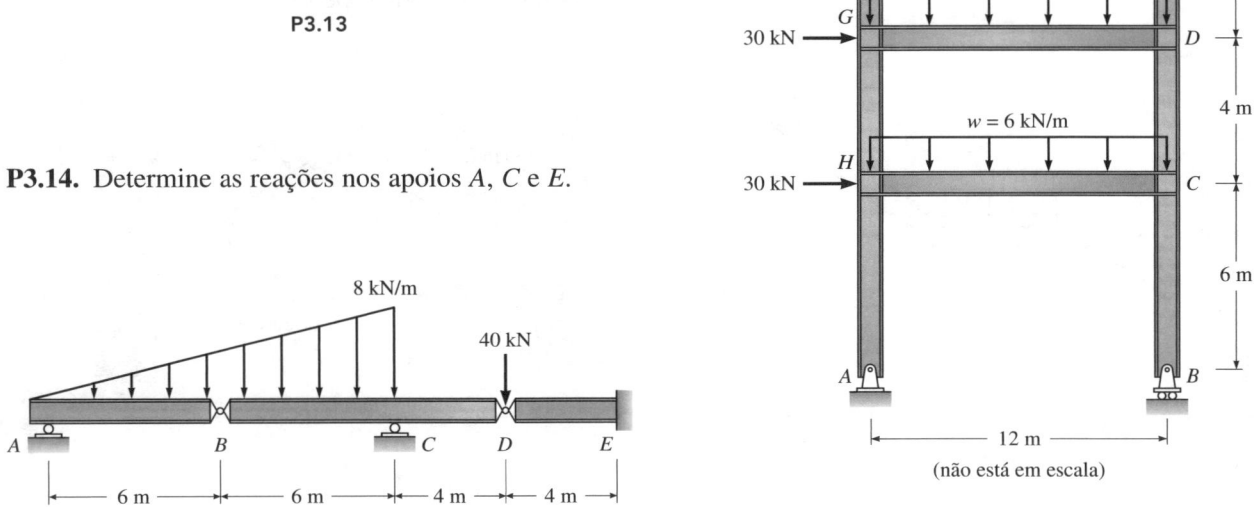

P3.17 a **P3.20.** Determine todas as reações.

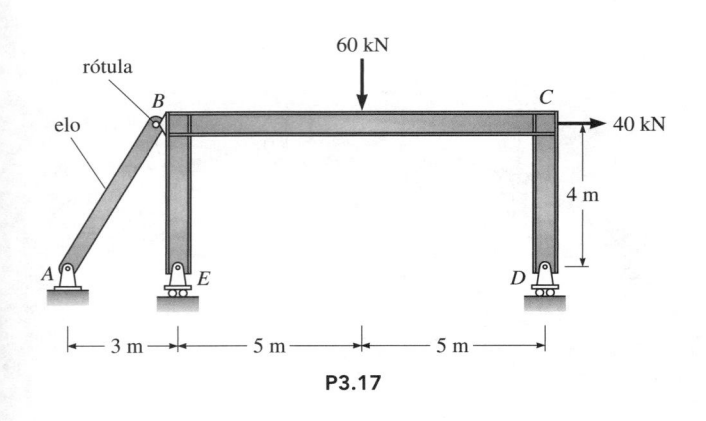

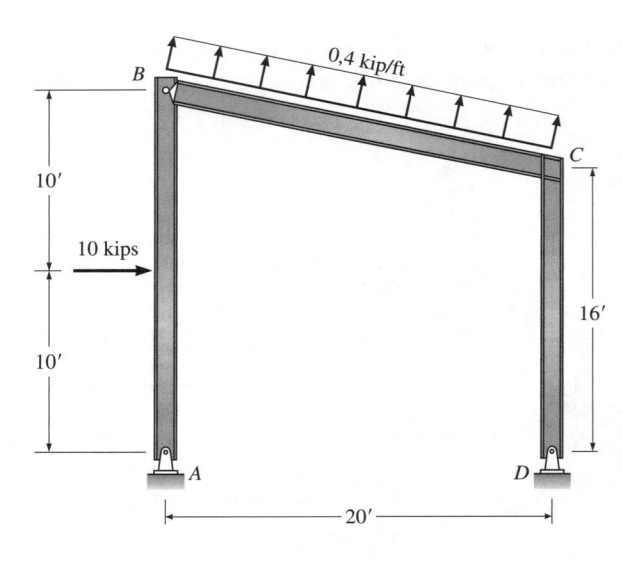

P3.21. A treliça de telhado está aparafusada em um pilar de alvenaria armada em *A* e conectada em uma almofada de elastômero em *C*. A almofada, que pode aplicar restrição vertical em qualquer direção, mas nenhuma restrição horizontal, pode ser tratada como uma articulação móvel. O apoio em *A* pode ser tratado como uma articulação fixa. Calcule as reações nos apoios *A* e *C* produzidas pela carga do vento.

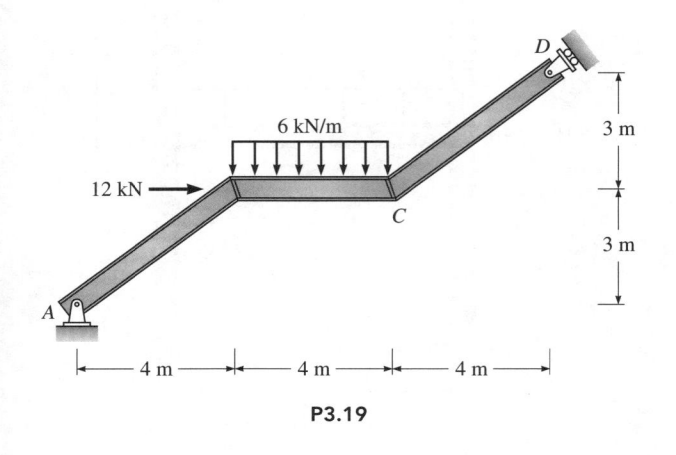

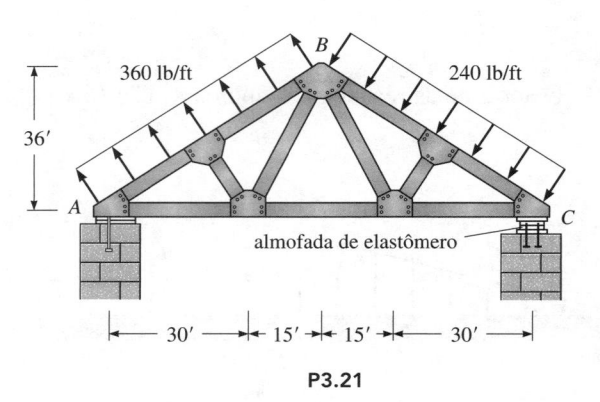

P3.22. A cantoneira que liga a alma da viga em A com a coluna pode ser presumida como equivalente a uma articulação fixa. Suponha que a barra BD atue como escora de compressão presa por pinos e carregada axialmente. Calcule as reações nos pontos A e D.

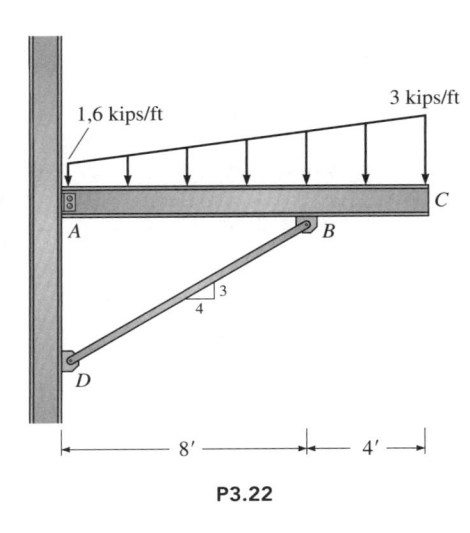

P3.24. Calcule todas as reações.

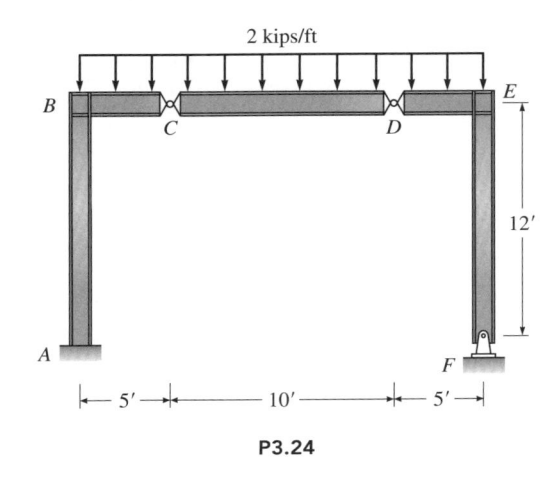

P3.23. Calcule as reações nos apoios A e G e a força aplicada pela rótula no membro AD.

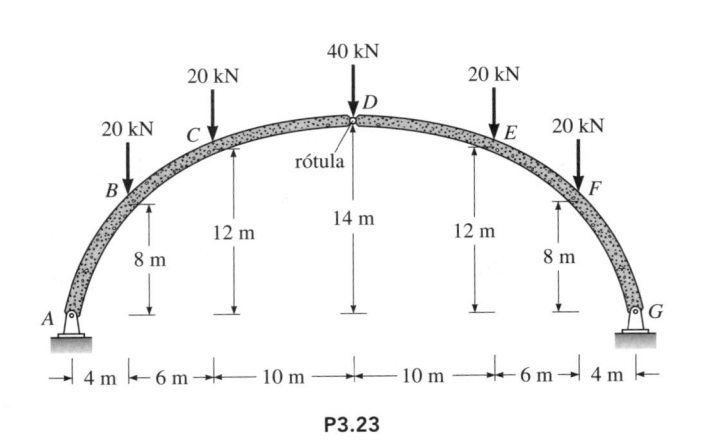

P3.25. As placas de base na parte inferior das colunas estão ligadas às fundações nos pontos A e D por parafusos, e pode-se supor que atuam como articulações fixas. A ligação B é rígida. Em C, onde a mesa inferior da viga mestra é aparafusada a uma placa de topo soldada na extremidade da coluna, pode-se supor que a ligação atua como uma articulação (ela não tem capacidade significativa de transmitir momento). Calcule as reações em A e D.

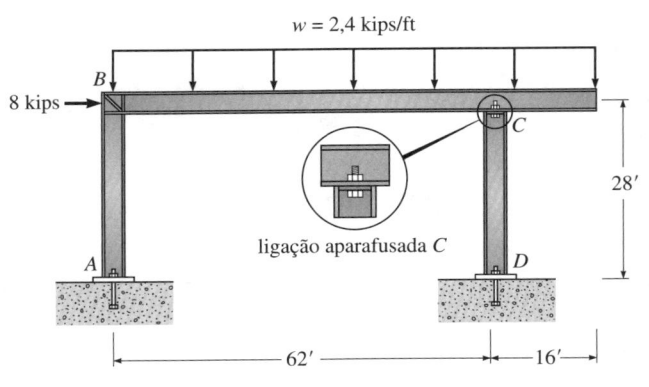

P3.26. Desenhe os diagramas de corpo livre da coluna *AB*, da viga *BC* e do nó *B*, passando planos de corte pelo pórtico rígido a uma distância infinitesimal acima do apoio *A* e à direita e imediatamente abaixo do nó *B*. Avalie as forças internas em cada corpo livre.

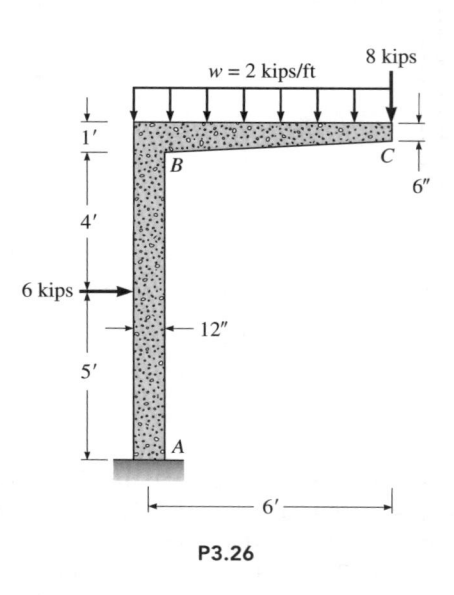

P3.28. A treliça da Figura P3.28 é composta por barras unidas por pinos que suportam somente carga axial. Determine as forças nas barras *a*, *b* e *c*, passando uma seção vertical 1-1 pelo centro da treliça.

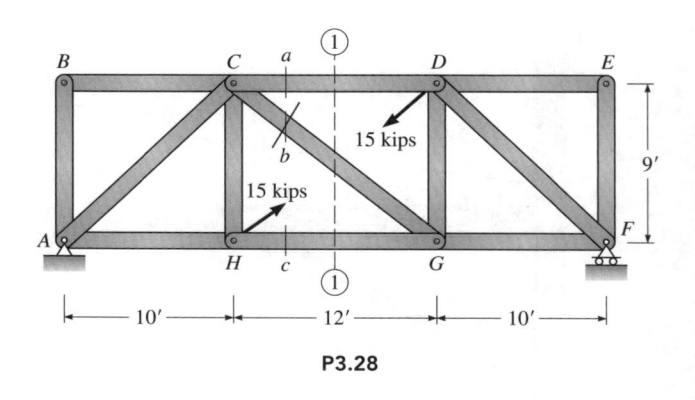

P3.26

P3.28

P3.27. O pórtico é composto de barras conectadas por pinos sem atrito. Desenhe os diagramas de corpo livre de cada barra e determine as forças aplicadas pelos pinos às barras.

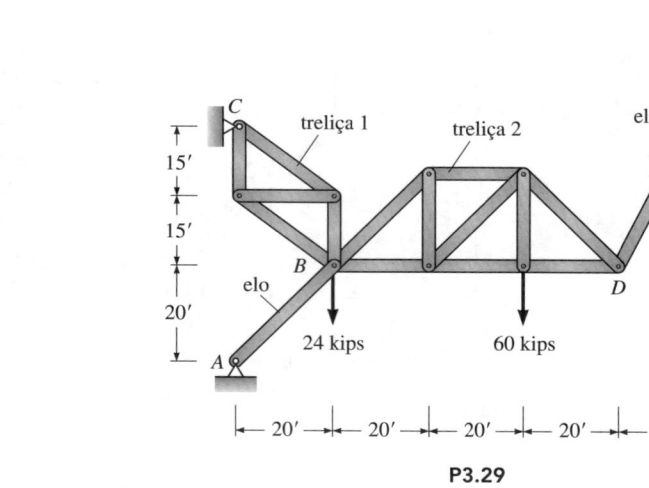

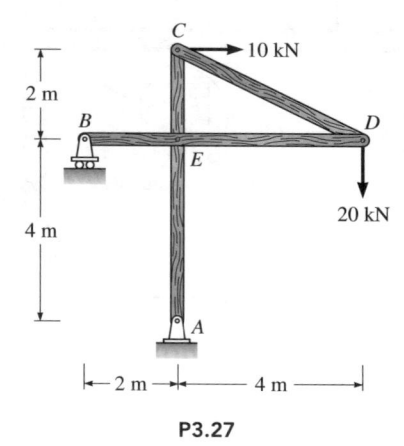

P3.29. (a) na Figura P3.29, as treliças 1 e 2 são elementos estáveis que podem ser tratados como corpos rígidos. Calcule todas as reações. (b) Desenhe os diagramas de corpo livre de cada treliça e avalie as forças aplicadas nas treliças, nos nós *C*, *B* e *D*.

P3.27

P3.29

P3.30 e P3.31. Classifique cada estrutura das figuras P3.30 e P3.31. Indique se é estável ou instável. Se for instável, indique o motivo. Se for estável, se é determinada ou indeterminada. Se for indeterminada, especifique o grau.

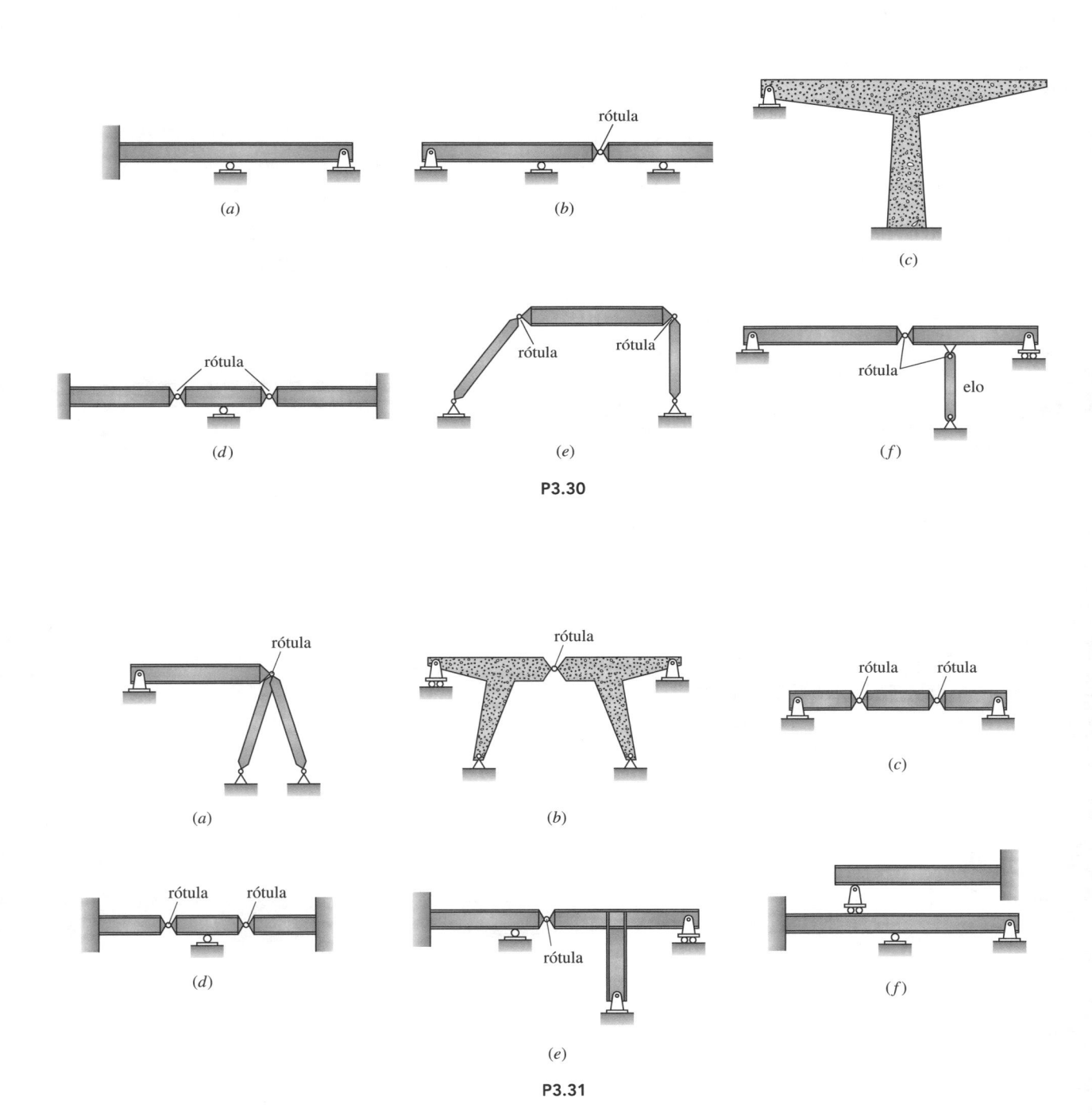

(a)

(b) rótula

(c)

(d) rótula

(e) rótula rótula

(f) rótula elo

P3.30

(a) rótula

(b) rótula

(c) rótula rótula

(d) rótula rótula

(e) rótula rótula

(f)

P3.31

P3.32. *Aplicação prática*: uma ponte de pista única consiste em uma laje de concreto armado de 10 polegadas de espessura e 16 pés de largura, apoiada em duas vigas mestras de aço espaçadas por 10 pés. As vigas mestras têm 62 pés de comprimento e pesam 400 lb/ft. A ponte deve ser projetada para uma sobrecarga uniforme de 700 lb/ft atuando sobre o comprimento inteiro da ponte. Determine a reação máxima aplicada em um apoio de extremidade devido ao peso próprio, à sobrecarga e à carga de impacto. Pode-se supor que a sobrecarga atua ao longo da linha central da laje do estrado e se divide igualmente entre as duas vigas mestras. Cada meio-fio de concreto pesa 240 lb/ft e cada guarda-corpo, 120 lb/ft. O concreto armado tem peso unitário de 150 lb/ft^3. Suponha um fator de impacto de 0,29.

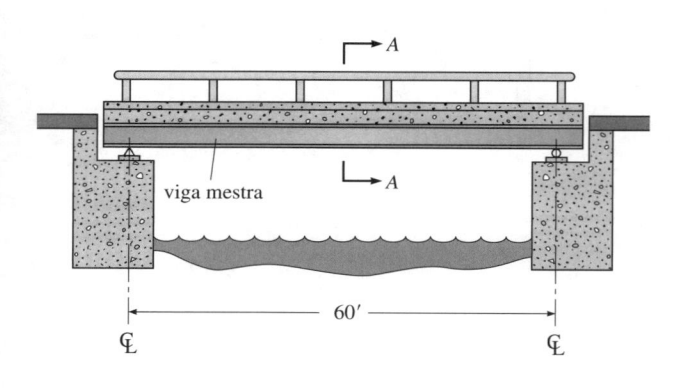

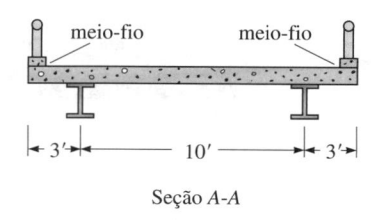

P3.33. Uma viga de madeira suportada por três elos de aço presos a um pórtico de concreto precisa suportar as cargas mostradas na Figura P3.33. (*a*) Calcule as reações no apoio *A*. (*b*) Determine as forças axiais em todos os elos. Indique se cada elo está em compressão ou tração.

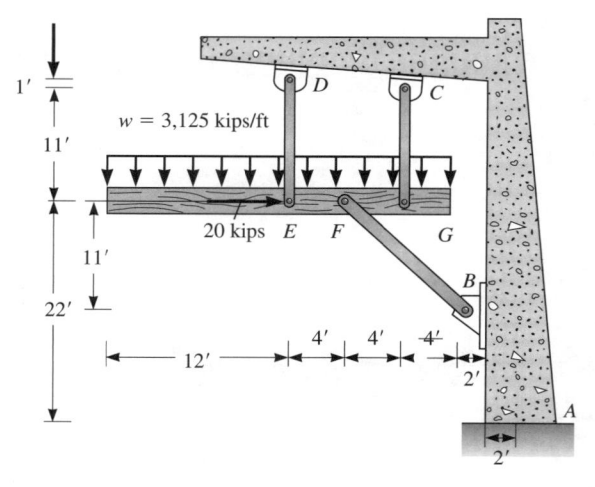

P3.33

P3.32

Outerbridge Crossing, uma ponte de treliça contínua que liga a Staten Island a Nova Jersey. O vão livre de aproximadamente 41 metros no meio do vão central de cerca de 228 metros permite que grandes navios mercantes passem sob a ponte. Substituídas por materiais e sistemas estruturais mais modernos e mais resistentes, as pontes de treliça tiveram sua popularidade diminuída nos últimos anos.

C A P Í T U L O 4

Treliças

4.1 Introdução

A treliça é um elemento estrutural composto de um arranjo estável de barras delgadas interligadas (ver Figura 4.1a). O padrão das barras, que frequentemente subdivide a treliça em áreas triangulares, é selecionado para produzir um membro de apoio leve e eficiente. Embora as ligações, tipicamente formadas pela soldagem ou pelo aparafusamento das barras da treliça em placas de ligação, sejam rígidas (ver Figura 4.1b), normalmente o projetista supõe que as barras estão conectadas nas ligações por pinos sem atrito, como mostrado na Figura 4.1c. (O Exemplo 4.9 esclarece o efeito dessa suposição.) Como nenhum momento pode ser transferido por uma ligação de pino sem atrito, supõe-se que as barras da treliça transmitem somente força axial — tração ou compressão. Como as barras da treliça atuam em tensão

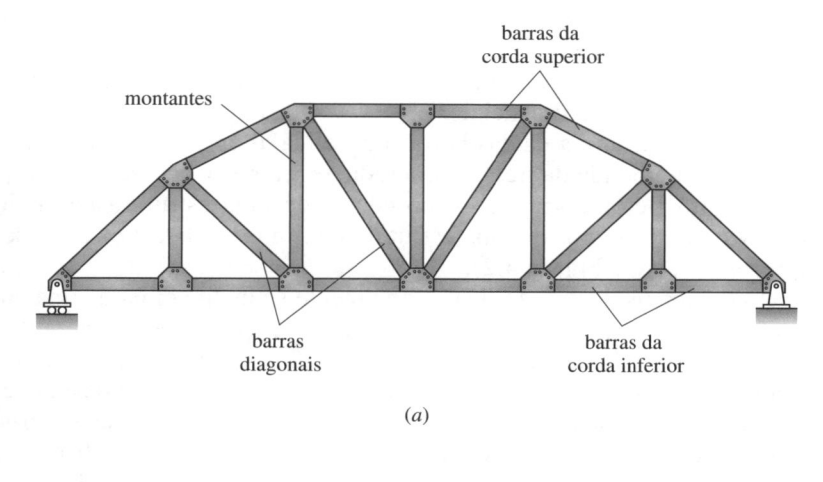

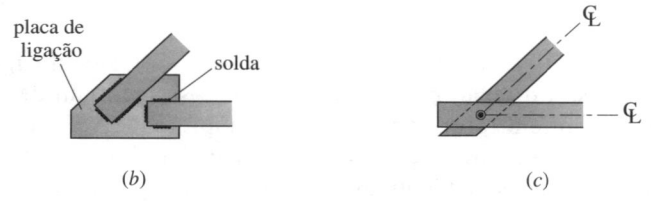

Figura 4.1: (a) Detalhes de uma treliça; (b) ligação soldada; (c) ligação idealizada; barras conectadas por um pino sem atrito.

direta, eles transmitem carga eficientemente e em geral têm seções transversais relativamente pequenas.

Conforme mostrado na Figura 4.1a, as barras superiores e inferiores, que são horizontais ou inclinadas, formam as cordas superiores e inferiores. As cordas são conectadas por barras verticais e diagonais.

A ação estrutural de muitas treliças é semelhante à de uma viga. Aliás, a treliça frequentemente pode ser considerada como uma viga da qual o material excedente foi removido para reduzir o peso. As cordas da treliça correspondem às mesas da viga. As forças que se desenvolvem nas barras constituem o conjugado interno que transmite o momento produzido pelas cargas aplicadas. A principal função das barras verticais e diagonais é transferir força vertical (cisalhamento) para os apoios nas extremidades da treliça. Geralmente, o custo por quilograma da fabricação de uma treliça é maior do que o custo para laminar uma viga de aço; entretanto, a treliça exigirá menos material, pois ele é utilizado mais eficientemente. Em uma estrutura de vão longo, digamos 60 metros ou mais, o peso pode representar a maior parte (na ordem de 75% a 85%) da carga de projeto a ser suportada. Usando treliça, em vez de viga, o engenheiro muitas vezes pode projetar uma estrutura mais leve e mais resistente, a um custo reduzido.

Mesmo quando os vãos são curtos, treliças rasas, chamadas vigas treliçadas de barra, são frequentemente utilizadas como substitutas das vigas, quando as cargas são relativamente leves. Para vãos curtos, esses membros são em geral mais fáceis de construir do que vigas de capacidade comparável, devido ao peso menor. Além disso, os espaços entre as barras da alma proporcionam maiores áreas desobstruídas entre o piso acima e o teto abaixo da viga treliçada, pelas quais o engenheiro mecânico pode passar tubos de calefação e ar condicionado, canos de água e esgoto, conduítes elétricos e outros equipamentos de infraestrutura essenciais.

Além de variar a área das barras da treliça, o projetista pode modificar a profundidade da treliça para reduzir seu peso. Nas regiões onde o momento fletor é grande — no centro de uma estrutura de apoio simples ou nos apoios de uma estrutura contínua —, a treliça pode ser aprofundada (ver Figura 4.2).

As diagonais de uma treliça normalmente se inclinam para cima em um ângulo que varia de 45° a 60°. Em uma treliça de vão longo, a distância entre os nós não deve passar de 15 a 20 pés (5 a 7 m) para limitar o comprimento não apoiado das cordas de compressão, que devem ser projetadas como colunas. À medida que uma corda de compressão se torna mais delgada, fica mais suscetível à deformação. A esbeltez das barras de tração também deve ser limitada para reduzir as vibrações produzidas pelas cargas de vento e sobrecargas.

Se uma treliça suporta cargas iguais ou praticamente iguais em todos os nós, a direção na qual as diagonais se inclinam determinará se elas transmitem forças de tração ou compressão. A Figura 4.3, por exemplo, mostra a diferença nas forças estabelecidas nas diagonais de duas treliças que são idênticas sob todos os aspectos (mesmo vão, mesmas cargas etc.), exceto quanto à direção na qual as diagonais se inclinam (T representa tração e C indica compressão).

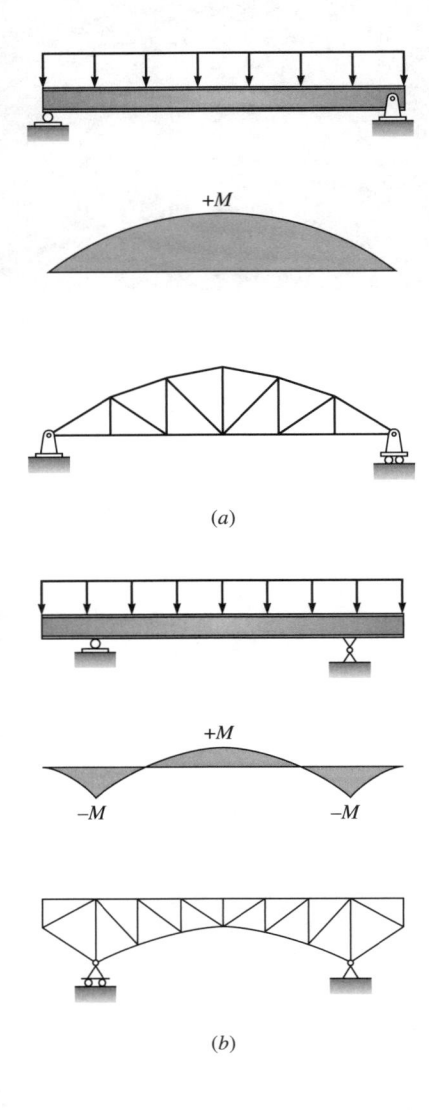

Figura 4.2: (a) e (b) profundidade da treliça variada para corresponder às ordenadas da curva de momento.

Embora as treliças sejam muito rígidas em seu próprio plano, são muito flexíveis fora dele e precisam ser reforçadas ou contraventadas para terem estabilidade. Como são frequentemente utilizadas em pares ou espaçadas lado a lado, normalmente é possível conectar várias treliças para formar uma estrutura tipo caixa rígida. Por exemplo, a Figura 4.4 mostra uma ponte construída a partir de duas treliças. Nos planos horizontais das cordas superiores e inferiores, o projetista adiciona barras transversais consecutivas entre os nós e um contraventamento diagonal para tornar a estrutura mais rígida. O contraventamento da corda superior e inferior, juntamente com as barras transversais, forma uma treliça no

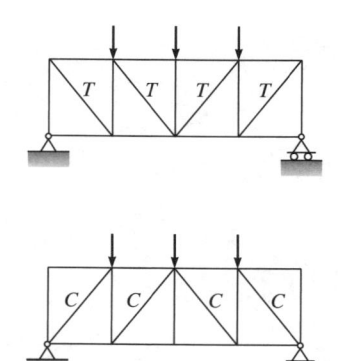

Figura 4.3: T representa tração e C, compressão.

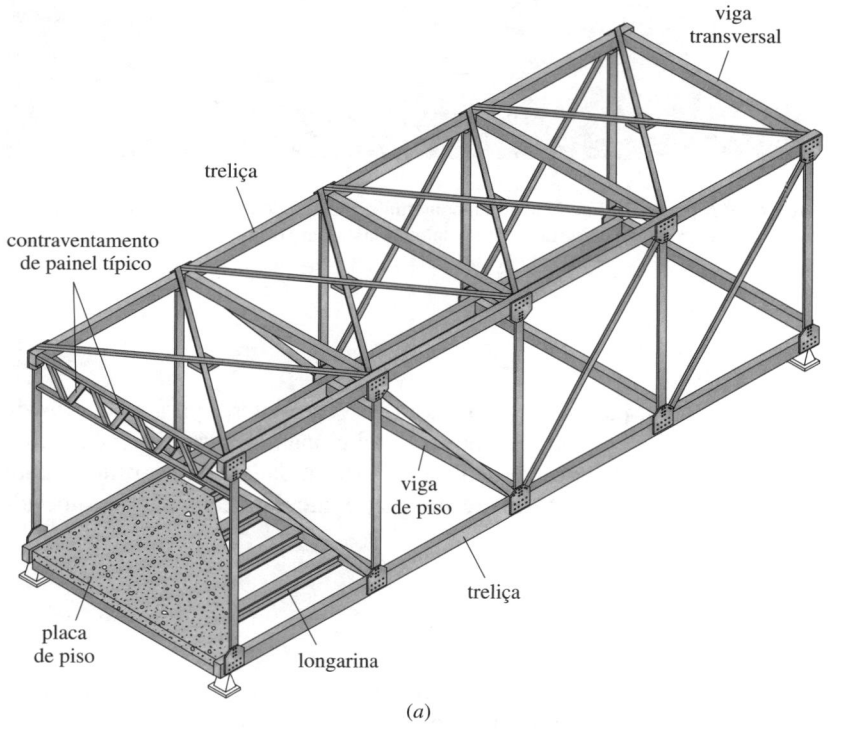

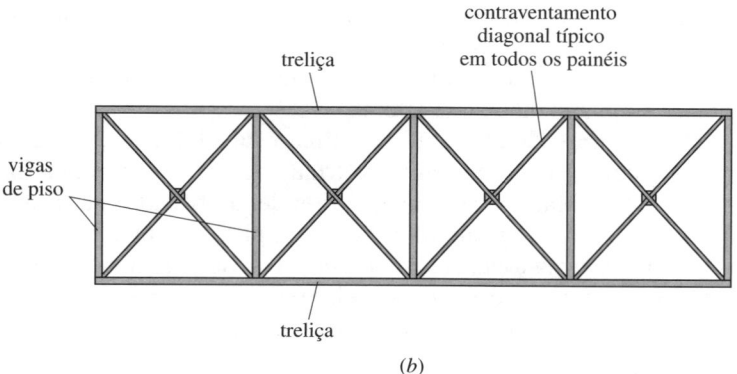

Figura 4.4: Treliça com vigas de piso e contraventamento secundário: (*a*) perspectiva mostrando a treliça interligada por vigas transversais e contraventamento diagonal; o contraventamento diagonal no plano inferior, omitido por clareza, está mostrado em (*b*); (*b*) vista de baixo mostrando as vigas de piso e o contraventamento diagonal. Vigas mais leves e contraventamento também são necessários no plano superior para tornar as treliças mais rígidas lateralmente.

Foto 4.1: Treliças de telhado pesadas com ligações aparafusadas e placas de ligação.

Foto. 4.2: A ponte Tacoma-Narrows reconstruída, mostrando as treliças usadas para enrijecer o sistema de piso da pista de rolamento. Veja a ponte original na Foto 2.1.

(a)

(b)

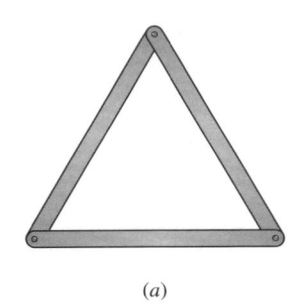

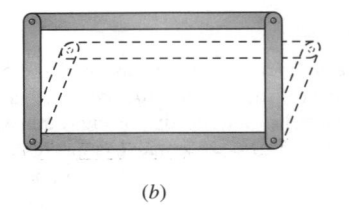

Figura 4.5: Barras unidas por pinos: (a) estável; (b) instável.

plano horizontal para transmitir carga de vento lateral para os apoios da extremidade. Os engenheiros também adicionam contraventamento tipo mão-francesa no plano vertical, nas extremidades da estrutura, para garantir que as treliças permaneçam perpendiculares aos planos superior e inferior da estrutura.

4.2 Tipos de treliças

As barras das treliças mais modernas são organizadas em padrões triangulares, pois, mesmo quando as ligações são unidas por pinos, a forma triangular é geometricamente estável e não sofrerá colapso sob carga (ver Figura 4.5a). Por outro lado, um elemento retangular conectado por pinos, que atua como um conjunto instável (ver Figura 4.5b), sofrerá colapso sob a menor carga lateral.

Um método para estabelecer uma treliça estável é construir uma unidade triangular básica (ver elemento triangular *ABC* sombreado na Figura 4.6) e então fixar nós adicionais, estendendo barras a partir dos nós do primeiro elemento triangular. Por exemplo, podemos formar o nó *D* estendendo barras a partir dos nós *B* e *C*. Analogamente, podemos imaginar que o nó *E* é formado pela extensão de barras a partir dos nós *C* e *D*. As treliças formadas dessa maneira são chamadas *treliças simples*.

Se duas ou mais treliças simples são conectadas por um pino ou por um pino e um tirante, a treliça resultante é denominada *treliça composta* (ver Figura 4.7). Por fim, uma treliça — normalmente com formato incomum — que não é simples nem composta é denominada *treliça complexa* (ver Figura 4.8). Na prática atual, em que computadores são utilizados para análise, essas classificações não têm muito significado.

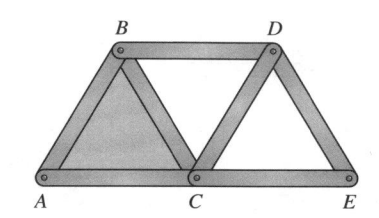

Figura 4.6: Treliça simples.

4.3 Análise de treliças

Uma treliça está completamente analisada quando a magnitude e o caráter (tração ou compressão) de todas as forças das barras e reações estão determinados. Para calcular as reações de uma treliça determinada, tratamos a estrutura inteira como um corpo rígido e, conforme discutido na Seção 3.6, aplicamos as equações de equilíbrio estático, juntamente com as equações de condição que possam existir. A análise utilizada para avaliar as forças das barras é baseada nas três suposições a seguir:

1. *As barras são retas e só transmitem carga axial* (isto é, as forças das barras são dirigidas ao longo do eixo longitudinal dos membros da treliça). Essa suposição também implica que desprezamos o peso próprio da barra. Se o peso da barra for significativo, podemos aproximar seu efeito aplicando metade dele como uma carga concentrada nos nós em cada extremidade da barra.

2. *Os membros são conectados nos nós por pinos sem atrito.* Isto é, nenhum momento pode ser transferido entre a extremidade de uma barra e o nó no qual ela se conecta. (Se os nós e as barras forem rígidos, a estrutura deve ser analisada como um pórtico rígido.)

3. *As cargas são aplicadas somente nos nós.*

Como convenção de sinal (após ser estabelecido o caráter da força de uma barra), rotulamos uma *força de tração* como *positiva* e uma *força de compressão* como *negativa*. Alternativamente, podemos estipular o caráter de uma força adicionando um *T* após seu valor numérico para indicar força de tração ou um *C* para indicar força de compressão.

Se a barra está em tração, as forças axiais nas suas extremidades atuam para fora (ver Figura 4.9a) e tendem a alongar a barra. As forças iguais e opostas nas extremidades da barra representam a ação dos nós na barra. Como a barra aplica forças iguais e opostas nos nós, uma barra em tração aplicará uma força que atua para fora, a partir do centro do nó.

Se a barra está em compressão, as forças axiais nas suas extremidades atuam para dentro e comprimem a barra (ver Figura 4.9b). Analogamente, uma barra em compressão faz pressão contra o nó (isto é, aplica uma força dirigida para dentro, em direção ao centro do nó).

As forças das barras podem ser analisadas considerando-se o equilíbrio de um nó — o *método dos nós* — ou o equilíbrio de uma seção da treliça — o *método das seções*. Neste último método, a seção é produzida passando-se um plano de corte imaginário pela treliça.

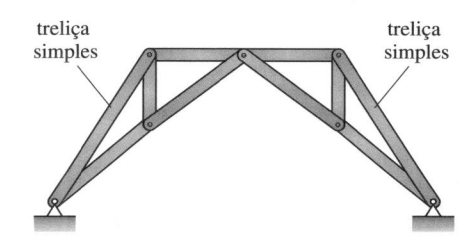

Figura 4.7: A treliça composta é constituída de treliças simples.

(a)

(b)

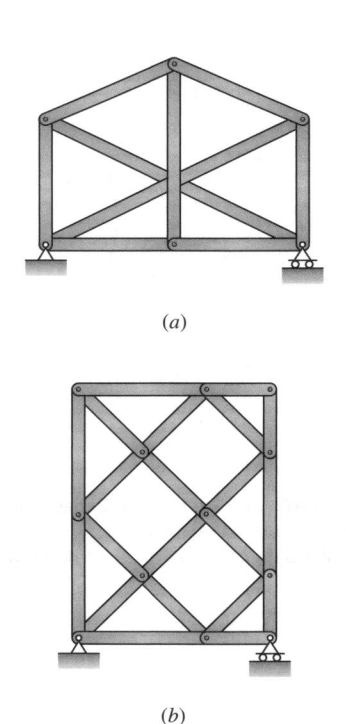

Figura 4.8: Treliças complexas.

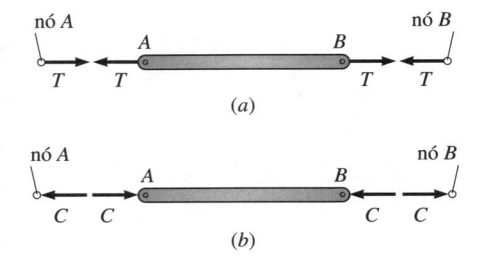

Figura 4.9: Diagramas de corpo livre de barras carregadas axialmente e nós adjacentes: (a) barra AB em tração; (b) barra AB em compressão.

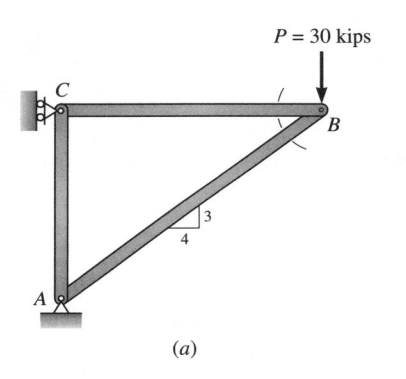

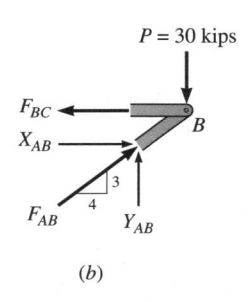

Figura 4.10: (a) Treliça (as linhas tracejadas mostram o local do plano de corte circular usado para isolar o nó B); (b) corpo livre do nó B.

O método dos nós será discutido na Seção 4.4; o método das seções será tratado na Seção 4.6.

4.4 Método dos nós

Para determinar as forças das barras pelo método dos nós, analisamos os diagramas de corpo livre dos nós. O diagrama de corpo livre é estabelecido supondo-se que seccionamos as barras por uma seção imaginária exatamente antes do nó. Por exemplo, na Figura 4.10a, para determinar as forças das barras nos membros AB e BC, usamos o corpo livre do nó B, mostrado na Figura 4.10b. Como as barras transmitem força axial, a linha de ação de cada força de barra é dirigida ao longo do eixo longitudinal da barra.

Como todas as forças que atuam em um nó passam pelo pino, elas constituem um sistema de forças concorrentes. Para esse tipo de sistema de forças, estão disponíveis somente duas equações da estática (ou seja, $\Sigma F_x = 0$ e $\Sigma F_y = 0$) para avaliar forças de barra desconhecidas. Como somente duas equações de equilíbrio estão disponíveis, só podemos analisar nós que contêm no máximo duas forças de barra desconhecidas.

O analista pode seguir diversos procedimentos no método dos nós. Para o estudante que ainda não analisou muitas treliças, talvez seja melhor escrever inicialmente as equações de equilíbrio relativas às componentes das forças de barra. Por outro lado, à medida que ganha experiência e se familiariza com o método, pode determinar as forças de barra em um nó que contém somente uma barra inclinada, sem escrever formalmente as equações de equilíbrio, observando a magnitude e a direção das componentes das forças de barra necessárias para produzir equilíbrio em uma direção específica. Este último método permite uma análise mais rápida da treliça. Discutiremos os dois procedimentos nesta seção.

Para determinar as forças das barras escrevendo as equações de equilíbrio, devemos presumir uma direção para cada força de barra *desconhecida* (as forças de barra *conhecidas* devem ser mostradas em seu sentido correto). O analista está livre para supor tração ou compressão para qualquer força de barra desconhecida (muitos engenheiros gostam de supor que todas as barras estão em tração; isto é, eles mostram todas as forças de barra desconhecidas atuando para fora do centro do nó). Em seguida, as forças são decompostas em suas componentes X e Y (retangulares). Conforme mostrado na Figura 4.10b, a força ou as componentes de uma força em uma barra específica tem as letras utilizadas para rotular os nós em cada extremidade da barra como subscrito. Para concluir a solução, escrevemos e resolvemos as duas equações de equilíbrio.

Se somente uma força desconhecida atua em uma direção específica, os cálculos são efetuados mais rapidamente somando-se as forças nessa direção. Após uma componente ser calculada, a outra componente pode ser encontrada pela definição de uma proporção entre as componentes da força e a inclinação da barra (obviamente, as inclinações da barra e da força da barra são idênticas).

Se a solução de uma equação de equilíbrio produz um valor de força positivo, a direção suposta inicialmente para a força estava correta. Por outro lado, se o valor da força é negativo, sua magnitude está correta, mas a direção suposta inicialmente estava incorreta e deve ser invertida no esboço do diagrama de corpo livre. Após as forças de barra serem estabelecidas em um nó, o engenheiro passa para os nós adjacentes e repete o cálculo anterior, até que todas as forças de barra sejam avaliadas. Esse procedimento está ilustrado no Exemplo 4.1.

Determinação de forças de barra por inspeção

Frequentemente, as treliças podem ser analisadas rapidamente por meio da inspeção das forças de barra e das cargas que atuam em um nó que contém uma barra inclinada na qual a força é desconhecida. Em muitos casos, a direção de certas forças de barra será evidente, após a resultante da força (ou forças) conhecida ser estabelecida. Por exemplo, como a carga aplicada de 30 kips no nó B na Figura 4.10b é dirigida para baixo, a componente y, Y_{AB}, da força na barra AB — a única barra com uma componente vertical — deve ser igual a 30 kips e dirigida para cima para satisfazer o equilíbrio na direção vertical. Se Y_{AB} for dirigida para cima, a força F_{AB} deverá atuar para cima e para a direita, e sua componente horizontal X_{AB} deverá ser dirigida para a direita. Como X_{AB} é dirigida para a direita, o equilíbrio na direção horizontal exige que F_{BC} atue para a esquerda. O valor de X_{AB} é facilmente calculado a partir de triângulos semelhantes, pois as inclinações das barras e as forças de barra são idênticas (consultar Seção 3.2).

$$\frac{X_{AB}}{4} = \frac{Y_{AB}}{3}$$

e

$$X_{AB} = \frac{4}{3} Y_{AB} = \frac{4}{3}(30)$$

$$X_{AB} = 40 \text{ kips} \qquad \textbf{Resp.}$$

Para determinar a força F_{BC}, somamos mentalmente as forças na direção x.

$$\rightarrow^+ \quad \Sigma F_x = 0$$

$$0 = -F_{BC} + 40$$

$$F_{BC} = 40 \text{ kips} \qquad \textbf{Resp.}$$

EXEMPLO 4.1

Analise a treliça da Figura 4.11a pelo método dos nós. As reações são dadas.

Solução

As inclinações das diversas barras são calculadas e mostradas no esboço. Por exemplo, a corda superior ABC, que se eleva 12 pés em 16 pés, tem uma inclinação de $3:4$.

Para iniciar a análise, devemos começar em um nó com no máximo duas barras. Os nós A ou C são aceitáveis. Como os cálculos são mais simples em um nó com uma única barra inclinada, começamos em A. Sobre um corpo livre do nó A (ver Figura 4.11b), supomos arbitrariamente que as forças de barra F_{AB} e F_{AD} são forças de tração e as mostramos atuando para fora no nó. Em seguida, substituímos F_{AB} por suas componentes retangulares X_{AB} e Y_{AB}. Escrevendo a equação de equilíbrio na direção y, calculamos Y_{AB}.

$$\stackrel{+}{\uparrow} \Sigma F_y = 0$$

$$0 = -24 + Y_{AB} \quad \text{e} \quad Y_{AB} = 24 \text{ kips} \quad \textbf{Resp.}$$

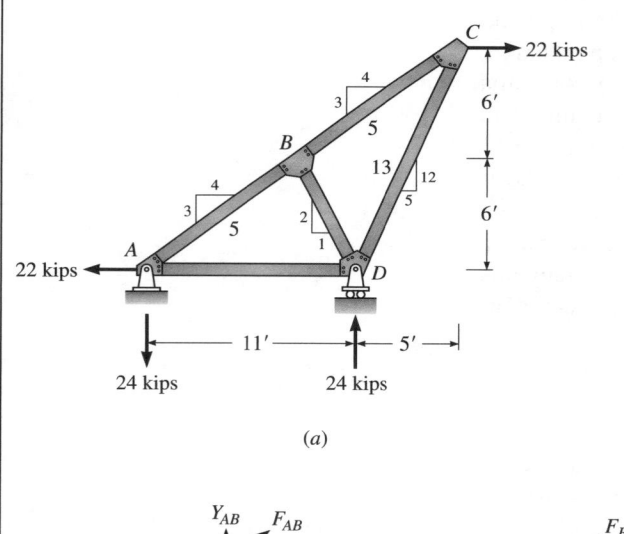

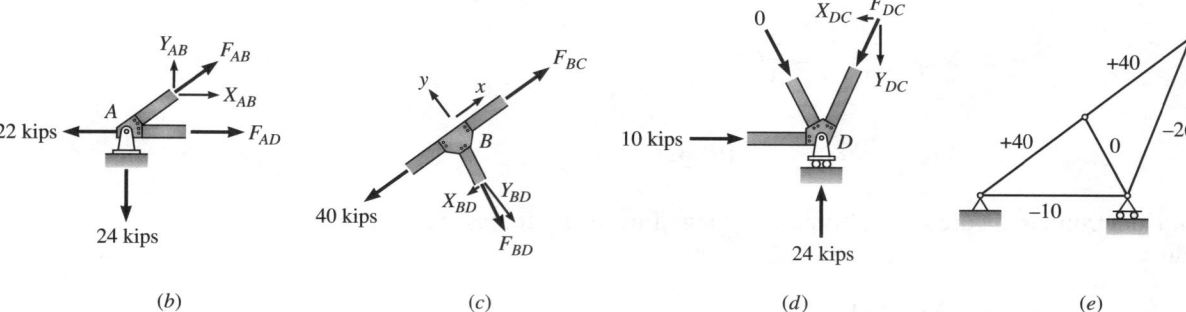

Figura 4.11: (a) Treliça; (b) nó A; (c) nó B; (d) nó D; (e) resumo das forças de barra (unidades em kips).

Como Y_{AB} é positiva, trata-se de uma força de tração, e a direção suposta no esboço estava correta. Calcule X_{AB} e F_{AB} pela proporção, considerando a inclinação da barra.

e
$$\frac{Y_{AB}}{3} = \frac{X_{AB}}{4} = \frac{F_{AB}}{5}$$

$$X_{AB} = \frac{4}{3}Y_{AB} = \frac{4}{3}(24) = 32 \text{ kips}$$

$$F_{AB} = \frac{5}{3}Y_{AB} = \frac{5}{3}(24) = 40 \text{ kips} \qquad \textbf{Resp.}$$

Calcule F_{AD}.

$$\xrightarrow{+} \quad \Sigma F_x = 0$$
$$0 = -22 + X_{AB} + F_{AD}$$
$$F_{AD} = -32 + 22 = -10 \text{ kips} \qquad \textbf{Resp.}$$

Como o sinal de menos indica que a direção da força F_{AD} foi presumida incorretamente, a força na barra AD é de compressão e não de tração.

Em seguida, isolamos o nó B e mostramos todas as forças que atuam nele (ver Figura 4.11c). Como determinamos uma tração de F_{AB} = 40 kips a partir da análise do nó A, ela é mostrada no esboço como atuando para fora do nó B. Sobrepondo um sistema de coordenadas x-y no nó e decompondo F_{BD} nas componentes retangulares, avaliamos Y_{BD} somando as forças na direção y.

$$\stackrel{+}{\uparrow} \quad \Sigma F_y = 0$$
$$Y_{BD} = 0$$

Como $Y_{BD} = 0$, segue-se que $F_{BD} = 0$. A partir da discussão sobre barras zero, a ser apresentada na Seção 4.5, esse resultado poderia ter sido antecipado.

Calcule F_{BC}.

$$\xrightarrow{+} \quad \Sigma F_x = 0$$
$$0 = F_{BC} - 40$$
$$F_{BC} = \text{tração de 40 kips} \qquad \textbf{Resp.}$$

Analise o nó D com $F_{BD} = 0$ e F_{DC} mostrada como uma força compressiva (ver Figura 4.11d).

$$\xrightarrow{+} \Sigma F_x = 0 \quad 0 = 10 - X_{DC} \quad \text{e} \quad X_{DC} = 10 \text{ kips}$$
$$\stackrel{+}{\uparrow} \Sigma F_y = 0 \quad 0 = 24 - Y_{DC} \quad \text{e} \quad Y_{DC} = 24 \text{ kips}$$

Como verificação dos resultados, observamos que as componentes de F_{DC} são proporcionais à inclinação da barra. Uma vez que todas as forças de barra são conhecidas neste ponto, como uma verificação alternativa também podemos ver se o nó C está em equilíbrio. Os resultados da análise estão resumidos na Figura 4.11e, em um esboço da treliça. Uma força de tração é indicada com um sinal mais, uma força compressiva é indicada com um sinal menos.

4.5 Barras zero

As treliças, como aquelas utilizadas em pontes de estradas, normalmente suportam cargas móveis. À medida que a carga se move de um ponto para outro, as forças nas barras da treliça variam. Para uma ou mais posições da carga, certas barras podem permanecer não tensionadas. As barras não tensionadas são denominadas *barras zero*. Frequentemente, o projetista pode acelerar a análise de uma treliça identificando as barras nas quais as forças são zero. Nesta seção, discutiremos dois casos nos quais as forças de barra são zero.

Caso 1. Se nenhuma carga externa é aplicada em um nó que consiste em duas barras, a força nas duas barras deve ser zero

Para demonstrar a validade dessa afirmação, primeiramente vamos supor que as forças F_1 e F_2 existem em ambas as barras do nó de duas barras na Figura 4.12a e, então, demonstraremos que o nó não pode estar em equilíbrio a menos que as duas forças sejam iguais a zero. Começaremos sobrepondo no nó um sistema de coordenadas retangulares com um eixo x orientado na direção da força F_1 e decompomos a força F_2 nas componentes X_2 e Y_2 paralelas aos eixos x e y do sistema de coordenadas, respectivamente. Se somarmos as forças na direção y, fica evidente que o nó não pode estar em equilíbrio, a menos que Y_2 seja igual a zero, pois não existe nenhuma outra força para equilibrar Y_2. Se Y_2 é igual a zero, então F_2 é zero, e o equilíbrio exige que F_1 também seja igual a zero.

Um segundo caso no qual a força de uma barra deve ser igual a zero ocorre quando um nó é composto de três barras — duas das quais são colineares.

Caso 2. Se nenhuma carga externa atua em um nó composto de três barras — duas das quais são colineares —, a força na barra não colinear é zero

Para demonstrar essa conclusão, novamente sobrepomos um sistema de coordenadas retangulares no nó, com o eixo x orientado ao longo do eixo das duas barras colineares. Se somarmos as forças na direção y, a equação de equilíbrio só poderá ser satisfeita se F_3 for igual a zero, pois não existe nenhuma outra força para equilibrar sua componente y, a Y_3 (ver Figura 4.12b).

Embora uma barra possa ter força zero sob determinada condição de carga, sob outras cargas ela pode transmitir tensão. Assim, o fato de a força em uma barra ser zero não indica que a barra não é essencial e pode ser eliminada.

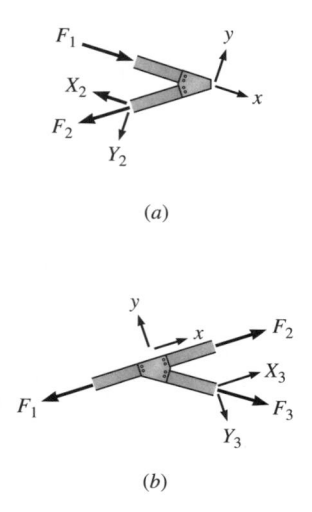

Figura 4.12: Condições que produzem forças zero nas barras: (a) duas barras e nenhuma carga externa, F_1 e F_2 iguais a zero; (b) duas barras colineares e nenhuma carga externa, a força na terceira barra (F_3) é zero.

EXEMPLO 4.2

Com base na discussão anterior da Seção 4.5, identifique todas as barras na treliça da Figura 4.13 que não são tensionadas quando a carga de 60 kips atua.

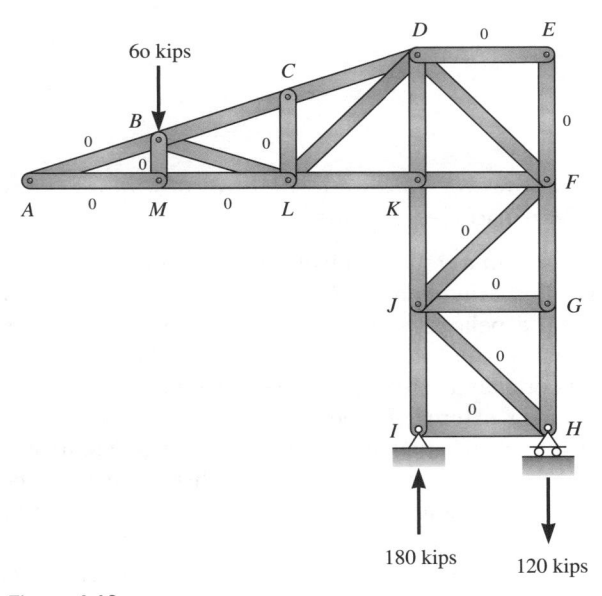

Figura 4.13

Solução

Embora os dois casos discutidos nesta seção se apliquem a muitas das barras, examinaremos somente os nós A, E, I e H. A verificação das barras zero restantes é deixada para o estudante. Como os nós A e E são compostos somente de duas barras e nenhuma carga externa atua nos nós, as forças nas barras são zero (consultar Caso 1).

Como nenhuma carga horizontal atua na treliça, a reação horizontal em I é zero. No nó I, a força na barra IJ e a reação de 180 kips são colineares; portanto, a força na barra IH deve ser igual a zero, pois nenhuma outra força horizontal atua no nó. Existe uma condição semelhante no nó H. Como a força na barra IH é zero, a componente horizontal da barra HJ deve ser zero. Se uma componente de uma força é zero, a força também deve ser zero.

Figura 4.14

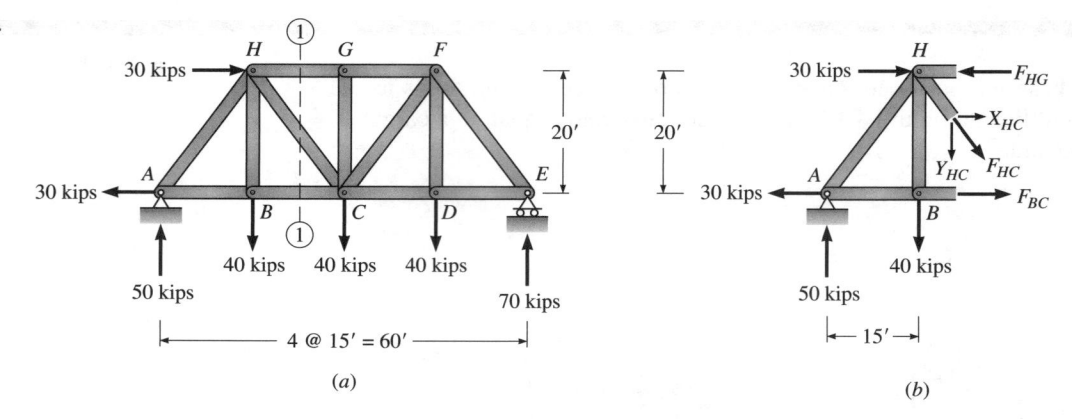

(a)

(b)

4.6 Método das seções

Para analisar uma treliça estável pelo método das seções, consideramos que a treliça é dividida em dois corpos livres, passando um plano de corte imaginário pela estrutura. O plano de corte deve, evidentemente, passar pela barra cuja força deve ser determinada. Em cada ponto onde uma barra é cortada, a força interna da barra é aplicada na face do corte como uma carga externa. Embora não haja nenhuma restrição para o número de barras que podem ser cortadas, frequentemente utilizamos seções que cortam três barras, pois estão disponíveis três equações de equilíbrio estático para analisar um corpo livre. Por exemplo, se quisermos determinar as forças de barra nas cordas e na diagonal de um painel interno da treliça da Figura 4.14a, podemos passar uma seção vertical pela treliça, produzindo o diagrama de corpo livre mostrado na Figura 4.14b. Como vimos no método dos nós, o engenheiro está livre para pressupor a direção da força na barra. Se uma força for presumida na direção correta, a solução da equação de equilíbrio produzirá um valor de força positivo. Alternativamente, um valor de força negativo indica que a direção da força foi suposta incorretamente.

Se a força em uma barra diagonal de uma treliça com cordas paralelas precisar ser calculada, cortamos um corpo livre passando uma seção vertical pela barra diagonal a ser analisada. Uma equação de equilíbrio baseada na soma das forças na direção *y* permitirá determinar a componente vertical da força na barra diagonal.

Se três barras são cortadas, a força em uma barra específica pode ser determinada estendendo-se as forças nas outras duas barras ao longo de suas linhas de ação, até que se cruzem. Somando os momentos sobre o eixo através do ponto de intersecção, podemos escrever uma equação envolvendo a terceira força ou uma de suas componentes. O Exemplo 4.3 ilustra a análise de barras típicas em uma treliça com cordas paralelas. O Exemplo 4.4, que aborda a análise de uma treliça determinada com quatro restrições, ilustra uma estratégia geral para a análise de uma treliça complicada, usando o método das seções e o método dos nós.

EXEMPLO 4.3

Usando o método das seções, calcule as forças ou componentes de força nas barras *HC*, *HG* e *BC* da treliça da Figura 4.14*a*.

Solução

Passe a seção 1-1 pela treliça, cortando o corpo livre mostrado na Figura 4.14*b*. A direção da força axial em cada barra é pressuposta arbitrariamente. Para simplificar os cálculos, a força F_{HC} é decomposta nas componentes vertical e horizontal.

Calcule Y_{HC} (ver Figura 4.14*b*).

$$\stackrel{+}{\uparrow} \quad \Sigma F_y = 0$$

$$0 = 50 - 40 - Y_{HC}$$

$$Y_{HC} = \text{tração de 10 kips} \quad \textbf{Resp.}$$

Da relação da inclinação,

$$\frac{X_{HC}}{3} = \frac{Y_{HC}}{4}$$

$$X_{HC} = \frac{3}{4} Y_{HC} = 7,5 \text{ kips} \quad \textbf{Resp.}$$

Calcule F_{BC}. Some os momentos sobre um eixo através de *H* na intersecção das forças F_{HG} e F_{HC}.

$$\circlearrowleft^+ \quad \Sigma M_H = 0$$

$$0 = 30(20) + 50(15) - F_{BC}(20)$$

$$F_{BC} = \text{tração de 67,5 kips} \quad \textbf{Resp.}$$

Calcule F_{HG}.

$$\stackrel{+}{\rightarrow} \quad \Sigma F_x = 0$$

$$0 = 30 - F_{HG} + X_{HC} + F_{BC} - 30$$

$$F_{HG} = \text{compressão de 75 kips} \quad \textbf{Resp.}$$

Como a solução das equações de equilíbrio acima produziu valores de força positivos, as direções das forças mostradas na Figura 4.14*b* estão corretas.

EXEMPLO 4.4

Analise a treliça determinada da Figura 4.15a para estabelecer todas as forças de barra e reações.

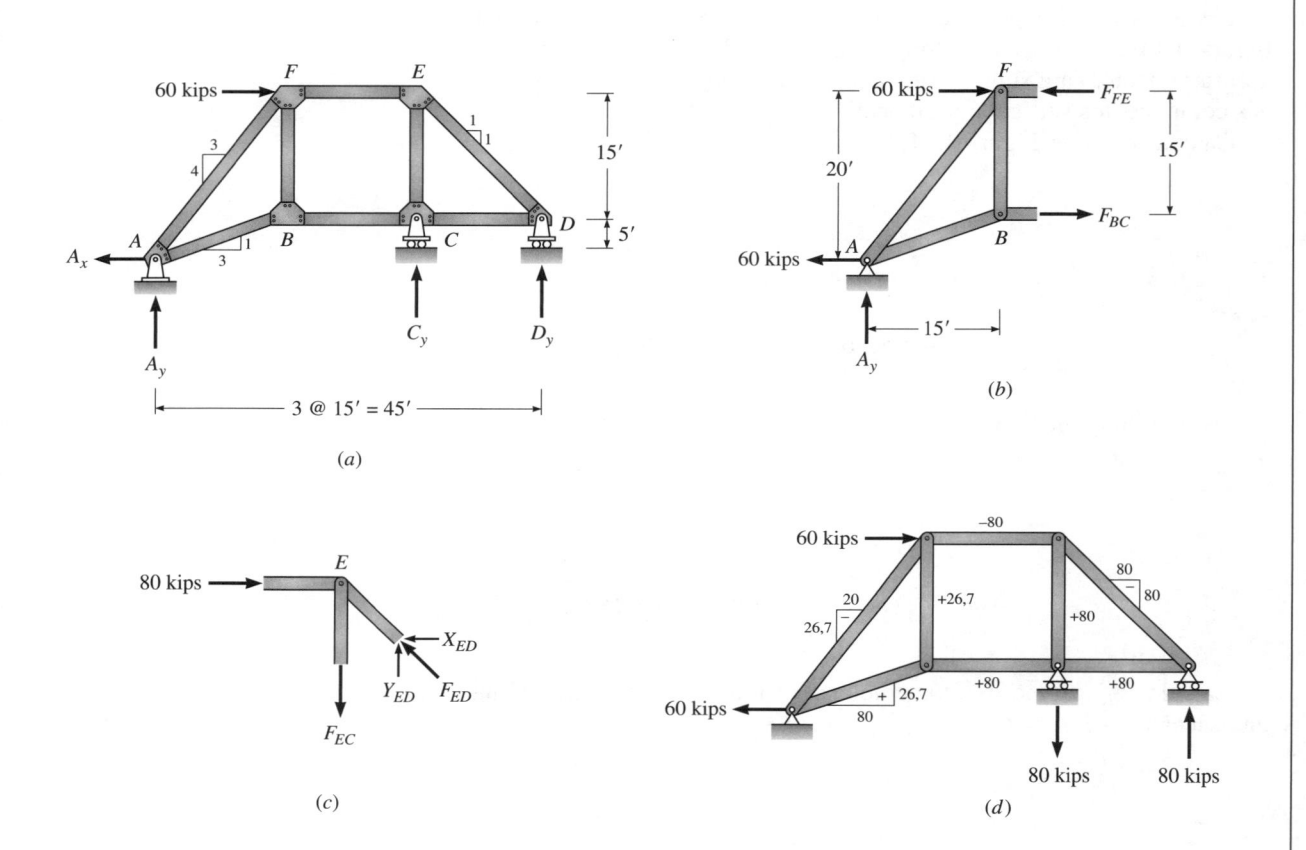

Figura 4.15

Solução

Como os apoios em A, C e D fornecem quatro restrições para a treliça da Figura 4.15a e estão disponíveis somente três equações de equilíbrio, não podemos determinar o valor de todas as reações aplicando as três equações de equilíbrio estático em um corpo livre da estrutura inteira. Contudo, reconhecendo que existe apenas uma restrição horizontal no apoio A, podemos determinar seu valor somando as forças na direção x.

$$\rightarrow^+ \quad \Sigma F_x = 0$$

$$-A_x + 60 = 0$$

$$A_x = 60 \text{ kips} \quad \textbf{Resp.}$$

Como as reações restantes não podem ser determinadas pelas equações da estática, devemos considerar o uso do método dos nós ou das seções. Neste estágio, o método dos nós não pode ser aplicado, pois três ou mais forças desconhecidas atuam em cada nó. Portanto, passaremos uma seção vertical pelo painel central da treliça para produzir o corpo livre mostrado na Figura 4.15b. Devemos usar o corpo livre à esquerda da seção, pois o corpo livre à direita da seção não pode ser analisado, uma vez que as reações em C e D e as forças de barra nas barras BC e FE são desconhecidas.

Calcule A_y (ver Figura 4.15b).

$$\uparrow^+ \quad \Sigma F_y = 0$$

$$A_y = 0 \qquad \textbf{Resp.}$$

Calcule F_{BC}. Some os momentos sobre um eixo pelo nó F.

$$\circlearrowleft^+ \quad \Sigma M_F = 0$$

$$60(20) - F_{BC}(15) = 0$$

$$F_{BC} = 80 \text{ kips (tração)} \qquad \textbf{Resp.}$$

Calcule F_{FE}.

$$\rightarrow^+ \quad \Sigma F_x = 0$$

$$+60 - 60 + F_{BC} - F_{FE} = 0$$

$$F_{FE} = F_{BC} = 80 \text{ kips (compressão)} \qquad \textbf{Resp.}$$

Agora que várias forças de barra internas são conhecidas, podemos concluir a análise usando o método dos nós. Isole o nó E (Figura 4.15c).

$$\rightarrow^+ \quad \Sigma F_x = 0$$

$$80 - X_{ED} = 0$$

$$X_{ED} = 80 \text{ kips (compressão)} \qquad \textbf{Resp.}$$

Como a inclinação da barra ED é 1:1, $Y_{ED} = X_{ED} = 80$ kips.

$$\uparrow^+ \quad \Sigma F_y = 0$$

$$F_{EC} - Y_{ED} = 0$$

$$F_{EC} = 80 \text{ kips (tração)} \qquad \textbf{Resp.}$$

O balanço das forças de barra e das reações em C e D pode ser determinado pelo método dos nós. Os resultados finais estão mostrados em um esboço da treliça na Figura 4.15d.

EXEMPLO 4.5

Determine as forças nas barras HG e HC da treliça da Figura 4.16a pelo método das seções.

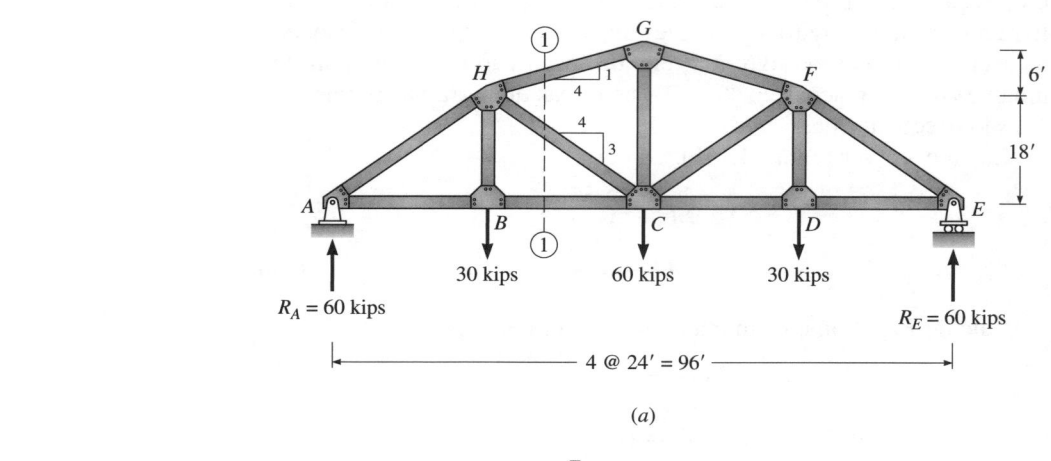

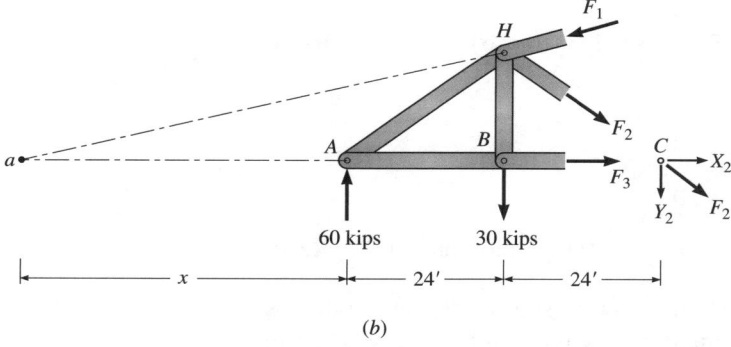

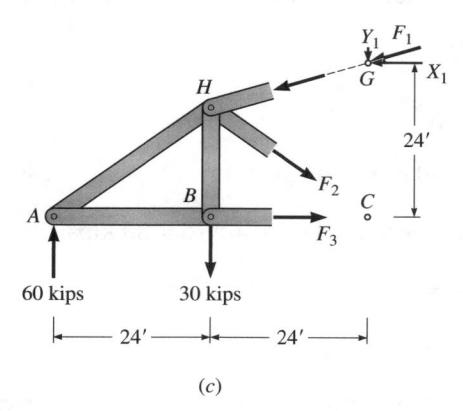

Figura 4.16: (a) Detalhes da treliça; (b) corpo livre para calcular a força na barra HC; (c) corpo livre para calcular a força na barra HG.

Solução

Primeiro, calcule a força na barra *HC*. Passe a seção vertical 1-1 pela treliça e considere o corpo livre à esquerda da seção (ver Figura 4.16*b*). No corte, as forças de barra são aplicadas como cargas externas nas extremidades das barras. Como estão disponíveis três equações da estática, todas as forças de barra podem ser determinadas por elas. Seja F_2 a força na barra *HC*. Para simplificar os cálculos, selecionamos um centro de momento (o ponto *a* que fica na intersecção das linhas de ação das forças F_1 e F_3). Em seguida, a força F_2 é estendida ao longo de sua linha de ação até o ponto *C* e substituída por suas componentes retangulares X_2 e Y_2. A distância *x* entre *a* e o apoio esquerdo é estabelecida pela proporção, usando-se triângulos semelhantes; isto é, *aHB* e a inclinação (1:4) da força F_1.

$$\frac{1}{18} = \frac{4}{x + 24}$$

$$x = 48 \text{ ft}$$

Some os momentos das forças sobre o ponto *a* e encontre a resposta para Y_2.

$$\circlearrowleft^+ \quad \Sigma M_a = 0$$

$$0 = -60(48) + 30(72) + Y_2(96)$$

$$Y_2 = \text{tração de } 7,5 \text{ kips} \qquad \textbf{Resp.}$$

Com base na inclinação da barra *HC*, estabeleça X_2 pela proporção.

$$\frac{Y_2}{3} = \frac{X_2}{4}$$

$$X_2 = \frac{4}{3}Y_2 = 10 \text{ kips} \qquad \textbf{Resp.}$$

Agora, calcule a força F_1 na barra *HG*. Selecione um centro de momento na intersecção das linhas de ação das forças F_2 e F_3; isto é, no ponto *C* (ver Figura 4.16*c*). Estenda a força F_1 até o ponto *G* e decomponha nas componentes retangulares. Some os momentos sobre o ponto *C*.

$$\circlearrowleft^+ \quad \Sigma M_c = 0$$

$$0 = 60(48) - 30(24) - X_1(24)$$

$$X_1 = \text{compressão de } 90 \text{ kips} \qquad \textbf{Resp.}$$

Estabeleça Y_1 pela proporção.

$$\frac{X_1}{4} = \frac{Y_1}{1}$$

$$Y_1 = \frac{X_1}{4} = 22,5 \text{ kips} \qquad \textbf{Resp.}$$

EXEMPLO 4.6

Usando o método das seções, calcule as forças nas barras BC e JC da treliça em K da Figura 4.17a.

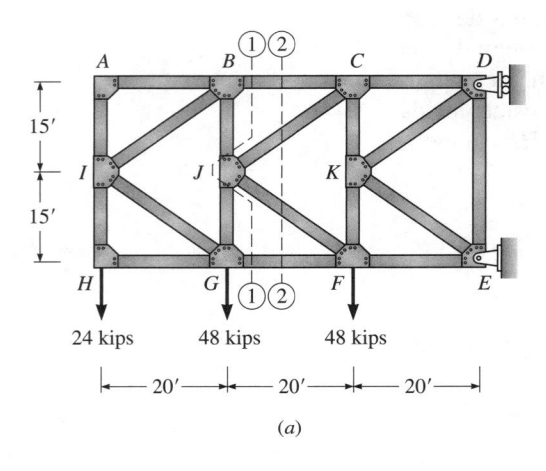

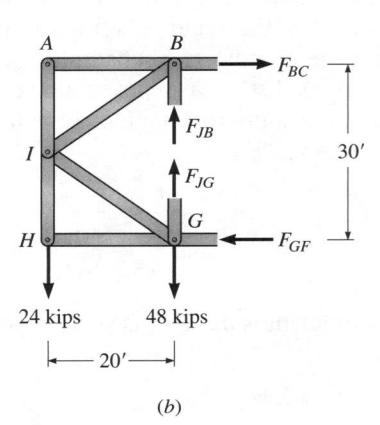

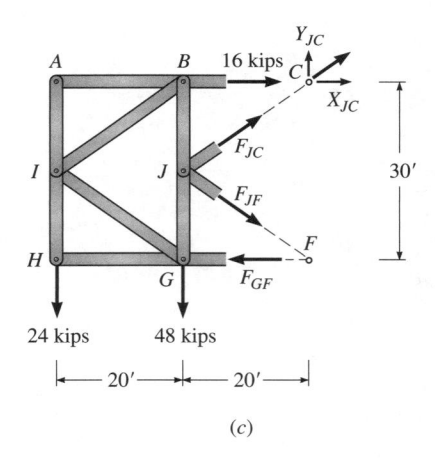

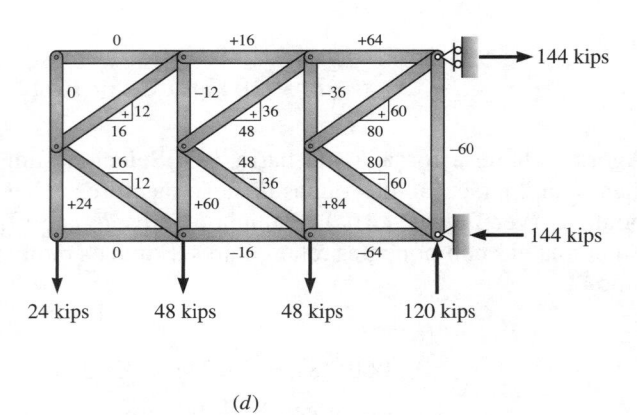

Figura 4.17: (a) Treliça em K; (b) corpo livre à esquerda da seção 1-1 usado para avaliar F_{BC}; (c) corpo livre usado para calcular F_{JC}; (d) forças de barra.

Solução

Como qualquer seção *vertical* que passa pelo painel de uma treliça em K corta quatro barras, não é possível calcular as forças nas barras pelo método das seções, pois o número de incógnitas ultrapassa o número de equações da estática. Como não existe nenhum centro de momento pelo qual três das forças de barra passam, nem mesmo uma solução parcial é possível utilizando-se uma seção vertical padrão. Conforme ilustramos neste exemplo, é possível analisar uma treliça em K usando duas seções em sequência, a primeira das quais é uma seção especial que forma uma curva em torno de um nó interno.

Para calcular a força na barra BC, passamos a seção 1-1 pela treliça na Figura 4.17*a*. O corpo livre à esquerda da seção está mostrado na Figura 4.17*b*. A soma dos momentos sobre o nó inferior G produz

$$\circlearrowleft^+ \quad \Sigma M_G = 0$$

$$30F_{BC} - 24(20) = 0$$

$$F_{BC} = \text{tração de } 16 \text{ kips} \quad \textbf{Resp.}$$

Para calcular F_{JC}, passamos a seção 2-2 pelo painel e consideramos novamente o corpo livre à esquerda (ver Figura 4.17*c*). Como a força na barra BC foi avaliada, as três forças de barra desconhecidas podem ser determinadas pelas equações da estática. Use um centro de momento em F. Estenda a força na barra JC até o ponto C e decomponha nas componentes retangulares.

$$\circlearrowleft^+ \quad \Sigma M_F = 0$$

$$0 = 16(30) + X_{JC}(30) - 20(48) - 40(24)$$

$$X_{JC} = 48 \text{ kips}$$

$$F_{JC} = \frac{5}{4} X_{JC} = \text{tração de } 60 \text{ kips} \quad \textbf{Resp.}$$

NOTA. A treliça em K também pode ser analisada pelo método dos nós, partindo de um nó externo, como A ou H. Os resultados dessa análise estão mostrados na Figura 4.17*d*. O contraventamento em K é normalmente utilizado em treliças altas para reduzir o comprimento dos membros diagonais. Como você pode ver a partir dos resultados na Figura 4.17*d*, o cisalhamento em um painel se divide igualmente entre as diagonais superiores e inferiores. Uma diagonal suporta compressão e a outra suporta tração.

4.7 Determinação e estabilidade

Até aqui, todas as treliças que analisamos neste capítulo eram estruturas estáveis e determinadas; isto é, sabíamos antecipadamente que poderíamos realizar uma análise completa usando apenas as equações da estática. Como na prática também são utilizadas treliças indeterminadas, o engenheiro deve ser capaz de reconhecer uma estrutura desse tipo, pois as treliças indeterminadas exigem um tipo de análise especial. Conforme discutiremos no Capítulo 11, equações de compatibilidade devem ser utilizadas para complementar as equações de equilíbrio.

Se você estiver investigando uma treliça projetada por outro engenheiro, terá de verificar se a estrutura é determinada ou indeterminada, antes de iniciar a análise. Além disso, se você for o responsável por estabelecer a configuração de uma treliça para uma situação especial, obviamente deverá ser capaz de escolher uma organização de barras estável. O objetivo desta seção é estender para as treliças a discussão introdutória sobre estabilidade e determinação das seções 3.8 e 3.9 — assuntos que talvez você queira rever, antes de passar para o próximo parágrafo.

Se uma treliça carregada está em equilíbrio, todas as suas barras e nós também devem estar em equilíbrio. Se a carga for aplicada apenas nos nós e se for presumido que todas as barras da treliça suportam apenas carga axial (uma suposição que implica que o peso próprio das barras pode ser desprezado ou aplicado nos nós como uma carga concentrada equivalente), as forças que atuam no diagrama de corpo livre de um nó constituirão um sistema de forças concorrentes. Para estar em equilíbrio, o sistema de forças concorrentes deve satisfazer as duas equações de equilíbrio a seguir:

$$\Sigma F_x = 0$$
$$\Sigma F_y = 0$$

Como podemos escrever duas equações de equilíbrio para cada nó de uma treliça, o número total de equações de equilíbrio disponíveis para encontrar a solução das forças de barra desconhecidas b e das reações r é igual a $2n$ (em que n representa o número total de nós). Portanto, segue-se que, se uma treliça é *estável* e *determinada*, a relação entre barras, reações e nós deve satisfazer o seguinte critério:

$$r + b = 2n \qquad (4.1)$$

Além disso, conforme discutimos na Seção 3.7, *as restrições exercidas pelas reações não devem constituir um sistema de forças paralelas nem concorrentes.*

Embora estejam disponíveis três equações da estática para calcular as reações de uma treliça determinada, essas equações não são independentes e não podem ser adicionadas nas $2n$ equações de nó. Obviamente, se todos os nós de uma treliça estão em equilíbrio, a estrutura inteira também deve estar em equilíbrio; isto é, a resultante das forças externas que atuam na treliça é igual a zero. Se a resultante é zero, as equações de equilíbrio estático são automaticamente satisfeitas quando aplicadas na estrutura inteira e, assim, não fornecem equações independentes de equilíbrio adicionais.

Se
$$r + b > 2n$$
o número de forças desconhecidas ultrapassa as equações da estática disponíveis, e a treliça é indeterminada. O grau de indeterminação D é igual a

$$D = r + b - 2n \qquad (4.2)$$

Por fim, se
$$r + b < 2n$$
existem forças de barra e reações insuficientes para satisfazer as equações de equilíbrio, e a estrutura é instável.

Além disso, conforme discutimos na Seção 3.7, você sempre verá que a análise de uma estrutura instável leva a uma equação de equilíbrio inconsistente. Portanto, se não tiver certeza a respeito da estabilidade de uma estrutura, analise-a para qualquer carga arbitrária. Se resultar uma solução que satisfaça a estática, a estrutura é estável.

Para ilustrar os critérios de estabilidade e determinação para as treliças apresentadas nesta seção, classificaremos as treliças da Figura 4.18 como estáveis ou instáveis. Para as estruturas estáveis, estabeleceremos se elas são determinadas ou indeterminadas. Por fim, para uma estrutura indeterminada, estabeleceremos também o grau de indeterminação.

Figura 4.18a

$$b + r = 5 + 3 = 8 \qquad 2n = 2(4) = 8$$

Como $b + r = 2n$ e as reações não são equivalentes a um sistema de forças concorrentes nem paralelas, a treliça é estável e determinada.

Figura 4.18b

$$b + r = 14 + 4 = 18 \qquad 2n = 2(8) = 16$$

Como $b + r$ ultrapassa $2n$ (18 > 16), a estrutura é indeterminada no segundo grau. A estrutura é um grau *externamente* indeterminada, pois os apoios fornecem quatro restrições, e *internamente* indeterminada no primeiro grau, pois é fornecida uma diagonal extra no painel central para transmitir cisalhamento.

Figura 4.18c

$$b + r = 14 + 4 = 18 \qquad 2n = 2(9) = 18$$

Como $b + r = 2n = 18$ e os apoios não são equivalentes a um sistema de forças paralelas nem concorrentes, a estrutura parece ser estável. Podemos confirmar essa conclusão observando que a treliça ABC obviamente é um componente estável da estrutura, pois é uma treliça simples (com-

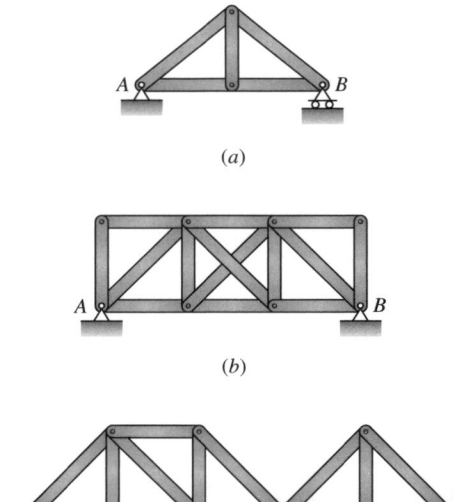

Figura 4.18: Classificação de treliças: (*a*) estável e determinada; (*b*) indeterminada no segundo grau; (*c*) determinada.

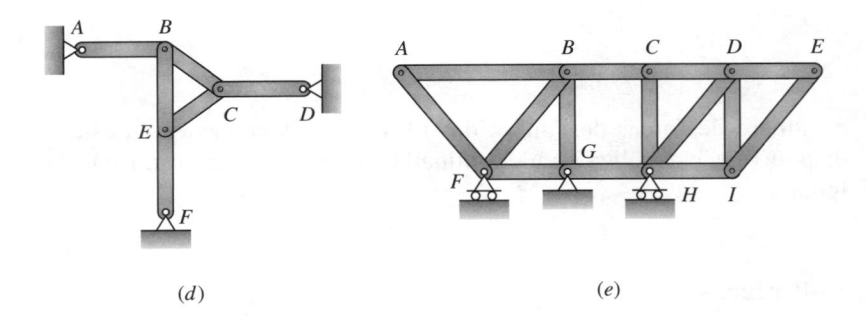

Figura 4.18: Classificação de treliças: (d) determinada; (e) determinada.

posta de triângulos) apoiada por três restrições — duas fornecidas pelo pino em A e uma pelo rolo em B. Como a articulação em C está ligada à treliça estável da esquerda, ela também é um ponto estável no espaço. Assim como uma articulação fixa, ela pode fornecer tanto restrição horizontal como vertical para a treliça da direita. Assim, podemos considerar que a treliça CD também deve ser estável, pois é também uma treliça simples apoiada por três restrições; ou seja, duas fornecidas pela articulação em C e uma pelo rolo em D.

Figura 4.18d Duas abordagens são possíveis para classificar a estrutura da Figura 4.18d. Na primeira, podemos tratar o elemento triangular BCE como uma treliça de três barras ($b = 3$) apoiada por três elos — AB, EF e CD ($r = 3$). Como a treliça tem três nós (B, C e E), $n = 3$, e $b + r = 6$ é igual a $2n = 2(3) = 6$. A estrutura portanto é determinada e estável.

Alternativamente, podemos tratar a estrutura inteira como uma treliça de seis barras ($b = 6$), com seis nós ($n = 6$), apoiada por três articulações fixas ($r = 6$), $b + r = 12$ é igual a $2n = 2(6) = 12$. Novamente, concluímos que a estrutura é estável e determinada.

Figura 4.18e

$$b + r = 14 + 4 = 18 \qquad 2n = 2(9) = 18$$

Como $b + r = 2n$, parece que a estrutura é estável e determinada; entretanto, como existe um painel retangular entre os nós B, C, G e H, verificaremos se a estrutura é estável analisando a treliça para uma carga arbitrária de 4 kips aplicada verticalmente no nó D (ver Exemplo 4.7). Como a análise pelo método dos nós produz valores únicos de força de barra em todas as barras, concluímos que a estrutura é estável e determinada.

Figura 4.18f

$$b + r = 8 + 4 = 12 \qquad 2n = 2(6) = 12$$

Embora a contagem de barras acima satisfaça a condição necessária para uma estrutura estável e determinada, parece que a estrutura é instável, pois o painel central, sem uma barra diagonal, não pode transmitir força vertical. Para confirmar essa conclusão, analisaremos a treliça usando as equações da estática. (A análise será feita no Exemplo 4.8.) Como a análise leva a uma equação de equilíbrio inconsistente, concluímos que a estrutura é instável.

Figura 4.18g

$$b = 16 \qquad r = 4 \qquad n = 10$$

Embora $b + r = 2n$, a pequena treliça da direita (*DEFG*) é instável, pois seus apoios — o elo *CD* e o rolo em *E* — constituem um sistema de forças paralelas.

Figura 4.18h A treliça é geometricamente instável, pois as reações constituem um sistema de forças concorrentes; isto é, a reação fornecida pelo elo *BC* passa pela articulação fixa em *A*.

Figura 4.18i

$$b = 21 \qquad r = 3 \qquad n = 10$$

E $b + r = 24$, $2n = 20$; portanto, a treliça é indeterminada no quarto grau. Embora as reações possam ser calculadas para qualquer carga, a indeterminação se dá por causa da inclusão de diagonais duplas nos painéis internos.

Figura 4.18j

$$b = 6 \qquad r = 3 \qquad n = 5$$

E $b + r = 9$, $2n = 10$; a estrutura é instável, pois existem menos restrições do que as exigidas pelas equações da estática. Para produzir uma estrutura estável, a reação em *B* deve ser alterada de uma articulação móvel para uma articulação fixa.

Figura 4.18k Agora $b = 9$, $r = 3$ e $n = 6$; além disso, $b + r = 12$, $2n = 12$. Contudo, a estrutura é instável, pois a pequena treliça triangular *ABC* na parte superior é apoiada por três elos paralelos, os quais não fornecem nenhuma restrição lateral.

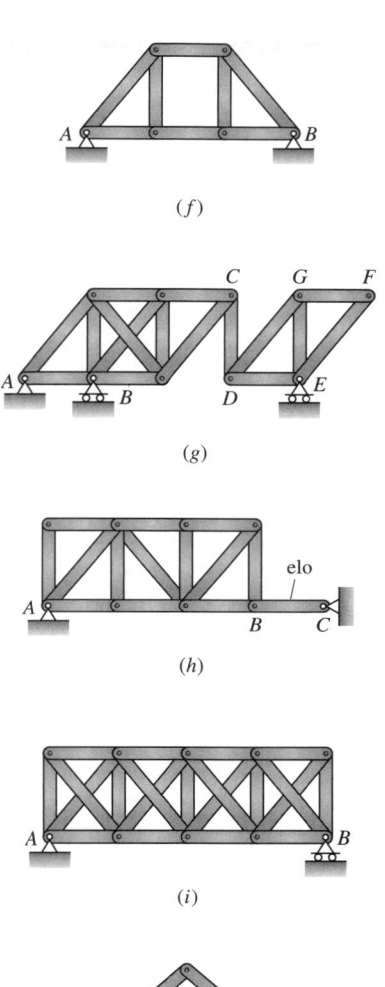

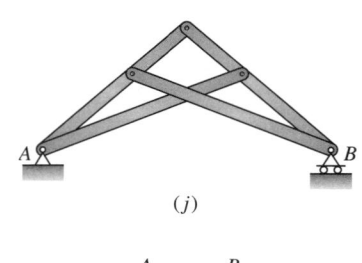

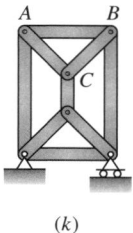

Figura 4.18: Classificação de treliças: (*f*) instável; (*g*) instável; (*h*) instável; (*i*) indeterminada no quarto grau; (*j*) instável; (*k*) instável.

EXEMPLO 4.7

Verifique se a treliça da Figura 4.19 é estável e determinada, demonstrando se ela pode ser completamente analisada pelas equações da estática para uma força de 4 kips no nó F.

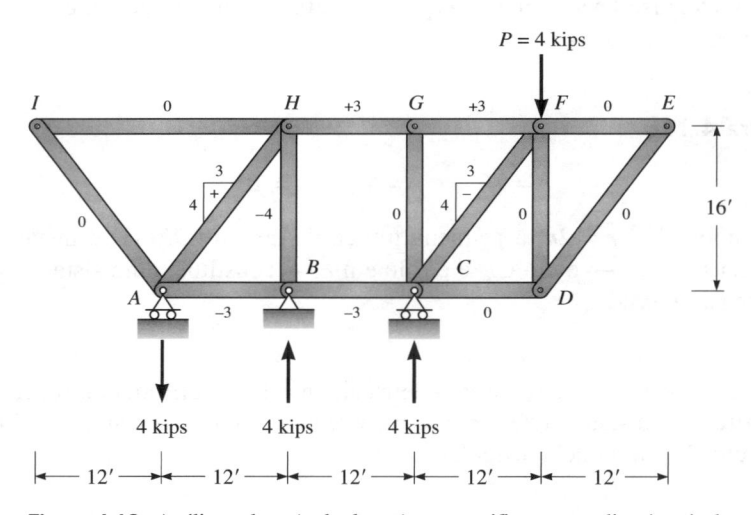

Figura 4.19: Análise pelo *método dos nós* para verificar se a treliça é estável.

Solução

Como a estrutura tem quatro reações, não podemos iniciar a análise calculando as reações, mas, em vez disso, devemos analisá-la pelo método dos nós. Primeiramente, determinamos as barras zero.

Como os nós E e I estão conectados somente a duas barras e nenhuma carga externa atua nos nós, as forças nessas barras são zero (consultar Caso 1 da Seção 4.5). Com as duas barras restantes conectando-se no nó D, aplicar o mesmo argumento indicaria que elas também são barras zero. Aplicar o Caso 2 da Seção 4.5 no nó G indicaria que a barra CG é uma barra zero.

Em seguida, analisamos em sequência os nós F, C, G, H, A e B. Como todas as forças de barra e reações podem ser determinadas pelas equações da estática (os resultados estão mostrados na Figura 4.19), concluímos que a treliça é estável e determinada.

EXEMPLO 4.8

Prove que a treliça da Figura 4.20a é instável, demonstrando que sua análise para uma carga de magnitude arbitrária leva a uma equação de equilíbrio inconsistente.

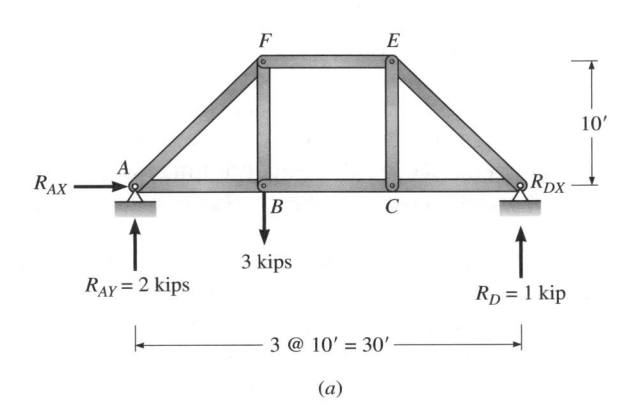

Solução

Aplique uma carga no nó B, digamos 3 kips, e calcule as reações, considerando a estrutura inteira como um corpo livre.

$$\circlearrowleft^+ \Sigma M_A = 0$$
$$3(10) - 30R_D = 0 \qquad R_D = 1 \text{ kip}$$
$$\uparrow^+ \Sigma F_y = 0$$
$$R_{AY} - 3 + R_D = 0 \qquad R_{AY} = 2 \text{ kips}$$

O equilíbrio do nó B (ver Figura 4.20b) exige que F_{BF} = tração de 3 kips. O equilíbrio na direção x é possível se $F_{AB} = F_{BC}$.

Em seguida, consideramos o nó F (ver Figura 4.20c). Para estar em equilíbrio na direção y, a componente vertical de F_{AF} deve ser igual a 3 kips e dirigida para cima, indicando que a barra AF está em compressão. Como a inclinação da barra AF é 1:1, sua componente horizontal também é igual a 3 kips. O equilíbrio do nó F na direção x exige que a força na barra FE seja igual a 3 kips e atue para a esquerda.

Agora, examinamos o apoio A (Figura 4.20d). A reação R_A e as componentes da força na barra AF, determinadas anteriormente, são aplicadas sobre o nó. Escrevendo a equação de equilíbrio na direção y, encontramos

$$\uparrow^+ \Sigma F_y = 0$$
$$2 - 3 \neq 0 \qquad \text{(inconsistente)}$$

Como a equação de equilíbrio não é satisfeita, a estrutura não é estável.

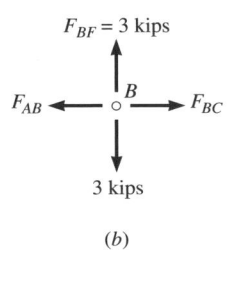

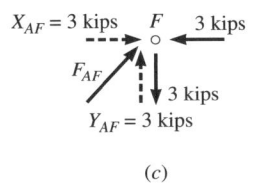

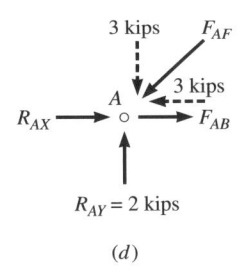

Figura 4.20: Verificação da estabilidade da treliça: (a) detalhes da treliça; (b) corpo livre do nó B; (c) corpo livre do nó F; (d) corpo livre do apoio A.

4.8 Análise de treliças por computador

As seções anteriores deste capítulo abordaram a análise de treliças baseada nas suposições de que (1) as barras são conectadas aos nós por meio de pinos sem atrito e (2) as cargas são aplicadas apenas nos nós. Nos casos em que as cargas de projeto são escolhidas de forma conservadora e as deflexões não são excessivas, com o passar dos anos essas suposições simplificadas geralmente têm produzido projetos satisfatórios.

Como os nós na maioria das treliças são construídos pela conexão das barras nas placas de ligação por meio de soldas, rebites ou parafusos de alta resistência, normalmente são *rígidos*. Analisar uma treliça com nós rígidos (uma estrutura altamente indeterminada) seria um cálculo extenso com os métodos de análise clássicos. É por isso que, no passado, a análise de treliças era simplificada, permitindo aos projetistas pressupor nós ligados por pinos. Agora que existem programas de computador, podemos analisar treliças determinadas e indeterminadas como uma estrutura de nós rígidos para propiciar uma análise mais precisa, sendo que a limitação de que as cargas precisam ser aplicadas nos nós não é mais uma restrição.

Como os programas de computador exigem valores de propriedades da seção transversal das barras — área e momento de inércia —, as barras devem ser dimensionadas inicialmente. Os procedimentos para estimar o tamanho aproximado das barras serão discutidos no texto do Capítulo 15. No caso de uma treliça com nós rígidos, a suposição de nós de pino permitirá calcular forças axiais que podem ser usadas para selecionar as áreas iniciais da seção transversal dos membros.

Para realizar as análises por computador, utilizaremos o programa RISA-2D, que se encontra no *site* em inglês deste livro: isto é, http://www.mhhe.com/leet2e. Embora no *site* seja fornecido um exercício dirigido para explicar, passo a passo, como se utiliza o programa RISA-2D, uma breve visão geral do procedimento é dada a seguir:

1. Numere todos os nós e barras.
2. Depois que o programa RISA-2D estiver aberto, clique em **Global** na parte superior da tela. Digite um título descritivo, seu nome e o número de seções.
3. Clique em **Units**. Utilize Standard Metric (sistema métrico) ou Standard Imperial (padrão imperial) para unidades convencionais dos Estados Unidos.
4. Clique em **Modify**. Configure a escala da grade de modo que a figura da estrutura fique dentro dela.
5. Preencha as tabelas no **Data Entry Box**. Isso inclui Joint Coordinates (coordenadas de nó), Boundary Conditions (condições de apoio), Member Properties (propriedades da barra), Joint Loads (cargas nos nós) etc. Clique em **View** para identificar barras e nós. A figura na tela permite verificar visualmente se todas as informações necessárias foram fornecidas corretamente.
6. Clique em **Solve** para iniciar a análise.
7. Clique em **Results** para produzir tabelas que relacionam forças de barra, deslocamentos de nós e reações de apoio. O programa também plotará uma forma curvada.

EXEMPLO 4.9

Usando o programa de computador RISA-2D, analise a treliça determinada da Figura 4.21 e compare a magnitude das forças de barra e os deslocamentos de nós, supondo que os nós são (1) *rígidos* e (2) *articulados*. Os nós são denotados por números em um círculo; as barras são denotadas por números em uma caixa retangular. Uma análise preliminar da treliça foi utilizada para estabelecer os valores iniciais das propriedades da seção transversal de cada barra (consultar Tabela 4.1). Para o caso de nós articulados, os dados da barra são semelhantes, mas a palavra *articulados* aparece nas colunas intituladas **Liberações de extremidade**.

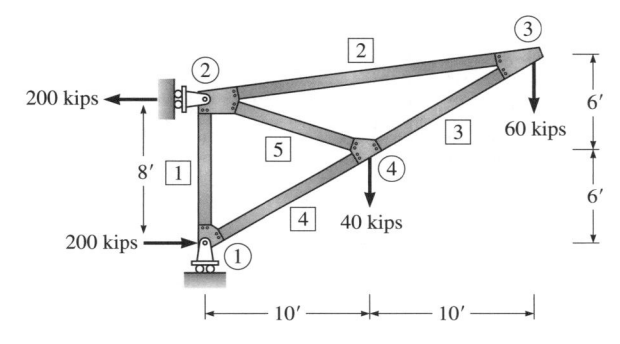

Figura 4.21: Treliça em balanço.

TABELA 4.1
Dados de barra para o caso de nós rígidos

Número da barra	Nó I	Nó J	Área (pol^2)	Momento de inércia (pol^4)	Módulo elástico (ksi)	Liberações de extremidade Extremidade I	Liberações de extremidade Extremidade J	Comprimento (ft)
1	1	2	5,72	14,7	29 000			8
2	2	3	11,5	77	29 000			20,396
3	3	4	11,5	77	29 000			11,662
4	4	1	15,4	75,6	29 000			11,662
5	2	4	5,72	14,7	29 000			10,198

TABELA 4.2
Comparação de deslocamentos de nó

Nós rígidos			Nós articulados		
Número do nó	Translação X (pol)	Translação Y (pol)	Número do nó	Translação X (pol)	Translação Y (pol)
1	0	0	1	0	0
2	0	0,011	2	0	0,012
3	0,257	−0,71	3	0,266	−0,738
4	0,007	−0,153	4	0	−0,15

[*continua*]

[*continuação*]

TABELA 4.3
Comparação de forças de barra

	Nós rígidos					Nós articulados	
Número da barra	Seção*	Axial (kips)	Cortante (kips)	Momento (kip · ft)	Número da barra	Seção*	Axial (kips)
1	1	−19,256	−0,36	0,918	1	1	−20
	2	−19,256	−0,36	−1,965		2	−20
2	1	−150,325	0,024	−2,81	2	1	−152,971
	2	−150,325	0,024	−2,314		2	−152,971
3	1	172,429	0,867	−2,314	3	1	174,929
	2	172,429	0,867	7,797		2	174,929
4	1	232,546	−0,452	6,193	4	1	233,238
	2	232,546	−0,452	0,918		2	233,238
5	1	−53,216	−0,24	0,845	5	1	−50,99
	2	−53,216	−0,24	−1,604		2	−50,99

*As seções 1 e 2 referem-se às extremidades da barra.

Para facilitar a conexão das barras às placas de ligação, frequentemente as barras da treliça são fabricadas com pares de cantoneiras colocadas costas com costas. As propriedades da seção transversal dessas formas estruturais, tabuladas no *AISC Manual of steel construction*, são utilizadas neste exemplo.

CONCLUSÕES. Os resultados da análise por computador mostrados nas tabelas 4.2 e 4.3 indicam que a magnitude das forças axiais nas barras da treliça, assim como os deslocamentos dos nós, são aproximadamente iguais para nós rígidos e nós articulados. As forças axiais são ligeiramente menores na maioria das barras, quando são pressupostas junções *rígidas*, pois uma parte da carga é transmitida por cisalhamento e flexão.

Como barras em tensão direta suportam carga axial eficientemente, as áreas de seção transversal tendem a ser menores quando dimensionadas apenas para carga axial. Contudo, a rigidez à flexão de pequenas seções transversais compactas também é pequena. Portanto, quando os nós são *rígidos*, a tensão de flexão nas barras da treliça pode ser *significativa, mesmo quando a magnitude dos momentos é relativamente pequena*. Se verificarmos as tensões na barra M3, que é constituída por duas cantoneiras de $8 \times 4 \times \frac{1}{2}$ pol, na seção em que o momento é 7,797 kip · ft, a tensão axial é de $P/A = 14,99$ kips/pol^2 e a tensão de flexão $Mc/I = 6,24$ kips/pol^2. Nesse caso, concluímos que as tensões de flexão são significativas em várias barras da treliça, quando a análise é realizada supondo que os nós são *rígidos*, e o projetista deve verificar se a tensão combinada de 21,23 kips/pol^2 não ultrapassa o valor permitido, definido pelas especificações de projeto AISC.

Resumo

- As treliças são compostas de barras delgadas que supostamente transmitem somente força axial. Nas treliças grandes, os nós são formados por soldagem ou aparafusamento das barras em placas de ligação. Se as barras são relativamente pequenas e tensionadas levemente, os nós são frequentemente formados pela soldagem das extremidades das barras verticais e diagonais nas cordas superiores e inferiores.
- Embora sejam rígidas em seu plano, as treliças têm pouca rigidez lateral; portanto, precisam ser contraventadas contra o deslocamento lateral em todos os nós.
- Para as treliças serem *estáveis* e *determinadas*, a seguinte relação deve existir entre o número de barras b, reações r e nós n:

$$b + r = 2n$$

  Além disso, as restrições exercidas pelas reações *não* devem constituir um sistema de forças paralelas nem concorrentes.
  Se $b + r < 2n$, a treliça é instável. Se $b + r > 2n$, a treliça é indeterminada.
- As treliças determinadas podem ser analisadas pelo método dos nós ou pelo método das seções. O método das seções é utilizado quando é exigida a força em uma ou duas barras. O método dos nós é utilizado quando todas as forças de barra são exigidas.
- Se a análise de uma treliça resulta em um valor de forças inconsistente, isto é, um ou mais nós não estão em equilíbrio, a treliça é instável.

PROBLEMAS

P4.1. Classifique as treliças como estáveis ou instáveis. Se a treliça for estável, indique se é determinada ou indeterminada. Se for indeterminada, indique o grau de indeterminação.

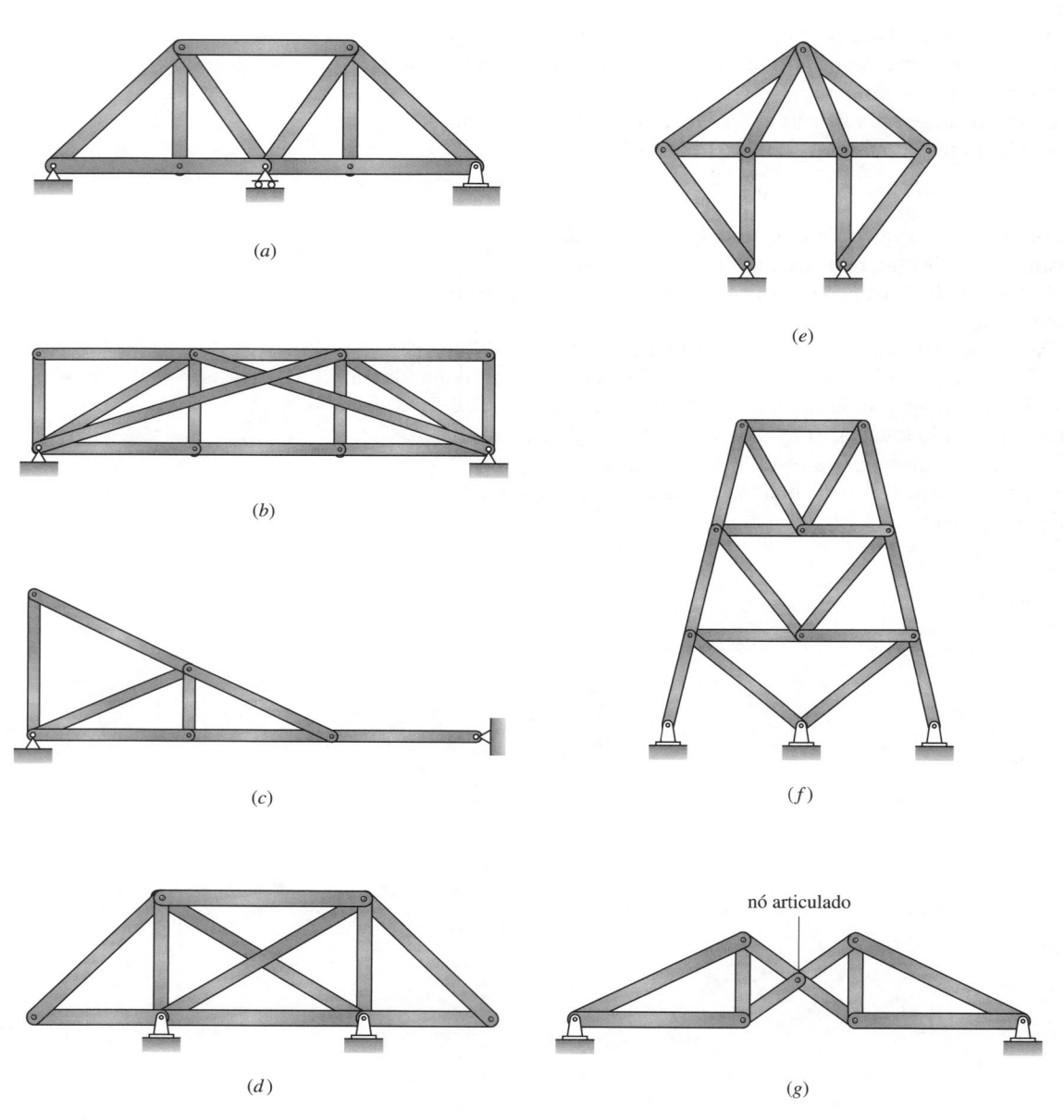

(a)

(b)

(c)

(d)

(e)

(f)

nó articulado

(g)

P4.1

P4.2. Classifique as treliças como estáveis ou instáveis. Se a treliça for estável, indique se é determinada ou indeterminada. Se for indeterminada, indique o grau de indeterminação.

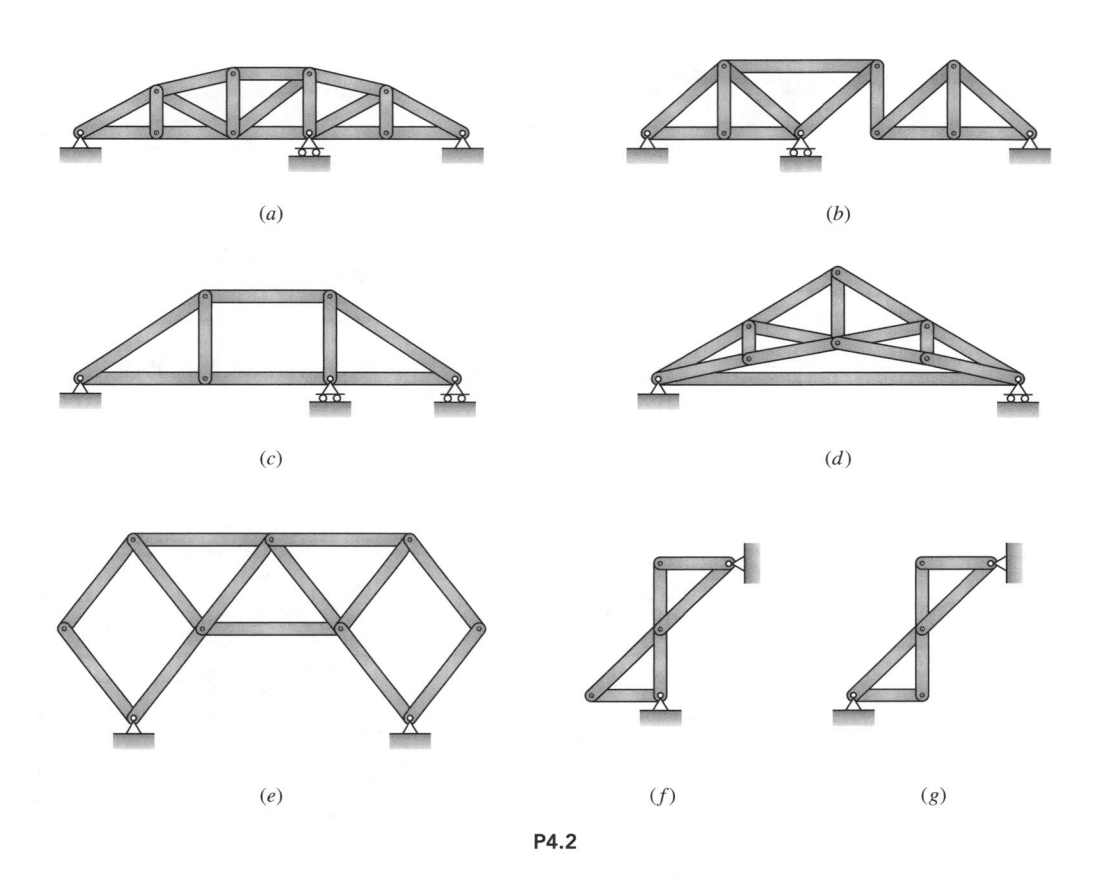

(a)

(b)

(c)

(d)

(e)

(f)

(g)

P4.2

P4.3 e **P4.4.** Determine as forças em todas as barras das treliças. Indique se é tração ou compressão.

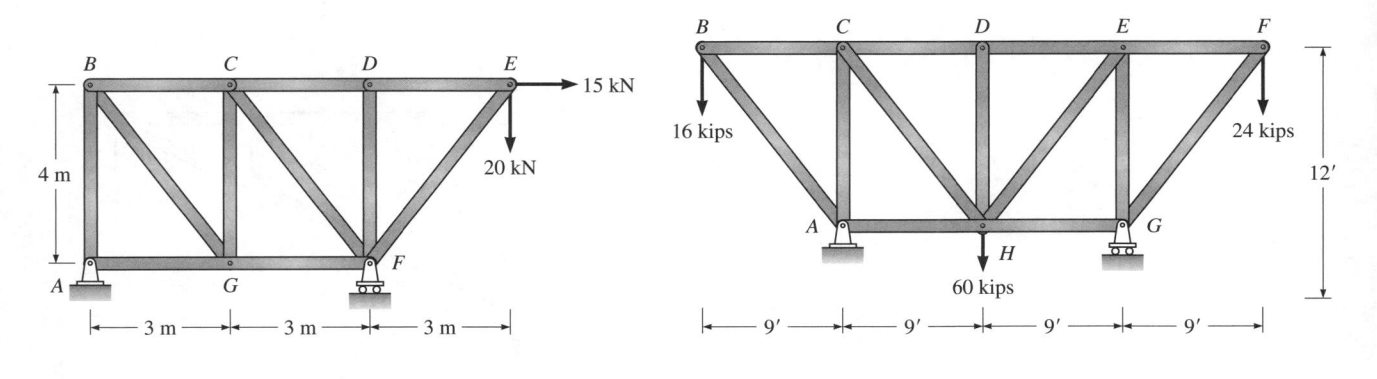

P4.3

P4.4

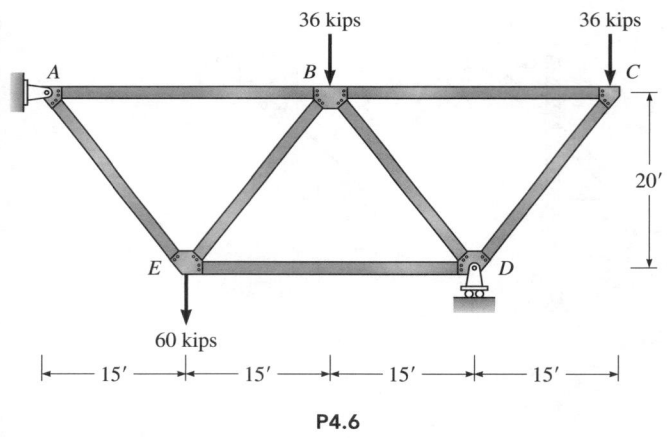

P4.5 a **P4.10.** Determine as forças em todas as barras das treliças. Indique se é tração ou compressão.

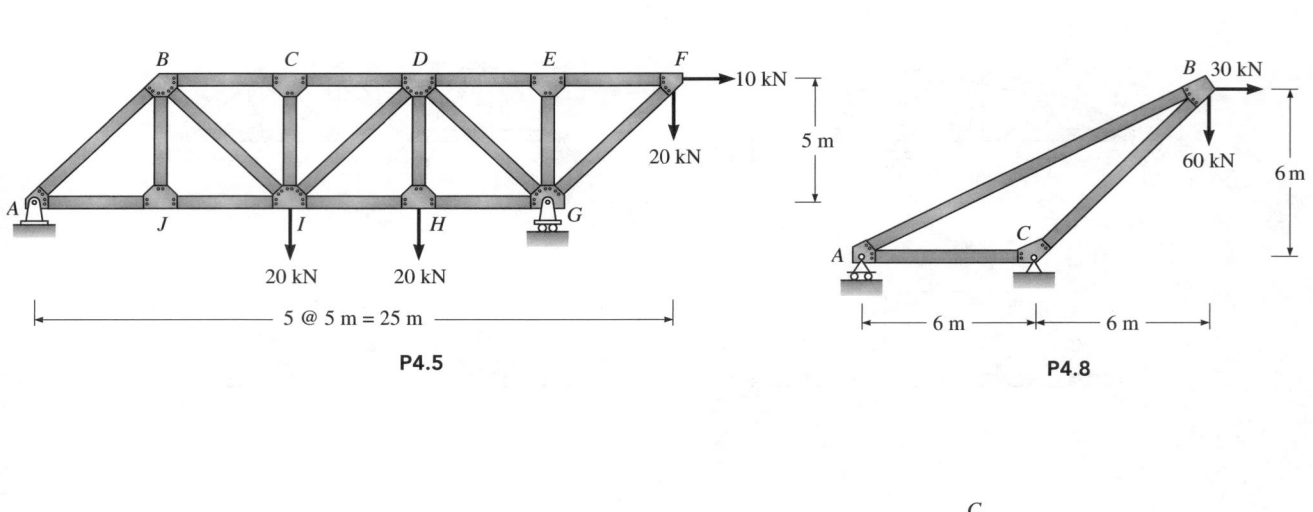

P4.5

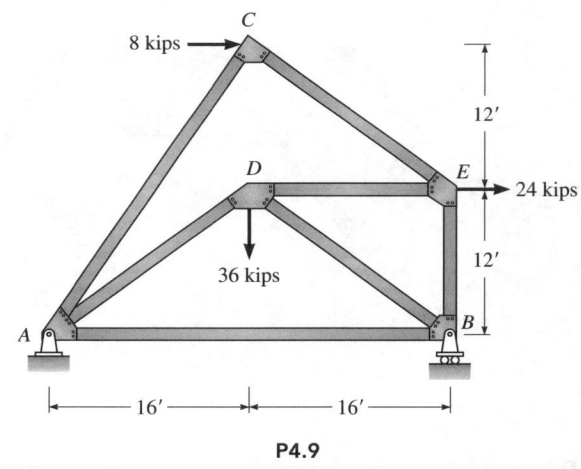

P4.6

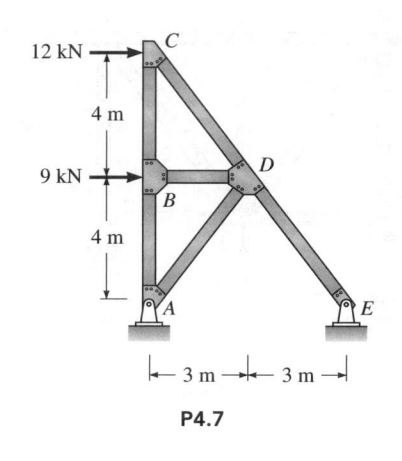

P4.7

P4.8

P4.9

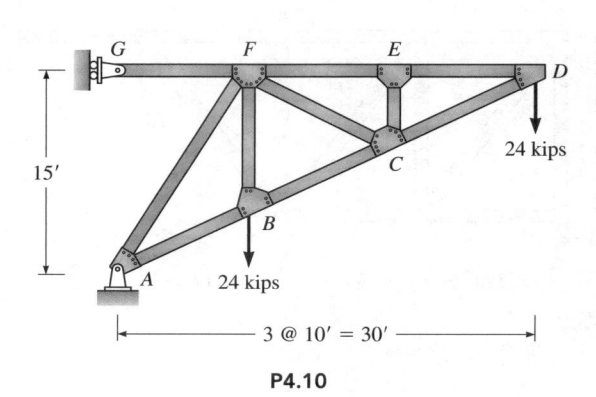

P4.10

P4.11 a **P4.15.** Determine as forças em todas as barras das treliças. Indique se é tração ou compressão.

P4.11

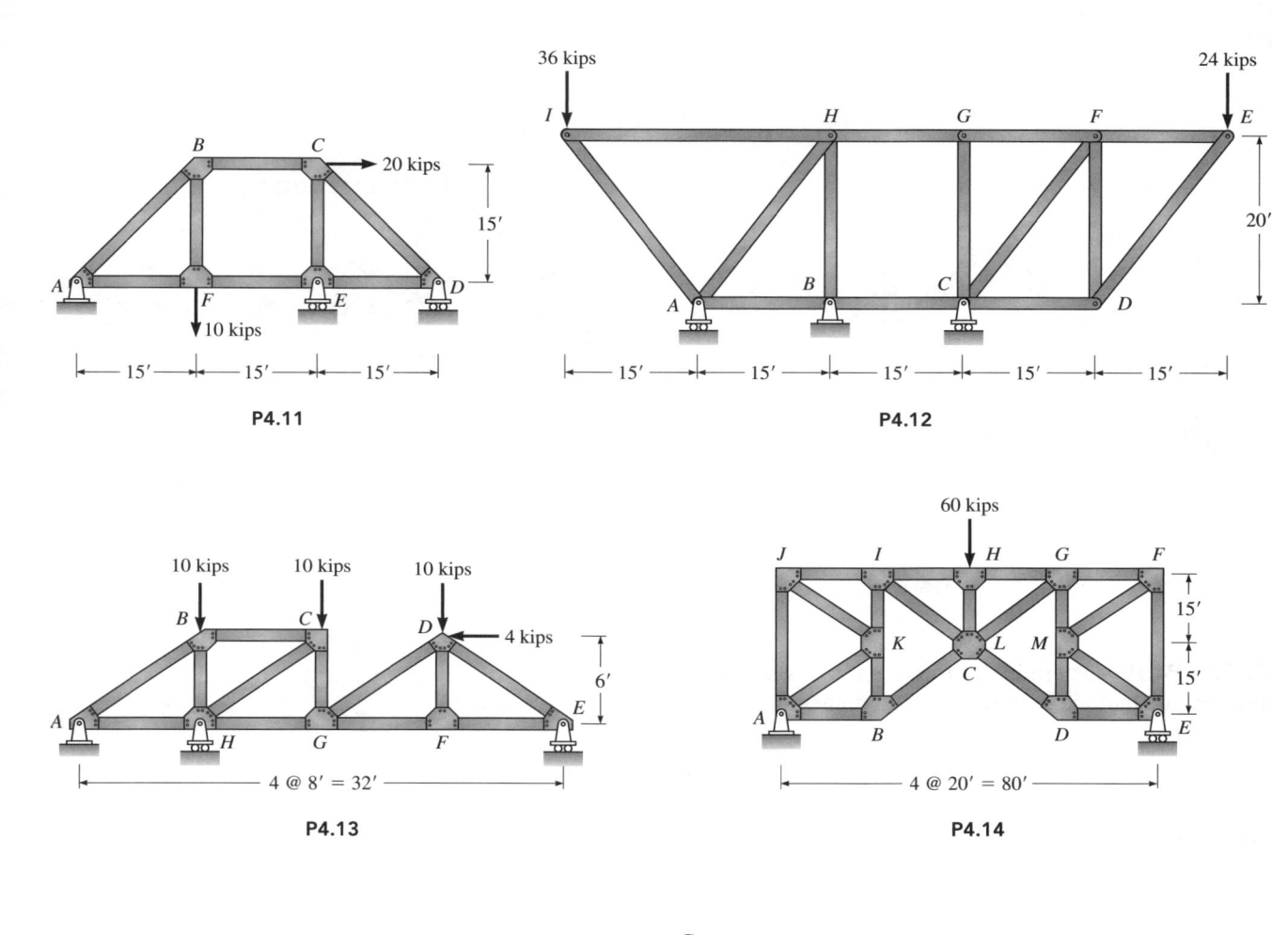

P4.12

P4.13

P4.14

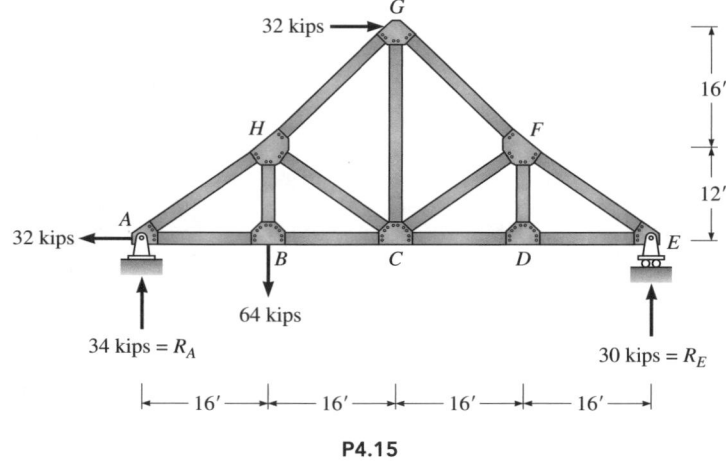

P4.15

P4.16. Determine as forças em todas as barras da treliça. *Sugestão*: se tiver dificuldade para calcular as forças de barra, reveja a análise da treliça em *K* no Exemplo 4.6.

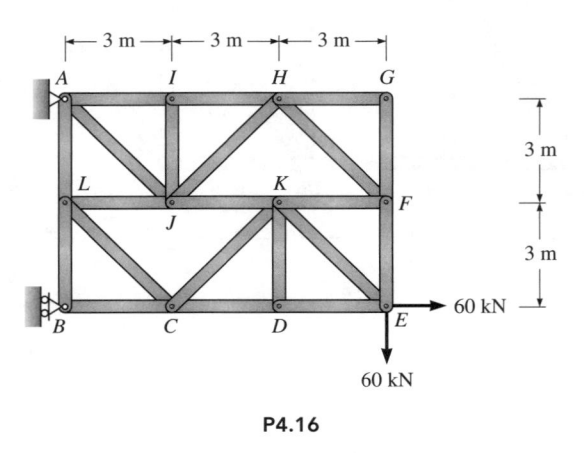

P4.17 a **P4.19.** Determine as forças em todas as barras das treliças. Indique se é tração ou compressão.

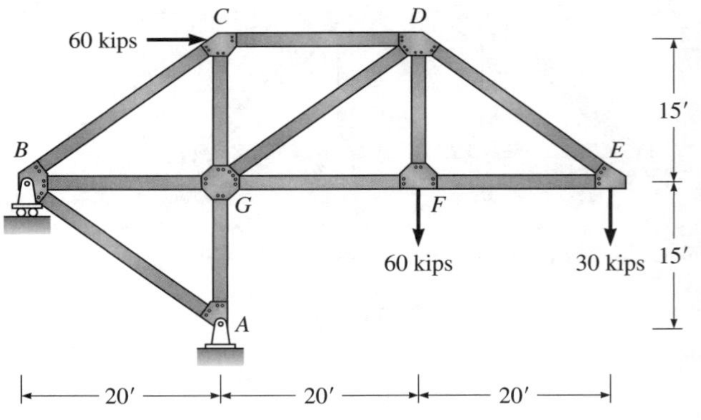

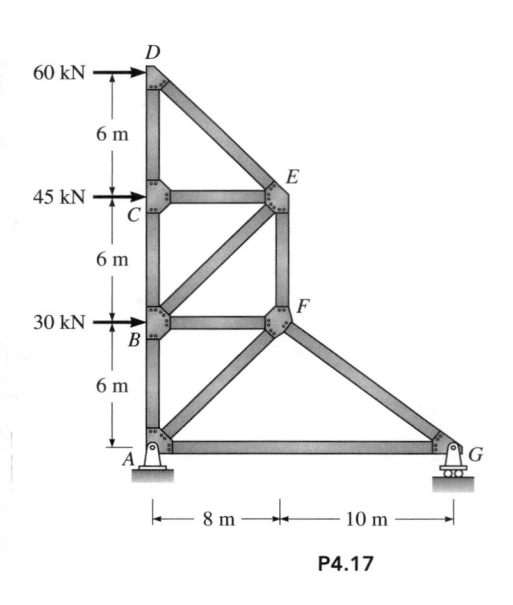

P4.16

P4.18

P4.17

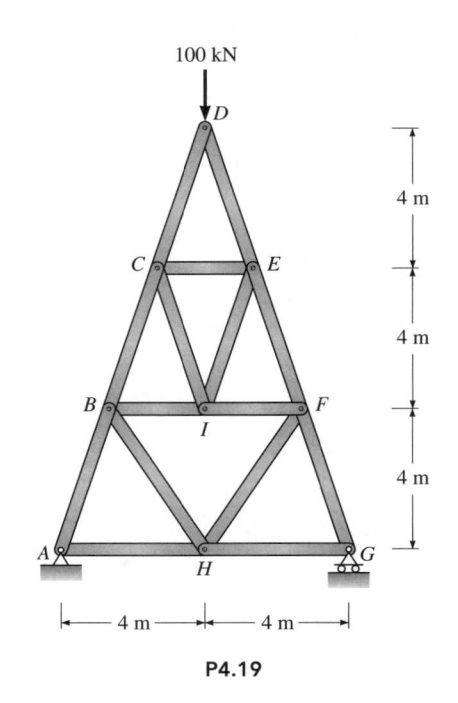

P4.19

P4.20 a **P4.24.** Determine as forças em todas as barras da treliça.

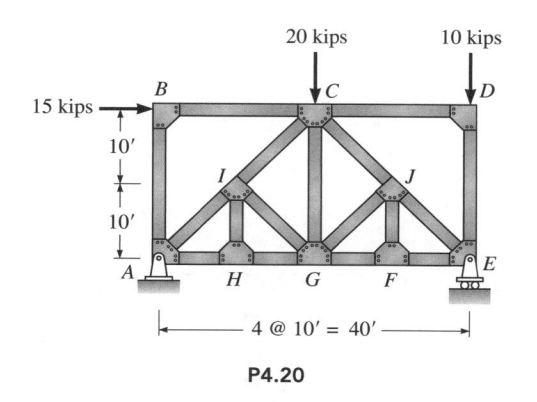

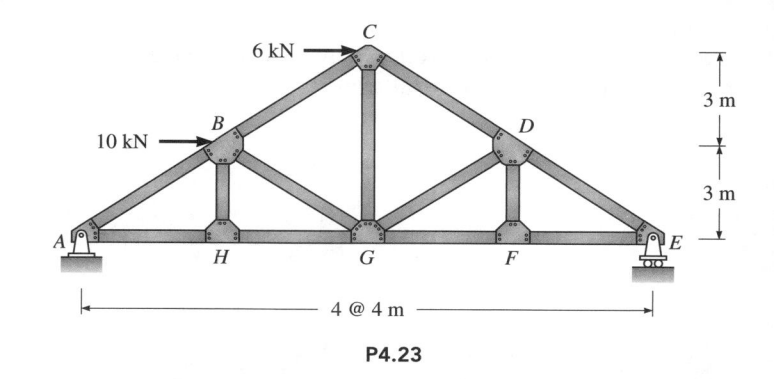

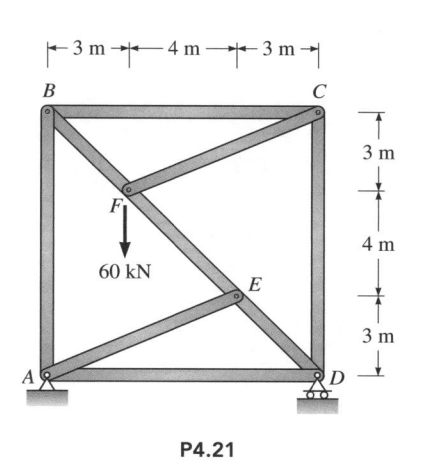

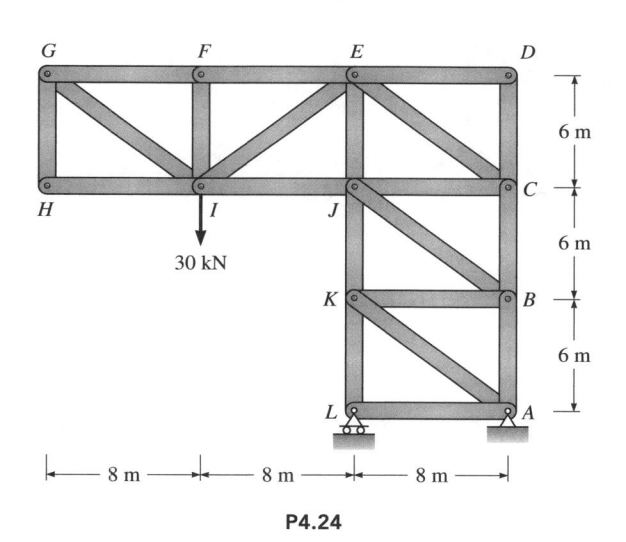

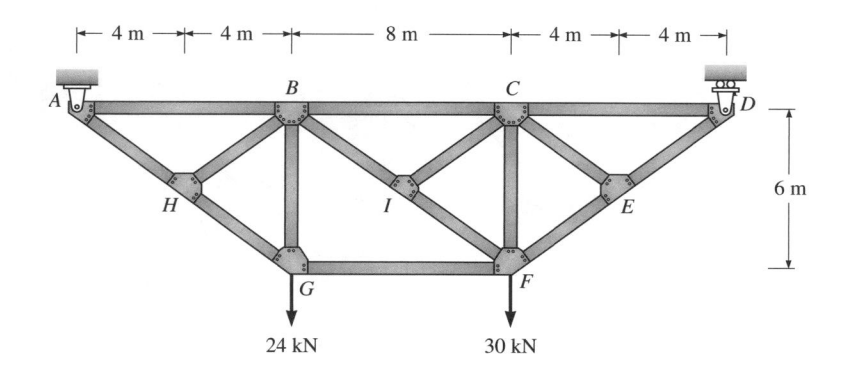

P4.20

P4.23

P4.21

P4.24

P4.22

P4.25. Determine as forças em todas as barras da treliça. Se sua solução é estaticamente inconsistente, quais conclusões você pode tirar a respeito da treliça? Como você poderia modificar a treliça para melhorar seu comportamento? Tente analisar a treliça com seu programa de computador. Explique os resultados.

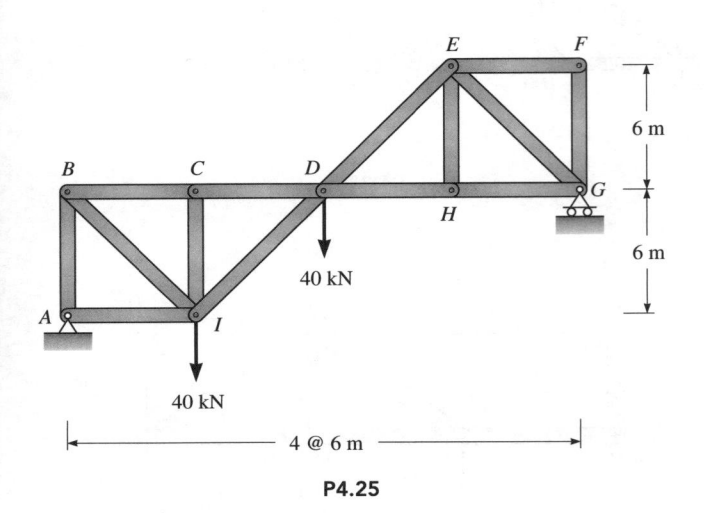

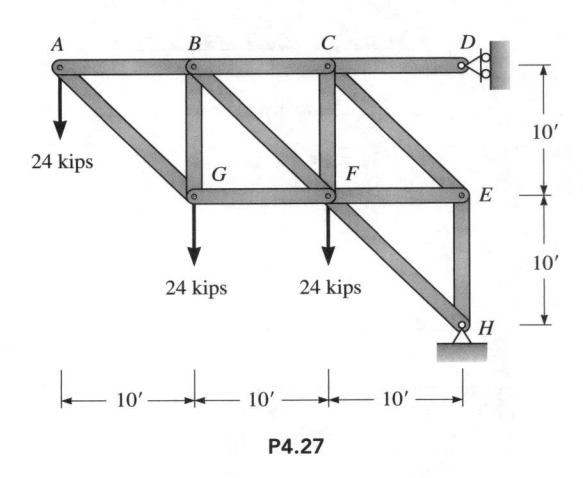

P4.25

P4.27

P4.26 a P4.28. Determine as forças em todas as barras.

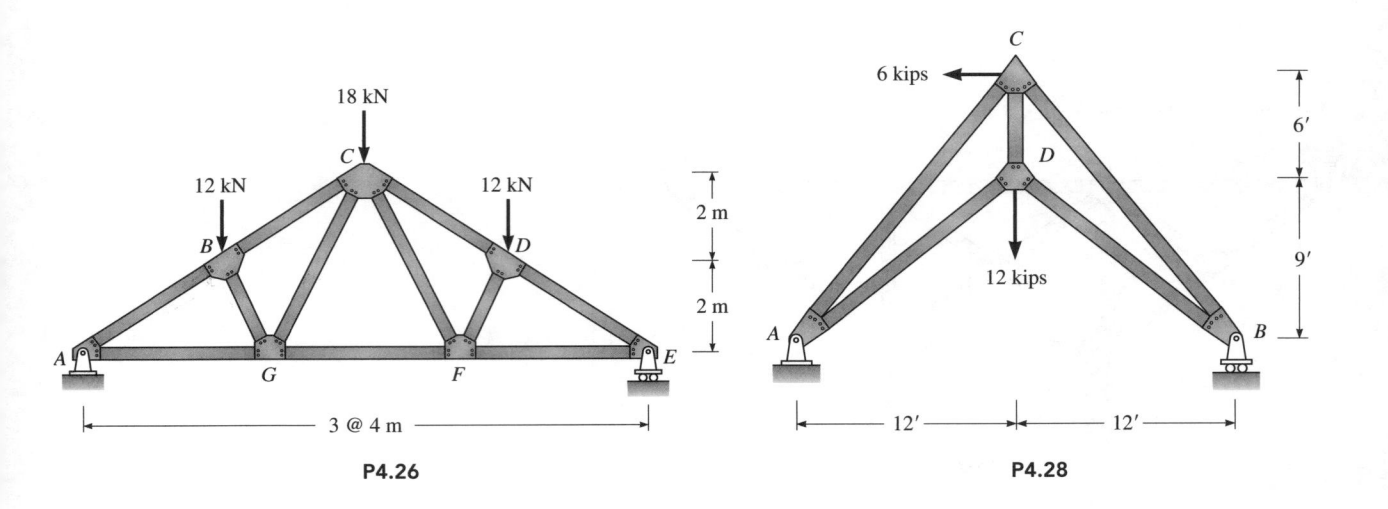

P4.26

P4.28

P4.29 a **P4.31.** Determine todas as forças de barra.

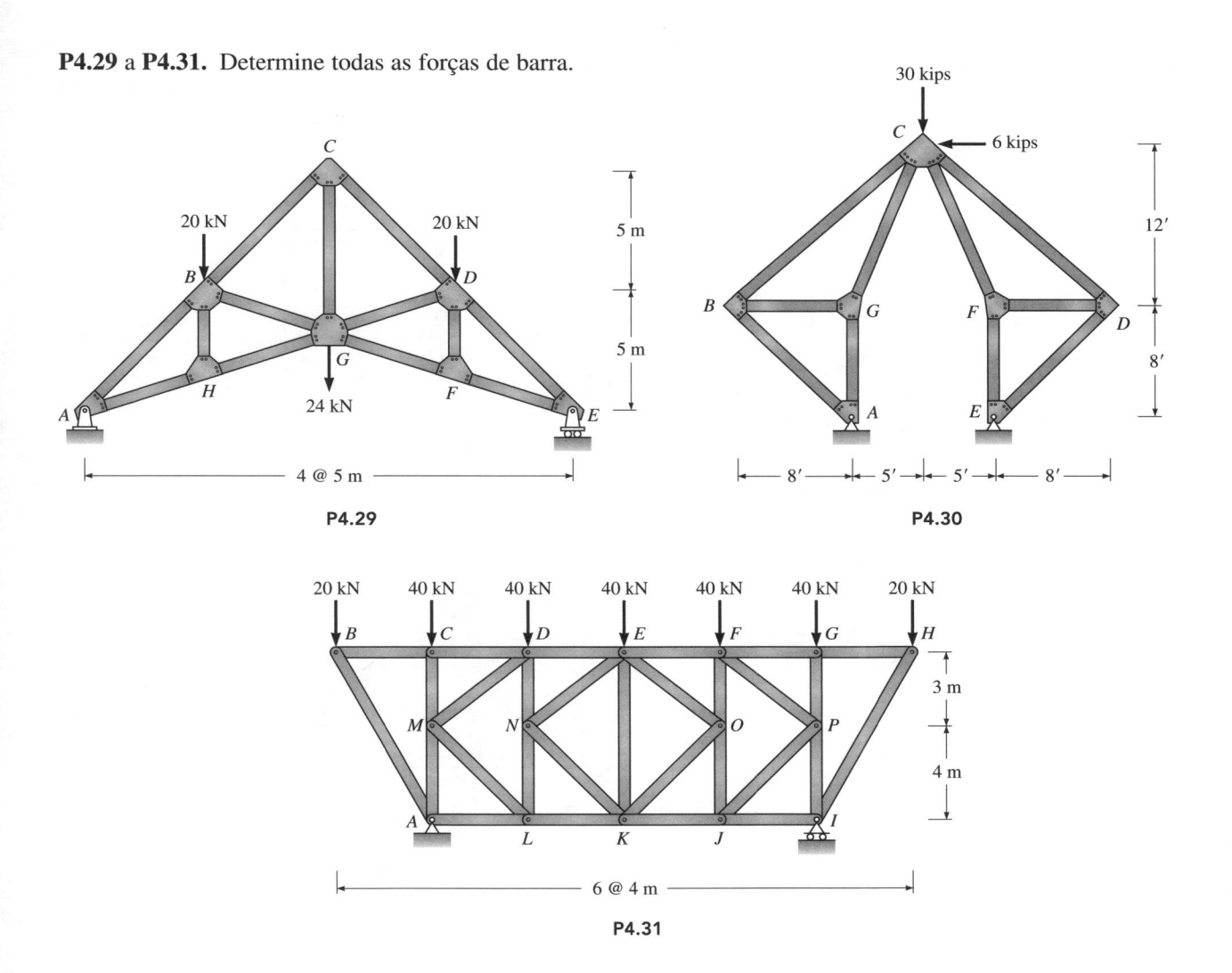

P4.29

P4.30

P4.31

P4.32 e **P4.33.** Usando o método das seções, determine as forças nas barras relacionadas abaixo de cada figura.

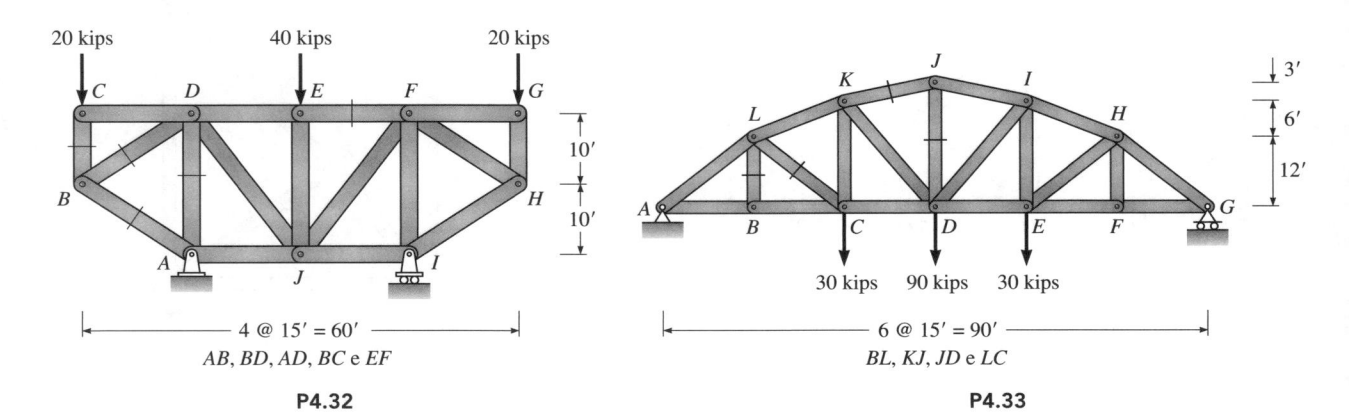

P4.32
AB, BD, AD, BC e EF

P4.33
BL, KJ, JD e LC

P4.34 e **P4.35.** Usando o método das seções, determine as forças nas barras relacionadas abaixo de cada figura.

P4.36 a **P4.38.** Determine as forças em todas as barras das treliças. Indique se as forças de barra são tração ou compressão. *Sugestão*: comece com o método das seções.

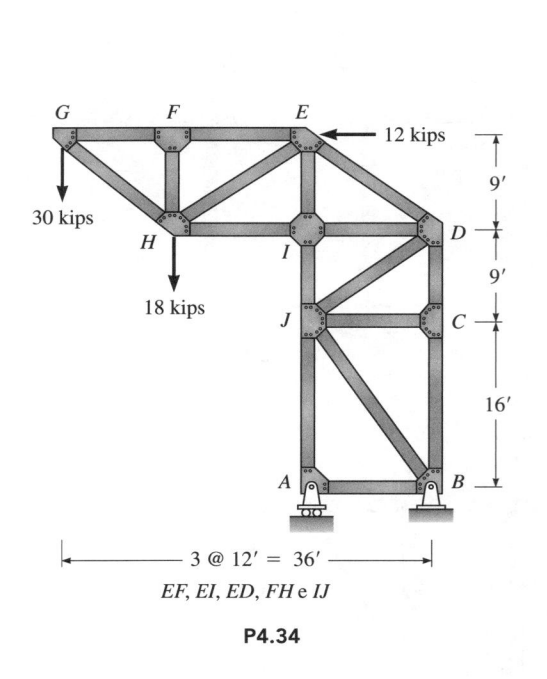

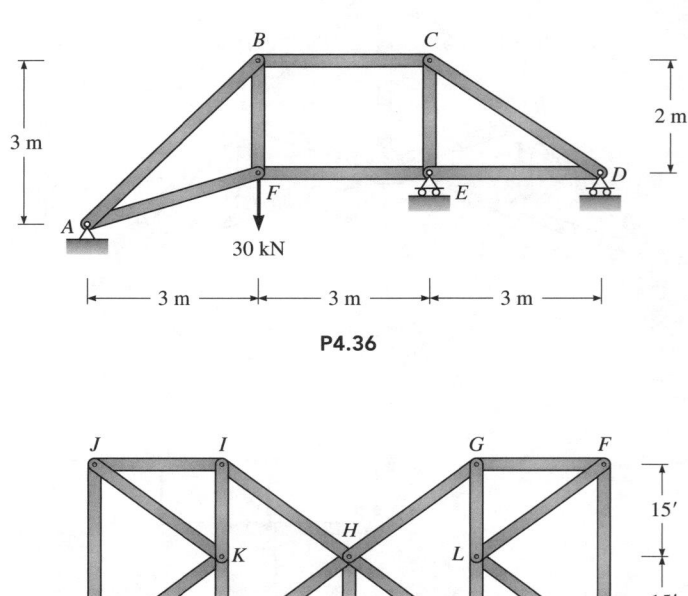

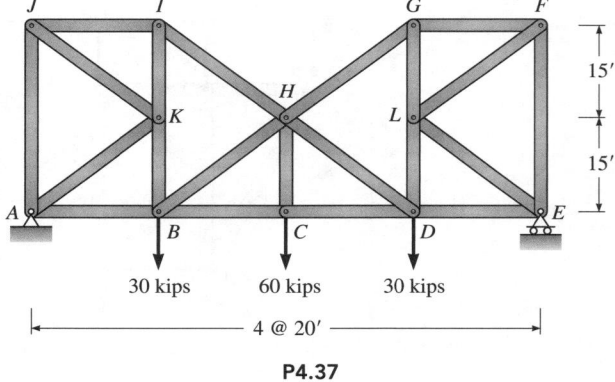

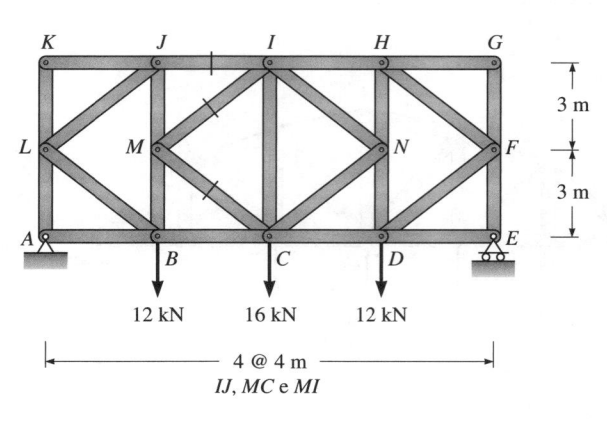

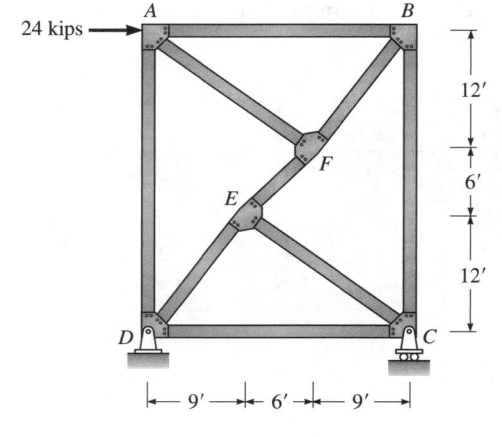

P4.34
EF, EI, ED, FH e *IJ*

P4.36

P4.37

P4.35
IJ, MC e *MI*

P4.38

P4.39 a P4.45. Determine as forças ou as componentes da força em todas as barras das treliças. Indique se é tração ou compressão.

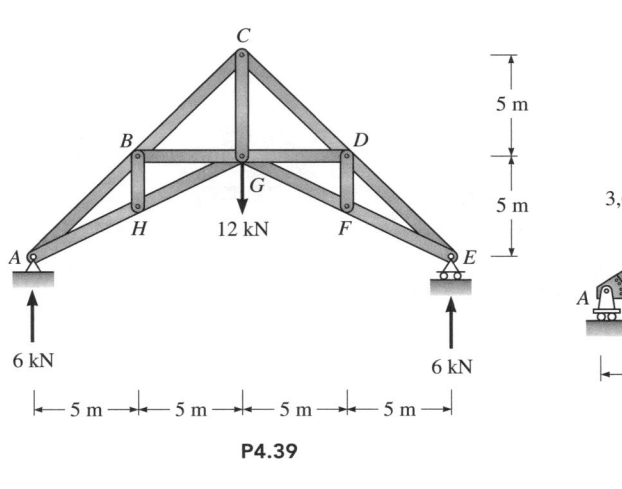

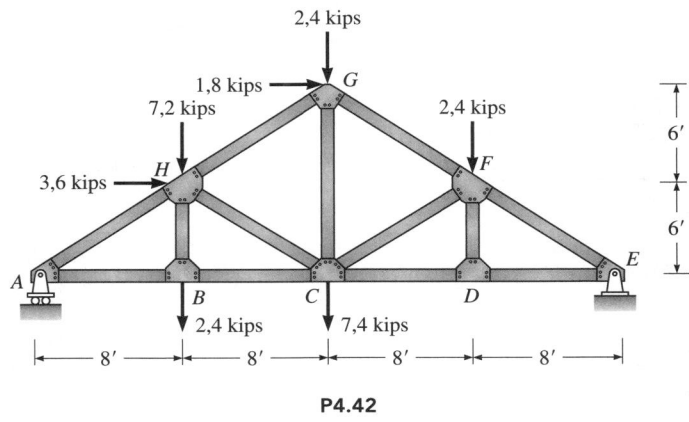

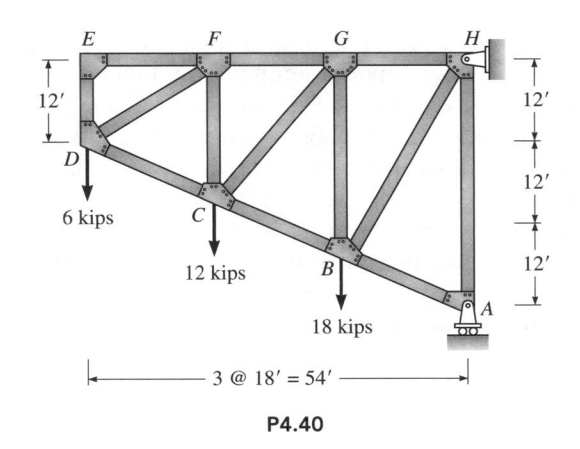

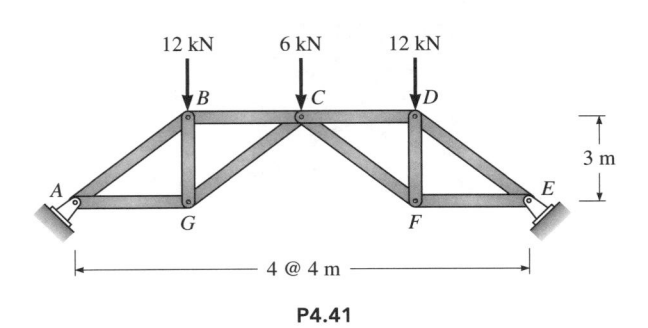

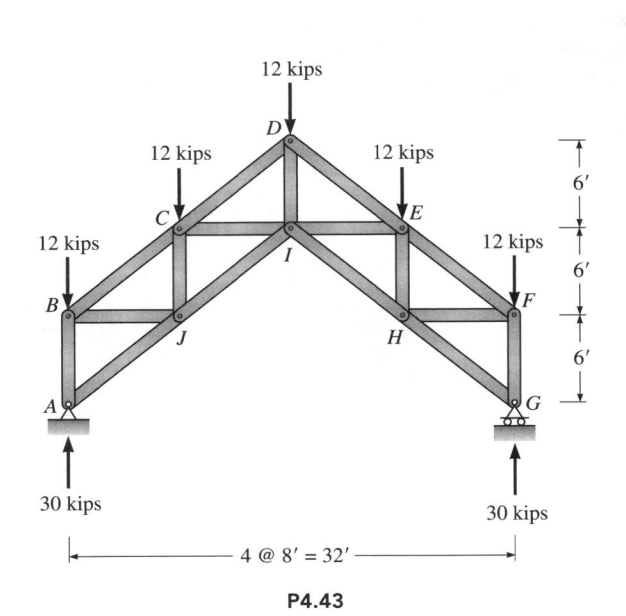

P4.39

P4.40

P4.41

P4.42

P4.43

P4.44

P4.45

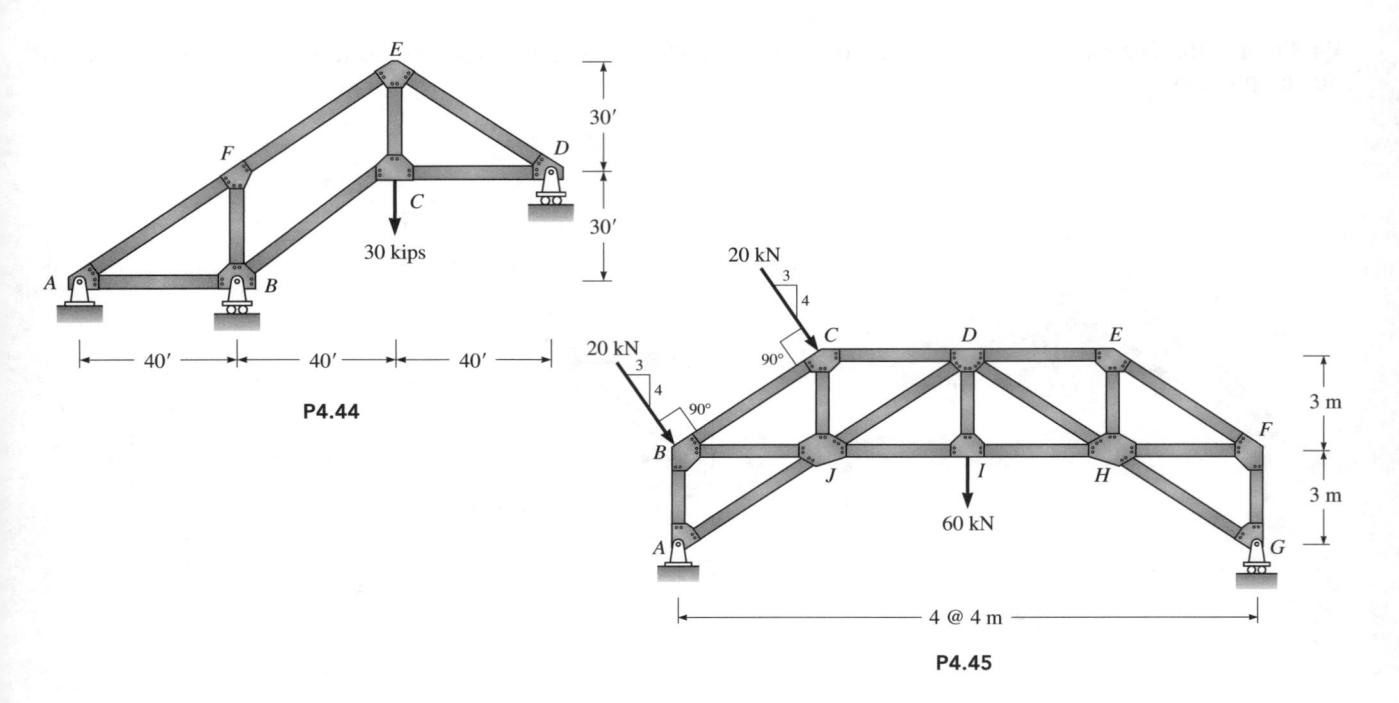

P4.46. A ponte de uma estrada de pista dupla, apoiada em duas treliças sob a pista de rolamento, com comprimento de 64 pés, consiste em uma laje de concreto armado de 8 pol apoiada em quatro longarinas de aço. A laje é protegida por uma superfície de revestimento de 2 pol de asfalto. As longarinas de 16 pés de comprimento são suportadas pelas transversinas, as quais, por sua vez, transferem as sobrecargas e as cargas permanentes para os nós de cada treliça. A treliça, aparafusada no apoio da esquerda no ponto A, pode ser tratada como apoiada em articulação fixa. A extremidade direita da treliça repousa em uma almofada de elastômero em G. A almofada de elastômero, que permite somente deslocamento horizontal do nó, pode ser tratada como articulação móvel. As cargas mostradas representam as sobrecargas e as cargas permanentes totais. A carga de 18 kips é uma sobrecarga adicional que representa uma carga de roda pesada. Determine a força na corda inferior entre os nós I e J, a força na barra JB e a reação aplicada no apoio A.

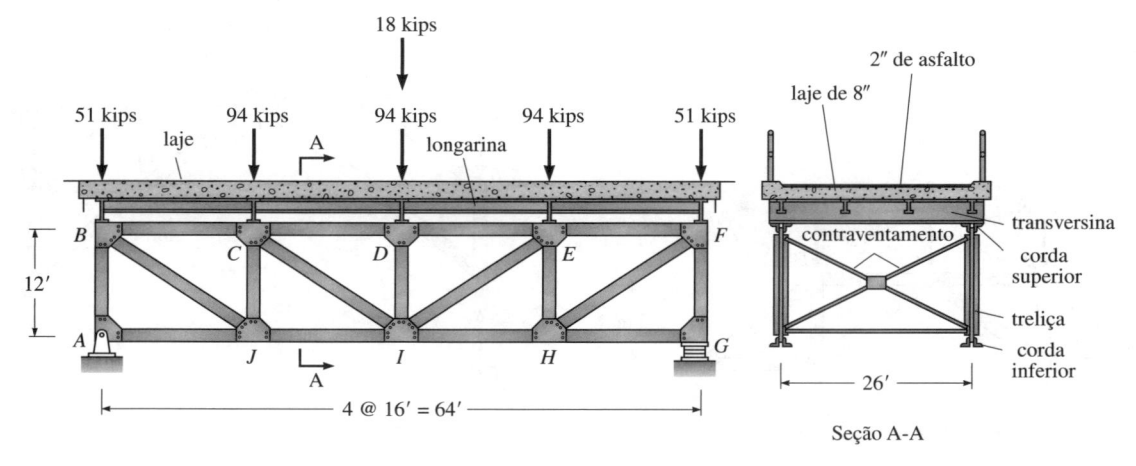

P4.46

P4.47 *Análise de uma treliça por computador.* O objetivo deste estudo é mostrar que a *magnitude dos deslocamentos de nó*, assim como a magnitude das forças nas barras pode controlar as proporções dos membros estruturais. Por exemplo, os códigos de construção normalmente especificam os deslocamentos máximos permitidos para garantir que não ocorra fissuração excessiva da construção associada, como paredes externas e janelas (ver Foto 1.1 na Seção 1.3).

Um projeto preliminar da treliça da Figura P4.47 produz as seguintes áreas de barra: barra 1, 2,5 pol²; barra 2, 3 pol²; e barra 3, 2 pol². Além disso, $E = 29\,000$ kips/pol².

Caso 1: Determine todas as forças de barra, reações de nó e deslocamentos de nó, supondo nós articulados. Use o programa de computador para plotar a forma deformada.

Caso 2: Se o deslocamento horizontal máximo do nó 2 não deve ultrapassar 0,25 pol, determine a área mínima exigida das barras da treliça. Para esse caso, suponha que todos as barras da treliça têm a *mesma* área de seção transversal. Arredonde a área para o número inteiro mais próximo.

P4.48. *Estudo por computador.* O objetivo é comparar o comportamento de uma estrutura determinada e o de uma indeterminada.

As forças nas barras das treliças *determinadas* não são afetadas pela rigidez da barra. Portanto, não houve necessidade de especificar as propriedades da seção transversal das barras das treliças determinadas que analisamos por meio de cálculos manuais anteriormente neste capítulo. Em uma estrutura *determinada*, para um conjunto de cargas dado, somente um caminho de carga está disponível para transmitir as cargas para os apoios, enquanto em uma *estrutura indeterminada*, existem vários caminhos de carga (consultar Seção 3.10). No caso das treliças, a rigidez axial das barras (uma função da área da seção transversal da barra) que constitui cada caminho de carga influenciará a magnitude da força em cada barra do caminho. Examinaremos esse aspecto do comportamento variando as propriedades de certas barras da treliça indeterminada mostrada na Figura P4.48. Use $E = 29\,000$ kips/pol².

Caso 1: Determine as reações e as forças nas barras 4 e 5, se a área de todas as barras é de 10 pol².

Caso 2: Repita a análise do **Caso 1**, desta vez aumentando a área da barra 4 para 20 pol². A área de todas as outras barras permanece em 10 pol².

Caso 3: Repita a análise do **Caso 1**, aumentando a área da barra 5 para 20 pol². A área de todas as outras barras permanece em 10 pol².

Quais conclusões você tira a partir desse estudo?

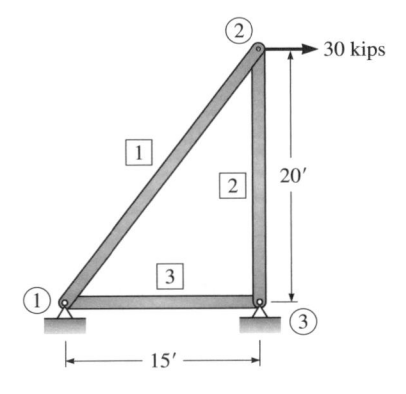

P4.47

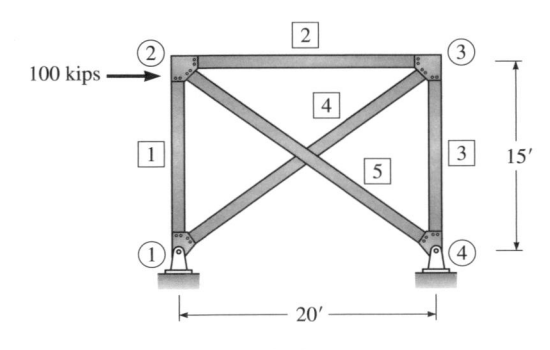

P4.48

Exemplo prático

P4.49. *Análise por computador de uma treliça com nós rígidos.*

A treliça da Figura P4.49 é construída de tubos de aço quadrados *soldados* para formar uma estrutura com nós rígidos. As barras da corda superior 1, 2, 3 e 4 são tubos quadrados de $4 \times 4 \times \frac{1}{4}$ polegadas, com $A = 3{,}59$ pol^2 e $I = 8{,}22$ pol^4. Todas as outras barras são tubos quadrados de $3 \times 3 \times \frac{1}{4}$ polegadas, com $A = 2{,}59$ pol^2 e $I = 3{,}16$ pol^4. Use $E = 29\,000$ kips/pol^2.

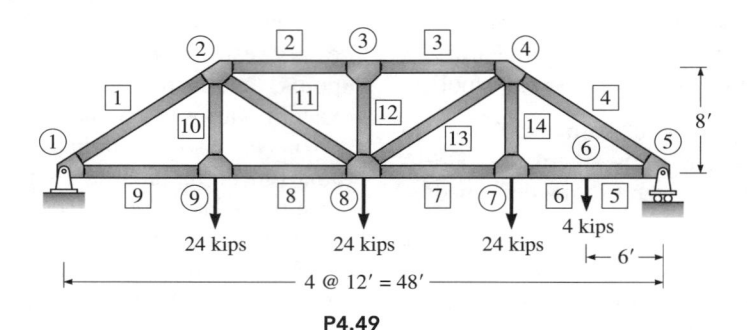

P4.49

(*a*) Considerando rígidos todos os nós, calcule as forças axiais e os momentos em todas as barras e a deflexão no meio do vão, quando as três cargas de projeto de 24 kips atuam nos nós 7, 8 e 9. (Ignore a carga de 4 kips.)

(*b*) Se um elevador também é ligado à corda inferior no ponto central do painel da extremidade direita (indicado como nó 6*) para levantar uma carga concentrada de 4 kips, determine as forças e os momentos na corda inferior (barras 5 e 6). Se a tensão máxima não deve ultrapassar 25 kips/pol^2, a corda inferior pode suportar a carga de 4 kips com segurança, além das três cargas de 24 kips? Calcule a tensão máxima usando a equação

$$\sigma = \frac{F}{A} + \frac{Mc}{I}$$

em que $c = 1{,}5$ pol (metade da profundidade da corda inferior).

Nota: Se quiser calcular as forças ou a deflexão em um ponto particular de um membro, especifique o ponto como nó.

Ponte de Shrewsbury-Worcester (Massachusetts) sobre o lago Quinsigamond. O projetista aumentou a altura das vigas mestras contínuas fabricadas com chapas de aço para aumentar a capacidade da ponte nos pilares, onde os momentos de projeto são maiores.

CAPÍTULO 5

Vigas e pórticos

5.1 Introdução

Vigas

As vigas representam um dos elementos mais comuns encontrados em estruturas. Quando uma viga é carregada perpendicularmente ao seu eixo longitudinal, forças internas — cortante e momento — desenvolvem-se para transmitir as cargas aplicadas para os apoios. Se as extremidades da viga são restritas longitudinalmente por seus apoios ou se a viga é componente de um pórtico contínuo, uma força axial também pode se desenvolver. Se a força axial é pequena — a situação típica para a maioria das vigas —, pode ser desprezada ao se projetar a peça. No caso de vigas de concreto armado, pequenos valores de compressão axial produzem, de fato, um aumento modesto (da ordem de 5% a 10%) na resistência à flexão da viga.

Para projetar uma viga, o engenheiro deve construir os diagramas de cortante e momento para determinar o local e a magnitude dos valores máximos dessas solicitações. A não ser para vigas curtas e pesadamente carregadas, cujas dimensões são controladas pelos requisitos de cortante, as proporções da seção transversal são determinadas pela magnitude do momento máximo no vão. Após a seção ser dimensionada no ponto de momento máximo, o projeto é concluído verificando-se se as tensões de cisalhamento no ponto de cortante máximo — normalmente adjacente a um apoio — são iguais ou menores do que a resistência ao cisalhamento permitida pelo material. Por fim, as deflexões produzidas pelas cargas de serviço devem ser verificadas para garantir que a peça tenha rigidez adequada. Os limites da deflexão são definidos pelos códigos estruturais.

Se o comportamento é elástico (como, por exemplo, quando as barras são feitas de aço ou alumínio) e se é utilizado projeto de tensão admissível, a seção transversal necessária pode ser estabelecida usando-se a equação de viga básica:

$$\sigma = \frac{Mc}{I} \quad (5.1)$$

em que σ = tensão de flexão produzida pelo momento da carga de serviço M
c = distância do eixo neutro até a fibra externa onde a tensão de flexão σ vai ser avaliada
I = momento de inércia da seção transversal em relação ao eixo central da seção

Para selecionar uma seção transversal, σ na Equação 5.1 é configurado igual à tensão de flexão permitida $\sigma_{admissível}$ e a equação é resolvida para I/c, que é denominado *módulo da seção* e denotado por S_x:

$$S_x = \frac{I}{c} = \frac{M}{\sigma_{admissível}} \quad (5.2)$$

S_x, medida da capacidade de flexão de uma seção transversal, é tabulado em manuais de projeto para formas padronizadas de vigas produzidas por diversos fabricantes.

Após dimensionar uma seção transversal para o momento, o projetista verifica a tensão de cisalhamento na seção onde a força cortante V é máxima. Para vigas de comportamento elástico, as tensões de cisalhamento são calculadas pela equação

$$\tau = \frac{VQ}{Ib} \quad (5.3)$$

em que τ = tensão de cisalhamento produzida pela força cortante V
V = cortante máximo (do diagrama de cortante)
Q = momento estático da parte da área que fica acima ou abaixo do ponto onde a tensão de cisalhamento vai ser calculada; para uma viga retangular ou em forma de I, a tensão de cisalhamento máxima ocorre à meia altura
I = momento de inércia da área da seção transversal sobre o centroide da seção
b = espessura da seção transversal na elevação onde τ é calculada

Quando uma viga tem uma seção transversal retangular, a tensão de cisalhamento máxima ocorre à meia altura. Para esse caso, a Equação 5.3 se reduz a

$$\tau_{máx} = \frac{3V}{2A} \quad (5.4)$$

em que A é igual à área da seção transversal.

Se o *projeto de resistência* (que tem substituído amplamente o projeto de tensão admissível) é utilizado, as barras são dimensionadas para *cargas ponderadas*. As cargas ponderadas são produzidas pela multiplicação das cargas de serviço por *fatores de carga* — números normalmente maiores do que 1. Usando cargas ponderadas, o projetista realiza uma análise elástica — o assunto deste texto. As forças produzidas pelas cargas ponderadas representam a *resistência necessária*. A barra é dimensionada de modo que sua *resistência de projeto* seja igual à resistência necessária. A resistência de projeto, avaliada considerando o estado da tensão associado a um modo de falha em particular, é uma função das propriedades da seção transversal, da condição da tensão na falha (por exemplo, escoamento de aço ou esmagamentos de concreto) e de um *fator de redução* — um número menor do que 1.

A última etapa no projeto de uma viga é verificar se ela não deforma excessivamente (isto é, se as deflexões estão dentro dos limites especificados pelo código de projeto aplicável). As vigas excessivamente flexíveis sofrem grandes deflexões que podem danificar a construção não estrutural associada: tetos de gesso, paredes de alvenaria e tubulações rígidas, por exemplo, podem rachar.

Como a maioria das vigas que abrangem distâncias curtas, digamos, entre aproximadamente 9 e 12 m, é fabricada com uma seção transversal constante, para minimizar o custo, elas têm capacidade de flexão excedente em todas as seções, exceto naquela em que ocorre o momento máximo. Se os vãos são longos, na faixa de aproximadamente 45 a 60 m ou mais, e se as cargas são grandes, então vigas mestras pesadas e altas são necessárias para suportar as cargas de projeto. Para essa situação, na qual o peso da viga mestra pode representar de 75% a 80% da carga total, alguma economia pode ser obtida moldando-se a viga de acordo com as ordenadas do diagrama de momento. Para essas vigas mestras maiores, a capacidade de momento da seção transversal pode ser ajustada pela variação da profundidade da viga ou pela alteração da espessura da mesa (ver Figura 5.1). Além disso, a redução do peso das vigas mestras pode resultar em pilares e fundações menores.

Normalmente, as vigas são classificadas pela maneira com que são apoiadas. Uma viga apoiada por uma articulação fixa em uma extremidade e por uma articulação móvel na outra extremidade é chamada *viga com apoio simples* (ver Figura 5.2a). Se a extremidade com apoio simples se estende sobre um apoio, denomina-se *viga em balanço* (ver Figura 5.2b). Uma viga em balanço é fixa em uma extremidade, contra translação e rotação (Figura 5.2c). As vigas apoiadas por diversos apoios intermediários são chamadas *vigas contínuas* (Figura 5.2d). Se as duas extremidades são fixas pelos apoios, é denominada *viga engastada* (ver Figura 5.2e). As vigas engastadas não são comumente construídas na prática, mas os valores dos momentos da extremidade nelas produzidos por diversos tipos de carga são extensivamente usados como ponto de partida em vários métodos de análise de estruturas indeterminadas (ver Figura 13.5). Neste capítulo, discutiremos apenas as vigas determinadas, que podem ser analisadas pelas três equações da estática. Vigas desse tipo são comuns em construções de madeira e

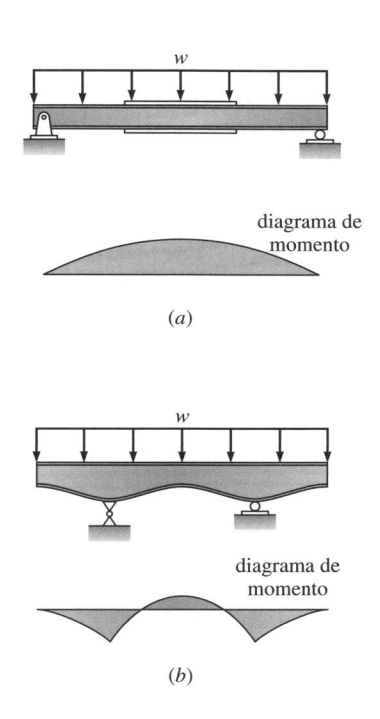

Figura 5.1: (*a*) Espessura da mesa variada para aumentar a capacidade de flexão; (*b*) altura variada para modificar a capacidade de flexão.

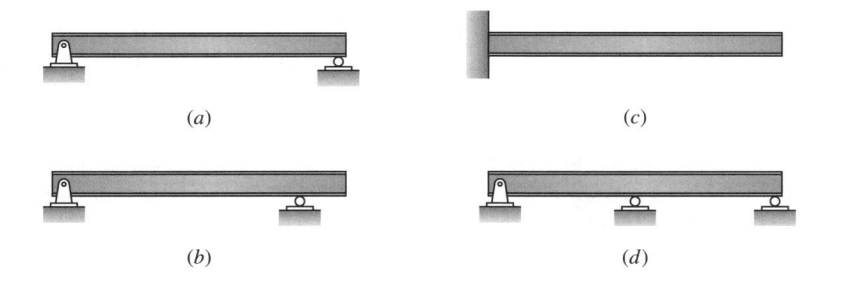

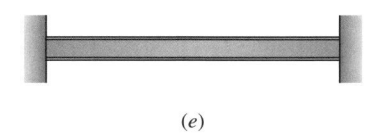

Figura 5.2: Tipos de viga comuns: (*a*) viga com apoio simples; (*b*) viga com extremidade em balanço; (*c*) viga em balanço; (*d*) contínua de dois vãos; (*e*) engastada.

Foto. 5.1: Ponte de Harvard, composta de vigas mestras de altura variável com balanços em cada extremidade.

aço aparafusado ou rebitado. Por outro lado, as vigas contínuas (analisadas nos capítulos 11 a 13) são comumente encontradas em estruturas com ligações rígidas — pórticos de aço soldado ou concreto armado, por exemplo.

Pórticos

Conforme discutido no Capítulo 1, os pórticos são elementos estruturais compostos de vigas e colunas conectadas por ligações rígidas. O ângulo entre a viga e a coluna normalmente é de 90°. Como mostrado na Figura 5.3a e b, os pórticos podem consistir em uma única coluna e viga ou, como em um prédio de vários andares, de muitas colunas e vigas.

Os pórticos podem ser divididos em duas categorias: contraventados e não contraventados. *Pórtico contraventado* é aquele no qual os nós em cada nível estão livres para girar, mas são impedidos de se mover lateralmente pela fixação em um elemento rígido que pode fornecer-lhes restrição lateral. Por exemplo, em um prédio de vários andares, os pórticos estruturais são frequentemente ligados aos pilares-paredes (paredes estruturais rígidas, em geral construídas de concreto armado ou alvenaria armada; ver Figura 5.3c). Em pórticos simples de um vão, pode ser utilizado um contraventamento diagonal leve, conectado à base das colunas, para resistir ao deslocamento lateral dos nós superiores (ver Figura 5.3d).

Pórtico não contraventado (ver Figura 5.3e) é aquele no qual a resistência lateral ao deslocamento é fornecida pela rigidez à flexão das vigas e colunas. Nos pórticos não contraventados, os nós estão livres para deslocar lateralmente, assim como para girar. Como tendem a ser relativamente flexíveis comparados aos pórticos contraventados, sob carga lateral os pórticos não contraventados podem sofrer grandes deflexões transversais que danificam os elementos não estruturais associados, como paredes, janelas etc.

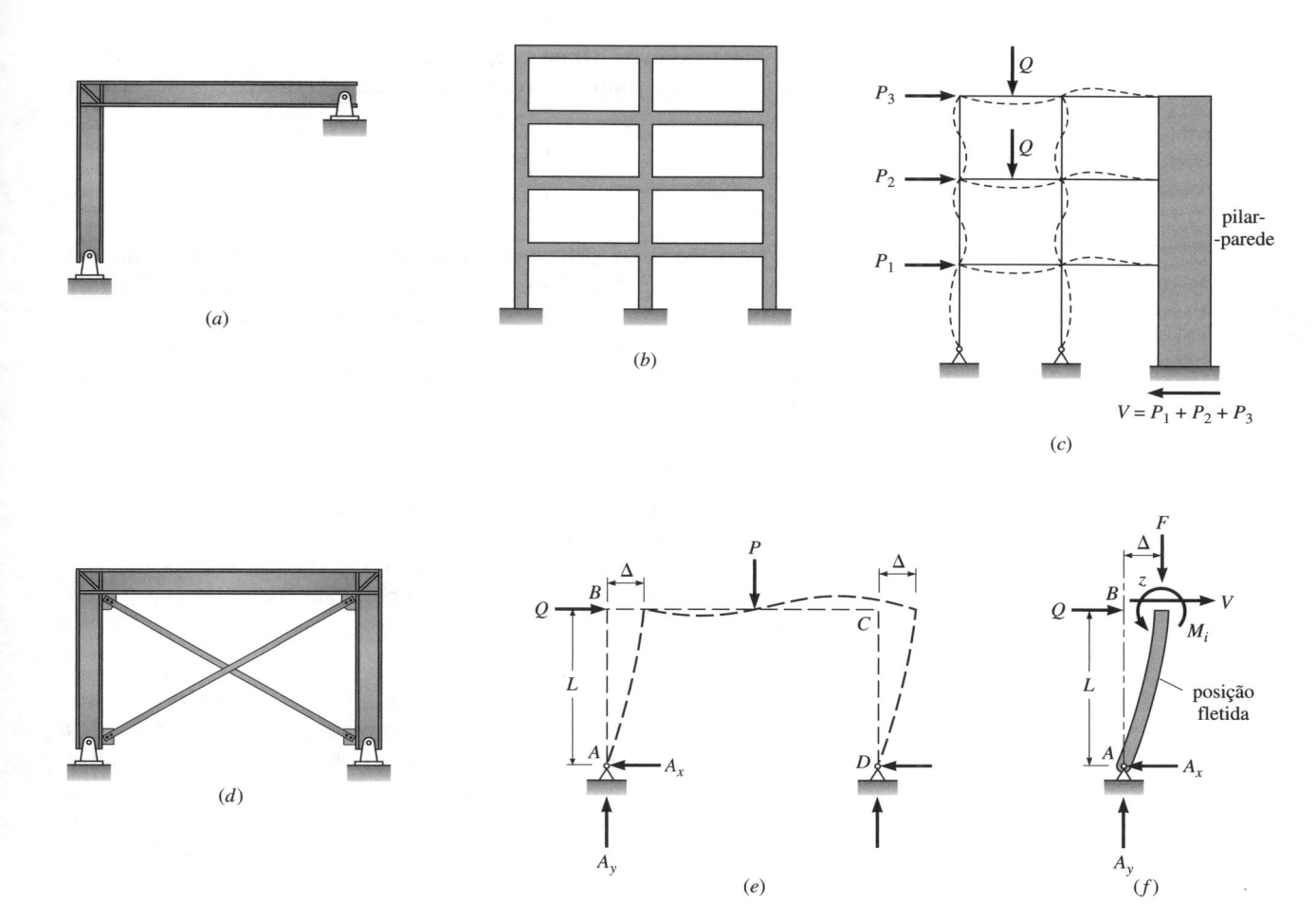

Figura 5.3: (*a*) Pórtico simples; (*b*) pórtico contínuo de prédio com vários pavimentos; (*c*) pórtico contraventado por um pilar-parede; (*d*) pórtico contraventado por contraventamento diagonal; (*e*) deslocamento lateral de um pórtico não contraventado; (*f*) corpo livre de coluna na posição fletida.

Embora as vigas e as colunas de pórticos rígidos transmitam força axial, força cortante e momento, a força axial nas vigas normalmente é tão pequena que pode ser desprezada, e a viga, dimensionada somente para momento. Por outro lado, nas colunas, a força axial — particularmente nas colunas internas inferiores de pórticos de vários pavimentos — frequentemente é grande e os momentos, pequenos. Para colunas desse tipo, as proporções são determinadas principalmente pela capacidade axial dos membros.

Se os pórticos são flexíveis, um momento fletor adicional é criado pelo deslocamento lateral do membro. Por exemplo, as partes superiores das colunas do pórtico não contraventado na Figura 5.3*e* se deslocam uma distância Δ para a direita. Para avaliar as forças na coluna, consideramos um corpo livre da coluna *AB* em sua posição fletida (ver Figura 5.3*f*). O corpo livre é cortado passando-se um plano imaginário pela coluna imediatamente abaixo do nó *B*. O plano de corte é perpendicular ao eixo longitudinal da coluna. Podemos expressar o momento interno

M_i que atua no corte como reações na base da coluna e geometria da forma fletida, somando os momentos sobre um eixo z pela linha central da coluna:

$$M_i = \Sigma M_z$$
$$M_i = A_x(L) + A_y(\Delta) \tag{5.5}$$

Na Equação 5.5, o primeiro termo representa o momento produzido pelas cargas aplicadas, desprezando-se a deflexão lateral do eixo da coluna. É chamado *momento principal* e está associado à análise de *primeira ordem* (descrita na Seção 1.7). O segundo termo, $A_y(\Delta)$, que representa o momento adicional produzido pela excentricidade da carga axial, é denominado *momento secundário,* ou *momento P-delta.* O momento secundário será pequeno e pode ser desprezado sem erro significativo, sob estas duas condições:

1. As forças axiais são pequenas (digamos, menos de 10% da capacidade axial da seção transversal).
2. A rigidez à flexão da coluna é grande, de modo que o deslocamento lateral do eixo longitudinal da coluna produzido pela flexão é pequeno.

Neste livro, faremos apenas uma *análise de primeira ordem*; isto é, não consideraremos o cálculo do momento secundário — um assunto normalmente abordado em cursos avançados de mecânica estrutural. Como desprezamos os momentos secundários, a análise dos pórticos é semelhante à análise das vigas; isto é, a análise está concluída quando estabelecemos os diagramas de cortante e de momento (além da força axial) com base na geometria inicial do pórtico descarregado.

5.2 Escopo do capítulo

Iniciaremos o estudo das vigas e pórticos discutindo diversas operações básicas que serão frequentemente utilizadas nos cálculos de deformações e na análise de estruturas indeterminadas. Essas operações incluem:

1. Escrever expressões para cortante e momento em uma seção, no que diz respeito às cargas aplicadas.
2. Construir diagramas de cortante e momento.
3. Esboçar as formas deformadas de vigas e pórticos carregados.

Como esses procedimentos são apresentados em alguns cursos de *estática* e *resistência dos materiais,* para alguns estudantes grande parte deste capítulo será uma revisão de tópicos básicos.

Nos exemplos deste capítulo, supomos que todas as vigas e pórticos são estruturas bidimensionais suportando cargas no plano que produzem cortante, momento e possivelmente forças axiais, mas nenhuma torção. Para essa condição (uma das mais comuns na prática real) existir, as cargas *no plano* devem passar pelo centroide de uma seção simétrica ou pelo centro de cisalhamento de uma seção assimétrica (ver Figura 5.4).

5.3 Equações de cortante e de momento

Iniciaremos o estudo das vigas escrevendo equações que expressam o cortante V e o momento M em seções ao longo do eixo longitudinal de uma viga ou pórtico, relativamente às cargas aplicadas e à distância de uma origem de referência. Embora as equações de cortante tenham uso limitado, as de momento são necessárias nos cálculos de deflexão para vigas e pórticos, tanto pelo método da integração dupla (consultar Capítulo 9) como pelos métodos de *trabalho-energia* (consultar Capítulo 10).

Conforme o estudo das vigas nos cursos de mecânica dos materiais e estática, *cortante* e *momento* são as forças internas em uma viga ou pórtico, produzidas pelas cargas transversais aplicadas. O cortante atua perpendicularmente ao eixo longitudinal, e o momento representa o conjugado interno produzido pelas tensões de flexão. Essas forças são avaliadas em um ponto específico ao longo do eixo da viga, cortando a viga com uma seção imaginária perpendicular ao eixo longitudinal (ver Figura 5.5*b*) e, então, escrevendo equações de equilíbrio para o corpo livre à esquerda ou à direita do corte. A força cortante, como produz equilíbrio na direção normal ao eixo longitudinal da barra, é avaliada pela soma das forças perpendiculares ao eixo longitudinal; isto é, para uma viga horizontal, somamos as forças na direção vertical. Neste livro, o cortante em uma barra horizontal será considerado positivo se atuar para baixo na face do corpo livre, à esquerda da seção (ver Figura 5.5*c*). Alternativamente, podemos definir o cortante como positivo se tende a

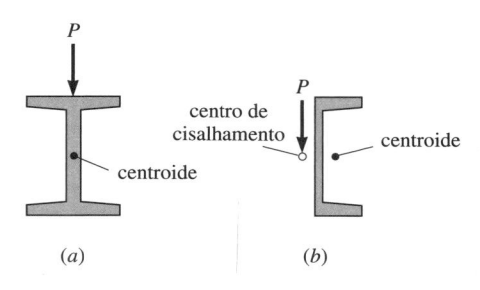

Figura 5.4: *(a)* Viga carregada pelo centroide da seção simétrica; *(b)* seção assimétrica carregada pelo centro de cisalhamento.

Figura 5.5: Convenções de sinal para cortante e momento: (*a*) viga cortada pela seção 1; (*b*) o cortante V e o momento M ocorrem como pares de forças internas; (*c*) cortante positivo: a resultante R das forças externas no corpo livre à esquerda da seção atua para cima; (*d*) momento positivo; (*e*) momento negativo.

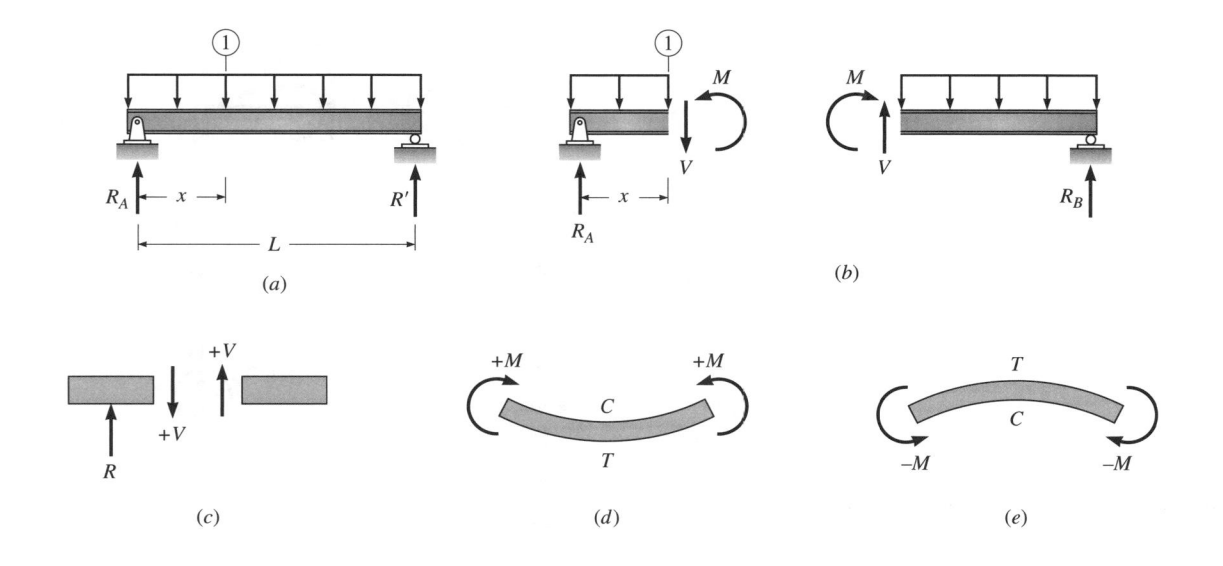

produzir rotação no sentido horário do corpo livre no qual atua. O cortante atuando para baixo na face do corpo livre à esquerda da seção indica que a *resultante das forças externas* que atuam no mesmo corpo livre é para cima. Como o cortante que atua na seção à esquerda representa a força aplicada pelo corpo livre à direita da seção, um valor de força cortante igual, mas de direção oposta, deve atuar para cima na face do corpo livre à direita da seção.

O momento interno M em uma seção é avaliado somando os momentos das forças externas que atuam no corpo livre em um dos lados da seção sobre um eixo (perpendicular ao plano da barra) que passa pelo centroide do corte transversal. O momento será considerado positivo se produzir tensões de compressão nas fibras superiores do corte transversal e tração nas fibras inferiores (ver Figura 5.5d). Por outro lado, um momento negativo curva uma barra côncava para baixo (ver Figura 5.5e).

Se uma barra de flexão é vertical, o engenheiro está livre para definir o sentido positivo e negativo do cortante e do momento. Para o caso de uma única barra vertical, uma estratégia possível para estabelecer a direção positiva para o cortante e para o momento é girar em 90°, no sentido horário, a planilha de cálculo que contém o esboço, para que a barra fique horizontal e, então, aplicar as convenções mostradas na Figura 5.5.

Para pórticos de um vão, muitos analistas definem o momento como positivo quando produz tensões de compressão na superfície externa da barra, em que se define como *interna* a região dentro do pórtico (ver Figura 5.6). Portanto, a direção positiva do cortante é definida arbitrariamente, conforme mostrado pelas setas na Figura 5.6.

A força axial em uma seção transversal é avaliada somando todas as forças perpendiculares à seção transversal. As forças que atuam para fora da seção transversal são forças de tração T; aquelas dirigidas para a seção transversal são forças de compressão C (ver Figura 5.6).

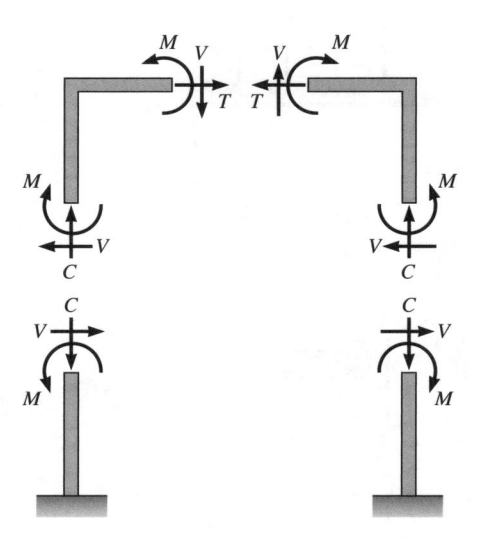

Figura 5.6: Forças internas atuando nas seções do pórtico.

EXEMPLO 5.1

Escreva as equações da variação do cortante V e do momento M ao longo do eixo da viga em balanço na Figura 5.7. Usando a equação, calcule o momento na seção 1-1, 4 pés à direita do ponto B.

Solução

Determine a equação do cortante V entre os pontos A e B (ver Figura 5.7b); mostre V e M no sentido positivo. Defina a origem em A ($0 \leq x_1 \leq 6$).

$$\stackrel{+}{\uparrow} \quad \Sigma F_y = 0$$
$$0 = -4 - V$$
$$V = -4 \text{ kips}$$

Determine a equação do momento M entre os pontos A e B. Defina a origem em A. Some os momentos sobre a seção.

$$\circlearrowleft^+ \quad \Sigma M_z = 0$$
$$0 = -4x_1 - M$$
$$M = -4x_1 \text{ kip} \cdot \text{ft}$$

O sinal de menos indica que V e M atuam no sentido oposto às direções mostradas na Figura 5.7b.

Determine a equação do cortante V entre os pontos B e C (ver Figura 5.7c). Defina a origem em B, $0 \leq x_2 \leq 8$.

$$\stackrel{+}{\uparrow} \quad \Sigma F_y = 0$$
$$0 = -4 - 2x_2 - V$$
$$V = -4 - 2x_2$$

O momento M entre B e C é

$$\circlearrowleft^+ \quad \Sigma M_z = 0$$
$$0 = -4(6 + x_2) - 2x_2\left(\frac{x_2}{2}\right) - M$$
$$M = -24 - 4x_2 - x_2^2$$

Para M na seção 1-1, 4 pés à direita de B, configure $x_2 = 4$ ft.

$$M = -24 - 16 - 16 = -56 \text{ kip} \cdot \text{ft}$$

Alternativamente, calcule M entre os pontos B e C usando uma origem em A e meça a distância com x_3 (ver Figura 5.7d), em que $6 \leq x_3 \leq 14$.

$$\circlearrowleft^+ \quad \Sigma M_z = 0$$
$$0 = -4x_3 - 2(x_3 - 6)\left(\frac{x_3 - 6}{2}\right) - M$$
$$M = -x_3^2 + 8x_3 - 36$$

Recalcule o momento na seção 1-1; configure $x_3 = 10$ pés.

$$M = -10^2 + 8(10) - 36 = -56 \text{ kip} \cdot \text{ft}$$

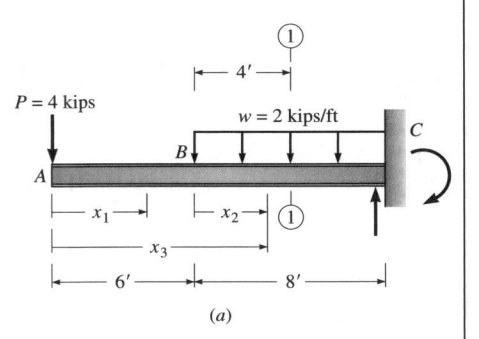

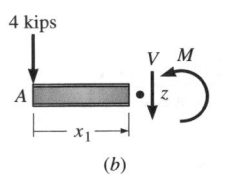

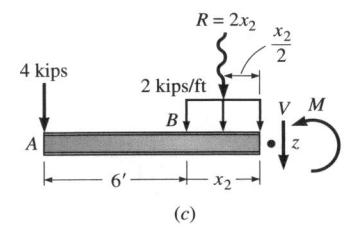

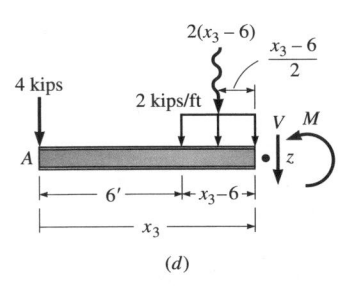

Figura 5.7

EXEMPLO 5.2

Para a viga da Figura 5.8, escreva as expressões para o momento entre os pontos B e C usando uma origem localizada no (a) apoio A, (b) apoio D e (c) ponto B. Usando cada uma das expressões acima, avalie o momento na seção 1. A força cortante nas seções foi omitida por clareza.

Solução

(a) Veja a Figura 5.8b; a soma dos momentos sobre o corte dá

$$\circlearrowleft^+ \quad \Sigma M_z = 0$$
$$0 = 37x_1 - 40(x_1 - 5) - M$$
$$M = 200 - 3x_1$$

Na seção 1, $x_1 = 12$ ft; portanto,

$$M = 200 - 3(12) = 164 \text{ kip} \cdot \text{ft}$$

(b) Veja a Figura 5.8c; a soma dos momentos sobre o corte fornece

$$\circlearrowleft^+ \quad \Sigma M_z = 0$$
$$0 = M + 28(x_2 - 5) - 31x_2$$
$$M = 3x_2 + 140$$

Na seção 1, $x_2 = 8$ ft; portanto,

$$M = 3(8) + 140 = 164 \text{ kip} \cdot \text{ft}$$

(c) Veja a Figura 5.8d; somando os momentos sobre o corte, temos

$$\circlearrowleft^+ \quad \Sigma M_z = 0$$
$$37(10 + x_3) - 40(5 + x_3) - M = 0$$
$$M = 170 - 3x_3$$

Na seção 1, $x_3 = 2$ ft; portanto,

$$M = 170 - 3(2) = 164 \text{ kip} \cdot \text{ft}$$

NOTA. Conforme este exemplo demonstra, o momento em uma seção tem valor único e é baseado nos requisitos do equilíbrio. O valor do momento não depende da localização da origem do sistema de coordenadas.

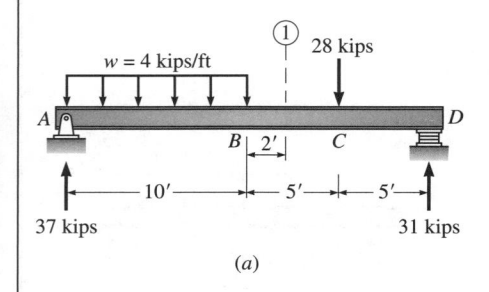

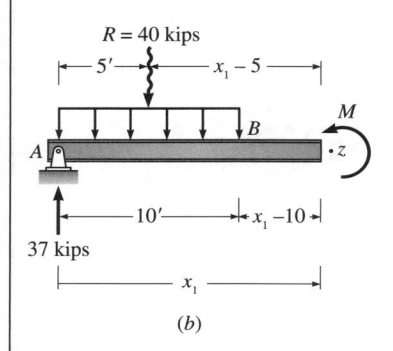

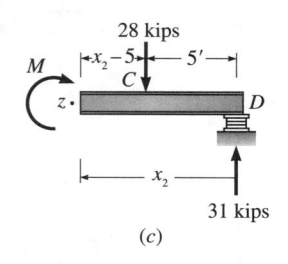

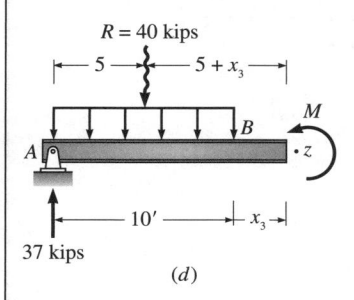

Figura 5.8

EXEMPLO 5.3

Escreva as equações do cortante e do momento como uma função da distância x ao longo do eixo da viga da Figura 5.9. Selecione a origem no apoio A. Represente os termos individuais na equação de momento como uma função da distância x.

Solução

Passe uma seção imaginária pela viga a uma distância x à direita do apoio A, para produzir o corpo livre mostrado na Figura 5.9b (o cortante V e o momento M são mostrados no sentido positivo). Para encontrar a solução de V, some as forças na direção y.

$$\stackrel{+}{\uparrow} \; \Sigma F_y = 0$$

$$\frac{wL}{2} - wx - V = 0$$

$$V = \frac{wL}{2} - wx \tag{1}$$

Para achar a solução de M, some os momentos no corte sobre um eixo z passando pelo centroide.

$$\circlearrowleft^+ \; \Sigma M_z = 0$$

$$0 = \frac{wL}{2}(x) - wx\left(\frac{x}{2}\right) - M$$

$$M = \frac{wL}{2}(x) - \frac{wx^2}{2} \tag{2}$$

em que, nas duas equações, $0 \le x \le L$.

Um gráfico dos dois termos da Equação 2 é mostrado na Figura 5.9c. O primeiro termo na Equação 2 (o momento produzido pela reação vertical R_A no apoio A) é uma função linear de x e é representado como uma linha reta inclinada para cima e à direita. O segundo termo, que representa o momento devido à carga uniformemente distribuída, é uma função de x^2 e é traçado como uma parábola inclinada para baixo. Quando um diagrama de momento é representado dessa maneira, dizemos que ele é traçado pelas *partes da viga em balanço*. Na Figura 5.9d, as duas curvas são combinadas para produzir uma curva parabólica cuja ordenada em meio vão é igual ao familiar $wL^2/8$.

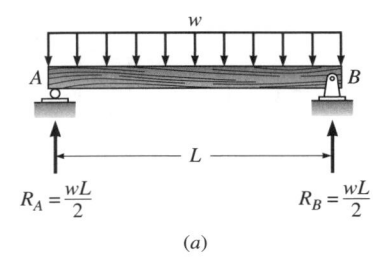

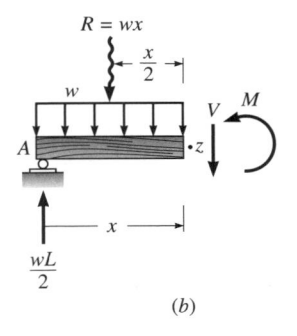

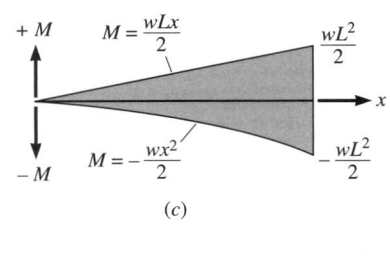

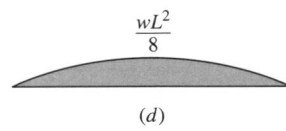

Figura 5.9: (a) Viga carregada uniformemente; (b) corpo livre do segmento da viga; (c) curva de momento traçada por "partes"; (d) diagrama de momento combinado, uma parábola simétrica.

EXEMPLO 5.4

a. Escreva as equações do cortante e do momento em uma seção vertical entre os apoios B e C para a viga da Figura 5.10a.
b. Usando a equação do cortante da parte (a), determine o ponto em que o cortante é zero (o ponto de momento máximo).
c. Represente graficamente a variação do cortante e do momento entre B e C.

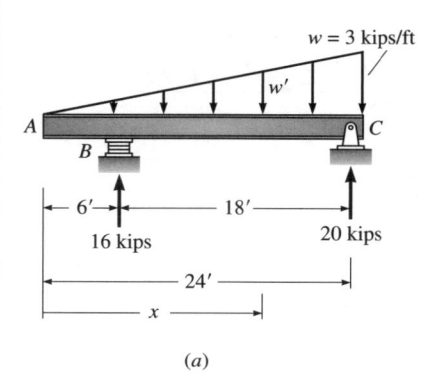

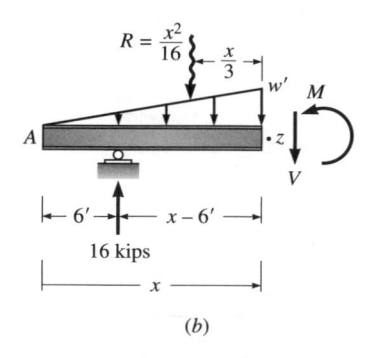

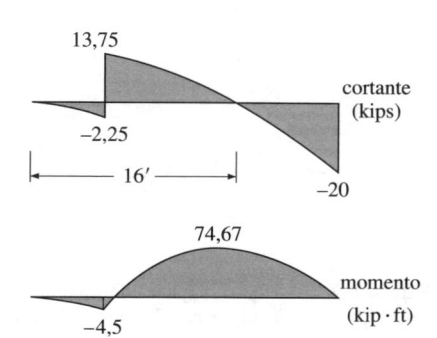

Solução

a. Corte o corpo livre mostrado na Figura 5.10b, passando uma seção pela viga a uma distância x do ponto A na extremidade esquerda. Usando triângulos semelhantes, expresse w', a ordenada da carga triangular no corte (considere a carga triangular no corpo livre e na viga), em relação a x e à ordenada da curva de carga no apoio C.

$$\frac{w'}{x} = \frac{3}{24} \quad \text{portanto} \quad w' = \frac{x}{8}$$

Calcule a resultante da carga triangular no corpo livre da Figura 5.10b.

$$R = \frac{1}{2} x w' = \frac{1}{2}(x)\left(\frac{x}{8}\right) = \frac{x^2}{16}$$

Calcule V somando as forças na direção vertical.

$$\stackrel{+}{\uparrow} \Sigma F_y = 0$$

$$0 = 16 - \frac{x^2}{16} - V$$

$$V = 16 - \frac{x^2}{16} \quad (1)$$

Calcule M somando os momentos sobre o corte.

$$\circlearrowleft^+ \Sigma M_z = 0$$

$$0 = 16(x - 6) - \frac{x^2}{16}\left(\frac{x}{3}\right) - M$$

$$M = -96 + 16x - \frac{x^3}{48} \quad (2)$$

b. Configure $V = 0$ e resolva a Equação 1 para x.

$$0 = 16 - \frac{x^2}{16} \quad \text{e} \quad x = 16 \text{ ft}$$

c. Veja uma representação de V e M na Figura 5.10c.

Figura 5.10

EXEMPLO 5.5

Escreva as equações do momento nas barras AC e CD do pórtico da Figura 5.11. Desenhe um corpo livre do nó C, mostrando todas as forças.

Solução

São necessárias duas equações para expressar o momento na barra AC. Para calcular o momento entre A e B, use o corpo livre da Figura 5.11b. Adote a origem de x_1 no apoio A. Decomponha a reação vertical nas componentes paralelas e perpendiculares ao eixo longitudinal da barra inclinada. Some os momentos sobre o corte.

$$\circlearrowleft^+ \quad \Sigma M_z = 0$$
$$0 = 6{,}5x_1 - M$$
$$M = 6{,}5x_1 \quad (1)$$

em que $0 \le x_1 \le 3\sqrt{2}$.

Calcule o momento entre B e C usando o corpo livre da Figura 5.11c. Selecione uma origem em B. Decomponha a força de 20 kN nas componentes. Some os momentos sobre o corte.

$$\circlearrowleft^+ \quad \Sigma M_z = 0$$
$$0 = 6{,}5(3\sqrt{2} + x_2) - 14{,}14x_2 - M$$
$$M = 19{,}5\sqrt{2} - 7{,}64x_2 \quad (2)$$

em que $0 \le x_2 \le 3\sqrt{2}$.

Calcule o momento entre D e C usando o corpo livre da Figura 5.11d. Selecione uma origem em D.

$$^+\circlearrowright \quad \Sigma M_z = 0$$
$$0 = 6{,}8x_3 - 4x_3\left(\frac{x_3}{2}\right) - M$$
$$M = 6{,}8x_3 - 2x_3^2 \quad (3)$$

O corpo livre do nó C está mostrado na Figura 5.11e. O momento no nó pode ser avaliado com a Equação 3, configurando $x_3 = 4$ m.

$$M = 6{,}8(4) - 2(4)^2 = -4{,}8 \text{ kN} \cdot \text{m}$$

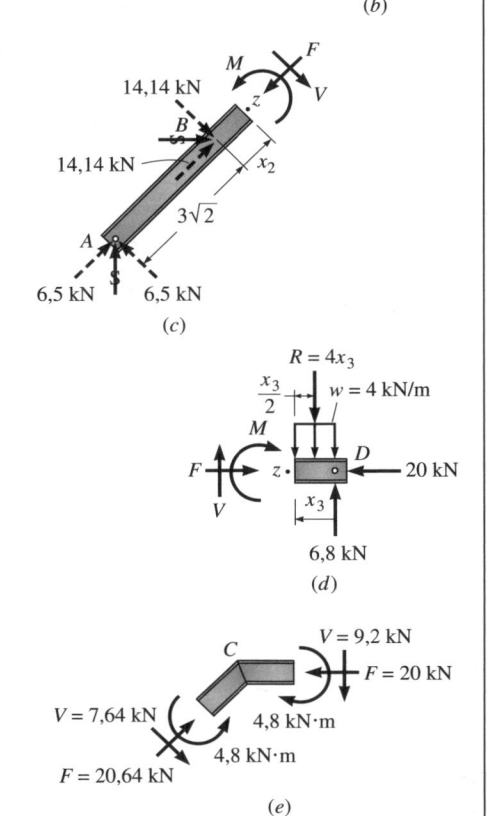

Figura 5.11

5.4 Diagramas de cortante e de momento

Para projetar uma viga, devemos estabelecer a magnitude do cortante e do momento (e da carga axial, se for significativa) em todas as seções ao longo do eixo da barra. Se a seção transversal de uma viga é constante ao longo de seu comprimento, é projetada para os valores máximos de momento e cortante dentro do vão. Se a seção transversal varia, o projetista deve investigar mais seções para verificar se a capacidade da barra é adequada para suportar o cortante e o momento.

Para fornecer essas informações graficamente, construímos diagramas de cortante e de momento. Essas curvas, que de preferência devem ser desenhadas em escala, consistem em valores de cortante e momento plotados como ordenadas em relação à distância ao longo do eixo da viga. Embora possamos construir curvas de cortante e de momento cortando corpos livres em intervalos ao longo do eixo de uma viga e escrever equações de equilíbrio para estabelecer os valores de cortante e momento em seções específicas, é muito mais simples construir essas curvas a partir das relações básicas existentes entre carga, cortante e momento.

Relação entre carga, cortante e momento

Para estabelecer a relação entre carga, cortante e momento, consideraremos o segmento de viga mostrado na Figura 5.12a. O segmento é carregado por uma carga distribuída $w = w(x)$, cujas ordenadas variam com a distância x a partir de uma origem o localizada à esquerda do segmento. A carga será considerada positiva quando atuar para cima, como mostrado na Figura 5.12a.

Para obter a relação entre carga, cortante e momento, consideraremos o equilíbrio do elemento da viga mostrado na Figura 5.12d. O elemento, cortado passando-se planos verticais imaginários pelo segmento nos pontos 1 e 2 na Figura 5.12a, está localizado a uma distância x da origem. Como dx é infinitesimamente pequeno, a ligeira variação na carga distribuída que atua no comprimento do elemento pode ser desprezada. Portanto, podemos supor que a carga distribuída é constante no comprimento do elemento. Com base nessa suposição, a resultante da carga distribuída está localizada no ponto central do elemento.

As curvas que representam a variação do cortante e do momento ao longo do eixo da barra são mostradas na Figura 5.12b e c. Denotaremos o cortante e o momento na face esquerda do elemento na Figura 5.12d por V e M respectivamente. Para indicar que ocorre uma pequena alteração no cortante e no momento ao longo do comprimento dx do elemento, adicionamos as quantidades diferenciais dV e dM ao cortante V e ao momento M para estabelecer os valores de cortante e momento na face direita. Todas as forças mostradas no elemento atuam no sentido positivo, conforme definido na Figura 5.5c e d.

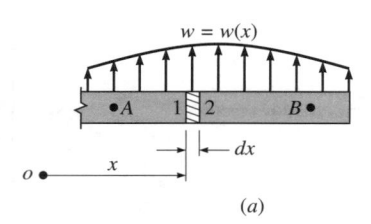

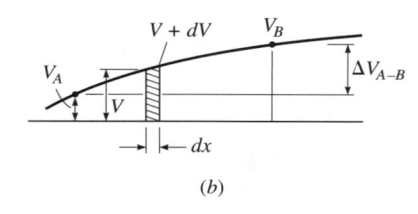

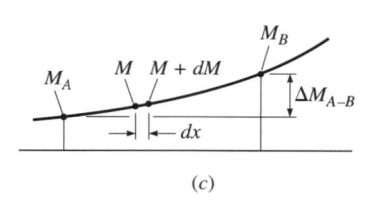

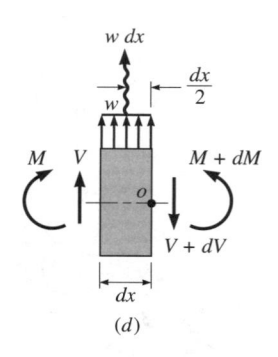

Figura 5.12: (a) Segmento de viga com uma carga distribuída; (b) diagrama de cortante; (c) diagrama de momento; (d) elemento infinitesimal localizado entre os pontos 1 e 2.

Considerando o equilíbrio das forças que atuam na direção y sobre o elemento, podemos escrever

$$\overset{+}{\uparrow} \Sigma F_y = 0$$

$$0 = V + w\,dx - (V + dV)$$

Simplificando e resolvendo para dV temos

$$dV = w\,dx \quad (5.6)$$

Para estabelecer a diferença no cortante ΔV_{A-B} entre os pontos A e B ao longo do eixo da viga na Figura 5.12a, devemos integrar a Equação 5.6.

$$\Delta V_{A-B} = V_B - V_A = \int_A^B dV = \int_A^B w\,dx \quad (5.7)$$

A integral no lado esquerdo da Equação 5.7 representa a alteração no cortante ΔV_{A-B} entre os pontos A e B. Na integral da direita, a quantidade $w\,dx$ pode ser interpretada como uma área infinitesimal sob a curva de carga. A integral ou a soma dessas áreas infinitesimais representa a área sob a curva de carga entre os pontos A e B. Portanto, podemos formular a Equação 5.7 como

$$\Delta V_{A-B} = \text{área sob a curva de carga entre } A \text{ e } B \quad (5.7a)$$

em que uma carga para cima produz uma alteração positiva no cortante e uma carga para baixo produz uma alteração negativa, movendo da esquerda para a direita.

Dividindo os dois lados da Equação 5.6 por dx, temos

$$\frac{dV}{dx} = w \quad (5.8)$$

A Equação 5.8 determina que *a inclinação da curva de cortante em um ponto específico ao longo do eixo de uma barra é igual à ordenada da curva de carga nesse ponto.*

Se a carga atua para cima, a inclinação é positiva (para cima e à direita). Se a carga atua para baixo, a inclinação é negativa (para baixo e à direita). Em uma região da viga em que nenhuma carga atua, $w = 0$. Para essa condição, a Equação 5.8 define que a inclinação da curva de cortante é zero — indicando que o cortante permanece constante.

Para estabelecer a relação entre cortante e momento, somamos os momentos das forças que atuam no elemento sobre um eixo normal ao plano da viga e que passam pelo ponto o (ver Figura 5.12d). O ponto o está localizado no nível do centroide da seção transversal

$$\circlearrowleft^+ \Sigma M_o = 0$$

$$M + V\,dx - (M + dM) + w\,dx\,\frac{dx}{2} = 0$$

O último termo $w\,(dx)^2/2$, como contém o produto de uma quantidade diferencial ao quadrado, é muitas ordens de grandeza menor do que os termos que contêm uma única diferencial. Portanto, eliminamos o termo. A simplificação da equação gera

$$dM = V\,dx \qquad (5.9)$$

Para estabelecer a alteração no momento ΔM_{A-B} entre os pontos A e B, integraremos os dois lados da Equação 5.9.

$$\Delta M_{A-B} = M_B - M_A = \int_A^B dM = \int_A^B V\,dx \qquad (5.10)$$

O termo do meio na Equação 5.10 representa a diferença no momento ΔM_{A-B} entre os pontos A e B. Como o termo $V\,dx$ pode ser interpretado como uma área infinitesimal sob a curva de cortante entre os pontos 1 e 2 (ver Figura 5.12b), a integral da direita, a soma de todas as áreas infinitesimais entre os pontos A e B, representa a área total sob a curva de cortante entre os pontos A e B. Com base nas observações acima, podemos expressar a Equação 5.10 como

$$\Delta M_{A-B} = \text{área sob a curva de cortante entre } A \text{ e } B \qquad (5.10a)$$

em que uma área positiva sob a curva de cortante produz uma alteração positiva no momento, e uma área negativa sob a curva de cortante produz uma alteração negativa; ΔM_{A-B} é mostrada graficamente na Figura 5.12c.

Dividindo os dois lados da Equação 5.9 por dx temos

$$\frac{dM}{dx} = V \qquad (5.11)$$

A Equação 5.11 estabelece que *a inclinação da curva de momento em qualquer ponto ao longo do eixo de um membro é o cortante nesse ponto.*

Se as ordenadas da curva de cortante são positivas, a inclinação da curva de momento é positiva (dirigida para cima e à direita). Analogamente, se as ordenadas da curva de cortante são negativas, a inclinação da curva de momento é negativa (dirigida para baixo e à direita).

Em uma seção na qual $V = 0$, a Equação 5.11 indica que a inclinação da curva de momento é zero — uma condição que estabelece o local de um valor de momento máximo. Se o cortante é zero em várias seções de um vão, o projetista deve calcular o momento em cada seção e comparar os resultados para definir o valor de momento máximo absoluto no vão.

As equações 5.6 a 5.11 não levam em conta o efeito de uma carga ou momento concentrado. Uma força concentrada produz uma alteração acentuada na ordenada de uma curva de cortante. Se considerarmos o equilíbrio na direção vertical do elemento na Figura 5.13a, a alteração no cortante entre as duas faces do elemento será igual à magnitude da força concentrada. Analogamente, a alteração no momento em um ponto é igual à magnitude do momento concentrado M_1 no ponto (ver Figura 5.13b). Na Figura 5.13 todas as forças mostradas atuam no sentido positivo. Os exemplos 5.6 a 5.8 ilustram o uso das equações 5.6 a 5.11 para construir diagramas de cortante e momento.

Para construir os diagramas de cortante e momento para uma viga que suporta cargas concentradas e distribuídas, primeiramente calculamos o cortante e o momento na extremidade esquerda da barra. Então, passamos para a direita e localizamos o próximo ponto na curva de cortante, somando algebricamente, ao cortante à esquerda, a força representada (1) pela área sob a curva de carga entre os dois pontos ou (2) por uma carga concentrada. Para estabelecer um terceiro ponto, uma carga é adicionada ou subtraída do valor do cortante no segundo ponto. O processo de localização de pontos adicionais continua até que o diagrama de cortante esteja concluído. Normalmente, avaliamos as ordenadas do diagrama de cortante em cada ponto onde uma carga concentrada atua ou onde uma carga distribuída começa ou termina.

De maneira semelhante, os pontos no diagrama de momento são estabelecidos somando algebricamente ao momento, em um ponto específico, o incremento do momento representado pela área sob a curva de cortante entre um segundo ponto.

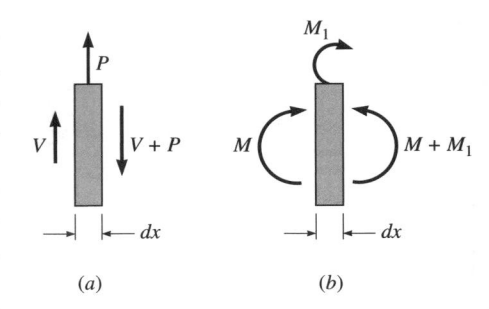

Figura 5.13: (a) Efeito de uma carga concentrada na alteração do cortante; (b) alteração no momento interno produzida pelo momento M_1 aplicado.

Esboçando formas de vigas defletidas

Após os diagramas de cortante e momento serem construídos, talvez o projetista queira fazer um esboço da forma defletida da viga. Embora discutamos esse assunto com bastante detalhe na Seção 5.6, o procedimento será apresentado sucintamente neste ponto. A forma defletida de uma viga deve ser coerente com (1) as restrições impostas pelos apoios e (2) a curvatura produzida pelo momento. *Um momento positivo curva a viga com a concavidade para cima* e *um momento negativo curva a viga com a concavidade para baixo*.

As restrições impostas pelos vários tipos de apoio estão resumidas na Tabela 3.1. Por exemplo, em um engaste, o eixo longitudinal da viga é limitado contra rotação e deflexão. Em uma articulação fixa, a viga fica livre para girar, mas não se curva. Esboços de formas defletidas, em uma escala vertical *exagerada*, são incluídos nos exemplos 5.6 a 5.8.

EXEMPLO 5.6

Desenhe os diagramas de cortante e momento para a viga com apoio simples da Figura 5.14.

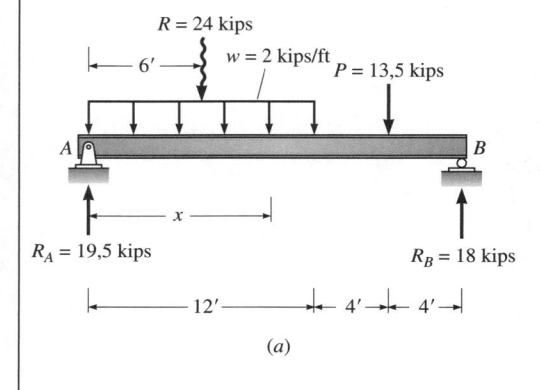

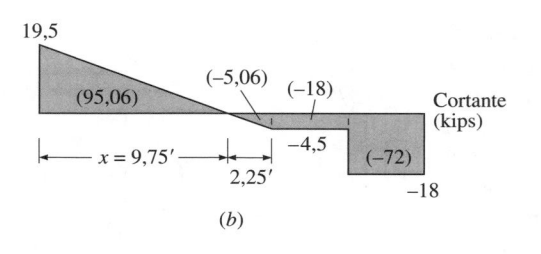

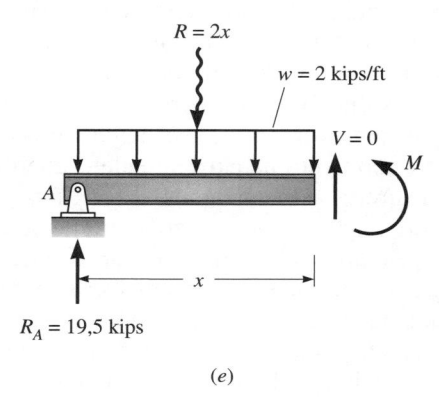

Solução

Calcule as reações (use a resultante da carga distribuída).

$$\circlearrowright^+ \quad \Sigma M_A = 0$$
$$24(6) + 13{,}5(16) - 20R_B = 0$$
$$R_B = 18 \text{ kips}$$

$$\uparrow^+ \quad \Sigma F_y = 0$$
$$R_A + R_B - 24 - 13{,}5 = 0$$
$$R_A = 19{,}5 \text{ kips}$$

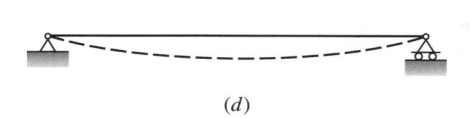

Figura 5.14: (*a*) Detalhes da viga; (*b*) diagrama de cortante (os números entre parênteses representam áreas sob o diagrama de cortante); (*c*) diagrama de momento; (*d*) forma defletida; (*e*) corpo livre usado para estabelecer o local do ponto de cortante zero e momento máximo.

Diagrama de cortante. O cortante imediatamente à direita do apoio A é igual à reação de 19,5 kips. Como a reação atua para cima, o cortante é positivo. À direita do apoio, a carga uniformemente distribuída atuando para baixo reduz o cortante linearmente. Na extremidade da carga distribuída — 12 pés à direita do apoio —, o cortante é igual a

$$V_{@12} = 19{,}5 - (2)(12) = -4{,}5 \text{ kips}$$

Na carga concentrada de 13,5 kips, o cortante cai para –18 kips. O diagrama do cortante é mostrado na Figura 5.14*b*. O valor de momento máximo ocorre onde o cortante é igual a zero. Para calcular a localização do ponto de cortante zero, denotado pela distância x a partir do apoio esquerdo, consideramos as forças que atuam no corpo livre na Figura 5.14*e*.

$$\stackrel{+}{\uparrow} \quad \Sigma F_y = 0$$

$$0 = R_A - wx \quad \text{em que } w = 2 \text{ kips/ft}$$

$$0 = 19{,}5 - 2x \quad \text{e} \quad x = 9{,}75 \text{ ft}$$

Diagrama de momento. Os pontos ao longo do diagrama de momento são avaliados somando-se a alteração no momento entre os pontos selecionados ao momento na extremidade esquerda. A alteração no momento entre quaisquer dois pontos é igual à área sob a curva de cortante entre os dois pontos. Para esse propósito, o diagrama de cisalhamento é dividido em duas áreas triangulares e duas áreas retangulares. Os valores das respectivas áreas (em unidades de kip · ft) são dados pelos números entre parênteses na Figura 5.14*b*. Como as extremidades da viga estão apoiadas em uma articulação móvel e em uma fixa, apoios que não oferecem nenhuma restrição rotacional, os momentos nas extremidades são zero. Como o momento começa em zero à esquerda e termina em zero à direita, a soma algébrica das áreas sob o diagrama de cortante entre as extremidades deve ser igual a zero. Devido aos erros de arredondamento, você verá que as ordenadas do diagrama de momento nem sempre satisfazem exatamente as condições de contorno.

Na extremidade esquerda da viga, a inclinação do diagrama de momento é igual a 19,5 kips — a ordenada do diagrama de cortante. A inclinação é positiva porque o cortante é positivo. À medida que a distância à direita do apoio A aumenta, as ordenadas do diagrama de cortante diminuem e, de modo correspondente, a inclinação do diagrama de momento diminui. O momento máximo de 95,06 kip · ft ocorre no ponto de cortante zero. À direita do ponto de cortante zero, o cortante é negativo e a inclinação da curva de momento é para baixo e à direita. A curva de momento está plotada na Figura 5.14*c*. Como o momento é positivo ao longo de todo o comprimento, a barra é curva com concavidade para cima, conforme mostrado pela linha tracejada na Figura 5.14*d*.

EXEMPLO 5.7

Desenhe os diagramas de cortante e momento para a viga uniformemente carregada da Figura 5.15a. Esboce a forma defletida.

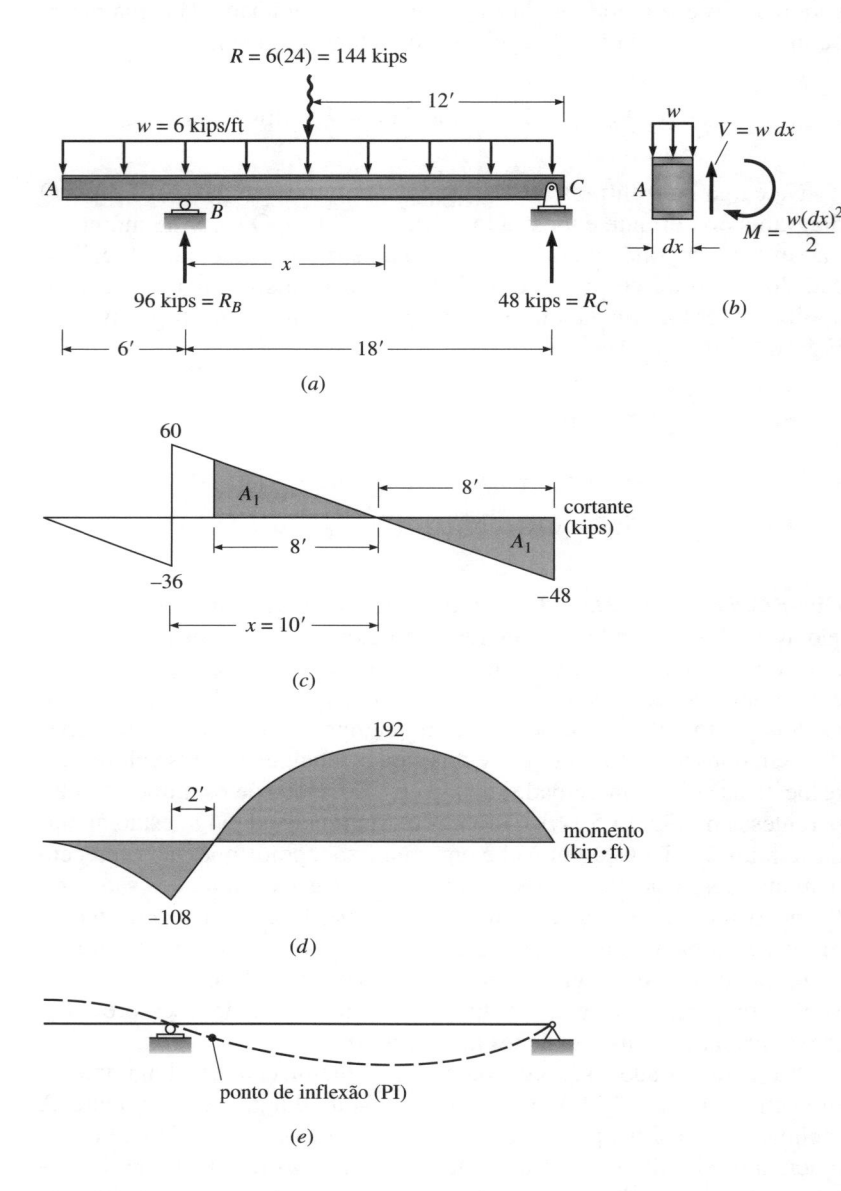

Figura 5.15: (*a*) Viga com carga uniforme; (*b*) elemento infinitesimal usado para estabelecer que *V* e *M* são iguais a zero na extremidade esquerda da viga; (*c*) diagrama de cortante (unidades em kips), (*d*) diagrama de momento (unidades em kip · ft); (*e*) forma defletida aproximada (deflexões verticais mostradas em escala exagerada pela linha tracejada).

Solução

Calcule R_B somando os momentos das forças sobre o apoio *C*. A carga distribuída é representada pela sua resultante de 144 kips.

$$\circlearrowleft^+ \quad \Sigma M_c = 0$$

$$18R_B - 144(12) = 0 \qquad R_B = 96 \text{ kips}$$

Calcule R_C.

$$\overset{+}{\uparrow} \quad \Sigma F_y = 0$$

$$96 - 144 + R_C \qquad R_C = 48 \text{ kips}$$

Verifique o equilíbrio; verifique se $\circlearrowleft^+ \quad \Sigma M_B = 0$.

$$144(6) - 48(18) = 0 \qquad \text{OK}$$

Começamos estabelecendo os valores de cortante e de momento na extremidade esquerda da viga. Para esse propósito, consideramos as forças em um elemento infinitesimal cortado na extremidade esquerda (no ponto A) por uma seção vertical (ver Figura 5.15b). Expressando o cortante e o momento relativamente à carga uniforme w e ao comprimento dx, observamos que, à medida que dx se aproxima de zero, tanto o cortante como o momento se reduzem a zero.

Diagrama de cortante. Como a magnitude da carga é constante ao longo de todo o comprimento da viga e dirigida para baixo, a Equação 5.8 estabelece que o diagrama de cortante será uma linha reta com uma inclinação constante de -6 kips/ft em todos os pontos (ver Figura 5.15c). Começando a partir de $V = 0$ no ponto A, calculamos o cortante imediatamente à esquerda do apoio B, avaliando a área sob a curva de carga entre os pontos A e B (Equação 5.7a).

$$V_B = V_A + \Delta V_{A-B} = 0 + (-6 \text{ kips/ft})(6 \text{ ft}) = -36 \text{ kips}$$

Entre os lados esquerdo e direito do apoio em B, a reação, atuando para cima, produz uma alteração positiva de 96 kips no cortante; portanto, à direita do apoio B, a ordenada do diagrama de cortante sobe para $+60$ kips. Entre os pontos B e C, a alteração no cortante (dada pela área sob a curva de carga) é igual a $(-6 \text{ kips/ft})(18 \text{ ft}) = -108$ kips. Assim, o cortante cai linearmente de 60 kips em B para -48 kips em C.

Para estabelecer a distância x à direita do ponto B, onde o cortante é zero, igualamos a área wx sob a curva de carga na Figura 5.15a ao cortante de 60 kips em B.

$$60 - wx = 0$$

$$60 - 6x = 0 \qquad x = 10 \text{ ft}$$

Diagrama de momento. Para esboçar o diagrama de momento, localizaremos os pontos de momento máximo usando a Equação 5.10a; isto é, a área sob o diagrama de cortante entre dois pontos é igual à alteração no momento entre os pontos. Assim, devemos avaliar, em sequência, as áreas positivas e negativas alternadas (triângulos neste exemplo) sob o diagrama de cortante. Então, usamos a Equação 5.11 para estabelecer a inclinação correta da curva entre os pontos de momento máximo.

$$M_B = M_A + \Delta M_{A-B} = 0 + \frac{1}{2}(6)(-36) = -108 \text{ kip} \cdot \text{ft}$$

[*continua*]

[*continuação*]

Calcule o valor do momento máximo positivo entre B e C. O momento máximo ocorre 10 pés à direita do apoio B, onde $V = 0$.

$M_{\text{máx}} = M_B +$ área sob a curva de V entre $x = 0$ e $x = 10$

$= -108 + \dfrac{1}{2}(60)(10) = +192 \text{ kip} \cdot \text{ft}$

Como a inclinação do diagrama de momento é igual à ordenada do diagrama de cortante, a inclinação do diagrama de momento é zero no ponto A. À direita do ponto A, a inclinação do diagrama de momento torna-se progressivamente mais pronunciada, pois as ordenadas do diagrama de cortante aumentam. Como o cortante é negativo entre os pontos A e B, a inclinação é negativa (isto é, para baixo e à direita). Assim, para ser coerente com as ordenadas do diagrama de cortante, a curva de momento deve ser côncava para baixo entre os pontos A e B.

Como o cortante é positivo à direita do apoio B, a inclinação do diagrama de momento tem a direção invertida e torna-se positiva (para cima e à direita). Entre o apoio B e o ponto de momento positivo máximo, a inclinação do diagrama de momento diminui progressivamente de 60 kips até zero, e o diagrama de momento é côncavo para baixo. À direita do ponto de momento máximo, o cortante é negativo e a inclinação do diagrama de momento muda de direção novamente, tornando-se progressivamente mais acentuada no sentido negativo em direção ao apoio C.

Ponto de inflexão. Um ponto de inflexão ocorre em um ponto de momento zero. Aqui, a curvatura muda de côncava para cima para côncava para baixo. Para localizar um ponto de inflexão, usamos as áreas sob o diagrama de cortante. Como a área triangular A_1 do diagrama de cortante entre o apoio C e o ponto de momento positivo máximo produz uma alteração de 192 kip · ft no momento, uma área igual sob o diagrama de cortante (ver Figura 5.15c), estendendo-se por 8 pés à esquerda do ponto de momento máximo, diminuirá o momento até zero. Assim, o ponto de inflexão está localizado a 16 pés à esquerda do apoio C ou, de modo equivalente, a 2 pés à direita do apoio B.

Esboçando a forma defletida. A forma defletida aproximada da viga é mostrada na Figura 5.15e. Na extremidade esquerda, onde o momento é negativo, a viga é curvada com concavidade para baixo. No lado direito, onde o momento é positivo, a viga é curvada com concavidade para cima. Embora possamos estabelecer facilmente a curvatura em todas as seções ao longo do eixo da viga, deve-se supor a posição curvada de certos pontos. Por exemplo, no ponto A, a extremidade esquerda da viga carregada é arbitrariamente assumida como defletida para cima, acima da posição não curvada inicial representada pela linha reta. Por outro lado, também é possível que o ponto A esteja localizado abaixo da posição não curvada do eixo da viga, caso a viga em balanço seja flexível. A elevação real do ponto A deve ser estabelecida por meio de cálculo.

EXEMPLO 5.8

Desenhe os diagramas de cortante e momento para a viga inclinada da Figura 5.16a.

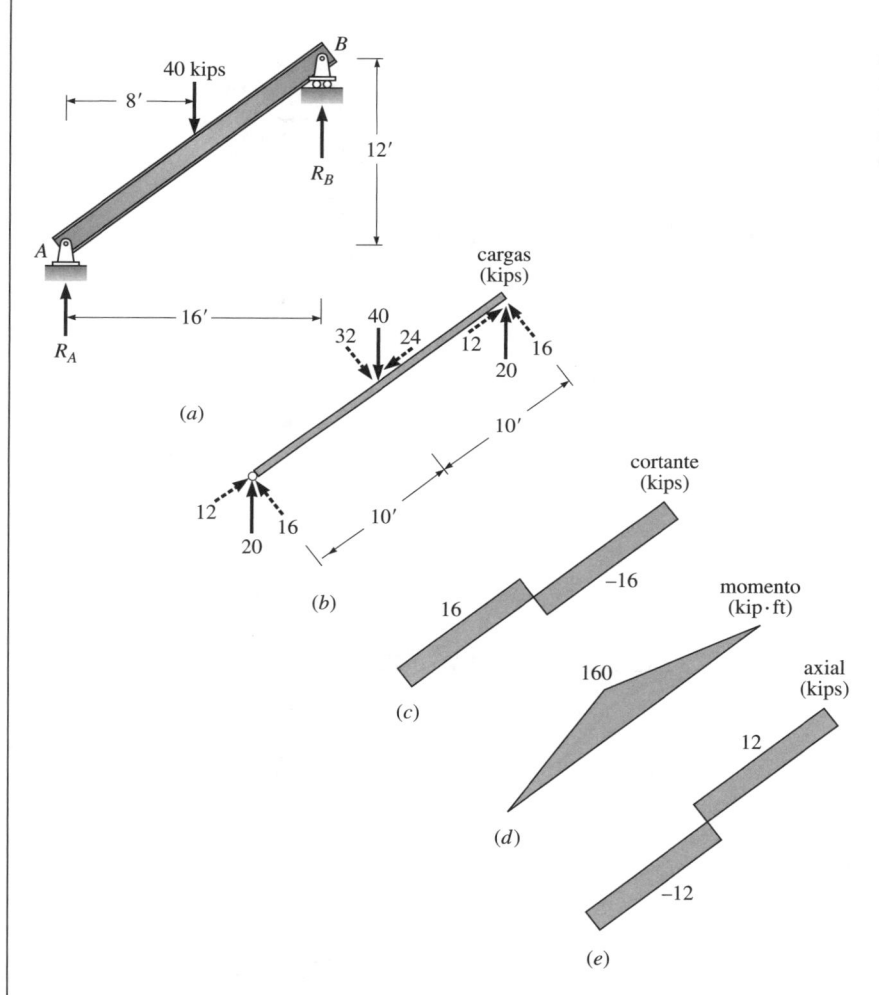

Figura 5.16: (a) Viga inclinada; (b) forças e reações decompostas nas componentes paralelas e perpendiculares ao eixo longitudinal; (c) diagrama de cortante; (d) diagrama de momento; (e) variação da carga axial — tração é positiva e compressão é negativa.

Solução

Iniciamos a análise calculando as reações da maneira usual, com as equações da estática. Como o cortante e o momento são produzidos somente pelas cargas que atuam na perpendicular ao eixo longitudinal da barra, todas as forças são decompostas nas componentes paralelas e perpendiculares ao eixo longitudinal (Figura 5.16b). As componentes longitudinais produzem compressão axial na metade inferior da barra e tração na metade superior (ver Figura 5.16e). As componentes transversais produzem os diagramas de cortante e momento mostrados na Figura 5.16c e d.

EXEMPLO 5.9

Desenhe os diagramas de cortante e momento para a viga da Figura 5.17a. Esboce a forma defletida.

Figura 5.17: (a) Viga (reações dadas); (b) diagrama de cortante (kips); (c) diagrama de momento (kip · ft); (d) forma defletida.

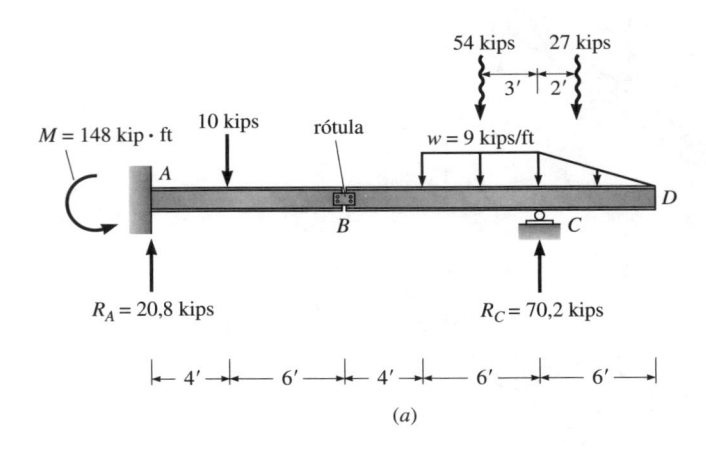

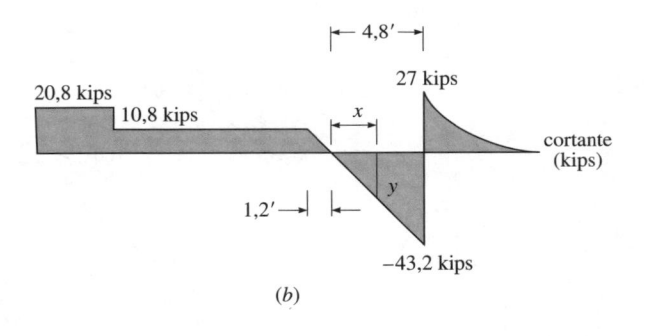

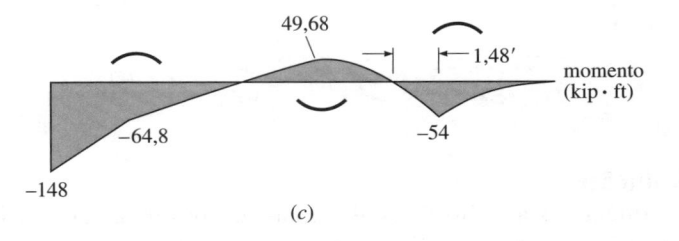

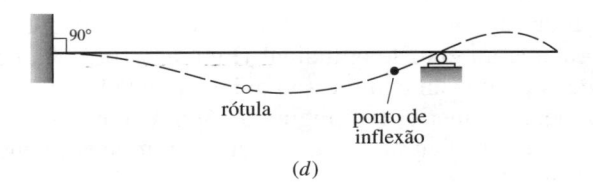

Solução

Iniciamos a análise calculando a reação no apoio C, usando um corpo livre da barra BCD. Somando os momentos das forças aplicadas (as resultantes da carga distribuída são mostradas por setas onduladas) sobre a rótula em B, calculamos

$$\circlearrowleft^+ \quad \Sigma M_B = 0$$
$$0 = 54(7) + 27(12) - R_C(10)$$
$$R_C = 70{,}2 \text{ kips}$$

Após R_C ser calculada, o balanço das reações é computado usando-se a estrutura inteira como corpo livre. Mesmo estando presente uma rótula, a estrutura é estável devido às restrições fornecidas pelos apoios. Os diagramas de cortante e momento estão plotados na Figura 5.17b e c. Como verificação da precisão dos cálculos, observamos que o momento na rótula é zero. A curvatura (côncava para cima ou para baixo) associada aos momentos positivos e negativos é indicada pelas linhas curvas curtas acima ou abaixo do diagrama de momento.

Para localizar o ponto de inflexão (momento zero) à esquerda do apoio C, igualamos a área triangular sob o diagrama de cortante entre os pontos de momento máximo e zero à alteração no momento de 49,68 kip · ft. A base do triângulo é denotada por x e a altura por y, na Figura 5.17b. Usando triângulos semelhantes, expressamos y em relação a x.

$$\frac{x}{y} = \frac{4{,}8}{43{,}2}$$
$$y = \frac{43{,}2x}{4{,}8}$$

Área sob diagrama de cortante = ΔM = 49,68 kip · ft

$$\left(\frac{1}{2}x\right)\left(\frac{43{,}2x}{4{,}8}\right) = 49{,}68 \text{ kip} \cdot \text{ft}$$
$$x = 3{,}32 \text{ ft}$$

A distância do ponto de inflexão a partir do apoio C é

$$4{,}8 - 3{,}32 = 1{,}48 \text{ ft}$$

O esboço da forma defletida é mostrado na Figura 5.17d. Como o engastamento em A impede a rotação, o eixo longitudinal da viga é horizontal no apoio A (isto é, faz um ângulo de 90° com a face vertical do apoio). Como o momento é negativo entre A e B, a viga curva-se com concavidade para baixo e a rótula se desloca para baixo. Como o momento muda de positivo para negativo imediatamente à esquerda do apoio C, a curvatura da barra BCD inverte-se. Embora o formato geral da barra BCD seja coerente com o diagrama de momento, a posição exata da extremidade da barra no ponto D deve ser estabelecida por meio de cálculo.

EXEMPLO 5.10

Desenhe diagramas de cortante e momento para a viga *ABC* da Figura 5.18*a*. Além disso, esboce a forma defletida. Nós rígidos conectam as barras verticais à viga. A almofada de elastômero em *C* é equivalente a uma articulação móvel.

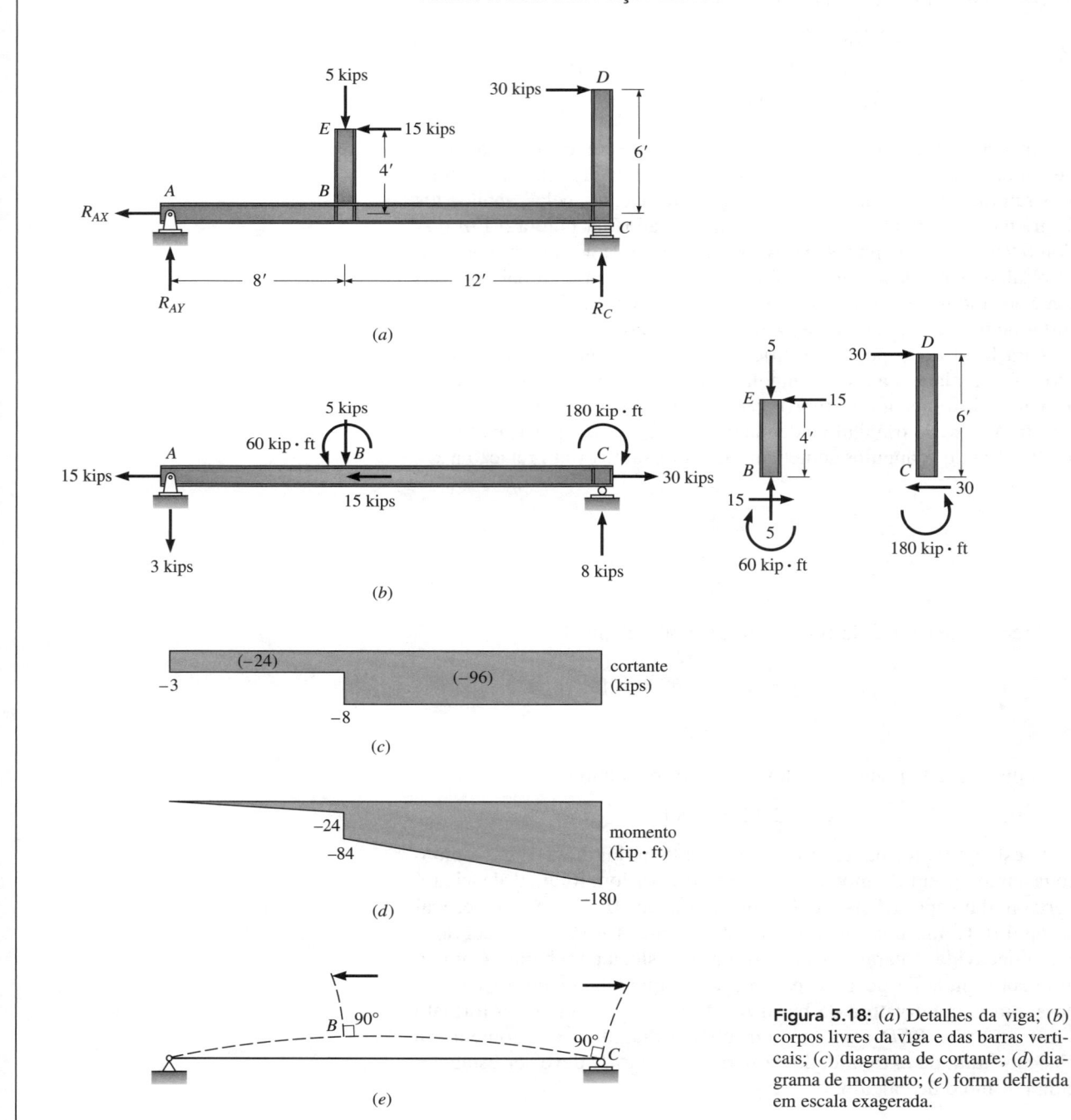

Figura 5.18: (*a*) Detalhes da viga; (*b*) corpos livres da viga e das barras verticais; (*c*) diagrama de cortante; (*d*) diagrama de momento; (*e*) forma defletida em escala exagerada.

Solução

Calcule a reação em C; some os momentos sobre A de todas as forças que atuam na Figura 5.18a.

$$\circlearrowleft^+ \quad \Sigma M_A = 0$$

$$0 = 5(8) - 15(4) + 30(6) - 20R_C$$

$$R_C = 8 \text{ kips}$$

$$\uparrow^+ \quad \Sigma F_y = 0 = 8 - 5 + R_{AY}$$

$$R_{AY} = -3 \text{ kips}$$

$$\rightarrow^+ \quad \Sigma F_x = 0$$

$$30 - 15 - R_{AX} = 0$$

$$R_{AX} = 15 \text{ kips}$$

A Figura 5.18b mostra os diagramas de corpo livre da viga e das barras verticais. As forças na parte inferior das barras verticais representam as forças aplicadas pela viga. As verticais, por sua vez, exercem forças iguais e opostas na viga. Os diagramas de cortante e momento são construídos em seguida. Como o cortante em uma seção é igual à soma das forças verticais em um dos dois lados da seção, o momento concentrado e as forças longitudinais não contribuem para o cortante.

Como uma articulação fixa está localizada na extremidade esquerda, o momento da extremidade começa em zero. Entre os pontos A e B a alteração no momento, dada pela área sob o diagrama de cortante, é igual a -24 kip · ft. Em B, o momento concentrado de 60 kip · ft no sentido anti-horário faz o diagrama de momento cair acentuadamente para -84 kip · ft. A ação de um momento concentrado que produz uma alteração positiva no momento na seção imediatamente à direita do momento concentrado está ilustrada na Figura 5.13b. Como o momento em B tem sentido oposto ao momento ilustrado na Figura 5.13b, produz uma alteração negativa. Entre B e C, a alteração no momento é, novamente, igual à área sob o diagrama de cortante. O momento final na viga em C deve equilibrar os 180 kip · ft aplicados pela barra CD.

Como o momento é negativo ao longo de todo o comprimento da viga, a viga inteira curva-se com concavidade para baixo, como mostrado na Figura 5.18e. Todo o eixo da viga mantém uma curva suave.

EXEMPLO 5.11

Desenhe diagramas de cortante e momento e esboce a forma defletida da viga contínua da Figura 5.19a. As reações de apoio são dadas.

Solução

Como a viga é indeterminada no segundo grau, as reações devem ser estabelecidas por um dos métodos de análise indeterminada abordados nos capítulos 11 a 13. Uma vez estabelecidas as reações, o procedimento para desenhar os diagramas de cortante e de momento é idêntico àquele utilizado nos exemplos 5.6 a 5.10. A Figura 5.19d mostra a forma defletida da estrutura. Os pontos de inflexão são indicados por pequenos pontos pretos.

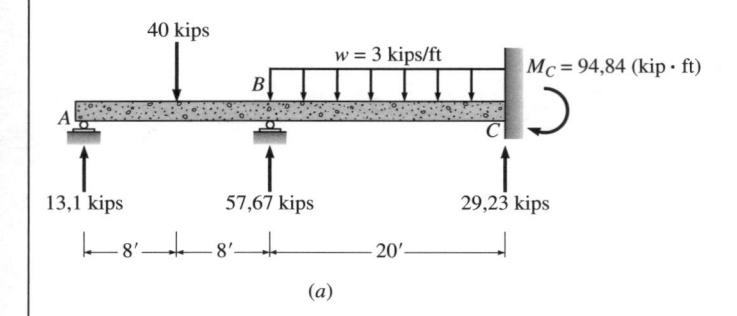

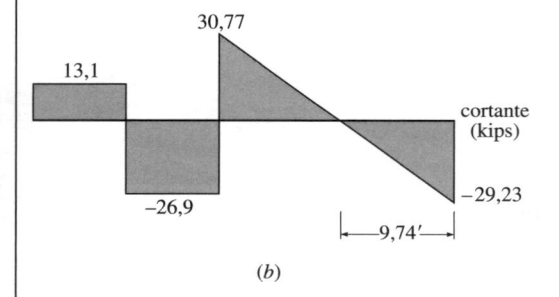

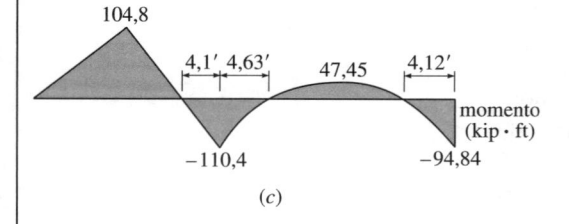

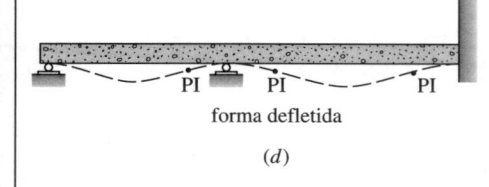

Figura 5.19

EXEMPLO 5.12

Analise a viga mestra que suporta um sistema de piso na Figura 5.20. Longarinas, *FE* e *EDC*, as pequenas vigas longitudinais que suportam o piso, são sustentadas pela viga mestra *AB*. Desenhe os diagramas de cortante e momento para a viga mestra.

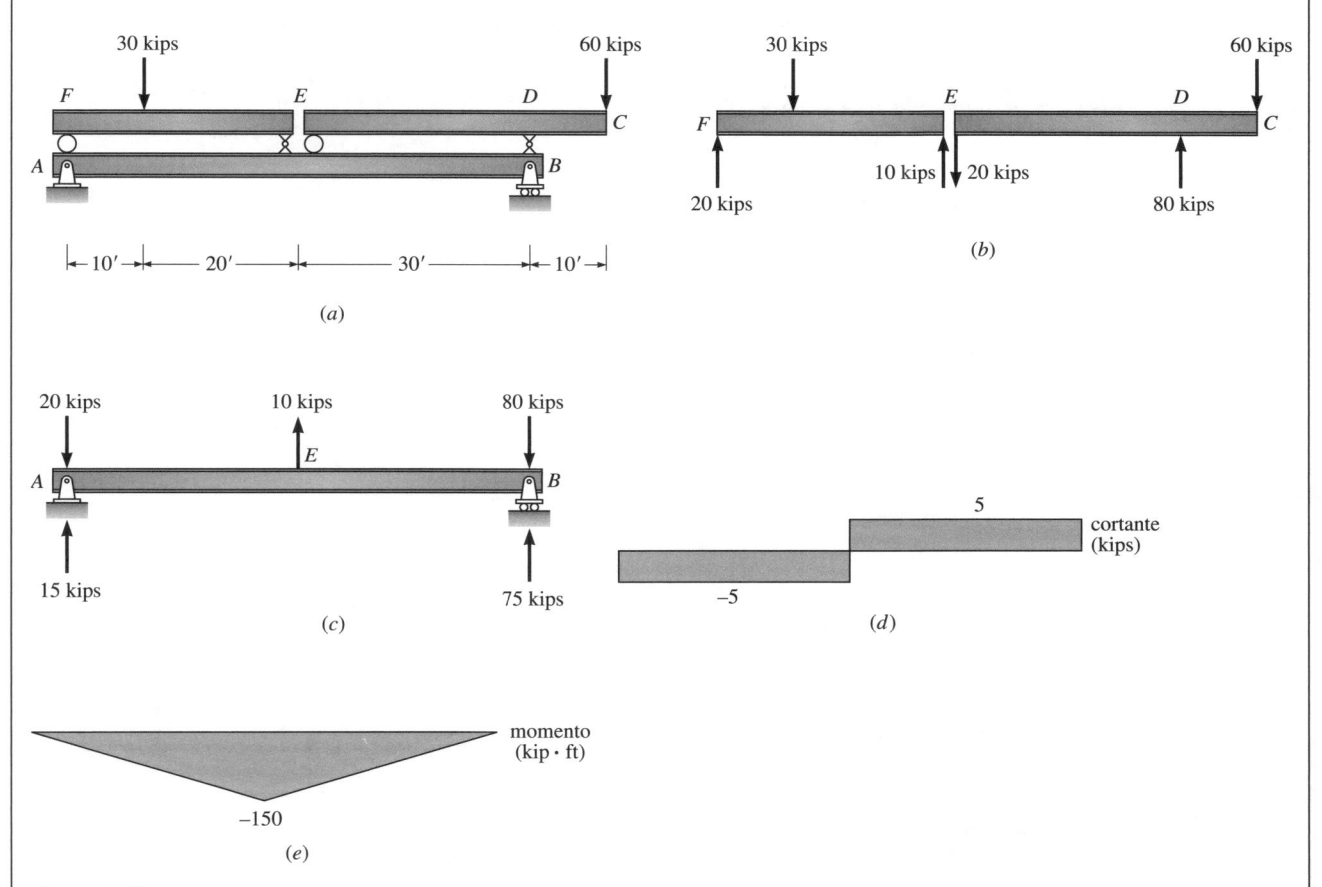

Figura 5.20

Solução

Como as longarinas *FE* e *EDC* são estaticamente determinadas, suas reações podem ser estabelecidas pela estática, usando os corpos livres mostrados na Figura 5.20*b*. Após serem calculadas, as reações das longarinas são aplicadas na direção oposta no corpo livre da viga mestra na Figura 5.20*c*. No ponto *E*, podemos combinar as reações e aplicar uma carga líquida de 10 kips, para cima, na viga mestra. Após as reações da viga mestra serem calculadas, são desenhados os diagramas de cortante e momento (ver Figura 5.20*d* e *e*).

EXEMPLO 5.13

Desenhe os diagramas de cortante e de momento para cada barra do pórtico da Figura 5.21a. Além disso, esboce a forma defletida e mostre as forças atuando em um corpo livre do nó C. Trate a ligação em B como uma rótula.

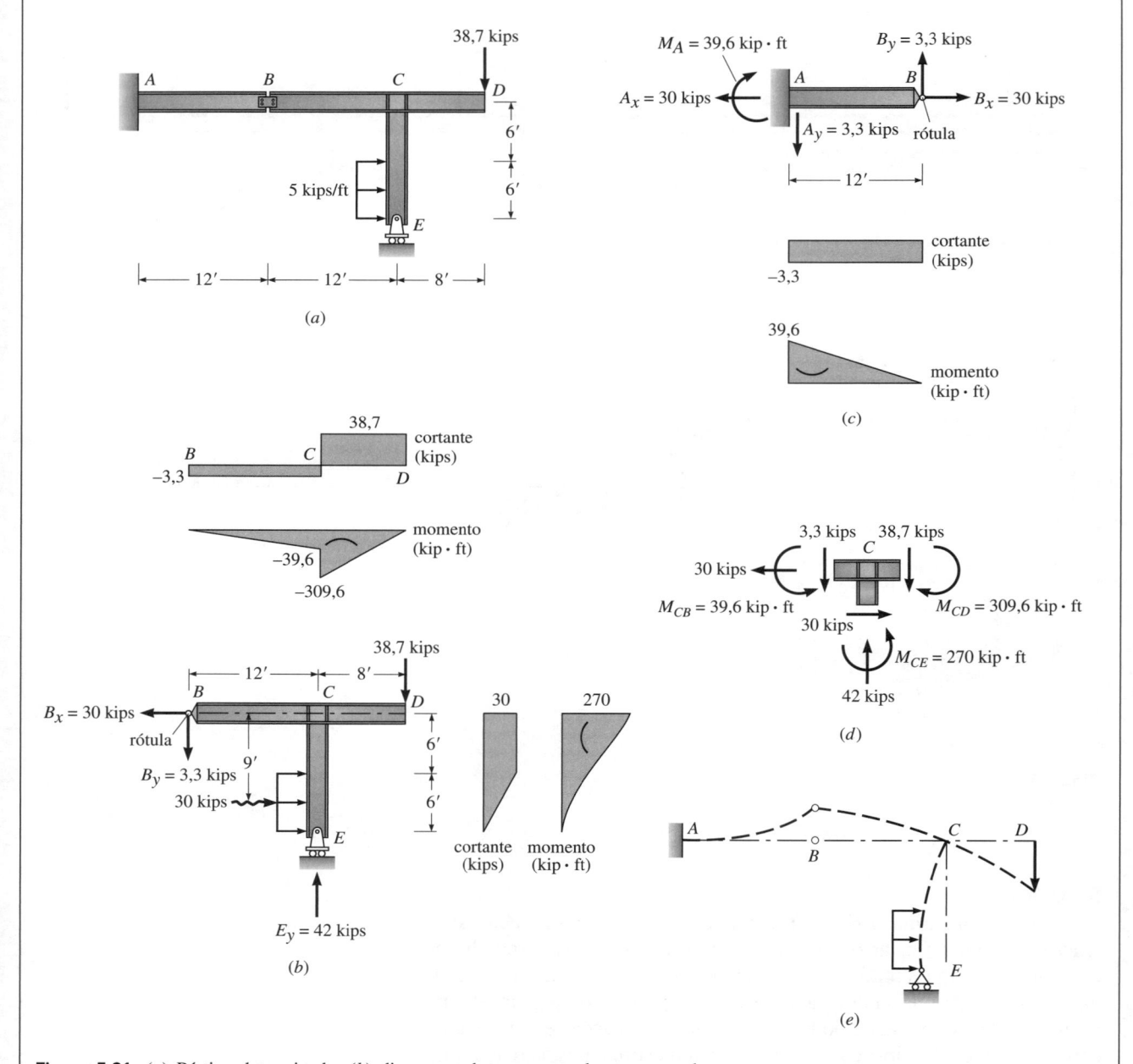

Figura 5.21: (a) Pórtico determinado; (b) diagramas de cortante e de momento do pórtico BCDE; (c) diagramas de cortante e de momento da viga em balanço AB; (d) corpo livre do nó C; (e) forma defletida do pórtico.

Solução

Iniciamos a análise do pórtico examinando os corpos livres da estrutura em um lado ou outro da rótula em B para calcular as reações. Para calcular a reação vertical na articulação móvel (ponto E), somamos os momentos sobre B das forças que atuam no corpo livre na Figura 5.21b.

$$\circlearrowleft^+ \quad \Sigma M_B = 0$$
$$0 = 38{,}7(20) - 30(9) - E_y(12)$$
$$E_y = 42 \text{ kips}$$

Agora, as componentes das forças da rótula em B podem ser determinadas pela soma das forças nas direções x e y.

$$\rightarrow^+ \quad \Sigma F_x = 0$$
$$30 - B_x = 0 \qquad B_x = 30 \text{ kips}$$
$$\uparrow^+ \quad \Sigma F_y = 0$$
$$-B_y + 42 - 38{,}7 = 0 \qquad B_y = 3{,}3 \text{ kips}$$

Após as forças da rótula em B serem estabelecidas, a viga em balanço na Figura 5.21c pode ser analisada pelas equações da estática. Os resultados estão mostrados no esboço. Com as forças conhecidas nas extremidades de todas as barras, desenhamos os diagramas de cortante e de momento para cada barra. Esses resultados estão plotados ao lado de cada barra. A curvatura associada a cada diagrama de momento é mostrada por uma linha curva no diagrama.

O corpo livre do nó C está mostrado na Figura 5.21d. Conforme você pode verificar usando as equações da estática (isto é, $\Sigma F_y = 0$, $\Sigma F_x = 0$, $\Sigma M = 0$), o nó está em equilíbrio.

Um esboço da forma defletida é mostrado na Figura 5.21e. Como A é um engastamento, o eixo longitudinal da viga em balanço é horizontal nesse ponto. Se reconhecermos que nem forças axiais nem a curvatura gerada pelo momento produzem uma alteração significativa no comprimento das barras, então o nó C é restringido contra deslocamento horizontal e vertical pelas barras CE e ABC, as quais se conectam nos apoios que impedem o deslocamento ao longo dos seus eixos. O nó C está livre para girar. Como você pode ver, a carga concentrada em D tende a girar o nó C no sentido horário. Por outro lado, a carga distribuída de 30 kips na barra CE tenta girar o nó no sentido anti-horário. Como a barra BCD é curvada com concavidade para baixo ao longo de todo o seu comprimento, a rotação no sentido horário domina.

Embora a curvatura da barra CE seja coerente com aquela indicada pelo diagrama de momento, a posição curvada final da articulação móvel em E na direção horizontal é duvidosa. Embora mostremos que a articulação móvel se deslocou para a esquerda em relação à sua posição inicial, ela também poderia estar localizada à direita de sua posição não curvada, caso a coluna fosse flexível. As técnicas para calcular deslocamentos serão apresentadas nos capítulos 9 e 10.

5.5 Princípio da superposição

Muitas das técnicas analíticas que desenvolvemos neste livro são baseadas no *princípio da superposição*. Esse princípio determina:

Se uma estrutura se comporta de maneira linearmente elástica, a força ou o deslocamento em um ponto específico produzido por um conjunto de cargas atuando simultaneamente pode ser avaliado pela soma (superposição) das forças ou deslocamentos no ponto específico, produzidos por cada carga do conjunto atuando individualmente. Em outras palavras, a resposta de uma estrutura elástica linear é a mesma se todas as cargas são aplicadas simultaneamente ou se os efeitos das cargas individuais são combinados.

O princípio da superposição pode ser ilustrado considerando-se as forças e deflexões produzidas na viga em balanço que aparece na Figura 5.22. A Figura 5.22a mostra as reações e a forma defletida produzida pelas forças P_1 e P_2. As figuras 5.22b e c exibem as reações e as formas defletidas produzidas pelas cargas atuando separadamente na viga. O princípio da superposição define que a *soma algébrica* das reações, forças internas ou deslocamentos em qualquer ponto específico nas figuras 5.22b e c será igual a reação, força interna ou deslocamento no ponto correspondente na Figura 5.22a. Em outras palavras, as seguintes expressões são válidas:

$$R_A = R_{A1} + R_{A2}$$
$$M_A = M_{A1} + M_{A2}$$
$$\Delta_C = \Delta_{C1} + \Delta_{C2}$$

O princípio da superposição não se aplica às vigas-coluna ou às estruturas que sofrem grandes alterações na geometria quando carregadas. Por

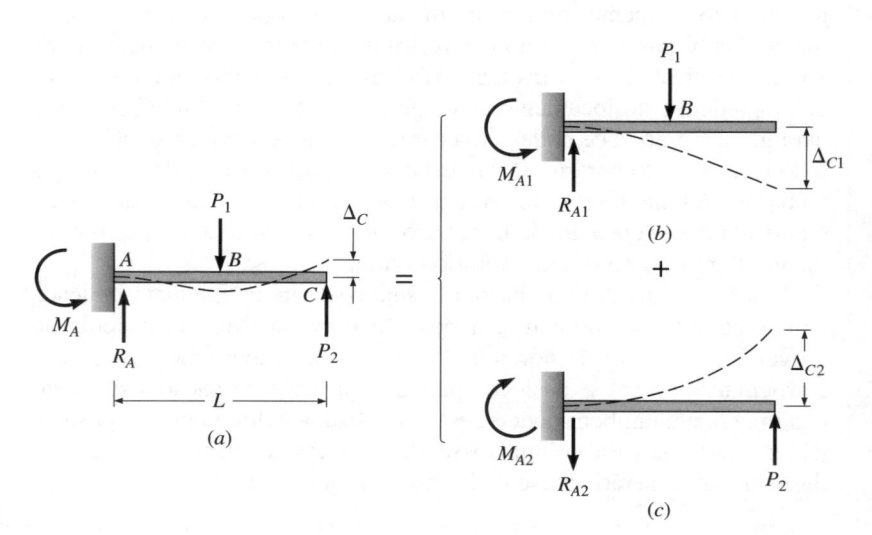

Figura 5.22

exemplo, a Figura 5.23a mostra uma coluna em balanço carregada por uma força axial P. O efeito da carga axial P é gerar somente tensão direta na coluna; P não produz nenhum momento. A Figura 5.23b mostra uma força horizontal H aplicada no topo da mesma coluna. Essa carga produz cortante e momento.

Na Figura 5.23c, as cargas da Figura 5.23a e b são aplicadas simultaneamente na coluna. Se somarmos os momentos sobre A para avaliar o momento na base da coluna em sua posição fletida (o topo defletiu horizontalmente a uma distância Δ), o momento na base poderá ser expresso como

$$M' = HL + P\Delta$$

O primeiro termo representa o *momento principal* produzido pela carga transversal H. O segundo termo, chamado de *momento PΔ*, representa o momento produzido pela excentricidade da carga axial P. O momento total na base obviamente ultrapassa o momento produzido pela soma dos casos a e b. Como o deslocamento lateral do topo da coluna, produzido pela carga lateral, cria momento adicional em todas as seções ao longo do comprimento da coluna, as deformações de flexão da coluna na Figura 5.23c são maiores do que as da Figura 5.23b. Como a presença da carga axial aumenta a deflexão da coluna, vemos que a carga axial tem o efeito de reduzir a rigidez à flexão da coluna. Se a rigidez à flexão da coluna for maior e Δ for pequeno ou se P for pequeno, o momento PΔ será pequeno e, na maioria dos casos práticos, poderá ser desprezado.

A Figura 5.24 mostra um segundo caso, no qual a superposição é *inválida*. Na Figura 5.24a, um cabo flexível suporta duas cargas de magnitude P nos pontos a um terço do vão. Essas cargas deformam o cabo em uma forma simétrica. A flecha do cabo em B é denotada por h. Se as cargas são aplicadas separadamente, produzem as formas defletidas mostradas na Figura 5.24b e c. Embora a soma das componentes verticais das

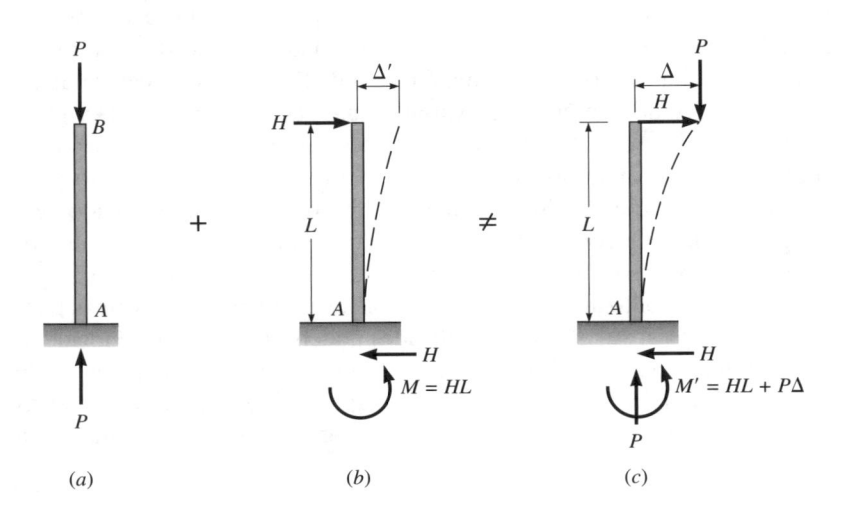

Figura 5.23: A superposição não é aplicável. (a) A força axial produz tensão direta; (b) a força lateral produz momento; (c) a força axial produz momento PΔ.

Figura 5.24: A superposição não é aplicável. (*a*) Cabo com duas cargas iguais nos pontos a um terço do vão; (*b*) cabo com uma carga em *B*; (*c*) cabo com uma carga em *C*.

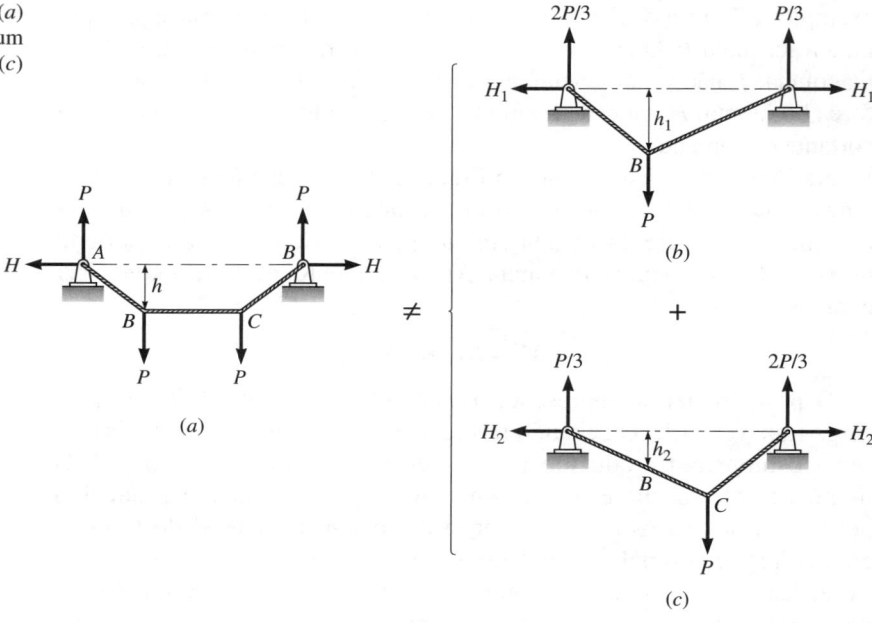

reações nos apoios em *b* e *c* seja igual à de *a*, os cálculos indicam claramente que a soma das componentes horizontais H_1 e H_2 não é igual a *H*. Também fica evidente que a soma das deflexões verticais em *B*, h_1 e h_2 é muito maior do que o valor de *h* no caso *a*.

O princípio da superposição fornece a base para a análise de estruturas indeterminadas pelo método da flexibilidade, discutido no Capítulo 11, assim como pelos métodos matriciais, nos capítulos 16, 17 e 18. A superposição também é frequentemente usada para simplificar os cálculos que envolvem os diagramas de momento de vigas que suportam várias cargas. Por exemplo, no método área-momento (um procedimento para calcular a inclinação ou deflexão em um ponto ao longo do eixo de uma viga), devemos avaliar o produto de uma área e a distância entre o centroide da área e um eixo de referência. Se várias cargas são suportadas pela viga, o formato do diagrama de momento pode ser complicado. Se não existem equações simples para avaliar a área sob o diagrama de momento ou a posição do centroide da área, o cálculo exigido só pode ser efetuado pela integração de uma função complicada. Para evitar essa operação demorada, podemos analisar a viga separadamente para a ação de cada carga. Desse modo, produzimos vários diagramas de momento com formas geométricas simples, cujas áreas e centroides podem ser avaliados e localizados por meio de equações-padrão (consultar as últimas páginas deste livro). O Exemplo 5.14 ilustra o uso de superposição para estabelecer as reações e o diagrama de momento de uma viga carregada com uma carga uniforme e momentos nas extremidades.

EXEMPLO 5.14

a. Avalie as reações e construa o diagrama de momento para a viga da Figura 5.25a por meio da superposição das reações e diagramas de momento associados às cargas individuais nas partes (b), (c) e (d).

b. Calcule o momento da área sob o diagrama de momento entre o apoio esquerdo e o centro da viga com relação a um eixo através do apoio A.

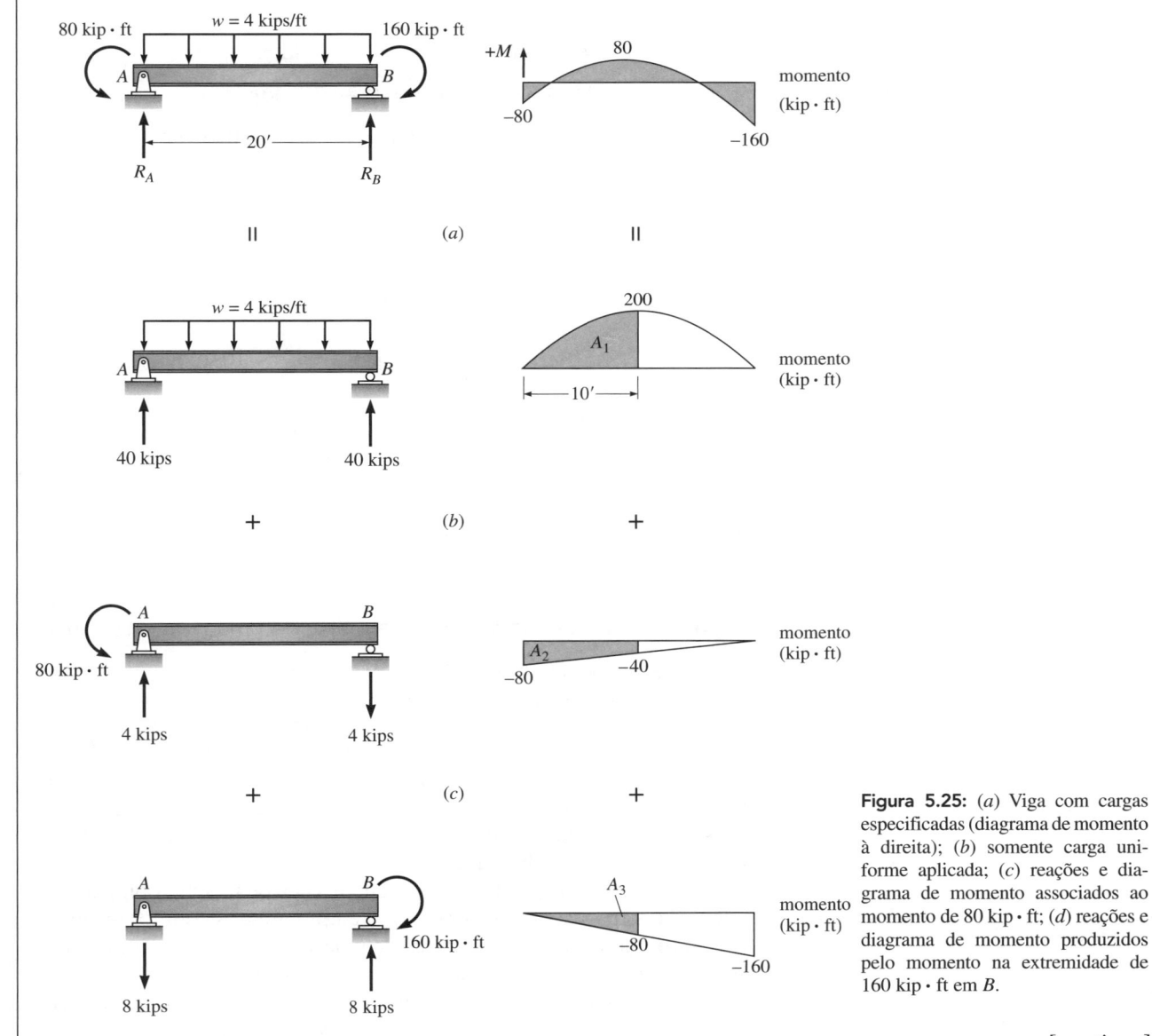

Figura 5.25: (a) Viga com cargas especificadas (diagrama de momento à direita); (b) somente carga uniforme aplicada; (c) reações e diagrama de momento associados ao momento de 80 kip · ft; (d) reações e diagrama de momento produzidos pelo momento na extremidade de 160 kip · ft em B.

[continua]

[*continuação*]

Solução

a. Para resolver por superposição, também denominada *diagrama de momento por partes*, analisamos a viga separadamente para as cargas individuais. (As reações e os diagramas de momento são mostrados na Figura 5.25*b*, *c* e *d*.) Então, as reações e as ordenadas do diagrama de momento produzidas por todas as cargas atuando simultaneamente (Figura 5.25*a*) são estabelecidas pela soma algébrica da contribuição dos casos individuais.

$$R_A = 40 + 4 + (-8) = 36 \text{ kips}$$
$$R_B = 40 + (-4) + 8 = 44 \text{ kips}$$
$$M_A = 0 + (-80) + 0 = -80 \text{ kip} \cdot \text{ft}$$
$$M_{\text{centro}} = 200 + (-40) + (-80) = 80 \text{ kip} \cdot \text{ft}$$

b. Momento da área $= \sum_{n=1}^{3} A_n \cdot \bar{x}$

(consultar Tabela 3 no final do livro)

$$= \frac{2}{3}(10)(200)\left(\frac{5}{8} \times 10\right) + (-40 \times 10)(5)$$
$$+ \frac{1}{2}(-40)(10)\left(\frac{10}{3}\right) + \frac{1}{2}(10)(-80)\left[\frac{2}{3}(10)\right]$$
$$= 3\,000 \text{ kip} \cdot \text{ft}^3$$

5.6 Esboçando a forma defletida de uma viga ou pórtico

Para garantir que as estruturas sejam úteis — isto é, suas funções não sejam prejudicadas por causa de flexibilidade excessiva que permita grandes deflexões ou vibrações sob cargas de serviço —, os projetistas devem ser capazes de calcular as deflexões em todos os pontos críticos de uma estrutura e compará-las com os valores permitidos, especificados pelos códigos de construção. Como primeiro passo nesse procedimento, o projetista deve saber desenhar um esboço preciso da forma defletida da viga ou pórtico. As deflexões em vigas e pórticos bem projetados normalmente são pequenas, comparadas com as dimensões da estrutura. Por exemplo, muitos códigos de construção limitam a deflexão máxima de uma viga com apoio simples sob sobrecarga a 1/360 do comprimento do vão. Portanto, se uma viga simples se estende por 20 pés (240 pol), a deflexão máxima em meio vão, devido à sobrecarga, não deve ultrapassar 2/3 pol.

Se representarmos uma viga que se estende por 20 pés por meio de uma linha de 2 pol de comprimento, estaremos reduzindo a dimensão ao longo do eixo da viga por um fator de 120 (ou podemos dizer que estamos usando um fator de escala de 1/120 com relação à distância ao longo do eixo da viga). Se fôssemos usar a mesma escala para mostrar a deflexão em meio vão, o deslocamento de 2/3 pol teria de ser plotado como 0,0055 pol. Uma distância dessa dimensão, que tem aproximadamente o tamanho de um ponto final, não seria perceptível a olho nu. Para produzir uma imagem clara da forma defletida, devemos exagerar as deflexões, usando uma escala vertical 50 a 100 vezes maior do que a escala aplicada nas dimensões longitudinais da barra. Como usamos escalas horizontais e verticais diferentes para esboçar as formas defletidas de vigas e pórticos, o projetista deve estar ciente das distorções que devem ser introduzidas no esboço para garantir que a forma defletida seja uma representação precisa da estrutura carregada.

Um esboço preciso deve satisfazer às seguintes regras:

1. A curvatura deve ser coerente com o diagrama de momento.
2. A forma defletida precisa satisfazer às restrições das condições de contorno.
3. O ângulo original (normalmente 90°) em um nó rígido tem de ser preservado.
4. O comprimento da barra deformada é igual ao comprimento original da barra descarregada.
5. A projeção horizontal de uma viga ou a projeção vertical de uma coluna é igual ao comprimento original da barra.
6. As deformações axiais, insignificantes em comparação às deformações de flexão, são desprezadas.

Na Figura 5.26a, por exemplo, a forma defletida de uma viga com apoio simples e com a carga de serviço atuando é mostrada pela linha tracejada. Como a deflexão é quase imperceptível a olho nu, um esboço desse tipo não seria útil para um projetista que estivesse interessado em calcular rotações ou deflexões em um ponto específico ao longo do eixo da viga. Em vez disso, para mostrar a forma defletida claramente, desenharemos o esboço *distorcido*, mostrado na Figura 5.26b. Na Figura 5.26b, a escala usada para desenhar a deflexão δ em meio vão é cerca de 75 vezes maior do que a escala usada na direção longitudinal para mostrar o comprimento da barra. Quando mostramos o comprimento da barra fletida em uma escala distorcida, a distância ao longo do eixo defletido da barra aparece muito maior do que o comprimento da corda que liga as extremidades da barra. Um projetista inexperiente poderia supor que a articulação móvel na extremidade direita da viga se move para a esquerda a uma distância Δ. Como a deflexão de meio vão é muito pequena (ver Figura 5.26a), a regra 4 se aplica. Reconhecendo que não existe uma diferença significativa no comprimento entre as barras carregadas e descarregadas, concluímos que o deslocamento horizontal da articulação móvel em B é igual a zero e mostramos a barra se estendendo até a posição original do apoio B.

Como um segundo exemplo, desenhamos a forma defletida da viga em balanço vertical da Figura 5.27a. O diagrama de momento produ-

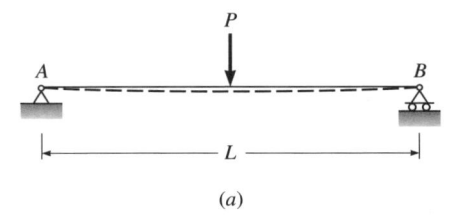

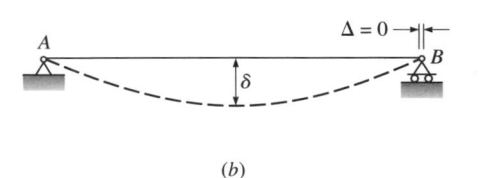

Figura 5.26

zido pela carga horizontal no nó B é mostrado na Figura 5.27b. A linha curva curta dentro do diagrama de momento indica o sentido da curvatura da barra. Na Figura 5.27c, a forma defletida da viga em balanço está desenhada em uma escala exagerada na direção horizontal. Como a base da coluna está ligada a um engaste, a curva elástica deve se elevar do apoio inicialmente em um ângulo de 90°. Como a projeção vertical da coluna é assumida como sendo igual ao comprimento inicial (regra 5), supõe-se que a deflexão vertical do topo da viga em balanço é zero; isto é, B se move horizontalmente para B'. Para ser coerente com a curvatura produzida pelo momento, o topo da viga em balanço deve se deslocar lateralmente para a direita.

Na Figura 5.28, mostramos com linhas tracejadas a forma defletida produzida por uma única carga concentrada, aplicada em meio vão na viga mestra BD de um pórtico *contraventado*. Em um pórtico contraventado, todos os nós são impedidos de se deslocar lateralmente pelos apoios ou pelas barras conectadas aos apoios imóveis. Por exemplo, o nó B não se move lateralmente, pois está conectado pela viga mestra BD a uma articulação fixa no nó D. Podemos supor que o comprimento de BD não muda, pois (1) as deformações axiais são insignificantes e (2) nenhuma alteração no comprimento é produzida pela curvatura. Para plotar a forma defletida, mostramos a coluna saindo do engaste em A na direção vertical. A curvatura produzida pelo momento indica que a seção menor da coluna desenvolve tensões compressivas sobre a face externa e tração na face interna. No ponto onde o momento se reduz a zero — o ponto de inflexão (PI) —, a curvatura inverte e a coluna se curva novamente em direção ao nó B. A carga aplicada curva a viga mestra para baixo, fazendo o nó B girar no sentido horário e o nó D no sentido anti-horário. Como o nó B é rígido, o ângulo entre a coluna e a viga mestra permanece em 90°.

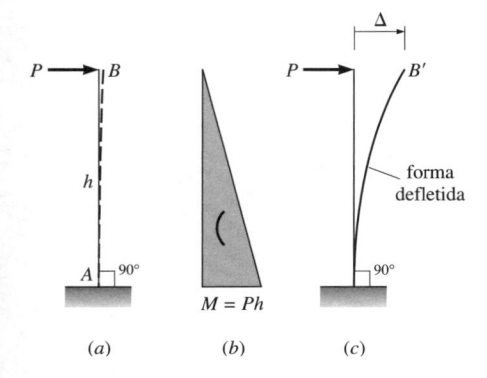

Figura 5.27: (a) Forma defletida mostrada pela linha tracejada em escala real; (b) diagrama de momento da viga em balanço em (a); (c) deflexões horizontais exageradas por clareza.

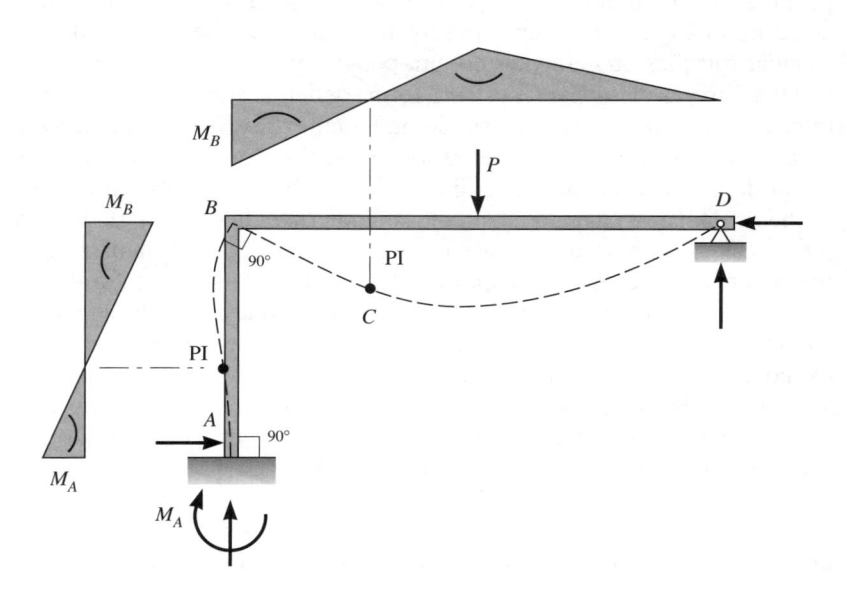

Figura 5.28: Forma defletida de um pórtico contraventado. Diagramas de momento mostrados acima e à esquerda do pórtico.

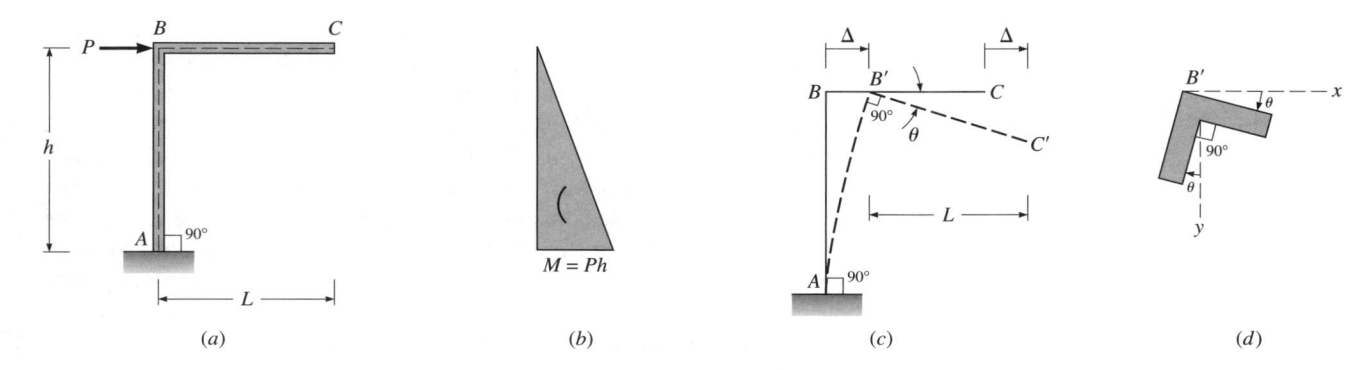

Figura 5.29: (*a*) Forma defletida mostrada em escala pela linha tracejada; (*b*) diagrama de momento; (*c*) forma defletida desenhada em uma escala exagerada; (*d*) rotação do nó *B*.

Na Figura 5.29*a*, mostramos uma viga em balanço em forma de L, com uma carga horizontal aplicada no topo da coluna em *B*. O momento produzido pela força horizontal no nó *B* (ver Figura 5.29*b*) flete a coluna para a direita. Como nenhum momento se desenvolve na viga *BC*, ela permanece reta. A Figura 5.29*c* mostra a forma defletida em escala exagerada. Iniciamos o esboço a partir do engaste em *A*, pois tanto a inclinação (90°) como a deflexão (zero) são conhecidas nesse ponto. Como a rotação angular do nó *B* é pequena, a projeção horizontal da viga *BC* pode ser assumida como sendo igual ao comprimento original *L* do membro. Note que os nós *B* e *C* se deslocam à direita pela mesma distância horizontal Δ. Assim como aconteceu com o topo da coluna na Figura 5.27, supõe-se que o nó *B* se move apenas horizontalmente. Por outro lado, o nó *C*, além de se mover à direita pela mesma distância Δ que o nó *B*, desloca-se para baixo por uma distância $\Delta_v = \theta L$, devido à rotação da barra *BC* por um ângulo θ. Conforme mostrado na Figura 5.29*d*, a rotação no sentido horário do nó *B* (que é rígida) pode ser medida a partir do eixo *x* ou do eixo *y*.

A carga lateral no nó *B* do pórtico da Figura 5.30*a* produz um momento que gera compressão nas faces externas da coluna *AB* e da viga mestra *BC*. Para iniciar o esboço da forma defletida, começamos na articulação fixa

Figura 5.30: (*a*) Diagramas de momento do pórtico *ABC*; (*b*) pórtico deformado na posição final; (*c*) forma defletida incorreta: ângulo de 90° em *B* não preservado.

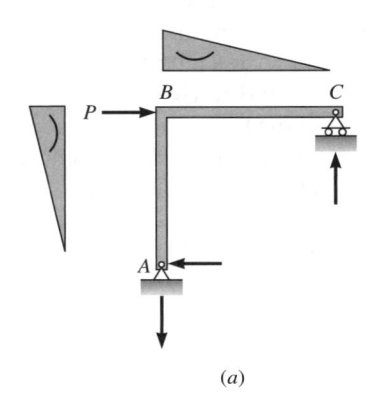

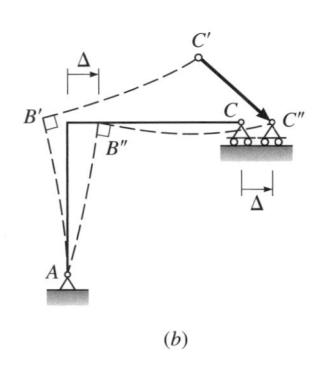

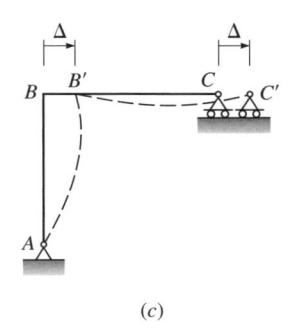

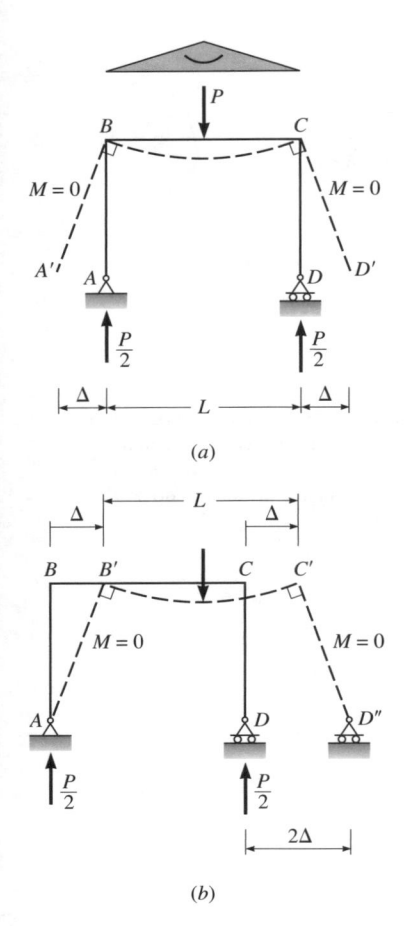

Figura 5.31: (a) Deformações produzidas pela carga mostradas pela linha tracejada; (b) posição exigida pelas restrições dos apoios.

em A — o único ponto no pórtico defletido cuja posição final é conhecida. Vamos supor arbitrariamente que a parte inferior da coluna AB se eleva verticalmente a partir da articulação fixa em A. Visto que o diagrama de momento indica que a coluna curva-se para a esquerda, o nó B se moverá horizontalmente até B' (Figura 5.30b). Como o nó B é rígido, desenhamos a extremidade B da barra BC perpendicular ao topo da coluna. Uma vez que a barra BC curva-se com concavidade para cima, o nó C se moverá até o ponto C'. Embora o pórtico tenha a *forma deformada correta sob todos os aspectos*, a posição do nó C viola as condições de contorno impostas pela articulação móvel em C. Como C está limitado a se mover apenas horizontalmente, não pode se deslocar verticalmente até C'.

Podemos estabelecer a posição correta do pórtico, imaginando que a estrutura inteira é girada no sentido horário como um corpo rígido sobre a articulação fixa em A, até que o nó C caia no nível do plano (em C'') no qual a articulação móvel se move. O caminho seguido por C durante a rotação sobre A está indicado pela seta entre C' e C''. À medida que ocorre a rotação do corpo rígido, o nó B se move horizontalmente à direita até o ponto B''.

Conforme mostrado na Figura 5.30c, um esboço *incorreto*, a extremidade B da barra AB *não pode* entrar no nó B com uma inclinação para cima e à esquerda, pois o ângulo de 90° não poderia ser preservado no nó B se a curvatura para cima da viga mestra também fosse mantida. Como o nó B está livre para se mover lateralmente à medida que a coluna flete, o pórtico é chamado *não contraventado*.

Na Figura 5.31a, um pórtico não contraventado carregado de forma simétrica suporta uma carga concentrada no meio vão da viga mestra BC. Com base nas dimensões iniciais, verificamos que as reações na articulação fixa em A e na articulação móvel em D são ambas iguais a P/2. Como nenhuma reação horizontal se desenvolve nos apoios, o momento nas duas colunas é zero (elas transmitem somente carga axial), e as colunas permanecem retas. A viga mestra BC, que atua como uma viga com apoio simples, flete com concavidade para cima. Se esboçarmos a forma defletida da viga mestra, supondo que ela não se desloca lateralmente, resultará a forma defletida mostrada pelas linhas tracejadas. Como os ângulos retos devem ser preservados nos nós B e C, as extremidades inferiores das colunas se deslocarão horizontalmente para fora em A' e D'. Embora a forma defletida esteja correta, o nó A não pode se mover, pois está conectado na articulação fixa em A. A posição correta do pórtico é estabelecida deslocando o pórtico deformado inteiro, como um corpo rígido, por uma quantidade Δ para a direita (ver Figura 5.31b). Conforme mostrado nessa figura, os nós B e C se movem apenas horizontalmente, e o comprimento da viga mestra carregada é igual ao seu comprimento inicial não deformado L.

A Figura 5.32 mostra um pórtico com uma rótula em C. Como a curvatura da barra AB e a posição final dos nós A e B são conhecidas, iniciamos o esboço desenhando a forma defletida da barra AB. Uma vez que o nó B é rígido, o ângulo de 90° é preservado em B e a barra BC deve inclinar para baixo e à direita. Como a rótula em C não fornece nenhuma restrição rotacional, as barras devem se projetar em cada lado da rótula com inclinações diferentes, por causa da diferença na curvatura, indicada pelos diagramas de momento.

Figura 5.32

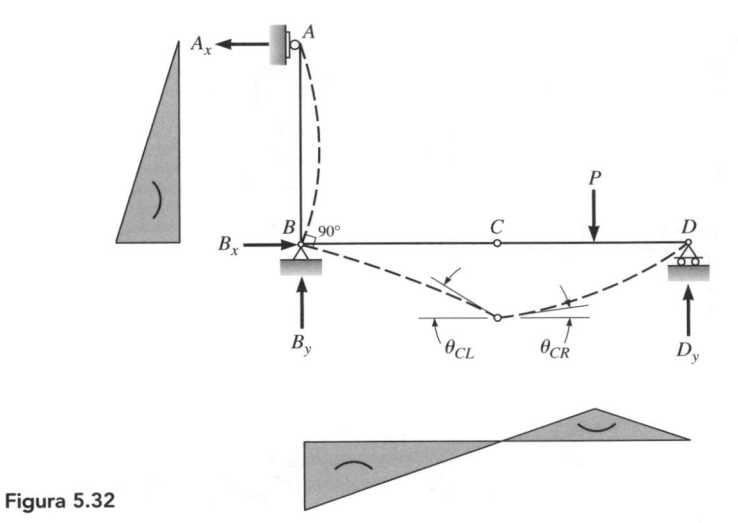

5.7 Grau de indeterminação

Em nossa discussão anterior sobre estabilidade e indeterminação, no Capítulo 3, consideramos um grupo de estruturas que podiam ser tratadas como um único corpo rígido ou como vários corpos rígidos com liberações internas fornecidas por rótulas ou rolos. Agora, queremos ampliar nossa discussão para incluir pórticos indeterminados — estruturas compostas de barras que transmitem cortante, carga axial e momento em determinada seção. As abordagens básicas discutidas no Capítulo 3 ainda se aplicam. Iniciaremos considerando o pórtico retangular da Figura 5.33a. Essa estrutura de nós rígidos, fabricada a partir de uma única barra, é suportada por um apoio de pino em A e um rolo em B. No ponto D, existe uma pequena abertura entre as extremidades das barras que separa a viga em balanço dos nós C e E. Como os apoios fornecem três restrições que não formam um sistema de forças paralelas nem concorrentes, concluímos que a estrutura é estável e determinada; isto é, estão disponíveis três equações da estática para calcular as três reações de apoio. Após as reações serem avaliadas, as forças internas — cortante, axial e momento — em qualquer seção podem ser avaliadas, passando-se um plano de corte pela seção e aplicando-se as equações de equilíbrio no diagrama de corpo livre em qualquer lado do corte.

Se as duas extremidades da viga em balanço fossem agora conectadas pela inserção de uma rótula em D (ver Figura 5.33b), a estrutura não seria mais estaticamente determinada. Embora as equações da estática nos permitam calcular as reações para qualquer carga, as forças internas dentro da estrutura não podem ser determinadas, pois não é possível isolar uma seção da estrutura como um corpo livre que tenha somente três forças desconhecidas. Por exemplo, se tentarmos calcular as forças internas na seção 1-1, no centro da barra AC na Figura 5.33b, considerando o

Foto 5.2: Duas colunas inclinadas de um pórtico rígido de concreto armado. O pórtico suporta uma ponte estaiada.

Foto 5.3: Barras inclinadas de um pórtico rígido fabricado com placas de aço.

Figura 5.33: (*a*) Pórtico estável *externamente* determinado; (*b*) pórtico *internamente* indeterminado no segundo grau; (*c*) corpo livre do canto superior esquerdo do pórtico articulado; (*d*) anel fechado *internamente* indeterminado no terceiro grau; (*e*) corpo livre do canto superior esquerdo do anel fechado (veja *d*).

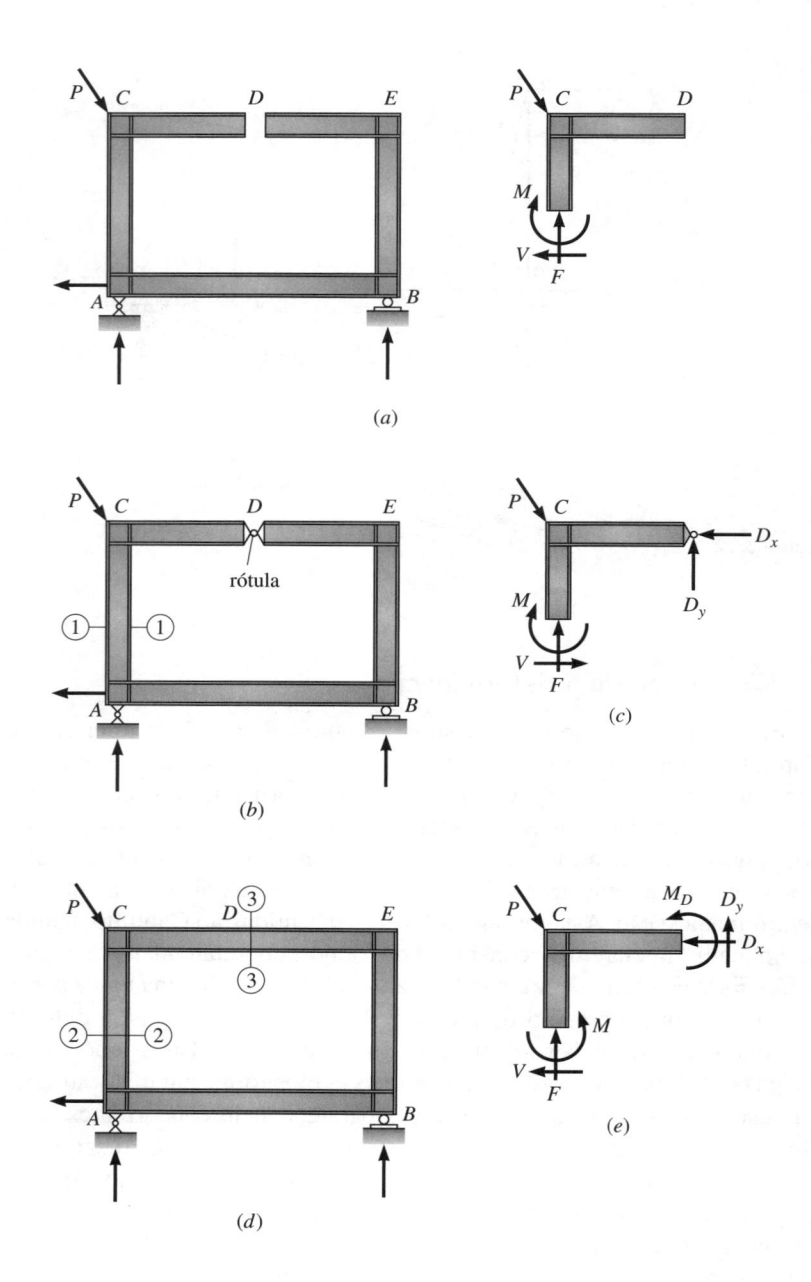

equilíbrio do corpo livre que se estende da seção 1-1 até a rótula em D (ver Figura 5.33*c*), deverão ser avaliadas cinco forças internas — três na seção 1-1 e duas na rótula. Como só estão disponíveis três equações da estática para sua solução, concluímos que a estrutura é indeterminada no segundo grau. Podemos chegar a essa mesma conclusão reconhecendo que, se removermos a rótula em D, a estrutura se reduzirá ao pórtico determinado da Figura 5.33*a*. Em outras palavras, quando conectamos as duas extremidades da estrutura com uma rótula, uma restrição horizontal e uma restrição vertical são adicionadas em D. Essas restrições, que fornecem caminhos de carga alternativos, tornam a estrutura indeterminada. Por exemplo, se uma força horizontal é aplicada em C no pórtico determinado da Figura 5.33a, a carga inteira deve ser transmitida pela barra CA para o pino em A e para o rolo em B. Por outro lado, se a mesma força é aplicada no pórtico da Figura 5.33b, uma porcentagem da força é transferida pela rótula no lado direito da estrutura para a barra DE e, então, pela barra EB para o pino em B.

Se as duas extremidades do pórtico em D forem soldadas para formar uma barra contínua e maciça (ver Figura 5.33d), essa seção terá capacidade de transmitir momento, assim como cortante e carga axial. A adição de restrição de curvatura em D aumenta para três o grau de indeterminação do pórtico. Conforme mostrado na Figura 5.33e, um corpo livre típico de qualquer parte da estrutura pode desenvolver seis forças internas desconhecidas. Com apenas três equações de equilíbrio, a estrutura é internamente indeterminada no terceiro grau. Resumindo, um anel fechado é internamente indeterminado estaticamente no terceiro grau. Para estabelecer o grau de indeterminação de uma estrutura composta de vários anéis fechados (um pórtico de construção de aço soldado, por exemplo), podemos remover restrições — internas ou externas — até que permaneça uma estrutura de *base* estável. O *número de restrições removidas é igual ao grau de indeterminação*. Esse procedimento foi apresentado na Seção 3.7; consultar Caso 3.

Para ilustrar esse procedimento de estabelecer o grau de indeterminação de um pórtico rígido pela remoção de restrições, consideraremos o pórtico da Figura 5.34a. Ao avaliar o grau de indeterminação de uma estrutura, o projetista sempre tem uma variedade de opções com relação às restrições que devem ser removidas. Por exemplo, na Figura 5.34b, podemos imaginar que o pórtico é cortado exatamente acima do engaste em B. Visto que essa ação remove três restrições, B_x, B_y e M_B, mas deixa uma estrutura estável em forma de U conectada no engaste em A, concluímos que a estrutura original é indeterminada no terceiro grau. Como procedimento alternativo, podemos eliminar três restrições (M, V e F) cortando a viga mestra em meio vão e deixando duas vigas em balanço estáveis e determinadas em forma de L (ver Figura 5.34c). Em outro exemplo (ver Figura 5.34d), uma estrutura de base estável e determinada pode ser estabelecida pela remoção da restrição de momento em A (fisicamente equivalente a substituir o engaste por uma articulação fixa) e pela remoção da restrição de momento e horizontal em B (o engaste é substituído por uma articulação móvel).

Como segundo exemplo, estabeleceremos o grau de indeterminação do pórtico da Figura 5.35a removendo restrições internas e externas. Como um de muitos procedimentos possíveis (ver Figura 5.35b), podemos eliminar duas restrições removendo completamente a articulação fixa em C. Uma terceira restrição externa (resistência ao deslocamento horizontal) pode ser removida pela substituição da articulação fixa em B por uma articulação móvel. Neste estágio, já removemos restrições suficientes para produzir uma estrutura *externamente* determinada. Se agora cortarmos as vigas mestras EF e ED, removendo mais seis restrições, restará uma estrutura estável e determinada. Como no total foram remo-

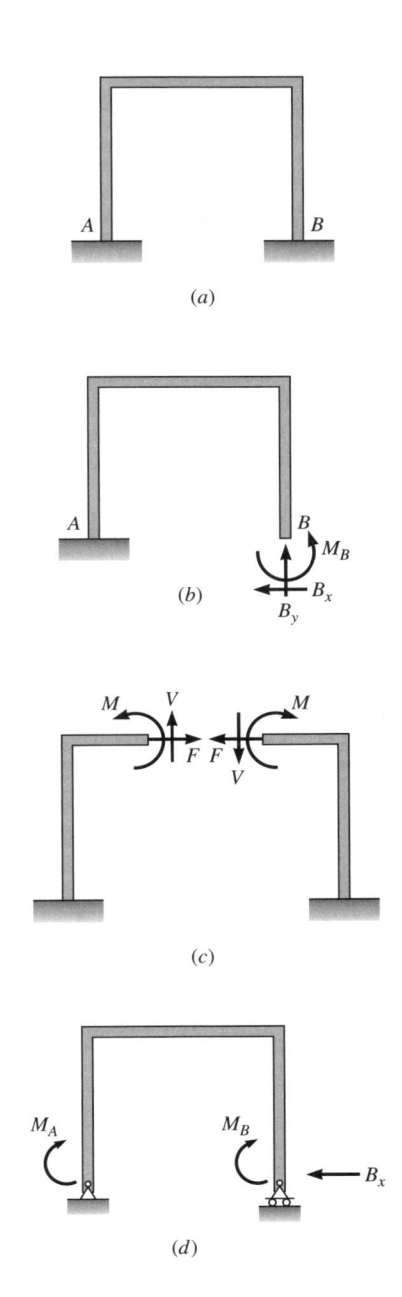

Figura 5.34: Estabelecendo o grau de indeterminação pela remoção de apoios até que reste uma estrutura estável e determinada. (*a*) Um pórtico com extremidades engastadas; (*b*) o engaste em B removido; (*c*) a viga mestra cortada; (*d*) articulações móvel e fixa usadas para eliminar restrição de momento e horizontal em B e o momento em A.

vidas nove restrições, a estrutura é indeterminada no grau nono. A Figura 5.36 mostra várias estruturas adicionais, cujo grau de indeterminação foi avaliado pelo mesmo método. Os estudantes devem verificar os resultados para conferir sua compreensão desse procedimento.

Para o pórtico da Figura 5.36*f*, um método para o estabelecimento do grau de indeterminação é considerar a estrutura da Figura 5.35*a* com as três articulações fixas em *A*, *B* e *C* substituídas por engastes. Essa modificação produziria uma estrutura semelhante àquela mostrada na Figura 5.36*f*, mas sem as rótulas internas. Essa modificação aumentaria os graus de indeterminação estabelecidos anteriormente de 9 para 12. Agora, a adição de oito rótulas para produzir a estrutura da Figura 5.36*f* removeria oito restrições de momento internas, produzindo uma estrutura estável e indeterminada no quarto grau.

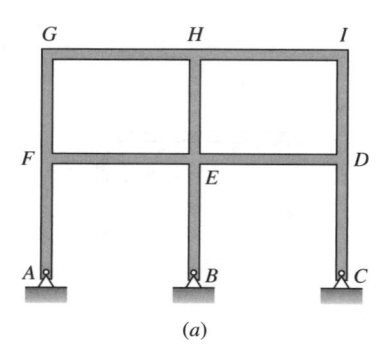

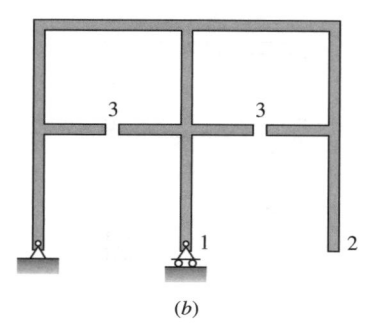

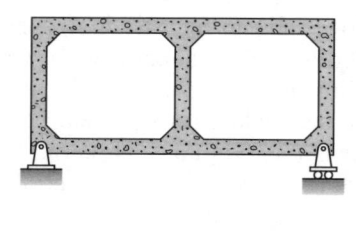

Figura 5.35: (*a*) Pórtico a ser avaliado; (*b*) remoção de restrições (os números na figura se referem ao número de restrições removidas nesse ponto para produzir a estrutura de base).

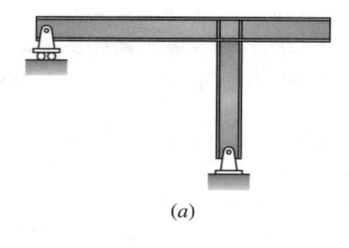

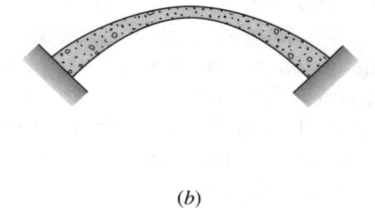

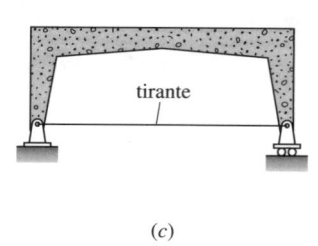

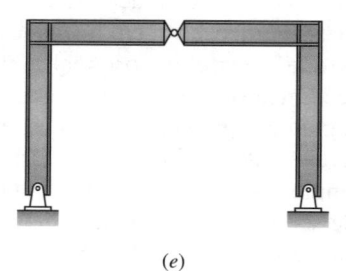

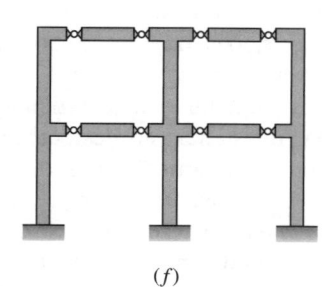

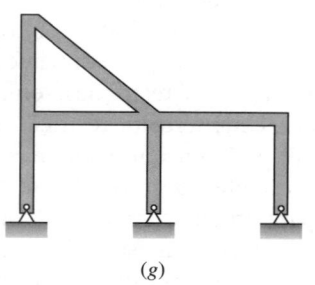

Figura 5.36: Classificação de pórticos rígidos. (*a*) Estável e determinado, 3 reações, 3 equações da estática; (*b*) arco sem articulação, indeterminado no terceiro grau, 6 reações e 3 equações da estática; (*c*) indeterminado no primeiro grau, 3 reações e 1 força desconhecida no tirante, 3 equações da estática; (*d*) indeterminado no sexto grau (internamente); (*e*) estrutura estável e determinada, 4 reações, 3 equações da estática e 1 equação de condição na rótula; (*f*) indeterminado no quarto grau; (*g*) indeterminado no sexto grau.

Resumo

- Em nossa discussão sobre vigas e pórticos, consideramos barras carregadas principalmente por forças (ou componentes de forças) atuando perpendicularmente ao eixo longitudinal de uma barra. Essas forças curvam a barra e produzem forças internas de cortante e momento nas seções normais ao eixo longitudinal.
- Calculamos a magnitude do momento em uma seção, somando os momentos de todas as forças externas em um corpo livre em qualquer lado da seção. Os momentos das forças são calculados sobre um eixo horizontal passando pelo centroide da seção transversal. O somatório deve incluir todas as reações que atuam no corpo livre. Para barras horizontais, supomos que os momentos são positivos quando produzem curvatura côncava para cima e negativos quando a curvatura é côncava para baixo.
- Cortante é a força resultante que atua paralela à superfície de uma seção através da viga. Calculamos sua magnitude somando as forças ou componentes das forças paralelas à seção, em qualquer lado da seção transversal.
- Estabelecemos procedimentos para escrever equações para cortante e momento em todas as seções ao longo do eixo de uma barra. Essas equações serão necessárias no Capítulo 10, para calcular deflexões de vigas e pórticos pelo método do trabalho virtual.
- Também estabelecemos quatro relações entre carga, cortante e momento que facilitam a construção de diagramas de cortante e momento:
  1. A alteração no cortante ΔV entre dois pontos é igual à área sob a curva de carga entre os dois pontos.
  2. A inclinação do diagrama de cortante em determinado ponto é igual à ordenada da curva de carga nesse ponto.
  3. A alteração no momento ΔM entre dois pontos é igual à área sob o diagrama de cortante entre os dois pontos.
  4. A inclinação do diagrama de momento em determinado ponto é igual à ordenada do diagrama de cortante nesse ponto.
- Também estabelecemos que os pontos de inflexão (nos quais a curvatura muda de positiva para negativa) na forma defletida de uma viga ocorrem onde os valores de momento são iguais a zero.
- Também aprendemos a usar diagramas de momento para fornecer as informações necessárias para desenhar esboços precisos das formas defletidas de vigas e pórticos. A capacidade do projetista de construir formas defletidas precisas é necessária no método área-momento, abordado no Capítulo 9. O método área-momento é utilizado para calcular rotações e deflexões em um ponto selecionado ao longo do eixo de uma viga ou pórtico.
- Por fim, estabelecemos um procedimento para determinar se uma viga ou pórtico é estaticamente determinado ou indeterminado e, se for indeterminado, qual é o grau de indeterminação.

PROBLEMAS

P5.1. Escreva as equações do cortante e do momento entre os pontos B e C como uma função da distância x ao longo do eixo longitudinal da viga na Figura P5.1, para (*a*) origem de x no ponto A e (*b*) origem de x em D.

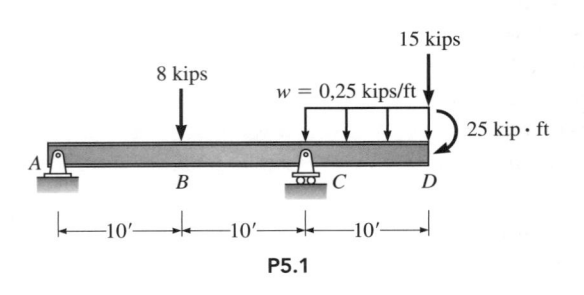

P5.2. Escreva as equações do cortante e do momento entre os pontos D e E. Selecione a origem em D.

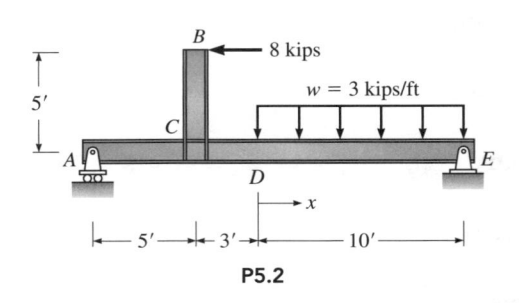

P5.3. Escreva as equações do cortante e do momento entre os pontos A e B. Selecione a origem em A. Plote o gráfico de cada força sob um esboço da viga. O balancim em A é equivalente a uma articulação móvel.

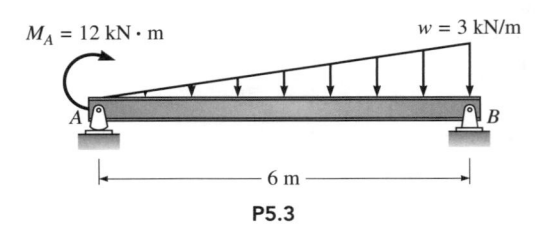

P5.4. Escreva as equações do cortante V e do momento M entre os pontos B e C. Adote a origem no ponto A. Avalie V e M no ponto C, usando as equações.

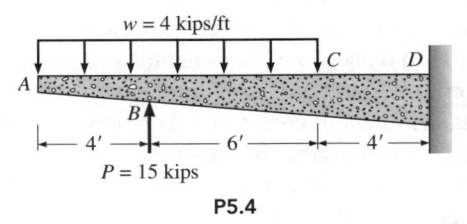

P5.5. Escreva as equações do momento entre os pontos B e C como uma função da distância x ao longo do eixo longitudinal da viga, para (*a*) origem de x em A e (*b*) origem de x em B.

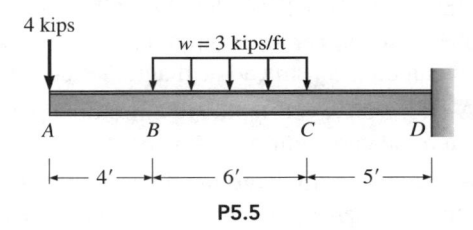

P5.6. Escreva as equações necessárias para expressar o momento ao longo de todo o comprimento da viga da Figura P5.6. Use uma origem no ponto A e, então, repita os cálculos usando uma origem no ponto D. Verifique que os dois procedimentos fornecem o mesmo valor de momento no ponto C.

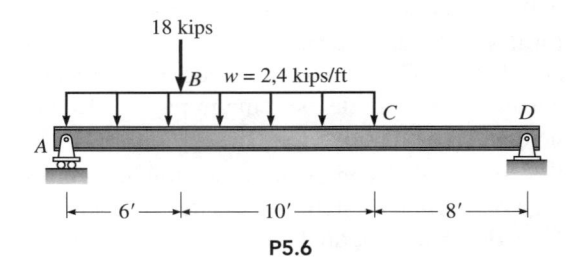

P5.7. Escreva as equações do cortante e do momento usando as origens mostradas na figura. Avalie o cortante e o momento em C, usando as equações baseadas na origem no ponto D.

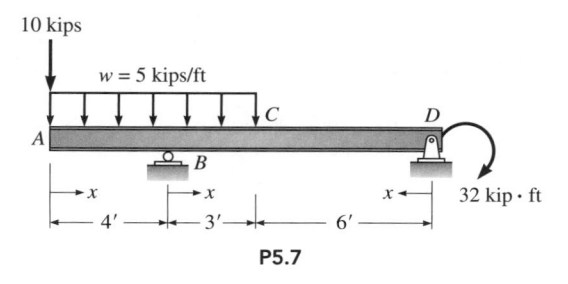

P5.9. Escreva as equações do momento como uma função da distância ao longo dos eixos longitudinais das barras AB e BC do pórtico da Figura P5.9. As origens para cada barra são mostradas.

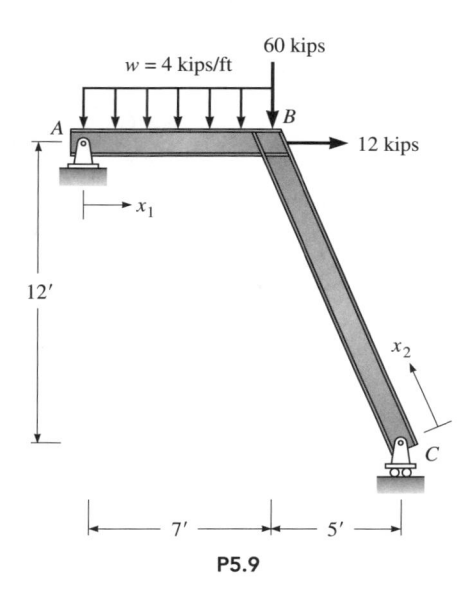

P5.8. Escreva a equação do momento entre os pontos B e C para o pórtico com nós rígidos da Figura P5.8.

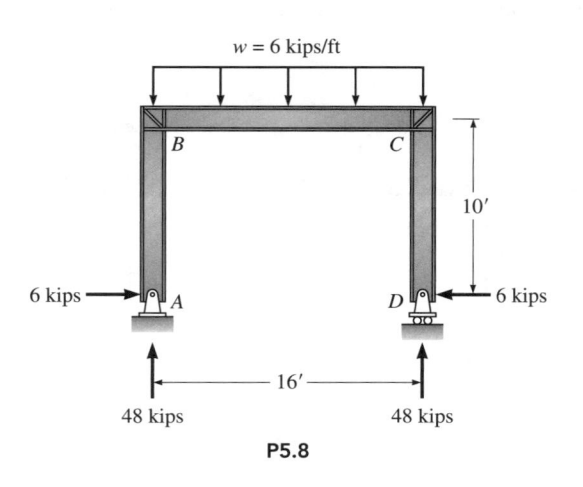

P5.10. Escreva as equações do cortante e do momento entre os pontos B e C para o pórtico rígido da Figura P5.10. Selecione a origem no ponto C.

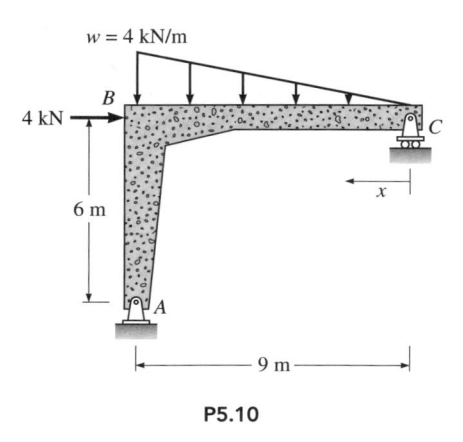

P5.11. Considere a viga mostrada na Figura P5.11. A almofada de elastômero no apoio A é equivalente a uma articulação móvel.

(*a*) Escreva as equações do cortante e do momento em relação a *x*. Selecione uma origem em A.

(*b*) Localize a seção de momento máximo.

(*c*) Calcule $M_{máx}$.

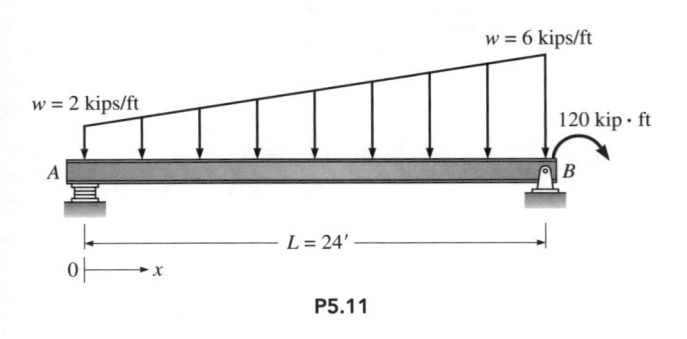

P5.12. Considere a viga mostrada na Figura P5.12.

(*a*) Escreva as equações do cortante e do momento para a viga usando uma origem na extremidade A.

(*b*) Utilizando as equações, avalie o momento na seção A.

(*c*) Localize o ponto de cortante zero entre B e C.

(*d*) Avalie o momento máximo entre os pontos B e C.

(*e*) Escreva as equações do cortante e do momento usando uma origem em C.

(*f*) Avalie o momento na seção A.

(*g*) Localize a seção de momento máximo e avalie $M_{máx}$.

(*h*) Escreva as equações do cortante e do momento entre B e C usando uma origem em B.

(*i*) Avalie o momento na seção A.

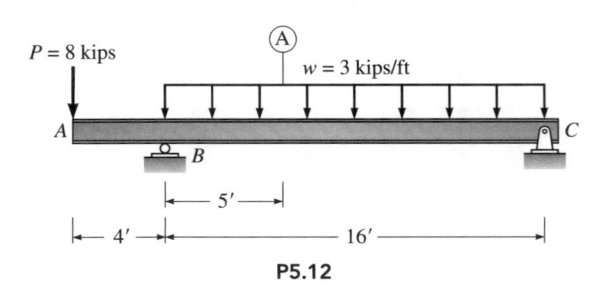

P5.13 a P5.15. Para cada viga, desenhe os diagramas de cortante e momento, marque os valores máximos de cortante e momento, localize pontos de inflexão e faça um esboço preciso da forma defletida.

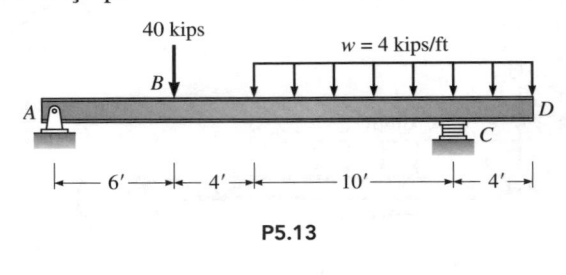

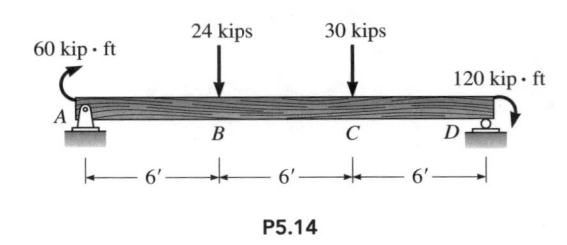

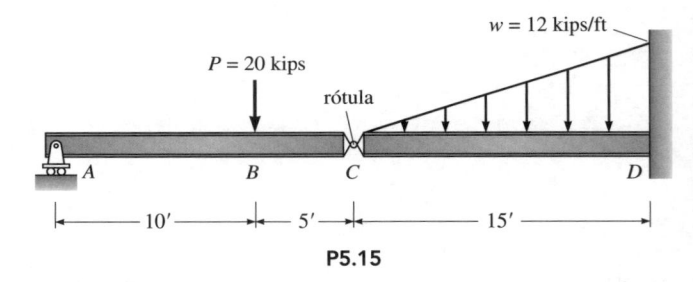

P5.16. Desenhe os diagramas de cortante e momento para todas as barras do pórtico da Figura P5.16. Esboce a forma defletida.

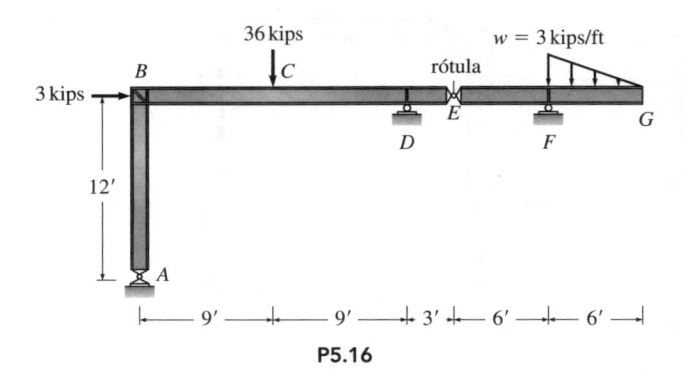

P5.17. Desenhe os diagramas de cortante e momento da viga mestra *BCDE* e esboce sua forma defletida. O apoio em *E* pode ser tratado como uma articulação móvel, e as conexões nos nós *A*, *C*, *D* e *F*, como pinos sem atrito.

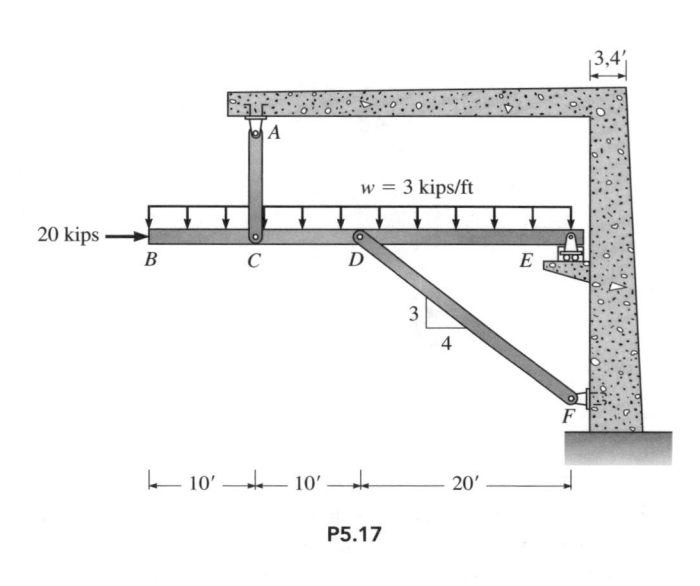

P5.18. Desenhe os diagramas de cortante e momento para cada barra do pórtico da Figura P5.18. Esboce a forma defletida.

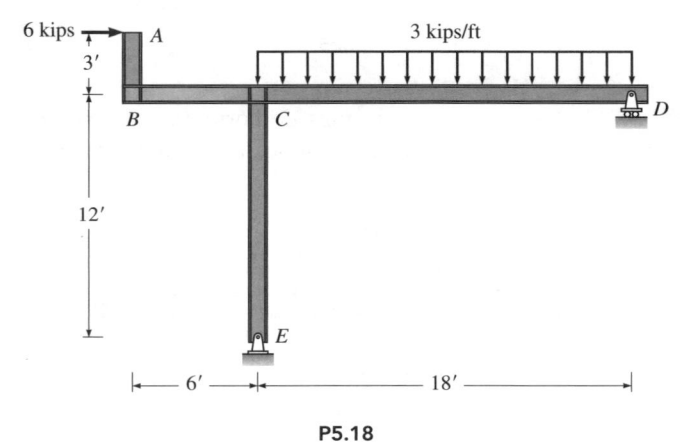

P5.19. Desenhe os diagramas de cortante e momento para cada barra do pórtico da Figura P5.19. Esboce a forma defletida.

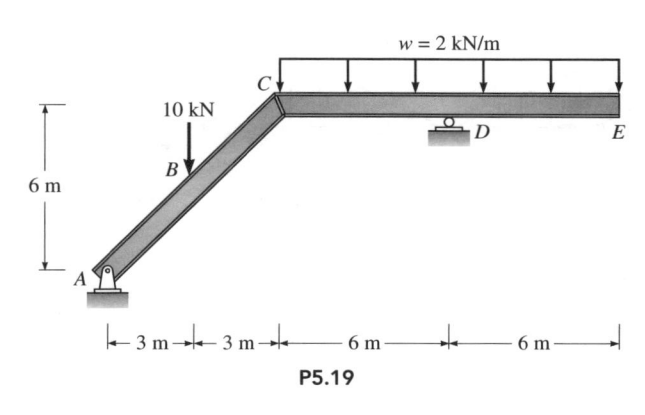

P5.20. Desenhe os diagramas de cortante e momento para a viga da Figura P5.20. Esboce a forma defletida.

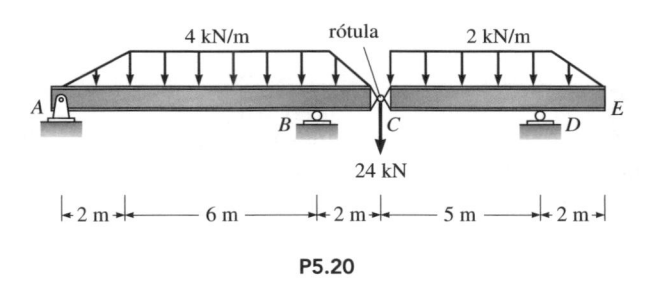

P5.21. Desenhe os diagramas de cortante e momento para cada membro do pórtico da Figura P5.21. Esboce a forma defletida das rótulas em *B* e *C*.

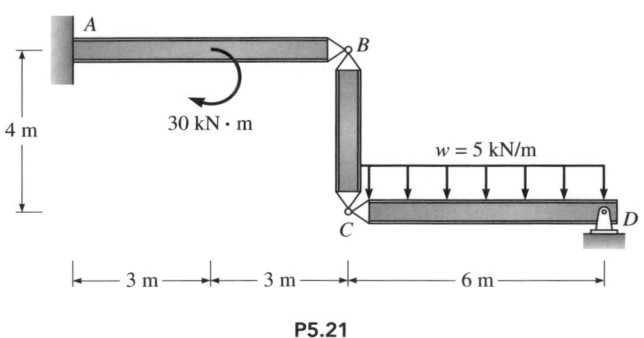

P5.22. Desenhe os diagramas de cortante e momento para cada barra do pórtico da Figura P5.22. Esboce a forma defletida. Engastamento em A.

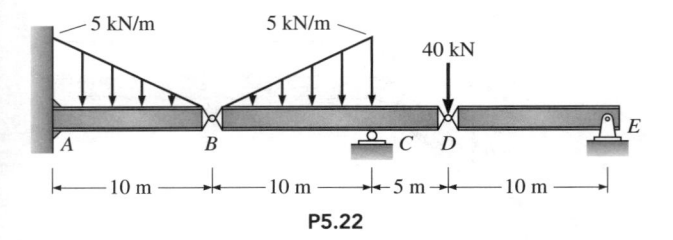

P5.23. Desenhe os diagramas de cortante e momento para cada barra do pórtico da Figura P5.23. Esboce a forma defletida.

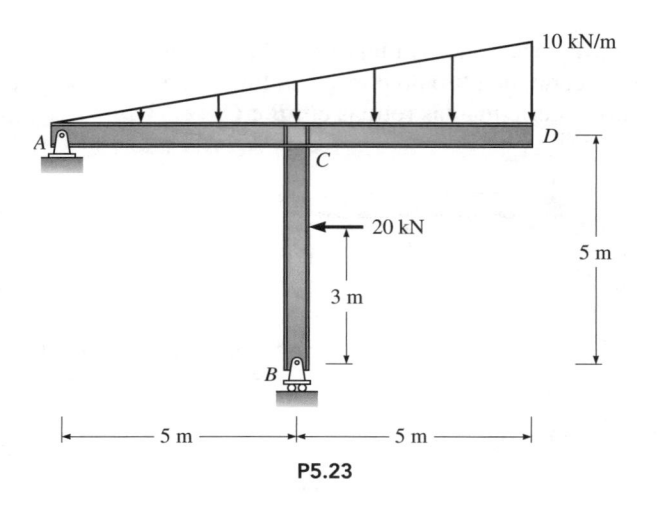

P5.24. Desenhe os diagramas de cortante e momento para cada barra do pórtico da Figura P5.24. Esboce a forma defletida.

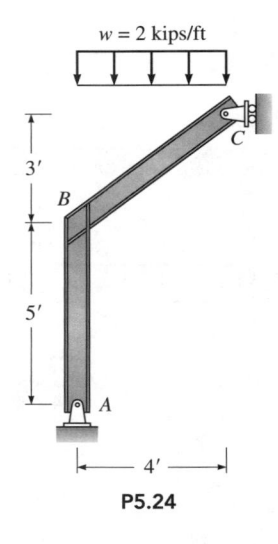

P5.25. Desenhe diagramas de cortante e momento para cada barra da viga na Figura P5.25. Esboce a forma defletida. A conexão de cisalhamento em B atua como uma rótula.

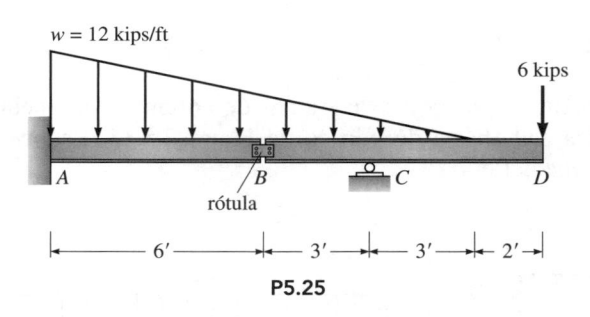

P5.26. Desenhe os diagramas de cortante e momento para a viga da Figura P5.26. Esboce a forma defletida.

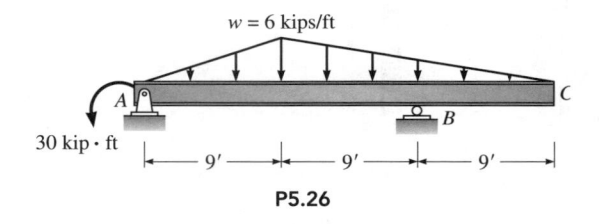

P5.27. Desenhe os diagramas de cortante e momento para a viga da Figura P5.27. Esboce a forma defletida.

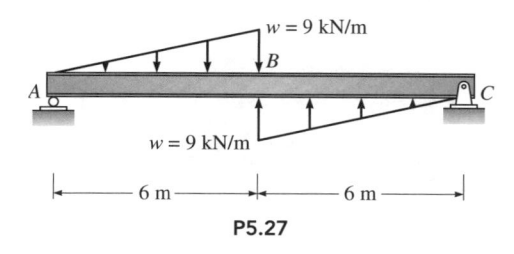

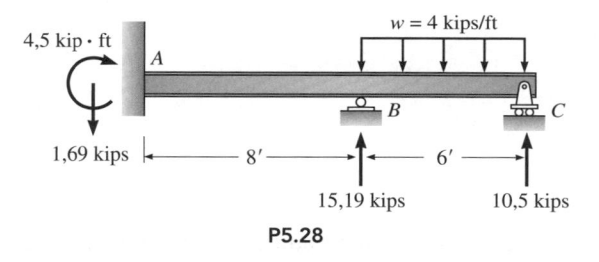

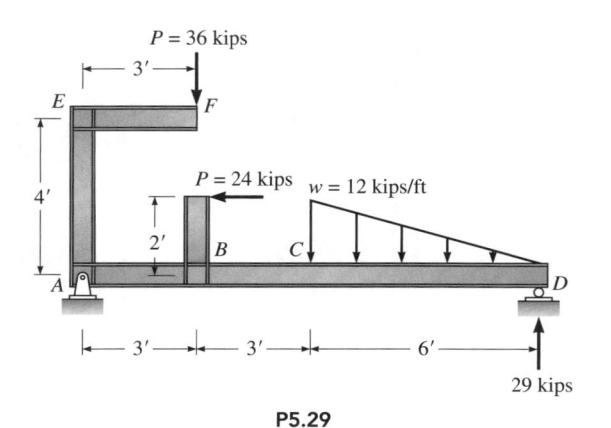

P5.30. Desenhe os diagramas de cortante e momento para a viga da Figura P5.30 (reações dadas). Localize todos os pontos de cortante e momento zero. Esboce a forma defletida.

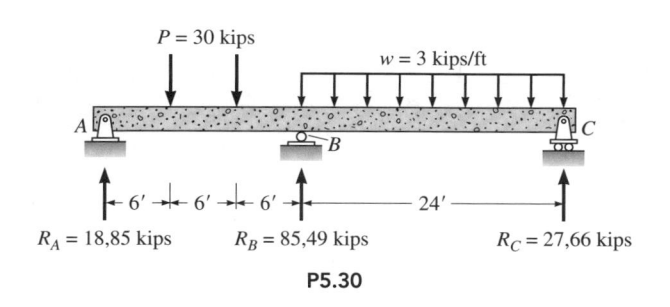

P5.28. Desenhe os diagramas de cortante e momento para a viga indeterminada da Figura P5.28. As reações são dadas. Esboce a forma defletida.

P5.31 e P5.32. Desenhe os diagramas de cortante e momento de cada viga indeterminada. As reações são dadas. Marque os valores máximos de cortante e momento. Localize todos os pontos de inflexão e esboce a forma defletida.

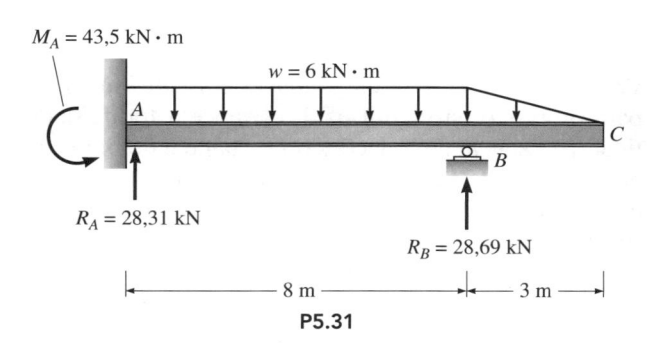

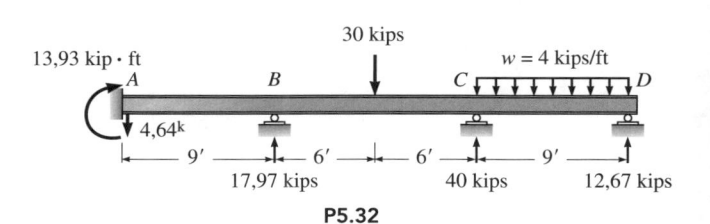

P5.29. Desenhe os diagramas de cortante e momento para a viga da Figura P5.29. Esboce a forma defletida.

P5.33. Desenhe os diagramas de cortante e momento da Figura P5.33. Esboce a forma defletida.

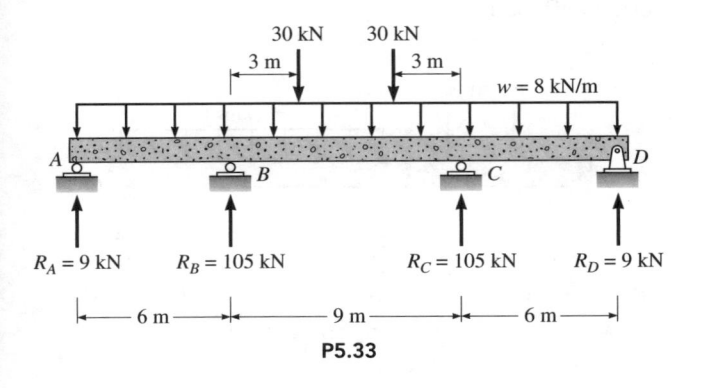

P5.35. Desenhe os diagramas de cortante e momento para cada barra do pórtico da Figura P5.35. Esboce a forma defletida. Os nós B e D são rígidos.

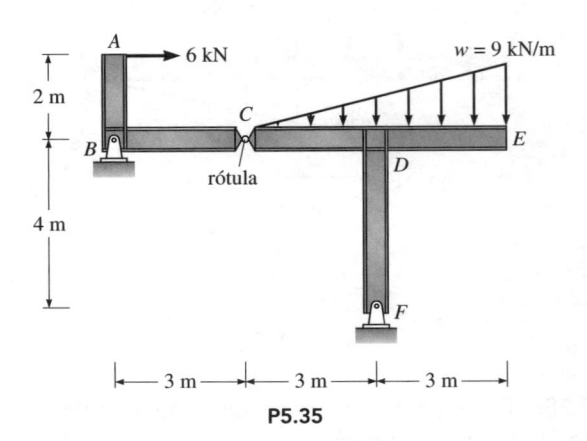

P5.34. (a) Desenhe os diagramas de cortante e momento para o pórtico da Figura P5.34. Esboce a forma defletida. (b) Escreva as equações do cortante e do momento na coluna AB. Adote a origem em A. (c) Escreva as equações do cortante e momento para a viga mestra BC. Adote a origem no nó B.

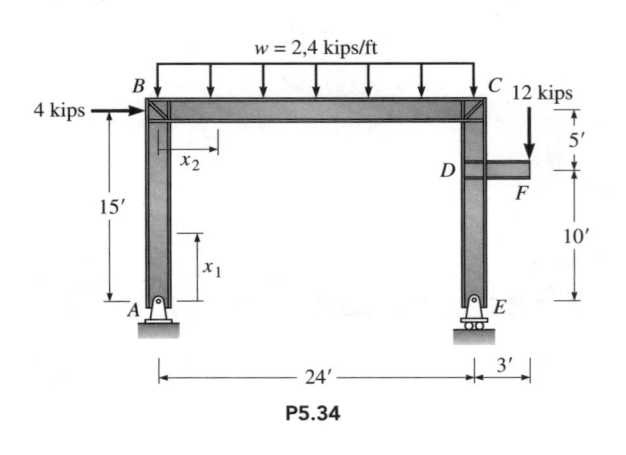

P5.36. Desenhe os diagramas de momento para cada barra do pórtico da Figura P5.36. Esboce a forma defletida do pórtico. Os nós B e C são rígidos.

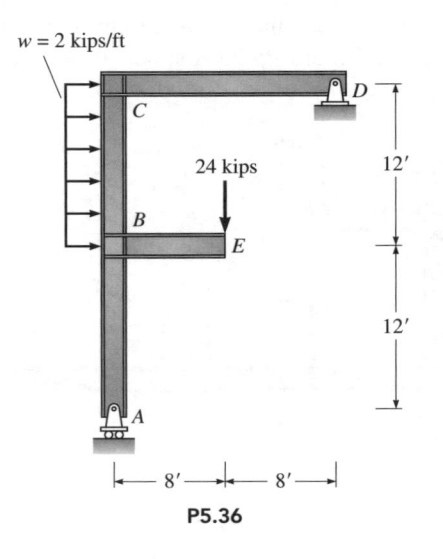

P5.37. Desenhe os diagramas de cortante e momento para cada barra do pórtico da Figura P5.37. Esboce a forma defletida. Trate a conexão da placa de cortante em C como uma rótula.

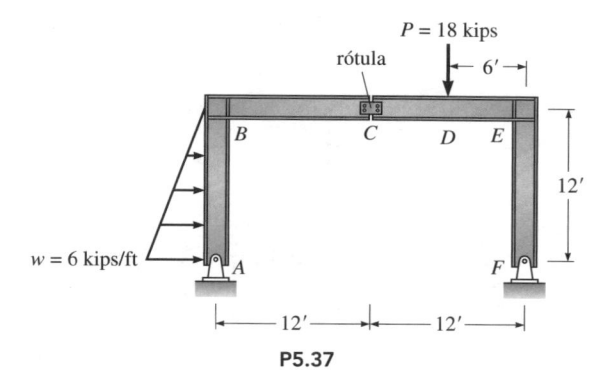

P5.39. Para o pórtico da Figura P5.39, desenhe os diagramas de cortante e momento para todas as barras. Em seguida, desenhe um esboço preciso da forma defletida do pórtico. Mostre todas as forças atuando em um diagrama de corpo livre do nó C. (O nó C é rígido.) Engastamento em A.

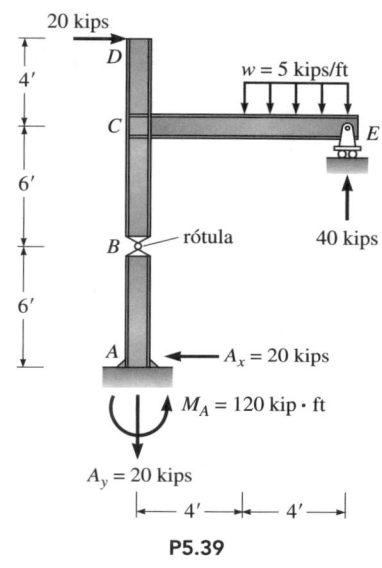

P5.38. (a) Faça um esboço preciso da forma defletida do pórtico da Figura P5.38. Preste bastante atenção na curvatura e no deslocamento. O nó B é rígido. (b) Desenhe um corpo livre do nó B e mostre todas as forças.

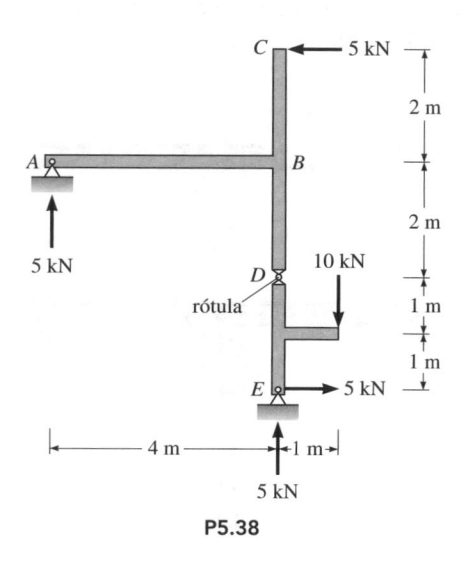

P5.40. (a) Esboce precisamente a forma defletida do pórtico da Figura P5.40. As reações e os diagramas de momento são dados. A curvatura também está indicada. Os nós B e D são rígidos. A rótula está localizada no ponto C. (b) Usando uma origem em A, escreva as equações do cortante e do momento na barra AB em relação à carga aplicada e à distância x.

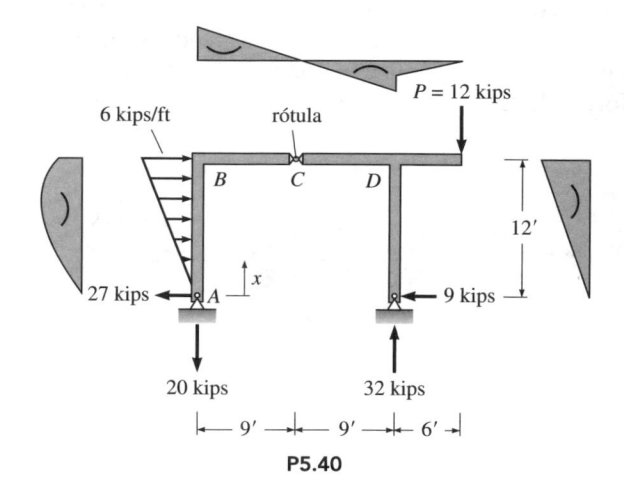

P5.41. Desenhe os diagramas de cortante e momento para todas as barras do pórtico da Figura P5.41. Esboce a forma defletida (reações dadas).

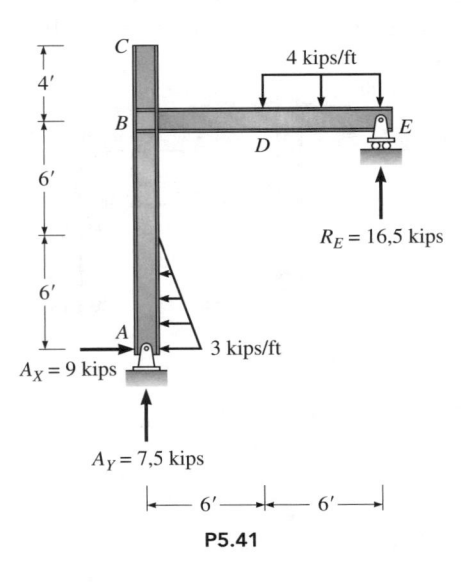

Aplicação prática

P5.43. As duas cargas concentradas, apoiadas na sapata combinada, na Figura P5.43, produzem uma distribuição trapezoidal de pressão no solo. Construa os diagramas de cortante e momento. Marque todas as ordenadas dos diagramas. Esboce a forma defletida.

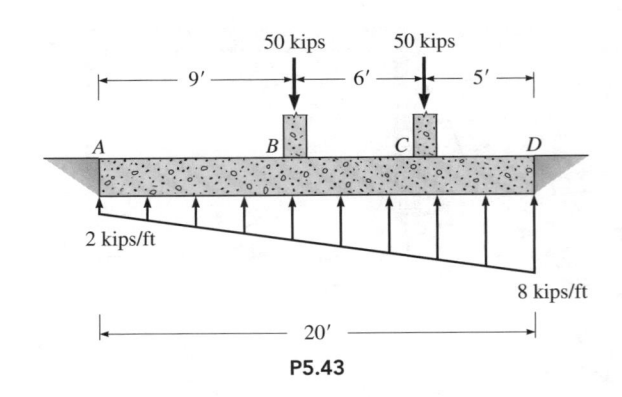

Aplicação prática

P5.42. A viga tipo caixão ABCD da Figura P5.42 é suportada por uma articulação móvel no ponto D e por dois elos BE e CE. Calcule todas as reações, desenhe os diagramas de cortante e momento para a viga e esboce a forma defletida da estrutura.

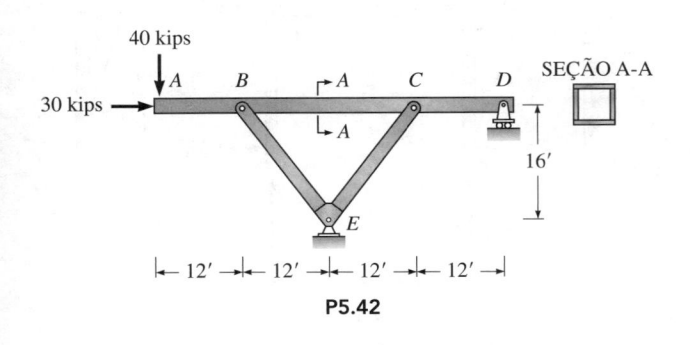

P5.44 e P5.45. Classifique cada uma das estruturas das figuras P5.44 e P5.45. Indique se é estável ou instável. Se for estável, indique se é determinada ou indeterminada. Se for indeterminada, dê o grau.

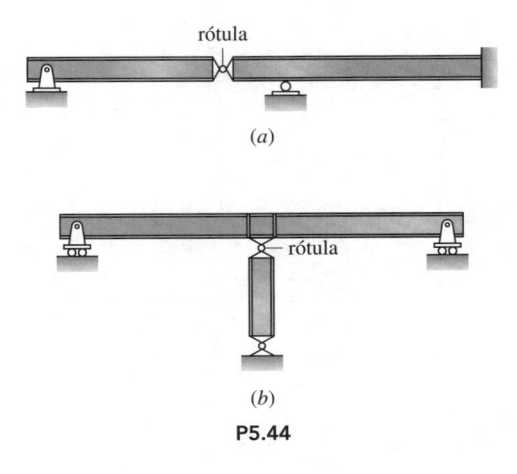

Problemas

(c)

(d) base fixa

(e) rótula, rótula

(f)

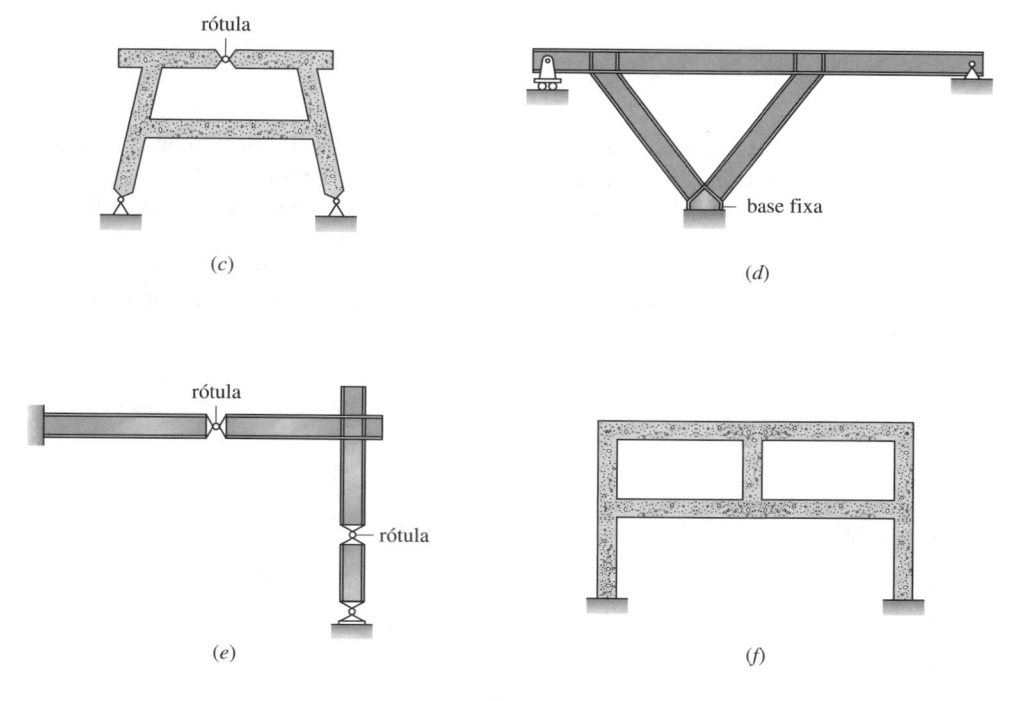

P5.44

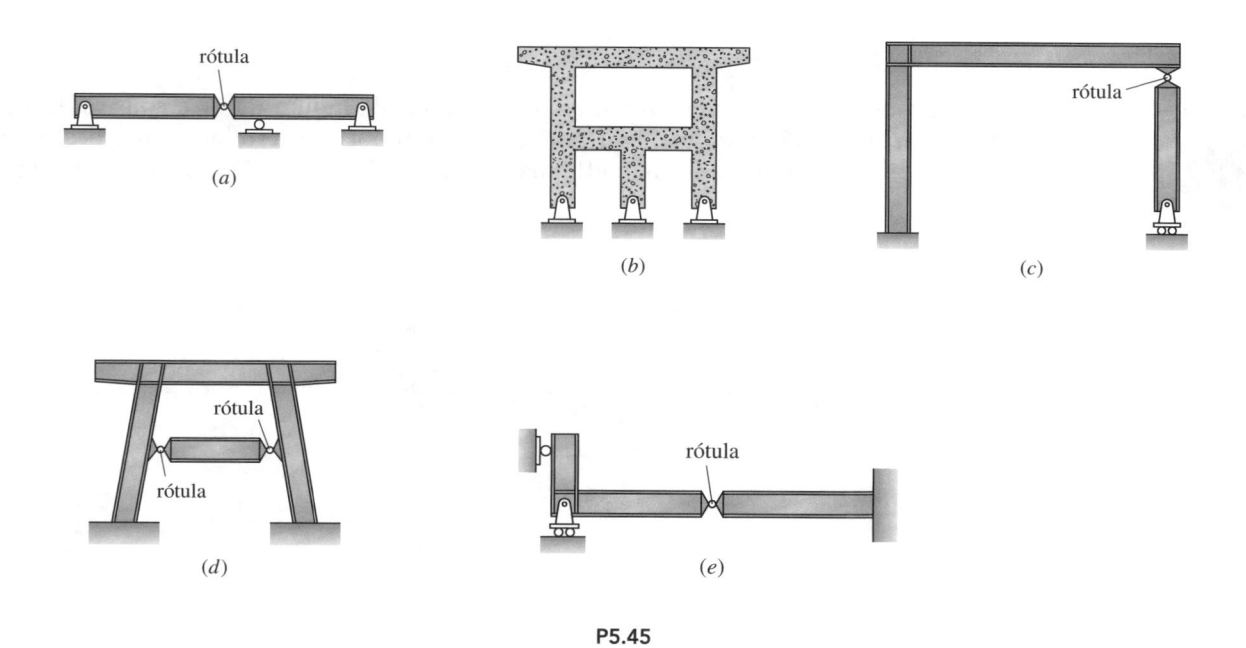

(a) rótula

(b)

(c) rótula

(d) rótula, rótula

(e) rótula

P5.45

Aplicação prática

P5.46. O painel de canto de um piso típico de um armazém é mostrado na Figura P5.46. Consiste em uma laje de concreto armado de 10 pol de espessura apoiada em vigas de aço. A laje pesa 125 lb/ft². O peso das luminárias e instalações suspensas a partir da parte inferior da laje é estimado em 5 lb/ft². As vigas externas B_1 e B_2 suportam uma parede de alvenaria de 14 pés de altura, construída de bloco de concreto vazado leve, que pesa 38 lb/ft². A área de influência de cada viga é mostrada pelas linhas tracejadas na Figura P5.46 e o peso das vigas e de seus materiais de proteção contra incêndio é estimado em 80 lb/ft. Desenhe os diagramas de cortante e momento produzidos pelo peso próprio total das vigas B_1 e B_2.

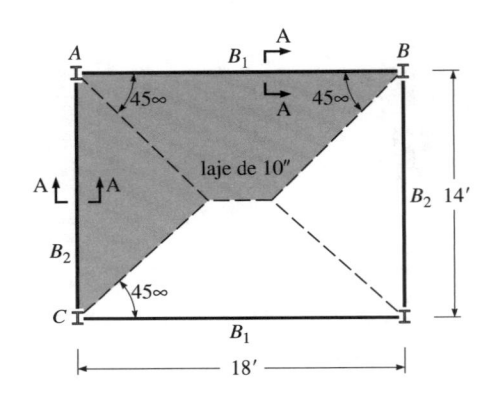

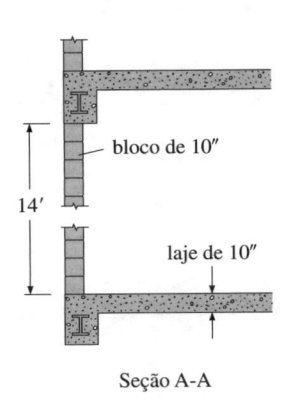

P5.46

P5.47. *Análise de uma viga contínua por computador.* A viga contínua da Figura P5.47 é construída a partir de um perfil de aço W18 × 106, com $A = 31{,}1$ pol² e $I = 1\,910$ pol⁴. Determine as reações, plote os diagramas de cortante e momento e a forma defletida. Avalie as deflexões. Despreze o peso da viga. $E = 29\,000$ ksi.

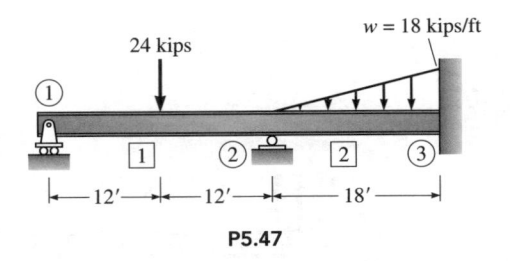

P5.47

P5.48 *Análise por computador.* As colunas e a viga mestra do pórtico rígido da Figura P5.48a são fabricadas a partir de um perfil de aço W18 × 130: $A = 38,2$ pol^2 e $I = 2460$ pol^4. O pórtico deve ser projetado para uma carga uniforme de 4 kips/ft e uma carga de vento lateral de 6 kips; $E = 29000$ kips/pol^2. O peso da viga mestra está incluído nos 4 kips/ft.

(*a*) Calcule as reações; plote a forma defletida e os diagramas de cortante e momento das colunas e da viga mestra, usando o programa de computador. (Defina o número de seções igual a 7 para todas as barras.)

(*b*) Para evitar acumulação de água* da chuva no telhado, a viga mestra deve ser fabricada com uma contraflecha igual à deflexão em meio vão da viga mestra do telhado produzida pelas cargas mostradas. Determine a contraflecha (ver Figura P5.48*b*).

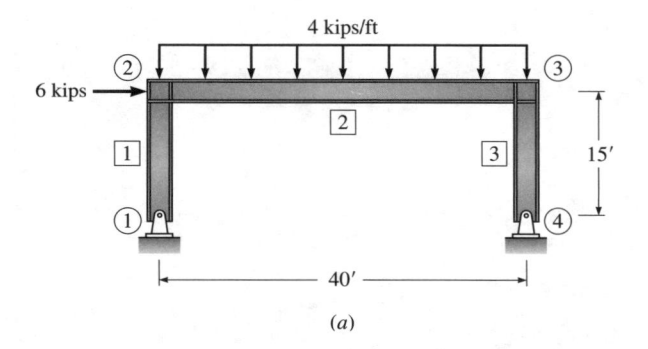

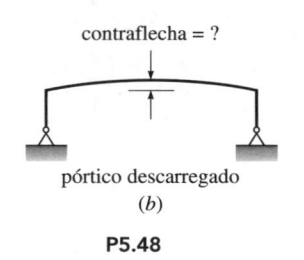

P5.49 Investigação por computador de carga de vento no pórtico de um prédio.

Caso 1: As colunas e vigas mestras do pórtico de prédio da Figura P5.49 foram projetadas inicialmente para carga vertical, conforme especificado pelo código de construção. As vigas de piso estão ligadas às colunas por meio de nós rígidos. Como parte do projeto, a deflexão lateral do pórtico do prédio deve ser verificada sob a carga de vento de 0,8 kips/ft para garantir que o deslocamento lateral não danifique as paredes externas fixadas no pórtico estrutural. Se o código exige que a deflexão lateral máxima no topo do teto não ultrapasse 0,48 pol para evitar danos nas paredes externas, o pórtico do prédio é suficientemente rígido para satisfazer esse requisito?

Caso 2: Se as bases das colunas no ponto A e F são fixadas nas fundações por meio de engastes, em vez de articulações fixas, em quanto é reduzida a deflexão lateral no nó D?

Caso 3: Se for adicionada uma barra diagonal biarticulada, com seção transversal quadrada de 2 polegadas × 2 polegadas, indo do apoio A até o nó E, determine a deflexão lateral no nó D. Suponha articulações fixas nos nós A e F. Para as colunas, $I = 640$ pol^4 e $A = 17,9$ pol^2; para as vigas mestras, $I = 800$ pol^4 e $A = 11,8$ pol^2; e para o contraventamento diagonal, $A = 4$ pol^2.

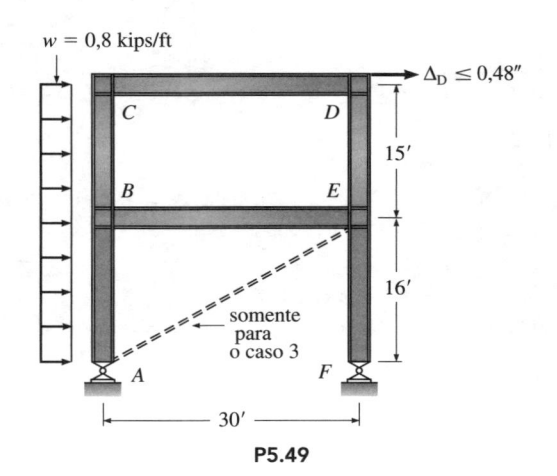

P5.48

P5.49

*Acumulação de água refere-se à concentração de água que pode se juntar em um telhado quando os escoadouros não são adequados para drenar a água da chuva ou entopem. Essa condição resulta no colapso de telhados planos. Para evitar a acumulação de água, as vigas podem ser curvadas para cima para que a água da chuva não se acumule nas regiões centrais do telhado. Veja a Figura P5.48*b*.

Ponte George Washington sobre o rio Hudson entre Manhattan e Fort Lee, Nova Jersey, EUA. O vão central tem aproximadamente 1 km, as torres se elevam a aproximadamente 184 m acima da água e a distância total entre as ancoragens é de aproximadamente 1,45 km. Construída ao custo de US$ 59 milhões, a estrutura original mostrada aqui foi aberta ao tráfego em 1931. Um piso inferior de seis pistas foi adicionado em 1962.

CAPÍTULO 6

Cabos

6.1 Introdução

Conforme discutimos na Seção 1.5, os cabos construídos de fios de aço de alta resistência são completamente flexíveis e têm uma resistência à tração quatro ou cinco vezes maior do que a do aço estrutural. Devido à excelente relação resistência/peso, os projetistas utilizam cabos para construir estruturas de vão longo, incluindo pontes pênseis e coberturas sobre grandes arenas e salas de convenções. Para utilizar efetivamente a construção de cabo, o projetista precisa lidar com dois problemas:

1. Impedir que grandes deslocamentos e oscilações se desenvolvam em cabos que suportam sobrecargas cuja magnitude ou direção muda com o tempo.

2. Fornecer um meio de ancoragem eficiente para a grande força de tração suportada pelos cabos.

Para tirar proveito da alta resistência do cabo enquanto minimizam suas características negativas, os projetistas devem utilizar mais criatividade e imaginação do que as exigidas nas estruturas de viga e coluna convencionais. Por exemplo, a Figura 6.1 mostra um desenho esquemático de uma cobertura composta de cabos conectados a um anel central de tração e a um anel externo de compressão. O pequeno anel central, carregado simetricamente pelas reações do cabo, é tensionado principalmente em tração direta, enquanto o anel externo suporta principalmente compressão axial. Ao desenvolver um sistema de equilíbrio automático, composto de membros em tensão direta, o projetista cria uma forma estrutural eficiente para cargas gravitacionais que exige apenas apoios verticais em torno de seu perímetro. Diversas praças de esportes, incluindo o Madison Square Garden em Nova York, EUA, têm coberturas com um sistema de cabo desse tipo.

Em uma análise de cabo típica, o projetista estabelece a posição dos apoios das extremidades, a magnitude das cargas aplicadas e a elevação de outro ponto no eixo do cabo (frequentemente a flecha em meio vão; ver Figura 6.2*a*). Com base nesses parâmetros, utiliza a teoria dos cabos para calcular as reações das extremidades, a força no cabo em todos os outros pontos e a posição de outros pontos ao longo do eixo do cabo.

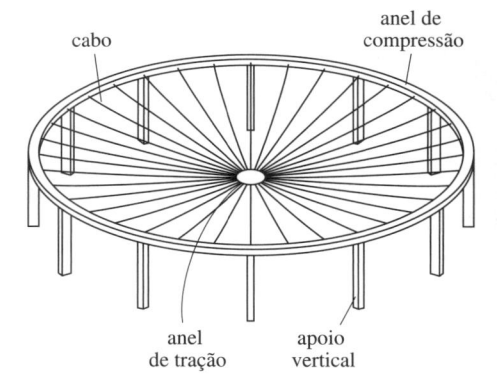

Figura 6.1: Cobertura apoiada por cabo composta de três elementos: cabos, um anel central de tração e um anel externo de compressão.

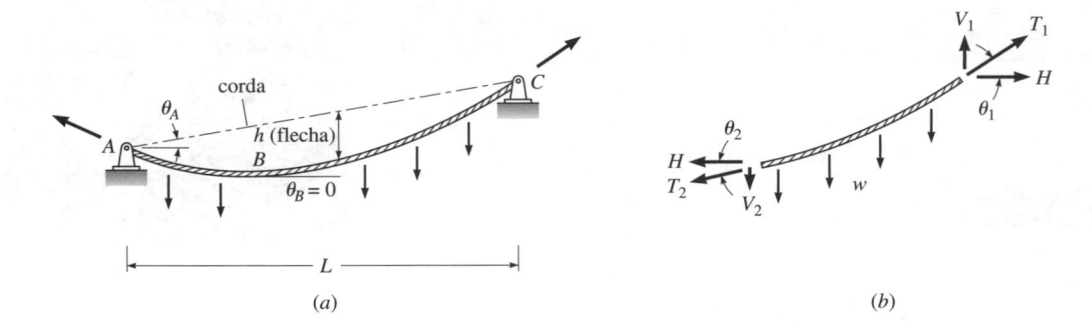

Figura 6.2: Cabos carregados verticalmente: (*a*) cabo com corda inclinada (a distância vertical entre a corda e o cabo, *h*, é denominada flecha); (*b*) corpo livre de um segmento de cabo suportando cargas verticais; embora a força resultante do cabo *T* varie com a inclinação do cabo, $\Sigma F_x = 0$ exige que *H*, a componente horizontal de *T*, seja constante de seção para seção.

Foto 6.1: Prédio do terminal do aeroporto Dulles. Cobertura apoiada em uma rede de cabos de aço que se estendem entre torres maciças e inclinadas de concreto armado.

6.2 Características dos cabos

Os cabos, feitos de um grupo de fios de alta resistência trançados para formar uma cordoalha, têm uma resistência à tração máxima de aproximadamente 270 kips/pol^2 (1 862 MPa). A operação de entrelaçamento confere um padrão espiral aos fios individuais.

Ao mesmo tempo que o estiramento dos fios por meio de moldes durante o processo de manufatura eleva o ponto de escoamento do aço, também reduz sua maleabilidade. Os fios podem sofrer um alongamento máximo de 7% ou 8%, comparado ao de 30% a 40% do aço estrutural com ponto de escoamento moderado, digamos, 36 kips/pol^2 (248 MPa). Os cabos de aço têm um módulo de elasticidade de aproximadamente 26 000 kips/pol^2 (179 GPa), comparado ao módulo de 29 000 kips/pol^2 (200 GPa) das barras de aço estruturais. O módulo mais baixo do cabo deve-se ao desenrolar da estrutura espiral do fio sob carga.

Como um cabo transmite apenas tração direta, a força axial resultante *T* em todas as seções deve atuar tangencialmente ao eixo longitudinal do cabo (ver Figura 6.2*b*). Por não possuir rigidez à flexão, os projetistas

Foto 6.2: Ponte estaiada sobre a baía de Tampa.

devem tomar muito cuidado ao planejar estruturas com cabo para garantir que as sobrecargas não causem grandes deflexões ou vibrações. Nos primeiros protótipos, muitas pontes e coberturas apoiadas em cabos desenvolviam grandes deslocamentos (drapejamento) causados pelo vento, que resultavam na falha da estrutura. A completa destruição da ponte Tacoma Narrows, em 7 de novembro de 1940, causada por oscilações induzidas pelo vento, é um dos exemplos mais espetaculares de falha estrutural de uma grande estrutura apoiada em cabo. A ponte, que se estendia por 5 939 pés (1 810 m) sobre o estreito de Puget, perto da cidade de Tacoma, em Washington, EUA, desenvolveu vibrações que atingiram uma amplitude máxima na direção vertical de 28 pés (8,53 m), antes que o sistema de piso rompesse e caísse na água (ver Foto 2.1).

6.3 Variação da força no cabo

Se um cabo suporta somente carga vertical, a componente horizontal H da tensão T no cabo é constante em todas as seções ao longo do eixo do cabo. Essa conclusão pode ser demonstrada pela aplicação da equação de equilíbrio $\Sigma F_x = 0$ em um segmento de cabo (ver Figura 6.2b). Se a tensão do cabo é expressa relativamente à componente horizontal H e à inclinação do cabo θ,

$$T = \frac{H}{\cos \theta} \tag{6.1}$$

Em um ponto no qual o cabo é horizontal (por exemplo, ver ponto B na Figura 6.2a), θ é igual a zero. Como cos 0 = 1, a Equação 6.1 mostra que $T = H$. O valor máximo de T normalmente ocorre no apoio onde a inclinação do cabo é maior.

6.4 Análise de um cabo suportando cargas gravitacionais (verticais)

Quando um conjunto de cargas concentradas é aplicado, um cabo de peso desprezível se deforma em uma série de segmentos lineares (Figura 6.3a). A forma resultante é chamada de *polígono funicular*. A Figura 6.3b mostra as forças atuando no ponto B em um segmento de cabo de comprimento infinitesimal. Como o segmento está em equilíbrio, o diagrama vetorial, consistindo nas forças do cabo e na carga aplicada, forma um polígono de forças fechado (ver, por exemplo, Figura 6.3c).

Um cabo suportando carga vertical (ver Figura 6.3a) é um membro *determinado*. Estão disponíveis quatro equações de equilíbrio para calcular as quatro componentes da reação fornecidas pelos apoios. Essas equações incluem as três equações de equilíbrio estático aplicadas ao corpo livre do cabo e uma equação de condição, $\Sigma M_z = 0$. Como o momento em todas as seções do cabo é zero, a equação de condição pode ser escrita em qualquer seção, desde que a flecha do cabo (a distância vertical entre a corda do cabo e o cabo) seja conhecida. Normalmente, o projetista define a flecha máxima de modo a garantir tanto a altura livre necessária como um projeto econômico.

Para ilustrar os cálculos das reações dos apoios e das forças em vários pontos ao longo do eixo do cabo, analisaremos o cabo da Figura 6.4a. A flecha do cabo na posição da carga de 12 kips é definida como 6 pés. Nesta análise, vamos supor que o peso do cabo é insignificante (comparado à carga) e o desprezaremos.

PASSO 1 Calcule D_y somando os momentos sobre o apoio A.

$$\circlearrowleft^+ \quad \Sigma M_A = 0$$
$$(12 \text{ kips})(30) + (6 \text{ kips})(70) - D_y(100) = 0$$
$$D_y = 7{,}8 \text{ kips} \quad (6.2)$$

PASSO 2 Calcule A_y.

$$\uparrow^+ \quad \Sigma F_y = 0$$
$$0 = A_y - 12 - 6 + 7{,}8$$
$$A_y = 10{,}2 \text{ kips} \quad (6.3)$$

PASSO 3 Calcule H; some os momentos sobre B (Figura 6.4b).

$$\circlearrowleft^+ \quad \Sigma M_B = 0$$
$$0 = A_y(30) - H h_B$$
$$h_B H = (10{,}2)(30) \quad (6.4)$$

Configurando $h_B = 6$ ft resulta

$$H = 51 \text{ kips}$$

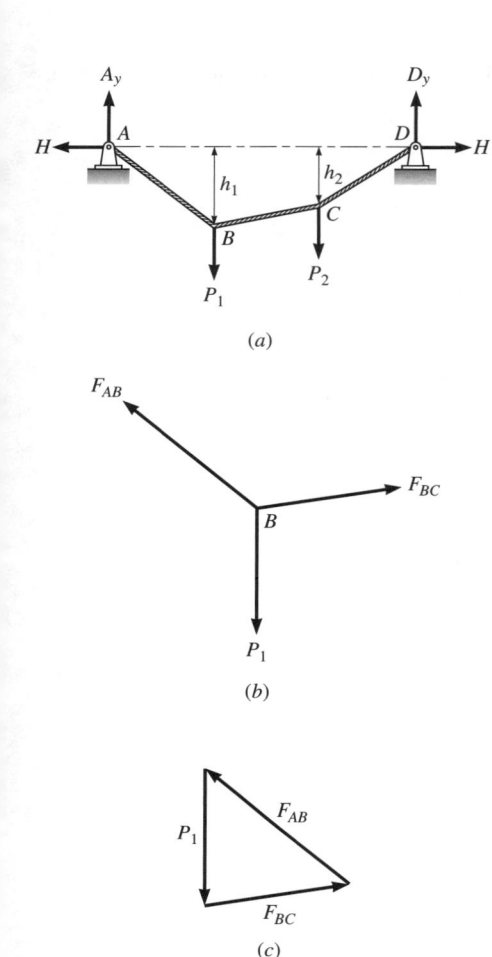

Figura 6.3: Diagramas vetoriais: (*a*) cabo com duas cargas verticais; (*b*) forças atuando em um segmento infinitesimal do cabo em B; (*c*) polígono de forças dos vetores em (*b*).

Após H ser calculada, podemos estabelecer a flecha do cabo em C considerando um corpo livre do cabo imediatamente à direita de C (Figura 6.4c).

PASSO 4

$$\circlearrowleft^+ \quad \Sigma M_C = 0$$

$$-D_y(30) + Hh_c = 0$$

$$h_c = \frac{30 D_y}{H} = \frac{30(7,8)}{51} = 4,6 \text{ ft} \quad (6.5)$$

Para calcular a força nos três segmentos de cabo, estabelecemos θ_A, θ_B e θ_C e, então, usamos a Equação 6.1.

Calcule T_{AB}.

$$\tan \theta_A = \frac{6}{30} \quad \text{e} \quad \theta_A = 11,31°$$

$$T_{AB} = \frac{H}{\cos \theta_A} = \frac{51}{0,981} = 51,98 \text{ kips}$$

Calcule T_{BC}.

$$\tan \theta_B = \frac{6 - 4,6}{40} = 0,035 \quad \text{e} \quad \theta_B = 2°$$

$$T_{BC} = \frac{H}{\cos \theta_B} = \frac{51}{0,999} = 51,03 \text{ kips}$$

Calcule T_{CD}.

$$\tan \theta_C = \frac{4,6}{30} = 0,153 \quad \text{e} \quad \theta_C = 8,7°$$

$$T_{CD} = \frac{H}{\cos \theta_C} = \frac{51}{0,988} = 51,62 \text{ kips}$$

Como as inclinações de todos os segmentos de cabo na Figura 6.4a são relativamente pequenas, os cálculos acima mostram que a diferença na magnitude entre a componente horizontal da tensão do cabo H e a força total no cabo T é pequena.

6.5 Teorema geral dos cabos

Quando efetuamos os cálculos para a análise do cabo da Figura 6.4a, talvez você tenha observado que certos cálculos são semelhantes aos que faria na análise de uma viga com apoio simples com vão igual ao do cabo e suportando as mesmas cargas aplicadas no cabo. Por exemplo, na Figura 6.4c, aplicamos as cargas do cabo em uma viga cujo vão é igual

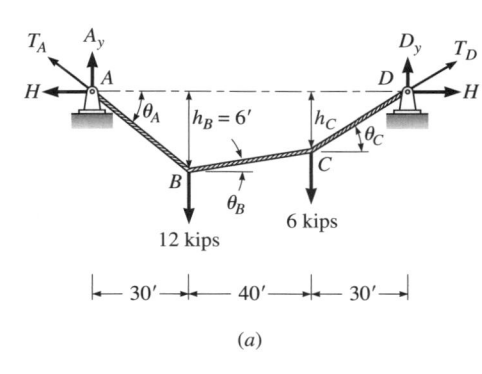

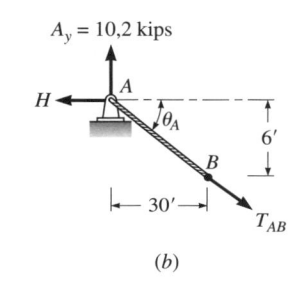

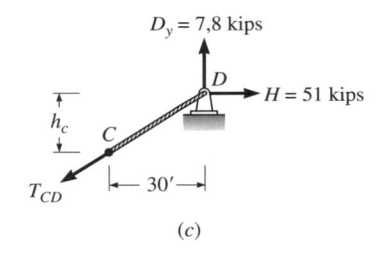

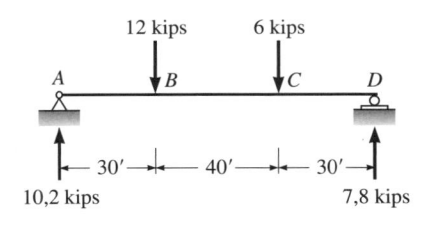

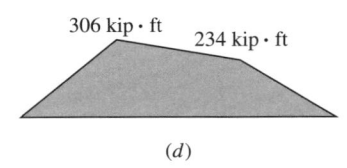

Figura 6.4: (a) Cabo carregado com forças verticais, flecha do cabo em B configurada em 6 pés; (b) corpo livre do cabo à esquerda de B; (c) corpo livre do cabo à direita de C; (d) uma viga com apoio simples com as mesmas cargas e o mesmo vão que o cabo (diagrama de momento abaixo).

ao do cabo. Se somarmos os momentos sobre o apoio A para calcular a reação vertical D_y no apoio à direita, a equação do momento será idêntica à Equação 6.2 escrita anteriormente para calcular a reação vertical no apoio à direita do cabo. Além disso, você notará que o formato do cabo e o diagrama de momento para a viga da Figura 6.4 são idênticos. Uma comparação entre os cálculos de um cabo e de uma viga com apoio simples que suporta as cargas do cabo leva ao seguinte enunciado do *teorema geral dos cabos*:

Em qualquer ponto de um cabo que suporta cargas verticais, o produto da flecha do cabo h e a componente horizontal H da tensão no cabo é igual ao momento fletor no mesmo ponto em uma viga com apoios simples que suporta as mesmas cargas nas mesmas posições que o cabo. O vão da viga é igual ao vão do cabo.

A relação acima pode ser expressa pela seguinte equação:

$$Hh_z = M_z \tag{6.6}$$

em que H = componente horizontal da tensão do cabo
h_z = flecha do cabo no ponto z onde M_z é avaliado
M_z = momento no ponto z em uma viga com apoio simples suportando as cargas aplicadas no cabo

Como H é constante em todas as seções, a Equação 6.6 mostra que a flecha do cabo h é proporcional às ordenadas da curva de momento.

Para verificar o teorema geral dos cabos dado pela Equação 6.6, mostraremos que, em um ponto arbitrário z no eixo do cabo, *o produto da componente horizontal H da tração do cabo e a flecha do cabo h_z é igual ao momento no mesmo ponto em uma viga com apoio simples que suporta as cargas do cabo* (ver Figura 6.5). Também vamos supor que os apoios das extremidades do cabo estão localizados em diferentes elevações. A distância vertical entre os dois apoios pode ser expressa em termos de α, a inclinação da corda do cabo e do vão do cabo L como

$$y = L \tan \alpha \tag{6.7}$$

Imediatamente abaixo do cabo, mostramos uma viga com apoio simples na qual aplicamos as cargas do cabo. A distância entre as cargas é a mesma nos dois casos. Tanto no cabo como na viga, a seção arbitrária na qual avaliaremos os termos da Equação 6.6 está localizada a distância x à direita do apoio esquerdo. Começamos expressando a reação vertical do cabo no apoio A em relação às cargas verticais e H (Figura 6.5a).

$$\circlearrowleft^+ \quad \Sigma M_B = 0$$
$$0 = A_y L - \Sigma m_B + H(L \tan \alpha) \tag{6.8}$$

em que Σm_B representa o momento sobre o apoio B das cargas verticais (P_1 a P_4) aplicadas no cabo.

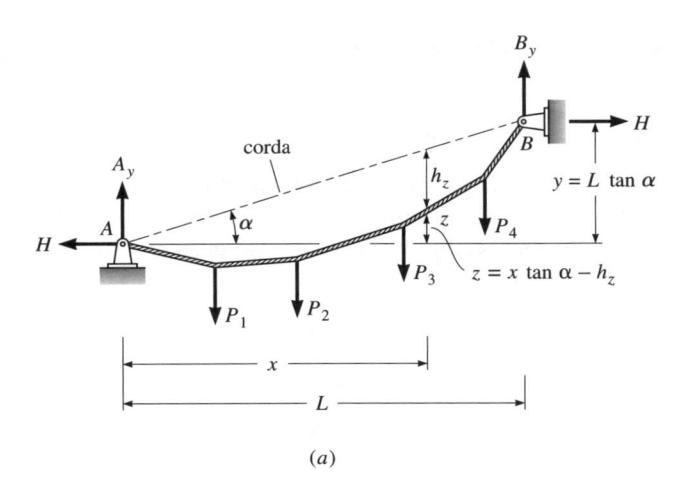

Figura 6.5

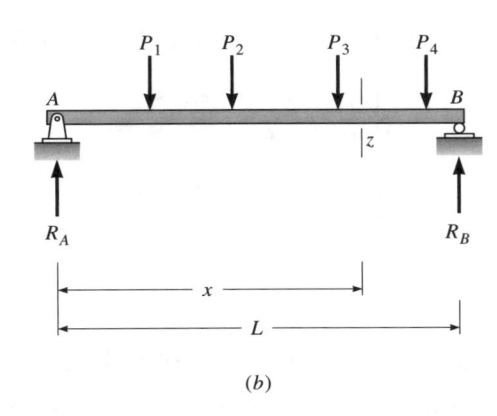

(a)

(b)

Na Equação 6.8, as forças A_y e H são as incógnitas. Considerando um corpo livre à esquerda do ponto z, somamos os momentos sobre o ponto z para produzir uma segunda equação relativamente às reações desconhecidas A_y e H.

$$\circlearrowleft^+ \quad \Sigma M_z = 0$$

$$0 = A_y x + H(x \tan \alpha - h_z) - \Sigma m_z \qquad (6.9)$$

em que Σm_z representa o momento sobre z das cargas em um corpo livre do cabo à esquerda do ponto z. Resolvendo a Equação 6.8 para A_y, temos

$$A_y = \frac{\Sigma m_B - H(L \tan \alpha)}{L} \qquad (6.10)$$

Substituindo A_y da Equação 6.10 na Equação 6.9 e simplificando, encontramos

$$H h_z = \frac{x}{L} \Sigma m_B - \Sigma m_z \qquad (6.11)$$

Em seguida, avaliamos M_z, o momento fletor no ponto z da viga (ver Figura 6.5b):

$$M_z = R_A x - \Sigma m_z \qquad (6.12)$$

Para avaliar R_A na Equação 6.12, somamos os momentos das forças sobre o rolo em B. Como as cargas na viga e no cabo são idênticas, assim como os vãos das duas estruturas, o momento das cargas aplicadas (P_1 a P_4) sobre B também é igual a Σm_B.

$$\circlearrowleft^+ \quad \Sigma M_B = 0$$

$$0 = R_A L - \Sigma m_B$$

$$R_A = \frac{\Sigma m_B}{L} \qquad (6.13)$$

Substituindo R_A da Equação 6.13 na Equação 6.12, temos

$$M_z = x\frac{\Sigma m_B}{L} - \Sigma m_z \qquad (6.14)$$

Como os lados direitos das equações 6.11 e 6.14 são idênticos, podemos igualar os lados esquerdos, dando $Hh_z = M_z$; assim, a Equação 6.6 está confirmada.

6.6 Estabelecendo a forma funicular de um arco

O material necessário para construir um arco é minimizado quando todas as seções ao longo do seu eixo estão em compressão direta. Para um conjunto de cargas em particular, o perfil do arco em compressão direta é chamado de arco *funicular*. Imaginando que as cargas suportadas pelo arco são aplicadas a um cabo, o projetista pode gerar uma forma funicular para as cargas, automaticamente. Se a forma do cabo for virada de cabeça para baixo, o projetista produzirá um arco funicular. Como os pesos próprios normalmente são muito maiores do que as sobrecargas, o projetista pode utilizá-los para estabelecer a forma funicular (ver Figura 6.6).

Figura 6.6: Estabelecendo a forma do arco funicular: (*a*) as cargas suportadas pelo arco aplicadas a um cabo cuja flecha h_3 em meio vão é igual à altura do arco no meio vão; (*b*) arco (produzido pela inversão do perfil do cabo) em compressão direta.

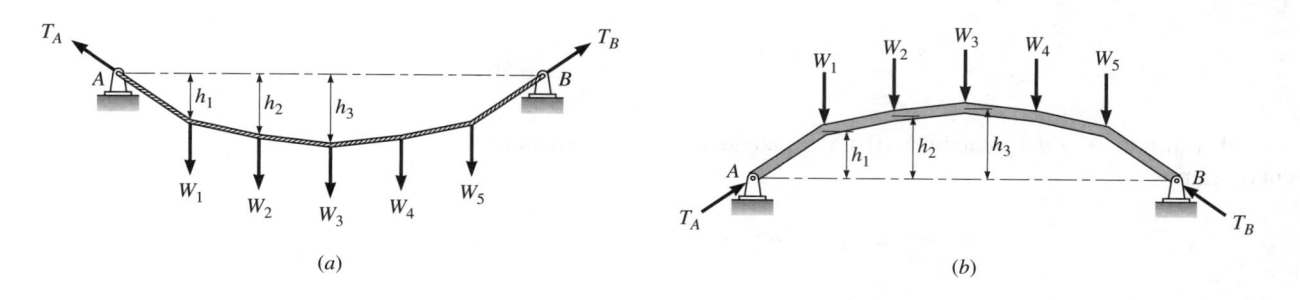

EXEMPLO 6.1

Determine as reações nos apoios produzidas pela carga de 120 kips em meio vão (Figura 6.7) usando (a) as equações de equilíbrio estático e (b) o teorema geral dos cabos. Despreze o peso do cabo.

Solução

a. Como os apoios não estão no mesmo nível, devemos escrever duas equações de equilíbrio para encontrar as reações desconhecidas no apoio C. Primeiramente, considere a Figura 6.7a.

$$\circlearrowleft^+ \quad \Sigma M_A = 0$$

$$0 = 120(50) + 5H - 100C_y \quad (1)$$

Em seguida, considere a Figura 6.7b.

$$\circlearrowleft^+ \quad \Sigma M_B = 0$$

$$0 = 10{,}5H - 50C_y$$

$$H = \frac{50}{10{,}5} C_y \quad (2)$$

Substitua H da Equação 2 na Equação 1.

$$0 = 6000 + 5\left(\frac{50}{10{,}5} C_y\right) - 100C_y$$

$$C_y = 78{,}757 \text{ kips} \quad \textbf{Resp.}$$

Substituindo C_y na Equação 2, temos

$$H = \frac{50}{10{,}5}(78{,}757) = 375 \text{ kips} \quad \textbf{Resp.}$$

b. Usando o teorema geral dos cabos, aplique a Equação 6.6 no meio do vão, onde a flecha do cabo $h_z = 8$ ft e $M_z = 3\,000$ kip·ft (ver Figura 6.7c).

$$Hh_z = M_z$$

$$H(8) = 3\,000$$

$$H = 375 \text{ kips} \quad \textbf{Resp.}$$

Após H ser avaliada, some os momentos sobre A na Figura 6.7a para calcular $C_y = 78{,}757$ kips.

NOTA. Embora as reações verticais nos apoios do cabo da Figura 6.7a e da viga da Figura 6.7c não sejam iguais, os resultados finais são idênticos.

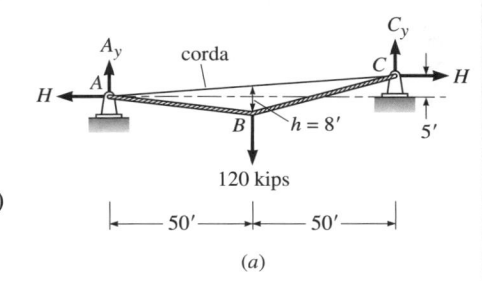

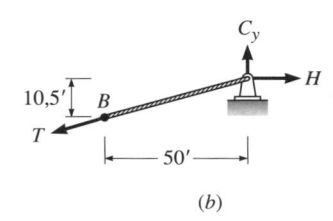

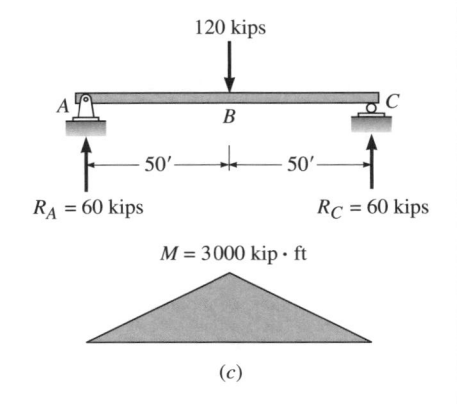

Figura 6.7: (a) Cabo com uma carga vertical no meio do vão; (b) corpo livre à direita de B; (c) viga com apoio simples com o mesmo vão do cabo. A viga suporta a carga do cabo.

EXEMPLO 6.2

Uma cobertura apoiada em cabo suporta uma carga uniforme $w = 0,6$ kip/ft (ver Figura 6.8a). Se a flecha do cabo em meio vão é configurada em 10 pés, qual é a tensão máxima no cabo (a) entre os pontos B e D e (b) entre os pontos A e B?

Solução

a. Aplique a Equação 6.6 no meio do vão para analisar o cabo entre os pontos B e D. Aplique a carga uniforme em uma viga com apoios simples e calcule o momento M_z no meio do vão (ver Figura 6.8c). Como o diagrama de momento é uma parábola, o cabo também é uma parábola entre os pontos B e D.

$$Hh = M_z = \frac{wL^2}{8}$$

$$H(10) = \frac{0,6(120)^2}{8}$$

$$H = 108 \text{ kips}$$

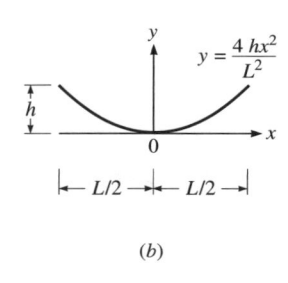

A tensão máxima do cabo no vão BD ocorre nos apoios onde a inclinação é máxima. Para estabelecer a inclinação nos apoios, usamos a derivada da equação do cabo $y = 4hx^2/L^2$ (ver Figura 6.8b).

$$\tan \theta = \frac{dy}{dx} = \frac{8hx}{L^2}$$

Com $x = 60$ ft, $\tan \theta = 8(10)(60)/(120)^2 = \frac{1}{3}$ e $\theta = 18,43°$:

$$\cos \theta = 0,949$$

Substituindo em

$$T = \frac{H}{\cos \theta} \qquad (6.1)$$

$$T = \frac{108}{0,949} = 113,8 \text{ kips} \qquad \textbf{Resp.}$$

b. Se desprezarmos o peso do cabo entre os pontos A e B, o cabo poderá ser tratado como um membro reto. Como a inclinação do cabo θ é de 45°, a tensão é igual a

$$T = \frac{H}{\cos \theta} = \frac{108}{0,707} = 152,76 \text{ kips} \qquad \textbf{Resp.}$$

Figura 6.8

Resumo

- Os cabos, compostos de múltiplos fios de aço trefilados de alta resistência e entrelaçados, têm resistências à tração que variam de 250 a 270 ksi. Os cabos são usados para construir estruturas de vão longo, como pontes pênseis e estaiadas, assim como coberturas sobre grandes arenas (estádios esportivos e pavilhões de exposição) que exigem espaço livre de colunas.

- Como os cabos são flexíveis, podem sofrer grandes alterações na geometria sob sobrecargas; portanto, os projetistas devem providenciar elementos estabilizantes para evitar deformações excessivas. Além disso, os apoios nas extremidades dos cabos devem ser capazes de ancorar forças intensas. Se não houver rocha sólida para ancorar as extremidades dos cabos de uma ponte pênsil, podem ser necessários blocos maciços de concreto armado.

- Como os cabos (devido à sua flexibilidade) não têm nenhuma rigidez à flexão, o momento é zero em todas as seções ao longo do cabo.

- O teorema geral dos cabos estabelece uma equação simples para relacionar o empuxo horizontal H e a flecha do cabo h ao momento desenvolvido em uma viga com apoios simples fictícia com o mesmo vão do cabo

$$Hh_z = M_z$$

em que $H =$ componente horizontal da tensão do cabo
$h_z =$ flecha no ponto z onde M_z é avaliado. A flecha é a distância vertical da corda do cabo até o cabo.
$M_z =$ momento no ponto z em uma viga com apoios simples com o mesmo vão do cabo e suportando as mesmas cargas que o cabo

- Quando cabos são usados em pontes pênseis, os sistemas de piso devem ser muito rígidos para distribuir as cargas concentradas de rodas de caminhões para vários tirantes, minimizando assim as deflexões da pista.

- Como um cabo está em tração direta sob determinada carga (normalmente o peso próprio), seu formato pode ser utilizado para gerar a forma funicular de um arco, virando-o de cabeça para baixo.

PROBLEMAS

P6.1. Determine as reações nos apoios, a magnitude da flecha do cabo nos nós B e E, a magnitude da força de tração em cada segmento do cabo e o comprimento total do cabo na Figura P6.1.

P6.3. Determine as reações nos apoios A e D, a tensão máxima no cabo e a magnitude da flecha do cabo no ponto C na Figura P6.3.

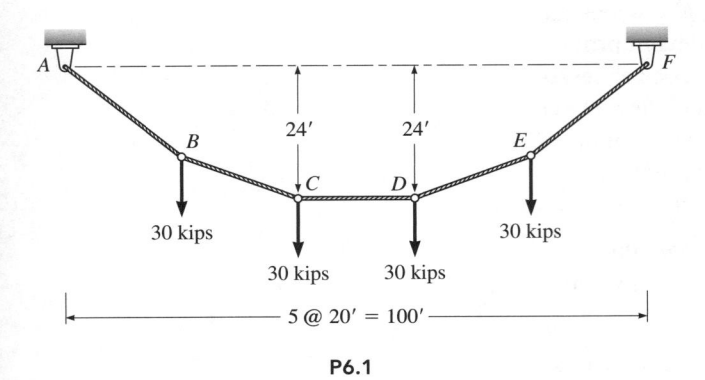

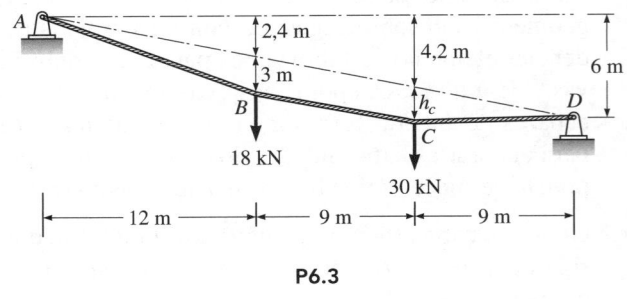

P6.2. O cabo da Figura P6.2 suporta quatro vigas mestras simplesmente apoiadas uniformemente carregadas, com 4 kips/ft. (*a*) Determine a área mínima necessária do cabo principal $ABCDE$, se a tensão admissível é de 60 kips/pol². (*b*) Determine a flecha do cabo no ponto B.

P6.4. (*a*) Determine as reações nos apoios A e E e a tensão máxima no cabo da Figura P6.4. (*b*) Estabeleça a flecha do cabo nos pontos C e D.

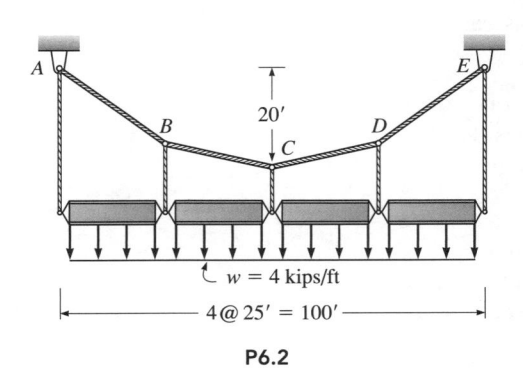

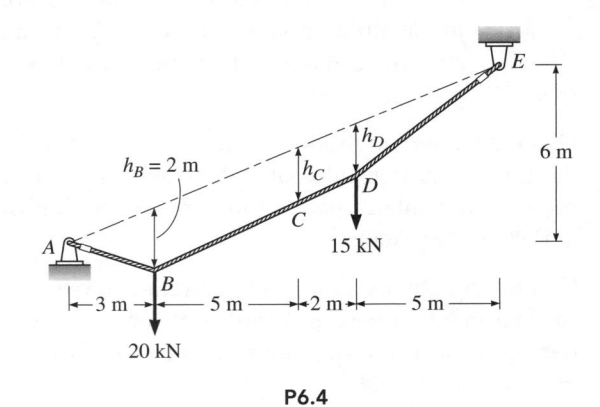

P6.5. Calcule as reações de apoio e a tensão máxima no cabo principal da Figura P6.5. Suponha que os tirantes fornecem apoios simples para as vigas suspensas.

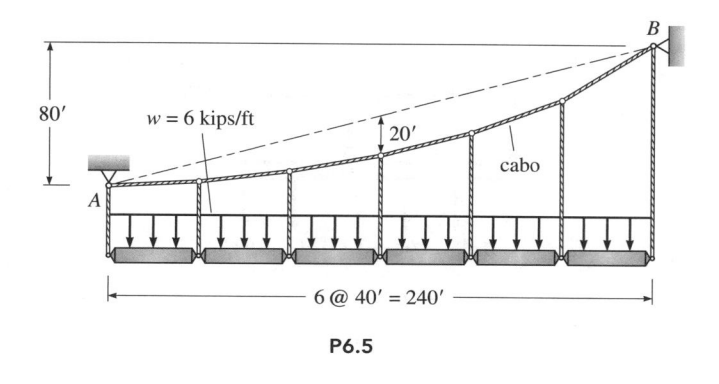

P6.7. Os cabos da Figura P6.7 foram dimensionados de modo que uma força de tração de 3 kips se desenvolva em cada cabo vertical, quando os cabos principais são tensionados. Que valor de força de protensão T deve ser aplicada nos apoios B e C para tracionar o sistema?

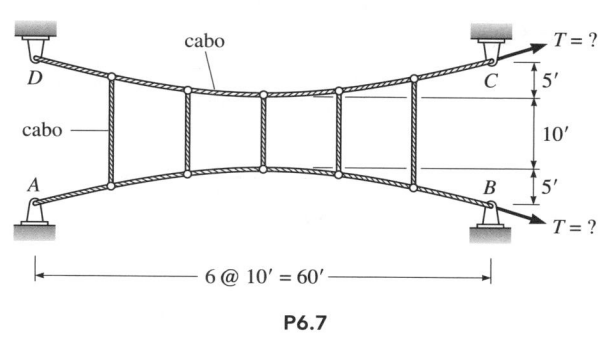

P6.5

P6.7

P6.6. Que valor de θ está associado ao volume mínimo de material de cabo necessário para suportar a carga de 100 kips na Figura P6.6? A tensão admissível no cabo é 150 kips/pol².

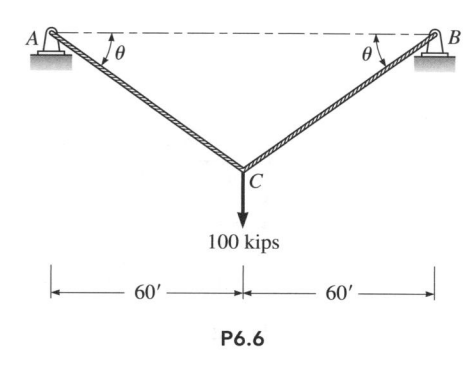

P6.8. Calcule as reações de apoio e a tensão máxima no cabo da Figura P6.8.

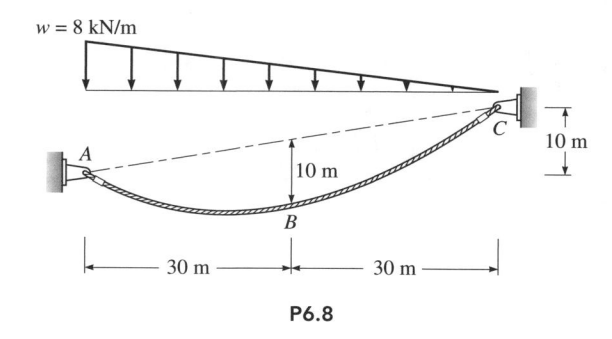

P6.6

P6.8

P6.9. Calcule as reações de apoio e a tensão máxima no cabo da Figura P6.9.

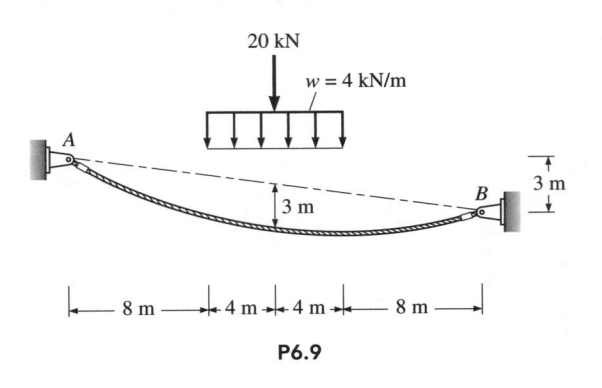

P6.11. Calcule as reações de apoio e a tensão máxima no cabo da Figura P6.11. A flecha no meio do vão é de 12 pés. Suponha que cada tirante fornece um apoio simples para a viga suspensa. Determine a flecha nos pontos B e D.

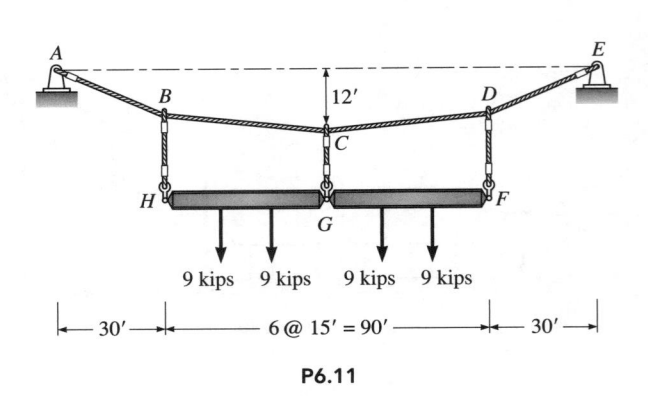

P6.10. Um cabo $ABCD$ é puxado na extremidade E por uma força P (Figura P6.10). O cabo é apoiado no ponto D por um membro rígido DF. Calcule a força P que produz uma flecha de 2 m nos pontos B e C. A reação horizontal no apoio F é zero. Calcule a reação vertical em F.

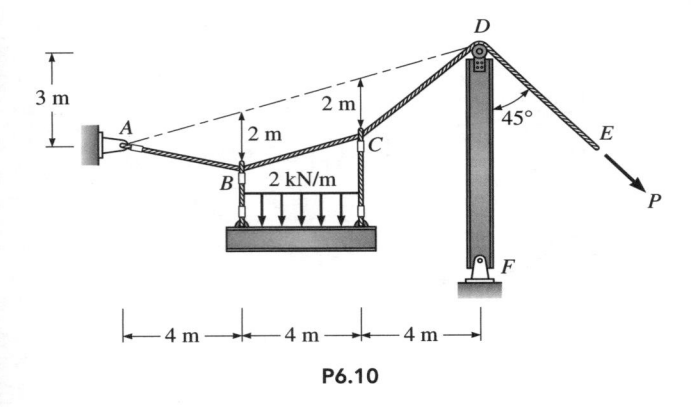

P6.12. Determine o local da carga de 40 kN para que as flechas nos pontos B e C sejam de 3 m e 2 m, respectivamente. Determine a tensão máxima no cabo e as reações nos apoios A e D.

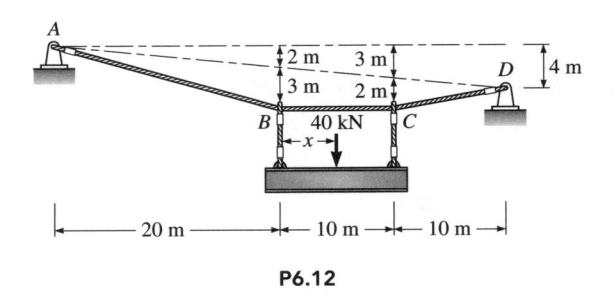

Aplicação prática

P6.13. A cobertura apoiada em cabo de um teatro itinerante, mostrado na Figura P6.13, é composta de 24 cabos igualmente espaçados que vão de um anel de tração no centro até um anel de compressão no perímetro. O anel de tração fica 12 pés abaixo do anel de compressão. A cobertura pesa 25 lb/ft², baseada na projeção horizontal de sua área. Se a flecha no meio do vão de cada cabo tem 4 pés, determine a força de tração aplicada por cada cabo no anel de compressão. Qual é a área necessária de cada cabo se a tensão admissível é de 110 kips/pol²? Determine o peso do anel de tração necessário para equilibrar as componentes verticais das forças do cabo.

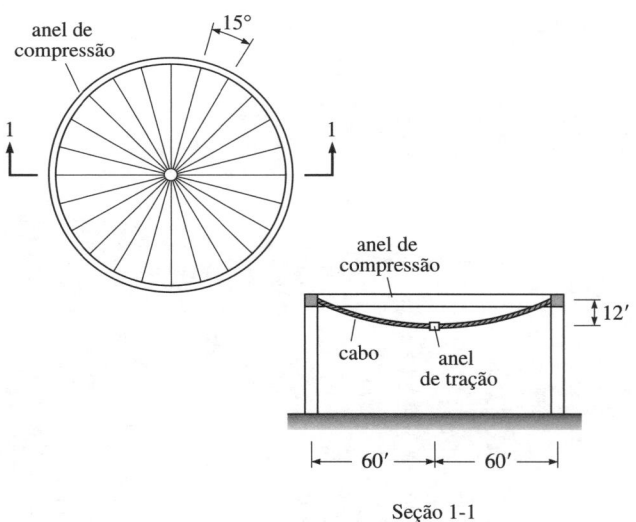

P6.14. *Estudo por computador de uma ponte estaiada.* O piso e a torre que compõem a ponte estaiada de dois vãos da Figura P6.14 são construídos de concreto armado. A seção transversal da ponte é constante, com uma área de 15 ft² e um momento de inércia de 19 ft⁴. O peso próprio das vigas mestras é de 4 kips/pol. Além disso, as vigas mestras devem ser projetadas para suportar uma sobrecarga de 0,6 kip/ft, que deve ser posicionada de forma a maximizar as forças de projeto nos membros individuais. A torre vertical, localizada no apoio central, tem uma área de seção transversal de 24 ft² e um momento de inércia de 128 ft⁴. Quatro cabos, cada um com área de 13 pol² e módulo de elasticidade efetivo de 26 000 kips/pol², são usados para suportar o piso nos pontos a um terço de cada vão de 120 ft. O módulo de elasticidade do concreto é 5 000 kips/pol². Suponha que a reação do cabo é aplicada na parte de baixo da pista. Os membros foram detalhados de modo que o apoio em *D* atua como um apoio simples tanto para a torre como para as vigas mestras da pista.

(*a*) Analise a estrutura para sobrecargas e cargas permanentes totais nos dois vãos; isto é, estabeleça os diagramas de cortante, momento e carga axial das vigas mestras, as forças nos cabos e a deflexão máxima das vigas mestras.

(*b*) Com a carga permanente nos dois vãos e com a sobrecarga no vão esquerdo *ABCD*, determine os diagramas de cortante, momento e carga axial para os dois vãos, a força axial nos cabos e o cortante, o momento e a carga axial na torre vertical. Além disso, determine a deflexão lateral da torre.

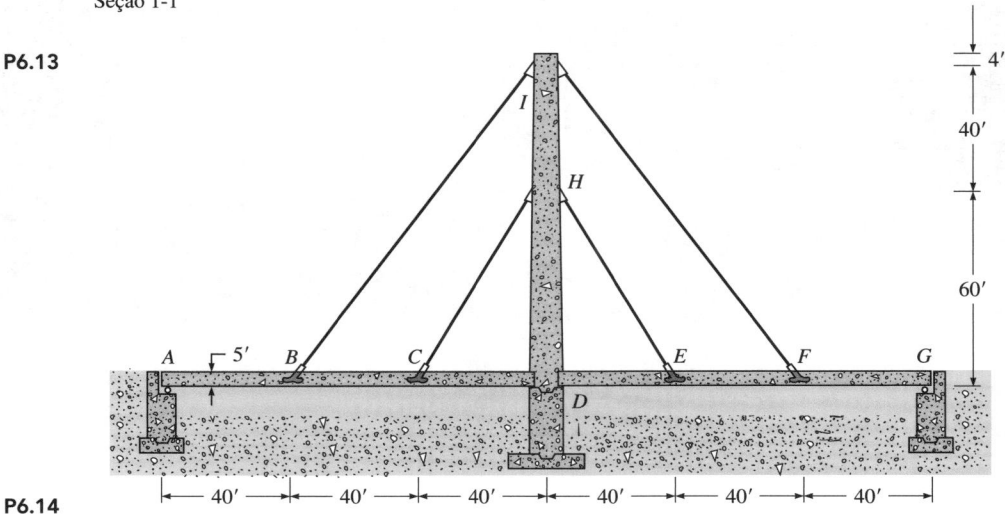

P6.13

Seção 1-1

P6.14

Ponte French King, em Greenfield, Massachusetts, EUA. Essa ponte de arco treliçado oferece um projeto eficiente para suportar uma estrada sobre um rio em uma área rural no oeste de Massachusetts. A configuração em arco da corda inferior não é apenas visualmente atraente, como também fornece altura livre suficiente para os barcos que passam sob a ponte. A grande profundidade da construção em direção às extremidades produz uma estrutura rígida com barras delgadas.

CAPÍTULO 7

Arcos

7.1 Introdução

Conforme discutimos na Seção 1.5, o arco utiliza material de modo eficiente, pois as cargas aplicadas criam principalmente compressão axial sobre todas as seções transversais. Neste capítulo, mostraremos que, para um conjunto de cargas em particular, o projetista pode estabelecer um formato de arco — a *forma funicular* — no qual todas as seções estão em compressão direta (os momentos são zero).

Normalmente, o peso próprio constitui a principal carga suportada pelo arco. Se uma forma funicular basear-se na distribuição do peso próprio, serão criados momentos nas seções transversais pelas sobrecargas, cuja distribuição difere daquela do peso próprio. Mas, normalmente, na maioria dos arcos, as tensões de flexão produzidas pelos momentos da sobrecarga são tão pequenas comparadas às compressões axiais, que existem tensões de compressão líquidas em todas as seções. Como os arcos usam material com eficiência, os projetistas frequentemente os empregam como os principais elementos estruturais em pontes de vão longo (digamos, de 120 m a 550 m, aproximadamente) ou em edificações que exigem grandes áreas livres de colunas; por exemplo, hangares de avião, ginásios esportivos ou salas de conferências.

Neste capítulo, consideraremos o comportamento e a análise de arcos triarticulados. Como parte desse estudo, deduziremos a equação da forma de um arco funicular que suporta uma carga uniformemente distribuída e aplicaremos a *teoria geral dos cabos* (Seção 6.5) para produzir o arco funicular para um conjunto arbitrário de cargas concentradas. Por fim, aplicaremos o conceito de *otimização estrutural* para estabelecer o peso mínimo de um arco triarticulado simples que suporta uma carga concentrada.

7.2 Tipos de arcos

Em geral, os arcos são classificados pelo número de articulações que contêm ou pela maneira com que suas bases são construídas. A Figura 7.1 mostra os três tipos principais: triarticulado, biarticulado e de extremidades fixas. O arco triarticulado é estaticamente determinado; os outros dois tipos são indeterminados. O arco triarticulado é o mais fácil de analisar e construir. Como ele é determinado,

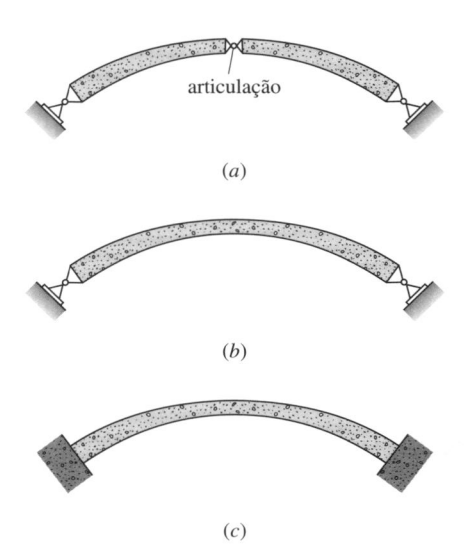

Figura 7.1: Tipos de arcos: (*a*) arco triarticulado, estável e determinado; (*b*) arco biarticulado, indeterminado no primeiro grau; (*c*) arco de extremidades fixas, indeterminado no terceiro grau.

mudanças de temperatura, recalques do apoio e erros de fabricação não geram tensões. Por outro lado, como contém três articulações, é mais flexível do que os outros dois tipos.

O arco de extremidades fixas é frequentemente construído de alvenaria ou concreto quando sua base está apoiada em rocha, blocos de alvenaria maciços ou pesadas fundações de concreto armado. Os arcos indeterminados podem ser analisados pelo método da flexibilidade, abordado no Capítulo 11, ou mais simples e rapidamente por qualquer programa de computador de propósito geral. Para determinar as forças e os deslocamentos em pontos arbitrários ao longo do eixo do arco usando computador, o projetista trata os pontos como nós livres para deslocar.

Em pontes de vão longo são utilizados dois arcos principais para suportar as vigas do tabuleiro. Essas vigas podem ser suportadas por tirantes presos no arco (Figura 1.9a) ou por colunas que se apoiam no arco (Foto 7.1). Como o arco está principalmente em compressão, o projetista também deve considerar a possibilidade de sua flambagem — em particular se ele for delgado (Figura 7.2a). Se o arco é construído de barras de aço, perfis enrijecidos ou seções tipo caixa podem ser usados para aumentar a rigidez à flexão da seção transversal e reduzir a

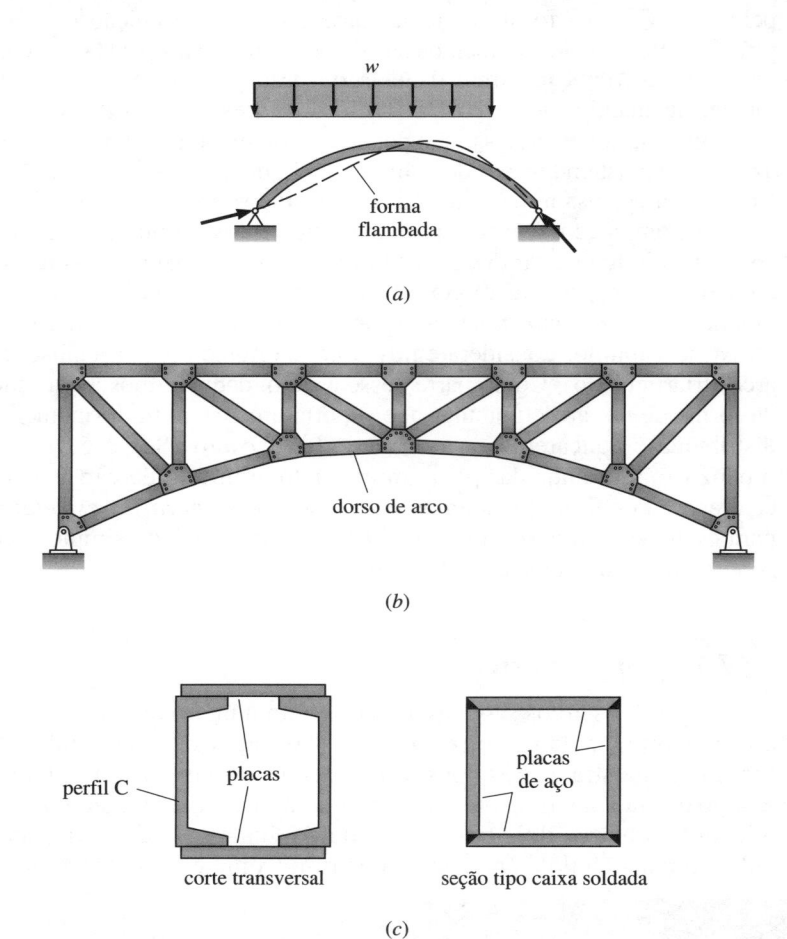

Figura 7.2: (a) Flambagem de um arco não contraventado; (b) arco treliçado — as barras verticais e diagonais contraventam o dorso do arco contra flambagem no plano vertical; (c) dois tipos de seções transversais reforçadas de aço usadas para construir um dorso de arco.

chance de flambagem. Em muitos arcos, o sistema de piso ou de contraventamento horizontal é utilizado para tornar o arco mais rígido contra flambagem lateral. No caso do arco treliçado mostrado na Figura 7.2*b*, as barras verticais e diagonais reforçam o dorso do arco contra flambagem no plano vertical.

Como muitas pessoas acham a forma de arco esteticamente agradável, os projetistas frequentemente utilizam arcos abatidos para transpor pequenos rios ou caminhos em parques e outros locais públicos. Em lugares onde existem paredes laterais de rocha, os projetistas muitas vezes constroem pontes de estrada com vão curto usando *abóbadas* (ver Figura 7.3). Construída com blocos de alvenaria perfeitamente encaixados ou concreto armado, a abóbada consiste em um arco largo e raso que suporta um enchimento pesado e compactado, no qual o engenheiro coloca a laje da estrada. O grande peso do enchimento causa compressão suficiente na abóbada para neutralizar quaisquer forças de tração causadas pelos momentos gerados até pelos veículos mais pesados. Embora as cargas suportadas pela abóbada possam ser grandes, as compressões diretas no arco em si normalmente são baixas — na ordem de 300 psi a 500 psi, pois a área da seção transversal do arco é grande. Um estudo realizado pelo autor principal deste livro, feito em diversas pontes de abóbada de alvenaria construídas em Filadélfia em meados do século 19, mostrou que elas têm capacidade para suportar veículos de três a cinco vezes mais pesados do que o caminhão AASHTO padrão (ver Figura 2.7), para o qual as pontes de rodovias são projetadas. Além disso, enquanto muitas pontes de aço e concreto armado construídas nos últimos cem anos não podem mais ser utilizadas por causa da corrosão produzida pelos sais empregados para derreter a neve, muitos arcos de alvenaria feitos de pedra de boa qualidade não mostram sinais de deterioração.

Foto 7.1: Ponte de estrada de ferro (1909) sobre o desfiladeiro Landwasser, perto de Wiesen, Suíça. Construção em alvenaria. O arco principal é parabólico, com vão de 55 m e altura de 33 m. A ponte é estreita, pois a estrada de ferro é de via única. Os dorsos têm apenas 4,8 m no cume, aumentando para 6 m nos apoios.

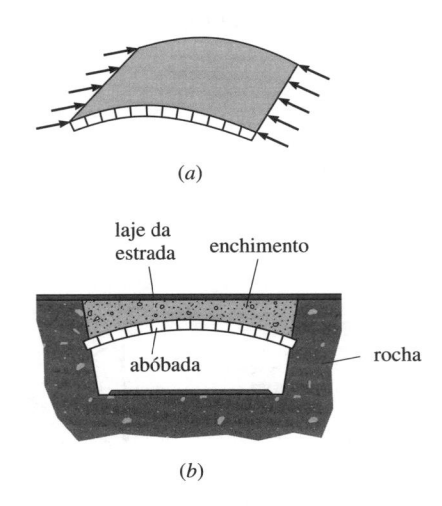

Figura 7.3: (*a*) A abóbada se assemelha a uma laje curva; (*b*) abóbada usada para suportar enchimento compactado e laje de estrada.

7.3 Arcos triarticulados

Para demonstrar certas características dos arcos, consideraremos de que forma as forças de barra variam à medida que a inclinação θ das barras muda no arco com articulação da Figura 7.4a. Como as barras sustentam somente carga axial, essa configuração representa a forma funicular de um arco que suporta uma única carga concentrada em meio vão.

Por causa da simetria, as componentes verticais das reações nos apoios A e C têm magnitude idêntica e são iguais a $P/2$. Denotando a inclinação das barras AB e CB pelo ângulo θ, podemos expressar as forças de barra F_{AB} e F_{CB} em relação a P e ao ângulo de inclinação θ (ver Figura 7.4b) como

$$\operatorname{sen} \theta = \frac{P/2}{F_{AB}} = \frac{P/2}{F_{CB}}$$

$$F_{AB} = F_{CB} = \frac{P/2}{\operatorname{sen} \theta} \tag{7.1}$$

A Equação 7.1 mostra que, à medida que θ aumenta de 0 a 90°, a força em cada barra diminui de infinita para $P/2$. Também podemos observar que, à medida que o ângulo de inclinação θ aumenta, o comprimento das barras — e, consequentemente, o material necessário — também aumenta. Para estabelecer a inclinação que produz a estrutura mais econômica para determinado vão L, expressaremos o volume V do material da barra exigido para suportar a carga P nos termos da geometria da estrutura e da resistência compressiva do material

$$V = 2AL_B \tag{7.2}$$

em que A é a área de uma barra e L_B é o comprimento da barra.

Para expressar a área exigida das barras em relação à da carga P, dividimos as forças de barra dadas pela Equação 7.1 pela tensão admissível à compressão $\sigma_{\text{admissível}}$:

$$A = \frac{P/2}{(\operatorname{sen} \theta)\sigma_{\text{admissível}}} \tag{7.3}$$

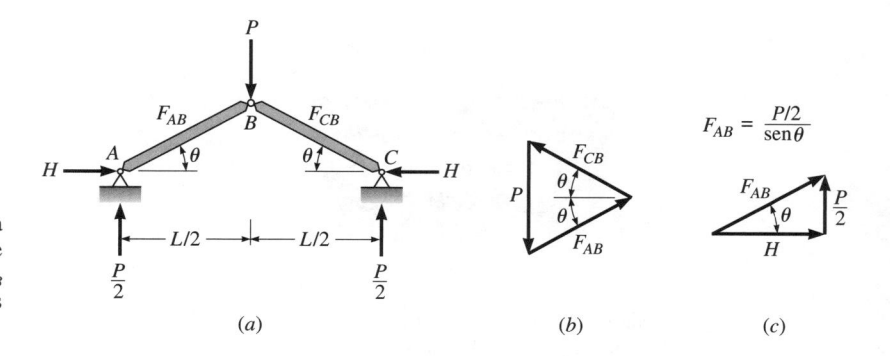

Figura 7.4: (a) Arco triarticulado com uma carga concentrada; (b) diagrama vetorial das forças que atuam na articulação em B; as forças F_{CB} e F_{AB} são iguais por causa da simetria; (c) componentes da força na barra AB.

Expressaremos também o comprimento da barra, L_B, em relação a θ e ao comprimento do vão L como

$$L_B = \frac{L/2}{\cos \theta} \qquad (7.4)$$

Substituindo A e L_B dados pelas equações 7.3 e 7.4 na Equação 7.2, simplificando e usando a identidade trigonométrica sen $2\theta = 2$ sen $\theta \cos \theta$, calculamos

$$V = \frac{PL}{2\sigma_{\text{admissível}} \text{ sen } 2\theta} \qquad (7.5)$$

Se V da Equação 7.5 for plotado como uma função de θ (ver Figura 7.5), observaremos que o volume mínimo de material está associado a um ângulo $\theta = 45°$. A Figura 7.5 também mostra que arcos muito rasos ($\theta = 15°$) e muito altos ($\theta = 75°$) exigem um volume maior de material; por outro lado, a curvatura achatada na Figura 7.5, quando θ varia entre 30° e 60°, indica que o volume das barras não é sensível à inclinação entre esses limites. Portanto, o projetista pode variar o formato da estrutura dentro desse intervalo, sem afetar significativamente seu peso ou seu custo.

No caso de um arco curvo que suporta uma carga distribuída, o engenheiro também verá que o volume de material necessário na estrutura, dentro de certo intervalo, não é sensível à elevação do arco. Evidentemente, o custo de um arco muito raso ou muito elevado será maior do que o de um arco de altura moderada. Por fim, na definição do formato de um arco, o projetista também considerará o perfil do local, a localização de material de sustentação sólido para as fundações e os requisitos arquitetônicos e funcionais do projeto.

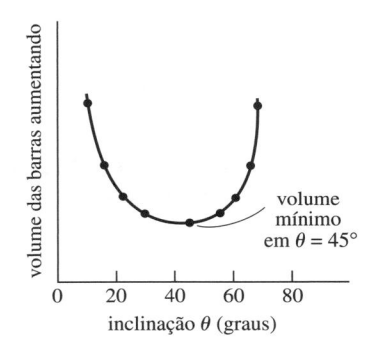

Figura 7.5: Variação do volume de material com a inclinação das barras da Figura 7.4a.

7.4 Forma funicular de um arco que suporta carga uniformemente distribuída

Muitos arcos suportam pesos próprios que têm uma distribuição uniforme ou quase uniforme sobre o vão da estrutura. Por exemplo, o peso por comprimento unitário do sistema de piso de uma ponte normalmente será constante. Para estabelecer a forma funicular para um arco uniformemente carregado — a forma necessária se deve se desenvolver somente compressão direta em todos os pontos ao longo do eixo de um arco —, consideraremos o arco triarticulado simétrico da Figura 7.6a. A altura (ou elevação) do arco é denotada por h. Por causa da simetria, as reações verticais nos apoios A e C são iguais a $wL/2$ (metade da carga total suportada pela estrutura).

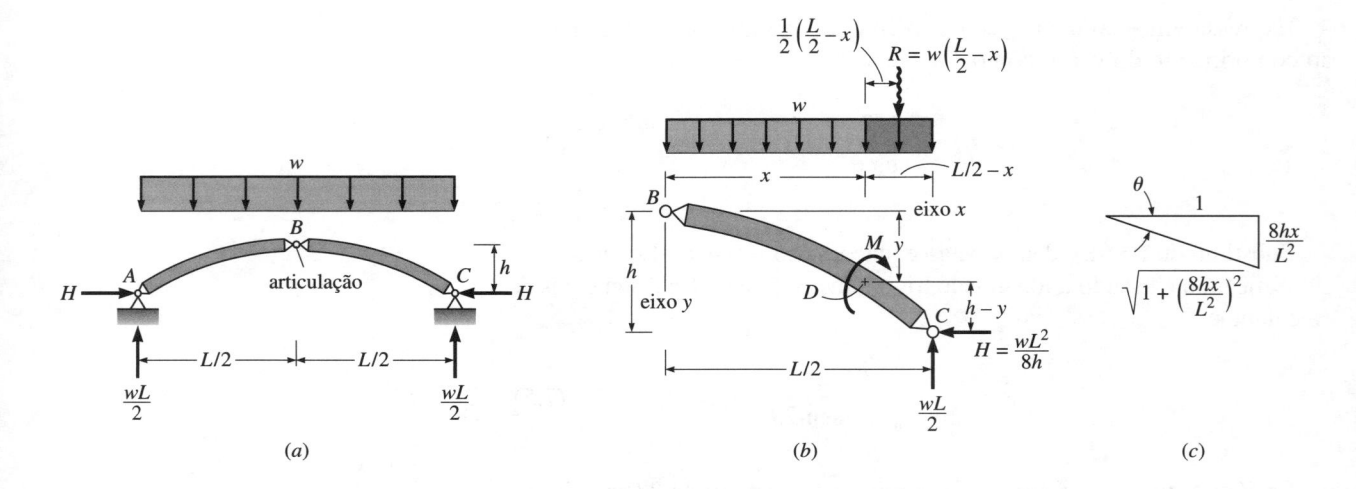

Figura 7.6: Estabelecendo a forma funicular de um arco uniformemente carregado.

O empuxo horizontal H na base do arco pode ser expresso em termos da carga aplicada w e da geometria do arco, considerando o corpo livre à direita da articulação central na Figura 7.6b. Somando os momentos sobre a articulação central em B, encontramos

$$\circlearrowleft^+ \quad \Sigma M_B = 0$$

$$0 = \left(\frac{wL}{2}\right)\frac{L}{4} - \left(\frac{wL}{2}\right)\frac{L}{2} + Hh$$

$$H = \frac{wL^2}{8h} \tag{7.6}$$

Para estabelecer a equação do eixo do arco, sobrepomos ao arco um sistema de coordenadas retangulares com a origem o localizada em B. O sentido positivo do eixo vertical y é direcionado para baixo. Em seguida, expressamos o momento M em uma seção arbitrária (o ponto D no eixo do arco), considerando o corpo livre do arco entre D e a articulação fixa em C.

$$\circlearrowleft^+ \quad \Sigma M_D = 0$$

$$0 = \left(\frac{L}{2} - x\right)^2 \frac{w}{2} - \frac{wL}{2}\left(\frac{L}{2} - x\right) + H(h - y) + M$$

Resolvendo M, temos

$$M = \frac{wL^2 y}{8h} - \frac{wx^2}{2} \tag{7.7}$$

Se o eixo do arco segue a forma funicular, $M = 0$ em todas as seções. Substituir esse valor de M na Equação 7.7 e resolver para y estabelece a seguinte relação matemática entre y e x:

$$y = \frac{4h}{L^2} x^2 \tag{7.8}$$

A Equação 7.8 representa, evidentemente, a equação de uma parábola. Mesmo que o arco parabólico da Figura 7.6 tivesse as extremidades fixas, uma carga uniformemente distribuída — supondo que não houvesse nenhuma alteração significativa na geometria por causa de uma redução axial — ainda produziria compressão direta em todas as seções, pois o arco obedece à forma funicular de uma carga uniforme.

Considerando o equilíbrio na direção horizontal, podemos ver que o empuxo horizontal em qualquer seção de um arco é igual a H, a reação horizontal no apoio. No caso de um arco parabólico uniformemente carregado, o empuxo axial total T em qualquer seção, a uma distância x a partir da origem em B (ver Figura 7.6b), pode ser expresso em termos de H e da inclinação na seção dada, como

$$T = \frac{H}{\cos \theta} \quad (7.9)$$

Para avaliar $\cos \theta$, primeiramente achamos a derivada da Equação 7.8 com relação a x para encontrar

$$\tan \theta = \frac{dy}{dx} = \frac{8hx}{L^2} \quad (7.10)$$

A tangente de θ pode ser mostrada graficamente pelo triângulo da Figura 7.6c. A partir desse triângulo, podemos calcular a hipotenusa r usando $r^2 = x^2 + y^2$:

$$r = \sqrt{1 + \left(\frac{8hx}{L_2}\right)^2} \quad (7.11)$$

A partir da relação entre os lados do triângulo da Figura 7.6c e da função cosseno, podemos escrever

$$\cos \theta = \frac{1}{\sqrt{1 + \left(\frac{8hx}{L^2}\right)^2}} \quad (7.12)$$

Substituindo a Equação 7.12 na Equação 7.9, temos

$$T = H\sqrt{1 + \left(\frac{8hx}{L^2}\right)^2} \quad (7.13)$$

A Equação 7.13 mostra que o maior valor de empuxo ocorre nos apoios em que x tem seu valor máximo de $L/2$. Se w ou o vão do arco são grandes, talvez o projetista queira variar (estreitar) a seção transversal na proporção direta do valor de T para que a compressão na seção transversal seja constante.

O Exemplo 7.1 ilustra a análise de um arco treliçado triarticulado para um conjunto de cargas que corresponde à forma funicular do arco, assim como para uma única carga concentrada. O Exemplo 7.2 ilustra o uso da teoria dos cabos para estabelecer uma forma funicular para o conjunto de cargas verticais do Exemplo 7.1.

248 Capítulo 7 Arcos

EXEMPLO 7.1

A geometria da corda inferior do arco é a forma funicular para as cargas mostradas. Analise o arco treliçado triarticulado da Figura 7.7a para as cargas permanentes aplicadas na corda superior. A barra *KJ*, que é detalhada de modo que não possa transmitir força axial, atua como uma viga simples, em vez de uma barra da treliça. Suponha que o nó *D* atua como uma articulação.

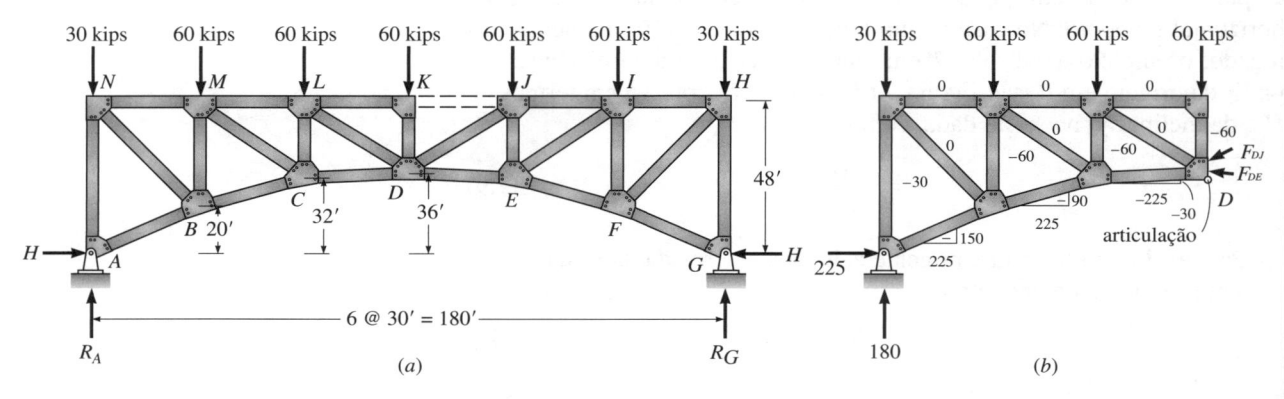

Figura 7.7

Figura 7.8

Solução

Como o arco e suas cargas são simétricos, as reações verticais em *A* e *G* são iguais a 180 kips (metade da carga aplicada). Calcule a reação horizontal no apoio *G*.

Considere o corpo livre do arco à direita da articulação em *D* (Figura 7.7a) e some os momentos sobre *D*.

$$\circlearrowleft^+ \quad \Sigma M_D = 0$$
$$0 = 60(30) + 60(60) + 30(90) - 180(90) + 36H$$
$$H = 225 \text{ kips}$$

Agora, analisamos a treliça pelo método dos nós, começando no apoio *A*. Os resultados da análise estão mostrados em um esboço da treliça, na Figura 7.7b.

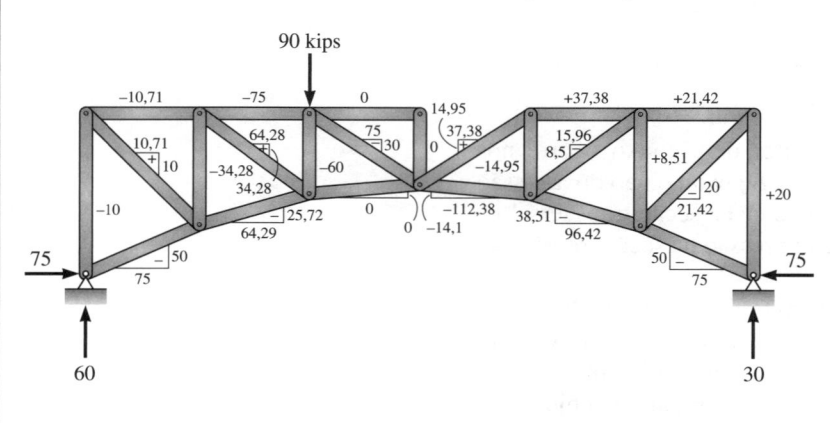

NOTA. Como a corda inferior do arco tem a forma funicular para as cargas aplicadas na corda superior, as únicas barras que suportam carga — além da corda inferior — são as colunas verticais, as quais transmitem a carga para baixo do arco. As cordas diagonais e superiores serão tracionadas quando atuar um padrão de carga que não obedeça à forma funicular. A Figura 7.8 mostra as forças produzidas na mesma treliça por uma única carga concentrada no nó *L*.

EXEMPLO 7.2

Estabeleça o formato do arco funicular para o conjunto de cargas que atua no arco treliçado da Figura 7.7. A elevação do arco no meio do vão está configurada em 36 pés.

Solução

Imaginamos que o conjunto de cargas é aplicado em um cabo que abrange o mesmo vão do arco (ver Figura 7.9a). A flecha do cabo está configurada em 36 pés — a altura do arco no meio do vão. Como as cargas de 30 kips em cada extremidade do vão atuam diretamente nos apoios, não afetam a força nem o formato do cabo e podem ser desprezadas. Aplicando a teoria geral dos cabos, imaginamos que as cargas suportadas pelo cabo são aplicadas a uma viga imaginária com apoios simples, com um vão igual ao do cabo (Figura 7.9b). Em seguida, construímos os diagramas de cortante e momento. De acordo com o teorema geral dos cabos, em cada ponto

$$M = Hy \qquad (6.6)$$

em que M = momento em um ponto arbitrário na viga
H = componente horizontal da reação do apoio
y = flecha do cabo em um ponto arbitrário

Como y = 36 ft no meio do vão e M = 8 100 kip · ft, podemos aplicar a Equação 6.6 nesse ponto para estabelecer H.

$$H = \frac{M}{y} = \frac{8100}{36} = 225 \text{ kips}$$

Com H estabelecida, aplicamos em seguida a Equação 6.6 em 30 e 60 pés a partir dos apoios. Calcule y_1 em 30 pés:

$$y_1 = \frac{M}{H} = \frac{4500}{225} = 20 \text{ ft}$$

Calcule y_2 em 60 pés:

$$y_2 = \frac{M}{H} = \frac{7200}{225} = 32 \text{ ft}$$

O perfil de um cabo é sempre uma estrutura funicular, pois um cabo só pode transmitir tração direta. Se o perfil do cabo for virado de cabeça para baixo, será produzido um arco funicular. Quando as cargas verticais que atuam no cabo são aplicadas no arco, produzem, em todas as seções, forças de compressão de magnitude igual às forças de tração nas seções correspondentes do cabo.

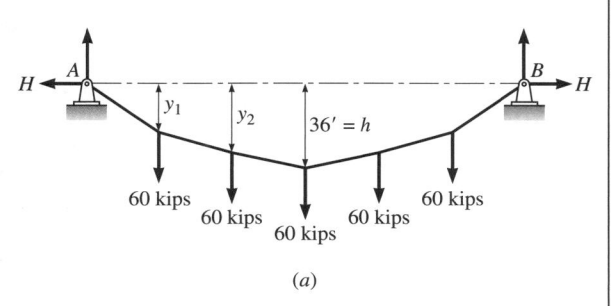

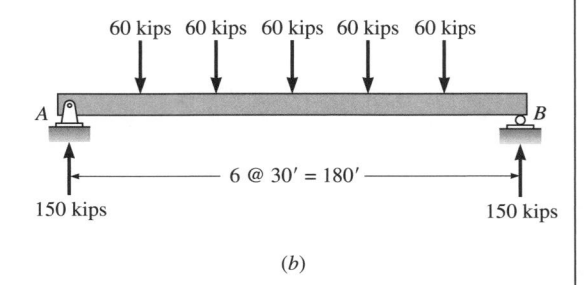

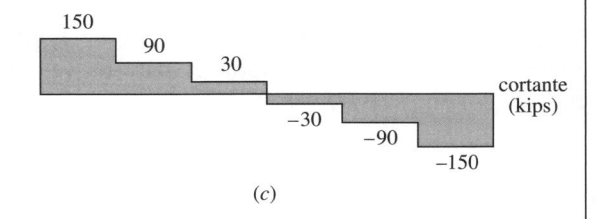

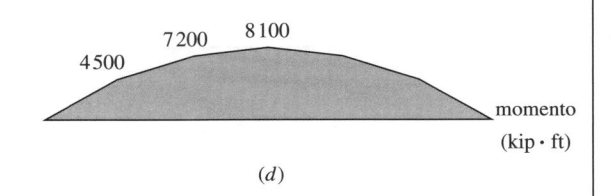

Figura 7.9: Uso da teoria dos cabos para estabelecer a forma funicular de um arco.

Resumo

- Embora arcos de alvenaria curtos sejam frequentemente utilizados em locais panorâmicos devido à sua forma atraente, também oferecem projetos econômicos para estruturas de vão longo que (1) suportam carga permanente grande e uniformemente distribuída e (2) fornecem um grande espaço livre sob o arco (conveniente para salas de conferência, arenas esportivas ou uma ponte que oferece passagem para barcos altos).

- Os arcos podem ser moldados (chamados de *arcos funiculares*) de modo que a carga permanente produza somente compressão direta — condição que leva a uma estrutura de peso mínimo.

- Para determinado conjunto de cargas, a *forma funicular* do arco pode ser estabelecida usando-se a teoria dos cabos.

PROBLEMAS

P7.1. Para o arco parabólico da Figura P7.1, plote a variação do empuxo T no apoio A para os valores de h = 12, 24, 36, 48 e 60 pés.

P7.2. Calcule as reações nos apoios A e E do arco parabólico triarticulado da Figura P7.2. Em seguida, calcule o cortante, a força axial e o momento nos pontos B e D, localizados nos pontos a um quarto do vão.

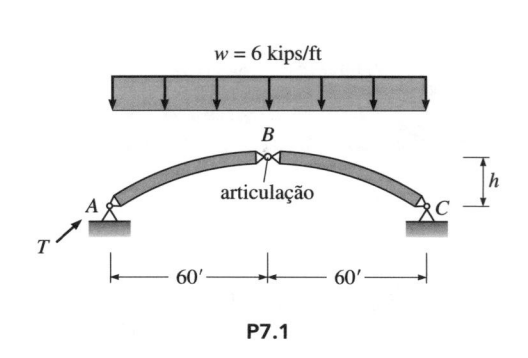

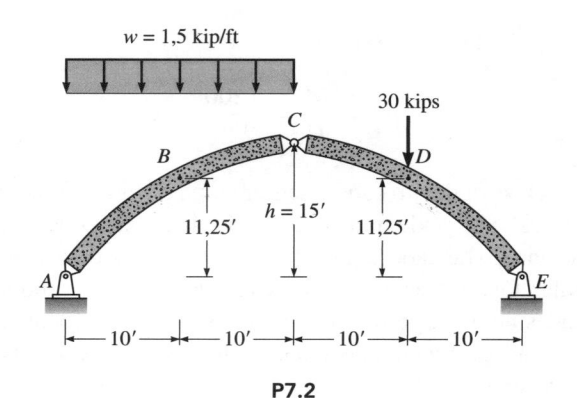

P7.3. O arco parabólico triarticulado da Figura P7.3 suporta cargas de 60 kips nos pontos a um quarto do vão. Determine o cortante, a força axial e o momento nas seções a uma distância infinitesimal à esquerda e à direita das cargas. A equação do eixo do arco é $y = 4hx^2/L^2$.

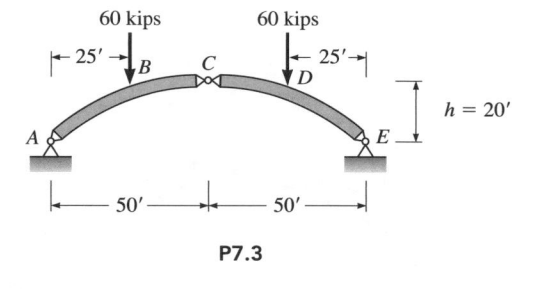

P7.5. Calcule as reações do apoio para o arco da Figura P7.5. (*Dica*: você precisará de duas equações de momento; considere o corpo livre inteiro para uma delas e um corpo livre da parte da treliça à esquerda ou à direita da articulação em *B*.)

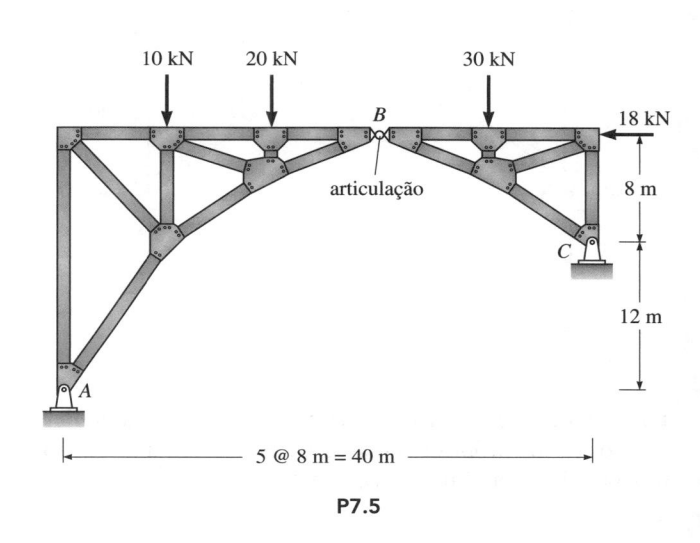

P7.4. Determine as reações nos apoios *A* e *C* do arco circular triarticulado.

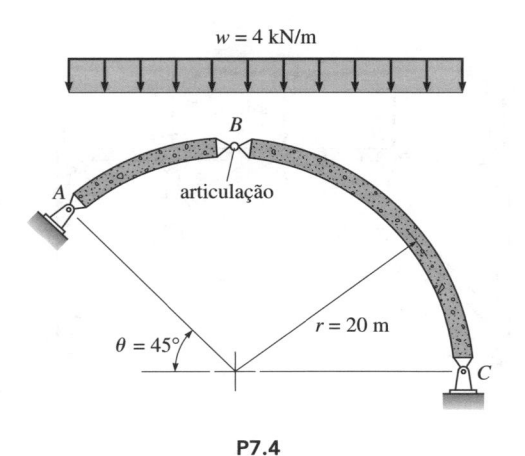

P7.6. (*a*) Determine as reações e todas as forças de barra do arco treliçado triarticulado da Figura P7.6, para os seguintes casos.
Caso A: somente a força de 90 kN no nó *D* atua. *Caso B*: as forças de 90 kN e 60 kN nos nós *D* e *M* atuam. (*b*) Determine a força axial máxima no arco para o *Caso B*.

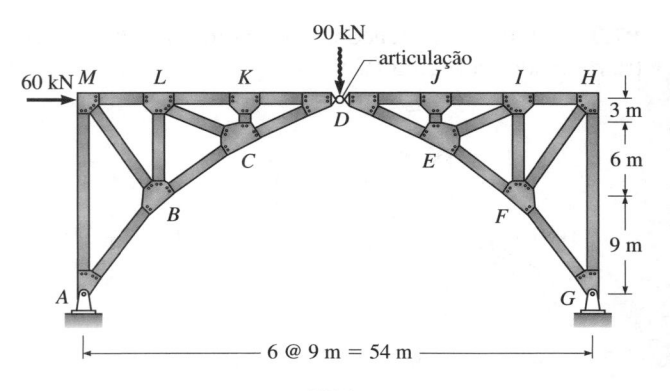

P7.7. (*a*) Na Figura P7.7, calcule a reação horizontal A_x no apoio *A* para uma carga de 10 kips no nó *B*. (*b*) Repita o cálculo se a carga de 10 kips também está localizada nos nós *C* e *D*, respectivamente.

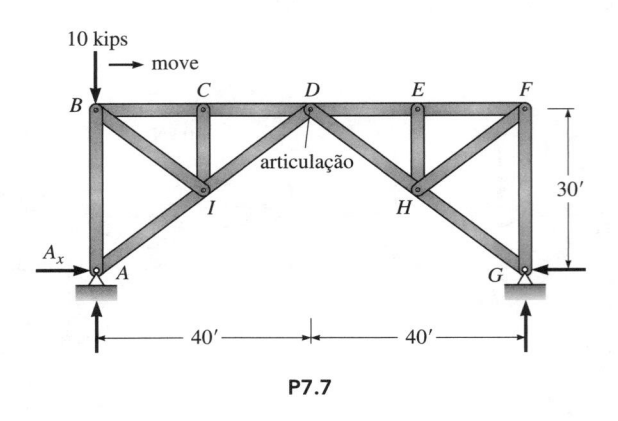

P7.10. Estabeleça o arco funicular para o sistema de cargas da Figura P7.10.

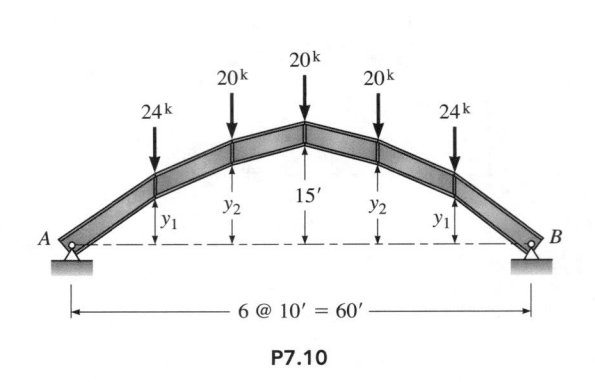

P7.8. Para que a corda inferior do arco seja funicular para os pesos próprios mostrados, estabeleça a elevação dos nós da corda inferior *B*, *C* e *E*.

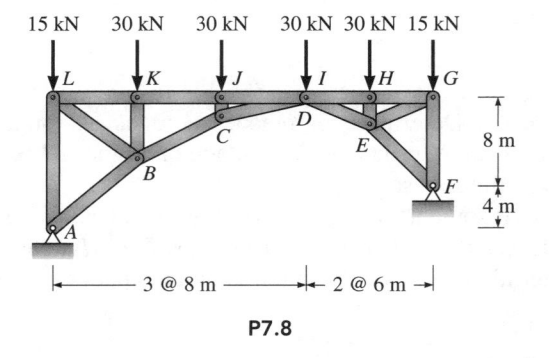

P7.11. Se a corda inferior do arco *ABCDE* na Figura P7.11 deve ser funicular para as cargas permanentes mostradas nos nós superiores, estabeleça a elevação dos nós da corda inferior em *B* e *D*.

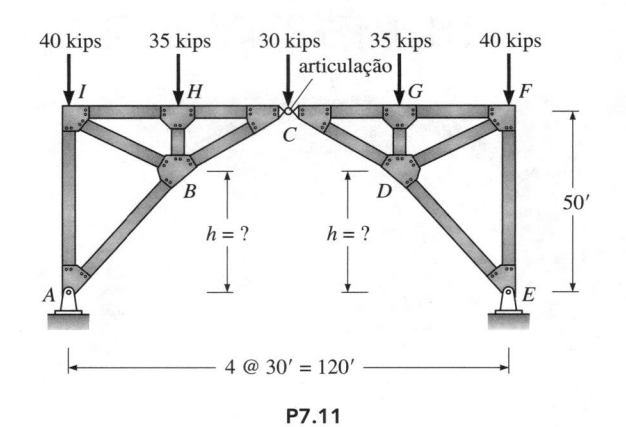

P7.9. Determine as reações nos apoios *A* e *E* do arco triarticulado da Figura P7.9.

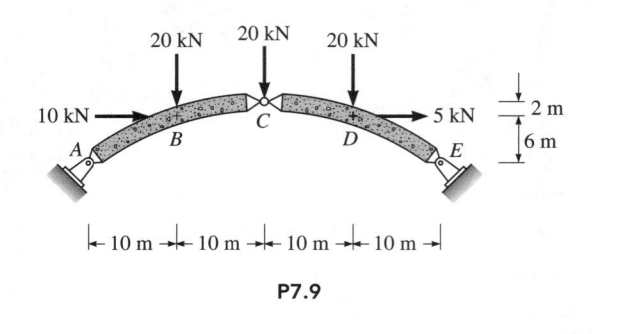

P7.12. *Estudo por computador de um arco biarticulado.* O objetivo é estabelecer a diferença na resposta de um arco *parabólico* para (1) cargas uniformemente distribuídas e (2) uma carga única concentrada.

(*a*) O arco da Figura P7.12 suporta uma pista de uma estrada que consiste em vigas com apoios simples conectadas ao arco por cabos de alta resistência, com área $A = 2$ pol^2 e $E = 26\,000$ ksi. (Cada cabo transmite uma carga permanente das vigas de 36 kips para o arco.) Determine as reações; a força axial, o cortante e o momento em cada nó do arco; e os deslocamentos de nó. Plote a forma defletida. Represente o arco por meio de uma série de segmentos retos entre os nós. O arco tem uma seção transversal constante, com $A = 24$ pol^2, $I = 2\,654$ pol^4 e $E = 29\,000$ ksi.

(*b*) Repita a análise do arco se uma carga vertical única de 48 kips atua para baixo no nó 18. Novamente, determine todas as forças que atuam em cada nó do arco, os deslocamentos de nó etc., e compare os resultados com os de (*a*). Descreva sucintamente a diferença no comportamento.

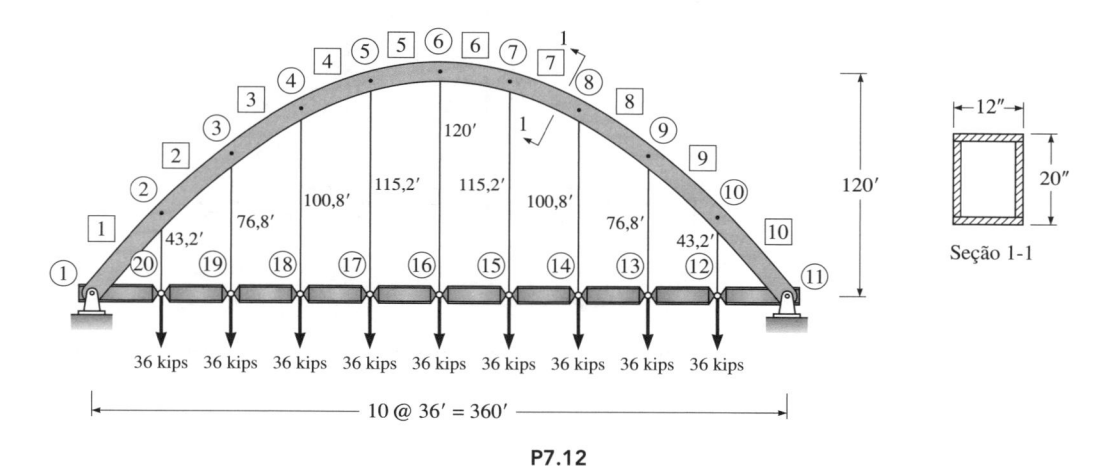

P7.12

P7.13. *Estudo por computador de arco com uma viga mestra de piso contínua.* Repita a parte (*b*) do problema P7.12 se uma viga mestra contínua com $A = 102{,}5$ pol^2 e $I = 40\,087$ pol^4, conforme mostrado na Figura P7.13, é fornecida para apoiar o sistema de piso. Para a viga mestra e para o arco, determine todas as forças que atuam nos nós do arco, assim como os deslocamentos dos nós. Discuta os resultados de seu estudo de P7.12 e P7.13 com particular ênfase na magnitude das forças e nos deslocamentos produzidos pela carga de 48 kips.

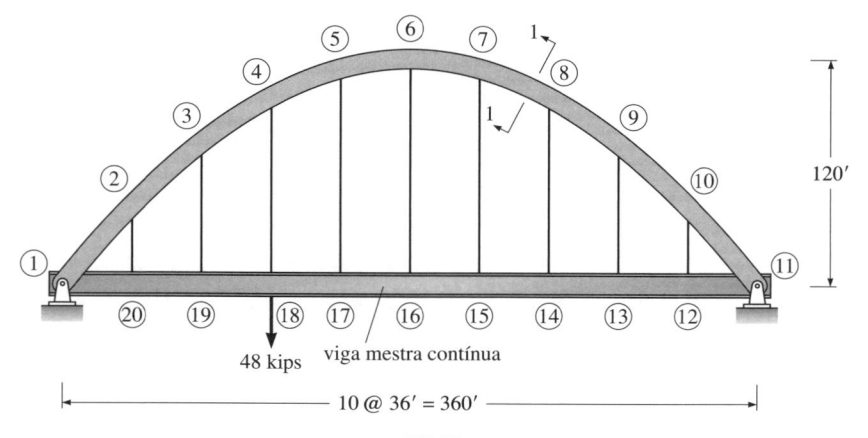

P7.13

P7.14. Para reduzir o deslocamento vertical do sistema de piso da estrada do arco (mostrado em P7.12, parte *b*), produzido pela carga de 48 kips no nó 18, são adicionados cabos diagonais de 2 polegadas de diâmetro, conforme mostrado na Figura P7.14. Para essa configuração, determine o deslocamento vertical de todos os nós do sistema de piso. Compare os resultados dessa análise com a parte *b* de P7.12, plotando em escala as deflexões verticais de todos os nós ao longo do piso, dos nós 1 ao 11. As propriedades dos cabos diagonais são iguais às dos cabos verticais.

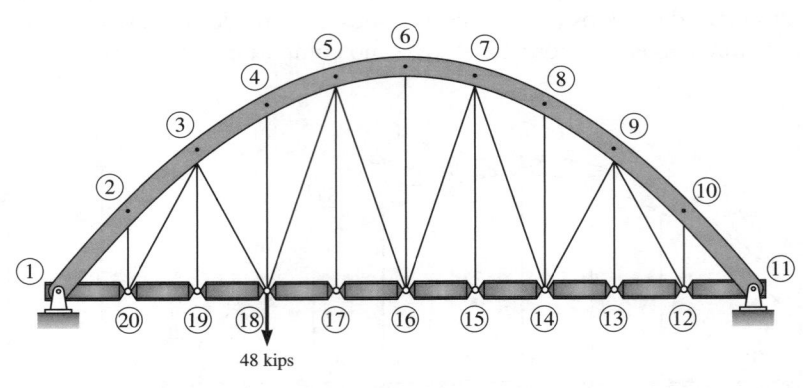

P7.14

A ponte estaiada Rion Antirion de 2 252 m de comprimento, na Grécia, está em serviço desde 2004. As condições adversas que o projetista teve de considerar incluíam a profundidade da água, de 65 m, condições de solo ruins, forte atividade sísmica e a possibilidade de colisão de um navio-tanque com a estrutura. O estrado superior contínuo e totalmente suspenso foi projetado para se mover como um pêndulo durante um terremoto; amortecedores são utilizados para reduzir o balanço do estrado, causado pelo forte vento.

CAPÍTULO 8

Cargas móveis: linhas de influência para estruturas determinadas

8.1 Introdução

Até aqui, analisamos estruturas para uma variedade de cargas, sem considerar como a posição de uma carga concentrada ou a distribuição de uma carga uniforme era estabelecida. Além disso, não fizemos distinção entre carga permanente, que tem posição fixa, e sobrecarga, que pode mudar de posição. Neste capítulo, nosso objetivo é estabelecer a posição da carga móvel (por exemplo, um caminhão ou um trem) para maximizar o valor de certo tipo de força (*cortante* ou *momento* em uma viga ou *axial* em uma treliça) em uma seção designada de uma estrutura.

8.2 Linhas de influência

À medida que uma carga em movimento passa por uma estrutura, as forças internas em cada ponto da estrutura variam. Intuitivamente, reconhecemos que uma carga concentrada aplicada em uma viga em meio vão produz tensões de flexão e deflexão muito maiores do que a mesma carga aplicada perto de um apoio. Por exemplo, suponha que você tivesse que atravessar um pequeno curso d'água repleto de crocodilos, passando por cima de uma velha tábua flexível e parcialmente rachada. Você ficaria mais preocupado com a capacidade da tábua de suportar seu peso à medida que se aproximasse do meio vão do que quando estivesse parado no apoio da extremidade da tábua (ver Figura 8.1).

Se uma estrutura deve ser projetada com segurança, devemos dimensionar suas barras e nós de modo que a força máxima em cada seção, produzida pela sobrecarga e pela carga permanente, seja menor ou igual à capacidade admissível da seção. Para estabelecer as forças de projeto máximas nas seções críticas, produzidas por cargas que se movem, frequentemente construímos *linhas de influência*.

Figura 8.1: Variação do momento com a posição da carga: (*a*) nenhum momento em meio vão, carga no apoio; (*b*) momento e deflexão máximos, carga em meio vão. A tábua se rompe.

Linha de influência é um diagrama cujas ordenadas, que são plotadas como uma função da distância ao longo do vão, fornecem o valor de uma força interna, uma reação ou um deslocamento em um ponto específico de uma estrutura quando uma carga unitária de 1 kip ou 1 kN se move pela estrutura.

Uma vez construída a linha de influência, podemos utilizá-la (1) para determinar onde devemos colocar carga móvel em uma estrutura para maximizar a força (cortante, momento etc.) para a qual a linha de influência é desenhada e (2) para avaliar a magnitude da força (representada pela linha de influência) produzida pela carga móvel. Embora represente a ação de uma única carga em movimento, a linha de influência também pode ser usada para estabelecer a força em um ponto produzida por várias cargas concentradas ou por uma carga uniformemente distribuída.

8.3 Construção de uma linha de influência

Para apresentar o procedimento de construção de linhas de influência, discutiremos em detalhes os passos necessários para desenhar a linha de influência da reação R_A no apoio A da viga com apoios simples da Figura 8.2a.

Conforme observado anteriormente, podemos estabelecer as ordenadas das linhas de influência para a reação em A calculando o valor de R_A para sucessivas posições de uma carga unitária à medida que ela se move pelo vão. Começamos colocando a carga unitária no apoio A. Somando os momentos sobre o apoio B (Figura 8.2b), calculamos $R_A = 1$ kip. Então, movemos a carga unitária arbitrariamente para uma segunda posição, localizada a uma distância $L/4$ à direita do apoio A. Novamente, somando os momentos sobre B, calculamos $R_A = \frac{3}{4}$ kip (Figura 8.2c). Em seguida, movemos a carga para o meio vão e calculamos $R_A = \frac{1}{2}$ kip (Figura 8.2d). Para o cálculo final, posicionamos a carga de 1 kip diretamente sobre o apoio B e calculamos $R_A = 0$ (Figura 8.2e). Para construir a linha de influência, plotamos agora os valores numéricos de R_A diretamente abaixo de cada posição da carga unitária associada ao valor de R_A correspondente. O diagrama de linha de influência resultante está mostrado na Figura 8.2f. A linha de influência mostra que a reação em A varia linearmente de 1 kip, quando a carga está em A, até o valor 0, quando a carga está em B. Como a reação em A é avaliada em kips, as ordenadas da linha de influência têm unidades de kips por 1 kip de carga.

Quando você se familiarizar com a construção de linhas de influência, precisará colocar a carga unitária em apenas duas ou três posições ao longo do eixo da viga para estabelecer o formato correto da linha de influência. Vários pontos a lembrar sobre a Figura 8.2f estão resumidos aqui:

1. Todas as ordenadas da linha de influência representam valores de R_A.
2. Cada valor de R_A está plotado diretamente abaixo da posição da carga unitária que o produziu.
3. O valor máximo de R_A ocorre quando a carga unitária atua em A.

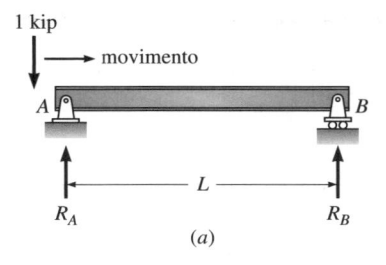

Figura 8.2: Linhas de influência das reações em A e B: (a) viga; (b), (c), (d) e (e) mostram posições sucessivas da carga unitária; (f) linha de influência de R_A; (g) linha de influência de R_B.

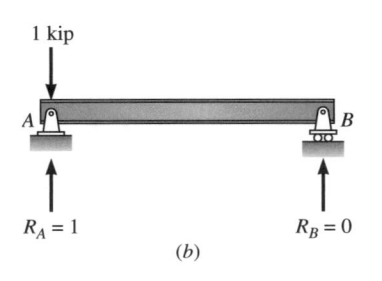

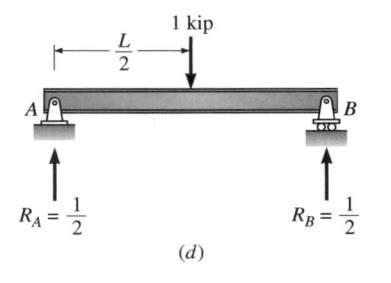

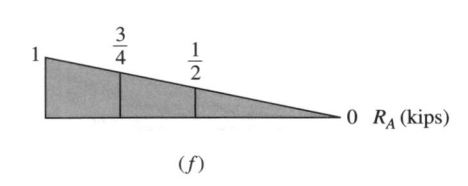

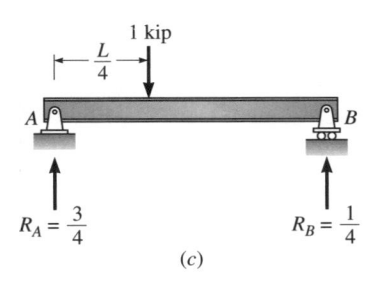

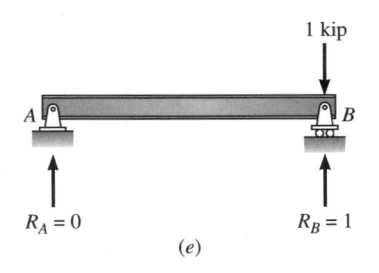

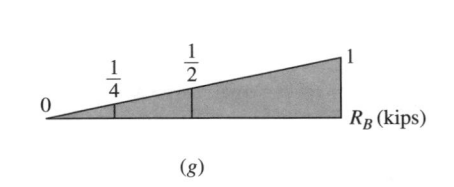

4. Como todas as ordenadas da linha de influência são positivas, uma carga atuando verticalmente para baixo em qualquer lugar do vão produz uma reação em A dirigida para cima. (Uma ordenada negativa indicaria que a reação em A seria dirigida para baixo.)
5. A linha de influência é uma linha reta. Conforme você verá, as linhas de influência de estruturas determinadas são retas ou compostas de segmentos lineares.

Plotando os valores da reação de B para várias posições da carga unitária, geramos a linha de influência de R_B mostrada na Figura 8.2g. Como a soma das reações em A e B sempre deve ser igual a 1 (o valor da carga aplicada) para todas as posições da carga unitária, a soma das ordenadas das duas linhas de influência em qualquer seção também deve ser igual a 1 kip.

No Exemplo 8.1, construiremos linhas de influência para as reações de uma viga com um balanço. O Exemplo 8.2 ilustrará a construção de linhas de influência para cortante e momento em uma viga. Se as linhas de influência das reações forem desenhadas primeiro, facilitarão a construção das linhas de influência das outras forças na mesma estrutura.

EXEMPLO 8.1

Construa as linhas de influência das reações em A e C para a viga da Figura 8.3a.

Solução

Para estabelecer uma expressão geral para os valores de R_A para qualquer posição da carga unitária entre os apoios A e C, colocamos a carga unitária a uma distância x_1 à direita do apoio A (ver Figura 8.3b) e somamos os momentos sobre o apoio C.

$$\circlearrowleft^+ \quad \Sigma M_C = 0$$

$$10R_A - (1\text{ kN})(10 - x_1) = 0$$

$$R_A = 1 - \frac{x_1}{10} \tag{1}$$

em que $0 \leq x_1 \leq 10$.

Avalie R_A para $x_1 = 0$ m, 5 m e 10 m.

x_1	R_A
0	1
5	$\frac{1}{2}$
10	0

Uma expressão geral para R_A, quando a carga unitária está localizada entre C e D, pode ser escrita pela soma dos momentos sobre C para o diagrama de corpo livre mostrado na Figura 8.3c.

$$\circlearrowleft^+ \quad \Sigma M_C = 0$$

$$10R_A + (1\text{ kN})(x_2) = 0$$

$$R_A = -\frac{x_2}{10} \tag{2}$$

em que $0 \leq x_2 \leq 5$.

O sinal de menos na Equação 2 indica que R_A atua para baixo quando a carga unitária está entre os pontos C e D. Para $x_2 = 0$, $R_A = 0$; para $x_2 = 5$, $R_A = -\frac{1}{2}$. Usando os valores anteriores de R_A, das equações 1 e 2, desenhamos a linha de influência mostrada na Figura 8.3d.

Para desenhar a linha de influência de R_C (ver Figura 8.3e), podemos calcular os valores da reação em C à medida que a carga unitária se move pelo vão ou subtrair as ordenadas da linha de influência na Figura 8.3d de 1, pois a soma das reações para cada posição da carga unitária deve ser igual a 1 — o valor da carga aplicada.

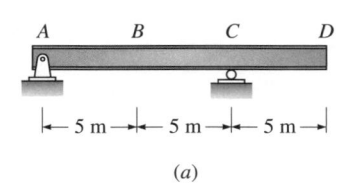

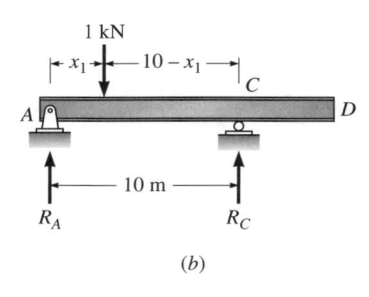

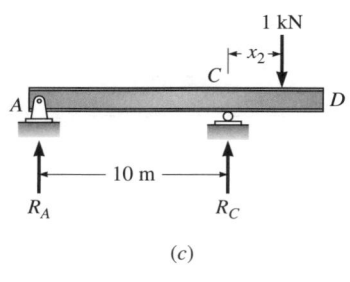

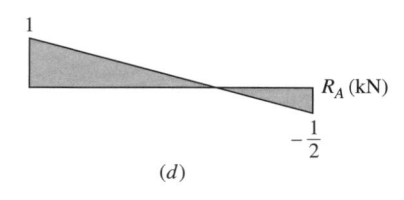

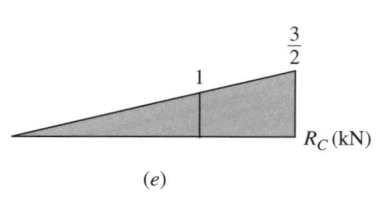

Figura 8.3: Linhas de influência das reações nos apoios A e C: (a) viga; (b) carga entre A e C; (c) carga unitária entre C e D; (d) linha de influência de R_A; (e) linha de influência de R_C.

EXEMPLO 8.2

Desenhe as linhas de influência do cortante e do momento na seção B da viga da Figura 8.4a.

Solução

As linhas de influência do cortante e do momento na seção B estão desenhadas na Figura 8.4c e d. As ordenadas dessas linhas de influência foram avaliadas para as cinco posições da carga unitária indicadas pelos números circulados ao longo da extensão da viga na Figura 8.4a. Para avaliar o cortante e o momento em B, produzidos pela carga unitária, passaremos um corte imaginário pela viga em B e consideraremos o equilíbrio do corpo livre à esquerda da seção. (As direções positivas de cortante e momento estão definidas na Figura 8.4b.)

Para estabelecer as ordenadas das linhas de influência para V_B e M_B na extremidade esquerda (apoio A), colocamos a carga unitária diretamente sobre o apoio em A e calculamos o cortante e o momento na seção B. Como a carga unitária inteira é suportada pela reação no apoio A, a viga não é tensionada; portanto, o cortante e o momento na seção B são zero. Em seguida, posicionamos a carga unitária no ponto 2, a uma distância infinitesimal à esquerda da seção B, e avaliamos o cortante V_B e o momento M_B na seção (ver Figura 8.4e). Somando os momentos sobre um eixo através da seção B para avaliar o momento, vemos que a carga unitária, que passa pelo centro de momento, não contribui para M_B. Por outro lado, quando somamos as forças na direção vertical para avaliar o cortante V_B, a carga unitária aparece no somatório.

Em seguida, movemos a carga unitária para a posição 3, a uma distância infinitesimal à direita da seção B. Embora a reação em A permaneça a mesma, a carga unitária não está mais no corpo livre à esquerda da seção (ver Figura 8.4f). Portanto, o cortante inverte de direção e experimenta uma mudança de 1 kip na magnitude (de $-\frac{1}{4}$ para $+\frac{3}{4}$ kip). O salto de 1 kip que ocorre entre os lados de um corte é uma característica das linhas de influência para cortante. Por outro lado, o momento não muda quando a carga unitária se move a uma distância infinitesimal de um lado para outro da seção.

À medida que a carga unitária se move de B para D, as ordenadas das linhas de influência reduzem-se linearmente para zero no apoio D, pois tanto o cortante como o momento em B são uma função direta da reação em A, a qual, por sua vez, varia linearmente com a posição da carga entre B e D.

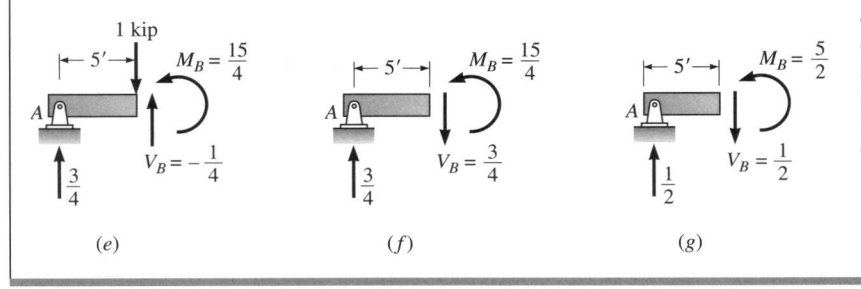

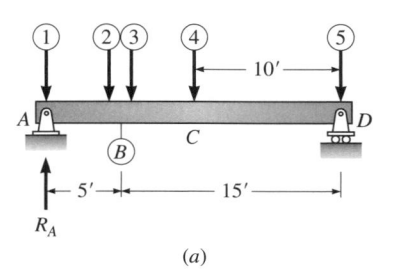

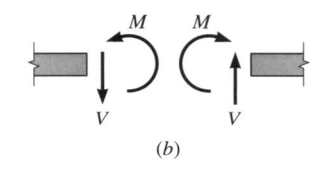

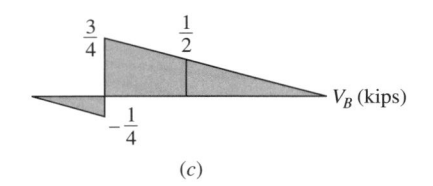

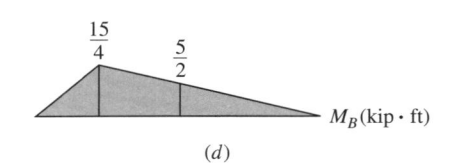

Figura 8.4: Linhas de influência do cortante e do momento na seção B: (a) posição da carga unitária; (b) definição do sentido positivo do cortante e do momento; (c) linha de influência do cortante em B; (d) linha de influência do momento em B; (e) corpo livre da carga unitária à esquerda da seção B; (f) corpo livre da carga unitária à direita da seção B; (g) corpo livre da carga unitária em meio vão.

EXEMPLO 8.3

Para o pórtico da Figura 8.5, construa as linhas de influência das componentes horizontais e verticais das reações A_x e A_y no apoio A e da componente vertical da força F_{By} aplicada pela barra BD no nó B. A conexão da barra BD aparafusada à viga mestra pode ser tratada como uma articulação, tornando BD uma barra de duas forças (ou um elo).

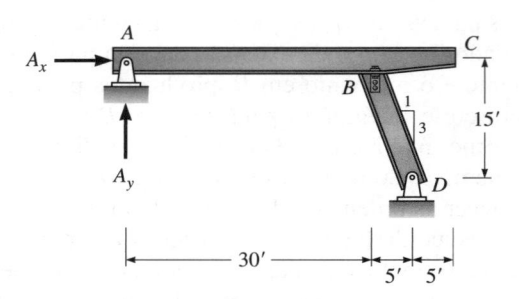

Figura 8.5

Solução

Para estabelecer as ordenadas das linhas de influência, posicionamos uma carga unitária a uma distância x_1 do apoio A em um corpo livre da barra ABC (Figura 8.6a). Em seguida, aplicamos as três equações de equilíbrio para expressar as reações nos pontos A e B em termos da carga unitária e da distância x_1.

Como a força F_B na barra BD atua ao longo do eixo da barra, as componentes horizontais e verticais de F_B são proporcionais à inclinação da barra; portanto,

$$\frac{F_{Bx}}{1} = \frac{F_{By}}{3}$$

e
$$F_{Bx} = \frac{F_{By}}{3} \tag{1}$$

Somando as forças que atuam na barra ABC (Figura 8.6a) na direção y, temos

$$\stackrel{+}{\uparrow} \quad \Sigma F_y = 0$$

$$0 = A_y + F_{By} - 1 \text{ kip}$$

$$A_y = 1 \text{ kip} - F_{By} \tag{2}$$

Em seguida, uma soma das forças na direção x produz

$$\rightarrow+ \quad \Sigma F_x = 0$$

$$A_x - F_{Bx} = 0$$

$$A_x = F_{Bx} \tag{3}$$

Substituindo a Equação 1 na Equação 3, podemos expressar A_x em termos de F_{By} como

$$A_x = \frac{F_{By}}{3} \quad (4)$$

Para expressar F_{By} em termos de x_1, somamos os momentos das forças na barra ABC sobre a articulação fixa no apoio A:

$$\circlearrowleft^+ \quad \Sigma M_A = 0$$

$$(1 \text{ kip})x_1 - F_{By}(30) = 0$$

$$F_{By} = \frac{x_1}{30} \quad (5)$$

A substituição de F_{By}, dada pela Equação 5, nas equações 2 e 4 permite expressar A_y e A_x em termos da distância x_1:

$$A_y = 1 \text{ kip} - \frac{x_1}{30} \quad (6)$$

$$A_x = \frac{x_1}{90} \quad (7)$$

Para construir as linhas de influência das reações mostradas na Figura 8.6b, c e d, avaliamos F_{By}, A_y e A_x, dadas pelas equações 5, 6 e 7, para os valores de $x_1 = 0$, 30 e 40 pés.

x_1	F_{By}	A_y	A_x
0	0	1	0
30	1	0	$\frac{1}{3}$
40	$\frac{4}{3}$	$-\frac{1}{3}$	$\frac{4}{9}$

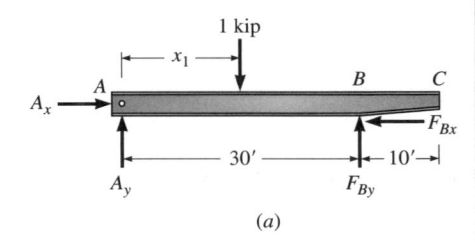

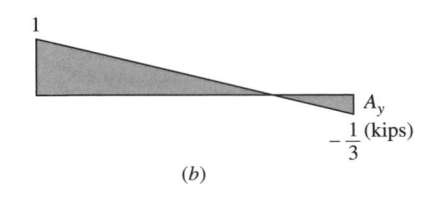

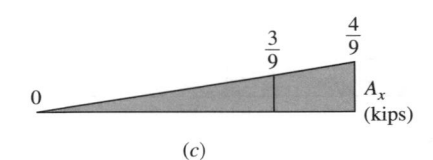

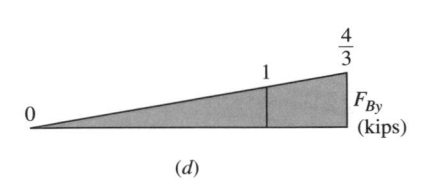

Figura 8.6: Linhas de influência.

Conforme podemos observar, examinando o formato das linhas de influência nos exemplos 8.1 a 8.3, as linhas de influência de estruturas determinadas consistem em uma série de linhas retas; portanto, podemos definir a maioria das linhas de influência ligando as ordenadas em alguns pontos críticos ao longo do eixo de uma viga onde a inclinação da linha de influência muda ou é descontínua. Esses pontos estão localizados nos apoios, em articulações, em extremidades de vigas em balanço e, no caso de forças cortantes, em cada lado da seção em que atuam. Para ilustrar esse procedimento, no Exemplo 8.4 construiremos as linhas de influência das reações nos apoios da viga.

EXEMPLO 8.4

Desenhe as linhas de influência das reações R_A e M_A no engastamento em A e da reação R_C no apoio articulado móvel em C (ver Figura 8.7a). As setas mostradas na Figura 8.7a indicam o sentido positivo de cada reação.

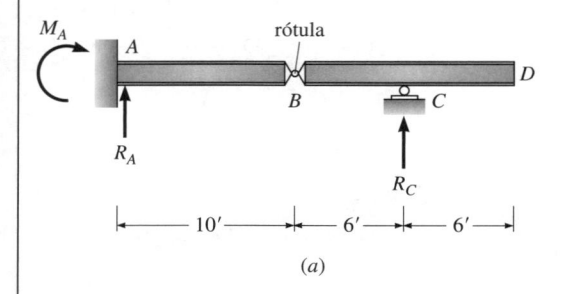

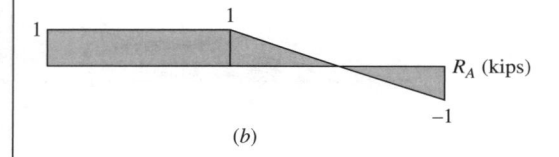

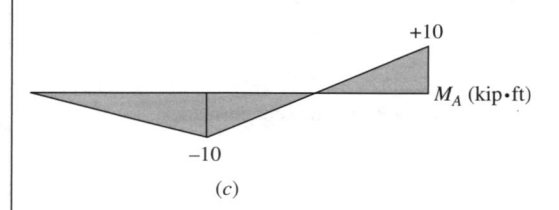

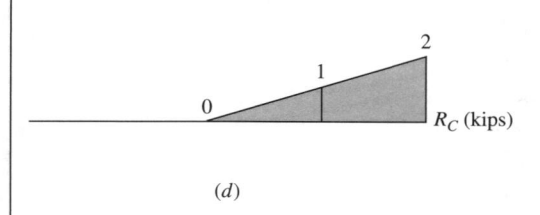

Figura 8.7

Solução

Na Figura 8.8a, b, d e e posicionamos a carga unitária em quatro pontos para fornecer as forças necessárias para desenhar as linhas de influência das reações dos apoios. Na Figura 8.8a, colocamos a carga unitária na face do engastamento no ponto A. Nessa posição, a carga inteira flui diretamente para o apoio, produzindo a reação R_A. Como nenhuma carga é transmitida para o restante da estrutura e todas as outras reações são iguais a zero, a estrutura não está tensionada.

Em seguida, movemos a carga unitária para a rótula no ponto B (Figura 8.8b). Se considerarmos um corpo livre da viga BCD à direita da rótula (Figura 8.8c) e somarmos os momentos sobre a rótula em B, a reação R_C deverá ser igual a zero, pois nenhuma carga externa atua na viga BD. Se somarmos as forças na direção vertical, segue-se que a força R_B aplicada pela rótula também é igual a zero. Portanto, concluímos que a carga inteira é suportada pela viga em balanço AB e produz as reações em A mostradas na Figura 8.8b.

Posicionamos, então, a carga unitária diretamente sobre o apoio C (Figura 8.8d). Nessa posição, a força inteira é transmitida pela viga para o apoio em C, e como resultado a viga não está tensionada. Na posição final, movemos a carga unitária para a extremidade da viga em balanço no ponto D (Figura 8.8e). A soma dos momentos sobre a rótula em B resulta em

$$\circlearrowleft^+ \quad \Sigma M_B = 0$$

$$0 = 1 \text{ kip}(12 \text{ ft}) - R_C(6 \text{ ft})$$

$$R_C = 2 \text{ kips}$$

Somando as forças na barra BCD na direção vertical, estabelecemos que a rótula em B aplica uma força de 1 kip, para baixo, na barra BCD. Por sua vez, uma força igual e oposta de 1 kip deve atuar para cima na extremidade B da barra AB, produzindo as reações mostradas no apoio A.

Agora, temos todas as informações necessárias para plotar as linhas de influência mostradas na Figura 8.7b, c e d. A Figura 8.8a fornece os valores das ordenadas de linha de influência no apoio A para as três linhas de influência; isto é, na Figura 8.7b, $R_A = 1$ kip, na Figura 8.7c, $M_A = 0$ e na Figura 8.7d, $R_C = 0$.

A Figura 8.8b fornece os valores das três ordenadas de linha de influência no ponto B; isto é, $R_A = 1$ kip, $M_A = -10$ kip · ft (sentido anti-horário) e $R_C = 0$. A Figura 8.8d fornece as ordenadas de linha de influência no apoio C e a Figura 8.8e fornece o valor das ordenadas de linha de influência no ponto D, a ponta da viga em balanço. Desenhar linhas retas entre os quatro pontos completa a construção das linhas de influência para as três reações.

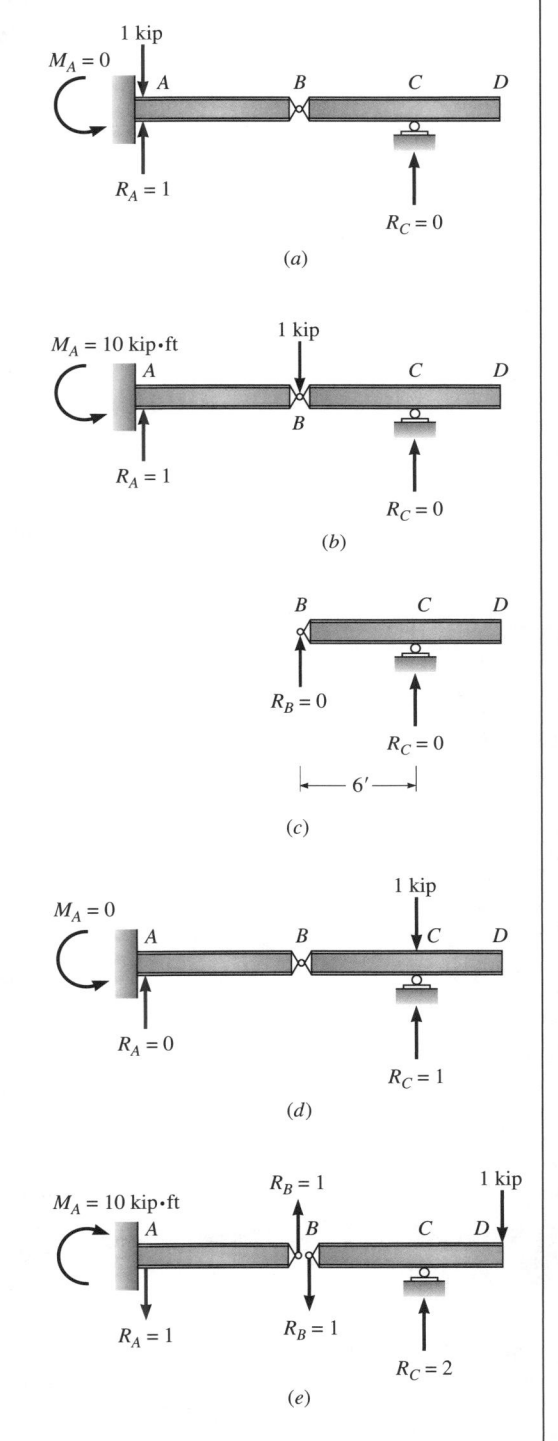

Figura 8.8

8.4 O princípio de Müller–Breslau

O princípio de Müller–Breslau fornece um procedimento simples para estabelecer o formato das linhas de influência para as reações ou para as forças internas (cortante e momento) em vigas. As linhas de influência qualitativas, que possibilitam ser esboçadas rapidamente, podem ser usadas das três maneiras a seguir:

1. Para verificar se o aspecto de uma linha de influência, produzida pelo movimento de uma carga unitária em uma estrutura, está correto.
2. Para estabelecer onde se deve posicionar a carga móvel em uma estrutura para maximizar uma função específica, sem avaliar as ordenadas da linha de influência. Uma vez estabelecida a posição crítica da carga, fica mais simples analisar diretamente certos tipos de estruturas para a carga móvel especificada do que desenhar a linha de influência.
3. Para determinar a localização das ordenadas máximas e mínimas de uma linha de influência, para que apenas algumas posições da carga unitária precisem ser consideradas quando as ordenadas da linha de influência forem calculadas.

Embora o método de Müller–Breslau se aplique a vigas determinadas e indeterminadas, limitaremos a discussão deste capítulo aos membros determinados. As linhas de influência de vigas indeterminadas serão abordadas no Capítulo 14. Como a demonstração do método exige um entendimento do conceito de trabalho-energia, abordado no Capítulo 10, a prova será adiada até o Capítulo 14.

O *princípio de Müller–Breslau* declara:

A linha de influência de qualquer reação ou força interna (cortante, momento) corresponde à forma defletida da estrutura produzida pela retirada da capacidade da estrutura de suportar essa força, seguida da introdução na estrutura modificada (ou liberada) de uma deformação unitária correspondente à restrição retirada.

A deformação unitária refere-se a um deslocamento unitário para reação, um deslocamento unitário relativo para cortante e uma rotação unitária relativa para momento. Para apresentar o método, desenharemos a linha de influência da reação em *A* da viga com apoios simples da Figura 8.9*a*. Começamos removendo a restrição vertical fornecida pela reação em *A*, produzindo a estrutura *liberada* mostrada na Figura 8.9*b*. Em seguida, deslocamos a extremidade esquerda da viga verticalmente para cima, na direção de R_A, por um deslocamento unitário (ver Figura 8.9*c*). Como a viga deve girar sobre o pino em *B*, sua forma defletida, que é a linha de influência, é um triângulo que varia de 0 em *B* até 1,0 em *A'*. Esse resultado confirma o aspecto da linha de influência para a reação em *A* que construímos na Seção 8.2 (ver Figura 8.2*f*).

Como segundo exemplo, desenharemos a linha de influência da reação em *B* para a viga da Figura 8.10*a*. A Figura 8.10*b* mostra a estrutura liberada produzida pela remoção do apoio em *B*. Agora, introduzimos um

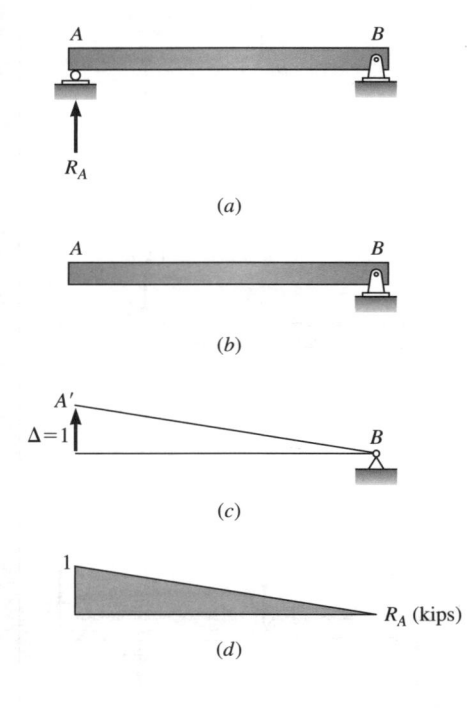

Figura 8.9: Construção da linha de influência para R_A pelo princípio de Müller–Breslau. (*a*) Viga com apoios simples. (*b*) A estrutura *liberada*. (*c*) Deslocamento introduzido correspondente à reação em *A*; a forma defletida é a linha de influência em alguma escala desconhecida. (*d*) A linha de influência de R_A.

deslocamento vertical unitário Δ correspondente à reação em *B*, produzindo a forma defletida, que é a linha de influência (ver Figura 8.10*c*). A partir dos triângulos semelhantes, calculamos o valor da ordenada da linha de influência no ponto *C* como $\frac{3}{2}$.

Para construir uma linha de influência para o cortante em uma seção de uma viga pelo método de Müller–Breslau, devemos remover a capacidade da seção transversal de transmitir cortante, mas não força axial nem momento. Imaginaremos que o dispositivo construído de placas e rolos na Figura 8.11*a* permite essa modificação quando introduzido em uma viga.

Para ilustrar o método de Müller–Breslau, construiremos a linha de influência para o cortante no ponto *C* da viga da Figura 8.11*b*. Na Figura 8.11*c*, inserimos o dispositivo de placa e rolo na seção *C* para liberar a capacidade de cortante da seção transversal. Então, deslocamos os segmentos de viga para a esquerda e para a direita da seção *C* por Δ_1 e Δ_2, de modo que um deslocamento unitário relativo ($\Delta_1 + \Delta_2 = 1$) seja introduzido (ver Figura 8.11*c*). Como o dispositivo corrediço inserido em *C* ainda mantém a capacidade de momento, nenhuma rotação relativa é

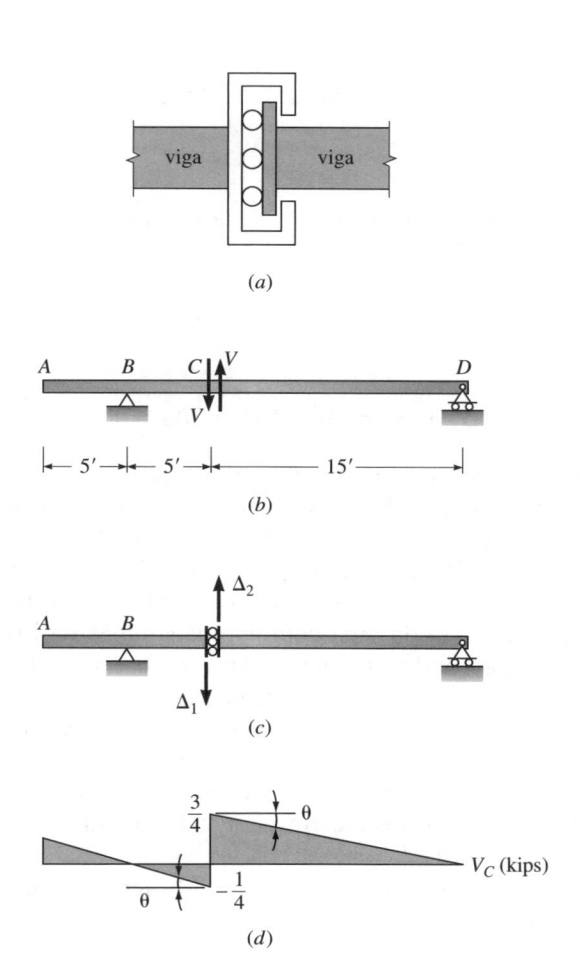

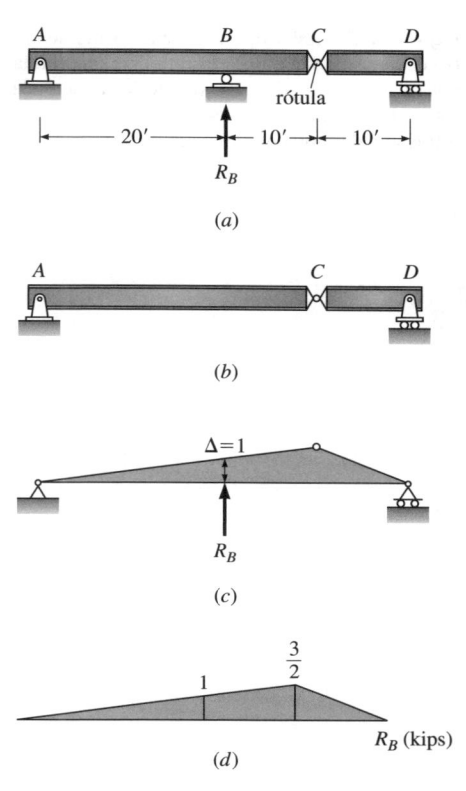

Figura 8.10: Linha de influência da reação em *B*: (*a*) viga em balanço com rótula em *C*; (*b*) reação removida, produzindo a estrutura liberada; (*c*) o deslocamento da estrutura liberada pela reação em *B* estabelece o aspecto da linha de influência; (*d*) linha de influência da reação em *B*.

Figura 8.11: Linha de influência do cortante usando o método de Müller–Breslau: (*a*) dispositivo para liberar a capacidade de cortante da seção transversal; (*b*) detalhes da viga; (*c*) capacidade de cortante liberada na seção *C*; (*d*) linha de influência do cortante na seção *C*.

Figura 8.12: Linha de influência do momento: (*a*) detalhes da viga; (*b*) estrutura liberada; rótula inserida no meio do vão; (*c*) deslocamento da estrutura liberada pelo momento; (*d*) linha de influência do momento no meio do vão.

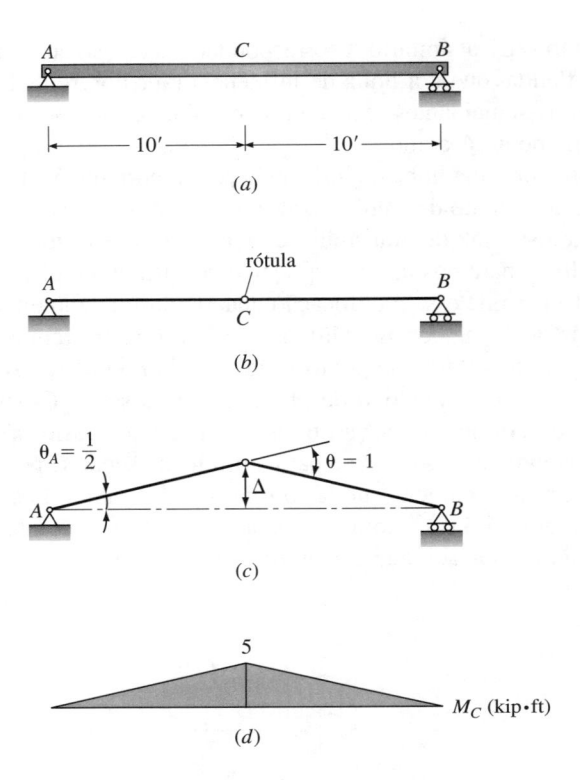

permitida. Isto é, os segmentos *AC* e *CD* devem permanecer paralelos, e a rotação (θ) desses dois segmentos é idêntica. A partir da geometria na Figura 8.11*d*,

$$\Delta_1 = 5\theta, \qquad \Delta_2 = 15\theta$$

e

$$\Delta_1 + \Delta_2 = 5\theta + 15\theta = 20\theta = 1$$

Segue-se que $\theta = \frac{1}{20}$ e $\Delta_1 = \frac{1}{4}$ (mas com um sinal de menos), $\Delta_2 = \frac{3}{4}$.

Para desenhar uma linha de influência para o momento em uma seção arbitrária de uma viga, usando o método de Müller–Breslau, introduzimos uma rótula na seção para produzir a estrutura liberada. Por exemplo, para estabelecer o aspecto da linha de influência para o momento em meio vão da viga com apoios simples da Figura 8.12*a*, introduzimos uma rótula em meio vão, como mostrado na Figura 8.12*b*. Então, movemos a rótula em *C* para cima, por uma quantidade Δ, de modo que seja obtida uma rotação unitária relativa (ou uma "dobra") de θ = 1 entre os segmentos *AC* e *CB*. A partir da geometria na Figura 8.12*c*, $\theta_A = \frac{1}{2}$ e Δ é calculado como $\frac{1}{2}$ (10) = 5, que é a ordenada da linha de influência em *C*. A linha de influência final está mostrada na Figura 8.12*d*.

Na Figura 8.13, usamos o método de Müller–Breslau para construir a linha de influência do momento *M* no engastamento de uma viga em balanço. A estrutura liberada é estabelecida pela introdução de uma articulação fixa no apoio da esquerda. A introdução de uma rotação unitária relativa entre a articulação fixa e a viga liberada produz uma forma defletida com deflexão na ponta da viga igual a 11, que é a ordenada da linha de influência nessa posição. A linha de influência final está mostrada na Figura 8.13d.

8.5 Uso das linhas de influência

Conforme observado anteriormente, construímos linhas de influência para estabelecer o valor máximo das reações ou das forças internas produzidas por carga móvel. Nesta seção, descreveremos como se utiliza uma linha de influência para calcular o valor máximo de uma função, quando a carga móvel, que pode atuar em qualquer parte da estrutura, é uma *única carga concentrada* ou uma *carga uniformemente distribuída de comprimento variável*.

Como a ordenada de uma linha de influência representa o valor de determinada função produzido por uma carga unitária, o valor produzido por uma carga concentrada pode ser estabelecido multiplicando a ordenada da linha de influência pela magnitude da carga concentrada. Esse cálculo simplesmente reconhece que as forças criadas em uma estrutura elástica são diretamente proporcionais à magnitude da carga aplicada.

Se a linha de influência é positiva em algumas regiões e negativa em outras, a função representada por ela inverte de direção para certas posições da carga móvel. Para projetar membros nos quais a direção da força tem influência significativa no comportamento, devemos estabelecer o valor da força máxima em cada direção, multiplicando as ordenadas máximas positivas e máximas negativas da linha de influência pela magnitude da carga concentrada. Por exemplo, se uma reação de apoio inverte de direção, o apoio deve ser detalhado para transmitir os valores máximos de tração (elevação), assim como o valor máximo de compressão na fundação.

No projeto de prédios e pontes, a carga móvel é frequentemente representada por uma carga uniformemente distribuída. Por exemplo, um código de construção pode exigir que os pisos dos estacionamentos sejam projetados para uma carga móvel uniformemente distribuída de certa magnitude, em vez de um conjunto especificado de cargas de roda.

Para estabelecer o valor máximo de uma função produzida por uma carga uniforme w de comprimento variável, devemos distribuir a carga ao longo da barra na região na qual (ou regiões nas quais) as ordenadas da linha de influência são positivas ou negativas. Demonstraremos a seguir que o valor da função produzida por uma *carga distribuída w* atuando ao longo de determinada região de uma linha de influência é igual à área sob a linha de influência nessa região, multiplicada pela magnitude w da carga distribuída.

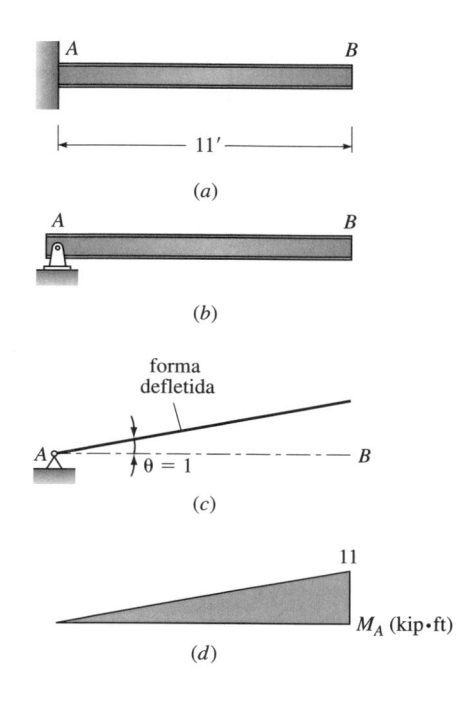

Figura 8.13: Linha de influência do momento no apoio A: (*a*) detalhes da estrutura; (*b*) estrutura liberada; (*c*) deformação produzida pelo momento no apoio A; (*d*) linha de influência do momento em A.

Para estabelecer o valor de uma função F produzido por uma carga uniforme w atuando ao longo de uma seção de viga de comprimento a entre os pontos A e B (ver Figura 8.14), substituiremos a carga distribuída por uma série de forças infinitesimais dP e, então, somaremos os incrementos da função (dF) produzidos pelas forças infinitesimais. Conforme mostrado na Figura 8.14, a força dP produzida pela carga uniforme w atuando em um segmento infinitesimal de viga de comprimento dx é igual ao produto da carga distribuída e do comprimento do segmento; isto é,

$$dP = w\, dx \qquad (8.1)$$

Para determinar o incremento da função dF produzido pela força dP, multiplicamos dP pela ordenada y da linha de influência no mesmo ponto, obtendo

$$dF = (dP)y \qquad (8.2)$$

Substituindo dP da Equação 8.1 na Equação 8.2, temos

$$dF = w\, dx\, y \qquad (8.3)$$

Para avaliar a magnitude da função F entre quaisquer dois pontos A e B, integramos os dois lados da Equação 8.3 entre esses limites, obtendo

$$F = \int_A^B dF = \int_A^B w\, dx\, y \qquad (8.4)$$

Como o valor de w é uma constante, podemos fatorá-lo na integral, produzindo

$$F = w \int_A^B y\, dx \qquad (8.5)$$

Reconhecendo que $y\, dx$ representa uma área infinitesimal dA sob a linha de influência, podemos interpretar a integral no lado direito da Equação 8.5 como a área sob a linha de influência entre os pontos A e B. Assim,

$$F = w(\text{área}_{AB}) \qquad (8.6)$$

em que área$_{AB}$ é a área sob a linha de influência entre A e B.

No Exemplo 8.5, aplicaremos os princípios estabelecidos nesta seção para avaliar os valores máximos de momento positivo e negativo no meio do vão de uma viga que suporta uma carga distribuída de comprimento variável e uma força concentrada.

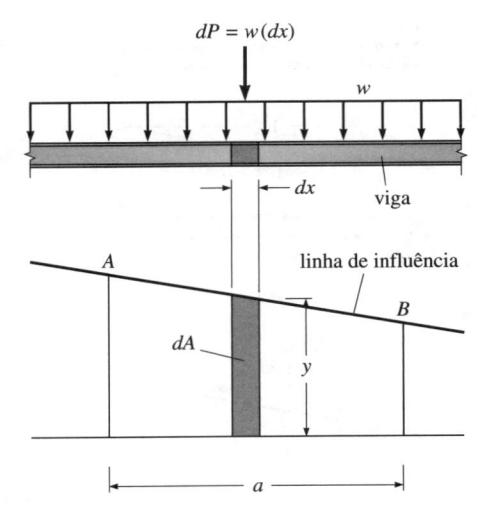

Figura 8.14

EXEMPLO 8.5

A viga da Figura 8.15a deve ser projetada para suportar sua carga permanente de 0,45 kip/ft e uma sobrecarga móvel que consiste em uma carga concentrada de 30 kips e uma carga uniformemente distribuída de comprimento variável de 0,8 kip/ft. As cargas móveis podem atuar em qualquer lugar no vão. A linha de influência do momento no ponto C é dada na Figura 8.15b. Calcule (a) os valores máximos positivos e negativos do momento da carga móvel na seção C e (b) o momento em C produzido pelo peso da viga.

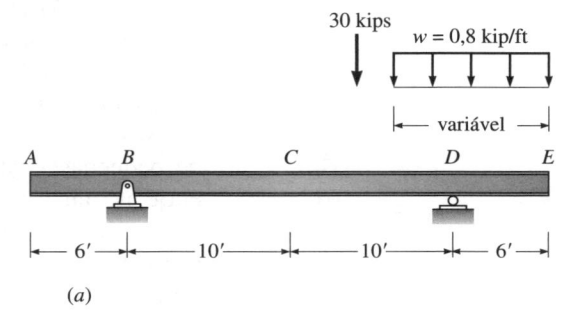

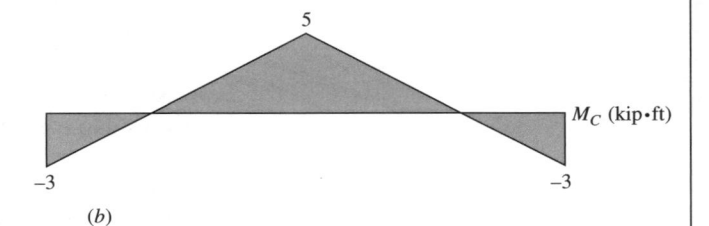

Solução

(a) Para calcular o momento máximo positivo da carga móvel, carregamos a região da viga onde as ordenadas da linha de influência são positivas (ver Figura 8.15c). A carga concentrada é posicionada na ordenada máxima positiva da linha de influência:

$$\text{Máx.} + M_C = 30(5) + 0,8\left[\tfrac{1}{2}(20)5\right] = 190 \text{ kip} \cdot \text{ft}$$

(b) Para o momento máximo negativo da carga móvel em C, posicionamos as cargas como mostrado na Figura 8.15(d). Por causa da simetria, o mesmo resultado ocorrerá se a carga de 30 kips estiver posicionada em E.

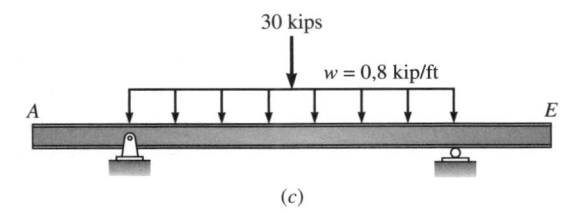

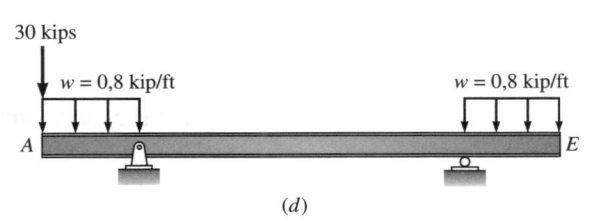

$$\text{Máx.} - M_C = (30 \text{ kips})(-3) + 0,8\left[\tfrac{1}{2}(6)(-3)\right](2) = -104,4 \text{ kip} \cdot \text{ft}$$

(c) Para o momento em C devido à carga permanente, multiplique a área sob a linha de influência inteira pela magnitude da carga permanente.

$$M_C = 0,45\left[\tfrac{1}{2}(6)(-3)\right](2) + 0,45\left[\tfrac{1}{2}(20)5\right]$$
$$= -8,1 + 22,5 = +14,4 \text{ kip} \cdot \text{ft}$$

Figura 8.15: (a) Dimensões da viga com as sobrecargas móveis de projeto indicadas na extremidade esquerda; (b) linha de influência do momento em C; (c) posição da carga móvel para maximizar o momento positivo em C; (d) posição da carga móvel para maximizar o momento negativo em C. Alternativamente, a carga de 30 kips poderia estar posicionada em E.

8.6 Linhas de influência de vigas mestras suportando sistemas de piso

A Figura 8.16*a* mostra o desenho esquemático de um sistema de vigamento estrutural comumente usado para suportar o estrado superior de uma ponte. O sistema é composto de três tipos de vigas: longarinas, transversinas e vigas mestras. Para mostrar claramente os principais membros de flexão, simplificamos o esboço omitindo o estrado superior, o contraventamento e os detalhes da ligação entre as barras.

Nesse sistema, uma laje relativamente flexível é apoiada em uma série de pequenas vigas longitudinais — as longarinas — que se estendem entre as transversinas — vigas transversais. Normalmente, as longarinas são espaçadas em cerca de 2,5 m a 3 m. A espessura da laje depende do espaçamento entre as longarinas. Se o vão da laje for reduzido pela aproximação das longarinas, o projetista poderá reduzir a espessura da laje. À medida que o espaçamento entre as longarinas e, consequentemente, o vão da laje aumentam, a espessura da laje deve ser aumentada para suportar momentos de projeto maiores e para limitar as deflexões.

A carga das longarinas é transferida para as transversinas, as quais, por sua vez, a transmitem, juntamente com o próprio peso, para as vigas mestras. No caso de uma ponte de aço, se as ligações das longarinas com as transversinas e das transversinas com as vigas mestras são feitas com cantoneiras de aço padrão, supomos que as ligações só podem transferir carga vertical (nenhum momento) e as tratamos como apoios simples. Exceto o peso da viga mestra, todas as cargas são transferidas para as vigas mestras pelas transversinas. Os pontos em que as transversinas se conectam nas vigas mestras são denominados *nós*.

Em uma ponte do tipo estrado superior, a pista é posicionada sobre as vigas mestras (ver corte transversal na Figura 8.16*b*). Nessa configuração é possível fazer que a laje se projete em balanço além das vigas mestras, para aumentar a largura da estrada. Frequentemente, os balanços suportam caminhos para pedestres. Se as transversinas são posicionadas perto da mesa inferior das vigas mestras (ver Figura 8.16*c*) — uma ponte de *vigamento rebaixado* —, a distância da parte inferior da ponte até a parte superior dos veículos é reduzida. Se uma ponte precisa passar debaixo de uma segunda ponte e sobre uma estrada (por exemplo, em um cruzamento onde passam três estradas), uma ponte de vigamento rebaixado reduzirá a altura livre necessária.

Para analisar a viga mestra, ela é modelada como na Figura 8.16*d*. Nessa figura as longarinas são mostradas como vigas com apoio simples. Por clareza, frequentemente omitimos os rolos e pinos sob as longarinas e as mostramos apenas assentadas nas transversinas. Reconhecendo que a viga mestra da Figura 8.16*d* representa as duas vigas mestras da Figura 8.16*a*, devemos efetuar mais um cálculo para estabelecer a proporção das cargas de roda do veículo que é distribuída para cada viga mestra. Por exemplo, se um único veículo estiver centralizado entre as vigas mestras, no meio da estrada, as duas vigas mestras suportarão metade do peso dele. Por outro lado, se a resultante das cargas de roda estiver localizada no

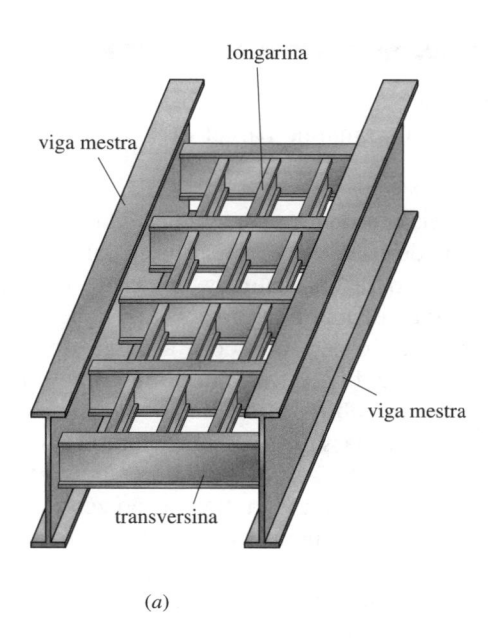

Figura 8.16: (*a*) Esboço do sistema de longarina, transversina e viga mestra; (*b*) ponte com estrado superior; (*c*) ponte de vigamento rebaixado; (*d*) representação esquemática de (*a*); (*e*) uma faixa de rolamento carregada.

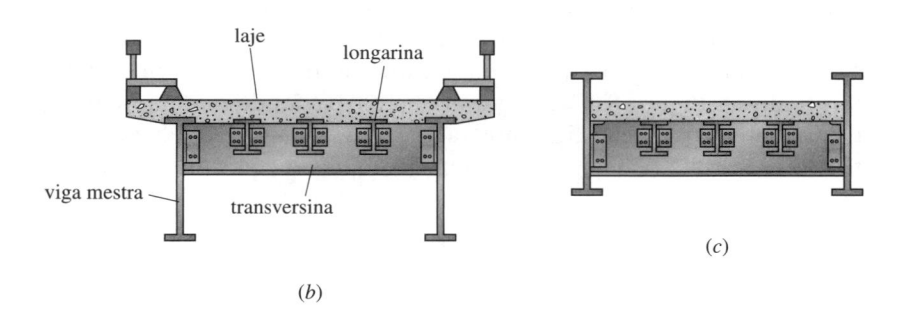

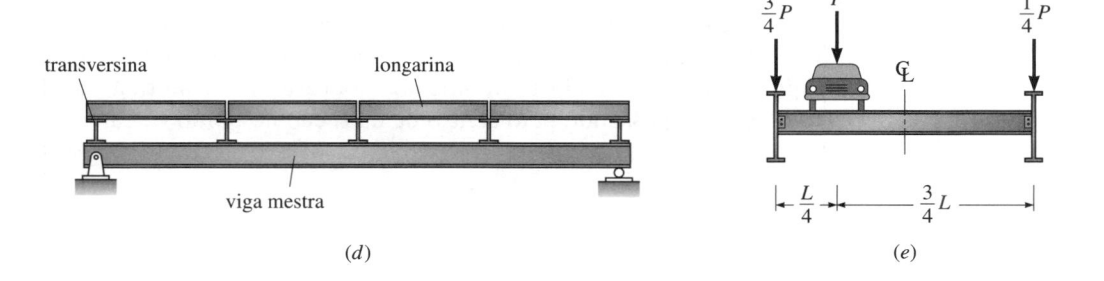

ponto a um quarto de uma transversina, três quartos da carga irão para a viga mestra próxima e um quarto para a viga mestra distante (ver Figura 8.16*e*). A determinação da parte das cargas do veículo que vai para cada viga mestra é um cálculo separado que faremos depois que as linhas de influência forem desenhadas.

EXEMPLO 8.6

Para a viga mestra da Figura 8.17a, desenhe as linhas de influência da reação em A, do cortante no painel BC e do momento em C.

Solução

Para estabelecer as ordenadas das linhas de influência, moveremos uma carga unitária de 1 kN pelas longarinas e calcularemos as forças e reações necessárias para construir as linhas de influência. As setas acima das longarinas denotam as diversas posições da carga unitária que consideraremos. Começamos com a carga unitária posicionada sobre o apoio A. Tratando a estrutura inteira como um corpo rígido e somando os momentos sobre o apoio da direita, calculamos $R_A = 1$ kN. Como a carga unitária passa diretamente para o apoio, resulta que a estrutura não é tensionada. Assim, os valores de cortante e momento em todos os pontos dentro da viga mestra são zero, e as ordenadas na extremidade esquerda das linhas de influência do cortante V_{BC} e do momento M_C são zero, como mostrado na Figura 8.17c e d.

Para calcular as ordenadas das linhas de influência em B, movemos em seguida a carga unitária para o nó B e calculamos $R_A = \frac{4}{5}$ kN (Figura 8.17e). Como a carga unitária está diretamente na transversina, 1 kN é transmitido para a viga mestra no nó B, e as reações em todas as transversinas são zero. Para calcular o cortante no painel BC, passamos a seção 1 pela viga mestra, produzindo o corpo livre mostrado na Figura 8.17e. Seguindo a convenção de cortante positivo definida na Seção 5.3, mostramos V_{BC} atuando para baixo na face da seção. Para calcular V_{BC}, consideramos o equilíbrio das forças na direção y

$$+\uparrow \Sigma F_y = 0 = \tfrac{4}{5} - 1 - V_{BC}$$

$$V_{BC} = -\tfrac{1}{5} \text{ kN}$$

em que o sinal de menos indica que o cortante tem sentido oposto ao mostrado no corpo livre (Figura 8.17e).

Para calcular o momento em C com a carga unitária em B, passamos a seção 2 pela viga mestra, produzindo o corpo livre mostrado na Figura 8.17f. Somando os momentos sobre um eixo normal ao plano da barra e passando pelo centroide da seção no ponto C, calculamos M_C.

$$\circlearrowleft^+ \Sigma M_C = 0$$

$$\tfrac{4}{5}(12) - 1(6) - M_C = 0$$

$$M_C = \tfrac{18}{5} \text{ kN} \cdot \text{m}$$

Agora, deslocamos a carga unitária para o nó C e calculamos $R_A = \frac{3}{5}$ kN. Para calcular V_{BC}, consideramos o equilíbrio do corpo livre à esquerda da seção 1 (Figura 8.17g). Como a carga unitária está em C, nenhuma força é aplicada na viga mestra pelas transversinas em A e B, e a reação em A

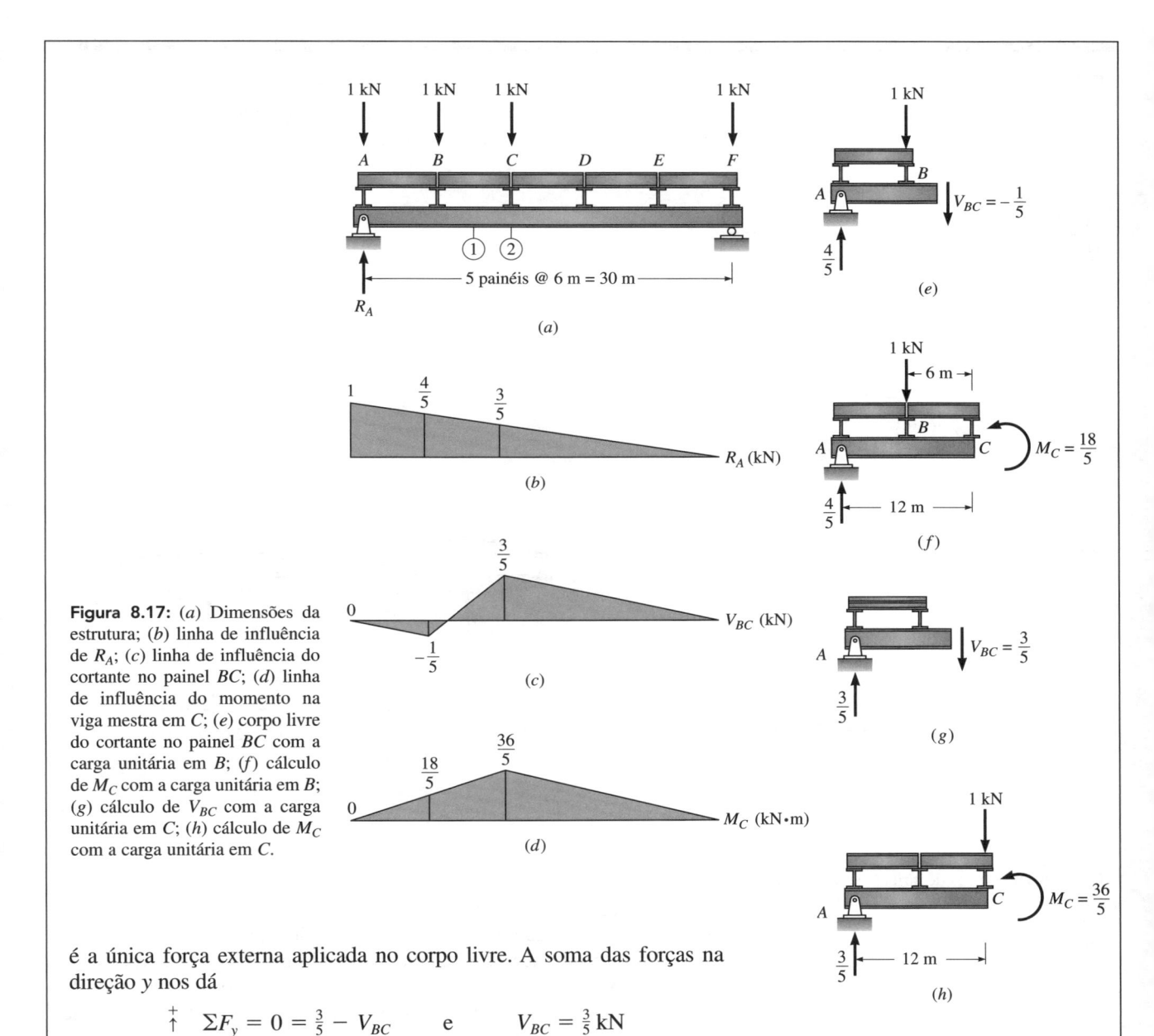

Figura 8.17: (a) Dimensões da estrutura; (b) linha de influência de R_A; (c) linha de influência do cortante no painel BC; (d) linha de influência do momento na viga mestra em C; (e) corpo livre do cortante no painel BC com a carga unitária em B; (f) cálculo de M_C com a carga unitária em B; (g) cálculo de V_{BC} com a carga unitária em C; (h) cálculo de M_C com a carga unitária em C.

é a única força externa aplicada no corpo livre. A soma das forças na direção y nos dá

$$+\uparrow \Sigma F_y = 0 = \tfrac{3}{5} - V_{BC} \quad \text{e} \quad V_{BC} = \tfrac{3}{5} \text{ kN}$$

Usando o corpo livre da Figura 8.17h, somamos os momentos sobre C para calcular $M_C = \tfrac{36}{5}$ kN · m.

Quando a carga unitária é posicionada à direita do nó C, as reações das transversinas nos diagramas de corpo livre à esquerda das seções 1 e 2 são zero (a reação em A é a única força externa). Como a reação em A varia linearmente à medida que a carga se move do ponto C para o ponto F, V_{BC} e M_C — ambas funções lineares da reação em A — também variam linearmente, reduzindo-se para zero na extremidade direita da viga mestra.

EXEMPLO 8.7

Construa a linha de influência para o momento fletor M_C no ponto C da viga mestra mostrada na Figura 8.18a. A linha de influência da reação de apoio R_G é dada na Figura 8.18b.

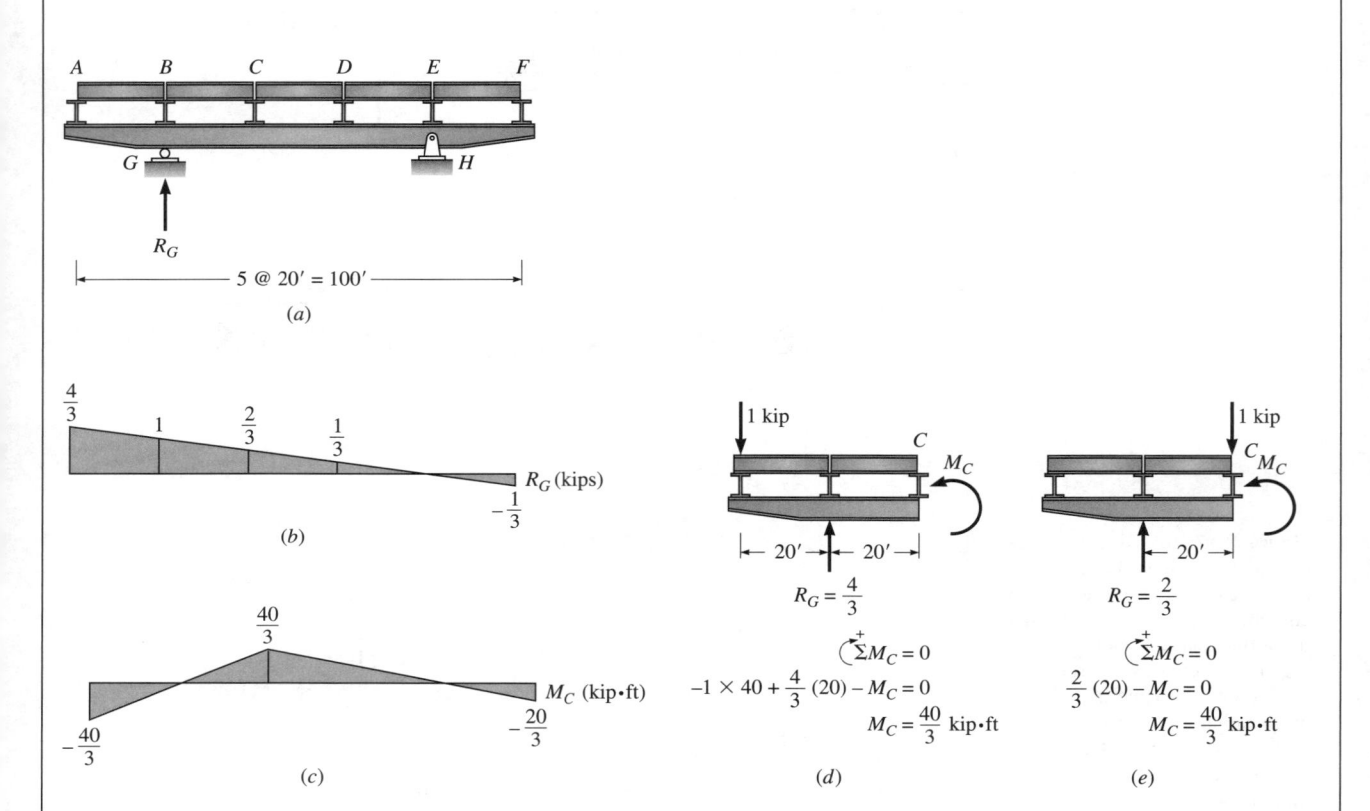

Figura 8.18: Linhas de influência da viga mestra com balanços da ponte: (a) detalhes do sistema de piso; (b) linha de influência de R_G; (c) linha de influência de M_C.

Solução

Para estabelecer a linha de influência mostrando a variação de M_C, posicionamos a carga unitária em cada nó (o local das transversinas). O momento na viga mestra é calculado usando um corte de corpo livre, passando um plano vertical pelo sistema de piso no ponto C. O valor da reação da viga mestra R_G no apoio esquerdo é lido a partir da linha de influência de R_G, mostrada na Figura 8.18b.

Podemos estabelecer dois pontos na linha de influência, sem cálculo, observando que, quando a carga unitária está posicionada sobre os apoios da viga mestra nos pontos B e E, a carga inteira passa diretamente para os apoios; nenhuma tensão se desenvolve na viga mestra e, portanto, o momento em uma seção pelo ponto C é zero. Os corpos livres e o cálculo de M_C para a carga unitária nos pontos A e C são mostrados na Figura 8.18d e e. A linha de influência completa de M_C está na Figura 8.18c. Novamente, observamos que as linhas de influência de uma estrutura determinada são compostas de linhas retas.

EXEMPLO 8.8

Desenhe a linha de influência para o momento fletor em uma seção vertical através do ponto B na viga mestra (Figura 8.19a). Nos pontos A e F, a ligação das longarinas com a transversina é equivalente a um pino. Nos pontos B e E, as ligações das longarinas com a transversina são equivalentes a um rolo. A linha de influência da reação em A está dada na Figura 8.19b.

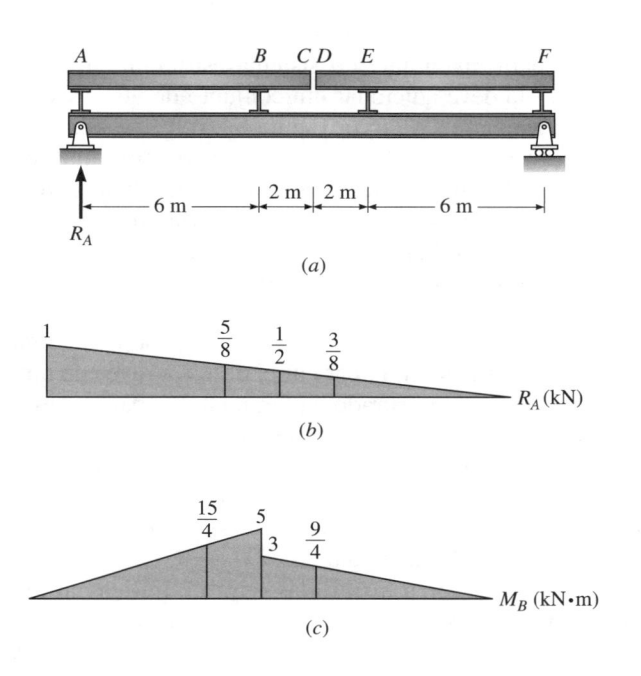

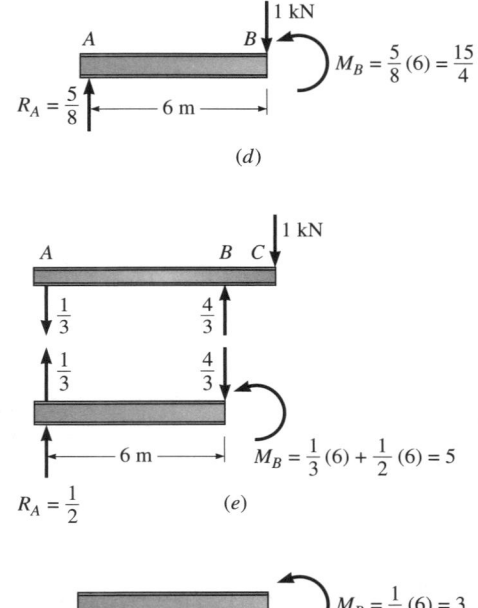

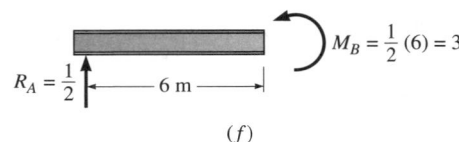

Figura 8.19: Linhas de influência da viga mestra da ponte carregada pelas longarinas com extremidades em balanço.

Solução

Quando a carga unitária está posicionada no ponto A, a carga inteira passa diretamente pela transversina para a articulação fixa no ponto A. Como nenhuma tensão se desenvolve nas seções da viga mestra afastadas do apoio, o momento fletor da seção no ponto B é zero.

Em seguida, movemos a carga unitária para o ponto B, produzindo uma reação R_A de $\frac{5}{8}$ kN (Figura 8.19b). Somando os momentos das cargas aplicadas sobre a seção no ponto B, calculamos $M_B = \frac{15}{4}$ kN · m (Figura 8.19d).

A carga unitária, então, é movida para o ponto C, a ponta da viga em balanço, produzindo as reações da longarina mostradas na Figura 8.19e. As forças na viga mestra têm magnitude igual às reações na longarina, mas com direção oposta. Novamente, somando os momentos sobre a seção vertical no ponto B, calculamos $M_B = 5$ kN · m. Quando a carga unitária é movida a uma distância infinitesimal através da abertura no ponto D, na ponta da viga em balanço da direita, a longarina ABC não está mais carregada; entretanto, a reação em A, a única força atuando no corpo livre da viga mestra à esquerda da seção B, permanece igual a $\frac{1}{2}$ kN. Agora, somamos os momentos sobre B e descobrimos que M_B foi reduzido para 3 kN · m (Figura 8.19f). À medida que a carga unitária se move do ponto D para o ponto F, os cálculos mostram que o momento na seção B reduz-se linearmente para zero.

8.7 Linhas de influência de treliças

As barras de uma treliça normalmente são projetadas para força axial, por isso suas seções transversais são relativamente pequenas devido ao uso eficiente de material em tensão direta. Como a barra de uma treliça com seção transversal pequena flete facilmente, cargas transversais aplicadas diretamente na barra, entre suas extremidades, produziriam deflexões de flexão excessivas. Portanto, se as barras da treliça precisam suportar somente força axial, as cargas devem ser aplicadas nos nós. Se um sistema de piso não é parte integrante do sistema estrutural suportado por uma treliça, o projetista deve adicionar um conjunto de vigas secundárias para transmitir a carga para os nós (ver Figura 8.20). Essas barras, juntamente com um contraventamento diagonal leve nos planos superior e inferior, formam uma treliça horizontal rígida que estabiliza a treliça vertical principal e impede que sua corda de compressão deforme lateralmente. Embora uma treliça isolada tenha excelente rigidez em seu plano, não tem nenhuma rigidez lateral significativa. Sem o sistema de contraventamento lateral, a corda de compressão da treliça flambaria em um nível de tensão baixo, limitando a capacidade da treliça para carga vertical.

Como a carga é transmitida para uma treliça através de um sistema de vigas semelhante àquele mostrado na Figura 8.16a para vigas mestras que suportam um sistema de piso, o procedimento para construir linhas de influência para as barras de uma treliça é semelhante ao de uma viga mestra com um sistema de piso; isto é, a carga unitária é posicionada em nós sucessivos e as forças de barra correspondentes são plotadas diretamente abaixo da posição da carga.

As cargas podem ser transmitidas para as treliças através dos nós superiores ou inferiores. Se a carga é aplicada nos nós da corda superior, a treliça é conhecida como *treliça de estrado superior*. Alternativamente, se a carga é aplicada nos nós da corda inferior, é denominada *treliça de ponte*.

Construção de linhas de influência para uma treliça

Para ilustrar o procedimento de construção de linhas de influência para uma treliça, calcularemos as ordenadas das linhas de influência para a reação em A e para as barras BK, CK e CD da treliça da Figura 8.21a. Nesse exemplo, vamos supor que a carga é transmitida para a treliça através dos nós da corda inferior.

Começamos construindo a linha de influência da reação em A. Como a treliça é um corpo rígido, calculamos a ordenada da linha de influência em qualquer nó, colocando a carga unitária nesse ponto e somando os momentos sobre um eixo através do apoio da direita. Os cálculos mostram que a linha de influência da reação em A é uma linha reta cujas ordenadas variam de 1, no apoio da esquerda, até zero, no

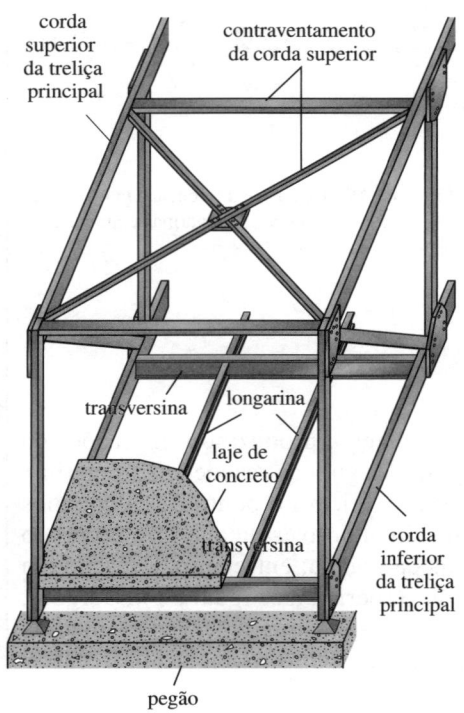

Figura 8.20: Um painel típico de uma ponte em treliça mostrando o sistema de piso que suporta a pista de laje de concreto. A carga na laje da pista é transmitida para os nós da corda inferior da treliça pelas transversinas.

apoio da direita (ver Figura 8.21b). Esse exemplo mostra que as linhas de influência das reações de apoio de vigas com apoios simples e treliças são idênticas.

Para construir a linha de influência da força na barra BK, aplicamos a carga unitária em um nó e, então, determinamos a força na barra BK analisando um corpo livre da treliça cortada por uma seção vertical que passa

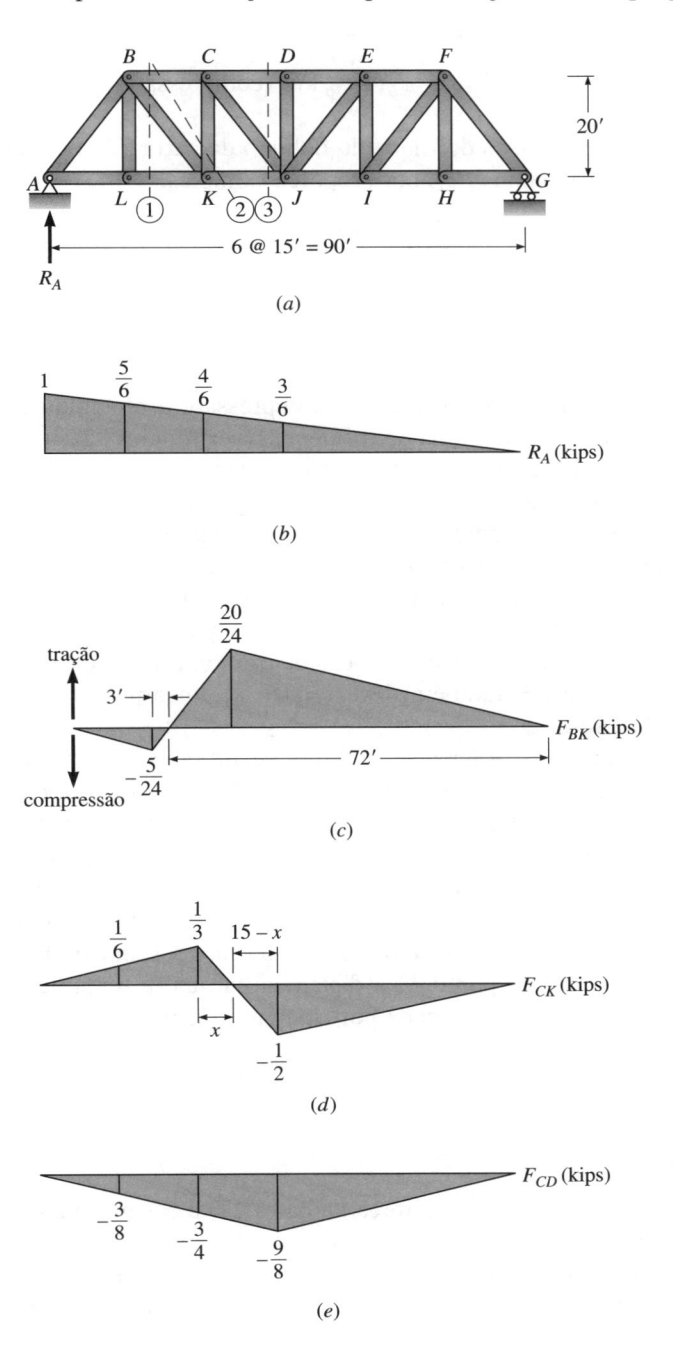

Figura 8.21: Linhas de influência de treliça: (a) detalhes da treliça; (b) linha de influência da reação em A; (c) linha de influência da barra BK; (d) linha de influência da barra CK; (e) linha de influência da barra CD.

pelo segundo painel da treliça (ver Seção 1 na Figura 8.21a). A Figura 8.22a mostra o corpo livre da treliça à esquerda da seção 1 quando a carga unitária está no primeiro nó. Somando as forças na direção y, calculamos a componente vertical Y_{BK} da força na barra BK.

$$\stackrel{+}{\uparrow} \ \Sigma F_y = 0$$

$$\tfrac{5}{6} - 1 + Y_{BK} = 0$$

$$Y_{BK} = \tfrac{1}{6} \text{ kip (compressão)}$$

Visto que os lados do triângulo oblíquo da barra estão em uma razão de $3:4:5$, calculamos F_{BK} por proporção simples.

$$\frac{F_{BK}}{5} = \frac{Y_{BK}}{4}$$

$$F_{BK} = \frac{5}{4} Y_{BK} = \frac{5}{24} \text{ kip}$$

Visto que F_{BK} é uma força de compressão, a plotamos como uma ordenada *negativa* da linha de influência (ver Figura 8.21c).

A Figura 8.22b mostra o corpo livre à esquerda da seção 1 quando a carga unitária atua no nó K. Como a carga unitária não está mais no corpo livre, a componente vertical da força na barra BK deve ser igual a $\tfrac{4}{6}$ kip e atuar para baixo para equilibrar a reação no apoio A. Multiplicando Y_{BK} por $\tfrac{5}{4}$, calculamos uma força de tração F_{BK} igual a $\tfrac{20}{24}$ kip. Como a reação de A reduz-se linearmente para zero à medida que a carga unitária se move para o apoio da direita, a linha de influência da força na barra BK também deve reduzir-se linearmente para zero no apoio da direita.

Para avaliar as ordenadas da linha de influência da força na barra CK, analisaremos o corpo livre da treliça à esquerda da seção 2, mostrado na Figura 8.21a. A Figura 8.22c, d e e mostra corpos livres dessa seção para três posições sucessivas da carga unitária. A força na barra CK, que muda de tração para compressão à medida que a carga unitária se move do nó K para J, é avaliada somando-se as forças na direção y. A linha de influência resultante para a barra CK é mostrada na Figura 8.21d. À direita do ponto K, a distância na qual a linha de influência passa pelo zero é determinada por triângulos semelhantes:

$$\frac{\tfrac{1}{3}}{x} = \frac{\tfrac{1}{2}}{15 - x}$$

$$x = 6 \text{ ft}$$

A linha de influência da força na barra CD é calculada analisando-se um corpo livre da treliça cortada por uma seção vertical através do terceiro painel (ver seção 3 na Figura 8.21a). A Figura 8.22f mostra um corpo livre da treliça à esquerda da seção 3, quando a carga unitária está

Figura 8.22: Diagramas de corpo livre para construir linhas de influência.

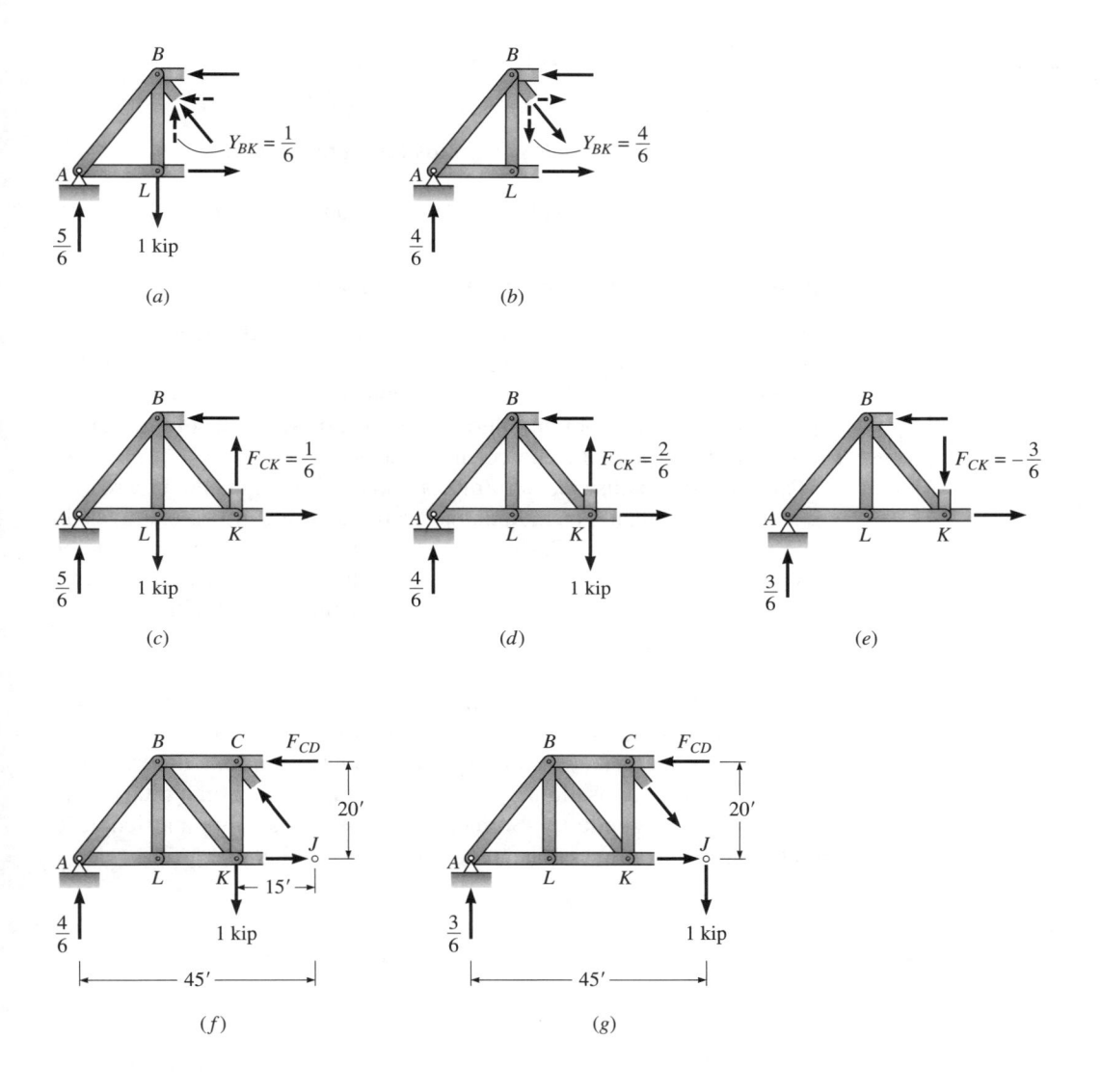

no nó K. A força em CD é avaliada somando-se os momentos sobre a intersecção das outras duas forças de barra em J.

$$\circlearrowleft^+ \quad \Sigma M_J = 0$$

$$\tfrac{4}{6}(45) - 1(15) - F_{CD}(20) = 0$$

$$F_{CD} = \tfrac{3}{4} \text{ kip (compressão)}$$

A Figura 8.22g mostra o corpo livre da treliça à esquerda da seção 3 quando a carga unitária está no nó J. Novamente, avaliamos F_{CD} somando os momentos sobre J.

$$\circlearrowleft^+ \quad \Sigma M_J = 0$$
$$0 = \tfrac{3}{6}(45) - F_{CD}(20)$$
$$F_{CD} = \tfrac{9}{8} \text{ kips (compressão)}$$

A linha de influência da barra CD é mostrada na Figura 8.21e.

Linhas de influência de um arco treliçado

Como outro exemplo, construiremos as linhas de influência das reações em A e das forças nas barras AI, BI e CD do arco treliçado triarticulado da Figura 8.23a. O arco é construído pela junção de dois segmentos de treliça com um pino em meio vão. Supomos que as cargas são transmitidas pelos nós da corda superior.

Para iniciar a análise, construímos a linha de influência de A_y, a reação vertical em A, somando os momentos das forças sobre um eixo através do apoio articulado fixo em G. Como as reações horizontais nos dois apoios passam por G, os cálculos das ordenadas da linha de influência são idênticos aos de uma viga com apoios simples. A linha de influência de A_y é mostrada na Figura 8.23b.

Agora que A_y está estabelecida para todas as posições da carga unitária, calculamos em seguida a linha de influência de A_x, a reação horizontal em A. Nesse cálculo, analisaremos um corpo livre da treliça à esquerda da articulação central no ponto D. Por exemplo, a Figura 8.24a mostra o corpo livre usado para calcular A_x quando a carga unitária está posicionada no segundo nó. Somando os momentos sobre a articulação em D, escrevemos uma equação na qual A_x é a única incógnita.

$$\circlearrowleft^+ \quad M_D = 0$$
$$0 = \tfrac{3}{4}(24) - A_x(17) - 1(12)$$
$$A_x = \tfrac{6}{17} \text{ kip}$$

A linha de influência completa de A_x é mostrada na Figura 8.23c.

Para avaliar a força axial na barra AI, isolamos o apoio em A (ver Figura 8.24b). Como a componente horizontal da força na barra AI deve ser igual a A_x, as ordenadas da linha de influência de AI serão proporcionais às de A_x. Como a barra AI tem inclinação de 45°, $F_{AI} = \sqrt{2} X_{AI} = \sqrt{2} A_x$. A linha de influência de F_{AI} é mostrada na Figura 8.23d.

A Figura 8.24c mostra o corpo livre usado para determinar a linha de influência da força na barra CD. Esse corpo livre é cortado da treliça por uma seção vertical através do centro do segundo painel. Usando os valores de A_x e A_y das linhas de influência da Figura 8.23b e c, podemos encontrar a força na barra CD somando os momentos sobre um eixo de referência através do nó I. Plotando as ordenadas de F_{CD} para várias posições da carga unitária, desenhamos a linha de influência mostrada na Figura 8.23e.

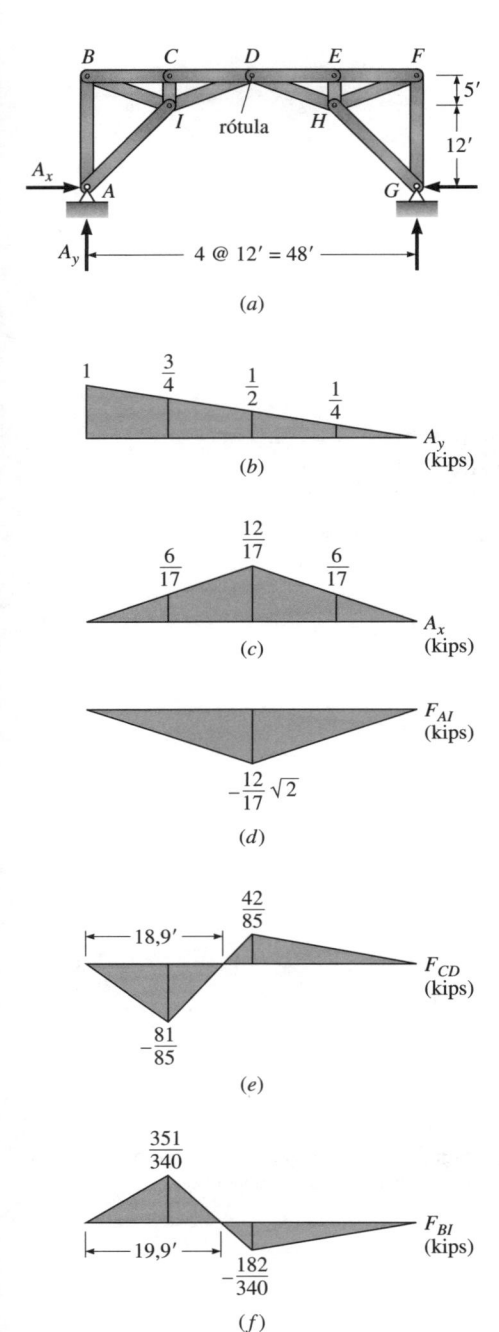

Figura 8.23: Linhas de influência de um arco treliçado: (a) detalhes da treliça; (b) reação A_y; (c) reação A_x; (d) força na barra AI; (e) força na barra CD; (f) força na barra BI.

Figura 8.24: Corpos livres usados para analisar o arco triarticulado da Figura 8.23a.

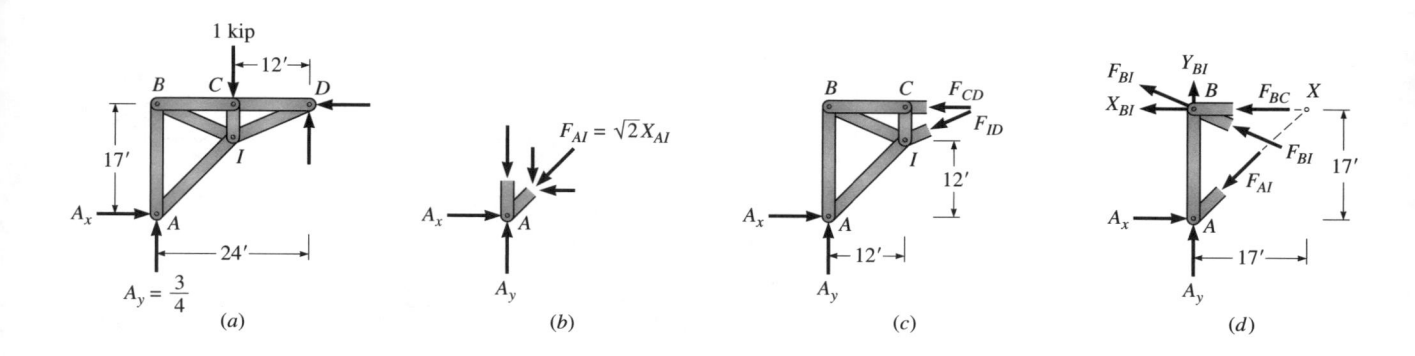

Para determinar a força na barra BI, consideramos um corpo livre da treliça à esquerda de uma seção vertical passando pelo primeiro painel (ver Figura 8.24d). Somando os momentos das forças sobre um eixo no ponto X (a intersecção das linhas de ação das forças nas barras AI e BC), podemos escrever uma equação de momento para a força F_{BI}. Podemos simplificar o cálculo ainda mais, estendendo a força F_{BI} ao longo de sua linha de ação até o nó B e decompondo a força nas componentes retangulares. Como X_{BI} passa pelo centro de momento no ponto X, somente a *componente y* de F_{BI} aparece na equação de momento. A partir da relação da inclinação, podemos expressar F_{BI} como

$$F_{BI} = \tfrac{13}{5} Y_{BI}$$

A linha de influência de F_{BI} está plotada na Figura 8.23f.

8.8 Cargas móveis para pontes de rodovias e estradas de ferro

Na Seção 8.5, estabelecemos como se utiliza uma linha de influência para avaliar a força em uma seção, produzida por uma carga móvel uniformemente distribuída ou concentrada. Agora, ampliaremos a discussão para incluir o estabelecimento da força máxima em uma seção, produzida por um conjunto de cargas que se movem, como aquelas aplicadas pelas rodas de um caminhão ou trem. Nesta seção, descreveremos sucintamente as características das cargas móveis (os caminhões e trens-padrão) para as quais as pontes de rodovias e ferrovias são projetadas. Na Seção 8.9, descreveremos o método do aumento–diminuição para posicionar as cargas de roda.

Pontes de rodovias

As cargas móveis para as quais as pontes de rodovias devem ser projetadas nos Estados Unidos são especificadas pela American Association of State Highway and Transportation Officials (AASHTO). Atualmente, as principais pontes de rodovias devem ser projetadas para suportar *em cada pista* o caminhão-padrão HS 20-44 de seis rodas

Figura 8.25: Cargas de pista usadas para projetar pontes de rodovias; (*a*) caminhão HS 20-44 de 72 kips padrão; ou (*b*) carga uniforme, mais carga concentrada posicionada para maximizar a força na estrutura.

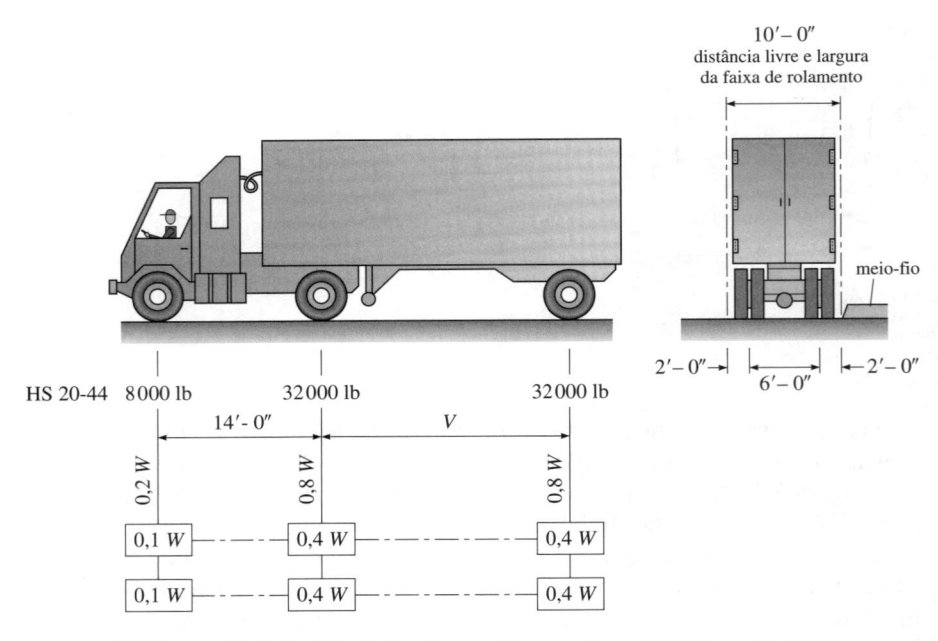

W = Peso combinado dos dois primeiros eixos, que é o mesmo do caminhão H correspondente.
V = Espaçamento variável – 14 pés a 30 pés inclusive. O espaçamento a ser usado é aquele que produz tensões máximas.

(*a*)

w = 0,64 kip/ft para carga de pista

carga concentrada: 18 kips para momento 26 kips para cortante

(*b*)

e 72 kips, mostrado na Figura 8.25*a*, ou uma carga de pista consistindo na carga uniformemente distribuída e nas cargas concentradas mostradas na Figura 8.25*b*. As forças produzidas por um caminhão-padrão normalmente controlam o projeto de membros cujos vãos são menores do que 145 pés (aproximadamente 44 m). Quando os vãos ultrapassam as forças geradas por uma carga de pista geralmente excedem aquelas produzidas por um caminhão-padrão. Se uma ponte deve ser construída sobre uma estrada secundária e se espera que apenas veículos leves passem por ela, as cargas de pistas e de caminhão-padrão podem ser reduzidas em 25% ou 50%, dependendo do peso previsto dos veículos. Essas cargas de veículo reduzidas são denominadas cargas HS 15 e HS 10, respectivamente.

Embora não seja extensivamente utilizado pelos engenheiros, o código AASHTO também especifica um caminhão HS 20 *de quatro rodas*, mais leve (40 kips), para pontes de estradas secundárias que não suportam caminhões pesados. Como uma ponte frequentemente terá uma vida útil de 50 a 100 anos ou até mais e como é difícil prever os tipos de veículos que usarão uma ponte em particular no futuro, talvez seja prudente usar uma carga móvel baseada em um caminhão mais pesado. Além disso, como um caminhão mais pesado também resulta em elementos mais grossos, a vida útil de pontes sujeitas à corrosão por sal ou chuva ácida será mais longa do que aquelas projetadas para caminhões mais leves.

Embora a distância entre as rodas dianteiras e do meio do caminhão-padrão HS (ver Figura 8.25a) seja fixa em 14 pés (aproximadamente 4,2 m), o projetista está livre para definir um valor de V entre 14 e 30 pés (aproximadamente 4,2 m a 9 m) para o espaçamento entre as rodas do meio e as traseiras. O espaçamento das rodas selecionado pelo projetista deve maximizar o valor da força de projeto que está sendo calculada. Em todos os projetos, o engenheiro deve considerar a possibilidade de o caminhão se mover em uma ou outra direção ao longo do vão.

Ainda que possa parecer lógico considerar dois ou mais caminhões atuando no vão de pontes com extensão de 100 pés (aproximadamente 30 m) ou mais, as especificações da AASHTO só exigem que o projetista considere um único caminhão ou, alternativamente, a carga de pista. Embora as pontes de rodovias falhem ocasionalmente por causa de deterioração, construção defeituosa, defeitos de material etc., não existem casos registrados de falhas de ponte causadas por tensão excessiva quando os membros foram dimensionados para um caminhão HS 15 ou HS 20.

Pontes de ferrovias

As cargas de projeto para pontes de ferrovias estão contidas nas especificações da American Railway Engineering and Maintenance of Way Association (AREMA). Elas exigem que as pontes sejam projetadas para um trem composto de duas máquinas, seguidas por uma fila de vagões. Conforme mostrado na Figura 8.26, as rodas das máquinas são representadas por cargas concentradas, e os vagões, por uma carga uniformemente distribuída. A carga móvel representando o peso dos trens é especificada para uma carga Cooper E. Atualmente, a maioria das pontes é projetada para a carga Cooper E-72, mostrada na Figura 8.26. O número 72 na designação Cooper representa a carga do eixo, em unidades de kips, aplicada pelas rodas motrizes principais da locomotiva. Outras cargas Cooper também são usadas. Essas cargas são proporcionais às da designação Cooper E-72. Por exemplo, para estabelecer uma carga Cooper E-80, todas as forças mostradas na Figura 8.26 devem ser multiplicadas pela razão 80/72.

Impacto

Se você já viajou de caminhão ou de carro, provavelmente reconhece que veículos em movimento saltam para cima e para baixo à medida que se movimentam em uma estrada — existem molas para amortecer essas oscilações.

Figura 8.26: Trem Cooper E-72 para projeto de pontes de ferrovias (cargas de roda em kips).

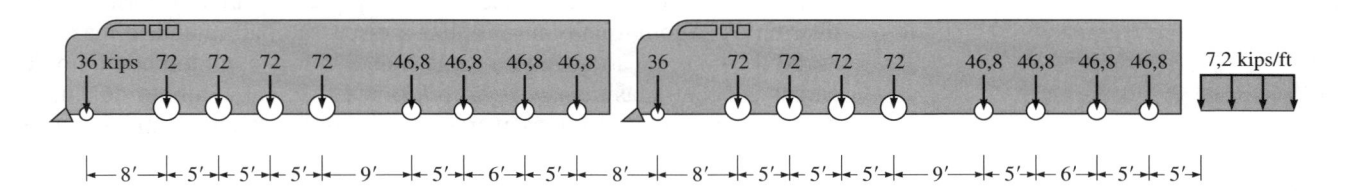

O movimento vertical de um veículo é uma função da rugosidade da superfície da estrada. Quebra-molas, uma superfície irregular, juntas de expansão, buracos, fragmentos etc., tudo isso contribui para o movimento senoidal vertical do veículo. O movimento vertical para baixo da massa do veículo aumenta a força aplicada na ponte pelas rodas. Como é difícil prever a força dinâmica, uma função dos períodos naturais da ponte e do veículo, a levamos em conta aumentando o valor das tensões da carga móvel por um fator de impacto I. Para pontes de rodovias, as especificações AASHTO exigem que para um membro em particular

$$I = \frac{50}{L + 125} \quad \text{mas não mais do que 0,3} \quad (8.7)$$

em que L é o comprimento, em pés, da seção do vão que deve ser carregado para produzir a tensão máxima em um membro específico.

Por exemplo, para calcular o fator de impacto da força de tração no membro BK da treliça da Figura 8.21a, usamos a linha de influência da Figura 8.21c para estabelecer $L = 72$ ft (o comprimento da região na qual as ordenadas da linha de influência são positivas). Substituindo esse comprimento na equação de I, calculamos

$$I = \frac{50}{72 + 125} = 0{,}254$$

Portanto, a força na barra BK produzida pela carga móvel deve ser multiplicada por 1,254 para estabelecer a força total em função da carga móvel e do impacto.

Se fôssemos calcular a força de compressão máxima da carga móvel na barra BK, o fator de impacto mudaria. Conforme indicado pela linha de influência na Figura 8.21c, a compressão é criada na barra quando a carga atua na treliça a uma distância de 18 pés à direita do apoio A. Substituindo $L = 18$ ft na equação do impacto, calculamos

$$I = \frac{50}{18 + 125} = 0{,}35 \quad \text{(controle de 0,3)}$$

Como 0,35 passa de 0,3, usamos o limite superior de 0,3.

As tensões do peso próprio não são ampliadas pelo fator de impacto. Outros códigos de ponte têm equações semelhantes para impacto.

8.9 Método do aumento–diminuição

Na Seção 8.5, discutimos como se utiliza uma linha de influência para avaliar o valor máximo de uma função quando a carga móvel é representada por uma única carga concentrada ou por uma carga uniformemente distribuída. Agora, queremos ampliar a discussão para incluir a maximização de uma função quando a carga móvel consiste em um conjunto de cargas concentradas *cuja posição relativa é fixa*. Tal conjunto de cargas poderia representar as forças exercidas pelas rodas de um caminhão ou de um trem.

No método do aumento–diminuição, posicionamos o conjunto de cargas na estrutura de modo que a carga dianteira esteja localizada na ordenada máxima da linha de influência. Por exemplo, na Figura 8.27, mostramos uma viga que deve ser projetada para suportar uma carga móvel aplicada por cinco rodas. Para iniciar a análise, imaginamos que as cargas foram movidas na estrutura de modo que a força F_1 está diretamente abaixo da ordenada máxima y da linha de influência. Nesse caso, a última carga F_5 não está na estrutura. Não fazemos nenhum cálculo neste estágio.

Agora, deslocamos o conjunto de cargas inteiro para a frente, a uma distância x_1, de modo que a segunda roda esteja localizada na ordenada máxima da linha de influência. Como resultado do deslocamento, o valor da função (representada pela linha de influência) muda. A contribuição da primeira roda F_1 para a função diminui (isto é, na nova posição, a ordenada da linha de influência y' é menor do que a ordenada y anterior). Por outro lado, a contribuição de F_2, F_3 e F_4 aumenta, pois elas foram movidas para uma posição onde as ordenadas da linha de influência são maiores.

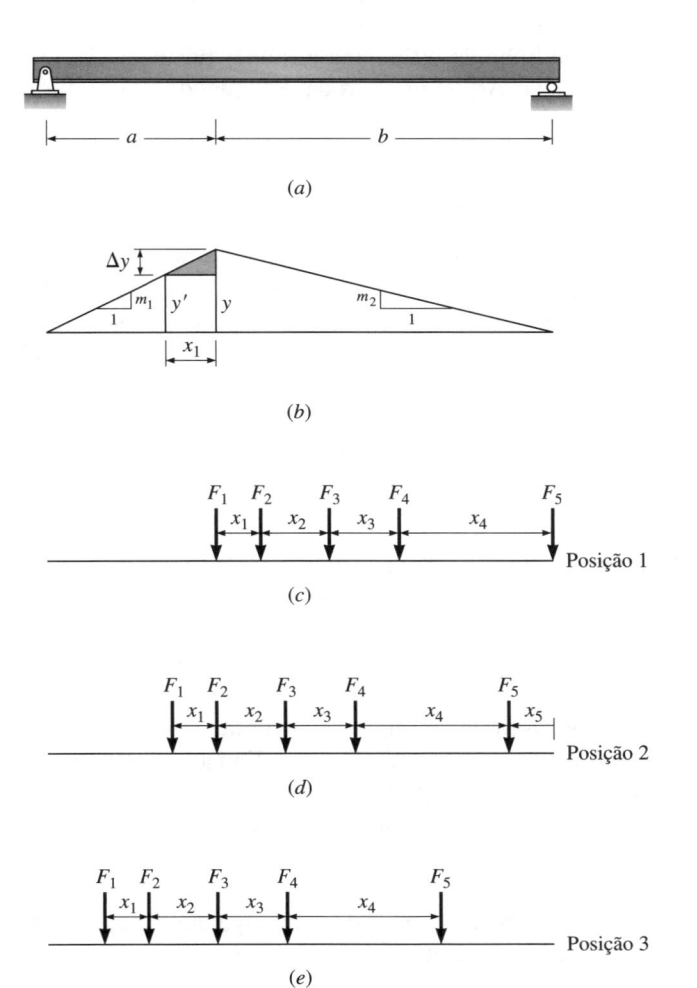

Figura 8.27: Método do aumento–diminuição para estabelecer os valores máximos de uma função produzidos por um conjunto de cargas móveis concentradas. (*a*) Viga; (*b*) linha de influência de alguma função cuja ordenada máxima é igual a y; (*c*) posição 1: a primeira carga de roda F_1 está localizada na ordenada máxima y; (*d*) posição 2: todas as cargas de roda movidas para a frente a uma distância x_1, levando a roda F_2 para a ordenada máxima; (*e*) posição 3: todas as rodas movidas para a frente a uma distância x_2, levando a roda F_3 para a ordenada máxima.

Como agora a roda F_5 está na estrutura, também tensiona o membro. Se a mudança líquida é uma *diminuição* no valor da função, a primeira posição das cargas é mais importante do que a segunda, e podemos avaliar a função multiplicando as cargas na posição 1 (ver Figura 8.27c) pelas ordenadas da linha de influência correspondentes (isto é, F_1 é multiplicada por y). Contudo, se o deslocamento das cargas para a posição 2 (ver Figura 8.27d) produz um *aumento* no valor da função, a segunda posição é mais importante do que a primeira.

Para garantir que a segunda posição seja a mais importante, deslocaremos outra vez todas as cargas para a frente, a uma distância x_2, para que a força F_3 esteja na ordenada máxima (ver Figura 8.27e). Calculamos novamente a mudança na magnitude da função produzida pelo deslocamento. Se a função diminui, a posição anterior é importante. Se a função aumenta, deslocamos as cargas novamente. Esse procedimento continua até que o deslocamento das cargas resulte em uma diminuição no valor da função. Quando estivermos seguros desse resultado, estabelecemos que a posição anterior das cargas maximiza a função.

A mudança no valor da função produzida pelo movimento de uma roda em particular é igual à diferença entre o produto da carga de roda e da ordenada da linha de influência nas duas posições. Por exemplo, a mudança na função Δf devido à roda F_1, quando ela se move para a frente a uma distância x_1, é igual a

$$\Delta f = F_1 y - F_1 y'$$
$$\Delta f = F_1(y - y') = F_1(\Delta y) \qquad (8.8)$$

em que a diferença nas ordenadas da linha de influência $\Delta y = y - y'$.

Se m_1 é a inclinação da linha de influência na região do deslocamento, podemos expressar Δy como uma função da inclinação e da magnitude do deslocamento, considerando as proporções entre o triângulo oblíquo e a área sombreada mostrada na Figura 8.27b:

$$\frac{\Delta y}{x_1} = \frac{m_1}{1}$$
$$\Delta_y = m_1 x_1 \qquad (8.9)$$

Substituindo a Equação 8.9 na Equação 8.8, temos

$$\Delta f = F_1 m_1 x_1 \qquad (8.10)$$

em que a inclinação m_1 pode ser negativa ou positiva e F_1 é a carga de roda.

Se uma carga entrasse ou saísse da estrutura, sua contribuição Δf para a função seria avaliada substituindo-se na Equação 8.10 a distância real pela qual ela se move. Por exemplo, a contribuição da força F_5 (ver Figura 8.27d) quando ela entra na estrutura seria igual a

$$\Delta f = F_5 m_2 x_5$$

em que x_5 é a distância da extremidade da viga até a carga F_5. O método do aumento–diminuição é ilustrado no Exemplo 8.9.

EXEMPLO 8.9

A viga mestra com vão de 80 pés da ponte da Figura 8.28*b* deve ser projetada para suportar as cargas de roda mostradas na Figura 8.28*a*. Usando o método do aumento–diminuição, determine o valor do momento máximo no nó *B*. As rodas podem se mover em qualquer direção. A linha de influência do momento no nó *B* é dada na Figura 8.28*b*.

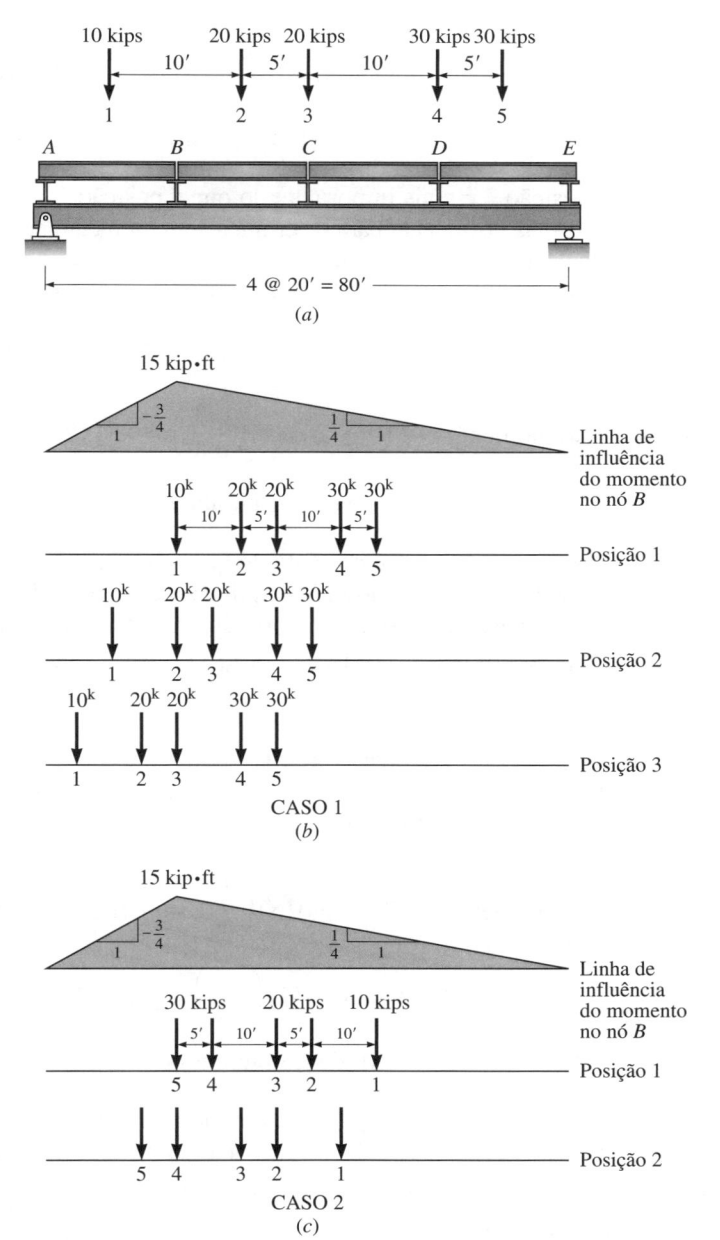

Figura 8.28

[continua]

[*continuação*]

Solução

Caso 1. *Uma carga de 10 kips move-se da direita para a esquerda.* Comece com a carga de 10 kips no nó B (ver posição na Figura 8.28*b*). Calcule a mudança no momento quando todas as cargas se deslocam 10 pés para a esquerda; isto é, a carga 2 se move para o nó B (ver posição 2). Use a Equação 8.10.

$$\text{Aumento no momento} = (20+20+30+30)\left(\frac{1}{4}\right)(10) = +250 \text{ kip} \cdot \text{ft}$$
(cargas 2, 3, 4, e 5)

$$\text{Diminuição no momento} = 10\left(-\frac{3}{4}\right)(10) = -75 \text{ kip} \cdot \text{ft}$$
(carga 1)

$$\text{Mudança líquida} = +175 \text{ kip} \cdot \text{ft}$$

Portanto, a posição 2 é mais importante do que a posição 1.

Desloque as cargas novamente para determinar se o momento continua a aumentar. Calcule a mudança no momento quando as cargas se movem 5 pés à esquerda para a posição 3; isto é, a carga 3 move-se para o nó B.

$$\text{Aumento no momento} = (20+30+30)(5)\left(\frac{1}{4}\right) = +100{,}0 \text{ kip} \cdot \text{ft}$$
(cargas 3, 4 e 5)

$$\text{Diminuição no momento} = (10+20)(5)\left(-\frac{3}{4}\right) = -112{,}5 \text{ kip} \cdot \text{ft}$$
(cargas 2 e 3)

$$\text{Mudança líquida} = -12{,}5 \text{ kip} \cdot \text{ft}$$

Portanto, a posição 2 é mais importante do que a posição 3.

Avalie o momento máximo no nó B. Multiplique cada carga pela ordenada da linha de influência correspondente (o número entre parêntesis).

$$M_B = 10(7{,}5) + 20(15) + 20(13{,}75) + 30(11{,}25) + 30(10)$$
$$= 1\,287{,}5 \text{ kip} \cdot \text{ft}$$

Caso 2. *A carga de 30 kips move-se da direita para a esquerda.* Comece com uma carga de 30 kips no painel B (ver posição 1 na Figura 8.28*c*). Calcule a mudança no momento quando as cargas se movem 5 pés para a esquerda, até a posição 2.

$$\text{Aumento no momento} = (80 \text{ kips})(5)\left(\frac{1}{4}\right) = +100{,}0 \text{ kip} \cdot \text{ft}$$
(cargas 4, 3, 2 e 1)

$$\text{Diminuição no momento} = (30 \text{ kips})(5)\left(-\frac{3}{4}\right) = -112{,}5 \text{ kip} \cdot \text{ft}$$
(carga 5)

$$\text{Mudança líquida} = -12{,}5 \text{ kip} \cdot \text{ft}$$

Portanto, a posição 1 é mais importante do que a posição 2.
Calcule o momento no nó 2 usando as ordenadas da linha de influência.

$$M_B = 30(15) + 30(13{,}75) + 20(11{,}25) + 20(10) + 10(7{,}5)$$
$$= 1\,362{,}5 \text{ kip} \cdot \text{ft} \quad \textit{controle de projeto} > 1\,287{,}5 \text{ kip} \cdot \text{ft}$$

8.10 Momento de carga móvel máximo absoluto

Caso 1. Carga única concentrada

Uma única carga concentrada atuando em uma viga produz um diagrama triangular de momentos cuja ordenada máxima ocorre diretamente sob a carga. À medida que uma carga concentrada se move por uma viga com apoios simples, o valor do momento máximo diretamente sob a carga aumenta de zero, quando a carga está em um dos apoios, até $0{,}25PL$, quando a carga está no meio do vão. A Figura 8.29b, c e d mostra os diagramas de momentos produzidos por uma única carga concentrada P para três posições de carga, a uma distância $L/6$, $L/3$ e $L/2$ a partir do apoio da esquerda, respectivamente. Na Figura 8.29e, a linha tracejada, denominada *envelope do momento*, representa o valor máximo do momento de carga móvel produzido pela carga concentrada que pode se desenvolver em cada seção da viga com apoios simples na Figura 8.29a. O envelope do momento é estabelecido plotando-se as ordenadas das curvas de momento da Figura 8.29b a d. Como uma viga deve ser projetada para suportar o momento máximo em cada seção, a capacidade flexural do membro deve ser igual ou maior àquela dada pelo envelope do momento (em lugar do diagrama de momentos mostrado na Figura 8.29d). O *momento de carga móvel máximo absoluto* devido a uma única carga em uma viga simples ocorre no meio do vão.

Caso 2. Série de cargas de roda

O método do aumento–diminuição fornece um procedimento para estabelecer o momento máximo em uma seção arbitrária de uma viga, produzido por um conjunto de cargas em movimento. Para usar esse método, devemos primeiro construir a linha de influência do momento na seção onde o momento deve ser avaliado. Embora reconheçamos que o momento máximo produzido por um conjunto de cargas de roda vai ser maior para seções no meio vão ou próximas dele do que para seções localizadas perto de um apoio, até aqui não estabelecemos como se localiza *aquela* seção do vão na qual as cargas de roda produzem o maior valor de momento. Para localizar essa seção para uma *viga com apoios simples* e para estabelecer o valor do *momento máximo absoluto* produzido por um conjunto de cargas de roda em particular, investigaremos o momento produzido pelas cargas de roda que atuam na viga da Figura 8.30. Nessa discussão, vamos supor que a resultante R das cargas de roda está localizada a uma distância d à direita da roda 2. (O procedimento para localizar a resultante de um conjunto de cargas concentradas foi abordado no Exemplo 3.2.)

Embora não possamos especificar com certeza absoluta a roda na qual ocorre o momento máximo, a experiência indica que ele provavelmente ocorrerá sob uma das rodas adjacentes à resultante do sistema de forças. A partir de nossa experiência com o momento produzido por

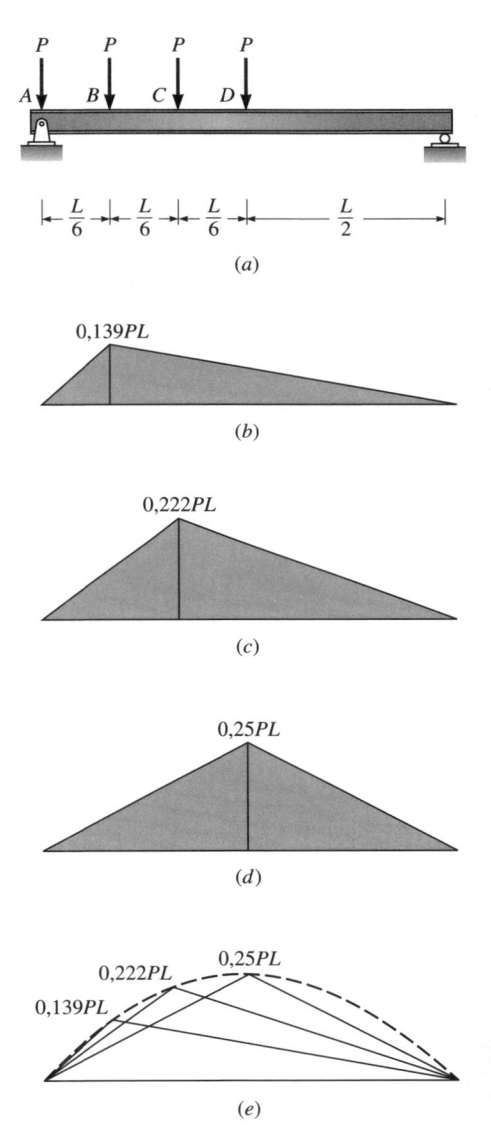

Figura 8.29: Envelope do momento de uma carga concentrada sobre uma viga com apoios simples: (a) quatro posições de carga (A a D) consideradas para a construção do envelope do momento; (b) diagrama de momentos da carga no ponto B; (c) diagrama de momentos da carga no ponto C; (d) diagrama de momentos da carga no ponto D (meio vão); (e) envelope do momento; curva mostrando o valor de momento máximo em cada seção.

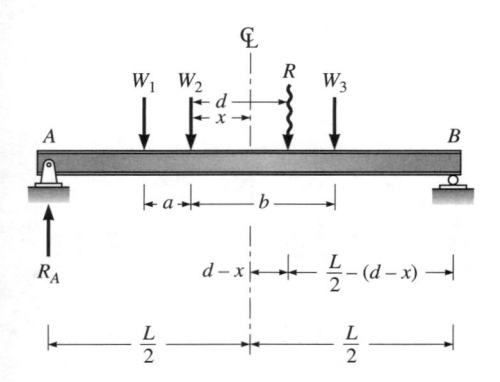

Figura 8.30: Conjunto de cargas de roda com uma resultante R.

uma única carga concentrada, reconhecemos que o momento máximo ocorre quando as cargas de roda estão localizadas perto do centro da viga. Vamos supor arbitrariamente que o momento máximo ocorre sob a roda 2, que está localizada a uma distância x à esquerda da linha central da viga. Para determinar o valor de x que maximiza o momento sob a roda 2, expressaremos o momento na viga sob a roda 2 como uma função de x. Fazendo a derivada da expressão do momento com relação a x e igualando a derivada a zero, estabeleceremos a posição da roda 2 que maximiza o momento. Para calcular o momento sob a roda 2, usamos a resultante R das cargas de roda para estabelecer a reação no apoio A. A soma dos momentos sobre o apoio B resulta

$$\circlearrowleft^+ \quad \Sigma M_B = 0$$

$$R_A L - R\left[\frac{L}{2} - (d - x)\right] = 0$$

$$R_A = \frac{R}{L}\left(\frac{L}{2} - d + x\right) \qquad (8.11)$$

Para calcular o momento M na viga da roda 2, somando os momentos sobre uma seção através da viga nesse ponto, escrevemos

$$M = R_A\left(\frac{L}{2} - x\right) - W_1 a \qquad (8.12)$$

em que a é a distância entre W_1 e W_2. Substituindo R_A dada pela Equação 8.11 na Equação 8.12 e simplificando, temos

$$M = \frac{RL}{4} - \frac{Rd}{2} + \frac{xRd}{L} - x^2\frac{R}{L} - W_1 a \qquad (8.13)$$

Para estabelecer o valor máximo M, fazemos a derivada da Equação 8.13 com relação a x e igualamos a derivada a zero.

$$0 = \frac{dM}{dx} = d\frac{R}{L} - 2x\frac{R}{L}$$

e
$$x = \frac{d}{2} \qquad (8.14)$$

Para x ser igual a $d/2$ é necessário que posicionemos as cargas de modo que a linha central da viga divida a distância entre a resultante e a roda sob a qual se supõe que o momento máximo deve ocorrer. No Exemplo 8.10, usaremos o princípio precedente para estabelecer o momento máximo absoluto produzido em uma viga com apoios simples por um conjunto de cargas de roda.

EXEMPLO 8.10

Determine o momento máximo absoluto em uma viga com apoios simples, com vão de 30 pés, produzido pelo conjunto de cargas mostrado na Figura 8.31a.

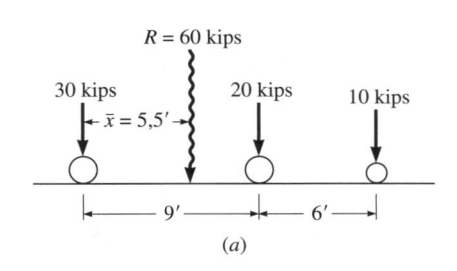

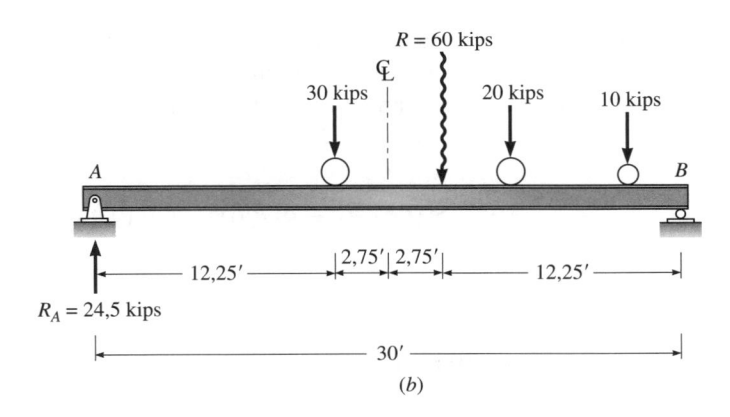

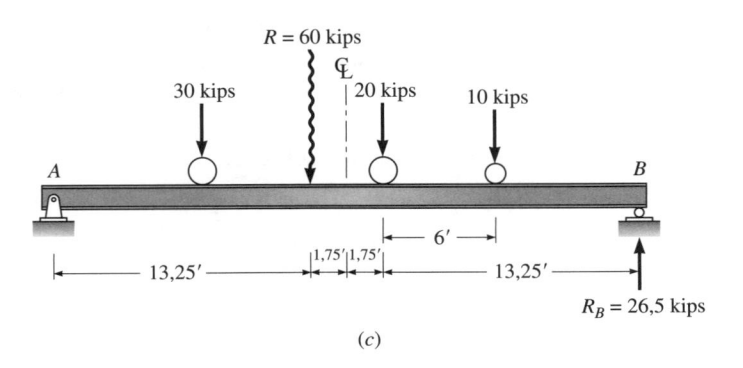

Figura 8.31: (a) Cargas de roda; (b) posição das cargas para verificar o momento máximo sob a carga de 30 kips; (c) posição das cargas para verificar o momento máximo sob a carga de 20 kips.

[*continua*]

[continuação]

Solução

Calcule a magnitude e a localização da resultante das cargas mostradas na Figura 8.31a.

$$R = \Sigma F_y = 30 + 20 + 10 = 60 \text{ kips}$$

Localize a posição da resultante somando os momentos sobre a carga de 30 kips.

$$R \cdot \bar{x} = \Sigma F_n \cdot x_n$$

$$60\bar{x} = 20(9) + 10(15)$$

$$\bar{x} = 5,5 \text{ ft}$$

Suponha que o momento máximo ocorre sob a carga de 30 kips. Posicione as cargas conforme mostrado na Figura 8.31b; isto é, a linha central da viga divide a distância entre a carga de 30 kips e a resultante. Calcule R_A somando os momentos sobre B.

$$\circlearrowleft^+ \quad \Sigma M_B = 0 = R_A(30) - 60(12,25)$$

$$R_A = 24,5 \text{ kips}$$

$$\text{Momento na carga de 30 kips} = 24,5(12,25)$$

$$= 300 \text{ kip} \cdot \text{ft}$$

Suponha que o momento máximo ocorre sob a carga de 20 kips. Posicione as cargas conforme mostrado na Figura 8.31c; isto é, a linha central da viga está localizada no meio entre a carga de 20 kips e a resultante.

Calcule R_B somando os momentos sobre A.

$$\circlearrowleft^+ \quad \Sigma M_A = 0 = 60(13,25) - R_B(30)$$

$$R_B = 26,5 \text{ kips}$$

$$\text{Momento na carga de 20 kips} = 13,25(26,5) - 10(6) = 291,1 \text{ kip} \cdot \text{ft}$$

$$\text{Momento máximo absoluto} = 300 \text{ kip} \cdot \text{ft sob a carga de 30 kips} \quad \textbf{Resp.}$$

8.11 Cortante máximo

O valor máximo do cortante em uma viga (com apoios simples ou contínua) normalmente ocorre adjacente a um apoio. Em uma viga com apoios simples, o cortante na extremidade será igual à reação; portanto, para maximizar o cortante, posicionamos as cargas de forma a maximizar a reação. A linha de influência da reação (ver Figura 8.32b) indica que a carga deve ser colocada o mais próximo possível do apoio e que o vão inteiro deve ser carregado. Se uma viga simples suporta um conjunto de cargas em movimento, o método do aumento–diminuição da Seção 8.9 pode ser usado para estabelecer a posição das cargas no membro para maximizar a reação.

Para maximizar o cortante em uma seção B-B específica, a linha de influência da Figura 8.32c indica que a carga deve ser colocada (1) somente em um lado da seção e (2) no lado mais distante do apoio. Por exemplo, se a viga da Figura 8.32a suporta uma carga móvel uniformemente distribuída de comprimento variável, para maximizar o cortante na seção B, a carga móvel deve ser colocada entre B e C.

Se uma viga com apoios simples suporta uma carga móvel uniforme de comprimento variável, talvez o projetista queira estabelecer o cortante de carga móvel crítico nas seções ao longo do eixo da viga, construindo um envelope do cortante máximo. Um envelope aceitável pode ser produzido passando-se uma linha reta entre o cortante máximo no apoio e o cortante máximo em meio vão (ver Figura 8.33). O cortante máximo no apoio é igual a $wL/2$ e ocorre quando o vão inteiro está carregado. O cortante máximo em meio vão é igual a $wL/8$ e ocorre quando a carga é colocada em uma das metades do vão.

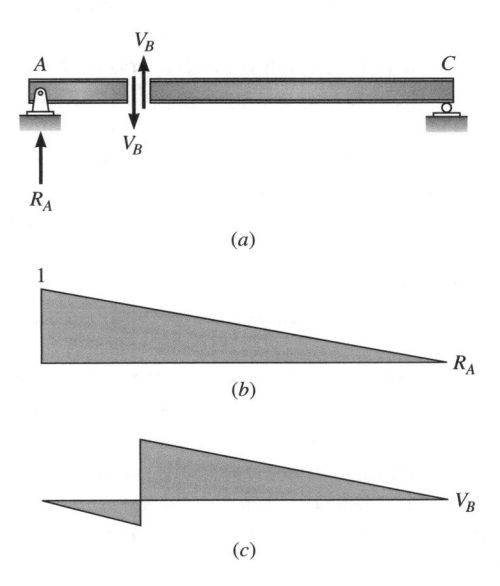

Figura 8.32: Cortante máximo em uma viga com apoios simples: (a) sentido positivo do cortante em B; (b) linha de influência de R_A; (c) linha de influência do cortante na seção B.

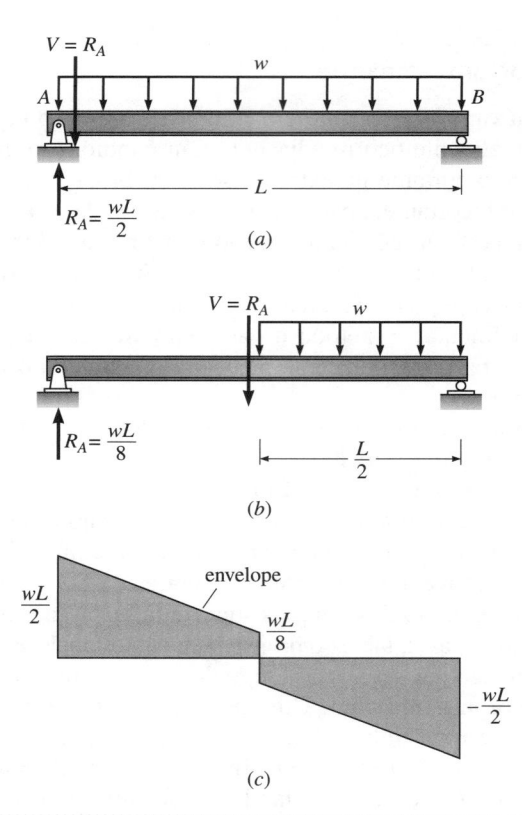

Figura 8.33: Condições de carga para estabelecer o envelope do cortante para uma viga que suporta uma carga móvel uniforme de comprimento variável: (*a*) vão inteiro carregado para cortante máximo no apoio; (*b*) cortante máximo em meio vão produzido pela carga na metade do vão; (*c*) envelope do cortante.

Resumo

- Linhas de influência são usadas para estabelecer onde se deve posicionar uma carga em movimento ou uma carga móvel uniformemente distribuída de comprimento variável em uma estrutura, para maximizar o valor da força interna em uma seção específica de uma viga, treliça ou outro tipo de estrutura.
- As linhas de influência são construídas para uma força interna ou para uma reação em um ponto específico da estrutura, avaliando-se o valor da força no ponto em particular à medida que uma carga unitária se move pela estrutura. O valor da força interna para cada posição da carga unitária é plotado diretamente abaixo da posição da carga unitária.
- As linhas de influência consistem em uma série de linhas retas para estruturas determinadas e linhas curvas para estruturas indeterminadas.
- O princípio de Müller–Breslau fornece um procedimento simples para estabelecer o aspecto qualitativo de uma linha de influência. O princípio determina: *A linha de influência de qualquer reação ou força interna (cortante, momento) corresponde à forma defletida da estrutura produzida pela retirada da capacidade da estrutura de suportar essa força, seguida da introdução na estrutura modificada (ou liberada) de uma deformação unitária correspondente à restrição retirada.*

PROBLEMAS

P8.1. Desenhe as linhas de influência da reação em A e do cortante e do momento nos pontos B e C. O balancim em D é equivalente a um rolo.

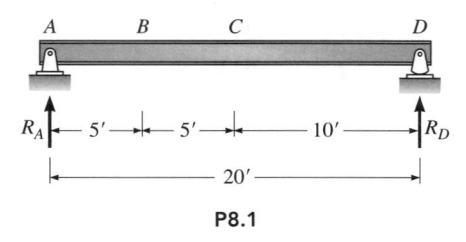

P8.1

P8.2. Para a viga mostrada na Figura P8.2, desenhe as linhas de influência das reações M_A e R_A e do cortante e do momento no ponto B.

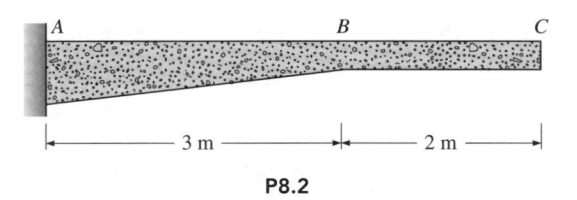

P8.2

P8.3. Desenhe as linhas de influência das reações nos apoios A e C, do cortante e do momento na seção B e do cortante imediatamente à esquerda do apoio C.

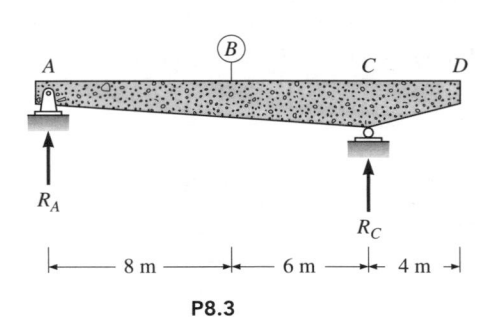

P8.3

P8.4. (a) Desenhe as linhas de influência das reações M_A, R_A e R_C da viga da Figura P8.4. (b) Supondo que o vão pode ser carregado com uma carga uniforme de comprimento variável de 1,2 kip/ft, determine os valores máximos positivo e negativo das reações.

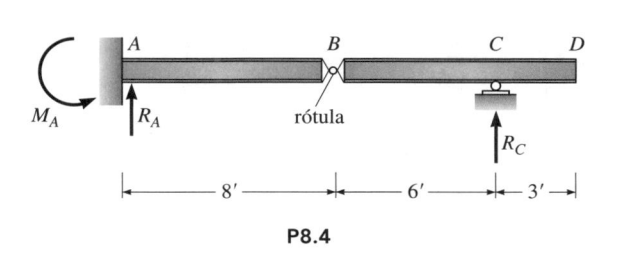

P8.4

P8.5. (a) Desenhe as linhas de influência das reações R_B, R_D e R_F da viga da Figura P8.5 e do cortante e do momento em E. (b) Supondo que o vão pode ser carregado com uma carga uniforme de comprimento variável de 1,2 kips/ft, determine os valores máximos positivo e negativo das reações.

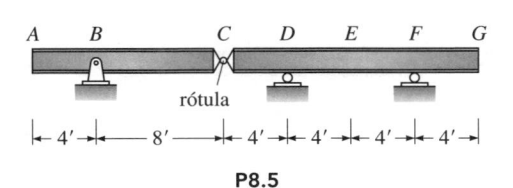

P8.5

P8.6. Uma carga move-se ao longo da viga mestra *BCDE*. Desenhe as linhas de influência das reações nos apoios *A* e *D*, do cortante e do momento na seção *C* e do momento em *D*. O ponto *C* está localizado diretamente acima do apoio *A*.

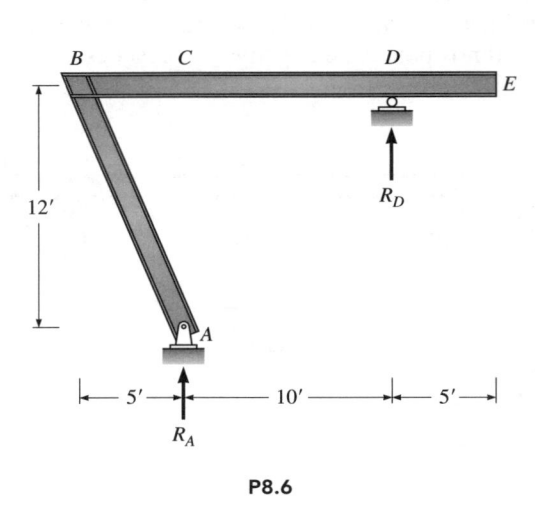

P8.8 a P8.11. Usando o princípio de Müller–Breslau, esboce o formato das linhas de influência das reações e das forças internas denotadas abaixo de cada estrutura.

V_A, M_B, M_C e R_C

P8.8

M_A, R_A, M_C e V_C (à esquerda do apoio C)

P8.9

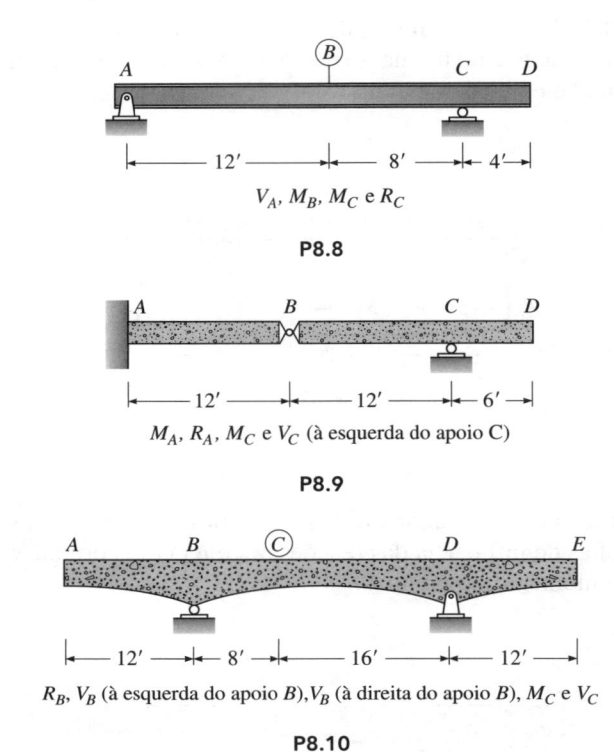

R_B, V_B (à esquerda do apoio B), V_B (à direita do apoio B), M_C e V_C

P8.10

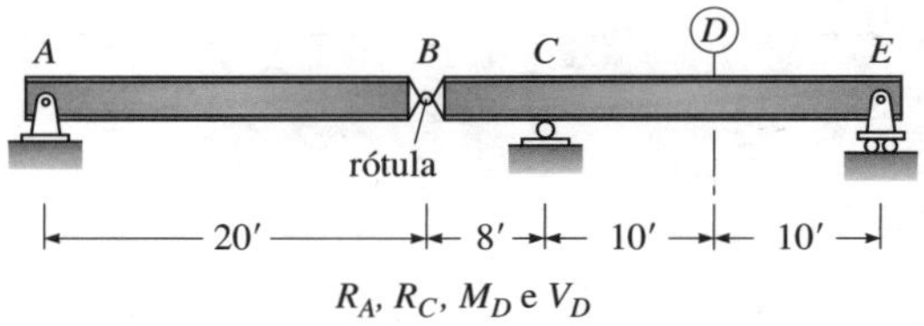

R_A, R_C, M_D e V_D

P8.11

P8.7. A viga *AD* está ligada a um cabo em *C*. Desenhe as linhas de influência da força no cabo *CE*, da reação vertical no apoio *A* e do momento em *B*.

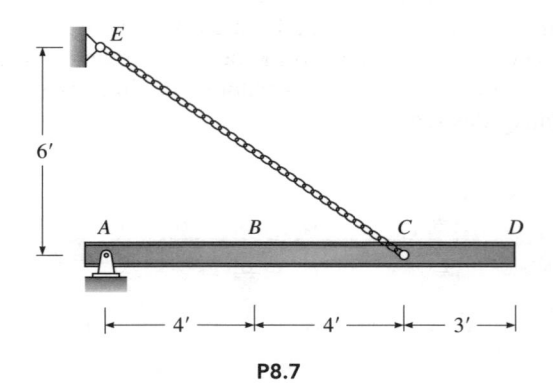

P8.12. Para a viga mostrada na Figura P8.12, desenhe as linhas de influência das reações em *A*, *B* e *F*, do momento da extremidade em *F*, dos cortantes à esquerda e à direita do apoio *B* e do cortante em *E*.

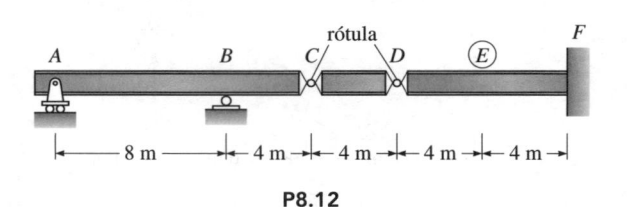

P8.7

P8.12

P8.13. Desenhe as linhas de influência do cortante entre os pontos A e B e do momento no ponto E da viga mestra GH mostrada na Figura P8.13.

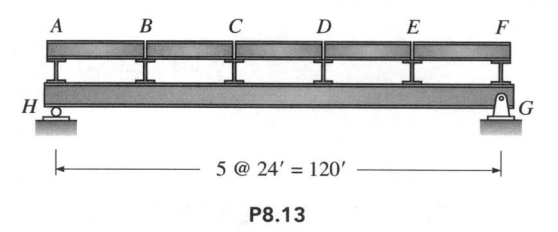

P8.14. Para o sistema de piso mostrado na Figura P8.13, desenhe as linhas de influência do cortante entre os pontos B e C e do momento nos pontos C e E da viga mestra.

P8.15. Para a viga mestra da Figura P8.15, desenhe as linhas de influência da reação em A, do momento no ponto C e do cortante entre os pontos B e C da viga mestra AE.

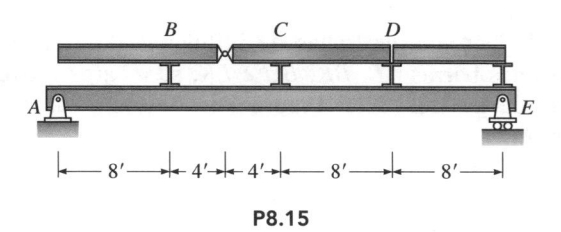

P8.16. (a) Desenhe as linhas de influência das reações em B e E, do cortante entre CD, do momento em B e D para a viga mestra da Figura P8.16. (b) Se o peso próprio do sistema de piso (longarinas e laje) é aproximado por uma carga uniformemente distribuída de 3 kips/ft, a reação do peso próprio da transversina em cada nó é igual a 1,5 kip e o peso próprio da viga mestra é de 2,4 kips/ft, determine o momento na viga mestra em D e o cortante imediatamente à direita de C. Suponha que o sistema de piso é suportado por duas vigas mestras externas (ver Figura 8.16, por exemplo).

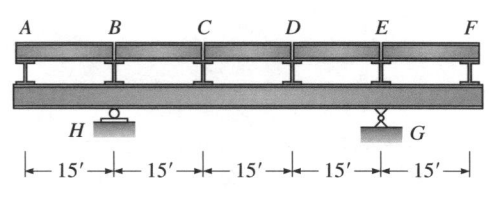

P8.17. Para a viga mestra da Figura P8.17, desenhe as linhas de influência da reação em I, do cortante à direita do apoio I, do momento em C e do cortante entre CE.

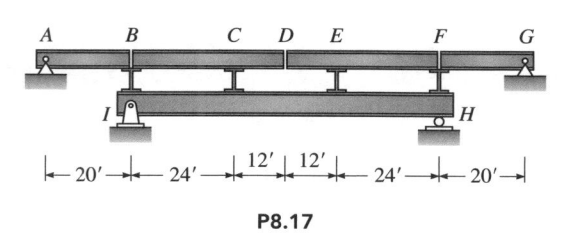

P8.18. Para a viga mestra da Figura P8.18, desenhe as linhas de influência das reações de apoio em G e F, do momento em C e do cortante à esquerda do apoio F.

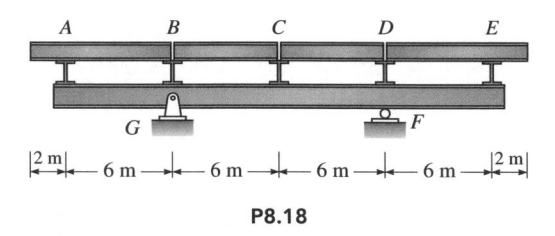

P8.19. (a) Para a viga mestra HIJ mostrada na Figura P8.19, desenhe a linha de influência do momento em C. (b) Desenhe a linha de influência das reações nos apoios H e K.

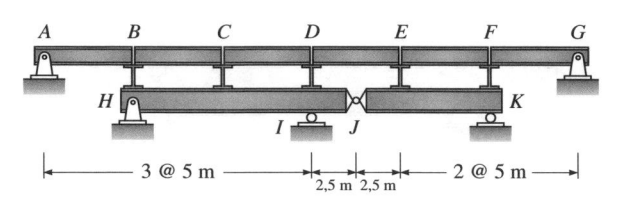

P8.20. A carga só pode ser aplicada entre os pontos B e D da viga mestra mostrada na Figura P8.20. Desenhe as linhas de influência da reação em A, do momento em D e do cortante à direita do apoio A.

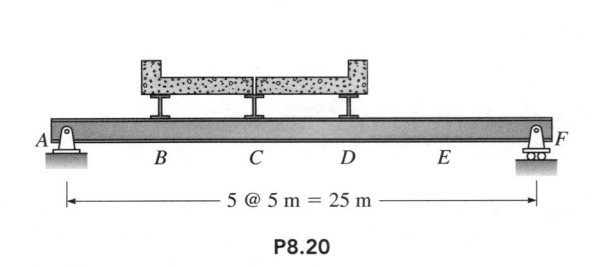

P8.22. Para a viga mestra AF mostrada na Figura P8.22, desenhe as linhas de influência da reação em A, do momento em C, do cortante imediatamente à direita do apoio A e do cortante entre C e D.

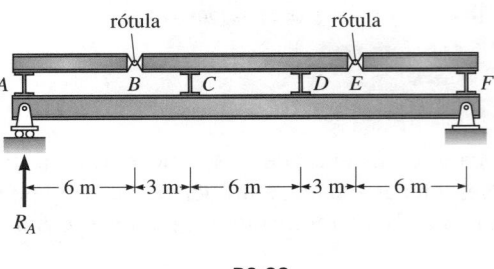

P8.21. Para a viga mestra EG mostrada na Figura P8.21, desenhe as linhas de influência da reação em G e do cortante e do momento em F, localizados no meio do vão da viga mestra EG.

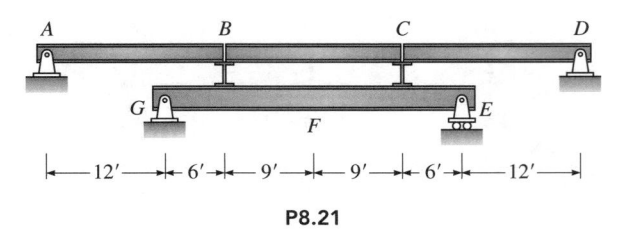

P8.23. Desenhe as linhas de influência das forças de barra nas barras AB, BK, BC e LK, se a carga móvel é aplicada na treliça da Figura P8.23 através da corda inferior.

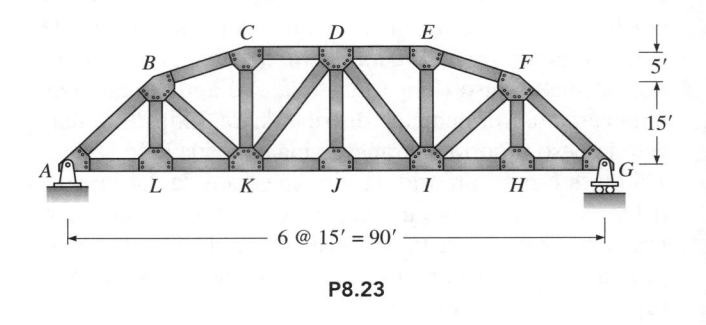

P8.24. Desenhe as linhas de influência das forças de barra nas barras DE, DI, EI e IJ, se a carga móvel da Figura P8.23 é aplicada através dos nós da corda inferior.

P8.25. Desenhe as linhas de influência de R_A e das forças de barra nas barras *AD*, *EF*, *EM* e *NM*. As cargas são transmitidas para a treliça através dos nós da corda inferior. As barras verticais *EN* e *GL* têm 18 pés de comprimento; *FM* tem 16 pés.

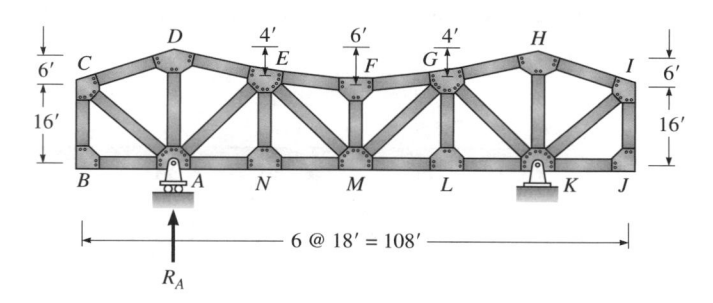

P8.25

P8.26. Desenhe as linhas de influência das forças de barra nas barras *CL*, *DL*, *EF* e *JG*, se a carga móvel é aplicada na treliça da Figura P8.26 através dos nós da corda superior.

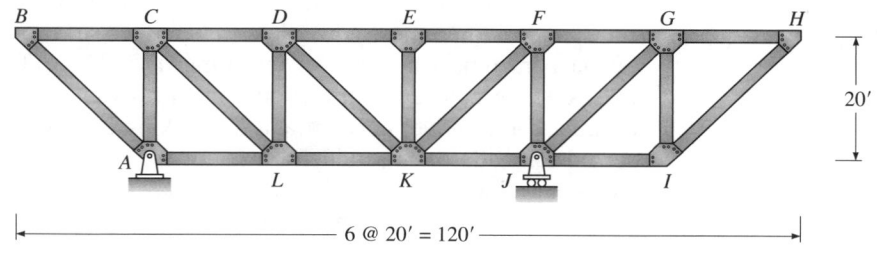

P8.26

P8.27. Desenhe as linhas de influência das forças de barra nas barras *ML*, *BL*, *CD*, *EJ*, *DJ* e *FH* da treliça em balanço da Figura P8.27, se a carga móvel é aplicada através dos nós da corda inferior.

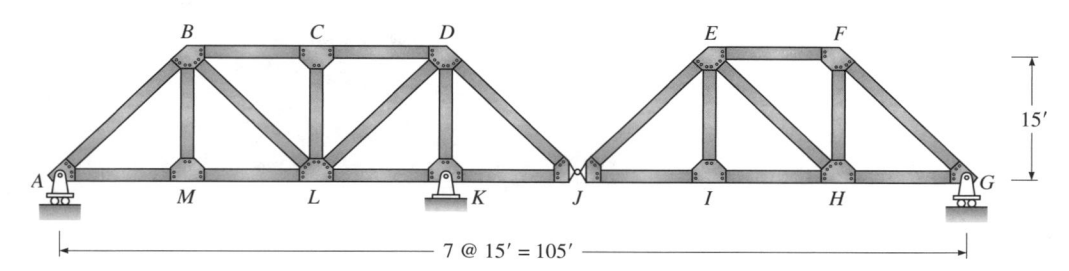

P8.27

P8.28. Desenhe as linhas de influência das reações em A e F e de cortante e momento na seção 1. Usando as linhas de influência, determine as reações nos apoios A e F se o peso próprio do sistema de piso pode ser aproximado por uma carga uniforme de 10 kN/m. Veja a Figura P8.28.

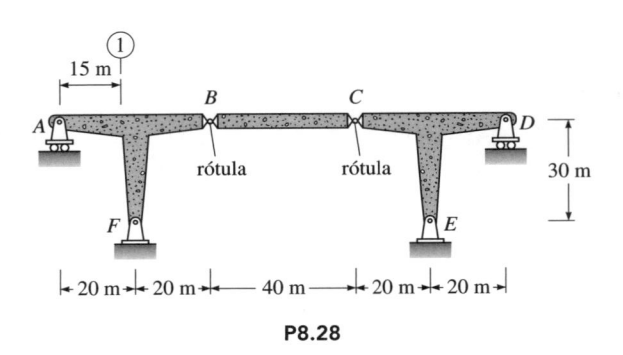

P8.30. Desenhe as linhas de influência das reações verticais e horizontais, A_X e A_Y, no apoio A e das forças de barra nas barras AD, CD e BC. Se a treliça é carregada por uma carga permanente uniforme de 4 kips/ft em todo o comprimento da corda superior, determine a magnitude das forças de barra nas barras AD e CD.

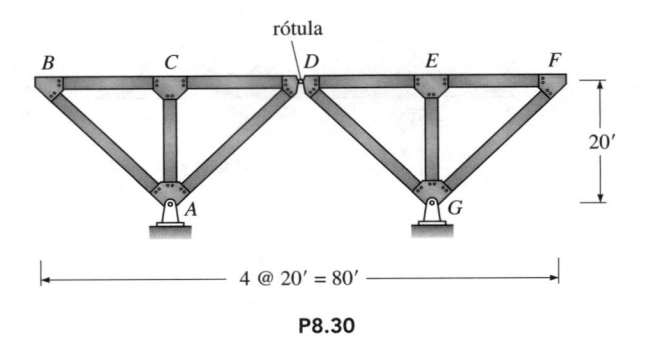

P8.28

P8.30

P8.29. A carga horizontal P pode atuar em qualquer local ao longo do comprimento da barra AC mostrada na Figura P8.29. Desenhe as linhas de influência do momento e do cortante na seção 1 e do momento na seção 2.

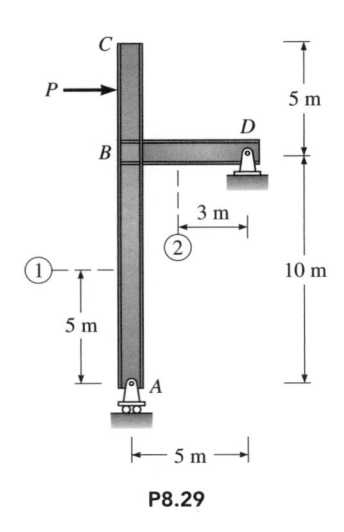

P8.31. Desenhe as linhas de influência das forças nas barras BC, AC, CD e CG. A carga é transferida da pista para os nós superiores por um sistema de longarinas e transversinas (não mostrado). Se a treliça deve ser projetada para uma carga móvel uniforme de 0,32 kip/ft que pode ser colocada em qualquer lugar no vão, além de uma carga móvel concentrada de 24 kips que pode ser posicionada onde produzirá a maior força na barra CG, determine o valor máximo da força da carga móvel (tração, compressão ou ambas) gerada na barra CG.

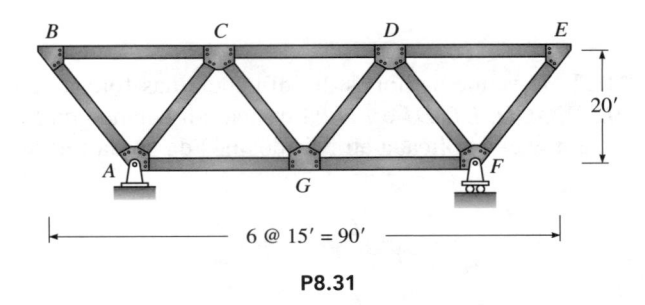

P8.29

P8.31

P8.32. Uma ponte é composta de duas treliças cuja configuração está mostrada na Figura P8.32. As treliças são carregadas nos nós de sua corda superior pelas reações de um sistema de longarinas e transversinas que suporta uma laje de rolamento. Desenhe as linhas de influência das forças nas barras *FE* e *CE*. Suponha que os veículos se movem pelo centro da pista, de modo que metade da carga é suportada por cada treliça. Se um caminhão de transporte de minério totalmente carregado, com um peso total de 70 kN, cruza a ponte, determine as forças de carga móvel máximas nas barras *FE* e *CE*. Suponha que o caminhão pode se mover em qualquer direção. Considere a possibilidade de força de tração e compressão em cada barra.

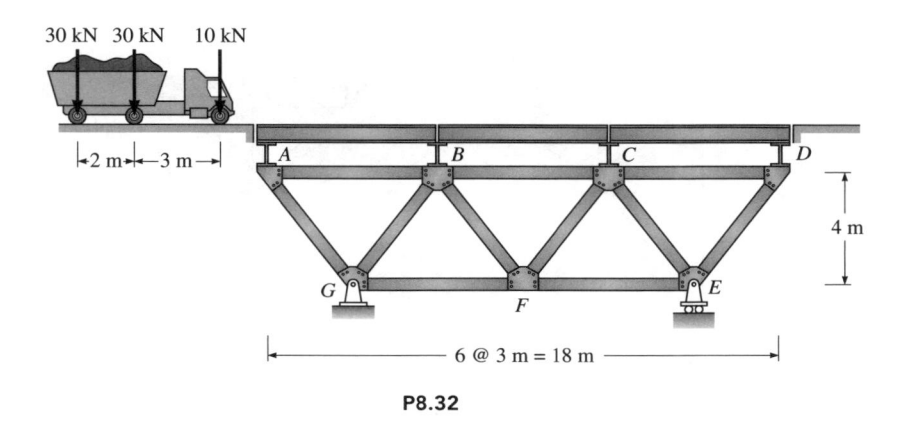

P8.32

P8.33. Desenhe as linhas de influência das forças nas barras *AL* e *KJ* da Figura P8.33. Usando as linhas de influência, determine a força de carga móvel máxima (considere tração e compressão) produzida pelo caminhão de 54 kips ao atravessar a ponte, que consiste em duas treliças. Suponha que o caminhão se move pelo centro da pista, de modo que cada treliça suporta metade da carga do caminhão. Suponha que o caminhão pode trafegar em qualquer direção.

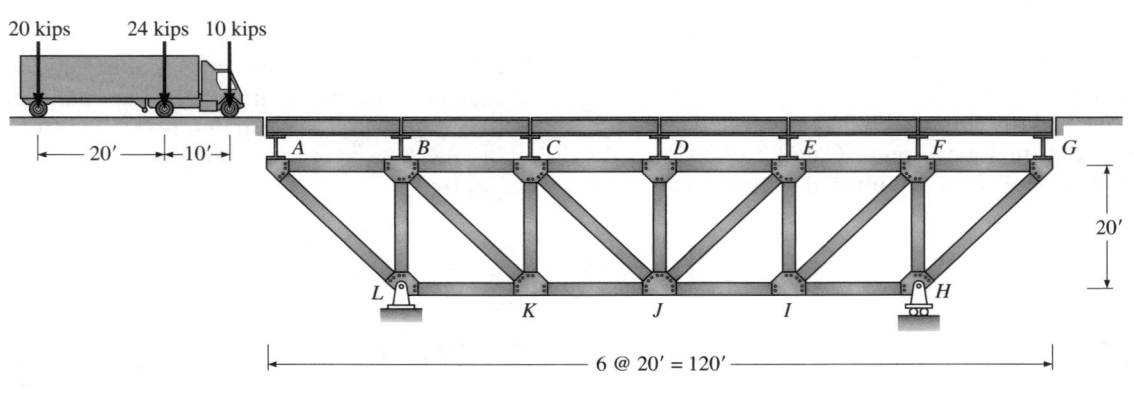

P8.33

P8.34. (*a*) Uma carga é aplicada no arco treliçado triarticulado da Figura P8.34 através dos nós da corda superior por um sistema de piso com transversinas e longarinas. Desenhe as linhas de influência das reações horizontais e verticais no apoio *A* e das forças ou componentes da força nas barras *BC*, *CM* e *ML*. (*b*) Supondo que o peso próprio do arco e do sistema de piso podem ser representados por uma carga uniforme de 4,8 kips/ft, determine as forças nas barras *CM* e *ML* produzidas pelo peso próprio. (*c*) Se a carga móvel é representada por uma carga uniformemente distribuída de comprimento variável de 0,8 kip/ft e uma carga concentrada de 20 kips, determine a força máxima produzida pela carga móvel na barra *CM*. Considere tração e compressão. O nó *E* atua como uma articulação.

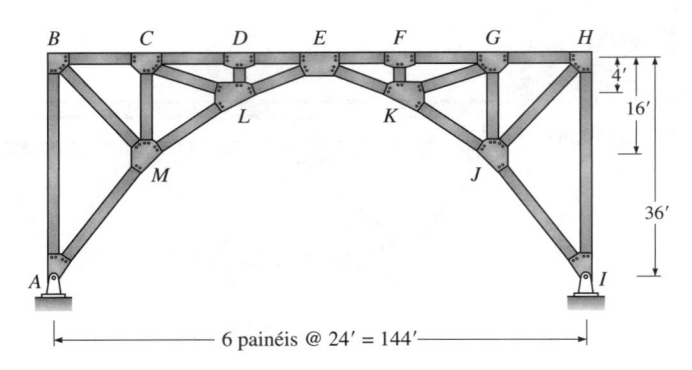

P8.34

P8.35. Calcule o cortante e o momento máximos absolutos produzidos em uma viga com apoios simples por duas cargas móveis concentradas de 20 kips espaçadas por 10 pés. O vão da viga é de 30 pés.

P8.36. Desenhe os envelopes do cortante e do momento máximos em uma viga com apoios simples de 24 pés de comprimento, produzidos por uma carga móvel que consiste em uma carga uniformemente distribuída de comprimento variável de 0,4 kip/ft e uma carga concentrada de 10 kips (Figura P8.36). A carga de 10 kips pode atuar em qualquer ponto. Calcule os valores do envelope nos apoios, nos pontos de um quarto e em meio vão.

P8.37. Determine (*a*) os valores máximos absolutos do cortante e do momento produzidos pelas cargas de roda na viga e (*b*) o valor de momento máximo quando a roda do meio está posicionada no centro da viga na Figura P8.37.

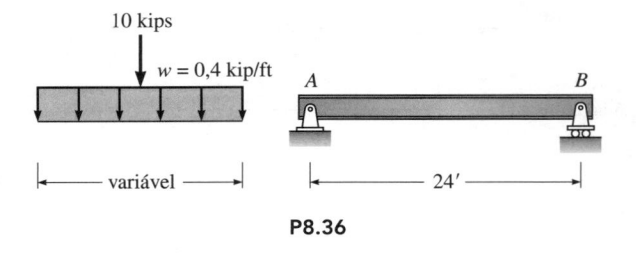

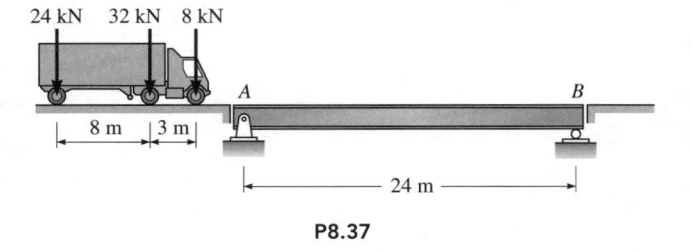

P8.36

P8.37

P8.38. Determine (*a*) o valor máximo absoluto do momento e do cortante da carga móvel, produzido na viga mestra de 50 pés e (*b*) o valor de momento máximo no meio do vão (Figura P8.38). *Dica*: para a parte (*b*), use a linha de influência do momento.

P8.40. Para a viga mostrada na Figura P8.40, desenhe as linhas de influência das reações em *B*, *D* e *F*; do momento em *B* e *E*; e do cortante à esquerda e à direita em *D*.

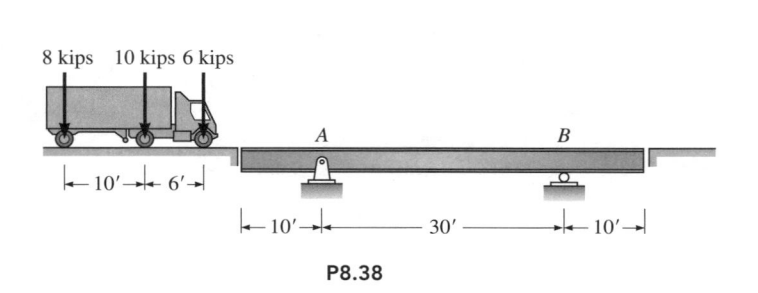

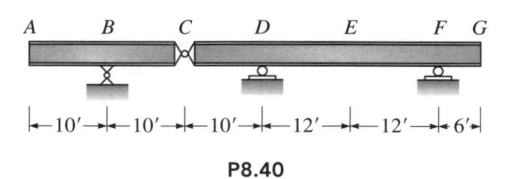

P8.39. Determine o valor máximo absoluto do cortante e do momento da carga móvel, produzido em uma viga com apoios simples de 40 pés pelas cargas de roda mostradas na Figura P8.39.

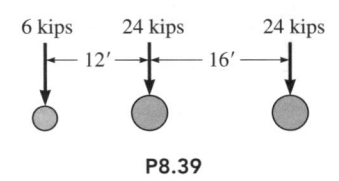

P8.41. (*a*) Considere a viga mostrada na Figura P8.40. Posicione o caminhão HS 20-44 (ver Figura 8.25*a*, p. 284) para produzir a reação máxima em *B*. (*b*) Posicione a carga de pista HS 20-44 (ver Figura 8.25*b*) que produz o máximo momento positivo em *E*. Reposicione a carga para produzir o máximo momento negativo em *E*. (*c*) Calcule o momento em *E* produzido por uma carga permanente uniformemente distribuída de 3 kips/ft sobre o vão inteiro.

P8.42. A viga mostrada na Figura P8.42 está sujeita a uma carga concentrada em movimento de 80 kN. Construa o envelope dos momentos máximos positivo e negativo para a viga.

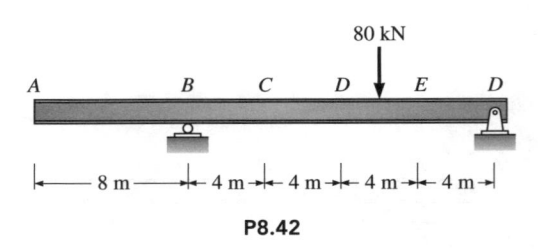

P8.45. (*a*) O arco triarticulado mostrado na Figura P8.45 tem um perfil parabólico. Desenhe as linhas de influência das reações horizontais e verticais em *A* e do momento em *D*. (*b*) Calcule as reações horizontais e verticais no apoio *A* se o arco é carregado por uma carga uniforme de 10 kN/m. (*c*) Calcule o momento máximo no ponto *D*.

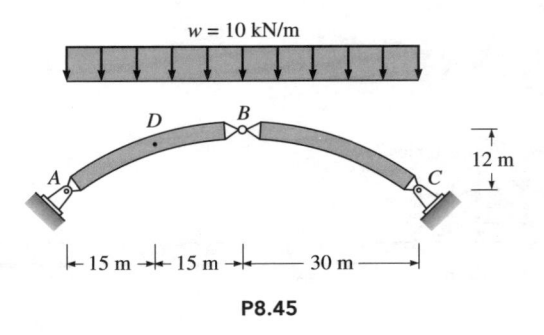

P8.43. Considere a viga mostrada na Figura P8.42. Construa o envelope do máximo cortante positivo supondo que a viga suporta uma carga uniformemente distribuída de comprimento variável de 6 kN/m.

P8.46. (*a*) Desenhe as linhas de influência das forças de barra nas barras *HC*, *HG* e *CD* da treliça mostrada na Figura P8.46. A carga move-se ao longo da corda inferior da treliça. (*b*) Calcule a força na barra *HC* se os nós *B*, *C* e *D* são carregados por uma carga vertical concentrada de 12 kips cada um.

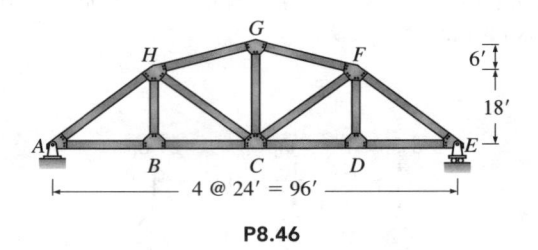

P8.44. Considere a viga mostrada na Figura P8.44. Posicione a carga de pista HS 20-44 (ver Figura 8.25*b*) para produzir o máximo momento positivo em *C*, o máximo momento negativo em *C* e o máximo cortante à esquerda do apoio *D*.

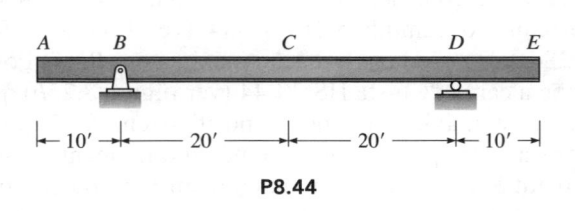

P8.47. Desenhe as linhas de influência das forças de barra nas barras *CD*, *EL* e *ML* da treliça mostrada na Figura P8.47. A carga move-se ao longo de *BH* na treliça.

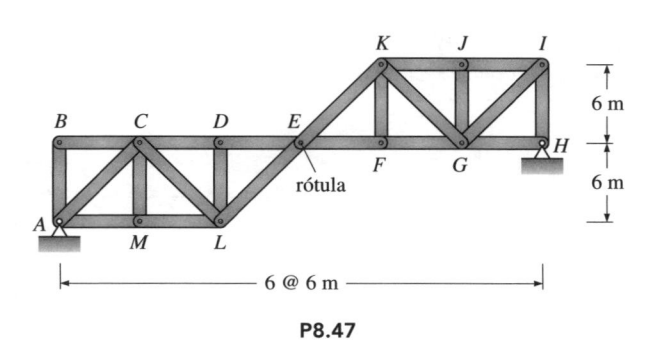

P8.49. A viga mestra com apoios simples que recebe os trilhos de apoio de uma grua precisa suportar a carga em movimento mostrada na Figura P8.49. Essa carga em movimento precisa ser aumentada por um fator de impacto listado na Tabela 2.3. (*a*) Posicione a carga em movimento para calcular o momento máximo. Além disso, calcule a deflexão máxima produzida pela carga. (*b*) Reposicione a carga em movimento simetricamente no vão e calcule o momento máximo e a deflexão máxima. Qual caso produz uma deflexão maior?

P8.47

P8.49

P8.48. *Aplicação de computador. Construção de uma linha de influência para uma viga indeterminada.* (*a*) Para a viga indeterminada mostrada na Figura P8.48, construa as linhas de influência para M_A, R_A e R_B, aplicando uma carga unitária na viga em intervalos de 4 pés para calcular as magnitudes correspondentes das reações.

(*b*) Usando a linha de influência da parte (*a*), determine o valor máximo da reação R_B produzida por duas cargas de roda concentradas de 20 kips, espaçadas por 8 pés.

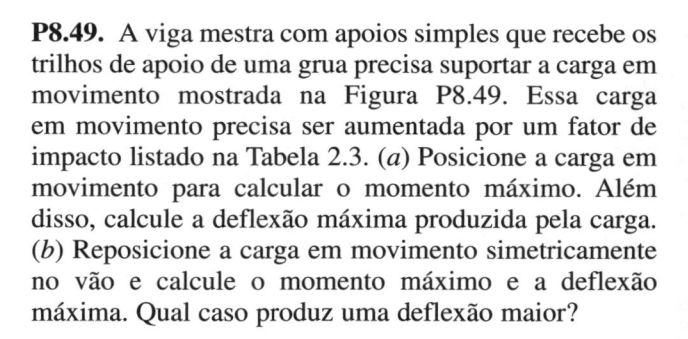

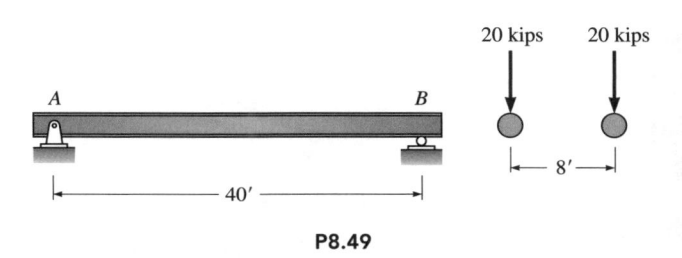

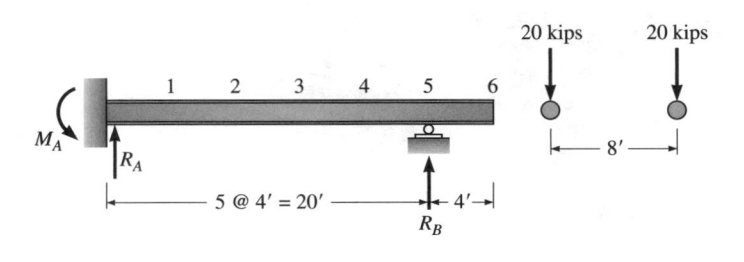

P8.48

Desmoronamento da ponte do Rio Brazos em Brazos, Texas, EUA, durante o içamento das vigas mestras de placas de aço contínuas, de aproximadamente 96 m, que suportavam a pista de rolamento. A falha foi iniciada por tensão excessiva nas conexões entre a alma e a mesa durante o içamento. As estruturas são particularmente vulneráveis a falhas durante a montagem porque os elementos de reforço — por exemplo, lajes de piso e contraventamento — podem não estar instalados. Além disso, a resistência da estrutura pode apresentar-se reduzida quando algumas conexões estão parcialmente aparafusadas ou não totalmente soldadas para permitir o alinhamento preciso dos membros.

CAPÍTULO 9

Deflexões de vigas e pórticos

9.1 Introdução

Quando uma estrutura é carregada, seus elementos tensionados se deformam. Em uma treliça, as barras em tração se alongam e as barras em compressão se encurtam. As vigas fletem e os cabos se estiram. Quando essas deformações ocorrem, a estrutura muda de formato e pontos dela se deslocam. Embora essas deflexões normalmente sejam pequenas, como parte do projeto total o engenheiro deve verificar se elas estão dentro dos limites especificados pelo código de projeto em vigor, para garantir que a estrutura possa ser utilizada. Por exemplo, deflexões grandes de vigas podem levar à fissuração de elementos não estruturais, como tetos de gesso, paredes de azulejo ou tubulações frágeis. O deslocamento lateral de prédios, produzido por forças do vento, deve ser limitado para evitar a rachadura de paredes e janelas. Como a magnitude das deflexões também é uma medida da rigidez de um membro, limitar as deflexões também garante que vibrações excessivas de pisos de prédios e estrados superiores de pontes não sejam geradas por cargas em movimento.

Os cálculos das deflexões também são parte integrante de diversos procedimentos analíticos para analisar estruturas indeterminadas, calcular cargas de flambagem e determinar os períodos naturais de membros que vibram. Neste capítulo, consideraremos vários métodos para calcular deflexões e inclinações em pontos ao longo do eixo de vigas e pórticos. Esses métodos são baseados na equação diferencial da curva elástica de uma viga. Essa equação relaciona a curvatura em um ponto ao longo do eixo longitudinal da viga com o momento fletor nesse ponto e as propriedades da seção transversal e do material.

9.2 Método da integração dupla

O método da integração dupla é um procedimento para estabelecer as equações da inclinação e da deflexão em pontos ao longo do eixo longitudinal (curva elástica) de uma viga carregada. As equações são produzidas integrando-se duas vezes a equação diferencial da curva elástica, daí o nome *integração dupla*. O método presume que todas as deformações são produzidas por momento. Deformações de cisalhamento, que normalmente são menores do que 1% das deformações de flexão em vigas de proporções normais, geralmente não são incluídas. Mas, se as vigas são altas, têm almas finas ou são construídas de um material com módulo de rigidez baixo (compensado, por exemplo), a magnitude das deformações de cisalhamento pode ser significativa e deve ser investigada.

Para entender os princípios nos quais é baseado o método da integração dupla, primeiro examinaremos a geometria das curvas. Em seguida, deduziremos a equação diferencial da curva elástica — a equação que relaciona a curvatura em um ponto na curva elástica com o momento e a rigidez à flexão da seção transversal. Na última etapa, integraremos duas vezes a equação diferencial da curva elástica e, então, avaliaremos as constantes de integração, considerando as condições de contorno impostas pelos apoios. A primeira integração produz a equação da inclinação; a segunda estabelece a equação da deflexão. Embora o método não seja extensivamente usado na prática, pois avaliar as constantes de integração é demorado para muitos tipos de vigas, começaremos nosso estudo das deflexões com esse método, pois vários outros procedimentos importantes de cálculo de deflexões em vigas e pórticos são baseados na equação diferencial da curva elástica.

Geometria de curvas rasas

Para determinar as relações geométricas necessárias para deduzir a equação diferencial da curva elástica, consideraremos as deformações da viga em balanço da Figura 9.1*a*. A forma defletida é representada na Figura 9.1*b* pela posição deslocada do eixo longitudinal (também chamado de *linha elástica*). Como eixos de referência, estabelecemos um sistema de coordenadas *x-y* cuja origem está localizada na extremidade fixa. Por clareza, as distâncias verticais nessa figura estão bastante exageradas. As inclinações, por exemplo, normalmente são muito pequenas — da ordem de poucos décimos de um grau. Se fôssemos mostrar a forma defletida em escala, ela apareceria como uma linha reta.

Para estabelecer a geometria de um elemento curvo, consideraremos um elemento infinitesimal de comprimento ds, localizado a uma distância x da extremidade fixa. Conforme mostrado na Figura 9.1*c*, denotamos o raio do segmento curvo por ρ. Nos pontos A e B, desenhamos linhas tangentes à curva. O ângulo infinitesimal entre essas tangentes é denotado por $d\theta$. Como as tangentes à curva são perpendiculares aos raios nos pontos A e B, segue-se que o ângulo entre os raios também é $d\theta$. A inclinação da curva no ponto A é igual a

$$\frac{dy}{dx} = \tan \theta$$

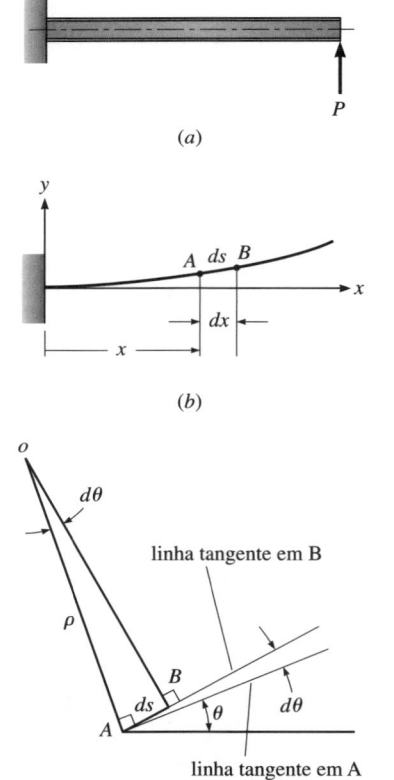

Figura 9.1

Se os ângulos são pequenos (tan $\theta \approx \theta$ radianos), a inclinação pode ser escrita como

$$\frac{dy}{dx} = \theta \qquad (9.1)$$

A partir da geometria do segmento triangular *ABo* na Figura 9.1*c*, podemos escrever

$$\rho \, d\theta = ds \qquad (9.2)$$

Dividindo cada lado da equação acima por *ds* e reorganizando os termos, temos

$$\psi = \frac{d\theta}{ds} = \frac{1}{\rho} \qquad (9.3)$$

em que $d\theta/ds$, representando a mudança na inclinação por comprimento unitário de distância ao longo da curva, é chamado *curvatura* e denotado pelo símbolo ψ. Como as inclinações são pequenas em vigas reais, $ds \approx dx$, e podemos expressar a curvatura na Equação 9.3 como

$$\psi = \frac{d\theta}{dx} = \frac{1}{\rho} \qquad (9.4)$$

Fazendo a diferencial nos dois lados da Equação 9.1 com relação a *x*, podemos expressar a curvatura $d\theta/dx$ na Equação 9.4 em termos de coordenadas retangulares como

$$\frac{d\theta}{dx} = \frac{d^2y}{dx^2} \qquad (9.5)$$

Equação diferencial da curva elástica

Para expressar a curvatura de uma viga em um ponto específico em termos do momento que atua nesse ponto e das propriedades da seção transversal, consideraremos as deformações de curvatura do pequeno segmento de viga de comprimento *dx*, mostrado com sombreado mais escuro na Figura 9.2*a*. As duas linhas verticais que representam os lados do elemento são perpendiculares ao eixo longitudinal da viga descarregada. Quando a carga é aplicada, o momento é criado e a viga flete (ver Figura 9.2*b*); o elemento se deforma em um trapezoide quando os lados do segmento, que permanecem retos, giram sobre um eixo horizontal (o eixo neutro) que passa pelo centroide da seção (Figura 9.2*c*).

Na Figura 9.2*d*, o elemento deformado está sobreposto ao elemento não tensionado original de comprimento *dx*. Os lados à esquerda estão alinhados para que as deformações sejam mostradas à direita. Conforme exibido nessa figura, as fibras longitudinais do segmento localizado acima do eixo neutro se encurtam, pois são tensionadas em compressão. Abaixo do eixo neutro, as fibras longitudinais, tensionadas em tração, se alongam. Como a mudança no comprimento das fibras longitudinais

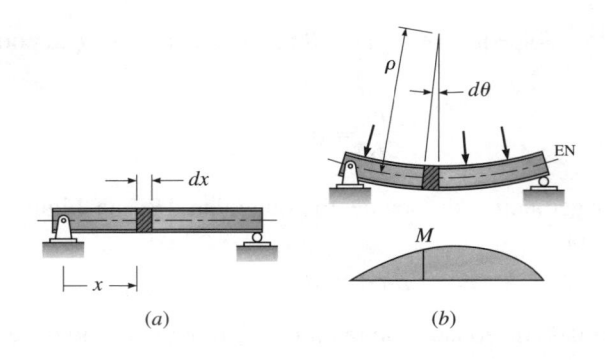

Figura 9.2: Deformações de flexão do segmento dx: (a) viga descarregada; (b) viga carregada e diagrama de momentos; (c) seção transversal da viga; (d) deformações de flexão do pequeno segmento de viga; (e) deformação longitudinal; (f) tensões de flexão.

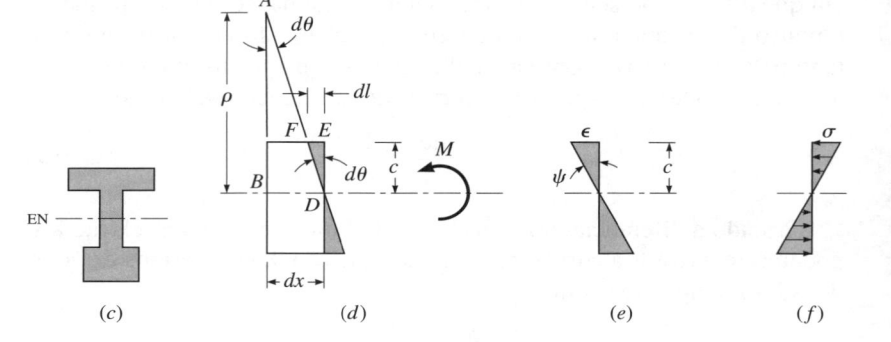

(deformações de flexão) é zero no eixo neutro (EN), as tensões e deformações nesse nível são iguais a zero. A variação da deformação longitudinal com a profundidade está mostrada na Figura 9.2e. Como a deformação é igual às deformações longitudinais divididas pelo comprimento original dx, ela também varia linearmente com a distância do eixo neutro.

Considerando o triângulo DFE na Figura 9.2d, podemos expressar a mudança no comprimento da fibra superior dl em termos de $d\theta$ e da distância c do eixo neutro até a fibra superior como

$$dl = d\theta \, c \tag{9.6}$$

Por definição, a deformação ϵ na superfície superior pode ser expressa como

$$\epsilon = \frac{dl}{dx} \tag{9.7}$$

Usando a Equação 9.6 para eliminar dl na Equação 9.7, temos

$$\epsilon = \frac{d\theta}{dx} c \tag{9.8}$$

Usando a Equação 9.5 para expressar a curvatura $d\theta/dx$ em coordenadas retangulares, podemos escrever a Equação 9.8 como

$$\frac{d^2y}{dx^2} = \frac{\epsilon}{c} \qquad (9.9)$$

Se o comportamento é elástico, a tensão de flexão, σ, pode ser relacionada com a deformação ϵ na fibra superior pela *lei de Hooke*, que estabelece:

$$\sigma = E\epsilon$$

em que E = módulo de elasticidade.

Resolvendo para ϵ, temos

$$\epsilon = \frac{\sigma}{E} \qquad (9.10)$$

Usando a Equação 9.10 para eliminar ϵ na Equação 9.9, resulta

$$\frac{d^2y}{dx^2} = \frac{\sigma}{Ec} \qquad (9.11)$$

Para um comportamento elástico, a relação entre a tensão de flexão na fibra superior e o momento que atua na seção transversal é dada por

$$\sigma = \frac{Mc}{I} \qquad (5.1)$$

Substituindo o valor de σ dado pela Equação 5.1 na Equação 9.11, temos a equação diferencial básica da curva elástica

$$\frac{d^2y}{dx^2} = \frac{M}{EI} \qquad (9.12)$$

Nos exemplos 9.1 e 9.2, usamos a Equação 9.12 para estabelecer as equações da inclinação e da deflexão da curva elástica de uma viga. Essa operação é efetuada expressando-se o momento fletor em termos da carga aplicada e da distância x ao longo do eixo da viga, substituindo a equação do momento na Equação 9.12 e integrando duas vezes. O método é mais simples de aplicar quando a carga e as condições de apoio permitem que o momento seja expresso por uma única equação que é válida por todo o comprimento do membro — exemplos 9.1 e 9.2. Para vigas de seção transversal constante, E e I são constantes ao longo do comprimento do membro. Se E ou I variam, também devem ser expressos como função de x para realizar a integração da Equação 9.12. Se as cargas ou a seção transversal variam de uma maneira complexa ao longo do eixo do membro, pode ser difícil integrar as equações do momento ou de I. Para essa situação, procedimentos aproximados podem ser usados para facilitar a solução (ver, por exemplo, somatório finito no Exemplo 10.16).

EXEMPLO 9.1

Usando o método da integração dupla, estabeleça as equações da inclinação e da deflexão para a viga uniformemente carregada da Figura 9.3. Avalie a deflexão no meio do vão e a inclinação no apoio A. EI é constante.

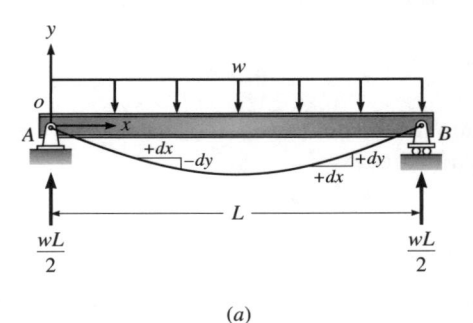

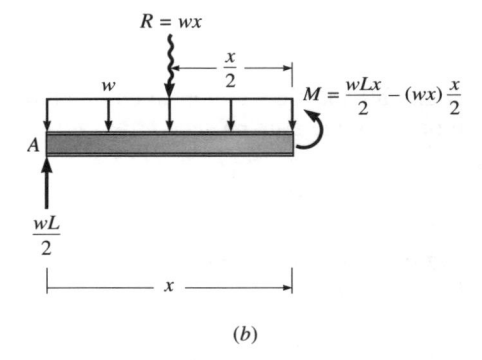

Figura 9.3: (a) viga com forma defletida; (b) diagrama de corpo livre.

Solução

Estabeleça um sistema de coordenadas retangulares com a origem no apoio A. Como a inclinação aumenta à medida que x aumenta (a inclinação é negativa em A, zero no meio do vão e positiva em B), a curvatura é positiva. Se considerarmos um corpo livre da viga, cortado por uma seção vertical localizada a uma distância x da origem em A (ver Figura 9.3b), podemos escrever o momento interno na seção como

$$M = \frac{wLx}{2} - \frac{wx^2}{2}$$

Substituindo M na Equação 9.12, temos

$$EI \frac{d^2y}{dx^2} = \frac{wLx}{2} - \frac{wx^2}{2} \quad (1)$$

Integrar duas vezes com relação a x gera

$$EI \frac{dy}{dx} = \frac{wLx^2}{4} - \frac{wx^3}{6} + C_1 \quad (2)$$

$$EIy = \frac{wLx^3}{12} - \frac{wx^4}{24} + C_1 x + C_2 \quad (3)$$

Para avaliar as constantes de integração C_1 e C_2, usamos as condições de contorno nos apoios A e B. Em A, $x = 0$ e $y = 0$. Substituindo esses valores na Equação 3, verificamos que $C_2 = 0$. Em B, $x = L$ e $y = 0$. Substituindo esses valores na Equação 3 e resolvendo para C_1, temos

$$0 = \frac{wL^4}{12} - \frac{wL^4}{24} + C_1 L$$

$$C_1 = -\frac{wL^3}{24}$$

Substituindo C_1 e C_2 nas equações 2 e 3 e dividindo os dois lados por EI, resulta

$$\theta = \frac{dy}{dx} = \frac{wLx^2}{4EI} - \frac{wx^3}{6EI} - \frac{wL^3}{24EI} \quad (4)$$

$$y = \frac{wLx^3}{12EI} - \frac{wx^4}{24EI} - \frac{wL^3 x}{24EI} \quad (5)$$

Calcule a deflexão no meio do vão, substituindo $x = L/2$ na Equação 5.

$$y = \frac{5wL^4}{384EI} \quad \textbf{Resp.}$$

Calcule a inclinação em A, substituindo $x = 0$ na Equação 4.

$$\theta_A = \frac{dy}{dx} = -\frac{wL^3}{24EI} \quad \textbf{Resp.}$$

EXEMPLO 9.2

Para a viga em balanço da Figura 9.4a, estabeleça as equações da inclinação e da deflexão pelo método da integração dupla. Determine também a magnitude da inclinação θ_B e a deflexão Δ_B na ponta da viga em balanço. EI é constante.

Solução

Estabeleça um sistema de coordenadas retangulares com a origem no apoio fixo A. As direções positivas dos eixos são para cima (eixo y) e à direita (eixo x). Como a inclinação é negativa e torna-se mais pronunciada na direção positiva de x, a curvatura é *negativa*. Passando uma seção pela viga a uma distância x da origem e considerando um corpo livre à direita do corte (ver Figura 9.4b), podemos expressar o momento fletor no corte como

$$M = P(L - x)$$

Substituindo M na Equação 9.12 e adicionando um sinal de menos, porque a curvatura é negativa, resulta

$$\frac{d^2y}{dx^2} = \frac{M}{EI} = \frac{-P(L - x)}{EI}$$

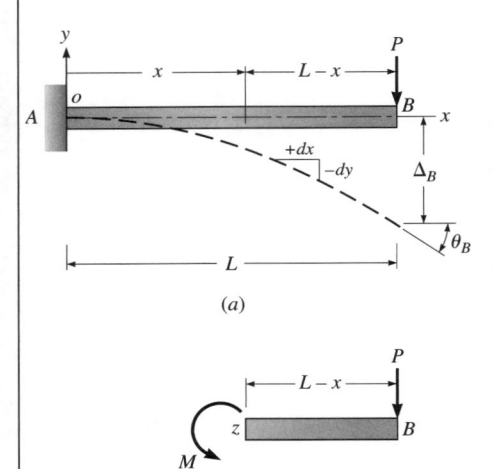

Figura 9.4: (a) Viga com forma defletida; (b) diagrama de corpo livre.

Integrando duas vezes para estabelecer as equações da inclinação e da deflexão, temos

$$\frac{dy}{dx} = \frac{-PLx}{EI} + \frac{Px^2}{2EI} + C_1 \quad (1)$$

$$y = \frac{-PLx^2}{2EI} + \frac{Px^3}{6EI} + C_1 x + C_2 \quad (2)$$

Para avaliar as constantes de integração C_1 e C_2 nas equações 1 e 2, usamos as condições de contorno impostas pelo apoio fixo em A:

1. Quando $x = 0$, $y = 0$; então, da Equação 2, $C_2 = 0$.
2. Quando $x = 0$, $dy/dx = 0$; então, da Equação 1, $C_1 = 0$.

As equações finais são

$$\theta = \frac{dy}{dx} = \frac{-PLx}{EI} + \frac{Px^2}{2EI} \quad (3)$$

$$y = \frac{-PLx^2}{2EI} + \frac{Px^3}{6EI} \quad (4)$$

Para estabelecer θ_B e Δ_B, substituímos $x = L$ nas equações 3 e 4 para calcular

$$\theta_B = \frac{-PL^2}{2EI} \quad \textbf{Resp.}$$

$$\Delta_B = \frac{-PL^3}{3EI} \quad \textbf{Resp.}$$

9.3 Método dos momentos de áreas

Conforme observamos no método da integração dupla, baseado na Equação 9.12, a inclinação e a deflexão de pontos ao longo da curva elástica de uma viga ou de um pórtico são funções do momento fletor M, do momento de inércia I e do módulo de elasticidade E. No método dos momentos de áreas estabeleceremos um procedimento que utiliza a área dos diagramas de momento (na verdade, os diagramas M/EI) para avaliar a inclinação ou a deflexão em pontos selecionados ao longo do eixo de uma viga ou pórtico.

Esse método, que exige um esboço preciso da forma defletida, emprega dois teoremas. Um deles é usado para calcular uma *mudança na inclinação* entre dois pontos na curva elástica. O outro, para calcular a distância vertical (chamada de *desvio tangencial*) entre um ponto na curva elástica e uma linha tangente a essa curva em um segundo ponto. Essas quantidades estão ilustradas na Figura 9.5. Nos pontos A e B, linhas tangentes, que compõem uma inclinação de θ_A e θ_B com o eixo horizontal, são desenhadas na curva elástica. Para o sistema de coordenadas mostrado, a inclinação em A é negativa e a inclinação em B é positiva. A mudança na inclinação entre os pontos A e B é denotada por $\Delta\theta_{AB}$. O desvio tangencial no ponto B — a distância vertical entre o ponto B na curva elástica e o ponto C na linha desenhada tangente à curva elástica em A — é denotado como t_{BA}. Usaremos dois subscritos para rotular todos os desvios tangenciais. O primeiro indica a localização do desvio tangencial; o segundo especifica o ponto no qual a linha tangente é desenhada. Como você pode ver na Figura 9.5, t_{BA} não é a deflexão do ponto B (v_B é a deflexão). Com alguma orientação, você aprenderá rapidamente a usar desvios tangenciais e mudanças na inclinação para calcular valores de inclinação e deflexão em qualquer ponto desejado na curva elástica. Na próxima seção, desenvolveremos os dois teoremas de momentos das áreas e ilustraremos sua aplicação em uma variedade de vigas e pórticos.

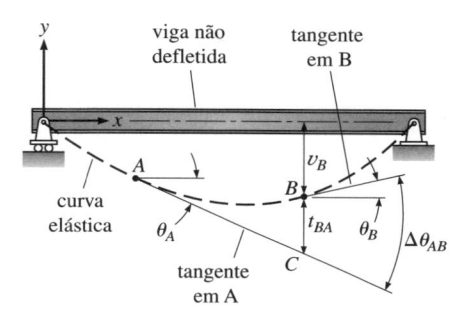

Figura 9.5: Mudança na inclinação e desvio tangencial entre os pontos A e B.

Dedução dos teoremas dos momentos das áreas

A Figura 9.6b mostra uma parte da curva elástica de uma viga carregada. Nos pontos A e B, linhas tangentes são desenhadas na curva. O ângulo total entre as duas tangentes é denotado por $\Delta\theta_{AB}$. Para expressar $\Delta\theta_{AB}$ em termos das propriedades da seção transversal e do momento produzido pelas cargas aplicadas, consideraremos o incremento da mudança de ângulo $d\theta$ que ocorre ao longo do comprimento ds do segmento infinitesimal localizado a uma distância x à esquerda do ponto B. Anteriormente, estabelecemos que a curvatura em um ponto na curva elástica pode ser expressa como

$$\frac{d\theta}{dx} = \frac{M}{EI} \qquad (9.12)$$

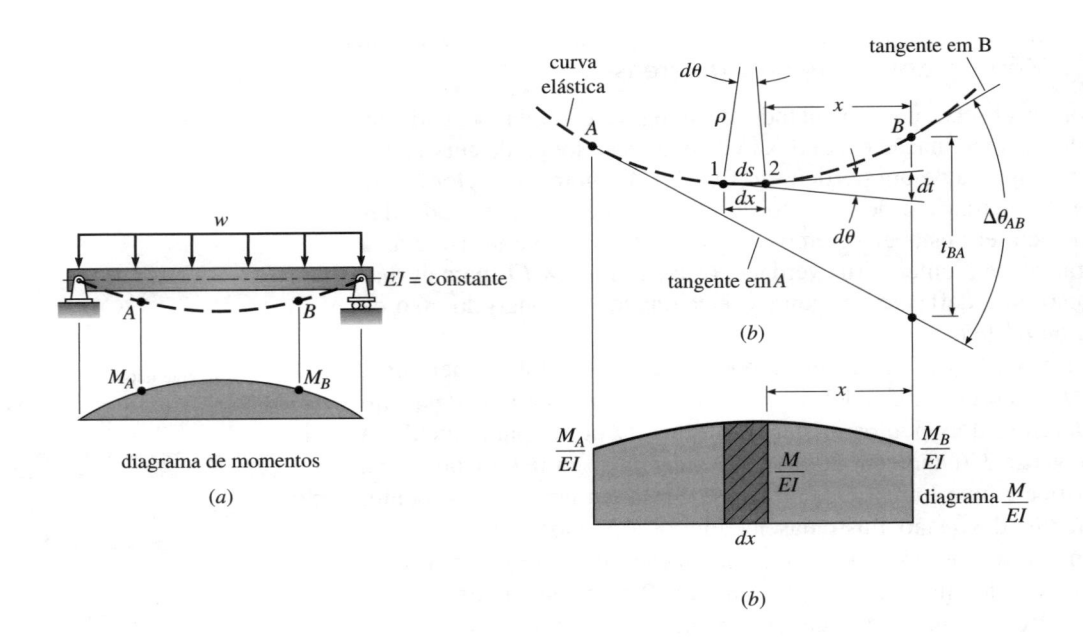

Figura 9.6: (a) Viga e diagrama de momentos; (b) diagrama M/EI entre os pontos A e B.

em que E é o módulo de elasticidade e I é o momento de inércia. Multiplicando os dois lados da Equação 9.12 por dx, temos

$$d\theta = \frac{M}{EI} dx \qquad (9.13)$$

Para estabelecer a mudança de ângulo total $\Delta\theta_{AB}$, devemos somar os incrementos $d\theta$ de todos os segmentos de comprimento ds entre os pontos A e B por integração.

$$\Delta\theta_{AB} = \int_A^B d\theta = \int_A^B \frac{M\,dx}{EI} \qquad (9.14)$$

Podemos avaliar graficamente a quantidade $M\,dx/EI$ na integral da Equação 9.14 dividindo as ordenadas do diagrama de momentos por EI para produzir um diagrama M/EI (ver Figura 9.6b). Se EI é constante ao longo do eixo da viga (o caso mais comum), o diagrama M/EI tem o mesmo aspecto do diagrama de momento. Reconhecendo que a quantidade $M\,dx/EI$ representa uma área infinitesimal de altura M/EI e comprimento dx (ver área hachurada na Figura 9.6b), podemos interpretar a integral da Equação 9.14 como representando a área sob o diagrama M/EI entre os pontos A e B. Essa relação constitui o princípio dos momentos das áreas, que pode ser expresso assim:

A mudança na inclinação entre quaisquer dois pontos em uma curva elástica contínua e suave é igual à área sob o diagrama M/EI entre esses pontos.

Você vai notar que o primeiro teorema dos momentos das áreas só se aplica ao caso em que a curva elástica entre dois pontos é contínua e suave. Se uma articulação ocorrer entre dois pontos, a área sob o diagrama M/EI não considerará a diferença que possa existir na inclinação em um ou outro lado da articulação. Portanto, devemos determinar as inclinações em uma articulação trabalhando com a curva elástica em um ou outro lado.

Para estabelecer o segundo teorema dos momentos das áreas, que nos permite avaliar um desvio tangencial, devemos somar os incrementos infinitesimais do comprimento dt que compõem o desvio tangencial total t_{BA} (ver Figura 9.6b). A magnitude de um incremento dt típico que contribuiu para o desvio tangencial t_{BA} causado pela curvatura de um segmento característico ds entre os pontos 1 e 2 na curva elástica pode ser expressa em termos do ângulo entre as linhas tangentes às extremidades do segmento e da distância x entre o segmento e o ponto B, como

$$dt = d\theta\, x \qquad (9.15)$$

Expressando $d\theta$ na Equação 9.15 pela Equação 9.13, podemos escrever

$$dt = \frac{M\,dx}{EI} x \qquad (9.16)$$

Para avaliar t_{BA}, devemos somar todos os incrementos de dt, integrando a contribuição de todos os segmentos infinitesimais entre os pontos A e B:

$$t_{BA} = \int_A^B dt = \int_A^B \frac{Mx}{EI}\,dx \qquad (9.17)$$

Lembrando que a quantidade $M\,dx/EI$ representa uma área infinitesimal sob o diagrama M/EI e que x é a distância dessa área ao ponto B, podemos interpretar a integral na Equação 9.17 como o momento sobre o ponto B da área sob o diagrama M/EI entre os pontos A e B. Esse resultado constitui o segundo teorema dos momentos das áreas, que pode ser expresso como segue:

O desvio tangencial em um ponto B, em uma curva elástica contínua e suave, a partir da linha tangente desenhada na curva elástica em um segundo ponto A, é igual ao momento sobre B da área sob o diagrama M/EI entre os dois pontos.

Embora seja possível avaliar a integral na Equação 9.17, expressando o momento M como uma função de x e a integrando, é mais rápido e mais simples efetuar o cálculo graficamente. Nesse procedimento, dividimos a área do diagrama M/EI em figuras geométricas simples — retângulos, triângulos, parábolas etc. Então, o momento de cada área é avaliado multiplicando cada área pela distância a partir de seu centroide até o ponto em que o desvio tangencial deve ser calculado.

Para esse cálculo, podemos usar a Tabela 3 do final do livro, que tabula as propriedades das áreas que você encontrará frequentemente.

Aplicação dos teoremas dos momentos das áreas

O primeiro passo no cálculo da inclinação ou deflexão de um ponto na curva elástica de um membro é desenhar um esboço preciso da forma defletida. Conforme discutido na Seção 5.6, a curvatura da curva elástica deve ser coerente com o diagrama de momentos, e as extremidades dos membros devem satisfazer as restrições impostas pelos apoios. Uma vez construído um esboço da forma defletida, o próximo passo é encontrar um ponto na curva elástica onde a inclinação de uma tangente à curva seja conhecida. Após essa tangente de referência ser estabelecida, a inclinação ou deflexão em qualquer outro ponto na curva elástica contínua pode ser facilmente estabelecida, usando-se os teoremas dos momentos das áreas.

A estratégia para calcular inclinações e deflexões pelo método dos momentos das áreas dependerá de como uma estrutura está apoiada e carregada. A maioria dos membros contínuos cairá em uma das três categorias a seguir:

1. Vigas em balanço
2. Estruturas com um eixo de simetria vertical carregadas simetricamente
3. Estruturas que contêm um membro cujas extremidades não se deslocam na direção normal à posição original do eixo longitudinal do membro

Se um membro não é contínuo por causa de uma articulação interna, a deflexão na articulação deve ser calculada inicialmente para estabelecer a posição das extremidades do membro. Esse procedimento está ilustrado no Exemplo 9.10. Nas próximas seções, discutiremos o procedimento para calcular inclinações e deflexões para membros em cada uma das categorias precedentes.

Caso 1. Em uma viga em balanço, pode ser desenhada uma linha tangente de inclinação conhecida à curva elástica no apoio fixo. Por exemplo, na Figura 9.7a, a linha tangente à curva elástica no apoio fixo é horizontal (isto é, a inclinação da curva elástica em A é zero, pois o apoio fixo impede que a extremidade do membro gire). Então, a inclinação em um segundo ponto B na curva elástica pode ser calculada somando-se algebricamente, na inclinação em A, a mudança na inclinação $\Delta\theta_{AB}$ entre os dois pontos. Essa relação pode ser expressa como

$$\theta_B = \theta_A + \Delta\theta_{AB} \tag{9.18}$$

em que θ_A é a inclinação na extremidade fixa (isto é, $\theta_A = 0$) e $\Delta\theta_{AB}$ é igual à área sob o diagrama M/EI entre os pontos A e B.

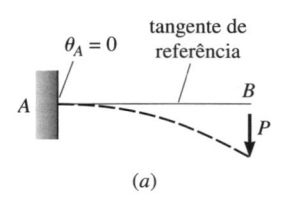

Figura 9.7: Posição da linha tangente: (a) viga em balanço, ponto de tangência no apoio fixo. [*continua*]

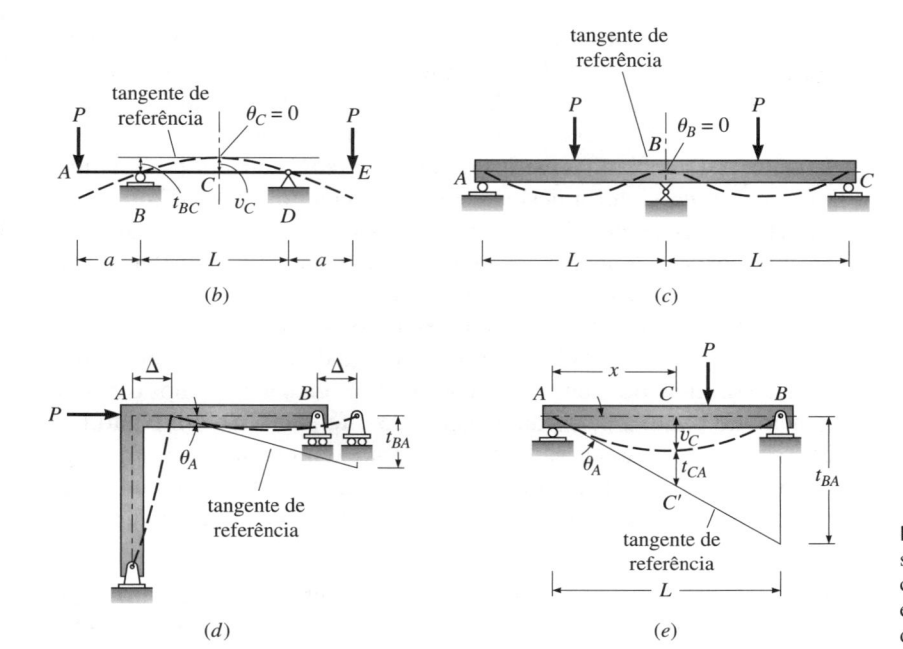

Figura 9.7: [*continuação*] (*b*) e (*c*) membros simétricos com carga simétrica; ponto de tangência na intersecção do eixo de simetria e a curva elástica; (*d*) e (*e*) ponto de tangência na extremidade esquerda do membro *AB*.

Como a tangente de referência é horizontal, na verdade os desvios tangenciais — a distância vertical entre a linha tangente e a curva elástica — são deslocamentos. Os exemplos 9.3 a 9.5 abordam o cálculo de inclinações e deflexões de vigas em balanço. O Exemplo 9.4 ilustra como se modifica um diagrama *M/EI* para um membro cujo momento de inércia varia. No Exemplo 9.5, os diagramas de momentos produzidos por uma carga uniforme e por uma carga concentrada são plotados separadamente para produzir diagramas de momentos com uma geometria conhecida. (Consultar Tabela 3 no final do livro para ver as propriedades dessas áreas.)

Caso 2. As figuras 9.7*b* e *c* mostram exemplos de estruturas simétricas carregadas simetricamente com relação ao eixo de simetria vertical no centro da estrutura. Por causa da simetria, a inclinação da curva elástica é zero no ponto onde o eixo de simetria intercepta a curva elástica. Nesse ponto, a tangente à curva elástica é horizontal. Para as vigas da Figura 9.7*b* e *c*, concluímos, com base no princípio dos momentos das áreas, que a inclinação em qualquer ponto da curva elástica é igual à área sob o diagrama *M/EI* entre esse ponto e o eixo de simetria.

O cálculo de deflexões para pontos ao longo do eixo da viga na Figura 9.7*c*, que tem um número *par* de vãos, é semelhante ao da viga em balanço da Figura 9.7*a*. No ponto de tangência (ponto *B*), tanto a deflexão como a inclinação da curva elástica é igual a zero. Como a tangente à curva elástica é horizontal, as deflexões em qualquer outro ponto são iguais aos desvios tangenciais da linha tangente desenhada na curva elástica, no apoio *B*.

Quando uma estrutura simétrica consiste em um número *ímpar* de vãos (um, três etc.), o procedimento anterior deve ser ligeiramente modificado. Por exemplo, na Figura 9.7b, observamos que a tangente à curva elástica é horizontal no eixo de simetria. O cálculo das inclinações será, novamente, referenciado a partir do ponto de tangência em C. Contudo, a linha central da viga foi deslocada para cima a uma distância v_C; portanto, os desvios tangenciais das tangentes de referência normalmente não são deflexões. Podemos calcular v_C observando que a distância vertical entre a linha tangente e a curva elástica no apoio B ou no apoio C é um desvio tangencial igual a v_C. Por exemplo, na Figura 9.7b, v_C é igual a t_{BC}. Após v_C ser calculada, a deflexão de qualquer outro ponto acima da posição original do membro descarregado é igual a v_C menos o desvio tangencial do ponto a partir da tangente de referência. Se um ponto fica abaixo da posição não curvada da viga (por exemplo, as pontas da viga em balanço em A ou E), a deflexão é igual ao desvio tangencial do ponto menos v_C. Os exemplos 9.6 e 9.7 ilustram o cálculo de deflexões em uma estrutura simétrica.

Caso 3. A estrutura não é simétrica, mas contém um membro cujas extremidades não se deslocam em uma direção normal ao eixo longitudinal do membro. Exemplos desse caso são mostrados na Figura 9.7d e e. Como o pórtico da Figura 9.7d não é simétrico e a viga da Figura 9.7e não está simetricamente carregada, o ponto em que uma tangente à curva elástica é horizontal não é conhecido inicialmente. Portanto, devemos usar uma linha tangente inclinada como referência para calcular as inclinações e as deflexões nos pontos ao longo da curva elástica. Para esse caso, estabelecemos a inclinação da curva elástica em uma ou outra extremidade do membro. Em uma das extremidades do membro, desenhamos uma tangente à curva e calculamos o desvio tangencial na extremidade oposta. Por exemplo, na Figura 9.7d ou e, como as deflexões são pequenas, a inclinação da tangente à curva elástica em A pode ser escrita como

$$\tan \theta_A = \frac{t_{BA}}{L} \qquad (9.19)$$

Como $\tan \theta_A \approx \theta_A$ em radianos, podemos escrever a Equação 9.19 como

$$\theta_A = \frac{t_{BA}}{L}$$

Em um segundo ponto C, a inclinação seria igual a

$$\theta_C = \theta_A + \Delta\theta_{AC}$$

em que $\Delta\theta_{AC}$ é igual à área sob o diagrama *M/EI* entre os pontos A e C.

Para calcular os deslocamentos de um ponto C localizado a uma distância x à direita do apoio A (ver Figura 9.7e), calculamos primeiro a distância vertical CC' entre a posição inicial do eixo longitudinal e a tangente de referência. Como θ_A é pequeno, podemos escrever

$$CC' = \theta_A(x)$$

A diferença entre CC' e o desvio tangencial t_{CA} é igual à deflexão v_C:

$$v_C = CC' - t_{CA}$$

Os exemplos 9.8 a 9.12 ilustram o procedimento para calcular inclinações e deflexões em membros com tangentes de referência inclinadas.

Se o diagrama M/EI entre dois pontos na curva elástica contém áreas positivas e negativas, a mudança de ângulo líquida na inclinação entre esses pontos é igual à soma algébrica das áreas. Se for desenhado um esboço preciso da forma defletida, a direção das mudanças de ângulo e as deflexões geralmente ficarão aparentes, e o estudante não precisará se preocupar com a definição de uma convenção formal de sinais para estabelecer se uma inclinação ou deflexão aumenta ou diminui. Sendo o momento positivo (ver Figura 9.8a), o membro curva-se com concavidade para cima, e uma tangente desenhada em uma das extremidades da curva elástica ficará abaixo da curva. Em outras palavras, podemos interpretar um valor de desvio tangencial positivo como uma indicação de que movemos para cima, da linha tangente para a curva elástica. Inversamente, se o desvio tangencial está associado a uma área negativa sob o diagrama M/EI, a linha tangente fica acima da curva elástica (ver Figura 9.8b) e movemos verticalmente para baixo a partir da linha tangente para chegar à curva elástica.

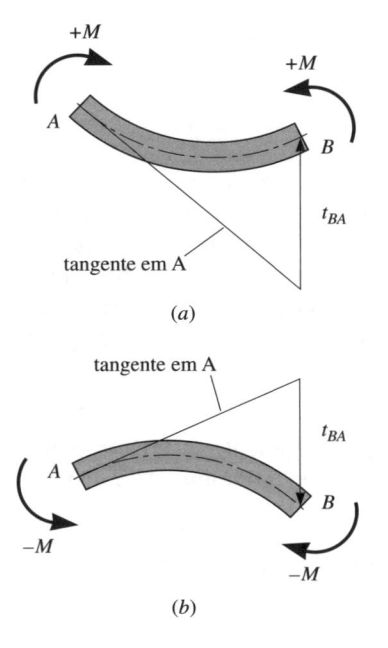

Figura 9.8: Posição da tangente de referência: (a) momento positivo; (b) momento negativo.

EXEMPLO 9.3

Calcule a inclinação θ_B e a deflexão v_B na ponta da viga em balanço da Figura 9.9a. EI é constante.

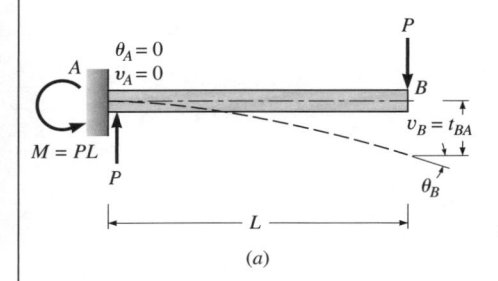

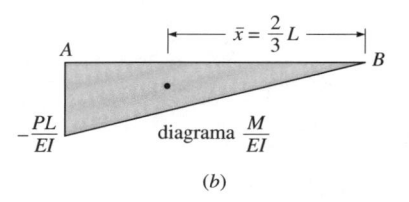

Figura 9.9: (a) Viga; (b) diagrama M/EI.

Solução

Desenhe o diagrama de momentos e divida todas as ordenadas por EI (Figura 9.9b).

Calcule θ_B somando à inclinação em A a mudança na inclinação $\Delta\theta_{AB}$ entre os pontos A e B. Como o apoio fixo impede rotação, $\theta_A = 0$.

$$\theta_B = \theta_A + \Delta\theta_{AB} = \Delta\theta_{AB} \qquad (1)$$

Pelo primeiro teorema dos momentos das áreas, $\Delta\theta_{AB}$ é igual à área sob o diagrama triangular M/EI entre os pontos A e B.

$$\Delta\theta_{AB} = \frac{1}{2}(L)\left(\frac{-PL}{EI}\right) = \frac{-PL^2}{2EI} \qquad (2)$$

Substituindo a Equação 2 na Equação 1, temos

$$\theta_B = -\frac{PL^2}{2EI} \qquad \textbf{Resp.}$$

Como a linha tangente em B se inclina para baixo e à direita, sua inclinação é negativa. Nesse caso, a ordenada negativa da curva M/EI forneceu o sinal correto. Na maioria dos problemas, a direção da inclinação fica evidente a partir do esboço da forma defletida.

Calcule a deflexão v_B na ponta da viga em balanço, usando o segundo teorema dos momentos das áreas. O ponto preto no diagrama M/EI denota o centroide da área.

$$v_B = t_{BA} = \text{momento da área triangular do diagrama } M/EI \text{ sobre o ponto B}$$

$$v_B = \frac{1}{2}L\left(\frac{-PL}{EI}\right)\frac{2L}{3} = -\frac{PL^3}{3EI} \quad \text{(o sinal de menos indica que a linha tangente fica acima da curva elástica)} \quad \textbf{Resp.}$$

Viga com momento de inércia variável

EXEMPLO 9.4

Calcule a deflexão do ponto C na ponta da viga em balanço da Figura 9.10, se $E = 29\,000$ kips/pol², $I_{AB} = 2I$ e $I_{BC} = I$, em que $I = 400$ pol⁴.

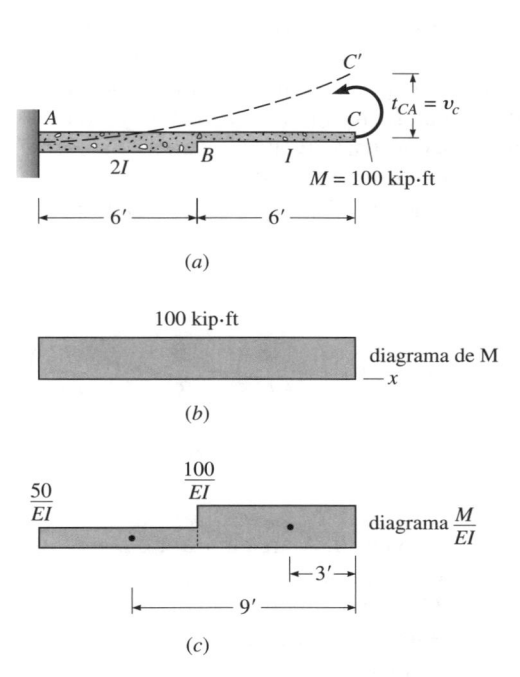

Figura 9.10: (a) Forma defletida; (b) diagrama de momentos; (c) diagrama M/EI dividido em duas áreas retangulares.

Solução

Para produzir o diagrama M/EI, as ordenadas do diagrama de momentos são divididas pelos respectivos momentos de inércia. Como I_{AB} é duas vezes maior que I_{BC}, as ordenadas do diagrama M/EI entre A e B terão metade do tamanho das que existem entre B e C. Como a deflexão em C, denotada por v_C, é igual a t_{CA}, calculamos o momento da área do diagrama M/EI sobre o ponto C. Para esse cálculo, dividimos o diagrama M/EI em duas áreas retangulares.

$$v_C = t_{CA} = \frac{100}{2EI}(6)(9) + \frac{100}{EI}(6)(3) = \frac{4500}{EI}$$

$$v_C = \frac{4500\,(1\,728)}{29\,000\,(400)} = 0{,}67 \text{ pol} \quad \textbf{Resp.}$$

em que 1 728 converte pés cúbicos em polegadas cúbicas.

EXEMPLO 9.5

Uso do diagrama de momentos "por partes"

Calcule a inclinação da curva elástica em B e C e a deflexão em C para a viga em balanço da Figura 9.11a; EI é constante.

Solução

Para produzir formas geométricas simples, nas quais a posição do centroide é conhecida, os diagramas de momentos produzidos pela carga concentrada P e pela carga uniforme w são plotados separadamente e divididos por EI na Figura 9.11b e c. A Tabela 3, no final do livro, fornece equações para avaliar as áreas de formas geométricas comuns e a posição de seus centroides.

Calcule a inclinação em C em que $\Delta\theta_{AC}$ é dado pela soma das áreas sob os diagramas M/EI na Figura 9.11b e c; $\theta_A = 0$ (ver Figura 9.11d).

$$\theta_C = \theta_A + \Delta\theta_{AC}$$
$$= 0 + \frac{1}{2}(6)\left(\frac{-48}{EI}\right) + \frac{1}{3}(12)\left(\frac{-72}{EI}\right)$$
$$\theta_C = -\frac{432}{EI} \quad \text{radianos} \quad \textbf{Resp.}$$

Calcule a inclinação em B. A área entre A e B na Figura 9.11c é calculada subtraindo-se a área parabólica entre B e C na Figura 9.11c da área total entre A e C. Como a inclinação em B é menor do que a inclinação em C, a área entre B e C será tratada como uma quantidade positiva para reduzir a inclinação negativa em C.

$$\theta_B = \theta_C + \Delta\theta_{BC}$$
$$= -\frac{432}{EI} + \frac{1}{3}(6)\left(\frac{18}{EI}\right)$$
$$\theta_B = -\frac{396}{EI} \quad \text{radianos} \quad \textbf{Resp.}$$

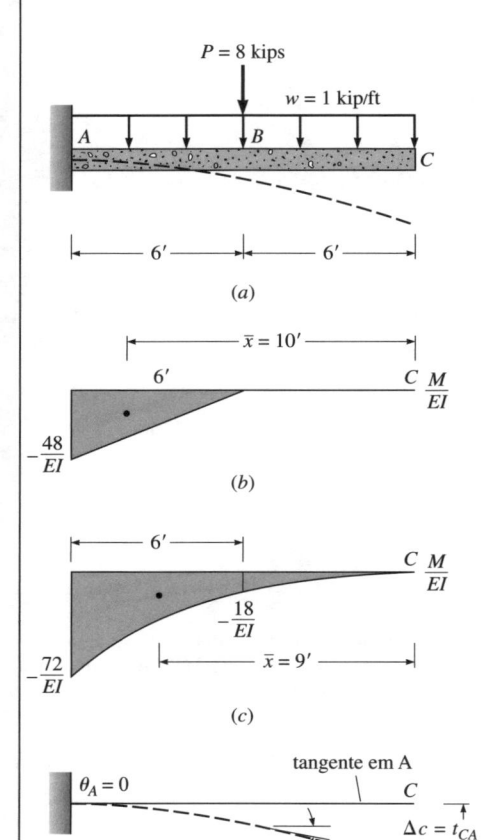

Figura 9.11: Diagrama de momento "por partes": (a) viga; (b) diagrama M/EI associado a P; (c) diagrama M/EI associado à carga uniforme w; (d) forma defletida.

Calcule Δ_C, a deflexão em C. A deflexão em C é igual ao desvio tangencial de C a partir da tangente à curva elástica em A (ver Figura 9.11d).

$$\Delta_C = t_{CA} = \text{momentos de áreas sob os diagramas } M/EI$$
$$\text{entre } A \text{ e } C \text{ na Figura 9.11}b \text{ e } c$$
$$= \frac{1}{2}(6)\left(\frac{-48}{EI}\right)(6+4) + \frac{1}{3}(12)\left(\frac{-72}{EI}\right)(9)$$
$$\Delta_C = \frac{-4032}{EI} \quad \textbf{Resp.}$$

EXEMPLO 9.6

Análise de uma viga simétrica

Para a viga da Figura 9.12a, calcule a inclinação em B e as deflexões no meio do vão e no ponto A. Além disso, EI é constante.

Solução

Como tanto a viga como sua carga são simétricas com relação ao eixo de simetria vertical no meio do vão, a inclinação da curva elástica é zero no meio do vão e a linha tangente nesse ponto é horizontal. Uma vez que nenhum momento fletor se desenvolve nas extremidades em balanço (elas estão descarregadas), a curva elástica é uma linha reta entre os pontos A e B e os pontos D e E. Consulte o Apêndice para ver as propriedades geométricas de uma área parabólica.

Calcule θ_B.

$$\theta_B = \theta_C + \Delta\theta_{CB}$$

$$= 0 + \frac{2}{3}\left(\frac{L}{2}\right)\left(\frac{wL^2}{8EI}\right)$$

$$= \frac{wL^3}{24EI} \quad \textbf{Resp.}$$

Calcule v_C. Como a tangente em C é horizontal, v_C é igual a t_{BC}. Usando o segundo teorema dos momentos das áreas, calculamos o momento da área parabólica entre B e C sobre B.

$$v_C = t_{BC} = \frac{2}{3}\left(\frac{L}{2}\right)\left(\frac{wL^2}{8EI}\right)\left(\frac{5L}{16}\right) = \frac{5wL^4}{384EI} \quad \textbf{Resp.}$$

Calcule v_A. Como a extremidade em balanço AB é reta,

$$v_A = \theta_B \frac{L}{3} = \frac{wL^3}{24EI}\frac{L}{3} = \frac{wL^4}{72EI} \quad \textbf{Resp.}$$

em que θ_B foi avaliado no primeiro cálculo.

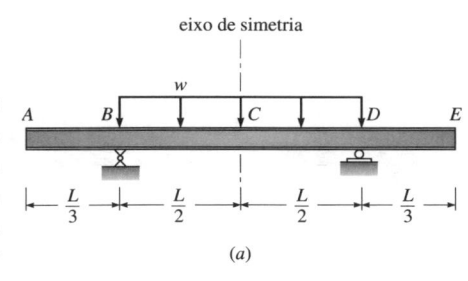

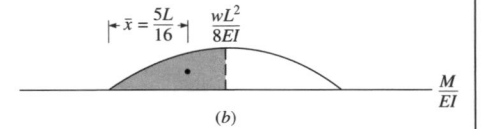

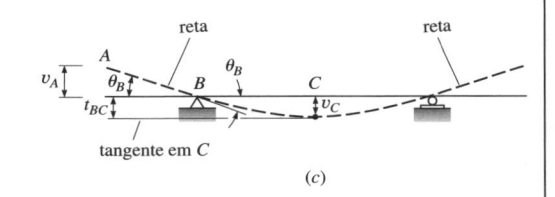

Figura 9.12: (a) Viga simétrica; (b) diagrama M/EI; (c) geometria da forma defletida.

EXEMPLO 9.7

A viga da Figura 9.13a suporta uma carga concentrada P no meio do vão (ponto C). Calcule as deflexões nos pontos B e C. Calcule também a inclinação em A. EI é constante.

Solução

Calcule θ_A. Como a estrutura está simetricamente carregada, a inclinação da linha tangente à curva elástica no meio do vão é zero; isto é, $\theta_C = 0$ (ver Figura 9.13c).

$$\theta_A = \theta_C + \Delta\theta_{AC}$$

em que $\Delta\theta_{AC}$ é igual à área sob o diagrama M/EI entre A e C.

$$\theta_A = 0 + \frac{1}{2}\left(\frac{L}{2}\right)\left(\frac{PL}{4EI}\right) = \frac{PL^2}{16EI} \quad \text{radianos} \quad \textbf{Resp.}$$

Calcule v_C, a deflexão no meio do vão. Como a tangente em C é horizontal, $v_C = t_{AC}$, em que t_{AC} é igual ao momento sobre A da área triangular sob o diagrama M/EI entre A e C.

$$v_C = \frac{1}{2}\left(\frac{L}{2}\right)\left(\frac{PL}{4EI}\right)\left(\frac{2}{3}\frac{L}{2}\right) = \frac{PL^3}{48EI} \quad (1)$$

Calcule v_B, a deflexão no ponto de um quarto do vão. Conforme mostrado na Figura 9.13c,

$$v_B + t_{BC} = v_C = \frac{PL^3}{48EI} \quad (2)$$

em que t_{BC} é o momento sobre B da área sob o diagrama M/EI entre B e C. Por conveniência, dividimos essa área em um triângulo e um retângulo. Veja a área sombreada na Figura 9.13b.

$$t_{BC} = \frac{1}{2}\left(\frac{L}{4}\right)\left(\frac{PL}{8EI}\right)\left(\frac{L}{6}\right) + \frac{L}{4}\left(\frac{PL}{8EI}\right)\left(\frac{L}{8}\right) = \frac{5PL^3}{768EI}$$

Substituindo t_{BC} na Equação 2, calculamos v_B.

$$v_B = \frac{11PL^3}{768EI} \quad \textbf{Resp.}$$

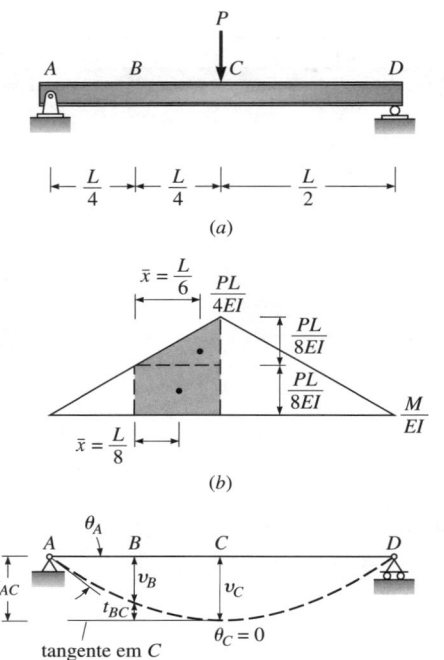

Figura 9.13: (a) Detalhes da viga; (b) diagrama M/EI; (c) forma defletida.

EXEMPLO 9.8

Para a viga da Figura 9.14, calcule a inclinação da curva elástica nos pontos A e C. Além disso, determine a deflexão em A. Suponha que o balancim em C é equivalente a um rolo.

Solução

Como o diagrama de momentos é negativo em todas as seções ao longo do eixo da viga, ela é curvada com concavidade para baixo (ver linha tracejada na Figura 9.14c). Para calcular θ_C, desenhamos uma tangente à curva elástica no ponto C e calculamos t_{BC}.

$$\theta_C = \frac{t_{BC}}{18} = \frac{9720}{EI}\left(\frac{1}{18}\right) = -\frac{540}{EI} \quad \textbf{Resp.}$$

em que $t_{BC} = \text{área}_{BC} \cdot \bar{x} = \frac{1}{2}(18)\left(-\frac{180}{EI}\right)\left(\frac{18}{3}\right) = -\frac{9720}{EI}$

(Visto que a linha tangente inclina para baixo e à direita, a inclinação θ_C é negativa.)

Calcule θ_A.

$$\theta_A = \theta_C + \Delta\theta_{AC}$$

em que $\Delta\theta_{AC}$ é a área sob o diagrama M/EI entre A e C. Como a curva elástica é côncava para baixo entre os pontos A e C, a inclinação em A deve ter sentido oposto à inclinação em C; portanto, $\Delta\theta_{AC}$ deve ser tratada como uma quantidade positiva.

$$\theta_A = -\frac{540}{EI} + \frac{1}{2}(24)\left(\frac{180}{EI}\right) = \frac{1620}{EI} \quad \textbf{Resp.}$$

Calcule δ_A.

$$\delta_A = t_{AC} - Y \text{ (ver Figura 9.14 c)} = \frac{8640}{EI} \quad \textbf{Resp.}$$

em que $t_{AC} = \text{área}_{AC} \cdot \bar{x} = \frac{1}{2}(24)\left(\frac{180}{EI}\right)\left(\frac{6+24}{3}\right) = \frac{21600}{EI}$

[Consultar caso (a) na Tabela 3 no final do livro para ver a equação de x.]

$$Y = 24\theta_C = 24\left(\frac{540}{EI}\right) = \frac{12960}{EI}$$

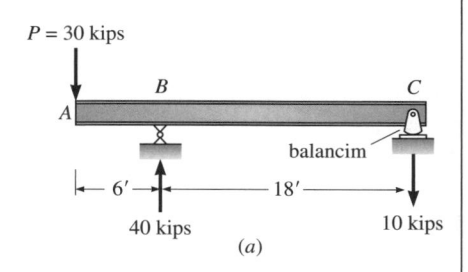

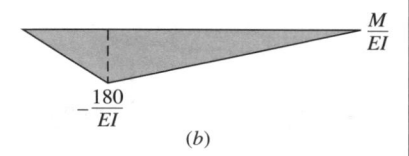

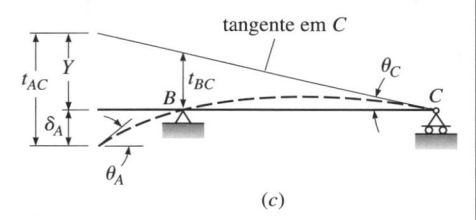

Figura 9.14: (a) Viga; (b) diagrama M/EI; (c) geometria da forma defletida.

EXEMPLO 9.9

Análise usando uma tangente de referência inclinada

Para a viga de aço da Figura 9.15a, calcule a inclinação em A e C. Determine também a localização e o valor da deflexão máxima. Se a deflexão máxima não deve ultrapassar 0,6 pol, qual é o valor mínimo exigido de I? EI é constante e $E = 29\,000$ kips/pol².

Solução

Calcule a inclinação θ_A no apoio A, desenhando uma linha tangente à curva elástica nesse ponto. Isso estabelecerá uma linha de referência de direção conhecida (ver Figura 9.15c).

$$\tan \theta_A = \frac{t_{CA}}{L} \quad (1)$$

Como, para ângulos pequenos, $\tan \theta_A \approx \theta_A$ (radianos), a Equação 1 pode ser escrita deste modo:

$$\theta_A = \frac{t_{CA}}{L} \quad (2)$$

t_{CA} = momento da área M/EI entre A e C sobre C

$$= \frac{1}{2}(18)\left(\frac{96}{EI}\right)\left(\frac{18+6}{3}\right) = \frac{6912}{EI}$$

em que a expressão do braço de momento é dada na Tabela 3 no final do livro, caso (a). Substituindo t_{CA} na Equação 2, temos

$$\theta_A = \frac{-6912/EI}{18} = -\frac{384}{EI} \quad \text{radianos} \quad \textbf{Resp.}$$

É adicionado um sinal de menos pois, movendo-se na direção positiva de x, a linha tangente, dirigida para baixo, tem uma inclinação negativa.

Calcule θ_C.

$$\theta_C = \theta_A + \Delta\theta_{AC}$$

em que $\Delta\theta_{AC}$ é igual à área sob o diagrama M/EI entre A e C.

$$\theta_C = -\frac{384}{EI} + \frac{1}{2}(18)\left(\frac{96}{EI}\right) = \frac{480}{EI} \quad \text{radianos} \quad \textbf{Resp.}$$

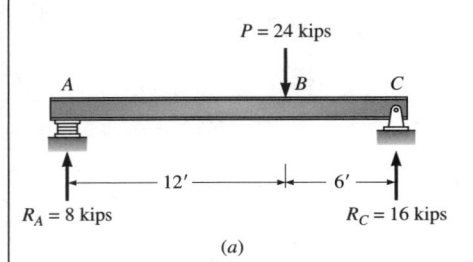

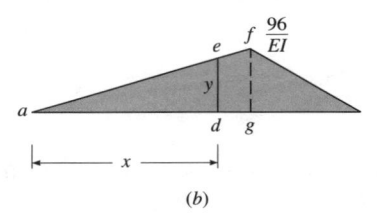

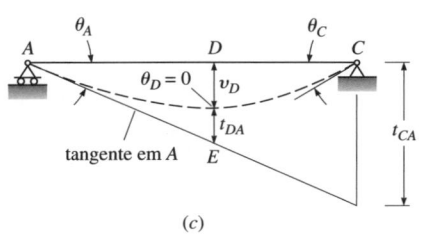

Figura 9.15: (a) Viga; (b) diagrama M/EI; (c) geometria da forma defletida.

Calcule a deflexão máxima. O ponto de deflexão máxima ocorre em D, onde a inclinação da curva elástica é igual a zero (isto é, $\theta_D = 0$). Para determinar esse ponto, localizado a uma distância desconhecida x a partir do apoio A, devemos determinar a área sob o diagrama M/EI entre A e D, que é igual à inclinação em A. Sendo y igual à ordenada do diagrama M/EI em D (Figura 9.15b), temos

$$\theta_D = \theta_A + \Delta\theta_{AD}$$

$$0 = -\frac{384}{EI} + \frac{1}{2}xy \qquad (3)$$

Expressando y em termos de x, usando os triângulos semelhantes *afg* e *aed* (ver Figura 9.15b), temos

$$\frac{96/(EI)}{12} = \frac{y}{x}$$

$$y = \frac{8x}{EI} \qquad (4)$$

Substituindo o valor precedente de y na Equação 3 e resolvendo para x, temos

$$x = 9{,}8 \text{ ft}$$

Substituindo x na Equação 4, temos

$$y = \frac{78{,}4}{EI}$$

Calcule a deflexão máxima v_D em $x = 9{,}8$ ft

$$v_D = DE - t_{DA} \qquad (5)$$

em que os termos da Equação 5 estão ilustrados na Figura 9.15c.

$$DE = \theta_A \cdot x = \frac{384}{EI}(9{,}8) = \frac{3\,763{,}2}{EI}$$

$$t_{DA} = (\text{área}_{AD})\bar{x} = \frac{1}{2}(9{,}8)\left(\frac{78{,}4}{EI}\right)\left(\frac{9{,}8}{3}\right) = \frac{1\,254{,}9}{EI}$$

Substituindo DE e t_{DA} na Equação 5, temos

$$v_D = \frac{3\,763{,}2}{EI} - \frac{1\,254{,}9}{EI} = \frac{2\,508{,}3}{EI} \qquad (6)$$

Calcule $I_{mín}$ se v_D não deve ultrapassar 0,6 pol; na Equação 6, defina $v_D = 0{,}6$ pol e resolva para $I_{mín}$.

$$v_D = \frac{2\,508{,}3\,(1\,728)}{29\,000\,I_{mín}} = 0{,}6 \text{ pol} \qquad \textbf{Resp.}$$

$$I_{mín} = 249{,}1 \text{ pol}^4 \qquad \textbf{Resp.}$$

EXEMPLO 9.10

A viga da Figura 9.16a contém uma articulação em B. Calcule a deflexão v_B da articulação, a inclinação da curva elástica no apoio E e as inclinações θ_{BL} e θ_{BR} da extremidade das vigas em um ou outro lado da articulação (ver Figura 9.16d). Além disso, localize o ponto de deflexão máxima no vão BE. EI é constante. A almofada de elastômero em E é equivalente a um rolo.

Solução

A deflexão da articulação em B, denotada por v_B, é igual a t_{BA}, o desvio tangencial de B da tangente ao apoio fixo em A. A deflexão t_{BA} é igual ao momento da área sob o diagrama M/EI entre A e B sobre B (ver Figura 9.16b).

$$v_B = t_{BA} = \text{área} \cdot \bar{x} = \frac{1}{2}\left(-\frac{108}{EI}\right)(9)(6) = -\frac{2916}{EI}$$

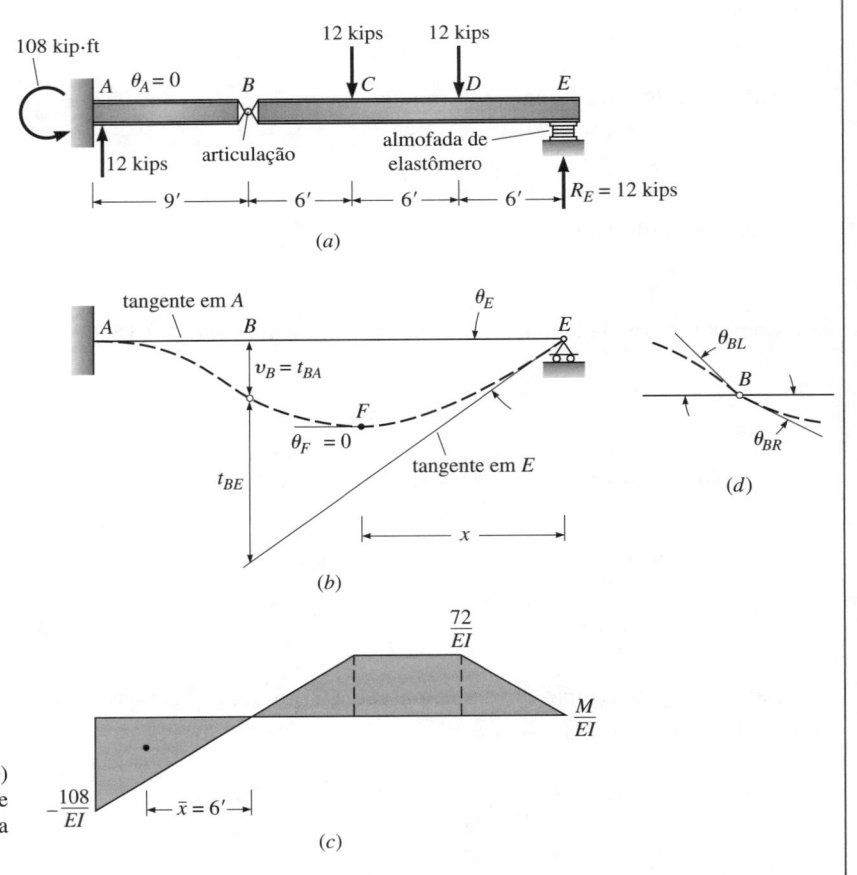

Figura 9.16: (a) Viga com articulação em B; (b) forma defletida; (c) diagrama M/EI; (d) detalhe mostrando a diferença na inclinação da curva elástica em cada lado da articulação.

Calcule θ_{BL}, a inclinação da extremidade B da viga em balanço AB.

$$\theta_{BL} = \theta_A + \Delta\theta_{AB}$$
$$= 0 + \frac{1}{2}(9)\left(\frac{-108}{EI}\right) = \frac{-486}{EI} \quad \text{radianos}$$

em que $\Delta\theta_{AB}$ é igual à área triangular sob o diagrama M/EI entre A e B e $\theta_A = 0$, pois o apoio fixo em A impede a rotação.

Calcule θ_E, a inclinação da curva elástica em E (ver Figura 9.16b).

$$\theta_E = \frac{v_B + t_{BE}}{18} = \left(\frac{2916}{EI} + \frac{7776}{EI}\right)\left(\frac{1}{18}\right) = \frac{594}{EI} \quad \text{radianos}$$

em que t_{BE} é igual ao momento da área sob o diagrama M/EI entre B e E sobre B. Esse cálculo é simplificado dividindo-se a área trapezoidal em dois triângulos e um retângulo (ver linhas tracejadas na Figura 9.16c).

$$t_{BE} = \frac{1}{2}(6)\left(\frac{72}{EI}\right)(4) + (6)\left(\frac{72}{EI}\right)(9) + \frac{1}{2}(6)\left(\frac{72}{EI}\right)(14) = \frac{7776}{EI} \quad \text{radianos}$$

Localize o ponto de deflexão máxima no vão BE. O ponto de deflexão máxima, rotulado como ponto F, está localizado no ponto do vão BE onde a tangente à curva elástica é zero. Entre F e o apoio E, a uma distância x, a inclinação vai de 0 a θ_E. Como a mudança na inclinação é dada pela área sob o diagrama M/EI entre esses dois pontos, podemos escrever

$$\theta_E = \theta_F + \Delta\theta_{EF} \quad (1)$$

em que $\theta_F = 0$ e $\theta_E = 594/EI$ rad. Entre os pontos D e E, a mudança na inclinação produzida pela área sob o diagrama M/EI é igual a $216/EI$. Como esse valor é menor do que θ_E, a inclinação em D tem um valor positivo igual a

$$\theta_D = \theta_E - \Delta\theta_{ED} = \frac{594}{EI} - \frac{216}{EI} = \frac{378}{EI} \quad \text{radianos} \quad (2)$$

Entre D e C, a área sob o diagrama M/EI é igual a $432/EI$. Como esse valor de mudança na inclinação ultrapassa $378/EI$, o ponto de inclinação zero deve estar entre C e D. Agora, podemos usar a Equação 1 para encontrar a distância x.

$$\frac{594}{EI} = 0 + \frac{1}{2}\left(\frac{72}{EI}\right)(6) + \frac{72}{EI}(x - 6)$$
$$x = 11{,}25 \text{ ft} \quad \textbf{Resp.}$$

Calcule θ_{BR}.

$$\theta_{BR} = \theta_E - \Delta\theta_{BE}$$
$$= \frac{594}{EI} - \left[\frac{72}{EI}(6) + \frac{1}{2}(6)\left(\frac{72}{EI}\right)(2)\right]$$
$$= -\frac{270}{EI} \quad \text{radianos} \quad \textbf{Resp.}$$

EXEMPLO 9.11

Determine a deflexão da articulação em *C* e a rotação do nó *B* para o pórtico contraventado da Figura 9.17a. Para todos os membros, *EI* é constante.

Solução

Para estabelecer a rotação angular do nó *B*, consideramos a forma defletida do membro *AB* na Figura 9.17b. (Como o membro *BCD* contém uma articulação, sua curva elástica não é contínua e não é possível calcular inicialmente uma inclinação em qualquer ponto ao longo de seu eixo.)

$$\theta_B = \frac{t_{AB}}{12} = \frac{\frac{1}{2}12\frac{72}{EI}(8)}{12} = \frac{288}{EI} \quad \textbf{Resp.}$$

Deflexão da articulação:

$$\Delta = 6\theta_B + t_{CB}$$

$$= (6)\left(\frac{288}{EI}\right) + \frac{1}{2}(6)\left(\frac{72}{EI}\right)(4) = \frac{2592}{EI} \quad \textbf{Resp.}$$

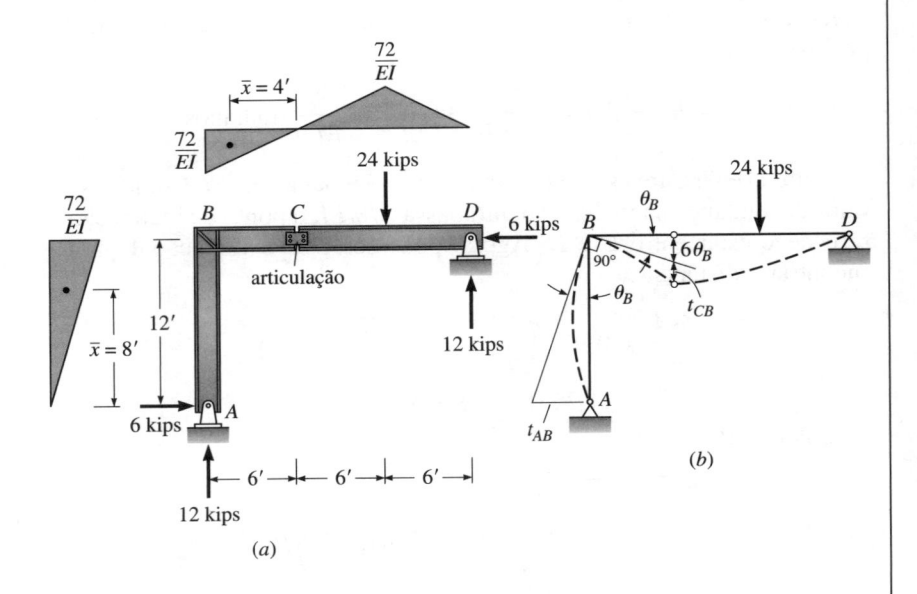

Figura 9.17: (*a*) Pórtico e diagramas *M/EI*; (*b*) forma defletida.

EXEMPLO 9.12

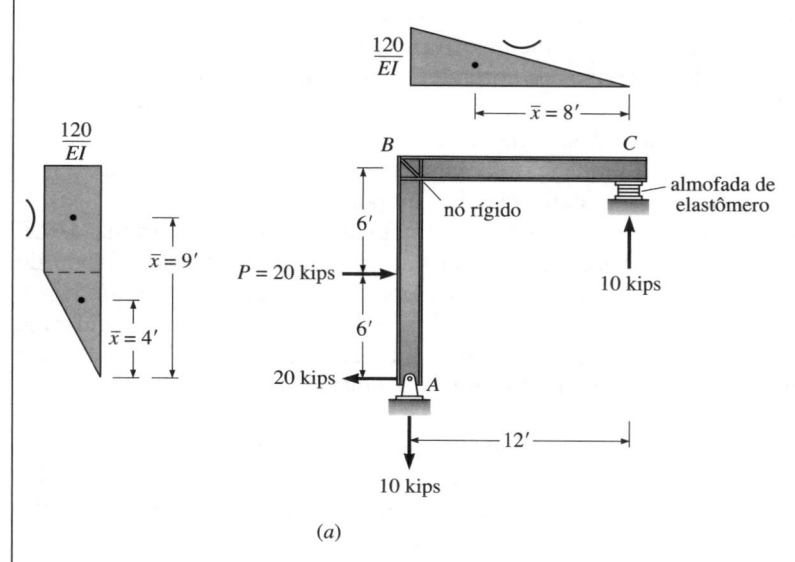

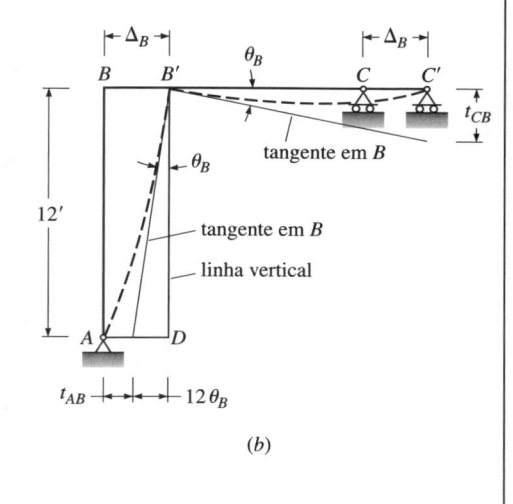

Calcule a deflexão horizontal do nó B do pórtico mostrado na Figura 9.18a. EI é constante em todos os membros. Suponha que a almofada de elastômero em C atua como um rolo.

Figura 9.18: (a) Pórtico e diagramas M/EI; (b) forma defletida; (c) detalhe do nó B na posição defletida.

Solução
Comece estabelecendo a inclinação da viga no nó B.

$$\theta_B = \frac{t_{CB}}{L} \quad (1)$$

em que $t_{CB} = \frac{1}{2}\left(\frac{120}{EI}\right)(12)(8) = \frac{5760}{EI}$ e $L = 12$ ft

Assim $\theta_B = \frac{5760}{EI}\left(\frac{1}{12}\right) = \frac{480}{EI}$ radianos

Visto que o nó B é rígido, a parte superior da coluna AB também gira por um ângulo θ_B (ver Figura 9.18c). Como a deflexão Δ_B no nó B é igual à distância horizontal AD na base da coluna, podemos escrever

$$\Delta_B = AD = t_{AB} + 12\theta_B$$

$$= \frac{120}{EI}(6)(9) + \frac{1}{2}\left(\frac{120}{EI}\right)(6)(4) + (12)\left(\frac{480}{EI}\right)$$

$$= \frac{13\,680}{EI} \quad \textbf{Resp.}$$

em que t_{AB} é igual ao momento do diagrama M/EI entre A e B sobre A, e o diagrama M/EI é dividido em duas áreas.

9.4 Método da carga elástica

O método da carga elástica é um procedimento para calcular inclinações e deflexões em vigas com apoios simples. Embora os cálculos desse método sejam idênticos aos do método dos momentos das áreas, o procedimento parece mais simples, pois substituímos cálculos de desvios tangenciais e mudanças na inclinação pelo procedimento mais familiar de construção de diagramas de cortantes e momentos para uma viga. Assim, o método da carga elástica elimina a necessidade de (1) desenhar um esboço preciso da forma defletida do membro e (2) considerar quais desvios tangenciais e mudanças de ângulo devem ser avaliados para estabelecer a deflexão ou a inclinação em um ponto específico.

No método da carga elástica, imaginamos que o diagrama M/EI, cujas ordenadas representam uma mudança de ângulo por unidade de comprimento, é aplicado na viga como uma carga (a *carga elástica*). Então, calculamos os diagramas de cortantes e momentos. Conforme demonstraremos a seguir, as ordenadas dos diagramas de cortantes e momentos em cada ponto são iguais à inclinação e à deflexão, respectivamente, na viga real.

Para ilustrar que o cortante e o momento em uma seção produzidos por uma *mudança de ângulo*, aplicada a uma viga com apoios simples como uma carga fictícia, são iguais à inclinação e à deflexão na mesma seção, examinaremos a forma defletida de uma viga cujo eixo longitudinal é composto de dois segmentos retos que se interceptam em um pequeno ângulo θ. A geometria do membro curvado é mostrada pela linha cheia na Figura 9.19.

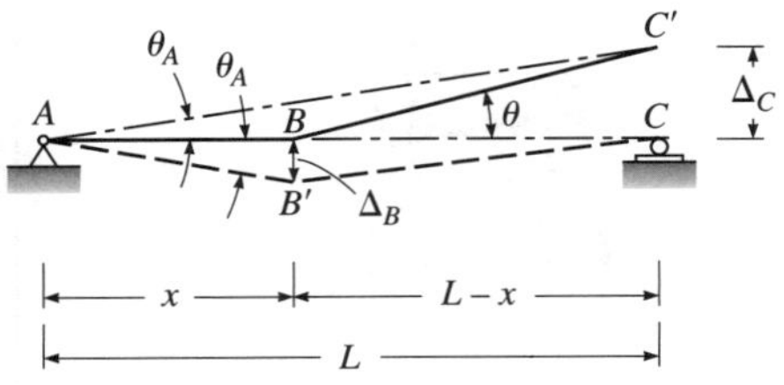

Se a viga ABC' estiver conectada no apoio em A, de modo que o segmento AB seja horizontal, a extremidade direita da viga em C' estará localizada a uma distância Δ_C acima do apoio C. Em termos das dimensões da viga e do ângulo θ (ver triângulo $C'BC$), encontramos

$$\Delta_C = \theta(L - x) \quad (1)$$

Figura 9.19: Viga com uma mudança de ângulo θ no ponto B.

A linha inclinada AC', que conecta as extremidades da viga, faz um ângulo θ_A com um eixo horizontal através de A. Considerando o triângulo retângulo ACC', podemos expressar θ_A em termos de Δ_C como

$$\theta_A = \frac{\Delta_C}{L} \quad (2)$$

Substituindo a Equação 1 na Equação 2 resulta

$$\theta_A = \frac{\theta(L - x)}{L} \quad (3)$$

Agora, giramos o membro ABC' no sentido horário sobre o pino em A, até que a corda AC' coincida com a linha horizontal AC e o ponto C' repouse no rolo em C. A posição final da viga é mostrada pela linha tracejada grossa $AB'C$. Como resultado da rotação, o segmento AB inclina para baixo e à direita em um ângulo θ_A.

Para expressar Δ_B, a deflexão vertical em B, em termos da geometria do membro defletido, consideramos o triângulo ABB'. Supondo que os ângulos são pequenos, podemos escrever

$$\Delta_B = \theta_A x \quad (4)$$

Substituindo θ_A dado pela Equação 3 na Equação 4, temos

$$\Delta_B = \frac{\theta(L - x)x}{L} \quad (5)$$

Alternativamente, podemos calcular valores idênticos de θ_A e Δ_B calculando o cortante e o momento produzidos pela mudança de ângulo θ aplicada como uma carga *elástica* no ponto B da viga (ver Figura 9.20a). A soma dos momentos sobre o apoio C para calcular R_A produz

$$\circlearrowleft^+ \quad \Sigma M_C = 0$$

$$\theta(L - x) - R_A L = 0$$

$$R_A = \frac{\theta(L - x)}{L} \quad (6)$$

Após o cálculo de R_A, desenhamos os diagramas de cortantes e momentos da maneira usual (ver Figura 9.20b e c). Como o cortante imediatamente à direita do apoio A é igual a R_A, observamos que o cortante dado pela Equação 6 é igual à inclinação dada pela Equação 3. Além disso, como o cortante é constante entre o apoio e o ponto B, a inclinação da estrutura real também deve ser constante na mesma região.

Reconhecendo que o momento M_B no ponto B é igual à área sob o diagrama de cortantes entre A e B, encontramos

$$\Delta_B = M_B = \frac{\theta(L - x)x}{L} \quad (7)$$

Comparando o valor das deflexões em B dado pelas equações 5 e 7, verificamos que o momento M_B produzido pela carga θ é igual ao valor de Δ_B baseado na geometria da viga fletida. Também observamos que a deflexão máxima ocorre na seção em que o cortante produzido pela carga elástica é zero.

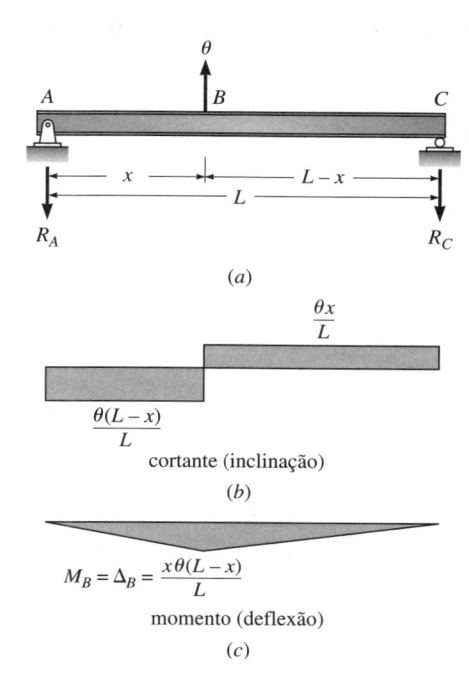

Figura 9.20: (a) Mudança de ângulo θ aplicada como uma carga no ponto B; (b) o cortante produzido pela carga θ é igual à inclinação na viga real; (c) o momento produzido por θ é igual à deflexão na viga real (ver Figura 9.19).

Convenção de sinais

Se tratarmos os valores positivos do diagrama M/EI aplicado na viga como uma carga distribuída atuando para cima, e os valores negativos de M/EI como uma carga para baixo, um cortante positivo denota uma inclinação positiva e um cortante negativo, uma inclinação negativa (ver Figura 9.21). Além disso, os valores negativos de momento indicam uma deflexão para baixo, e os valores positivos de momento indicam uma deflexão para cima.

Os exemplos 9.13 e 9.14 ilustram o uso do método da carga elástica para calcular deflexões de vigas com apoios simples.

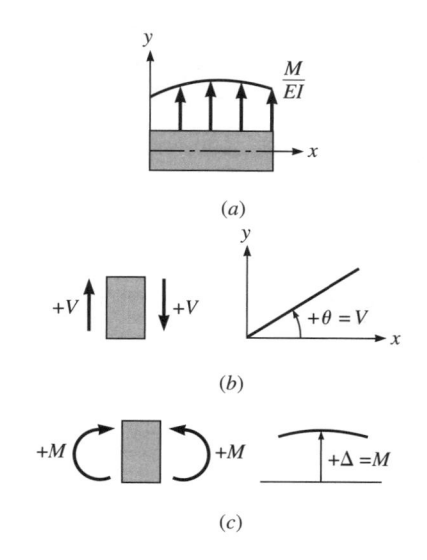

Figura 9.21: (a) Carga elástica positiva; (b) cortante positivo e inclinação positiva; (c) momento positivo e deflexão positiva (para cima).

EXEMPLO 9.13

Calcule a deflexão máxima e a inclinação em cada apoio para a viga da Figura 9.22a. Note que EI é uma constante.

Solução

Conforme mostrado na Figura 9.22b, o diagrama M/EI é aplicado na viga como uma carga para cima. As resultantes das cargas triangulares distribuídas entre AB e BC, que são iguais a $720/EI$ e $360/EI$ respectivamente, estão mostradas com setas escuras. Isto é,

$$\frac{1}{2}(12)\left(\frac{120}{EI}\right) = \frac{720}{EI} \quad \text{e} \quad \frac{1}{2}(6)\left(\frac{120}{EI}\right) = \frac{360}{EI}$$

Usando as resultantes, calculamos as reações nos apoios A e C. Os diagramas de cortantes e momentos, desenhados da maneira convencional, estão plotados na Figura 9.22c e d. Para estabelecer o ponto de deflexão máxima, localizamos o ponto de cortante zero, determinando a área sob a curva de carga (mostrada sombreada) necessária para equilibrar a reação à esquerda de $480/EI$.

$$\frac{1}{2}xy = \frac{480}{EI} \quad (1)$$

Empregando triângulos semelhantes (ver Figura 9.22b), temos

$$\frac{y}{120/(EI)} = \frac{x}{12}$$

e

$$y = \frac{10}{EI}x \quad (2)$$

Substituindo a Equação 2 na Equação 1 e resolvendo para x, temos

$$x = \sqrt{96} = 9,8 \text{ ft}$$

Para avaliar a deflexão máxima, calculamos o momento em $x = 9,8$ ft, somando os momentos das forças que atuam no corpo livre à esquerda de uma seção pela viga nesse ponto. (Ver área sombreada na Figura 9.22b.)

$$\Delta_{\text{máx}} = M = -\frac{480}{EI}(9,8) + \frac{1}{2}xy\left(\frac{x}{3}\right)$$

Utilizando a Equação 2 para expressar y em termos de x e substituindo $x = 9,8$ ft, calculamos

$$\Delta_{\text{máx}} = -\frac{3135,3}{EI} \downarrow \quad \textbf{Resp.}$$

Os valores das inclinações da extremidade, lidos diretamente do diagrama de cortantes na Figura 9.22c, são

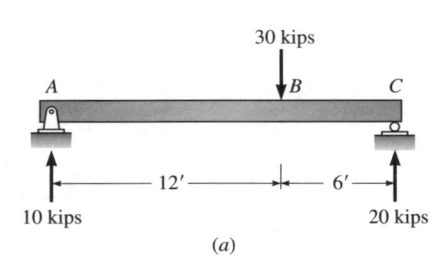

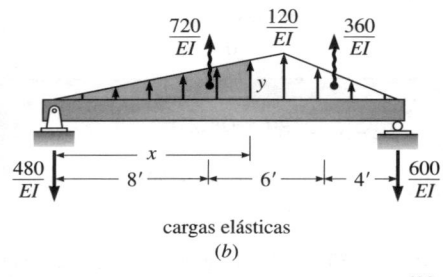

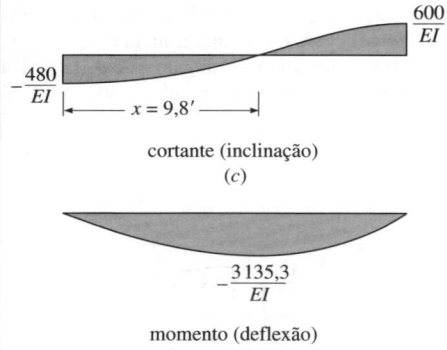

$$\theta_A = -\frac{480}{EI} \qquad \theta_C = \frac{600}{EI} \quad \textbf{Resp.}$$

Figura 9.22: (a) Viga; (b) viga carregada pelo diagrama M/EI; (c) variação da inclinação; (d) forma defletida.

EXEMPLO 9.14

Calcule a deflexão no ponto B da viga da Figura 9.23a. Além disso, localize o ponto de deflexão máxima; E é uma constante, mas I varia conforme mostrado na figura.

Solução

Para estabelecer a curva M/EI, dividimos as ordenadas do diagrama de momentos (ver Figura 9.23b) por $2EI$ entre A e B e por EI entre B e C. O diagrama M/EI resultante é aplicado na viga como uma carga para cima na Figura 9.23c. A deflexão máxima ocorre 4,85 m à esquerda do apoio C, onde o cortante elástico é igual a zero (Figura 9.23d).

Para calcular a deflexão em B, calculamos o momento produzido nesse ponto pelas cargas elásticas, usando o corpo livre mostrado na Figura 9.23e. Somando os momentos das cargas aplicadas sobre B, calculamos

$$\Delta_B = M_B = \frac{600}{EI}(2) - \frac{391{,}67}{EI}(6)$$

$$\Delta_B = -\frac{1\,150}{EI} \downarrow \quad \textbf{Resp.}$$

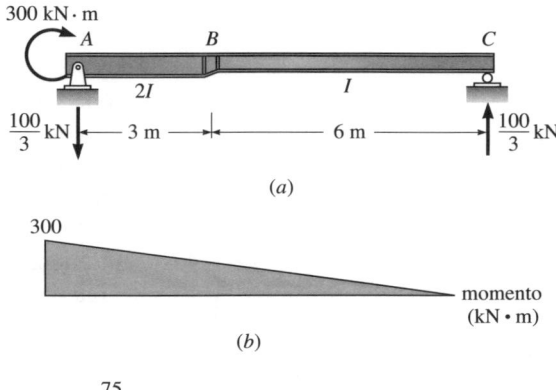

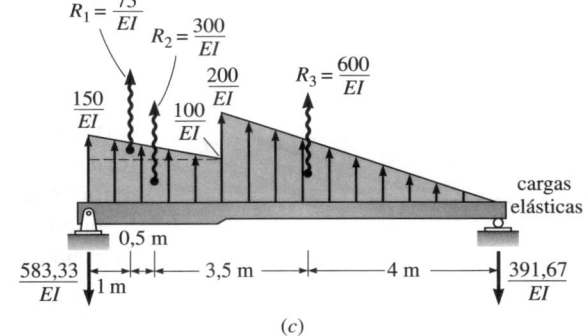

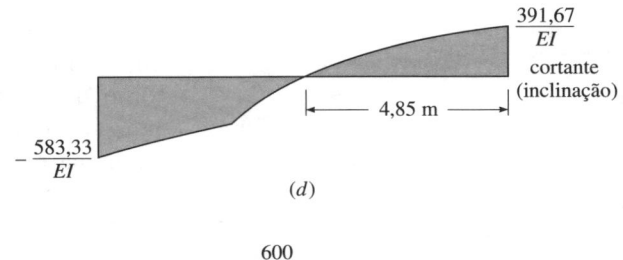

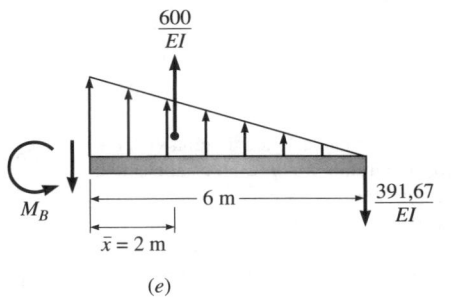

Figura 9.23

9.5 Método da viga conjugada

Na Seção 9.4, usamos o método da carga elástica para calcular inclinações e deflexões em pontos de uma viga com apoios simples. O método da viga conjugada, assunto desta seção, permite-nos estender o método da carga elástica para vigas com outros tipos de apoios e condições de contorno, substituindo os apoios reais por *apoios conjugados* para produzir uma viga conjugada. O efeito desses apoios fictícios é impor condições de contorno que garantam que o *cortante* e o *momento* produzidos em uma viga carregada pelo diagrama M/EI sejam, respectivamente, iguais à *inclinação* e à *deflexão* na viga real.

Para explicar o método, consideramos a relação entre o cortante e o momento (produzidos pelas cargas elásticas) e a forma defletida da viga em balanço mostrada na Figura 9.24a. O diagrama M/EI associado à carga concentrada P atuando na estrutura real estabelece a curvatura em todos os pontos ao longo do eixo da viga (ver Figura 9.24b). Por exemplo, em B, onde o momento é zero, a curvatura é zero. Por outro lado, em A, a curvatura é máxima e igual a $-PL/EI$. Como a curvatura é negativa em todas as seções ao longo do eixo do membro, a viga é curvada com concavidade para baixo em todo o seu comprimento, conforme mostrado pela curva rotulada como 1 na Figura 9.24c. Embora a forma defletida dada pela curva 1 seja coerente com o diagrama M/EI, reconhecemos que ela não representa a forma correta da viga em balanço, pois a inclinação na extremidade esquerda não é coerente com as condições de contorno impostas pelo apoio fixo em A; isto é, a inclinação (e a deflexão) em A deve ser zero, como mostrado pela curva rotulada como 2.

Portanto, podemos argumentar que, se a inclinação e a deflexão em A devem ser zero, os valores do *cortante elástico* e do *momento elástico* em A também devem ser iguais a zero. Como a única condição de contorno que satisfaz esse requisito é uma extremidade livre, devemos imaginar que o apoio A é removido — se não existe nenhum apoio, nenhuma reação pode se desenvolver. Estabelecendo a inclinação e a deflexão corretas na extremidade do membro, garantimos que este seja orientado corretamente.

Por outro lado, visto que pode existir inclinação e deflexão na extremidade livre da viga em balanço real, um apoio que tenha a capacidade de cortante e momento deve ser fornecido em B. Portanto, na viga conjugada, devemos introduzir um *apoio fixo imaginário* em B. A Figura 9.24d mostra a viga conjugada carregada pelo diagrama M/EI. As reações em B na viga conjugada, produzidas pela carga elástica (diagrama M/EI), fornecem a inclinação e a deflexão na viga real.

A Figura 9.25 mostra os apoios conjugados correspondentes a uma variedade de apoios-padrão. Dois apoios que não discutimos anteriormente — o rolo interno e a articulação — são mostrados na Figura 9.25d e e.

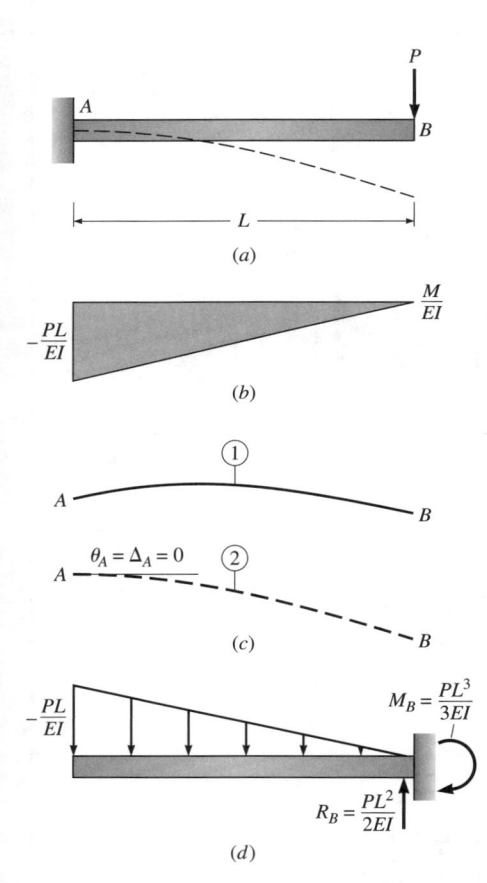

Figura 9.24: (*a*) Forma defletida de uma viga em balanço; (*b*) diagrama M/EI que estabelece a variação da curvatura; (*c*) a curva 1 mostra uma forma defletida coerente com o diagrama M/EI em (*b*), mas não com as condições de contorno presentes em A. A curva 2 mostra a curva 1 rotacionada no sentido horário como um corpo rígido, até que a inclinação em A seja horizontal; (*d*) viga conjugada com carga elástica.

Como um rolo interno (Figura 9.25d) fornece apenas restrição vertical, a deflexão no rolo é zero, mas o membro está livre para girar. Uma vez que o membro é contínuo, a inclinação é a mesma em cada lado do nó. Para satisfazer esses requisitos geométricos, o apoio conjugado deve ter capacidade zero para momento (portanto, deflexão zero), mas deve permitir a existência de valores de cortante iguais em cada lado do apoio — daí, a articulação.

	Apoio real	Apoio conjugado
(a)	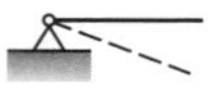 Pino ou rolo $\Delta = 0$ $\theta \neq 0$	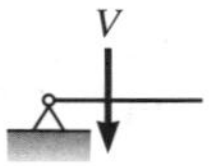 Pino ou rolo $M = 0$ $V \neq 0$
(b)	 Extremidade livre $\Delta \neq 0$ $\theta \neq 0$	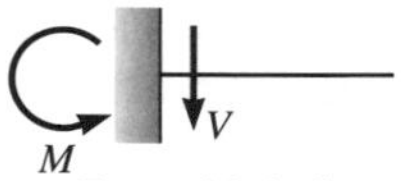 Extremidade fixa $M \neq 0$ $V \neq 0$
(c)	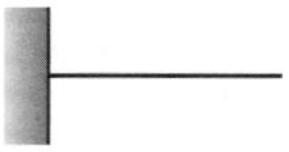 Extremidade fixa $\Delta = 0$ $\theta = 0$	 Extremidade livre $M = 0$ $V = 0$
(d)	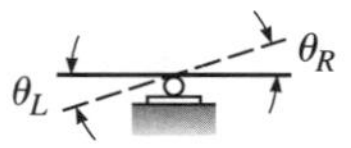 Apoio interno $\Delta = 0$ $\theta_L = \theta_R \neq 0$	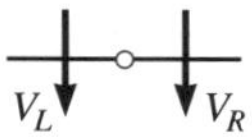 Articulação $M = 0$ $V_L = V_R \neq 0$
(e)	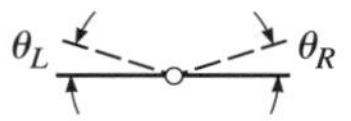 Articulação $\Delta \neq 0$ θ_L e θ_R podem ter valores diferentes	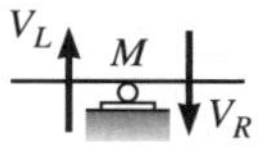 Rolo interno $M \neq 0$ V_L e V_R podem ter valores diferentes

Figura 9.25: Apoios conjugados.

Como uma articulação não fornece nenhuma restrição contra deflexão ou rotação em uma estrutura real (ver Figura 9.25e), o dispositivo introduzido na estrutura conjugada deve garantir que possa se desenvolver momento, assim como diferentes valores de cortante em cada lado do nó. Essas condições são fornecidas usando-se um rolo interno na estrutura conjugada. O momento pode se desenvolver, pois a viga é contínua ao longo do apoio, e o cortante obviamente pode ter diferentes valores em cada lado do rolo.

A Figura 9.26 mostra as estruturas conjugadas correspondentes a oito exemplos de estruturas reais. Se a estrutura real é indeterminada, a estrutura conjugada será instável (ver Figura 9.26e a h). Você não precisa se preocupar com essa condição, pois verá que o diagrama *M/EI* produzido pelas forças que atuam na estrutura real produz cargas elásticas que mantêm a estrutura conjugada em equilíbrio. Por exemplo, na Figura 9.27b, mostramos a estrutura conjugada de uma viga de extremidade fixa carregada pelo diagrama *M/EI* associado a uma carga concentrada aplicada no

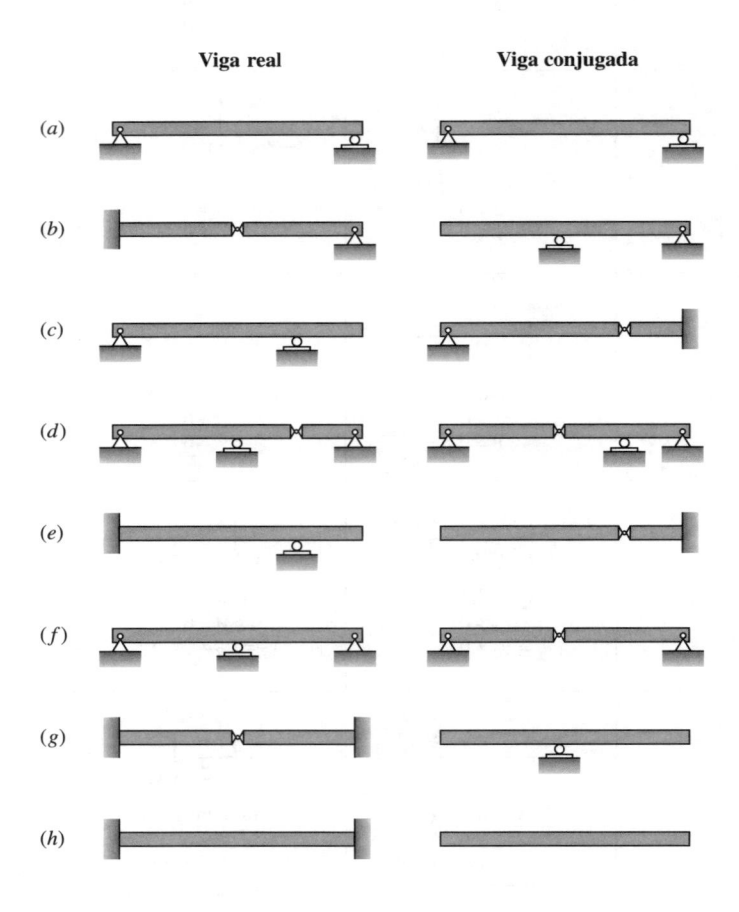

Figura 9.26: Exemplos de vigas conjugadas.

meio do vão na viga real. Aplicando as equações na estrutura inteira, podemos verificar que a estrutura conjugada está em equilíbrio com relação ao somatório de forças na direção vertical e ao de momentos sobre qualquer ponto.

Resumindo, para calcular deflexões em qualquer tipo de viga pelo método da viga conjugada, procedemos como segue.

1. Estabelecemos diagrama de momentos da estrutura real.
2. Produzimos o diagrama *M/EI*, dividindo todas as ordenadas por *EI*. Variação de *E* ou *I* pode ser levada em conta nesta etapa.
3. Estabelecemos a viga conjugada substituindo os apoios ou articulações reais pelos apoios conjugados correspondentes, mostrados na Figura 9.25.
4. Aplicamos o diagrama *M/EI* como carga na estrutura conjugada e calculamos o cortante e o momento nos pontos em que inclinação ou deflexão é necessária.

Os exemplos 9.15 a 9.17 ilustram o método da viga conjugada.

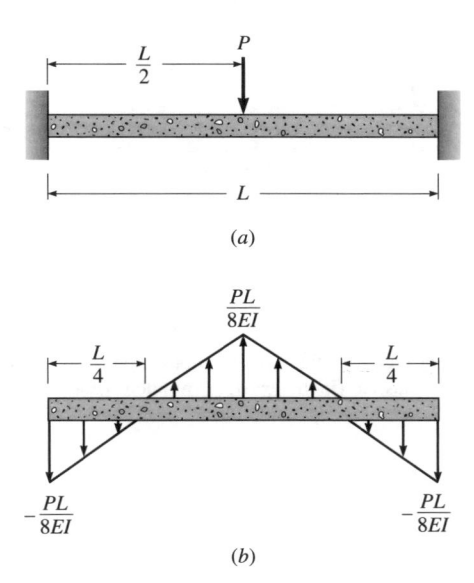

Figura 9.27: (*a*) Viga com extremidades fixas e carga concentrada no meio do vão; (*b*) viga conjugada carregada com o diagrama *M/EI*. A viga conjugada, que não tem apoios, é mantida em equilíbrio pelas cargas aplicadas.

EXEMPLO 9.15

Para a viga da Figura 9.28, use o método da viga conjugada para determinar o valor máximo da deflexão entre os apoios A e C e na ponta do balanço. EI é constante.

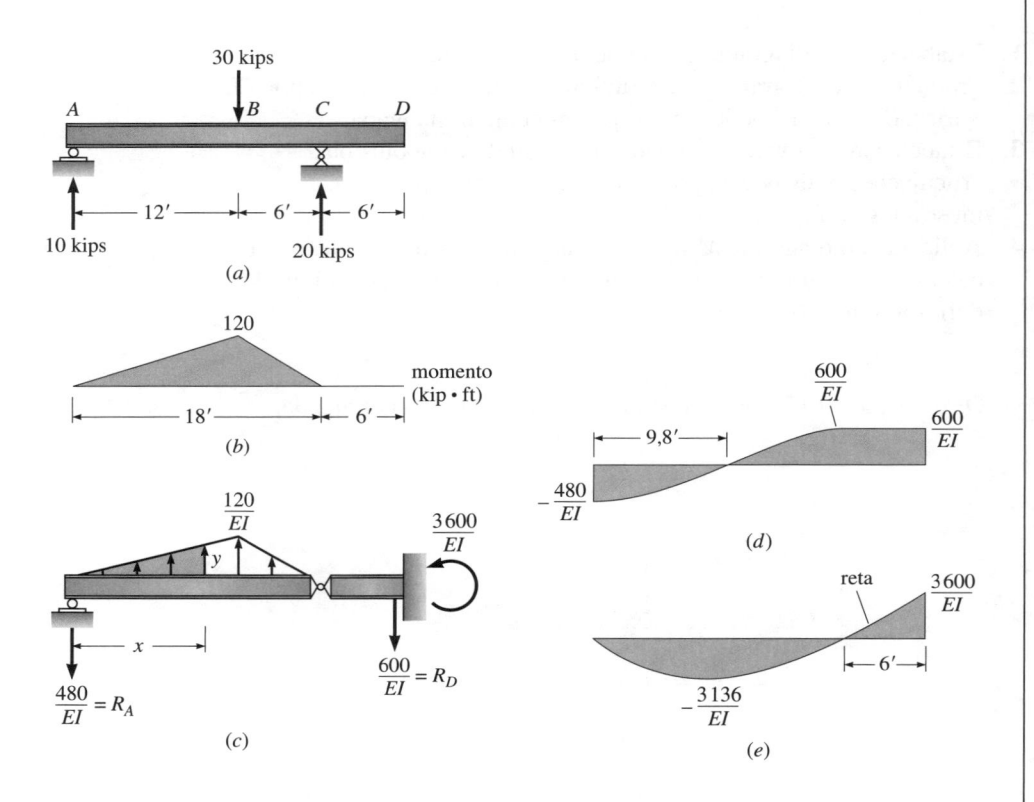

Figura 9.28: (a) Detalhes da viga; (b) diagrama de momentos; (c) viga conjugada com cargas elásticas; (d) cortante elástico (inclinação); (e) momento elástico (deflexão).

Solução

A viga conjugada com o diagrama M/EI aplicado como uma carga para cima é mostrada na Figura 9.28c. (Ver na Figura 9.25 a correspondência entre os apoios reais e conjugados.) Calcule a reação em A, somando os momentos sobre a articulação.

$$\circlearrowleft^+ \Sigma M_{\text{articulação}} = 0$$

$$-18R_A + \frac{720(10)}{EI} + \frac{360(4)}{EI} = 0$$

$$R_A = \frac{480}{EI}$$

Calcule R_D.

$$\stackrel{+}{\uparrow} \Sigma F_y = 0$$

$$\frac{720}{EI} + \frac{360}{EI} - \frac{480}{EI} - R_D = 0$$

$$R_D = \frac{600}{EI}$$

Desenhe os diagramas de cortantes e momentos (ver Figura 9.28d e e). O momento em D (igual à área sob o diagrama de cortantes entre C e D) é

$$M_D = \frac{600}{EI}(6) = \frac{3600}{EI}$$

Localize o ponto de cortante zero à direita do apoio A para estabelecer a localização da deflexão máxima, determinando a área (mostrada sombreada) sob a curva de carga exigida para equilibrar R_A.

$$\frac{1}{2}xy = \frac{480}{EI} \tag{1}$$

Dos triângulos semelhantes (ver Figura 9.28c),

$$\frac{y}{\frac{120}{EI}} = \frac{x}{12} \quad \text{e} \quad y = \frac{10}{EI}x \tag{2}$$

Substituindo a Equação 2 na Equação 1 e resolvendo para x, temos

$$x = \sqrt{96} = 9{,}8 \text{ ft}$$

Calcule o valor máximo do momento negativo. Como o diagrama de cortantes à direita do apoio A é parabólico, área $= \frac{2}{3}bh$.

$$\Delta_{\text{máx}} = M_{\text{máx}} = \frac{2}{3}(9{,}8)\left(-\frac{480}{EI}\right) = -\frac{3136}{EI} \quad \textbf{Resp.}$$

Calcule a deflexão em D.

$$\Delta_D = M_D = \frac{3600}{EI} \quad \textbf{Resp.}$$

EXEMPLO 9.16

Compare a magnitude do momento necessário para produzir um valor de rotação unitário ($\theta_A = 1$ rad) na extremidade esquerda das vigas da Figura 9.29a e c. Exceto quanto aos apoios da extremidade direita — um pino *versus* uma extremidade fixa —, as dimensões e propriedades das duas vigas são idênticas e EI é constante. A análise indica que um momento M no sentido horário, aplicado na extremidade esquerda da viga da Figura 9.29c, produz no apoio fixo um momento $M/2$ no sentido horário.

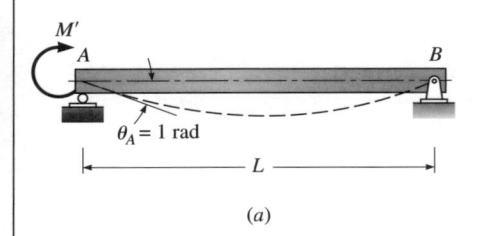

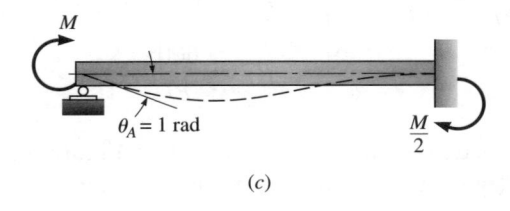

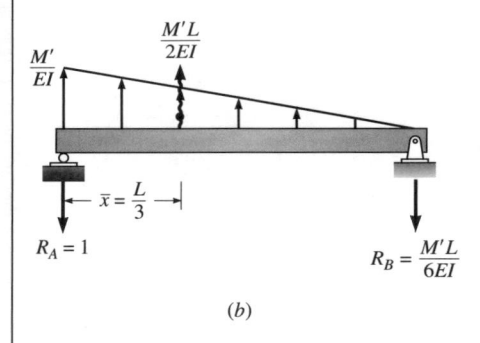

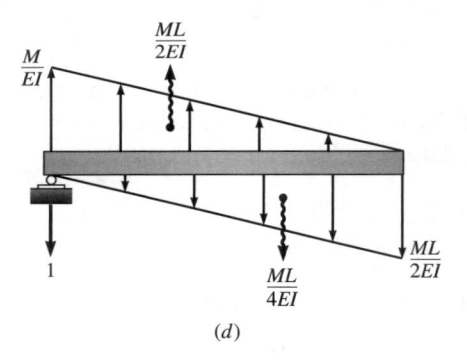

Figura 9.29: Efeito da restrição da extremidade na rigidez à flexão: (*a*) viga carregada em *A* com a outra extremidade presa com pino; (*b*) estrutura conjugada da viga em (*a*) carregada com M/EI; (*c*) viga carregada em *A* com a outra extremidade fixa; (*d*) estrutura conjugada da viga em (*c*) carregada com M/EI.

Solução

A viga conjugada da viga com pino na extremidade direita da Figura 9.29a é mostrada na Figura 9.29b. Visto que o momento M' aplicado produz uma rotação no sentido horário de 1 rad em *A*, a reação no apoio esquerdo é igual a 1. Como a inclinação em *A* é negativa, a reação atua para baixo.

Para calcular a reação em *B*, somamos os momentos sobre o apoio *A*.

$$\circlearrowright^+ \quad \Sigma M_A = 0$$

$$0 = R_B L - \frac{M'L}{2EI}\left(\frac{L}{3}\right)$$

$$R_B = \frac{M'L}{6EI}$$

Somando as forças na direção y, expressamos M' em termos das propriedades do membro, como

$$+\uparrow \Sigma F_y = 0$$

$$0 = -1 + \frac{M'L}{2EI} - \frac{M'L}{6EI}$$

$$M' = \frac{3EI}{L} \quad \textbf{Resp.} \tag{1}$$

A viga conjugada da viga com extremidade direita fixa da Figura 9.29c é mostrada na Figura 9.29d. O diagrama M/EI de cada momento de extremidade está desenhado separadamente. Para expressar M em termos das propriedades da viga, somamos as forças na direção y.

$$+\uparrow \Sigma F_y = 0$$

$$0 = -1 + \frac{ML}{2EI} - \frac{1}{2}\frac{ML}{2EI}$$

$$M = \frac{4EI}{L} \quad \textbf{Resp.} \tag{2}$$

NOTA. A rigidez à flexão absoluta de uma viga pode ser definida como o valor do momento na extremidade necessário para girar a extremidade de uma viga — apoiada em um rolo em uma extremidade e fixa na outra (ver Figura 9.29c) — por um ângulo de 1 radiano. Embora a escolha das condições de contorno seja um tanto arbitrária, esse conjunto de condições de contorno em particular é conveniente, pois é semelhante às condições de extremidade de vigas analisadas pela *distribuição de momento* — uma técnica para analisar vigas e pórticos indeterminados abordada no Capítulo 13. Quanto mais rígida a viga, maior o momento necessário para produzir uma rotação unitária.

Se um apoio fixo for substituído por um apoio de pino, como mostrado na Figura 9.29a, a rigidez à flexão da viga diminuirá, pois o rolo não aplica um momento de restrição na outra extremidade do membro. Como este exemplo mostra, comparando os valores de momento necessários para produzir uma rotação unitária (ver equações 1 e 2), a rigidez à flexão de uma viga presa na outra extremidade com pino equivale a três quartos da de uma viga com a outra extremidade fixa.

$$\frac{M'}{M} = \frac{3EI/L}{4EI/L}$$

$$M' = \frac{3}{4}M$$

EXEMPLO 9.17

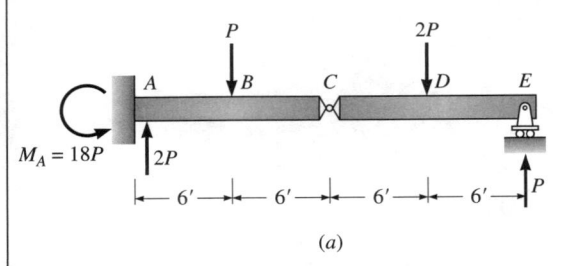

Determine a deflexão máxima da viga da Figura 9.30. EI é uma constante.

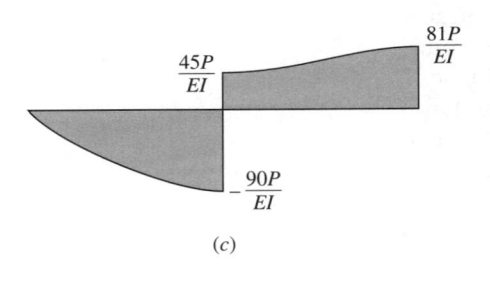

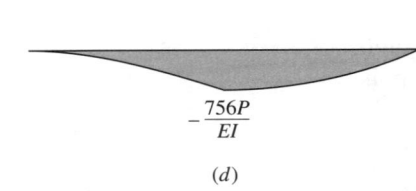

Figura 9.30: (a) Viga; (b) viga conjugada com cargas elásticas; (c) cortante elástico (inclinação); (d) momento elástico (deflexão).

Solução

As ordenadas do diagrama de momentos produzido pelas cargas concentradas que atuam na estrutura real da Figura 9.30a são divididas por EI e aplicadas como uma carga distribuída na viga conjugada da Figura 9.30b. Em seguida, dividimos a carga distribuída em áreas triangulares e calculamos a resultante (mostrada por meio de setas escuras) de cada área.

Calcule R_E.

$$+\circlearrowleft \quad \Sigma M_C = 0$$

$$\frac{36P}{EI}(6) + \frac{18P}{EI}(4) + \frac{18P}{EI}(8) + \frac{54P}{EI}(10) - 12R_E = 0$$

$$R_E = \frac{81P}{EI}$$

Calcule R_C.

$$+\uparrow \quad \Sigma F_y = 0$$

$$-\frac{54P}{EI} - \frac{18P}{EI} - \frac{18P}{EI} - \frac{81P}{EI} + \frac{36P}{EI} + R_C = 0$$

$$R_C = \frac{135P}{EI}$$

Para estabelecer a variação da inclinação e da deflexão ao longo do eixo da viga, construímos os diagramas de cortantes e momentos para a viga conjugada (ver Figura 9.30c e d). A deflexão máxima, que ocorre no ponto C (a localização da articulação real), é igual a $756P/EI$. Esse valor é estabelecido avaliando-se o momento produzido pelas forças que atuam na viga conjugada à esquerda de uma seção através de C (ver Figura 9.30b).

9.6 Ferramentas para projeto de vigas

Para serem projetadas corretamente, as vigas devem ter rigidez e resistência adequadas. Sob cargas de serviço, as deflexões devem ser limitadas para que os elementos não estruturais agregados — divisórias, tubulações, tetos de gesso e janelas — não sejam danificados ou se tornem inoperantes por causa de deflexões grandes. Obviamente, vigas de piso que cedem ou vibram excessivamente quando são aplicadas sobrecargas não são satisfatórias. Para limitar as deflexões sob sobrecarga, a maioria dos códigos de construção especifica um valor máximo de deflexão por sobrecarga como uma fração do comprimento do vão — é comum um limite entre 1/360 a 1/240 do comprimento do vão.

Se vigas de aço cedem excessivamente sob carga permanente, podem ter contraflechas. Isto é, são fabricadas com uma curvatura inicial por meio de laminação ou tratamento com calor, para que o centro da viga fique levantado por um valor igual ou maior do que a deflexão causada pela carga permanente (Figura 9.31). O Exemplo 10.12 ilustra um procedimento simples para relacionar curvatura com contraflecha. Para abaular vigas de concreto armado, o centro dos moldes pode ser levantado por um valor igual ou ligeiramente maior do que as deflexões causadas pela carga permanente.

Na prática, os projetistas normalmente utilizam tabelas de manuais e guias de projeto ao avaliar as deflexões de vigas para uma variedade de condições de carga e apoio. O *manual of steel construction*, publicado pelo American Institute of Steel Construction (AISC), é uma fonte de informações excelente.

A Tabela 9.1 fornece valores de deflexões máximas, assim como diagramas de momento para diversas condições de apoio e carga de vigas. Faremos uso dessas equações no Exemplo 9.18.

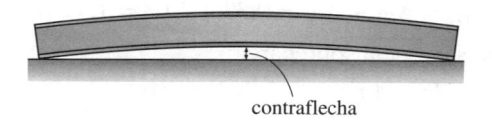

Figura 9.31: Viga fabricada com contraflecha.

EXEMPLO 9.18

Uma viga de aço com apoios simples e 30 pés de comprimento suporta uma carga permanente uniforme de 0,4 kip/ft, que inclui o peso da viga e uma parte do piso e do teto apoiados diretamente na viga (Figura 9.32). A viga também é carregada em seus pontos de um terço por duas cargas concentradas iguais que consistem em 14,4 kips de carga permanente e 8,2 kips de sobrecarga. Para suportar essas cargas, o projetista seleciona uma viga de aço de abas largas, com 16 pol de altura, com módulo de elasticidade $E = 29\,000$ ksi e momento de inércia $I = 758$ pol^4.

(a) Especifique a contraflecha necessária da viga para compensar a deflexão causada pela carga permanente total e 50% da deflexão causada pela sobrecarga.

(b) Verifique se somente sob a *sobrecarga* a viga não deflete mais do que 1/360 do comprimento de seu vão. (Essa cláusula garante que a viga não será excessivamente flexível e vibre quando a sobrecarga atuar.)

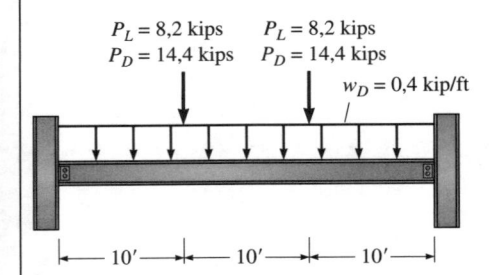

Figura 9.32: A viga presa às colunas por meio de cantoneiras ligadas à alma é analisada como uma viga determinada com apoios simples.

Solução

Primeiramente, calculamos a contraflecha necessária para a carga permanente, usando as equações de deflexão dadas pelos casos 1 e 3 na Tabela 9.1.

(a) A deflexão causada pela carga permanente, produzida pela carga uniforme, é

$$\Delta_{D1} = \frac{5wL^4}{384EI} = \frac{5(0,4)(30)^4(1\,728)}{384(29\,000)(758)} = 0,33 \text{ pol}$$

A deflexão causada pela carga permanente, produzida pelas cargas concentradas, é

$$\Delta_{D2} = \frac{Pa(3L^2 - 4a^2)}{24EI} = \frac{14,4(10)[3(30)^2 - 4(10)^2](1\,728)}{24(29\,000)(758)}$$

$$\Delta_{D2} = 1,08 \text{ pol}$$

Deflexão total causada pela carga permanente:

$$\Delta_{DT} = \Delta_{D1} + \Delta_{D2} = 0,33 + 1,08 = 1,41 \text{ pol}$$

Deflexão causada pela sobrecarga:

$$\Delta_L = \frac{Pa(3L^2 - 4a^2)}{24EI} = \frac{8,2(10)[3(30)^2 - 4(10)^2](1\,728)}{24(29\,000)(758)}$$

$$\Delta_L = 0,62 \text{ pol}$$

$$\text{Contraflecha necessária} = \Delta_{DT} + \frac{1}{2}\Delta_L = 1,41 + \frac{0,62}{2}$$

$$= 1,72 \text{ pol} \quad \textbf{Resp.}$$

(b) A deflexão permitida, causada pela sobrecarga, é

$$\frac{L}{360} = \frac{30 \times 12}{360} = 1 \text{ pol} > 0,62 \text{ pol} \quad \textbf{Resp.}$$

Portanto, está OK.

TABELA 9.1
Diagramas de momentos e equações para deflexão máxima

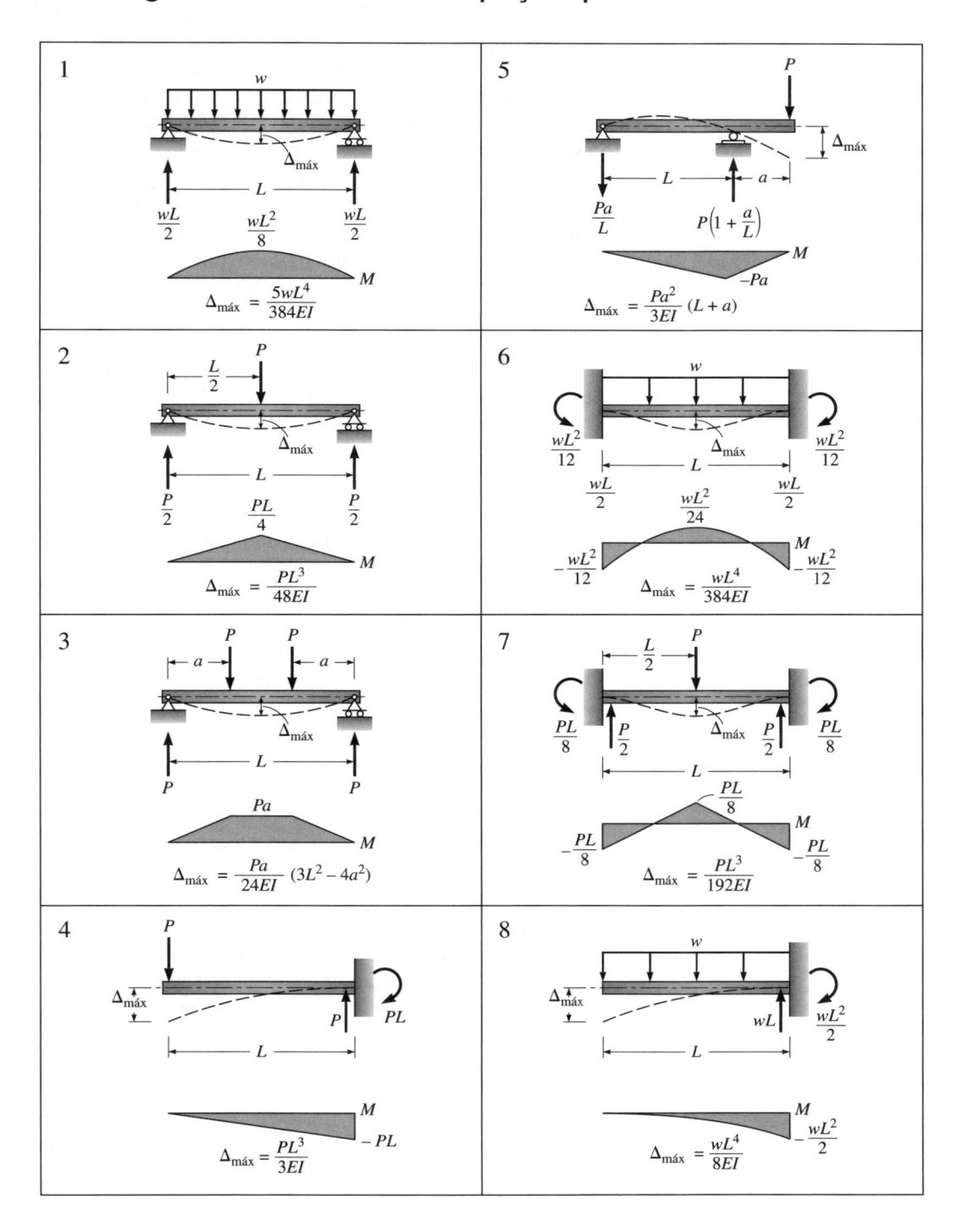

1. Viga simplesmente apoiada com carga distribuída w; reações $\frac{wL}{2}$, $\frac{wL}{2}$; momento máximo $\frac{wL^2}{8}$.
$$\Delta_{máx} = \frac{5wL^4}{384EI}$$

2. Viga simplesmente apoiada com carga concentrada P no meio do vão; reações $\frac{P}{2}$, $\frac{P}{2}$; momento máximo $\frac{PL}{4}$.
$$\Delta_{máx} = \frac{PL^3}{48EI}$$

3. Viga simplesmente apoiada com duas cargas P simétricas a distância a dos apoios; momento máximo Pa.
$$\Delta_{máx} = \frac{Pa}{24EI}(3L^2 - 4a^2)$$

4. Viga em balanço com carga concentrada P na extremidade livre; reações P e PL; momento $-PL$.
$$\Delta_{máx} = \frac{PL^3}{3EI}$$

5. Viga simplesmente apoiada com balanço, carga P na extremidade do balanço a distância a; reações $\frac{Pa}{L}$ e $P\left(1+\frac{a}{L}\right)$; momento $-Pa$.
$$\Delta_{máx} = \frac{Pa^2}{3EI}(L+a)$$

6. Viga biengastada com carga distribuída w; momentos de engaste $\frac{wL^2}{12}$; reações $\frac{wL}{2}$; momento no meio $\frac{wL^2}{24}$.
$$\Delta_{máx} = \frac{wL^4}{384EI}$$

7. Viga biengastada com carga concentrada P no meio do vão; momentos de engaste $\frac{PL}{8}$; reações $\frac{P}{2}$.
$$\Delta_{máx} = \frac{PL^3}{192EI}$$

8. Viga em balanço com carga distribuída w; reações wL e $\frac{wL^2}{2}$; momento $-\frac{wL^2}{2}$.
$$\Delta_{máx} = \frac{wL^4}{8EI}$$

Resumo

- As deflexões máximas de vigas e pórticos devem ser verificadas para garantir que as estruturas não sejam excessivamente flexíveis. Grandes deflexões de vigas e pórticos podem produzir rachaduras nos elementos não estruturais agregados (paredes de alvenaria e azulejo, janelas etc.), assim como vibrações excessivas de pisos e de estrados superiores de pontes sob cargas em movimento.
- A deflexão de uma viga ou pórtico é uma função do momento fletor M e da rigidez à flexão do membro, que está relacionada ao momento de inércia I e ao módulo de elasticidade E de um membro. As deflexões devido ao cortante normalmente são desprezadas, a não ser que os membros sejam muito altos, as tensões de cisalhamento sejam altas e o módulo de cisalhamento G seja baixo.
- Para estabelecer as equações da inclinação e da deflexão da curva elástica (a forma defletida da linha central da viga), começamos o estudo das deflexões integrando a equação diferencial da curva elástica

$$\frac{d^2y}{dx^2} = \frac{M}{EI}$$

 Esse método torna-se inadequado quando as cargas variam de maneira complexa.
- Em seguida, consideramos o *método dos momentos das áreas*, que utiliza o diagrama *M/EI* como carga para calcular inclinações e deflexões em pontos selecionados ao longo do eixo da viga. Esse método, descrito na Seção 9.3, exige um esboço preciso da forma defletida.
- O *método da carga elástica* (uma variação do método dos momentos das áreas), que pode ser usado para calcular inclinações e deflexões em vigas com apoios simples, foi examinado. Nesse método, o diagrama *M/EI* é aplicado como carga. O cortante em qualquer ponto é a inclinação e o momento é a deflexão. Os pontos de deflexões máximas ocorrem onde o cortante é zero.
- O *método da viga conjugada*, uma variação do método da carga elástica, aplica-se aos membros com uma variedade de condições de contorno. Esse método exige que os apoios reais sejam substituídos por apoios fictícios para impor condições de contorno que garantam que os valores de cortante e momento na viga conjugada, carregada pelo diagrama *M/EI*, sejam iguais em cada ponto à inclinação e à deflexão, respectivamente, da viga real.
- Uma vez estabelecidas as equações para avaliar as deflexões máximas para uma viga e uma carga em particular, tabelas, disponíveis em livros de referência de engenharia estrutural (consultar Tabela 9.1), fornecem todos os dados importantes necessários para analisar e projetar vigas.

PROBLEMAS

Resolva os problemas P9.1 a P9.6 pelo método da integração dupla. *EI* é constante para todas as vigas.

P9.1. Deduza as equações da inclinação e deflexão para a viga em balanço da Figura P9.1. Calcule a inclinação e a deflexão em *B*. Expresse a resposta em termos de *EI*.

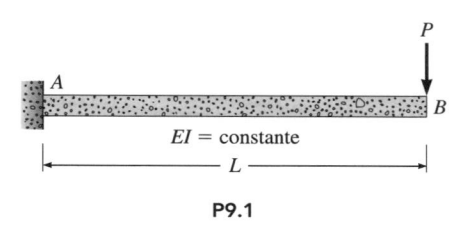

P9.1

P9.2. Deduza as equações da inclinação e deflexão para a viga da Figura P9.2. Compare a deflexão em *B* com a deflexão no meio do vão.

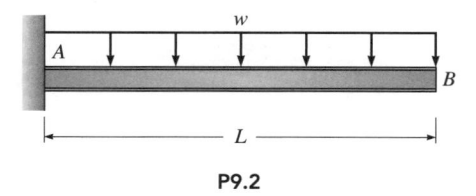

P9.2

P9.3. Deduza as equações da inclinação e deflexão para a viga da Figura P9.3. Calcule a deflexão máxima. *Dica*: a deflexão máxima ocorre no ponto de inclinação zero.

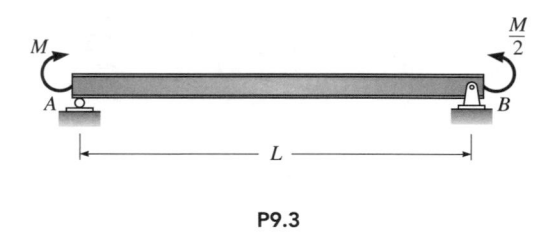

P9.3

P9.4. Deduza as equações da inclinação e deflexão para a viga da Figura P9.4. Localize o ponto de deflexão máxima e calcule sua magnitude.

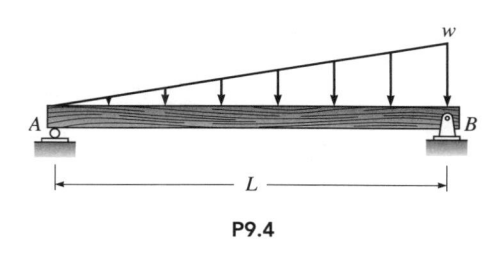

P9.4

P9.5. Estabeleça as equações da inclinação e da deflexão para a viga da Figura P9.5. Avalie a magnitude da inclinação em cada apoio. Expresse a resposta em termos de *EI*.

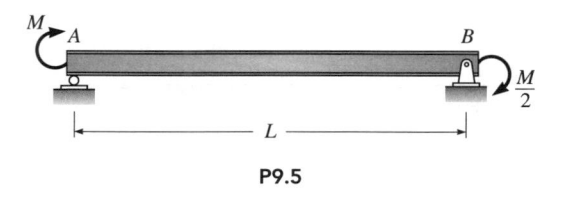

P9.5

P9.6. Deduza as equações da inclinação e da deflexão para a viga da Figura P9.6. Determine a inclinação em cada apoio e o valor da deflexão no meio do vão. (*Dica*: aproveite a simetria; a inclinação é zero no meio do vão.)

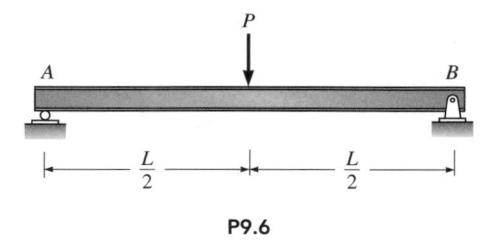

P9.6

Resolva os problemas P9.7 a P9.11 pelo método dos momentos das áreas. Salvo indicação em contrário, EI é uma constante para todos os membros. As respostas podem ser expressas em termos de EI, salvo indicação em contrário.

P9.7. Calcule a inclinação e a deflexão nos pontos B e C na Figura P9.7.

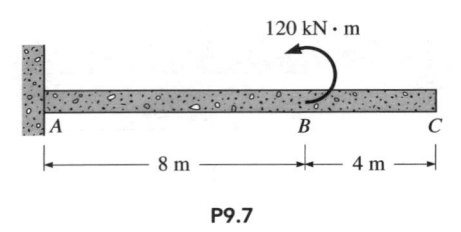

P9.7

P9.8. (a) Calcule a inclinação em A e C e a deflexão em B na Figura P9.8. (b) Localize e calcule a magnitude da deflexão máxima.

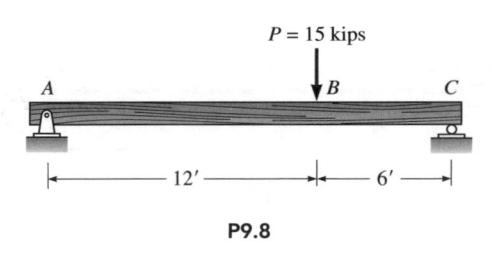

P9.8

P9.9. Calcule a inclinação em A e C e a deflexão em B para a viga da Figura P9.9.

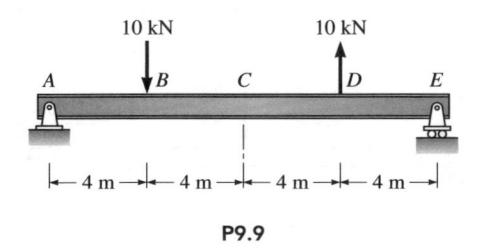

P9.9

P9.10. (a) Calcule a inclinação em A e a deflexão no meio do vão na Figura P9.10. (b) Se a deflexão no meio do vão não pode ultrapassar 1,2 pol, qual é o valor mínimo exigido de I? $E = 29\,000$ kips/pol^2.

P9.10

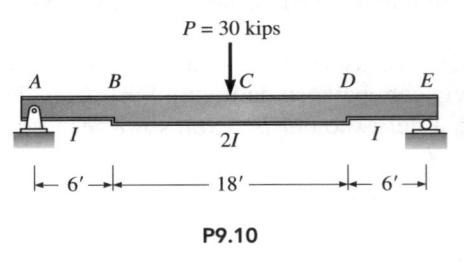

P9.11. (a) Encontre a inclinação e a deflexão em A na Figura P9.11. (b) Determine a localização e a magnitude da deflexão máxima no vão BC.

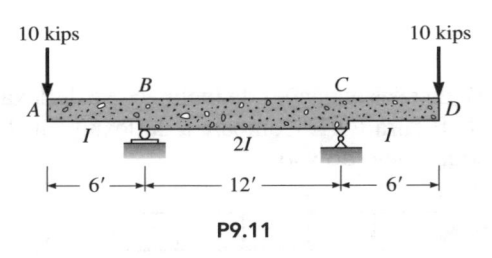

P9.11

Resolva os problemas P9.12 a P9.17 pelo método dos momentos das áreas. EI é constante.

P9.12. Calcule as inclinações da viga da Figura P9.12 em cada lado da articulação em B, a deflexão da articulação e a deflexão máxima no vão BC. O apoio de elastômero em C atua como um rolo.

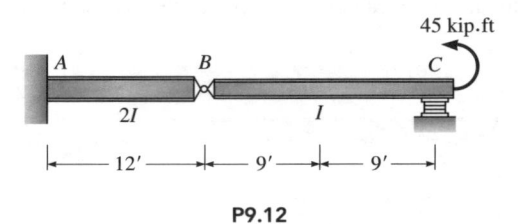

P9.12

P9.13. Calcule a inclinação no apoio *A* e a deflexão no ponto *B*. Trate o balancim em *D* como um rolo. Expresse a resposta em termos de *EI*.

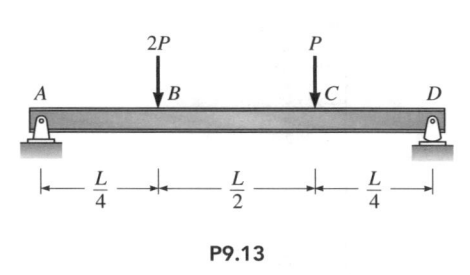

P9.16. A viga de teto de um prédio está sujeita à carga mostrada na Figura P9.16. Supondo que seja permitida uma deflexão de 3/8 pol na extremidade em balanço da viga antes de haver danos nos materiais do teto e do telhado, calcule o momento de inércia exigido para a viga. Use $E = 29\,000$ ksi.

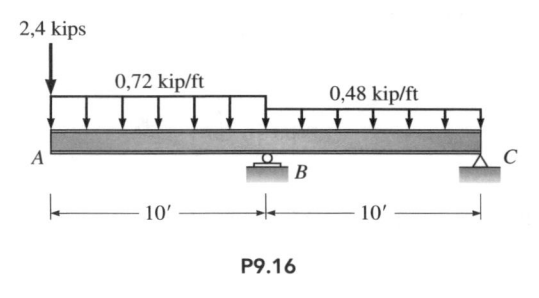

P9.13

P9.16

P9.14. Determine a deflexão máxima no vão *AB* e a deflexão de *C* na Figura P9.14. Expresse as respostas em termos de *M*, *E*, *I* e *L*.

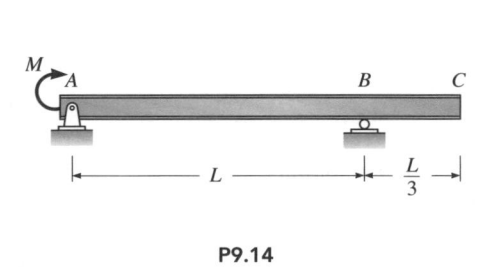

P9.17. Usando o método dos momentos das áreas, calcule a inclinação e a deflexão sob a carga de 32 kips em *B*. As reações são dadas. $I = 510$ pol^4 e $E = 29\,000$ kips/pol^2. Esboce a forma defletida.

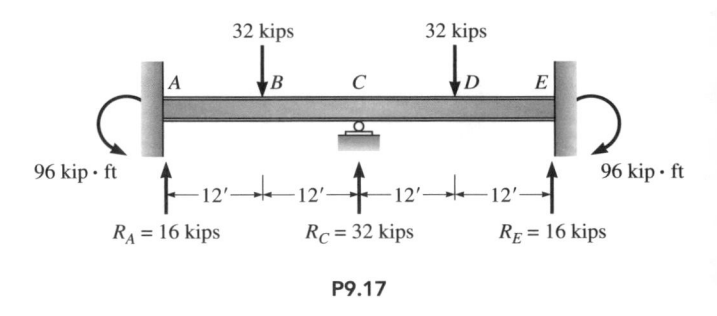

P9.14

P9.17

Resolva os problemas P9.18 a P9.22 pelo método dos momentos das áreas. *EI* é constante, salvo indicação em contrário.

P9.15. Determine a inclinação e a deflexão do ponto *C* na Figura P9.15. *Dica*: desenhe diagramas de momentos por partes.

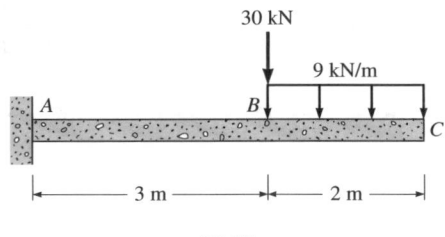

P9.18. Calcule a deflexão dos pontos *B* e *D* na Figura P9.18. A almofada de elastômero em *C* atua como um rolo.

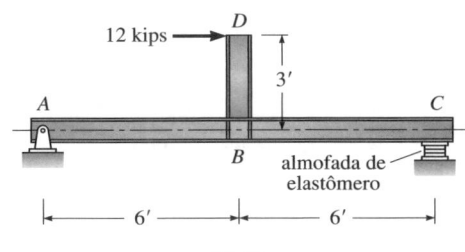

P9.15

P9.18

P9.19. Calcule a inclinação e a deflexão vertical no ponto C e o deslocamento horizontal no ponto D. I_{AC} = 800 pol⁴, I_{CD} = 120 pol⁴ e E = 29 000 kips/pol².

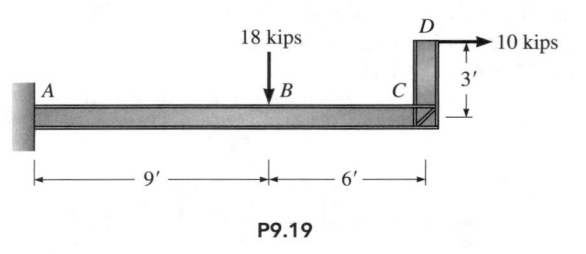

P9.20. O momento de inércia da viga da Figura P9.20 é duas vezes maior do que o da coluna. Se a deflexão vertical em D não deve passar de 1 pol e se a deflexão horizontal em C não deve passar de 0,5 pol, qual é o valor mínimo exigido do momento de inércia? E = 29 000 kips/pol². A almofada de elastômero em B é equivalente a um rolo.

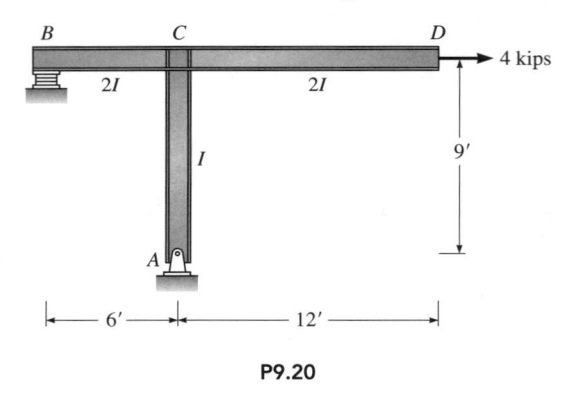

P9.21. Calcule o deslocamento vertical da articulação em C na Figura P9.21. EI é constante.

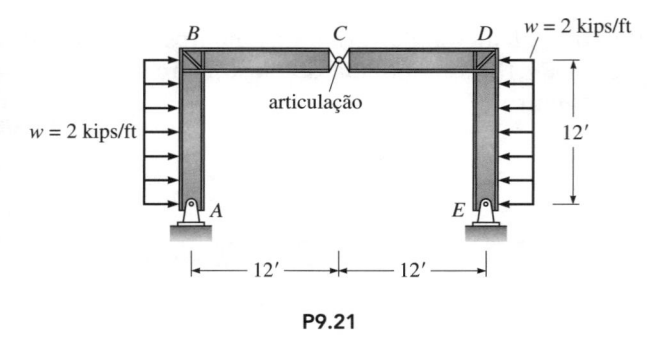

P9.22. A carga que atua em uma coluna que suporta uma escada e um revestimento de madeira externo está mostrada na Figura P9.22. Determine o momento de inércia exigido para a coluna de modo que a deflexão lateral máxima não passe de $1/4$ pol, um critério definido pelo fabricante do revestimento de madeira. Use E = 29 000 kips/pol².

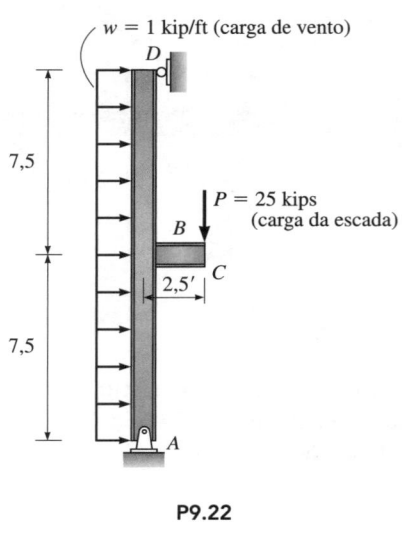

Resolva os problemas P9.23 a P9.27 pelo método dos momentos das áreas. EI é constante.

P9.23. Calcule a inclinação em A e as componentes horizontais e verticais da deflexão no ponto D na Figura P9.23.

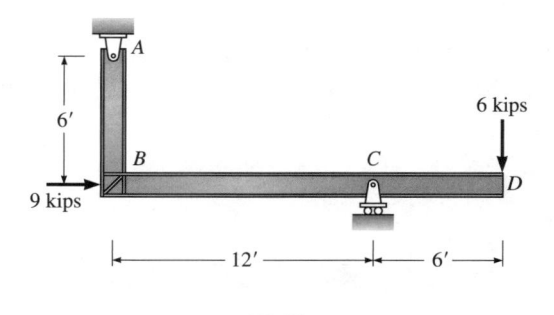

P9.24. Qual é o valor da força P exigido em C na Figura P9.24 se a deflexão vertical em C deve ser zero?

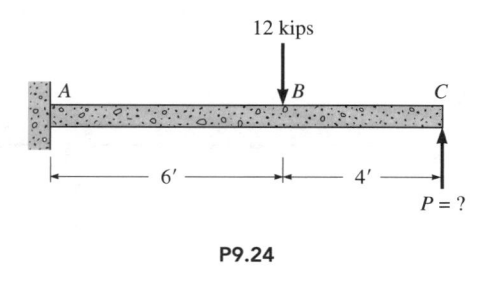

P9.27. Calcule a rotação em B e a deflexão vertical em D. Dados: $E = 200$ GPa, $I_{AC} = 400 \times 10^6$ mm^4 e $I_{BD} = 800 \times 10^6$ mm^4.

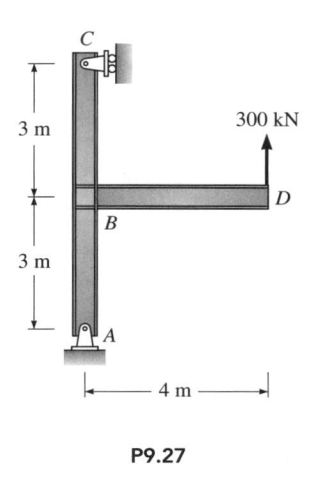

P9.24

P9.25. Se a deflexão vertical da viga no meio do vão (isto é, no ponto C) deve ser zero, determine a magnitude da força F. EI é constante. Expresse F em termos de P e EI.

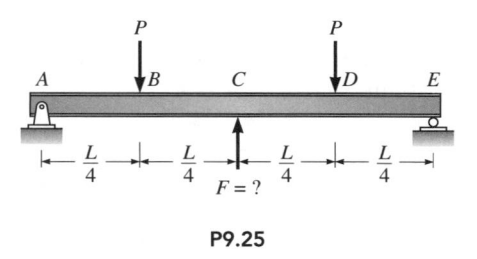

P9.25

P9.27

P9.26. Calcule o deslocamento horizontal do nó B na Figura P9.26. É dado o diagrama de momentos produzido pela carga de 12 kips. As bases das colunas nos pontos A e E podem ser tratadas como apoios fixos. *Dica*: comece esboçando a forma defletida, usando os diagramas de momentos para estabelecer a curvatura dos membros. Momentos em unidades de kip · ft.

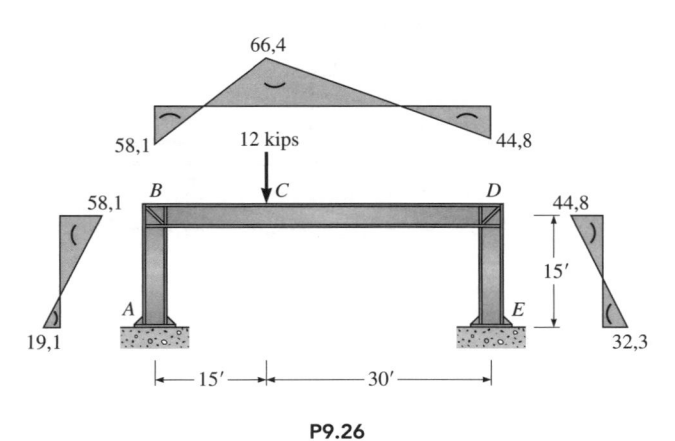

P9.28. O pórtico mostrado na Figura P9.28 é carregado por uma carga horizontal em B. Calcule os deslocamentos horizontais em B e D usando o método dos momentos das áreas. Para todos os membros, $E = 200$ GPa e $I = 500 \times 10^6$ mm^4.

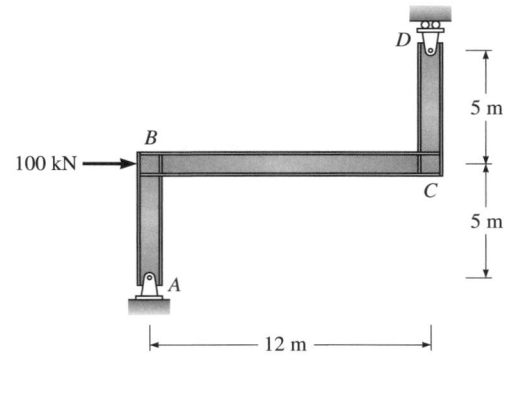

P9.26

P9.28

Resolva os problemas P9.29 a P9.32 pelo método da viga conjugada.

P9.29. Calcule a inclinação e a deflexão no ponto B da viga em balanço da Figura P9.29. EI é constante.

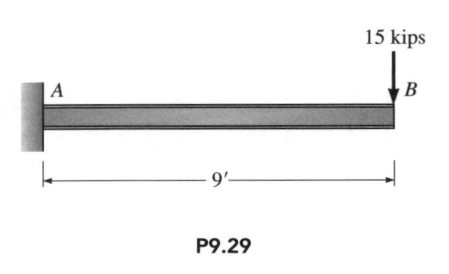

P9.30. O diagrama de momento de uma viga de extremidades fixas com momento externo de 200 kip·ft aplicado no meio do vão está mostrado na Figura P9.30. Determine a deflexão vertical máxima e a inclinação máxima e suas localizações.

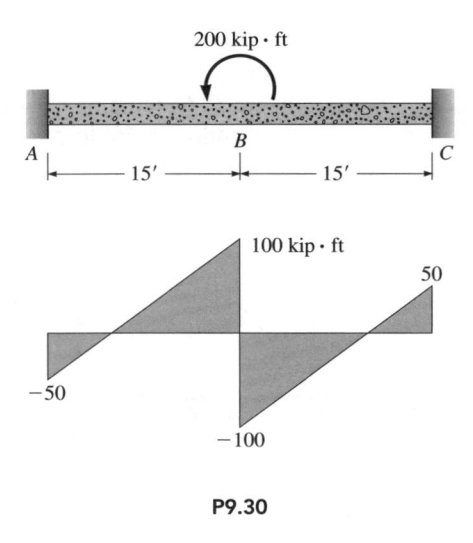

P9.31. Calcule a inclinação e a deflexão no ponto C e a deflexão máxima entre A e B para a viga da Figura P9.31. As reações são dadas e EI é constante. A almofada de elastômero em B é equivalente a um rolo.

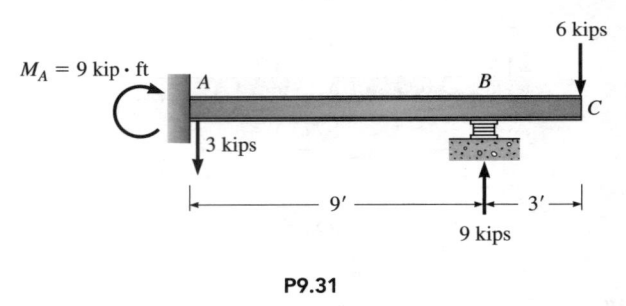

P9.32. Determine a rigidez à flexão da viga da Figura P9.32 (ver critérios no Exemplo 9.16) para (a) momento aplicado em A e (b) momento aplicado em C. E é constante.

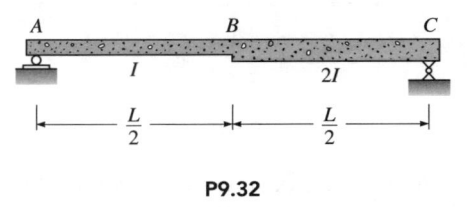

P9.33. Usando o método da viga conjugada, calcule a deflexão máxima no vão BD da viga da Figura P9.33 e a inclinação em cada lado da articulação.

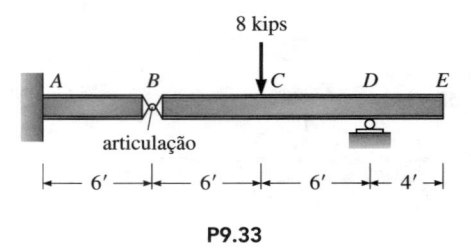

P9.34. Resolva o problema P9.11 pelo método da viga conjugada.

P9.35. Resolva o problema P9.12 pelo método da viga conjugada.

P9.36. Resolva o problema P9.17 pelo método da viga conjugada.

P9.37. Para a viga mostrada na Figura P9.37, use o método da viga conjugada para calcular a deflexão vertical e a rotação à esquerda e à direita da articulação em C. Dados: $E = 200$ GPa, $I_{AC} = 100 \times 10^6$ mm^4 e $I_{CF} = 50 \times 10^6$ mm^4.

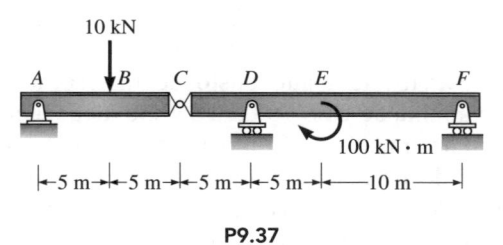

P9.37

Aplicações práticas de cálculos de deflexão

P9.38. A viga de concreto armado mostrada na Figura P9.38a é protendida por um cabo de aço que causa uma força de compressão de 450 kips, com uma excentricidade de 7 pol. O efeito externo da protensão é aplicar uma força axial de 450 kips e momento igual $M_P = 262,5$ kip · ft nas extremidades da viga (Figura P9.38b). A força axial faz a viga encurtar, mas não produz nenhuma deflexão de curvatura. Os momentos de extremidade M_P curvam a viga para cima (Figura P9.38c), de modo que o peso inteiro da viga é apoiado nas extremidades e o membro atua como uma viga com apoios simples. Quando a viga curva-se para cima, seu peso atua como uma carga uniforme para produzir deflexão para baixo. Determine a contraflecha inicial da viga no meio do vão, imediatamente após o cabo ser tensionado. *Nota*: Com o passar do tempo, a deflexão inicial aumentará, devido à deformação, por um fator de aproximadamente 100% a 200%. A deflexão no meio do vão devido aos dois momentos de extremidade é igual a $ML^2/(8EI)$. Dados: $I = 46\,656$ pol^4, $A = 432$ pol^2, peso da viga $w_G = 0,45$ kip/ft e $E = 5\,000$ kips/pol^2.

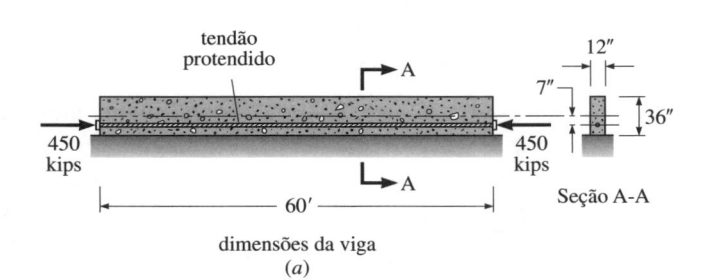

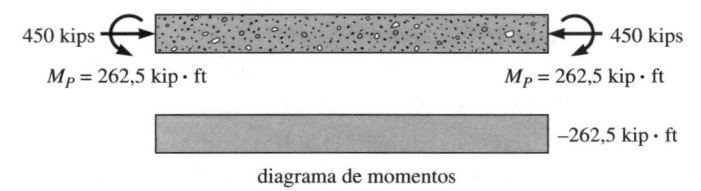

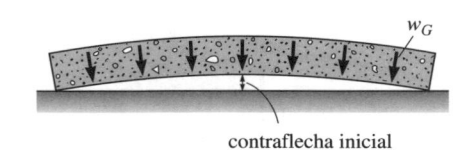

P9.38

P9.39. Devido às condições de fundação inadequadas, uma viga de aço de 30 polegadas de altura, com uma extremidade em balanço, é usada para receber uma coluna de prédio externa que suporta uma carga permanente de 600 kips e uma sobrecarga de 150 kips (Figura P9.39). Qual é a magnitude da contraflecha inicial que deve ser causada no ponto C, a ponta da viga em balanço, para eliminar a deflexão produzida pela carga total? Despreze o peso da viga. Dados: $I = 46\,656$ pol^4 e $E_S = 30\,000$ ksi. Veja a equação da deflexão no caso 5 da Tabela 9.1. A ligação de cantoneira em A pode ser tratada como um pino, e o apoio da placa de topo em B, como um rolo.

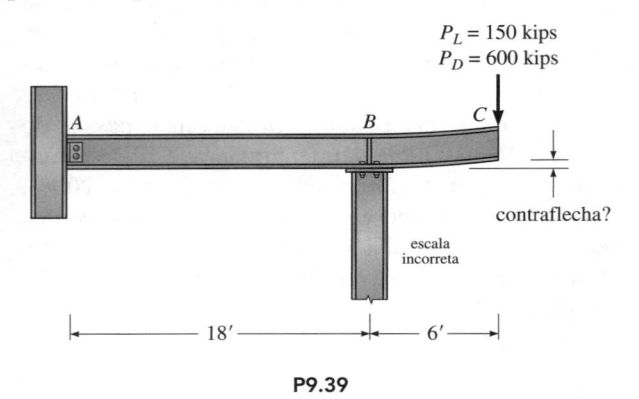

P9.39

P9.40. O pórtico de aço com nó rígido, com uma base fixa no apoio A, precisa suportar as cargas permanentes e as sobrecargas mostradas na Figura P9.40. Tanto a coluna como a viga são construídas de membros de mesmo tamanho. Qual é o momento de inércia mínimo exigido dos membros do pórtico, se a deflexão vertical em D produzida por essas cargas não pode passar de 0,5 pol? Use $E = 29\,000$ ksi.

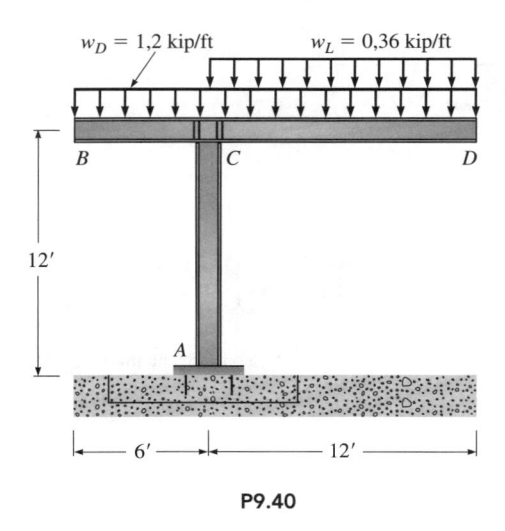

P9.41. *Estudo por computador do comportamento de pórticos de prédio de vários andares.*
O objetivo deste estudo é examinar o comportamento dos pórticos de prédio fabricados com dois tipos de ligações comuns. Quando espaços interiores abertos e a flexibilidade futura de uso são considerações primordiais, os pórticos de prédio podem ser construídos com *ligações rígidas*, normalmente fabricadas por meio de soldagem. Os nós rígidos (ver Figura P9.41b) têm alto custo de fabricação, atualmente na faixa de US$ 700 a US$ 850, dependendo do tamanho dos membros. Como a capacidade de um pórtico soldado de resistir às cargas laterais depende da rigidez à flexão das vigas e colunas, membros pesados podem ser necessários quando as cargas laterais são grandes ou quando as deflexões laterais devem ser limitadas. Alternativamente, os pórticos podem ser construídos de forma menos dispendiosa, ligando-se as almas das vigas às colunas por meio de cantoneiras ou placas, chamadas de *ligações para força cortante*, que atualmente custam cerca de US$ 80 cada uma (Figura P9.41c). Se forem usadas *ligações para força cortante*, normalmente será necessário um contraventamento diagonal, o qual forma uma treliça vertical profunda com as colunas e vigas de piso agregadas, para proporcionar estabilidade lateral (a menos que os pisos possam ser conectados a pilares-parede rígidos, construídos com alvenaria armada ou concreto).

Propriedades dos membros

Neste estudo, todos os membros são feitos de aço, com $E = 29\,000$ kips/pol^2.

Todas as vigas: $I = 300$ pol^4 e $A = 10$ pol^2
Todas as colunas: $I = 170$ pol^4 e $A = 12$ pol^2

Contraventamento diagonal usando tubos estruturais quadrados vazados de 2,5 pol (somente para o Caso 3, ver linhas tracejadas na Figura P9.41a), $A = 3,11$ pol^2, $I = 3,58$ pol^4

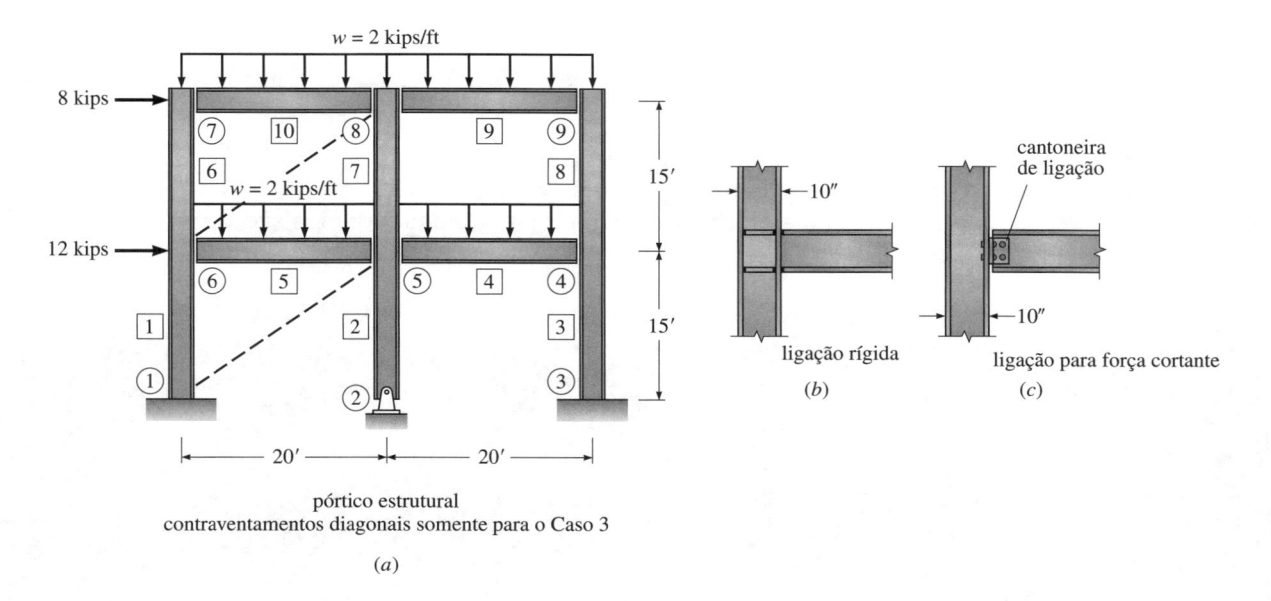

P9.41

Usando o programa de computador RISA-2D, analise as cargas gravitacionais e as cargas de vento dos pórticos estruturais nos três casos a seguir.

Caso 1. Pórtico não contraventado com ligações rígidas

(a) Analise o pórtico para as cargas mostradas na Figura P9.41a. Determine as forças e deslocamentos em sete seções ao longo do eixo de cada membro. Use o programa de computador para plotar os diagramas de cortantes e momentos.

(b) Determine se o deslocamento lateral relativo entre pisos adjacentes passa de $3/8$ pol — limite especificado para evitar a rachadura da fachada externa.

(c) Usando o programa de computador, plote a forma defletida do pórtico.

(d) Observe a diferença entre as magnitudes dos deslocamentos verticais e laterais dos nós 4 e 9. Quais são suas conclusões?

Caso 2. Pórtico não contraventado com ligações para força cortante

(a) Repita os passos a, b e c do Caso 1, supondo que as ligações para força cortante atuam como articulações; isto é, podem transmitir cortante e carga axial, mas nenhum momento.

(b) O que você conclui a respeito da resistência do pórtico não contraventado aos deslocamentos laterais?

Caso 3. Pórtico contraventado com ligações para força cortante

Assim como no Caso 2, todas as vigas são ligadas às colunas com ligações para força cortante, mas é adicionado contraventamento diagonal para formar uma treliça vertical com vigas de piso e colunas (ver linhas tracejadas na Figura P9.41a).

(a) Repita os passos a, b e c do Caso 1.

(b) Calcule as deflexões laterais do pórtico, se a área e o momento de inércia dos membros diagonais são *duplicados*. Compare os resultados com o contraventamento original mais leve de (a), para estabelecer a eficácia do contraventamento mais pesado.

(c) Faça uma tabela comparando os deslocamentos laterais dos nós 4 e 9 para os três casos. Discuta sucintamente os resultados desse estudo.

Prédio de montagem de veículos espaciais da Nasa, Centro Espacial Kennedy, Flórida, EUA. Além de projetar prédios e pontes, os engenheiros projetam estruturas de propósito especial, como o invólucro do foguete, a torre de apoio e a base da plataforma móvel na qual grandes foguetes são transportados para o local de lançamento.

CAPÍTULO 10

Métodos de trabalho--energia para calcular deflexões

10.1 Introdução

Quando uma estrutura é carregada, seus elementos tensionados se deformam. À medida que essas deformações ocorrem, a estrutura muda de aspecto e pontos dela se deslocam. Em uma estrutura bem projetada, os deslocamentos são pequenos. Por exemplo, a Figura 10.1a mostra uma viga em balanço descarregada que foi dividida arbitrariamente em quatro elementos retangulares. Quando uma carga vertical é aplicada no ponto B, um momento se desenvolve ao longo do comprimento da barra. Esse momento gera tensões normais de tração e compressão longitudinais que deformam os elementos retangulares em trapezoides e fazem o ponto B na ponta da viga em balanço deslocar-se verticalmente para baixo até B'. Esse deslocamento, Δ_B, está mostrado em uma escala exagerada na Figura 10.1b.

Analogamente, no exemplo da treliça mostrada na Figura 10.1c, a carga aplicada P produz as forças axiais F_1, F_2 e F_3 nas barras. Essas forças fazem as barras se deformarem axialmente, conforme mostrado pelas linhas tracejadas. Como resultado dessas deformações, o nó B da treliça se desloca diagonalmente até B'.

Os métodos de *trabalho-energia* fornecem a base de vários procedimentos utilizados para calcular deslocamentos. O trabalho-energia serve para o cálculo de deflexões porque os deslocamentos desconhecidos podem ser diretamente incorporados na expressão do *trabalho* — *o produto de uma força por um deslocamento*. No cálculo de deflexão típico, a magnitude e a direção das forças de projeto são especificadas, e as proporções dos membros são conhecidas. Portanto, uma vez calculadas as forças dos membros, a energia armazenada em cada elemento da estrutura pode ser avaliada e igualada ao trabalho realizado pelas forças externas aplicadas na estrutura. Como o *princípio da conservação de energia* diz que o trabalho realizado por um sistema de forças aplicadas em uma estrutura é igual à energia de deformação armazenada na estrutura, supõe-se que as cargas são aplicadas lentamente, *para que não seja produzida energia cinética nem calorífica*.

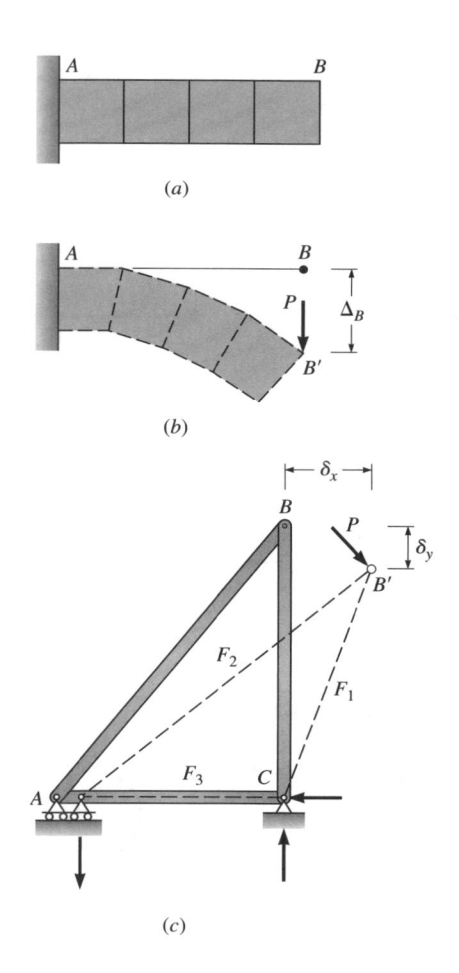

Figura 10.1: Deformações de estruturas carregadas: (*a*) viga antes de a carga ser aplicada; (*b*) deformações de flexão produzidas por uma carga em B; (*c*) deformações de uma treliça após a carga ser aplicada.

Iniciaremos nosso estudo de trabalho-energia examinando o trabalho realizado por uma força ou momento movendo-se por um pequeno deslocamento. Em seguida, deduziremos as equações da energia armazenada em uma viga e em uma barra carregada axialmente. Por fim, ilustraremos o método do trabalho-energia — também chamado de *método do trabalho real* — calculando uma componente da deflexão de um nó de uma treliça simples. Como o método do trabalho real tem sérias limitações (isto é, as deflexões só podem ser calculadas em um ponto onde uma força atua e somente uma única carga concentrada pode ser aplicada na estrutura), a principal ênfase deste capítulo será o método do trabalho virtual.

O método do trabalho virtual, um dos mais úteis e versáteis para calcular deflexões, é aplicável a muitos tipos de elementos estruturais, desde vigas e treliças simples até placas e cascas complexas. Embora o trabalho virtual possa ser aplicado às estruturas que se comportam *elasticamente* ou *inelasticamente*, o método exige que as alterações na geometria sejam pequenas (o método não poderia ser aplicado a um cabo que sofresse uma grande alteração na geometria pela aplicação de uma carga concentrada). Como vantagem adicional, o trabalho virtual permite que o projetista inclua nos cálculos de deflexão a influência de recalques de apoio, mudanças de temperatura, deformação lenta e erros de fabricação.

10.2 Trabalho

Trabalho é definido como o produto de uma *força* vezes um *deslocamento* na direção da força. Nos cálculos de deflexão nos preocuparemos com o trabalho realizado por forças e por momentos. Se uma força F tem magnitude constante à medida que se move do ponto A para B (ver Figura 10.2a), o trabalho W pode ser expresso como

$$W = F\delta \qquad (10.1)$$

em que o δ é a componente do deslocamento na direção da força. O trabalho é positivo quando a força e o deslocamento estão na mesma direção, e negativo quando a força atua na direção oposta ao deslocamento.

Quando uma força move-se perpendicularmente à sua linha de ação, como mostrado na Figura 10.2b, o trabalho é zero. Se a magnitude e a direção de uma força permanecem constantes à medida que a força se move por um deslocamento δ que *não é* colinear com a linha de ação da força, o trabalho total pode ser avaliado pela soma do trabalho realizado por cada componente da força movendo-se pelas componentes do deslocamento colinear correspondentes δ_x e δ_y. Por exemplo, na Figura 10.2c, podemos expressar o trabalho W realizado pela força F à medida que ela se move do ponto A para B, como

$$W = F_x\,\delta_x + F_y\,\delta_y$$

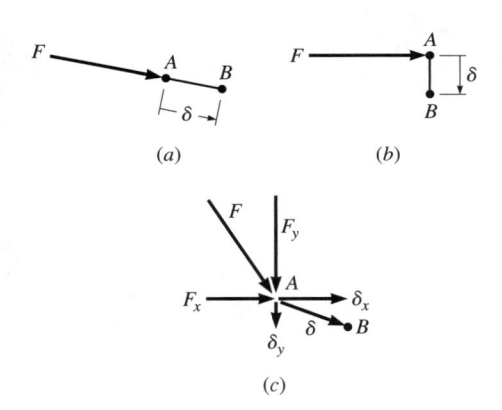

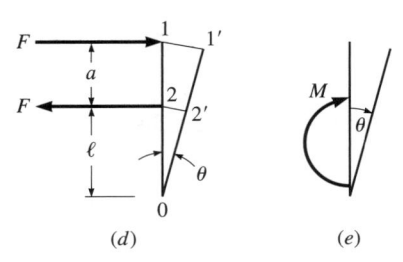

Figura 10.2: Trabalho realizado por forças e momentos: (*a*) força com deslocamento colinear; (*b*) força com deslocamento perpendicular à linha de ação da força; (*c*) um deslocamento não colinear; (*d*) um conjugado movendo-se por um deslocamento angular θ; (*e*) representação alternativa de um conjugado.

Analogamente, se um momento permanece constante, dado um deslocamento angular θ (ver Figura 10.2d e e), o trabalho realizado é igual ao produto do momento pelo deslocamento angular θ:

$$W = M\theta \tag{10.2}$$

A expressão para o trabalho realizado por um conjugado pode ser deduzida somando-se o trabalho realizado por cada força F do conjugado na Figura 10.2d, à medida que ele se move em um arco circular durante o deslocamento angular θ. Esse trabalho é igual a

$$W = -F\ell\theta + F(\ell + a)\theta$$

Simplificando, temos

$$W = Fa\theta$$

Como $Fa = M$,

$$W = M\theta$$

Se a magnitude de uma força varia durante um deslocamento e se a relação funcional entre a força F e o deslocamento colinear δ é conhecida, o trabalho pode ser avaliado por integração. Nesse procedimento, mostrado graficamente na Figura 10.3a, o deslocamento é dividido em uma série de pequenos incrementos de comprimento $d\delta$. O incremento de trabalho dW associado a cada deslocamento infinitesimal $d\delta$ é igual a $F\,d\delta$. Então, o trabalho total é avaliado somando-se todos os incrementos:

$$W = \int_0^\delta F\,d\delta \tag{10.3}$$

Analogamente, para um momento variável que se move por uma série de deslocamentos angulares infinitesimais $d\theta$, o trabalho total é dado por

$$W = \int_0^\theta M\,d\theta \tag{10.4}$$

Quando a força é plotada em relação ao deslocamento (ver Figura 10.3a), o termo dentro das integrais da Equação 10.3 ou 10.4 pode ser interpretado como uma área infinitesimal sob a curva. O trabalho total realizado — a soma de todas as áreas infinitesimais — é igual à área total sob a curva. Se uma força ou um momento varia linearmente com o deslocamento, à medida que aumenta de zero até seu valor final de F ou M, respectivamente, o trabalho pode ser representado pela área triangular sob a curva de carga-deflexão linear (ver Figura 10.3b). Para essa condição, o trabalho pode ser expresso como

Para força:
$$W = \frac{F}{2}\delta \tag{10.5}$$

Para momento:
$$W = \frac{M}{2}\theta \tag{10.6}$$

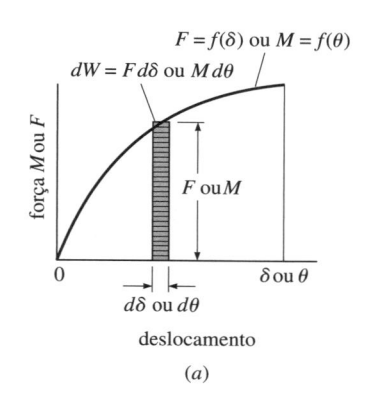

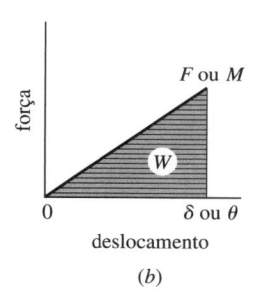

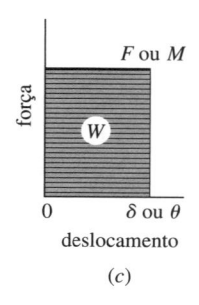

Figura 10.3: Curvas de força em função de deslocamento: (a) incremento do trabalho dW produzido por uma força variável mostrado com hachuras; (b) trabalho (mostrado pela área hachurada) realizado por uma força ou momento que varia linearmente de zero a F ou M; (c) trabalho realizado por uma força ou momento que permanece constante durante um deslocamento.

em que F e M são os valores máximos da força ou do momento e δ e θ são o deslocamento linear ou rotacional total.

Quando existir uma relação *linear* entre força e deslocamento e quando a força aumentar de zero até seu valor final, as expressões do trabalho sempre conterão um fator *meio*, como mostrado pelas equações 10.5 e 10.6. Por outro lado, se a magnitude de uma força ou de um momento é constante durante um deslocamento (equações 10.1 e 10.2), o trabalho é plotado como uma área retangular (ver Figura 10.3c) e o fator *meio* fica ausente.

10.3 Energia de deformação

Barras de treliça

Quando uma barra é carregada axialmente, ela se deforma e armazena energia de deformação U. Por exemplo, na barra mostrada na Figura 10.4a, a carga P aplicada externamente causa uma força axial F de magnitude igual (isto é, $F = P$). Se a barra se comporta elasticamente (aplica-se a lei de Hooke), a magnitude da energia de deformação U armazenada em uma barra, causada por uma força que aumenta linearmente de zero até um valor final F, quando a barra sofre uma mudança no comprimento ΔL, é igual a

$$U = \frac{F}{2} \Delta L \quad (10.7)$$

em que

$$\Delta L = \frac{FL}{AE} \quad (10.8)$$

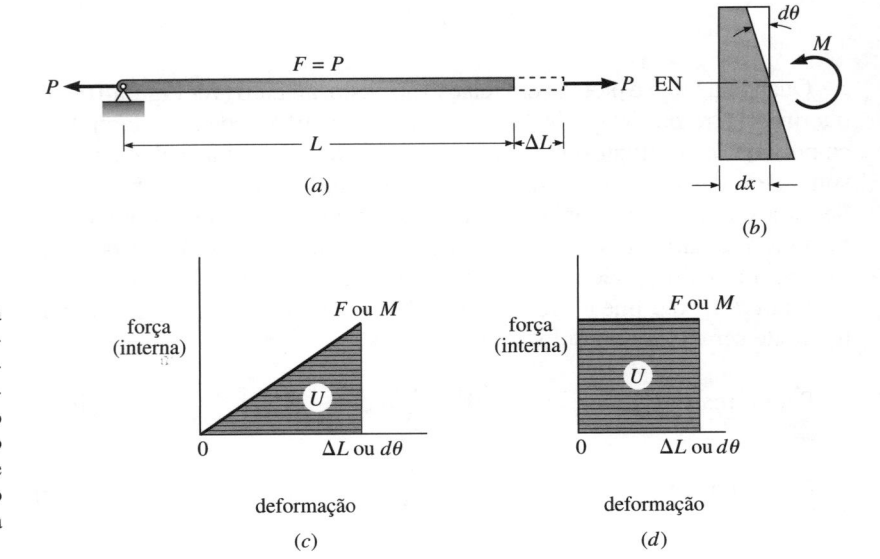

Figura 10.4: Energia de deformação armazenada em uma barra ou elemento de viga: (*a*) deformação de uma barra carregada axialmente; (*b*) deformação rotacional de elemento de viga infinitesimal causada pelo momento M; (*c*) representação gráfica da carga em função da deformação do elemento no qual a carga aumenta linearmente de zero até um valor final; (*d*) curva de deformação por carga de membro que deforma sob uma carga constante.

em que L = comprimento da barra
  A = área da seção transversal da barra
  E = módulo de elasticidade
  F = valor final da força axial

Substituindo a Equação 10.8 na Equação 10.7, podemos expressar U em termos da força de barra F e das propriedades do membro como

$$U = \frac{F}{2} \frac{FL}{AE} = \frac{F^2 L}{2AE} \tag{10.9}$$

Se a magnitude da força axial permanece constante quando a barra sofre uma mudança ΔL no comprimento por causa de algum efeito externo (por exemplo, uma mudança de temperatura), a energia de deformação armazenada no membro é igual a

$$U = F\,\Delta L \tag{10.10}$$

Observe que, quando uma força permanece constante na ocorrência da deformação axial de uma barra, o fator *meio* não aparece na expressão de U (compare as equações 10.7 e 10.10).

A energia armazenada em um corpo, assim como o trabalho realizado por uma força (ver Figura 10.3), pode ser representada graficamente. Se a variação de força de barra for plotada em relação à mudança no comprimento da barra ΔL, a área sob a curva representará a energia de deformação U armazenada no membro. A Figura 10.4c é a representação gráfica da Equação 10.7 — o caso em que uma força de barra aumenta linearmente de zero até um valor final F. A representação gráfica da Equação 10.10 — o caso em que a força de barra permanece constante quando a barra muda de comprimento — é mostrada na Figura 10.4d. Curvas semelhantes de força em função da deformação podem ser plotadas para elementos de viga, como aquele mostrado na Figura 10.4b. No caso do elemento de viga, plotamos o momento M em função da rotação $d\theta$.

Vigas

O incremento de energia de deformação dU armazenada em um segmento de viga de comprimento infinitesimal dx (ver Figura 10.4b), causado por um momento M que *aumenta linearmente de zero até um valor final de M*, quando os lados do segmento giram por um ângulo $d\theta$, é igual a

$$dU = \frac{M}{2}\,d\theta \tag{10.11}$$

Conforme mostramos anteriormente, $d\theta$ pode ser expresso como

$$d\theta = \frac{M\,dx}{EI} \tag{9.13}$$

em que E é igual ao módulo de elasticidade e I é igual ao momento de inércia da seção transversal em relação ao eixo neutro.

Substituindo a Equação 9.13 em 10.11 temos o incremento de energia de deformação armazenada em um segmento de viga de comprimento dx, como

$$dU = \frac{M}{2}\frac{M\,dx}{EI} = \frac{M^2\,dx}{2EI} \qquad (10.12)$$

Para avaliar a energia de deformação U total armazenada em uma viga de EI constante, a energia de deformação deve ser somada para todos os segmentos infinitesimais por meio da integração dos dois lados da Equação 10.12.

$$U = \int_0^L \frac{M^2\,dx}{2EI} \qquad (10.13)$$

Para integrar o lado direito da Equação 10.13, M deve ser expresso em termos das cargas aplicadas e da distância x ao longo do vão (consultar Seção 5.3). Em cada seção onde a carga muda, é exigida uma nova expressão de momento. Se I varia ao longo do eixo do membro, também deve ser expressa como uma função de x.

Se o momento M permanece constante quando um segmento de viga passa por uma rotação $d\theta$ causada por *outro efeito*, o incremento de energia de deformação armazenada no elemento é igual a

$$dU = M\,d\theta \qquad (10.14)$$

Quando $d\theta$ na Equação 10.14 é produzido por um momento de magnitude M_P, usando a Equação 9.13, podemos eliminar $d\theta$ e expressar dU como

$$dU = \frac{MM_P\,dx}{EI} \qquad (10.14a)$$

10.4 Deflexões pelo método do trabalho-energia (trabalho real)

Para estabelecer uma equação que calcule a deflexão de um ponto em uma estrutura pelo método do trabalho-energia, de acordo com o princípio da conservação de energia, podemos escrever que

$$W = U \qquad (10.15)$$

em que W é o trabalho realizado pela força externa aplicada na estrutura e U é a energia de deformação armazenada nos membros tensionados da estrutura.

A Equação 10.15 presume que todo trabalho realizado por uma força externa é convertido em energia de deformação. Para satisfazer esse requisito, teoricamente uma carga deve ser aplicada lentamente, para que não seja produzida nem energia cinética nem calorífica. No projeto de prédios e pontes para cargas de projeto normais, sempre vamos supor que essa condição é satisfeita para que a Equação 10.15 seja válida. Como uma única equação permite a solução de apenas uma variável desconhecida, a Equação 10.15 — a base do método do trabalho real — *só pode ser aplicada a estruturas carregadas por uma única força.*

Trabalho-energia aplicado a uma treliça

Para estabelecer uma equação que possa ser usada para calcular a deflexão de um ponto em uma treliça, devido a uma carga P que aumenta linearmente de zero até um valor final P, substituímos as equações 10.5 e 10.9 na Equação 10.15 para ter

$$\frac{P}{2}\delta = \sum \frac{F^2 L}{2AE} \qquad (10.16)$$

em que P e δ são colineares e o símbolo de somatório Σ indica que a energia em todas as barras deve ser somada. O uso da Equação 10.16 para calcular o deslocamento horizontal do nó B da treliça na Figura 10.5 é ilustrado no Exemplo 10.1.

Conforme mostrado na Figura 10.5, o nó B se desloca horizontal e verticalmente. Como a carga aplicada de 30 kips é horizontal, podemos calcular a componente horizontal do deslocamento. Contudo, não podemos calcular a componente vertical do deslocamento do nó B pelo método do trabalho real, pois a força aplicada não atua na direção vertical. O *método do trabalho virtual*, que discutiremos a seguir, permite calcular uma única componente do deslocamento em qualquer direção de qualquer nó para qualquer tipo de carga e, com isso, supera as principais limitações do método do trabalho real.

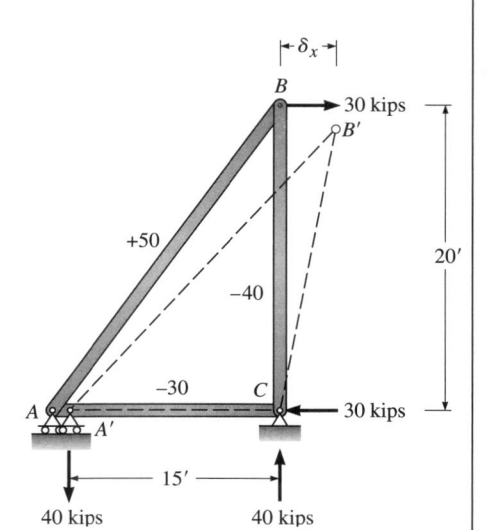

EXEMPLO 10.1

Usando o método do trabalho real, determine a deflexão horizontal δ_x do nó B da treliça mostrada na Figura 10.5. Para todas as barras, $A = 2{,}4$ pol^2 e $E = 30\,000$ kips/pol^2. A forma defletida está mostrada pelas linhas tracejadas.

Solução

Como a força aplicada de $P = 30$ kips atua na direção do deslocamento exigido, o método do trabalho real é válido e a Equação 10.16 se aplica.

$$\frac{P}{2}\delta_x = \sum \frac{F^2 L}{2AE} \qquad (10.16)$$

Os valores de força de barra F são mostrados na treliça da Figura 10.5.

$$\frac{30}{2}\delta_x = \frac{(50)^2(25)(12)}{2(2{,}4)(30\,000)} + \frac{(-40)^2(20)(12)}{2(2{,}4)(30\,000)} + \frac{(-30)^2(15)(12)}{2(2{,}4)(30\,000)}$$

$\delta_x = 0{,}6$ pol   **Resp.**

Figura 10.5

10.5 Trabalho virtual: treliças

Método do trabalho virtual

Trabalho virtual é um procedimento para calcular uma única componente da deflexão em qualquer ponto de uma estrutura. O método é aplicável a muitos tipos de estruturas, desde vigas simples a placas e cascas complexas. Além disso, o método permite ao projetista incluir nos cálculos de deflexão a influência de recalques de apoio, mudança de temperatura e erros de fabricação.

Para calcular uma componente da deflexão pelo método do trabalho virtual, o projetista aplica uma força na estrutura, no ponto e na direção do deslocamento desejado. Frequentemente, essa força é chamada de *carga fictícia*, pois o deslocamento que a estrutura sofrerá é produzido por outros efeitos. Esses outros efeitos incluem as cargas reais, mudança de temperatura, recalques de apoio etc. A carga fictícia e as reações e forças internas que ela cria são denominadas *sistema Q*. As forças, o trabalho, os deslocamentos ou a energia associados ao sistema Q terão um Q subscrito. Embora o analista esteja livre para atribuir qualquer valor arbitrário a uma carga fictícia, normalmente usamos uma força de 1 kip ou 1 kN para calcular um deslocamento linear e um momento de 1 kip·ft ou 1 kN·m para determinar uma rotação ou inclinação.

Com a carga fictícia em vigor, são aplicadas na estrutura as *cargas reais* chamadas de *sistema P*. As forças, as deformações, o trabalho e a energia associados ao sistema P terão um P subscrito. Quando a estrutura deforma sob as cargas reais, um *trabalho virtual externo* W_Q é realizado pela carga fictícia (ou cargas fictícias) ao se mover pelo deslocamento real da estrutura. De acordo com o princípio da conservação de energia, uma quantidade equivalente de *energia de deformação virtual* U_Q é armazenada na estrutura; isto é,

$$W_Q = U_Q \qquad (10.17)$$

A energia de deformação virtual armazenada na estrutura é igual ao produto das forças internas produzidas pela carga fictícia e das distorções (mudanças no comprimento de barras carregadas axialmente, por exemplo) dos elementos da estrutura produzidas pelas cargas reais (isto é, o sistema P).

Análise de treliças pelo trabalho virtual

Para esclarecer as variáveis que aparecem nas expressões de trabalho e energia na Equação 10.17, aplicaremos o método do trabalho virtual na treliça de barra única da Figura 10.6a, para determinar o deslocamento horizontal δ_P do rolo em B. A barra, que transmite apenas carga axial, tem uma área de seção transversal A e um módulo de elasticidade E. A Figura 10.6a mostra a força de barra F_P, o alongamento da barra ΔL_P e o deslocamento horizontal δ_P do nó B, produzidos pelo sistema P (a carga real). Como a barra está em tração, alonga por uma quantidade ΔL_P, em que

$$\Delta L_P = \frac{F_P L}{AE} \tag{10.8}$$

Supondo que a carga horizontal no nó B é aplicada lentamente (para que todo trabalho seja convertido em energia de deformação) e aumenta de zero até um valor final P, podemos usar a Equação 10.5 para expressar o trabalho real W_P realizado pela força P, como

$$W_P = \tfrac{1}{2} P \delta_P \tag{10.18}$$

Embora uma reação vertical P_v se desenvolva em B, ela não age quando o rolo se desloca, pois atua normal ao deslocamento do nó B. Uma representação gráfica da deflexão do nó B em função da carga aplicada P é mostrada na Figura 10.6b. Conforme estabelecemos na Seção 10.2, a área triangular W_P sob a curva carga-deflexão representa o trabalho real realizado na estrutura pela carga P.

Como resultado do trabalho real realizado por P, uma energia de deformação U_P de magnitude igual é armazenada na barra AB. Usando a Equação 10.7, podemos expressar essa energia de deformação como

$$U_P = \tfrac{1}{2} F_P \, \Delta L_P \tag{10.19}$$

Uma representação gráfica da energia de deformação armazenada na barra, como uma função da força de barra F_P e do alongamento ΔL_P da barra, é mostrada na Figura 10.6c. De acordo com a conservação de energia, W_P é igual a U_P; portanto, as áreas sombreadas W_P e U_P sob as linhas inclinadas na Figura 10.6b e c devem ser iguais.

Em seguida, consideramos o trabalho realizado na energia de deformação armazenada na barra pela aplicação, em sequência, da carga fictícia Q, seguida da carga real P. A Figura 10.6d mostra a força de barra F_Q, a deformação da barra ΔL_Q e o deslocamento horizontal δ_Q do nó B, produzidos pela carga fictícia Q. Supondo que a carga fictícia é aplicada lentamente e aumenta de zero até seu valor final Q, podemos expressar o trabalho real W_D realizado pela carga fictícia como

$$W_D = \tfrac{1}{2} Q \delta_Q \tag{10.20a}$$

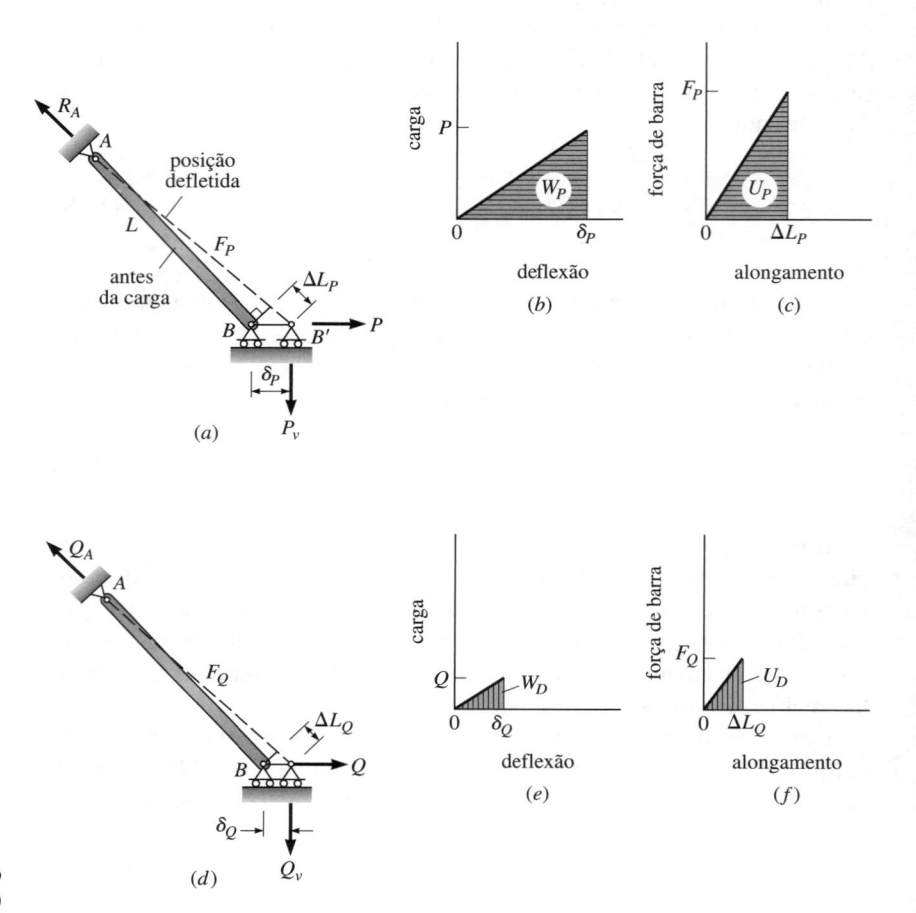

Figura 10.6: Representação gráfica de trabalho e energia no método do trabalho virtual: (*a*) sistema *P*: forças e deformações produzidas pela carga real *P*; (*b*) representação gráfica do trabalho real W_P realizado pela força *P* quando o rolo em (*a*) se move de *B* para *B'*; (*c*) representação gráfica da energia de deformação real U_P armazenada na barra *AB* quando ela se alonga por uma quantidade ΔL_P ($U_P = W_P$); (*d*) forças e deslocamentos produzidos pela carga fictícia *Q*; (*e*) representação gráfica do trabalho real W_D realizado pela carga fictícia *Q*; (*f*) representação gráfica da energia de deformação real U_D armazenada na barra *AB* pela carga fictícia; (*g*) forças e deformações produzidas pelas forças *Q* e *P* atuando juntas; (*h*) representação gráfica do trabalho total W_t realizado por *Q* e *P*; (*i*) representação gráfica da energia de deformação total U_t armazenada na barra por *Q* e *P*.

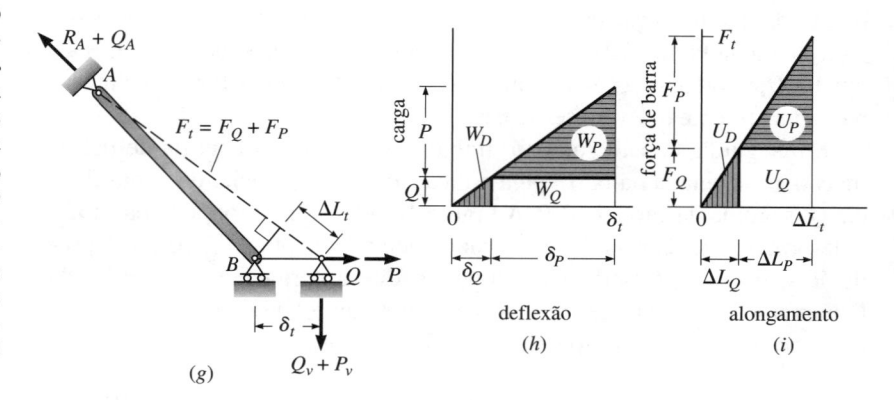

A curva carga-deflexão associada à carga fictícia está mostrada na Figura 10.6e. A área triangular sob a linha inclinada representa o trabalho real W_D realizado pela carga fictícia Q. A energia de deformação U_D correspondente, armazenada na barra quando ela se alonga, é igual a

$$U_D = \tfrac{1}{2} F_Q \, \Delta L_Q \qquad (10.20b)$$

A Figura 10.6f mostra a energia de deformação armazenada na estrutura em virtude do alongamento da barra AB pela carga fictícia. De acordo com o princípio da conservação de energia, W_D deve ser igual a U_D. Portanto, as áreas triangulares hachuradas na Figura 10.6e e f são iguais.

Com a carga fictícia em vigor, imaginamos agora que a carga real P é aplicada (ver Figura 10.6g). Como supomos que o comportamento é elástico, o princípio da superposição exige que as deformações finais, forças de barra, reações etc. (mas não o trabalho nem a energia de deformação, conforme estabeleceremos em breve) sejam iguais à soma daquelas produzidas por Q e P atuando separadamente (ver Figura 10.6a e d). A Figura 10.6h mostra o trabalho total W_t realizado pelas forças Q e P quando o ponto B se desloca horizontalmente por uma quantidade $\delta_t = \delta_Q + \delta_P$. A Figura 10.6i mostra a energia de deformação total U_t armazenada na estrutura pela ação das forças Q e P.

Para esclarecer o significado físico do trabalho virtual e da energia de deformação virtual, subdividimos as áreas na Figura 10.6h e i que representam o trabalho total e a energia de deformação total nas três áreas a seguir:

1. Áreas triangulares W_D e U_D (mostradas com hachuras verticais)
2. Áreas triangulares W_P e U_P (mostradas com hachuras horizontais)
3. Duas áreas retangulares, rotuladas como W_Q e U_Q

Como $W_D = U_D$, $W_P = U_P$ e $W_t = U_t$, pelo princípio da conservação de energia, segue-se que as duas áreas retangulares W_Q e U_Q, que representam, respectivamente, o trabalho virtual externo e a energia de deformação virtual, devem ser iguais; e podemos escrever

$$W_Q = U_Q \qquad (10.17)$$

Conforme mostrado na Figura 10.6h, podemos expressar W_Q como

$$W_Q = Q \delta_P \qquad (10.21a)$$

em que Q é igual à magnitude da carga fictícia e δ_P é o deslocamento ou a componente do deslocamento na direção de Q, produzidos pelo sistema P. Conforme indicado na Figura 10.6i, podemos expressar U_Q como

$$U_Q = F_Q \, \Delta L_P \qquad (10.21b)$$

em que F_Q é a força de barra produzida pela carga fictícia Q e ΔL_P é a mudança no comprimento da barra, produzida pelo sistema P.

Substituindo as equações 10.21a e 10.21b na Equação 10.17, podemos escrever a equação do trabalho virtual para a treliça de barra única como

$$Q \cdot \delta_P = F_Q \, \Delta L_P \qquad (10.22)$$

Adicionando símbolos de somatório em cada lado da Equação 10.22, produzimos a Equação 10.23, a equação geral do trabalho virtual para a análise de qualquer tipo de treliça.

$$\Sigma Q \delta_P = \Sigma F_Q \, \Delta L_P \qquad (10.23)$$

O símbolo de somatório no lado esquerdo da Equação 10.23 indica que, em certos casos (ver Exemplo 10.7, por exemplo), mais de uma força externa Q contribui para o trabalho virtual. O símbolo de somatório no lado direito da Equação 10.23 foi adicionado porque a maioria das treliças contém mais de uma barra.

A Equação 10.23 mostra que tanto forças internas como externas são fornecidas pelo sistema Q e que os deslocamentos e deformações da estrutura são fornecidos pelo sistema P. O termo *virtual* significa que os deslocamentos da carga fictícia são produzidos por um efeito externo (isto é, o sistema P).

Quando as deformações de barra são produzidas pela carga, podemos usar a Equação 10.8 para expressar as deformações de barra ΔL_P em termos da força de barra F_P e das propriedades dos membros. Para esse caso, podemos escrever a Equação 10.23 como

$$\Sigma Q \delta_P = \Sigma F_Q \frac{F_P L}{AE} \qquad (10.24)$$

Ilustraremos o uso da Equação 10.24 calculando a deflexão do nó B na treliça simples de duas barras mostrada no Exemplo 10.2. Como a direção do deslocamento resultante em B é desconhecida, não sabemos como orientar a carga fictícia para calculá-la. Portanto, faremos a análise com dois cálculos separados. Primeiramente, calculamos a componente do deslocamento na direção x, usando uma carga fictícia horizontal (ver Figura 10.7b). Em seguida, calculamos a componente y do deslocamento, usando uma carga fictícia vertical (ver Figura 10.7c). Se quisermos estabelecer a magnitude e a direção do deslocamento real, as componentes podem ser combinadas pela soma de vetores.

EXEMPLO 10.2

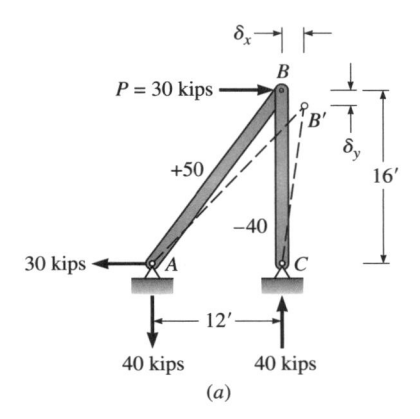

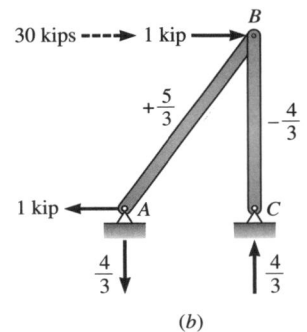

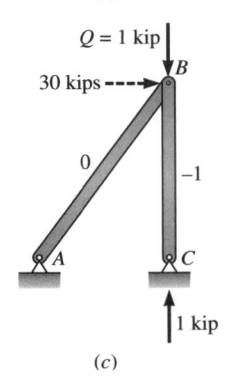

Sob a ação da carga de 30 kips, o nó B da treliça da Figura 10.7a se desloca até B' (a forma defletida é mostrada pelas linhas tracejadas). Usando trabalho virtual, calcule as componentes do deslocamento do nó B. Para todas as barras, $A = 2$ pol^2 e $E = 30\,000$ kips/pol^2.

Solução

Para calcular o deslocamento horizontal δ_x do nó B, aplicamos uma carga fictícia de 1 kip horizontalmente em B. A Figura 10.7b mostra as reações e forças de barra F_Q produzidas pela carga fictícia. Com a carga fictícia em vigor, aplicamos a carga real de 30 kips no nó B (indicada pela seta tracejada). A carga de 30 kips produz as forças de barra F_P, que deformam a treliça. Embora a carga fictícia e a carga real agora atuem dependentemente na estrutura, por clareza, mostramos as forças e deformações produzidas pela carga real, $P = 30$ kips, separadamente no esboço, na Figura 10.7a. Com as forças de barra estabelecidas, usamos a Equação 10.24 para calcular δ_x:

$$\Sigma Q \delta_P = \Sigma F_Q \frac{F_P L}{AE} \quad (10.24)$$

$$(1 \text{ kip})(\delta_x) = \frac{5}{3} \frac{50(20 \times 12)}{2(30\,000)} + \left(-\frac{4}{3}\right) \frac{(-40)(16 \times 12)}{2(30\,000)}$$

$$\delta_x = 0{,}5 \text{ pol} \rightarrow \quad \textbf{Resp.}$$

Para calcular o deslocamento vertical δ_y do nó B, aplicamos uma carga fictícia de 1 kip verticalmente no nó B (ver Figura 10.7c) e, então, aplicamos a carga real. Como o valor de F_Q na barra AB é zero (ver Figura 10.7c), nenhuma energia é armazenada nessa barra e precisamos avaliar apenas a energia de deformação armazenada na barra BC. Usando a Equação 10.24, calculamos

$$\Sigma Q \delta_P = \Sigma F_Q \frac{F_P L}{AE} \quad (10.24)$$

$$(1 \text{ kip})(\delta_y) = \frac{(-1)(-40)(16 \times 12)}{2(30\,000)} = 0{,}128 \text{ pol} \downarrow \quad \textbf{Resp.}$$

Figura 10.7: (a) Cargas reais (sistema P produzindo as forças de barra F_P). (b) Carga fictícia (sistema Q produzindo as forças F_Q) usada para calcular o deslocamento horizontal de B. A seta tracejada indica a carga real que gera as forças F_P mostradas em (a). (c) Carga fictícia (sistema Q) usada para calcular o deslocamento vertical de B.

Como você pode ver, se uma barra não está tensionada no sistema P nem no sistema Q, sua contribuição para a energia de deformação virtual armazenada em uma treliça é zero.

NOTA. O uso de uma carga fictícia de 1 kip na Figura 10.7*b* e *c* foi arbitrário e os mesmos resultados poderiam ser obtidos aplicando-se uma força fictícia de qualquer valor. Por exemplo, se a carga fictícia na Figura 10.7*b* fosse duplicada para 2 kips, as forças de barra F_Q seriam duas vezes maiores do que aquelas mostradas na figura. Quando as forças produzidas pela carga fictícia de 2 kips forem substituídas na Equação 10.24, o trabalho externo — uma função direta de Q — e a energia de deformação interna — uma função direta de F_Q — serão ambos duplicados. Como resultado, o cálculo produzirá o mesmo valor de deflexão produzido pela carga fictícia de 1 kip.

Valores positivos de δ_x e δ_y indicam que os dois deslocamentos ocorrem na mesma direção das cargas fictícias. Se a solução da equação do trabalho virtual produz um valor de deslocamento negativo, a direção do deslocamento tem sentido oposto à direção da carga fictícia. Portanto, não é necessário supor a direção real do deslocamento que está sendo calculado. *A direção da força fictícia pode ser escolhida arbitrariamente, e o sinal da resposta indicará automaticamente a direção correta do deslocamento.* Um sinal positivo significa que o deslocamento é na direção da força fictícia; um sinal negativo indica que o deslocamento tem sentido oposto à direção da carga fictícia.

Para avaliar a expressão da energia de deformação virtual $(F_Q F_P L)/(AE)$ no lado direito da Equação 10.24 (particularmente quando uma treliça é composta de muitas barras), muitos engenheiros utilizam uma tabela para organizar os cálculos (consultar Tabela 10.1 no Exemplo 10.3). Os termos da coluna 6 da Tabela 10.1 são iguais ao produto de F_Q, F_P e L, dividido por A. Se esse produto for dividido por E, será definida a energia de deformação armazenada na barra.

A energia de deformação virtual total armazenada na treliça é igual à soma dos termos da coluna 6, dividida por E. O valor da soma está escrito no final da coluna 6. Se E é uma constante para todas as barras, pode ser omitida do somatório e, então, introduzida na etapa final do cálculo da deflexão. *Se o valor de F_Q ou F_P de qualquer barra é zero, a energia de deformação nessa barra é zero e a barra pode ser omitida do somatório.*

Se forem necessárias várias componentes do deslocamento, serão adicionadas na tabela mais colunas para F_Q produzida por outras cargas fictícias. Colunas extras para F_P também são exigidas quando são calculadas deflexões para várias cargas.

EXEMPLO 10.3

Calcule o deslocamento horizontal δ_x do nó B da treliça mostrada na Figura 10.8a. Dados: $E = 30\,000$ kips/pol², área das barras AD e BC = 5 pol²; área de todas as outras barras = 4 pol².

Solução

As forças de barra F_P produzidas pelo sistema P estão mostradas na Figura 10.8a, e as forças de barra e reações F_Q produzidas por uma carga fictícia de 1 kip, dirigida horizontalmente no nó B, estão mostradas na Figura 10.8b. A Tabela 10.1 lista os termos necessários para avaliar a energia de deformação U_Q dada pelo lado direito da Equação 10.24. Como é constante, E é retirada do somatório e não é incluída na tabela.

Substituindo $\Sigma F_Q F_P L/A = 1\,025$ na Equação 10.24 e multiplicando o lado direito por 12 para converter pés em polegadas, temos

$$\Sigma Q \delta_P = \Sigma F_Q \frac{F_P L}{AE} = \frac{1}{E} \Sigma F_Q \frac{F_P L}{A} \qquad (10.24)$$

$$1 \text{ kip}(\delta_x) = \frac{1}{30\,000}(1\,025)(12)$$

$$\delta_x = 0{,}41 \text{ pol} \rightarrow \qquad \textbf{Resp.}$$

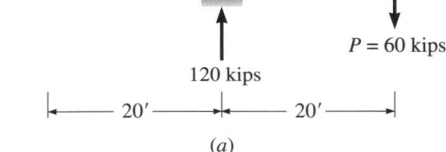

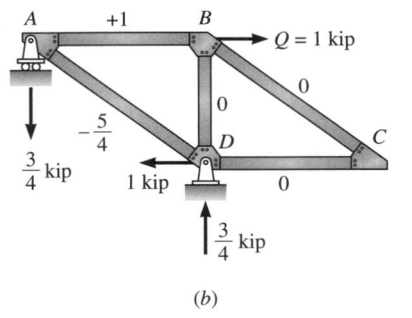

Figura 10.8: (a) O sistema P real carrega; (b) sistema Q.

TABELA 10.1

Barra (1)	F_Q kips (2)	F_P kips (3)	L ft (4)	A pol² (5)	$F_Q F_P L/A$ kips²·ft/pol² (6)
AB	+1	+80	20	4	+400
BC	0	+100	25	5	0
CD	0	−80	20	4	0
AD	$-\frac{5}{4}$	−100	25	5	+625
BD	0	−60	15	4	0
				$\Sigma F_Q F_P L/A =$	1 025

Deflexões de treliça produzidas pela temperatura e por erro de fabricação

Quando a temperatura de um membro varia, seu comprimento muda. Aumento na temperatura faz um membro expandir; diminuição na temperatura produz uma contração. Em um ou outro caso, a mudança no comprimento $\Delta L_{temp.}$ pode ser expressa como

$$\Delta L_{temp.} = \alpha\, \Delta T\, L \qquad (10.25)$$

em que α = coeficiente de dilatação térmica, pol/pol por grau
ΔT = mudança na temperatura
L = comprimento da barra

Para calcular uma componente da deflexão do nó devido a uma mudança na temperatura de uma treliça, primeiramente aplicamos uma carga fictícia. Então, supomos que ocorre a alteração no comprimento das barras, produzida pela mudança de temperatura. Quando as barras mudam de comprimento e a treliça se deforma, é realizado um trabalho virtual externo à medida que a carga fictícia se desloca. Internamente, a alteração no comprimento das barras da treliça resulta em uma mudança na energia de deformação U_Q igual ao produto das forças de barra F_Q (produzidas pela carga fictícia) pela deformação $\Delta L_{temp.}$ das barras. A equação do trabalho virtual para calcular um deslocamento de nó pode ser estabelecida pela substituição de ΔL_P por $\Delta L_{temp.}$ na Equação 10.23.

Uma alteração no comprimento da barra $\Delta L_{fabr.}$ devido a um erro de fabricação é tratada exatamente da mesma maneira que uma mudança de temperatura. O Exemplo 10.4 ilustra o cálculo de uma componente do deslocamento da treliça para uma mudança de temperatura e para um erro de fabricação.

Se as barras de uma treliça mudam de comprimento simultaneamente, devido a uma carga, a uma mudança de temperatura e a um erro de fabricação, então ΔL_P na Equação 10.23 é igual à soma dos vários efeitos; isto é,

$$\Delta L_P = \frac{F_P L}{AE} + \alpha\, \Delta T\, L + \Delta L_{fabr.} \qquad (10.26)$$

Quando ΔL_P dado pela Equação 10.26 é substituído na Equação 10.23, a forma geral da equação do trabalho virtual para treliças se torna

$$\Sigma Q \delta_P = \Sigma F_Q \left(\frac{F_P L}{AE} + \alpha\, \Delta T\, L + \Delta L_{fabr.} \right) \qquad (10.27)$$

EXEMPLO 10.4

Para a treliça mostrada na Figura 10.9a, determine o deslocamento horizontal δ_x do nó B para um aumento de 60 °F na temperatura e os seguintes erros de fabricação: (1) barra BC fabricada 0,8 pol mais curta e (2) barra AB fabricada 0,2 pol mais longa. Dados: $\alpha = 6,5 \times 10^{-6}$ pol/pol por °F.

Solução

Como a estrutura é determinada, nenhuma força de barra é gerada por uma mudança de temperatura ou por um erro de fabricação. Se os comprimentos das barras mudam, elas ainda podem ser conectadas aos apoios e ligadas em B por meio de um pino. Para as condições especificadas neste exemplo, a barra AB se alongará e a barra BC ficará mais curta. Se imaginarmos que as barras em seus estados deformados estão conectadas nos apoios de pino em A e C (ver Figura 10.9c), a barra AB se estenderá além do ponto B, a uma distância ΔL_{AB} até o ponto c, e o topo da barra BC estará localizado a uma distância ΔL_{BC} abaixo do nó B no ponto a. Se as barras são giradas em torno dos pinos, as extremidades superiores de cada barra se moverão nos arcos de círculos que se interceptam em B'. A posição deformada da treliça é mostrada pelas linhas tracejadas. Como o deslocamento inicial de cada barra tem direção tangente ao círculo, podemos supor, para pequenos deslocamentos, que inicialmente as barras se movem na direção das linhas tangentes (isto é, perpendicularmente aos raios). Por exemplo, como mostrado na Figura 10.9d, na região entre os pontos 1 e 2 a linha tangente e o arco quase coincidem.

Mudanças no comprimento das barras por causa do aumento de temperatura:

$$\Delta L_{\text{temp.}} = \alpha(\Delta T)L \qquad (10.25)$$

Barra AB: $\qquad \Delta L_{\text{temp.}} = 6,5 \times 10^{-6}(60)25 \times 12 = 0,117$ pol

Barra BC: $\qquad \Delta L_{\text{temp.}} = 6,5 \times 10^{-6}(60)20 \times 12 = 0,094$ pol

Para determinar δ_x, primeiramente aplicamos uma carga fictícia de 1 kip em B (Figura 10.9b) e, então, permitimos que ocorram as deformações especificadas na barra. Usando a Equação 10.27, calculamos

$$\Sigma Q \delta_P = \Sigma F_Q \Delta L_P = \Sigma F_Q (\Delta L_{\text{temp.}} + \Delta L_{\text{fab.}})$$

$$(1 \text{ kip})(\delta_x) = \tfrac{5}{3}(0,117 + 0,2) + (-\tfrac{4}{3})(0,094 - 0,8)$$

$$\delta_x = 1,47 \text{ pol} \rightarrow \qquad \textbf{Resp.}$$

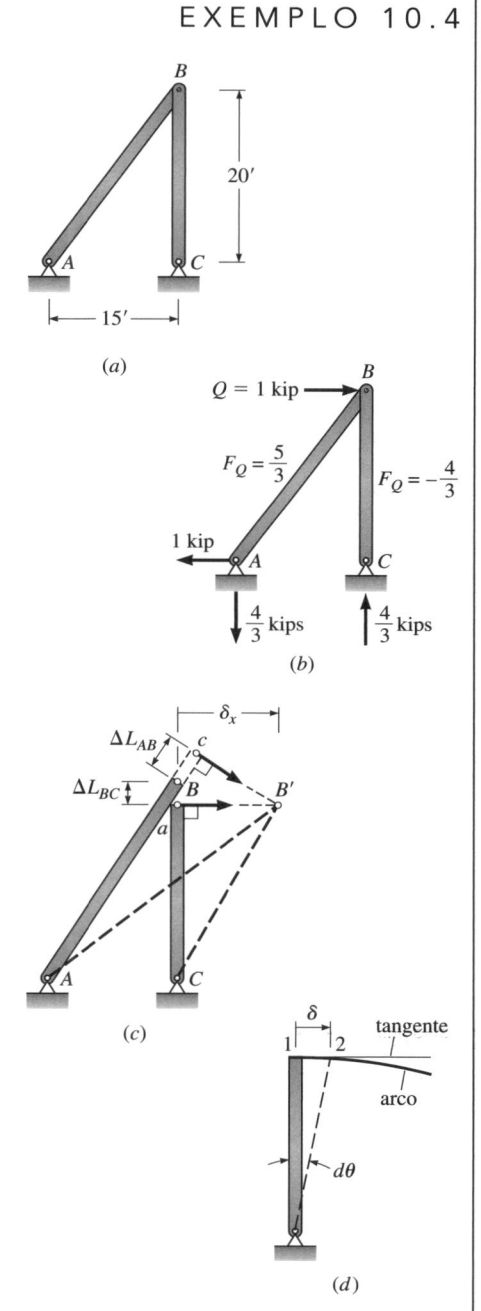

Figura 10.9: (a) Treliça; (b) sistema Q; (c) deslocamento do nó B produzido pelas mudanças no comprimento das barras; (d) para deslocamentos pequenos, a extremidade livre inicialmente se move perpendicularmente ao eixo da barra.

Cálculo dos deslocamentos produzidos por recalques de apoio

As estruturas edificadas em solos compressíveis (argila mole ou areia solta, por exemplo) frequentemente sofrem recalques significativos. Esses recalques podem produzir a rotação de membros e o deslocamento de nós. Se uma estrutura é determinada, nenhuma tensão interna é gerada pelo movimento de um apoio, pois a estrutura está livre para se ajustar à nova posição dos apoios. Por outro lado, recalques de apoio diferenciais podem gerar grandes forças internas em estruturas indeterminadas. A magnitude dessas forças é uma função da rigidez do membro.

O trabalho virtual fornece um método simples para avaliar os deslocamentos e as rotações produzidos por movimentos de apoio. Para calcular um deslocamento devido ao movimento de um apoio, uma carga fictícia é aplicada no ponto e na direção do deslocamento desejado. A carga fictícia, junto com suas reações, constitui o sistema Q. Quando a estrutura é sujeita aos movimentos de apoio especificados, um trabalho externo é realizado pela carga fictícia e por suas reações que deslocam. Como o movimento de um apoio não produz nenhuma distorção interna dos membros ou dos elementos estruturais, se a estrutura é determinada, a energia de deformação virtual é zero.

O Exemplo 10.5 ilustra o uso do trabalho virtual para calcular deslocamentos de nós e rotações produzidas pelos recalques dos apoios de uma treliça simples. O mesmo procedimento é aplicável às vigas e pórticos determinados.

Comportamento inelástico

A expressão da energia de deformação dada pelo lado direito da Equação 10.24 é baseada na suposição de que todas as barras da treliça se comportam elasticamente; isto é, o nível de tensão não ultrapassa o limite proporcional σ_{PL} do material. Para estender o trabalho virtual às treliças que contêm barras tensionadas além do limite proporcional até a região inelástica, devemos ter a curva tensão-deformação do material. Para estabelecer a deformação axial de uma barra, calculamos a tensão na barra, usamos a tensão para estabelecer a deformação e, então, avaliamos a mudança no comprimento ΔL_P usando a relação básica

$$\Delta L_P = \epsilon L \qquad (10.28)$$

O Exemplo 10.8 ilustra o procedimento para calcular a deflexão de um nó em uma treliça que contém uma barra tensionada na região inelástica.

EXEMPLO 10.5

Se o apoio A da treliça da Figura 10.10a tem um recalque de 0,6 pol e se move 0,2 pol para a esquerda, determine (a) o deslocamento horizontal δ_x do nó B e (b) a rotação θ da barra BC.

Solução

(a) Para calcular δ_x, aplique uma carga fictícia de 1 kip horizontalmente em B (ver Figura 10.10b) e calcule todas as reações. Suponha que ocorrem os movimentos do apoio, avalie o trabalho virtual externo e iguale a zero. Como nenhuma força de barra F_P é produzida pelo movimento do apoio, $F_P = 0$ na Equação 10.24, produzindo

$$\Sigma Q \delta_P = 0$$

$$(1 \text{ kip})(\delta_x) + 1(0,2 \text{ pol}) + \tfrac{4}{3}(0,6 \text{ pol}) = 0$$

$$\delta_x = -1 \text{ pol} \quad \textbf{Resp.}$$

O sinal de menos indica que δ_x está dirigido para a esquerda.

(b) Para calcular a rotação θ do membro BC, aplicamos uma carga fictícia de 1 kip·ft na barra BC, em qualquer lugar entre suas extremidades, e calculamos as reações do apoio (ver Figura 10.10c). Quando os movimentos de apoio mostrados na Figura 10.10a ocorrem, um trabalho virtual é realizado pela carga fictícia e pelas reações nos apoios que se deslocam na direção das reações. De acordo com a Equação 10.2, o trabalho virtual produzido por um momento unitário M_Q usado como carga fictícia é igual a $M_Q \theta$. Com esse termo somado a W_Q e com $U_Q = 0$, a expressão do trabalho virtual é igual a

$$W_Q = \Sigma(Q \delta_P + M_Q \theta_P) = 0$$

Expressando todos os termos em unidades de kips·pol (multiplicando M_Q por 12), temos

$$1(12)(\theta_P) - \tfrac{1}{15}(0,6) - \tfrac{1}{20}(0,2) = 0$$

$$\theta_P = 0{,}00417 \text{ rad} \quad \textbf{Resp.}$$

Para verificar o cálculo de θ para a barra BC, também podemos dividir δ_x por 20 pés:

$$\theta_P = \frac{\delta_x}{L} = \frac{1 \text{ pol}}{[20(12)] \text{ pol}} = 0{,}00417 \text{ rad}$$

Figura 10.10: (a) Forma defletida (ver linha tracejada) produzida pelo movimento do apoio A (nenhuma força F_P gerada); (b) sistema Q para calcular o deslocamento horizontal do nó B; (c) sistema Q para calcular a rotação da barra BC.

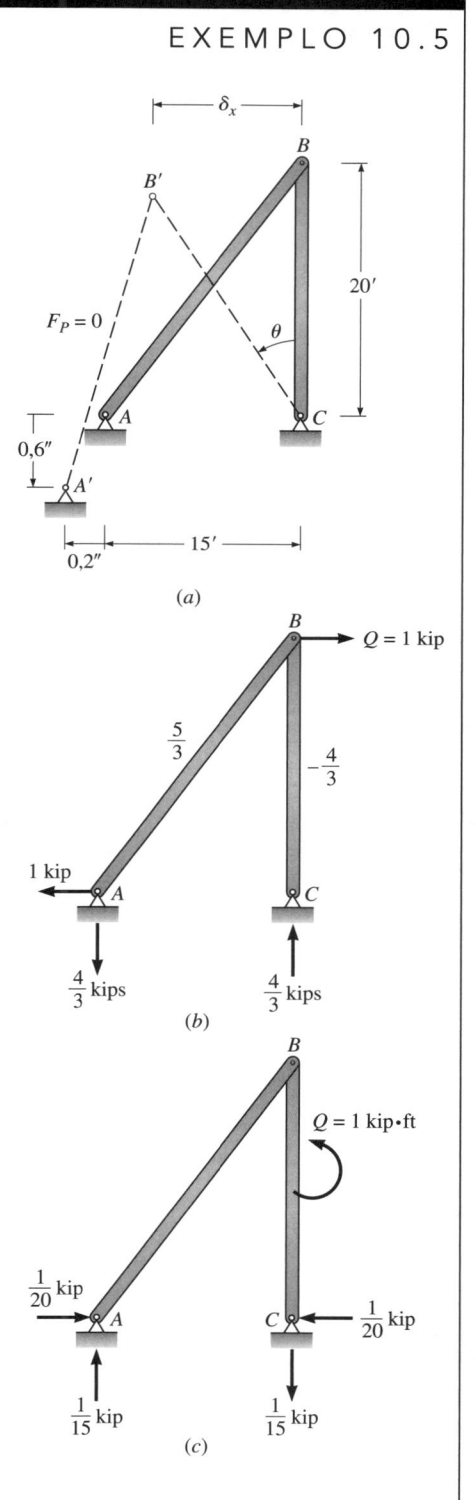

EXEMPLO 10.6

Determine o deslocamento horizontal δ_{CX} do nó C da treliça da Figura 10.11a. Além da carga de 48 kips aplicada no nó B, as barras AB e BC estão sujeitas a uma mudança de temperatura ΔT de $+100$ °F ($\alpha = 6{,}5 \times 10^{-6}$ pol/pol/°F), as barras AB e CD foram construídas $\tfrac{3}{4}$ pol mais longas e o apoio A foi construído $\tfrac{3}{5}$ pol abaixo do ponto A. Para todas as barras $A = 2$ pol² e $E = 30\,000$ kips/pol². Quanto as barras CD e DE devem ser alongadas ou encurtadas, se o deslocamento horizontal líquido no nó C deve ser zero, depois de ocorrerem as várias ações listadas acima?

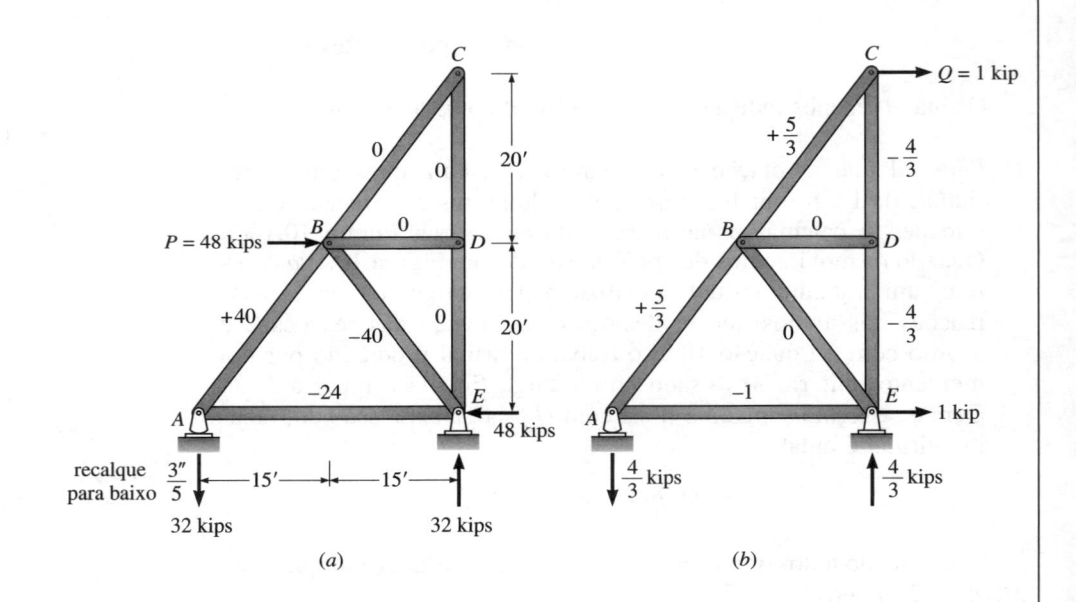

Figura 10.11: (a) Treliça com forças F_P mostradas nas barras (sistema P); (b) forças de barra F_Q e reações produzidas pela carga fictícia de 1 kip no nó C (sistema Q).

Solução

Aplique uma carga fictícia de 1 kip horizontalmente em C, como mostrado na Figura 10.11b, e calcule as forças de barra F_Q e as reações. Com a carga fictícia em vigor, a carga de 48 kips é aplicada em B, e supõe-se que ocorrem o recalque de apoio em A e as mudanças nos comprimentos de barra devido aos vários efeitos.

O recalque de apoio produz trabalho virtual externo; a carga, a mudança de temperatura e os erros de fabricação geram energia de deformação virtual quando as barras tensionadas pelas forças F_Q deformam. A energia de deformação virtual será zero em qualquer barra na qual F_Q for zero ou na qual a mudança no comprimento for zero. Portanto, precisamos avaliar apenas a energia de deformação virtual nas barras AB, AE, CD e BC, usando a Equação 10.27.

$$\Sigma Q \delta_p = \Sigma F_Q \left(\frac{F_P L}{AE} + \alpha \, \Delta T \, L + \Delta L_{\text{fabr.}} \right) \quad (10.27)$$

$$(1 \text{ kip})(\delta_{CX}) + \frac{4}{3} \text{ kips}\left(\frac{3}{5}\right) = \frac{5}{3} \text{ kips} \underbrace{\left[\frac{40(25 \times 12)}{2(30\,000)} + 6{,}5 \times 10^{-6}(100)(25 \times 12) + \frac{3}{4} \right]}_{\text{Barra } AB}$$

$$- (1 \text{ kip}) \underbrace{\left[\frac{(-24)(30 \times 12)}{2(30\,000)} \right]}_{\text{Barra } AE} + \underbrace{\left(-\frac{4}{3} \text{ kips}\right)\left(\frac{3}{4}\right)}_{\text{Barra } CD}$$

$$+ \frac{5}{3} \text{ kips} \underbrace{[6{,}5 \times 10^{-6}(100)(25 \times 12)]}_{\text{Barra } BC}$$

$$\delta_{CX} = 0{,}577 \text{ pol à direita} \qquad \textbf{Resp.}$$

Calcule a mudança no comprimento das barras DE e CD para produzir deslocamento horizontal zero no nó C.

$$\Sigma Q \delta_P = \Sigma F_Q \, \Delta L_P \quad (10.23)$$

$$1 \text{ kip}(-0{,}577 \text{ pol}) = -\tfrac{4}{3}(\Delta L_P)2$$

$$\Delta L_P = 0{,}22 \text{ pol} \qquad \textbf{Resp.}$$

Como ΔL é positivo, as barras devem ser alongadas.

EXEMPLO 10.7

(a) Determine o movimento relativo entre os nós B e E ao longo da linha diagonal entre eles, produzido pela carga de 60 kips no nó F (ver Figura 10.12a). Área das barras AF, FE e ED = 1,5 pol^2; área de todas as outras barras = 2 pol^2 e E = 30 000 kips/pol^2.

(b) Determine a deflexão vertical do nó F produzida pela carga de 60 kips.

(c) Se a elevação inicial do nó F na treliça não tensionada deve ser de 1,2 pol acima de uma linha horizontal que liga os apoios A e D, determine quanto cada barra da corda inferior deve ser encurtada.

Solução

(a) Para determinar o deslocamento relativo entre os nós B e E, usamos uma carga fictícia consistindo em duas forças colineares de 1 kip nos nós B e E, como mostrado na Figura 10.12b. Como E é uma constante para todas as barras, pode ser retirada do somatório no lado direito da Equação 10.24, produzindo

$$\Sigma Q \delta_P = \Sigma F_Q \frac{F_P L}{AE} = \frac{1}{E} \Sigma F_Q \frac{F_P L}{A} \qquad (10.24)$$

em que a quantidade $\Sigma F_Q(F_P L/A)$ é avaliada na coluna 6 da Tabela 10.2. Substituindo na Equação 10.24 e expressando as unidades em kips e polegadas, temos

$$1 \text{ kip}(\delta_1) + 1 \text{ kip}(\delta_2) = \frac{1}{30\,000}(37{,}5)(12)$$

Eliminando 1 kip no lado esquerdo da equação e fazendo $\delta_1 + \delta_2 = \delta_{rel.}$, temos

$$\delta_{rel.} = \delta_1 + \delta_2 = 0{,}015 \text{ pol} \qquad \textbf{Resp.}$$

Como o sinal do deslocamento relativo é positivo, os nós B e E se movem um na direção do outro. Neste exemplo, não dá para estabelecer os valores absolutos de δ_1 e δ_2, pois não podemos encontrar duas incógnitas com uma única equação. Para calcular δ_1, por exemplo, devemos aplicar uma única carga fictícia diagonal no nó B e aplicar a equação do trabalho virtual.

(b) Para determinar a deflexão vertical do nó F, produzida pela carga de 60 kips na Figura 10.12a, devemos aplicar uma carga fictícia no nó F, na direção vertical. Embora normalmente usemos uma carga fictícia de 1 kip (conforme discutido anteriormente no Exemplo 10.2), a magnitude da carga fictícia é arbitrária. Portanto, a carga real

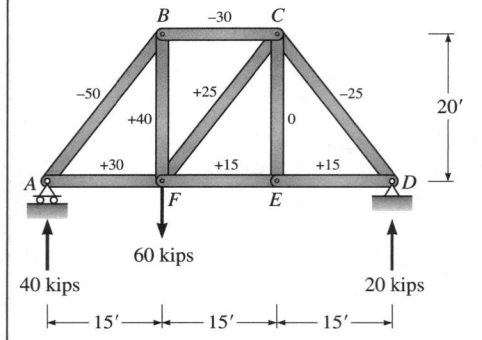

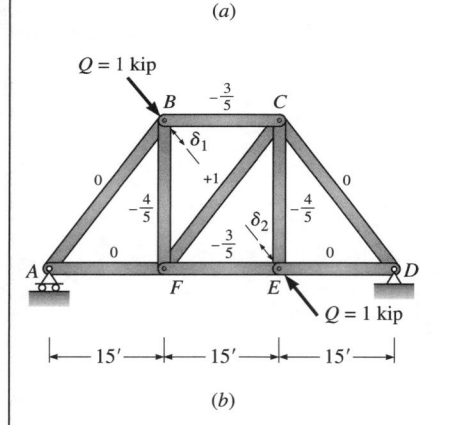

Figura 10.12: (a) Sistema P com forças de barra F_P; (b) sistema Q com as forças F_Q mostradas nas barras.

TABELA 10.2

Membros (1)	F_Q kips (2)	F_P kips (3)	L ft (4)	A pol² (5)	$F_Q F_P \dfrac{L}{A}$ (kips²·ft)/pol² (6)	$F_P^2 \dfrac{L}{A}$ (kips²·ft)/pol² (7)
AB	0	−50	25	2	0	31 250
BC	$-\frac{3}{5}$	−30	15	2	+135	6750
CD	0	−25	25	2	0	7812,5
DE	0	+15	15	1,5	0	2250
EF	$-\frac{3}{5}$	+15	15	1,5	−90	2250
FA	0	+30	15	1,5	0	9000
BF	$-\frac{4}{5}$	+40	20	2	−320	16 000
FC	+1	+25	25	2	+312,5	7812,5
CE	$-\frac{4}{5}$	0	20	2	0	0

$$\Sigma F_Q F_P \frac{L}{A} = +37,5 \qquad \Sigma F_P^2 \frac{L}{A} = 83\,125$$

de 60 kips também pode servir como carga fictícia, e a análise da treliça para o sistema P mostrado na Figura 10.12a também fornece os valores de F_Q. Usando a Equação 10.24 com $F_Q = F_P$, obtemos

$$\Sigma Q \delta_P = \Sigma F_Q \frac{F_P L}{AE} = \frac{1}{E} \Sigma F_P^2 \frac{L}{A}$$

em que $\Sigma F_P^2 (L/A)$, avaliada na coluna 7 da Tabela 10.2, é igual a 83 125. Resolvendo para δ_P, temos

$$60\,\delta_P = \frac{1}{30\,000}(83\,125)(12)$$

$$\delta_P = 0{,}554 \text{ pol} \downarrow \quad \textbf{Resp.}$$

(c) Como a carga aplicada de 60 kips na Figura 10.12a atua na direção vertical, podemos usá-la como carga fictícia para avaliar o deslocamento vertical (abaulamento) do nó F devido ao encurtamento das barras da corda inferior. Usando a Equação 10.23, na qual ΔL_P representa quanto cada uma das três barras da corda inferior é diminuída, para $\delta_P = -1{,}2$ pol, encontramos

$$\Sigma Q \delta_P = \Sigma F_Q \, \Delta L$$
$$(60 \text{ kips})(-1{,}2) = (30 \text{ kips})(\Delta L_P) + (15 \text{ kips})(\Delta L_P)$$
$$+ (15 \text{ kips})(\Delta L_P)$$
$$\Delta L_P = -1{,}2 \text{ pol} \quad \textbf{Resp.}$$

Um valor negativo de 1,2 pol é usado para δ_P no lado esquerdo da Equação 10.23 porque o deslocamento do nó tem sentido oposto à carga de 60 kips.

EXEMPLO 10.8

Calcule o deslocamento vertical δ_y do nó C para a treliça mostrada na Figura 10.13a. As barras da treliça são fabricadas com liga de alumínio cujo diagrama tensão-deformação (ver Figura 10.13c) é válido para tração e compressão uniaxiais. O limite proporcional, que ocorre em uma tensão de 20 kips/pol², separa o comportamento elástico do inelástico. Área da barra $AC = 1$ pol² e área da barra $BC = 0{,}5$ pol². Na região elástica $E = 10\,000$ kips/pol².

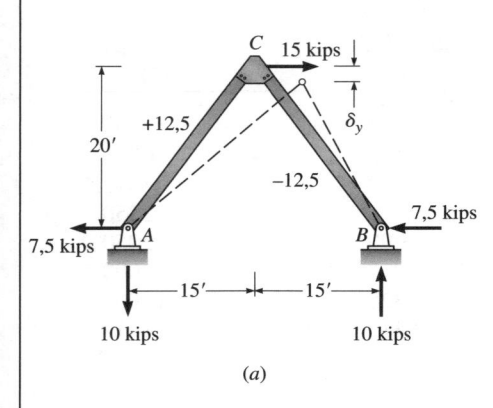

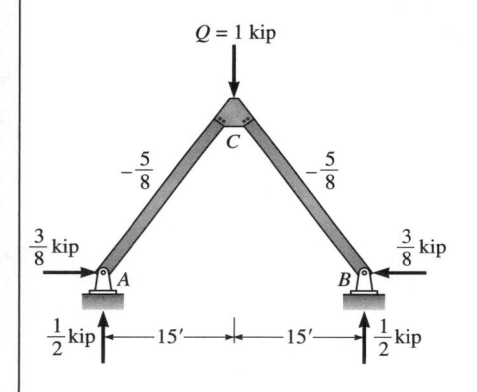

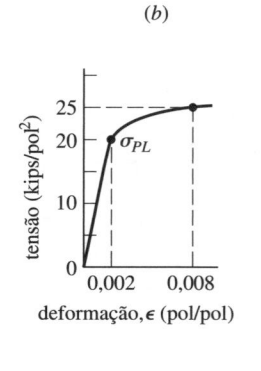

Solução

O sistema P com as forças F_P anotadas nas barras é mostrado na Figura 10.13a. O sistema Q com as forças F_Q é mostrado na Figura 10.13b. Para estabelecer se as barras se comportam elasticamente ou são tensionadas na região inelástica, calculamos a tensão axial e a comparamos com a tensão do limite proporcional.

Para a barra AC,

$$\sigma_{AC} = \frac{F_P}{A} = \frac{12{,}5}{1} = 12{,}5 \text{ kips/pol}^2 < \sigma_{PL} \quad \text{comportamento elástico}$$

Usando a Equação 10.8, temos

$$\Delta L_{AC} = \frac{F_P L}{AE} = \frac{12{,}5(25 \times 12)}{1(10\,000)} = 0{,}375 \text{ pol}$$

Para a barra BC,

$$\sigma_{BC} = \frac{F}{A} = \frac{12{,}5}{0{,}5}$$

$$= 25{,}0 \text{ kips/pol}^2 > \sigma_{PL} \quad \text{barra tensionada na região inelástica}$$

Para calcular ΔL_P, usamos a Figura 10.13c para estabelecer ϵ. Para $\sigma = 25$ ksi, lemos $\epsilon = 0{,}008$ pol/pol

$$\Delta L_{BC} = \epsilon L = -0{,}008(25 \times 12) = -2{,}4 \text{ pol} \quad \text{(encurta)} \quad \textbf{Resp.}$$

Calcule δ_y, usando a Equação 10.23.

$$(1 \text{ kip})(\delta_y) = \Sigma F_Q \, \Delta L_P$$

$$\delta_y = \left(-\tfrac{5}{8}\right)(-2{,}4) + \left(-\tfrac{5}{8}\right)(0{,}375)$$

$$= 1{,}27 \text{ pol} \downarrow \quad \textbf{Resp.}$$

Figura 10.13: (a) Sistema P mostrando as forças de barra F_P; (b) sistema Q mostrando as forças de barra F_Q; (c) diagrama tensão-deformação (o comportamento inelástico ocorre quando a tensão passa de 20 kips/pol²).

10.6 Trabalho virtual: vigas e pórticos

Tanto o cortante quanto o momento contribuem para as deformações das vigas. Contudo, como as deformações produzidas pelas forças cortantes em vigas de proporções normais são pequenas (normalmente, menos de 1% das deformações de flexão), vamos desprezá-las neste livro (a prática-padrão dos projetistas) e considerar somente as deformações produzidas por momento. Se uma viga é alta (a relação vão/altura é da ordem de 2 ou 3) ou se a alma de uma viga é fina ou construída de material (madeira, por exemplo) com módulo de cisalhamento baixo, as deformações de cisalhamento podem ser significativas e devem ser investigadas.

O procedimento para calcular uma componente da deflexão de uma viga pelo trabalho virtual é semelhante ao de uma treliça (exceto a expressão da energia de deformação, que é diferente, obviamente). O analista aplica uma carga fictícia Q no ponto onde a deflexão vai ser avaliada. Embora a carga fictícia possa ter qualquer valor, normalmente usamos uma carga unitária de 1 kip ou 1 kN para calcular um deslocamento linear e um momento unitário de 1 kip·ft ou 1 kN·m para calcular um deslocamento rotacional. Por exemplo, para calcular a deflexão no ponto C da viga da Figura 10.14, aplicamos a carga fictícia Q de 1 kip em C. A carga fictícia produz um momento M_Q em um elemento de viga infinitesimal típico, de comprimento dx, como mostrado na Figura 10.14b. Com a carga fictícia atuante, as cargas reais (o sistema P) são aplicadas na viga. Os momentos M_P produzidos pelo sistema P fletem a viga até sua posição de equilíbrio, como mostrado pela linha tracejada na Figura 10.14a. A Figura 10.14c mostra um segmento curto da viga, cortado do membro não tensionado por dois planos verticais afastados por uma distância dx. O elemento está localizado a uma distância x do apoio A. À medida que as forças do sistema P aumentam, os lados do elemento giram por um ângulo $d\theta$, por causa dos momentos M_P. Desprezando as deformações de cisalhamento, supomos que as seções planas antes da flexão permanecem planas depois dela; portanto, as deformações longitudinais do elemento variam linearmente a partir do eixo neutro da seção transversal. Usando a Equação 9.13, podemos expressar $d\theta$ como

$$d\theta = M_P \frac{dx}{EI} \qquad (9.13)$$

Quando a viga deflete, um trabalho virtual externo W_Q é realizado pela carga fictícia Q (e suas reações, caso os apoios se desloquem na direção das reações), movendo-se por uma distância igual ao deslocamento real δ_P na direção da carga fictícia, e podemos escrever

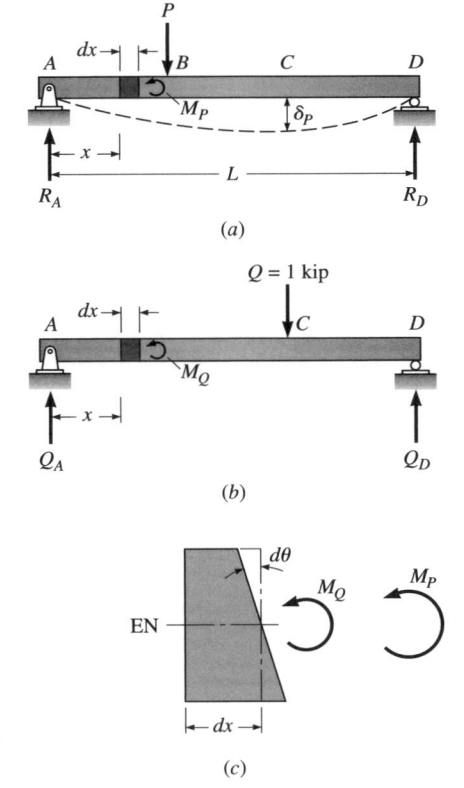

$$W_Q = \Sigma Q \delta_P \qquad (10.20)$$

Figura 10.14: (a) Sistema P; (b) sistema Q com carga fictícia em C; (c) elemento infinitesimal; $d\theta$ produzido por M_P.

Uma energia de deformação virtual dU_Q é armazenada em cada elemento infinitesimal à medida que o momento M_Q se move pelo ângulo $d\theta$ produzido pelo sistema P; assim, podemos escrever

$$dU_Q = M_Q\, d\theta \tag{10.14}$$

Para estabelecer a magnitude da energia de deformação virtual total U_Q armazenada na viga, devemos somar — normalmente por integração — a energia contida em todos os elementos infinitesimais da viga. Integrando os dois lados da Equação 10.14 ao longo do comprimento L da viga, temos

$$U_Q = \int_{x=0}^{x=L} M_Q\, d\theta \tag{10.29}$$

Como o princípio da conservação de energia exige que o trabalho virtual externo W_Q seja igual à energia de deformação virtual U_Q, podemos igualar W_Q dado pela Equação 10.20 e U_Q dado pela Equação 10.29, para produzir a Equação 10.30, a equação básica do trabalho virtual para vigas

$$\Sigma Q\delta_P = \int_{x=0}^{x=L} M_Q\, d\theta \tag{10.30}$$

ou, usando a Equação 9.13 para expressar $d\theta$ em termos do momento M_P e das propriedades da seção transversal, temos

$$\Sigma Q\delta_P = \int_{x=0}^{x=L} M_Q\, \frac{M_P\, dx}{EI} \tag{10.31}$$

em que Q = carga fictícia e suas reações
δ_P = deslocamento real ou componente do deslocamento na direção da carga fictícia produzido pelas cargas reais (o sistema P)
M_Q = momento produzido pela carga fictícia
M_P = momento produzido pelas cargas reais
E = módulo de elasticidade
I = momento de inércia da seção transversal da viga com relação a um eixo pelo centroide

Se um momento unitário $Q_M = 1$ kip·ft é usado como carga fictícia para estabelecer a mudança na inclinação θ_P produzida pelas cargas reais em um ponto no eixo de uma viga, o trabalho virtual externo W_Q é igual a $Q_M\theta_P$, e a equação do trabalho virtual é escrita como

$$\Sigma Q_M\, \theta_P = \int_{x=0}^{x=L} M_Q\, \frac{M_P\, dx}{EI} \tag{10.32}$$

Para resolver as equações 10.31 ou 10.32 para a deflexão δ_P ou para a mudança na inclinação θ_P, os momentos M_Q e M_P devem ser expressos como uma função de x, a distância ao longo do eixo da viga, para que o lado direito da equação do trabalho virtual possa ser integrado. Se a seção transversal da viga é constante ao longo de seu comprimento e se a viga é fabricada com um único material cujas propriedades são uniformes, EI é uma constante.

Procedimento alternativo para calcular U_Q

Como procedimento alternativo para avaliar os termos da *energia de deformação* no lado direito da Equação 10.32 para uma variedade de diagramas M_Q e M_P de *formas geométricas simples* e para membros com *valor constante* de EI, no final do texto é fornecido um método gráfico chamado "Valores de integrais de produto".

Isto é,

$$U_Q = \int_{x=0}^{x=L} M_Q M_P \frac{dx}{EI} = \frac{1}{EI}(CM_1M_3L) \qquad (10.33)$$

em que C = constante listada na tabela de integrais de produto
 M_1 = magnitude de M_Q
 M_3 = magnitude de M_P
 L = comprimento do membro

Nota:
1. Para o caso de diagramas de momento trapezoidais, são necessários dois valores adicionais de momentos de extremidade M_2 e M_4, para definir o aspecto dos diagramas de momento de M_Q e M_P, respectivamente.
2. Quando o valor de momento máximo M_P ocorrer entre as extremidades, consulte os valores das integrais de produto na linha 5.

Esse procedimento, junto com os métodos de integração clássicos, está ilustrado nos exemplos 10.10 e 10.11.

Se a altura do membro varia ao longo do eixo longitudinal ou se as propriedades do material mudam com a distância ao longo do eixo, então EI não é uma constante e deve ser expresso como uma função de x para permitir a avaliação da integral da energia de deformação virtual. Como alternativa à integração, que talvez seja difícil, a viga pode ser dividida em diversos segmentos e utilizado um somatório finito. Esse procedimento é ilustrado no Exemplo 10.16.

Nos exemplos a seguir, usaremos as equações 10.31, 10.32 e 10.33 para calcular as deflexões e inclinações em vários pontos ao longo do eixo de vigas e pórticos determinados. O método também pode ser usado para calcular deflexões de vigas indeterminadas, depois que a estrutura for analisada.

EXEMPLO 10.9

Usando trabalho virtual, calcule (*a*) a deflexão δ_B e (*b*) a inclinação θ_B na ponta da viga em balanço uniformemente carregada da Figura 10.15*a*. *EI* é constante.

Solução

(*a*) Para calcular a deflexão vertical em *B*, aplicamos uma carga fictícia de 1 kip verticalmente no ponto *B* (ver Figura 10.15*b*). O momento M_Q, produzido pela carga fictícia em um elemento de comprimento infinitesimal *dx*, localizado a uma distância *x* do ponto *B*, é avaliado cortando-se o corpo livre mostrado na Figura 10.15*d*. Somando os momentos sobre o corte, temos

$$M_Q = (1 \text{ kip})(x) = x \text{ kip·ft} \tag{1}$$

Nesse cálculo, supomos arbitrariamente que o momento é positivo quando atua no sentido anti-horário na extremidade da seção.

Com a carga fictícia na viga, imaginamos que a carga uniforme *w* (mostrada na Figura 10.15*a*) é aplicada na viga — por clareza, a carga uniforme e a carga fictícia são mostradas separadamente. A carga fictícia, movendo-se por um deslocamento δ_B, realiza um trabalho virtual igual a $W_Q = (1 \text{ kip})(\delta_B)$.

Avaliamos M_P, o momento produzido pela carga uniforme, com o corpo livre mostrado na Figura 10.15*c*. Somando os momentos sobre o corte, encontramos

$$M_P = wx\frac{x}{2} = \frac{wx^2}{2} \tag{2}$$

Substituindo M_Q e M_P, dados pelas equações 1 e 2, na Equação 10.31 e integrando, calculamos δ_B.

$$W_Q = U_Q \; ; \; \Sigma Q \delta_P = \int_0^L M_Q \frac{M_P \, dx}{EI} = \int_0^L x \frac{wx^2 \, dx}{2EI}$$

$$1 \text{ kip}(\delta_B) = \frac{w}{2EI}\left[\frac{x^4}{4}\right]_0^L \; ; \; \delta_B = \frac{wL^4}{8EI} \downarrow \quad \textbf{Resp.}$$

(*b*) Para calcular a inclinação em *B*, aplicamos uma carga fictícia de 1 kip·ft em *B* (ver Figura 10.15*e*). Cortando o corpo livre mostrado na Figura 10.15*f*, somamos os momentos sobre o corte para avaliar M_Q como $M_Q = 1$ kip · ft.

Como a inclinação inicial em *B* era zero antes que a carga fosse aplicada, θ_B, a inclinação final, será igual à mudança na inclinação dada pela Equação 10.32.

$$\Sigma Q_M \theta_P = \int_0^L M_Q \frac{M_P \, dx}{EI} = \int_0^L \frac{(1)(wx^2)}{2EI} dx$$

$$1 \text{ kip}(\theta_B) = \left[\frac{wx^3}{6EI}\right]_0^L$$

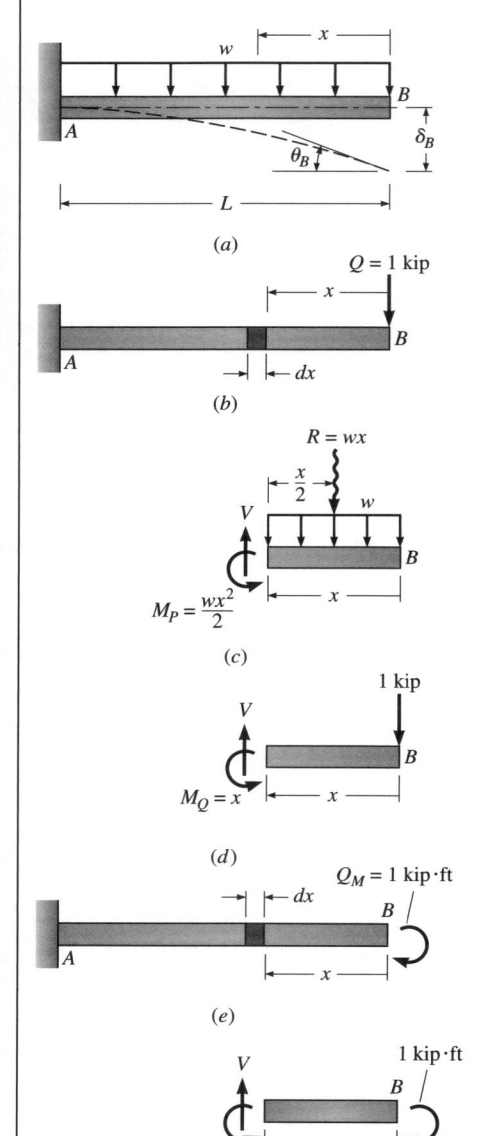

$$\theta_B = \frac{wL^3}{6EI} \curvearrowright \quad \textbf{Resp.}$$

Figura 10.15: (*a*) Sistema *P*; (*b*) sistema *Q* para o cálculo de δ_B; (*c*) corpo livre para avaliar M_P; (*d*) corpo livre para avaliar M_Q necessário para o cálculo de δ_B; (*e*) sistema *Q* para o cálculo de θ_B; (*f*) corpo livre para avaliar M_Q para o cálculo de θ_B.

EXEMPLO 10.10

Usando a tabela do final do livro intitulada Valores de integrais de produto e a Equação 10.33, avalie a *energia de deformação virtual* U_Q para a viga em balanço uniformemente carregada do Exemplo 10.9; ver Figura 10.16a.

Solução

Avalie a energia de deformação para o cálculo da deflexão vertical no ponto B, na Figura 10.16a.

$$U_Q = \frac{1}{EI}(CM_1M_3L) \qquad (10.33)$$

$$= \frac{1}{EI}\left[\frac{1}{4}(-L)\left(\frac{-wL^2}{2}\right)(L)\right] = \frac{wL^4}{8EI} \quad \textbf{Resp.}$$

Avalie a energia de deformação para o cálculo da inclinação no ponto B, da Figura 10.16a.

$$U_Q = \frac{1}{EI}(CM_1M_3L) \qquad (10.33)$$

$$= \frac{1}{EI}\left[\frac{1}{3}(-1)\left(-\frac{wL^2}{2}\right)(L)\right] = \frac{wL^3}{6EI} \quad \textbf{Resp.}$$

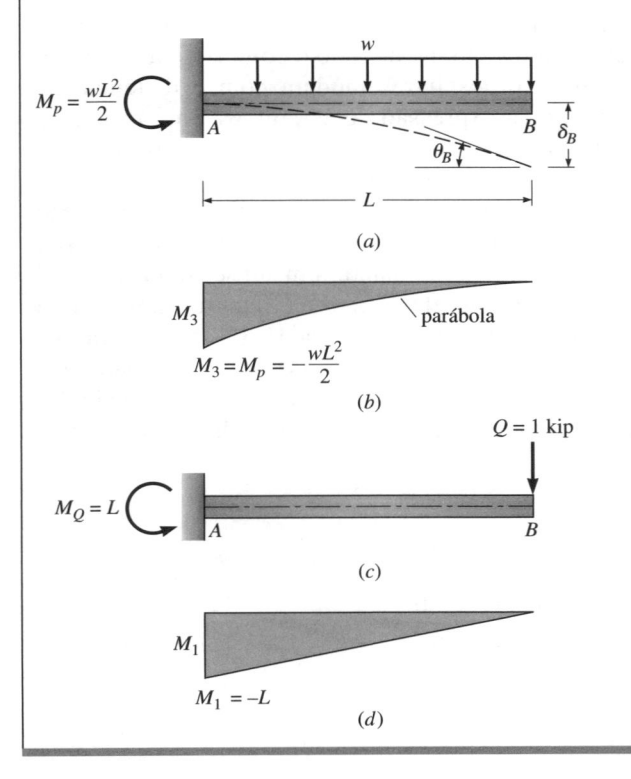

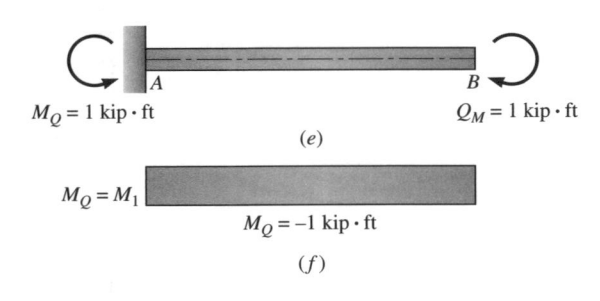

Figura 10.16: Cálculo da energia de deformação usando a tabela de integrais de produto: (a) sistema P; (b) diagrama de momento para a viga em balanço uniformemente carregada em (a); (c) sistema Q para deflexão no ponto B; (d) diagrama de momento produzido pelo sistema Q em (c); (e) sistema Q para a inclinação em B; (f) diagrama de momento do sistema Q em (e).

EXEMPLO 10.11

(a) Calcule a deflexão vertical δ_C no meio do vão para a viga da Figura 10.17a, usando trabalho virtual. Dados: EI é constante; $I = 240$ pol⁴; $E = 29\,000$ kips/pol². (b) Recalcule δ_C usando a Equação 10.33 para avaliar U_Q

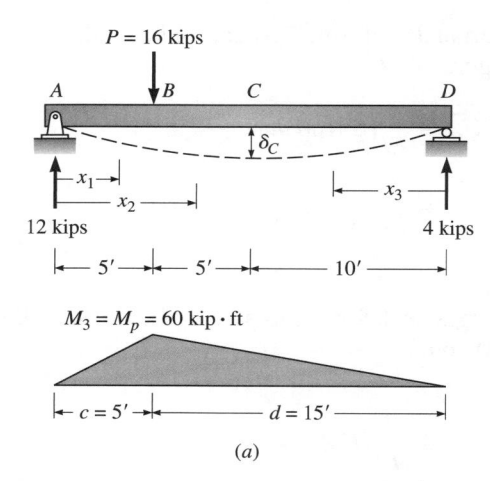

Figura 10.17: (a) Viga real (o sistema P).

Solução

(a) Neste exemplo, não é possível escrever uma única expressão para M_Q e M_P que seja válida ao longo de todo o comprimento da viga. Como as cargas nos corpos livres mudam com a distância ao longo do eixo da viga, a expressão de M_Q ou M_P em uma seção mudará sempre que a seção passar por uma carga no sistema real ou no sistema fictício. Portanto, para a viga da Figura 10.17, devemos usar três integrais para avaliar a energia de deformação virtual total. Por clareza, denotaremos a região na qual um corpo livre em particular é válido adicionando um subscrito na variável x que representa a posição da seção na qual o momento é avaliado. As origens mostradas na Figura 10.17 são arbitrárias. Se outras posições fossem escolhidas para as origens, os resultados seriam os mesmos; somente os limites de um x em particular mudariam. As expressões para M_Q e M_P em cada seção da viga são as seguintes:

Segmento	Origem	Intervalo de x	M_Q	M_P
AB	A	$0 \leq x_1 \leq 5$ ft	$\frac{1}{2}x_1$	$12x_1$
BC	A	$5 \leq x_2 \leq 10$ ft	$\frac{1}{2}x_2$	$12x_2 - 16(x_2 - 5)$
DC	D	$0 \leq x_3 \leq 10$ ft	$\frac{1}{2}x_3$	$4x_3$

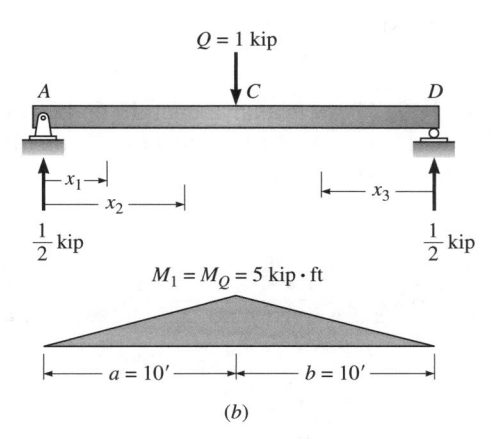

Figura 10.17: (*b*) Carga fictícia e reações (o sistema *Q*).

Nas expressões de M_Q e M_P, o momento positivo é definido como aquele que produz compressão nas fibras superiores da seção transversal. Usando a Equação 10.31, encontramos a solução da deflexão.

$$Q\delta_C = \sum_{i=1}^{3} \int M_Q \frac{M_P\,dx}{EI}$$

$$(1\text{ kip})(\delta_C) = \int_0^5 \frac{x_1}{2}(12x_1)\frac{dx}{EI} + \int_5^{10} \frac{x_2}{2}\left[12x_2 - 16(x_2-5)\right]\frac{dx}{EI}$$

$$+ \int_0^{10} \frac{x_3}{2}(4x_3)\frac{dx}{EI}$$

$$\delta_C = \frac{250}{EI} + \frac{916{,}666}{EI} + \frac{666{,}666}{EI}$$

$$= \frac{1\,833{,}33}{EI} = \frac{1\,833{,}33\,(1\,728)}{240(29\,000)} = 0{,}455\text{ pol}\quad\textbf{Resp.}$$

(*b*) Recalcule δ_c usando a Equação 10.33 (ver a integral de produto na quinta linha e quarta coluna da tabela no final do livro).

$$Q\cdot\delta_c = U_Q = \frac{1}{EI}\left[\frac{1}{3} - \frac{(a-c)^2}{6ad}\right]M_1 M_3 L$$

$$1\cdot\delta_c = \frac{1}{29\,000\,(240)}\left[\frac{1}{3} - \frac{(10-5)^2}{6\times 10\times 15}\right]5\times 60\times 20\times 1\,728$$

$$\delta_c = 0{,}455\text{ pol}\quad\textbf{Resp.}$$

EXEMPLO 10.12

Calcule a deflexão no ponto C para a viga mostrada na Figura 10.18a. Dado: EI é constante.

Solução

Use a Equação 10.31. Para avaliar a energia de deformação virtual U_Q, devemos dividir a viga em três segmentos. A tabulação a seguir resume as expressões de M_P e M_Q.

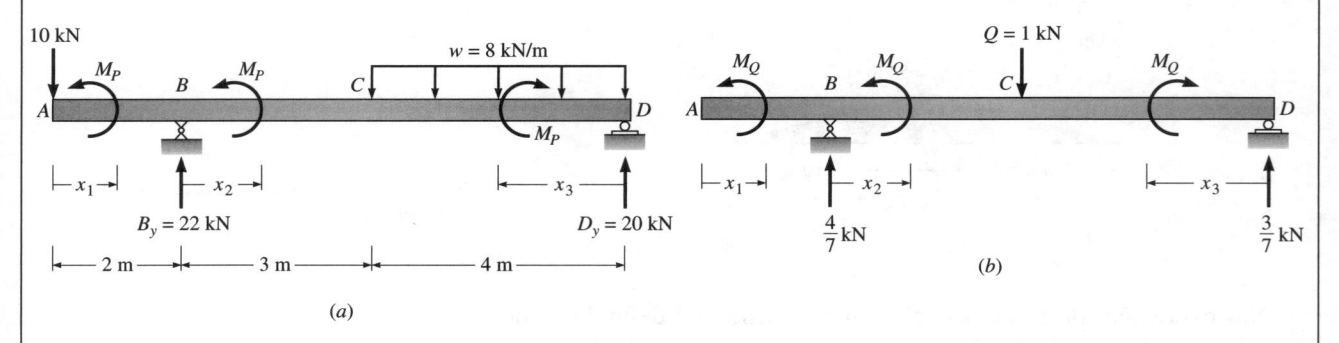

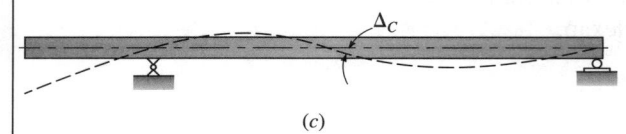

Figura 10.18: (a) Sistema P mostrando as origens do sistema de coordenadas; (b) sistema Q; (c) a forma defletida.

Segmento	Origem	Intervalo x m	M_P kN·m	M_Q kN·m
AB	A	0–2	$-10x_1$	0
BC	B	0–3	$-10(x_2 + 2) + 22x_2$	$\frac{4}{7}x_2$
DC	D	0–4	$20x_3 - 8x_3(x_3/2)$	$\frac{3}{7}x_3$

Como $M_Q = 0$ no segmento AB, a integral inteira para esse segmento será igual a zero; portanto, só precisamos avaliar as integrais dos segmentos BC e CD:

$$(1\text{ kip})(\Delta_C) = \sum \int M_Q \frac{M_P\, dx}{EI} \qquad (10.31)$$

$$\Delta_C = \int_0^2 (0)(-10x_1)\frac{dx}{EI} + \int_0^3 \frac{4}{7}x_2(12x_2 - 20)\frac{dx}{EI} + \int_0^4 \frac{3}{7}x_3(20x_3 - 4x_3^2)\frac{dx}{EI}$$

Integrando e substituindo os limites, temos

$$\Delta_C = 0 + \frac{10{,}29}{EI} + \frac{73{,}14}{EI} = \frac{83{,}43}{EI} \downarrow \qquad \textbf{Resp.}$$

O valor positivo de Δ_C indica que a deflexão é para baixo (na direção da carga fictícia). Um esboço da forma defletida da viga é mostrado na Figura 10.18c.

A viga da Figura 10.19 deve ser fabricada com raio de curvatura constante, de modo que um abaulamento de 1,5 pol seja criado no meio do vão. Usando trabalho virtual, determine o raio de curvatura R necessário. Dado: EI é constante.

EXEMPLO 10.13

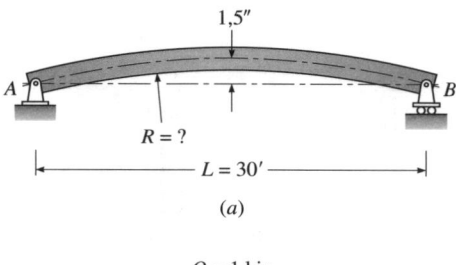

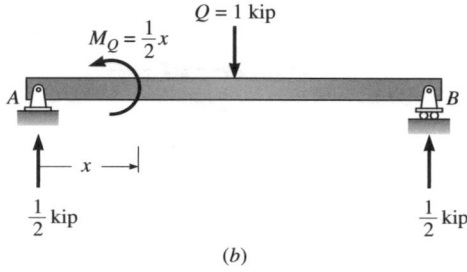

Figura 10.19: (a) Viga laminada com raio de curvatura constante R para produzir um abaulamento de 1,5 pol no meio do vão (sistema P); (b) sistema Q.

Solução
Use a Equação 10.30.

$$\Sigma Q \delta_P = \int M_Q \, d\theta \qquad (10.30)$$

Como $d\theta/dx = 1/R$ e $d\theta = dx/R$ (consultar Equação 9.4)

$$\delta_P = \frac{1{,}5 \text{ pol}}{12} = 0{,}125 \text{ ft} \qquad M_Q = \tfrac{1}{2}x \quad (\text{ver Figura 10.19}b)$$

Substituindo $d\theta$, δ_P e M_Q na Equação 10.30 (por causa da simetria, podemos integrar de 0 a 15 e duplicar o valor), temos

$$(1 \text{ kip})(0{,}125 \text{ ft}) = 2 \int_0^{15} \frac{x}{2} \frac{dx}{R}$$

Integrando e substituindo os limites, resulta

$$0{,}125 = \frac{225}{2R}$$
$$R = 900 \text{ ft} \qquad \textbf{Resp.}$$

EXEMPLO 10.14

Considerando a energia de deformação associada à carga axial e ao momento, calcule a deflexão horizontal do nó C do pórtico da Figura 10.20a. Os membros têm seção transversal constante, com $I = 600$ pol^4, $A = 13$ pol^2 e $E = 29\,000$ kips/pol^2.

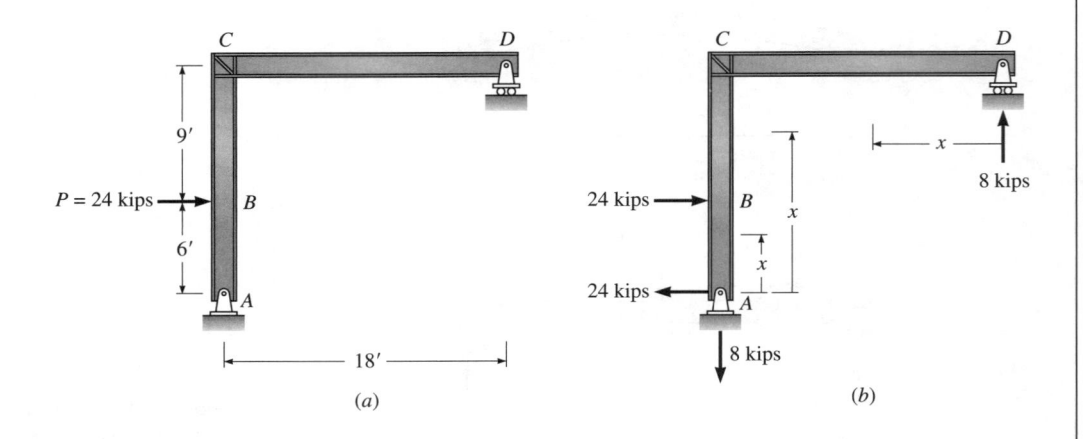

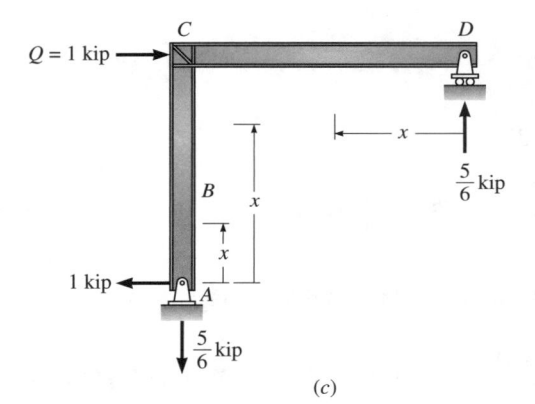

Figura 10.20: (a) Detalhes do pórtico; (b) sistema P; (c) sistema Q.

Solução

Determine as forças internas produzidas pelos sistemas P e Q (ver Figura 10.20 b e c).

De A até B, $x = 0$ a $x = 6$ ft:

$$M_P = 24 \cdot x \qquad F_P = +8 \text{ kips (tração)}$$

$$M_Q = 1 \cdot x \qquad F_Q = +\frac{5 \text{ kips}}{6} \text{ (tração)}$$

De B até C, $x = 6$ a $x = 15$ ft:

$$M_P = 24x - 24(x - 6) = 144 \text{ kip} \cdot \text{ft} \qquad F_P = 8 \text{ kips}$$

$$M_Q = 1 \cdot x \qquad F_Q = \frac{5 \text{ kips}}{6}$$

De D até C, $x = 0$ a $x = 18$ ft:

$$M_P = 8x \qquad F_P = 0$$

$$M_Q = \frac{5}{6}x \qquad F_Q = 0$$

Calcule o deslocamento horizontal δ_{CH} usando trabalho virtual. Considere deformações de flexão e axiais na avaliação de U_Q. Somente o membro AC transmite carga axial:

$$W_Q = U_Q$$

$$\sum Q \delta_{CH} = \sum \int \frac{M_Q M_P \, dx}{EI} + \sum \frac{F_Q F_P L}{AE}$$

$$1 \text{ kip} \cdot \delta_{CH} = \int_0^6 \frac{x(24x)dx}{EI} + \int_6^{15} \frac{x(144)dx}{EI} + \int_0^{18} \frac{(\frac{5x}{6})(8x)dx}{EI}$$

$$+ \frac{(\frac{5}{6})(8)(15 \times 12)}{AE}$$

$$= \left[\frac{8x^3}{EI}\right]_0^6 + \left[\frac{72x^2}{EI}\right]_6^{15} + \left[\frac{20x^3}{9EI}\right]_0^{18} + \frac{1200}{AE}$$

$$= \frac{28\,296(1\,728)}{600(29\,000)} + \frac{1\,200}{13(29\,000)}$$

$$= 2{,}8 \text{ pol} + 0{,}0032 \text{ pol} \quad \text{arredondado para 2,8 pol} \quad \textbf{Resp.}$$

Na equação acima, 2,8 pol representam a deflexão produzida pelas deformações de flexão e 0,0032 pol é o incremento de deflexão produzido pela deformação axial da coluna. Na maioria das estruturas nas quais são produzidas deformações por carga axial e flexão, as deformações axiais, que são muito pequenas comparadas com as deformações de flexão, podem ser desprezadas.

EXEMPLO 10.15

Sob a carga de 5 kips, o apoio em A gira 0,002 rad no sentido horário e sofre um recalque de 0,26 pol (Figura 10.21a). Determine a deflexão vertical total em D devido a todos os efeitos. Considere somente as deformações de flexão do membro (isto é, despreze as deformações axiais). Dados: $I = 1200$ pol^4; $E = 29000$ kips/pol^2.

Solução

Como o momento de inércia entre os pontos A e B é duas vezes maior do que o do restante do membro fletido, devemos definir integrais separadas para a energia de deformação virtual interna entre os pontos AB, BC e DC. A Figura 10.21b e c mostra as origens de x usadas para expressar M_Q e M_P em termos das forças aplicadas. As expressões de M_Q e M_P a serem substituídas na Equação 10.31 são as seguintes.

		x		
Segmento	Origem	Intervalo pés	M_P kip·ft	M_Q kip·ft
AB	A	0–10	$-80 + 4x_1$	$-22 + 0{,}8x_1$
BC	B	0–10	$-40 + 4x_2$	$-14 + 0{,}8x_2$
DC	D	0–6	0	$-x_3$

Como $M_P = 0$, a energia de deformação virtual — o produto de M_Q e M_P — é igual a zero entre D e C; portanto, a integral de U_Q não precisa ser definida nessa região.

Calcule δ_D usando a Equação 10.31. Como o apoio A gira 0,002 rad e sofre um recalque de 0,26 pol, o trabalho virtual externo em A realizado pelas reações da carga fictícia deve ser incluído no trabalho virtual externo.

$$W_Q = U_Q$$

$$\sum M_Q \theta_P + Q\delta_P = \sum \int M_Q \frac{M_P \, dx}{EI} - 22(12)(0{,}002) - 1(0{,}26) + 1(\delta_D)$$

$$= \int_0^{10} (-22 + 0{,}8x_1)(-80 + 4x_1)\frac{dx}{E(2I)}$$

$$+ \int_0^{10} (-14 + 0{,}8x_2)(-40 + 4x_2)\frac{dx}{EI}$$

$$-0{,}528 - 0{,}26 + \delta_D = \frac{7800\,(1728)}{1200\,(29000)}$$

$$\delta_D = 1{,}18 \text{ pol} \downarrow \quad \textbf{Resp.}$$

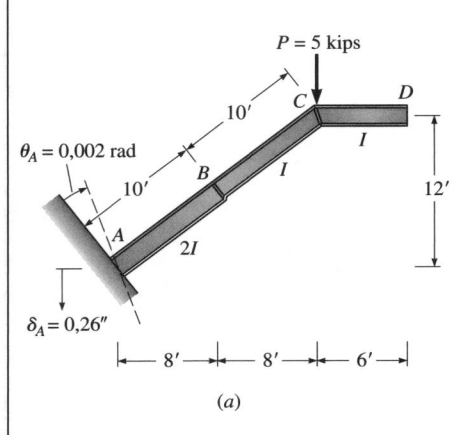

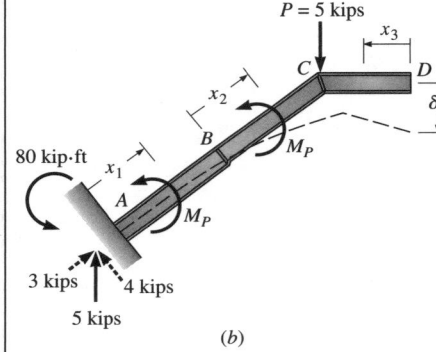

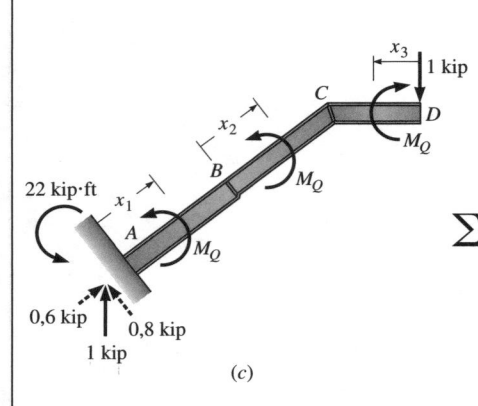

Figura 10.21: (a) Uma carga de 5 kips produz recalque e rotação do apoio A e flexão do membro ABC; (b) sistema P [o apoio A também gira e sofre um recalque, conforme mostrado em (a)]; (c) sistema Q com carga fictícia de 1 kip para baixo em D.

10.7 Somatório finito

As estruturas que analisamos anteriormente pelo método do trabalho virtual eram compostas de membros de seção transversal constante (isto é, *membros prismáticos*) ou de membros que consistiam em vários segmentos de seção transversal constante. Se a altura ou a largura de um membro varia com a distância ao longo do seu eixo, ele é *não-prismático*. Evidentemente, o momento de inércia *I* de um membro não-prismático variará com a distância ao longo de seu eixo longitudinal. Se as deflexões de vigas ou pórticos contendo membros não-prismáticos precisam ser calculadas pelo trabalho virtual, usando-se a Equação 10.31 ou 10.32, o momento de inércia no termo da energia de deformação deve ser expresso como uma função de *x* para fazer a integração. Se a relação funcional do momento de inércia é complexa, pode ser difícil expressá-la como uma função de *x*. Nessa situação, podemos simplificar o cálculo da energia de deformação substituindo a integração (um somatório infinitesimal) por um somatório finito.

Em um somatório finito, dividimos um membro em uma série de segmentos, frequentemente de comprimento idêntico. Supõe-se que as propriedades de cada segmento são constantes ao longo do comprimento de um segmento, e o momento de inércia ou qualquer outra propriedade é baseada na área da seção transversal no ponto central do segmento. Para avaliar a energia de deformação virtual U_Q contida no membro, somamos as contribuições de todos os segmentos. Simplificamos ainda mais o somatório, supondo que os momentos M_Q e M_P são constantes ao longo do comprimento do segmento e iguais aos valores no centro dele. Podemos representar a energia de deformação virtual em um somatório finito pela seguinte equação:

$$U_Q = \sum_{1}^{N} M_Q M_P \frac{\Delta x_n}{EI_n} \qquad (10.34)$$

em que Δx_n = comprimento do segmento n
I_n = momento de inércia de um segmento baseado na área da seção transversal do ponto central
M_Q = momento no ponto central do segmento, produzido pela carga fictícia (sistema Q)
M_P = momento no ponto central do segmento, produzido pelas cargas reais (sistema P)
E = módulo de elasticidade
N = número de segmentos

Embora um somatório finito produza um valor aproximado da energia de deformação, a precisão do resultado normalmente é boa, mesmo quando é usado um pequeno número de segmentos (digamos, cinco ou seis). Se a seção transversal de um membro muda rapidamente em determinada região, segmentos de comprimento menor devem ser utilizados para modelar a variação do momento de inércia. Por outro lado, se a variação na seção transversal é pequena ao longo do comprimento de um membro, o número de segmentos pode ser reduzido. Se todos os segmentos têm o mesmo comprimento, os cálculos podem ser simplificados decompondo-se Δx_n no somatório.

EXEMPLO 10.16

Usando um somatório finito, calcule a deflexão δ_B da ponta da viga em balanço da Figura 10.22a. A viga de 12 pol de largura tem variação uniforme de altura e $E = 3\,000$ kips/pol².

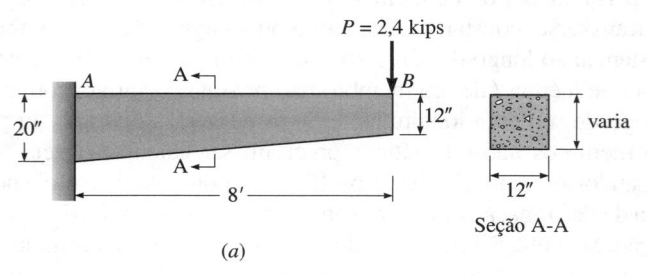

Solução

Divida o comprimento da viga em quatro segmentos de comprimento igual ($\Delta x_n = 2$ ft). Baseie o momento de inércia de cada segmento na altura no centro de cada segmento (ver colunas 2 e 3 da Tabela 10.3). Os valores de M_Q e M_P estão tabulados nas colunas 4 e 5 da Tabela 10.3. Usando a Equação 10.34 para avaliar o lado direito da Equação 10.31, encontre a solução de δ_B.

$$W_Q = U_Q$$

$$(1 \text{ kip})(\delta_B) = \sum_{n=1}^{4} \frac{M_Q M_P \, \Delta x_n}{EI} = \frac{\Delta x_n}{E} \sum \frac{M_Q M_P}{I}$$

Substituindo $\Sigma M_Q M_P / I = 5{,}307$ (da parte inferior da coluna 6 da Tabela 10.3), $\Delta x_n = 2$ ft e $E = 3\,000$ kips/pol na Equação 10.34 para U_Q, temos

$$\delta_B = \frac{2(12)(5{,}307)}{3\,000} = 0{,}042 \text{ pol} \quad \textbf{Resp.}$$

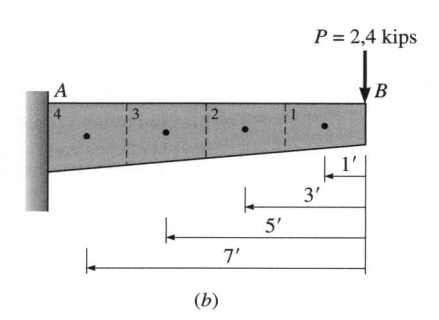

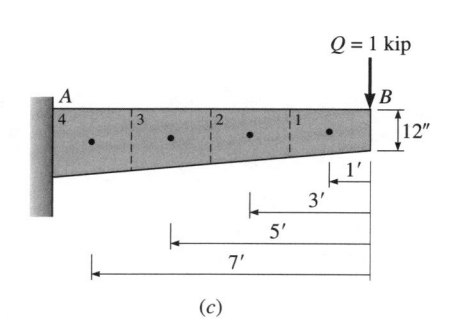

Figura 10.22: (a) Detalhes da viga de altura variável; (b) sistema P; (c) sistema Q.

TABELA 10.3

Segmento (1)	Altura pol (2)	$I = bh^3/12$ pol⁴ (3)	M_Q kip·ft (4)	M_P kip·ft (5)	$M_Q M_P (144)/I$ kips²/pol² (6)
1	13	2 197	1	2,4	0,157
2	15	3 375	3	7,2	0,922
3	17	4 913	5	12	1,759
4	19	6 859	7	16,8	2,469

$$\sum \frac{M_Q M_P}{I} = 5{,}307$$

NOTA. Os momentos na coluna 6 estão multiplicados por 144 para expressar M_Q e M_P em kip-polegadas.

10.8 Princípio de Bernoulli dos deslocamentos virtuais

O princípio de Bernoulli dos deslocamentos virtuais, um teorema estrutural básico, é uma variação do princípio do trabalho virtual. O princípio é utilizado em demonstrações teóricas e também pode ser usado para calcular a deflexão de pontos em uma estrutura determinada que sofra movimento de corpo rígido; por exemplo, um recalque de apoio ou um erro de fabricação. O princípio de Bernoulli, que parece quase óbvio quando enunciado, diz que:

Se um corpo rígido, carregado por um sistema de forças em equilíbrio, recebe um pequeno deslocamento virtual por um efeito externo, o trabalho virtual W_Q realizado pelo sistema de forças é igual a zero.

Nesse enunciado, o *deslocamento virtual* é um deslocamento real ou hipotético produzido por uma ação independente do sistema de forças que atua na estrutura. Além disso, o deslocamento virtual deve ser suficientemente pequeno para que a geometria e a magnitude do sistema de forças original não mudem significativamente quando a estrutura for deslocada de sua posição inicial para a posição final. Como o corpo é rígido, $U_Q = 0$.

No princípio de Bernoulli, trabalho virtual é igual ao produto de cada força ou momento pela componente do deslocamento virtual através do qual se move. Assim, ele pode ser expresso pela equação

$$W_Q = U_Q = 0$$
$$\Sigma Q \delta_P + \Sigma Q_m \theta_P = 0 \quad (10.35)$$

em que Q = força que faz parte do sistema de forças de equilíbrio; δ_P = deslocamento virtual colinear com Q; Q_m = momento que faz parte do sistema de forças de equilíbrio; θ_P = deslocamento rotacional virtual.

O fundamento lógico por trás do princípio de Bernoulli pode ser explicado considerando-se um corpo rígido em equilíbrio sob um sistema de forças coplanares Q (as reações também são consideradas parte do sistema de forças). No caso mais geral, o sistema de forças pode consistir em forças e momentos. Conforme discutimos na Seção 3.6, o efeito externo de um sistema de forças atuando sobre um corpo sempre pode ser substituído por uma força resultante R através de qualquer ponto e um momento M. Se o corpo está em equilíbrio estático, a força resultante é igual a zero, e segue-se que

$$R = 0 \quad M = 0$$

ou, expressando R em suas componentes retangulares,

$$R_x = 0 \quad R_y = 0 \quad M = 0 \quad (10.36)$$

Se agora supusermos que o corpo rígido recebe um pequeno deslocamento virtual, consistindo em um deslocamento linear ΔL e um deslocamento angular θ, em que ΔL tem as componentes Δ_x na direção x e Δ_y na direção y, o trabalho virtual W_Q produzido por esses deslocamentos é igual a

$$W_Q = R_x \Delta_x + R_y \Delta_y + M\theta$$

Como a Equação 10.36 estabelece que R_x, R_y e M são iguais a zero na equação acima, verificamos pelo princípio de Bernoulli que

$$W_Q = 0 \quad (10.36a)$$

EXEMPLO 10.17

Se o apoio B da viga em forma de L da Figura 10.23a sofre um recalque de 1,2 pol, determine (a) o deslocamento vertical δ_C do ponto C, (b) o deslocamento horizontal δ_D do ponto D e (c) a inclinação θ_A no ponto A.

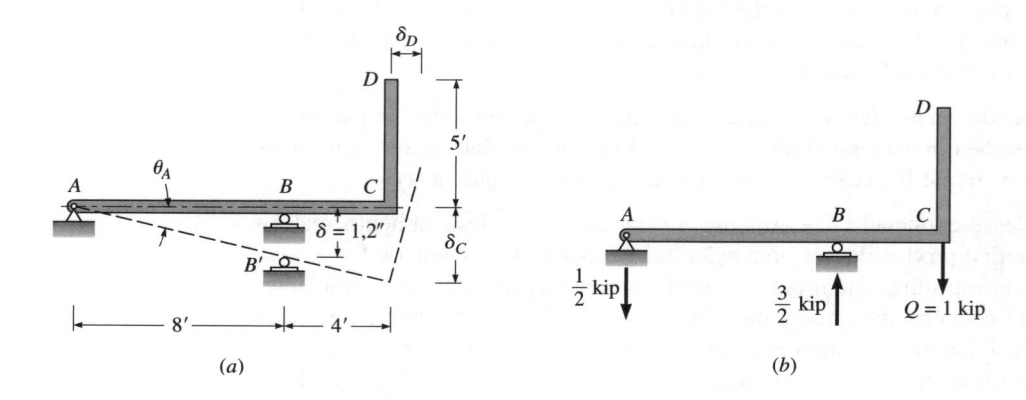

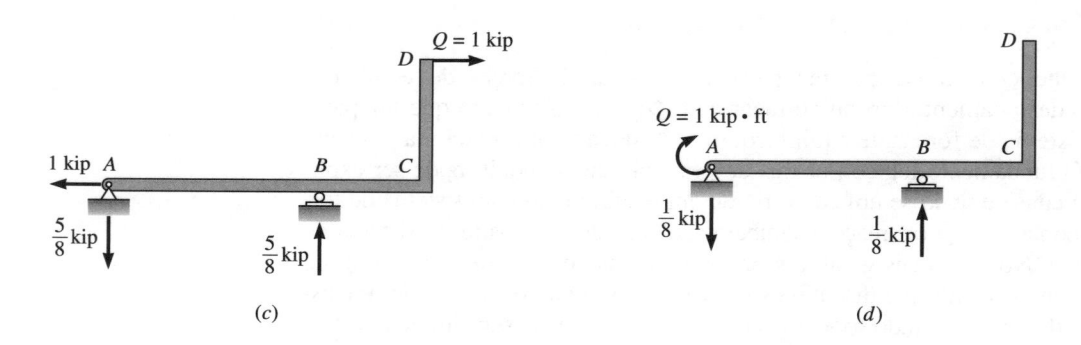

Figura 10.23: (a) Forma defletida produzida pelo recalque do apoio B; (b) sistema Q usado para calcular a deflexão em C; (c) sistema Q usado para calcular a deflexão horizontal de D; (d) sistema Q usado para calcular a inclinação em A.

Solução

(a) Neste exemplo, a viga atua como um corpo rígido, pois nenhuma tensão interna e, consequentemente, nenhuma deformação se desenvolvem quando a viga (uma estrutura determinada) é deslocada devido ao recalque do apoio B. Para calcular o deslocamento vertical em C, aplicamos uma carga fictícia de 1 kip na direção vertical em C (ver Figura 10.23b). Em seguida, calculamos as reações nos apoios usando as equações da estática. A carga fictícia e suas reações constituem um sistema de forças em equilíbrio — um sistema Q. Agora, imaginamos que a viga carregada da Figura 10.23b sofre o recalque de apoio indicado na Figura 10.23a. De acordo com o princípio de Bernoulli, para determinar δ_C, igualamos a zero a soma do trabalho virtual realizado pelas forças do sistema Q.

$$W_Q = 0$$

$$1 \text{ kip}(\delta_C) - \left(\frac{3}{2} \text{ kip}\right)(1,2) = 0$$

$$\delta_C = 1,8 \text{ pol} \quad \textbf{Resp.}$$

Na equação acima, o trabalho virtual realizado pela reação em B é negativo, pois o deslocamento de 1,2 pol para baixo tem sentido oposto à reação de 3/2 kip. Como o apoio A não se move, sua reação não produz trabalho virtual.

(b) Para calcular o deslocamento horizontal do nó D, estabelecemos um sistema Q aplicando uma carga fictícia de 1 kip horizontalmente em D e calculamos as reações do apoio (ver Figura 10.23c). Então, δ_D é calculado, sujeitando-se o sistema Q da Figura 10.23c ao deslocamento virtual mostrado na Figura 10.23a. Em seguida, calculamos o trabalho virtual e o definimos igual a zero.

$$W_Q = 0$$

$$1 \text{ kip}(\delta_D) - \left(\frac{5}{8} \text{ kip}\right)(1,2) = 0$$

$$\delta_D = 0,75 \text{ pol} \quad \textbf{Resp.}$$

(c) Calculamos θ_A aplicando um momento fictício de 1 kip · ft em A (ver Figura 10.23d). Então, o sistema de forças recebe o deslocamento virtual mostrado na Figura 10.23a e o trabalho virtual é avaliado. Para expressar θ_A em radianos, o momento de 1 kip · ft é multiplicado por 12 para converter kip-pés em kip-polegadas.

$$W_Q = 0$$

$$(1 \text{ kip} \cdot \text{ft})(12)\theta_A - \left(\frac{1}{8} \text{ kip}\right)1,2 = 0$$

$$\theta_A = \frac{1}{80} \text{ rad} \quad \textbf{Resp.}$$

10.9 Lei de Maxwell-Betti das deflexões recíprocas

Usando o método do trabalho real, deduziremos a lei de Maxwell-Betti das deflexões recíprocas, um teorema estrutural básico. Com esse teorema, no Capítulo 11 estabeleceremos que os coeficientes de flexibilidade nas equações de compatibilidade, formuladas para resolver estruturas indeterminadas de dois ou mais graus de indeterminação pelo método da flexibilidade, formam uma matriz simétrica. Essa observação nos permite reduzir o número de cálculos de deflexão necessários nesse tipo de análise. A lei de Maxwell-Betti também tem aplicações na construção de linhas de influência indeterminadas.

A lei de Maxwell-Betti, que se aplica a qualquer estrutura elástica estável (uma viga, treliça ou pórtico, por exemplo) sobre apoios não flexíveis e em temperatura constante, define:

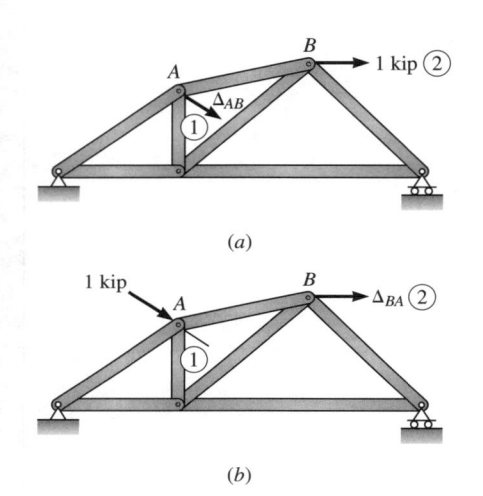

Uma componente da deflexão linear em um ponto A na direção 1, produzida pela aplicação de uma carga unitária em um segundo ponto B na direção 2, tem magnitude igual à componente da deflexão linear no ponto B na direção 2, produzida por uma carga unitária aplicada em A na direção 1.

A Figura 10.24 ilustra os componentes dos deslocamentos da treliça Δ_{BA} e Δ_{AB}, que são iguais de acordo com a lei de Maxwell. As direções 1 e 2 estão indicadas por números circulados. Os deslocamentos estão rotulados com dois subscritos. O primeiro subscrito indica a localização do deslocamento. O segundo subscrito indica o ponto em que a carga que produz o deslocamento atua.

Podemos estabelecer a lei de Maxwell considerando as deflexões nos pontos A e B da viga da Figura 10.25a e b. Na Figura 10.25a, a aplicação de uma força vertical F_B no ponto B produz uma deflexão vertical Δ_{AB} no ponto A e Δ_{BB} no ponto B. Analogamente, na Figura 10.25b, a aplicação de uma força vertical F_A no ponto A produz uma deflexão vertical Δ_{AA} no ponto A e uma deflexão Δ_{BA} no ponto B. Em seguida, avaliamos o trabalho total realizado pelas duas forças F_A e F_B, quando são aplicadas em ordem diferente na viga com apoios simples. Presume-se que as forças aumentam linearmente de zero até seu valor final. No primeiro caso, aplicamos F_B primeiro e depois F_A. No segundo, aplicamos F_A primeiro e depois F_B. Como a posição fletida final da viga, produzida pelas duas cargas, é a mesma independentemente da ordem em que as cargas são aplicadas, o trabalho total realizado pelas forças também é o mesmo, independentemente da ordem em que as cargas são aplicadas.

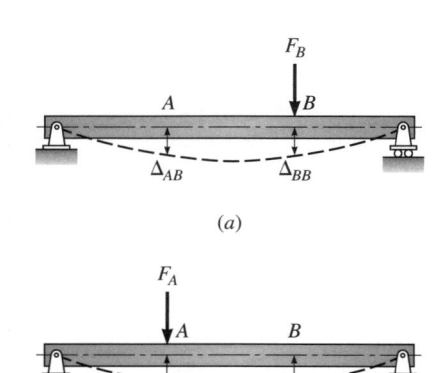

Caso 1. F_B aplicada, seguida de F_A

(a) Trabalho realizado quando F_B é aplicada:

$$W_B = \tfrac{1}{2} F_B \, \Delta_{BB}$$

(b) Trabalho realizado quando F_A é aplicada com F_B em vigor:

$$W_A = \tfrac{1}{2} F_A \, \Delta_{AA} + F_B \, \Delta_{BA}$$

Como a magnitude de F_B não muda quando a viga deflete sob a ação de F_A, o trabalho adicional realizado por F_B (o segundo termo na equação acima) é igual ao valor total de F_B vezes a deflexão Δ_{BA} produzida por F_A.

$$W_{\text{total}} = W_B + W_A$$
$$= \tfrac{1}{2} F_B \Delta_{BB} + \tfrac{1}{2} F_A \Delta_{AA} + F_B \Delta_{BA} \quad (10.37)$$

Caso 2. F_A aplicada, seguida de F_B

(c) Trabalho realizado quando F_A é aplicada:

$$W'_A = \tfrac{1}{2} F_A \Delta_{AA}$$

(d) Trabalho realizado quando F_B é aplicada com F_A em vigor:

$$W'_B = \tfrac{1}{2} F_B \Delta_{BB} + F_A \Delta_{AB}$$
$$W'_{\text{total}} = W'_A + W'_B$$
$$= \tfrac{1}{2} F_A \Delta_{AA} + \tfrac{1}{2} F_B \Delta_{BB} + F_A \Delta_{AB} \quad (10.38)$$

Igualando o trabalho total dos casos 1 e 2 dados pelas equações 10.37 e 10.38 e simplificando, temos

$$\tfrac{1}{2} F_B \Delta_{BB} + \tfrac{1}{2} F_A \Delta_{AA} + F_B \Delta_{BA} = \tfrac{1}{2} F_A \Delta_{AA} + \tfrac{1}{2} F_B \Delta_{BB} + F_A \Delta_{AB}$$
$$F_B \Delta_{BA} = F_A \Delta_{AB} \quad (10.39)$$

Quando F_A e $F_B = 1$ kip, a Equação 10.39 se reduz ao enunciado da lei de Maxwell-Betti:

$$\Delta_{BA} = \Delta_{AB} \quad (10.40)$$

O teorema de Maxwell-Betti também vale para rotações, assim como para rotações e deslocamentos lineares. Em outras palavras, igualando o trabalho total realizado por um momento M_A no ponto A, seguido por um momento M_B no ponto B e, então, invertendo a ordem em que os momentos são aplicados no mesmo membro, também podemos expressar a lei de Maxwell-Betti como segue:

A rotação no ponto A na direção 1, devido a um conjugado unitário em B na direção 2, é igual à rotação em B na direção 2, devido a um conjugado unitário em A na direção 1.

De acordo com o enunciado precedente da lei de Maxwell-Betti, α_{BA} na Figura 10.26a é igual a α_{AB} na Figura 10.26b. Além disso, o conjugado em A e a rotação em A produzida pelo conjugado em B estão na mesma direção (no sentido anti-horário). Analogamente, o momento em B e a rotação em B produzida pelo momento em A também estão na mesma direção (no sentido horário).

Como uma terceira variação da lei de Maxwell-Betti, também podemos dizer que:

Qualquer componente linear da deflexão em um ponto A *na direção 1*, produzida por um momento unitário em B *na direção 2*, tem magnitude igual à rotação em B (em radianos) *na direção 2*, devido a uma carga unitária em A *na direção 1*.

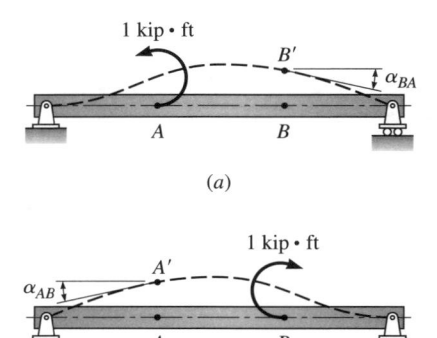

Figura 10.26

A Figura 10.27 ilustra o enunciado precedente da lei de Maxwell-Betti; isto é, a rotação α_{BA} no ponto B na Figura 10.27a, produzida pela carga unitária em A na direção vertical, tem magnitude igual à deflexão vertical Δ_{AB} em A, produzida pelo momento unitário no ponto B na Figura 10.27b. A Figura 10.27 também mostra que Δ_{AB} tem a mesma direção da carga em A e que a rotação α_{BA} e o momento em B têm o mesmo sentido anti-horário.

Em sua forma mais geral, a lei de Maxwell-Betti também pode ser aplicada a uma estrutura apoiada de duas maneiras diferentes. As aplicações anteriores dessa lei são subconjuntos do seguinte teorema:

Dada uma estrutura elástica linear e estável na qual foram selecionados pontos arbitrários, forças ou momentos podem estar atuando em alguns ou em todos esses pontos em um de dois sistemas de carregamento diferentes. O trabalho virtual realizado pelas forças do primeiro sistema, atuando pelos deslocamentos do segundo sistema, é igual ao trabalho virtual realizado pelas forças do segundo sistema, atuando pelos deslocamentos correspondentes do primeiro sistema. Se um apoio se desloca em um ou outro sistema, o trabalho associado à reação no outro sistema deve ser incluído. Além disso, as forças internas em determinada seção podem ser incluídas em um ou em outro sistema, imaginando-se que a restrição correspondente às forças é removida da estrutura, mas que as forças internas são aplicadas como cargas externas em cada lado da seção.

O enunciado acima, ilustrado no Exemplo 10.18, pode ser representado pela seguinte equação:

$$\Sigma F_1 \delta_2 = \Sigma F_2 \delta_1 \qquad (10.41)$$

em que F_1 representa uma força ou momento no sistema 1 e δ_2 é o deslocamento no sistema 2 que corresponde a F_1. Analogamente, F_2 representa uma força ou momento no sistema 2 e δ_1 é o deslocamento no sistema 1 que corresponde a F_2.

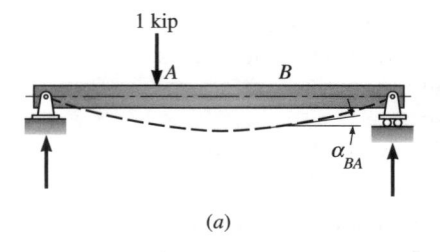

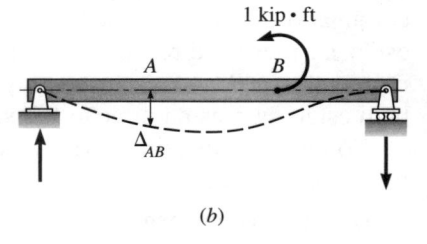

Figura 10.27

A Figura 10.28 mostra a mesma viga apoiada e carregada de duas maneiras diferentes. Demonstre a validade da Equação 10.41. Os deslocamentos necessários estão anotados na figura.

EXEMPLO 10.18

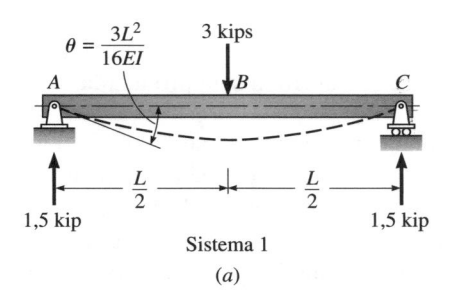

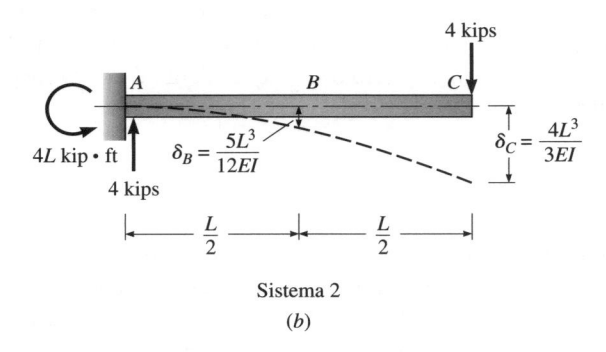

Figura 10.28: Vigas idênticas com duas condições de apoio diferentes.

Solução

$$\Sigma F_1 \delta_2 = \Sigma F_2 \delta_1 \qquad (10.41)$$

$$1{,}5 \text{ kip } (0) + (3 \text{ kips})\frac{5L^3}{12EI} - (1{,}5 \text{ kip})\frac{4L^3}{3EI} = -(4L \text{ kip} \cdot \text{ft})\,\frac{3L^2}{16EI}$$
$$+ (4 \text{ kips})(0) + (4 \text{ kips})(0)$$

$$-\frac{3L^3}{4EI} = -\frac{3L^3}{4EI} \qquad \textbf{Resp.}$$

Resumo

- O trabalho virtual é o principal assunto do Capítulo 10. Esse método permite ao engenheiro calcular uma única componente da deflexão a cada aplicação do método.

- Com base no *princípio da conservação de energia*, o trabalho virtual presume que as cargas são aplicadas lentamente para que nem energia cinética nem calorífica seja produzida.

- Para calcular uma componente da deflexão pelo método do trabalho virtual, aplicamos uma força (também chamada de carga fictícia) na estrutura, no ponto e na direção do deslocamento desejado. A força e suas reações associadas são chamadas *sistema Q*. Se é necessária uma inclinação ou uma mudança de ângulo, a força é um momento. Com a carga fictícia em vigor, as cargas reais — chamadas *sistema P* — são aplicadas na estrutura. Quando a estrutura deforma sob as cargas reais, um trabalho virtual externo W_Q é realizado pelas cargas fictícias à medida que elas se movem pelos deslocamentos reais produzidos pelo sistema P. Simultaneamente, uma quantidade de energia de deformação virtual U_Q equivalente é armazenada na estrutura. Isto é,

$$W_Q = U_Q$$

- Embora o trabalho virtual possa ser aplicado em todos os tipos de estruturas, incluindo treliças, vigas, pórticos, placas e cascas, aqui limitamos a aplicação do método a três dos tipos de estruturas planares mais comuns: treliças, vigas e pórticos. Também desconsideramos os efeitos do cisalhamento, pois sua contribuição para as deflexões de vigas e pórticos delgados é desprezível. O efeito do cisalhamento sobre as deflexões só tem significado em vigas altas curtas e pesadamente carregadas ou em vigas com módulo de rigidez baixo. O método também permite ao engenheiro incluir deflexões devido à mudança de temperatura, recalques de apoio e erros de fabricação.

- Se uma deflexão tem componentes verticais e horizontais, são necessárias duas análises separadas por meio do trabalho virtual; a carga unitária é aplicada primeiramente na direção vertical e, depois, na direção horizontal. A deflexão real é a soma vetorial das duas componentes ortogonais. No caso de vigas ou treliças, os projetistas geralmente estão interessados apenas na deflexão vertical máxima sob sobrecarga, pois essa componente é limitada pelos códigos de projeto.

- O uso de uma carga unitária para estabelecer um sistema Q é arbitrário. Contudo, como as deflexões devido às cargas unitárias (denominadas coeficientes de flexibilidade) são utilizadas na análise de estruturas indeterminadas (consultar Capítulo 11), o uso de cargas unitárias é uma prática comum entre os engenheiros de estruturas.

- Para determinar a energia de deformação virtual quando a altura de uma viga varia ao longo de seu comprimento, as mudanças nas propriedades da seção transversal podem ser levadas em conta dividindo-se a viga em segmentos e efetuando-se um somatório finito (consultar Seção 10.7).

- Na Seção 10.9, apresentamos a lei de Maxwell-Betti das deflexões recíprocas. Essa lei será útil, no Capítulo 11, quando definirmos os termos das matrizes simétricas necessárias para resolver estruturas indeterminadas pelo método da flexibilidade.

PROBLEMAS

P10.1. Para a treliça da Figura P10.1, calcule as componentes horizontais e verticais do deslocamento do nó B, produzido pela carga de 100 kips. A área de todas as barras = 4 pol² e E = 24 000 kips/pol².

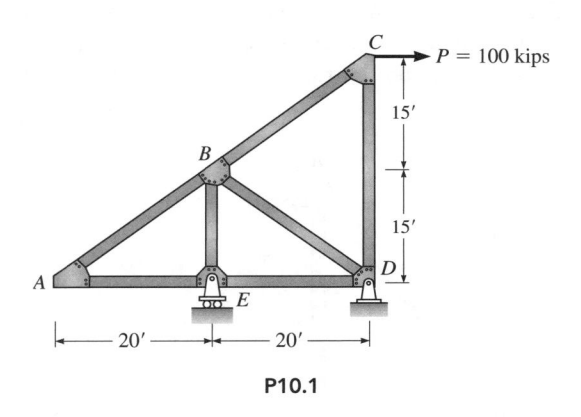

P10.3. Para a treliça da Figura P10.3, calcule as componentes horizontais e verticais do deslocamento do nó C. A área de todas as barras = 2 500 mm² e E = 200 GPa.

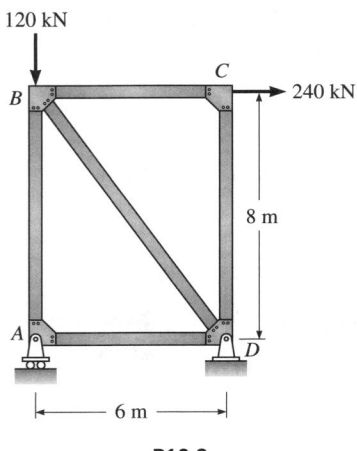

P10.1

P10.3

P10.2. Para a treliça da Figura P10.1, calcule o deslocamento vertical do nó A e o deslocamento horizontal do nó C.

P10.4. Para a treliça da Figura P10.3, calcule o deslocamento vertical do nó *B* e o deslocamento horizontal do rolo no nó *A*.

P10.5. (*a*) Na Figura P10.5, calcule as componentes vertical e horizontal do deslocamento do nó *E* produzido pelas cargas. A área das barras *AB*, *BD* e *CD* = 5 pol²; a área de todas as outras barras = 3 pol². E = 30000 kips/pol². (*b*) Se as barras *AB* e *BD* são fabricadas com comprimento a mais de $\frac{3}{4}$ pol e o apoio *D* sofre um recalque de 0,25 pol, calcule o deslocamento vertical do nó *E*. Despreze a carga de 120 kips.

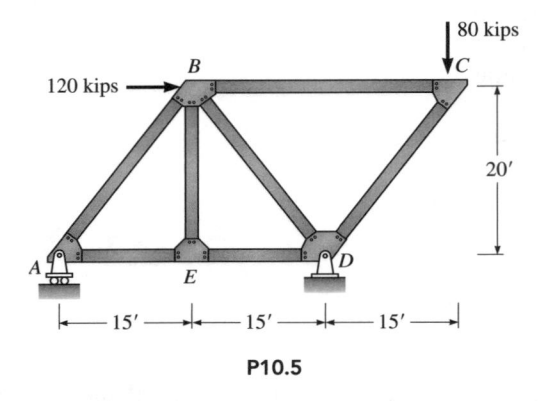

P10.7. (*a*) Calcule a deflexão vertical do nó *D*, produzida pela carga de 30 kips na Figura P10.7. Para todas as barras, área = 2 pol² e E = 9000 kips/pol², (*b*) Suponha que a treliça está descarregada. Se a barra *AE* é fabricada com comprimento a mais de $\frac{8}{5}$ pol, quanto o rolo em *B* deve ser deslocado horizontalmente para a direita, para que não ocorra nenhuma deflexão vertical no nó *D*?

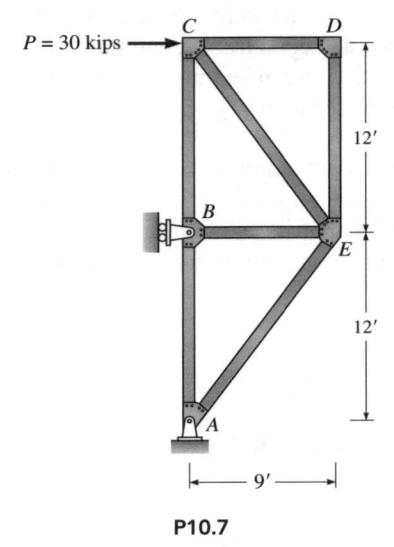

P10.5

P10.7

P10.6. Quando a treliça da Figura P10.6 é carregada, o apoio em *E* se desloca 0,6 pol verticalmente para baixo, e o apoio em *A* se move 0,4 pol para a direita. Calcule as componentes horizontal e vertical do deslocamento do nó *C*. Para todas as barras, área = 2 pol² e E = 29000 kips/pol².

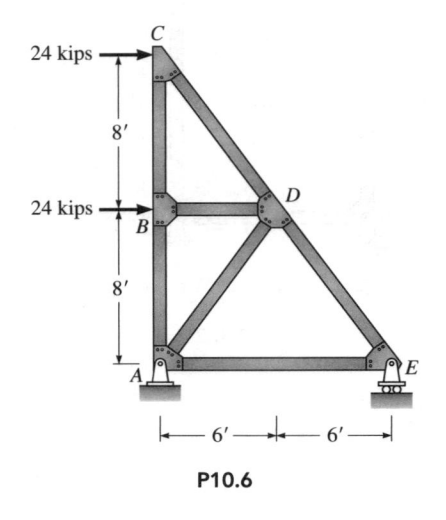

P10.8. (*a*) Descubra a deflexão horizontal no nó *B* produzida pela carga de 40 kips da Figura P10.8. A área de todas as barras, em unidades de polegadas quadradas, está mostrada no esboço da treliça; E = 30000 kips/pol². (*b*) Para restaurar o nó *B* à sua posição inicial na direção horizontal, quanto a barra *AB* precisa ser encurtada? (*c*) Se a temperatura das barras *AB* e BC aumentar em 80 °F,

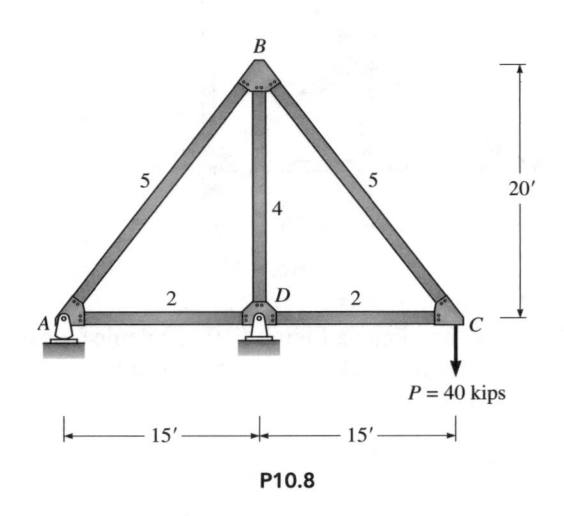

P10.6

P10.8

determine o deslocamento vertical do nó C. $\alpha_t = 6,5 \times 10^{-6}$ (pol/pol)/°F. O balancim no apoio A é equivalente a um rolo.

P10.9. Determine as deflexões horizontal e vertical do nó C da treliça da Figura P10.9. Além da carga no nó C, a temperatura da barra BD está sujeita a um aumento de 60° F. Para todas as barras, $E = 29\,000$ kips/pol², $A = 4$ pol² e $\alpha = 6,5 \times 10^{-6}$ (pol/pol)/°F.

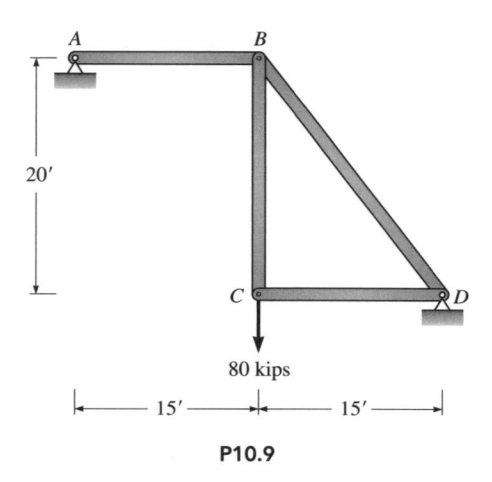

P10.10. Na Figura P10.10, se o apoio A se move horizontalmente 2 pol para a direita e o apoio F sofre um recalque de 1 pol verticalmente, calcule a deflexão horizontal do rolo no apoio G.

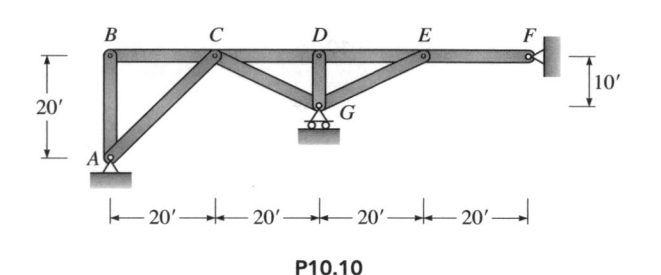

P10.11. Quando a carga de 20 kips é aplicada no nó B da treliça da Figura P10.11, o apoio A sofre um recalque de $\frac{3}{4}$ pol verticalmente para baixo e se desloca $\frac{1}{2}$ pol horizontalmente para a direita. Determine o deslocamento vertical do nó B devido a todos os efeitos. Área de todas as barras = 2 pol²; $E = 30\,000$ kips/pol².

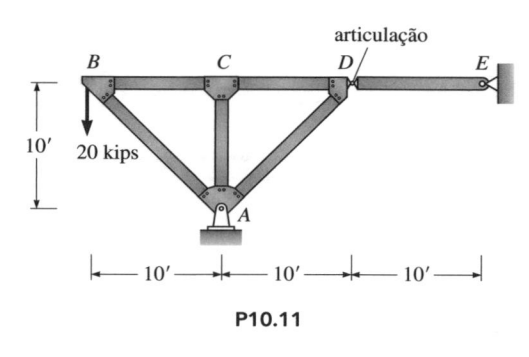

P10.12. Determine o valor da força P que precisa ser aplicada no nó C da treliça da Figura P10.12 se a deflexão vertical em C deve ser zero. Área de todas as barras = 1,8 pol²; $E = 30\,000$ kips/pol².

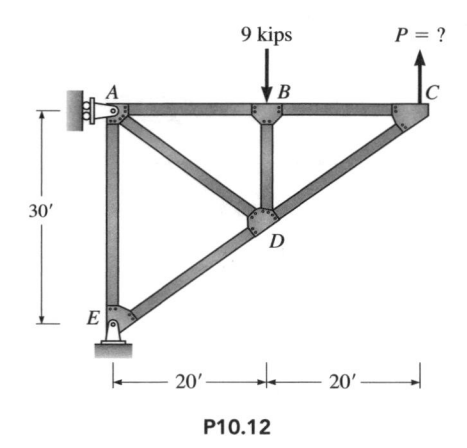

P10.13. Na Figura P10.13, o apoio D foi construído 1,5 pol à direita de sua posição especificada. Usando o princípio de Bernoulli da Seção 10.8, calcule (a) as componentes horizontal e vertical do deslocamento do nó B e (b) a mudança na inclinação do membro BC.

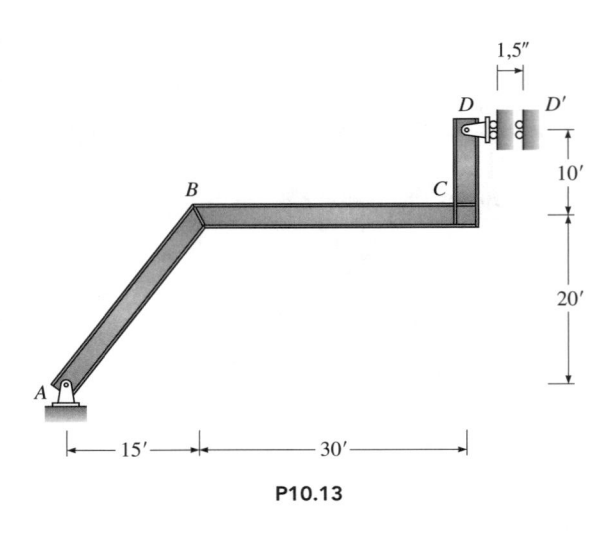

P10.15. Sob o peso próprio do arco da Figura P10.15, é esperado que a articulação em B se desloque 3 pol para baixo. Para eliminar o deslocamento de 3 pol, os projetistas reduzirão a distância entre os apoios, movendo o apoio A para a direita. Quanto o apoio A deve ser movido?

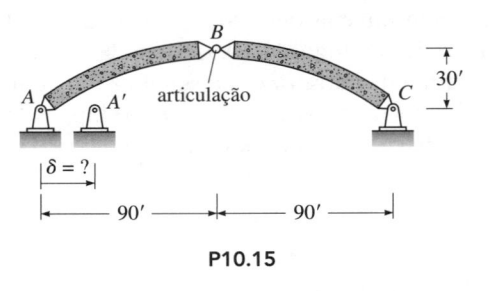

P10.14. Se os apoios A e E na Figura P10.14 são construídos 30 pés e 2 pol distantes, em vez de 30 pés, e se o apoio E também está 0,75 pol acima de sua elevação especificada, determine as componentes verticais e horizontais das deflexões da articulação em C e a inclinação do membro AB quando o pórtico é montado.

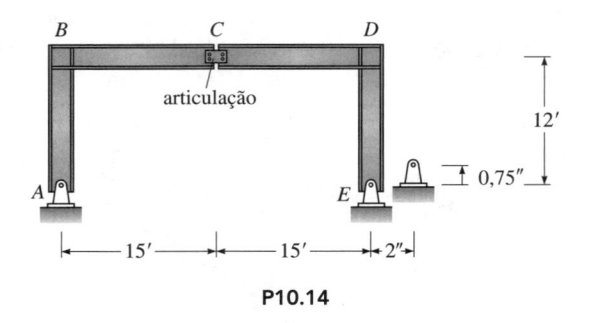

P10.16. (a) Calcule a deflexão vertical e a inclinação da viga em balanço nos pontos B e C na Figura P10.16. Dados: EI é constante por toda parte, $L = 12$ ft e $E = 4\,000$ kips/pol². Qual é o valor mínimo exigido de I se a deflexão do ponto C não deve passar de 0,4 pol?

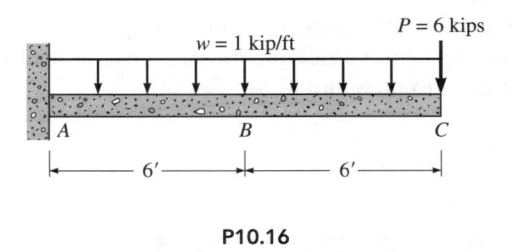

P10.17. Determine a magnitude da força vertical P que deve ser aplicada na ponta da viga em balanço da Figura P10.17, se a deflexão em B deve ser zero. EI é constante. Expresse a resposta em termos de w e L.

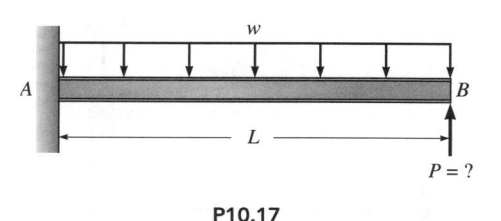

P10.19. Calcule a deflexão no meio do vão da viga da Figura P10.19. Dados: $I = 46 \times 10^6$ mm^4, $E = 200$ GPa. Trate o balancim em E como um rolo.

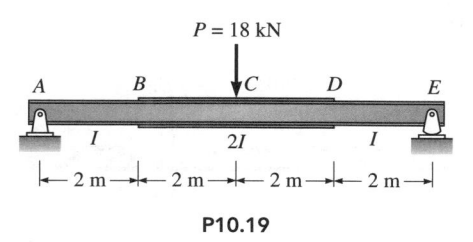

P10.17

P10.19

P10.18. Calcule a deflexão vertical do ponto C na Figura P10.18. Dados: $I = 1\,200$ pol^4, $E = 29\,000$ kips/pol^2.

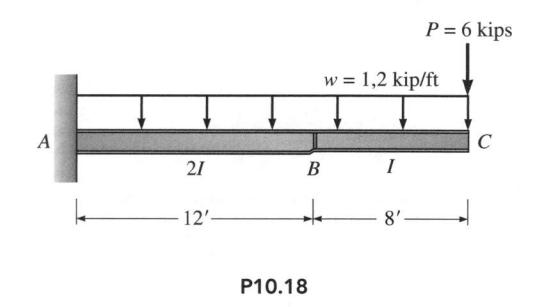

P10.20. Qual é o valor mínimo exigido de I para a viga da Figura P10.20 se o ponto A não deve descer mais do que 0,3 pol? Dados: EI é constante, $E = 29\,000$ kips/pol^2.

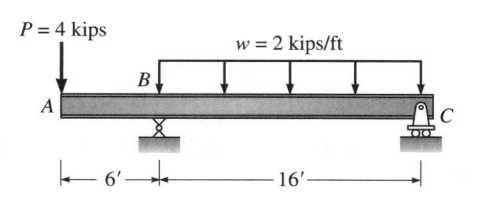

P10.18

P10.20

P10.21. Calcule a deflexão no meio do vão e a inclinação em A na Figura P10.21. EI é constante. Expresse a inclinação em graus e a deflexão em polegadas. Suponha um apoio de pino em A e um rolo em D. $E = 29\,000$ kips/pol², $I = 2\,000$ pol⁴.

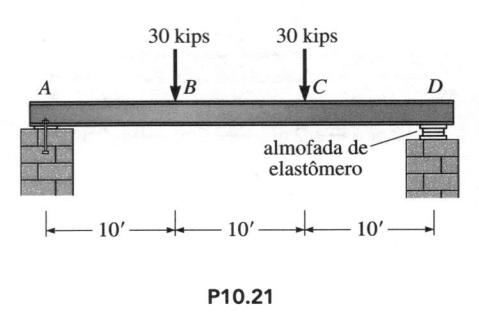

P10.24. Calcule as componentes horizontal e vertical da deflexão no ponto D na Figura P10.24. Dados: EI é constante, $I = 120$ pol⁴, $E = 29\,000$ kips/pol².

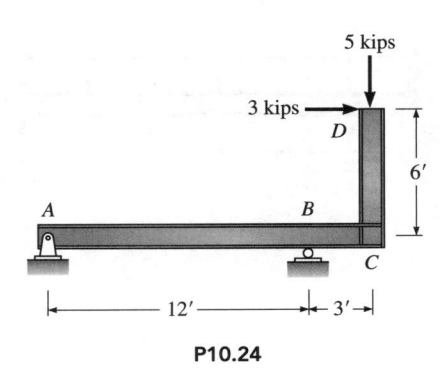

P10.22. Calcule a inclinação nos apoios A e C da Figura P10.22. EI é constante. Expresse sua resposta em termos de E, I, L e M.

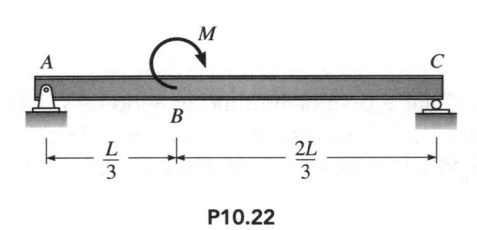

P10.25. Calcule a deflexão vertical do nó C na Figura P10.25. No membro ABC, considere apenas a energia de deformação associada à flexão. Dados: $I_{AC} = 340$ pol⁴ e $A_{BD} = 5$ pol². Quanto a barra BD deve ser alongada para eliminar a deflexão vertical do ponto C quando a carga de 16 kips atua?

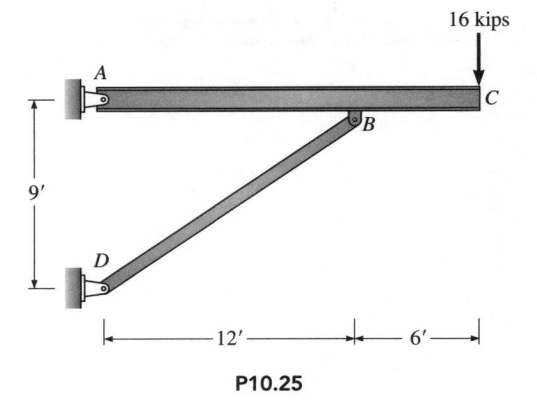

P10.23. Calcule a deflexão em B e a inclinação em C na Figura P10.23. EI é constante.

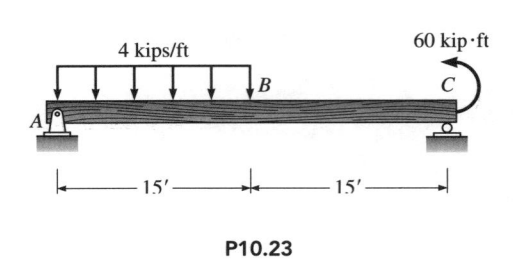

P10.26. Calcule as componentes horizontal e vertical da deflexão em C na Figura P10.26. Dados: $E = 200$ GPa, $I = 240 \times 10^6$ mm^4.

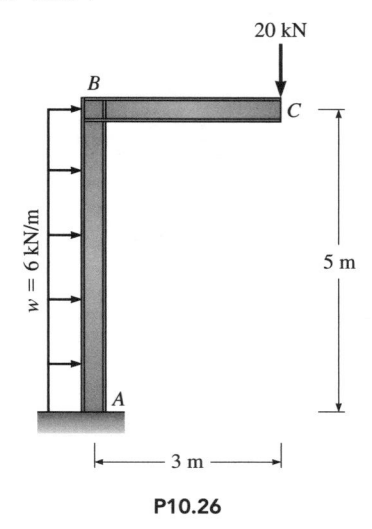

P10.29. Calcule a deflexão vertical em B e a deflexão horizontal em C na Figura P10.29. Dados: $A_{CD} = 3$ pol^2, $I_{AC} = 160$ pol^4, $A_{AC} = 4$ pol^2 e $E = 29\,000$ kips/pol^2. Considere a energia de deformação produzida pelas deformações axiais e de flexão.

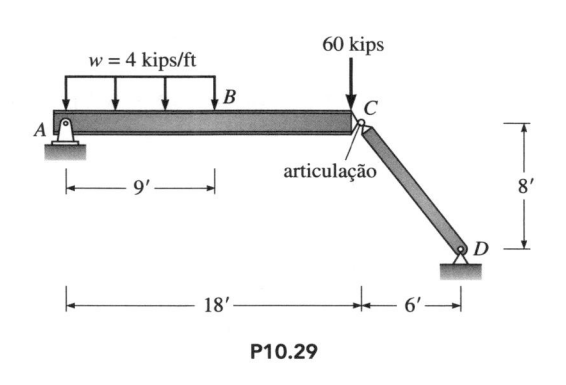

P10.27. Calcule o deslocamento vertical da articulação em C na Figura P10.27. EI é constante para todos os membros, $E = 200$ GPa, $I = 1\,800 \times 10^6$ mm^4.

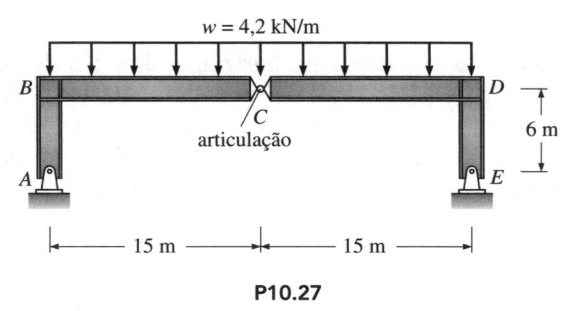

P10.28. Determine o valor do momento que precisa ser aplicado na extremidade esquerda da viga da Figura P10.28, se a inclinação em A deve ser zero. EI é constante. Suponha que o balancim no apoio D atua como um rolo.

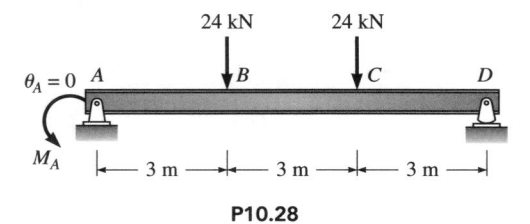

P10.30. Calcule as deflexões vertical e horizontal em B e no meio do vão do membro CD na Figura P10.30. Considere as deformações axiais e de flexão. Dados: $E = 29\,000$ kips/pol^2, $I = 180$ pol^4, área da coluna = 6 pol^2, área da viga = 10 pol^2.

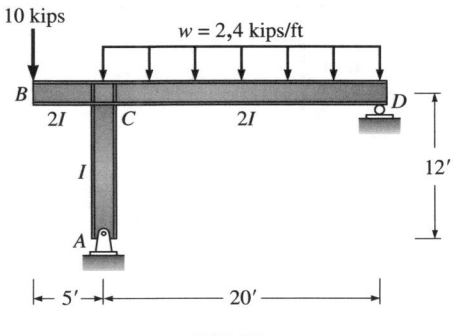

P10.31. A viga *ABC*, na Figura P10.31, é apoiada por uma treliça de três barras no ponto *C* e em *A* por uma almofada de elastômero que é equivalente a um rolo. (*a*) Calcule a deflexão vertical do ponto *B* devido à carga aplicada. (*b*) Calcule a mudança necessária no comprimento do membro *DE* para deslocar o ponto *B* 0,75 pol para cima. Isso é uma diminuição ou um alongamento da barra? Dados: $E = 29\,000$ kips/pol^2, área de todas as barras da treliça = 1 pol^2, área da viga = 16 pol^2, *I* da viga = 1 200 pol^4.

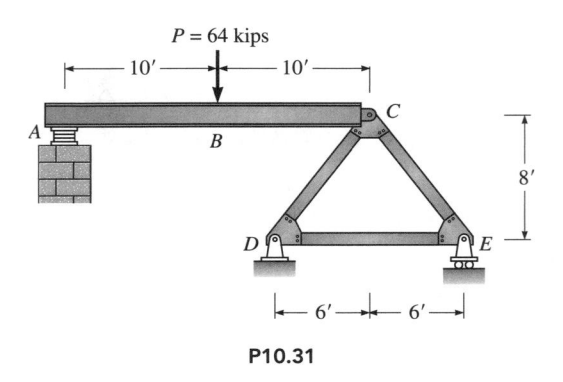

P10.32. (*a*) Calcule a inclinação em *A* e o deslocamento horizontal do nó *B* na Figura P10.32. *EI* é constante para todos os membros. Considere somente as deformações de flexão. Dados: $I = 100$ pol^4, $E = 29\,000$ kips/pol^2. (*b*) Se o deslocamento horizontal no nó *B* não deve passar de $\frac{3}{8}$ pol, qual é o valor mínimo exigido de *I*?

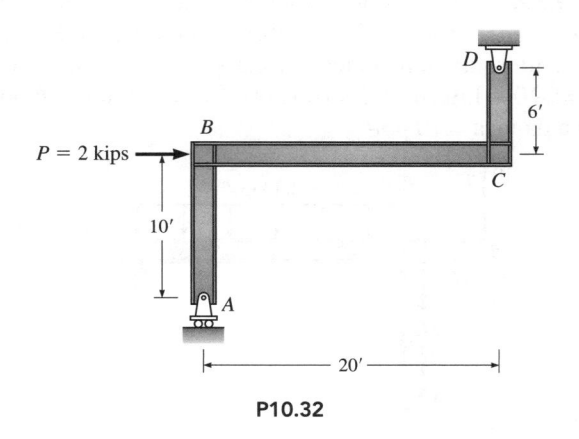

P10.33. Calcule o deslocamento vertical dos nós *B* e *C* para o pórtico mostrado na Figura P10.33. Dados: $I = 360$ pol^4, $E = 30\,000$ kips/pol^2. Considere somente as deformações de flexão.

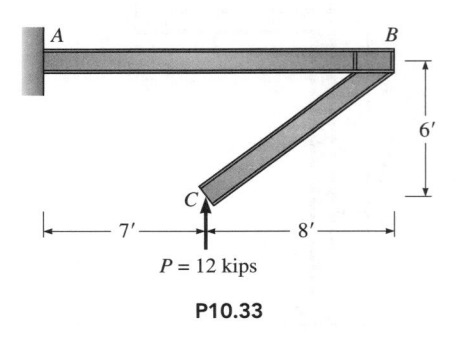

P10.34. Se o deslocamento horizontal do nó *B* do pórtico da Figura P10.34 não deve passar de 0,36 pol, qual é o valor de *I* exigido dos membros? A barra *CD* tem uma área de 4 pol^2 e $E = 29\,000$ kips/pol^2. Considere somente as deformações de flexão dos membros *AB* e *BC* e a deformação axial de *CD*.

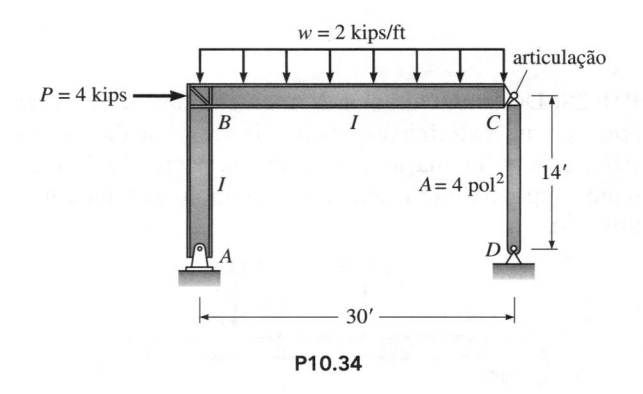

P10.35. Para o pórtico rígido de aço da Figura P10.35, calcule a rotação do nó B e o deslocamento horizontal do apoio C. Considere somente as deflexões produzidas pelos momentos fletores. Dados: $E = 200$ GPa, $I = 80 \times 10^6$ mm^4.

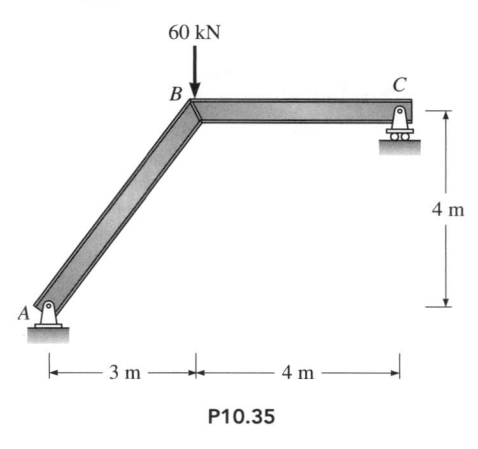

P10.35

P10.36. Para o pórtico de aço da Figura P10.36, calcule o deslocamento horizontal do nó B. Para o membro BCD, $E = 200$ GPa e $I = 600 \times 10^6$ mm^4. Para o membro AB, área = 1 500 mm^2.

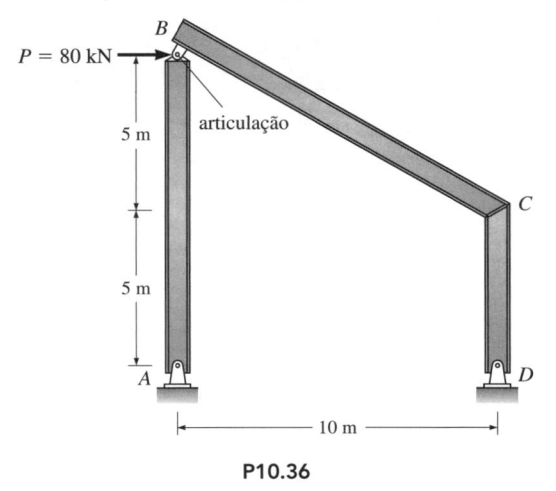

P10.36

P10.37. Calcule o deslocamento vertical da articulação em C para a carga funicular mostrada na Figura P10.37. A carga funicular produz tensão direta em todas as seções do arco. As colunas transmitem somente carga axial das vigas do tabuleiro para o arco. Além disso, suponha que as vigas do tabuleiro e as colunas não restringem o arco. Todas as reações são dadas. Para todos os segmentos do arco, $A = 20$ pol^2, $I = 600$ pol^4 e $E = 30 000$ kips/pol^2.

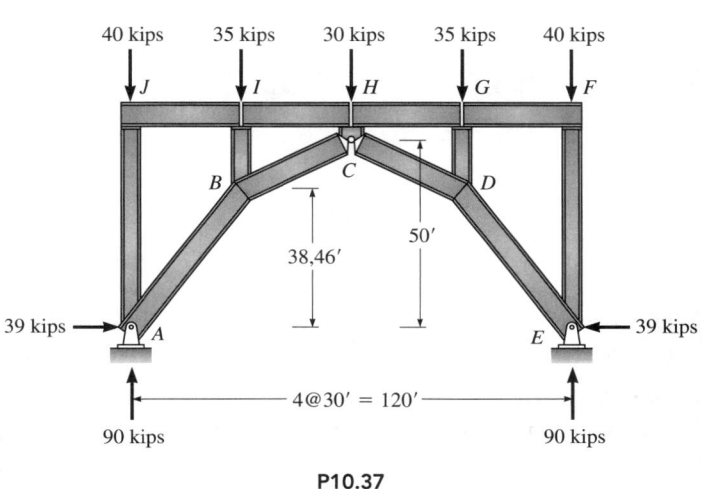

P10.37

P10.38. Determine as deflexões horizontal e vertical da articulação no ponto C do arco da Figura P10.37, para uma única carga concentrada de 60 kips aplicada no nó B, na direção vertical. Veja as propriedades do arco no Problema P10.37.

P10.39. Calcule o deslocamento vertical do ponto C para a viga da Figura P10.39. Para a viga $I = 360 \times 10^6$ mm^4 e $E = 200$ GPa. Para o cabo, $A = 1600$ mm^2 e $E = 150$ GPa.

P10.40. Usando um somatório finito, calcule a deflexão inicial no meio do vão para a viga da Figura P10.40. Dados: $E = 3000$ kips/pol^2. Use segmentos de 3 pés. Suponha $I = 0,5I_G$.

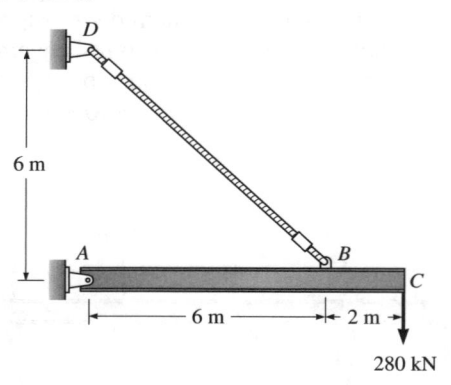

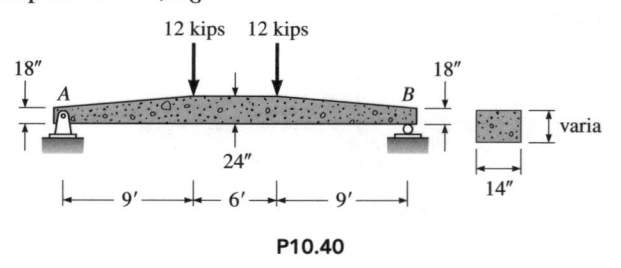

P10.39

P10.40

Momento de inércia efetivo de uma viga de concreto armado

NOTA: Esta nota se aplica aos problemas P10.40 a P10.42. Como as vigas de concreto armado fissuram devido às forças de tração geradas por momento e cortante, as deflexões elásticas *iniciais* são baseadas em uma *equação empírica de momento de inércia*, estabelecida a partir de estudos experimentais com vigas inteiriças (Seção 9.5.2.3 do código ACI). Essa equação produz um *momento de inércia efetivo* I_e que varia de cerca de 0,35 a 0,5 do momento de inércia I_G, baseado na área total da seção transversal. Não é considerada a deflexão adicional devido à deformação lenta e à retração que ocorrem com o passar do tempo, que pode ultrapassar a deflexão inicial.

P10.41. Usando um somatório finito, calcule a deflexão inicial no ponto C para a viga de altura variável da Figura P10.41. $E = 3500$ kips/pol^2. Baseie sua análise nas propriedades de $0,5I_G$.

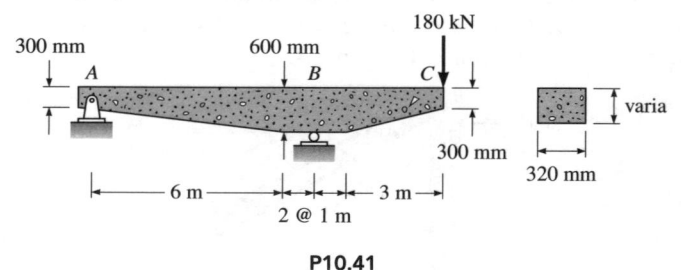

P10.41

P10.42. *Estudo por computador — Influência dos apoios no comportamento do pórtico.* (*a*) Usando o programa de computador RISA-2D, calcule a deflexão elástica inicial no meio do vão da viga da Figura P10.42, dado que o apoio em *D* é um rolo. Para a análise por computador, substitua os membros de altura variável por segmentos de 3 pés de comprimento e altura constante, cujas propriedades são baseadas nas dimensões no meio do vão de cada segmento; isto é, existirão 9 *membros* e 10 *nós*. Quando montar o problema, especifique em GLOBAL que as forças devem ser calculadas em três seções. Isso produzirá valores de forças nas duas extremidades e no centro de cada segmento. Para levar em conta a fissuração do concreto armado, suponha para a viga *BCD* que $I_e = 0{,}35I_G$; para a coluna *AB*, suponha que $I_e = 0{,}7I_G$ (as forças de compressão nas colunas reduzem as fissuras). Como as deflexões das vigas e pórticos rígidos de um pavimento são quase inteiramente por causa do momento e não são significativamente afetadas pela área da seção transversal do membro, substitua a área total na Tabela de propriedades do membro.

(*b*) Substitua o rolo no apoio *D* da Figura P10.42 por um pino, para impedir o deslocamento horizontal do nó *D*, e repita a análise do pórtico. Agora o pórtico é uma *estrutura indeterminada*. Compare seus resultados com os da parte (*a*) e discuta sucintamente as diferenças no comportamento com relação à magnitude das deflexões e momentos.

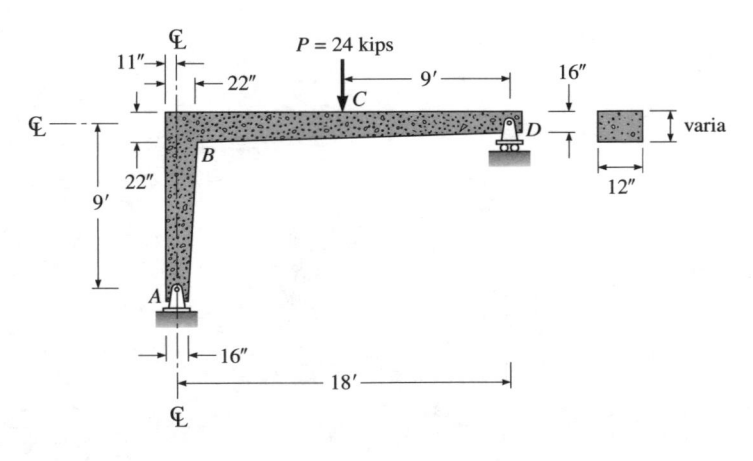

P10.42

Ponte East Huntington sobre o rio Ohio. Tem aproximadamente 457 m de comprimento e é suportada por cabos, com uma pista construída de concreto híbrido e vigas de aço de aproximadamente 1,5 m de altura. Inaugurada em 1985, foi construída com aço e concreto de alta resistência. O estudante deve contrastar as linhas esguias do tabuleiro e da torre desta moderna ponte, projetada pela Arvid Grant and Associates, com as da ponte do Brooklyn (ver foto no início do Capítulo 1).

CAPÍTULO 11

Análise de estruturas indeterminadas pelo método da flexibilidade

11.1 Introdução

O método da flexibilidade, também chamado de *método das deformações consistentes* ou *método da superposição*, é um procedimento para analisar estruturas *indeterminadas lineares e elásticas*. Embora o método possa ser aplicado em quase qualquer tipo de estrutura (vigas, treliças, pórticos, cascas etc.), o esforço computacional aumenta exponencialmente com o grau de indeterminação. Portanto, é mais atraente quando aplicado a estruturas com baixo grau de indeterminação.

Todos os métodos de análise indeterminada exigem que a solução satisfaça os requisitos de *equilíbrio* e *compatibilidade*. Por compatibilidade queremos dizer que a estrutura deve se ajustar — não podem existir lacunas — e a forma defletida deve ser coerente com as restrições impostas pelos apoios. No método da flexibilidade, vamos satisfazer o requisito do equilíbrio usando as equações de equilíbrio estático em cada etapa da análise. O requisito da compatibilidade será satisfeito escrevendo-se uma ou mais equações (ou seja, *equações de compatibilidade*) que demonstram que não existe nenhuma lacuna internamente ou que as deflexões são coerentes com a geometria imposta pelos apoios.

Como etapa fundamental no método da flexibilidade, a análise de uma estrutura indeterminada é substituída pela análise de uma estrutura estável e determinada. Essa estrutura — chamada de *estrutura liberada* ou *de base* — é estabelecida a partir da estrutura indeterminada original, imaginando-se que certas restrições (apoios, por exemplo) são removidas temporariamente.

11.2 Conceito de redundante

Na Seção 3.7, vimos que no mínimo três restrições, que não são equivalentes nem a um sistema de forças paralelas nem a um de forças concorrentes, são necessárias para produzir uma estrutura estável; isto é, para evitar o deslocamento de corpo rígido sob qualquer condição de carga. Por exemplo, na Figura 11.1a, as reações horizontal e vertical do pino em A e a reação vertical do rolo em C impedem a translação e a rotação da viga, independentemente do tipo de sistema de forças aplicado. Como estão disponíveis três equações de equilíbrio para determinar as três reações, a estrutura é *estaticamente determinada*.

Se um terceiro apoio for construído em B (ver Figura 11.1b), estará disponível uma reação adicional R_B para suportar a viga. Como a reação em B não é absolutamente essencial para a estabilidade da estrutura, é denominada *redundante*. Em muitas estruturas, a designação de uma reação em particular como redundante é arbitrária. Por exemplo, sob o ponto de vista lógico, a reação em C na Figura 11.1b poderia ser considerada redundante, pois o pino em A e o rolo em B também fornecem restrições suficientes para produzir uma estrutura estável e determinada.

Embora a adição do rolo em B produza uma estrutura indeterminada no primeiro grau (existem quatro reações, mas estão disponíveis apenas três equações da estática), o rolo também impõe o requisito geométrico de que o deslocamento vertical em B deve ser zero. Essa condição geométrica nos permite escrever uma equação adicional que pode ser usada junto com as equações da estática para determinar a magnitude de todas as reações. Na Seção 11.3, esboçaremos as principais características do método da flexibilidade e ilustraremos seu uso analisando uma variedade de estruturas indeterminadas.

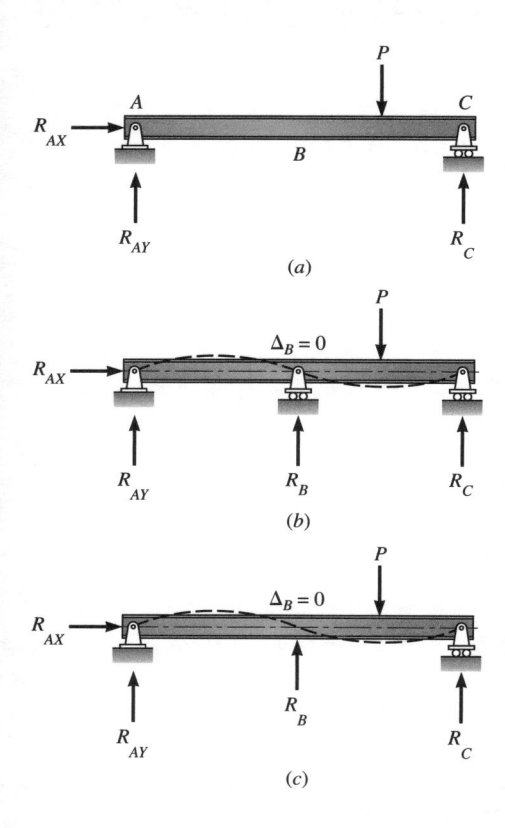

Figura 11.1: (a) Viga determinada; (b) viga indeterminada com R_B considerada redundante; (c) a estrutura liberada da viga em (b) com a reação em B aplicada como força externa.

11.3 Fundamentos do método da flexibilidade

No método da flexibilidade imaginamos que redundantes suficientes (apoios, por exemplo) são removidas de uma estrutura indeterminada para produzir uma estrutura *liberada* estável e determinada. O número de restrições removidas é igual ao grau de indeterminação. Então, as cargas de projeto, que são especificadas, e as redundantes, cuja magnitude é desconhecida neste estágio, são aplicadas na estrutura liberada. Por exemplo, a Figura 11.1c mostra a estrutura liberada determinada da viga da Figura 11.1b, quando a reação em B é tomada como redundante. Como a estrutura liberada da Figura 11.1c é carregada exatamente como a estrutura original, as forças internas e as deformações da estrutura liberada são idênticas às da estrutura indeterminada original.

Em seguida, analisamos a estrutura liberada determinada para as cargas e redundantes aplicadas. Nesta etapa, a análise é dividida em casos separados para (1) as cargas aplicadas e (2) para cada redundante desconhecida. Para cada caso, as deflexões são calculadas em cada ponto onde uma redundante atua. Como se supõe que a estrutura se comporta elasticamente, essas análises individuais podem ser combinadas — superpostas — para produzir uma que inclui o efeito de todas as forças e redundantes. Para achar a solução das redundantes, as deflexões são somadas em cada ponto onde uma redundante atua e definidas iguais ao valor de deflexão conhecido. Por exemplo, se uma redundante é fornecida por um rolo, a deflexão será zero na direção normal ao plano ao longo do qual o rolo se move. Esse procedimento produz um conjunto de *equações de compatibilidade* igual ao número de redundantes. Uma vez determinados os valores das redundantes, o equilíbrio da estrutura pode ser analisado com as equações da estática. Iniciaremos o estudo do método da flexibilidade considerando estruturas indeterminadas no primeiro grau. A Seção 11.7 abordará as estruturas indeterminadas de ordem superior.

Para ilustrar o procedimento precedente, consideraremos a análise da viga uniformemente carregada da Figura 11.2a. Como estão disponíveis somente três equações da estática para solucionar as quatro restrições fornecidas pelo apoio fixo e pelo rolo, a estrutura é indeterminada no primeiro grau. Para determinar as reações, é necessária uma equação adicional para complementar as três equações da estática. Para estabelecer essa equação, selecionamos arbitrariamente como redundante a reação R_B exercida pelo rolo na extremidade direita. Na Figura 11.2b, o diagrama de corpo livre da viga da Figura 11.2a é redesenhado, mostrando a reação R_B exercida pelo rolo no apoio B, mas não o rolo. Imaginando que o rolo foi removido, podemos tratar a viga indeterminada como uma viga em balanço determinada simples, suportando uma carga uniformemente distribuída w e uma força desconhecida R_B em sua extremidade livre. Adotando esse ponto de vista, produzimos uma estrutura determinada que pode ser analisada pela estática. Como as vigas da Figura 11.2a e b suportam exatamente as mesmas cargas, seus diagramas de cortante e momento são idênticos e ambas se deformam da mesma forma. Em particular, a deflexão vertical Δ_B no apoio B é igual a zero. Para chamar a atenção para o fato de que a reação fornecida pelo rolo é a redundante, agora denotamos R_B pelo símbolo X_B (ver Figura 11.2b).

Em seguida, dividimos a análise da viga em balanço nas duas partes mostradas na Figura 11.2c e d. A Figura 11.2c mostra as reações e as deflexões em B, Δ_{B0}, produzidas pela carga uniforme, cuja magnitude é especificada. As deflexões da estrutura *liberada* produzidas pelas cargas aplicadas serão denotadas por dois subscritos. O primeiro indicará a localização da deflexão; o segundo será um zero, para distinguir a estrutura liberada da estrutura real. A Figura 11.2d mostra as reações e a deflexão em B, Δ_{BB}, produzidas pela redundante X_B, cuja magnitude é desconhecida. Supondo que a estrutura se comporta elasticamente, podemos adicionar (superpor) os dois casos da Figura 11.2c e d para fornecer o caso original mostrado na Figura 11.2b ou a. Como o rolo na estrutura real

Figura 11.2: Análise pelo método da flexibilidade: (a) viga indeterminada no primeiro grau; (b) estrutura liberada carregada com carga w e redundante R_B; (c) forças e deslocamentos produzidos pela carga w na estrutura liberada; (d) forças e deslocamentos da estrutura liberada produzidos pela redundante X_B; (e) forças e deslocamentos na estrutura liberada produzidos pelo valor unitário da redundante.

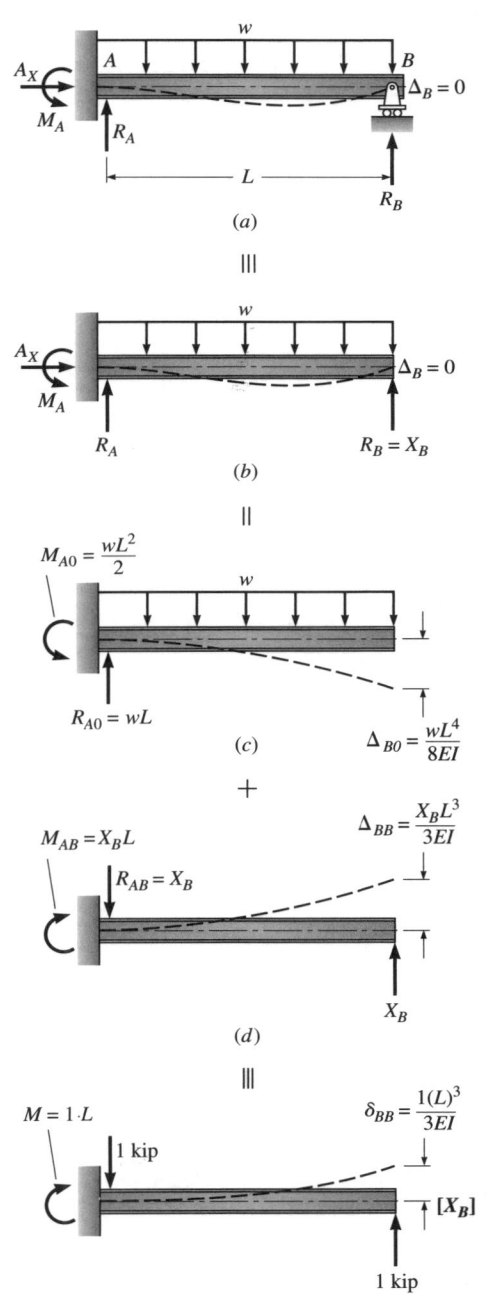

estabelece o requisito geométrico de que o deslocamento vertical em B é igual a zero, a soma algébrica dos deslocamentos verticais em B na Figura 11.2c e d deve ser igual a zero. Essa condição de geometria ou compatibilidade pode ser expressa como

$$\Delta_B = 0 \qquad (11.1)$$

Sobrepondo as deflexões no ponto B, produzidas pela carga aplicada na Figura 11.2c e pela redundante na Figura 11.2d, podemos escrever a Equação 11.1 como

$$\Delta_{B0} + \Delta_{BB} = 0 \qquad (11.2)$$

As deflexões Δ_{B0} e Δ_{BB} podem ser avaliadas pelo método do momento das áreas, pelo trabalho virtual ou a partir dos valores tabulados mostrados na Figura 11.3a e b.

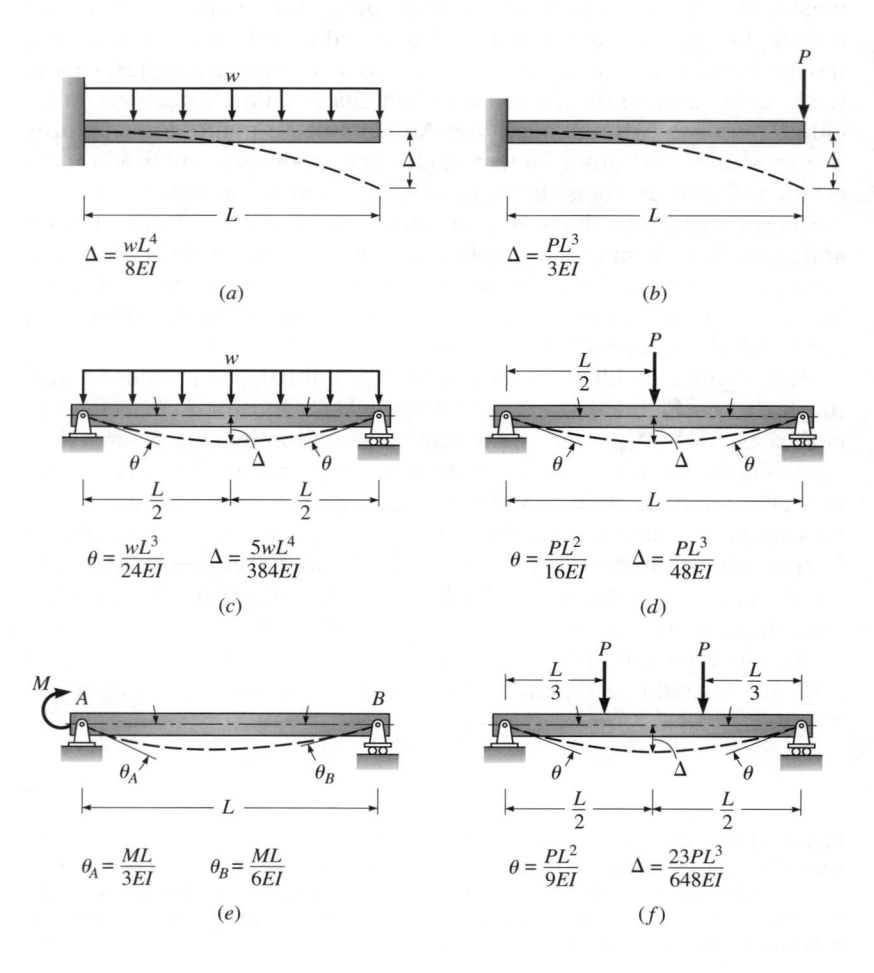

(a) $\Delta = \dfrac{wL^4}{8EI}$

(b) $\Delta = \dfrac{PL^3}{3EI}$

(c) $\theta = \dfrac{wL^3}{24EI}$ $\quad \Delta = \dfrac{5wL^4}{384EI}$

(d) $\theta = \dfrac{PL^2}{16EI}$ $\quad \Delta = \dfrac{PL^3}{48EI}$

(e) $\theta_A = \dfrac{ML}{3EI}$ $\quad \theta_B = \dfrac{ML}{6EI}$

(f) $\theta = \dfrac{PL^2}{9EI}$ $\quad \Delta = \dfrac{23PL^3}{648EI}$

Figura 11.3: Deslocamentos de vigas prismáticas.

Como convenção de sinal, vamos supor que os deslocamentos são positivos quando estão na direção da redundante. Neste procedimento, você está livre para supor a direção em que a redundante atua. Se você tiver escolhido a direção correta, a solução produzirá um valor positivo para a redundante. Por outro lado, se a solução resultar em um valor negativo para a redundante, sua magnitude está correta, mas sua direção é oposta àquela presumida inicialmente.

Expressando as deflexões em termos das cargas aplicadas e das propriedades dos membros, podemos escrever a Equação 11.2 como

$$-\frac{wL^4}{8EI} + \frac{X_B L^3}{3EI} = 0$$

Resolvendo para X_B, temos

$$X_B = \frac{3wL}{8} \qquad (11.3)$$

Após ser calculada, X_B pode ser aplicada na estrutura da Figura 11.2a e as reações em A determinadas pela estática; ou, como procedimento alternativo, as reações podem ser calculadas somando-se as componentes da reação correspondente na Figura 11.2c e d. Por exemplo, a reação vertical no apoio A é igual a

$$R_A = wL - X_B = wL - \frac{3wL}{8} = \frac{5wL}{8}$$

Analogamente, o momento em A é igual a

$$M_A = \frac{wL^2}{2} - X_B L = \frac{wL^2}{2} - \frac{3wL(L)}{8} = \frac{wL^2}{8}$$

Uma vez calculadas as reações, os diagramas de cortante e momento podem ser construídos usando-se as convenções de sinal estabelecidas na Seção 5.3 (ver Figura 11.4).

Na análise precedente, a Equação 11.2, a equação da compatibilidade, foi expressa em termos de duas deflexões: Δ_{B0} e Δ_{BB}. No estabelecimento das equações de compatibilidade para estruturas indeterminadas em mais de um grau, é desejável mostrar as redundantes como incógnitas. Para escrever uma equação de compatibilidade dessa forma, podemos aplicar um valor unitário da redundante (1 kip nesse caso) no ponto B (ver Figura 11.2e) e, então, multiplicar esse caso por X_B, a *magnitude real* da redundante. Para indicar que a carga unitária (assim como todas as forças e deslocamentos que ela produz) é multiplicada pela redundante, mostramos a redundante entre colchetes ao lado da carga unitária no esboço do membro (Figura 11.2e). A deflexão δ_{BB} produzida pelo valor unitário da redundante é chamada de *coeficiente de flexibilidade*. Em outras palavras, as unidades de um coeficiente de flexibilidade são dadas em distância por carga unitária; por exemplo, pol/kip ou mm/kN. Como as vigas da Figura 11.2d e e são equivalentes, segue-se que

$$\Delta_{BB} = X_B \delta_{BB} \qquad (11.4)$$

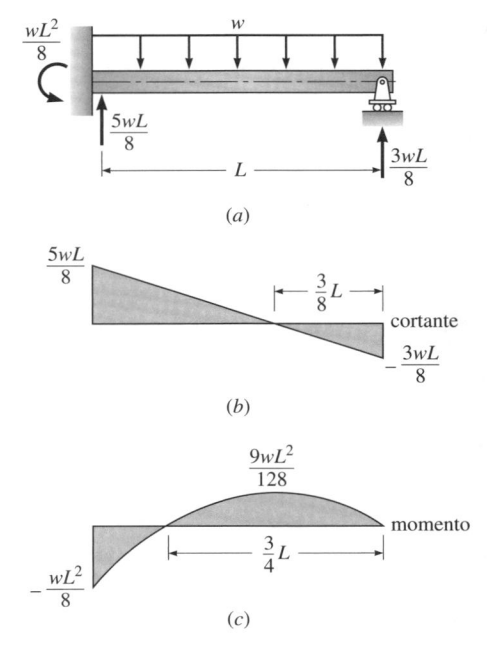

Figura 11.4: Diagramas de cortante e momento para a viga da Figura 11.2a.

Substituindo a Equação 11.4 na Equação 11.2, temos

$$\Delta_{B0} + X_B \delta_{BB} = 0 \quad (11.5)$$

e
$$X_B = -\frac{\Delta_{B0}}{\delta_{BB}} \quad (11.5a)$$

Aplicando a Equação 11.5a à viga da Figura 11.2, calculamos X_B como

$$X_B = -\frac{\Delta_{B0}}{\delta_{BB}} = -\frac{-wL^4/(8EI)}{L^3/(3EI)} = \frac{3wL}{8}$$

Após X_B ser determinada, as reações ou forças internas em qualquer ponto da viga original podem ser determinadas combinando-se as forças correspondentes na Figura 11.2c com as da Figura 11.2e, multiplicadas por X_B. Por exemplo, M_A, o momento no apoio fixo, é igual a

$$M_A = \frac{wL^2}{2} - (1L)X_B = \frac{wL^2}{2} - L\frac{3wL}{8} = \frac{wL^2}{8}$$

11.4 Concepção alternativa do método da flexibilidade (fechamento de uma lacuna)

Em certos tipos de problemas — particularmente naqueles em que fazemos liberações *internas* para estabelecer a estrutura liberada — pode ser mais fácil para o estudante estabelecer a equação da compatibilidade (ou equações, quando várias redundantes estão envolvidas) considerando que a redundante representa a força necessária para *fechar uma lacuna*.

Como exemplo, na Figura 11.5a consideramos novamente uma viga uniformemente carregada, cuja extremidade direita está apoiada em um rolo indeslocável. Uma vez que a viga repousa no rolo, a lacuna entre a parte inferior da viga e a parte superior do rolo é zero. Do mesmo modo que no caso anterior, selecionamos a reação em B como redundante e consideramos a viga em balanço determinada da Figura 11.5b como estrutura liberada. Nosso primeiro passo é aplicar a carga uniformemente distribuída $w = 2$ kips/ft na estrutura liberada (ver Figura 11.5c) e calcular Δ_{B0}, que representa a lacuna de 7,96 pol entre a posição original do apoio e a ponta da viga em balanço (por clareza, o apoio é mostrado deslocado horizontalmente para a direita). Para indicar que o apoio não se moveu, mostramos a distância horizontal entre a extremidade da viga e o rolo igual a zero polegada.

Agora, aplicamos uma carga de 1 kip para cima em B e calculamos a deflexão vertical da ponta $\delta_{BB} = 0,442$ pol (ver Figura 11.5d). A deflexão δ_{BB} representa quanto a lacuna é fechada por um valor unitário da redundante. Como o comportamento é elástico, o deslocamento é diretamente proporcional à carga. Se tivéssemos aplicado 10 kips, em vez de 1 kip, a lacuna teria fechado 4,42 pol (isto é, 10 vezes mais).

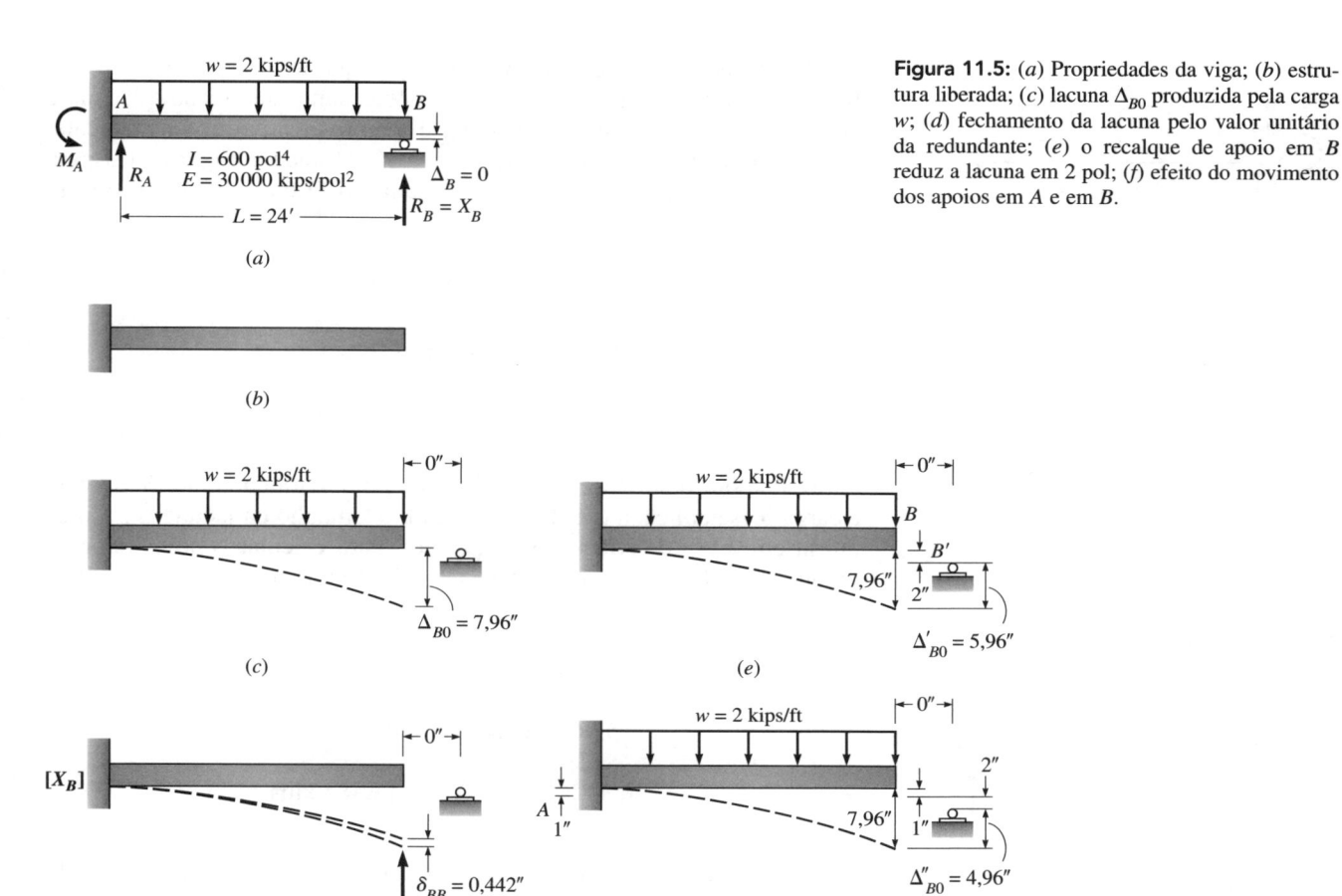

Figura 11.5: (a) Propriedades da viga; (b) estrutura liberada; (c) lacuna Δ_{B0} produzida pela carga w; (d) fechamento da lacuna pelo valor unitário da redundante; (e) o recalque de apoio em B reduz a lacuna em 2 pol; (f) efeito do movimento dos apoios em A e em B.

Se considerarmos que a redundante X_B representa o fator pelo qual devemos multiplicar o caso de 1 kip para fechar a lacuna Δ_{B0}, isto é,

$$\Delta_B = 0$$

em que Δ_B representa a lacuna entre a parte inferior da viga e o rolo, podemos expressar esse requisito como

$$\Delta_{B0} + \delta_{BB} X_B = 0 \tag{11.6}$$

em que Δ_{B0} = lacuna produzida pelas cargas aplicadas ou, no caso mais geral, pela carga e outros efeitos (movimentos de apoio, por exemplo)
δ_{BB} = quanto a lacuna é fechada por um valor unitário da redundante
X_B = número pelo qual o caso da carga unitária deve ser multiplicado para fechar a lacuna ou, equivalentemente, o valor da redundante

Como convenção de sinal, vamos supor que todo deslocamento que faz a lacuna abrir é negativo, e todo deslocamento que fecha a lacuna é positivo. Com base nesse critério, δ_{BB} é sempre positivo. Evidentemente, a Equação 11.6 é idêntica à Equação 11.5. Usando a Figura 11.3 para calcular Δ_{B0} e δ_{BB}, os substituímos na Equação 11.6 e achamos a solução de X_B, produzindo

$$\Delta_{B0} + \delta_{BB}X_B = 0$$

$$-7{,}96 + 0{,}442\,X_B = 0$$

$$X_B = 18{,}0 \text{ kips}$$

Se o apoio B sofresse um recalque de 2 pol para baixo até B' quando a carga fosse aplicada (ver Figura 11.5e), o tamanho da lacuna Δ'_{B0} diminuiria em 2 pol e seria igual a 5,96 pol. Para calcular o novo valor da redundante X'_B, agora exigida para fechar a lacuna, novamente substituímos na Equação 11.6 e encontramos

$$\Delta'_{B0} + \delta_{BB}X'_B = 0$$

$$-5{,}96 + 0{,}442X'_B = 0$$

$$X'_B = 13{,}484 \text{ kips}$$

Como um último exemplo, se o apoio fixo em A fosse construído acidentalmente 1 pol acima de sua posição pretendida no ponto A' e se um recalque de 2 pol também ocorresse em B quando a viga fosse carregada, a lacuna Δ''_{B0} entre o apoio e a ponta da viga carregada seria igual a 4,96 pol, como mostrado na Figura 11.5f. Para calcular o valor da redundante X''_B necessário para fechar a lacuna, substituímos na Equação 11.6 e calculamos

$$\Delta''_{B0} + \delta_{BB}X''_B = 0$$

$$-4{,}96 + 0{,}442X''_B = 0$$

$$X''_B = 11{,}22 \text{ kips}$$

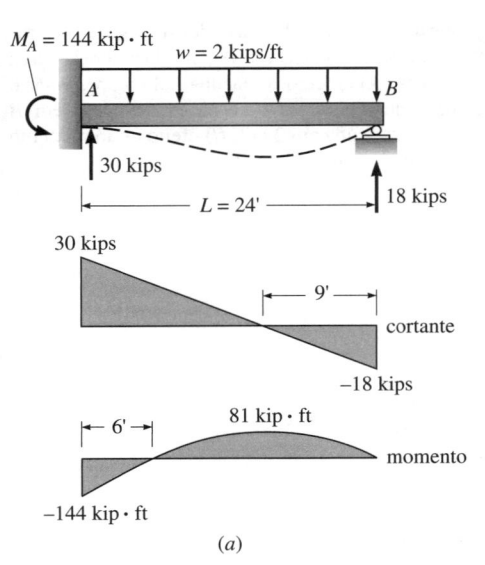

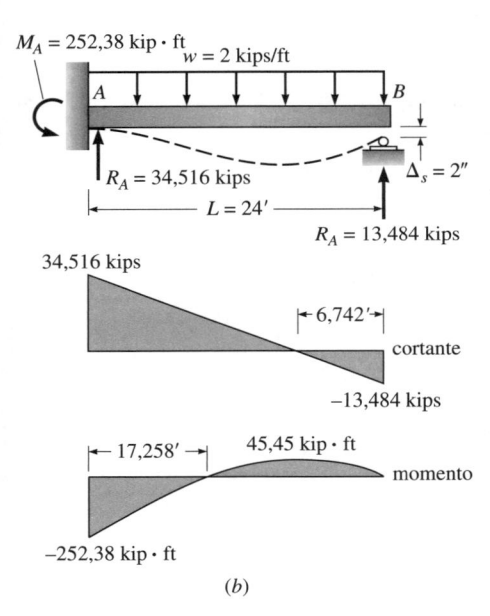

Figura 11.6: Influência de recalques de apoio no cortante e no momento: (*a*) nenhum recalque; (*b*) o apoio *B* sofre um recalque de 2 pol.

Como você pode ver a partir desse exemplo, o recalque de um apoio de uma estrutura indeterminada ou um erro de construção pode produzir uma mudança significativa nas reações (ver Figura 11.6 para uma comparação entre os diagramas de cortante e momento para o caso de nenhum recalque *versus* um recalque de 2 pol em *B*). Embora uma viga ou estrutura indeterminada muitas vezes possa ser tensionada localmente em excesso pelos momentos gerados por recalques de apoio inesperados, uma estrutura dúctil normalmente possui uma reserva de resistência que a permite deformar sem entrar em colapso.

EXEMPLO 11.1

Usando o momento M_A no apoio fixo como redundante, analise a viga da Figura 11.7a pelo método da flexibilidade.

Solução

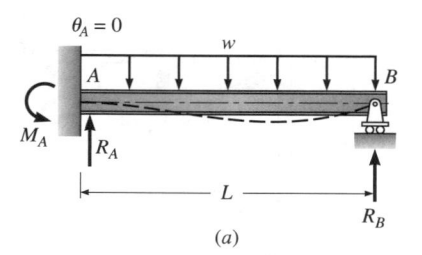

O apoio fixo em A impede que a extremidade esquerda da viga gire. Remover a restrição rotacional, enquanto se mantêm as restrições horizontais e verticais, é equivalente a substituir o apoio fixo por um apoio de pino. A estrutura liberada carregada pela redundante e pela carga real é mostrada na Figura 11.7b. Agora, analisamos a estrutura liberada para a carga real na Figura 11.7c e para a redundante na Figura 11.7d. Como $\theta_A = 0$, a rotação θ_{A0} produzida pela carga uniforme e a rotação $\alpha_{AA} X_A$ produzida pela redundante devem somar zero. A partir desse requisito geométrico, escrevemos a equação da compatibilidade como

$$\theta_{A0} + \alpha_{AA} X_A = 0 \qquad (1)$$

em que θ_{A0} = rotação em A produzida pela carga uniforme
α_{AA} = rotação em A produzida pelo valor unitário da redundante (1 kip · ft)
X_A = redundante (momento em A)

Substituindo na Equação 1 os valores de θ_{A0} e α_{AA} dados pelas equações da Figura 11.3, verificamos que

$$-\frac{wL^3}{24EI} + \frac{L}{3EI} X_A = 0$$

$$X_A = M_A = \frac{wL^2}{8} \qquad \textbf{Resp.} \qquad (2)$$

Como M_A é positivo, a direção suposta (no sentido anti-horário) da redundante estava correta. O valor de M_A confirma a solução anterior, mostrada na Figura 11.4.

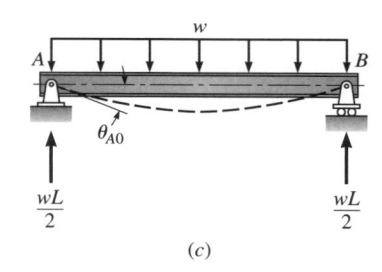

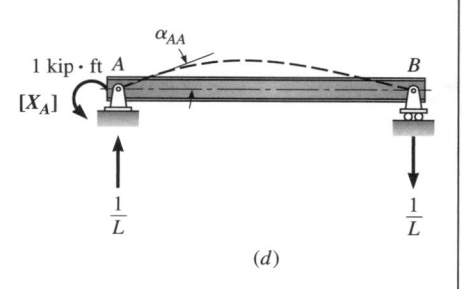

Figura 11.7: Análise pelo método da flexibilidade usando M_A como redundante: (a) viga indeterminada no primeiro grau; (b) estrutura liberada com carga uniforme e M_A redundante aplicados como cargas externas; (c) estrutura liberada com carga real; (d) estrutura liberada com reações produzidas pelo valor unitário da redundante.

EXEMPLO 11.2

Determine as forças de barra e as reações na treliça mostrada na Figura 11.8a. Note que AE é constante para todas as barras.

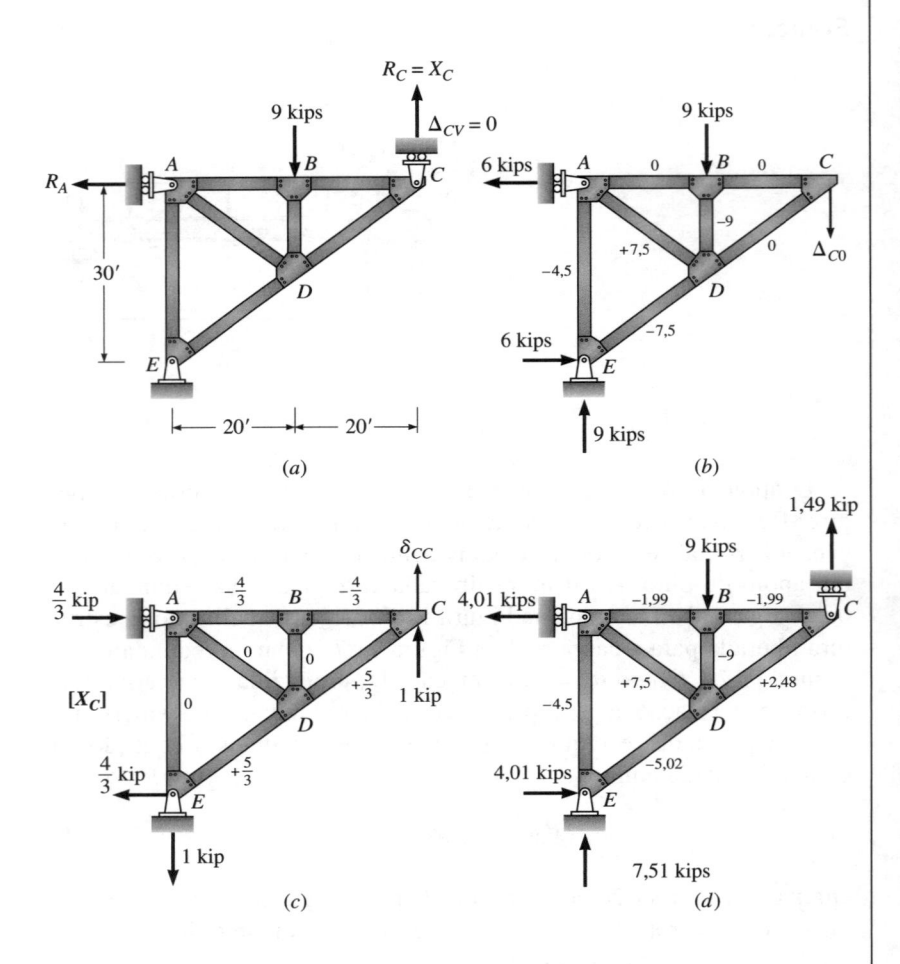

Figura 11.8: (*a*) Treliça indeterminada no primeiro grau; (*b*) estrutura liberada com cargas reais; (*c*) estrutura liberada carregada pelo valor unitário da redundante; (*d*) valores finais das forças de barra e reações sobrepondo-se o caso (*b*) e X_C vezes o caso (*c*). Todas as forças de barra são dadas em kips.

Solução

Como a treliça é indeterminada externamente no primeiro grau (as reações fornecem quatro restrições), é necessária uma única equação de compatibilidade. Arbitrariamente, selecionamos como redundante a reação do rolo em *C*. Agora, carregamos a estrutura liberada com a carga real (Figura 11.8*b*) e a redundante (Figura 11.8*c*).

Como o rolo impede deslocamento vertical (isto é, $\Delta_{CV} = 0$), a superposição das deflexões em C fornece a seguinte equação de compatibilidade:

$$\Delta_{C0} + X_C \delta_{CC} = 0 \qquad (1)$$

em que Δ_{C0} é a deflexão na estrutura liberada produzida pela carga real e δ_{CC} é a deflexão na estrutura liberada produzida pelo valor unitário da redundante. (Os deslocamentos e as forças dirigidas para cima são positivos.)

Avalie Δ_{C0} e δ_{CC} pelo trabalho virtual, usando a Equação 10.24. Para calcular Δ_{C0} (Figura 11.8b), use as cargas da Figura 11.8c como sistema Q.

$$\Sigma Q \delta_P = \Sigma F_Q \frac{F_P L}{AE}$$

$$1 \text{ kip}(\Delta_{C0}) = \left(\frac{5}{3}\right)\frac{-7,5(25 \times 12)}{AE}$$

$$\Delta_{C0} = -\frac{3\,750}{AE} \downarrow$$

Para calcular δ_{CC} produzido pela carga de 1 kip em C (ver Figura 11.8c), também usamos as cargas da Figura 11.8c como um sistema Q.

$$1 \text{ kip}(\delta_{CC}) = \Sigma \frac{F_Q^2 L}{AE}$$

$$\delta_{CC} = \left(-\frac{4}{3}\right)^2 \frac{20 \times 12}{AE}(2) + \left(\frac{5}{3}\right)^2 \frac{25 \times 12}{AE}(2) = \frac{2\,520}{AE} \uparrow$$

Substituindo Δ_{C0} e δ_{CC} na Equação 1, temos

$$-\frac{3\,750}{AE} + \frac{2\,520}{AE} X_C = 0$$

$$X_C = 1{,}49 \qquad \textbf{Resp.}$$

As reações e forças de barra finais mostradas na Figura 11.8d são calculadas pela superposição daquelas da Figura 11.8b com 1,49 vezes as produzidas pela carga unitária da Figura 11.8c. Por exemplo,

$$R_A = 6 - \tfrac{4}{3}(1{,}49) = 4{,}01 \text{ kips} \qquad F_{ED} = -7{,}5 + \tfrac{5}{3}(1{,}49) = -5{,}02 \text{ kips}$$

EXEMPLO 11.3

Determine as reações e desenhe os diagramas de momento para as barras do pórtico da Figura 11.9*a*. *EI* é constante.

Solução

Para produzir uma estrutura liberada determinada e estável, selecionamos arbitrariamente a reação horizontal R_{CX} como redundante. Remover a restrição horizontal exercida pelo pino em *C*, enquanto se mantém sua capacidade de transmitir carga vertical, é equivalente a introduzir um rolo. As deformações e reações na estrutura liberada produzidas pela carga aplicada são mostradas na Figura 11.9*b*. A ação da redundante na estrutura liberada é mostrada na Figura 11.9*c*. Como o deslocamento horizontal Δ_{CH} na estrutura real no nó *C* é zero, a equação de compatibilidade é

$$\Delta_{C0} + \delta_{CC}X_C = 0 \tag{1}$$

Calcule Δ_{C0} usando princípios dos momentos de área (ver forma defletida na Figura 11.9*b*). A partir da Figura 11.3*d*, podemos avaliar a inclinação na extremidade direita da viga como

$$\theta_{B0} = \frac{PL^2}{16EI} = \frac{10(12)^2}{16EI} = \frac{90}{EI}$$

Como o nó *B* é rígido, a rotação da parte superior da coluna *BC* também é igual a θ_{B0}. Como a coluna não transmite nenhum momento, permanece reta e

$$\Delta_{C0} = 6\theta_{B0} = \frac{540}{EI}$$

Calcule δ_{CC} pelo trabalho virtual (ver Figura 11.9*c*). Use as cargas da Figura 11.9*c* como sistema *Q* e como sistema *P* (isto é, os sistemas *P* e *Q* são idênticos). Para avaliar M_Q e M_P, selecionamos sistemas de coordenadas com origens em *A* na viga e em *C* na coluna.

$$1 \text{ kip}(\delta_{CC}) = \int M_Q M_P \frac{dx}{EI} = \int_0^{12} \frac{x}{2}\left(\frac{x}{2}\right)\frac{dx}{EI} + \int_0^6 x(x)\frac{dx}{EI} \tag{10.31}$$

Integrando e substituindo os limites, temos

$$\delta_{CC} = \frac{216}{EI}$$

Substituindo Δ_{C0} e δ_{CC} na Equação 1, temos

$$-\frac{540}{EI} + \frac{216}{EI}(X_C) = 0$$

$$X_C = 2,5 \quad \textbf{Resp.}$$

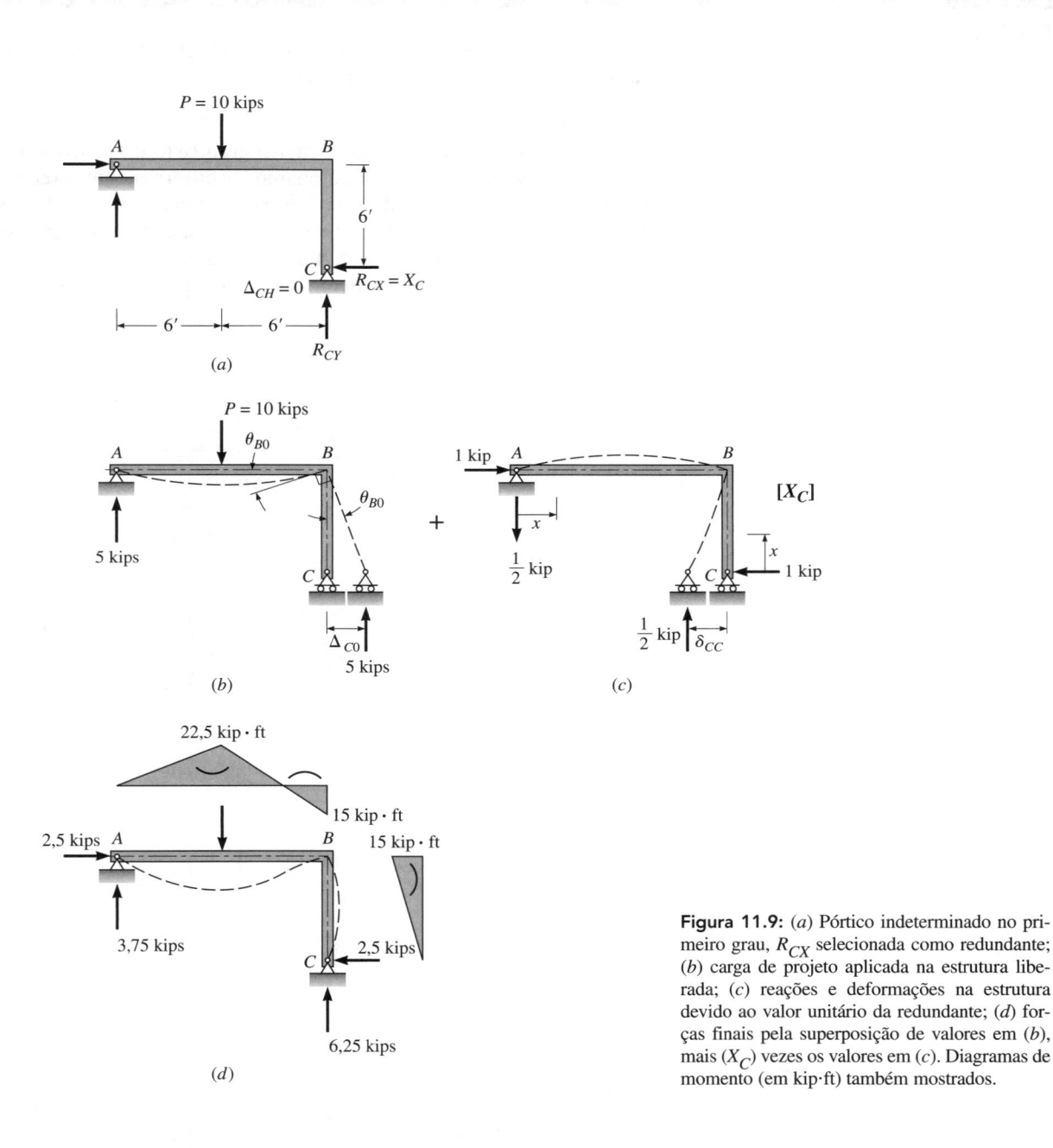

Seção 11.4　Concepção alternativa do método da flexibilidade (fechamento de uma lacuna)

Figura 11.9: (*a*) Pórtico indeterminado no primeiro grau, R_{CX} selecionada como redundante; (*b*) carga de projeto aplicada na estrutura liberada; (*c*) reações e deformações na estrutura devido ao valor unitário da redundante; (*d*) forças finais pela superposição de valores em (*b*), mais (X_C) vezes os valores em (*c*). Diagramas de momento (em kip·ft) também mostrados.

As reações finais (ver Figura 11.9*d*) são estabelecidas pela superposição das forças da Figura 11.9*b* e aquelas da Figura 11.9*c*, multiplicadas por $X_C = 2{,}5$.

EXEMPLO 11.4

Determine as reações da viga contínua da Figura 11.10a pelo método da flexibilidade. Dado: EI é constante.

Solução

A viga é indeterminada no primeiro grau (isto é, quatro reações e três equações da estática). Selecionamos arbitrariamente a reação em B como redundante. A estrutura liberada é uma viga simples estendendo-se de A a C. A estrutura liberada carregada pelas cargas especificadas e pela redundante X_B é mostrada na Figura 11.10b. Como o rolo impede a deflexão vertical em B, a equação geométrica que expressa esse fato é

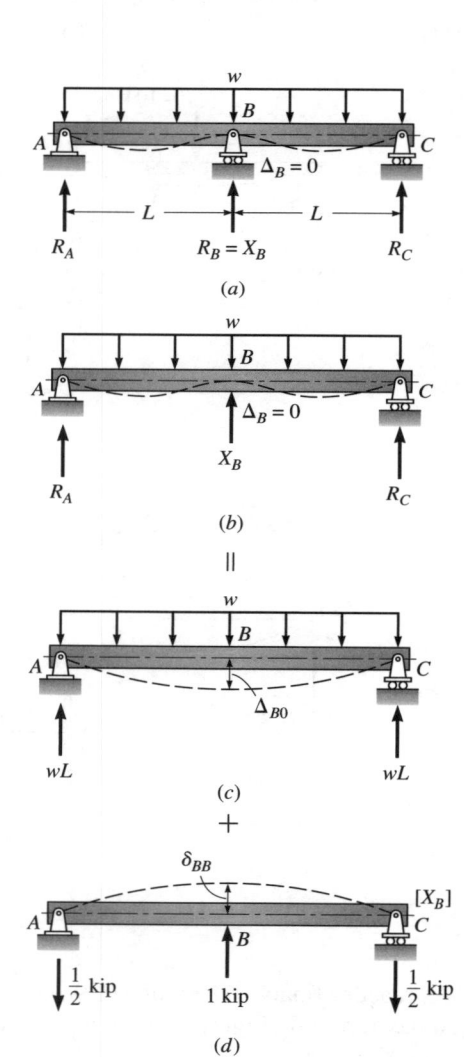

Figura 11.10: Análise por deformações consistentes: (a) viga contínua indeterminada no primeiro grau e reação em B tomada como redundante; (b) estrutura liberada carregada pela carga externa e pela redundante; (c) estrutura liberada com carga externa; (d) estrutura liberada carregada pela redundante; (e) diagramas de cortante e momento.

$$\Delta_B = 0 \qquad (1)$$

Para determinar a redundante, superpomos as deflexões em B produzidas (1) pela carga externa (ver Figura 11.10c) e (2) pelo valor unitário da redundante multiplicado pela magnitude da redundante X_B (ver Figura 11.10d). Expressando a Equação 1 em termos desses deslocamentos, temos

$$\Delta_{B0} + \delta_{BB}X_B = 0 \qquad (2)$$

Usando a Figura 11.3c e d, calculamos os deslocamentos em B.

$$\Delta_{B0} = -\frac{5w(2L)^4}{384EI} \qquad \delta_{BB} = \frac{(1\text{ kip})(2L)^3}{48EI}$$

Substituindo Δ_{B0} e δ_{BB} na Equação 2 e resolvendo para X_B, temos

$$R_B = X_B = 1{,}25wL \qquad \textbf{Resp.}$$

Calculamos o restante das reações somando, nos pontos correspondentes, as forças da Figura 11.10c com as da Figura 11.10d multiplicadas por X_B:

$$R_A = wL - \tfrac{1}{2}(1{,}25wL) = \tfrac{3}{8}wL \qquad \textbf{Resp.}$$
$$R_C = wL - \tfrac{1}{2}(1{,}25wL) = \tfrac{3}{8}wL \qquad \textbf{Resp.}$$

Os diagramas de cortante e momento estão plotados na Figura 11.10e.

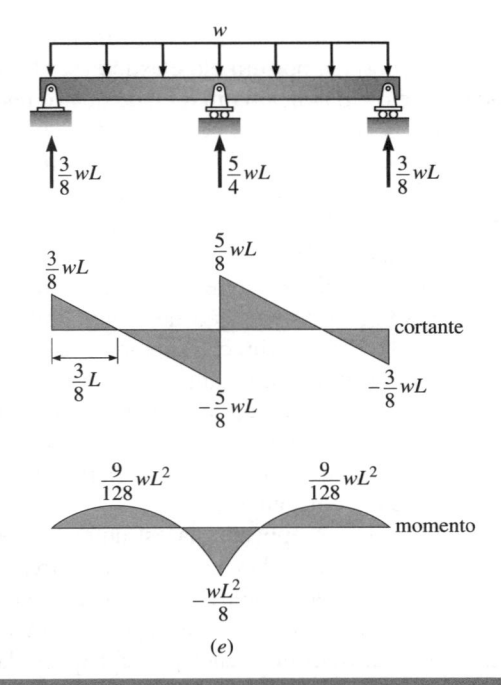

(e)

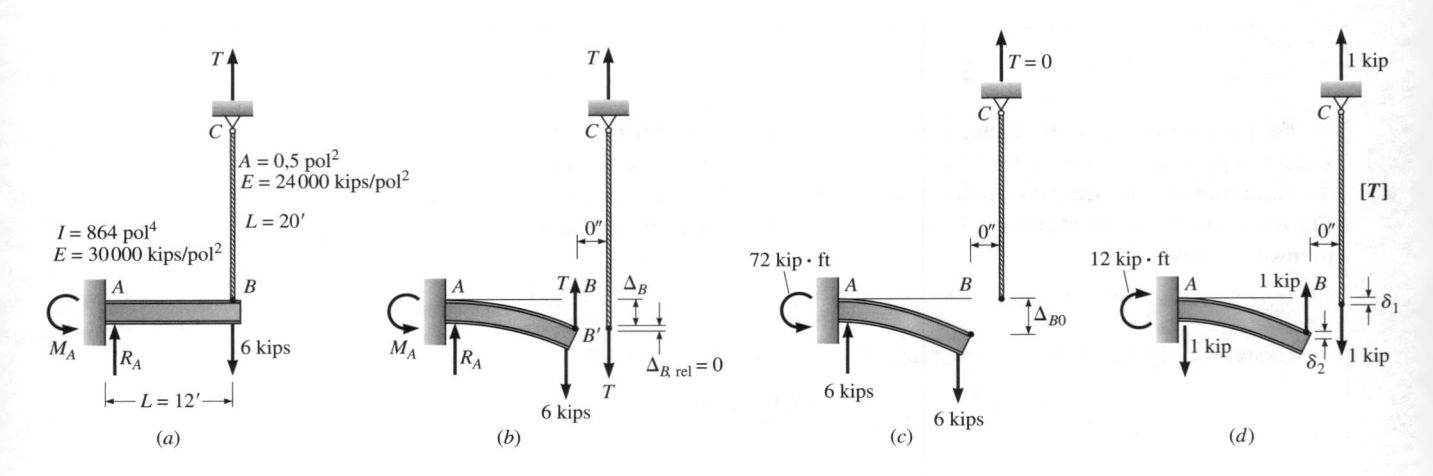

Figura 11.11: (a) Viga em balanço suportada por um elo elástico; força do elo T tomada como redundante; (b) estrutura liberada carregada pela carga de 6 kips e pela redundante T; (c) carga de 6 kips aplicada na estrutura liberada; (d) valores unitários da redundante aplicada na estrutura liberada para estabelecer o coeficiente de flexibilidade $\delta_{BB} = \delta_1 + \delta_2$. *Nota*: viga mostrada na posição defletida produzida pela carga de 6 kips. Sob as cargas unitárias, a viga deflete δ_2 para cima e o elo CB, δ_1 para baixo, fechando parcialmente a lacuna $\delta_1 + \delta_2$.

11.5 Análise usando liberações internas

Nos exemplos anteriores de estruturas indeterminadas analisadas pelo método da flexibilidade, as reações dos apoios eram selecionadas como redundantes. Se os apoios não sofrem recalques, as equações de compatibilidade expressam a condição geométrica de que o deslocamento na direção da redundante é zero. Agora, vamos estender o método da flexibilidade para um grupo de estruturas nas quais a estrutura liberada é estabelecida pela remoção de uma restrição *interna*. Para essa condição, as redundantes são tomadas como *pares de forças internas* e a equação da compatibilidade é baseada na condição geométrica de que nenhum *deslocamento relativo* (isto é, nenhuma lacuna) ocorre entre as extremidades da seção sobre a qual as redundantes atuam.

Começaremos nosso estudo considerando a análise de uma viga em balanço cuja extremidade livre é suportada por um elo elástico (ver Figura 11.11a). Como a extremidade fixa e o elo aplicam um total de quatro restrições na viga, mas estão disponíveis somente três equações de equilíbrio para uma estrutura planar, a estrutura é indeterminada no primeiro grau. Para analisar essa estrutura, selecionamos como redundante a força de tração T na barra BC. A estrutura liberada com a carga real de 6 kips e a redundante aplicada como uma carga externa é mostrada na Figura 11.11b. Conforme observamos anteriormente, você está livre para supor a direção na qual a redundante atua. Se a solução da equação de compatibilidade produzir um valor positivo para a redundante, a direção suposta está correta. Um valor negativo indicará que a direção da redundante deve ser invertida. Como se presume que a redundante T atua para cima na viga e para baixo no elo, os deslocamentos para cima da viga são positivos e os deslocamentos para baixo são negativos. Para o elo, um deslocamento para baixo em B é positivo e um deslocamento para cima é negativo.

Na Figura 11.11c, a carga de projeto é aplicada na estrutura liberada, produzindo uma lacuna Δ_{B0} entre a extremidade da viga e o elo descarregado. A Figura 11.11d mostra a ação da redundante interna T no fechamento da lacuna. Os valores unitários da redundante alongam a barra por uma quantidade δ_1 e deslocam para cima a ponta da viga em balanço por uma quantidade

δ_2. Para levar em conta o valor real da redundante, as forças e deslocamentos produzidos pelas cargas unitárias são multiplicados por T — a magnitude da redundante.

A equação da compatibilidade necessária para achar a solução da redundante é baseada na observação de que a extremidade direita da viga e o elo *BC* defletem ambos pela mesma quantidade Δ_B, pois estão conectados por um pino. Alternativamente, podemos dizer que o *deslocamento relativo* $\Delta_{B,\text{rel}}$ entre o topo da viga e o elo é zero (ver Figura 11.11*b*). Esta última estratégia é adotada nesta seção.

Sobrepondo as deflexões em *B* na Figura 11.11*c* e *d*, podemos escrever a equação da compatibilidade como

$$\Delta_{B,\text{rel}} = 0 \qquad (11.7)$$
$$\Delta_{B0} + \delta_{BB}(T) = 0$$

em que Δ_{B0} é o deslocamento para baixo da viga (isto é, a abertura da lacuna na estrutura liberada pela carga de 6 kips) e δ_{BB} é a distância pela qual a lacuna é fechada pelos valores unitários da redundante (isto é, $\delta_{BB} = \delta_1 + \delta_2$; ver Figura 11.11*d*).

Na Figura 11.11*c*, Δ_{B0} pode ser avaliado a partir da Figura 11.3*b*:

$$\Delta_{B0} = -\frac{PL^3}{3EI} = -\frac{6(12 \times 12)^3}{3(30000)864} = -0{,}2304 \text{ pol}$$

E $\delta_{BB} = \delta_1 + \delta_2$, em que $\delta_1 = FL/(AE)$ e δ_2 é dado pela Figura 11.3*b*.

$$\delta_1 = \frac{FL}{AE} = \frac{1 \text{ kip}(20 \times 12)}{0{,}5(24000)} = 0{,}02 \text{ pol} \qquad \delta_2 = \frac{PL^3}{3EI} = \frac{1 \text{ kip}(12)^3(1728)}{3 \times 30000 \times 864}$$
$$= 0{,}0384$$

$\delta_{BB} = \delta_1 + \delta_2 = 0{,}02 + 0{,}0384 = 0{,}0584$ pol

Substituindo Δ_{B0} e δ_{BB} na Equação 11.7, calculamos a redundante *T*:

$$-0{,}2304 + 0{,}0584\, T = 0$$
$$T = 3{,}945 \text{ kips}$$

A deflexão real em *B* (ver Figura 11.11*b*) pode ser calculada avaliando-se a mudança no comprimento do elo

$$\Delta_B = \frac{FL}{AE} = \frac{3{,}945(20 \times 12)}{0{,}5(24000)} = 0{,}0789 \text{ pol}$$

ou somando-se as deflexões na ponta da viga na Figura 11.11*c* e *d*:

$$\Delta_B = \Delta_{B0} - T\delta_2 = 0{,}2304 - 3{,}945(0{,}0384) = 0{,}0789 \text{ pol}$$

Após a redundante ser estabelecida, as reações e forças internas podem ser calculadas pela superposição das forças na Figura 11.11*c* e *d*; por exemplo,

$$R_A = 6 - 1(T) = 6 - 3{,}945 = 2{,}055 \text{ kips} \qquad \textbf{Resp.}$$
$$M_A = 72 - 12(T) = 72 - 12(3{,}945) = 24{,}66 \text{ kip} \cdot \text{ft}$$

EXEMPLO 11.5

Analise a viga contínua da Figura 11.12a selecionando o momento interno em B como redundante. A viga é indeterminada no primeiro grau. EI é constante.

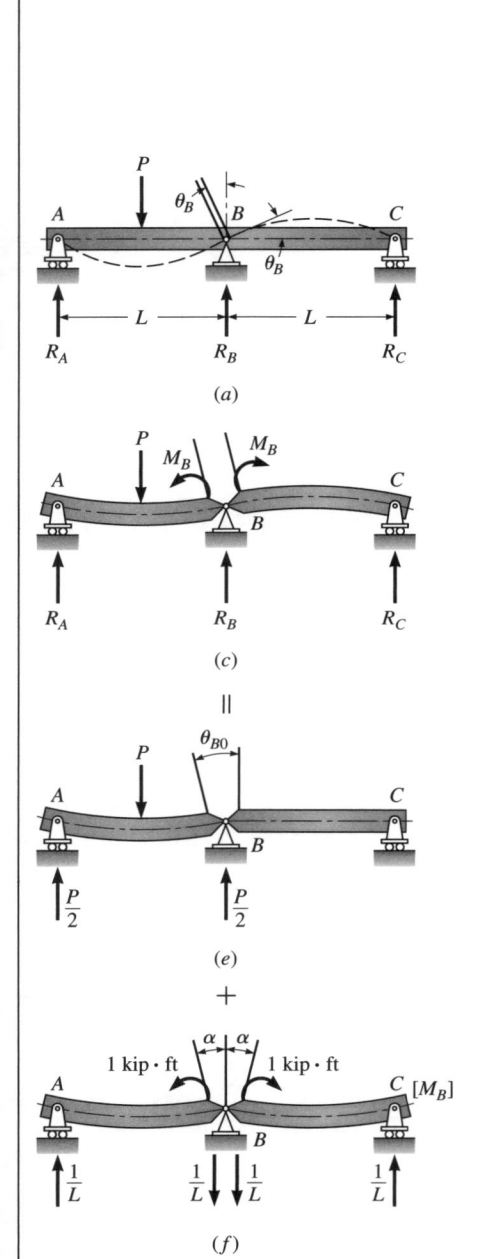

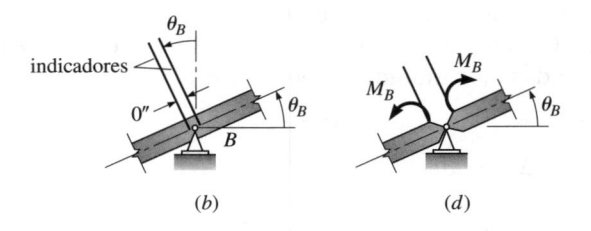

Solução

Para esclarecer as deformações angulares envolvidas na solução, vamos imaginar que dois indicadores são soldados na viga em cada lado do nó B. Os indicadores, que estão espaçados por zero polegada, são perpendiculares ao eixo longitudinal da viga. Quando a carga concentrada é aplicada no vão AB, o nó B gira no sentido anti-horário, e o eixo longitudinal da viga e os indicadores se movem pelo ângulo θ_B, como mostrado na Figura 11.12a e b. Como os indicadores estão localizados no mesmo ponto, permanecem paralelos (isto é, o ângulo entre eles é zero).

Agora, imaginamos que uma articulação, que pode transmitir carga axial e cortante, mas não momento, é introduzida na viga contínua, no apoio B, produzindo uma estrutura liberada que consiste em duas vigas com apoios simples (ver Figura 11.12c). Ao mesmo tempo que a articulação é introduzida, imaginamos que o valor real do momento interno M_B na viga original é aplicado como uma carga externa nas extremidades da viga, em um ou outro lado da articulação em B (ver Figura 11.12c e d). Como cada membro da estrutura liberada é apoiado e carregado da mesma maneira que na viga contínua original, as forças internas na estrutura liberada são idênticas às da estrutura original.

Figura 11.12: (a) Viga contínua, indeterminada no primeiro grau; (b) detalhe do nó B mostrando a rotação θ_B do eixo longitudinal; (c) estrutura liberada carregada pela carga real P e pelo momento redundante M_B; (d) detalhe do nó B em (c); (e) estrutura liberada com carga real; (f) estrutura liberada carregada pela redundante; as forças mostradas são produzidas pelo valor unitário da redundante M_B.

Para completar a solução, analisamos a estrutura liberada separadamente (1) para a carga real (ver Figura 11.12*e*) e (2) para a redundante (ver Figura 11.12*f*), e sobrepomos os dois casos.

A equação de compatibilidade é baseada no requisito geométrico de que não existe nenhuma lacuna angular entre as extremidades da viga contínua no apoio *B* ou, equivalentemente, que o ângulo entre os indicadores é zero. Assim, podemos escrever a equação da compatibilidade como

$$\theta_{B,\text{rel}} = 0$$
$$\theta_{B0} + 2\alpha M_B = 0 \tag{11.8}$$

Avalie θ_{B0} usando a Figura 11.3*d*:

$$\theta_{B0} = \frac{PL^2}{16EI}$$

Avalie α usando a Figura 11.3*e*:

$$\alpha = \frac{1L}{3EI}$$

Substituindo θ_{B0} e α na Equação 11.8 e resolvendo para a redundante, temos

$$\frac{PL^2}{16EI} + 2\frac{L}{3EI}M_B = 0$$

$$M_B = -\frac{3}{32}(PL) \quad \textbf{Resp.}$$

Superpondo as forças na Figura 11.12*e* e *f*, calculamos

$$R_A = \frac{P}{2} + \frac{1}{L}M_B = \frac{P}{2} + \frac{1}{L}\left(-\frac{3}{32}PL\right) = \frac{13}{32}P \uparrow$$

$$R_C = 0 + \frac{1}{L}\left(-\frac{3}{32}PL\right) = -\frac{3}{32}P \downarrow \quad \text{(o sinal menos indica que a direção suposta para cima está errada)}$$

Analogamente, θ_B pode ser avaliada pela soma das rotações na extremidade direita de *AB*, produzindo

$$\theta_B = \theta_{B0} + \alpha M_B = \frac{PL^2}{16EI} + \frac{L}{3EI}\left(-\frac{3}{32}PL\right) = \frac{PL^2}{32EI} \curvearrowleft$$

ou, somando as rotações da extremidade esquerda de *BC*:

$$\theta_B = 0 + \alpha M_B = \frac{L}{3EI}\left(-\frac{3}{32}PL\right) = -\frac{PL^2}{32EI} \curvearrowleft$$

EXEMPLO 11.6

Determine as forças em todas as barras da treliça da Figura 11.13. AE é constante para todas as barras.

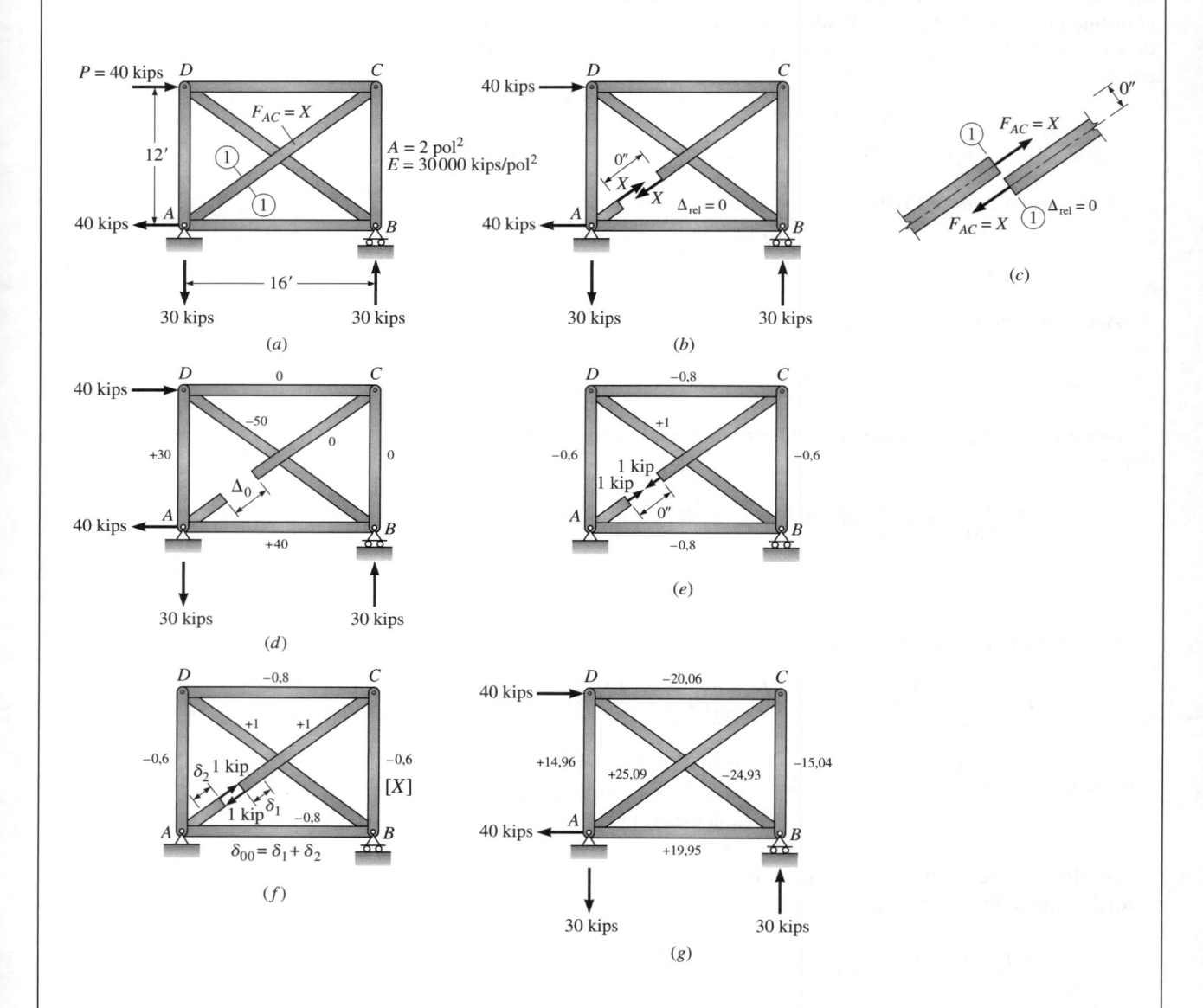

Figura 11.13: (*a*) Detalhes da treliça; (*b*) estrutura liberada carregada com a redundante X e a carga de 40 kips; (*c*) detalhe mostrando a redundante; (*d*) carga de 40 kips aplicada na estrutura liberada; (*e*) sistema Q para Δ_0; (*f*) valor unitário da redundante aplicada na estrutura liberada; (*g*) resultados finais.

Solução

A treliça da Figura 11.13a é indeterminada internamente no primeiro grau. As forças desconhecidas — barras e reações — totalizam nove, mas estão disponíveis somente $2n = 8$ equações para sua solução. Do ponto de vista físico, uma barra diagonal extra, que não é exigida para dar estabilidade, foi adicionada para transmitir a carga lateral para o apoio A.

A aplicação da força horizontal de 40 kips em D produz forças em todas as barras da treliça. Selecionaremos a força axial F_{AC} na barra AC como redundante e a representaremos pelo símbolo X. Agora, imaginamos que a barra AC é cortada, passando-se uma seção imaginária 1-1 pela barra. Em cada lado do corte, a redundante X é aplicada como uma carga externa nas extremidades da barra (ver Figura 11.13b). Um detalhe do corte é mostrado na Figura 11.13c. Para mostrar a ação das forças internas em cada lado do corte, as barras foram deslocadas. A dimensão zero entre o eixo longitudinal das barras indica que, na verdade, elas são colineares. Para mostrar que não existe nenhuma lacuna entre as extremidades das barras, denotamos no esboço que o deslocamento relativo entre as extremidades Δ_{rel} é igual a zero.

$$\Delta_{rel} = 0 \qquad (11.9)$$

O requisito de que não existe nenhuma lacuna entre as extremidades das barras na estrutura real forma a base da equação da compatibilidade.

Assim como nos exemplos anteriores, em seguida dividimos a análise em duas partes. Na Figura 11.13d, a estrutura liberada é analisada para a carga aplicada de 40 kips. Quando as barras tensionadas da estrutura liberada deformam, uma lacuna Δ_0 se abre entre as extremidades das barras na seção 1-1. O sistema Q necessário para calcular Δ_0 está mostrado na Figura 11.13e. Na Figura 11.13f, a estrutura liberada é analisada para a ação da redundante. O deslocamento relativo δ_{00} das extremidades da barra, produzido pelo valor unitário da redundante, é igual à soma dos deslocamentos δ_1 e δ_2. Para calcular δ_{00}, usamos novamente o sistema de forças mostrado na Figura 11.13e como sistema Q. Nesse caso, o sistema Q e o sistema P são idênticos.

Expressando a condição geométrica dada pela Equação 11.9 em termos dos deslocamentos produzidos pelas cargas aplicadas e pela redundante, podemos escrever

$$\Delta_0 + X\delta_{00} = 0 \qquad (11.10)$$

Substituindo os valores numéricos de Δ_0 e δ_{00} na Equação 11.10 e resolvendo para X, temos

$$-0{,}346 + 0{,}0138X = 0$$

$$X = 25{,}07 \text{ kips}$$

[continua]

[*continuação*]

Os cálculos de Δ_0 e δ_{00} usando trabalho virtual são dados abaixo.

Δ_0:
Use o sistema P da Figura 11.13d e o sistema Q da Figura 11.13e:

$$W_Q = \sum \frac{F_Q F_P L}{AE}$$

$$1\text{ kip}(\Delta_0) = \overset{\text{barra }DB}{\frac{1(-50)(20 \times 12)}{AE}} + \overset{\text{barra }AB}{\frac{-0,8(40)(16 \times 12)}{AE}}$$

$$+ \overset{\text{barra }AD}{\frac{-0,6(30)(12 \times 12)}{AE}}$$

$$\Delta_0 = -\frac{20\,736}{AE} = -\frac{20\,736}{2(30\,000)} = -0,346 \text{ pol}$$

δ_{00}:
Sistema P da Figura 11.13f e sistema Q da Figura 11.13e (*nota*: os sistemas P e Q são os mesmos; portanto, $F_Q = F_P$):

$$W_Q = \sum \frac{F_Q^2 L}{AE}$$

$$1\text{ kip}(\delta_1) + 1\text{ kip}(\delta_2) = \frac{(-0,6)^2(12 \times 12)}{AE}(2)$$

$$+ \frac{(-0,8)^2(16 \times 12)}{AE}(2)$$

$$+ \frac{1^2(20 \times 12)}{AE}(2)$$

Como $\delta_1 + \delta_2 = \delta_{00}$,

$$\delta_{00} = \frac{829,44}{AE} = \frac{829,44}{2(30\,000)} = 0,0138 \text{ pol}$$

As forças de barra são estabelecidas pela superposição das forças na Figura 11.13d e f. Por exemplo, as forças nas barras DC, AB e DB são

$$F_{DC} = 0 + (-0,8)(25,07) = -20,06 \text{ kips}$$
$$F_{AB} = 40 + (-0,8)(25,07) = 19,95 \text{ kips} \qquad \textbf{Resp.}$$
$$F_{DB} = -50 + 1(25,07) = -24,93 \text{ kips}$$

Os resultados finais estão resumidos na Figura 11.13g.

11.6 Recalques de apoio, mudança de temperatura e erros de fabricação

Recalques de apoio, erros de fabricação, mudanças de temperatura, deformação lenta, retração etc. geram forças nas estruturas indeterminadas. Para garantir que tais estruturas sejam projetadas com segurança e não deformem excessivamente, o projetista deve investigar a influência desses efeitos — particularmente quando a estrutura é pouco convencional ou quando o projetista não está familiarizado com o comportamento de uma estrutura.

Como é uma prática-padrão dos projetistas supor que os membros serão fabricados com o comprimento exato e que os apoios serão construídos no local preciso e com a elevação especificada nos desenhos da construção, poucos engenheiros consideram os efeitos de erros de fabricação ou construção ao projetar estruturas normais. Se surgem problemas durante a construção, normalmente são resolvidos pela turma de campo. Por exemplo, se os apoios são construídos baixos demais, placas de aço — calços — podem ser inseridas sob as placas de base das colunas. Se os problemas surgem depois que a construção está terminada e o cliente está aborrecido ou não pode utilizar a estrutura, frequentemente isso resulta em ações judiciais.

Por outro lado, a maioria dos códigos de construção exige que os engenheiros considerem as forças geradas pelo recalque diferencial de estruturas construídas em solos compressíveis (argila mole ou areia solta), e as especificações AASHTO exigem que os projetistas de pontes avaliem as forças geradas pela mudança de temperatura, retração etc.

Os efeitos de recalques de apoio, erros de fabricação etc. podem ser incluídos facilmente no método da flexibilidade pela modificação de certos termos das equações de compatibilidade. Começaremos nossa discussão considerando os recalques de apoio. Uma vez que você entenda como se faz para incorporar esses efeitos na equação da compatibilidade, outros efeitos poderão ser incluídos facilmente.

Caso 1. O movimento de um apoio corresponde a uma redundante

Se ocorrer um movimento predeterminado de um apoio que corresponda a uma redundante, a equação da compatibilidade (normalmente definida igual a zero para o caso de não haver recalques de apoio) será simplesmente definida igual ao valor do movimento do apoio. Por exemplo, se o apoio B da viga em balanço da Figura 11.14 sofre um recalque de 1 pol quando o membro é carregado, escrevemos a equação da compatibilidade como

$$\Delta_B = -1 \text{ pol}$$

Superpondo os deslocamentos em B, temos

$$\Delta_{B0} + \delta_{BB}X_B = -1$$

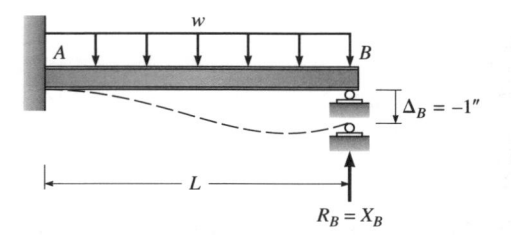

Figura 11.14: Recalque de apoio no local da redundante.

em que Δ_{B0}, a deflexão em B na estrutura liberada, produzida pela carga aplicada, e δ_{BB}, a deflexão em B na estrutura liberada, produzida pelo valor unitário da redundante, são mostradas na Figura 11.2.

Seguindo a convenção estabelecida anteriormente, o recalque de apoio Δ_B é considerado negativo, pois tem sentido oposto à direção suposta para a redundante.

Caso 2. O recalque do apoio não corresponde a uma redundante

Se ocorrer um movimento de apoio que não corresponda a uma redundante, seu efeito poderá ser incluído como parte da análise da estrutura *liberada* para as cargas aplicadas. Nessa etapa, você avalia o deslocamento que corresponde à redundante produzida pelo movimento do outro apoio. Quando a geometria da estrutura for simples, um esboço da estrutura liberada no qual sejam mostrados os movimentos de apoio frequentemente bastará para estabelecer o deslocamento correspondente à redundante. Se a geometria da estrutura for complexa, você pode usar trabalho virtual para calcular o deslocamento. Como exemplo, vamos estabelecer a equação da compatibilidade para a viga em balanço da Figura 11.14, supondo que o apoio A sofra um recalque de 0,5 pol e gire 0,01 rad no sentido horário e que o apoio B sofra um recalque de 1 pol. A Figura 11.15a mostra a deflexão em B, denotada por Δ_{BS}, devido ao recalque de $-0,5$ pol e à rotação de 0,01 rad do apoio A. A Figura 11.15b mostra a deflexão em B devido à carga aplicada. Podemos então escrever a equação da compatibilidade necessária para encontrar a solução da redundante X como

$$\Delta_B = -1$$

$$(\Delta_{B0} + \Delta_{BS}) + \delta_{BB}X_B = -1$$

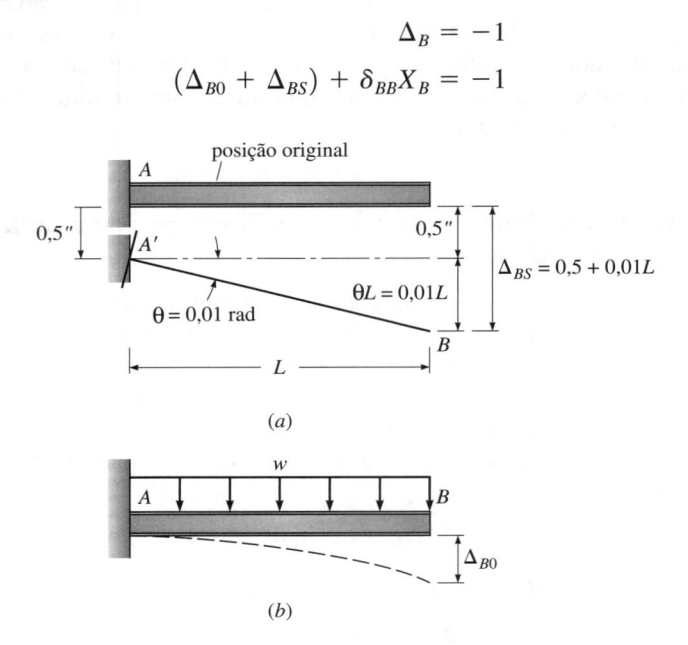

Figura 11.15: (a) Deflexão em B produzida pelo recalque e pela rotação no apoio A; (b) deflexão em B produzida pela carga aplicada.

EXEMPLO 11.7

Determine as reações causadas na viga contínua mostrada na Figura 11.16a, se o apoio B sofre um recalque de 0,72 pol e o apoio C sofre um recalque de 0,48 pol. Dados: EI é constante, $E = 29\,000$ kips/pol^2 e $I = 288$ pol^4.

Solução

Selecione arbitrariamente a reação no apoio B como redundante. A Figura 11.16b mostra a estrutura *liberada* com o apoio C em sua posição deslocada. Visto que a estrutura liberada é determinada, não é tensionada pelo recalque do apoio C e permanece reta. Como o deslocamento do eixo da viga varia linearmente a partir de A, $\Delta_{B0} = 0,24$ pol. Uma vez que, em sua posição final, o apoio B fica abaixo do eixo da viga na Figura 11.16b, é evidente que a reação em B deve atuar para baixo para puxar a viga para baixo no apoio. As forças e os deslocamentos produzidos pelo valor unitário da redundante são mostrados na Figura 11.16c. Usando a Figura 11.3d para avaliar δ_{BB}, temos

$$\delta_{BB} = \frac{PL^3}{48EI} = \frac{1(32)^3(1728)}{48(29\,000)(288)} = 0,141 \text{ pol}$$

Como o apoio B sofre um recalque de 0,72 pol, a equação da compatibilidade é

$$\Delta_B = -0,72 \text{ pol} \qquad (1)$$

O deslocamento é negativo, pois a direção positiva dos deslocamentos é estabelecida pela direção suposta para a redundante. Superpondo os deslocamentos em B na Figura 11.16b e c, escrevemos a Equação 1 como

$$\Delta_{B0} + \delta_{BB} X = -0,72$$

Substituindo os valores numéricos de Δ_{B0} e δ_{BB}, calculamos X como

$$-0,24 + 0,141 X = -0,72$$

$$X = -3,4 \text{ kips} \downarrow \qquad \textbf{Resp.}$$

As reações finais, que podem ser calculadas pela estática ou pela sobreposição das forças na Figura 11.6b e c, são mostradas na Figura 11.16d.

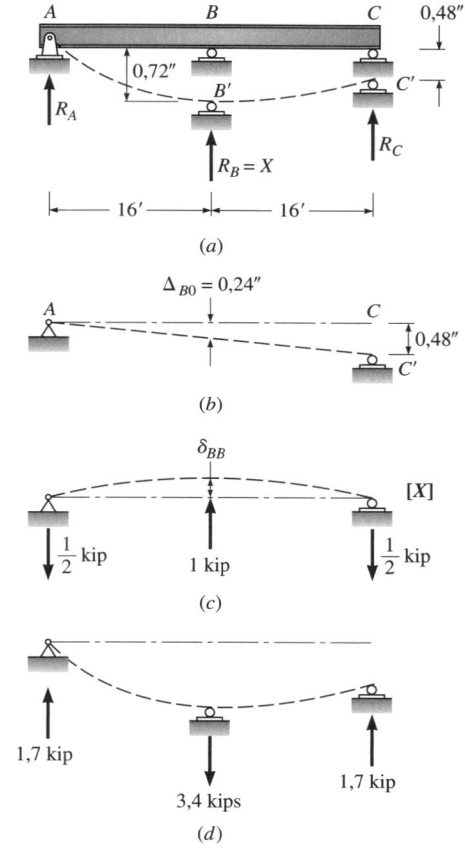

Figura 11.16: (a) Viga contínua com recalques de apoio especificados; (b) estrutura liberada com o apoio C na posição deslocada (nenhuma reação ou força se desenvolve no membro); (c) valor unitário da redundante aplicada; (d) reações finais calculadas pela superposição de (b) e [X] vezes (c).

EXEMPLO 11.8

Calcule a reação no apoio C da treliça da Figura 11.17a se a temperatura da barra AB aumenta em 50 °F, a barra ED é fabricada 0,3 pol mais curta, o apoio A é construído 0,48 pol à direita de sua posição pretendida e o apoio C é construído 0,24 pol mais alto. Para todas as barras $A = 2$ pol², $E = 30\,000$ kips/pol² e o coeficiente de expansão de temperatura $\alpha = 6 \times 10^{-6}$ (pol/pol)/°F.

Solução

Selecionamos arbitrariamente a reação no apoio C como redundante. A Figura 11.17b mostra em uma escala exagerada a forma defletida da estrutura liberada. A forma defletida resulta do deslocamento de 0,48 pol para a direita do apoio A, da expansão da barra AB e do encurtamento da barra ED. Como a estrutura liberada é determinada, nenhuma força é gerada nas barras ou nas reações devido ao deslocamento do apoio A ou às pequenas alterações no comprimento

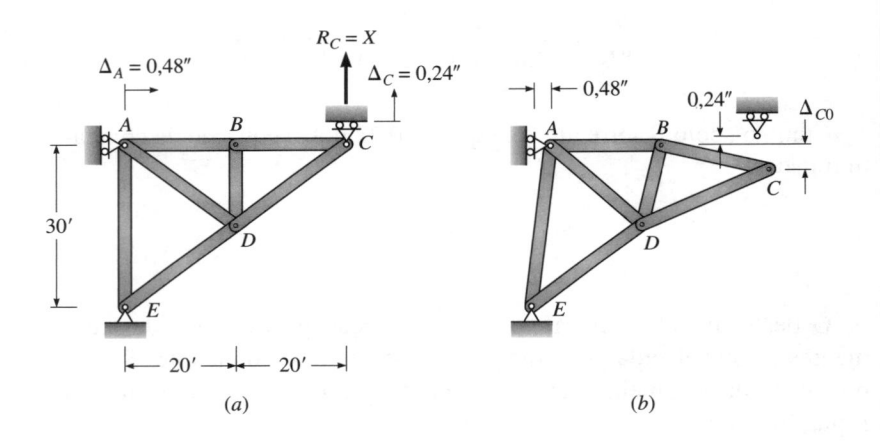

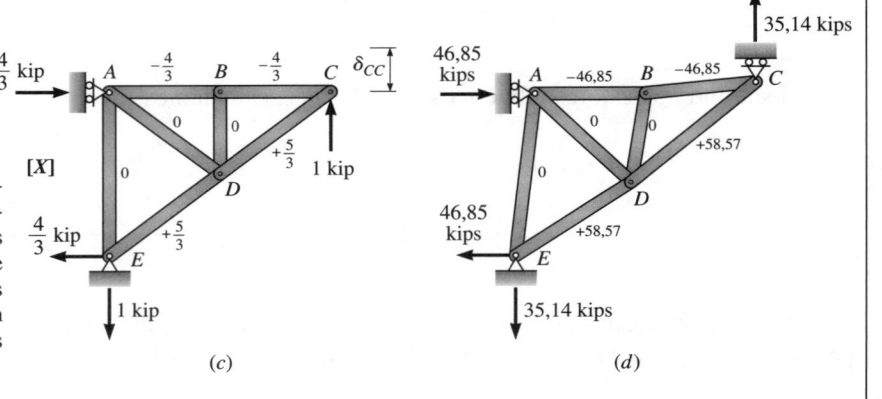

Figura 11.17: (a) Detalhes da treliça indeterminada; (b) forma defletida da estrutura liberada após o deslocamento do apoio A e as deformações de barra devido à mudança de temperatura e ao erro de fabricação; (c) forças e reações na estrutura liberada, devido a um valor unitário da redundante; (d) resultados finais da análise.

das barras; entretanto, o nó C desloca-se verticalmente a uma distância Δ_{C0}. Na Figura 11.17b, o apoio em C é mostrado na "posição conforme foi construído". A Figura 11.17c mostra as forças e deflexões produzidas pelo valor unitário da redundante.

Como o apoio C foi construído 0,24 pol acima de sua posição pretendida, a equação da compatibilidade é

$$\Delta_C = 0{,}24 \text{ pol} \qquad (1)$$

Sobrepondo as deflexões em C na Figura 11.17b e c, podemos escrever

$$\Delta_{C0} + \delta_{CC} X = 0{,}24 \qquad (2)$$

Para determinar X, calculamos Δ_{C0} e δ_{CC} pelo método do trabalho virtual.

Para calcular Δ_{C0} (ver Figura 11.17b), use o sistema de forças da Figura 11.17c como sistema Q. Calcule ΔL_{temp} da barra AB usando a Equação 10.25:

$$\Delta L_{\text{temp}} = \alpha(\Delta T)L = (6 \times 10^{-6})50(20 \times 12) = 0{,}072 \text{ pol}$$

$$\Sigma Q \delta_P = \Sigma F_Q \, \Delta L_P \qquad (10.23)$$

em que ΔL_P é dado pela Equação 10.26

$$1 \text{ kip}(\Delta_{C0}) + \frac{4}{3} \text{ kips } (0{,}48) = \frac{5}{3}(-0{,}3) + \left(-\frac{4}{3}\right)(0{,}072)$$

$$\Delta_{C0} = -1{,}236 \text{ pol} \downarrow$$

No Exemplo 11.2, δ_{CC} foi avaliada como

$$\delta_{CC} = \frac{2520}{AE} = \frac{2520}{2(30000)} = 0{,}042 \text{ pol}$$

Substituindo Δ_{C0} e δ_{CC} na Equação 2 e resolvendo para X, temos

$$-1{,}236 + 0{,}042X = 0{,}24$$

$$X = 35{,}14 \text{ kips} \qquad \textbf{Resp.}$$

As forças de barra e reações finais de todos os efeitos, estabelecidas pela superposição das forças (todas iguais a zero) na Figura 11.17b e as da Figura 11.17c multiplicadas pela redundante X, estão mostradas na Figura 11.17d.

11.7 Análise de estruturas com vários graus de indeterminação

A análise de uma estrutura indeterminada em mais de um grau segue o mesmo formato da análise de uma estrutura com um grau de indeterminação. O projetista estabelece uma estrutura liberada determinada, selecionando determinadas reações ou forças internas como redundantes. As redundantes desconhecidas são aplicadas na estrutura liberada como cargas, junto com as cargas reais. Então, a estrutura é analisada separadamente para cada redundante, assim como para a carga real. Por fim, equações de compatibilidade, em número igual às redundantes, são escritas em termos dos deslocamentos correspondentes às redundantes. A solução dessas equações nos permite avaliar as redundantes. Uma vez conhecidas as redundantes, o restante da análise pode ser concluído usando-se as equações de equilíbrio estático ou por superposição.

Para ilustrar o método, consideraremos a análise da viga contínua de dois vãos da Figura 11.18a. Como as reações exercem cinco restrições sobre a viga e estão disponíveis somente três equações da estática, a viga é indeterminada no segundo grau. Para produzir uma estrutura liberada (neste caso, uma viga em balanço determinada, fixada em A), selecionaremos as reações nos apoios B e C como redundantes. Uma vez que os apoios não se movem, a deflexão vertical em B e em C deve ser igual a zero. Em seguida, dividimos a análise da viga em três casos, que serão superpostos. Primeiramente, a estrutura liberada é analisada para as cargas aplicadas (ver Figura 11.18b). Então, são realizadas análises separadas para cada redundante (ver Figura 11.18c e d). O efeito de cada redundante é determinado pela aplicação de um valor unitário da redundante na estrutura liberada e, então, multiplicam-se todas as forças e deflexões que ela produz pela magnitude da redundante. Para indicar que a carga unitária é multiplicada pela redundante, mostramos a redundante entre colchetes ao lado do esboço do membro carregado.

Para avaliar as redundantes, escrevemos em seguida as equações de compatibilidade nos apoios B e C. Essas equações definem que a soma das deflexões nos pontos B e C dos casos mostrados na Figura 11.18b a d deve totalizar zero. Esse requisito leva às seguintes equações de compatibilidade:

$$\Delta_B = 0 = \Delta_{B0} + X_B \delta_{BB} + X_C \delta_{BC}$$
$$\Delta_C = 0 = \Delta_{C0} + X_B \delta_{CB} + X_C \delta_{CC} \quad (11.11)$$

Uma vez avaliados os valores numéricos das seis deflexões e substituídos nas equações 11.11, as redundantes podem ser determinadas. Uma pequena diminuição no trabalho de cálculo pode ser obtida usando-se a lei de Maxwell-Betti (consultar a Seção 10.9), que exige que $\delta_{CB} = \delta_{BC}$. Como você pode ver, a extensão dos cálculos aumenta rapidamente à medida que o grau de indeterminação aumenta. Para uma estrutura indeterminada no terceiro grau, você precisaria escrever três equações de compatibilidade e avaliar 12 deflexões (o uso da lei de Maxwell-Betti reduz para nove o número de deflexões desconhecidas).

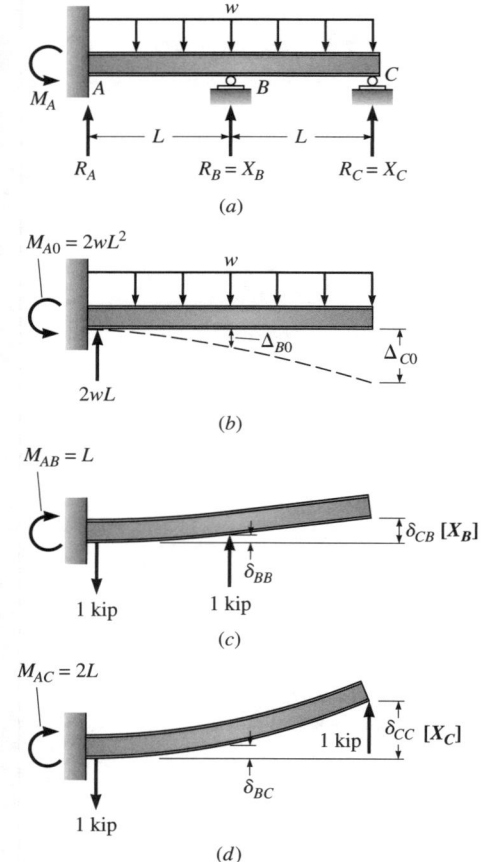

Figura 11.18: (a) Viga indeterminada no segundo grau com R_B e R_C selecionadas como redundantes; (b) deflexões na estrutura liberada devido à carga real; (c) deflexão da estrutura liberada devido a um valor unitário da redundante em B; (d) deflexão da estrutura liberada devido a um valor unitário da redundante em C.

EXEMPLO 11.9

Analise a viga contínua de dois vãos da Figura 11.19*a* usando os momentos nos apoios *A* e *B* como redundantes; *EI* é constante. As cargas na viga atuam no meio dos vãos.

Solução

A estrutura liberada — duas vigas com apoios simples — é formada pela inserção de uma articulação na viga em *B* e pela substituição do apoio fixo em *A* por um pino. Dois indicadores, perpendiculares ao eixo longitudinal da viga, são anexados à viga em *B*. Esse dispositivo é usado para esclarecer a rotação das extremidades da viga ligadas à articulação. A estrutura liberada, carregada com as cargas aplicadas e redundantes, é mostrada na Figura 11.19*c*. As equações de compatibilidade são baseadas nas seguintes condições da geometria:

1. A inclinação é zero no apoio fixo em *A*.

$$\theta_A = 0 \qquad (1)$$

2. A inclinação da viga é a mesma em um ou outro lado do apoio central (ver Figura 11.19*b*). Equivalentemente, podemos dizer que a rotação relativa entre as extremidades é zero (isto é, os indicadores são paralelos).

$$\theta_{B,\,Rel} = 0 \qquad (2)$$

A estrutura liberada é analisada para as cargas aplicadas na Figura 11.19*d*, para um valor unitário da redundante em *A* na Figura 11.19*e* e para um valor unitário da redundante em *B* na Figura 11.19*f*. Super-

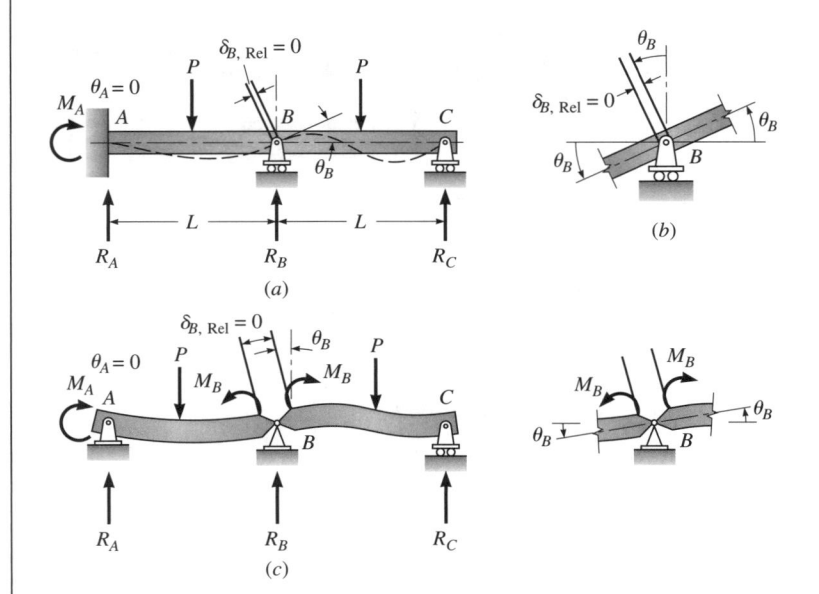

Figura 11.19: (*a*) Viga indeterminada no segundo grau; (*b*) detalhe do nó *B* mostrando a diferença entre a rotação de *B* e a rotação relativa das extremidades dos membros; (*c*) estrutura liberada com cargas reais e redundantes aplicadas como forças externas.

[*continua*]

[continuação]

pondo as deformações angulares de acordo com as equações de compatibilidade 1 e 2, podemos escrever

$$\theta_A = 0 = \theta_{A0} + \alpha_{AA}M_A + \alpha_{AB}M_B \quad (3)$$

$$\theta_{B,\text{rel}} = 0 = \theta_{B0} + \alpha_{BA}M_A + \alpha_{BB}M_B \quad (4)$$

Usando a Figura 11.3d e e, avalie as deformações angulares.

$$\theta_{A0} = \frac{PL^2}{16EI} \quad \theta_{B0} = 2\left(\frac{PL^2}{16EI}\right) \quad \alpha_{AA} = \frac{L}{3EI}$$

$$\alpha_{BA} = \frac{L}{6EI} \quad \alpha_{AB} = \frac{L}{6EI} \quad \alpha_{BB} = 2\left(\frac{L}{3EI}\right)$$

Substituindo os deslocamentos angulares nas equações 3 e 4 e resolvendo para as redundantes, temos

$$M_A = -\frac{3PL}{28} \quad M_B = -\frac{9PL}{56} \quad \textbf{Resp.}$$

Os sinais negativos indicam que as direções reais das redundantes têm sentido oposto àquelas inicialmente supostas na Figura 11.19c. A Figura 11.20 mostra os diagramas de corpo livre das vigas utilizadas para avaliar os cortantes de extremidade e também os diagramas de cortante e momento finais.

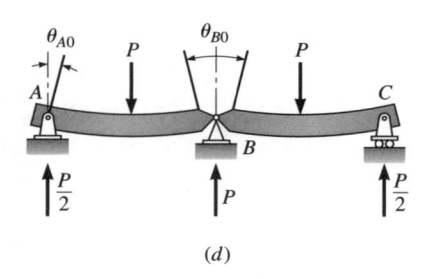

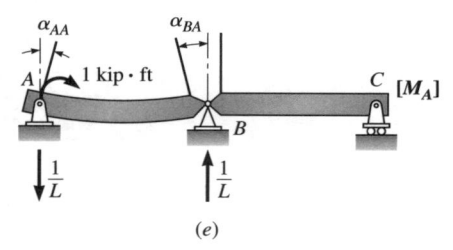

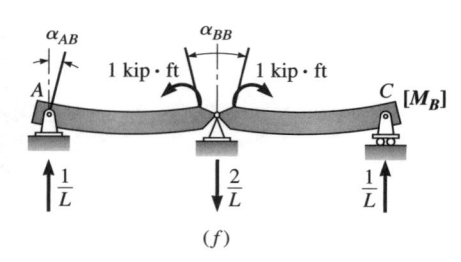

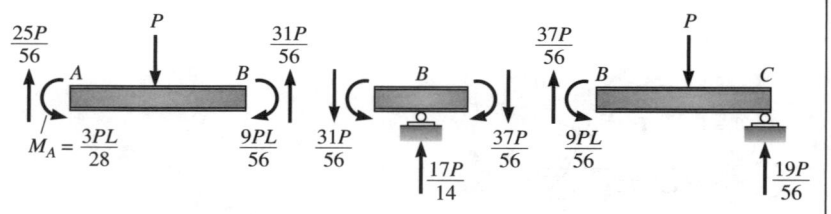

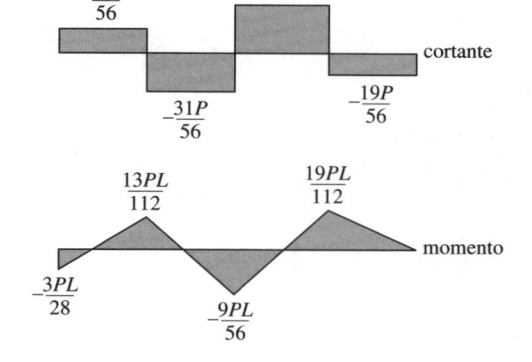

Figura 11.19: (d) Cargas reais aplicadas na estrutura liberada; (e) valor unitário da redundante em A aplicada na estrutura liberada; (f) valor unitário da redundante em B aplicada na estrutura liberada.

Figura 11.20: Diagramas de corpo livre das vigas usadas para avaliar cortantes, assim como os diagramas de cortante e momento.

EXEMPLO 11.10

Determine as forças de barra e reações que se desenvolvem na treliça indeterminada mostrada na Figura 11.21a.

Solução

Como $b + r = 10$ e $2n = 8$, a treliça é indeterminada no segundo grau. Selecione a força F_{AC} na seção 1–1 e a reação horizontal B_x como redundantes.

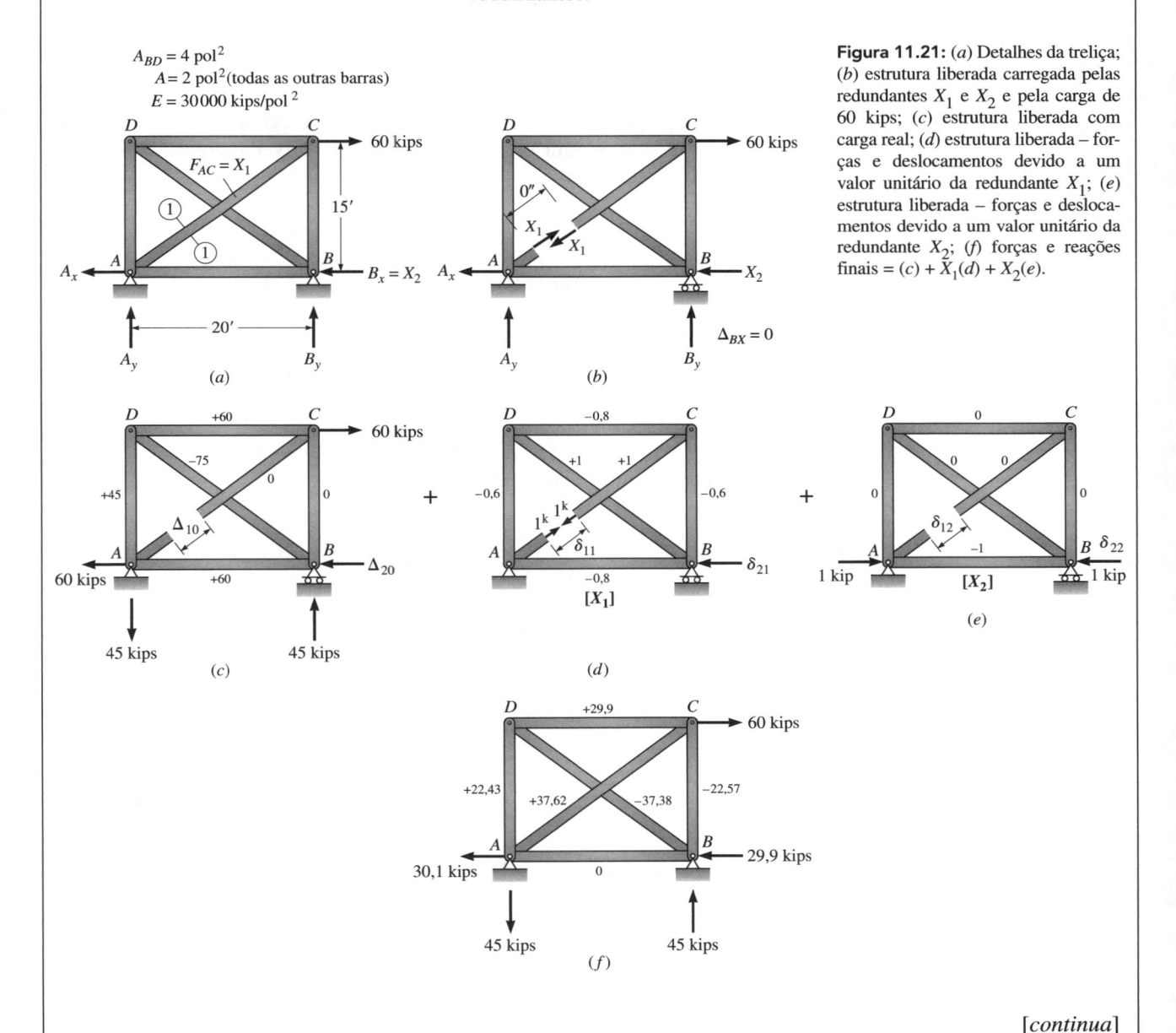

Figura 11.21: (a) Detalhes da treliça; (b) estrutura liberada carregada pelas redundantes X_1 e X_2 e pela carga de 60 kips; (c) estrutura liberada com carga real; (d) estrutura liberada – forças e deslocamentos devido a um valor unitário da redundante X_1; (e) estrutura liberada – forças e deslocamentos devido a um valor unitário da redundante X_2; (f) forças e reações finais = $(c) + X_1(d) + X_2(e)$.

[continua]

[continuação]

A estrutura liberada com as redundantes aplicadas como cargas está mostrada na Figura 11.21b.

As equações de compatibilidade são baseadas (1) no deslocamento horizontal em B

$$\Delta_{BX} = 0 \tag{1}$$

e (2) no deslocamento relativo das extremidades das barras na seção 1-1

$$\Delta_{1,\,Rel} = 0 \tag{2}$$

Superpondo as deflexões na seção 1–1 e no apoio B na estrutura liberada (ver Figura 11.21c a e), podemos escrever as equações de compatibilidade como

$$\Delta_{1,\,Rel} = 0: \quad \Delta_{10} + X_1\delta_{11} + X_2\delta_{12} = 0 \tag{3}$$

$$\Delta_{BX} = 0: \quad \Delta_{20} + X_1\delta_{21} + X_2\delta_{22} = 0 \tag{4}$$

Para completar a solução, devemos calcular as seis deflexões Δ_{10}, Δ_{20}, δ_{11}, δ_{12}, δ_{21} e δ_{22} nas equações 3 e 4 por trabalho virtual.

Δ_{20}:
Use o sistema de forças da Figura 11.21e como o sistema Q para o sistema P mostrado na Figura 11.21c.

$$\sum \delta_P Q = \sum F_Q \frac{F_P L}{AE}$$

$$1\,\text{kip}(\Delta_{20}) = (-1)\frac{60(20 \times 12)}{2(30000)} \tag{10.24}$$

$$\Delta_{20} = -0{,}24 \text{ pol} \rightarrow$$

Δ_{10}:
Use o sistema de forças da Figura 11.21d como o sistema Q.

$$1\,\text{kip}(\Delta_{10}) = (-0{,}8)\frac{60(20 \times 12)}{2(30000)}(2) + (-0{,}6)\frac{45(15 \times 12)}{2(30000)}$$

$$+ (1)\frac{-75(25 \times 12)}{4(30000)}$$

$$\Delta_{10} = -0{,}6525 \text{ pol} \quad \text{(a lacuna se abre)}$$

δ_{11}:
O sistema de forças da Figura 11.21d serve como sistema P e como sistema Q. Como $F_Q = F_P$, $U_Q = F_Q^2 L/(AE)$,

$$1\,\text{kip}(\delta_{11}) = \frac{(-0{,}8)^2(20 \times 12)}{2(30000)}(2) + \frac{(-0{,}6)^2(15 \times 12)}{2(30000)}(2)$$

$$+ \frac{1^2(25 \times 12)}{2(30000)} + \frac{1^2(25 \times 12)}{4(30000)}$$

$$\delta_{11} = +0{,}0148 \text{ pol} \qquad \text{(a lacuna se fecha)}$$

δ_{21}:
Use o sistema de forças da Figura 11.21e como sistema Q para o sistema P da Figura 11.21d.

$$1\,\text{kip}(\delta_{21}) = (-1)\frac{-0{,}8(20 \times 12)}{2(30000)}$$

$$\delta_{21} = 0{,}0032 \text{ pol}$$

δ_{12}:
Use o sistema de forças da Figura 11.21d como sistema Q para o sistema P da Figura 11.21e.

$$1\,\text{kip}(\delta_{12}) = (-0{,}8)\frac{-1(20 \times 12)}{2(30000)}$$

(Alternativamente, use a lei de Maxwell-Betti, que fornece $\delta_{12} = \delta_{21} = 0{,}0032$ pol.)

δ_{22}:
O sistema de forças da Figura 11.21e serve como sistema P e como sistema Q.

$$1\,\text{kip}(\delta_{22}) = (-1)\frac{(-1)(20 \times 12)}{2(30000)}$$

$$\delta_{22} = 0{,}004 \text{ pol}$$

Substituindo os deslocamentos acima nas equações 3 e 4 e resolvendo para X_1 e X_2, temos

$$X_1 = 37{,}62 \text{ kips} \qquad X_2 = 29{,}9 \text{ kips} \qquad \textbf{Resp.}$$

As forças e reações finais são mostradas na Figura 11.21f.

EXEMPLO 11.11

Análise por deformações consistentes

(*a*) Escolha as reações horizontal e vertical em *C* (Figura 11.22*a*) como redundantes. Desenhe todas as estruturas liberadas e rotule claramente todos os deslocamentos necessários para escrever as equações de compatibilidade. Escreva as equações de compatibilidade em termos de deslocamentos, mas *não calcule* os valores de deslocamento.

(*b*) Modifique as equações na parte (*a*) para levar em conta os seguintes movimentos de apoio: deslocamento de 0,5 pol verticalmente para cima de *C* e rotação de 0,002 rad de *A* no sentido horário.

Solução

(*a*) Como convenção de sinal, os deslocamentos na direção das redundantes na Figura 11.22(*a*) são positivos. Ver Figura 11.22*b*; observe que o sinal está contido dentro do símbolo dos deslocamentos.

$$\Delta_1 = 0 = \Delta_{10} + \delta_{11}X_1 + \delta_{12}X_2$$
$$\Delta_2 = 0 = \Delta_{20} + \delta_{21}X_1 + \delta_{22}X_2$$

Resp.

em que 1 denota a direção vertical e 2 a horizontal em *C*.

(*b*) Modifique a equação da compatibilidade para movimentos de apoio. Ver Figura 11.22*c*.

$$\Delta_1 = 0,5 = \Delta_{10} + (-0,48) + \delta_{11}X_1 + \delta_{12}X_2$$
$$\Delta_2 = 0 = \Delta_{20} + (-0,36) + \delta_{21}X_1 + \delta_{22}X_2$$

Resp.

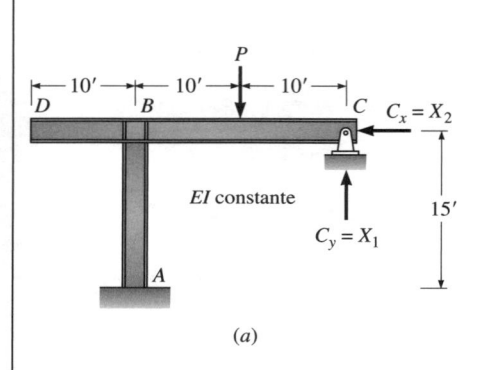

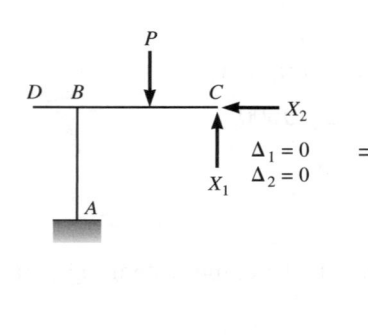

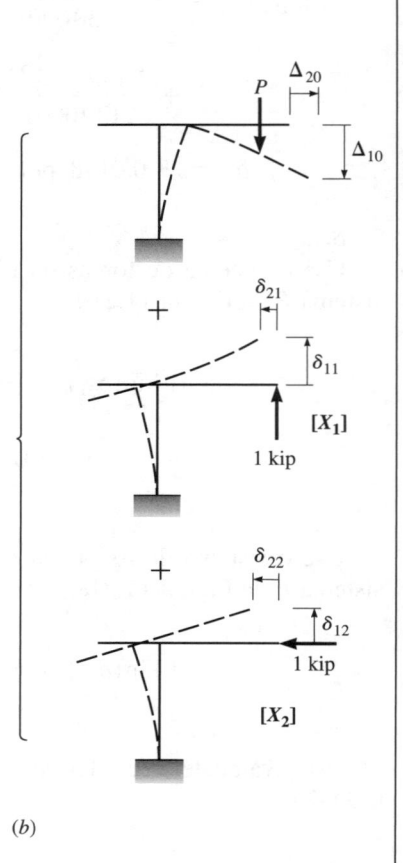

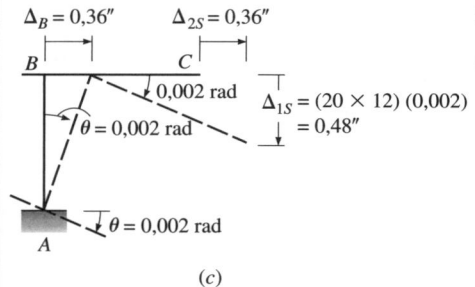

Figura 11.22: (*c*) Deslocamentos produzidos pela rotação do apoio *A* no sentido horário.

11.8 Viga sobre apoios elásticos

Os apoios de certas estruturas se deformam quando são carregados. Por exemplo, na Figura 11.23a, o apoio da extremidade direita da viga mestra AB é a viga CD, que deflete quando recebe a reação da extremidade da viga AB. Se a viga CD se comporta elasticamente, pode ser idealizada como mola (ver Figura 11.23b). Para a mola, a relação entre a carga aplicada P e a deflexão Δ é dada como

$$P = K\Delta \qquad (11.12)$$

em que K é a rigidez da mola em unidades de força por deslocamento unitário. Por exemplo, se uma força de 2 kips produz uma deflexão de 0,5 pol da mola, $K = P/\Delta = 2/0,5 = 4$ kips/pol. Resolvendo a Equação 11.12 para Δ, temos

$$\Delta = \frac{P}{K} \qquad (11.13)$$

O procedimento para analisar uma viga sobre um apoio elástico é semelhante ao de uma viga sobre um apoio não deslocável, com uma diferença. Se a força X na mola é tomada como redundante, a *equação da compatibilidade* deve estabelecer que a deflexão Δ da viga no local da redundante é igual a

$$\Delta = -\frac{X}{K} \qquad (11.14)$$

O sinal de menos leva em conta o fato de que a deformação da mola tem sentido oposto à força que ela exerce sobre o membro que suporta. Por exemplo, se uma mola é comprimida, exerce uma força para cima, mas se desloca para baixo. Se a rigidez da mola for grande, a Equação 11.14 mostra que a deflexão Δ será pequena. No limite, à medida que K se aproxima do infinito, o lado direito da Equação 11.14 se aproxima de zero e a equação torna-se idêntica à da compatibilidade para uma viga sobre um apoio simples. Ilustraremos o uso da Equação 11.14 no Exemplo 11.12.

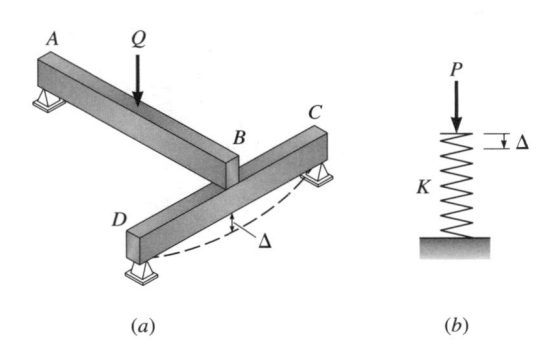

Figura 11.23: (a) Viga AB com um apoio elástico em B; (b) apoio elástico idealizado como mola linear elástica ($P = K\Delta$).

EXEMPLO 11.12

Estabeleça a equação da compatibilidade para a viga da Figura 11.24a. Determine a deflexão do ponto B. Rigidez da mola $K = 10$ kips/pol, $w = 2$ kips/ft, $I = 288$ pol^4 e $E = 30\,000$ kips/pol^2.

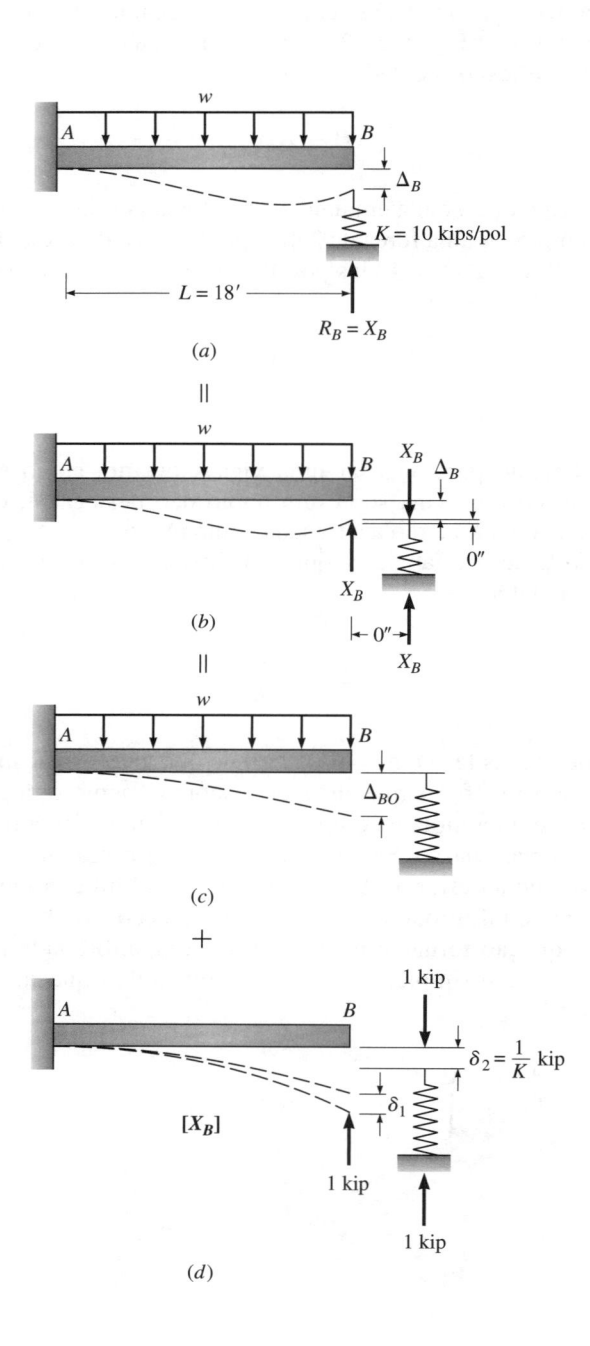

Figura 11.24: (a) Viga uniformemente carregada sobre um apoio elástico, indeterminada no primeiro grau; (b) estrutura liberada com carga uniforme e redundante X_B aplicada como carga externa na viga e na mola; (c) estrutura liberada com carga real; (d) estrutura liberada, forças e deslocamentos para um valor unitário da redundante X_B.

Solução

A Figura 11.24*b* mostra a estrutura liberada carregada com a carga aplicada e a redundante. Por clareza, a mola está deslocada lateralmente para a direita, mas o deslocamento está rotulado com zero para indicar que, na verdade, a mola localiza-se exatamente sob a ponta da viga. Seguindo a convenção de sinal estabelecida anteriormente (isto é, a direção da redundante estabelece a direção positiva dos deslocamentos), os deslocamentos da extremidade direita da viga são positivos quando são para cima, e negativos, para baixo. A deflexão da mola é positiva para baixo. Como a ponta da viga e a mola estão conectadas, ambas defletem pela mesma quantidade Δ_B; isto é,

$$\Delta_{B,\text{viga}} = \Delta_{B,\text{mola}} \quad (1)$$

Usando a Equação 11.13, podemos escrever Δ_B da mola como

$$\Delta_{B,\text{mola}} = \frac{X_B}{K} \quad (2)$$

e substituindo a Equação 2 na Equação 1, temos

$$\Delta_{B,\text{viga}} = -\frac{X_B}{K} \quad (3)$$

O sinal de menos foi adicionado no lado direito da Equação 3 porque a extremidade da viga se desloca para baixo.

Se $\Delta_{B,\text{viga}}$ (o lado esquerdo da Equação 3) é avaliado pela superposição dos deslocamentos da extremidade B da viga na Figura 11.24*c* e *d*, podemos escrever a Equação 3 como

$$\Delta_{B0} + \delta_1 X_B = -\frac{X_B}{K} \quad (4)$$

Usando a Figura 11.3 para avaliar Δ_{B0} e δ_1 na Equação 4, calculamos X_B:

$$-\frac{wL^4}{8EI} + \frac{L^3}{3EI} X_B = -\frac{X_B}{K}$$

Substituindo os valores especificados das variáveis na equação acima, obtemos

$$-\frac{2(18)^4(1728)}{8(30000)(288)} + \frac{(18)^3(1728)}{3(30000)(288)} X_B = -\frac{X_B}{10}$$

$$X_B = 10{,}71 \text{ kips}$$

Se o apoio B fosse um rolo e não ocorresse nenhum recalque, o lado direito da Equação 4 seria igual a zero e X_B aumentaria para 13,46 kips

e $$\Delta_{B,\text{mola}} = -\frac{X_B}{K} = -\frac{10{,}71}{10} = 1{,}071 \text{ pol} \quad \textbf{Resp.}$$

Resumo

- O método da flexibilidade de análise, também chamado *das deformações consistentes*, é um dos métodos clássicos mais antigos de análise de estruturas indeterminadas.
- Antes do desenvolvimento de programas de computador de uso geral para análise estrutural, o método da flexibilidade era o único disponível para analisar treliças indeterminadas. Esse método é baseado na remoção de restrições até que seja estabelecida uma estrutura liberada determinada e estável. Como o engenheiro tem escolhas alternativas com relação a quais restrições remover, esse aspecto da análise não serve para o desenvolvimento de um programa de computador de uso geral.
- O método da flexibilidade ainda é usado para analisar certos tipos de estrutura, nos quais a configuração geral e os componentes da estrutura são padronizados, mas as dimensões variam. Para esse caso, as restrições a serem removidas são estabelecidas e o programa de computador é escrito para seus valores específicos.

PROBLEMAS

Resolva pelo método das deformações consistentes.

P11.1. Calcule as reações, desenhe os diagramas de cortante e momento e localize o ponto de deflexão máxima para a viga da Figura P11.1. EI é constante.

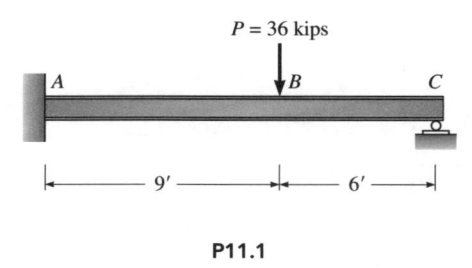

P11.2. Para a viga da Figura P11.2, calcule as reações, desenhe os diagramas de cortante e momento e calcule a deflexão da articulação em C. $E = 29\,000$ ksi e $I = 180$ pol^4.

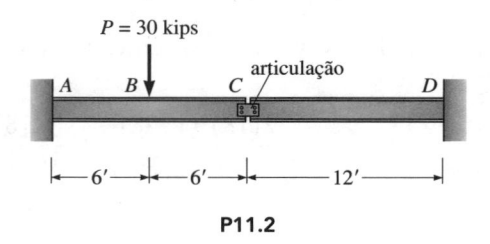

P11.1

P11.2

P11.3. Calcule as reações, desenhe os diagramas de cortante e momento e localize o ponto de deflexão máxima. Repita o cálculo se I é constante ao longo de todo o comprimento. E é constante. Expresse a resposta em termos de E, I e L.

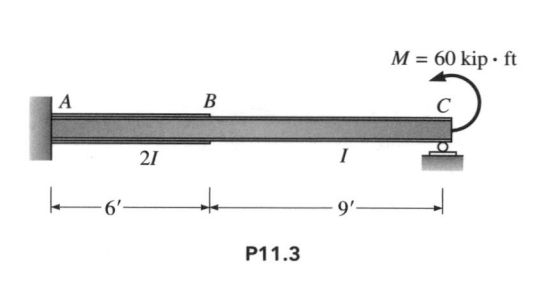

P11.5. Calcule as reações e desenhe os diagramas de cortante e momento para a viga da Figura P11.5. EI é constante.

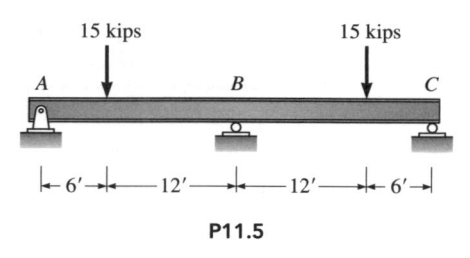

P11.6. Resolva o problema P11.1 para a carga mostrada, se o apoio C sofre um recalque de 0,25 pol quando a carga é aplicada. $E = 30\,000$ kips/pol^2 e $I = 320$ pol^4.

P11.4. Calcule as reações e desenhe os diagramas de cortante e momento para a viga contínua de dois vãos da Figura P11.4. EI é constante.

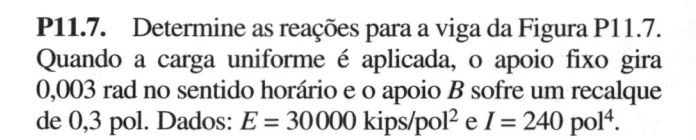

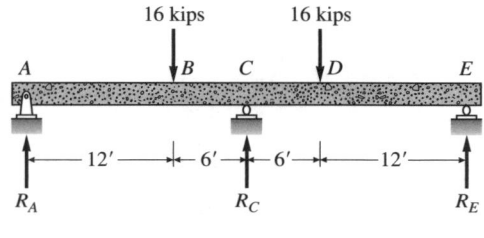

P11.7. Determine as reações para a viga da Figura P11.7. Quando a carga uniforme é aplicada, o apoio fixo gira 0,003 rad no sentido horário e o apoio B sofre um recalque de 0,3 pol. Dados: $E = 30\,000$ kips/pol^2 e $I = 240$ pol^4.

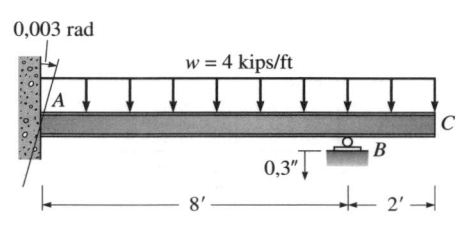

P11.8. Calcule as reações e desenhe os diagramas de cortante e momento na Figura P11.8. E é constante.

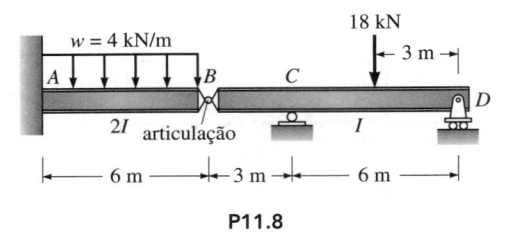

P11.11. (a) Determine as reações e desenhe os diagramas de cortante e momento para a viga da Figura P11.11. Dados: EI é constante, $E = 30\,000$ kips/pol^2 e $I = 288$ pol^4. (b) Repita os cálculos supondo que as cargas aplicadas também produzem um recalque de 0,5 pol no apoio B e de 1 pol no apoio D.

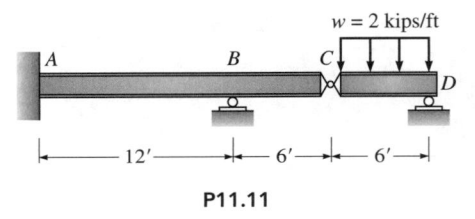

P11.8

P11.9. Calcule as reações e desenhe os diagramas de cortante e momento para a viga da Figura P11.9. EI é constante. Pode-se supor que a ligação aparafusada de alma em B atua como uma articulação. Expresse a resposta em termos de E, I, L e w.

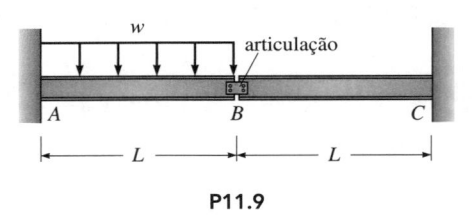

P11.11

P11.9

P11.10. (a) Calcule todas as reações para a viga da Figura P11.10, supondo que os apoios não se movem; EI é constante. (b) Repita os cálculos, supondo que o apoio C se move para cima uma distância de $288/(EI)$ quando a carga é aplicada.

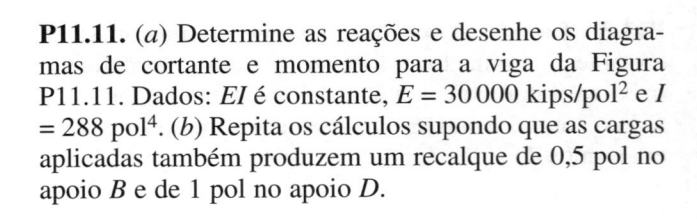

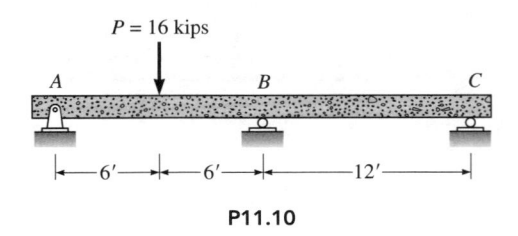

P11.12. Determine todas as reações e desenhe os diagramas de cortante e momento. EI é constante.

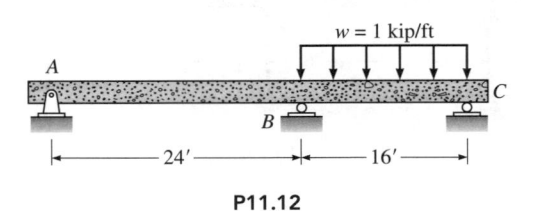

P11.10

P11.12

P11.13. Calcule as reações e desenhe os diagramas de cortante e momento para a viga da Figura P11.13. Dado: EI é constante.

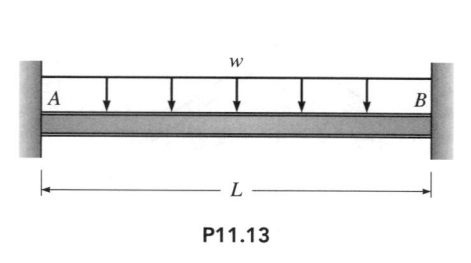

P11.17. Calcule as reações e forças de barra em todas as barras da treliça. A área de todas as barras tem 5 pol² e $E = 30\,000$ kips/pol².

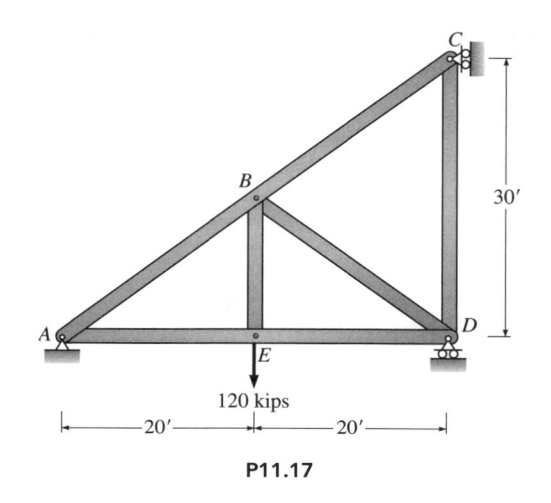

P11.14. Calcule as reações e desenhe os diagramas de cortante e momento para a viga da Figura P11.14. Dado: EI é constante.

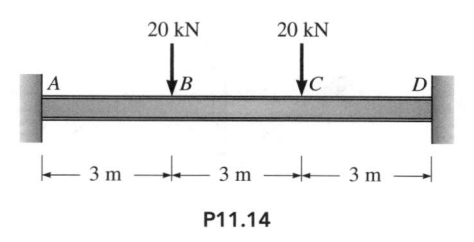

P11.18. Supondo que a carga de 120 kips é removida da treliça na Figura P11.17, calcule as reações e forças de barra se a temperatura das barras AB e BC aumenta em 60 °F; o coeficiente de dilatação térmica $\alpha = 6 \times 10^{-6}$ (pol/pol)/°F.

P11.19. Determine todas as reações e forças de barra para a treliça da Figura P11.19. $E = 30\,000$ kips/pol².

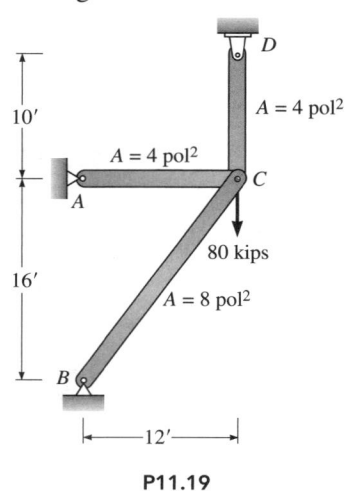

P11.15. Supondo que nenhuma carga atua, calcule as reações e desenhe os diagramas de cortante e momento para a viga da Figura P11.1 se o apoio A sofre um recalque de 0,5 pol e o apoio C sofre um recalque de 0,75 pol. Dados: $E = 29\,000$ kips/pol² e $I = 150$ pol⁴.

P11.16. (*a*) Supondo que nenhuma carga atua na Figura P11.12, calcule as reações se o apoio B foi construído 0,48 pol mais baixo. Dados: $E = 29\,000$ kips/pol², $I = 300$ pol⁴. (*b*) Se o apoio B (Figura P11.12) sofre um recalque de $\frac{3}{2}$ pol sob as cargas aplicadas, calcule as reações.

P11.20. (*a*) Determine todas as reações e forças de barra produzidas pela carga aplicada na Figura P11.20. (*b*) Supondo que o apoio *B* sofre um recalque de 1 pol e o apoio *C*, 0,5 pol enquanto a carga atua, recalcule as reações e forças de barra. Para todas as barras, área = 2 pol² e $E = 30\,000$ kips/pol².

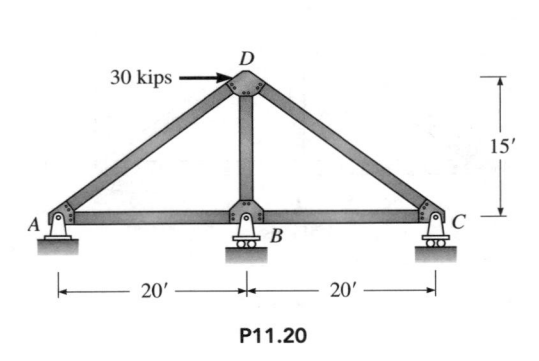

P11.22 a P11.24. Para as treliças das figuras P11.22 a P11.24, calcule as reações e forças de barra produzidas pelas cargas aplicadas. Dados: AE = constante, $A = 1\,000$ mm² e $E = 200$ GPa.

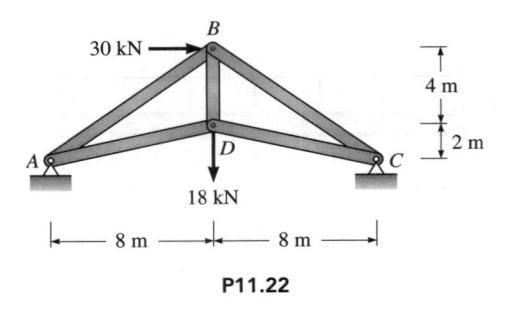

P11.22

P11.20

Consulte P11.22 para ver as propriedades do material das treliças em P11.23 e 11.24.

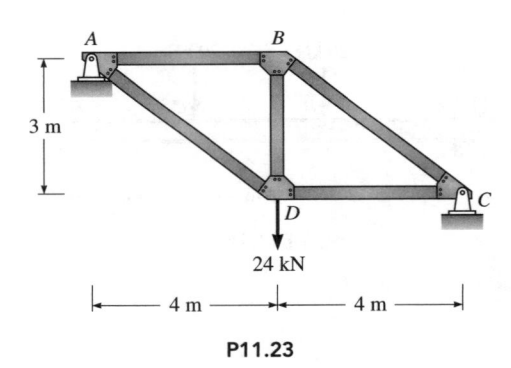

P11.21. Determine todas as forças de barra e reações para a treliça da Figura P11.21. Dados: área da barra $BD = 4$ pol², todas as outras barras = 2 pol² e $E = 30\,000$ kips/pol².

P11.23

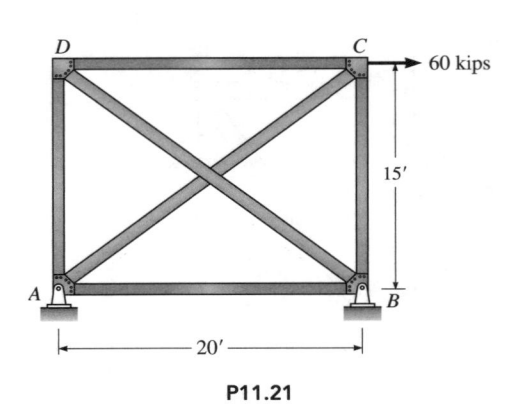

P11.21

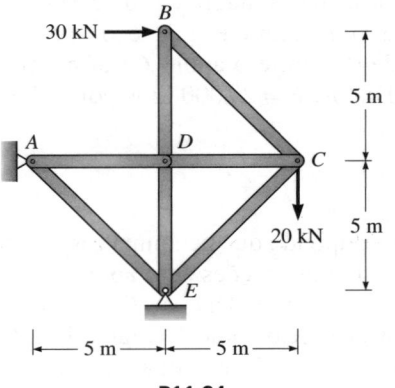

P11.24

P11.25. Determine todas as reações para o pórtico da Figura P11.25, dados $I_{AB} = 600$ pol^4, $I_{BC} = 900$ pol^4 e $E = 29\,000$ kips/pol^2. Despreze as deformações axiais.

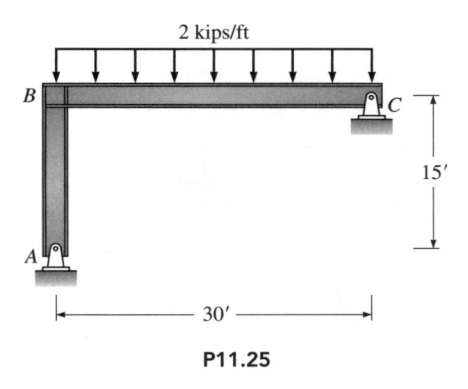

P11.29. (*a*) Determine as reações e desenhe os diagramas de cortante e momento para todos os membros do pórtico da Figura P11.29. Dado: EI = constante.
(*b*) Calcule a deflexão vertical da viga no ponto C, produzida pela carga de 60 kips.

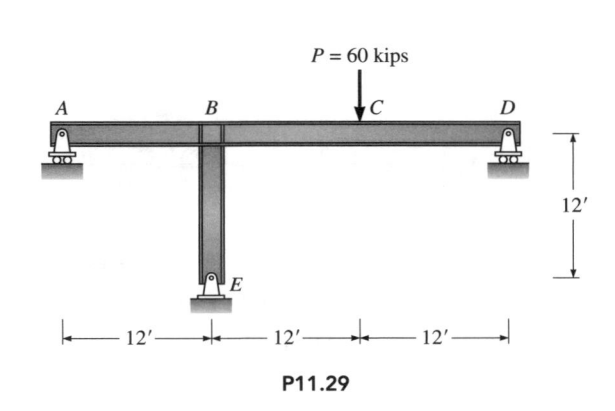

P11.26. Supondo que a carga é removida, calcule todas as reações para o pórtico da Figura P11.25 se o membro BC foi fabricado com 1,2 pol a mais no comprimento.

P11.27. Determine todas as reações e desenhe os diagramas de cortante e momento para a viga BC na Figura P11.27. EI é constante.

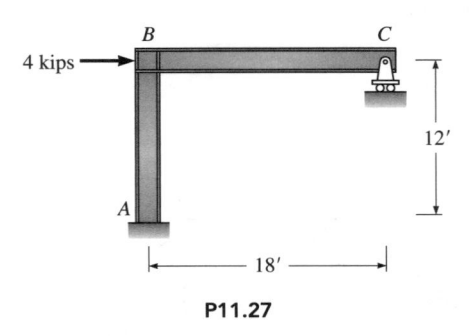

P11.30. (*a*) Calcule a reação em C na Figura P11.30. EI é constante. (*b*) Calcule a deflexão vertical do nó B.

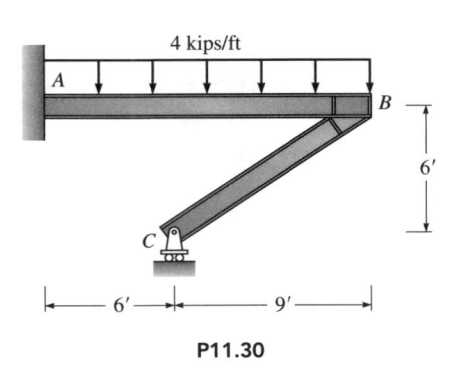

P11.28. Recalcule as reações para o pórtico da Figura P11.27 se o apoio C sofre um recalque de 0,36 pol quando a carga atua e o apoio A foi construído 0,24 pol acima de sua posição pretendida. $E = 30\,000$ kips/pol^2, $I = 60$ pol^4.

P11.31. Determine as reações nos apoios A e E na Figura P11.31. Área da barra $EC = 2$ pol^2, $I_{AD} = 400$ pol^4 e $A_{AD} = 8$ pol^2; $E = 30\,000$ kips/pol^2.

P11.33. Determine as reações nos apoios A e E na Figura P11.33; EI é constante para todos os membros.

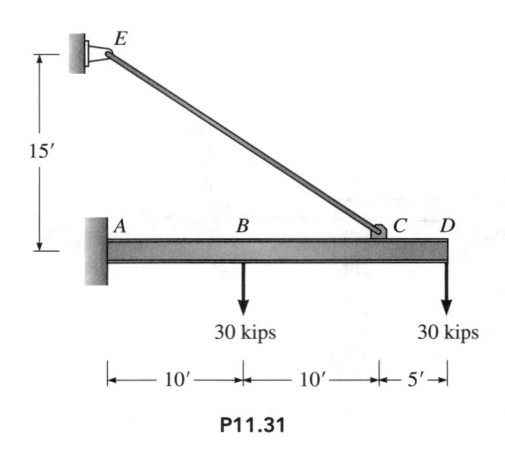

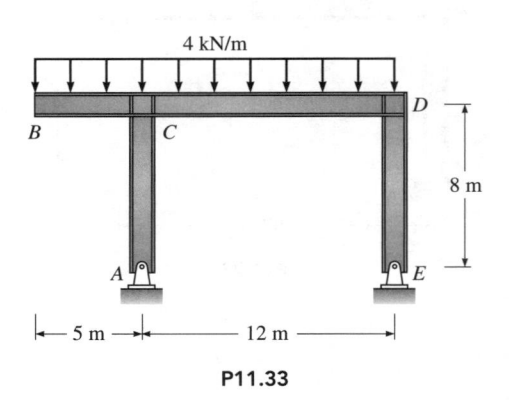

P11.31

P11.33

P11.32. Determine as reações em A e C na Figura P11.32. EI é constante para todos os membros.

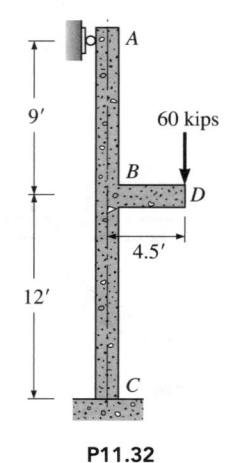

P11.34. Determine as reações e forças de barra geradas na treliça da Figura P11.34 quando as cordas superiores ($ABCD$) são sujeitas a uma mudança de 50 °F na temperatura. Dados: AE é constante para todas as barras, $A = 10$ pol^2, $E = 30\,000$ kips/pol^2, $\alpha = 6{,}5 \times 10^{-6}$ (pol/pol)/°F.

P11.32

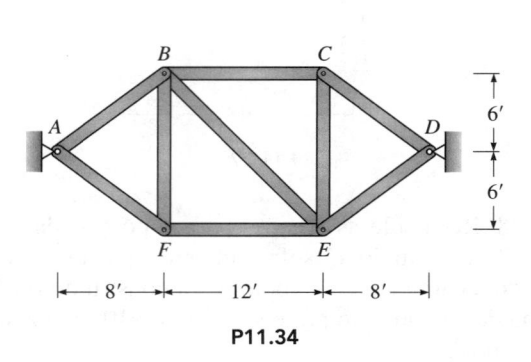

P11.34

P11.35. Determine as reações geradas no pórtico rígido da Figura P11.35 quando a temperatura da corda superior aumenta em 60 °F. Dados: $I_{BC} = 3600$ pol^4, $I_{AB} = I_{CD} = 1440$ pol^4, $\alpha = 6,5 \times 10^{-6}$ (pol/pol)/°F e $E = 30000$ kips/pol^2.

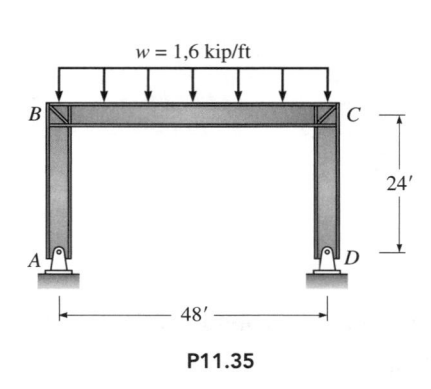

P11.37. Calcule as reações e desenhe os diagramas de cortante e momento para a viga da Figura P11.37. Além da carga aplicada, o apoio em D sofre um recalque de 0,1 m. EI é constante para a viga. $E = 200$ GPa, $I = 60 \times 10^6$ mm^4.

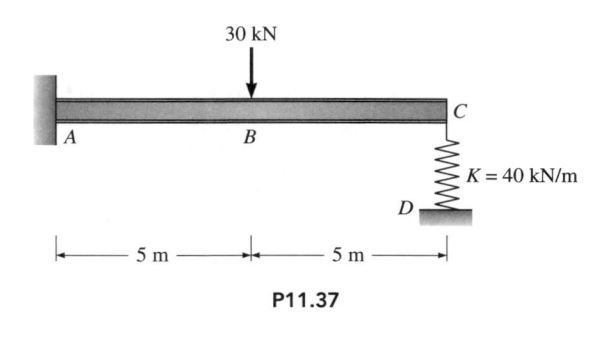

P11.38. Considere a viga da Figura P11.37 sem a carga aplicada e o recalque de apoio. Calcule as reações e desenhe os diagramas de cortante e momento para a viga se o apoio A gira por 0,005 rad no sentido horário.

P11.39. Determine os deslocamentos vertical e horizontal em A da estrutura ligada com pinos da Figura P11.39. Dados: $E = 200$ GPa e $A = 500$ mm^2 para todos os membros.

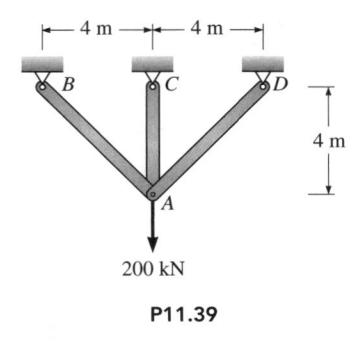

P11.36. Calcule as reações e desenhe os diagramas de cortante e momento para a viga da Figura P11.36. Dados: EI é constante para a viga. $E = 200$ GPa, $I = 40 \times 10^6$ mm^4.

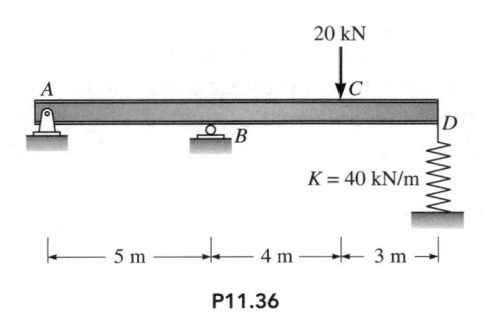

P11.40. Determine os deslocamentos vertical e horizontal em A da estrutura ligada com pinos da Figura P11.39. Dados: $E = 200$ GPa, $A_{AB} = 1000$ mm^2 e $A_{AC} = A_{AD} = 500$ mm^2.

P11.41. Determine as reações e todas as forças de barra para a treliça da Figura P11.41. Dados: $E = 200$ GPa e $A = 1\,000$ mm^2 para todas as barras.

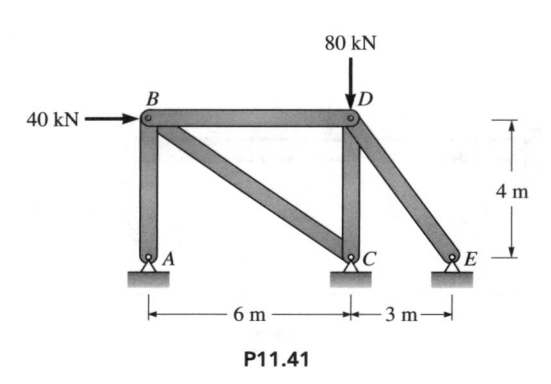

P11.42. Considere a treliça da Figura P11.41 sem as cargas aplicadas. Determine as reações e todas as forças de barra para a treliça se o apoio A sofre um recalque vertical de 20 mm.

P11.43. Determine as reações e todas as forças de barra para a treliça da Figura P11.43. $E = 200$ GPa e $A = 1\,000$ mm^2 para todas as barras.

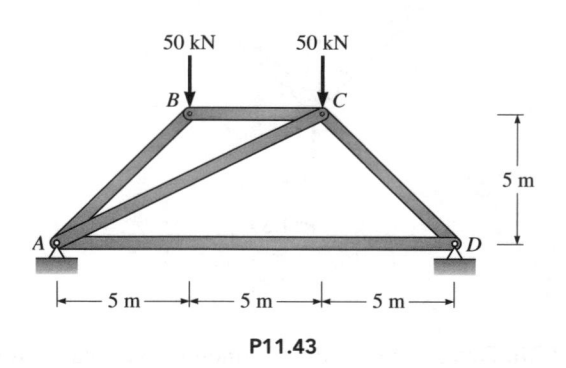

P11.44. Considere a treliça da Figura P11.43 sem as cargas aplicadas. Determine as reações e todas as forças de barra para a treliça se a barra AC foi fabricada com 10 mm a menos.

P11.45. Exemplo de projeto prático

O edifício alto da Figura P11.45 foi construído com aço estrutural. As colunas externas, que não possuem isolamento, estão expostas à temperatura ambiente externa. Para reduzir os deslocamentos verticais diferenciais entre as colunas internas e externas, devido às diferenças de temperatura entre o interior e o exterior do prédio, uma *treliça de cobertura* foi adicionada no topo do prédio. Por exemplo, se uma treliça de cobertura não fosse usada para restringir o encurtamento das colunas externas no inverno, devido a uma diferença de temperatura de 60 °F entre as colunas internas e externas, os pontos D e F no topo das colunas externas se moveriam 1,68 pol para baixo em relação ao topo da coluna interna no ponto E. Deslocamentos dessa ordem nos andares superiores produziriam uma inclinação excessiva do piso e danificariam a fachada externa.

Se a temperatura da coluna interna BE é constante, de 70 °F, mas a temperatura das colunas externas no inverno cai para 10 °F, determine (*a*) as forças geradas nas colunas e nas barras da treliça pelas diferenças de temperatura e (*b*) os deslocamentos verticais dos topos das colunas nos pontos D e E. As ligações de furos alongados em D e F foram projetadas para atuar como rolos e transmitir somente força vertical, e a ligação em E foi projetada para atuar como um pino. Pode-se supor que as ligações de cortante entre a alma das vigas e as colunas atuam como articulações.

Dados: $E = 29\,000$ kips/pol². A *área média* da coluna interna é de 42 pol², e 30 pol² a das colunas externas. As áreas de todas as barras da treliça são de 20 pol². O coeficiente de expansão térmica $\alpha = 6{,}5 \times 10^{-6}$ (pol/pol)/°F.

Nota: as colunas internas devem ser projetadas para as cargas de piso e para a força de compressão gerada pelo diferencial de temperatura.

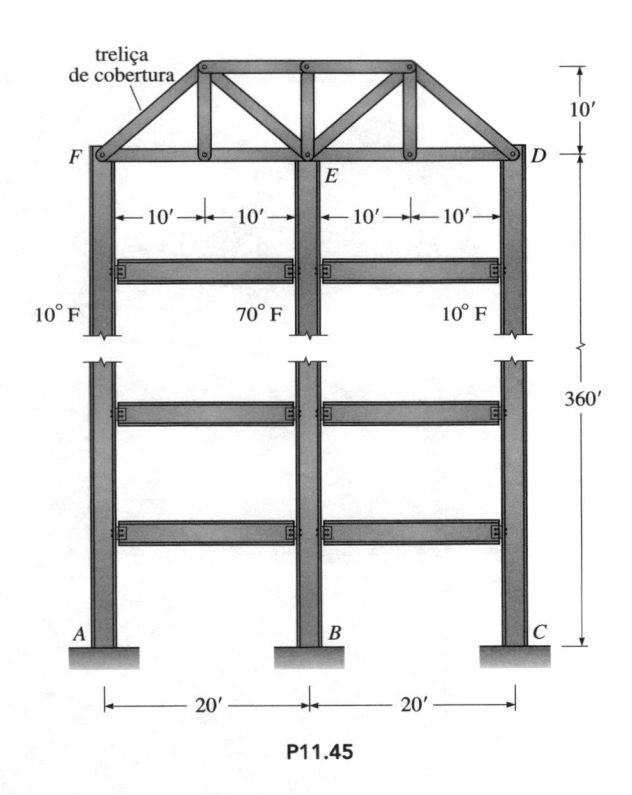

P11.45

A falha deste prédio de concreto armado de 16 andares foi iniciada pelo colapso da fôrma que continha o concreto líquido para a última seção da laje do teto. O desmoronamento foi atribuído principalmente à falta de escoramento e ao concreto pouco resistente dos pisos inferiores. Como o prédio foi construído no inverno, sem aquecimento adequado, grande parte do concreto recém-colocado nas fôrmas congelou e não atingiu a resistência projetada.

CAPÍTULO 12

Análise de vigas e pórticos indeterminados pelo método da inclinação-deflexão

12.1 Introdução

O *método da inclinação-deflexão* é um procedimento para analisar vigas e pórticos indeterminados. Ele é conhecido como *método de deslocamento*, pois as *equações de equilíbrio* utilizadas na análise são expressas em termos de *deslocamentos de nó desconhecidos*.

O método da inclinação-deflexão é importante porque apresenta ao estudante o *método da rigidez* de análise. Esse método é a base de muitos programas de computador de uso geral para analisar todos os tipos de estruturas — vigas, treliças, cascas etc. Além disso, a *distribuição de momentos* — método manual comumente usado para analisar vigas e pórticos rapidamente — também é baseada na formulação da rigidez.

No método da inclinação-deflexão, uma expressão chamada de *equação da inclinação-deflexão* é usada para relacionar o momento em cada extremidade de um membro tanto aos deslocamentos dessa extremidade quanto às cargas aplicadas a ele entre suas extremidades. Os deslocamentos da extremidade de um membro podem incluir tanto uma rotação como uma translação perpendicular ao seu eixo longitudinal.

12.2 Ilustração do método da inclinação-deflexão

Para apresentar as principais características do método da inclinação-deflexão, resumiremos brevemente a análise de uma viga contínua de dois vãos. Conforme mostrado na Figura 12.1*a*, a estrutura consiste em uma barra suportada por rolos nos pontos *A* e *B* e um pino em *C*. Imaginamos que a estrutura pode ser dividida nos segmentos de viga *AB* e *BC* e nos nós *A*, *B* e *C*, passando planos pela viga a uma distância infinitesimal antes e depois de cada apoio (ver Figura 12.1*b*). Como os nós são basicamente pontos no espaço, o

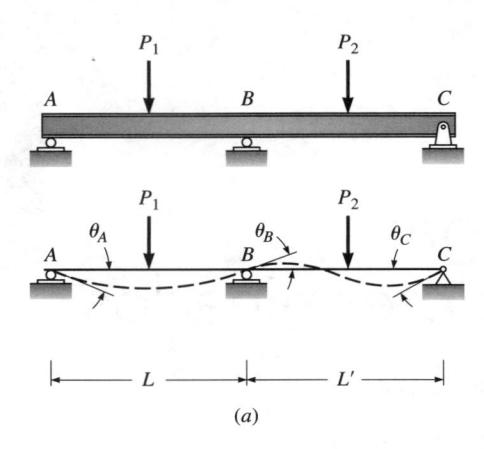

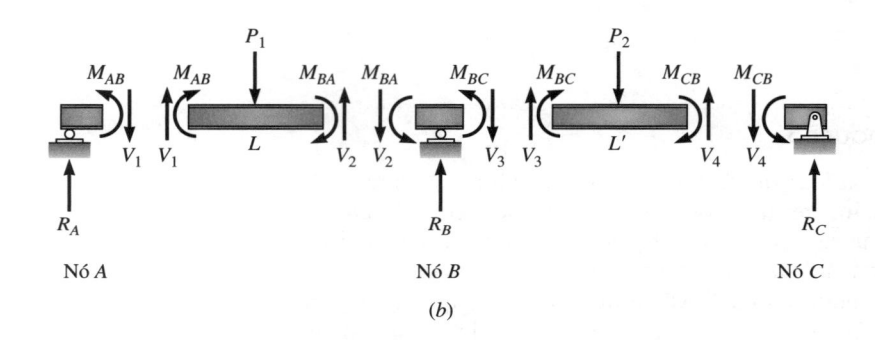

Figura 12.1: (a) Viga contínua com cargas aplicadas (forma defletida mostrada pela linha tracejada); (b) corpos livres de nós e vigas (convenção de sinal: o momento no sentido horário na extremidade de um membro é positivo).

comprimento de cada membro é igual à distância entre os nós. Neste problema θ_A, θ_B e θ_C, os deslocamentos rotacionais dos nós (e também os deslocamentos rotacionais das extremidades dos membros), são as incógnitas. Esses deslocamentos são mostrados em uma escala exagerada pela linha tracejada na Figura 12.1a. Como os apoios não se movem verticalmente, os deslocamentos laterais dos nós são zero; assim, não há translações de nó desconhecidas neste exemplo.

Para iniciar a análise da viga pelo método da inclinação-deflexão, usamos a *equação da inclinação-deflexão* (que deduziremos em breve) para expressar os momentos nas extremidades de cada membro em termos dos deslocamentos de nó desconhecidos e das cargas aplicadas. Podemos representar essa etapa pelo seguinte conjunto de equações:

$$\begin{aligned} M_{AB} &= f(\theta_A, \ \theta_B, \ P_1) \\ M_{BA} &= f(\theta_A, \ \theta_B, \ P_1) \\ M_{BC} &= f(\theta_B, \ \theta_C, \ P_2) \\ M_{CB} &= f(\theta_B, \ \theta_C, \ P_2) \end{aligned} \quad (12.1)$$

em que o símbolo $f(\ )$ significa *uma função de*.

Em seguida, escrevemos equações de equilíbrio que expressam a condição de que os nós estão em equilíbrio com relação aos momentos aplicados; isto é, a soma dos momentos aplicados em cada nó pelas extremidades das vigas ligadas ao nó é igual a zero. Como convenção de sinal, supomos que todos os *momentos desconhecidos* são *positivos* e atuam *no sentido horário* nas *extremidades dos membros*. Como os momentos aplicados nas extremidades dos membros representam a ação do nó no membro, momentos iguais e de direção oposta devem atuar nos nós (ver Figura 12.1*b*). As três equações de equilíbrio de nó são

$$\text{No nó } A: \quad M_{AB} = 0$$
$$\text{No nó } B: \quad M_{BA} + M_{BC} = 0 \quad (12.2)$$
$$\text{No nó } C: \quad M_{CB} = 0$$

Substituindo as equações 12.1 nas equações 12.2, produzimos três equações que são funções dos três deslocamentos desconhecidos (assim como das cargas aplicadas e das propriedades dos membros especificados). Essas três equações podem então ser resolvidas simultaneamente para os valores das rotações de nó desconhecidas. Após as rotações de nó serem calculadas, podemos avaliar os momentos de extremidade do membro, substituindo os valores das rotações de nó nas equações 12.1. Uma vez estabelecidas a magnitude e a direção dos momentos da extremidade, aplicamos as equações da estática nos corpos livres das vigas para calcular os cortantes da extremidade. Como uma última etapa, calculamos as reações do apoio, considerando o equilíbrio dos nós (isto é, somando as forças na direção vertical).

Na Seção 12.3, deduziremos a equação da inclinação-deflexão para um membro de flexão típico, de seção transversal constante, usando o método dos momentos de áreas desenvolvido no Capítulo 9.

12.3 Deduzindo a equação da inclinação-deflexão

Para desenvolver a equação da inclinação-deflexão, que relaciona os momentos nas extremidades dos membros com os deslocamentos de extremidade e as cargas aplicadas, analisaremos o vão *AB* da viga contínua da Figura 12.2*a*. Como os recalques diferenciais de apoios em membros contínuos também geram momentos de extremidade, incluiremos esse efeito na dedução. A viga, que é reta inicialmente, tem uma seção transversal constante; isto é, *EI* é constante ao longo do eixo longitudinal. Quando é aplicada a carga distribuída $w(x)$, que pode variar de qualquer maneira arbitrária ao longo do eixo da viga, os apoios *A* e *B* sofrem um recalque por quantidades Δ_A e Δ_B respectivamente, até os pontos *A'* e *B'*. A Figura 12.2*b* mostra um corpo livre do vão *AB* com todas as cargas aplicadas. Os momentos M_{AB} e M_{BA} e os cortantes V_A e V_B representam as forças exercidas pelos nós nas extremidades da viga. Embora partamos do princípio de que nenhuma carga axial atua, a presença de valores de carga axial pequenos a moderados (digamos, 10% a

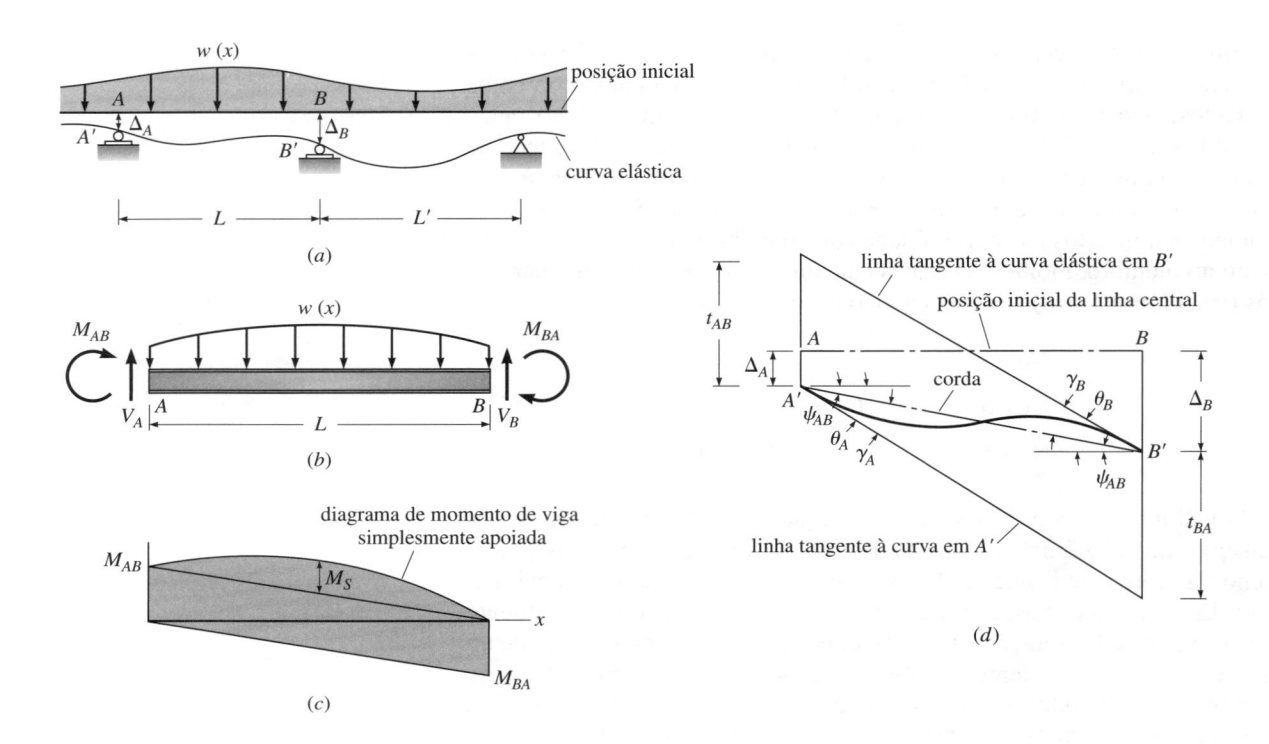

Figura 12.2: (*a*) Viga contínua cujos apoios sofrem recalque sob carga; (*b*) corpo livre do membro AB; (*c*) diagrama de momento plotado por partes; M_S é igual à ordenada do diagrama de momento de viga simplesmente apoiada; (*d*) deformações do membro AB plotadas em uma escala vertical exagerada.

15% da carga de flambagem do membro) não invalidaria a dedução. Por outro lado, uma grande força de compressão reduziria a rigidez à flexão do membro, criando deflexão adicional devido aos momentos secundários produzidos pela excentricidade da carga axial — o efeito P-Δ. Como convenção de sinal, supomos que os momentos que atuam nas extremidades dos membros *no sentido horário* são *positivos*. As rotações no sentido horário das extremidades dos membros também serão consideradas positivas.

Na Figura 12.2*c*, os diagramas de momento produzidos pela carga distribuída $w(x)$ e pelos momentos de extremidade M_{AB} e M_{BA} são desenhados por partes. O diagrama de momento associado à carga distribuída é chamado de *diagrama de momento de viga simplesmente apoiada*. Em outras palavras, na Figura 12.2*c*, sobrepomos os momentos produzidos por três cargas: (1) o momento de extremidade M_{AB}, (2) o momento de extremidade M_{BA} e (3) a carga $w(x)$ aplicada entre as extremidades da viga. O diagrama de momento para cada força foi plotado no lado da viga colocada em compressão por essa força em particular.

A Figura 12.2*d* mostra a forma defletida do vão AB em uma *escala exagerada*. Todos os ângulos e rotações são mostrados no sentido positivo; isto é, todos sofreram rotações no sentido horário a partir da posição horizontal original do eixo. A inclinação da corda, que conecta as extremidades do membro nos pontos A' e B' em suas posições curvadas, é denotada por ψ_{AB}. Para estabelecer se um ângulo de corda é positivo ou negativo, podemos desenhar uma linha horizontal por uma das extremidades da viga. Se a linha horizontal precisa ser girada no sentido horário por um ângulo agudo para fazê-la coincidir com a corda, o ângulo de inclinação é positivo. Se for necessária uma rotação no sentido anti-horário, a inclinação é negativa. Observe, na Figura 12.2d, que ψ_{AB} é positiva independentemente da extremidade da viga em que é avaliada. Além disso, θ_A e θ_B representam as rotações de extremidade do membro. Em cada extremidade do vão AB são desenhadas linhas tangentes à curva elástica; t_{AB} e t_{BA} são os desvios tangenciais (a distância vertical) das linhas tangentes até a curva elástica.

Para deduzir a equação da inclinação-deflexão, usaremos agora o segundo teorema dos momentos de áreas para estabelecer a relação entre os momentos de extremidade do membro M_{AB} e M_{BA} e as deformações rotacionais da curva elástica, mostradas em escala exagerada na Figura 12.2d. Como as deformações são pequenas, γ_A, o ângulo entre a corda e a linha tangente à curva elástica no ponto A, pode ser expresso como

$$\gamma_A = \frac{t_{BA}}{L} \qquad (12.3a)$$

Analogamente, γ_B, o ângulo entre a corda e a linha tangente à curva elástica em B, é igual a

$$\gamma_B = \frac{t_{AB}}{L} \qquad (12.3b)$$

Como $\gamma_A = \theta_A - \psi_{AB}$ e $\gamma_B = \theta_B - \psi_{AB}$, podemos expressar as equações 12.3a e 12.3b como

$$\theta_A - \psi_{AB} = \frac{t_{BA}}{L} \qquad (12.4a)$$

$$\theta_B - \psi_{AB} = \frac{t_{AB}}{L} \qquad (12.4b)$$

em que

$$\psi_{AB} = \frac{\Delta_B - \Delta_A}{L} \qquad (12.4c)$$

Para expressar t_{AB} e t_{BA} em termos dos momentos aplicados, dividimos as ordenadas dos diagramas de momento na Figura 12.2c por EI para produzir curvas M/EI e, aplicando o segundo princípio dos momentos de áreas, somamos os momentos da área sob as curvas M/EI em relação à extremidade A do membro AB para ter t_{AB} e, em relação à extremidade B, para ter t_{BA}.

$$t_{AB} = \frac{M_{BA}}{EI}\frac{L}{2}\frac{2L}{3} - \frac{M_{AB}}{EI}\frac{L}{2}\frac{L}{3} - \frac{(A_M \bar{x})_A}{EI} \qquad (12.5)$$

$$t_{BA} = \frac{M_{AB}}{EI}\frac{L}{2}\frac{2L}{3} - \frac{M_{BA}}{EI}\frac{L}{2}\frac{L}{3} + \frac{(A_M \bar{x})_B}{EI} \qquad (12.6)$$

O primeiro e o segundo termos nas equações 12.5 e 12.6 representam os primeiros momentos das áreas triangulares associadas aos momentos de extremidade M_{AB} e M_{BA}. O último termo — $(A_M \bar{x})_B$ na Equação 12.5 e na Equação 12.6 — representa o primeiro momento da área sob a curva

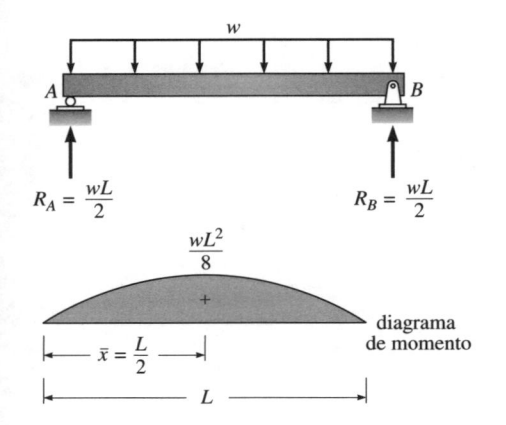

Figura 12.3: Diagrama de momento de viga simplesmente apoiada produzido por uma carga uniforme.

de momento de viga simplesmente apoiada em relação às extremidades da viga (o subscrito indica a extremidade da viga sobre a qual os momentos são tomados). Como convenção de sinal, supomos que a contribuição de cada curva de momento para o desvio tangencial é positivo se aumenta o desvio tangencial e negativo se o diminui.

Para ilustrar o cálculo de $(A_M \bar{x})_A$ para uma viga suportando uma carga uniformemente distribuída w (ver Figura 12.3), desenhamos o diagrama de momento de viga simplesmente apoiada, uma curva parabólica, e avaliamos o produto da área sob a curva pela distância entre o ponto A e o centroide da área:

$$(A_M \bar{x})_A = \text{área} \cdot \bar{x} = \frac{2L}{3} \frac{wL^2}{8} \left(\frac{L}{2}\right) = \frac{wL^4}{24} \quad (12.7)$$

Como o diagrama de momento é simétrico, $(A_M \bar{x})_B$ é igual a $(A_M \bar{x})_A$.

Se, em seguida, substituirmos os valores de t_{AB} e t_{BA} dados pelas equações 12.5 e 12.6, nas equações 12.4a e 12.4b, podemos escrever

$$\theta_A - \psi_{AB} = \frac{1}{L}\left[\frac{M_{BA}}{EI}\frac{L}{2}\frac{2L}{3} - \frac{M_{AB}}{EI}\frac{L}{2}\frac{L}{3} - \frac{(A_M \bar{x})_A}{EI}\right] \quad (12.8)$$

$$\theta_B - \psi_{AB} = \frac{1}{L}\left[\frac{M_{AB}}{EI}\frac{L}{2}\frac{2L}{3} - \frac{M_{BA}}{EI}\frac{L}{2}\frac{L}{3} - \frac{(A_M \bar{x})_B}{EI}\right] \quad (12.9)$$

Para estabelecer as equações de inclinação-deflexão, resolvemos as equações 12.8 e 12.9 simultaneamente para M_{AB} e M_{BA}, para ter

$$M_{AB} = \frac{2EI}{L}(2\theta_A + \theta_B - 3\psi_{AB}) + \frac{2(A_M \bar{x})_A}{L^2} - \frac{4(A_M \bar{x})_B}{L^2} \quad (12.10)$$

$$M_{BA} = \frac{2EI}{L}(2\theta_B + \theta_A - 3\psi_{AB}) + \frac{4(A_M \bar{x})_A}{L^2} - \frac{2(A_M \bar{x})_B}{L^2} \quad (12.11)$$

Nas equações 12.10 e 12.11, os dois últimos termos que contêm as quantidades $(A_M \bar{x})_A$ e $(A_M \bar{x})_B$ são uma função das cargas aplicadas somente entre as extremidades do membro. Podemos dar a esses termos um significado físico, usando as equações 12.10 e 12.11 para avaliar os momentos em uma viga de extremidades fixas que tenha as mesmas dimensões (seção transversal e comprimento do vão) e suporte a mesma carga que o membro AB na Figura 12.2a (ver Figura 12.4). Como as extremidades da viga na Figura 12.4 são fixas, os momentos de extremidade do membro M_{AB} e M_{BA}, que também são denominados *momentos de extremidade fixa*, podem ser designados como FEM_{AB} e FEM_{BA}. Uma vez que as extremidades da viga na Figura 12.4 são fixas em relação à rotação e que não ocorre nenhum recalque de apoio, segue-se que

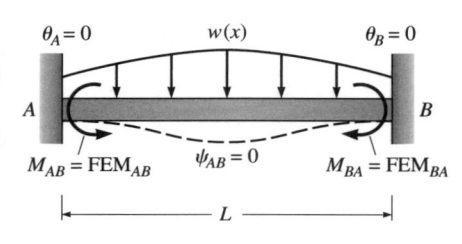

$$\theta_A = 0 \qquad \theta_B = 0 \qquad \psi_{AB} = 0$$

Figura 12.4

Substituindo esses valores nas equações 12.10 e 12.11 para avaliar os momentos de extremidade do membro (ou momentos de extremidade fixa) na viga da Figura 12.4, podemos escrever

$$\text{FEM}_{AB} = M_{AB} = \frac{2(A_M\bar{x})_A}{L^2} - \frac{4(A_M\bar{x})_B}{L^2} \qquad (12.12)$$

$$\text{FEM}_{BA} = M_{BA} = \frac{4(A_M\bar{x})_A}{L^2} - \frac{2(A_M\bar{x})_B}{L^2} \qquad (12.13)$$

Usando os resultados das equações 12.12 e 12.13, podemos escrever as equações 12.10 e 12.11 mais simplesmente, substituindo os dois últimos termos por FEM_{AB} e FEM_{BA}, para produzir

$$M_{AB} = \frac{2EI}{L}(2\theta_A + \theta_B - 3\psi_{AB}) + \text{FEM}_{AB} \qquad (12.14)$$

$$M_{BA} = \frac{2EI}{L}(2\theta_B + \theta_A - 3\psi_{AB}) + \text{FEM}_{BA} \qquad (12.15)$$

Como as equações 12.14 e 12.15 têm a mesma forma, podemos substituí-las por uma única equação na qual denotamos a extremidade em que o momento está sendo calculado como a extremidade próxima (N) e a extremidade oposta como extremidade distante (F). Com esse ajuste, podemos escrever a equação da inclinação-deflexão como

$$M_{NF} = \frac{2EI}{L}(2\theta_N + \theta_F - 3\psi_{NF}) + \text{FEM}_{NF} \qquad (12.16)$$

Na Equação 12.16, as proporções do membro aparecem na relação I/L. Essa relação, chamada de *rigidez à flexão relativa* do membro NF, é denotada pelo símbolo K.

$$\text{Rigidez à flexão relativa} \quad K = \frac{I}{L} \qquad (12.17)$$

Substituindo a Equação 12.17 na Equação 12.16, podemos escrever a equação da inclinação-deflexão como

$$M_{NF} = 2EK(2\theta_N + \theta_F - 3\psi_{NF}) + \text{FEM}_{NF} \qquad (12.16a)$$

O valor do momento de extremidade fixa (FEM$_{NF}$) na Equação 12.16 ou 12.16a pode ser calculado para qualquer tipo de carga pelas equações 12.12 e 12.13. O uso dessas equações para determinar os momentos de extremidade fixa produzidos por uma única carga concentrada no meio do vão de uma viga de extremidade fixa é ilustrado no Exemplo 12.1. Ver Figura 12.5. Os valores dos momentos de extremidade fixa para outros tipos de carga, assim como os deslocamentos de apoio, também são dados no final do livro.

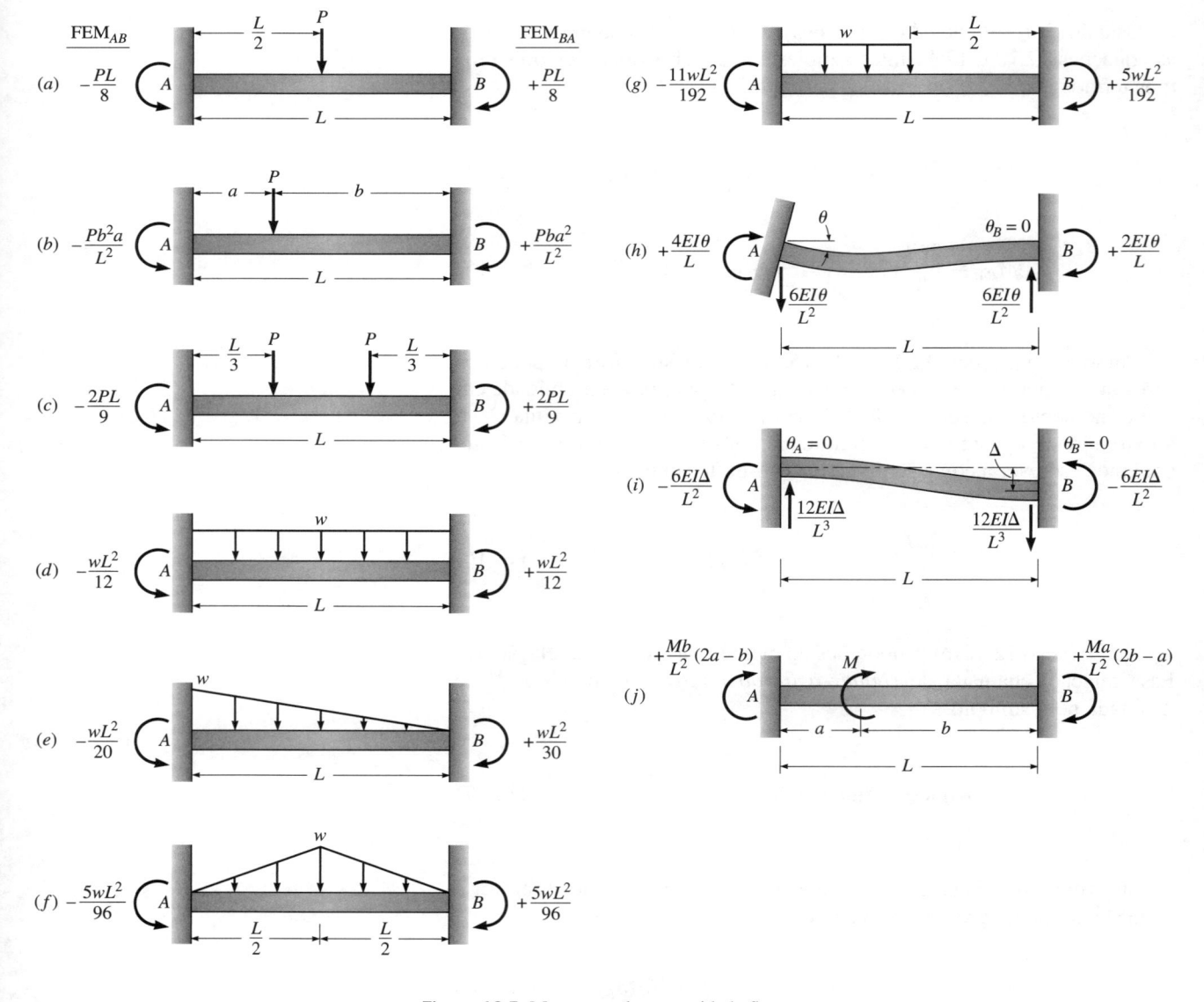

Figura 12.5: Momentos de extremidade fixa.

EXEMPLO 12.1

Usando as equações 12.12 e 12.13, calcule os momentos de extremidade fixa produzidos por uma carga concentrada P no meio do vão da viga de extremidade fixa da Figura 12.6a. Sabemos que EI é constante.

Solução

As equações 12.12 e 12.13 exigem que calculemos, com relação às duas extremidades da viga da Figura 12.6a, o momento da área sob o diagrama de momento de viga simplesmente apoiada produzido pela carga aplicada. Para estabelecer o diagrama de momento de viga simplesmente apoiada, imaginamos que a viga AB na Figura 12.6a é removida dos apoios fixos e colocada sobre um conjunto de apoios simples, como mostrado na Figura 12.6b. O diagrama de momento de viga simplesmente apoiada resultante, produzida pela carga concentrada no meio do vão, é mostrado na Figura 12.6c. Como a área sob o diagrama de momento é simétrica,

$$(A_M \bar{x})_A = (A_M \bar{x})_B = \frac{1}{2} L \frac{PL}{4} \left(\frac{L}{2} \right) = \frac{PL^3}{16}$$

Usando a Equação 12.12, temos

$$\text{FEM}_{AB} = \frac{2(A_M \bar{x})_A}{L^2} - \frac{4(A_M \bar{x})_B}{L^2}$$

$$= \frac{2}{L^2} \left(\frac{PL^3}{16} \right) - \frac{4}{L^2} \left(\frac{PL^3}{16} \right)$$

$$= -\frac{PL}{8} \quad \text{(o sinal de menos indica um momento de sentido anti-horário)} \quad \textbf{Resp.}$$

Usando a Equação 12.13, temos

$$\text{FEM}_{BA} = \frac{4(A_M \bar{x})_A}{L^2} - \frac{2(A_M \bar{x})_B}{L^2}$$

$$= \frac{4}{L^2} \left(\frac{PL^3}{16} \right) - \frac{2}{L^2} \left(\frac{PL^3}{16} \right) = +\frac{PL}{8} \quad \text{sentido horário} \quad \textbf{Resp.}$$

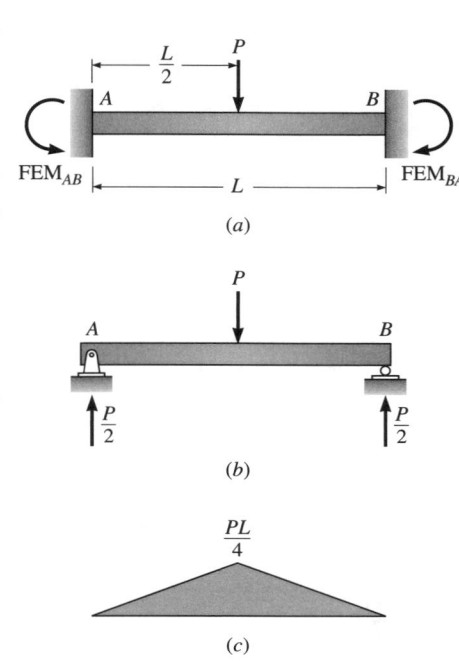

Figura 12.6

12.4 Análise de estruturas pelo método da inclinação-deflexão

Embora o método da inclinação-deflexão possa ser usado para analisar qualquer tipo de viga ou pórtico indeterminado, inicialmente limitaremos o método às vigas indeterminadas cujos apoios não sofrem recalques e os pórticos *contraventados*, cujos nós estão livres para girar, mas são restritos em relação ao deslocamento — a restrição pode ser fornecida por barras de contraventamento (Figura 3.23g) ou por apoios. Para esses tipos de estruturas, o ângulo de rotação da corda ψ_{NF} na Equação 12.16 é igual a *zero*. Exemplos de várias estruturas cujos nós não se deslocam lateralmente, mas estão livres para girar, são mostrados na Figura 12.7a e b. Na Figura 12.7a, o nó A é restringido em relação ao deslocamento pelo apoio fixo e o nó C, pelo apoio de pino. Desprezando as alterações de segunda ordem no comprimento dos membros, produzidas por deformações de flexão e axiais, podemos supor que o nó B é restringido em relação ao deslocamento horizontal pelo membro BC, que está conectado a um apoio imóvel em C, e em relação ao deslocamento vertical pelo membro AB, que se conecta ao apoio fixo em A. A forma defletida aproximada das estruturas carregadas é mostrada por linhas tracejadas na Figura 12.7.

A Figura 12.7b mostra uma estrutura cuja configuração e carga são simétricas com relação ao eixo vertical que passa pelo centro do membro BC. Como uma estrutura simétrica sob uma carga simétrica deve deformar em um padrão simétrico, não pode ocorrer nenhum deslocamento lateral dos nós superiores em qualquer direção.

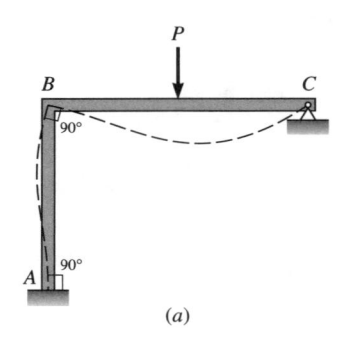

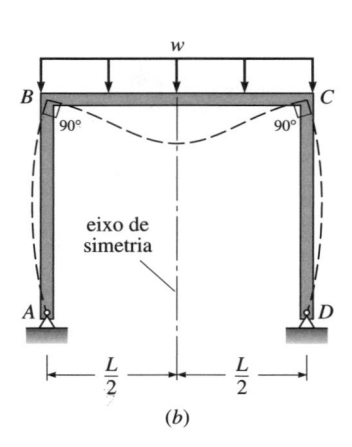

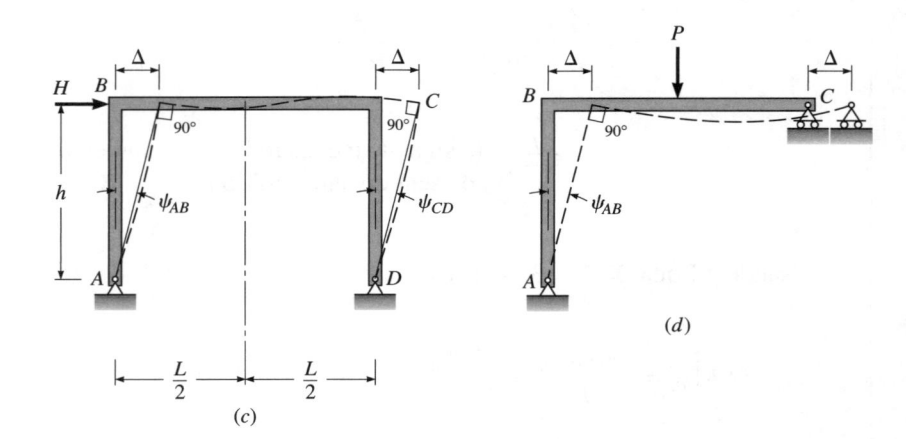

Figura 12.7: (*a*) Todos os nós 1 restringidos em relação ao deslocamento; todas as rotações de corda ψ iguais a zero; (*b*) devido à simetria da estrutura e da carga, os nós estão livres para girar, mas não transladam; rotações de corda iguais a zero; (*c*) e (*d*) pórticos não contraventados com rotações de corda.

A Figura 12.7c e d mostra exemplos de pórticos que contêm nós livres para se deslocar lateralmente, assim como para girar sob as cargas aplicadas. Sob a carga lateral H, os nós B e C na Figura 12.7c se deslocam para a direita. Esse deslocamento produz rotações de corda $\psi = \Delta/h$ nos membros AB e CD. Como não ocorre nenhum deslocamento vertical dos nós B e C — desprezando-se as deformações de flexão e axiais de segunda ordem das colunas —, a rotação de corda da viga ψ_{BC} é igual a zero. Embora o pórtico da Figura 12.7d suporte uma carga vertical, os nós B e C se deslocarão lateralmente para a direita a uma distância Δ, por causa das deformações de flexão dos membros AB e BC. Vamos considerar a análise de estruturas que contêm um ou mais membros com rotações de corda, na Seção 12.5.

As etapas básicas do método da inclinação-deflexão, que foram discutidas na Seção 12.2, estão resumidas brevemente a seguir:

1. Identifique todos os deslocamentos (rotações) de nó desconhecidos para estabelecer o número de incógnitas.
2. Use a equação da inclinação-deflexão (Equação 12.16) para expressar todos os momentos de extremidade do membro em termos de rotações de nó e das cargas aplicadas.
3. Em cada nó, exceto quanto aos apoios fixos, escreva a equação de equilíbrio de momento, que diz que a soma dos momentos (aplicados pelos membros ligados ao nó) é igual a zero. Uma equação de equilíbrio em um apoio fixo, que se reduz à identidade 0 = 0, não fornece nenhuma informação útil. O número de equações de equilíbrio deve ser igual ao número de deslocamentos desconhecidos.

   Como convenção de sinal, os *momentos no sentido horário nas extremidades dos membros são considerados positivos*. Se um momento na extremidade de um membro é desconhecido, deve ser mostrado no sentido horário. O momento aplicado por um membro a um nó é sempre igual e de direção oposta ao momento que atua na extremidade do membro. Se a magnitude e a direção do momento na extremidade de um membro são conhecidas, elas são mostradas na direção real.
4. Substitua as expressões dos momentos como uma função dos deslocamentos (ver passo 2) nas equações de equilíbrio do passo 3 e ache a solução para os deslocamentos desconhecidos.
5. Substitua os valores de deslocamento do passo 4 nas expressões de momento de extremidade do membro do passo 2, para estabelecer o valor dos momentos de extremidade do membro. Uma vez conhecidos os momentos de extremidade do membro, o restante da análise — desenhar os diagramas de cortante e momento ou calcular as reações, por exemplo — é completado pela estática.

Os exemplos 12.2 e 12.3 ilustram esse procedimento.

EXEMPLO 12.2

Usando o método da inclinação-deflexão, determine os momentos de extremidade do membro na viga indeterminada mostrada na Figura 12.8a. A viga, que se comporta elasticamente, suporta uma carga concentrada no meio do vão. Após os momentos de extremidade serem determinados, desenhe os diagramas de cortante e momento. Se $I = 240$ pol^4 e $E = 30\,000$ kips/pol^2, calcule a magnitude da inclinação no nó B.

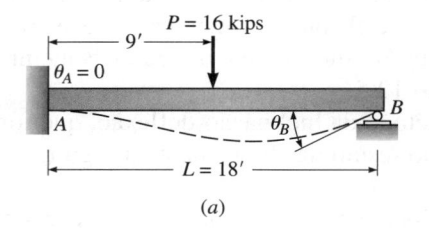

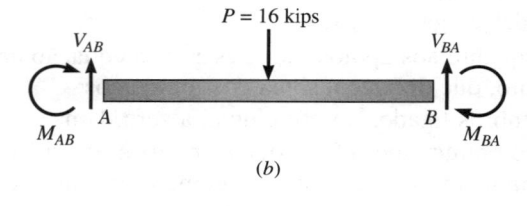

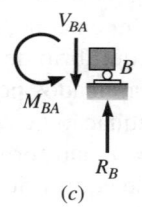

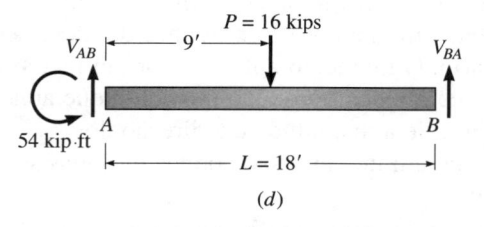

Figura 12.8: (a) Viga com um deslocamento desconhecido θ_B; (b) corpo livre da viga AB; momentos de extremidade do membro M_{AB} e M_{BA} desconhecidos mostrados no sentido horário; (c) corpo livre do nó B; (d) corpo livre usado para calcular cortantes de extremidade; (e) diagramas de cortante e momento.

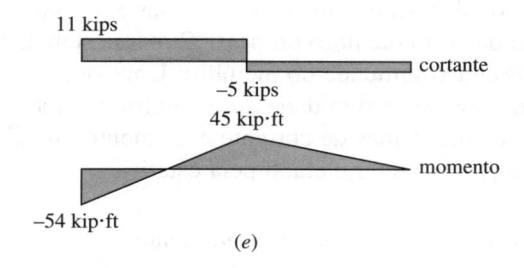

Solução

Como o nó A é fixo em relação à rotação, $\theta_A = 0$; portanto, o único deslocamento desconhecido é θ_B, a rotação do nó B (evidentemente, ψ_{AB} é zero, pois não ocorre nenhum recalque de apoio). Usando a equação da inclinação-deflexão

$$M_{NF} = \frac{2EI}{L}(2\theta_N + \theta_F - 3\psi_{NF}) + \text{FEM}_{NF} \quad (12.16)$$

e os valores da Figura 12.5a para os momentos de extremidade fixa produzidos por uma carga concentrada no meio do vão, podemos expressar os momentos de extremidade do membro mostrados na Figura 12.8b como

$$M_{AB} = \frac{2EI}{L}(\theta_B) - \frac{PL}{8} \quad (1)$$

$$M_{BA} = \frac{2EI}{L}(2\theta_B) + \frac{PL}{8} \quad (2)$$

Para determinar θ_B, escrevemos em seguida a equação do equilíbrio de momento no nó B (ver Figura 12.8c):

$$\circlearrowleft+ \quad \Sigma M_B = 0$$
$$M_{BA} = 0 \quad (3)$$

Substituindo na Equação 3 o valor de M_{BA} dado pela Equação 2 e resolvendo para θ_B, temos

$$\frac{4EI}{L}\theta_B + \frac{PL}{8} = 0$$

$$\theta_B = -\frac{PL^2}{32EI} \quad (4)$$

em que o sinal de menos indica que a extremidade B do membro AB e o nó B giram no sentido anti-horário. Para determinar os momentos de extremidade do membro, o valor de θ_B dado pela Equação 4 é substituído nas equações 1 e 2 para dar

$$M_{AB} = \frac{2EI}{L}\left(\frac{-PL^2}{32EI}\right) - \frac{PL}{8} = -\frac{3PL}{16} = -54 \text{ kip} \cdot \text{ft} \quad \textbf{Resp.}$$

$$M_{BA} = \frac{4EI}{L}\left(\frac{-PL^2}{32EI}\right) + \frac{PL}{8} = 0$$

[continua]

[*continuação*]

Embora saibamos que M_{BA} é zero, pois o apoio em B é um pino, o cálculo de M_{BA} serve como uma verificação.

Para concluir a análise, aplicamos as equações da estática em um corpo livre do membro AB (ver Figura 12.8d).

$$\circlearrowleft^+ \quad \Sigma M_A = 0$$
$$0 = (16 \text{ kips})(9 \text{ ft}) - V_{BA}(18 \text{ ft}) - 54 \text{ kip} \cdot \text{ft}$$
$$V_{BA} = 5 \text{ kips}$$
$$\uparrow^+ \quad \Sigma F_y = 0$$
$$0 = V_{BA} + V_{AB} - 16$$
$$V_{AB} = 11 \text{ kips}$$

Para avaliar θ_B, expressamos todas as variáveis da Equação 4 em unidades de polegadas e kips.

$$\theta_B = -\frac{PL^2}{32EI} = -\frac{16(18 \times 12)^2}{32(30\,000)240} = -0{,}0032 \text{ rad}$$

Expressando θ_B em graus, obtemos

$$\frac{2\pi \text{ rad}}{360°} = \frac{-0{,}0032}{\theta_B}$$

$$\theta_B = -0{,}183° \quad \textbf{Resp.}$$

em que a inclinação θ_B é muito pequena e imperceptível a olho nu.

Note que, quando você analisa uma estrutura pelo método da inclinação-deflexão, deve seguir um formato rígido na formulação das equações de equilíbrio. Não há necessidade de adivinhar a direção dos momentos de extremidade do membro desconhecidos, pois a solução das equações de equilíbrio produzirá automaticamente a direção correta dos deslocamentos e momentos. Por exemplo, na Figura 12.8b, mostramos os momentos M_{AB} e M_{BA} no sentido horário nas extremidades do membro AB, mesmo que possamos reconhecer intuitivamente, a partir de um esboço da forma defletida na Figura 12.8a, que o momento M_{AB} deve atuar no sentido anti-horário, pois a viga é curvada com concavidade para baixo pela carga na extremidade esquerda. Quando a solução indica que M_{AB} é –54 kip·ft, sabemos pelo sinal negativo que, na verdade, M_{AB} atua no sentido anti-horário na extremidade do membro.

EXEMPLO 12.3

Usando o método da inclinação-deflexão, determine os momentos de extremidade de membro no pórtico contraventado mostrado na Figura 12.9a. Além disso, calcule as reações no apoio D e desenhe os diagramas de cortante e momento dos membros AB e BD.

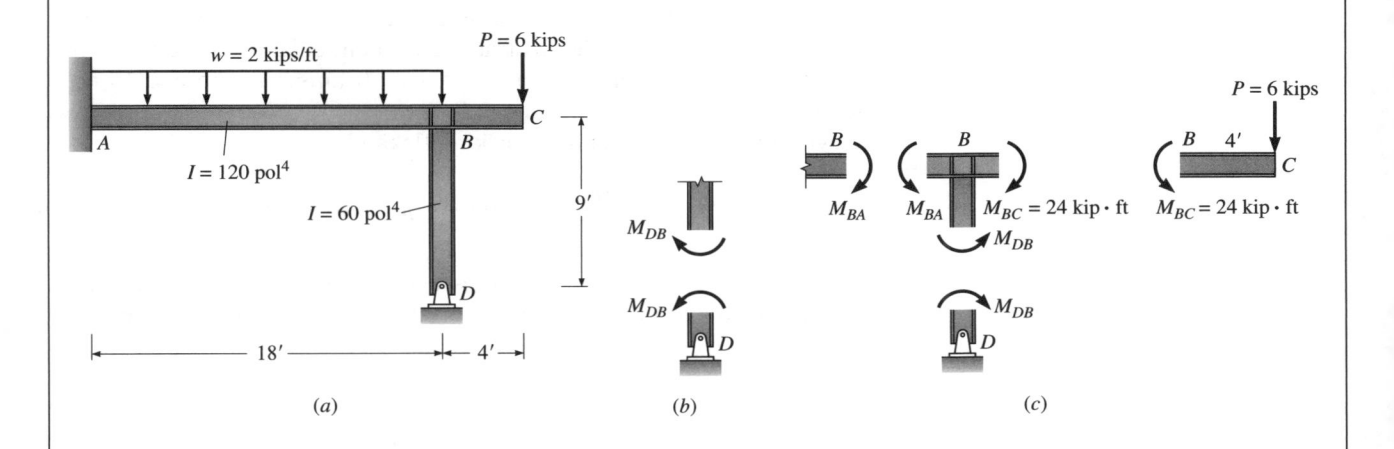

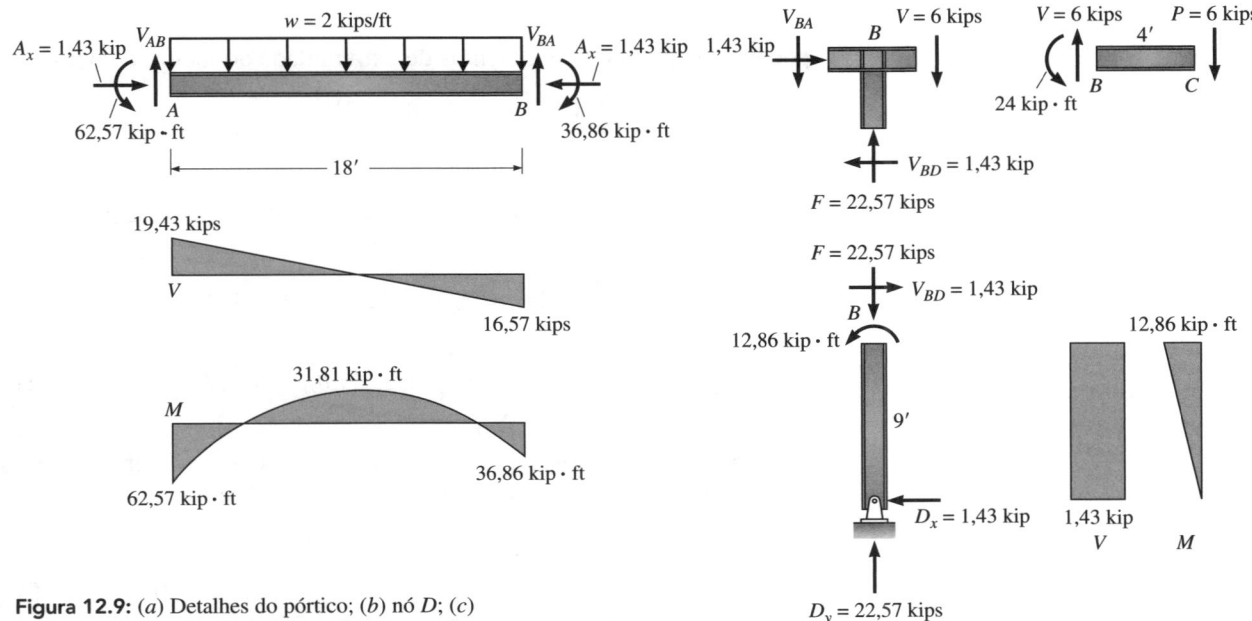

Figura 12.9: (a) Detalhes do pórtico; (b) nó D; (c) nó B (cortantes e forças axiais omitidos por clareza); (d) corpos livres dos membros e nós usados para calcular cortantes e reações (momentos que atuam no nó B omitidos por clareza).

[*continua*]

[*continuação*]

Solução

Como θ_A é igual a zero por causa do apoio fixo em A, θ_B e θ_D são os únicos deslocamentos de nó desconhecidos que devemos considerar. Embora o momento aplicado ao nó B pela viga em balanço BC deva ser incluído na equação de equilíbrio do nó, não há necessidade de incluir a viga em balanço na análise da inclinação-deflexão das partes indeterminadas do pórtico, pois a viga em balanço é determinada; isto é, o cortante e o momento em qualquer seção do membro BC podem ser determinados pelas equações da estática. Na solução da inclinação-deflexão, podemos tratar a viga em balanço como um dispositivo que aplica uma força vertical de 6 kips e um momento no sentido horário de 24 kip·ft no nó B.

Usando a equação da inclinação-deflexão

$$M_{NF} = \frac{2EI}{L}(2\theta_N + \theta_F - 3\psi_{NF}) + \text{FEM}_{NF} \qquad (12.16)$$

em que todas as variáveis são expressas em unidades de kip·polegadas e os momentos de extremidade fixa produzidos pela carga uniforme no membro AB (ver Figura 12.5d) são iguais a

$$\text{FEM}_{AB} = -\frac{wL^2}{12}$$

$$\text{FEM}_{BA} = +\frac{wL^2}{12}$$

podemos expressar os momentos de extremidade do membro como

$$M_{AB} = \frac{2E(120)}{18(12)}(\theta_B) - \frac{2(18)^2(12)}{12} = 1{,}11E\theta_B - 648 \qquad (1)$$

$$M_{BA} = \frac{2E(120)}{18(12)}(2\theta_B) + \frac{2(18)^2(12)}{12} = 2{,}22E\theta_B + 648 \qquad (2)$$

$$M_{BD} = \frac{2E(60)}{9(12)}(2\theta_B + \theta_D) = 2{,}22E\theta_B + 1{,}11E\theta_D \qquad (3)$$

$$M_{DB} = \frac{2E(60)}{9(12)}(2\theta_D + \theta_B) = 2{,}22E\theta_D + 1{,}11E\theta_B \qquad (4)$$

Para encontrar a solução dos deslocamentos de nó desconhecidos θ_B e θ_D, escrevemos equações de equilíbrio nos nós D e B.

No nó D (ver Figura 12.9 b): $\qquad {}^+\circlearrowleft \quad \Sigma M_D = 0$

$$M_{DB} = 0 \qquad (5)$$

No nó B (ver Figura 12.9 c): $\qquad {}^+\circlearrowleft \quad \Sigma M_B = 0$

$$M_{BA} + M_{BD} - 24(12) = 0 \qquad (6)$$

Como a magnitude e a direção do momento M_{BC} na extremidade B da viga em balanço podem ser avaliadas pela estática (somando os momentos sobre o ponto B), ele está aplicado no sentido correto (sentido anti-horário) na extremidade do membro BC, como mostrado na Figura 12.9c. Por outro lado, como a magnitude e a direção dos momentos de extremidade M_{BA} e M_{BD} são desconhecidas, supõe-se que elas atuam no sentido positivo — no sentido horário nas extremidades dos membros e no sentido anti-horário no nó.

Usando as equações 2 a 4 para expressar os momentos nas equações 5 e 6 em termos dos deslocamentos, podemos escrever as equações de equilíbrio como

No nó D: $\qquad\qquad\qquad 2{,}22E\theta_D + 1{,}11E\theta_B = 0 \quad (7)$

No nó B: $(2{,}22E\theta_B + 648) + (2{,}22E\theta_B + 1{,}11E\theta_D) - 288 = 0 \quad (8)$

Resolvendo as equações 7 e 8 simultaneamente, temos

$$\theta_D = \frac{46{,}33}{E}$$

$$\theta_B = -\frac{92{,}66}{E}$$

Para estabelecer os valores dos momentos de extremidade do membro, os valores de θ_B e θ_D acima são substituídos nas equações 1, 2 e 3, dando

$$M_{AB} = 1{,}11E\left(-\frac{92{,}66}{E}\right) - 648$$
$$= -750{,}85 \text{ kip} \cdot \text{pol} = -62{,}57 \text{ kip} \cdot \text{ft} \qquad \textbf{Resp.}$$

$$M_{BA} = 2{,}22E\left(-\frac{92{,}66}{E}\right) + 648$$
$$= 442{,}29 \text{ kip} \cdot \text{pol} = +36{,}86 \text{ kip} \cdot \text{ft} \qquad \textbf{Resp.}$$

$$M_{BD} = 2{,}22E\left(-\frac{92{,}66}{E}\right) + 1{,}11E\left(\frac{46{,}33}{E}\right)$$
$$= -154{,}28 \text{ kip} \cdot \text{pol} = -12{,}86 \text{ kip} \cdot \text{ft} \qquad \textbf{Resp.}$$

Agora que os momentos de extremidade do membro são conhecidos, concluímos a análise usando as equações da estática para determinar os cortantes nas extremidades de todos os membros. A Figura 12.9d mostra os diagramas de corpo livre dos membros e dos nós: exceto quanto à viga em balanço, todos os membros transmitem forças axiais, assim como cortante e momento. Após os cortantes serem calculados, as forças axiais e reações podem ser avaliadas considerando-se o equilíbrio dos nós. Por exemplo, o equilíbrio vertical das forças aplicadas no nó B exige que a força vertical F na coluna BD seja igual à soma dos cortantes aplicados no nó B pelas extremidades B dos membros AB e BC.

EXEMPLO 12.4

Uso de simetria para simplificar a análise de uma estrutura simétrica com uma carga simétrica

Determine as reações e desenhe os diagramas de cortante e momento para as colunas e para a viga do pórtico rígido mostrado na Figura 12.10a. Dados: $I_{AB} = I_{CD} = 120$ pol^4, $I_{BC} = 360$ pol^4 e E é constante para todos os membros.

Solução

Embora os nós B e C girem, não se deslocam lateralmente, pois tanto a estrutura como sua carga são simétricas com relação a um eixo de simetria vertical que passa pelo centro da viga. Além disso, θ_B e θ_C têm magnitude igual; entretanto, θ_B, uma rotação no sentido horário, é

Figura 12.10: (a) Estrutura e carga simétricas; (b) momentos atuando no nó B (forças axiais e cortantes omitidos); (c) corpos livres da viga BC e coluna AB usados para calcular os cortantes; os diagramas de cortante e momento finais também são mostrados.

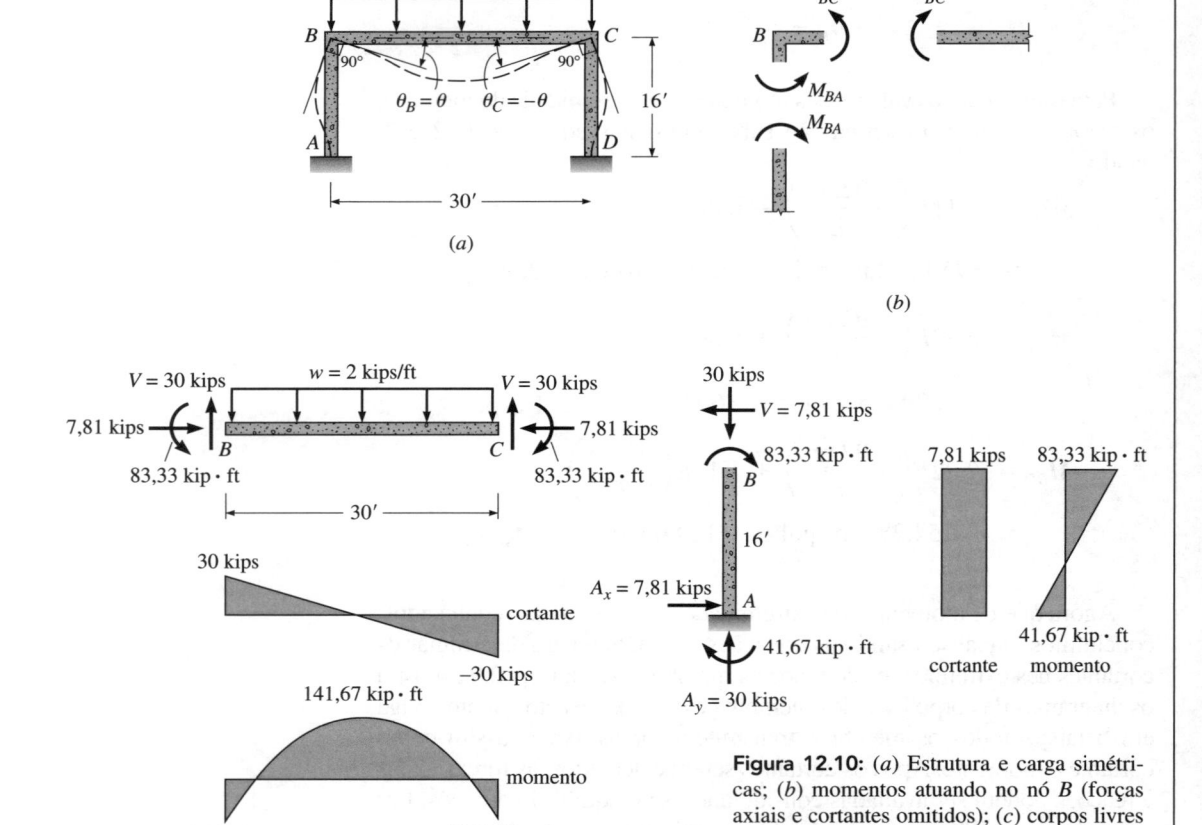

positiva e θ_C, uma rotação no sentido anti-horário, é negativa. Como o problema contém apenas uma rotação de nó desconhecida, podemos determinar sua magnitude escrevendo a equação de equilíbrio para o nó B ou para o nó C. Escolheremos o nó B arbitrariamente.

Expressando os momentos de extremidade de membro com a Equação 12.16, lendo o valor do momento de extremidade fixa do membro BC da Figura 12.5d, expressando as unidades em kips·polegada e substituindo $\theta_B = \theta$ e $\theta_C = -\theta$, podemos escrever

$$M_{AB} = \frac{2E(120)}{16(12)}(\theta_B) = 1{,}25E\theta_B \tag{1}$$

$$M_{BA} = \frac{2E(120)}{16(12)}(2\theta_B) = 2{,}50E\theta_B \tag{2}$$

$$M_{BC} = \frac{2E(360)}{30(12)}(2\theta_B + \theta_C) - \frac{wL^2}{12}$$

$$= 2E[2\theta + (-\theta)] - \frac{2(30)^2(12)}{12} = 2E\theta - 1\,800 \tag{3}$$

Escrevendo a equação de equilíbrio no nó B (ver Figura 12.10b), temos

$$M_{BA} + M_{BC} = 0 \tag{4}$$

Substituindo as equações 2 e 3 na Equação 4 e resolvendo para θ, temos

$$2{,}5E\theta + 2{,}0E\theta - 1\,800 = 0$$

$$\theta = \frac{400}{E} \tag{5}$$

Substituindo o valor de θ dado pela Equação 5 nas equações 1, 2 e 3, temos

$$M_{AB} = 1{,}25E\left(\frac{400}{E}\right)$$

$$= 500 \text{ kip} \cdot \text{pol} = 41{,}67 \text{ kip} \cdot \text{ft} \quad \textbf{Resp.}$$

$$M_{BA} = 2{,}5E\left(\frac{400}{E}\right)$$

$$= 1\,000 \text{ kip} \cdot \text{pol} = 83{,}33 \text{ kip} \cdot \text{ft} \quad \textbf{Resp.}$$

$$M_{BC} = 2E\left(\frac{400}{E}\right) - 1\,800$$

$$= -1\,000 \text{ kip} \cdot \text{pol} = -83{,}33 \text{ kip} \cdot \text{ft} \quad \textbf{Resp.}$$

Os resultados finais da análise são mostrados na Figura 12.10c.

EXEMPLO 12.5

Usando simetria para simplificar a análise pela inclinação-deflexão do pórtico da Figura 12.11a, determine as reações nos apoios A e D. EI é constante para todos os membros.

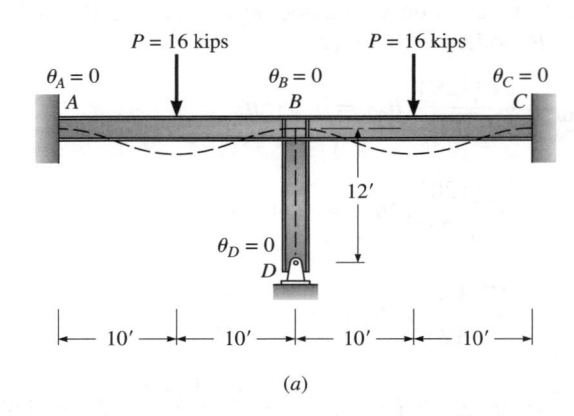

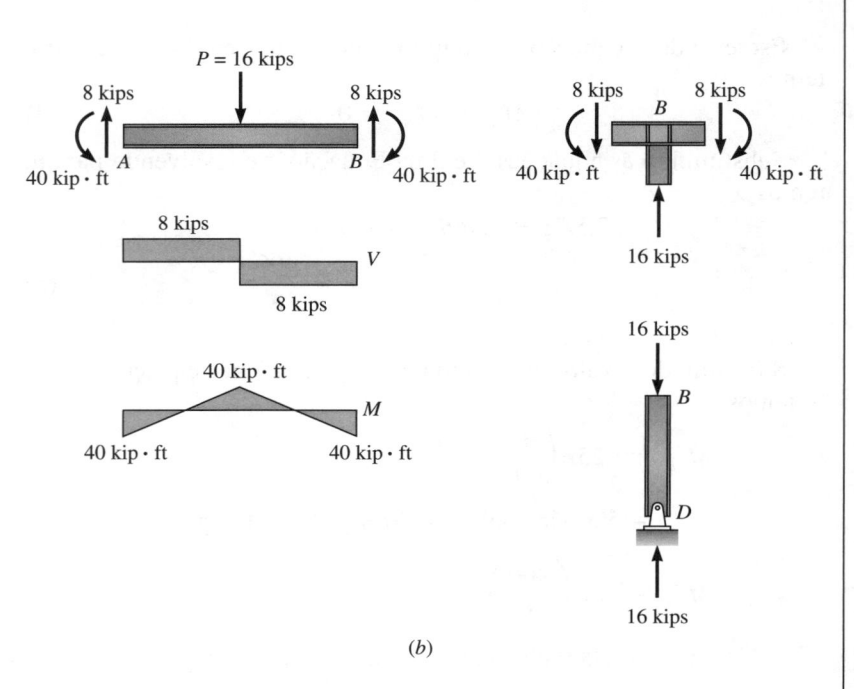

Figura 12.11: (a) Pórtico simétrico com carga simétrica (forma defletida mostrada pela linha tracejada); (b) corpo livre da viga AB, do nó B e da coluna BD. Diagramas de cortante e momento finais para a viga AB.

Solução

Um exame do pórtico mostra que todas as rotações de nó são zero. Tanto θ_A como θ_C são zero, por causa dos apoios fixos em A e C. Como a coluna BD fica sobre o eixo de simetria vertical, podemos inferir que deve permanecer reta, pois a forma defletida da estrutura com relação ao eixo de simetria deve ser simétrica. Se a coluna fletisse em qualquer direção, o requisito de que o padrão das deformações deve ser simétrico seria violado.

Como a coluna permanece reta, nem o nó superior nem o inferior em B e D giram; portanto, tanto θ_B como θ_D são iguais a zero. Como não ocorrem recalques de apoio, as rotações de corda de todos os membros são zero. Como todas as rotações de nó e corda são zero, a partir da equação da inclinação-deflexão (Equação 12.16) podemos ver que os momentos de extremidade do membro em cada extremidade das vigas AB e BC são iguais aos momentos de extremidade fixa $PL/8$ dados pela Figura 12.5a:

$$\text{FEM} = \pm \frac{PL}{8} = \frac{16(20)}{8} = \pm 40 \text{ kip} \cdot \text{ft} \quad \textbf{Resp.}$$

Os corpos livres da viga AB, do nó B e da coluna BD são mostrados na Figura 12.11(b).

NOTA. A análise do pórtico da Figura 12.11 mostra que a coluna BD transmite apenas carga axial, pois os momentos aplicados pelas vigas em cada lado do nó são iguais. Frequentemente, existe uma condição semelhante nas colunas internas de prédios de vários andares cuja estrutura consiste em um pórtico contínuo de concreto armado ou em um pórtico de aço com nós rígidos soldados. Embora um nó rígido tenha a capacidade de transferir momentos das vigas para a coluna, é a *diferença* entre os momentos aplicados pelas vigas em um ou outro lado de um nó que determina o momento a ser transferido. Quando o comprimento do vão das vigas e as cargas que elas suportam são aproximadamente iguais (uma condição que existe na maioria dos prédios), a diferença no momento é pequena. Como resultado, no estágio preliminar do projeto de pórticos rígidos para cargas gravitacionais, a maioria das colunas pode ser razoavelmente dimensionada considerando-se somente a magnitude da carga axial produzida pela carga gravitacional da área de influência suportada pela coluna.

EXEMPLO 12.6

Determine as reações e desenhe os diagramas de cortante e momento para a viga da Figura 12.12. O apoio em A foi construído acidentalmente com uma inclinação que faz um ângulo de 0,009 rad com o eixo y vertical através do apoio A, e B foi construído 1,2 pol abaixo de sua posição pretendida. Dados: EI é constante, $I = 360$ pol^4 e $E = 29\,000$ kips/pol^2.

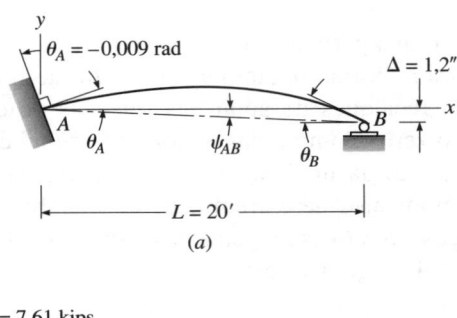

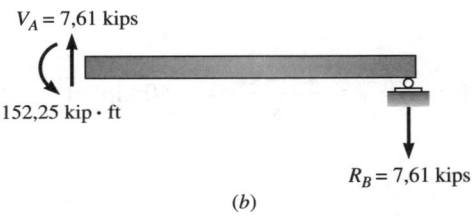

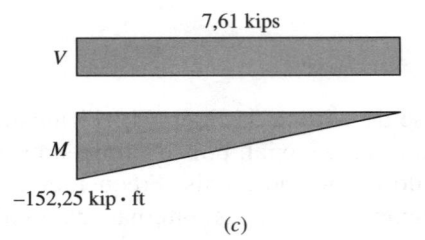

Figura 12.12: (*a*) Aspecto deformado; (*b*) corpo livre usado para calcular V_A e R_B; (*c*) diagramas de cortante e momento.

Solução

A inclinação em A e a rotação de corda ψ_{AB} podem ser determinadas a partir da informação fornecida sobre os deslocamentos de apoio. Como a extremidade da viga está rigidamente conectada no apoio fixo em A, gira no sentido anti-horário com o apoio; e $\theta_A = -0,009$ rad. O recalque do apoio B em relação ao apoio A produz uma rotação de corda no sentido horário

$$\psi_{AB} = \frac{\Delta}{L} = \frac{1,2}{20(12)} = 0,005 \text{ radiano}$$

O ângulo θ_B é o único deslocamento desconhecido, e os momentos de extremidade fixa são zero, pois nenhuma carga atua na viga. Expressando os momentos de extremidade do membro com a equação da inclinação-deflexão (Equação 12.16), temos

$$M_{AB} = \frac{2EI_{AB}}{L_{AB}}(2\theta_A + \theta_B - 3\psi_{AB}) + \text{FEM}_{AB}$$

$$M_{AB} = \frac{2E(360)}{20(12)}[2(-0,009) + \theta_B - 3(0,005)] \quad (1)$$

$$M_{BA} = \frac{2E(360)}{20(12)}[2\theta_B + (-0,009) - 3(0,005)] \quad (2)$$

Escrevendo a equação de equilíbrio no nó B, temos

$$+\circlearrowleft \quad \Sigma M_B = 0$$

$$M_{BA} = 0 \quad (3)$$

Substituindo a Equação 2 na Equação 3 e resolvendo para θ_B, temos

$$3E(2\theta_B - 0,009 - 0,015) = 0$$

$$\theta_B = 0,012 \text{ radiano}$$

Para avaliar M_{AB}, substitua θ_B na Equação 1:

$$M_{AB} = 3(29000)[2(-0,009) + 0,012 - 3(0,005)]$$

$$= -1827 \text{ kip} \cdot \text{pol} = -152,25 \text{ kip} \cdot \text{ft}$$

Complete a análise usando as equações da estática para calcular a reação em B e o cortante em A (ver Figura 12.12b).

$$\circlearrowright^+ \quad \Sigma M_A = 0$$

$$0 = R_B(20) - 152,25$$

$$R_B = 7,61 \text{ kips} \quad \textbf{Resp.}$$

$$+\uparrow \quad \Sigma F_y = 0$$

$$V_A = 7,61 \text{ kips} \quad \textbf{Resp.}$$

EXEMPLO 12.7

Embora os apoios estejam construídos nas posições corretas, a viga AB do pórtico mostrado na Figura 12.13 foi fabricada com 1,2 pol a mais no comprimento. Determine as reações geradas quando o pórtico é ligado aos apoios. Dados: EI é uma constante para todos os membros, $I = 240$ pol^4 e $E = 29\,000$ kips/pol^2.

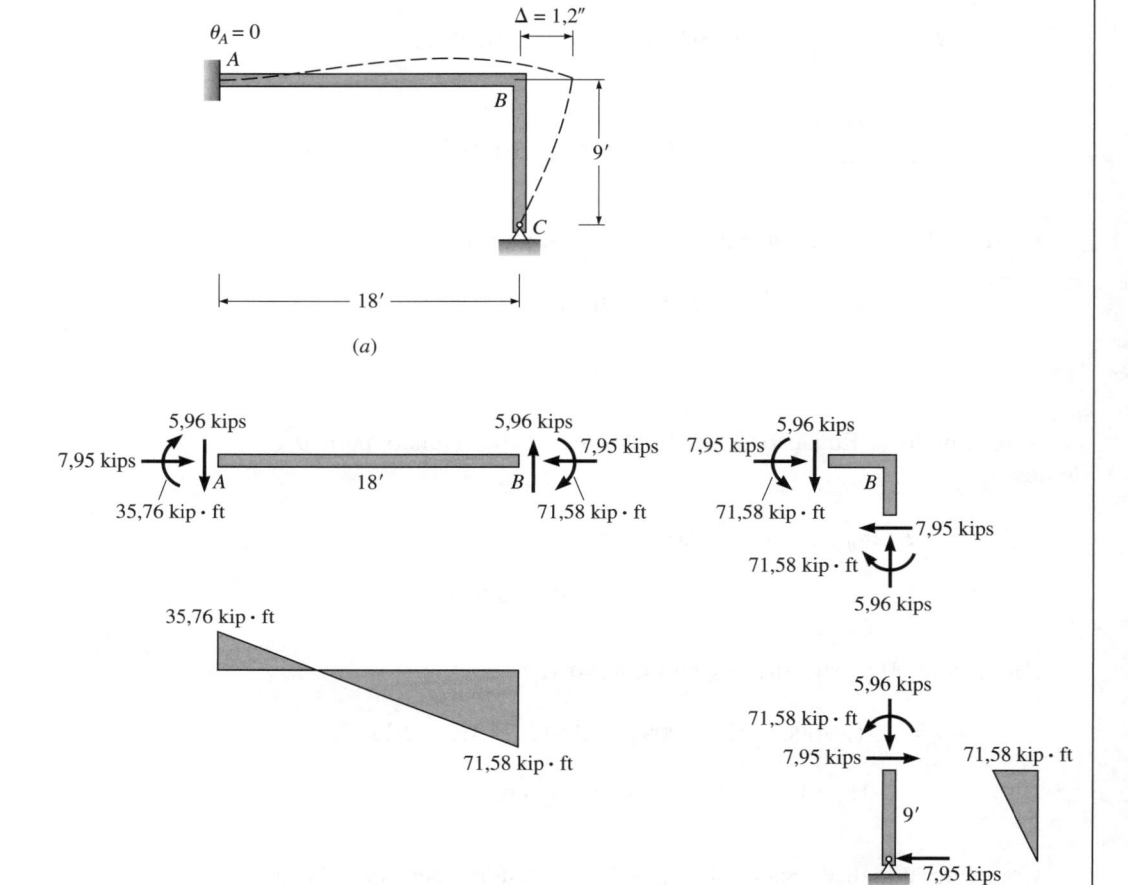

Figura 12.13: (*a*) Viga *AB* fabricada com 1,2 pol a mais no comprimento; (*b*) diagramas de corpo livre da viga *AB*, do nó *B* e da coluna *BC* usados para calcular as forças internas e reações.

Solução

A forma defletida do pórtico é mostrada pela linha tracejada na Figura 12.13*a*. Embora as forças internas (axial, cortante e momento) sejam geradas quando o pórtico é pressionado nos apoios, as deformações produzidas por essas forças são desprezadas, pois são pequenas comparadas ao erro de fabricação em 1,2 pol; portanto, a rotação de corda ψ_{BC} da coluna BC é igual a

$$\psi_{BC} = \frac{\Delta}{L} = \frac{1{,}2}{9(12)} = \frac{1}{90} \text{ rad}$$

Como as extremidades da viga AB estão no mesmo nível, $\psi_{AB} = 0$. Os deslocamentos desconhecidos são θ_B e θ_C.

Usando a equação da inclinação-deflexão (Equação 12.16), expressamos os momentos de extremidade do membro em termos dos deslocamentos desconhecidos. Como nenhuma carga é aplicada nos membros, todos os momentos de extremidade fixa são iguais a zero.

$$M_{AB} = \frac{2E(240)}{18(12)}(\theta_B) = 2{,}222 E\theta_B \qquad (1)$$

$$M_{BA} = \frac{2E(240)}{18(12)}(2\theta_B) = 4{,}444 E\theta_B \qquad (2)$$

$$M_{BC} = \frac{2E(240)}{9(12)}\left[2\theta_B + \theta_C - 3\left(\frac{1}{90}\right)\right]$$
$$= 8{,}889 E\theta_B + 4{,}444 E\theta_C - 0{,}1481 E \qquad (3)$$

$$M_{CB} = \frac{2E(240)}{9(12)}\left[2\theta_C + \theta_B - 3\left(\frac{1}{90}\right)\right]$$
$$= 8{,}889 E\theta_C + 4{,}444 E\theta_B - 0{,}1481 E \qquad (4)$$

Escrevendo as equações de equilíbrio, temos

Nó C: $\qquad\qquad\qquad M_{CB} = 0 \qquad (5)$

Nó B: $\qquad\qquad M_{BA} + M_{BC} = 0 \qquad (6)$

Substituindo as equações 2 a 4 nas equações 5 e 6 e resolvendo para θ_B e θ_C, temos

$$8{,}889 E\theta_C + 4{,}444 E\theta_B - 0{,}1481 E = 0$$
$$4{,}444 E\theta_B + 8{,}889 E\theta_B + 4{,}444 E\theta_C - 0{,}1481 E = 0$$

$$\theta_B = 0{,}00666 \text{ rad} \qquad (7)$$
$$\theta_C = 0{,}01332 \text{ rad} \qquad (8)$$

Substituindo θ_C e θ_B nas equações 1 a 3, temos

$M_{AB} = 35{,}76$ kip·ft $\qquad M_{BA} = 71{,}58$ kip·ft

$M_{BC} = -71{,}58$ kip·ft $\qquad M_{CB} = 0 \qquad$ **Resp.**

Os diagramas de corpo livre usados para calcular as forças internas e reações são mostrados na Figura 12.13b, que também exibe os diagramas de momento.

12.5 Análise de estruturas livres para se deslocar lateralmente

Até aqui, utilizamos o método da inclinação-deflexão para analisar vigas e pórticos indeterminados com nós que estão livres para girar, mas restringidos em relação ao deslocamento. Agora, vamos estender o método para pórticos cujos nós também estão livres para *se deslocar lateralmente*; isto é, para mover-se de lado. Por exemplo, na Figura 12.14a, a carga horizontal resulta no deslocamento lateral da viga *BC* por uma distância Δ. Reconhecendo que a deformação axial da viga é insignificante, supomos que o deslocamento horizontal do topo das duas colunas é igual a Δ. Esse deslocamento cria uma rotação de corda no sentido horário ψ nos dois ramos do pórtico igual a

$$\psi = \frac{\Delta}{h}$$

em que h é o comprimento da coluna.

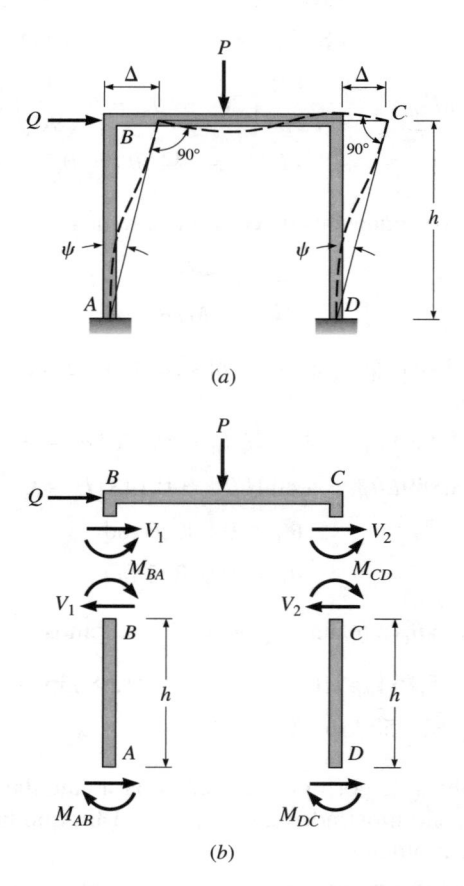

Figura 12.14: (*a*) Pórtico não contraventado; forma defletida mostrada em uma escala exagerada pelas linhas tracejadas; as cordas da coluna giram por um ângulo ψ no sentido horário; (*b*) diagramas de corpo livre das colunas e vigas; momentos desconhecidos mostrados no sentido positivo, isto é, no sentido horário nas extremidades dos membros (cargas axiais nas colunas e cortantes na viga omitidos por clareza).

Como três deslocamentos independentes se desenvolvem no pórtico [isto é, a rotação dos nós B e C (θ_B e θ_C) e a rotação de corda ψ], precisamos de três equações de equilíbrio para sua solução. Duas equações de equilíbrio são fornecidas considerando-se o equilíbrio dos momentos que atuam nos nós B e C. Como já escrevemos equações desse tipo na solução de problemas anteriores, discutiremos apenas o segundo tipo de equação de equilíbrio — a *equação do cortante*. Essa equação é estabelecida pela soma das forças na direção horizontal que atuam em um corpo livre da viga. Por exemplo, para a viga da Figura 12.14b, podemos escrever

$$\rightarrow+ \quad \Sigma F_x = 0$$
$$V_1 + V_2 + Q = 0 \tag{12.18}$$

Na Equação 12.18, V_1, o cortante na coluna AB, e V_2, o cortante na coluna CD, são avaliados somando-se os momentos em relação à parte inferior de cada coluna das forças que atuam em um corpo livre da coluna. Conforme estabelecemos anteriormente, os momentos desconhecidos nas extremidades da coluna sempre devem ser mostrados no sentido positivo; isto é, atuando no sentido horário na extremidade do membro. Somando os momentos em relação ao ponto A da coluna AB, calculamos V_1:

$$\circlearrowleft^+ \quad \Sigma M_A = 0$$
$$M_{AB} + M_{BA} - V_1 h = 0$$
$$V_1 = \frac{M_{AB} + M_{BA}}{h} \tag{12.19}$$

Analogamente, o cortante na coluna CD é avaliado somando-se os momentos em relação ao ponto D.

$$\circlearrowleft^+ \quad \Sigma M_D = 0$$
$$M_{CD} + M_{DC} - V_2 h = 0$$
$$V_2 = \frac{M_{CD} + M_{DC}}{h} \tag{12.20}$$

Substituindo os valores de V_1 e V_2 das equações 12.19 e 12.20 na Equação 12.18, podemos escrever a terceira equação de equilíbrio como

$$\frac{M_{AB} + M_{BA}}{h} + \frac{M_{CD} + M_{DC}}{h} + Q = 0 \tag{12.21}$$

Os exemplos 12.8 e 12.9 ilustram o uso do método da inclinação-deflexão para analisar pórticos que suportam cargas laterais e estão livres para se deslocar lateralmente. Os pórticos que suportam somente carga vertical também sofrerão pequenos deslocamentos laterais, a menos que a estrutura e o padrão de carregamento sejam simétricos. O Exemplo 12.10 ilustra esse caso.

EXEMPLO 12.8

Analise o pórtico da Figura 12.15a pelo método da inclinação-deflexão. E é constante para todos os membros; $I_{AB} = 240$ pol^4; $I_{BC} = 600$ pol^4 e $I_{CD} = 360$ pol^4.

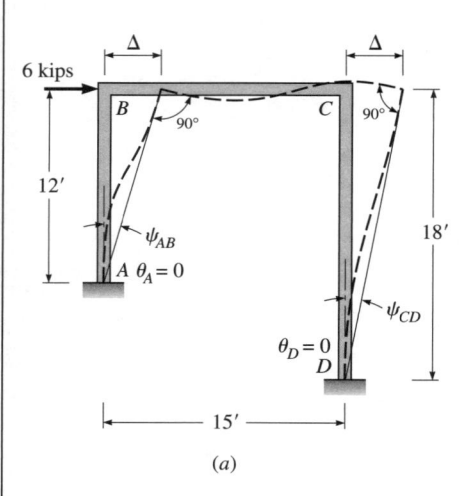

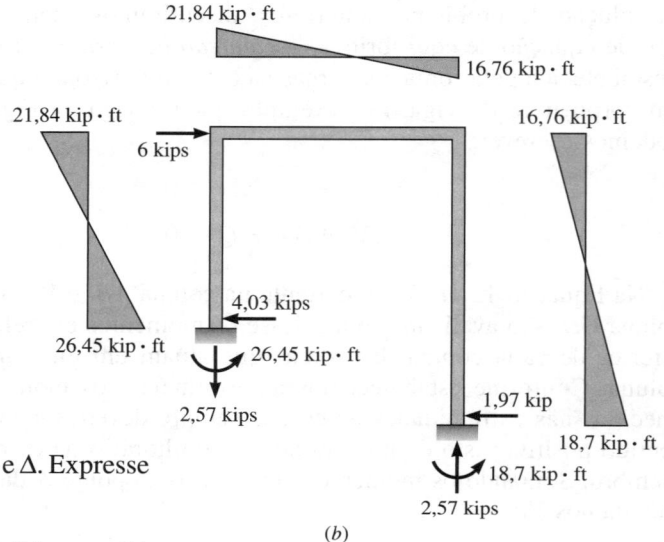

Figura 12.15: (a) Detalhes do pórtico; (b) reações e diagramas de momento.

Solução

Identifique os deslocamentos desconhecidos θ_B, θ_C e Δ. Expresse as rotações de corda ψ_{AB} e ψ_{CD} em termos de Δ:

$$\psi_{AB} = \frac{\Delta}{12} \quad \text{e} \quad \psi_{CD} = \frac{\Delta}{18} \quad \text{então,} \quad \psi_{AB} = 1{,}5\psi_{CD} \quad (1)$$

Calcule a rigidez à flexão relativa de todos os membros.

$$K_{AB} = \frac{EI}{L} = \frac{240E}{12} = 20E$$

$$K_{BC} = \frac{EI}{L} = \frac{600E}{15} = 40E$$

$$K_{CD} = \frac{EI}{L} = \frac{360E}{18} = 20E$$

Se definirmos $20E = K$, então

$$K_{AB} = K \quad K_{BC} = 2K \quad K_{CD} = K \quad (2)$$

Expresse os momentos de extremidade de membro em termos dos deslocamentos com a Equação 12.16 da inclinação-deflexão: $M_{NF} = (2EI/L)(2\theta_N + \theta_F - 3\psi_{NF}) + \text{FEM}_{NF}$. Como nenhuma carga é aplicada nos membros entre os nós, todo $\text{FEM}_{NF} = 0$.

$$M_{AB} = 2K_{AB}(\theta_B - 3\psi_{AB})$$
$$M_{BA} = 2K_{AB}(2\theta_B - 3\psi_{AB})$$
$$M_{BC} = 2K_{BC}(2\theta_B + \theta_C)$$
$$M_{CB} = 2K_{BC}(2\theta_C + \theta_B) \quad (3)$$
$$M_{CD} = 2K_{CD}(2\theta_C - 3\psi_{CD})$$
$$M_{DC} = 2K_{CD}(\theta_C - 3\psi_{CD})$$

Nas equações acima, utilize as equações 1 para expressar ψ_{AB} em termos de ψ_{CD} e as equações 2 para expressar toda rigidez em termos do parâmetro K.

$$M_{AB} = 2K(\theta_B - 4{,}5\psi_{CD})$$
$$M_{BA} = 2K(2\theta_B - 4{,}5\psi_{CD})$$
$$M_{BC} = 4K(2\theta_B + \theta_C)$$
$$M_{CB} = 4K(2\theta_C + \theta_B) \tag{4}$$
$$M_{CD} = 2K(2\theta_C - 3\psi_{CD})$$
$$M_{DC} = 2K(\theta_C - 3\psi_{CD})$$

As equações de equilíbrio são:

Nó B: $\quad\quad\quad\quad\quad\quad\quad\quad M_{BA} + M_{BC} = 0 \quad\quad (5)$

Nó C: $\quad\quad\quad\quad\quad\quad\quad\quad M_{CB} + M_{CD} = 0 \quad\quad (6)$

Equação de cortante (ver Equação 12.21):
$$\frac{M_{BA} + M_{AB}}{12} + \frac{M_{CD} + M_{DC}}{18} + 6 = 0 \tag{7}$$

Substitua as equações 4 nas equações 5, 6 e 7 e combine os termos.

$$12\theta_B + 4\theta_C - 9\psi_{CD} = 0 \tag{5a}$$
$$4\theta_B + 12\theta_C - 6\psi_{CD} = 0 \tag{6a}$$
$$9\theta_B + 6\theta_C - 39\psi_{CD} = -\frac{108}{K} \tag{7a}$$

Resolvendo as equações acima simultaneamente, temos

$$\theta_B = \frac{2{,}257}{K} \quad\quad \theta_C = \frac{0{,}97}{K} \quad\quad \psi_{CD} = \frac{3{,}44}{K}$$

E também $\quad\quad\quad \psi_{AB} = 1{,}5\psi_{CD} = \dfrac{5{,}16}{K}$

Como todos os ângulos são positivos, todas as rotações de nó e os ângulos de deslocamento lateral são no sentido horário.

Substituindo os valores de deslocamento acima nas equações 4, estabelecemos os momentos de extremidade de membro.

$$M_{AB} = -26{,}45 \text{ kip} \cdot \text{ft} \quad\quad M_{BA} = -21{,}84 \text{ kip} \cdot \text{ft}$$
$$M_{BC} = 21{,}84 \text{ kip} \cdot \text{ft} \quad\quad M_{CB} = 16{,}78 \text{ kip} \cdot \text{ft}$$
$$M_{CD} = -16{,}76 \text{ kip} \cdot \text{ft} \quad\quad M_{DC} = -18{,}7 \text{ kip} \cdot \text{ft} \quad\quad \textbf{Resp.}$$

Os resultados finais estão resumidos na Figura 12.15b.

EXEMPLO 12.9

Analise o pórtico da Figura 12.16a pelo método da inclinação-deflexão. Dados: EI é constante para todos os membros.

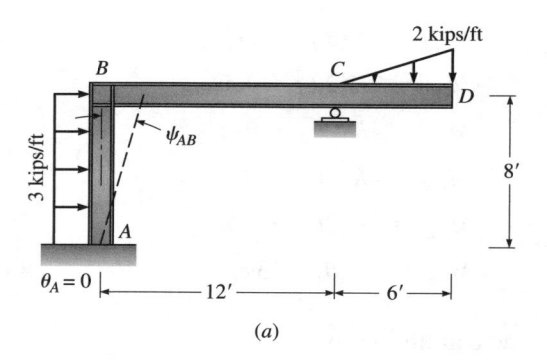

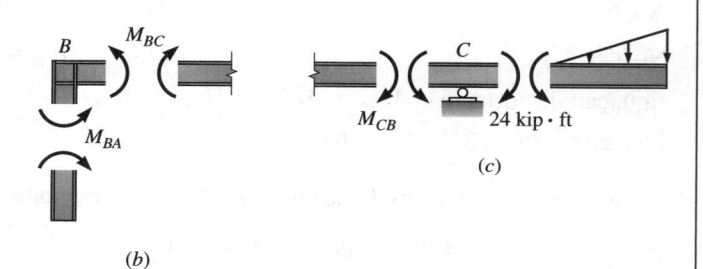

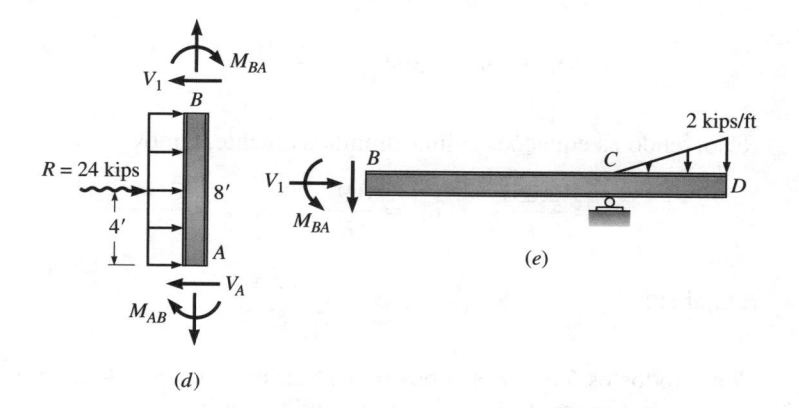

Figura 12.16: (a) Detalhes do pórtico: rotação da corda ψ_{AB} mostrada pela linha tracejada; (b) momentos atuando no nó B (cortantes e forças axiais omitidos por clareza); (c) momentos atuando no nó C (forças cortantes e reação omitidas por clareza); (d) corpo livre da coluna AB; (e) corpo livre da viga usado para estabelecer a terceira equação de equilíbrio.

Solução

Identifique os deslocamentos desconhecidos: θ_B, θ_C e ψ_{AB}. Como a viga em balanço é um componente determinado da estrutura, sua análise não precisa ser incluída na formulação da inclinação-deflexão. Em vez disso, consideramos a viga em balanço um dispositivo para aplicar uma carga vertical de 6 kips e um momento no sentido horário de 24 kip·ft no nó C.

Expresse os momentos de extremidade de membro em termos dos deslocamentos com a Equação 12.16 (todas as unidades em kip·ft).

$$M_{AB} = \frac{2EI}{8}(\theta_B - 3\psi_{AB}) - \frac{3(8)^2}{12}$$

$$M_{BA} = \frac{2EI}{8}(2\theta_B - 3\psi_{AB}) + \frac{3(8)^2}{12} \quad (1)$$

$$M_{BC} = \frac{2EI}{12}(2\theta_B + \theta_C)$$

$$M_{CB} = \frac{2EI}{12}(2\theta_C + \theta_B)$$

Escreva as equações de equilíbrio de nó em B e C.
Nó B (ver Figura 12.16b):

$${}^+\circlearrowleft \quad \Sigma M_B = 0: \quad M_{BA} + M_{BC} = 0 \quad (2)$$

Nó C (ver Figura 12.16c):

$${}^+\circlearrowleft \quad \Sigma M_C = 0: \quad M_{CB} - 24 = 0 \quad (3)$$

Equação de cortante (ver Figura 12.16d):

$$\circlearrowright^+ \quad \Sigma M_A = 0 \quad M_{BA} + M_{AB} + 24(4) - V_1(8) = 0$$

resolvendo para V_1 temos
$$V_1 = \frac{M_{BA} + M_{AB} + 96}{8} \quad (4a)$$

Isole a viga (ver Figura 12.16e) e considere o equilíbrio na direção horizontal.

$$\rightarrow^+ \quad \Sigma F_x = 0 \quad \text{portanto} \quad V_1 = 0 \quad (4b)$$

Substitua a Equação 4a na Equação 4b:

$$M_{BA} + M_{AB} + 96 = 0 \quad (4)$$

Expresse as equações de equilíbrio em termos dos deslocamentos, substituindo as equações 1 nas equações 2, 3 e 4. Reunindo os termos e simplificando, encontramos

$$10\theta_B - 2\theta_C - 9\psi_{AB} = -\frac{192}{EI}$$

$$\theta_B - 2\theta_C = \frac{144}{EI}$$

$$3\theta_B - 6\psi_{AB} = -\frac{384}{EI}$$

As equações acima resultam

$$\theta_B = \frac{53{,}33}{EI} \quad \theta_C = \frac{45{,}33}{EI} \quad \psi_{AB} = \frac{90{,}66}{EI}$$

[*continua*]

[*continuação*]

Estabeleça os valores dos momentos de extremidade de membro, substituindo os valores de θ_B, θ_C e ψ_{AB} nas equações 1.

$$M_{AB} = \frac{2EI}{8}\left[\frac{53,33}{EI} - \frac{(3)(90,66)}{EI}\right] - 16 = -70,67 \text{ kip} \cdot \text{ft}$$

$$M_{BA} = \frac{2EI}{8}\left[\frac{(2)(53,33)}{EI} - \frac{(3)(90,66)}{EI}\right] + 16 = -25,33 \text{ kip} \cdot \text{ft}$$

$$M_{BC} = \frac{2EI}{12}\left[\frac{(2)(53,33)}{EI} + \frac{45,33}{EI}\right] = 25,33 \text{ kip} \cdot \text{ft}$$

$$M_{CB} = \frac{2EI}{12}\left[\frac{(2)(45,33)}{EI} + \frac{53,33}{EI}\right] = 24 \text{ kip} \cdot \text{ft} \quad \textbf{Resp.}$$

Após os momentos de extremidade serem estabelecidos, calculamos os cortantes em todos os membros, aplicando as equações de equilíbrio nos corpos livres de cada membro. Os resultados finais são mostrados na Figura 12.16*f*.

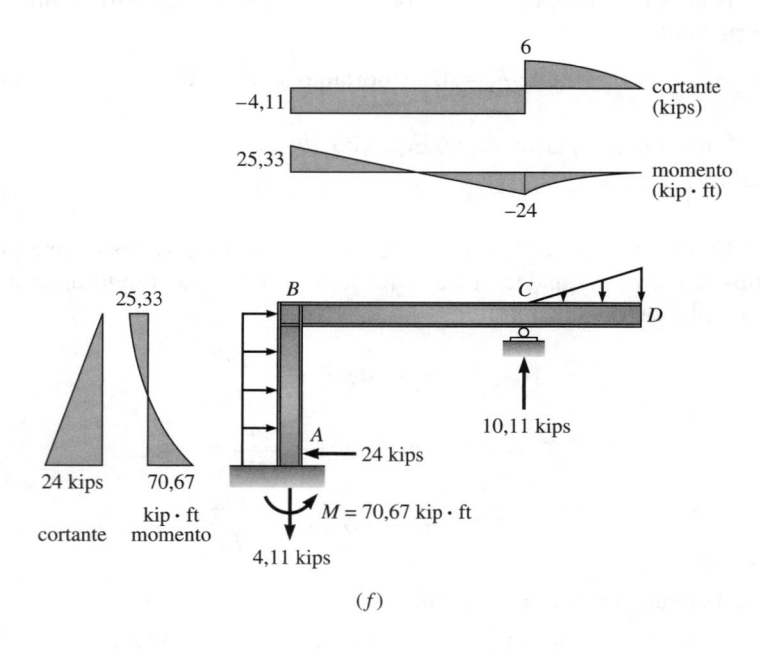

Figura 12.16: (*f*) Reações e diagramas de cortante e momento.

EXEMPLO 12.10

Analise o pórtico da Figura 12.17a pelo método da inclinação-deflexão. Determine as reações, desenhe os diagramas de momento dos membros e esboce a forma defletida. Se $I = 240$ pol^4 e $E = 30\,000$ kips/pol^2, determine o deslocamento horizontal do nó B.

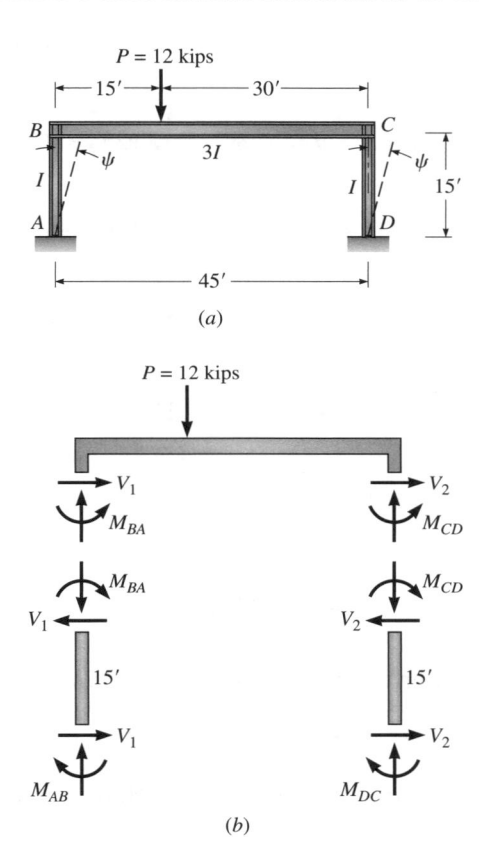

Figura 12.17: (a) Rotações de corda positivas do pórtico não contraventado supostas para as colunas (veja as linhas tracejadas); forma defletida mostrada em (d); (b) corpos livres das colunas e da viga usados para estabelecer a equação do cortante.

Solução

Os deslocamentos desconhecidos são θ_B, θ_C e ψ. Como os apoios em A e D são fixos, θ_A e θ_D são iguais a zero. Não há nenhuma rotação de corda da viga BC.

Expresse os momentos de extremidade de membro em termos dos deslocamentos com a equação da inclinação-deflexão. Use a Figura 12.5 para avaliar FEM$_{NF}$.

$$M_{NF} = \frac{2EI}{L}(2\theta_N + \theta_F - 3\psi_{NF}) + \text{FEM}_{NF} \quad (12.16)$$

$$\text{FEM}_{BC} = -\frac{Pb^2a}{L^2} = \frac{12(30)^2(15)}{(45)^2} \qquad \text{FEM}_{CD} = \frac{Pa^2b}{L^2} = \frac{12(15)^2(30)}{(45)^2}$$

$$= -80 \text{ kip} \cdot \text{ft} \qquad\qquad\qquad = 40 \text{ kip} \cdot \text{ft}$$

[*continua*]

[*continuação*]

Para simplificar as expressões de inclinação-deflexão, defina $EI/15 = K$.

$$M_{AB} = \frac{2EI}{15}(\theta_B - 3\psi) \quad = 2K(\theta_B - 3\psi)$$

$$M_{BA} = \frac{2EI}{15}(2\theta_B - 3\psi) \quad = 2K(2\theta_B - 3\psi)$$

$$M_{BC} = \frac{2EI}{45}(2\theta_B + \theta_C) - 80 = \frac{2}{3}K(2\theta_B + \theta_C) - 80$$

$$M_{CB} = \frac{2EI}{45}(2\theta_C + \theta_B) + 40 = \frac{2}{3}K(2\theta_C + \theta_B) + 40 \quad (1)$$

$$M_{CD} = \frac{2EI}{15}(2\theta_C - 3\psi) \quad = 2K(\theta_C - 3\psi)$$

$$M_{DC} = \frac{2EI}{15}(\theta_C - 3\psi) \quad = 2K(\theta_C - 3\psi)$$

As equações de equilíbrio são:

Nó B: $\quad M_{BA} + M_{BC} = 0 \quad (2)$

Nó C: $\quad M_{CB} + M_{CD} = 0 \quad (3)$

Equação de cortante (ver viga na Figura 12.17*b*):

$$\rightarrow+ \quad \Sigma F_x = 0 \quad V_1 + V_2 = 0 \quad (4a)$$

em que $\quad V_1 = \dfrac{M_{BA} + M_{AB}}{15} \quad V_2 = \dfrac{M_{CD} + M_{DC}}{15} \quad (4b)$

Substituindo V_1 e V_2 dados pelas equações 4*b* em 4*a*, temos

$$M_{BA} + M_{AB} + M_{CD} + M_{DC} = 0 \quad (4)$$

Alternativamente, podemos definir $Q = 0$ na Equação 12.21 para produzir a Equação 4.

Expresse as equações de equilíbrio em termos dos deslocamentos, substituindo as equações 1 nas equações 2, 3 e 4. Combinando os termos e simplificando, temos

$$8K\theta_B + K\theta_C - 9K\psi = 120$$

$$2K\theta_B + 16K\theta_C - 3K\psi = -120$$

$$K\theta_B + K\theta_C - 4K\psi = 0$$

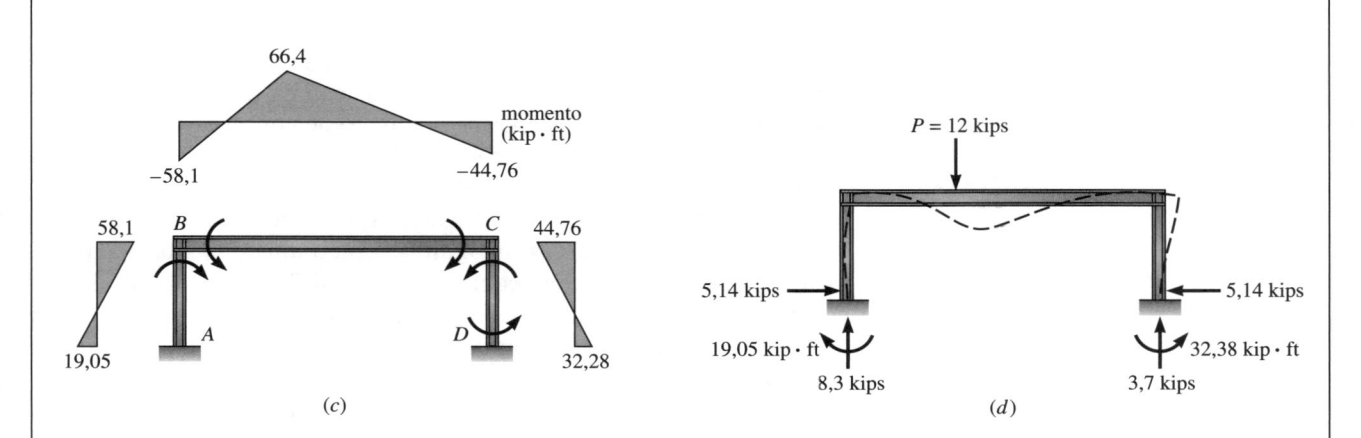

Figura 12.17: (c) Momentos de extremidade de membro e diagramas de momento (em kip·ft); (d) reações e forma defletida.

Resolvendo essas equações simultaneamente, calculamos

$$\theta_B = \frac{410}{21K} \qquad \theta_C = -\frac{130}{21K} \qquad \psi = \frac{10}{3K} \qquad (5)$$

Substituindo os valores de θ_B, θ_C e ψ nas equações 1, calculamos os momentos de extremidade de membro abaixo.

$$M_{AB} = 19{,}05 \text{ kip·ft} \qquad M_{BA} = 58{,}1 \text{ kip·ft}$$
$$M_{CD} = -44{,}76 \text{ kip·ft} \qquad M_{DC} = -32{,}38 \text{ kip·ft} \qquad (6)$$
$$M_{BC} = -58{,}1 \text{ kip·ft} \qquad M_{CB} = 44{,}76 \text{ kip·ft} \qquad \textbf{Resp.}$$

Os momentos de extremidade de membro e os diagramas de momento estão mostrados no esboço da Figura 12.17c; a forma defletida está mostrada na Figura 12.17d.

Calcule o deslocamento horizontal do nó B. Use a Equação 1 para M_{AB}. Expresse todas as variáveis em unidades de polegadas e kips.

$$M_{AB} = \frac{2EI}{15(12)}(\theta_B - 3\psi) \qquad (7)$$

A partir dos valores da Equação 5 (p. 485), $\theta_B = 5{,}86\psi$; substituindo na Equação 7, calculamos

$$19{,}05(12) = \frac{2(30.000)(240)}{15(12)}(5{,}86\psi - 3\psi)$$

$$\psi = 0{,}000999 \text{ rad}$$

$$\psi = \frac{\Delta}{L} \qquad \Delta = \psi L = 0{,}000999(15 \times 12) = 0{,}18 \text{ pol} \quad \textbf{Resp.}$$

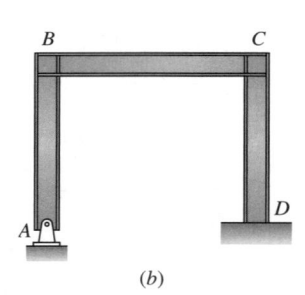

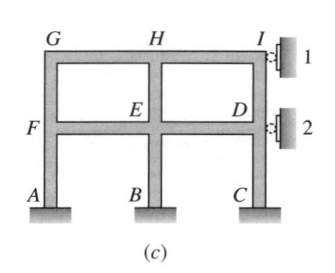

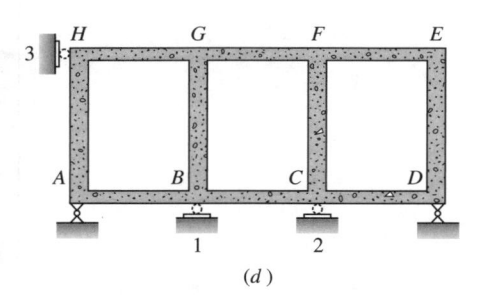

12.6 Indeterminação cinemática

Para analisar uma estrutura pelo método da flexibilidade, primeiramente estabelecemos o grau de indeterminação da estrutura. O grau de *indeterminação estática* estabelece o número de equações de compatibilidade que devemos escrever para avaliar as redundantes, que são as incógnitas nas equações de compatibilidade.

No método da inclinação-deflexão, os deslocamentos — rotações e translações de nó — são as incógnitas. Como uma etapa básica nesse método, devemos escrever equações de equilíbrio em número igual aos deslocamentos de nó independentes. O número de deslocamentos de nó independentes é denominado grau de indeterminação cinemática. Para determiná-lo, simplesmente contamos o número de deslocamentos de nó independentes que estão livres para ocorrer. Por exemplo, se desprezarmos as deformações axiais, a viga da Figura 12.18a é cinematicamente indeterminada no primeiro grau. Se fôssemos analisar essa viga por inclinação-deflexão, somente a rotação do nó B seria tratada como incógnita.

Se também quiséssemos considerar a rigidez axial em uma análise de rigidez mais geral, o deslocamento axial em B seria considerado uma incógnita adicional, e a estrutura seria classificada como cinematicamente indeterminada no segundo grau. Salvo indicação em contrário, desprezaremos as deformações axiais nesta discussão.

Na Figura 12.18b, o pórtico seria classificado como cinematicamente indeterminado no quarto grau, pois os nós A, B e C estão livres para girar e a viga pode transladar lateralmente. Embora o número de rotações de nó seja simples de identificar, em alguns tipos de problemas pode ser mais difícil estabelecer o número de deslocamentos de nó independentes. Um método para determinar o número de deslocamentos de nó independentes é introduzir rolos imaginários como restrições de nó. O número de rolos necessários para impedir a translação dos nós da estrutura é igual ao número de deslocamentos de nó independentes. Por exemplo, na Figura 12.18c, a estrutura seria classificada como cinematicamente indeterminada no oitavo grau, pois são possíveis seis rotações de nó e dois deslocamentos de nó. Cada um dos imaginários (denotados pelos números 1 e 2) introduzidos em um piso impede que todos os nós desse piso se desloquem lateralmente. Na Figura 12.18d, a viga Vierendeel seria classificada como cinematicamente indeterminada no décimo primeiro grau (isto é, oito rotações de nó e três translações de nó independentes). Os rolos imaginários (rotulados como 1, 2 e 3) adicionados nos nós B, C e H impedem a translação de todos os nós.

Figura 12.18: Avaliação do grau de indeterminação cinemática: (a) indeterminada no primeiro grau, desprezando as deformações axiais; (b) indeterminada no quarto grau; (c) indeterminada no oitavo grau; rolos imaginários adicionados nos pontos 1 e 2; (d) indeterminada no décimo primeiro grau; rolos imaginários adicionados nos pontos 1, 2 e 3.

Resumo

- O procedimento da *inclinação-deflexão* é um método clássico para analisar vigas indeterminadas e pórticos rígidos. Nesse método, os deslocamentos de nó são as incógnitas.
- Um procedimento passo a passo para analisar uma viga ou pórtico indeterminado com base no método da inclinação-deflexão está resumido na Seção 12.4.
- Para estruturas altamente indeterminadas, com um grande número de nós, a solução da inclinação-deflexão exige que o engenheiro resolva uma série de equações simultâneas, igual em número aos deslocamentos desconhecidos — uma operação demorada. Embora o uso do método da inclinação-deflexão para analisar estruturas seja impraticável, dada a disponibilidade de programas de computador, a familiaridade com o método proporciona aos estudantes uma percepção valiosa a respeito do comportamento das estruturas.
- Como alternativa ao método da inclinação-deflexão, a *distribuição de momentos* foi desenvolvida nos anos 1930 para analisar vigas e pórticos indeterminados, por meio da distribuição de momentos não equilibrados nos nós de uma estrutura restringida artificialmente. Embora elimine a solução de equações simultâneas, esse método ainda é relativamente longo, especialmente se um grande número de condições de carga precisa ser considerado. Contudo, a distribuição de momentos é uma ferramenta útil como método aproximado de análise, tanto para conferir os resultados de uma análise por computador como para fazer estudos preliminares. Vamos usar a equação da inclinação-deflexão para desenvolver o método da distribuição de momentos, no Capítulo 13.
- Uma variação do procedimento da inclinação-deflexão, o *método da rigidez geral*, usado para preparar programas de computador de uso geral, será apresentada no Capítulo 16. Esse método utiliza coeficientes de rigidez — forças produzidas por deslocamentos unitários de nós.

PROBLEMAS

P12.1 e P12.2. Usando as equações 12.12 e 12.13, calcule os momentos de extremidade fixa para as vigas de extremidade fixa. Ver figuras P12.1 e P12.2.

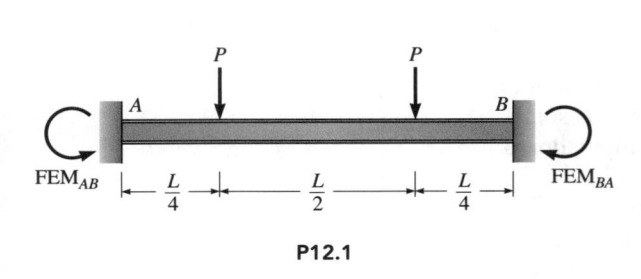

P12.1

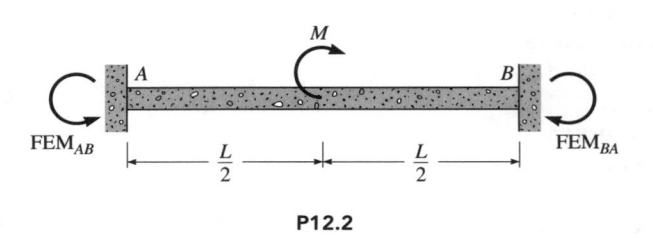

P12.2

P12.3. Analise pela inclinação-deflexão e desenhe os diagramas de cortante e momento para a viga da Figura P12.3. Dado: EI é constante.

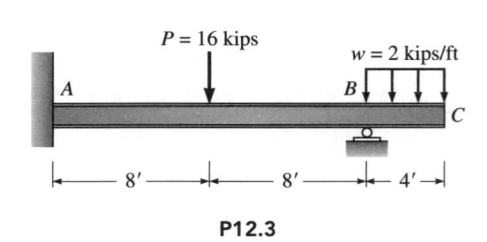

P12.3

P12.4. Analise a viga da Figura P12.4 por inclinação-deflexão e desenhe os diagramas de cortante e momento para a viga. EI é constante.

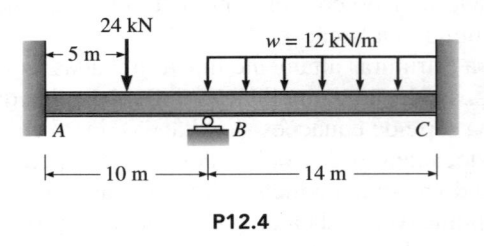

P12.4

P12.5. Calcule as reações em A e C na Figura P12.5. Desenhe os diagramas de cortante e momento para o membro BC. Dados: $I = 2\,000$ pol^4 e $E = 3\,000$ kips/pol^2.

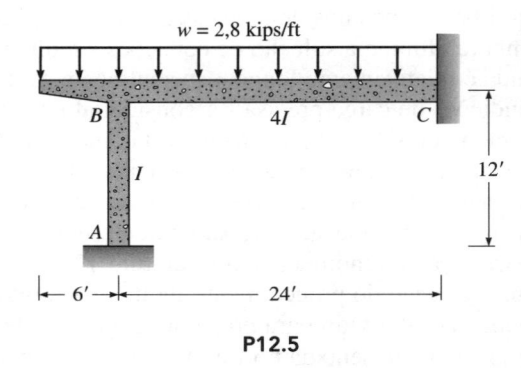

P12.5

P12.6. Desenhe os diagramas de cortante e momento para o pórtico da Figura P12.6. Dado: EI é constante. Como este problema difere do Problema P12.5?

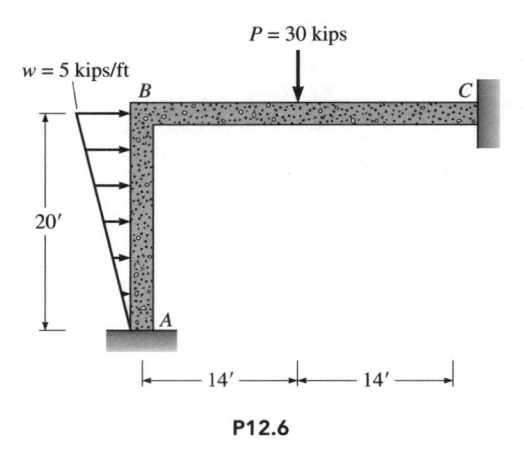

P12.6

P12.7. Analise a viga da Figura P12.7. Desenhe os diagramas de cortante e momento. Dados: $E = 29\,000$ ksi e $I = 100$ pol⁴.

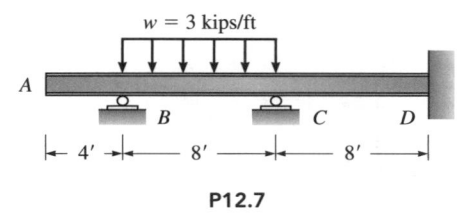

P12.8. Se nenhuma deflexão vertical é permitida na extremidade A da viga da Figura P12.8, calcule o peso W que precisa ser colocado no meio do vão CD. Dados: $E = 29\,000$ ksi e $I = 100$ pol⁴.

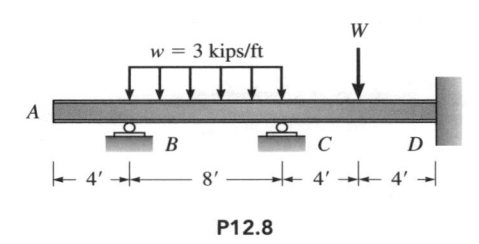

P12.9. (*a*) Sob as cargas aplicadas, o apoio B na Figura P12.9 sofre um recalque de 0,5 pol. Determine todas as reações. Dados: $E = 30\,000$ kips/pol², $I = 240$ pol⁴. (*b*) Calcule a deflexão do ponto C.

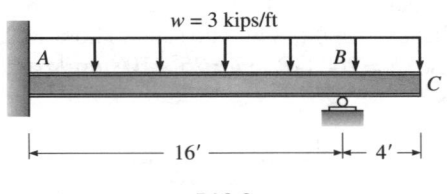

P12.10. Na Figura P12.10, o apoio A gira 0,002 rad e o apoio C sofre um recalque de 0,6 pol. Desenhe os diagramas de cortante e momento. Dados: $I = 144$ pol⁴ e $E = 29\,000$ kips/pol².

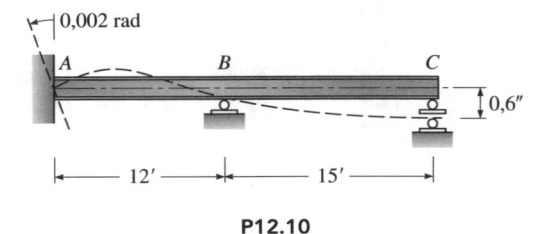

Nos problemas P12.11 a P12.14, tire proveito da simetria para simplificar a análise por inclinação-deflexão.

P12.11. (*a*) Calcule todas as reações e desenhe os diagramas de cortante e momento para a viga da Figura P12.11. Dado: EI é constante. (*b*) Calcule a deflexão sob a carga.

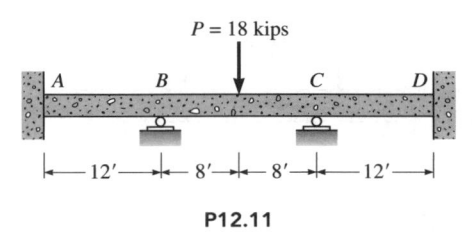

P12.12. (*a*) Determine os momentos de extremidade de membro para o anel retangular da Figura P12.12 e desenhe os diagramas de cortante e momento para os membros AB e AD. A seção transversal do anel retangular é 12 pol × 8 pol e $E = 3\,000$ kips/pol². (*b*) Qual é a força axial no membro AD e no membro AB?

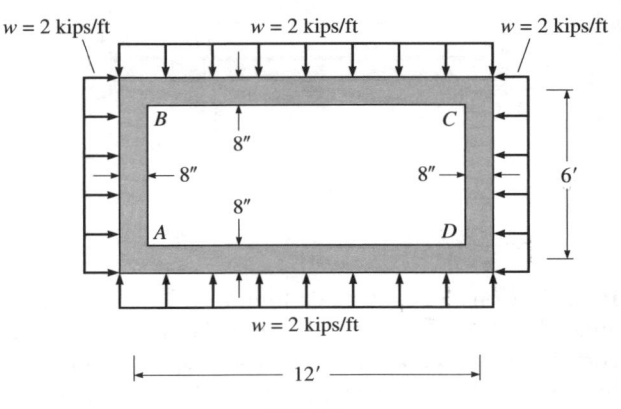

P12.13. A Figura P12.13 mostra as forças exercidas pela pressão do solo em um comprimento típico de 1 pé de um túnel de concreto, assim como a carga de projeto atuando na laje superior. Suponha que uma condição de extremidade fixa na parte inferior das paredes em A e D seja produzida pela conexão com a base. Determine os momentos de extremidade de membro e desenhe os diagramas de cortante e momento. Além disso, desenhe a forma defletida. EI é constante.

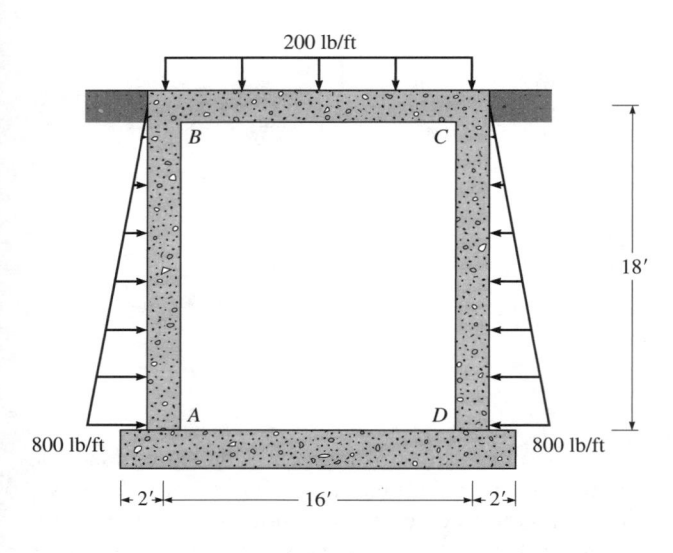

P12.14. Calcule as reações e desenhe os diagramas de cortante e momento para a viga da Figura P12.14. Dados: $E = 200$ GPa e $I = 120 \times 10^6$ mm⁴.

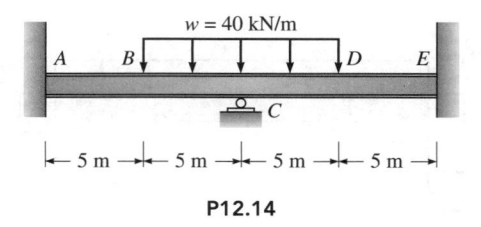

P12.15. Considere a viga da Figura P12.14 sem a carga aplicada. Calcule as reações e desenhe os diagramas de cortante e momento para a viga se o apoio C sofre um recalque de 24 mm e o apoio A gira 0,005 rad no sentido anti-horário.

P12.16. Analise o pórtico da Figura P12.16. Além das cargas aplicadas, os apoios A e D sofrem um recalque de 2,16 pol. $EI = 36\,000$ kip · ft² para as vigas e $EI = 72\,000$ kip · ft² para as colunas. Use a simetria para simplificar a análise.

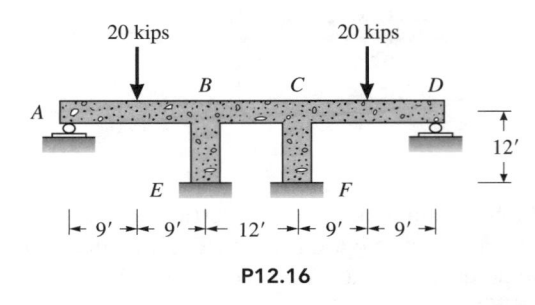

P12.17. Analise o pórtico da Figura P12.17. Dado: EI é constante.

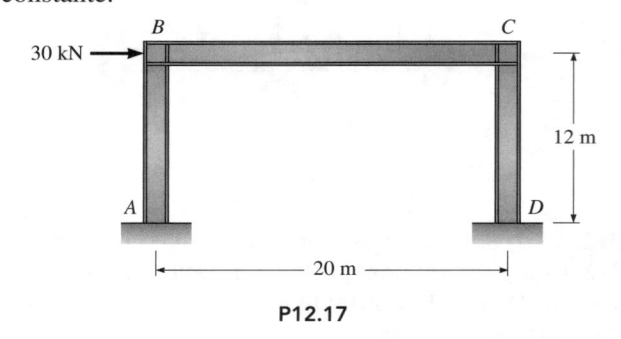

P12.18. Analise a estrutura da Figura P12.18. Além da carga aplicada, o apoio A gira no sentido horário 0,005 rad. Além disso, $E = 200$ GPa e $I = 25 \times 10^6$ mm⁴ para todos os membros.

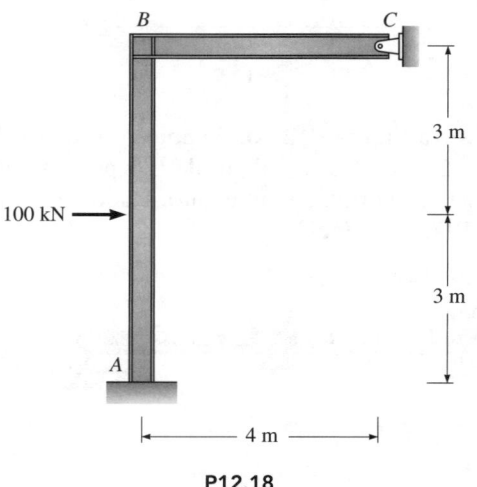

P12.19. Analise o pórtico da Figura P12.19. Dado: *EI* é constante.

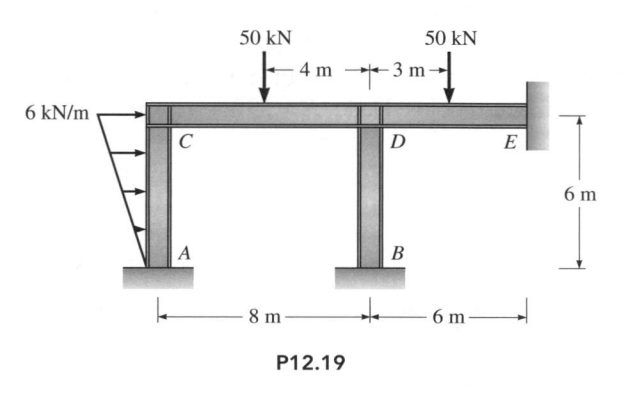

P12.20. Analise o pórtico da Figura P12.20. Note que o apoio *D* só pode transladar na direção horizontal. Calcule todas as reações e desenhe os diagramas de cortante e momento. Dados: $E = 29\,000$ ksi e $I = 100$ pol^4.

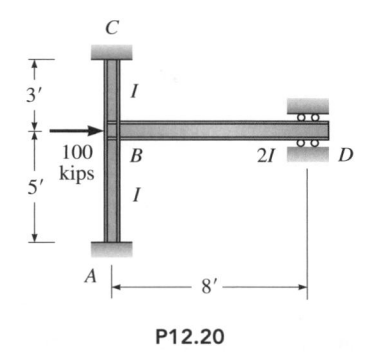

P12.21. Analise o pórtico da Figura P12.21. Calcule todas as reações. Além disso, $I_{BC} = 200$ pol^4 e $I_{AB} = I_{CD} = 150$ pol^4. *E* é constante.

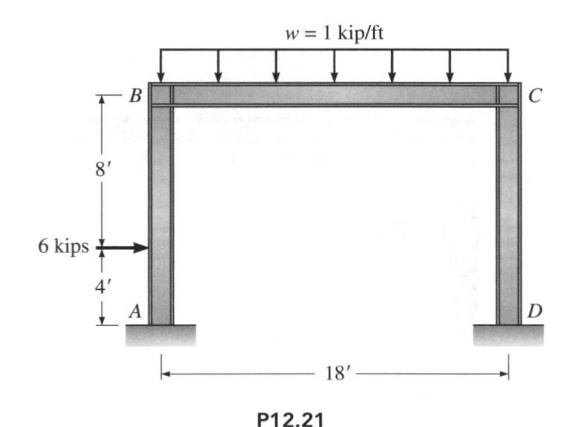

P12.22. Analise o pórtico da Figura P12.22. Observe que o deslocamento lateral é possível, pois a carga não é simétrica. Calcule o deslocamento horizontal do nó *B*. Dados: $E = 29\,000$ kips/pol^2 e $I = 240$ pol^4 para todos os membros.

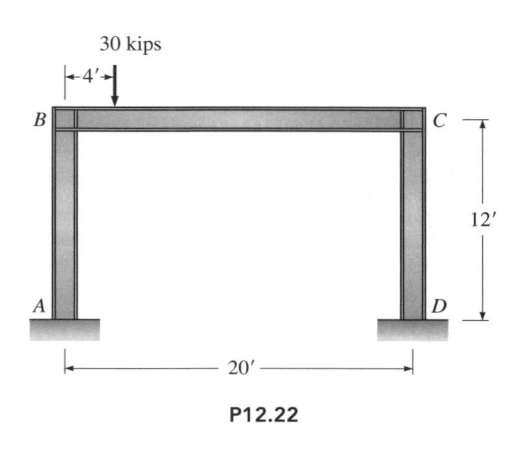

P12.23. Calcule as reações e desenhe os diagramas de cortante e momento para a viga *BC* da Figura P12.23. *EI* é constante.

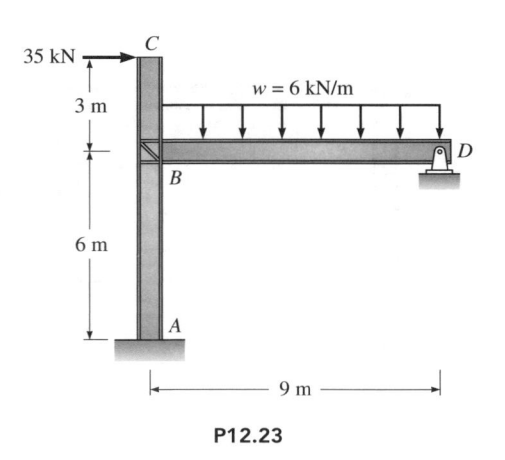

P12.24. Se o deslocamento horizontal do pórtico está limitado a 1,8 pol, calcule a força lateral máxima P que pode ser aplicada no pórtico. Dados: $E = 29\,000$ ksi e $I = 500$ pol^4.

P12.26. Se o apoio A na Figura P12.26 é construído 0,48 pol mais baixo, e o apoio em C é construído acidentalmente com uma inclinação de 0,016 rad no sentido horário a partir de um eixo vertical através de C, determine o momento e as reações criadas quando a estrutura é conectada aos seus apoios. Dado: $E = 29\,000$ kips/pol^2.

P12.24

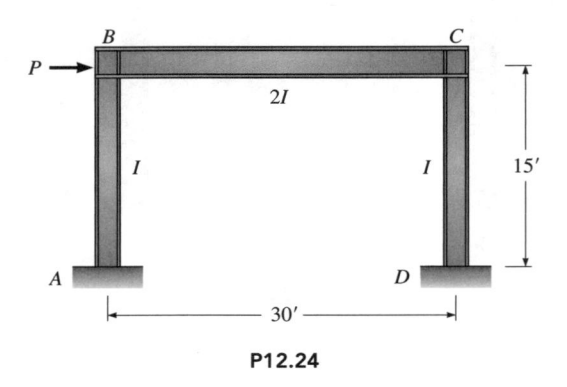

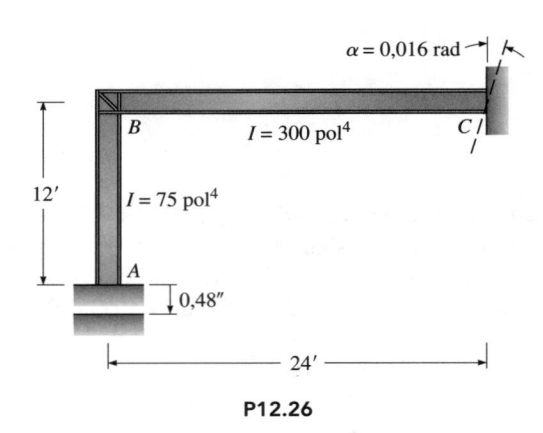

P12.26

P12.25. Determine todas as reações nos pontos A e D na Figura P12.25. EI é constante.

P12.27. Se o membro AB na Figura P12.27 é fabricado com $\frac{3}{4}$ pol a mais no comprimento, determine os momentos e as reações criadas no pórtico quando ele é construído. Esboce a forma defletida. Dado: $E = 29\,000$ kips/pol^2.

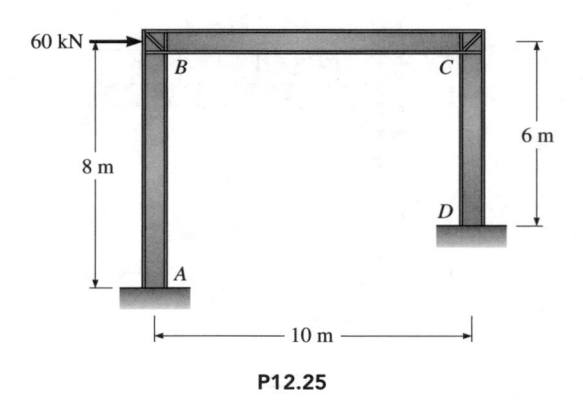

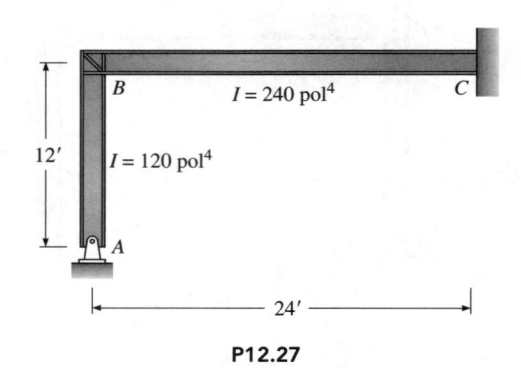

P12.25

P12.27

P12.28. Estabeleça as equações de equilíbrio necessárias para analisar o pórtico da Figura P12.28 por inclinação-deflexão. Expresse as equações de equilíbrio em termos dos deslocamentos apropriados. *EI* é constante para todos os membros.

P12.30. Determine o grau de indeterminação cinemática de cada estrutura na Figura P12.30. Despreze as deformações axiais.

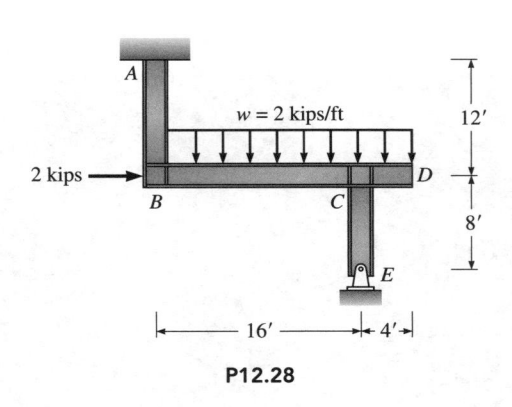

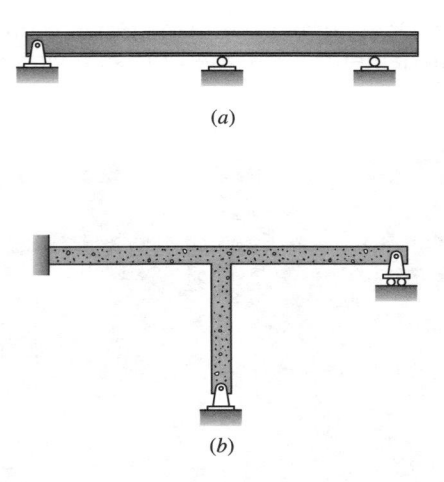

P12.29. Analise o pórtico da Figura P12.29. *EI* é constante.

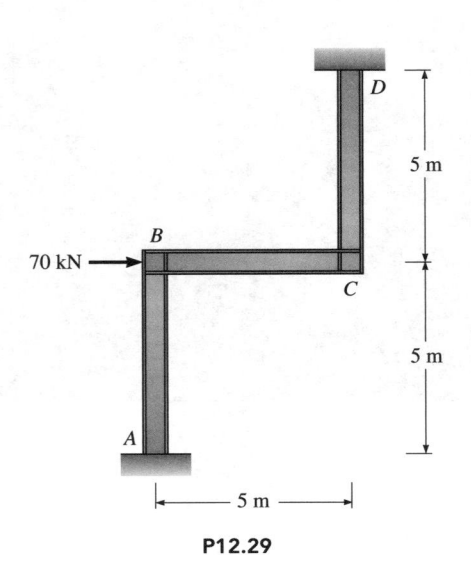

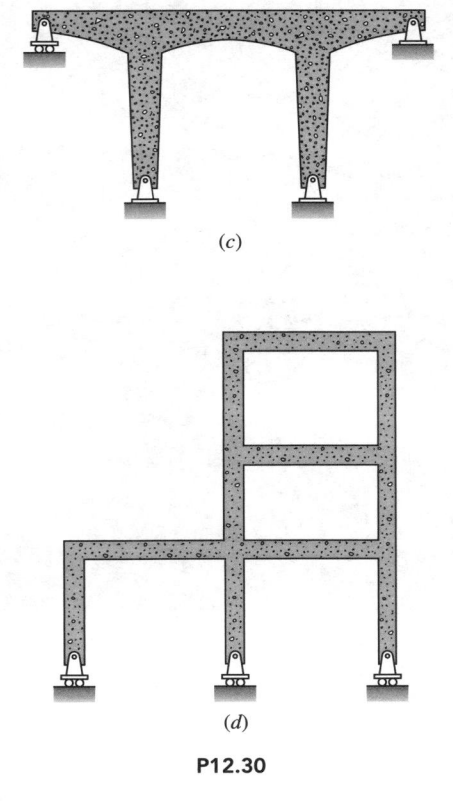

East Bay Drive, uma ponte em concreto protendido, com 44,5 m de comprimento, vão livre principal de aproximadamente 18,3 m e borda da viga de concreto com 17,78 cm de espessura.

CAPÍTULO 13

Distribuição de momentos

13.1 Introdução

A distribuição de momentos, desenvolvida por Hardy Cross no início dos anos 1930, é um procedimento para estabelecer os momentos de extremidade em membros de vigas e pórticos indeterminados com uma série de cálculos simples. O método é baseado na ideia de que a soma dos momentos aplicados pelos membros ligados a um nó deve ser igual a zero, pois o nó está em equilíbrio. Em muitos casos, a distribuição de momentos elimina a necessidade de resolver um grande número de equações simultâneas, como aquelas produzidas na análise de estruturas altamente indeterminadas pelo método da flexibilidade ou da inclinação-deflexão. Embora as estruturas contínuas com nós rígidos — pórticos de aço soldado ou concreto armado e vigas contínuas — sejam analisadas rotineira e rapidamente por computador para várias condições de carga, a distribuição de momentos continua sendo uma ferramenta valiosa para (1) conferir os resultados de uma análise por computador ou (2) realizar uma análise aproximada na fase do projeto preliminar, quando os membros são inicialmente dimensionados.

No método da distribuição de momentos, imaginamos que restrições temporárias são aplicadas em todos os nós de uma estrutura que estão livres para girar ou se deslocar. Aplicamos grampos hipotéticos para impedir a rotação dos nós e introduzimos rolos imaginários para impedir seus deslocamentos laterais (os rolos só são necessários para estruturas que se deslocam lateralmente). O efeito inicial da introdução de restrições é produzir uma estrutura inteiramente composta de membros de extremidade fixa. Quando aplicamos as cargas de projeto na estrutura restringida, são criados momentos nos membros e nos grampos.

Para uma estrutura restringida em relação ao deslocamento lateral (o caso mais comum), a análise é concluída pela remoção dos grampos — um a um — de nós sucessivos e pela distribuição dos momentos nos membros ligados ao nó. Os momentos são distribuídos nas extremidades dos membros, proporcionalmente à sua rigidez à flexão. Quando os momentos em todos os grampos tiverem sido absorvidos pelos membros, a análise indeterminada estará concluída. O restante da análise — construção de diagramas de cortante e momento, cálculo das forças axiais nos membros ou avaliação das reações — é completada com as equações da estática.

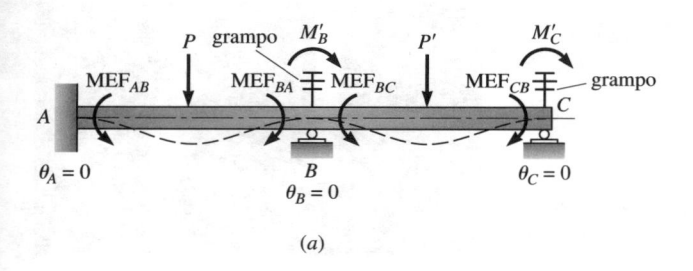

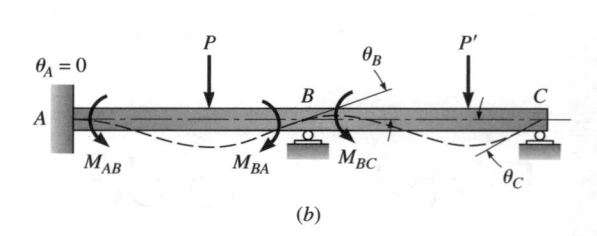

Figura 13.1: Viga contínua analisada pela distribuição de momentos: (*a*) grampos temporários adicionados aos nós *B* e *C* para produzir uma estrutura restringida consistindo em duas vigas de extremidades fixas; (*b*) grampos removidos e viga defletida em sua posição de equilíbrio.

Por exemplo, como primeiro passo na análise da viga contínua da Figura 13.1*a* pela distribuição de momentos, aplicamos grampos imaginários nos nós *B* e *C*. O nó *A*, que é fixo, não necessita de um grampo. Quando as cargas são aplicadas nos vãos individuais, desenvolvem-se momentos de extremidade fixa nos membros e momentos de restrição (M'_B e M'_C) nos grampos. À medida que a solução da distribuição de momentos progride, os grampos nos apoios *B* e *C* são removidos alternadamente e substituídos em uma série de etapas iterativas, até que a viga curve em sua posição de equilíbrio, como mostrado pela linha tracejada na Figura 13.1*b*. Depois de aprender algumas regras simples de distribuição de momentos entre os membros ligados a um nó, você poderá analisar rapidamente muitos tipos de vigas e pórticos indeterminados.

Inicialmente, consideraremos estruturas compostas somente de membros prismáticos retos; isto é, membros cujas seções transversais são constantes ao longo de todo seu comprimento. Posteriormente, estenderemos o procedimento para estruturas que contêm membros cuja seção transversal varia ao longo do eixo do membro.

13.2 Desenvolvimento do método da distribuição de momentos

Para desenvolver o método da distribuição de momentos, usaremos a equação da inclinação-deflexão para avaliar os momentos de extremidade de membro em cada vão da viga contínua da Figura 13.2*a*, após um grampo imaginário que impede a rotação do nó *B* seja removido e a estrutura se curve em sua posição de equilíbrio final. Embora apresentemos a distribuição de momentos analisando uma estrutura simples que tem apenas um nó livre para girar, esse caso nos permitirá desenvolver as características mais importantes do método.

Quando a carga concentrada *P* é aplicada no vão *AB*, a viga, inicialmente reta, se curva no formato mostrado pela linha tracejada. No apoio *B*, uma linha tangente à curva elástica da viga deformada faz um ângulo θ_B com o eixo horizontal. O ângulo θ_B está bastante exagerado; normalmente, seria de menos de 1°. Nos apoios *A* e *C*, a inclinação da curva elástica é zero, pois as extremidades fixas não estão livres para girar. Na Figura 13.2*b*, mostramos um detalhe do nó no apoio *B*, após a viga carregada ter-se curvado na sua posição de equilíbrio. O nó, que consiste em um comprimento diferencial *ds* do segmento de viga, é carregado por cortantes e momentos da viga *AB* e *BC* e pela reação de apoio R_B.

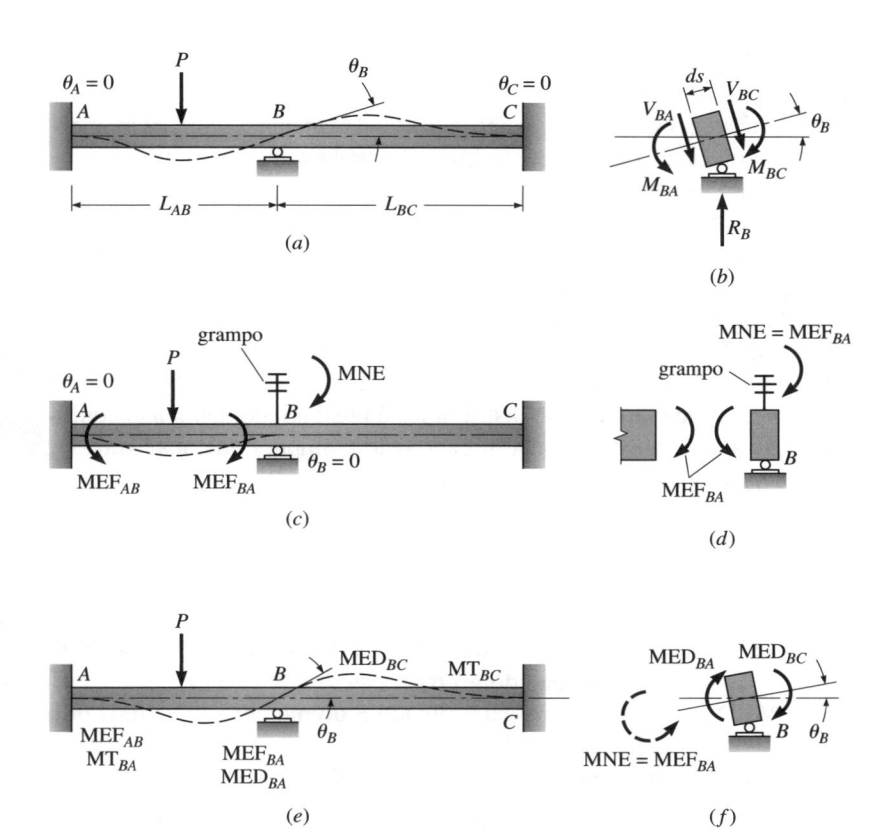

Figura 13.2: Vários estágios na análise de uma viga pela distribuição de momentos: (*a*) viga carregada na posição curvada; (*b*) diagrama de corpo livre do nó *B* na posição deformada; (*c*) momentos de extremidade fixa na viga restringida (nó *B* grampeado); (*d*) diagrama de corpo livre do nó *B* antes de o grampo ser removido; (*e*) momentos na viga após o grampo ser removido; (*f*) momentos de extremidade distribuídos (MEDs) produzidos pela rotação de nó θ_B para equilibrar o momento não equilibrado (MNE).

Se somarmos os momentos sobre a linha central do apoio *B*, o equilíbrio do nó com relação ao momento exige que $M_{BA} = M_{BC}$, em que M_{BA} e M_{BC} são os momentos aplicados no nó *B* pelos membros *AB* e *BC* respectivamente. Como a distância entre as faces do elemento e a linha central do apoio é extremamente pequena, o momento produzido pelas forças cortantes é uma quantidade de segunda ordem e não precisa ser incluído na equação de equilíbrio de momento.

Agora, consideraremos em detalhes as várias etapas do procedimento da distribuição de momentos que nos permite calcular os valores dos momentos de extremidade de membro nos vãos *AB* e *BC* da viga da Figura 13.2. Na primeira etapa (ver Figura 13.2*c*), imaginamos que o nó *B* é impedido de girar por meio de um grampo grande. A aplicação do grampo produz duas vigas de extremidade fixa. Quando *P* é aplicada no meio do vão do membro *AB*, momentos de extremidade fixa (MEFs) se desenvolvem em cada extremidade do membro. Esses momentos podem ser avaliados usando-se a Figura 12.5 ou a partir das equações 12.12 e 12.13. Nenhum momento se desenvolve na viga *BC* neste estágio, pois nenhuma carga atua no vão.

A Figura 13.2*d* mostra os momentos atuando entre a extremidade da viga *AB* e o nó *B*. A viga aplica um momento MEF_{BA} no sentido anti-horário no nó. Para impedir que o nó gire, os grampos devem aplicar nela um momento igual e oposto a MEF$_{BA}$. O momento que se desenvolve no grampo é chamado de *momento não equilibrado* (MNE). Se o vão *BC* também fosse carregado, o momento não equilibrado no grampo seria igual à *diferença* entre os momentos de extremidade fixa aplicados pelos dois membros ligados ao nó.

Se, agora, removermos o grampo, o nó *B* girará por um ângulo θ_B no sentido anti-horário, até sua posição de equilíbrio (ver Figura 13.2*e*). Quando o nó *B* gira, momentos adicionais, rotulados como MED$_{BC}$, MT$_{BC}$, MED$_{BA}$ e MT$_{BA}$, se desenvolvem nas extremidades dos membros *AB* e *BC*. No nó *B*, esses momentos, chamados de *momentos de extremidade distribuídos* (MEDs), têm sentido oposto ao momento não equilibrado (ver Figura 13.2*f*). Em outras palavras, quando o nó atinge o equilíbrio, a soma dos momentos de extremidade distribuídos é igual ao momento não equilibrado, que anteriormente era equilibrado pelo grampo. Podemos expressar essa condição de equilíbrio de nó como

$$\circlearrowleft^+ \quad \Sigma M_B = 0$$
$$\text{MED}_{BA} + \text{MED}_{BC} - \text{MNE} = 0 \tag{13.1}$$

em que MED$_{BA}$ = momento na extremidade *B* do membro *AB*, produzido pela rotação do nó *B*

MED$_{BC}$ = momento na extremidade *B* do membro *BC*, produzido pela rotação do nó *B*

MNE = momento não equilibrado aplicado ao nó

Em todos os cálculos de distribuição de momentos, a convenção de sinal será a mesma utilizada no método da inclinação-deflexão: *As rotações das extremidades dos membros e os momentos aplicados às extremidades dos membros são positivos no sentido horário e negativos no sentido anti-horário.* Na Equação 13.1 e nos esboços da Figura 13.2, os sinais de mais ou de menos não são mostrados, mas estão contidos nas abreviações utilizadas para designar os vários momentos.

Os momentos produzidos na extremidade *A* do membro *AB* e na extremidade *C* do membro *BC* pela rotação do nó *B* são chamados *momentos de transmissão* (MTs). Conforme mostraremos a seguir:

1. O momento final na extremidade de cada membro é igual à soma algébrica do momento de extremidade distribuído (ou o momento de transmissão) e do momento de extremidade fixa (se o vão estiver carregado).
2. Para membros de seção transversal constante, o momento de transmissão em cada vão tem o mesmo sinal do momento de extremidade distribuído, mas metade da intensidade.

Para verificar a magnitude dos momentos finais em cada extremidade dos membros *AB* e *BC* na Figura 13.2*e*, usaremos a equação da inclinação-deflexão (Equação 12.16) para expressar os momentos de extremidade do membro em termos das propriedades dos membros, da carga aplicada e da rotação do nó *B*: para $\theta_A = \theta_C = \psi = 0$, a Equação 12.16 produz

Membro AB:

$$M_{BA} = \frac{2EI_{AB}}{L_{AB}}(2\theta_B) + \text{MEF}_{BA} = \frac{4EI_{AB}}{L_{AB}}\theta_B + \text{MEF}_{BA} \quad (13.2)$$

$$M_{AB} = \underbrace{\frac{2EI_{AB}}{L_{AB}}\theta_B}_{(\text{MT}_{BA})} + \text{MEF}_{AB} \quad (13.3)$$

(MED_{BA})

Membro BC:

$$M_{BC} = \frac{2EI_{BC}}{L_{BC}}(2\theta_B) = \frac{4EI_{BC}}{L_{BC}}\theta_B \quad (13.4)$$

(MED_{BC})

$$M_{CB} = \underbrace{\frac{2EI_{BC}}{L_{BC}}\theta_B}_{(\text{MT}_{BC})} \quad (13.5)$$

A Equação 13.2 mostra que o momento total M_{BA} na extremidade B do membro AB (Figura 13.2e) é igual à soma do (1) momento de extremidade fixa MEF_{BA} e (2) o momento de extremidade distribuído MED_{BA}. MED_{BA} é dado pelo primeiro termo no lado direito da Equação 13.2, como

$$\text{MED}_{BA} = \frac{4EI_{AB}}{L_{AB}}\theta_B \quad (13.6)$$

Na Equação 13.6, o termo $4EI_{AB}/L_{AB}$ é denominado *rigidez à flexão absoluta* da extremidade B do membro AB. Ele representa o momento necessário para produzir uma rotação de 1 rad em B, quando a extremidade em A é fixa com relação à rotação. Se a viga é não-prismática, isto é, se a seção transversal varia ao longo do eixo do membro, a constante numérica na rigidez à flexão absoluta não será igual a 4 (consultar Seção 13.9).

A Equação 13.3 mostra que o momento total na extremidade A do membro AB é igual à soma do momento de extremidade fixa MEF_{AB} e o momento de transmissão MT_{BA}. MT_{BA} é dado pelo primeiro termo da Equação 13.3, como

$$\text{MT}_{BA} = \frac{2EI_{AB}}{L_{AB}}\theta_B \quad (13.7)$$

Se compararmos os valores de MED_{BA} e MT_{BA} dados pelas equações 13.6 e 13.7, veremos que eles são idênticos, exceto quanto às constantes numéricas 2 e 4. Portanto, concluímos que

$$\text{MT}_{BA} = \tfrac{1}{2}(\text{MED}_{BA}) \quad (13.8)$$

Como o momento de transmissão e o momento de extremidade distribuído dados pelas equações 13.6 e 13.7 são funções de θ_B — a única variável que tem um sinal de mais ou de menos —, *os dois momentos têm o mesmo sentido*, isto é, positivo se θ_B está no sentido horário e negativo, no sentido anti-horário.

A Equação 13.4 mostra que o momento na extremidade B do membro BC é devido apenas à rotação θ_B do nó B, pois nenhuma carga atua no vão BC. Analogamente, a Equação 13.5 indica que o momento de transmissão na extremidade C do membro BC é devido apenas à rotação θ_B do nó B. Se compararmos o valor de M_{BC}, o momento de extremidade distribuído na extremidade B do membro BC, com M_{CB}, o momento de transmissão na extremidade C do membro BC, chegaremos à mesma conclusão dada pela Equação 13.8; isto é, *o momento de transmissão é igual à metade do momento de extremidade distribuído*.

Podemos estabelecer a magnitude dos momentos de extremidade distribuídos no nó B (ver Figura 13.2f) como uma porcentagem do momento não equilibrado no grampo do nó B substituindo seus valores, dados pelo primeiro termo da Equação 13.2 e pela Equação 13.4, na Equação 13.1:

$$\text{MED}_{BA} + \text{MED}_{BC} - \text{MNE} = 0 \qquad (13.1)$$

$$\frac{4EI_{BC}}{L_{BC}}\theta_B + \frac{4EI_{AB}}{L_{AB}}\theta_B = \text{MNE} \qquad (13.9)$$

Resolvendo a Equação 13.9 para θ_B, temos

$$\theta_B = \frac{\text{MNE}}{4EI_{AB}/L_{AB} + 4EI_{BC}/L_{BC}} \qquad (13.10)$$

Se fizermos

$$K_{AB} = \frac{I_{AB}}{L_{AB}} \quad \text{e} \quad K_{BC} = \frac{I_{BC}}{L_{BC}} \qquad (13.11)$$

em que a relação I/L é denominada *rigidez à flexão relativa*, podemos escrever a Equação 13.10 como

$$\theta_B = \frac{\text{MNE}}{4EK_{AB} + 4EK_{BC}} = \frac{\text{MNE}}{4E(K_{AB} + K_{BC})} \qquad (13.12)$$

Se $K_{AB} = I_{AB}/L_{AB}$ (ver Equação 13.11) e θ_B dado pela Equação 13.12 forem substituídos na Equação 13.6, podemos expressar o momento de extremidade distribuído MED_{BA} como

$$\text{MED}_{BA} = 4EK_{AB}\frac{\text{MNE}}{4E(K_{AB} + K_{BC})} \qquad (13.13)$$

Se o módulo de elasticidade E de todos os membros for o mesmo, a Equação 13.13 poderá ser simplificada (cancelando as constantes $4E$) para

$$\text{MED}_{BA} = \frac{K_{AB}}{K_{AB} + K_{BC}}\text{MNE} \qquad (13.14)$$

o termo $K_{AB}/(K_{AB} + K_{BC})$, que fornece a divisão da rigidez à flexão relativa do membro AB pela soma dos fatores de rigidez à flexão relativas dos membros (AB e BC) ligados ao nó B, é denominado *fator de distribuição* (FD_{BA}) do membro AB.

$$FD_{BA} = \frac{K_{AB}}{K_{AB} + K_{BC}} = \frac{K_{AB}}{\Sigma K} \qquad (13.15)$$

em que $\Sigma K = K_{AB} + K_{BC}$ representa a soma dos fatores de rigidez à flexão relativas dos membros ligados ao nó B. Usando a Equação 13.15, podemos expressar a Equação 13.14 como

$$MED_{BA} = FD_{AB}(MNE) \qquad (13.16)$$

Analogamente, o momento de extremidade distribuído no membro BC pode ser expresso como

$$MED_{BC} = FD_{BC}(MNE) \qquad (13.16a)$$

em que

$$FD_{BC} = \frac{K_{BC}}{K_{AB} + K_{BC}} = \frac{K_{BC}}{\Sigma K}$$

13.3 Resumo do método da distribuição de momentos sem translação de nó

Acabamos de discutir em detalhes os princípios básicos da distribuição de momentos para analisar uma estrutura contínua na qual os nós estão livres para girar, mas não para transladar. Antes de aplicar o procedimento em exemplos específicos, resumimos o método abaixo.

1. Desenhe um diagrama de linha da estrutura a ser analisada.
2. Em cada nó livre para girar, calcule o fator de distribuição de cada membro e registre-o em uma caixa no diagrama de linha, adjacente ao nó. *A soma dos fatores de distribuição em cada nó deve ser igual a 1*.
3. Anote os momentos de extremidade fixa nas extremidades de cada membro carregado. Como convenção de sinal, adotamos os momentos no sentido horário nas extremidades dos membros como positivos e os momentos no sentido anti-horário como negativos.
4. Calcule o momento não equilibrado no primeiro nó a ser desbloqueado. O momento não equilibrado no primeiro nó é a soma algébrica dos momentos de extremidade fixa nas extremidades de todos os membros ligados ao nó. Após o primeiro nó ser desbloqueado, os momentos não equilibrados nos nós adjacentes serão iguais à soma algébrica dos momentos de extremidade fixa e de todos os momentos de transmissão.

5. Desbloqueie o nó e distribua o momento não equilibrado nas extremidades de cada membro ligado ao nó. Os momentos de extremidade distribuídos são calculados multiplicando-se o momento não equilibrado pelo fator de distribuição de cada membro. O sinal dos momentos de extremidade distribuídos é *oposto* ao sinal do momento não equilibrado.
6. Escreva os momentos de transmissão na outra extremidade do membro. O momento de transmissão tem o mesmo sinal do momento de extremidade distribuído, mas metade da intensidade.
7. Recoloque o grampo e passe para o próximo nó para distribuir os momentos ali. A análise termina quando os momentos não equilibrados em todos os grampos são zero ou próximos de zero.

13.4 Análise de vigas pela distribuição de momentos

Para ilustrar o procedimento de distribuição de momentos, analisaremos a viga contínua de dois vãos da Figura 13.3 do Exemplo 13.1. Como somente o nó no apoio B está livre para girar, uma análise completa exige apenas uma distribuição de momentos no nó B. Nos problemas seguintes, consideraremos estruturas que contêm vários nós livres para girar.

Para iniciar a solução do Exemplo 13.1, calculamos a rigidez do membro, os fatores de distribuição no nó B e os momentos de extremidade fixa no vão AB. Essas informações estão registradas na Figura 13.4, na qual os cálculos da distribuição de momentos são realizados. *A carga de 15 kips no vão AB e o grampo no nó B não são mostrados para manter o esboço simples.* Nenhum fator de distribuição é calculado para os nós A e C, pois esses nós nunca são desbloqueados. O momento não equilibrado no grampo em B é igual à soma algébrica dos momentos de extremidade fixa no nó B. Como somente o vão AB é carregado, o momento não equilibrado — não mostrado no esboço — é igual a +30 kip · ft. Então, supomos que o grampo no nó B é removido. Agora, o nó gira e momentos de extremidade distribuídos de –10 e –20 kip · ft se desenvolvem nas extremidades do membro AB e BC. Esses momentos são registrados imediatamente abaixo do apoio B, na linha sob os momentos de extremidade fixa. Os momentos de transmissão de –5 kip · ft no nó A e de –10 kip · ft no nó C são registrados na terceira linha. Como os nós A e C são apoios fixos, eles nunca giram e a análise está concluída. Os momentos finais nas extremidades de cada membro são calculados somando-se os momentos em cada coluna. Note que, no nó B, os momentos em cada lado do apoio são iguais, mas de sinal oposto, pois o nó está em equilíbrio. Uma vez estabelecidos os momentos de extremidade, os cortantes em cada viga podem ser avaliados cortando-se corpos livres de cada membro e usando-se as equações da estática. Após os cortantes serem calculados, os diagramas de cortante e momento são construídos. Os resultados finais são mostrados na Figura 13.5.

EXEMPLO 13.1

Determine os momentos de extremidade de membro na viga contínua mostrada na Figura 13.3, pela distribuição de momentos. Note que EI de todos os membros é constante.

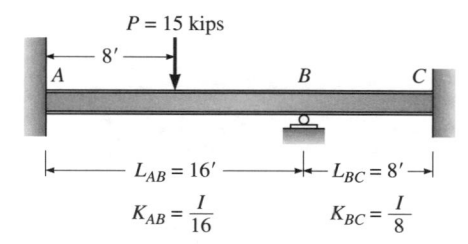

Figura 13.3

Solução
Calcule a rigidez K de cada membro conectado ao nó B.

$$K_{AB} = \frac{I}{L_{AB}} = \frac{I}{16} \qquad K_{BC} = \frac{I}{L_{BC}} = \frac{I}{8}$$

$$\Sigma K = K_{AB} + K_{BC} = \frac{I}{16} + \frac{I}{8} = \frac{3I}{16}$$

Avalie os fatores de distribuição no nó B e registre na Figura 13.4.

$$\text{FD}_{BA} = \frac{K_{AB}}{\Sigma K} = \frac{I/16}{3I/16} = \frac{1}{3}$$

$$\text{FD}_{BC} = \frac{K_{BC}}{\Sigma K} = \frac{I/8}{3I/16} = \frac{2}{3}$$

Calcule os momentos de extremidade fixa em cada extremidade do membro AB (ver Figura 12.5) e registre na Figura 13.4.

[continua]

[*continuação*]

$$\text{MEF}_{AB} = \frac{-PL}{8} = \frac{-15(16)}{8} = -30 \text{ kip} \cdot \text{ft}$$

$$\text{MEF}_{BA} = \frac{+PL}{8} = \frac{15(16)}{8} = +30 \text{ kip} \cdot \text{ft}$$

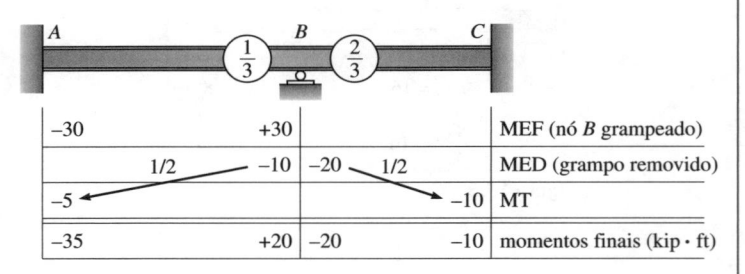

−30		+30		MEF (nó B grampeado)
	1/2 −10	−20 1/2		MED (grampo removido)
−5			−10	MT
−35		+20 −20	−10	momentos finais (kip · ft)

Figura 13.4: Cálculos da distribuição de momentos.

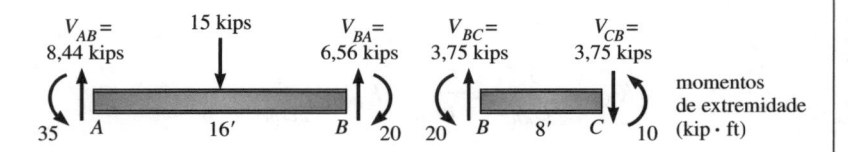

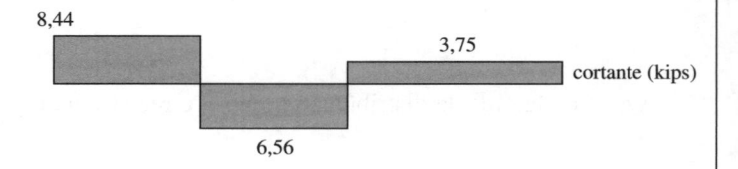

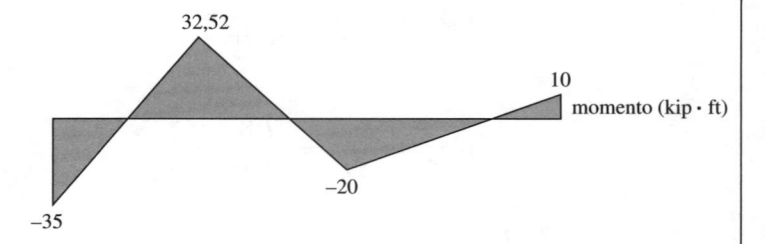

Figura 13.5: Diagramas de cortante e momento.

No Exemplo 13.2, estendemos o método da distribuição de momentos para a análise de uma viga que contém dois nós — B e C — livres para girar (ver Figura 13.6). Como você pode observar na Figura 13.7, onde os momentos distribuídos em cada estágio da análise são tabulados, os grampos nos nós B e C devem ser bloqueados e desbloqueados várias vezes, pois cada vez que um desses nós é desbloqueado, o momento muda no grampo do outro nó, devido ao momento de transmissão. Iniciamos a análise grampeando os nós B e C. Os fatores de distribuição e os momentos de extremidade fixa são calculados e registrados no diagrama da estrutura na Figura 13.7. Para ajudá-lo a seguir as várias etapas da análise, uma descrição de cada operação está anotada à direita de cada linha na Figura 13.7. Quando você se tornar mais familiarizado com a distribuição de momentos, essa ajuda será descontinuada.

Embora estejamos livres para iniciar a distribuição de momentos desbloqueando o nó B ou o nó C, vamos supor que o grampo imaginário no nó B é removido primeiro. O momento não equilibrado no nó B — a soma algébrica dos momentos de extremidade fixa em um dos lados do nó — é igual a MNE = $-96 + 48 = -48$ kip · ft. Para calcular os momentos de extremidade distribuídos em cada membro, invertemos o sinal do momento não equilibrado e o multiplicamos pelo fator de distribuição do membro (cada $\frac{1}{2}$ no nó B). Os momentos de extremidade distribuídos de +24 kip · ft são inseridos na segunda linha e os momentos de transmissão de +12 kip · ft nos apoios A e C são registrados na terceira linha da Figura 13.7. Para mostrar que os momentos foram distribuídos e o nó B está em equilíbrio, desenhamos uma linha curta sob os momentos de extremidade distribuídos nesse nó. O grampo imaginário é, então, reaplicado no nó B. Como agora o nó B está em equilíbrio, o momento no grampo é zero. Em seguida, passamos para o nó C, onde o grampo equilibra um momento não equilibrado de +108 kip · ft. O momento não equilibrado em C é a soma do momento de extremidade fixa de +96 kip · ft e do momento de transmissão de +12 kip · ft do nó B. Em seguida, removemos o grampo do nó C. Quando o nó gira, momentos de extremidade distribuídos de -36 kip · ft e -72 kip · ft se desenvolvem nas extremidades dos membros à esquerda e à direita do nó, e momentos de transmissão de -36 kip · ft e -18 kip · ft se desenvolvem nos nós D e B, respectivamente. Como todos os nós livres para girar foram desbloqueados uma vez, concluímos *um ciclo* da distribuição de momentos. Nesse ponto, o grampo é reaplicado no nó C. Embora não exista nenhum momento no grampo em C, um momento de -18 kip · ft foi criado no grampo em B pelo momento de transmissão do nó C; portanto, devemos continuar o processo de distribuição de momentos. Agora, removemos o grampo em B pela segunda vez e distribuímos +9 kip · ft em cada lado do nó e momentos de transmissão de +4,5 kip · ft nos nós A e C. Continuamos o procedimento de distribuição até que o momento nos grampos seja irrelevante. Normalmente, o projetista termina a distribuição quando os momentos de extremidade distribuídos foram reduzidos a aproximadamente 0,5% do valor final do momento de extremidade do membro. Neste problema, terminamos a análise após três ciclos de distribuição de momentos. Os momentos finais de extremidade de membro, calculados pela soma algébrica dos momentos em cada coluna, estão listados na última linha da Figura 13.7.

EXEMPLO 13.2

Analise a viga contínua da Figura 13.6 pela distribuição de momentos. O valor de EI de todos os membros é constante.

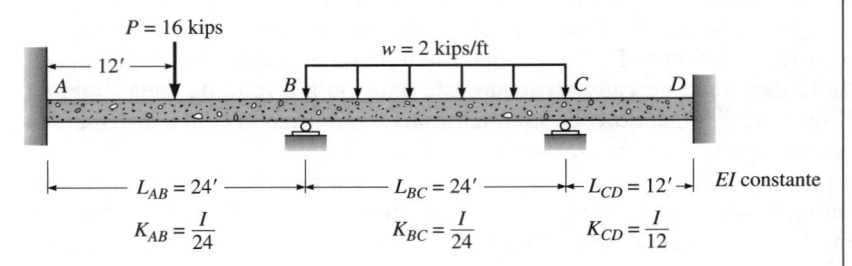

Figura 13.6

Solução

Calcule os fatores de distribuição nos nós B e C e registre na Figura 13.7.

Nó B:

$$K_{AB} = \frac{I}{24} \qquad K_{BC} = \frac{I}{24} \qquad \Sigma K = K_{AB} + K_{BC} = \frac{2I}{24}$$

$$\text{FD}_{BA} = \frac{K_{AB}}{\Sigma K} = \frac{I/24}{2I/24} = 0{,}5$$

$$\text{FD}_{BC} = \frac{K_{BC}}{\Sigma K} = \frac{I/24}{2I/24} = 0{,}5$$

Nó C:

$$K_{BC} = \frac{I}{24} \qquad K_{CD} = \frac{I}{12} \qquad \Sigma K = K_{BC} + K_{CD} = \frac{3I}{24}$$

$$\text{FD}_{BC} = \frac{K_{BC}}{\Sigma K} = \frac{I/24}{3I/24} = \frac{1}{3} \qquad \text{FD}_{CD} = \frac{K_{CD}}{\Sigma K} = \frac{I/12}{3I/24} = \frac{2}{3}$$

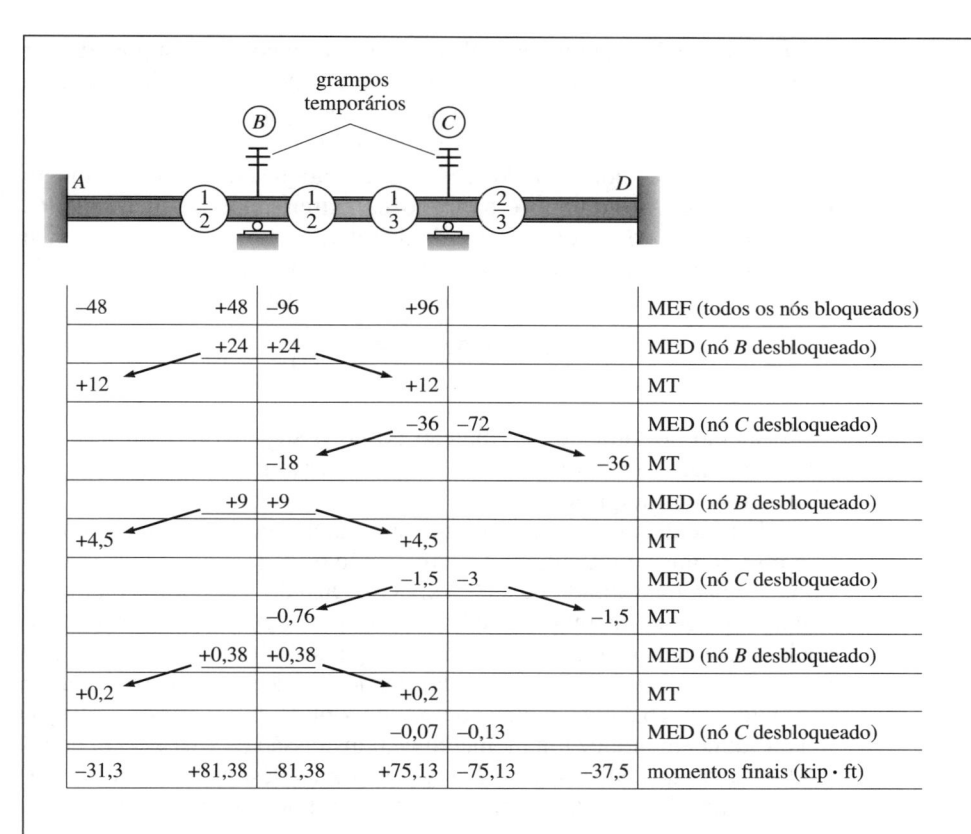

−48	+48	−96	+96			MEF (todos os nós bloqueados)
	+24	+24				MED (nó B desbloqueado)
+12			+12			MT
			−36	−72		MED (nó C desbloqueado)
		−18			−36	MT
	+9	+9				MED (nó B desbloqueado)
+4,5			+4,5			MT
			−1,5	−3		MED (nó C desbloqueado)
		−0,76			−1,5	MT
	+0,38	+0,38				MED (nó B desbloqueado)
+0,2			+0,2			MT
			−0,07	−0,13		MED (nó C desbloqueado)
−31,3	+81,38	−81,38	+75,13	−75,13	−37,5	momentos finais (kip · ft)

Figura 13.7: Detalhes da distribuição de momentos (todos os momentos em kip · ft).

Momentos de extremidade fixa (ver Figura 12.5):

$$\text{MEF}_{AB} = \frac{-PL}{8} = \frac{-16(24)}{8} = -48 \text{ kip} \cdot \text{ft}$$

$$\text{MEF}_{BA} = \frac{+PL}{8} = +48 \text{ kip} \cdot \text{ft}$$

$$\text{MEF}_{BC} = \frac{-wL^2}{12} = \frac{-2(24)^2}{12} = -96 \text{ kip} \cdot \text{ft}$$

$$\text{MEF}_{CB} = \frac{+wL^2}{12} = +96 \text{ kip} \cdot \text{ft}$$

Como o vão CD não está carregado, $\text{MEF}_{CD} = \text{MEF}_{DC} = 0$.

O Exemplo 13.3 aborda a análise de uma viga contínua suportada por um rolo em C, um apoio externo (ver Figura 13.8). Para iniciar a análise (Figura 13.9), os nós B e C são grampeados e os momentos de extremidade fixa, calculados em cada vão. No nó C, o fator de distribuição FD_{CB} é definido igual a 1, pois quando esse nó é desbloqueado, todo o momento não equilibrado no grampo é aplicado na extremidade do membro BC. Você também pode ver que o fator de distribuição no nó C deve ser igual a 1, reconhecendo que $\Sigma K = K_{BC}$, pois apenas um membro vai até o nó C. Se você seguir o procedimento-padrão para calcular FD_{CB},

$$FD_{CB} = \frac{K_{BC}}{\Sigma K} = \frac{K_{BC}}{K_{BC}} = 1$$

O cálculo do fator de distribuição no nó B segue o mesmo procedimento de antes, pois os nós A e C sempre estarão grampeados quando o nó B estiver desbloqueado.

Embora tenhamos a opção de iniciar a análise desbloqueando o nó B ou o nó C, começamos pelo nó C, removendo o grampo que transmite um momento não equilibrado de +16,2 kN · m. Quando o nó gira, o momento de extremidade no membro se reduz a zero, pois o rolo não oferece resistência rotacional para a extremidade da viga. A deformação angular que ocorre é equivalente àquela produzida quando um momento de extremidade distribuído de –16,2 kN · m atua no nó C no sentido anti-horário. A rotação do nó C também produz um momento de transmissão de –8,1 kN · m no nó B. O restante da análise segue os mesmos passos descritos anteriormente. Os diagramas de cortante e momento estão mostrados na Figura 13.10.

EXEMPLO 13.3

Analise a viga da Figura 13.8 pela distribuição de momentos e desenhe os diagramas de cortante e momento.

Solução

$$K_{AB} = \frac{1{,}5I}{6} \qquad K_{BC} = \frac{I}{6} \qquad \text{então} \qquad \Sigma K = K_{AB} + K_{BC} = \frac{2{,}5I}{6}$$

Calcule os fatores de distribuição no nó B:

$$\text{FD}_{AB} = \frac{K_{AB}}{\Sigma K} = \frac{1{,}5I/6}{2{,}5I/6} = 0{,}6 \qquad \text{FD}_{BC} = \frac{K_{BC}}{\Sigma K} = \frac{I/6}{2{,}5I/6} = 0{,}4$$

$$\text{MEF}_{AB} = -\frac{wL^2}{12} = -\frac{3(6)^2}{12} = -9 \text{ kN} \cdot \text{m}$$

$$\text{MEF}_{BA} = -\text{MEF}_{AB} = +9 \text{ kN} \cdot \text{m}$$

$$\text{MEF}_{BC} = -\frac{wL^2}{12} = -\frac{5{,}4(6)^2}{12} = -16{,}2 \text{ kN} \cdot \text{m}$$

$$\text{MEF}_{CB} = -\text{MEF}_{BC} = +16{,}2 \text{ kN} \cdot \text{m}$$

Análise. Veja a Figura 13.9.

Diagramas de cortante e momento. Veja a Figura 13.10.

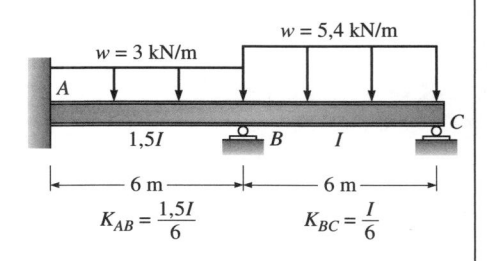

Figura 13.8

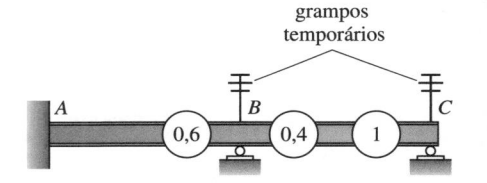

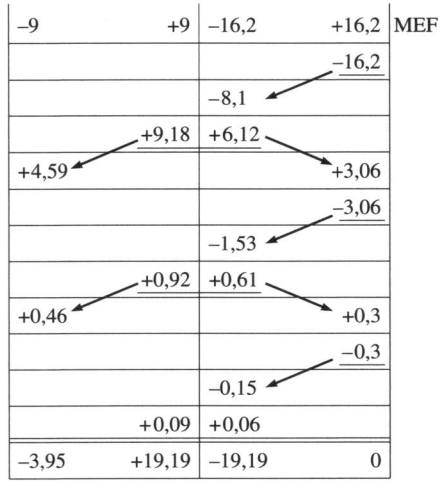

Figura 13.9: Detalhes da distribuição de momentos (todos os momentos em kN·m).

	0,6	0,4	1	
−9	+9	−16,2	+16,2	MEF
			−16,2	
		−8,1		
	+9,18	+6,12		
+4,59			+3,06	
			−3,06	
		−1,53		
	+0,92	+0,61		
+0,46			+0,3	
			−0,3	
		−0,15		
	+0,09	+0,06		
−3,95	+19,19	−19,19	0	

todos os momentos em kN · m

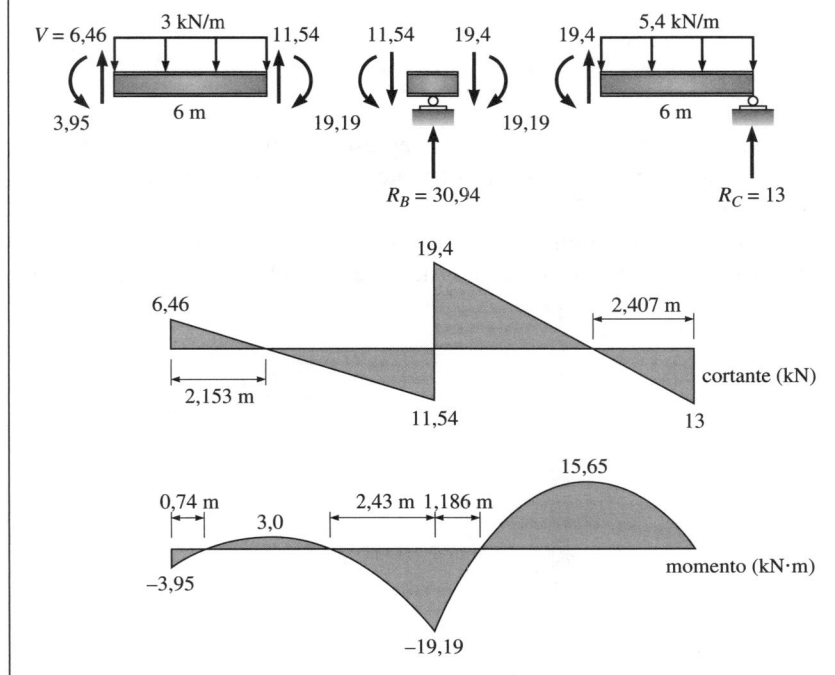

Figura 13.10: Diagramas de cortante e momento.

13.5 Modificação da rigidez do membro

Frequentemente, podemos reduzir o número de ciclos de distribuição de momentos exigidos para analisar uma estrutura contínua, ajustando a rigidez à flexão de certos membros. Nesta seção, consideraremos membros cujas extremidades terminam em um apoio *externo* consistindo em um pino ou rolo (por exemplo, ver membros *AB*, *BF* e *DE* na Figura 13.11). Também estabeleceremos a influência de uma variedade de condições de extremidade na rigidez à flexão de uma viga.

Para medir a influência de condições de extremidade sobre a rigidez à flexão de uma viga, podemos comparar o momento necessário para produzir uma *rotação unitária* (1 radiano) da extremidade de um membro para várias condições de extremidade. Por exemplo, se a extremidade de uma viga é fixa com relação à rotação, como mostrado na Figura 13.12*a*, em que $\theta_A = 1$ radiano e $\theta_B = 0$, podemos usar a equação da inclinação-deflexão para expressar o momento aplicado em termos das propriedades das vigas. Como não ocorrem recalques de apoio e nenhuma carga é aplicada entre as extremidades, $\psi_{AB} = 0$ e $\text{MEF}_{AB} = \text{MEF}_{BA} = 0$.

Substituindo os termos acima na Equação 12.16, calculamos

$$M_{AB} = \frac{2EI}{L}(2\theta_A + \theta_B - 3\psi_{AB}) + \text{MEF}$$

$$= \frac{2EI}{L}[2(1) + 0 - 0] + 0$$

$$M_{AB} = \frac{4EI}{L} \tag{13.17}$$

Anteriormente, vimos que $4EI/L$ representa a rigidez à flexão absoluta de uma viga cuja extremidade distante é fixa, sob a influência de um momento (Equação 13.6).

Se o apoio na extremidade *B* do membro é um pino ou um rolo que impede deslocamento vertical, mas não oferece nenhuma restrição rotacio-

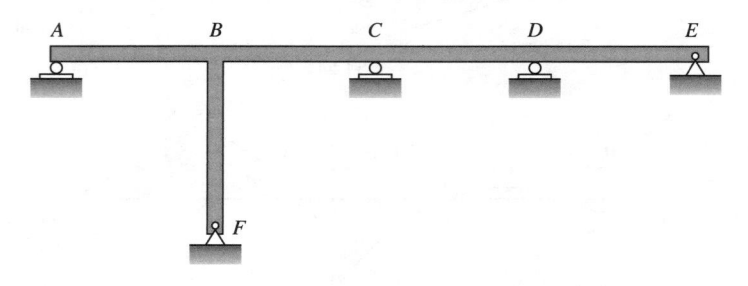

Figura 13.11

nal (Figura 13.12b), podemos aplicar novamente a equação da inclinação-deflexão para avaliar a rigidez à flexão do membro. Para este caso:

$\theta_A = 1$ radiano $\theta_B = -\frac{1}{2}$ radiano   (ver Figura 11.3e para a relação entre θ_A e θ_B)

$\psi_{AB} = 0$ e $\text{MEF}_{AB} = \text{MEF}_{BA} = 0$

Substituindo na Equação 12.16, temos

$$M_{AB} = \frac{2EI}{L}[2(1) - \tfrac{1}{2} + 0] + 0$$

$$M_{AB} = \frac{3EI}{L} \qquad (13.18)$$

Comparando as equações 13.17 e 13.18, vemos que uma viga carregada por um momento em uma extremidade cuja ponta distante é presa com pino tem *três quartos da rigidez, com relação à resistência à rotação do nó, de uma viga de mesmas dimensões cuja extremidade é fixa*.

Se um membro é fletido em curvatura dupla por momentos de extremidade iguais (Figura 13.12c), a resistência à rotação aumenta, pois o momento em B (extremidade distante), gira a extremidade próxima de A em sentido oposto ao momento em A. Podemos relacionar a magnitude de M_{AB} com a rotação em A, usando a equação da inclinação-deflexão, com $\theta_A = \theta_B = 1$ rad, $\psi_{AB} = 0$ e $\text{MEF}_{AB} = 0$. Substituindo os valores acima na equação da inclinação-deflexão, temos

$$M_{AB} = \frac{2EI}{L}(2\theta_A + \theta_B - 3\psi_{AB}) \pm \text{MEF}_{AB} \qquad (12.16)$$

$$M_{AB} = \frac{2EI}{L}[2(1) + 1] = \frac{6EI}{L}$$

em que a rigidez absoluta é

$$K_{AB} = \frac{6EI}{L} \qquad (13.19)$$

Comparando a Equação 13.19 com a Equação 13.17, descobrimos que a rigidez absoluta de um membro fletido em *curvatura dupla por momentos de extremidade iguais* é 50% maior do que a rigidez de uma viga cuja extremidade é fixa com relação à rotação.

Se um membro sob flexão é influenciado por valores de momentos de extremidade iguais (Figura 13.12d), produzindo flexão de curvatura simples, a rigidez à flexão efetiva com relação à extremidade A é reduzida, pois o momento na extremidade distante (a extremidade B) contribui para a rotação na extremidade A.

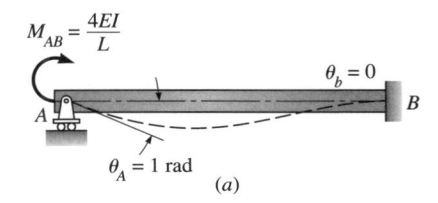

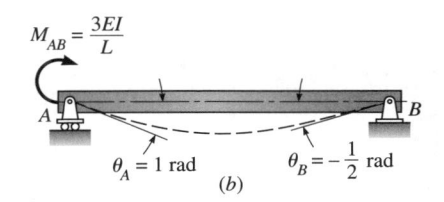

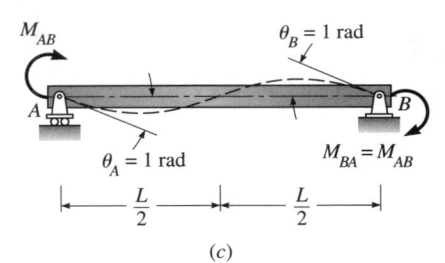

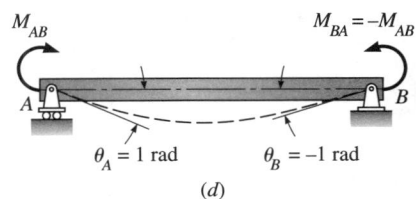

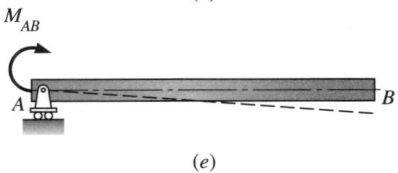

Figura 13.12: (a) Viga com extremidade distante fixa; (b) viga com extremidade distante não restrita contra rotação; (c) valores iguais de momento no sentido horário em cada extremidade; (d) flexão de curvatura simples por valores de momentos de extremidade iguais; (e) viga em balanço carregada na extremidade apoiada.

Usando a equação da inclinação-deflexão com $\theta_A = 1$ radiano, $\theta_B = -1$ radiano, $\psi_{AB} = 0$ e $\text{MEF}_{AB} = 0$, obtemos

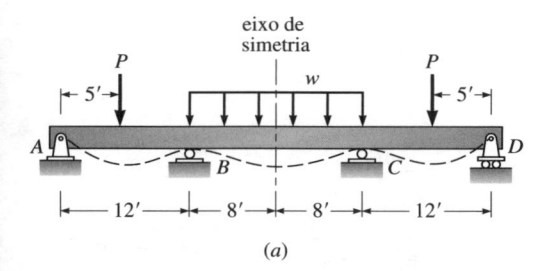

$$M_{AB} = \frac{2EI}{L}(2\theta_A + \theta_B - 3\psi_{AB}) \pm \text{MEF}_{AB}$$

$$= \frac{2EI}{L}[2 \times 1 + (-1) - 0] \pm 0$$

$$= \frac{2EI}{L}$$

em que a rigidez absoluta

$$K_{AB} = \frac{2EI}{L} \tag{13.20}$$

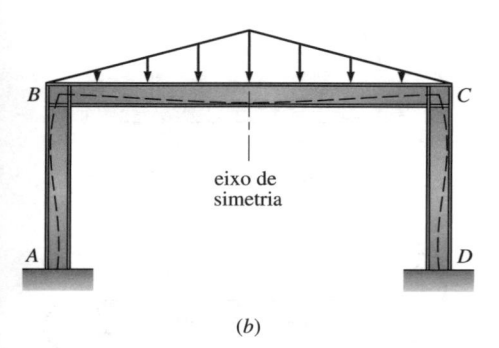

Comparando a Equação 13.20 com a Equação 13.17, descobrimos que a rigidez absoluta K_{AB} de um membro fletido em curvatura simples por valores de momentos de extremidade iguais tem uma rigidez efetiva K_{AB} 50% menor do que a de uma viga cuja extremidade é fixa com relação à rotação.

Os membros, quando sujeitos a valores de momento de extremidade iguais que produzem flexão de curvatura simples, estão localizados no *eixo de simetria* de *estruturas simétricas carregadas simetricamente* (ver membros BC na Figura 13.13a e b). Na viga caixão simetricamente carregada da Figura 13.13c, os momentos de extremidade atuam de forma a produzir flexão de curvatura simples nos quatro lados. Evidentemente, se cargas transversais também atuam, pode haver regiões de momentos positivos e negativos. Conforme demonstraremos no Exemplo 13.6, tirar proveito dessa modificação em uma análise por distribuição de momentos de uma estrutura simétrica simplifica a análise significativamente.

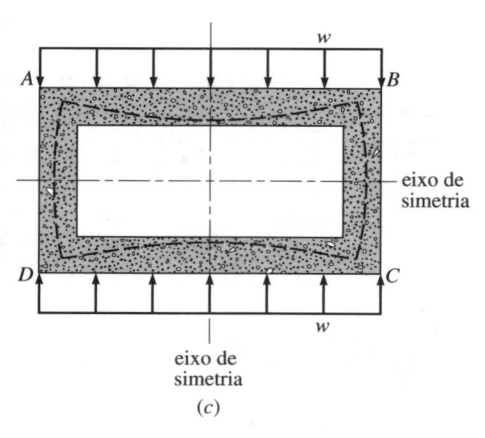

Rigidez de uma viga em balanço

Nas figuras 13.12a a d, os apoios fixos e de pino em B fornecem restrição vertical que impede a viga de girar no sentido horário como um corpo rígido sobre o apoio A. Como cada uma dessas vigas está apoiada de maneira estável, elas são capazes de resistir ao momento aplicado no nó A. Por outro lado, se um momento for aplicado na extremidade A da viga em balanço da Figura 13.12e, a viga em balanço não poderá desenvolver nenhuma resistência à flexão ao momento, pois não existe nenhum apoio à direita para impedir que a viga gire no sentido horário sobre o apoio A. Portanto, você pode ver que uma viga em balanço tem resistência zero ao momento. Ao se calcular os fatores de distribuição em um nó que contém uma viga em balanço, o fator de distribuição da viga em balanço é zero, e não *é distribuído nenhum momento não equilibrado para a viga em balanço*.

Figura 13.13: Exemplos de estruturas simétricas, simetricamente carregadas, que contêm membros cujos momentos de extremidade têm magnitude igual e produzem flexão de curvatura simples: (a) viga BC da viga contínua; (b) viga BC do pórtico rígido; (c) todos os quatro membros da viga caixão.

Evidentemente, se uma viga em balanço é carregada, pode transmitir um cortante e um momento para o nó em que está apoiada; entretanto, essa é uma função separada e nada tem a ver com sua capacidade de absorver momento não equilibrado.

No Exemplo 13.4, ilustramos o uso do fator $\frac{3}{4}$ para modificar a rigidez dos membros de extremidade presa com pino da viga contínua da Figura 13.14a. Na análise da viga da Figura 13.14, a rigidez à flexão I/L dos membros AB e CD pode ser reduzida por $\frac{3}{4}$ em ambos, pois os dois membros terminam em apoios de pino ou rolo. Você pode questionar se o fator $\frac{3}{4}$ é aplicável ao vão CD, por causa da extensão de viga em balanço DE à direita do apoio. Contudo, conforme acabamos de discutir, a viga em balanço tem rigidez zero no que diz respeito à absorção de qualquer momento não equilibrado transmitido por um grampo no nó D; portanto, depois que o grampo é removido do nó D, a viga em balanço não tem nenhuma influência sobre a restrição rotacional do membro CD.

Iniciamos a análise da Figura 13.15a com todos os nós bloqueados contra rotação. Em seguida, as cargas são aplicadas, produzindo os momentos de extremidade fixa tabulados na primeira linha. A partir do diagrama de corpo livre da viga em balanço DE na Figura 13.14b, você pode ver que o equilíbrio do membro exige que o momento na extremidade D do membro DE atue no sentido anti-horário e seja igual a -60 kip·ft.

Como a rigidez à flexão dos membros AB e CD foi reduzida por $\frac{3}{4}$, os grampos nos nós A e D *devem ser removidos primeiro*. Quando o grampo é removido em A, um momento de extremidade distribuído de +33 kip·ft e um momento de transmissão de +16,7 kip·ft se desenvolvem no vão AB. O momento total no nó A agora é zero. No restante da análise, o nó A permanecerá desbloqueado. Como agora o nó A está livre para girar, nenhum momento de transmissão se desenvolverá nele quando o nó B for desbloqueado.

Em seguida, passamos para o nó D e removemos o grampo, que inicialmente transmite um momento não equilibrado igual à diferença dos momentos de extremidade fixa no nó

$$\text{MNE} = +97{,}2 - 60 = +37{,}2 \text{ kip·ft}$$

Quando o nó D gira, um momento de extremidade distribuído de $-37{,}2$ kip·ft se desenvolve em D e um momento de transmissão de $-18{,}6$ kip·ft em C se desenvolve no membro CD. *Nota*: agora o nó D está em equilíbrio e o momento de -60 kip·ft aplicado pela viga em balanço é equilibrado pelo momento de $+60$ kip·ft na extremidade D do membro CD. Para o restante da análise, o nó D permanecerá desbloqueado, e nenhum momento de transmissão se desenvolverá nele quando o nó C for desbloqueado. A análise é concluída pela distribuição de momentos entre os nós B e C, até que a magnitude do momento de transmissão seja desprezível. Usando corpos livres dos elementos da viga entre os apoios, as reações são calculadas pela estática e estão mostradas na Figura 13.15b.

EXEMPLO 13.4

Analise a viga da Figura 13.14a pela distribuição de momentos, usando fatores de rigidez à flexão modificados para os membros AB e CD. Dados: EI é constante.

Solução

$$K_{AB} = \frac{3}{4}\left(\frac{360}{15}\right) = 18 \qquad K_{BC} = \frac{480}{20} = 24$$

$$K_{CD} = \frac{3}{4}\left(\frac{480}{18}\right) = 20 \qquad K_{DE} = 0$$

Calcule os fatores de distribuição.

Nó B:

$$\Sigma K = K_{AB} + K_{BC} = 18 + 24 = 42$$

$$FD_{BA} = \frac{K_{AB}}{\Sigma K} = \frac{18}{42} = 0{,}43 \qquad FD_{BC} = \frac{K_{BC}}{\Sigma K} = \frac{24}{42} = 0{,}57$$

Nó C:

$$\Sigma K = K_{BC} + K_{CD} = 24 + 20 = 44$$

$$FD_{BC} = \frac{K_{BC}}{\Sigma K} = \frac{24}{44} = 0{,}55 \qquad FD_{CD} = \frac{K_{CD}}{\Sigma K} = \frac{20}{44} = 0{,}45$$

Calcule os momentos de extremidade fixa (ver Figura 12.5).

$$MEF_{AB} = -\frac{Pab^2}{L^2} = -\frac{30(10)(5^2)}{15^2} \qquad MEF_{BA} = \frac{Pba^2}{L^2} = \frac{30(5)(10^2)}{15^2}$$

$$= -33{,}3 \text{ kip} \cdot \text{ft} \qquad\qquad\qquad = +66{,}7 \text{ kip} \cdot \text{ft}$$

$$MEF_{BC} = -\frac{wL^2}{12} = -120 \text{ kip} \cdot \text{ft} \qquad MEF_{CB} = -MEF_{BC} = 120 \text{ kip} \cdot \text{ft}$$

$$MEF_{CD} = -\frac{wL^2}{12} = -97{,}2 \text{ kip} \cdot \text{ft} \qquad MEF_{DC} = -MEF_{CD} = 97{,}2 \text{ kip} \cdot \text{ft}$$

$$MEF_{DE} = -60 \text{ kip} \cdot \text{ft} \quad (\text{ver Figura 13.14}b)$$

O sinal menos é necessário porque o momento atua no sentido anti-horário na extremidade do membro.

Seção 13.5 Modificação da rigidez do membro 533

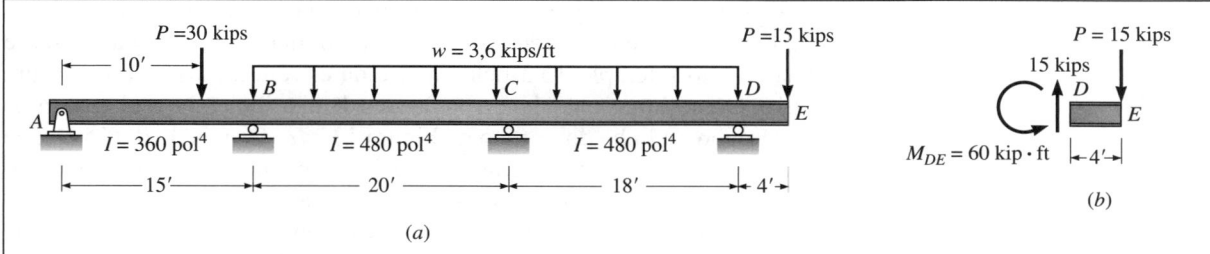

Figura 13.14: (a) Viga contínua; (b) corpo livre da viga em balanço DE.

	A		B		C		D		E
DF	1		0,43	0,57	0,55	0,45		1	0
MEF	−33,3		+66,7	−120	+120	−97,2		+97,2	−60
	+33,3							−37,2	
			+16,7			−18,6			
					−2,3	−1,9			
				−1,1					
			+16,2	+21,5					
					+10,8				
					−5,9	−4,9			
				−3,0					
			+1,3	+1,7					
					+0,8				
					−0,4	−0,4			
momentos finais (kip·ft)	0		+100,9	−100,9	+123	−123		+60	−60

(a)

(b)

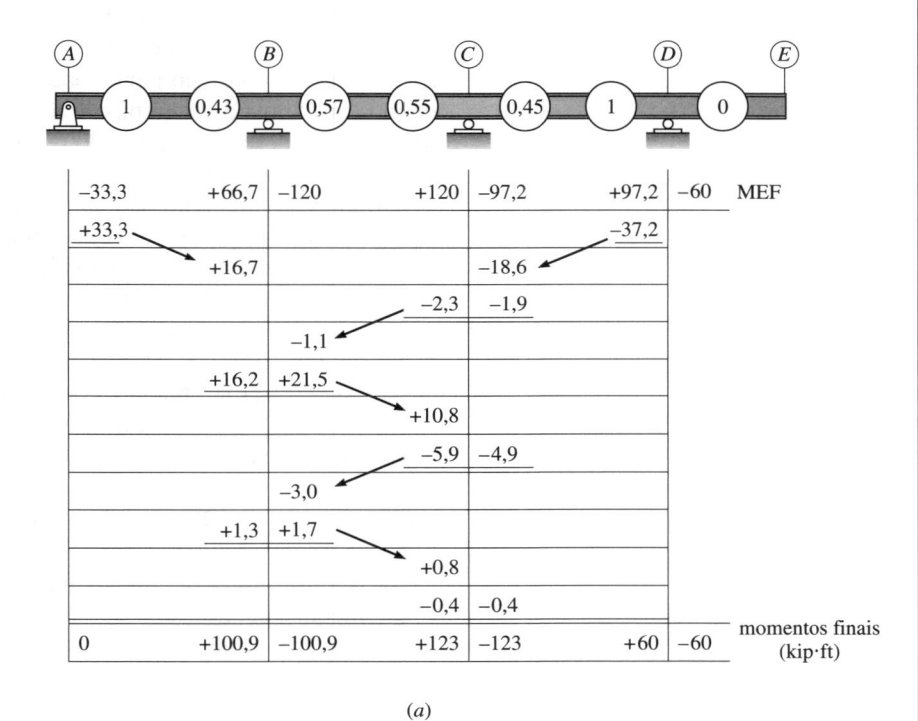

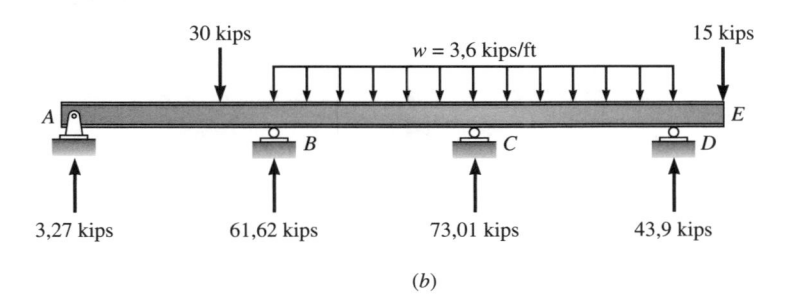

Figura 13.15: (a) Detalhes da distribuição de momentos; (b) reações.

O uso da distribuição de momentos para analisar um pórtico, cujos nós são restringidos em relação ao deslocamento, mas são livres para girar, é ilustrado no Exemplo 13.5 pela análise da estrutura mostrada na Figura 13.16. Começamos calculando os fatores de distribuição e registrando-os no desenho de linha do pórtico da Figura 13.17a. Os nós A, B, C e D, que estão livres para girar, são grampeados inicialmente. Então, as cargas são aplicadas e produzem momentos de extremidade fixa de ±120 kip · ft no vão AB e de ±80 kip · ft no vão BC. Esses momentos estão registrados na Figura 13.17a, acima das vigas. Para iniciar a análise, os nós A e D devem ser desbloqueados primeiro, pois a rigidez dos membros AB e CD foram modificadas pelo fator 3/4. Quando o nó A gira, um momento de extremidade distribuído de +120 kip · ft no nó A e um momento de transmissão de +60 kip · ft no nó B se desenvolvem no vão AB. Como nenhuma carga transversal atua no membro CD, não existem momentos de extremidade fixa nesse membro; portanto, não se desenvolve nenhum momento no membro CD quando o grampo é removido do nó D. Como os nós A e D permanecem desbloqueados pelo restante da análise, nenhum momento de transmissão atua nesses nós.

No nó B, o momento não equilibrado é igual a 100 kip · ft — a soma algébrica dos momentos de extremidade fixa de +120 e −80 kip · ft e o momento de transmissão de +60 kip · ft do nó A. O sinal do momento não equilibrado é invertido, e os momentos de extremidade distribuídos de −33, −22 e −45 kip · ft, respectivamente, atuam na extremidade B dos membros BA, BC e BF. Além disso, existem os momentos de transmissão de −11 kip · ft na extremidade C do membro BC e de −22,5 kip · ft na base da coluna BF. Em seguida, o nó C é desbloqueado e é distribuído o momento não equilibrado de +69 kip · ft no grampo — a soma algébrica do momento de extremidade fixa de +80 kip · ft e o momento de transmissão de −11 kip · ft. O desbloqueio do nó C também produz momentos de transmissão de −7,2 kip · ft no nó B e de −14,85 kip · ft na base da coluna CE. Após o término de um segundo ciclo de distribuição de momentos, os momentos de transmissão são insignificantes e a análise pode ser concluída. Uma linha dupla é desenhada, e os momentos em cada membro são somados para estabelecer os valores finais de momento de extremidade do membro. As reações, calculadas a partir dos corpos livres dos membros individuais, são mostradas na Figura 13.17b.

EXEMPLO 13.5

Analise o pórtico da Figura 13.16 pela distribuição de momentos.

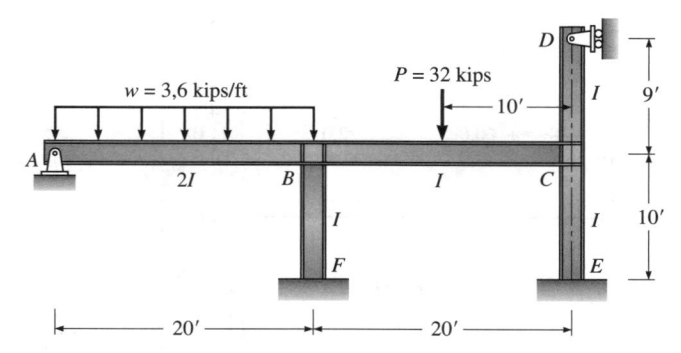

Figura 13.16: Detalhes do pórtico rígido.

Solução

Calcule os fatores de distribuição no nó B.

$$K_{AB} = \frac{3}{4}\left(\frac{2I}{20}\right) = \frac{3I}{40} \quad K_{BC} = \frac{I}{20} \quad K_{BF} = \frac{I}{10} \quad \Sigma K = \frac{9I}{40}$$

$$\text{FD}_{BA} = \frac{K_{AB}}{\Sigma K} = 0{,}33 \quad \text{FD}_{BC} = \frac{K_{BC}}{\Sigma K} = 0{,}22 \quad \text{FD}_{BF} = \frac{K_{BF}}{\Sigma K} = 0{,}45$$

Calcule os fatores de distribuição no nó C.

$$K_{CB} = \frac{I}{20} \quad K_{CD} = \frac{3}{4}\left(\frac{I}{9}\right) \quad K_{CE} = \frac{I}{10} \quad \Sigma K = \frac{14I}{60}$$

$$\text{FD}_{CB} = 0{,}21 \quad \text{FD}_{CD} = 0{,}36 \quad \text{FD}_{CE} = 0{,}43$$

Calcule os momentos de extremidade fixa nos vãos AB e BC (ver Figura 12.5).

$$\text{MEF}_{AB} = \frac{wL^2}{12} = \frac{-3{,}6(20)^2}{12} = -120 \text{ kip} \cdot \text{ft}$$

$$\text{MEF}_{BA} = -\text{MEF}_{AB} = +120 \text{ kip} \cdot \text{ft}$$

$$\text{MEF}_{BC} = \frac{-PL}{8} = \frac{-32(20)}{8} = -80 \text{ kip} \cdot \text{ft}$$

$$\text{MEF}_{CB} = -\text{MEF}_{BC} = +80 \text{ kip} \cdot \text{ft}$$

[*continua*]

[*continuação*]

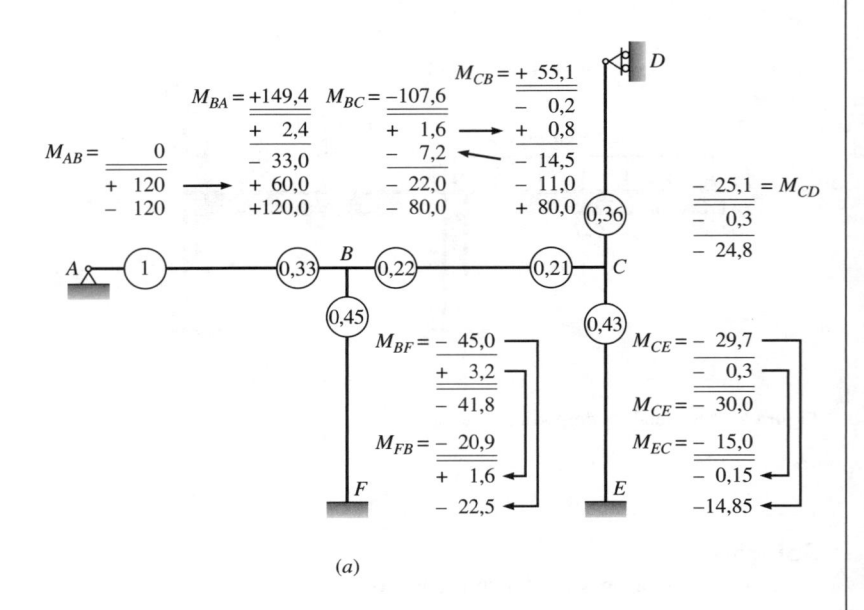

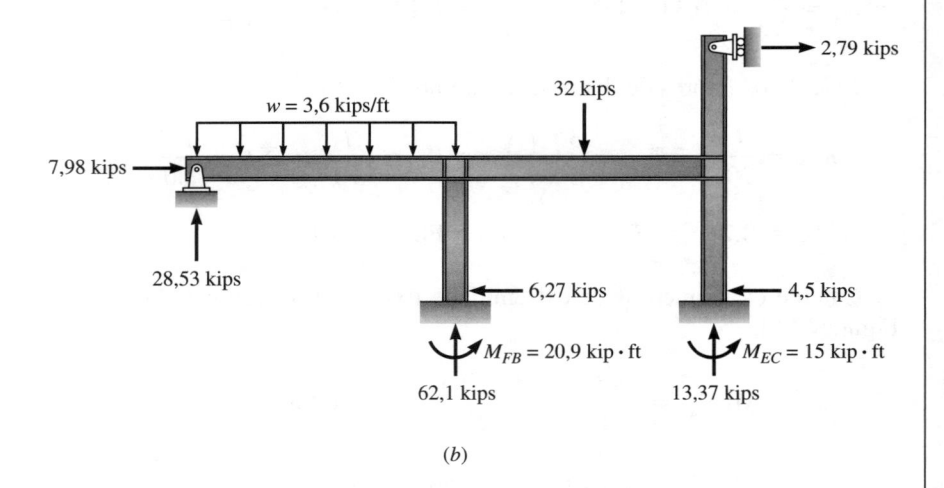

Figura 13.17: (*a*) Análise pela distribuição de momentos; (*b*) reações calculadas a partir dos corpos livres dos membros.

EXEMPLO 13.6

Analise o pórtico da Figura 13.18a pela distribuição de momentos, modificando a rigidez das colunas e da viga pelos fatores discutidos na Seção 13.5 para uma estrutura simétrica, carregada simetricamente.

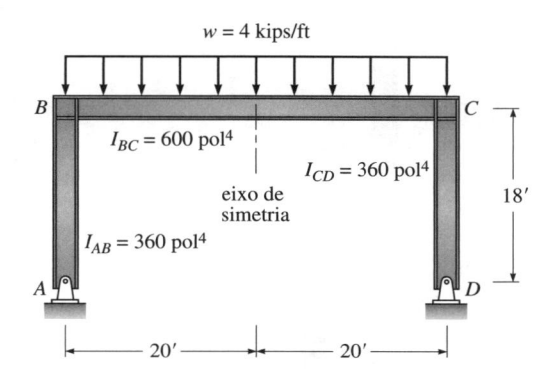

Figura 13.18a

Solução

PASSO 1 Modifique a rigidez das colunas por $\frac{3}{4}$ para um apoio de pino nos pontos A e D.

$$K_{AB} = K_{CD} = \frac{3}{4}\frac{I}{L} = \frac{3}{4}\frac{360}{18} = 15$$

Modifique a rigidez da viga BC por $\frac{1}{2}$ (os nós B e C serão desbloqueados simultaneamente e não haverá momentos de transmissão distribuídos).

$$K_{BC} = \frac{1}{2}\frac{I}{L} = \frac{1}{2}\frac{600}{40} = 7{,}5$$

PASSO 2 Calcule os fatores de distribuição nos nós B e C.

$$\text{FD}_{BA} = \text{FD}_{CD} = \frac{K_{AB}}{\Sigma K'_s} = \frac{15}{15 + 7{,}5} = \frac{2}{3}$$

$$\text{FD}_{BC} = \text{FD}_{CB} = \frac{K_{BC}}{\Sigma K'_s} = \frac{7{,}5}{15 + 7{,}5} = \frac{1}{3}$$

$$\text{MEF}_{BC} = \text{MEF}_{CB} = \frac{WL^2}{12} = \frac{4(40)^2}{12} = \pm 533{,}33 \text{ kip} \cdot \text{ft}$$

[*continua*]

538 Capítulo 13 Distribuição de momentos

[*continuação*]

(b)

(c)

(d)

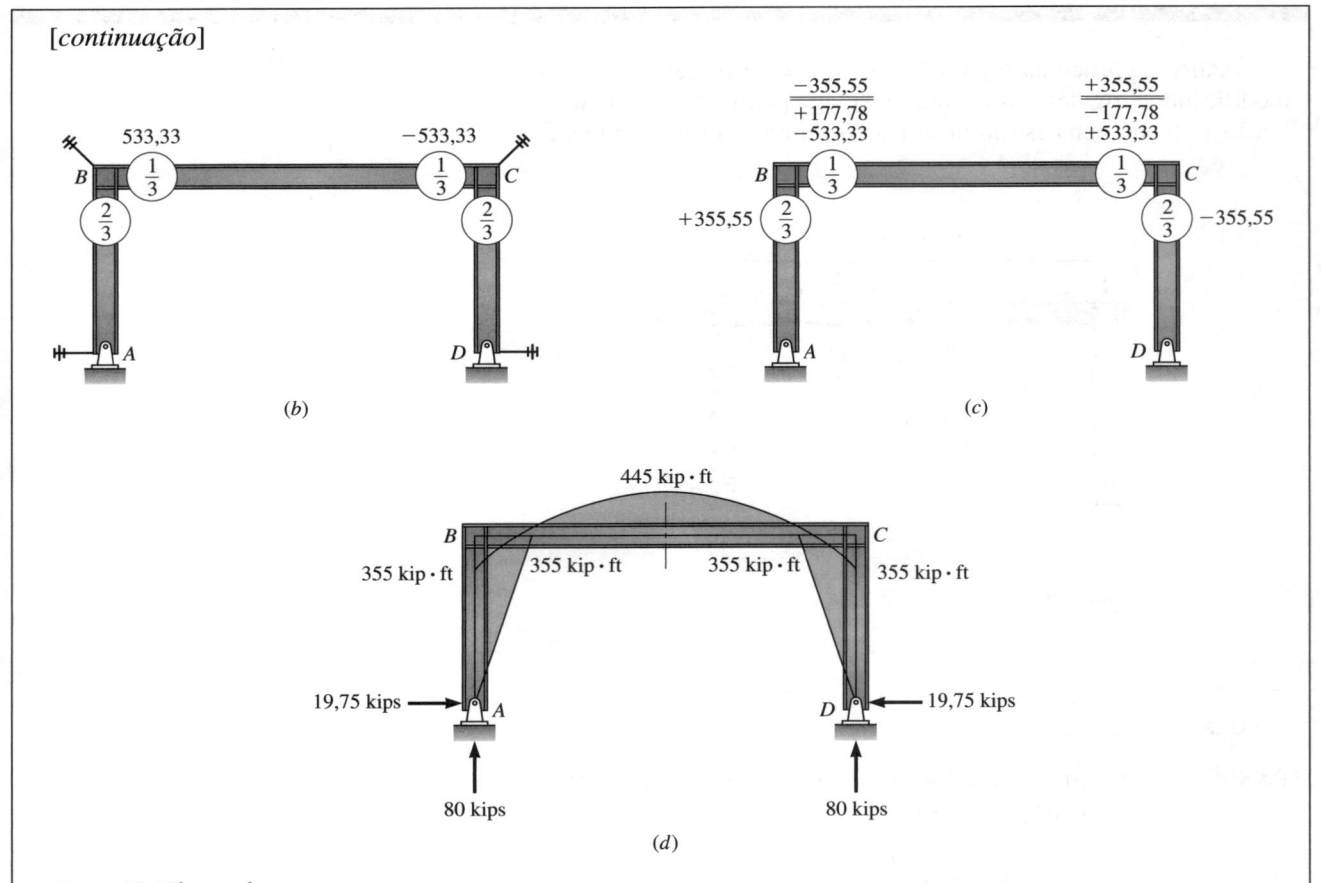

Figura 13.18b, c e d

PASSO 3 (a) Grampeie todos os nós e aplique a carga uniforme na viga *BC* (ver Figura 13.18*b*).

(b) Remova os grampos nos apoios *A* e *D*. Como nenhuma carga atua nas colunas, não há momentos a distribuir. O nó nos apoios permanecerá desbloqueado. Como a base de cada coluna está livre para girar, se a extremidade for desbloqueada, a rigidez de cada coluna pode ser reduzida por um fator de $\frac{3}{4}$.

PASSO 4 Em seguida, os grampos nos nós *B* e *C* são removidos simultaneamente. Os nós *B* e *C* giram igualmente (a condição exigida para o fator aplicado na rigidez da viga) e valores iguais de momento de extremidade se desenvolvem em cada extremidade da viga *BC* (ver Figura 13.18*c*). Os resultados finais da análise são mostrados na Figura 13.18*d*.

Recalques de apoio, erros de fabricação e mudança de temperatura

A distribuição de momentos e a equação da inclinação-deflexão fornecem uma combinação eficaz para determinar os momentos gerados em vigas e pórticos indeterminados por erros de fabricação, recalques de apoio e mudança de temperatura. Nessa aplicação, os deslocamentos apropriados são introduzidos na estrutura, enquanto todos os nós livres para girar são bloqueados simultaneamente por grampos contra rotação na orientação inicial. O bloqueio dos nós contra rotação garante que as mudanças na inclinação nas extremidades de todos os membros seja *zero* e permite que os momentos de extremidade produzidos pelos valores especificados de deslocamento sejam avaliados pela equação da inclinação-deflexão. Para completar a análise, os grampos são removidos e a estrutura pode fletir até sua posição de equilíbrio final.

No Exemplo 13.7, usamos esse procedimento para determinar os momentos em uma estrutura cujos apoios não estão localizados em suas posições especificadas — uma situação comum que ocorre frequentemente durante a construção. No Exemplo 13.8, o método é usado para estabelecer os momentos gerados por um erro de fabricação em um pórtico indeterminado.

EXEMPLO 13.7

Determine as reações e desenhe os diagramas de cortante e momento para a viga contínua da Figura 13.19a. Acidentalmente, o apoio fixo em A foi construído incorretamente com uma inclinação de 0,002 radiano no sentido anti-horário a partir de um eixo vertical por A e o apoio em C foi construído acidentalmente 1,5 pol abaixo de sua posição pretendida. Dados: $E = 29\,000$ kips/pol^2 e $I = 300$ pol^4.

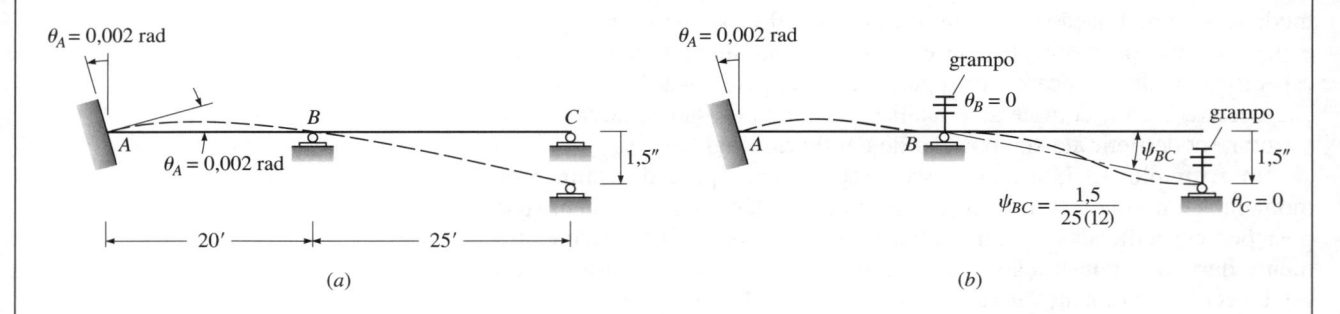

Figura 13.19: (a) Viga com apoios construídos fora da posição; forma defletida mostrada pela linha tracejada; (b) viga restringida bloqueada na posição por grampos temporários nos nós B e C.

Solução

Com os apoios localizados em suas posições conforme foram construídos (ver Figura 13.19b), a viga é conectada a eles. Como a viga descarregada é reta, mas os apoios não estão mais em uma linha reta e corretamente alinhados, devem ser aplicadas forças externas na viga para fazê-la entrar em contato com seus apoios. Após a viga estar conectada em seus apoios, devem ser desenvolvidas reações para mantê-la em sua configuração fletida. Além disso, nos nós B e C, imaginamos que são aplicados grampos para manter as extremidades da viga em uma posição horizontal; isto é, θ_B e θ_C são zero. Agora, usamos a equação da inclinação-deflexão para calcular os momentos em cada extremidade das vigas restringidas da Figura 13.19b.

$$M_{NF} = \frac{2EI}{L}(2\theta_N + \theta_F - 3\psi) + \text{MEF}_{NF} \qquad (12.16)$$

Calcule os momentos no vão AB: $\theta_A = -0,002$ rad, $\theta_B = 0$ e $\psi_{AB} = 0$. Como nenhuma carga transversal é aplicada no vão AB, $\text{MEF}_{AB} = \text{MEF}_{BA} = 0$.

$$M_{AB} = \frac{2(29\,000)(300)}{20(12)}[2(-0,002)] = -290 \text{ kip} \cdot \text{pol} = -24,2 \text{ kip} \cdot \text{ft}$$

$$M_{BA} = \frac{2(29\,000)(300)}{20(12)}(-0,002) = -145 \text{ kip} \cdot \text{pol} = -12,1 \text{ kip} \cdot \text{ft}$$

Calcule os momentos no vão BC: $\theta_B = 0$, $\theta_C = 0$, $\psi = 1{,}5$ pol/$[25(12)] = 0{,}005$.

$\text{MEF}_{BC} = \text{MEF}_{CB} = 0$ pois não há cargas transversais aplicadas no vão BC.

$$M_{BC} = M_{CB} = \frac{2(29\,000)(300)}{12(25)}[2(0) + 0 - 3(0{,}005)]$$

$$= -870 \text{ kip} \cdot \text{pol} = -72{,}5 \text{ kip} \cdot \text{ft}$$

Calcule os fatores de distribuição no nó B.

$$K_{AB} = \frac{300}{20} = 15 \qquad K_{BC} = \frac{3}{4}\left(\frac{300}{25}\right) = 9 \qquad \Sigma K = 24$$

$$\text{FD}_{BA} = \frac{K_{AB}}{\Sigma K} = \frac{15}{24} = 0{,}625 \qquad \text{FD}_{BC} = \frac{K_{BC}}{\Sigma K} = \frac{9}{24} = 0{,}375$$

A distribuição de momentos foi feita na Figura 13.20a, os cortantes e as reações estão calculados na Figura 13.20b e o diagrama de momento é mostrado na Figura 13.20c.

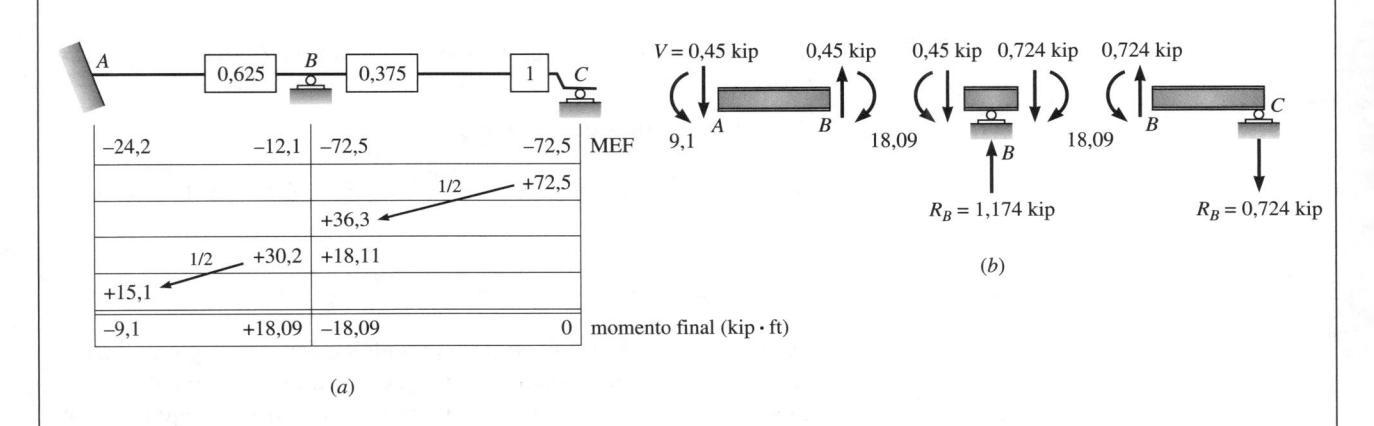

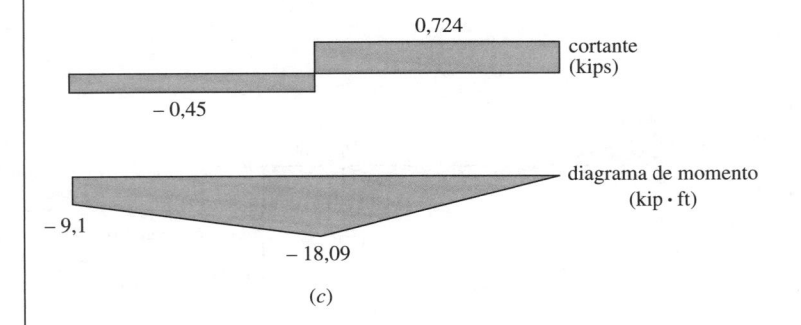

Figura 13.20: (a) Distribuição de momentos; (b) corpos livres usados para avaliar cortantes e reações; (c) diagrama do momento produzido pelos movimentos de apoio.

EXEMPLO 13.8

Figura 13.21: (*a*) Pórtico; (*b*) deformação introduzida e nó *B* bloqueado contra rotação ($\theta_B = 0$); (*c*) análise pela distribuição de momentos (momentos em kip·ft); (*d*) reações e forma defletida; (*e*) diagramas de momentos.

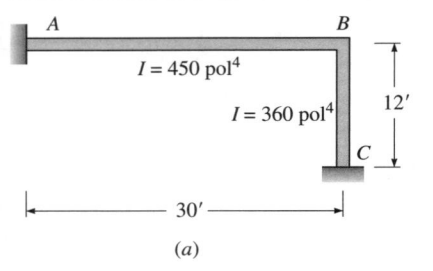

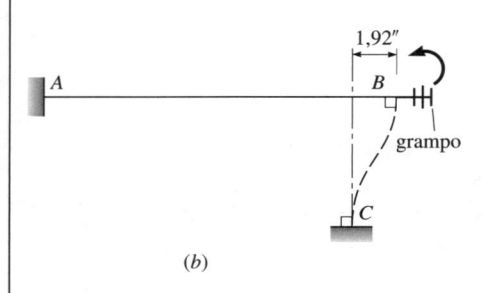

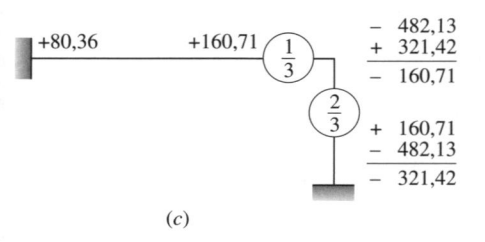

Se a viga *AB* do pórtico rígido da Figura 13.21*a* foi fabricada com 1,92 pol a mais no comprimento, quais momentos são gerados no pórtico quando ela é montada? Dado: $E = 29\,000$ kips/pol².

Solução

Adicione 1,92 pol na extremidade da viga *AB* e monte o pórtico com um grampo no nó *B* para impedir a rotação (ver Figura 13.21*b*). Calcule os momentos de extremidade fixa na estrutura grampeada, usando a equação da inclinação-deflexão.

Coluna BC: $\theta_B = 0$ $\theta_C = 0$ $\psi_{BC} = \dfrac{1,92}{12(12)} = +0,0133$ rad

E $\text{MEF}_{BC} = \text{MEF}_{CB} = 0$ pois nenhuma carga é aplicada entre os nós.

$$M_{BC} = M_{CB} = \frac{2EI}{L}(-3\psi_{BC})$$

$$= \frac{2(29\,000)(360)}{12(12)}[-3(0,0133)]$$

$$= -5785,5 \text{ kip} \cdot \text{pol} = -482,13 \text{ kip} \cdot \text{ft}$$

Nenhum momento se desenvolve no membro *AB*, pois $\psi_{AB} = \theta_A = \theta_B = 0$.

Calcule os fatores de distribuição.

$$K_{AB} = \frac{I}{L} = \frac{450}{30} = 15 \quad K_{BC} = \frac{360}{12} = 30 \quad \Sigma K = 15 + 30 = 45$$

$$\text{FD}_{BA} = \frac{K_{AB}}{\Sigma K} = \frac{15}{45} = \frac{1}{3} \quad \text{FD}_{BC} = \frac{K_{BC}}{\Sigma K} = \frac{30}{45} = \frac{2}{3}$$

A análise pela distribuição de momentos é feita na Figura 13.21*c*. Os momentos de extremidade e as reações no membro são calculados cortando-se corpos livres de cada membro e usando-se as equações da estática para achar a solução dos cortantes. As reações e a forma defletida são mostradas na Figura 13.21*d*.

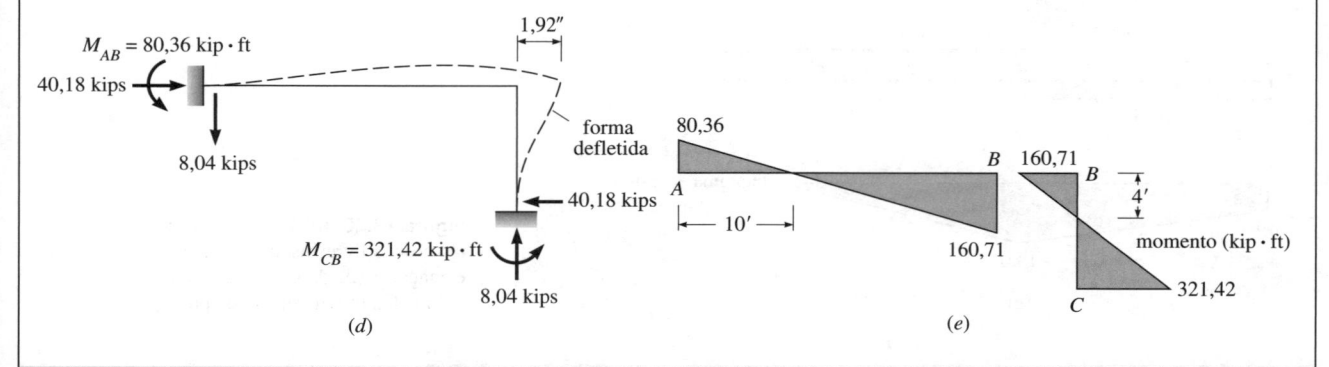

13.6 Análise de pórticos livres para deslocar lateralmente

Todas as estruturas que analisamos até aqui continham nós livres para girar, mas não para transladar. Os pórticos desse tipo são chamados de *contraventados*. Nessas estruturas, sempre fomos capazes de calcular os momentos iniciais a serem distribuídos, pois a posição final dos nós era conhecida (ou especificada, no caso de um movimento de apoio).

Quando certos nós de um pórtico não contraventado estão livres para transladar, o projetista deve incluir os momentos gerados pelas rotações de corda. Como as posições finais dos nós não restringidos são desconhecidas, os ângulos de deslocamento lateral não podem ser calculados inicialmente e os momentos de extremidade do membro a serem distribuídos não podem ser determinados. Para apresentar a análise de pórticos não contraventados, primeiramente consideraremos a análise de um pórtico com uma carga lateral aplicada em um nó que está livre para se deslocar lateralmente (ver Figura 13.22a). Na Seção 13.7, vamos estender o método de análise para um pórtico não contraventado cujos membros são carregados entre os nós ou cujos apoios sofrem recalque.

Sob a ação de uma carga lateral P no nó B, a viga BC translada horizontalmente para a direita a uma distância Δ. Como a magnitude de Δ e as rotações de nó são desconhecidas, não podemos calcular diretamente os momentos de extremidade a serem distribuídos em uma análise de distribuição de momentos. Contudo, uma solução indireta é possível se a estrutura se comportar de maneira elástica linear; isto é, se todas as deflexões e forças internas variarem linearmente com a magnitude da carga lateral P no nó B. Por exemplo, se o pórtico se comporta elasticamente, duplicar o valor de P duplicará o valor de todas as forças e deslocamentos (ver Figura 13.22b). Normalmente, os engenheiros supõem que a maioria das estruturas se comporta elasticamente. Essa suposição é razoável, desde que as deflexões sejam pequenas e as tensões não ultrapassem o limite de proporcionalidade do material.

Se existe uma relação linear entre forças e deslocamentos, os seguintes procedimentos podem ser utilizados para analisar o pórtico:

1. A viga do pórtico é deslocada por uma distância arbitrária para a direita, enquanto os nós são impedidos de girar. Normalmente, é introduzido um *deslocamento unitário*. Para manter a estrutura na posição fletida, são introduzidas restrições temporárias (ver Figura 13.22c). Essas restrições consistem em um rolo em B para manter o deslocamento de 1 pol e grampos em A, B e C para impedir a rotação do nó.

Como todos os deslocamentos são conhecidos, podemos calcular os momentos de extremidade de membro nas colunas do pórtico restringido com a equação da inclinação-deflexão. Como todas as rotações de nó são iguais a zero ($\theta_N = 0$ e $\theta_F = 0$) e nenhum momento de extremidade fixa é produzido pelas cargas aplicadas nos membros entre os nós (MEF$_{NF}$ = 0), com $\psi_{NF} = \Delta/L$, a equação da inclinação-deflexão (Equação 12.16) se reduz a

$$M_{NF} = \frac{2EI}{L}(-3\psi_{NF}) = -\frac{6EI}{L}\frac{\Delta}{L} \qquad (13.20)$$

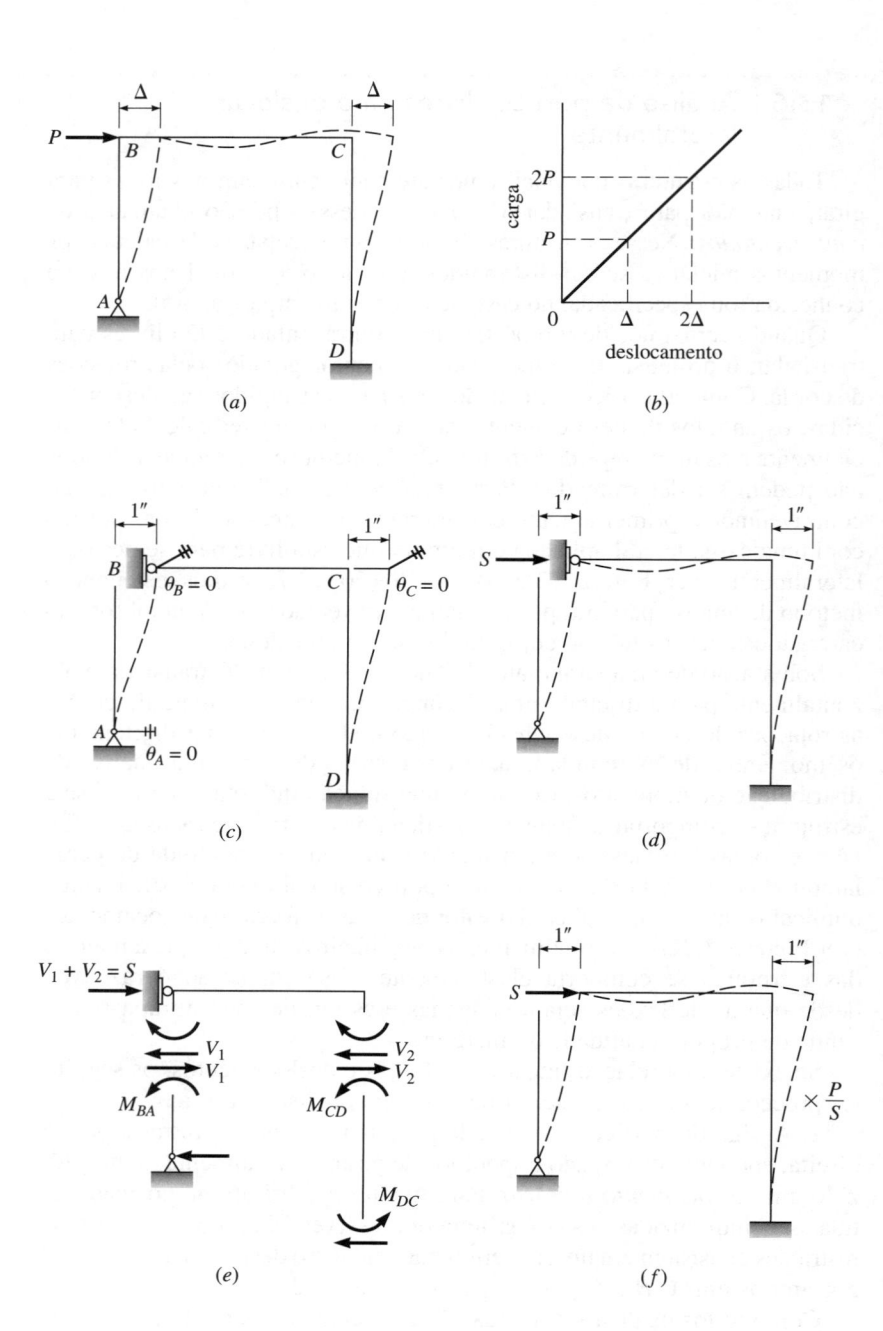

Figura 13.22: (*a*) Deslocamento de pórtico carregado; (*b*) diagrama linear elástico de carga *versus* deslocamento; (*c*) deslocamento unitário do pórtico; rolo e grampos temporários introduzidos para restringir o pórtico; (*d*) pórtico deslocado com grampos removidos, nós girados na posição de equilíbrio; todos os momentos de extremidade do membro são conhecidos; (*e*) cálculo da reação (*S*) no rolo após o cálculo dos cortantes de coluna; forças axiais nas colunas omitidas por clareza; (*f*) pórtico deslocado 1 pol por uma força horizontal *S*; multiplique todas as forças por *P/S* para estabelecer as forças e deflexões produzidas em (*a*) pela força *P*.

Para $\Delta = 1$, podemos escrever a Equação 13.20 como

$$M_{NF} = -\frac{6EI}{L^2} \qquad (13.21)$$

Neste estágio, com os nós bloqueados e impedidos de girar, os momentos na viga são zero, pois nenhuma carga atua nesse membro.

2. Agora os grampos são removidos e os momentos distribuídos, até que a estrutura repouse em sua posição de equilíbrio (ver Figura 13.22*d*). Na posição de equilíbrio, o rolo temporário em *B* aplica uma força lateral *S* no pórtico. A força necessária para produzir um deslocamento unitário do pórtico, denotada por *S*, é denominada *coeficiente de rigidez*.

3. A força *S* pode ser calculada a partir de um diagrama de corpo livre da viga, somando-se as forças na direção horizontal (ver Figura 13.22*e*). As forças axiais nas colunas e os momentos que atuam na viga foram omitidos da Figura 13.22*e* por clareza. Os cortantes de coluna V_1 e V_2 aplicados na viga são calculados a partir de diagramas de corpo livre das colunas.

4. Na Figura 13.22*f*, desenhamos o pórtico mostrado na Figura 13.22*d* em sua posição fletida. Imaginamos que o rolo foi removido, mas mostramos a força *S* aplicada pelo rolo como uma carga externa. Neste estágio, analisamos o pórtico para uma força horizontal *S*, em vez de *P*. Contudo, como o pórtico se comporta linearmente, as forças produzidas por *P* podem ser avaliadas multiplicando-se todas as forças e deslocamentos da Figura 13.22*f* pela relação *P*/*S*. Por exemplo, se *P* é igual a 10 kips e *S* a 2,5 kips, as forças e deslocamentos da Figura 13.22*f* devem ser multiplicados por um fator igual a 4 para produzir as forças causadas pela carga de 10 kips. O Exemplo 13.9 ilustra a análise de um pórtico simples, tipo discutido nesta seção.

EXEMPLO 13.9

Determine as reações e os momentos de extremidade de membro produzidos por uma carga de 5 kips no nó B do pórtico mostrado na Figura 13.23a. Determine também o deslocamento horizontal da viga BC. Dados: $E = 30\,000$ kips/pol². As unidades de I são em pol⁴.

(a)

(b)

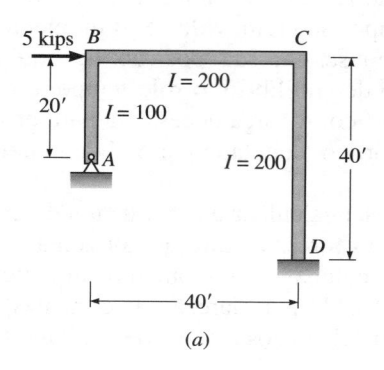

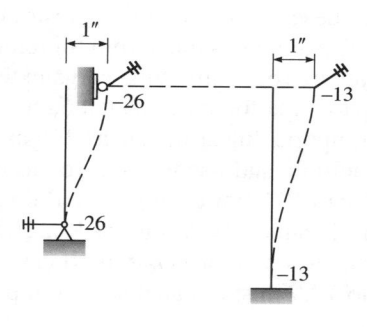

Figura 13.23: (a) Detalhes do pórtico; (b) momentos em unidades de kip·ft causados no pórtico restringido (nós grampeados para impedir a rotação) por um deslocamento unitário.

Solução

Primeiramente, deslocamos o pórtico 1 pol para a direita, com todos os nós grampeados contra rotação (ver Figura 13.23b), e introduzimos um rolo temporário em B para fornecer restrição horizontal.
Os momentos de coluna na estrutura restringida são calculados com a Equação 13.21.

$$M_{AB} = M_{BA} = -\frac{6EI}{L^2} = -\frac{6(30\,000)(100)}{(20 \times 12)^2} = -312 \text{ kip} \cdot \text{pol}$$

$$= -26 \text{ kip} \cdot \text{ft}$$

$$M_{CD} = M_{DC} = -\frac{6EI}{L^2} = -\frac{6(30\,000)(200)}{(40 \times 12)^2} = -166 \text{ kip} \cdot \text{pol}$$

$$= -13 \text{ kip} \cdot \text{ft}$$

Agora os grampos são removidos (mas o rolo permanece) e os momentos de coluna são distribuídos até que todos os nós estejam em equilíbrio. Os detalhes da análise são mostrados na Figura 13.23c. Os fatores de distribuição nos nós B e C são calculados a seguir.

Nó B:

Fatores de distribuição

$$K_{AB} = \frac{3}{4}\left(\frac{I}{L}\right) = \frac{3}{4}\left(\frac{100}{20}\right) = \frac{15}{4}$$

$$\frac{K_{AB}}{\Sigma K} = \frac{3}{7}$$

$$K_{BC} = \frac{I}{L} = \frac{200}{40} = \frac{20}{4}$$

$$\frac{K_{BC}}{\Sigma K} = \frac{4}{7}$$

$$\Sigma K = \frac{35}{4}$$

Nó C:

Fatores de distribuição

$$K_{CB} = \frac{I}{L} = \frac{200}{40} = 5$$

$$\frac{5}{10} = \frac{1}{2}$$

$$K_{CD} = \frac{I}{L} = \frac{200}{40} = 5$$

$$\frac{5}{10} = \frac{1}{2}$$

$$\Sigma K = 10$$

Em seguida, calculamos os cortantes de coluna, somando os momentos em torno de 1 um eixo através da base de cada coluna (ver Figura 13.23d).

Calcule V_1.

$\circlearrowleft^+ \;\; \Sigma M_A = 0 \qquad 20V_1 - 8{,}5 = 0 \qquad V_1 = 0{,}43 \text{ kip}$

Calcule V_2.

$\circlearrowleft^+ \;\; \Sigma M_D = 0 \qquad 40V_2 - 8{,}03 - 10{,}51 = 0 \qquad V_2 = 0{,}46 \text{ kip}$

Considerando o equilíbrio horizontal do corpo livre da viga (na Figura 13.23d), calcule a reação do rolo em B.

$\rightarrow^+ \;\; \Sigma F_x = 0 \qquad S - V_1 - V_2 = 0$

$S = 0{,}46 + 0{,}43 = 0{,}89 \text{ kip}$

Neste estágio, produzimos uma solução para as forças e reações geradas no pórtico por uma carga lateral de 0,89 kip no nó B. (Os resultados da análise da Figura 13.23c e d estão resumidos na Figura 13.23e.)

Para calcular as forças e deslocamentos produzidos por uma carga de 5 kips, multiplicamos todas as forças e deslocamentos pela razão de $P/S = 5/0{,}89 = 5{,}62$. Os resultados finais são mostrados na Figura 13.23f. O deslocamento da viga = (P/S) (1 pol) = 5,62 pol.

[*continua*]

[*continuação*]

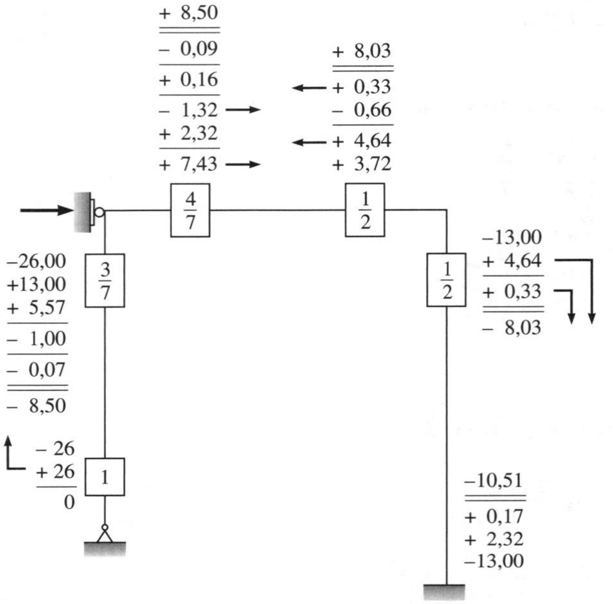

(*c*)

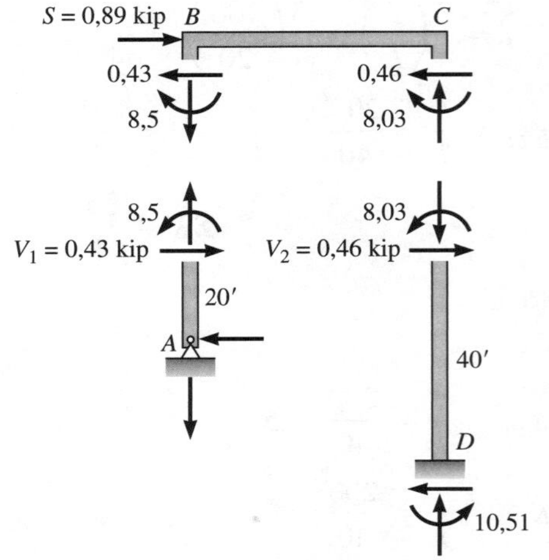

(*d*)

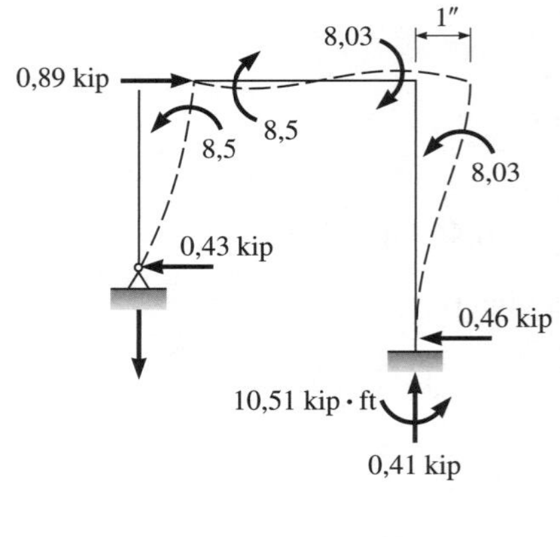

(*e*)

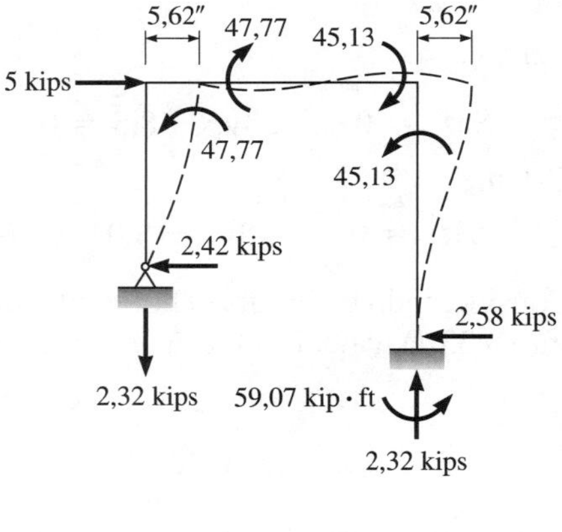

(*f*)

Figura 13.23: (*c*) Cálculos da distribuição de momentos; (*d*) cálculo da força no rolo; (*e*) forças geradas no pórtico por um deslocamento unitário após os grampos em (*b*) serem removidos (momentos em kip · ft e forças em kips); (*f*) reações e momentos de extremidade do membro produzidos pela carga de 5 kips.

13.7 Análise de pórtico não contraventado para carga geral

Se uma estrutura carregada entre os nós sofre deslocamento lateral (Figura 13.24a), devemos dividir sua análise em vários casos. Iniciamos a análise introduzindo restrições temporárias (forças de fixação) para impedir que os nós transladem. O número de restrições introduzidas deve ser igual ao número de deslocamentos de nó independentes ou graus de deslocamento lateral (consultar Seção 12.16). A estrutura restringida é, então, analisada pela distribuição de momentos para as cargas aplicadas entre os nós. Após os cortantes em todos os membros serem calculados a partir dos corpos livres dos membros individuais, as forças de fixação são avaliadas com as equações da estática, considerando-se o equilíbrio dos membros e/ou dos nós. Por exemplo, para analisar o pórtico da Figura 13.24a, introduzimos um rolo temporário em C (ou em B) para impedir o deslocamento lateral dos nós superiores (ver Figura 13.24b). Analisamos, então, a estrutura normalmente, pela distribuição de momentos, para as cargas aplicadas (P e P_1) e determinamos a reação R fornecida pelo rolo. Esse passo constitui a análise do caso A.

Como não existe nenhum rolo no nó C na estrutura real, devemos remover o rolo e permitir que a estrutura absorva a força R fornecida por ele. Para eliminar R, realizamos uma segunda análise — a análise do caso B, mostrada na Figura 13.24c. Nessa análise, aplicamos uma força no nó C igual a R, mas atuando na direção oposta (para a direita). A superposição das análises do caso A e do caso B produz resultados equivalentes ao caso original da Figura 13.24a.

O Exemplo 13.10 ilustra o procedimento precedente para um pórtico simples de um vão. Como esse pórtico foi analisado anteriormente, no Exemplo 13.9, para uma carga lateral no nó superior, utilizaremos esses resultados para a análise do caso B (correção de deslocamento lateral).

Figura 13.24: (a) Deformações de um pórtico não contraventado; (b) deslocamento lateral impedido pela adição de um rolo temporário que fornece uma força de fixação R em C; (c) correção de deslocamento lateral, com a força de fixação invertida e aplicada no nó C da estrutura.

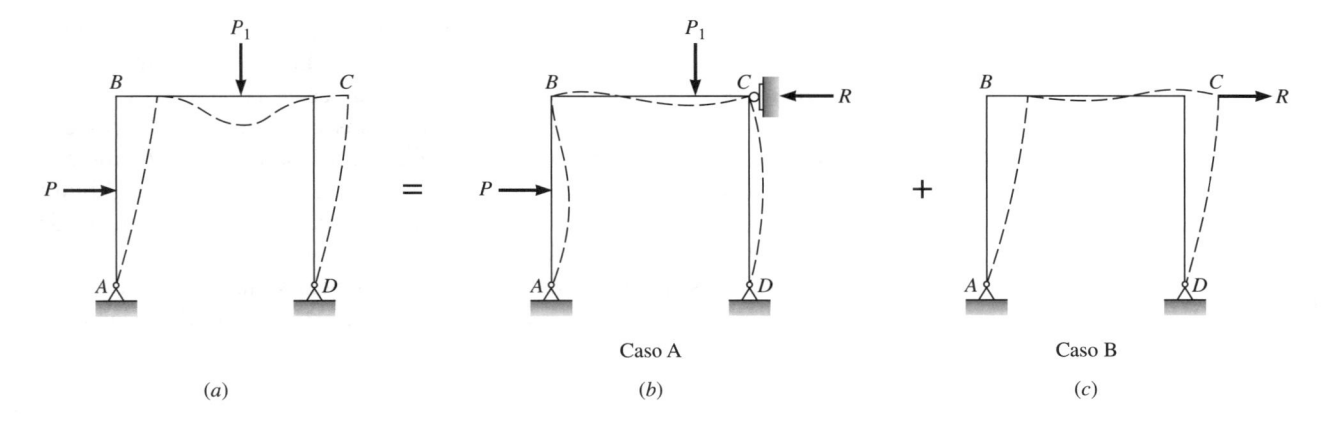

EXEMPLO 13.10

Determine as reações e momentos de extremidade de membro produzidos no pórtico mostrado na Figura 13.25a pela carga de 8 kips. Determine também o deslocamento horizontal do nó B. Os valores de momento de inércia de cada membro, em unidades de pol^4, são mostrados na Figura 13.23a. $E = 30\,000$ kips/pol^2.

Solução

Uma vez que o pórtico da Figura 13.25 é igual ao do Exemplo 13.9, vamos nos referir às forças produzidas pela análise da carga lateral (caso B) desse exemplo. Como o pórtico está livre para se deslocar lateralmente, a análise é dividida em dois casos. Na análise do caso A, um rolo imaginário é introduzido no apoio B para impedir o deslocamento lateral (ver Figura 13.25b). A análise do pórtico contraventado para a carga de 8 kips é feita na Figura 13.25d. Os momentos de extremidade fixa produzidos pela carga de 8 kips são iguais a

$$\text{MEF} = \pm\frac{PL}{8} = \pm\frac{8(20)}{8} = \pm 20 \text{ kip} \cdot \text{ft}$$

Os fatores de distribuição foram calculados anteriormente, no Exemplo 13.9. Após a conclusão da distribuição de momentos, os cortantes de coluna, as forças axiais e a reação R no apoio temporário em B são calculados a partir dos diagramas de corpo livre da Figura 13.25e. Como a força do rolo em B é igual a 4,97 kips, devemos adicionar a correção de deslocamento lateral do caso B mostrada na Figura 13.25c.

Determinamos anteriormente, na Figura 13.23e, as forças geradas no pórtico por uma força horizontal $S = 0,89$ kip aplicada em B. Essa força produz um deslocamento horizontal de 1 pol da viga. Como supõe-se que o pórtico é elástico, podemos estabelecer as forças e o deslocamento produzidos por uma força horizontal de 4,97 kips por proporção direta; isto é, todas as forças e deslocamentos da Figura 13.23e são multiplicados por um fator de escala 4,97/0,89 = 5,58. Os resultados desse cálculo são mostrados na Figura 13.25f.

As forças finais no pórtico, produzidas pela soma das soluções do caso A e do caso B, são mostradas na Figura 13.25g. O deslocamento da viga é de 5,58 pol para a direita.

Figura 13.25: Análise de um pórtico não contraventado: (*a*) detalhes das cargas; (*b*) solução do caso A (deslocamento lateral impedido); (*c*) caso B (correção de deslocamento lateral); (*d*) análise do caso A; (*e*) cálculo da força de fixação em *B* para o caso A; (*f*) forças de correção de deslocamento lateral, caso B; (*g*) resultados finais da superposição do caso A e do caso B (forças em kips, momentos em kip · ft).

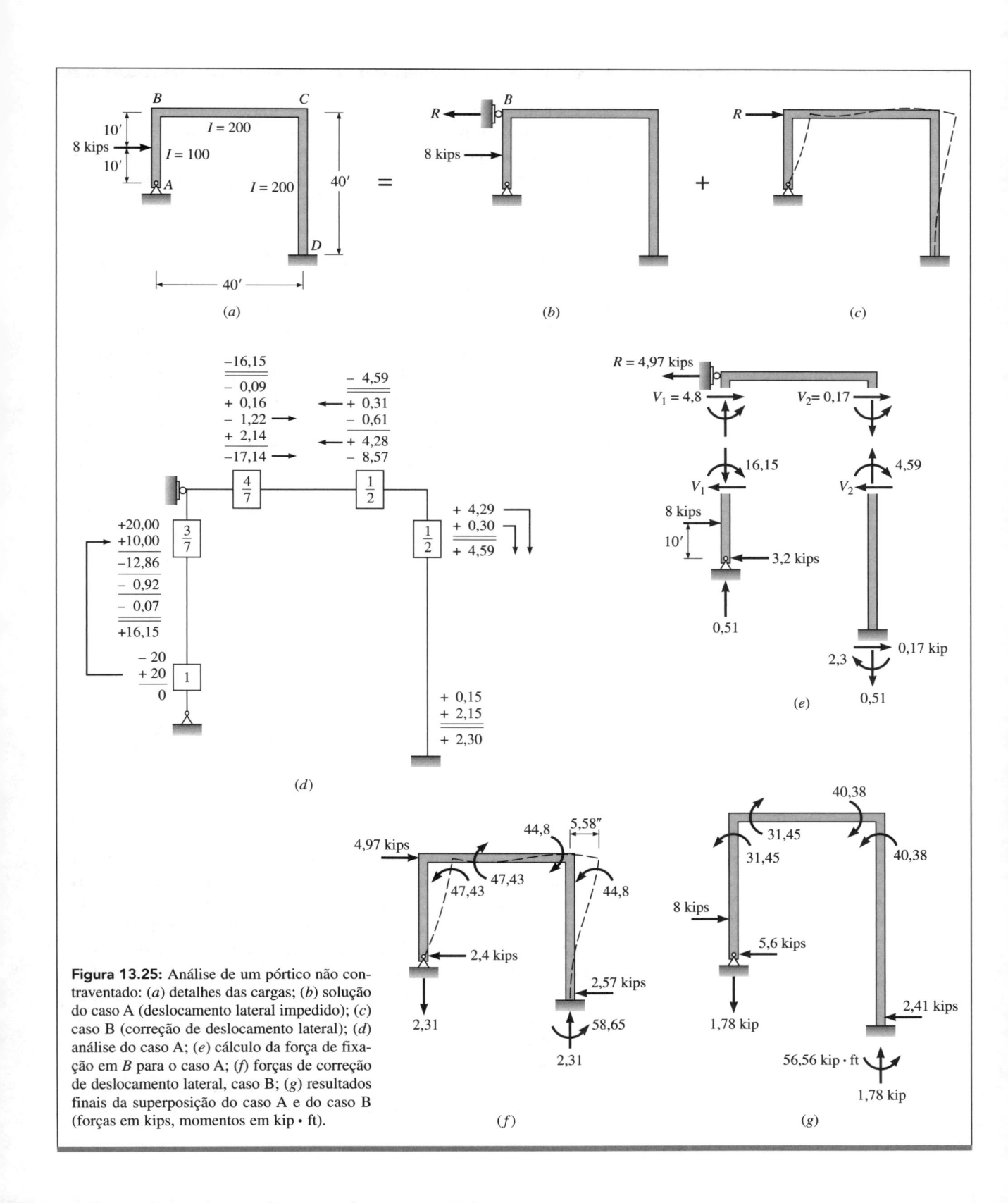

EXEMPLO 13.11

Se o membro *BC* do pórtico do Exemplo 13.9 é fabricado com 2 pol a mais no comprimento, determine os momentos e as reações geradas quando o pórtico é conectado em seus apoios. As propriedades, dimensões do pórtico, os fatores de distribuição etc. foram especificados ou calculados no Exemplo 13.9.

Solução

Se o pórtico for conectado no apoio fixo em *D* (ver Figura 13.26*a*), a parte inferior da coluna *AB* estará localizada 2 pol à esquerda do apoio *A*, por causa do erro de fabricação. Portanto, devemos forçar a parte inferior da coluna *AB* para a direita, para conectá-la no apoio em *A*. Antes de fletirmos o pórtico para conectar a parte inferior da coluna *AB* no apoio de pino em *A*, vamos corrigir a posição dos nós *B* e *C* adicionando um rolo em *B* e grampos em *B* e *C*. Então, transladamos a parte inferior da coluna *AB* lateralmente por 2", sem permitir que o nó *A* gire ($\theta_A = 0$), e a conectamos no apoio de pino. Então, um grampo é adicionado em *A* para impedir que a parte inferior da coluna gire. Agora, calculamos os momentos de extremidade na coluna *AB*, devido à rotação de corda, usando a forma modificada da equação da inclinação-deflexão dada pela Equação 13.20. Como a rotação de corda é no sentido anti-horário, ψ_{AB} é negativo e igual a

$$\psi_{AB} = -\frac{2}{20(12)} = -\frac{1}{20} \text{ rad}$$

$$M_{AB} = M_{BA} = -\frac{6EI}{L}\psi_{AB} = -\frac{6(30000)(100)}{20 \times 12}\left(-\frac{1}{120}\right)$$

$$= 625 \text{ kip} \cdot \text{pol} = 52,1 \text{ kip} \cdot \text{ft}$$

Para analisar o efeito de remover os grampos na estrutura restringida (Figura 13.26*a*), realizamos uma distribuição de momentos até que o pórtico tenha absorvido os momentos de grampo — o rolo em *B* permanece na posição durante esta fase da análise. Os detalhes da distribuição são mostrados na Figura 13.26*b*. A reação no rolo é calculada em seguida, a partir dos diagramas de corpo livre das colunas e da viga (na Figura 13.26*c*). Como os rolos exercem uma reação no pórtico de 0,85 kip para a esquerda (Figura 13.26*d*), devemos adicionar a correção de deslocamento lateral mostrada na Figura 13.26*e*. As forças associadas à correção são determinadas por proporção, a partir do caso básico da Figura 13.23*e*. As reações finais, mostradas na Figura 13.26*f*, são determinadas pela superposição das forças da Figura 13.26*d* e *e*.

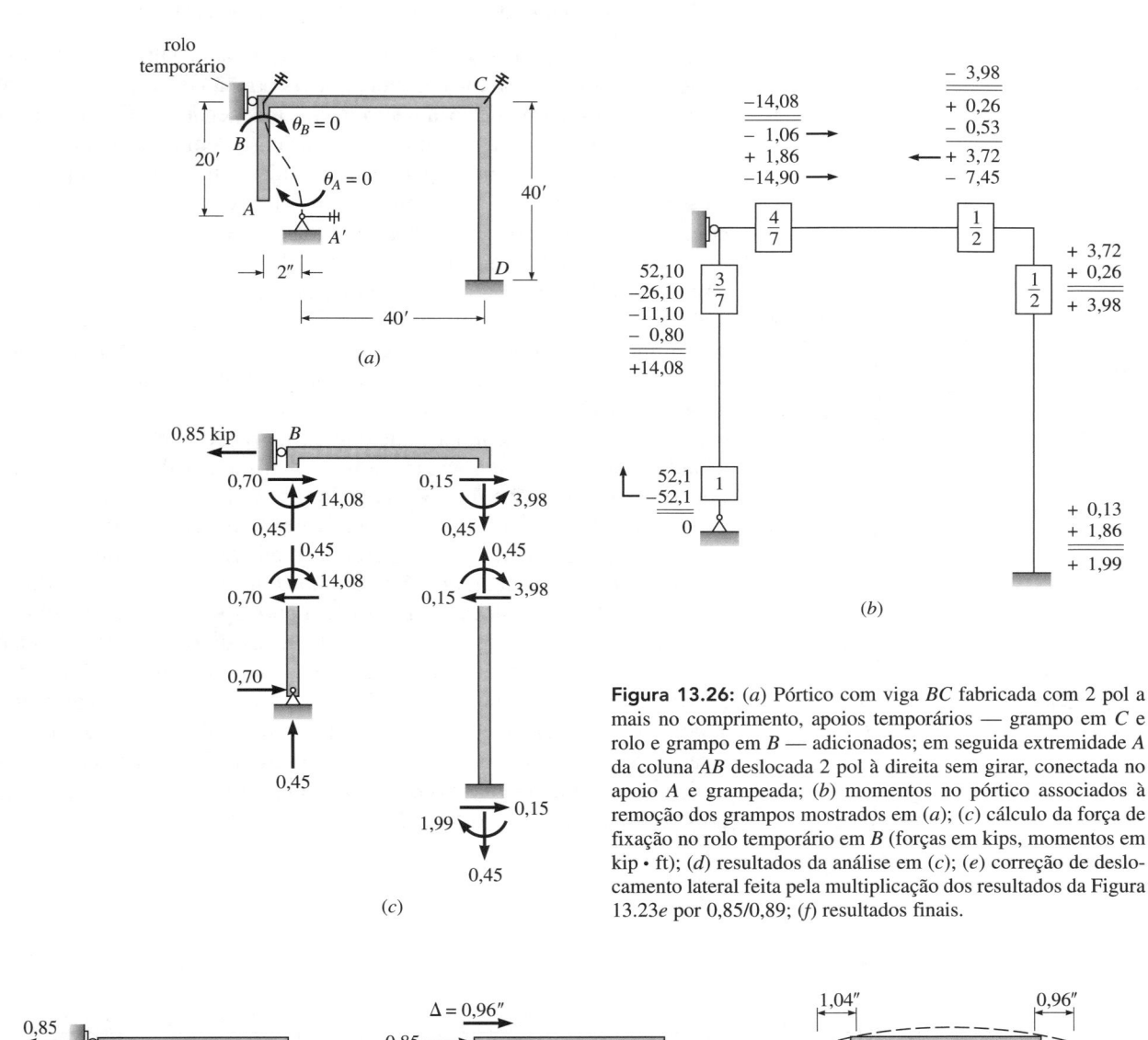

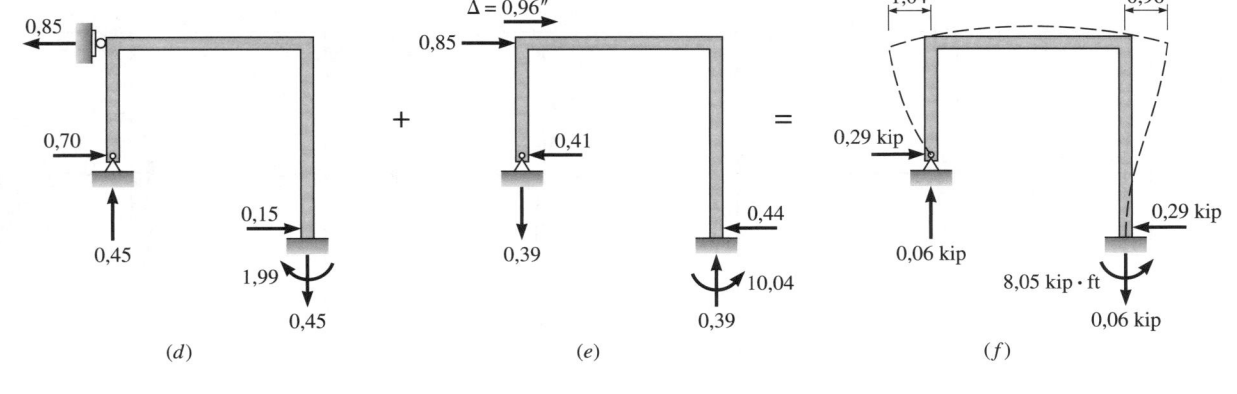

Figura 13.26: (*a*) Pórtico com viga *BC* fabricada com 2 pol a mais no comprimento, apoios temporários — grampo em *C* e rolo e grampo em *B* — adicionados; em seguida extremidade *A* da coluna *AB* deslocada 2 pol à direita sem girar, conectada no apoio *A* e grampeada; (*b*) momentos no pórtico associados à remoção dos grampos mostrados em (*a*); (*c*) cálculo da força de fixação no rolo temporário em *B* (forças em kips, momentos em kip · ft); (*d*) resultados da análise em (*c*); (*e*) correção de deslocamento lateral feita pela multiplicação dos resultados da Figura 13.23*e* por 0,85/0,89; (*f*) resultados finais.

13.8 Análise de pórticos de vários pavimentos

Para estender a distribuição de momentos para a análise de pórticos de vários pavimentos, devemos adicionar uma correção de deslocamento lateral para cada grau de deslocamento lateral independente. Como a análise repetida do pórtico para os vários casos torna-se demorada, vamos apenas esboçar o método de análise para que o estudante perceba a complexidade da solução. Na prática, atualmente os engenheiros utilizam programas de computador para analisar pórticos de todos os tipos.

A Figura 13.27a mostra um pórtico de dois pavimentos com dois ângulos de deslocamento lateral independentes ψ_1 e ψ_2. Para iniciar a análise, introduzimos rolos como restrições temporárias nos nós D e E, para impedir o deslocamento lateral (ver Figura 13.27b). Então, usamos distribuição de momentos para analisar a estrutura restringida para as cargas aplicadas entre os nós (solução do caso A). Após serem calculados os cortantes de coluna, calculamos as reações R_1 e R_2 nos rolos usando corpos livres das vigas. Como a estrutura real não é restringida por forças nos nós D e E, devemos eliminar as forças de rolo. Para isso, precisamos de duas soluções independentes (correções de deslocamento lateral) do pórtico para cargas laterais nos nós D e E. Um dos conjuntos de correções de deslocamento lateral mais conveniente é produzido pela introdução de um deslocamento unitário correspondente a uma das reações de rolo, enquanto se impede que todas os outros nós se desloquem lateralmente. Esses dois casos estão mostrados na Figura 13.27c e d. Na Figura 13.27c, restringimos o nó E e introduzimos um deslocamento de 1 pol no nó D. Então, analisamos o pórtico e calculamos as forças de fixação S_{11} e S_{21} nos nós D e E. Na Figura 13.27d, introduzimos um deslocamento unitário no nó E, enquanto restringimos o nó D e calculamos as forças de fixação S_{12} e S_{22}.

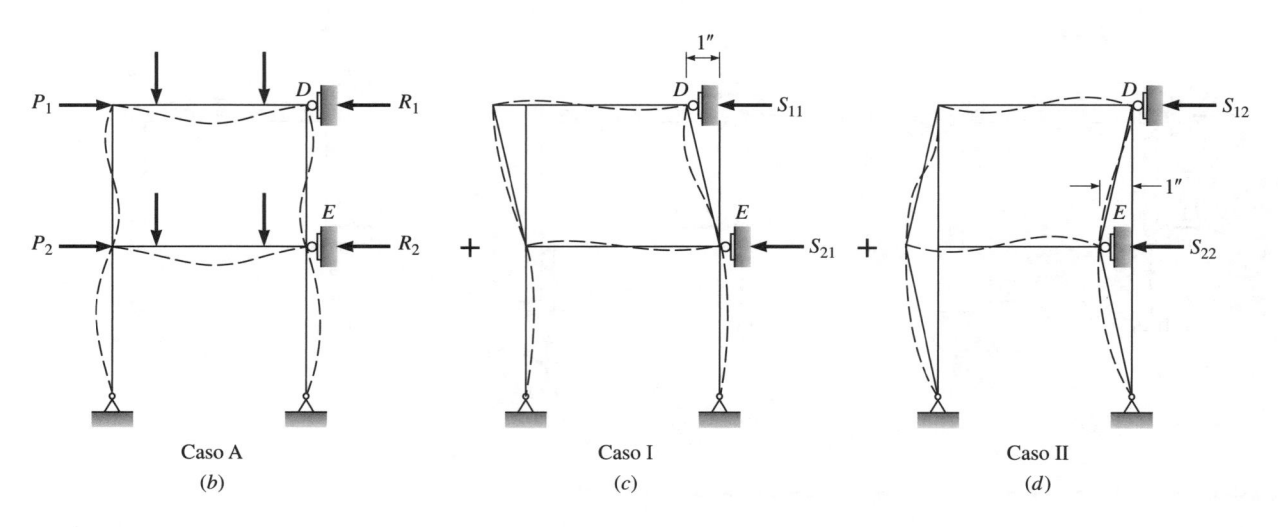

Figura 13.27: (a) Construção de um pórtico com dois graus de deslocamento lateral; (b) forças de restrição introduzidas nos nós D e E; (c) deslocamento unitário para correção do caso I introduzido no nó D; (d) correção do caso II, deslocamento unitário introduzido no nó E.

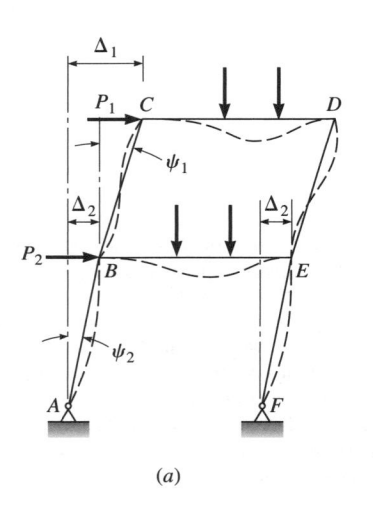

O último passo na análise é sobrepor as forças nos rolos na estrutura restringida (ver Figura 13.27b) com uma fração X do caso I (Figura 13.27c) e uma fração Y do caso II (Figura 13.27d). A quantidade de cada caso a ser adicionada deve eliminar as forças de fixação nos nós D e E. Para determinar os valores de X e Y, são escritas duas equações expressando o requisito de que a soma das forças laterais nos nós D e E é igual a zero quando o caso básico e as duas correções são superpostos. Para o pórtico da Figura 13.27, essas equações expressam

$$\text{Em } D: \quad \Sigma F_x = 0 \quad (1)$$

$$\text{Em } E: \quad \Sigma F_x = 0 \quad (2)$$

Expressando as equações 1 e 2 em termos das forças mostradas na Figura 13.27b a d, temos

$$R_1 + XS_{11} + YS_{12} = 0 \quad (3)$$

$$R_2 + XS_{21} + YS_{22} = 0 \quad (4)$$

Resolvendo as equações 3 e 4 simultaneamente, podemos determinar os valores de X e Y. Um exame da Figura 13.27 mostra que X e Y representam a magnitude das deflexões nos nós D e E respectivamente. Por exemplo, se considerarmos a magnitude da deflexão Δ_1 no nó D, ficará evidente que todo o deslocamento deve ser fornecido pela correção do caso I na Figura 13.27c, pois o nó D está restringido nas soluções do caso A e do caso II.

13.9 Membros não prismáticos

Muitas estruturas contínuas contêm membros cujas seções transversais variam ao longo do comprimento. Alguns membros têm altura variável para se adaptar ao diagrama de momento; outros membros, embora a altura permaneça constante por certa distância, são engrossados onde os momentos são maiores (ver Figura 13.28). Embora a distribuição de momentos possa ser usada para analisar essas estruturas, os momentos de extremidade fixa, os momentos de transmissão e a rigidez do membro são diferentes daqueles que utilizamos para analisar estruturas compostas de membros prismáticos. Nesta seção, discutiremos procedimentos para avaliar os vários termos exigidos para analisar estruturas com membros não prismáticos. Como esses termos e fatores exigem um esforço considerável de avaliação, foram preparadas tabelas de projeto (por exemplo, consultar tabelas 13.1 e 13.2) para facilitar esses cálculos.

Cálculo do fator de transmissão

Quando um grampo é removido de um nó durante uma distribuição de momentos, uma parte do momento não equilibrado é distribuída para cada membro ligado ao nó. A Figura 13.29a mostra as forças aplicadas

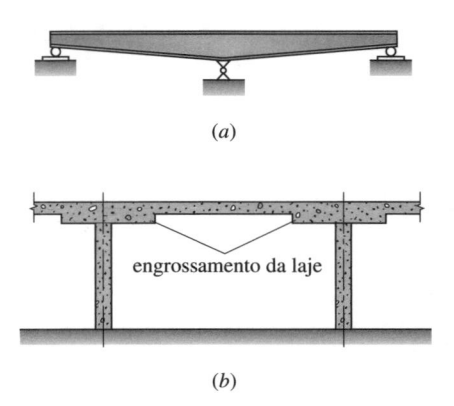

Figura 13.28: (a) Viga de altura variável; (b) laje de piso com engrossamento, projetada como uma viga contínua com altura variável.

em um membro típico (isto é, a extremidade na qual o momento é aplicado está livre para girar, mas não para transladar, e a extremidade distante é fixa). M_A representa o momento de extremidade distribuído e M_B é igual ao momento de transmissão. Conforme vimos na Seção 13.2, o momento de transmissão está relacionado ao momento de extremidade distribuído; por exemplo, para um membro prismático, MT = $\frac{1}{2}$(MED). Podemos expressar o momento de transmissão M_B como

$$M_B = \text{MT}_{AB} = C_{AB}(M_A) \tag{13.22}$$

em que C_{AB} é o fator de transmissão de A para B. Para avaliar C_{AB}, aplicaremos as curvas M/EI associadas às cargas da Figura 13.29a por "partes" na viga conjugada da Figura 13.29b. Se o cálculo for ainda mais simplificado, definindo $M_A = 1$ kip · ft na Equação 13.22, encontramos

$$M_B = C_{AB}$$

Se supusermos (para simplificar os cálculos) que o membro é prismático (isto é, EI é constante), poderemos calcular C_{AB} somando os momentos das áreas sob a curva M/EI em relação ao apoio A da viga conjugada.

$$\circlearrowleft^+ \quad \Sigma M_A = 0$$

$$\left(\frac{1}{2}L\right)\left(\frac{1}{EI}\right)\left(\frac{L}{3}\right) - \left(\frac{1}{2}L\right)\left(\frac{C_{AB}}{EI}\right)\left(\frac{2L}{3}\right) = 0$$

$$C_{AB} = \frac{1}{2}$$

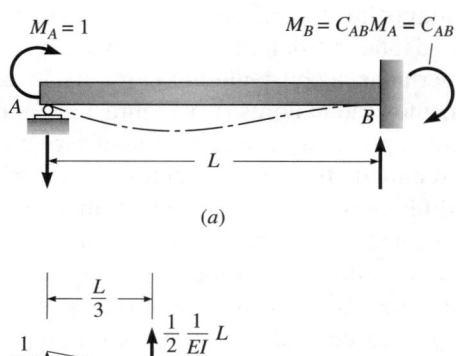

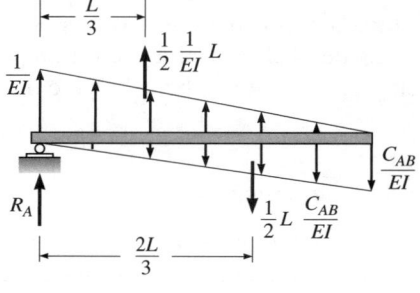

Figura 13.29: (a) Viga carregada por um momento unitário em A; (b) estrutura conjugada carregada com a curva M/EI por partes.

Evidentemente, esse valor confirma os resultados da Seção 13.1. No Exemplo 13.12, usamos esse procedimento para calcular o fator de transmissão para uma viga com momento de inércia variável. Como a viga não é simétrica, os fatores de transmissão são diferentes para cada extremidade.

Cálculo da rigidez à flexão absoluta

Para calcular os fatores de distribuição em um nó onde membros não prismáticos se interceptam, devemos usar a rigidez à flexão absoluta K_{ABS} dos membros. A rigidez à flexão absoluta de um membro é medida pela magnitude do momento necessário para produzir um valor de rotação especificado — normalmente, 1 rad. Além disso, para comparar um membro com outro, as condições de contorno dos membros também devem ser padronizadas. Como uma extremidade de um membro está livre para girar e a outra é fixa no método da distribuição de momentos, são utilizadas essas condições de contorno.

Para ilustrar o método usado para calcular a rigidez à flexão absoluta de uma viga, consideramos a viga de seção transversal constante da Figura 13.30. Na extremidade A da viga, aplicamos um momento K_{ABS} que produz uma rotação de 1 rad no apoio A. Se supusermos que C_{AB} foi calculado anteriormente, o momento na extremidade fixa será igual a $C_{AB}K_{ABS}$. Usando a equação da inclinação-deflexão, podemos expressar o momento K_{ABS} em termos das propriedades do membro como

$$K_{ABS} = \frac{2EI}{L}(2\theta_A) = \frac{4EI\theta_A}{L}$$

Substituindo $\theta_A = 1$ rad temos

$$K_{ABS} = \frac{4EI}{L} \quad (13.23)$$

Como a equação da inclinação-deflexão só se aplica a membros prismáticos, devemos usar um procedimento diferente para expressar a rigidez à flexão absoluta K_{ABS} de um membro não prismático em termos das propriedades do membro. Embora uma variedade de métodos possa ser utilizada, usaremos o método do momento das áreas. Como a inclinação em B é zero e a inclinação em A é de 1 rad, a área sob a curva M/EI entre os dois pontos deve ser igual a 1. Para produzir uma curva M/EI quando o momento de inércia varia, expressaremos o momento de inércia em todas as seções como um múltiplo do menor momento de inércia. O procedimento é ilustrado no Exemplo 13.12.

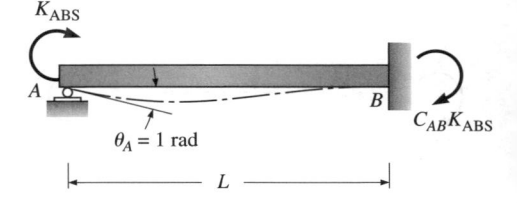

Figura 13.30: Condições de contorno usadas para estabelecer a rigidez à flexão da extremidade A da viga AB. A rigidez à flexão é medida pelo momento K_{ABS} necessário para produzir uma rotação unitária na extremidade A.

Rigidez à flexão absoluta reduzida

Uma vez estabelecidos os fatores de transmissão e a rigidez à flexão absoluta de um membro não prismático, eles podem ser usados para avaliar a rigidez à flexão absoluta reduzida, K^R_{ABS}, para uma viga com a extremidade presa com pino. Para estabelecer a expressão de K^R_{ABS}, consideramos a viga com apoio simples da Figura 13.31a. Se um grampo

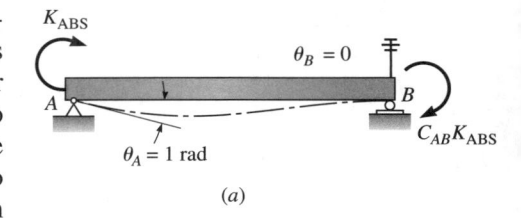

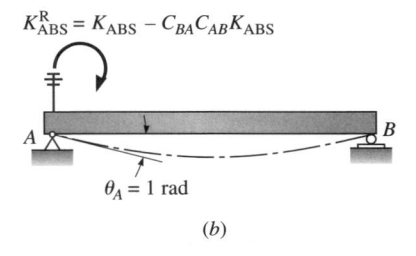

Figura 13.31

temporário é aplicado no nó B, um momento aplicado em A igual a K_{ABS} produzirá uma rotação de 1 rad em A e um momento de transmissão de $C_{AB}K_{ABS}$ no nó B. Se agora grampearmos o nó A e desbloquearmos o nó B (ver Figura 13.31b), o momento em B se reduzirá a zero e o momento em A, que agora representa K^R_{ABS}, será igual a

$$K^R_{ABS} = K_{ABS} - C_{BA}C_{AB}K_{ABS}$$
$$= K_{ABS}(1 - C_{BA}C_{AB}) \quad (13.24)$$

Cálculo dos momentos de extremidade fixa

Para calcular os momentos de extremidade fixa que se desenvolvem em uma viga não prismática, carregamos a viga conjugada com as curvas M/EI. Quando uma viga real tem extremidades fixas, os apoios na viga conjugada são extremidades livres. Para facilitar os cálculos, os diagramas de momento devem ser desenhados por "partes" para produzir figuras geométricas simples. Neste estágio, os valores dos momentos de extremidade fixa são *desconhecidos*. Para encontrar a solução dos momentos de extremidade fixa, devemos escrever duas equações de equilíbrio. Para a viga conjugada estar em equilíbrio, a soma algébrica das áreas sob os diagramas M/EI (cargas) deve ser igual a zero. Alternativamente, os momentos das áreas sob as curvas M/EI em relação a cada extremidade da viga conjugada também devem ser iguais a zero. Para estabelecer os momentos de extremidade fixa, resolvemos simultaneamente duas quaisquer das três equações dadas.

Para ilustrar os princípios básicos do método, calcularemos os momentos de extremidade fixa produzidos em uma viga prismática (EI é constante) por uma carga concentrada no meio do vão. Esse mesmo procedimento (com os diagramas M/EI modificados para levar em conta as variações no momento de inércia) será usado no Exemplo 13.12 para avaliar os momentos de extremidade fixa nas extremidades da viga não prismática.

Cálculo dos momentos de extremidade fixa para a viga da Figura 13.32a

Carregue a viga conjugada com as curvas M/EI (ver Figura 13.32c) e some os momentos em relação a A, produzindo

$$\circlearrowleft^+ \quad \Sigma M_A = 0$$

$$-\frac{1}{2}\frac{PL}{4EI}L\frac{L}{2} + \frac{1}{2}\text{MEF}_{AB}L\frac{L}{3} + \frac{1}{2}\text{MEF}_{BA}L\frac{2L}{3} = 0 \quad (1)$$

Reconhecendo que a estrutura e a carga são simétricas, definimos $\text{MEF}_{AB} = \text{MEF}_{BA}$ na Equação 1 e resolvemos para MEF_{BA}:

$$\text{MEF}_{BA} = \frac{PL}{8}$$

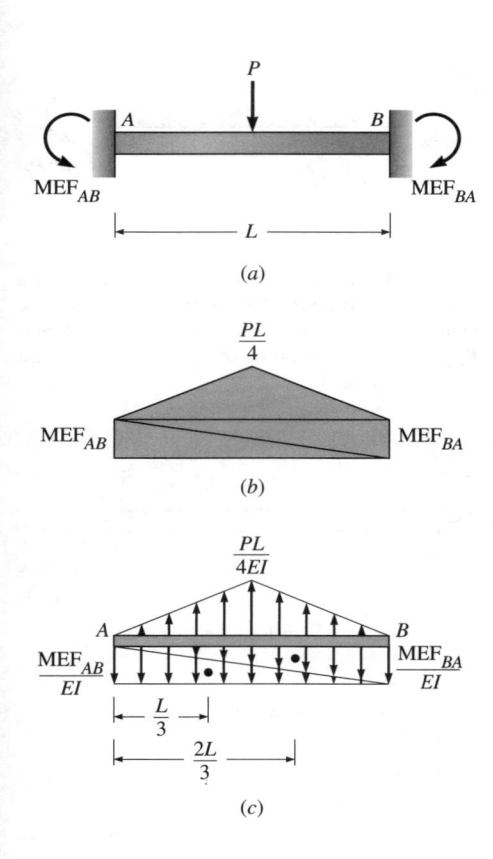

Figura 13.32: (*a*) Viga de extremidades fixas com EI constante; (*b*) diagramas de momento por partes; (*c*) viga conjugada carregada com os diagramas M/EI.

EXEMPLO 13.12

A viga da Figura 13.33a tem momento de inércia variável. Determine (a) o fator de transmissão de A para B, (b) a rigidez à flexão absoluta da extremidade esquerda e (c) o momento de extremidade fixa produzido por uma carga concentrada P no meio do vão. Por todo o comprimento da viga, E é constante.

Solução

(a) Cálculo do fator de transmissão. Aplicamos um momento unitário de 1 kip·ft na extremidade da viga em A (Figura 13.33b), produzindo o momento de transmissão C_{AB} em B. Os diagramas de momento são desenhados por partes, produzindo dois diagramas de momento triangulares. Então, as ordenadas do diagrama de momentos são divididas por EI na metade esquerda e por $2EI$ na metade direita, para produzir os diagramas M/EI, que são aplicados como cargas na viga conjugada (ver Figura 13.33c). Como o momento de inércia da metade direita da viga é duas vezes maior do que o do lado esquerdo, é criada uma descontinuidade na curva M/EI no meio do vão. Um momento positivo é aplicado como uma carga para cima e um momento negativo, como uma carga para baixo. Para expressar C_{AB} em termos das propriedades do membro, dividimos as áreas sob o diagrama M/EI em retângulos e triângulos e somamos os momentos dessas áreas em relação ao apoio em A para serem iguais a zero. No método do momento das áreas, esse passo é equivalente à condição de que o desvio tangencial do ponto A da tangente desenhada em B é zero.

$$\circlearrowleft + \Sigma M_A = 0$$

$$\frac{1}{2EI}\frac{L}{2}\frac{L}{4} + \frac{1}{2}\frac{1}{2EI}\frac{L}{2}\frac{L}{6} + \frac{1}{2}\frac{1}{4EI}\frac{L}{2}\left(\frac{L}{2}+\frac{L}{6}\right)$$

$$-\frac{1}{2}\frac{L}{2}\frac{C_{AB}}{2EI}\left(\frac{2}{3}\frac{L}{2}\right) - \frac{C_{AB}}{4EI}\frac{L}{2}\left(\frac{L}{2}+\frac{L}{4}\right) - \frac{1}{2}\frac{L}{2}\frac{C_{AB}}{4EI}\left(\frac{L}{2}+\frac{2}{3}\frac{L}{2}\right) = 0$$

Simplificando e resolvendo para C_{AB}, temos

$$C_{AB} = \frac{2}{3}$$

Se os apoios forem trocados (o apoio fixo movido para A e o rolo para B) e um momento unitário for aplicado em B, encontraremos o fator de transmissão $C_{BA} = 0{,}4$ de B para A.

(b) Cálculo da rigidez à flexão absoluta K_{ABS}. A rigidez à flexão absoluta da extremidade esquerda da viga é definida como o momento K_{ABS} necessário para produzir uma rotação unitária ($\theta_A = 1$ rad) em A, com a extremidade direita fixa e a extremidade esquerda restringida em relação ao deslocamento vertical por meio de um rolo (ver Figura 13.33d). A Figura 13.33e mostra as curvas M/EI para as cargas da Figura 13.33d. Como a inclinação em B é zero, a mudança na inclinação entre as extremidades da viga (igual à área sob a curva M/EI, pelo pri-

[continua]

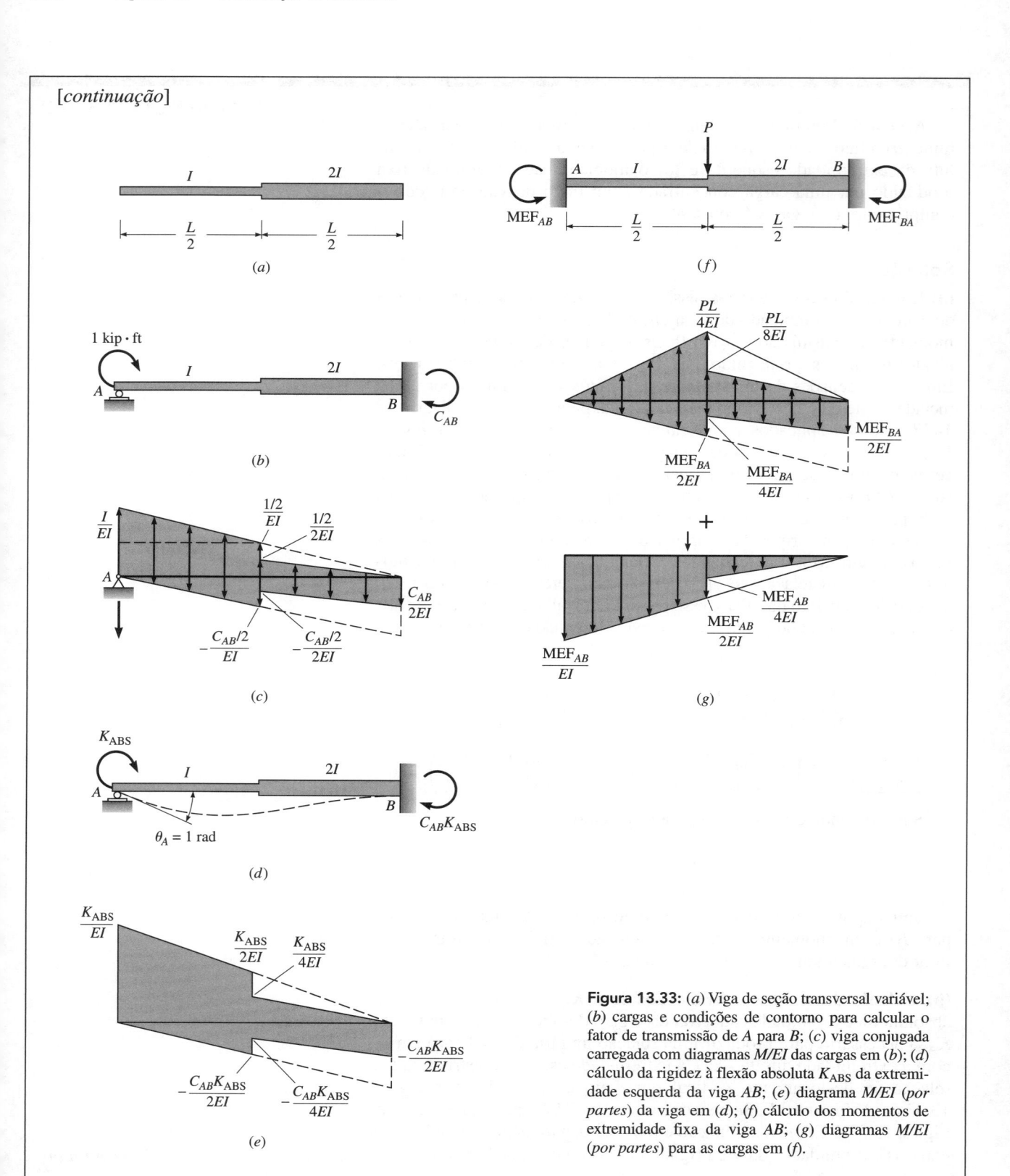

Figura 13.33: (*a*) Viga de seção transversal variável; (*b*) cargas e condições de contorno para calcular o fator de transmissão de *A* para *B*; (*c*) viga conjugada carregada com diagramas *M/EI* das cargas em (*b*); (*d*) cálculo da rigidez à flexão absoluta K_{ABS} da extremidade esquerda da viga *AB*; (*e*) diagrama *M/EI* (*por partes*) da viga em (*d*); (*f*) cálculo dos momentos de extremidade fixa da viga *AB*; (*g*) diagramas *M/EI* (*por partes*) para as cargas em (*f*).

meiro princípio do momento das áreas) é igual a 1. Para avaliar a área sob as curvas *M/EI*, a dividimos em triângulos e um retângulo

$$\Sigma \text{ áreas} = 1$$

$$\frac{1}{2}\frac{L}{2}\frac{K_{ABS}}{EI} + \frac{1}{2}\frac{L}{2}\frac{K_{ABS}}{2EI} + \frac{1}{2}\frac{L}{2}\frac{K_{ABS}}{4EI}$$

$$-\frac{1}{2}\frac{L}{2}\frac{C_{AB}K_{ABS}}{2EI} - \frac{C_{AB}K_{ABS}}{4EI}\frac{L}{2} - \frac{1}{2}\frac{C_{AB}K_{ABS}}{4EI}\frac{L}{2} = 1$$

Substituindo $C_{AB} = \frac{2}{3}$ de (*a*) e resolvendo para K_{ABS}, temos

$$K_{ABS} = 4{,}36\frac{EI}{L}$$

(c) Cálculo dos momentos de extremidade fixa produzidos por uma carga concentrada no meio do vão. Para calcular os momentos de extremidade fixa, aplicamos a carga concentrada na viga com suas extremidades grampeadas (ver Figura 13.33*f*). Os diagramas de momento são desenhados por partes e convertidos em curvas *M/EI*, que são aplicadas como cargas na viga conjugada, como mostrado na Figura 13.33*g*. (A curva *M/EI*, produzida pelo momento de extremidade fixa MEF$_{AB}$ na extremidade esquerda, está desenhada abaixo da viga conjugada por clareza.) Como os dois momentos de extremidade fixa são desconhecidos, escrevemos duas equações para sua solução:

$$\Sigma F_y = 0 \quad (1)$$
$$\Sigma M_A = 0 \quad (2)$$

Expressando a Equação 1 em termos das áreas dos diagramas *M/EI*, temos

$$\frac{1}{2}\frac{L}{2}\frac{PL}{4EI} + \frac{1}{2}\frac{L}{2}\frac{PL}{8EI} - \frac{1}{2}\frac{\text{MEF}_{BA}}{2EI}\frac{L}{2} - \frac{\text{MEF}_{BA}}{4EI}\frac{L}{2}$$

$$-\frac{1}{2}\frac{L}{2}\frac{\text{MEF}_{BA}}{4EI} - \frac{1}{2}\frac{\text{MEF}_{AB}}{EI}L + \frac{1}{2}\frac{\text{MEF}_{AB}}{4EI}\frac{L}{2} = 0$$

Simplificando e reunindo os termos, produzimos

$$\frac{5}{16}\text{MEF}_{BA} + \frac{7}{16}\text{MEF}_{AB} = \frac{3PL}{32} \quad (1a)$$

Expressando a Equação 2 em termos dos momentos das áreas, multiplicando cada uma das áreas acima pela distância entre o ponto *A* e os respectivos centroides, temos

$$\frac{9}{48}\text{MEF}_{BA} + \frac{1}{8}\text{MEF}_{AB} = \frac{PL}{24} \quad (2a)$$

Resolvendo as equações 1*a* e 2*a* simultaneamente, produzimos

$$\text{MEF}_{AB} = 0{,}106PL \quad \text{MEF}_{BA} = 0{,}152PL \quad \textbf{Resp.}$$

Conforme o esperado, o momento de extremidade fixa à direita é maior do que o da esquerda, por causa da maior rigidez do lado direito da viga.

EXEMPLO 13.13

Analise o pórtico rígido da Figura 13.34 pela distribuição de momentos. Todos os membros de 12 pol de espessura são medidos na perpendicular ao plano da estrutura.

Solução

Como a viga tem um momento de inércia variável, usaremos a Tabela 13.2 para estabelecer o fator de transmissão, o coeficiente de rigidez e os momentos de extremidade fixa. Os parâmetros a inserir na Tabela 13.2 são

$$aL = 10 \text{ ft} \quad \text{como} \quad L = 50 \text{ ft}, a = \tfrac{10}{50} = 0{,}2$$

$$rh_c = 6 \text{ pol} \quad \text{como} \quad h_c = 10 \text{ pol}, r = 0{,}6$$

Leia na Tabela 13.2:

$$C_{CB} = C_{BC} = 0{,}674$$

$$k_{BC} = 8{,}8$$

$$\begin{aligned} \text{MEF}_{CB} = -\text{MEF}_{BC} &= 0{,}1007 wL^2 \\ &= 0{,}1007(2)(50)^2 \\ &= 503{,}5 \text{ kip} \cdot \text{ft} \end{aligned}$$

$$I_{\text{mín. viga}} = \frac{bh^3}{12} = \frac{12(10)^3}{12} = 1\,000 \text{ pol}^4$$

$$I_{\text{coluna}} = \frac{bh^3}{12} = \frac{12(16)^3}{12} = 4\,096 \text{ pol}^4$$

Calcule os fatores de distribuição no nó B ou C:

$$K_{\text{viga}} = \frac{8{,}8EI}{L} = \frac{8{,}8E(1\,000)}{50} = 176E$$

$$K_{\text{coluna}} = \frac{4EI}{L} = \frac{4E(4\,096)}{16} = 1\,024\,E$$

$$\Sigma K = 1\,200\,E$$

$$\text{FD}_{\text{coluna}} = \frac{1\,024\,E}{1\,200\,E} = 0{,}85$$

$$\text{FD}_{\text{viga}} = \frac{176E}{1\,200E} = 0{,}15$$

Veja a distribuição na Figura 13.34b. As reações são mostradas na Figura 13.34c.

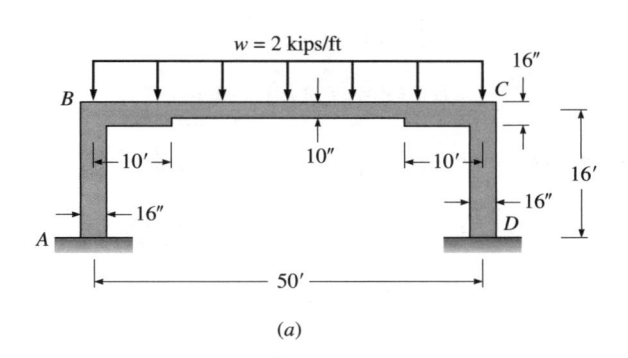

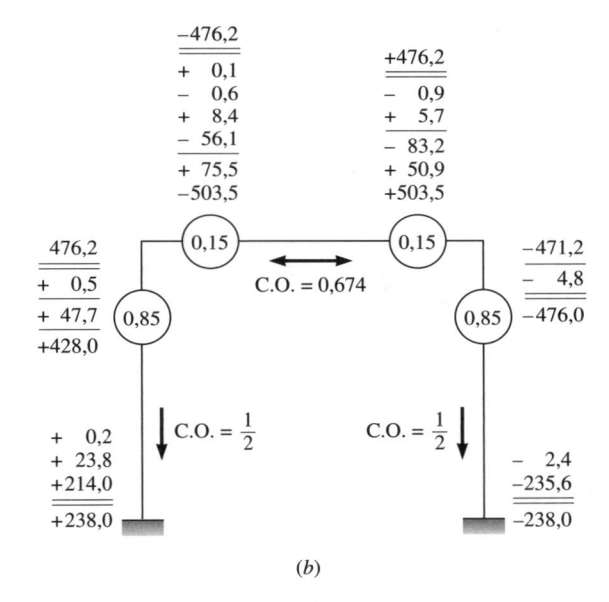

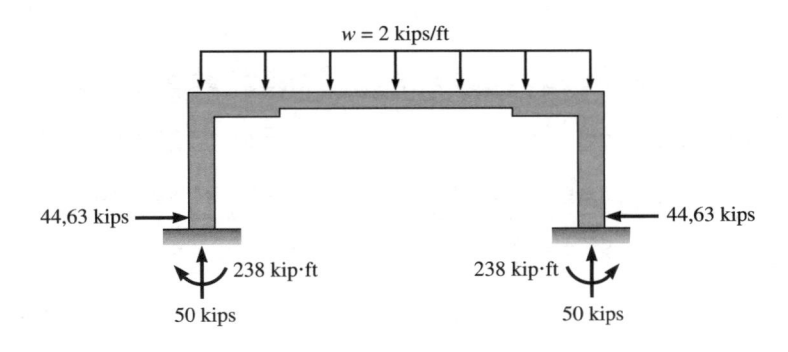

Figura 13.34: (*a*) Detalhes do pórtico rígido; (*b*) análise pela distribuição de momentos; (*c*) reações.

TABELA 13.1
Engrossamento prismático em uma extremidade (do *Handbook of Frame Constants* da Portland Cement Association)

Nota: Todos os fatores de transmissão são negativos e todos os fatores de rigidez são positivos. Todos os coeficientes de momento de extremidade fixa são negativos, exceto onde é mostrado o sinal mais.

Engrossamento à direita		Fatores de transmissão		Fatores de rigidez		Carga unif. MEF coef. × wL^2		MEF da carga concentrada — coef. × PL													Momento M em $b = 1 - a_B$ MEF coef. × M		Carga de engrossamento MEF coef. × $w_B L^2$	
								0,1		0,3		0,5		0,7		0,9		$1-a_B$						
a_B	r_B	C_{AB}	C_{BA}	k_{AB} $r_A=0$	k_{BA}	M_{AB}	M_{BA}	M_{AB}	M_{BA}	M_{AB}	M_{BA}	M_{AB}	M_{BA}	M_{AB}	M_{BA} $a_A=0$	M_{AB}	M_{BA}	M_{AB}	M_{BA}	M_{AB}	M_{BA}	M_{AB}	M_{BA}	
0,1	0,4	0,593	0,491	4,24	5,12	0,0749	0,1016	0,0799	0,0113	0,1397	0,0788	0,1110	0,1553	0,0478	0,1798	0,0042	0,0911	0,0042	0,0911	0,0793	0,8275	0,0001	0,0047
	0,6	0,615	0,490	4,30	5,40	0,0727	0,1062	0,0797	0,0119	0,1378	0,0828	0,1074	0,1630	0,0439	0,1881	0,0029	0,0937	0,0029	0,0937	0,0561	0,8780	0,0001	0,0048
	1,0	0,639	0,488	4,37	5,72	0,0703	0,1114	0,0794	0,0125	0,1358	0,0873	0,1035	0,1716	0,0396	0,1974	0,0016	0,0966	0,0016	0,0966	0,0304	0,9339	0,0001	0,0049
	1,5	0,652	0,487	4,40	5,89	0,0690	0,1143	0,0792	0,0129	0,1346	0,0898	0,1012	0,1764	0,0373	0,2026	0,0008	0,0982	0,0008	0,0982	0,0161	0,9651	0,0000	0,0049
	2,0	0,658	0,487	4,42	5,97	0,0684	0,1156	0,0791	0,0131	0,1341	0,0910	0,1002	0,1786	0,0361	0,2050	0,0005	0,0990	0,0005	0,0990	0,0094	0,9795	0,0000	0,0050
0,2	0,4	0,677	0,469	4,42	6,37	0,0706	0,1126	0,0791	0,0134	0,1345	0,0925	0,1020	0,1788	0,0409	0,1975	0,0050	0,0890	0,0182	0,0890	0,1640	0,6037	0,0013	0,0171
	0,6	0,730	0,463	4,56	7,18	0,0664	0,1225	0,0785	0,0149	0,1302	0,1025	0,0942	0,1972	0,0335	0,2148	0,0037	0,0917	0,0137	0,0917	0,1241	0,7005	0,0010	0,0178
	1,0	0,793	0,458	4,74	8,22	0,0610	0,1353	0,0777	0,0168	0,1248	0,1154	0,0843	0,2207	0,0242	0,2368	0,0022	0,0951	0,0080	0,0951	0,0728	0,8245	0,0006	0,0187
	1,5	0,831	0,455	4,86	8,88	0,0576	0,1434	0,0772	0,0180	0,1214	0,1235	0,0781	0,2355	0,0182	0,2507	0,0012	0,0973	0,0044	0,0973	0,0403	0,9029	0,0003	0,0193
	2,0	0,849	0,453	4,91	9,20	0,0559	0,1473	0,0769	0,0186	0,1197	0,1276	0,0750	0,2429	0,0153	0,2545	0,0007	0,0984	0,0026	0,0984	0,0242	0,9418	0,0002	0,0196
0,3	0,4	0,741	0,439	4,52	7,63	0,0698	0,1155	0,0787	0,0149	0,1319	0,1013	0,0987	0,1899	0,0420	0,1929	0,0056	0,0868	0,0420	0,0868	0,2371	0,3457	0,0045	0,0338
	0,6	0,831	0,427	4,75	9,24	0,0542	0,1296	0,0777	0,0175	0,1255	0,1182	0,0877	0,2185	0,0338	0,2130	0,0045	0,0893	0,0338	0,0893	0,1935	0,4682	0,0036	0,0359
	1,0	0,954	0,415	5,09	11,69	0,0559	0,1511	0,0762	0,0215	0,1158	0,1440	0,0711	0,2621	0,0217	0,2436	0,0028	0,0930	0,0217	0,0930	0,1261	0,6548	0,0023	0,0391
	1,5	1,036	0,409	5,34	13,53	0,0497	0,1673	0,0751	0,0245	0,1085	0,1633	0,0587	0,2948	0,0128	0,2665	0,0017	0,0959	0,0128	0,0959	0,0750	0,7952	0,0014	0,0415
	2,0	1,078	0,407	5,48	14,54	0,0464	0,1762	0,0745	0,0262	0,1045	0,1740	0,0520	0,3129	0,0080	0,2792	0,0010	0,0974	0,0080	0,0974	0,0467	0,8725	0,0008	0,0448
0,4	0,4	0,774	0,405	4,55	8,70	0,0703	0,1117	0,0786	0,0156	0,1315	0,1035	0,0992	0,1855	0,0445	0,1773	0,0059	0,0849	0,0713	0,0849	0,2780	0,0876	0,0014	0,0509
	0,6	0,901	0,386	4,83	11,28	0,0646	0,1269	0,0774	0,0192	0,1240	0,1254	0,0875	0,2182	0,0377	0,1932	0,0049	0,0869	0,0611	0,0869	0,2456	0,2035	0,0106	0,0547
	1,0	1,102	0,367	5,33	16,03	0,0549	0,1548	0,0752	0,0257	0,1105	0,1658	0,0671	0,2780	0,0267	0,2222	0,0034	0,0904	0,0438	0,0904	0,1817	0,4177	0,0089	0,0616
	1,5	1,260	0,357	5,79	20,46	0,0462	0,1807	0,0732	0,0319	0,0982	0,2035	0,0485	0,3339	0,0173	0,2491	0,0022	0,0938	0,0284	0,0938	0,1198	0,6183	0,0063	0,0579
	2,0	1,349	0,352	6,09	23,32	0,0407	0,1975	0,0719	0,0358	0,0903	0,2278	0,0367	0,3699	0,0113	0,2664	0,0014	0,0959	0,0187	0,0959	0,0793	0,7479	0,0037	0,0720
0,5	0,4	0,768	0,371	4,56	9,45	0,0700	0,1048	0,0786	0,0154	0,1312	0,0993	0,0983	0,1679	0,0442	0,1663	0,0059	0,0836	0,0983	0,0836	0,2710	+0,1319	0,0189	0,0556
	0,6	0,919	0,343	4,84	12,94	0,0651	0,1176	0,0774	0,0193	0,1240	0,1218	0,0884	0,1935	0,0386	0,1769	0,0051	0,0849	0,0884	0,0849	0,2593	+0,0493	0,0167	0,0702
	1,0	1,200	0,316	5,42	20,61	0,0561	0,1451	0,0749	0,0280	0,1096	0,1709	0,0706	0,2486	0,0299	0,1993	0,0038	0,0877	0,0705	0,0877	0,2203	0,1356	0,0131	0,0802
	1,5	1,470	0,301	6,10	29,74	0,0466	0,1777	0,0720	0,0384	0,0934	0,2290	0,0516	0,3137	0,0215	0,2255	0,0027	0,0909	0,0516	0,0909	0,1663	0,3579	0,0094	0,0918
	2,0	1,647	0,295	6,63	37,04	0,0393	0,2036	0,0698	0,0466	0,0807	0,2755	0,0370	0,3655	0,0153	0,2463	0,0019	0,0934	0,0370	0,0934	0,1209	0,5361	0,0067	0,1011
0,6	0,4	0,726	0,341	4,62	9,84	0,0675	0,0986	0,0782	0,0146	0,1280	0,0916	0,0923	0,1519	0,0419	0,1603	0,0056	0,0829	0,1154	0,0829	0,2103	+0,2862	0,0283	0,0769
	0,6	0,872	0,305	4,88	13,97	0,0630	0,1072	0,0771	0,0183	0,1214	0,1096	0,0835	0,1664	0,0368	0,1666	0,0048	0,0837	0,1068	0,0837	0,2221	+0,2453	0,0254	0,0813
	1,0	1,196	0,267	5,43	24,35	0,0560	0,1277	0,0748	0,0274	0,1092	0,1537	0,0705	0,1999	0,0299	0,1804	0,0038	0,0854	0,0926	0,0854	0,2190	+0,1321	0,0212	0,0913
	1,5	1,588	0,247	6,18	39,79	0,0482	0,1572	0,0718	0,0408	0,0939	0,2183	0,0572	0,2478	0,0237	0,1997	0,0030	0,0878	0,0762	0,0878	0,1926	+0,0433	0,0171	0,1055
	2,0	1,905	0,237	6,92	55,51	0,0412	0,1870	0,0692	0,0544	0,0792	0,2839	0,0455	0,2960	0,0186	0,2189	0,0023	0,0901	0,0611	0,0901	0,1589	0,2243	0,0136	0,1197
0,7	0,4	0,657	0,321	4,86	9,96	0,0631	0,0954	0,0770	0,0138	0,1175	0,0846	0,0844	0,1461	0,0392	0,1582	0,0053	0,0832	0,1175	0,0832	0,0959	+0,3666	0,0372	0,0854
	0,6	0,770	0,275	5,14	14,39	0,0580	0,1006	0,0758	0,0167	0,1097	0,0955	0,0745	0,1543	0,0335	0,1621	0,0045	0,0841	0,1097	0,0841	0,0955	+0,3615	0,0330	0,0890
	1,0	1,056	0,224	5,62	26,45	0,0516	0,1122	0,0738	0,0243	0,0992	0,1203	0,0626	0,1710	0,0269	0,1694	0,0035	0,0841	0,0992	0,0841	0,1655	+0,3228	0,0280	0,0965
	1,5	1,491	0,196	6,24	47,48	0,0463	0,1304	0,0714	0,0371	0,0890	0,1633	0,0537	0,1959	0,0223	0,1796	0,0028	0,0854	0,0890	0,0854	0,1731	+0,2367	0,0241	0,1076
	2,0	1,944	0,183	6,95	73,85	0,0417	0,1523	0,0687	0,0530	0,0793	0,2149	0,0468	0,2255	0,0191	0,1915	0,0024	0,0869	0,0793	0,0869	0,1646	+0,1219	0,0210	0,1210
0,8	0,4	0,583	0,319	5,46	9,97	0,0585	0,0951	0,0741	0,0137	0,1040	0,0837	0,0793	0,1456	0,0380	0,1580	0,0053	0,0826	0,1023	0,0826	0,0804	+0,3734	0,0452	0,0917
	0,6	0,645	0,263	5,89	14,44	0,0516	0,0990	0,0721	0,0160	0,0921	0,0907	0,0667	0,1520	0,0311	0,1614	0,0044	0,0831	0,0950	0,0831	0,0150	+0,3956	0,0388	0,0951
	1,0	0,818	0,196	6,47	27,06	0,0435	0,1053	0,0696	0,0211	0,0781	0,1025	0,0521	0,1615	0,0232	0,1660	0,0031	0,0838	0,0863	0,0838	0,0588	+0,4118	0,0314	0,1004
	1,5	1,128	0,155	6,98	50,85	0,0385	0,1130	0,0676	0,0296	0,0692	0,1175	0,0432	0,1715	0,0184	0,1705	0,0024	0,0844	0,0802	0,0844	0,0990	+0,4009	0,0268	0,1064
	2,0	1,533	0,135	7,47	84,60	0,0355	0,1222	0,0658	0,0412	0,0638	0,1357	0,0384	0,1824	0,0159	0,1750	0,0020	0,0849	0,0759	0,0849	0,1150	+0,3684	0,0242	0,1133
0,9	0,4	0,524	0,356	6,87	10,10	0,0604	0,0948	0,0674	0,0157	0,1031	0,0835	0,0844	0,1439	0,0418	0,1568	0,0059	0,0824	0,0674	0,0824	0,3652	+0,2913	0,0550	0,0942
	0,6	0,542	0,295	7,95	14,58	0,0497	0,0991	0,0623	0,0184	0,0866	0,0913	0,0691	0,1510	0,0339	0,1605	0,0048	0,0830	0,0523	0,0830	0,2658	+0,3364	0,0460	0,0985
	1,0	0,594	0,206	9,44	27,16	0,0372	0,1052	0,0553	0,0226	0,0642	0,1023	0,0484	0,1603	0,0231	0,1656	0,0032	0,0837	0,0553	0,0837	0,1311	+0,3969	0,0337	0,1044
	1,5	0,695	0,142	10,48	51,25	0,0289	0,1098	0,0506	0,0266	0,0492	0,1105	0,0346	0,1680	0,0159	0,1692	0,0021	0,0842	0,0505	0,0842	0,0410	+0,4351	0,0255	0,1089
	2,0	0,842	0,107	11,07	86,80	0,0245	0,1147	0,0481	0,0305	0,0414	0,1159	0,0274	0,1723	0,0121	0,1714	0,0016	0,0845	0,0481	0,0845	0,0049	+0,4515	0,0213	0,1117

TABELA 13.2
Engrossamento prismático nas duas extremidades (do *Handbook of Frame Constants* da Portland Cement Association)

Nota: Todos os fatores de transmissão e coeficientes de momento de extremidade fixa são negativos e todos os fatores de rigidez são positivos.

a	r	Fatores de transmissão $C_{AB} = C_{BA}$	Fatores de rigidez $k_{AB} = k_{BA}$	Carga unif. MEF coef. $\times wL^2$	MEF de carga concentrada — coef. $\times PL$									Carga de engrossamento, nos dois engrossamentos MEF coef. $\times wL^2$	
					0,1		0,3		0,5		0,7		0,9		
					M_{AB}	M_{BA}	M_{AB}	M_{BA}	M_{AB}	M_{BA}	M_{AB}	M_{BA}	M_{AB}	M_{BA}	$M_{AB} = M_{BA}$
0,1	0,4	0,583	5,49	0,0921	0,0905	0,0053	0,1727	0,0606	0,1396	0,1396	0,0606	0,1727	0,0053	0,0905	0,0049
	0,6	0,603	5,93	0,0940	0,0932	0,0040	0,1796	0,0589	0,1428	0,1428	0,0589	0,1796	0,0040	0,0932	0,0049
	1,0	0,624	6,45	0,0961	0,0962	0,0023	0,1873	0,0566	0,1462	0,1462	0,0566	0,1873	0,0023	0,0962	0,0050
	1,5	0,636	6,75	0,0972	0,0980	0,0013	0,1918	0,0551	0,1480	0,1480	0,0551	0,1918	0,0013	0,0980	0,0050
	2,0	0,641	6,90	0,0976	0,0988	0,0008	0,1939	0,0543	0,1489	0,1489	0,0543	0,1939	0,0008	0,0988	0,0050
0,2	0,4	0,634	7,32	0,0970	0,0874	0,0079	0,1852	0,0623	0,1506	0,1506	0,0623	0,1852	0,0079	0,0874	0,0187
	0,6	0,674	8,80	0,1007	0,0899	0,0066	0,1993	0,0584	0,1575	0,1575	0,0584	0,1993	0,0066	0,0899	0,0191
	1,0	0,723	11,09	0,1049	0,0935	0,0046	0,2193	0,0499	0,1654	0,1654	0,0499	0,2193	0,0046	0,0935	0,0195
	1,5	0,752	12,87	0,1073	0,0961	0,0029	0,2338	0,0420	0,1699	0,1699	0,0420	0,2338	0,0029	0,0961	0,0197
	2,0	0,765	13,87	0,1084	0,0976	0,0018	0,2410	0,0372	0,1720	0,1720	0,0372	0,2410	0,0018	0,0976	0,0198
0,3	0,4	0,642	9,02	0,0977	0,0845	0,0097	0,1763	0,0707	0,1558	0,1558	0,0707	0,1763	0,0097	0,0845	0,0397
	0,6	0,697	12,09	0,1027	0,0861	0,0095	0,1898	0,0700	0,1665	0,1665	0,0700	0,1898	0,0095	0,0861	0,0410
	1,0	0,775	18,68	0,1091	0,0890	0,0094	0,2136	0,0627	0,1803	0,1803	0,0627	0,2136	0,0084	0,0890	0,0426
	1,5	0,828	26,49	0,1132	0,0920	0,0065	0,2376	0,0492	0,1891	0,1891	0,0492	0,2376	0,0065	0,0920	0,0437
	2,0	0,855	32,77	0,1153	0,0943	0,0048	0,2555	0,0366	0,1934	0,1934	0,0366	0,2555	0,0048	0,0943	0,0442
0,4	0,4	0,599	10,15	0,0937	0,0825	0,0101	0,1601	0,0732	0,1509	0,1509	0,0732	0,1601	0,0101	0,0825	0,0642
	0,6	0,652	14,52	0,0986	0,0833	0,0106	0,1668	0,0776	0,1632	0,1632	0,0776	0,1668	0,0106	0,0833	0,0668
	1,0	0,744	26,06	0,1067	0,0847	0,0112	0,1790	0,0835	0,1833	0,1833	0,0835	0,1790	0,0112	0,0847	0,0711
	1,5	0,827	45,95	0,1131	0,0862	0,0113	0,1919	0,0852	0,1995	0,1995	0,0852	0,1919	0,0113	0,0862	0,0746
	2,0	0,878	71,41	0,1169	0,0876	0,0108	0,2033	0,0822	0,2089	0,2089	0,0822	0,2033	0,0108	0,0876	0,0766
0,5	0,0	0,500	4,00	0,0833	0,0810	0,0090	0,1470	0,0630	0,1250	0,1250	0,0630	0,1470	0,0090	0,0810	0,0833

Resumo

- A distribuição de momentos é um procedimento aproximado para analisar vigas e pórticos indeterminados que elimina a necessidade de escrever e resolver as equações simultâneas necessárias no método da inclinação-deflexão.
- O analista começa supondo que todas os nós livres para girar são restringidos por grampos, produzindo condições de extremidade fixa. Quando as cargas são aplicadas, são causados momentos de extremidade fixa. A solução é concluída desbloqueando-se e bloqueando-se novamente os nós sucessivamente e distribuindo-se os momentos nas duas extremidades de todos os membros ligados ao nó, até que todos os nós estejam em equilíbrio. O tempo necessário para concluir a análise aumenta significativamente se os pórticos estão livres para deslocar-se lateralmente. O método pode ser estendido para membros não prismáticos, se estiverem disponíveis tabelas-padrão de momentos de extremidade fixa (consultar Tabela 13.1).
- Uma vez estabelecidos os momentos de extremidade, são analisados corpos livres dos membros para determinar as forças cortantes. Após os cortantes serem estabelecidos, as forças axiais nos membros são calculadas usando-se os corpos livres dos nós.
- Embora a distribuição de momentos forneça aos estudantes uma compreensão do comportamento de estruturas contínuas, seu uso é limitado na prática, pois uma análise por computador é muito mais rápida e precisa.
- Contudo, a distribuição de momentos fornece um procedimento simples para verificar os resultados da análise por computador de grandes pórticos contínuos de vários pavimentos e baias, sob carga vertical. Nesse procedimento (ilustrado na Seção 15.7), um diagrama de corpo livre de um piso individual (incluindo as colunas agregadas acima e abaixo do piso) é isolado e as extremidades das colunas são presumidas como fixas ou a rigidez da coluna é ajustada para as condições de contorno. Como a influência das forças nos pisos acima e abaixo tem apenas um pequeno efeito sobre o piso que está sendo analisado, o método proporciona uma boa aproximação das forças no sistema de piso em questão.

PROBLEMAS

P13.1 a P13.7. Analise cada estrutura pela distribuição de momentos. Determine todas as reações e desenhe os diagramas de cortante e momento, localizando os pontos de inflexão e rotulando os valores de cortante e momento máximos em cada vão. Salvo indicação em contrário, EI é constante.

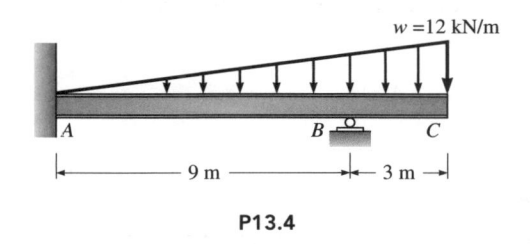

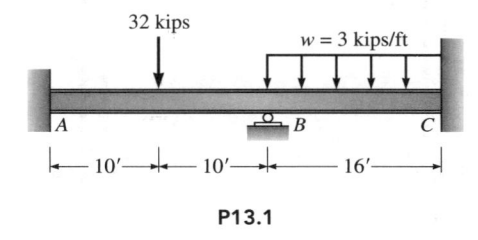

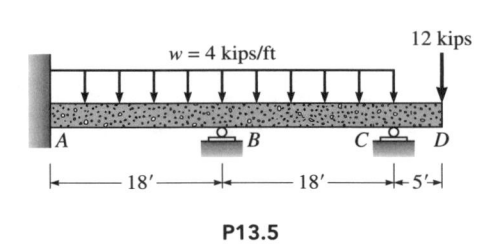

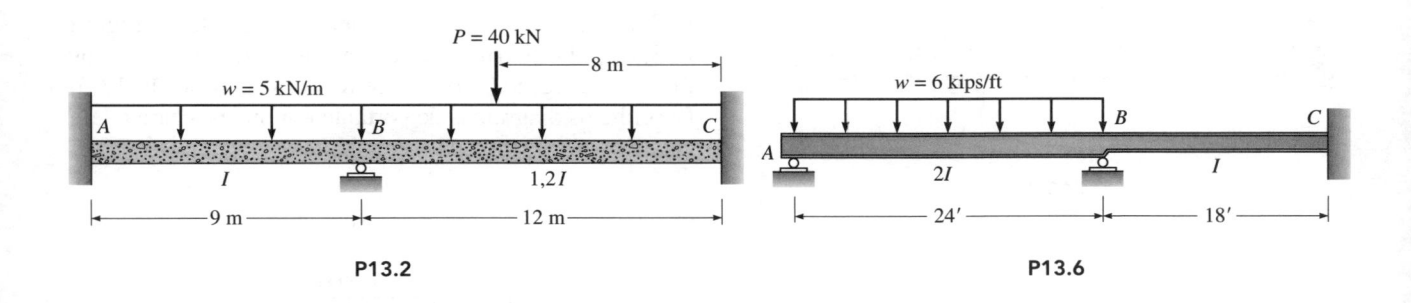

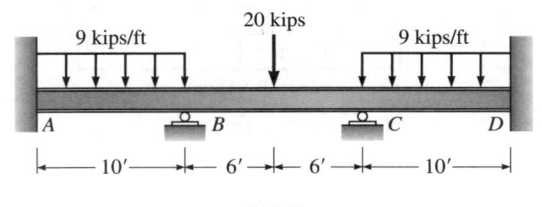

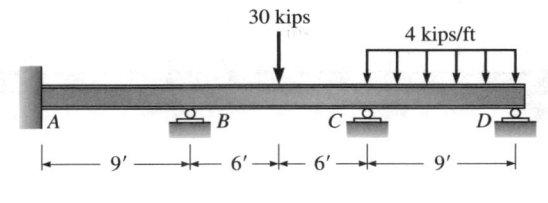

P13.4

P13.1

P13.5

P13.2

P13.6

P13.3

P13.7

P13.8 a P13.10. Analise pela distribuição de momentos. Modifique a rigidez, conforme discutido na Seção 13.5. *EI* é constante. Desenhe os diagramas de cortante e momento.

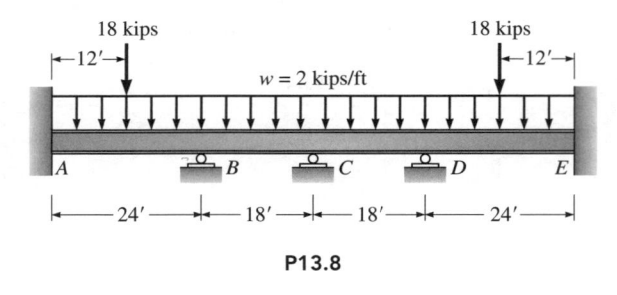

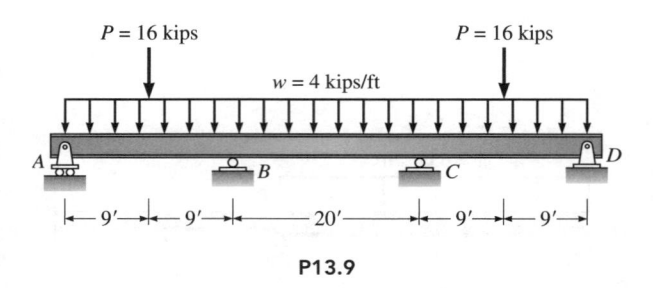

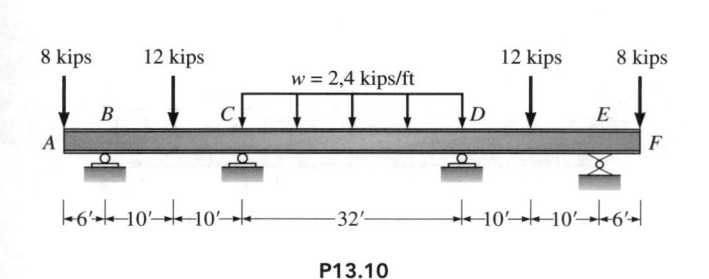

P13.11. Analise o pórtico da Figura P13.11 pela distribuição de momentos. Determine todas as reações e desenhe os diagramas de cortante e momento, localizando os pontos de inflexão e rotulando os valores de cortante e momento máximos em cada vão. Dado: *EI* é constante.

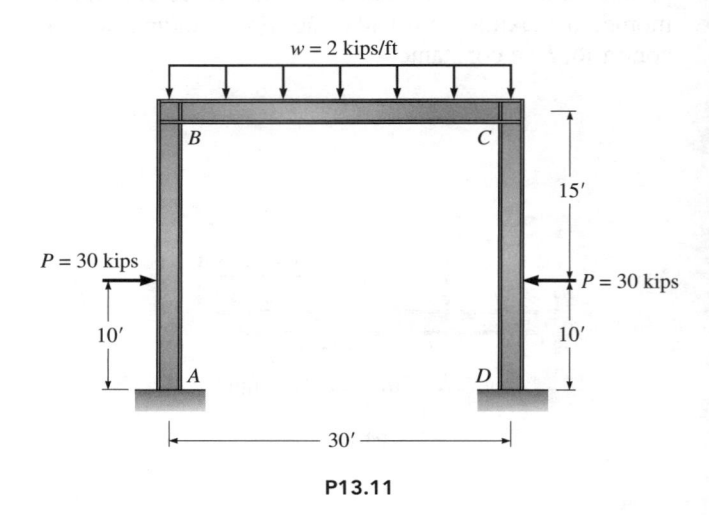

P13.8

P13.11

P13.9

P13.12. Analise a caixa de concreto armado da Figura P13.12 pela distribuição de momentos. Modifique os fatores de rigidez, conforme discutido na Seção 13.5. Desenhe os diagramas de cortante e momento para a laje superior *AB*. Dado: *EI* é constante.

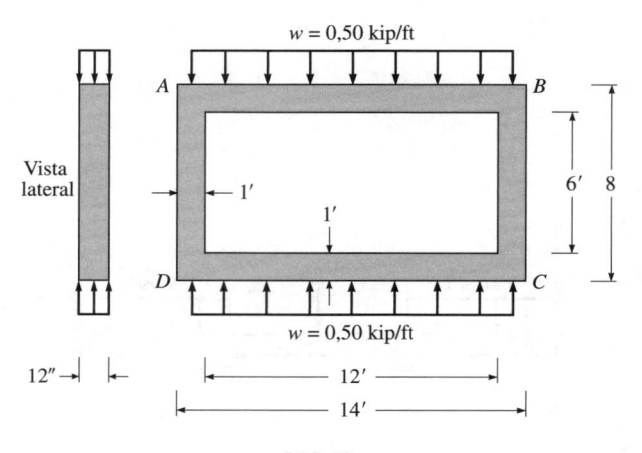

P13.10

P13.12

P13.13. Analise o pórtico da Figura P13.13 pelo método da distribuição de momentos. Determine todas as reações e desenhe os diagramas de momento e cortante. Dado: E é constante. Apoios fixos em A e D.

P13.15. Analise o pórtico da Figura P13.15 pela distribuição de momentos. Determine todas as reações e desenhe os diagramas de cortante e momento, localizando os pontos de inflexão e rotulando os valores de cortante e momento máximos em cada vão. E é constante, mas I varia conforme indicado na figura.

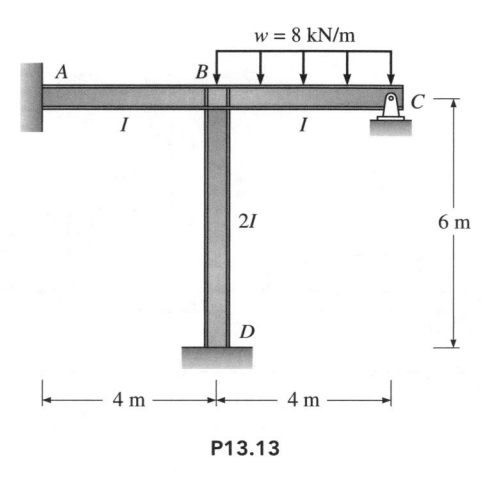

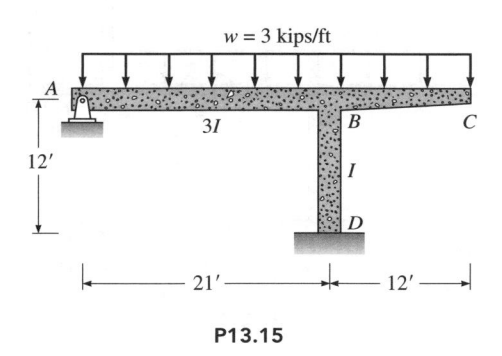

P13.14. A seção transversal do anel retangular da Figura P13.14 tem 12 pol × 8 pol. Desenhe os diagramas de momento e cortante para o anel. $E = 3\,000$ kips/pol².

P13.16. Analise o pórtico da Figura P13.16 pela distribuição de momentos. Determine todas as reações e desenhe os diagramas de cortante e momento, localizando os pontos de inflexão e rotulando os valores de cortante e momento máximos em cada vão. Dado: EI é constante.

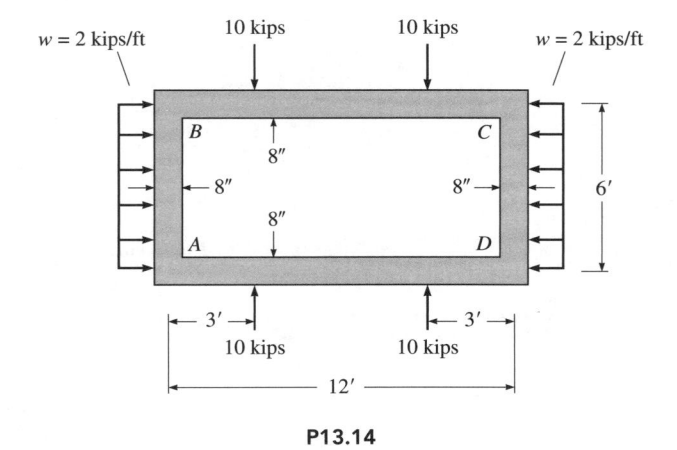

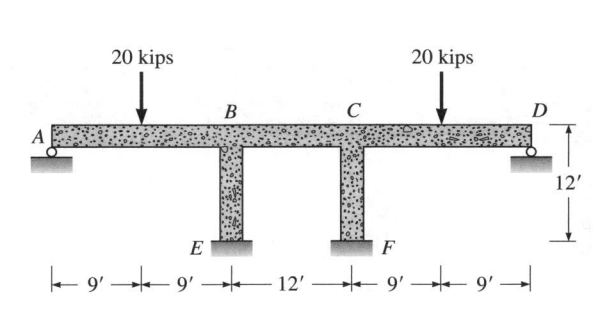

P13.17. Analise o pórtico da Figura P13.17 pela distribuição de momentos. Determine todas as reações e desenhe os diagramas de cortante e momento, localizando os pontos de inflexão e rotulando os valores de cortante e momento máximos em cada vão. E é constante, mas I varia conforme indicado.

P13.19. Analise a viga da Figura P13.19 pelo método da distribuição de momentos. Determine todas as reações e desenhe os diagramas de momento e cortante para a viga *ABCDE*. EI é constante.

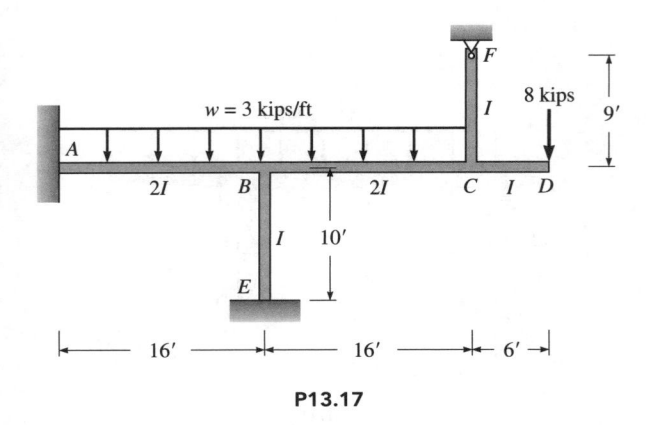

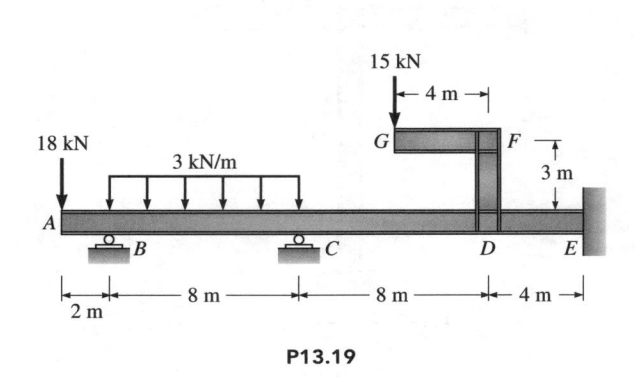

P13.18. Analise o pórtico da Figura P13.18 pelo método da distribuição de momentos. Determine todas as reações e desenhe os diagramas de cortante e momento. E é constante, mas I varia conforme indicado.

P13.20. Se o apoio B na Figura P13.20 sofre um recalque de $\frac{1}{2}$ pol sob a carga de 16 kips, determine as reações e desenhe os diagramas de cortante e momento para a viga. Dados: $E = 30\,000$ kips/pol², $I = 600$ pol⁴.

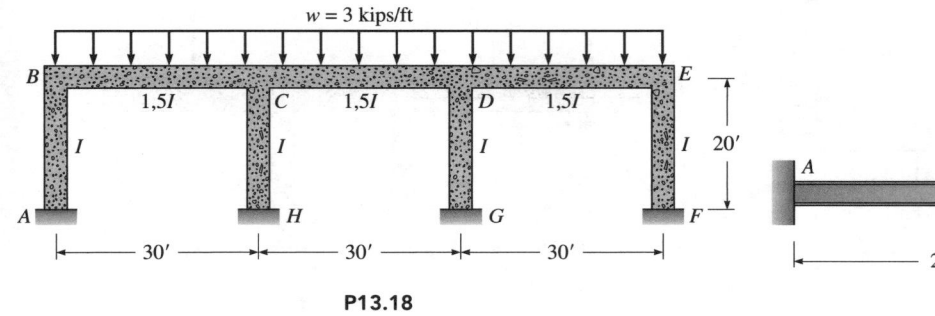

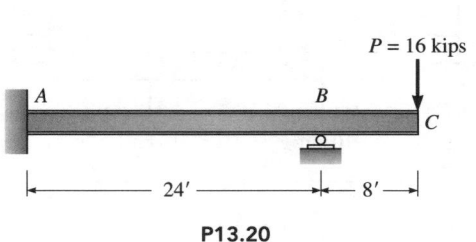

P13.21. Se o apoio *A* na Figura P13.21 é construído 0,48 pol mais baixo, e o apoio em *C* é construído acidentalmente com uma inclinação de 0,016 rad no sentido horário a partir de um eixo vertical através de *C*, determine o momento e as reações geradas quando a estrutura é conectada em seus apoios. Dados: $E = 29\,000$ kips/pol².

P13.23. Devido a um erro de construção, o apoio em *D* foi construído 0,6 pol à esquerda da coluna *BD*. Usando distribuição de momentos, determine as reações geradas quando o pórtico é conectado ao apoio e a carga uniforme é aplicada no membro *BC*. Desenhe os diagramas de cortante e momento e esboce a forma defletida. $E = 29\,000$ kips/pol², $I = 240$ pol⁴ para todos os membros.

P13.21

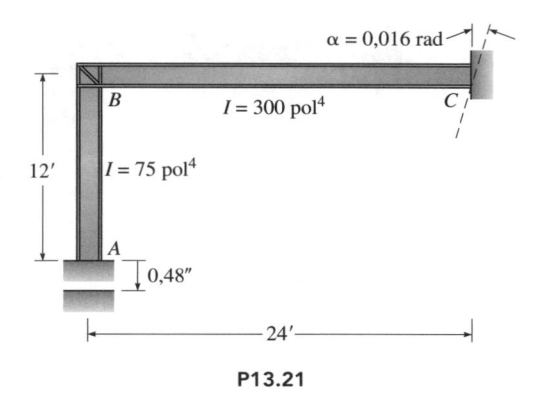

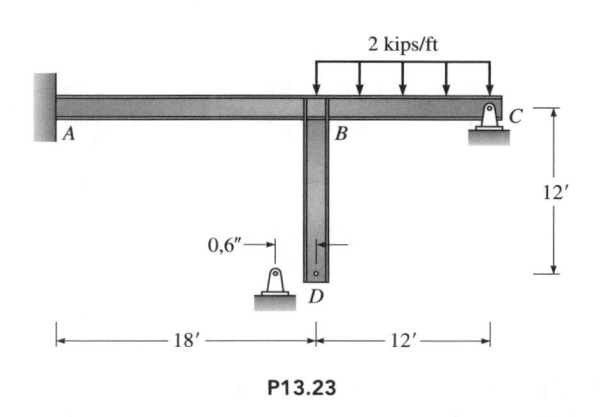

P13.23

P13.22. Analise a viga Vierendeel da Figura P13.22 pela distribuição de momentos. Desenhe os diagramas de cortante e momento para os membros *AB* e *AF*. Esboce a forma defletida e determine a deflexão no meio do vão. Dados: *EI* é constante, $E = 200$ GPa e $I = 250 \times 10^6$ mm⁴.

P13.24. Quais momentos são gerados no pórtico da Figura P13.24 por uma mudança de temperatura de +80 °F na viga *ABC*? O coeficiente de expansão de temperatura $\alpha_t = 6{,}6 \times 10^{-6}$ (pol/pol)/°F e $E = 29\,000$ kips/pol².

P13.22

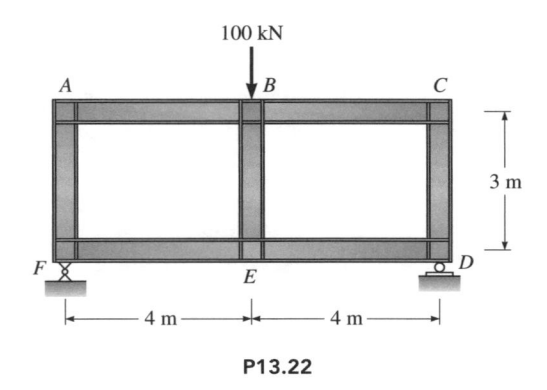

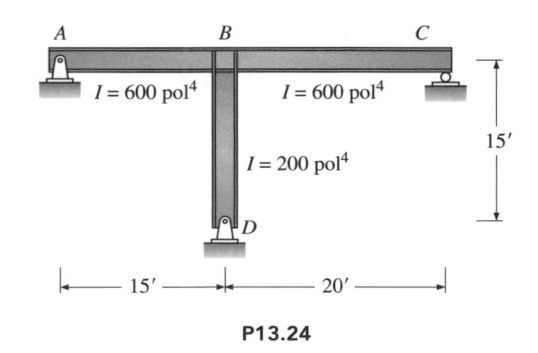

P13.24

P13.25. Determine as reações e os momentos causados nos membros do pórtico da Figura P13.25. Determine também o deslocamento horizontal do nó B. Dados: EI é constante para todos os membros, $I = 1\,500$ pol^4 e $E = 3\,000$ kips/pol^2.

P13.27. Analise o pórtico da Figura P13.27 pela distribuição de momentos. Desenhe os diagramas de cortante e momento. Esboce a forma defletida. E é constante e é igual a 30 000 kips/pol^2.

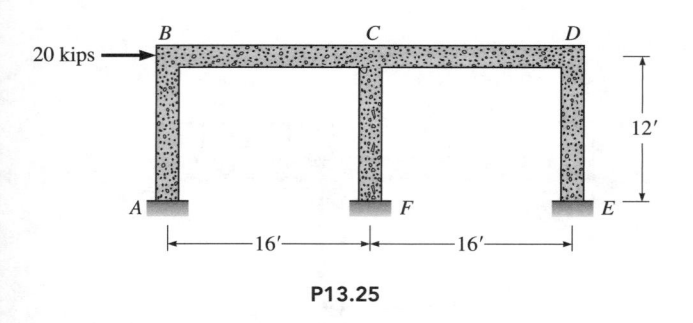

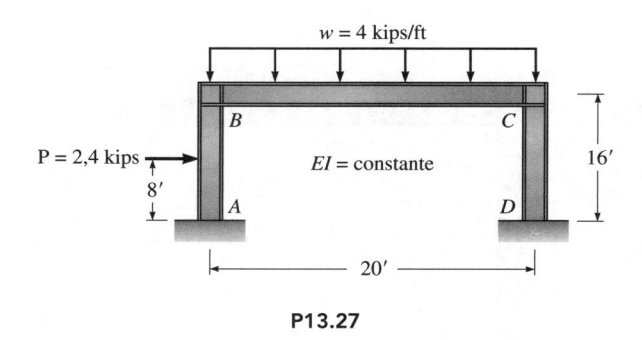

P13.25

P13.27

P13.26. Analise a estrutura da Figura P13.26 pela distribuição de momentos. Desenhe os diagramas de cortante e momento. Esboce a forma defletida. Calcule também o deslocamento horizontal do nó B. E é constante e é igual a 30 000 kips/pol^2.

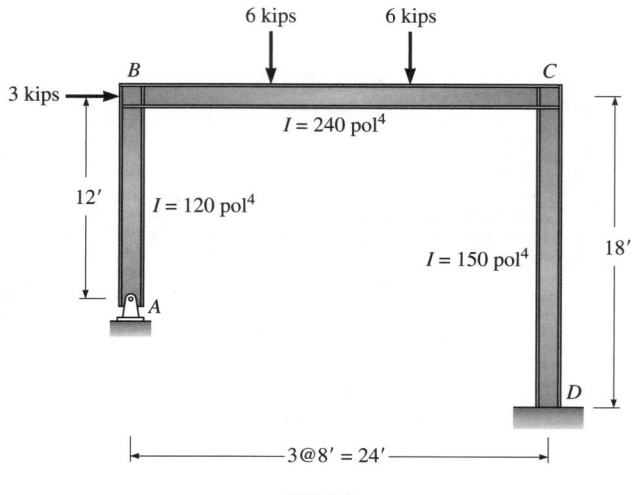

P13.26

P13.28. Analise o pórtico da Figura P13.28 pela distribuição de momentos. Desenhe os diagramas de cortante e momento. Calcule a deflexão horizontal do nó B. Esboce a forma defletida. E é constante e é igual a $30\,000$ kips/pol².

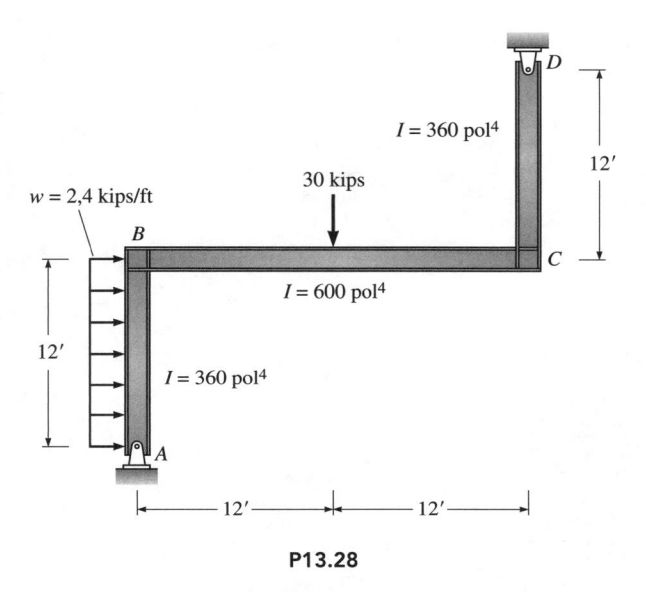

P13.28

Prédio do Banco Central em Boston, MA, EUA. Treliças verticais nas laterais deste prédio de vários andares enrijecem a estrutura contra cargas laterais.

CAPÍTULO 14

Estruturas indeterminadas: linhas de influência

14.1 Introdução

Para estabelecer como uma força interna específica em um ponto designado varia quando uma carga móvel passa sobre uma estrutura, construímos linhas de influência. A construção de linhas de influência para estruturas indeterminadas segue um procedimento igual ao do Capítulo 8 para estruturas determinadas; isto é, uma carga unitária é movida pela estrutura e os valores de uma reação ou força interna em particular são plotados abaixo de posições sucessivas da carga. Como programas de computador para analisar estruturas estão geralmente disponíveis para os engenheiros profissionais, mesmo estruturas altamente indeterminadas podem ser analisadas para muitas posições da carga unitária rapidamente e de forma barata. Portanto, alguns dos demorados *métodos práticos* tradicionais, anteriormente utilizados para construir linhas de influência, têm valor limitado para os engenheiros de hoje. Nossos principais objetivos neste capítulo são:

1. Conhecer o aspecto das linhas de influência das reações de apoio e forças em vigas contínuas e pórticos.
2. Desenvolver a capacidade de esboçar rapidamente o aspecto aproximado das linhas de influência de vigas e pórticos indeterminados.
3. Estabelecer como se posicionam cargas distribuídas em estruturas contínuas para maximizar o cortante e o momento em seções fundamentais de vigas e colunas.

Começaremos este capítulo construindo linhas de influência para as reações, cortantes e momentos em várias vigas indeterminadas simples. Embora as linhas de influência de estruturas determinadas consistam em segmentos retos, as linhas de influência de vigas e pórticos indeterminados são curvas. Portanto, para definir claramente o aspecto das linhas de influência de uma viga indeterminada, frequentemente devemos avaliar as ordenadas em mais pontos do que os necessários para uma viga determinada. No caso de uma treliça ou viga mestra indeterminadas, carregada nos nós por um sistema de transversinas e longarinas composto de membros com apoios simples, as linhas de influência consistirão em segmentos retos entre os nós.

Também discutiremos o uso do princípio de Müller–Breslau para esboçar linhas de influência qualitativas de forças internas e reações para uma variedade de vigas e pórticos indeterminados. Com base nessas linhas de influência, estabeleceremos diretrizes para o posicionamento de cargas móveis para produzir valores máximos de cortantes e momentos em seções fundamentais (adjacentes aos apoios ou no meio do vão) dessas estruturas.

14.2 Construção de linhas de influência usando distribuição de momentos

A distribuição de momentos fornece uma técnica conveniente para construir linhas de influência para vigas contínuas e pórticos de seção transversal constante. Além disso, com tabelas de projeto apropriadas, o método pode ser facilmente estendido para estruturas que contêm membros de altura variável (por exemplo, consultar Tabela 13.1).

Para cada posição da carga unitária, a análise da distribuição de momentos fornece todos os momentos de extremidade do membro. Após os momentos de extremidade serem determinados, as reações e forças internas nas seções fundamentais podem ser estabelecidas cortando-se corpos livres e usando-se as equações da estática para calcular as forças internas. O Exemplo 14.1 ilustra o uso de distribuição de momentos para construir as linhas de influência das reações de uma viga indeterminada no primeiro grau. Para simplificar os cálculos desse exemplo, as ordenadas das linhas de influência (ver Figura 14.1c a e) são avaliadas em intervalos de um quinto do comprimento do vão. Em uma situação de projeto real (por exemplo, a viga mestra de uma ponte), seria mais apropriado um incremento menor — de um doze avos a um quinze avos do comprimento do vão.

EXEMPLO 14.1

(*a*) Usando uma distribuição de momentos, construa as linhas de influência das reações nos apoios A e B da viga da Figura 14.1*a*.

(*b*) Dado $L = 25$ ft, determine o momento gerado no apoio B pelo conjunto de cargas de roda de 16 e de 24 kips mostrado na Figura 14.1*a*, quando estão posicionadas nos pontos 3 e 4. EI é constante.

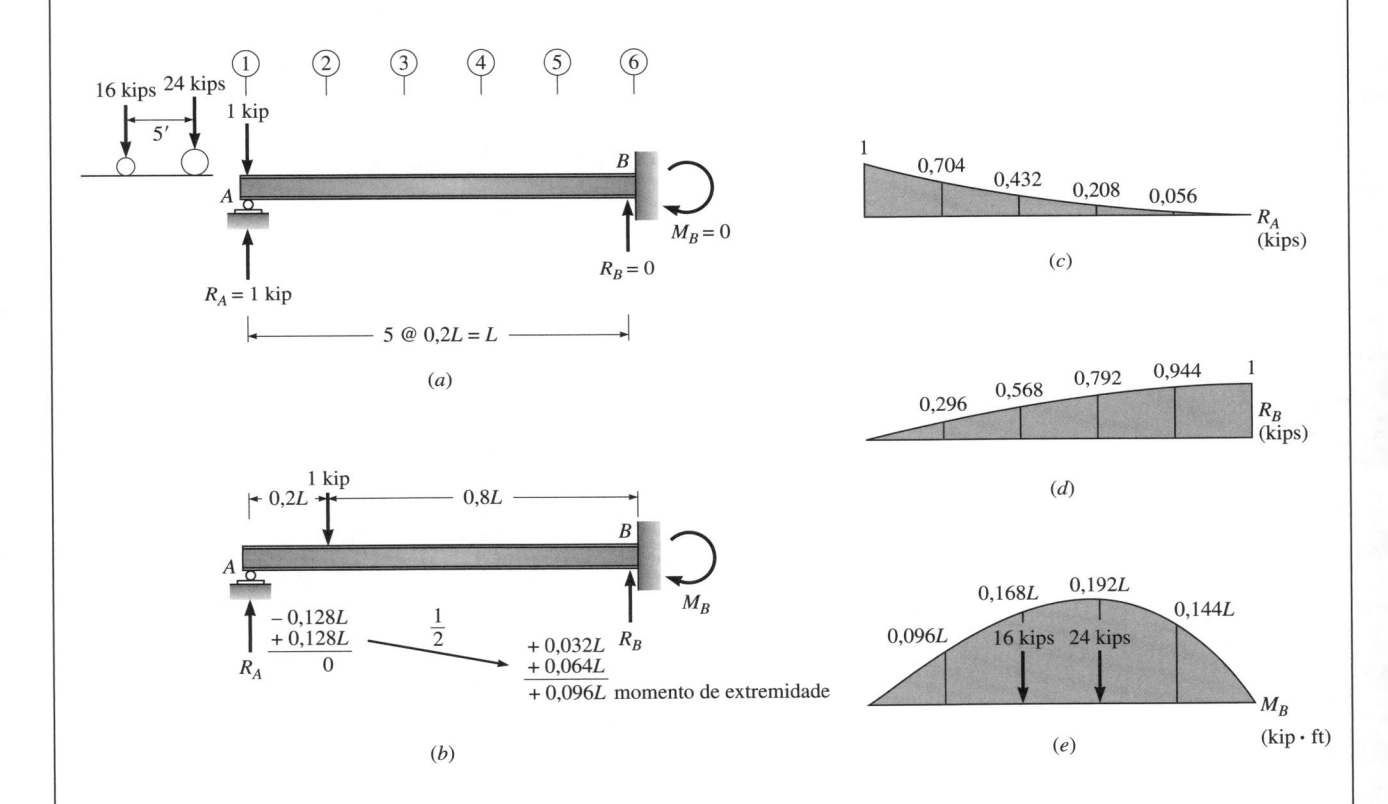

Figura 14.1: (*a*) Carga unitária no apoio A; (*b*) carga unitária a $0,2L$ à direita do apoio A; (*c*) linha de influência da reação em A; (*d*) linha de influência da reação vertical em B; (*e*) linha de influência do momento no apoio B.

Solução

(*a*) As linhas de influência serão construídas colocando-se a carga unitária em seis pontos — separados por uma distância de $0,2L$ — ao longo do eixo da viga. Os pontos estão indicados pelos números circulados na Figura 14.1*a*. Discutiremos os cálculos dos pontos 1, 2 e 6 para ilustrar o procedimento.

[*continua*]

[*continuação*]

Para estabelecer a ordenada da linha de influência na extremidade esquerda (ponto 1), a carga unitária é colocada na viga diretamente sobre o apoio *A* (ver Figura 14.1*a*). Como a carga inteira passa diretamente para o apoio, a viga não é tensionada; portanto, $R_A = 1$ kip, $R_B = 0$ e $M_B = 0$. Analogamente, se a carga unitária é movida para o ponto 6 (aplicada diretamente no apoio fixo), $R_B = 1$ kip, $R_A = 0$ e $M_B = 0$. As reações acima, que representam as ordenadas da linha de influência nos pontos 1 e 6, estão plotadas na Figura 14.1*c*, *d* e *e*.

Em seguida, movemos a carga unitária a uma distância 0,2*L* à direita do apoio *A* e determinamos o momento em *B* pela distribuição de momentos (ver Figura 14.1*b*). Calcule os momentos de extremidade fixa (ver Figura 12.5):

$$\text{MEF}_{AB} = -\frac{Pab^2}{L^2} = -\frac{1(0,2L)(0,8L)^2}{L^2} = -0,128L$$

$$\text{MEF}_{BA} = \frac{Pba^2}{L^2} = \frac{1(0,8L)(0,2L)^2}{L^2} = +0,032L$$

A distribuição de momentos está feita no esboço da Figura 14.1*b*. Depois de estabelecido o momento de extremidade de 0,096*L* no apoio *B*, calculamos a reação vertical em *A* somando os momentos sobre *B* das forças em um corpo livre da viga:

$$\circlearrowleft^+ \quad \Sigma M_B = 0$$

$$R_A L - 1(0,8L) + 0,096L = 0$$

$$R_A = 0,704 \text{ kip}$$

Calcule R_B:

$$\uparrow^+ \quad \Sigma F_y = 0$$

$$R_A + R_B - 1 = 0$$

$$R_B = 0,296 \text{ kip}$$

Para calcular o restante das ordenadas da linha de influência, movemos a carga unitária para os pontos 3, 4 e 5 e analisamos a viga novamente para cada posição da carga. Os cálculos, que não são mostrados, estabelecem as ordenadas da linha de influência restantes. A Figura 14.1*c* a *e* mostra as linhas de influência finais.

(*b*) O momento em *B* devido às cargas de roda (ver Figura 14.1*e*) é

$$M_B = \Sigma \text{ ordenada da linha de influência} \times (\text{carga})$$

$$= 0,168L(16 \text{ kips}) + 0,192L(24 \text{ kips})$$

$$= 7,296L = 7,296(25) = 182,4 \text{ kip} \cdot \text{ft} \quad \textbf{Resp.}$$

EXEMPLO 14.2

Construa as linhas de influência do cortante e do momento na seção 4 da viga da Figura 14.1*a*, usando a linha de influência da Figura 14.1*c* para avaliar a reação em *A* para várias posições da carga unitária.

Solução

Com a carga unitária nos apoios *A* ou *B* (pontos 1 e 6 na Figura 14.1*a*), a viga não está tensionada; portanto, o cortante e o momento no ponto 4 são zero, e as ordenadas das linhas de influência na Figura 14.2*e* e *f* começam e terminam em zero.

Para estabelecer as ordenadas das linhas de influência das outras posições da carga unitária, usaremos as equações da estática para avaliar as forças internas em um corpo livre da viga à esquerda de uma seção através do ponto 4. O corpo livre da Figura 14.2*a* mostra a carga unitária no ponto 2. A reação em *A* de 0,704 kip é lida da Figura 14.1*c*.

$$\overset{+}{\uparrow} \Sigma F_y = 0$$

$$0{,}704 - 1 - V_2 = 0$$

$$V_2 = -0{,}296 \text{ kip}$$

$$\circlearrowright^+ \Sigma M_4 = 0$$

$$(0{,}704 \text{ kip})(0{,}6L) - (1 \text{ kip})(0{,}4L) - M_2 = 0$$

$$M_2 = 0{,}0224L \text{ kip} \cdot \text{ft}$$

A Figura 14.2*b* mostra a carga unitária imediatamente à esquerda do ponto 4. Para essa posição da carga unitária, as equações de equilíbrio fornecem $V_{4L} = -0{,}792$ kip e $M_{4L} = 0{,}125L$ kip · ft. Se a carga unitária é movida por uma distância dx através do corte no corpo livre à direita da seção 4, a reação em *A* não muda, mas a carga unitária não está mais no corpo livre (ver Figura 14.2*c*). Escrevendo as equações de equilíbrio, calculamos $V_{4R} = 0{,}208$ kip e $M_{4r} = 0{,}125L$ kip · ft. A Figura 14.2*d* mostra as forças no corpo livre quando a carga unitária está no ponto 5 (fora do corpo livre). Os cálculos fornecem $V_5 = 0{,}056$ kip e $M_5 = 0{,}0336L$ kip · ft. Usando os valores calculados de cortante e momento na seção 4 para as várias posições da carga unitária, plotamos as linhas de influência do cortante na Figura 14.2*e* e do momento na Figura 14.2*f*.

Figura 14.2: Linhas de influência do cortante e do momento na seção 4: (*a*) carga unitária na seção 2; (*b*) carga unitária à esquerda da seção 4; (*c*) carga unitária à direita da seção 4; (*d*) carga unitária na seção 5; (*e*) linha de influência do cortante; (*f*) linha de influência do momento.

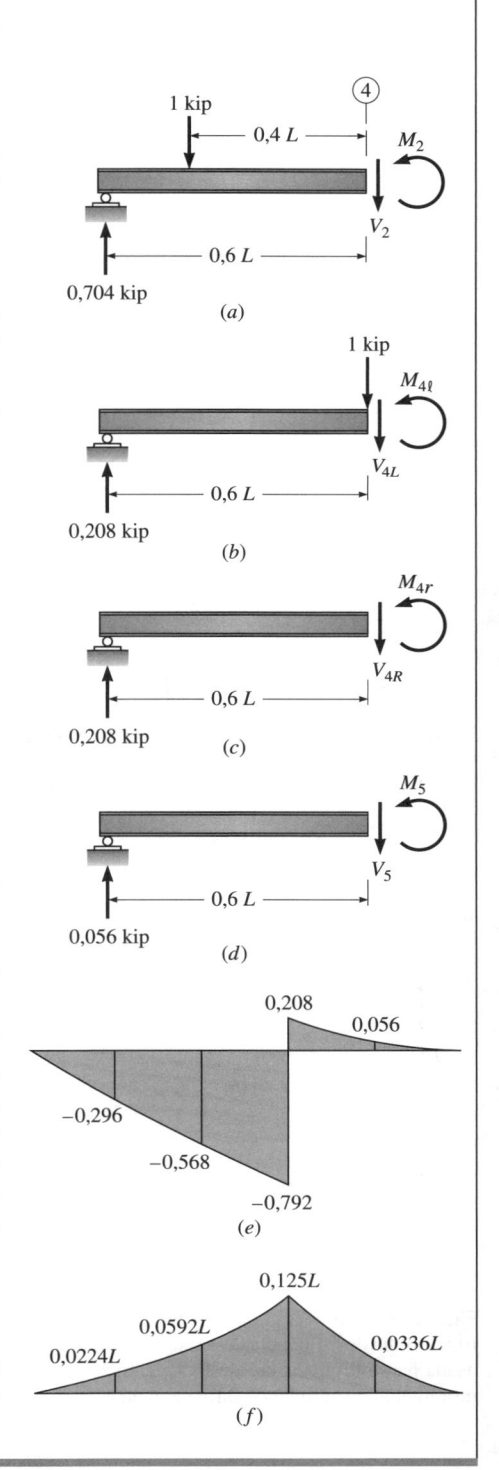

14.3 Princípio de Müller–Breslau

O princípio de Müller–Breslau (apresentado anteriormente e aplicado a estruturas determinadas na Seção 8.4) estabelece:

A linha de influência de qualquer reação ou força interna (cortante, momento) corresponde à forma defletida da estrutura, produzida pela remoção da capacidade da estrutura de transmitir essa força, seguida da introdução na estrutura modificada (ou liberada) de uma deformação unitária correspondente à restrição removida.

Iniciamos esta seção usando a lei de Betti para demonstrar a validade do princípio de Müller–Breslau. Depois, usaremos o princípio de Müller–Breslau para construir linhas de influência qualitativas e quantitativas para vários tipos comuns de vigas e pórticos indeterminados.

Para demonstrar a validade do princípio de Müller–Breslau, consideraremos dois procedimentos para construir uma linha de influência para a reação no apoio A da viga contínua da Figura 14.3a. No procedimento convencional, aplicamos uma carga unitária na viga em vários pontos ao longo do vão, avaliamos o valor correspondente de R_A e o plotamos abaixo da posição da carga unitária. Por exemplo, a Figura 14.3a mostra uma carga unitária usada para construir uma linha de influência em um ponto arbitrário x na viga; supõe-se R_A positiva na direção mostrada (verticalmente para cima).

Se o princípio de Müller–Breslau é válido, também podemos produzir o aspecto correto da linha de influência para a reação em A simplesmente removendo o apoio em A (para produzir a estrutura liberada) e introduzindo na estrutura, nesse ponto, um deslocamento vertical correspondente à reação R_A fornecida pelo rolo (ver Figura 14.3b). Introduzimos o deslocamento correspondente a R_A aplicando arbitrariamente uma carga de 1 kip verticalmente em A.

Denotando a carga da Figura 14.3a como sistema 1 e a carga da Figura 14.3b como sistema 2, aplicamos agora a lei de Betti, dada pela Equação 10.40, nos dois sistemas

$$\Sigma F_1 \Delta_2 = \Sigma F_2 \Delta_1 \qquad (10.40)$$

em que Δ_2 é o deslocamento no sistema 2 correspondente a F_1 e Δ_1 é o deslocamento no sistema 1 correspondente a F_2. Se a força em um dos sistemas é um momento, o deslocamento correspondente é uma rotação. Substituindo na Equação 10.40, encontramos

$$R_A \delta_{AA} + (1 \text{ kip})(\delta_{xA}) = 1(0) \qquad (14.1)$$

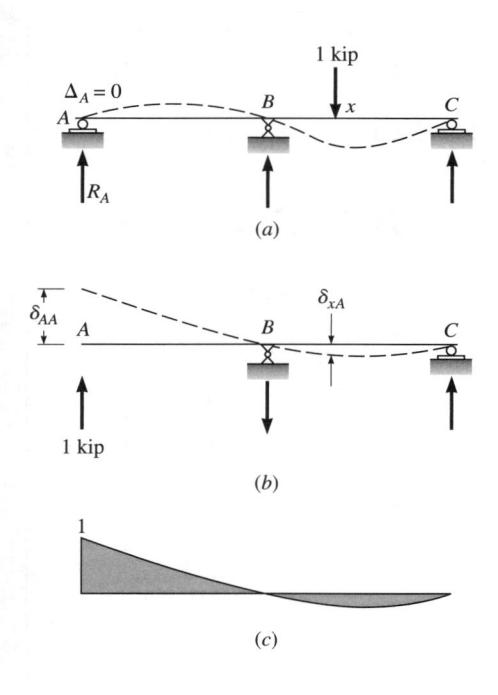

Figura 14.3: (a) Carga unitária usada para construir a linha de influência de R_A; (b) carga unitária usada para introduzir um deslocamento na estrutura liberada; (c) linha de influência de R_A.

Visto que as reações nos apoios B e C nos dois sistemas não realizam nenhum trabalho virtual, pois os apoios no outro sistema não se deslocam, esses termos são omitidos nos dois lados da Equação 14.1. Resolvendo a Equação 14.1 para R_A, calculamos

$$R_A = -\frac{\delta_{xA}}{\delta_{AA}} \qquad (14.2)$$

Como δ_{AA} tem valor constante, mas o valor de δ_{xA} varia ao longo do eixo da viga, a Equação 14.2 mostra que R_A é proporcional às ordenadas da forma defletida na Figura 14.3b. Portanto, o aspecto da linha de influência de R_A é o mesmo da forma defletida da estrutura liberada produzida pela introdução do deslocamento δ_{AA} no ponto A, e verificamos o princípio de Müller–Breslau. A linha de influência final de R_A é mostrada na Figura 14.3c. A ordenada em A é igual a 1, pois a carga unitária na estrutura real nesse ponto produz uma reação de 1 kip em A.

A linha de influência qualitativa, do tipo mostrado na Figura 14.3c, frequentemente é adequada para muitos tipos de análise; entretanto, se for necessária uma linha de influência quantitativa, a Equação 14.2 mostra que ela pode ser construída dividindo-se as ordenadas da forma defletida pela magnitude do deslocamento δ_{AA} introduzido no ponto A.

Significado do sinal menos na Equação 14.2. Como primeiro passo na construção de uma linha de influência, devemos supor uma direção positiva para a função. Por exemplo, na Figura 14.3a, supomos que a direção positiva de R_A é verticalmente para cima. O primeiro termo do trabalho virtual na Equação 14.1 é sempre positivo, pois o deslocamento δ_{AA} e R_A estão na mesma direção. O trabalho vertical representado pelo segundo termo [(1 kip)(δ_{xA})] também é positivo, pois a força de 1 kip e o deslocamento δ_{xA} são ambos dirigidos para baixo. Quando transferimos o segundo termo para o lado direito da Equação 14.1, é introduzido um sinal de menos. O sinal menos indica que, na verdade, R_A é dirigida para baixo. Se a carga de 1 kip estivesse localizada no vão AB — uma região onde as ordenadas da linha de influência são positivas —, os termos do trabalho virtual contendo δ_{xA} seriam negativos e, quando o termo fosse transferido para o lado direito da Equação 14.1, a expressão de R_A seria positiva, indicando que R_A seria dirigida para cima.

Resumindo, concluímos que onde uma linha de influência é positiva, uma carga para baixo sempre produzirá um valor da função dirigido no sentido positivo. Por outro lado, nas regiões onde a linha de influência é negativa, uma carga para baixo sempre produzirá um valor da função dirigido no sentido negativo.

14.4 Linhas de influência qualitativas para vigas

Nesta seção, ilustraremos o uso do método de Müller–Breslau para construir linhas de influência *qualitativas* para uma variedade de forças em vigas contínuas e pórticos. Conforme descrito na Seção 14.3, no método de Müller–Breslau primeiramente removemos a capacidade de a estrutura transmitir a função representada pela linha de influência. No local da liberação, introduzimos um deslocamento correspondente à restrição liberada. A forma defletida resultante é a linha de influência em alguma escala. Se você estiver em dúvida quanto ao tipo de deslocamento a ser introduzido, imagine que uma força correspondente à função é aplicada no local da liberação e gera o deslocamento.

Como exemplo, desenharemos a linha de influência do momento positivo no ponto C da viga contínua de dois vãos da Figura 14.4a. O ponto C está localizado no ponto central do vão BD. Para remover a capacidade de flexão da viga, inserimos uma articulação no ponto C. Como a estrutura original era indeterminada no primeiro grau, a estrutura liberada mostrada na Figura 14.4b é estável e determinada. Em seguida, introduzimos um deslocamento em C correspondente a um momento positivo, conforme indicado pelas duas setas curvas em um ou outro lado da articulação. O efeito dos momentos positivos em C é girar as extremidades de cada membro na direção do momento e deslocar a articulação para cima. A Figura 14.4c mostra a forma defletida da viga, que também é o aspecto da linha de influência.

Embora seja evidente que um momento positivo em C gira as extremidades dos membros, o deslocamento vertical que também ocorre pode não ser óbvio. Para esclarecer os deslocamentos produzidos pelos momentos em cada lado da articulação, examinaremos os corpos livres da viga em cada lado (ver Figura 14.4d). Primeiramente, calculamos a reação em D, somando os momentos sobre a articulação em C das forças no membro CD.

Figura 14.4: Construção da linha de influência do momento em C pelo método de Müller–Breslau: (a) viga de dois vãos; (b) estrutura liberada; (c) forma defletida produzida por um deslocamento na restrição removida em C; (d) diagramas de momento para estabelecer a forma defletida da estrutura liberada; (e) linha de influência do momento C.

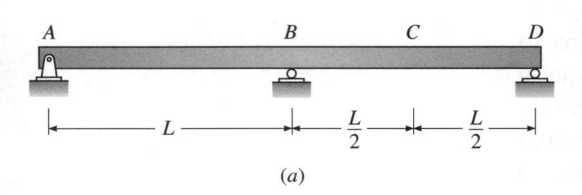

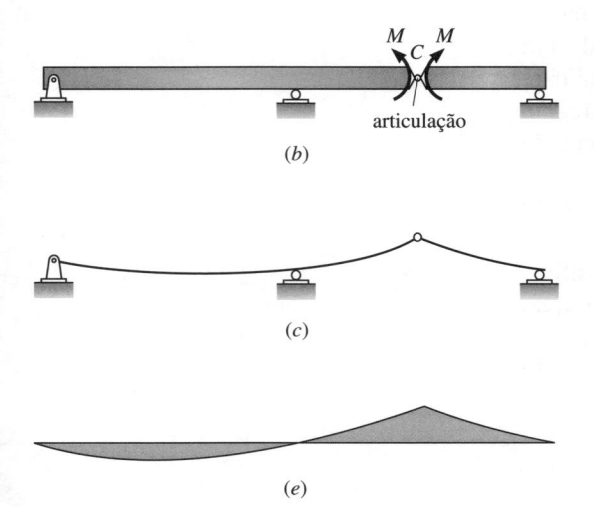

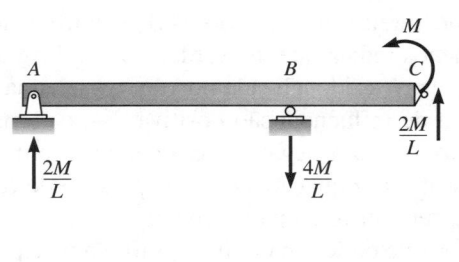

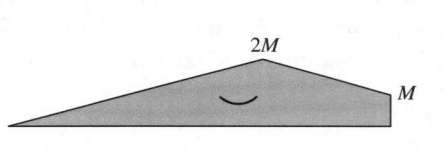

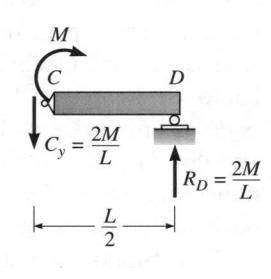

$$\circlearrowleft^+ \quad \Sigma M_C = 0$$
$$M - R_D \frac{L}{2} = 0$$
$$R_D = \frac{2M}{L}$$

Para que exista equilíbrio na direção y do membro CD, a força vertical na articulação C_y deve ter magnitude igual e sentido oposto a R_D. Como C_y representa a ação do corpo livre à esquerda, uma força igual e oposta — atuando para cima — deve atuar no nó C do membro ABC.

Em seguida, calculamos as reações nos apoios A e B do membro ABC e desenhamos os diagramas de momento para cada membro. Como o momento é positivo ao longo de todo o comprimento dos dois membros, eles se curvam com concavidade para cima, conforme indicado pelas linhas curvas sob os diagramas de momento. Quando o membro ABC é colocado nos apoios A e B (ver Figura 14.4c), o ponto C deve se mover verticalmente para cima, para ser coerente com as restrições fornecidas pelos apoios e com a curvatura criada pelo momento. O aspecto final da linha de influência é mostrado na Figura 14.5e. Embora a magnitude das ordenadas positivas e negativas seja desconhecida, podemos considerar que as ordenadas são maiores no vão que contém a articulação e as cargas aplicadas. Como regra geral, a influência de uma força em um vão cai rapidamente com a distância do vão carregado. Além disso, um vão que contém uma articulação é muito mais flexível do que um vão contínuo.

Linhas de influência adicionais para vigas contínuas

Na Figura 14.5, usamos o princípio de Müller–Breslau para esboçar linhas de influência qualitativas para uma variedade de forças e reações em uma viga contínua de três vãos. Em cada caso, a restrição correspondente à função representada pelas linhas de influência é removida, e um deslocamento correspondente à restrição é introduzido na estrutura. A Figura 14.5b mostra a linha de influência da reação em C. O dispositivo de rolo e placas que remove a capacidade de resistência ao cortante da seção transversal na Figura 14.5c é capaz de transmitir carga axial e momento. Como as placas devem permanecer paralelas quando ocorre a deformação do cortante, as inclinações dos membros ligados em cada lado da placa devem ser iguais, como mostrado pelo detalhe à direita da viga. Na Figura 14.5d, a linha de influência do momento negativo é construída por meio da introdução de uma articulação na viga em C. Uma vez que a viga está ligada ao apoio nesse ponto, as extremidades dos membros, sob a ação dos momentos, em cada lado da articulação estão livres para girar, mas não para mover verticalmente. A linha de influência da reação em F é gerada pela remoção do apoio vertical em F e pela introdução de um deslocamento vertical (ver Figura 14.5f).

No Exemplo 14.3, ilustramos o uso de uma linha de influência qualitativa para estabelecer onde se deve carregar uma viga contínua para produzir o valor máximo de cortante em uma seção.

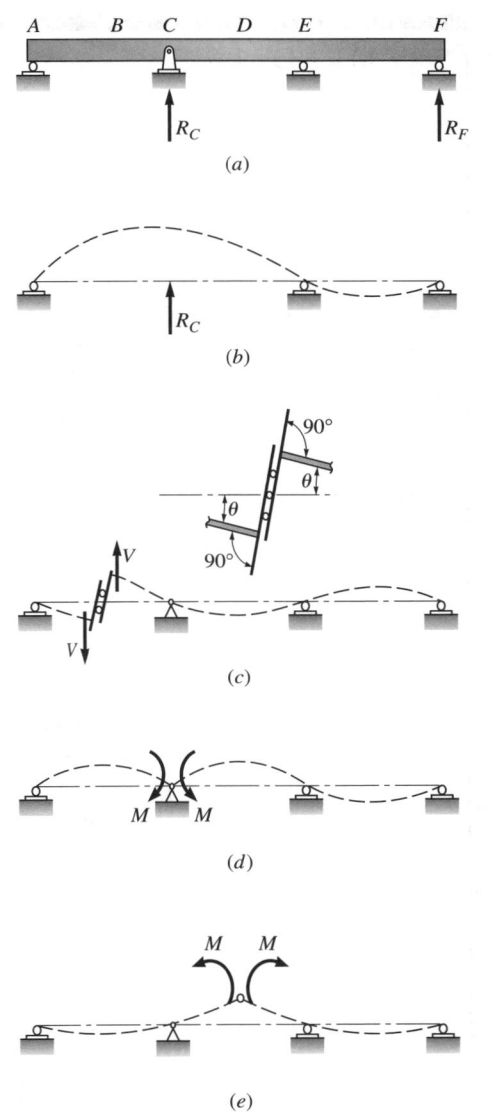

Figura 14.5: Construção de linhas de influência pelo método de Müller–Breslau para a viga contínua de três vãos em (a); (b) linha de influência de R_C; (c) linha de influência do cortante em B; (d) linha de influência do momento negativo em C; (e) linha de influência do momento positivo em D; (f) linha de influência da reação R_F.

EXEMPLO 14.3

A viga contínua da Figura 14.6a suporta uma sobrecarga de 4 kips/ft uniformemente distribuída. A carga pode estar localizada sobre todo o vão ou uma parte dele. Calcule o valor máximo do cortante no meio do vão (ponto B) do membro AC. Dados: EI é constante.

Figura 14.6: Cálculo do cortante máximo na seção B: (a) viga contínua; (b) linha de influência do cortante em B; (c) análise da viga com a carga distribuída colocada de forma a produzir o cortante negativo máximo de 17,19 kips em B; (d) análise da viga com a carga distribuída posicionada de forma a produzir o cortante positivo máximo de 7,19 kips em B.

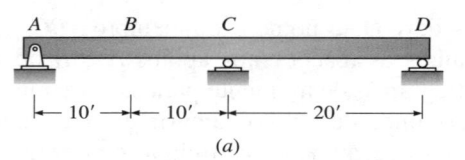

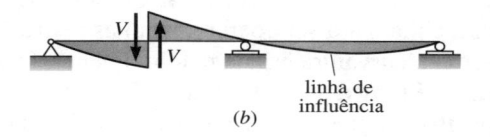

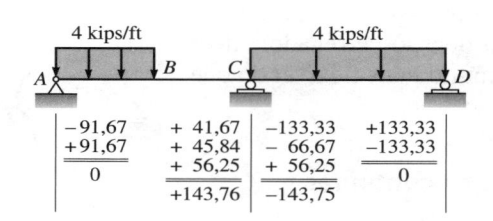

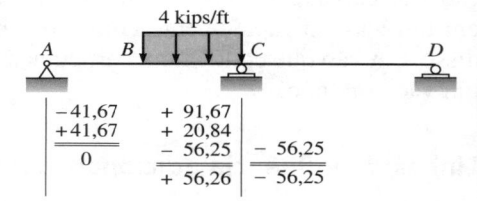

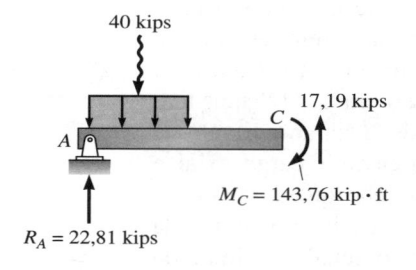

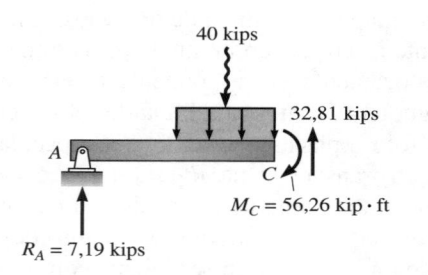

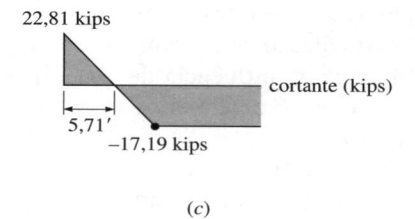

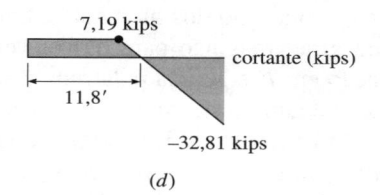

Solução

Para estabelecer a posição da carga móvel para maximizar o cortante, primeiramente construímos uma linha de influência qualitativa para cortante no ponto B. Usando o princípio de Müller–Breslau, introduzimos deslocamentos correspondentes às forças cortantes positivas na seção B da viga, para produzir a linha de influência mostrada na Figura 14.6b. Como a linha de influência contém regiões positivas e negativas, devemos investigar duas condições de carga. No primeiro caso (ver Figura 14.6c), distribuímos a carga uniforme por todas as seções em que as ordenadas da linha de influência são negativas. No segundo caso (ver Figura 14.6d), carregamos a viga contínua entre os pontos B e C, nos quais as ordenadas da linha de influência são positivas. Usando distribuição de momentos, determinamos em seguida o momento no apoio C da viga. Como a viga é simétrica em relação ao apoio central, os dois membros têm a mesma rigidez e os fatores de distribuição no nó C são idênticos e iguais a $\frac{1}{2}$. Usando a Figura 12.5f, calculamos os momentos de extremidade fixa dos membros AC e CD na Figura 14.6c.

$$\text{MEF}_{AC} = -\frac{11wL^2}{192} = -\frac{11(4)(20^2)}{192} = -91{,}67 \text{ kip} \cdot \text{ft}$$

$$\text{MEF}_{CA} = \frac{5wL^2}{192} = \frac{5(4)(20^2)}{192} = 41{,}67 \text{ kip} \cdot \text{ft}$$

$$\text{MEF}_{CD} = -\text{MEF}_{DC} = \frac{wL^2}{12} = \frac{4(20)^2}{12} = \pm 133{,}33 \text{ kip} \cdot \text{ft}$$

A distribuição de momentos, que é realizada sob o esboço da viga da Figura 14.6c, produz um valor de momento na viga em C igual a 143,76 kip·ft. Devido ao erro de arredondamento na análise, existe uma pequena diferença nos valores dos momentos em cada lado do nó C. Em seguida, calculamos a reação em A, somando os momentos sobre C das forças que atuam em um corpo livre da viga AC. Após o cálculo da reação em A, é desenhado o diagrama de cortante (ver parte inferior do esboço na Figura 14.6c). A análise mostra que $V_B = -17{,}19$ kips. Uma análise semelhante para a carga da Figura 14.6d fornece $V_B = +7{,}19$ kips. Como a magnitude do cortante, em vez de seu sinal, determina o maior valor das tensões de cisalhamento em B, a seção deve ser dimensionada para suportar uma força cortante de 17,19 kips.

EXEMPLO 14.4

A viga contínua da Figura 14.7a suporta uma sobrecarga de 3 kips/ft uniformemente distribuída. Supondo que a carga pode estar localizada sobre todo o vão ou sobre uma parte qualquer dele, calcule os valores máximos dos momentos positivo e negativo que podem se desenvolver no meio do vão do membro BD. Dados: EI é constante.

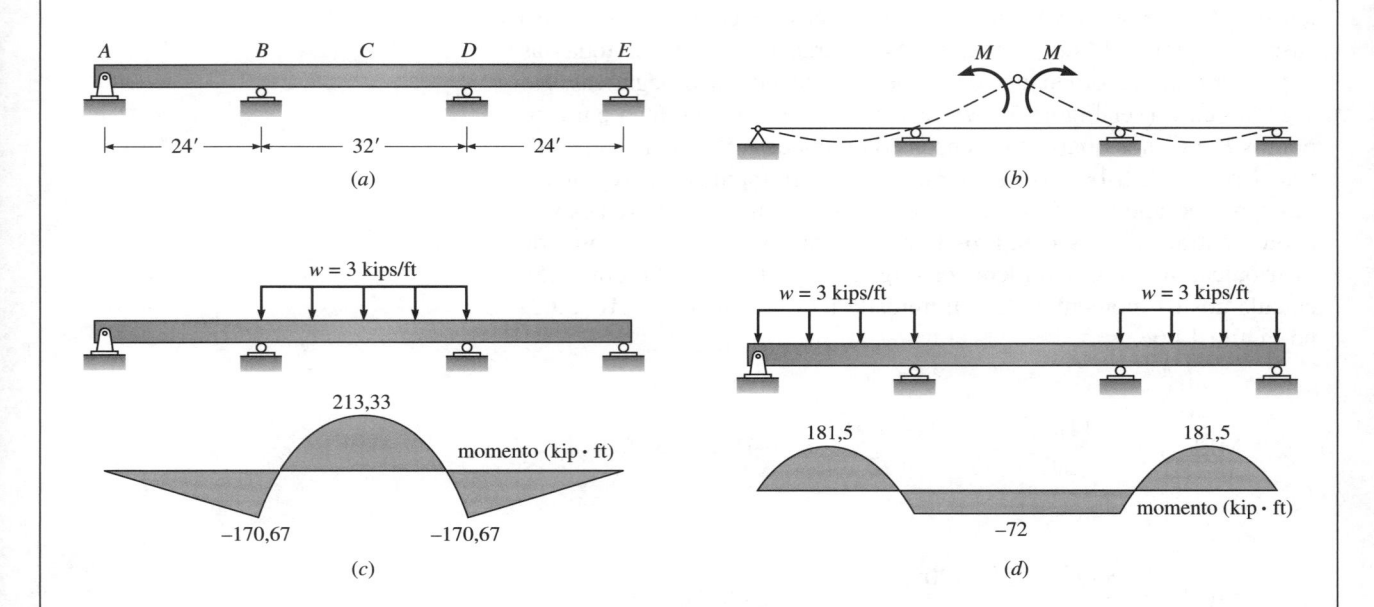

Figura 14.7: (a) Detalhes da viga; (b) construção da linha de influência qualitativa do momento em C; (c) carga posicionada de forma a maximizar o momento positivo em C; (d) carga posicionada de forma a maximizar o momento negativo em C.

Solução

A linha de influência qualitativa do momento no ponto C, localizado no meio do vão de BD, é construída usando-se o princípio de Müller-Breslau. Uma articulação é inserida em C e uma deformação associada ao momento positivo é introduzida nesse ponto (ver Figura 14.7b). A Figura 14.7c mostra a carga posicionada sobre a seção da viga na qual as ordenadas da linha de influência são positivas. Usando distribuição de momentos (os cálculos não são mostrados), calculamos os momentos de extremidade de membro e construímos o diagrama de momento. O momento máximo positivo é igual a 213,33 kip · ft.

Para estabelecer o valor máximo do momento negativo no ponto C, a carga é posicionada nas seções da viga em que as ordenadas da linha de influência são negativas (ver Figura 14.7d). O diagrama de momento para essa carga é mostrado abaixo da viga. O valor máximo do momento negativo é –72 kip · ft.

NOTA. Para estabelecer o momento *total* na seção C, também devemos combinar cada um dos momentos da sobrecarga com o momento positivo em C produzido pela carga permanente.

EXEMPLO 14.5

O pórtico da Figura 14.8a é carregado somente através da viga ABC. Se o pórtico suporta uma carga de 3 kips/ft uniformemente distribuída, que pode atuar sobre parte ou sobre todos os vãos AB e BC, determine o valor máximo do empuxo horizontal D_x que se desenvolve em cada direção no apoio D. Para todos os membros, EI é uma constante.

Solução

O sentido positivo do empuxo D_x está mostrado na Figura 14.8a. Para construir a linha de influência da reação horizontal no apoio D pelo princípio de Müller–Breslau, removemos a restrição horizontal, introduzindo um rolo em D (ver Figura 14.8b). Um deslocamento correspondente a D_x é introduzido pela aplicação de uma força horizontal F em D. A forma defletida, mostrada pela linha tracejada, é a linha de influência.

Na Figura 14.8c, aplicamos a carga uniforme no vão BC, em que as ordenadas da linha de influência são positivas. Analisando o pórtico pela distribuição de momentos, calculamos um momento no sentido horário de 41,13 kip·ft no topo da coluna. Aplicando estática em um corpo livre da coluna BD, calculamos uma reação horizontal de 3,43 kips.

Para calcular o empuxo máximo na direção negativa, carregamos o pórtico na região onde as ordenadas da linha de influência são negativas (ver Figura 14.8d). A análise do pórtico produz um empuxo de 2,17 kips para a esquerda.

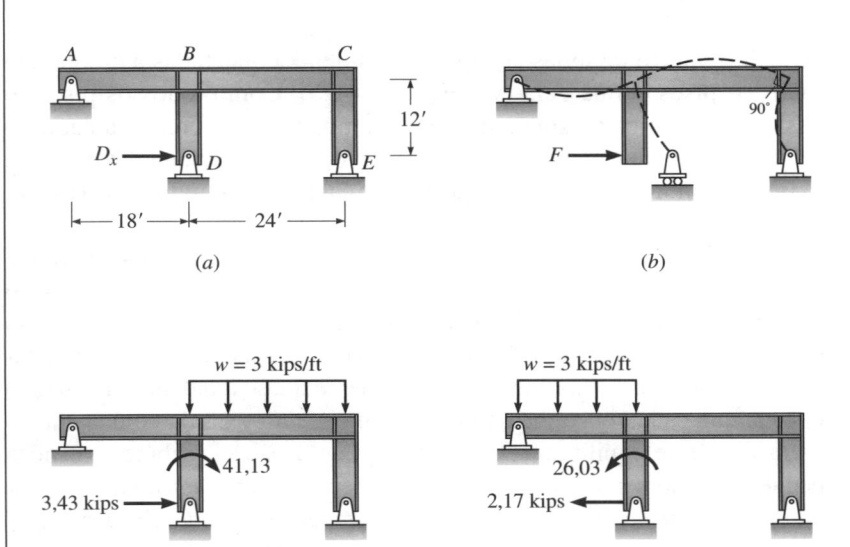

Figura 14.8: (a) Dimensões do pórtico; (b) estabelecimento do aspecto da linha de influência; restrição horizontal removida pela substituição de um pino por um rolo; as linhas tracejadas mostram a linha de influência; (c) posição da carga para estabelecer o empuxo lateral máximo no sentido positivo (para a direita); (d) posição da carga para produzir o empuxo máximo no sentido negativo.

14.5 Posicionamento da sobrecarga para maximizar as forças em prédios de vários andares

Os códigos de construção especificam que os membros de prédios de vários andares devem ser projetados para suportar uma sobrecarga uniformemente distribuída, assim como a carga permanente da estrutura e dos elementos não estruturais. Os elementos não estruturais incluem paredes, forros, dutos, tubulação, luminárias etc. Normalmente, fazemos a análise da carga permanente e da sobrecarga separadamente. Enquanto a carga permanente tem posição fixa, a posição da sobrecarga deve ser variada para maximizar uma força específica em determinada seção. Na maioria dos casos, a maior força de sobrecarga em uma seção é produzida pelo carregamento alternado; isto é, a sobrecarga é colocada sobre certos vãos ou partes de vãos, mas não sobre outros vãos. Usando o princípio de Müller–Breslau para construir linhas de influência qualitativas, podemos estabelecer os vãos ou as partes de um vão que devem ser carregados para maximizar a força (ou forças) em seções de projeto críticas dos membros individuais.

Por exemplo, para estabelecer o posicionamento do carregamento que maximize a força axial em uma coluna, imaginamos que a capacidade da coluna de transmitir carga axial é removida e um deslocamento axial é introduzido na estrutura. Se quiséssemos determinar os vãos nos quais a sobrecarga deve ser colocada para maximizar a força axial na coluna *AB* da estrutura da Figura 14.9*a*, desconectaríamos a coluna de seu apoio em *A* e introduziríamos um deslocamento vertical Δ nesse ponto. A forma defletida, que é a linha de influência, produzida por Δ é mostrada pelas linhas tracejadas. Como a sobrecarga deve ser posicionada em todos os vãos nos quais as ordenadas da linha de influência são positivas, devemos colocar a sobrecarga distribuída sobre o comprimento inteiro de todas as vigas diretamente conectadas à coluna em todos os pisos acima dela (ver Figura 14.9*b*). Como todos os pisos se deslocam por uma mesma quantidade, um valor de sobrecarga dado no terceiro ou no quarto piso (o teto) produz o mesmo incremento de carga axial na coluna *AB* que a carga posicionada no segundo piso (isto é, diretamente acima da coluna).

Além da carga axial, o carregamento mostrado na Figura 14.9*b* produz momento na coluna. Como a coluna é presa com pino em sua base, o momento máximo ocorre no topo da coluna. Se os comprimentos de vão das vigas ligadas em cada lado de uma coluna interna são aproximadamente os mesmos (o caso normal), o momento quase igual, mas de direção oposta, que cada viga aplica no nó diretamente no topo da coluna equilibrará ou quase equilibrará. Como o momento não equilibrado no nó é pequeno, o momento na coluna também será pequeno. *Portanto, no projeto preliminar de uma coluna interna, o engenheiro pode dimensionar a coluna com exatidão, considerando apenas a carga axial.*

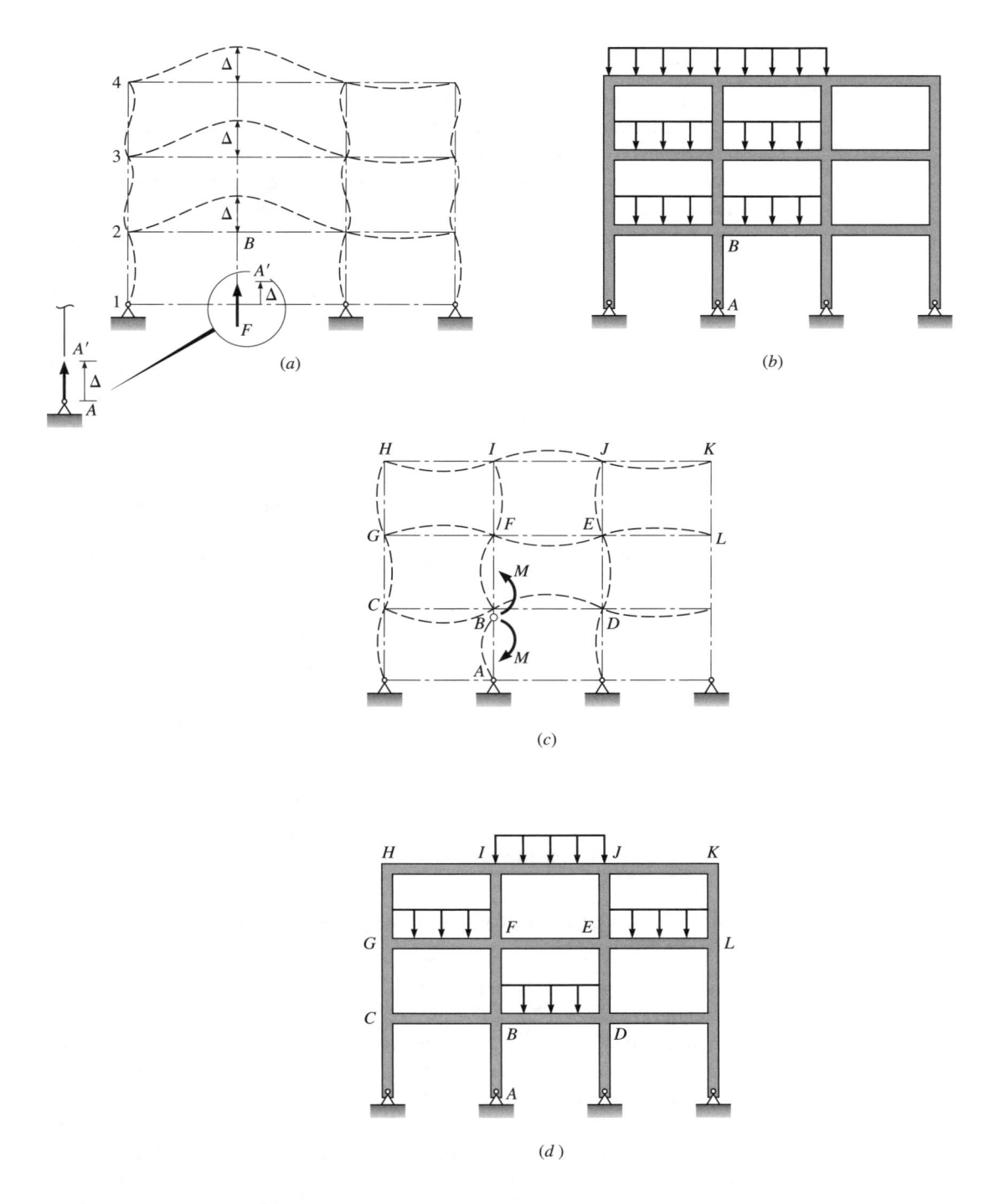

Figura 14.9: Posicionamento do carregamento para maximizar as forças nas colunas: (*a*) linha de influência da carga axial na coluna *AB*; (*b*) posicionamento da sobrecarga para maximizar a força axial na coluna *AB*; (*c*) linha de influência do momento na coluna *AB*; (*d*) posição da sobrecarga para maximizar o momento na coluna *AB* e a força axial associada ao momento máximo é aproximadamente metade da mostrada em (*b*), pois é necessário um posicionamento tipo tabuleiro de damas para o carregamento.

Embora as forças produzidas pelo arranjo de carregamento da Figura 14.9*b* controlem as dimensões da maioria das colunas internas, sob certas condições — por exemplo, uma grande diferença nos comprimentos de vãos adjacentes ou uma relação sobrecarga-carga permanente alta —, talvez queiramos verificar se a capacidade da coluna também é adequada para o posicionamento de carregamento que maximiza o momento (em vez da carga axial). Para construir a linha de influência qualitativa do momento coluna, inserimos uma articulação na coluna imediatamente abaixo das vigas de piso no ponto *B* e então aplicamos um deslocamento rotacional nas extremidades da estrutura, acima e abaixo da articulação (ver Figura 14.9*c*). Podemos imaginar que esse deslocamento é produzido pela aplicação de momentos de magnitude *M* na estrutura. A forma defletida correspondente é mostrada pela linha tracejada. A Figura 14.9*d* mostra o posicionamento tipo tabuleiro de damas da sobrecarga que maximiza o momento no topo da coluna. Como esse arranjo é produzido pela carga aplicada em apenas uma viga por piso acima da coluna, a carga axial associada ao momento máximo terá aproximadamente metade da intensidade daquela associada ao carregamento da Figura 14.9*b* que maximiza a carga axial. Como as magnitudes das ordenadas da linha de influência produzidas pelos momentos em *B* diminuem rapidamente com a distância da articulação, a maior parte (na ordem de 90%) do momento de coluna em *B* é produzida pelo carregamento apenas do vão *BD*. Portanto, normalmente podemos desprezar a contribuição para o momento em *B* (mas não para a carga axial) produzido pela carga em todos os vãos, exceto *BD*. Por exemplo, a Seção 8.8.1 do *American Concrete Institute Building Code*, que rege o projeto de prédios de concreto armado nos Estados Unidos, especifica: "As colunas devem ser projetadas para resistir (...) ao momento máximo de cargas ponderadas em um *único vão adjacente* do piso ou teto sob consideração".

Momentos produzidos pela carga permanente

Além da sobrecarga, devemos considerar as forças produzidas em uma coluna pela carga permanente, que está presente em todo vão. Se considerarmos os vãos *BC* e *BD* na Figura 14.9*c*, podemos ver que a linha de influência é negativa no vão *BC* e positiva no vão *BD*. A carga vertical no vão *BD* produz momentos na direção mostrada no esboço. Por outro lado, a carga no vão *BC* produz momento na direção oposta e reduz o momento produzido pela carga no vão *BD*. Quando os vãos têm praticamente o mesmo comprimento nos dois lados de uma coluna interna, o efeito líquido do carregamento dos vãos adjacentes é uma redução do momento da coluna para um valor insignificante. Como as colunas externas são carregadas somente de um lado, o momento nessas colunas será muito maior do que o momento nas colunas internas, mas a força axial será muito menor.

EXEMPLO 14.6

Usando o princípio de Müller–Breslau, construa as linhas de influência do momento positivo no centro do vão BC na Figura 14.10*a* e do momento negativo na viga adjacente ao nó B. Os pórticos têm nós rígidos. Indique os vãos nos quais uma sobrecarga uniformemente distribuída deve ser posicionada para maximizar essas forças.

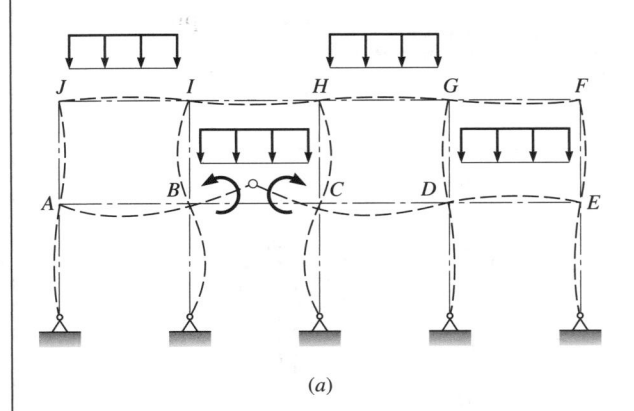

(a)

(b)

(c)

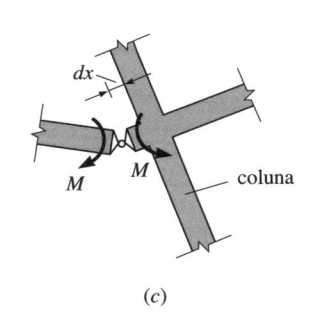

Figura 14.10: Posicionamento de cargas uniformemente distribuídas para maximizar os momentos positivos e negativos em pórticos contínuos; (*a*) linha de influência do momento positivo no meio do vão da viga BC; (*b*) linha de influência do momento negativo na viga adjacente a uma coluna; (*c*) detalhe da posição da articulação do pórtico em (*b*).

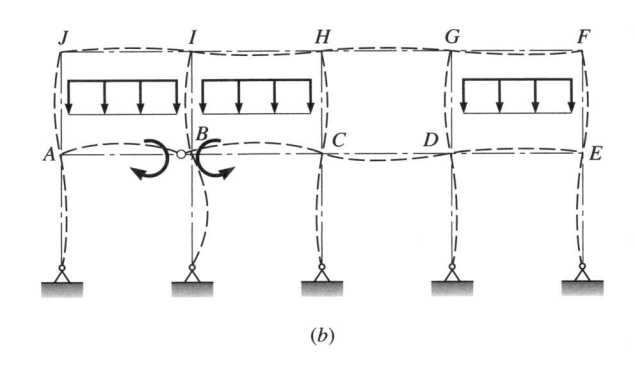

Solução

A linha de influência do momento positivo é construída na Figura 14.10*a* por meio da inserção de uma articulação no meio do vão do membro BC e pela introdução de um deslocamento associado a um momento positivo. A forma defletida, mostrada pelas linhas tracejadas, é a linha de influência. Conforme indicado no esboço, as ordenadas da linha de influência diminuem rapidamente nos dois lados do vão BC, e a flexão das vigas no piso superior é pequena. A linha de influência indica que, em um prédio de vários andares, a carga vertical (também denominada carga gravitacional) aplicada em um piso tem muito pouco efeito sobre os *momentos* gerados nos pisos adjacentes. Além disso, conforme observamos anteriormente, os momentos gerados nas vigas de um piso em particular pelo carregamento de um vão diminuem rapidamente com a distância a partir do vão. Portanto, a contribuição para o momento positivo no vão BC por parte da carga no vão DE é pequena — da ordem de 5% ou 6% daquele produzido pela carga na viga BC. Para maximizar o momento positivo no vão BC, posicionamos a sobrecarga em todos os vãos nos quais a linha de influência é positiva.

A Figura 14.10*b* mostra a linha de influência do momento negativo na viga e os vãos a serem carregados. A Figura 14.10*c* mostra um detalhe do nó B para esclarecer a deformação introduzida na Figura 14.10*b*. Conforme discutido anteriormente, a principal contribuição para o momento negativo na viga em B é produzida pela carga nos vãos AB e BC. A contribuição para o momento negativo da carga no vão DE é pequena. Reconhecendo que o momento negativo produzido em B pela carga nos outros pisos é pequeno, posicionamos a carga distribuída nos vãos AB, BC e DE para calcular o momento negativo máximo em B.

EXEMPLO 14.7

(a) Usando o princípio de Müller–Breslau expresso pela Equação 14.2, construa a linha de influência do momento no apoio C para a viga da Figura 14.11a. (b) Mostre os cálculos da ordenada da linha de influência no ponto B. Dado: EI é constante.

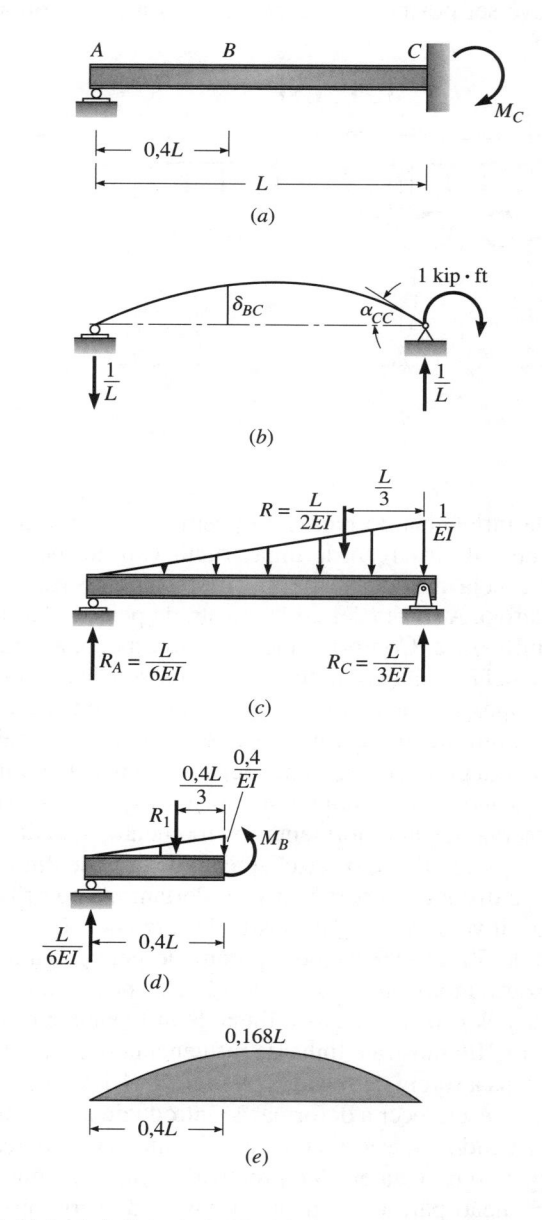

Figura 14.11: Linha de influência de M_C: (a) viga mostrando o sentido positivo de M_C; (b) deslocamento α_{CC} introduzido na estrutura liberada; (c) viga conjugada carregada com o diagrama M/EI; (d) o momento na viga conjugada é igual à deflexão em B na estrutura real; (e) linha de influência de M_C.

Solução

(*a*) Suponha que o sentido positivo de M_C é o horário, como mostrado na Figura 14.11*a*. Produza a estrutura *liberada* introduzindo um apoio de pino em *C*. Introduza um deslocamento rotacional em *C*, aplicando um momento unitário na extremidade direita da viga, como mostrado na Figura 14.11*b*. A forma defletida é a linha de influência de M_C.

(*b*) Calcule a ordenada da linha de influência em *B*, usando o método da viga conjugada para avaliar as deflexões na Equação 14.2. A Figura 14.11*c* mostra a viga conjugada carregada pela curva *M/EI* associada ao valor unitário de M_C da Figura 14.11*b*. Para determinar as reações da viga conjugada, calculamos a resultante *R* do diagrama de carregamento triangular:

$$R = \frac{1}{2}L\frac{1}{EI} = \frac{L}{2EI}$$

Como a inclinação em *C* na estrutura liberada é igual às reações em *C* na viga conjugada, calculamos R_C somando os momentos sobre o rolo em *A* para ter

$$\alpha_{CC} = R_C = \frac{L}{3EI}$$

Para calcular a deflexão em *B*, avaliamos o momento na viga conjugada em *B*, usando o corpo livre mostrado na Figura 14.11*d*:

$$\delta_{BC} = M_B = \frac{L}{6EI}(0{,}4L) - R_1\frac{0{,}4L}{3}$$

em que R_1 = área sob a curva $M/EI = \frac{1}{2}(0{,}4L)\frac{0{,}4}{EI} = \frac{0{,}08L}{EI}$

$$\delta_{BC} = \frac{0{,}4L^2}{6EI} - \frac{0{,}08L}{EI}\frac{0{,}4L}{3} = \frac{0{,}336L^2}{6EI}$$

Avalie a ordenada da linha de influência no ponto *B*, usando a Equação 14.2:

$$M_C = \frac{\delta_{BC}}{\alpha_{CC}} = \frac{0{,}336L^2/(6EI)}{L/(3EI)} = 0{,}168L$$

A linha de influência, que foi construída no Exemplo 14.1 (ver Figura 14.1*e*), é mostrada na Figura 14.11*e*.

EXEMPLO 14.8

Usando o princípio de Müller–Breslau expresso pela Equação 14.2, construa a linha de influência da reação em B para a viga da Figura 14.12a. Avalie as ordenadas no meio do vão AB, em B e em C. Dado: EI é constante.

Solução

O sentido positivo de R_B é para cima, como mostrado na Figura 14.12a. A Figura 14.12b mostra a estrutura liberada com um valor unitário de R_B aplicado para introduzir o deslocamento que produz a linha de influência. A linha de influência é mostrada pela linha tracejada. Na Figura 14.12c, a viga conjugada da estrutura liberada é carregada pela curva M/EI associada à estrutura liberada da Figura 14.12b. A inclinação na estrutura liberada, dada pelo cortante na viga conjugada, é mostrada na Figura 14.12d. Essa curva indica que a deflexão máxima na viga conjugada, que ocorre onde o cortante é zero, está localizada a uma pequena distância à direita do apoio B. A deflexão da estrutura liberada, representada pelo momento na viga conjugada, é mostrada na Figura 14.12e. Para calcular as ordenadas da linha de influência, usamos a Equação 14.2.

$$R_B = \frac{\delta_{XB}}{\delta_{BB}}$$

da qual $\delta_{BB} = 204/EI$ e δ_{XB} são mostrados na Figura 14.12e.

A linha de influência é mostrada na Figura 14.12f.

Figura 14.12: Linha de influência de R_B usando o princípio de Müller–Breslau: (a) dimensões da viga; (b) estrutura liberada deslocada pelo valor unitário de R_B; (c) viga conjugada carregada pela curva M/EI para carga em (b); (d) cortante na viga conjugada (inclinação da estrutura liberada); (e) momento na viga conjugada (deflexão da estrutura liberada); (f) linha de influência de R_B.

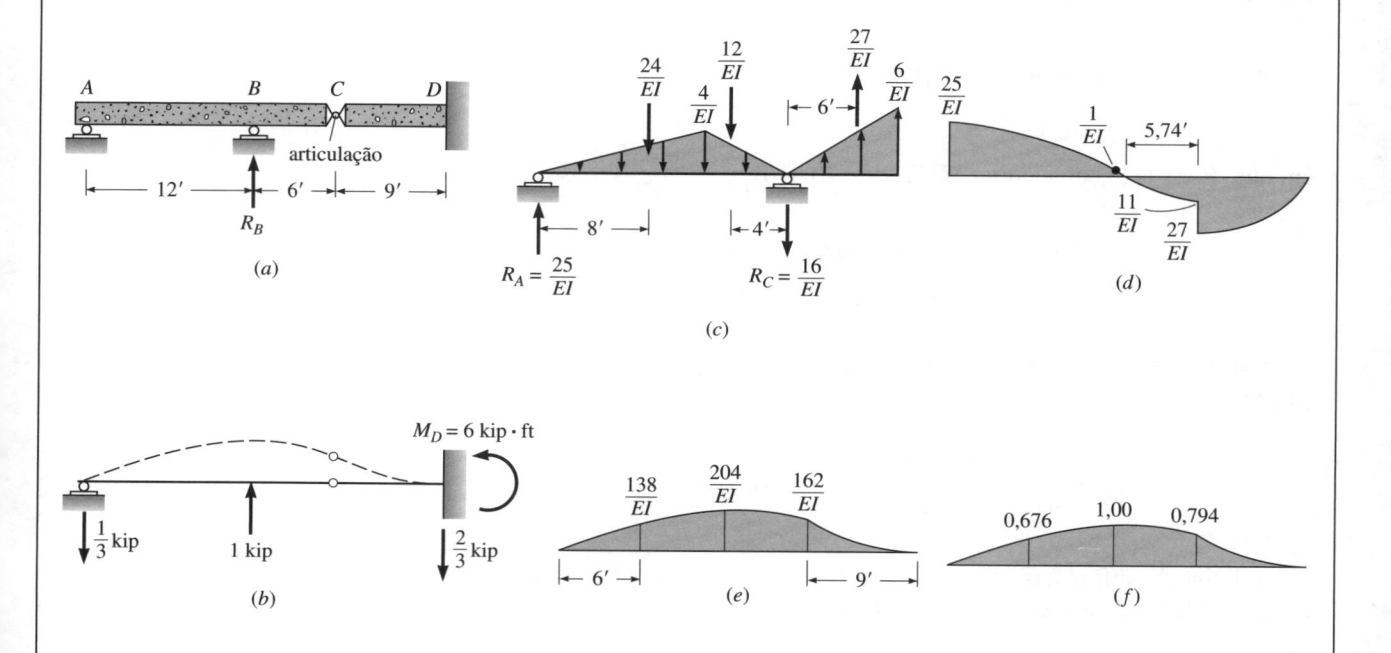

EXEMPLO 14.9

Para a treliça indeterminada mostrada na Figura 14.13, construa as linhas de influência das reações em I e L e da força no membro DE da corda superior. A treliça é carregada através dos nós da corda inferior, e AE é constante para todos os membros.

Solução

A treliça será analisada para uma carga de 1 kip em nós sucessivos. Como a treliça é indeterminada no primeiro grau, usamos o método das deformações consistentes para a análise. Por causa da simetria, precisamos considerar apenas a carga unitária nos nós N e M. São mostrados somente os cálculos da carga unitária no nó N.

Começamos estabelecendo as linhas de influência da reação R_L no apoio central. Após essa força ser estabelecida para cada posição da carga unitária, todas as outras reações e forças de barra podem ser calculadas pela estática.

Selecione R_L como redundante. A Figura 14.13b mostra as forças de barra produzidas na estrutura liberada pela carga unitária no nó N. A deflexão no apoio L é denotada por Δ_{LN}. A Figura 14.13c mostra as forças de barra e a deflexão vertical δ_{LL} no ponto L, produzida por um valor unitário da redundante. Como o apoio de rolo em L não se desloca, a equação da compatibilidade é

$$\Delta_{LN} + \delta_{LL} R_L = 0 \tag{1}$$

em que a direção positiva dos deslocamentos é para cima.

Usando o método do trabalho virtual, calculamos Δ_{LN}:

$$1 \cdot \Delta_{LN} = \sum \frac{F_P F_Q L}{AE} \tag{2}$$

Como AE é uma constante, podemos fatorá-la no somatório:

$$\Delta_{LN} = \frac{1}{AE} \sum F_P F_Q L = -\frac{64{,}18}{AE} \tag{3}$$

do qual a quantidade $\sum F_P F_Q L$ é avaliada na Tabela 14.1 (ver coluna 5).

Calcule δ_{LL} pelo trabalho virtual:

$$(1 \text{ kip})(\delta_{LL}) = \frac{1}{AE} \sum F_Q^2 L = \frac{178{,}72}{AE} \tag{4}$$

A quantidade $\sum F_Q^2 L$ é avaliada na coluna 6 da Tabela 14.1.

Substituindo os valores de Δ_{LN} e δ_{LL} acima, na Equação 1, calculamos R_L:

$$-\frac{64{,}18}{AE} + R_L \frac{178{,}72}{AE} = 0$$

$$R_L = 0{,}36 \text{ kip}$$

[*continua*]

[continuação]

Figura 14.13: (*a*) Detalhes da treliça; (*b*) a carga unitária na estrutura liberada produz as forças F_P; (*c*) o valor unitário da redundante R_L produz as forças F_Q; (*d*) linha de influência de R_L; (*e*) linha de influência R_I; (*f*) linha de influência da força na corda superior F_{DE}.

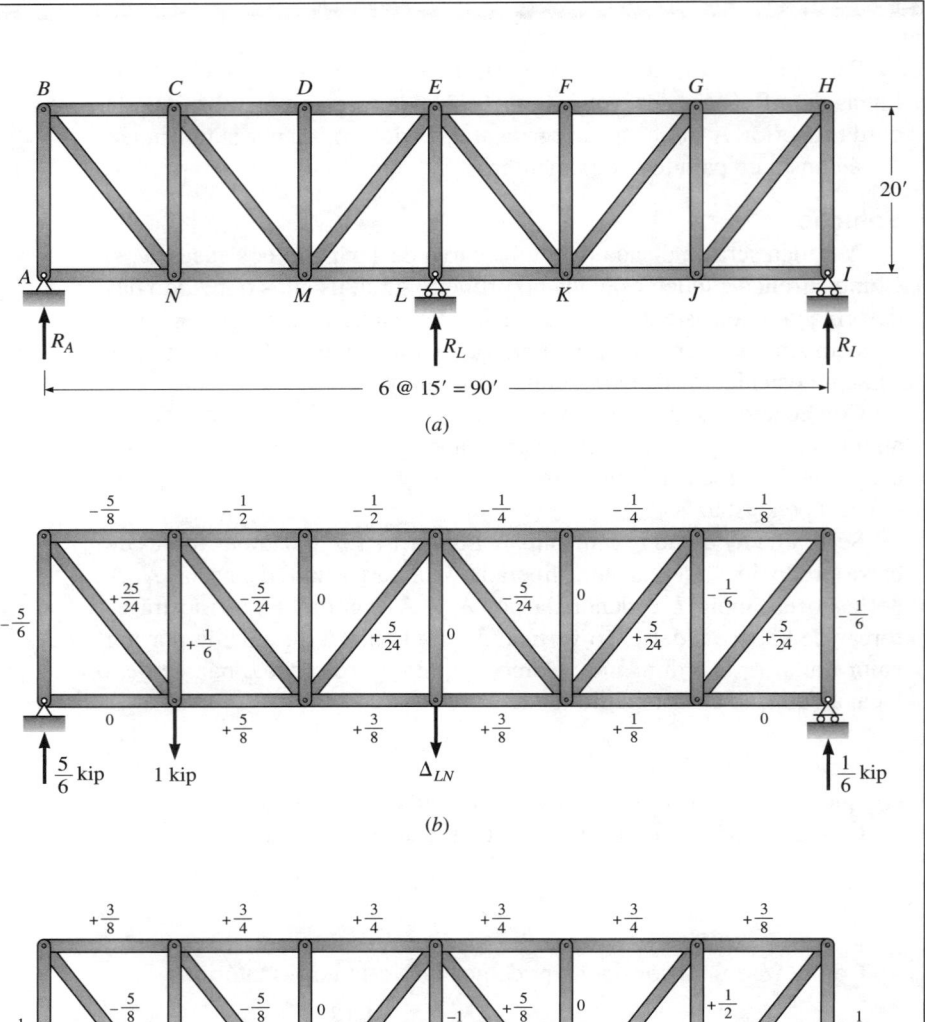

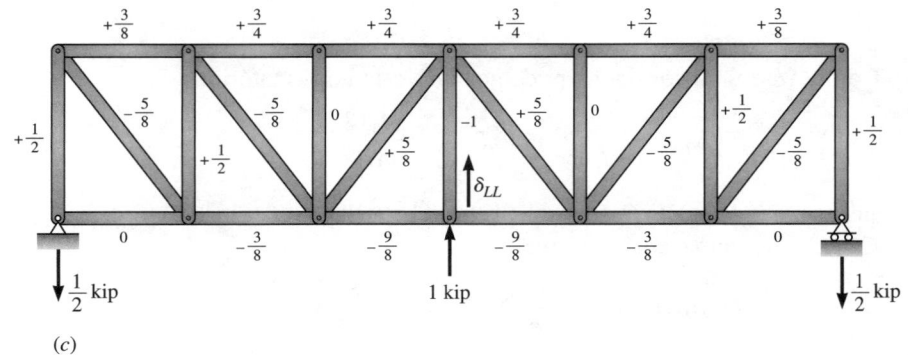

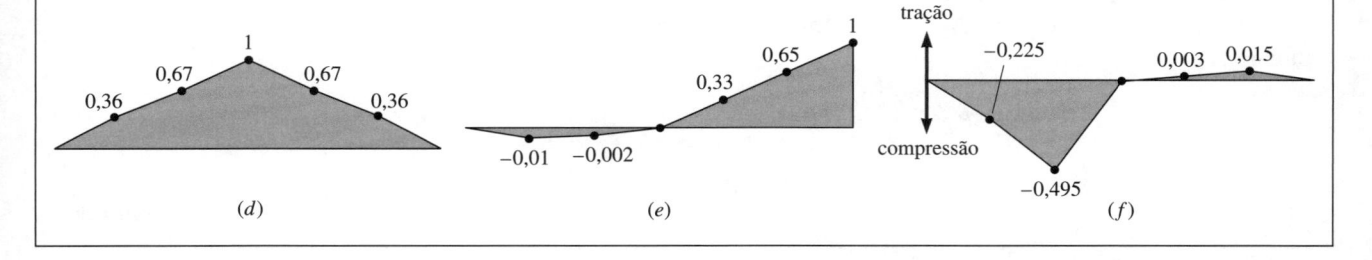

TABELA 14.1

Barra (1)	F_P (2)	F_Q (3)	L (4)	$F_Q F_P L$ (5)	$F_Q^2 L$ (6)
AB	$-\frac{5}{6}$	$\frac{1}{2}$	20	−8,33	5,00
BC	$-\frac{5}{8}$	$\frac{3}{8}$	15	−3,52	2,11
CD	$-\frac{1}{2}$	$\frac{3}{4}$	15	−5,63	8,44
DE	$-\frac{1}{2}$	$\frac{3}{4}$	15	−5,63	8,44
EF	$-\frac{1}{4}$	$\frac{3}{4}$	15	−2,81	8,44
FG	$-\frac{1}{4}$	$\frac{3}{4}$	15	−2,81	8,44
GH	$-\frac{1}{8}$	$\frac{3}{8}$	15	−0,70	2,11
HI	$-\frac{1}{6}$	$-\frac{1}{2}$	20	−1,67	5,00
IJ	0	0	15	0	0
JK	$\frac{1}{8}$	$-\frac{3}{8}$	15	−0,70	2,11
KL	$\frac{3}{8}$	$-\frac{9}{8}$	15	−6,33	18,98
LM	$\frac{3}{8}$	$-\frac{9}{8}$	15	−6,33	18,98
MN	$\frac{5}{8}$	$-\frac{3}{8}$	15	−3,52	2,11
NA	0	0	15	0	0
BN	$\frac{25}{24}$	$-\frac{5}{8}$	25	−16,28	9,76
CN	$\frac{1}{6}$	$\frac{1}{2}$	20	1,67	5,00
CM	$-\frac{5}{24}$	$-\frac{5}{8}$	25	3,26	9,76
DM	0	0	20	0	0
EM	$\frac{5}{24}$	$\frac{5}{8}$	25	3,26	9,76
EL	0	−1	20	0	20,00
EK	$-\frac{5}{24}$	$\frac{5}{8}$	25	−3,26	9,76
FK	0	0	20	0	0
KG	$\frac{5}{24}$	$-\frac{5}{8}$	25	−3,26	9,76
GJ	$-\frac{1}{6}$	$\frac{1}{2}$	20	−1,67	5,00
JH	$\frac{5}{24}$	$-\frac{5}{8}$	25	−3,26	9,76
				$\Sigma F_Q F_P L = -64,18$	$\Sigma F_Q^2 L = 178,72$

Se, em seguida, a carga unitária é movida para o nó *M* e os cálculos repetidos usando o método das deformações consistentes, encontramos

$$R_L = 0,67 \text{ kip}$$

A linha de influência de R_L, que é simétrica em relação à linha central da estrutura, está desenhada na Figura 14.13*d*. Quando a carga unitária está no apoio *L*, é transmitida para o apoio *L*; assim, $R_L = 1$. Agora as linhas de influência restantes podem ser construídas pelas equações da estática para cada posição da carga unitária. A Figura 14.13*e* mostra a linha de influência de R_I. Por causa da simetria, a linha de influência de R_A é a imagem invertida daquela de R_I.

[*continua*]

[*continuação*]

Como você pode ver, as linhas de influência das forças de barra e reações da treliça são quase lineares. Além disso, como o número de nós entre os apoios é pequeno, as treliças, que são relativamente curtas e altas, são muito rígidas. Portanto, as forças nos membros produzidas pelas cargas aplicadas são amplamente limitadas pelo vão no qual a carga atua. Por exemplo, a força axial na barra *DE* no vão esquerdo é praticamente zero quando a carga unitária se move para o vão *LI* (ver Figura 14.13*f*). Se mais nós fossem adicionados em cada vão, aumentando a flexibilidade da estrutura, as forças de barra produzidas em um vão adjacente por uma carga no outro vão seriam maiores.

Resumo

- Linhas de influência qualitativas para estruturas indeterminadas podem ser construídas usando-se o princípio de Müller–Breslau, apresentado anteriormente no Capítulo 8.
- Linhas de influência quantitativas podem ser geradas mais facilmente por meio de uma análise por computador, na qual uma carga unitária é posicionada em intervalos de um quinze avos a um doze avos do vão de membros individuais. Como alternativa à construção de linhas de influência, o projetista pode colocar a carga móvel em posições sucessivas ao longo do vão e usar uma análise por computador para estabelecer as forças nas seções fundamentais. As linhas de influência de estruturas indeterminadas são compostas de linhas curvas.
- As linhas de influência de prédios de vários andares com pórticos contínuos (Seção 14.5) esclarecem as cláusulas do código de construção-padrão que especificam como as sobrecargas uniformemente distribuídas devem ser posicionadas nos pisos para obter os momentos máximos nas seções críticas.

PROBLEMAS

Salvo indicação em contrário, *EI* é constante para todos os problemas.

P14.1. Construa as linhas de influência da reação vertical no apoio *A* e do momento no apoio *C*. Avalie as ordenadas em intervalos de 6 pés da linha de influência. *EI* é constante.

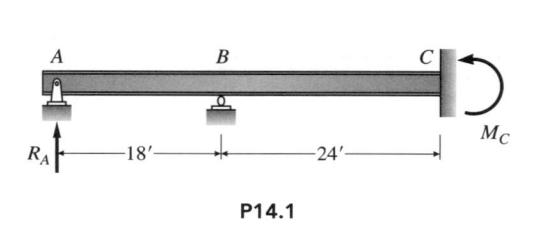

P14.2. (*a*) Usando distribuição de momentos, construa as linhas de influência do momento e da reação vertical R_A no apoio *A* da viga da Figura P14.2. Avalie as ordenadas da linha de influência nos pontos de um quarto do vão. (*b*) Usando as linhas de influência das reações, construa a linha de influência do momento no ponto *B*. Calcule o valor máximo de R_A produzido pelo conjunto de cargas de roda.

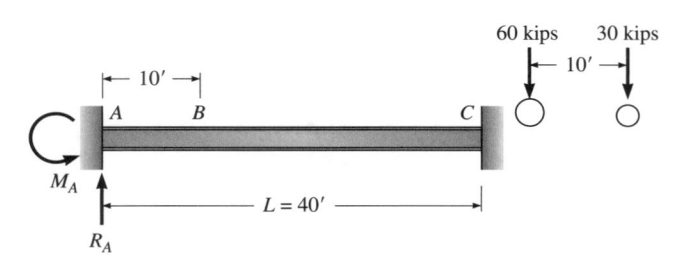

P14.3. Usando distribuição de momentos, construa as linhas de influência da reação em *A* e do cortante e do momento na seção *B* (Figura P14.3). Avalie as ordenadas da linha de influência em intervalos de 8 pés nos vãos *AC* e *CD* e em *E*.

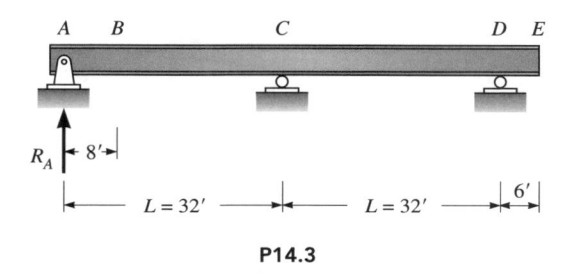

P14.4. Construa as linhas de influência de R_A, R_B, R_C e dos momentos nos apoios *A* e *B*. Avalie as ordenadas em intervalos de 6 pés. *EI* é constante.

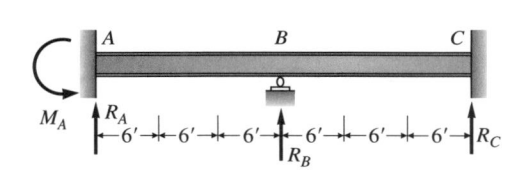

P14.5. (*a*) Desenhe as linhas de influência qualitativas (1) do momento na seção localizada no topo da coluna do primeiro piso *BG* e (2) da reação vertical no apoio *C*. As colunas são espaçadas igualmente. (*b*) Indique os vãos nos quais uma carga uniformemente distribuída deve ser colocada para maximizar o momento em uma seção no topo da coluna *BG*. (*c*) Desenhe a linha de influência qualitativa do momento negativo em uma seção vertical através da viga de piso em *E*.

P14.6. (*a*) Desenhe a linha de influência qualitativa da reação no apoio *A* da viga da Figura P14.6. Usando *distribuição de momentos*, calcule a ordenada da linha de influência na seção 4. (*b*) Desenhe a linha de influência qualitativa do momento em *B*. Usando o *método da viga conjugada ou da distribuição de momentos*, calcule a ordenada da linha de influência na Seção 8.
EI é constante.

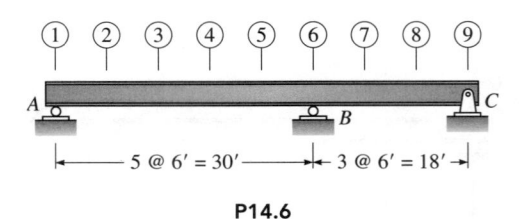

P14.6

P14.7. Construa as linhas de influência de R_A e M_C na Figura P14.7, usando o método de Müller–Breslau. Avalie as ordenadas nos pontos *A*, *B*, *C* e *D*.

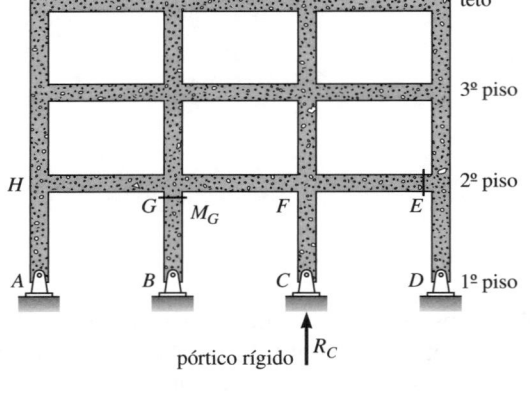

P14.5

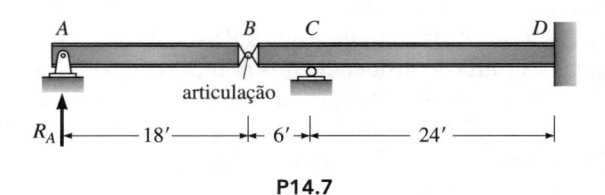

P14.7

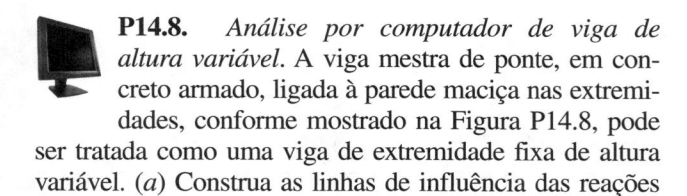

P14.8. *Análise por computador de viga de altura variável.* A viga mestra de ponte, em concreto armado, ligada à parede maciça nas extremidades, conforme mostrado na Figura P14.8, pode ser tratada como uma viga de extremidade fixa de altura variável. (*a*) Construa as linhas de influência das reações R_A e M_A no apoio A. Avalie as ordenadas em intervalos de 15 pés. (*b*) Avalie o momento M_A e a reação vertical R_A na extremidade A, produzidos pelo vagão de minério, quando sua roda traseira de 30 kips está posicionada no ponto B. $E = 3\,000$ kips/pol².

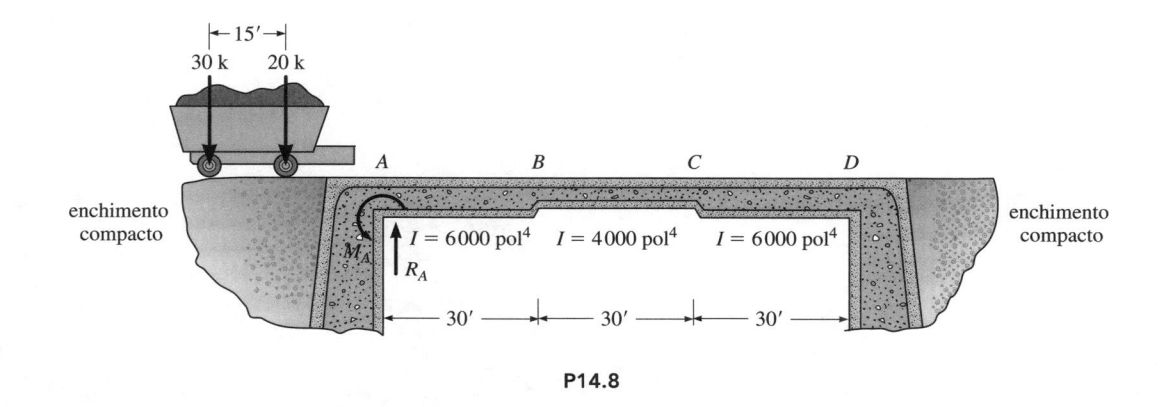

P14.8

Ponte Bayonne, um dos arcos de aço mais longos do mundo (1675 ft, aproximadamente 510 m), foi aberta ao tráfego em 1931. A foto mostra o pesado contraventamento em treliça no plano da corda superior, usado para enrijecer os arcos laterais e transmitir a componente lateral das forças do vento para os apoios das extremidades dos arcos.

CAPÍTULO 15

Análise aproximada de estruturas indeterminadas

15.1 Introdução

Até aqui, utilizamos métodos exatos para analisar estruturas indeterminadas. Esses métodos produzem uma solução estrutural que satisfaz o equilíbrio das forças e a compatibilidade das deformações em todos os nós e apoios. Se uma estrutura é altamente indeterminada, uma análise exata (por exemplo, deformações consistentes ou inclinação-deflexão) pode ser demorada. Mesmo quando uma estrutura é analisada por computador, a solução completa pode exigir muito tempo e esforço, caso a estrutura contenha muitos nós ou sua geometria seja complexa.

Se os projetistas entendem o comportamento de uma estrutura em particular, frequentemente podem utilizar uma análise aproximada para fazer uma boa *estimativa*, com alguns cálculos simples, da magnitude aproximada das forças em vários pontos da estrutura. Em uma análise aproximada, fazemos suposições de simplificação sobre a ação estrutural ou sobre a distribuição das forças em vários membros. Essas suposições muitas vezes nos permitem avaliar as forças usando apenas as equações da estática, sem considerar requisitos de compatibilidade.

Embora os resultados de uma solução aproximada às vezes possam divergir em até 10% ou 20% dos de uma solução exata, são úteis em certos estágios do projeto. Os projetistas utilizam os resultados de uma análise aproximada para os seguintes propósitos:

1. Dimensionar os principais membros de uma estrutura durante a fase do projeto preliminar — o estágio em que a configuração e as proporções iniciais da estrutura são estabelecidas. Como a distribuição de forças em uma estrutura indeterminada é influenciada pela rigidez dos membros individuais, o projetista deve fazer uma boa estimativa do tamanho dos membros, antes que a estrutura possa ser analisada precisamente.

2. Verificar a precisão de uma análise exata. Conforme você descobriu na solução dos problemas propostos, os erros de cálculo são difíceis de eliminar na análise de uma estrutura. Portanto, é fundamental que o projetista sempre utilize uma análise *aproximada* para verificar os resultados de uma análise *exata*. Se um erro grosseiro for cometido nos cálculos e a estrutura for dimensionada para forças pequenas demais, ela poderá falhar. A penalidade para uma falha estrutural é incalculável — perda de vidas, de investimento, de reputação, processos judiciais, inconveniência para o público etc. Por outro lado, se uma estrutura for dimensionada para valores de força grandes demais, ela será excessivamente dispendiosa.

Quando são necessárias suposições radicais para modelar uma estrutura complexa, às vezes os resultados de uma análise exata do modelo simplificado não serão melhores do que os de uma análise aproximada. Nessa situação, o projetista pode basear o projeto na análise aproximada, com um fator de segurança apropriado.

Os projetistas utilizam uma grande variedade de técnicas para realizar uma análise aproximada, como:

1. Supor a localização de pontos de inflexão em vigas contínuas e pórticos.

2. Usar a solução de um tipo de estrutura para estabelecer as forças em outro tipo de estrutura cuja ação estrutural é semelhante. Por exemplo, as forças em certos membros de uma treliça contínua podem ser estimadas supondo-se que a treliça atua como uma viga contínua.

3. Analisar parte de uma estrutura, em vez da estrutura inteira.

Neste capítulo, discutiremos métodos para fazer uma análise aproximada das seguintes estruturas:

1. Viga e treliças contínuas, para cargas verticais.

2. Pórticos rígidos simples e pórticos de prédios de vários andares, para cargas verticais e laterais.

15.2 Análise aproximada para carga gravitacional em uma viga contínua

Normalmente, a análise aproximada de uma viga contínua é feita por meio de um dos dois métodos a seguir:

1. Suposição da localização de pontos de inflexão (pontos de momento zero).
2. Estimativa dos valores dos momentos de extremidade da barra.

Método 1. Suposição da localização de pontos de inflexão

Como o momento é zero em um ponto de inflexão (o ponto onde a curvatura se inverte), para os propósitos da análise podemos tratar um ponto de inflexão como se fosse uma articulação. Em cada ponto de inflexão, podemos escrever uma equação de condição (isto é, $\Sigma M = 0$). Portanto, cada articulação que introduzimos em um ponto de inflexão reduz o grau de indeterminação da estrutura por 1. Adicionando articulações em número igual ao grau de indeterminação, podemos converter uma viga indeterminada em uma estrutura determinada que pode ser analisada pela estática.

Para servir como guia na localização da posição aproximada dos pontos de inflexão em uma viga contínua, observamos a posição dos pontos de inflexão dos casos idealizados mostrados na Figura 15.1. Então, podemos usar nosso parecer e modificar esses resultados para levar em conta as divergências das condições de extremidade reais em relação aos casos idealizados.

Para o caso de uma viga carregada uniformemente, cujas extremidades são completamente fixas em relação à rotação (ver Figura 15.1a), os pontos de inflexão estão localizados a 0,21L a partir de cada extremidade. Se uma viga de extremidade fixa suporta uma carga concentrada em meio vão (ver Figura 15.1b), os pontos de inflexão estão localizados a 0,25L a partir de cada extremidade. Se a viga está apoiada sobre um rolo ou pino, a restrição da extremidade é zero (ver Figura 15.1c). Para esse caso, os pontos de inflexão se deslocam para fora nas extremidades do membro. As condições de apoio nas figuras 15.1a (restrição total) e 15.5c (nenhuma restrição) estabelecem o intervalo de posições nas quais um ponto de inflexão pode estar localizado. Para o caso de uma viga carregada uniformemente, fixa em uma extremidade e com apoio simples na outra, o ponto de inflexão está localizado a uma distância 0,25L a partir do apoio fixo (ver Figura 15.1d).

Como uma etapa preliminar na análise aproximada de uma viga contínua, talvez você ache útil desenhar um esboço da forma defletida para localizar a posição aproximada dos pontos de inflexão. Os exemplos 15.1 e 15.2 ilustram o uso dos casos da Figura 15.1 para analisar vigas contínuas pela suposição da localização dos pontos de inflexão.

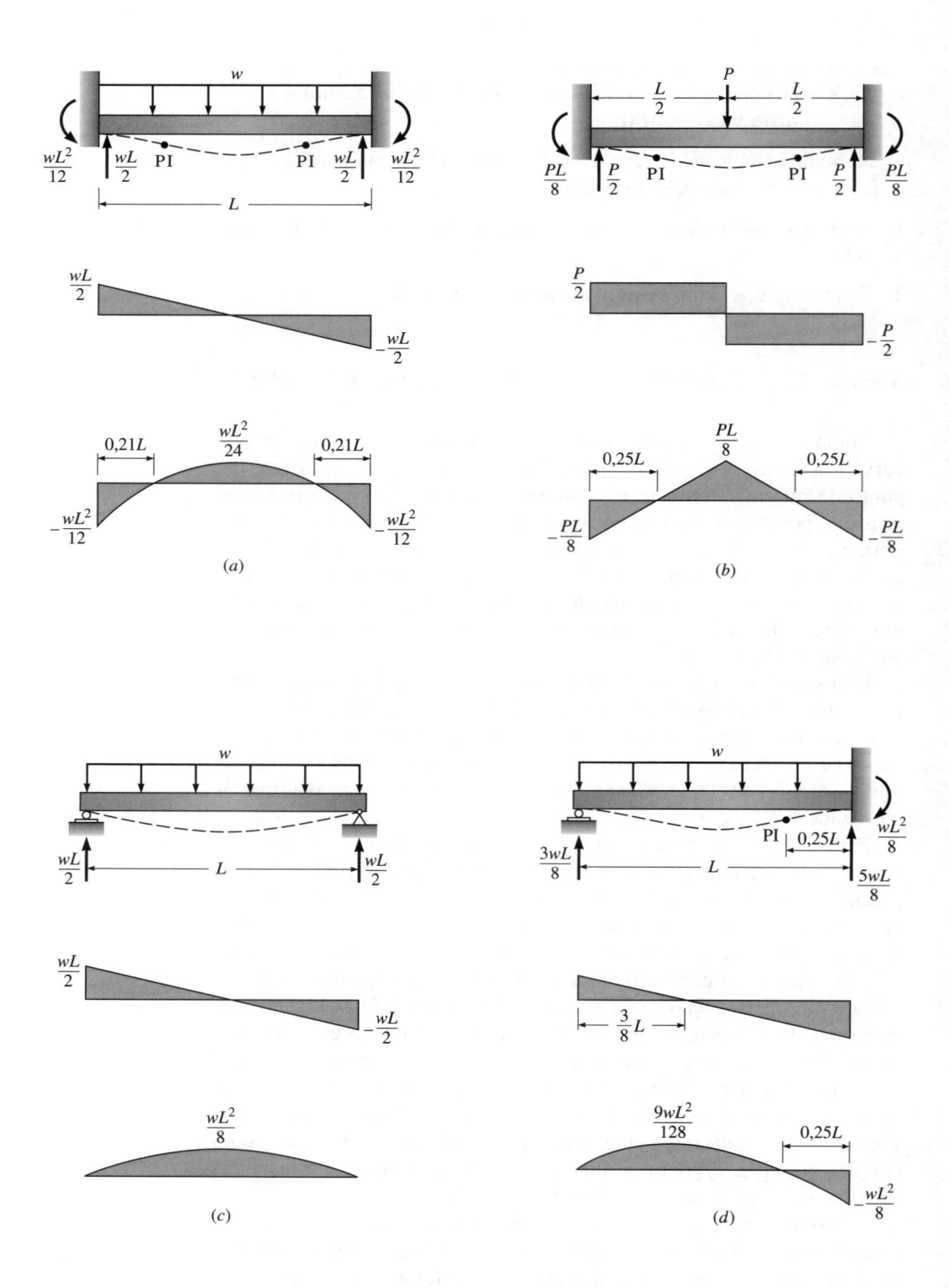

Figura 15.1: Localização de pontos de inflexão e diagramas de cortante e momento para vigas com várias condições de extremidade idealizadas.

EXEMPLO 15.1

Faça uma análise aproximada da viga contínua da Figura 15.2a, supondo a localização de um ponto de inflexão.

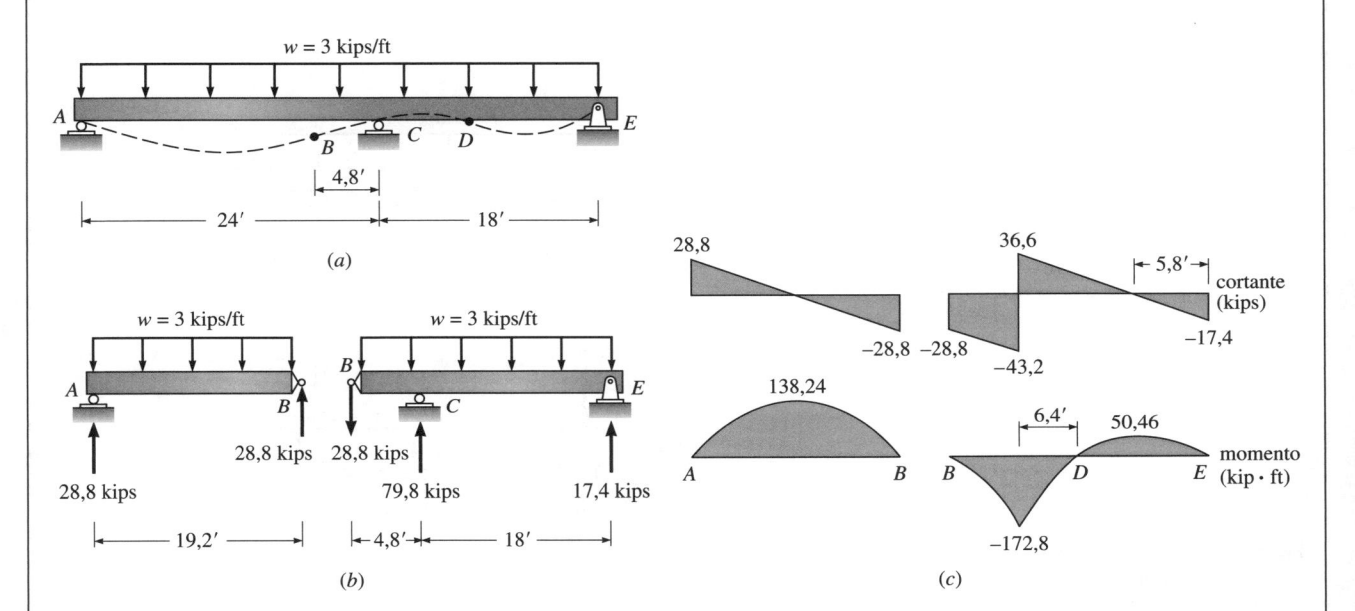

Solução

A localização aproximada de cada ponto de inflexão está indicada por um pequeno ponto preto no esboço da forma defletida, mostrada pela linha tracejada na Figura 15.2a. Embora a viga contínua tenha um ponto de inflexão em cada vão, precisamos supor a localização de apenas um ponto, pois a viga é indeterminada no primeiro grau. Como a forma do vão mais longo AC provavelmente é desenhada com mais precisão do que a do vão mais curto, vamos supor a posição do ponto de inflexão no primeiro vão.

Se o nó C não girasse, a forma defletida do membro AC seria idêntica à da viga da Figura 15.1d e o ponto de inflexão estaria localizado a $0{,}25L$ à esquerda do apoio C. Como o vão AC é mais longo do que o vão CE, ele aplica um momento de extremidade fixa maior no nó C do que o vão CE. Portanto, o nó C gira no sentido anti-horário. A rotação do nó C faz o ponto de inflexão em B se deslocar à direita por uma pequena distância, em direção ao apoio C. Vamos supor arbitrariamente que o ponto de inflexão está localizado a $0{,}2L_{AC} = 4{,}8$ pés à esquerda do apoio C.

Agora, imaginamos que uma articulação é inserida no local do ponto de inflexão da viga e calculamos as reações usando as equações da estática. A Figura 15.2b representa os resultados dessa análise. Os diagramas de cortante e momento da Figura 15.2c mostram os resultados da análise aproximada.

Figura 15.2: (a) Viga contínua, pontos de inflexão indicados com um ponto preto; (b) corpos livres da viga em um ou outro lado do ponto de inflexão; (c) diagramas de cortante e momento baseados na análise aproximada. *Nota*: uma análise exata fornece $M_C = -175{,}5$ kip·ft.

EXEMPLO 15.2

Estime os valores de momento no meio do vão do membro BC, assim como no apoio B da viga da Figura 15.3a.

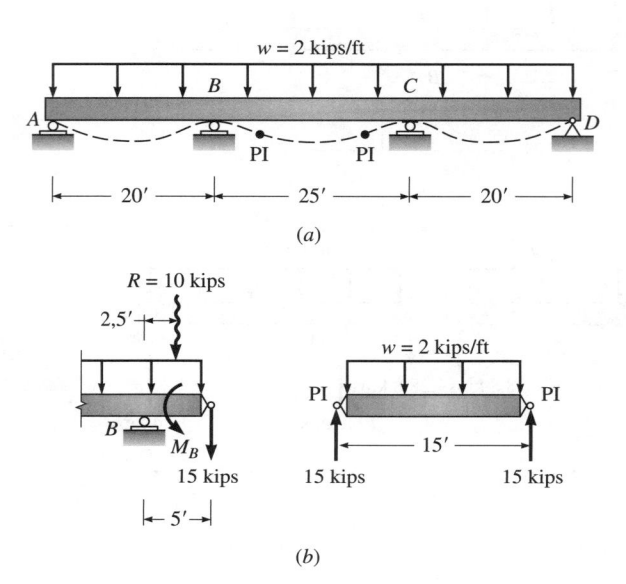

Figura 15.3: (a) Viga contínua uniformemente carregada mostrando a suposta localização dos pontos de inflexão; (b) corpos livres do vão central.

Solução

Como a viga da Figura 15.3a é indeterminada no segundo grau, devemos supor a localização de dois pontos de inflexão para analisar pelas equações da estática. Como todos os vãos têm aproximadamente o mesmo comprimento e suportam a mesma carga, a inclinação da viga nos apoios B e C será zero ou quase zero. Portanto, a forma defletida, mostrada pela linha tracejada, será semelhante à da viga de extremidade fixa da Figura 15.1a. Podemos supor, então, que os pontos de inflexão se desenvolvem a uma distância de $0{,}2L = 5$ pés a partir de cada apoio. Se imaginarmos que são inseridas articulações nos dois pontos de inflexão, o segmento de 15 pés entre eles poderá ser analisado como uma viga com apoios simples. Consequentemente, o momento no meio do vão será igual a

$$M \approx \frac{wL^2}{8} = \frac{2(15)^2}{8} = 56{,}25 \text{ kip} \cdot \text{ft}$$

Tratando o segmento de viga de 5 pés entre a articulação e o apoio em B como uma viga em balanço, calculamos o momento em B como

$$M_B \approx 15(5) + (2)5(2{,}5) = 100 \text{ kip} \cdot \text{ft}$$

Método 2. Estimativa dos valores dos momentos de extremidade

Como vimos em nosso estudo das vigas indeterminadas nos capítulos 12 e 13, os diagramas de cortante e momento dos vãos individuais de uma viga contínua podem ser construídos depois de estabelecidos os momentos de extremidade de membro. A magnitude dos momentos de extremidade é uma função da restrição rotacional fornecida pelo apoio da extremidade ou pelos membros adjacentes. Dependendo da magnitude da restrição rotacional nas extremidades de um membro, os momentos de extremidade produzidos por uma carga *uniforme* podem variar de zero (apoios simples) em um extremo a $wL^2/8$ (uma extremidade fixa e a outra presa com pino) no outro.

Para estabelecer a influência da restrição da extremidade sobre a magnitude dos momentos positivos e negativos que podem se desenvolver em um vão de viga contínua, podemos considerar novamente os vários casos mostrados na Figura 15.1. Examinando a Figura 15.1*a* e *c*, observamos que os diagramas de cortante são idênticos para vigas *carregadas uniformemente* com condições de contorno *simétricas*. Como a área sob o diagrama de cortante entre o apoio e o meio do vão é igual ao momento de viga simples $wL^2/8$, podemos escrever

$$M_s + M_c = \frac{wL^2}{8} \qquad (15.1)$$

em que M_s é o valor absoluto do momento negativo em cada extremidade e M_c é o momento positivo no meio do vão.

Em uma viga contínua, a restrição rotacional fornecida pelos membros adjacentes depende de como eles são carregados, assim como de sua rigidez à flexão. Por exemplo, na Figura 15.4*a*, os vãos das vigas externas foram selecionados de modo que as rotações dos nós *B* e *C* fossem zero quando a carga uniforme atuasse em todos os vãos. Sob essa condição, os momentos no membro *BC* são iguais àqueles desenvolvidos em uma viga de extremidade fixa de mesmo vão (ver Figura 15.4*b*). Por outro lado, se os vãos externos estão descarregados quando o vão central está carregado (ver Figura 15.4*c*), os nós em *B* e *C* giram e os momentos de extremidade são reduzidos em 35%. Como a rotação nas extremidades aumenta a curvatura em meio vão, o momento positivo aumenta em 70%. A mudança no momento no meio do vão — associado à rotação da extremidade — é duas vezes maior do que nos apoios, pois os momentos iniciais (supondo que começamos com as extremidades fixas e permitimos que os nós de extremidade girem) nas extremidades são duas vezes maiores do que o momento no meio do vão. Observamos também que a rotação das extremidades dos membros resulta nos pontos de inflexão movendo-se para fora, em direção aos apoios (de $0,21L_2$ para $0,125L_2$).

Vamos usar, agora, os resultados das figuras 15.1 e 15.4 para fazer uma análise aproximada da viga de vãos iguais carregada uniformemente, mostrada na Figura 15.5. Como todos os vãos têm aproximadamente o mesmo comprimento e suportam carga uniforme, todas as vigas terão concavidade para cima no centro (indicando um momento positivo em meio vão ou perto dele) e concavidade para baixo (indicando um momento negativo) sobre os apoios.

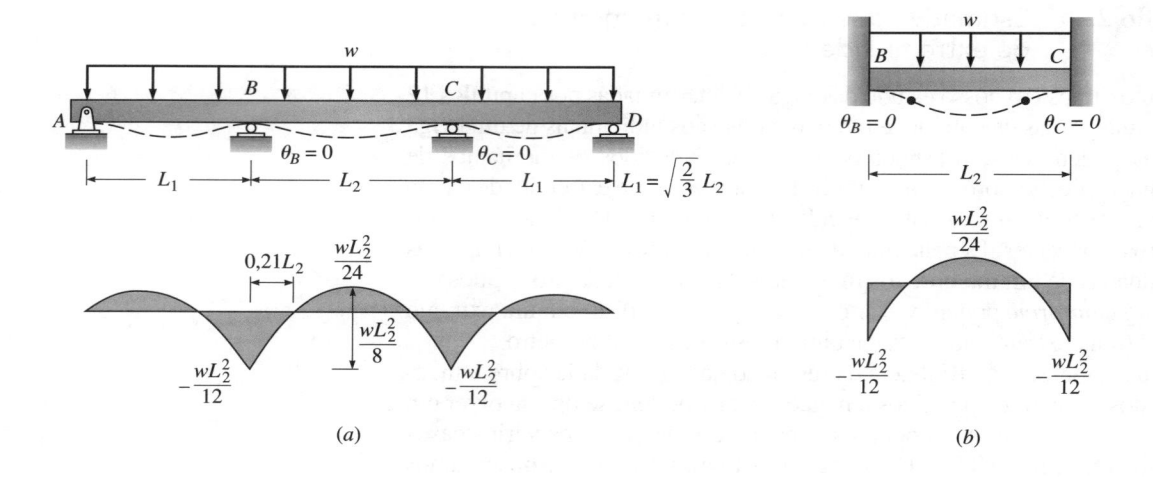

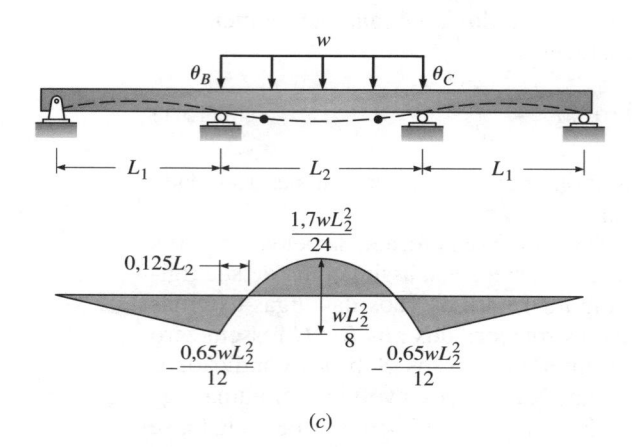

Figura 15.4

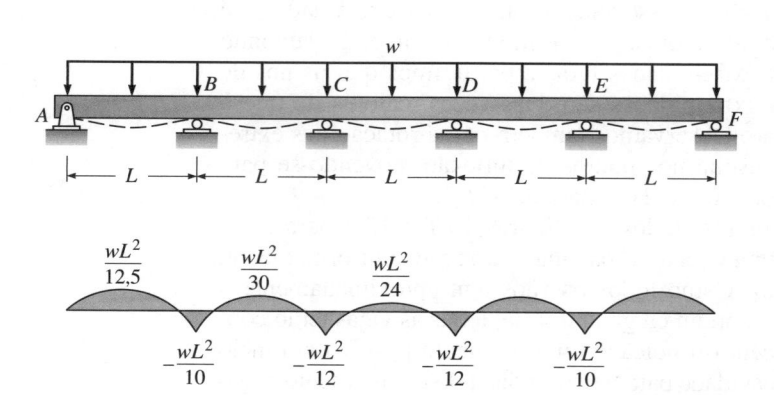

(a) $L_1 = \sqrt{\dfrac{2}{3}} L_2$, $\theta_B = 0$, $\theta_C = 0$

$0{,}21 L_2$, $\dfrac{wL_2^2}{24}$, $\dfrac{wL_2^2}{8}$, $-\dfrac{wL_2^2}{12}$, $-\dfrac{wL_2^2}{12}$

(b) $\theta_B = 0$, $\theta_C = 0$

$\dfrac{wL_2^2}{24}$, $-\dfrac{wL_2^2}{12}$, $-\dfrac{wL_2^2}{12}$

(c) $0{,}125 L_2$, $\dfrac{1{,}7 wL_2^2}{24}$, $\dfrac{wL_2^2}{8}$, $-\dfrac{0{,}65 wL_2^2}{12}$, $-\dfrac{0{,}65 wL_2^2}{12}$

Figura 15.5

$\dfrac{wL^2}{12{,}5}$, $\dfrac{wL^2}{30}$, $\dfrac{wL^2}{24}$

$-\dfrac{wL^2}{10}$, $-\dfrac{wL^2}{12}$, $-\dfrac{wL^2}{12}$, $-\dfrac{wL^2}{10}$

Começamos considerando o vão interno *CD*. Como os momentos de extremidade aplicados em cada lado de um nó interno são praticamente iguais, o nó não sofre nenhuma rotação significativa, e a inclinação da viga nos apoios *C* e *D* será quase horizontal (uma condição semelhante à da viga de extremidade fixa da Figura 15.1*a*); portanto, podemos supor que os momentos negativos nos apoios *C* e *D* são aproximadamente iguais a $wL^2/12$. Além disso, a Figura 15.1*a* mostra que o momento positivo no meio do vão *CD* será aproximadamente $wL^2/24$.

Para estimar os momentos no vão *AB*, usaremos o diagrama de momento da viga da Figura 15.1*d* como guia. Se o apoio em *B* fosse completamente fixo, o momento negativo em *B* seria igual a $wL^2/8$. Como ocorre alguma rotação do nó *B* *no sentido anti-horário*, o momento negativo diminuirá um pouco. Supondo que ocorra uma redução de 20% no momento negativo, estimamos que o valor de um momento negativo em *B* é igual a $wL^2/10$. Após o momento negativo ser estimado, a análise de um corpo livre do vão externo fornece um valor de momento positivo próximo ao meio vão igual a $wL^2/12,5$. De maneira semelhante, os cálculos mostram que o momento positivo no vão *BC* é aproximadamente igual a $wL^2/30$.

O valor do cortante nas extremidades de uma viga contínua é influenciado pela diferença nas magnitudes dos momentos de extremidade, assim como pelo valor e pela posição da carga. Se os momentos de extremidade são iguais e a viga é carregada simetricamente, as reações de extremidade são iguais. Na Figura 15.1, a maior diferença na magnitude das reações ocorre quando uma extremidade é fixa e a outra é presa com pino; isto é, quando $(3/8)wL$ vai para o apoio de pino e $(5/8)wL$ para o apoio fixo (ver Figura 15.1*d*).

15.3 Análise aproximada para carga vertical em um pórtico rígido

O projeto das colunas e da viga de um pórtico rígido usado para suportar o teto de um ginásio esportivo ou de um armazém é controlado pelo momento. Como a força axial nas colunas e na viga de um pórtico rígido normalmente é pequena, pode ser desprezada, sendo que, em uma análise aproximada, os membros são dimensionados para o momento.

A magnitude do momento negativo nas extremidades da viga em um pórtico rígido dependerá da rigidez relativa entre as colunas (as pernas) e a viga. Normalmente, as vigas são 4 ou 5 vezes mais longas do que as colunas. Por outro lado, o momento de inércia da viga frequentemente é muito maior do que o das colunas. Como a rigidez relativa entre as pernas e a viga de um pórtico rígido pode variar muito, o momento de extremidade na viga pode variar de 20% a 75% do momento de extremidade fixa. Como resultado, os valores do momento previstos por uma análise aproximada podem divergir consideravelmente dos valores de uma análise exata.

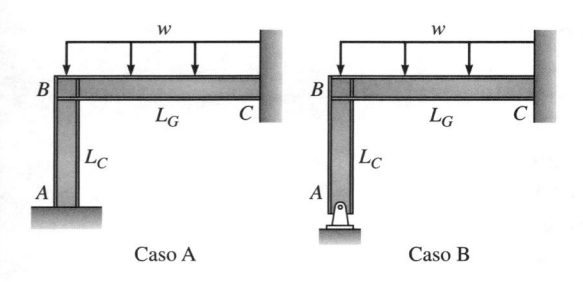

Figura 15.6: Influência da rigidez da coluna no momento de extremidade no nó B em uma viga cuja extremidade distante é fixa. Caso A: base da coluna fixa; caso B: base da coluna presa com pino.

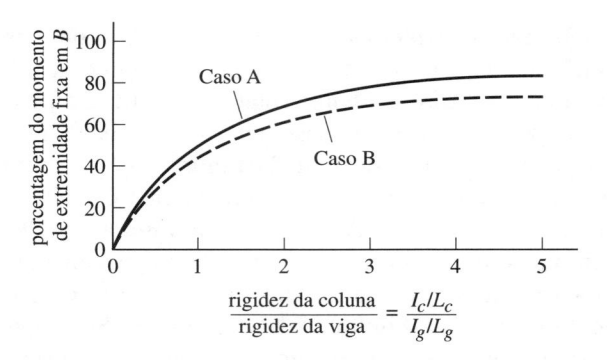

Se os membros de um pórtico rígido carregado uniformemente forem construídos do mesmo tamanho, a rigidez à flexão das pernas mais curtas será relativamente maior, comparada à rigidez da viga. Para essa condição, podemos supor que a restrição rotacional fornecida pelas pernas produz um momento de extremidade em uma viga carregada uniformemente da ordem de 70% a 85% do momento que ocorre em uma viga de extremidade fixa de mesmo vão (ver Figura 15.1a). Por outro lado, se por motivos arquitetônicos o pórtico for construído com colunas rasas e uma viga alta, a restrição rotacional fornecida pelas pernas flexíveis será pequena. Para essa condição, os momentos de extremidade que se desenvolvem na viga podem ser da ordem de 15% a 25% daqueles que se desenvolvem em uma viga de extremidade fixa. A Figura 15.6 mostra a variação de momento negativo na extremidade de uma viga (fixa em C) como uma função da relação entre os fatores de rigidez à flexão da coluna e da viga.

Um segundo procedimento para estimar os momentos em um pórtico é supor a localização dos pontos de inflexão (os pontos de momentos zero) na viga. Uma vez estabelecidos esses pontos, as forças restantes no pórtico podem ser determinadas pela estática. Se as colunas forem rígidas e fornecerem uma grande restrição rotacional para a viga, os pontos de inflexão estarão localizados praticamente na mesma posição daqueles de uma viga de extremidades fixas (isto é, cerca de 0,2L a partir de cada extremidade). Por outro lado, se as colunas forem flexíveis em relação à viga, os pontos de inflexão se moverão na direção das extremidades. Para esse caso, o projetista poderia supor que o ponto de inflexão está localizado entre 0,1L e 0,15L a partir das extremidades. O uso desse método para estimar as forças em um pórtico rígido está ilustrado no Exemplo 15.4.

Como um terceiro método de determinação dos momentos em um pórtico rígido, o projetista pode estimar a relação entre os momentos positivos e negativos na viga. Normalmente, os momentos negativos são 1,2 a 1,6 vez maiores do que os momentos positivos. Como a soma dos momentos positivos e negativos em uma viga que suporta uma carga uniformemente distribuída deve ser igual a $wL^2/8$, uma vez suposta a relação de momentos, os valores dos momentos positivos e negativos são estabelecidos.

EXEMPLO 15.3

Analise o pórtico simétrico da Figura 15.7a estimando os valores dos momentos negativos nos nós B e C. As colunas e vigas são construídas com membros de mesmo tamanho — isto é, EI é constante.

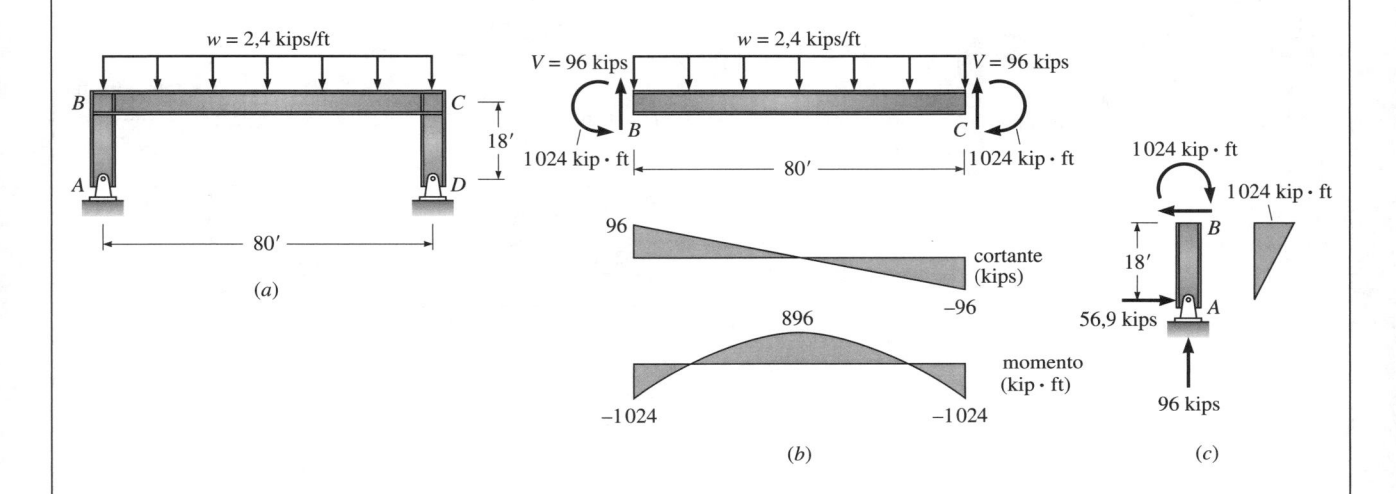

Figura 15.7: (a) Pórtico simétrico com carga uniforme; (b) corpo livre da viga e diagramas de cortante e momento aproximados; (c) corpo livre da coluna com valor estimado do momento de extremidade.

Solução

Como as colunas mais curtas são muito mais rígidas do que as vigas mais longas (a rigidez à flexão varia inversamente com o comprimento), vamos supor que os momentos negativos nos nós B e C são iguais a 80% dos momentos de extremidade em uma viga de extremidades fixas de mesmo vão.

$$M_B = M_C = -0{,}8\frac{wL^2}{12} = -\frac{0{,}8(2{,}4)80^2}{12} = -1\,024 \text{ kip} \cdot \text{ft}$$

Em seguida, isolamos a viga (Figura 15.7b) e a coluna (Figura 15.7c), calculamos os cortantes de extremidade usando as equações da estática e desenhamos os diagramas de cortante e momento.

Uma análise exata da estrutura indica que o momento de extremidade na viga é 1 113,6 kip · ft e o momento no meio do vão é 806 kip · ft.

EXEMPLO 15.4

Estime os momentos no pórtico mostrado na Figura 15.8a, supondo a localização dos pontos de inflexão na viga.

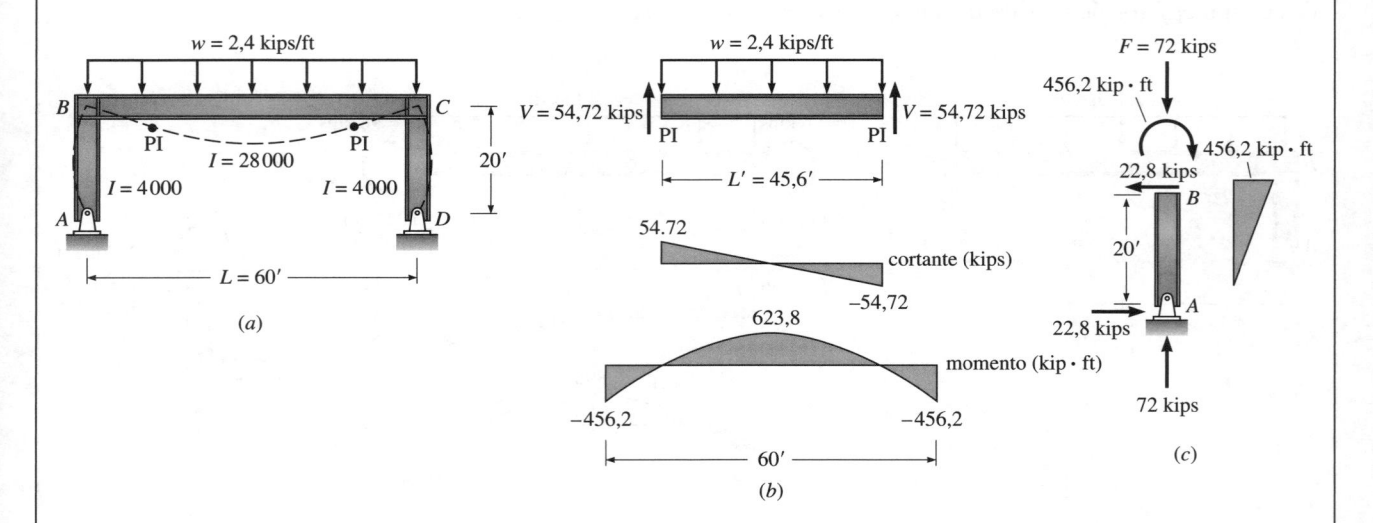

Figura 15.8: (a) Detalhes do pórtico; (b) corpo livre da viga entre os pontos de inflexão. *Nota*: o diagrama de momento em unidade de kip · ft é para a viga inteira; o diagrama de cortante em unidades de kips é válido entre os pontos de inflexão; (c) corpo livre da coluna AB.

Solução

Se considerarmos a influência do comprimento e do momento de inércia sobre a rigidez à flexão das colunas e da viga, observaremos que as colunas, devido a um valor de I menor, são mais flexíveis do que a viga. Portanto, vamos supor arbitrariamente que os pontos de inflexão na viga estão localizados a $0{,}12L$ a partir das extremidades da viga.

Calcule a distância L' entre os pontos de inflexão na viga.

$$L' = L - (0{,}12L)(2) = 0{,}76L = 45{,}6 \text{ ft}$$

Como o segmento da viga entre os pontos de inflexão atua como uma viga com apoios simples (isto é, os momentos são zero em cada extremidade), o momento no meio do vão é igual a

$$M_c = \frac{wL'^2}{8} = \frac{2{,}4(45{,}6)^2}{8} = 623{,}8 \text{ kip} \cdot \text{ft} \quad \textbf{Resp.}$$

Usando a Equação 15.1, calculamos os momentos de extremidade da viga M_s:

$$M_s + M_c = \frac{wL^2}{8} = \frac{2{,}4(60)^2}{8} = 1080 \text{ kip} \cdot \text{ft}$$

$$M_s = 1080 - 623{,}8 = 456{,}2 \text{ kip} \cdot \text{ft} \quad \textbf{Resp.}$$

Os diagramas de momento da viga e da coluna são mostrados na Figura 15.8b e c. O valor exato do momento nas extremidades da viga é 404,64 kip · ft.

15.4 Análise aproximada de uma treliça contínua

Conforme discutimos na Seção 4.1, a ação estrutural de uma treliça é semelhante à de uma viga (ver Figura 15.9). As cordas da treliça, que atuam como as mesas de uma viga, transmitem o momento fletor, e as diagonais da treliça, que executam a mesma função da alma de uma viga, transmitem o cortante. Como o comportamento da treliça e da viga é semelhante, podemos avaliar as forças em uma treliça tratando-a como viga, em vez de usar o método dos nós ou seções. Em outras palavras, aplicamos as cargas de nó que atuam na treliça em uma viga imaginária cujo vão é igual ao da treliça e construímos diagramas de cortante e momento convencionais. Igualando o conjugado interno M_I produzido pelas forças nas cordas ao momento interno M na seção, produzido pelas cargas externas (e dado pelo diagrama de momento), podemos calcular o valor aproximado da força axial na corda. Por exemplo, na Figura 15.9b, podemos expressar o momento interno na seção 1 da treliça somando os momentos das forças horizontais que atuam na seção sobre o ponto o no nível da corda inferior, produzindo

$$M_I = Ch$$

Definindo $M_I = M$ e resolvendo a expressão acima para C, temos

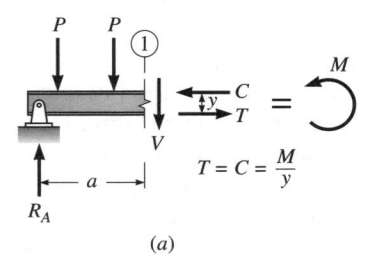

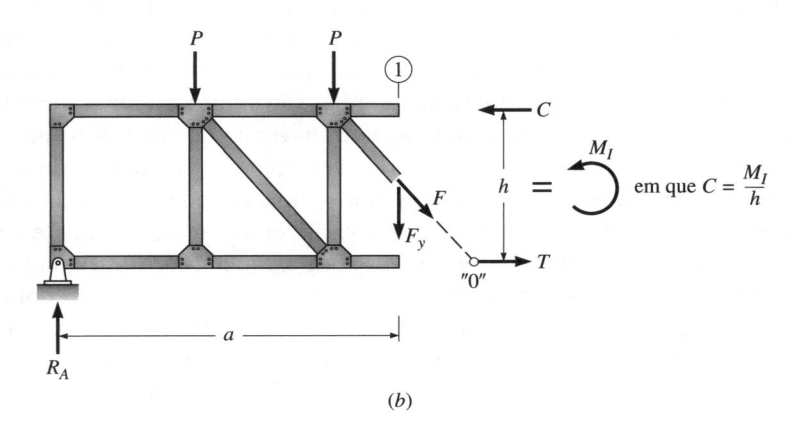

$$C = \frac{M}{h} \qquad (15.2)$$

Figura 15.9: Forças internas em (a) uma viga e (b) uma treliça. A distância entre os centroides das mesas é y, e h é a distância entre os centroides das cordas.

em que h é igual à distância entre os centroides das cordas superiores e inferiores e M é igual ao momento na seção 1 da viga da Figura 15.9a.

Quando as cargas de nó que atuam sobre uma treliça têm magnitude igual, podemos simplificar a análise da viga substituindo as cargas concentradas por uma carga uniforme w equivalente. Para fazer esse cálculo, dividimos a soma das cargas de nó pelo comprimento do vão L:

$$w = \frac{\Sigma P_n}{L} \qquad (15.3)$$

Se a treliça é longa em comparação à sua altura (digamos, a relação vão/altura passa de 10 ou mais), essa substituição deve ter pouca influência sobre os resultados da análise. Usaremos essa substituição quando analisarmos uma treliça contínua como viga, pois o cálculo de momentos de extremidade fixa para uma carga uniforme atuando ao longo de todo o vão é mais simples do que o cálculo dos momentos de extremidade fixa produzidos por uma série de cargas concentradas.

Continuando a analogia, podemos calcular a força na diagonal de uma treliça supondo que a componente vertical da força F_y na diagonal é igual ao cortante V na seção correspondente da viga (ver Figura 15.9).

Para ilustrar os detalhes da analogia da viga e verificar sua precisão, usaremos o método no Exemplo 15.5, para calcular as forças em vários membros da treliça determinada. Então, no Exemplo 15.6, usaremos o método para analisar a treliça indeterminada.

O Exemplo 15.5 mostra que as forças de barra em uma treliça determinada, calculadas pela analogia da viga, são exatas. Esse resultado ocorre porque a distribuição de forças em uma estrutura determinada não depende da rigidez dos membros individuais. Em outras palavras, as forças em uma viga ou treliça determinada são calculadas pela aplicação das equações da estática em corpos livres da treliça. Por outro lado, as forças em uma treliça contínua serão influenciadas pelas dimensões dos membros de corda, que correspondem às mesas de uma viga. Como as forças nas cordas são muito maiores quando adjacentes a um apoio interno, a seção transversal dos membros nesse local será maior do que aqueles entre o centro de cada vão e os apoios externos. Portanto, a treliça atuará como uma viga com momento de inércia variável. Para ajustar a rigidez variável da viga equivalente em uma análise aproximada, o projetista pode aumentar arbitrariamente, por 15% ou 20%, as forças (produzidas pela análise da treliça como uma viga contínua de seção transversal constante) nas cordas. As forças nas diagonais adjacentes aos apoios internos podem ser aumentadas em cerca de 10%. O método será aplicado a uma treliça indeterminada no Exemplo 15.6.

EXEMPLO 15.5

Analisando a treliça da Figura 15.10a como uma viga, calcule as forças axiais na corda superior (membro CD) no meio do vão e na diagonal BK. Compare os valores de força com aqueles calculados pelo método dos nós ou seções.

Solução

Aplique as cargas que atuam nos nós inferiores da treliça a uma viga de mesmo vão e construa os diagramas de cortante e momento (ver Figura 15.10b).

Calcule a força axial no membro CD da treliça, usando a Equação 15.2 (ver Figura 15.10c).

$$\Sigma M_J = 0$$

$$F_{CD} = C = \frac{M}{h} = \frac{810}{12} = 67{,}5 \text{ kips} \qquad \textbf{Resp.}$$

Calcule a força na diagonal BK. Iguale o cortante de 30 kips entre BC à componente vertical F_y da força axial na barra BK (ver Figura 15.10d).

$$F_y = V$$

$$= 30 \text{ kips}$$

$$F_{BK} = \frac{5}{4} F_y = 37{,}5 \text{ kips} \qquad \textbf{Resp.}$$

Os valores de força são idênticos àqueles produzidos por uma análise exata da treliça.

[*continua*]

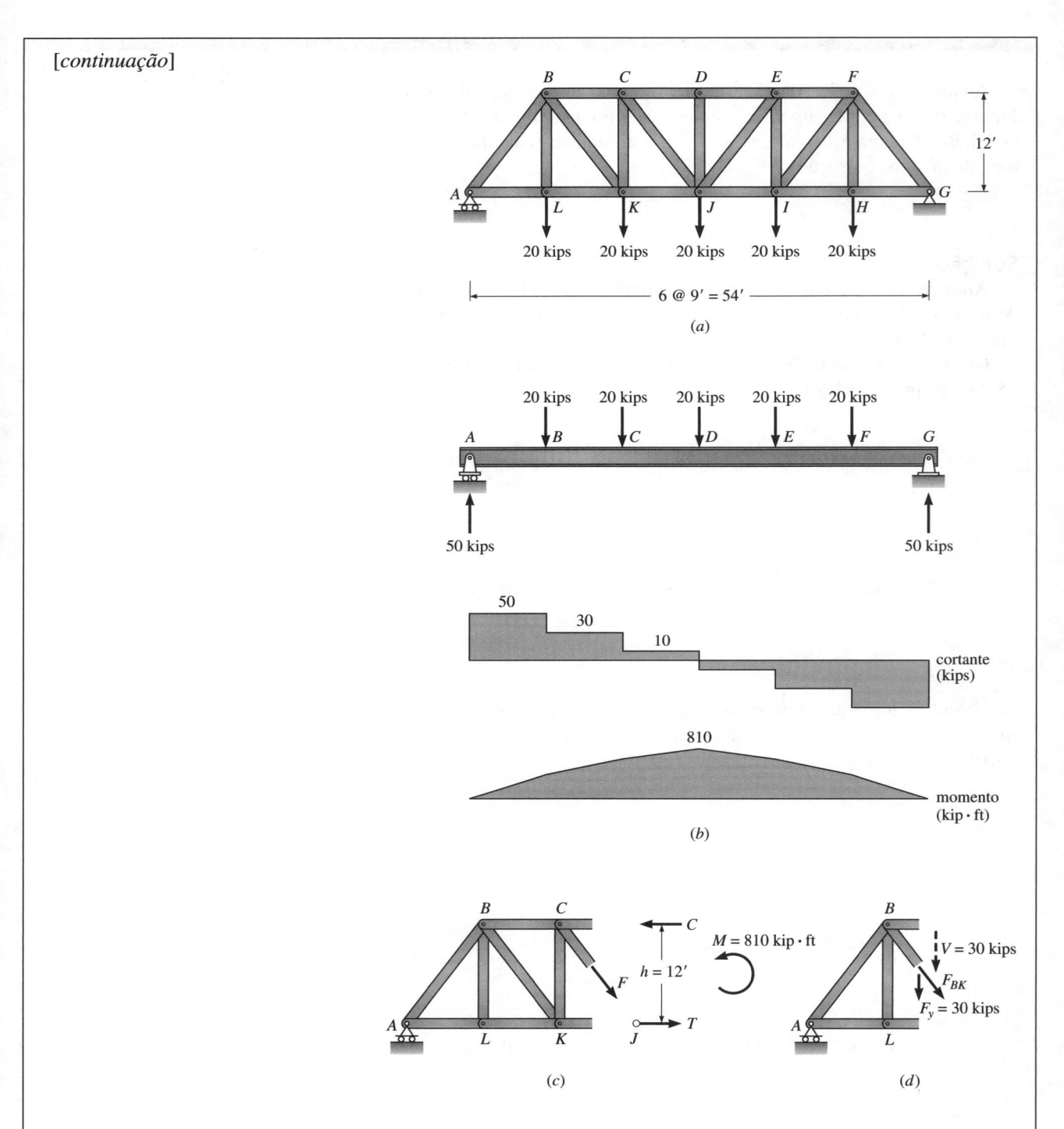

Figura 15.10: Análise de uma treliça pela analogia da viga: (*a*) detalhes da treliça; (*b*) cargas da treliça aplicadas em uma viga de mesmo vão; (*c*) corpo livre da treliça cortado por uma seção vertical a uma distância infinitesimal à esquerda do meio vão; (*d*) corpo livre da treliça cortado por uma seção vertical do painel *BC*.

EXEMPLO 15.6

Estime as forças nas barras a, b, c e d da treliça contínua da Figura 15.11.

Solução

A treliça será analisada como uma viga contínua de seção transversal constante (ver Figura 15.11b). Usando a Equação 15.3, convertemos as cargas de nó em uma carga uniforme estaticamente equivalente.

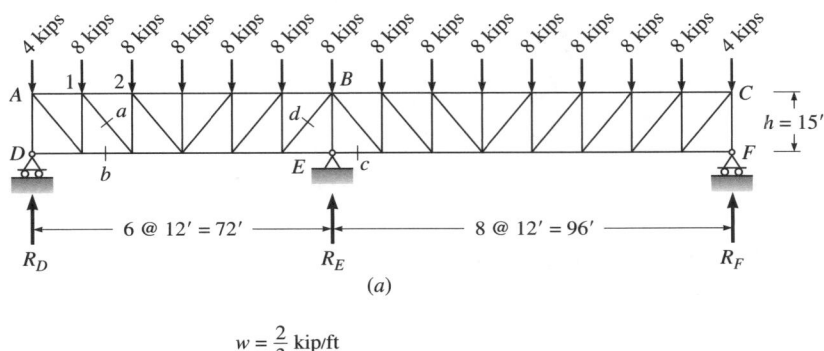

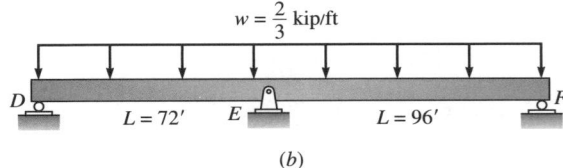

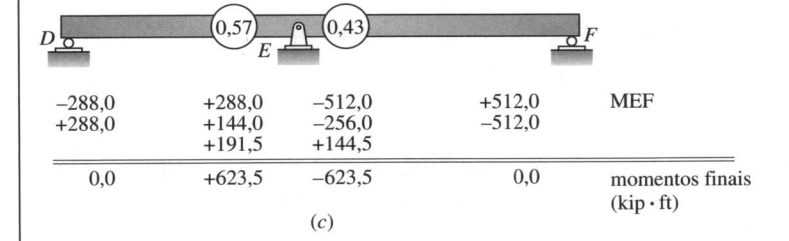

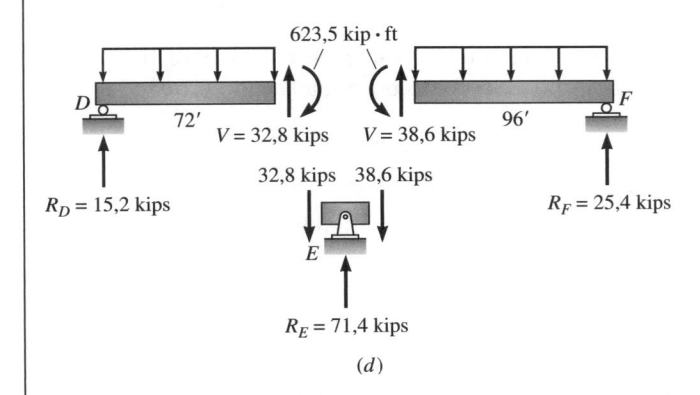

Figura 15.11: (a) Detalhes da treliça e cargas; (b) viga carregada por uma carga uniforme equivalente; (c) análise da viga em (b) pela distribuição de momentos (momentos em kip · ft); (d) cálculo das reações usando diagramas de corpo livre das vigas e apoio em E.

[continua]

[continuação]

$$w = \frac{\Sigma P}{L} = \frac{(8 \text{ kips})(13) + (4 \text{ kips})(2)}{72 + 96} = \frac{2}{3} \text{ kip/ft}$$

Analise a viga pela distribuição de momentos (ver detalhes na Figura 15.11c). Calcule as reações usando os corpos livres mostrados na Figura 15.11d.

Para calcular as forças de barra, passaremos seções verticais pela viga; alternativamente, depois de estabelecidas as reações, podemos analisar a treliça diretamente.

Para a barra *a* (ver corpo livre na Figura 15.11e),

$$\stackrel{+}{\uparrow} \quad \Sigma F_y = 0$$
$$15{,}2 - 4 - 8 - F_{ay} = 0$$
$$F_{ay} = 3{,}2 \text{ kips}$$
$$F_a = \frac{5}{4} F_{ay} = \frac{5}{4}(3{,}2) = 4 \text{ kips} \qquad \textbf{Resp.}$$

Para a barra *b*, some os momentos sobre o ponto 1, 12 pés à direita do apoio D (Figura 15.11f):

$$\circlearrowleft^+ \quad \Sigma M_1 = 0$$
$$(15{,}2)12 - 4(12) - 15 F_b = 0$$
$$F_b = \frac{134{,}4}{15} = \text{tração de 8,96 kips, arredondada para 9 kips} \qquad \textbf{Resp.}$$

Para a barra *c*,

Momento no apoio central = 632,5 kip · ft

$$F_c = \frac{M}{h} = \frac{623{,}5}{15} = 42{,}2 \text{ kips} \qquad \textbf{Resp.}$$

Aumente arbitrariamente em 10%, para levar em conta a maior rigidez das cordas adjacentes mais grossas no apoio central da treliça real.

$$F_c = 1{,}1(42{,}2) = \text{compressão de 46,4 kips}$$

Para a barra *d*, considere um diagrama de corpo livre imediatamente à esquerda do apoio E, cortado por uma seção vertical.

$$\stackrel{+}{\uparrow} \quad \Sigma F_y = 0$$
$$15{,}2 \text{ kips} - 4 \text{ kips} - 5(8 \text{ kips}) + F_{dy} = 0$$
$$F_{dy} = 28{,}8 \text{ kips (tração)}$$
$$F_d = \frac{5}{4} F_{dy} = \frac{5}{4}(28{,}8) = 36 \text{ kips}$$

Aumente em 10%: $\qquad F_d = 39{,}6 \text{ kips} \qquad \textbf{Resp.}$

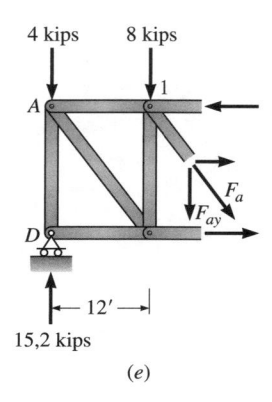

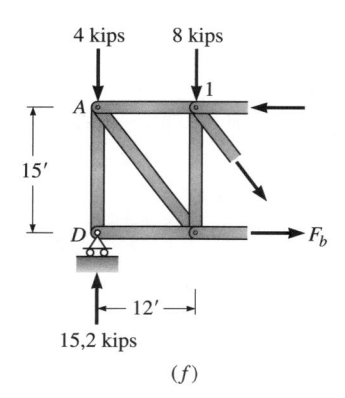

Figura 15.11: (e) Cálculo da força na barra diagonal; (f) cálculo da força F_b.

15.5 Estimando deflexões de treliças

O trabalho virtual, que exige a soma da energia de deformação em todas as barras de uma treliça, é o único método disponível para calcular valores exatos de deflexões de treliça. Para verificar se as deflexões calculadas por esse método têm a *ordem de grandeza correta*, podemos realizar uma análise aproximada da treliça, tratando-a como uma viga e usando equações de deflexão de viga padrão, como aquelas dadas na Figura 11.3.

As equações de deflexão para vigas são deduzidas com a suposição de que todas as deformações são produzidas por momento. Todas essas equações contêm o momento de inércia I no denominador. Como normalmente são pequenas, as deformações por cortante em vigas rasas são desprezadas.

Ao contrário do que acontece em uma viga, as deformações dos membros verticais e diagonais de uma treliça contribuem para a deflexão total quase tanto quanto as deformações das cordas superiores e inferiores. Portanto, se usarmos uma equação de viga para prever a deflexão de uma treliça, o valor será aproximadamente 50% a menos. Consequentemente, para levar em conta a contribuição dos membros de alma na deflexão da treliça, o projetista deve duplicar o valor da deflexão dado por uma equação de viga.

O Exemplo 15.7 ilustra o uso de uma equação de viga para estimar a deflexão de uma treliça. O valor do momento de inércia I na equação de viga é baseado na área das cordas no meio do vão. Se as áreas de corda são menores nas extremidades da treliça (onde a magnitude das forças é menor), o uso das propriedades de meio vão superestima a rigidez da treliça e produz valores de deflexão menores do que os valores reais.

EXEMPLO 15.7

Estime a deflexão no meio do vão da treliça da Figura 15.12, tratando-a como uma viga de seção transversal constante. A treliça é simétrica em relação a um eixo vertical no meio do vão. A área das cordas superiores e inferiores nos quatro painéis centrais é de 6 pol². A área de todas as outras cordas é igual a 3 pol². A área de todas as diagonais é igual a 2 pol²; a área de todas as verticais é igual a 1,5 pol². Além disso, $E = 30\,000$ kips/pol².

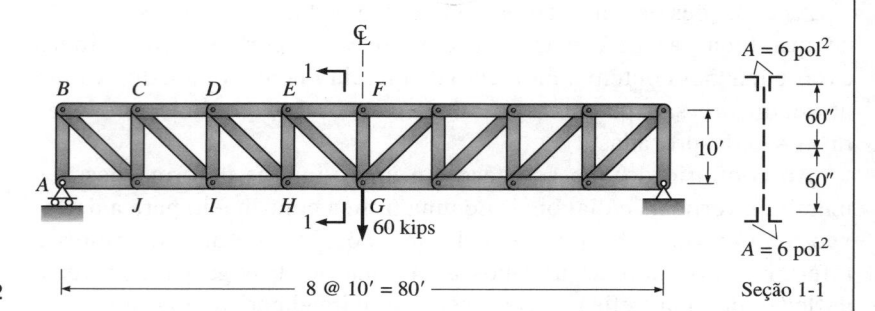

Figura 15.12

Solução

Calcule o momento de inércia I da seção transversal no meio do vão. Baseie seu cálculo na área das cordas superiores e inferiores. Desprezando o momento de inércia da área da corda sobre seu próprio centroide (I_{na}), avaliamos I com a equação-padrão (ver seção 1-1)

$$I = \Sigma(I_{na} + Ad^2)$$
$$= 2[6(60)^2] = 43\,200 \text{ pol}^4$$

Calcule a deflexão no meio do vão (ver equação na Figura 11.3d).

$$\Delta = \frac{PL^3}{48EI}$$
$$= \frac{60(80 \times 12)^3}{48(30\,000)(43\,200)}$$
$$= 0,85 \text{ pol}$$

Duplique Δ para levar em conta a contribuição dos membros de alma:

$$\Delta_{\text{treliça}} \text{ estimado} = 2\Delta = 2(0,85) = 1,7 \text{ pol} \quad \textbf{Resp.}$$

A solução pelo trabalho virtual, que leva em conta a área reduzida das cordas em cada extremidade e a contribuição real das diagonais e verticais na deflexão, fornece $\Delta_{\text{treliça}} = 2,07$ pol.

15.6 Treliças com diagonais duplas

Treliças com diagonais duplas são comuns como sistemas estruturais. As diagonais duplas são normalmente incorporadas nos tetos e paredes de prédios e nos sistemas de piso de pontes para estabilizar a estrutura ou para transmitir cargas laterais de vento ou outras (por exemplo, balanço de trens) para os apoios da extremidade. Cada painel que contém uma diagonal dupla adiciona 1 grau de indeterminação à treliça; portanto, para fazer uma análise aproximada, o projetista deve fazer uma suposição por painel.

Se as diagonais são feitas de perfis estruturais pesados e têm rigidez à flexão suficiente para resistir à flambagem, *pode-se supor que o cortante em um painel se divide igualmente entre as diagonais*. A resistência à flambagem é uma função do índice de esbeltez do membro — o comprimento dividido pelo raio de giração da seção transversal —, assim como da restrição fornecida pelos apoios extremos. O Exemplo 15.8 ilustra a análise de uma treliça na qual as duas diagonais atuam.

Se as diagonais são esbeltas — construídas de barras de aço de diâmetro pequeno ou de perfis estruturais leves —, o projetista pode supor que elas só transmitem tração e se deformam sob compressão. Como a inclinação de uma diagonal determina se ela atua em tração ou compressão, o projetista deve estabelecer a diagonal em cada painel que está atuando e supor que a força na outra diagonal é zero. Como o vento ou outras forças laterais podem atuar em uma ou outra direção transversal, os dois conjuntos de diagonais são fundamentais. O Exemplo 15.9 ilustra a análise de uma treliça com diagonais em tração.

EXEMPLO 15.8

Analise a treliça indeterminada da Figura 15.13. As diagonais em cada painel são idênticas e têm resistência e rigidez suficientes para suportar cargas em tração ou em compressão.

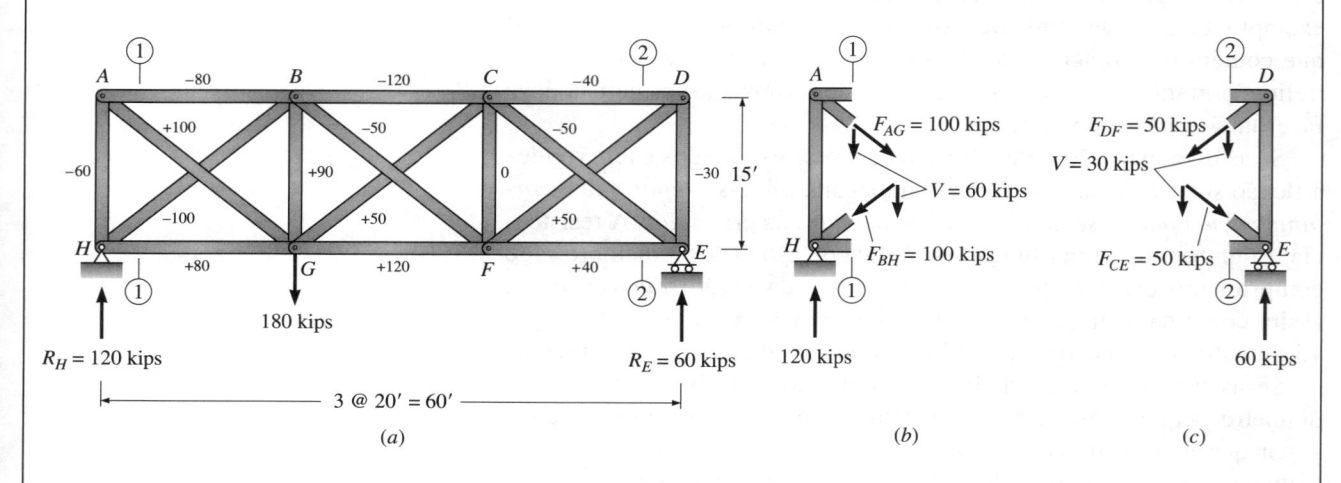

Figura 15.13: (a) Treliça com duas diagonais atuando; (b) corpo livre da treliça cortada pela seção 1-1; (c) corpo livre da treliça cortada pela seção 2-2. Todas as forças de barra em unidades de kips.

Solução

Passe uma seção vertical 1-1 através do primeiro painel da treliça, cortando o corpo livre mostrado na Figura 15.13b. Suponha que cada diagonal transmite metade do cortante no painel (120 kips produzidos pela reação no apoio H). Como a reação é para cima, a componente vertical da força em cada diagonal deve atuar para baixo e ser igual a 60 kips. Para ser coerente com esse requisito, o membro AG deve estar em tração e o membro BH em compressão. Como a força de barra resultante é $\frac{5}{3}$ da componente vertical, a força em cada barra é igual a 100 kips.

Em seguida, passamos a seção 2-2 através do painel de extremidade à direita. A partir do somatório das forças na direção vertical, observamos que um cortante de 60 kips atuando para baixo é necessário no painel para equilibrar a reação à direita; portanto, a componente vertical da força em cada diagonal é igual a 30 kips atuando para baixo. Considerando a inclinação das barras, calculamos uma força de tração de 50 kips no membro DF e uma força de compressão de 50 kips no membro CE. Se considerarmos um corpo livre da treliça à direita de uma seção vertical através do painel central, observaremos que o cortante de desequilíbrio é de 60 kips e que as forças nas diagonais atuam na mesma direção daquelas mostradas na Figura 15.13c. Após as forças em todas as diagonais serem avaliadas, as forças nas cordas e verticais são calculadas pelo método dos nós. Os resultados finais estão resumidos na Figura 15.13a.

EXEMPLO 15.9

Barras de pequeno diâmetro formam os membros diagonais da treliça da Figura 15.14a. As diagonais podem transmitir tração, mas se deformam se forem comprimidas. Analise a treliça para as cargas mostradas.

Solução

Como a treliça é determinada externamente, calculamos primeiro as reações. Em seguida, passamos seções verticais através de cada painel e estabelecemos a direção das forças internas nas barras diagonais, necessárias para o equilíbrio vertical do cortante em cada painel. Em seguida, as diagonais de tração e compressão são identificadas, conforme discutido no Exemplo 15.8 (as diagonais de compressão são indicadas pelas linhas tracejadas na Figura 15.14b). Como as diagonais de compressão se deformam, o cortante inteiro em um painel é atribuído à tração diagonal, e a força nas diagonais de compressão é definida igual a zero. Uma vez identificadas as diagonais de compressão, a treliça pode ser analisada pelos métodos dos nós ou seções. Os resultados da análise estão mostrados na Figura 15.14b.

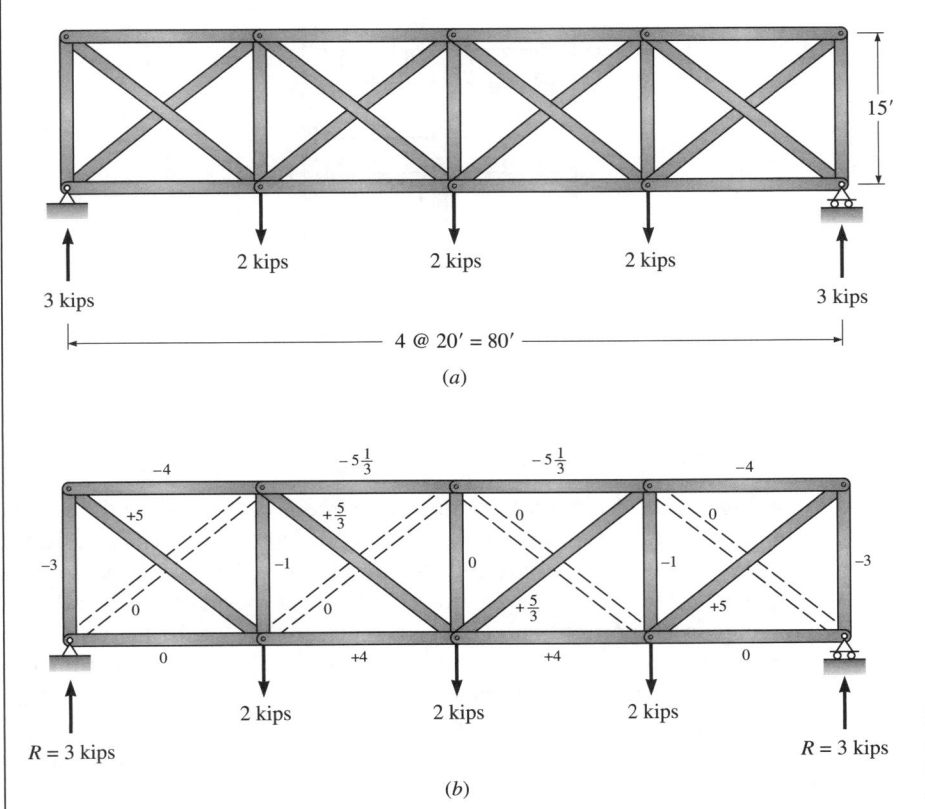

Figura 15.14: (a) Treliça com diagonais de tração; (b) valores de forças de barra em kips; diagonais de compressão indicadas pelas linhas tracejadas.

15.7 Análise aproximada para carga gravitacional de um pórtico rígido de vários pavimentos

Para estabelecer um conjunto de diretrizes visando a estimar a força nos membros de pórticos de vários pavimentos altamente indeterminados com nós rígidos, examinaremos os resultados de uma análise por computador do pórtico de prédio de concreto armado simétrico da Figura 15.15. A análise por computador considera a rigidez axial e a flexão de todos os membros. As dimensões e propriedades dos membros no pórtico representam aquelas normalmente encontradas em pequenos prédios de escritórios ou apartamentos. Neste estudo, todas as vigas do pórtico suportam uma carga uniforme $w = 4{,}3$ kips/ft para simplificar a discussão. Na prática, os códigos de construção permitem ao engenheiro reduzir os valores de sobrecarga nos pisos inferiores, por causa da baixa probabilidade de que os valores máximos de sobrecarga venham a atuar simultaneamente em todos os pisos em determinado momento.

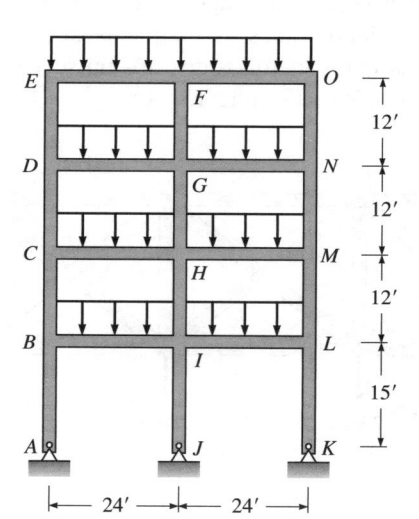

Propriedades dos membros

Membro	A pol²	I pol⁴
Colunas externas	100	1 000
Colunas internas	144	1 728
Vigas	300	6 000

Figura 15.15: Dimensões e propriedades dos membros de um pórtico de prédio de vários andares carregado verticalmente.

Forças em vigas de piso

A Figura 15.16 mostra o cortante, o momento e a força axial em cada uma das quatro vigas no vão esquerdo do pórtico da Figura 15.15. Todas as forças são expressas em unidades de kips e todos os momentos em unidades de kip · ft. As vigas são mostradas na mesma posição relativa que ocupam no pórtico (isto é, a viga superior está localizada no teto, a seguinte no quarto piso etc.). Observamos em cada viga que o momento é maior na extremidade direita — onde as vigas se conectam na coluna interna — do que na extremidade esquerda, onde as vigas se conectam na coluna externa. Os momentos maiores se desenvolvem à direita porque o nó interno, que não gira, atua como um apoio fixo. O nó interno não gira porque os momentos aplicados pelas vigas em cada lado do nó têm magnitude igual e direção oposta (ver setas curvas na Figura 15.18b). Por

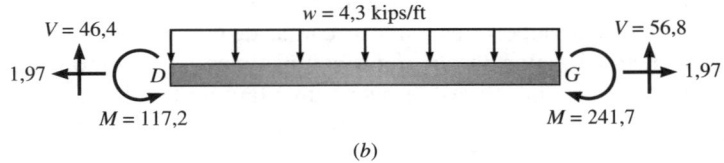

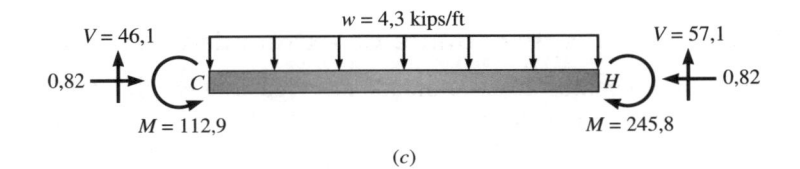

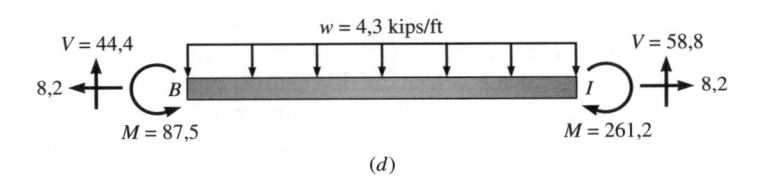

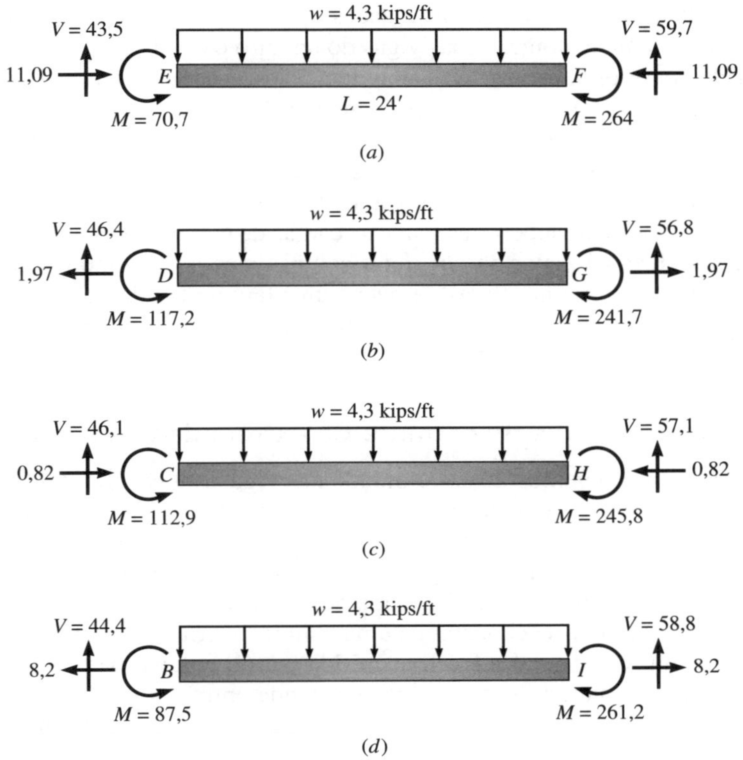

Figura 15.16: Corpos livres de vigas de piso mostrando as forças de uma análise exata: (*a*) teto; (*b*) quarto piso; (*c*) terceiro piso; (*d*) segundo piso (carga em kip · ft, forças em kips e momentos em kip · ft).

outro lado, nos nós externos, onde as vigas se ligam somente a um lado da coluna, o nó externo — sujeito a um momento não equilibrado — girará no sentido horário. Quando o nó gira, o momento na extremidade esquerda da viga diminui e o momento na extremidade direita aumenta, devido ao momento de transmissão. Portanto, o momento negativo no primeiro apoio interno sempre será maior do que o momento de extremidade fixa. Para vigas carregadas uniformemente, o momento negativo no primeiro apoio interno normalmente variará entre $wL^2/9$ e $wL^2/10$. À medida que a flexibilidade da coluna externa aumenta, os momentos na viga se aproximam daqueles mostrados na Figura 15.1*d*.

O momento de 70,7 kip · ft na extremidade externa da viga de teto da Figura 15.16*a* é menor do que o momento externo nas vigas de piso abaixo, pois a viga de teto é restringida por uma única coluna no nó *E*, enquanto as vigas de piso são restringidas por duas colunas (isto é, uma abaixo e uma acima do piso). Duas colunas aplicam duas vezes a restrição rotacional de uma coluna, supondo que elas tenham as mesmas dimensões e condições de extremidade. Na Figura 15.16*d*, o momento no nó *B* da segunda viga de piso é menor do que nas vigas de piso superiores, pois a coluna inferior, que é presa com pino em sua base e tem 15 pés de comprimento, é mais flexível do que as colunas mais curtas dos pisos superiores, que são fletidas em curvatura dupla.

Também observamos que as reações e, consequentemente, os diagramas de cortante e momento das vigas do terceiro e quarto pisos são aproximadamente os mesmos, pois elas têm vãos e cargas idênticos e são suportadas por colunas de mesmo tamanho. Portanto, se projetarmos as vigas para um piso típico, os mesmos membros poderão ser usados em todos os outros pisos típicos. Como as dimensões das colunas que suportam os pisos inferiores de prédios altos têm seções transversais maiores do que as dos pisos superiores, onde as cargas de coluna são menores, sua rigidez à flexão é maior do que a das colunas menores. Como resultado, o momento externo nas vigas de piso aumentará à medida que a rigidez das colunas diminuir. Esse efeito, que frequentemente é moderado, geralmente é desprezado na prática.

Estimando valores de cortante de extremidade em vigas

Como os momentos de extremidade nas vigas (na Figura 15.16) são maiores à direita do que na extremidade esquerda, os cortantes de extremidade não são iguais. A *diferença* nos momentos de extremidade reduz o cortante produzido pela carga uniforme na extremidade esquerda e o aumenta na extremidade direita. Uma boa estimativa para todas as vigas externas (vigas que se conectam a uma coluna externa) é supor que 45% da carga uniforme total wL é transmitida para a coluna externa e 55% para a coluna interna. Se uma viga se estende entre duas colunas internas, os cortantes são aproximadamente iguais nas duas extremidades (isto é, $V = wL/2$).

Cargas axiais em vigas

Embora forças axiais se desenvolvam em todas as vigas por causa do cortante nas colunas, as tensões produzidas por essas forças são pequenas e podem ser desprezadas. Por exemplo, a tensão axial, que é maior nas vigas de teto, produzida por 11,09 kips (ver Figura 15.16a) é de cerca de 37 psi.

Cálculo dos valores aproximados do cortante e do momento em vigas de piso

Os cortantes e momentos que se desenvolvem a partir de cargas gravitacionais aplicadas nas vigas de um piso típico são devido quase inteiramente às cargas que atuam diretamente nesse piso. Portanto, podemos fazer uma boa estimativa dos momentos nas vigas de piso analisando um piso individual, em vez do prédio inteiro. Para determinar o cortante e o momento em um piso do pórtico da Figura 15.15, analisaremos um pórtico composto das vigas de piso e das colunas agregadas. O pórtico utilizado para analisar as vigas de teto é mostrado na Figura 15.17a. A Figura 15.17b mostra o pórtico utilizado para analisar as vigas do terceiro piso.

Normalmente, supomos que as extremidades das colunas são fixas no ponto em que se ligam aos pisos acima ou abaixo do piso que está sendo analisado (por exemplo, essa é a suposição especificada na seção 8.9 do

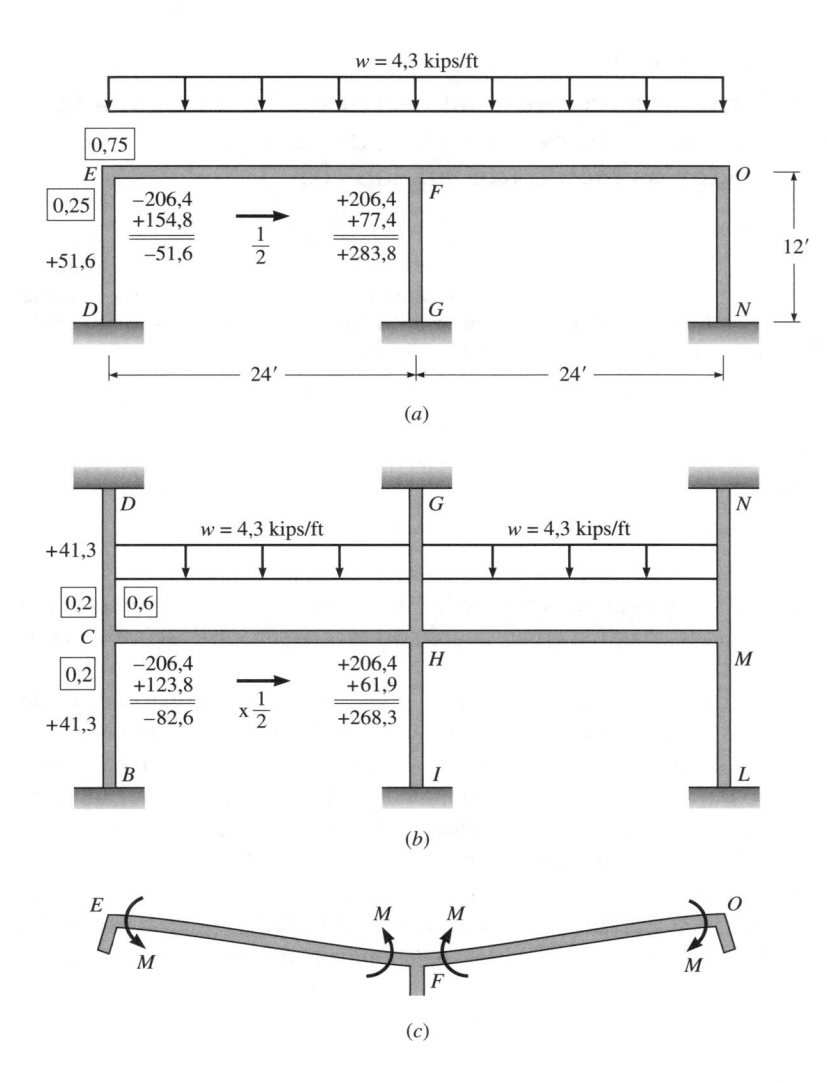

Figura 15.17: Análise aproximada de vigas em pórtico para carga vertical (todos os valores de momento em kip · ft): (*a*) pórtico rígido composto de vigas de teto e colunas agregadas; (*b*) pórtico rígido composto de vigas de piso e colunas agregadas; (*c*) momentos gerados pelo deslocamento diferencial de nós internos e externos (esses momentos não são incluídos na análise aproximada).

American Concrete Institute Building Code). Como a rotação dos nós internos é pequena, essa suposição parece razoável. Por outro lado, como os nós externos em cada nível de piso giram na mesma direção, as colunas externas são fletidas em curvatura dupla (ver Figura 15.18*c*). Conforme estabelecemos na Figura 13.12*c*, a rigidez à flexão de um membro fletido em curvatura dupla é 50% maior do que a de um membro fixo em uma extremidade. Como resultado, os valores de momento nas colunas externas, de uma análise aproximada dos pórticos da Figura 15.17*a* e *b*, serão muito menores do que aqueles produzidos por uma análise que considere o pórtico do prédio inteiro, a menos que o engenheiro aumente arbitrariamente a rigidez das colunas externas por um fator de 1,5.

Como os proprietários de prédios frequentemente querem que as colunas externas sejam as menores possíveis por motivos arquitetônicos (colunas pequenas são mais fáceis de ocultar em paredes externas e

TABELA 15.1
Comparação entre valores exatos e aproximados de momento de extremidade de viga (todos os momentos em kip · ft)

		Análise aproximada	
Momento	Análise exata (Fig. 15.16)	Extremidades de colunas supostamente fixas (Fig. 15.17)	Curvatura dupla flexão, coluna externa rigidez aumentada em 50%
M_{EF}	70,7	51,6	68,8
M_{FE}	264,0	283,6	275,2
M_{CH}	112,9	82,6	103,2
M_{HC}	245,8	268,3	258,0

simplificam os detalhes da parede), a suposição de extremidade fixa para colunas é mantida como padrão no projeto de edificações de concreto armado.

A análise dos pórticos da Figura 15.17 é feita pela distribuição de momentos. Como o deslocamento lateral produzido pelas cargas gravitacionais é zero (se a estrutura e a carga são simétricas) ou muito pequeno em outros casos, em uma análise aproximada desprezamos os momentos produzidos pelo deslocamento lateral. Os detalhes da distribuição de momentos são mostrados nas figuras. Como a estrutura é simétrica, podemos supor que o nó central não gira e o tratamos como um apoio fixo. Portanto, somente metade do pórtico precisa ser analisada. Os momentos produzidos pela análise dos pórticos (consultar Tabela 15.1) são muito parecidos com os valores mais exatos da análise por computador. Se a rigidez das colunas externas (excluindo a coluna *AB*, que tem a extremidade presa com pino) for aumentada em 50%, a diferença entre os valores exatos e aproximados será da ordem de 5% ou 6% (ver última coluna da Tabela 15.1).

Nas vigas de teto, a maior parte da diferença entre os valores aproximados e exatos dos momentos é devido ao deslocamento diferencial na direção vertical dos nós da extremidade. A coluna interna sofre uma deformação axial maior do que as colunas externas, pois ela suporta mais de duas vezes a carga, mas tem uma área apenas 44% maior. A Figura 15.17*c* mostra a deformação e a direção dos momentos de extremidade de membro produzidos nas vigas de teto pelo deslocamento diferencial das extremidades das vigas. O efeito — uma função do comprimento da coluna — é maior no piso superior e diminui em direção à parte inferior da coluna.

Na análise por computador, as propriedades dos membros (área e momento de inércia) são baseadas na área total da seção transversal dos membros (uma suposição-padrão). Se a influência da área de reforço de aço sobre a rigidez axial fosse considerada pela transforma-

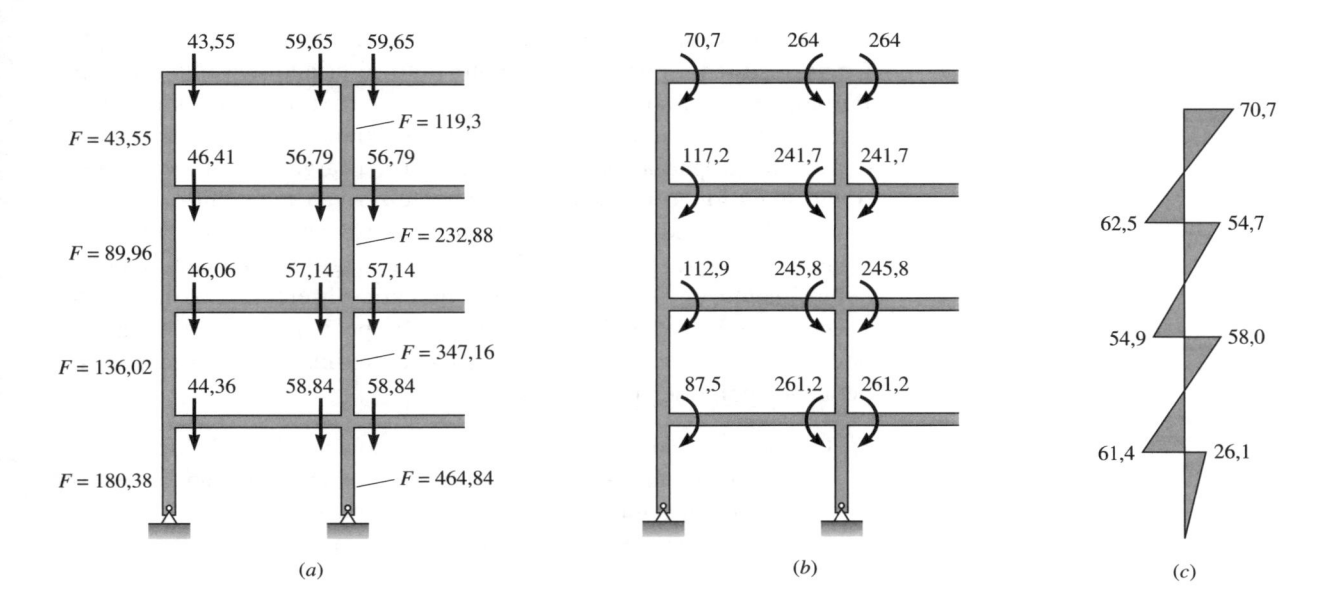

(a)

F = 43,55
43,55   59,65   59,65
46,41   56,79   56,79   F = 119,3

F = 89,96
46,06   57,14   57,14   F = 232,88

F = 136,02
44,36   58,84   58,84   F = 347,16

F = 180,38   F = 464,84

(b)

70,7   264   264
117,2 241,7 241,7
112,9 245,8 245,8
87,5   261,2 261,2

(c)

70,7
62,5   54,7
54,9   58,0
61,4   26,1

Figura 15.18: Resultados da análise por computador do pórtico da Figura 15.15: (a) força axial (kips) nas colunas gerada pelas reações das vigas que suportam uma carga uniformemente distribuída de 4,3 kips/ft; (b) momentos (kip·ft) aplicados nas colunas pelas vigas; esses momentos se dividem entre as colunas superiores e inferiores; (c) diagrama de momento da coluna externa (kip·ft). *Nota:* os momentos não são acumulativos, como acontece com a carga axial.

ção do aço mais rígido em concreto equivalente, a diferença nas deformações axiais das várias colunas seria eliminada em grande medida. Como os momentos causados nas vigas pelas deformações axiais diferenciais das colunas normalmente são pequenos, são desprezados em uma análise *aproximada*.

Forças axiais em colunas

As cargas aplicadas nas colunas de cada piso são produzidas pelos cortantes e momentos nas extremidades das vigas. Na Figura 15.18a, as setas na extremidade de cada viga indicam a força (cortantes de extremidade nas vigas) aplicada na coluna pelas extremidades da viga (a carga uniformemente distribuída de 4,3 kips/ft atuando em todas as vigas não é mostrada na figura por clareza). A força axial F na coluna em qualquer nível é igual à soma dos cortantes de viga acima desse nível. Como a força axial nas colunas varia com o número de pisos suportados, as cargas de coluna aumentam quase linearmente com o número de pisos suportados. Frequentemente, os engenheiros aumentam o tamanho da seção transversal da coluna ou utilizam materiais de maior resistência para suportar as cargas maiores nas seções inferiores de colunas de vários pavimentos. As forças axiais nas colunas internas, que transmitem a carga das vigas em cada lado, normalmente são mais de duas vezes maiores do que as das colunas externas — a não ser que o peso da parede externa seja grande (ver Figura 15.18a).

Os momentos aplicados pelas extremidades das vigas nas colunas do pórtico de prédio são mostrados na Figura 15.18b. Como têm o mesmo comprimento e suportam o mesmo valor de carga uniforme, as vigas ligadas à coluna interna aplicam valores de momentos de extremidade iguais em um nó interno da coluna. Uma vez que os momentos em cada lado da coluna atuam em direções opostas, o nó não gira. Como resultado, nenhum momento fletor é criado na coluna interna. Portanto, quando fazemos uma análise aproximada de uma coluna interna, consideramos somente a carga axial. Se considerássemos o carregamento-padrão da sobrecarga (isto é, a carga total colocada sobre o vão mais longo e a carga permanente no vão mais curto ligado às laterais de uma coluna), um momento se desenvolveria na coluna, mas a carga axial seria reduzida. Mesmo que as vigas não tenham o mesmo comprimento ou suportem valores de carga diferentes, os momentos causados em uma coluna interna serão pequenos e, normalmente, podem ser desprezados em uma análise aproximada. Os momentos são pequenos pelos seguintes motivos:

1. O momento não equilibrado aplicado à coluna é igual à diferença entre os momentos de viga. Embora os momentos possam ser grandes, a diferença nos momentos normalmente é pequena.
2. O momento não equilibrado é distribuído para as colunas acima e abaixo do nó, assim como para as vigas em cada lado do nó, proporcionalmente à rigidez à flexão de cada membro. Como a rigidez das vigas frequentemente é igual ou maior do que a rigidez das colunas, o incremento do momento não equilibrado distribuído para uma coluna interna é pequeno.

Momentos em colunas externas produzidos por cargas gravitacionais

A Figura 15.18*b* mostra os momentos aplicados pelas vigas em cada piso nas colunas internas e externas. Nas colunas externas, esses momentos — contidos pelas colunas acima e abaixo de cada piso (exceto quanto ao teto, onde existe somente uma coluna) — fletem a coluna em curvatura dupla, produzindo o diagrama de momento mostrado na Figura 15.18*c*. Examinando o diagrama de momento, podemos chegar às seguintes conclusões:

1. Os momentos não aumentam nos pisos inferiores.
2. Todas as colunas externas (exceto a coluna inferior, que está presa com pino na base) estão fletidas em curvatura dupla, e um ponto de inflexão se desenvolve próximo à *meia altura* da coluna.
3. O maior momento se desenvolve no topo da coluna que suporta a viga de teto, pois o momento inteiro na extremidade da viga é aplicado a uma única coluna. Nos pisos inferiores, o momento aplicado pela viga no nó é contido por duas colunas.
4. A seção mais altamente tensionada em um segmento de coluna (entre os pisos) ocorre na parte superior ou na parte inferior; isto é, a carga axial é constante por todo o comprimento da coluna, mas o momento máximo ocorre em uma das extremidades.

EXEMPLO 15.10

Usando uma análise aproximada, estime as forças axiais e os momentos nas colunas *BG* e *HI* do pórtico da Figura 15.19*a*. Desenhe também os diagramas de cortante e momento da viga *HG*. Suponha que, para todas as colunas externas, *I* é igual a 833 pol^4, para as colunas internas *I* é igual a 1 728 pol^4 e para todas as vigas *I* é igual a 5 000 pol^4. Os números circulados representam linhas de coluna.

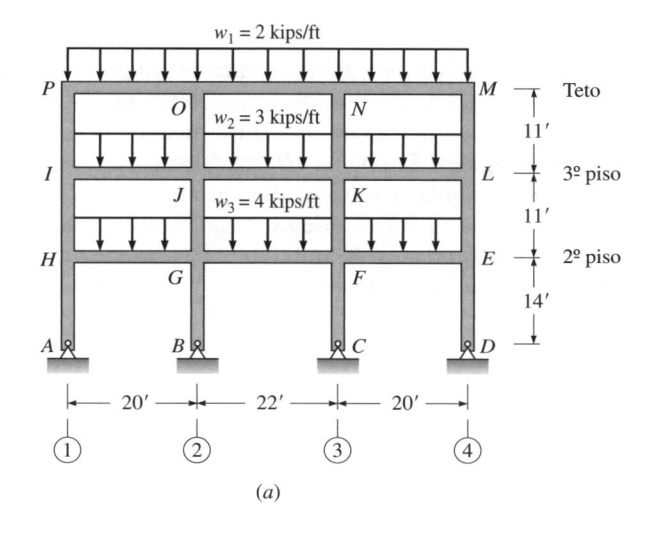

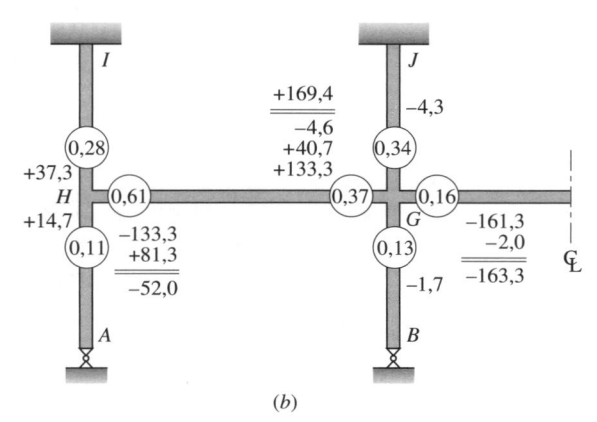

Figura 15.19: (*a*) Pórtico de prédio; (*b*) análise aproximada do segundo piso pela distribuição de momentos para estabelecer os momentos nas vigas e colunas; somente um ciclo utilizado, pois os momentos de transmissão são pequenos (momentos em kip · ft).

Solução

Carga axial na coluna HI Suponha que 45% da carga uniforme nas vigas *PO* e *IJ* são transmitidos para a coluna externa.

$$F_{HI} = 0{,}45(w_1 L + w_2 L) = 0{,}45[2(20) + 3(20)] = 45 \text{ kips} \quad \textbf{Resp.}$$

[*continua*]

[*continuação*]

Carga axial na coluna BG Suponha que 55% da carga das vigas externas no lado esquerdo da coluna e 50% da carga das vigas internas no lado direito da coluna são transmitidos para a coluna.

$$F_{BG} = 0{,}55[2(20) + 3(20) + 4(20)] + 0{,}5[2(22) + 3(22) + 4(22)]$$

$$= 198 \text{ kips} \quad \textbf{Resp.}$$

Calcule os momentos nas colunas e na viga *HG*, analisando o pórtico da Figura 15.19*b* pela distribuição de momentos. Suponha que as extremidades das colunas acima do piso são fixas. Como o pórtico é simétrico, modifique a rigidez da viga central e analise metade da estrutura. Além disso, aumente a rigidez da coluna *HI* em 50% para levar em conta a flexão de curvatura dupla. Os resultados da análise são mostrados na Figura 15.20. Como os momentos de extremidade são aproximadamente iguais nas duas extremidades de uma coluna, o momento no topo da coluna *HI* também pode ser considerado igual ao valor de 37,3 kip · ft na parte inferior.

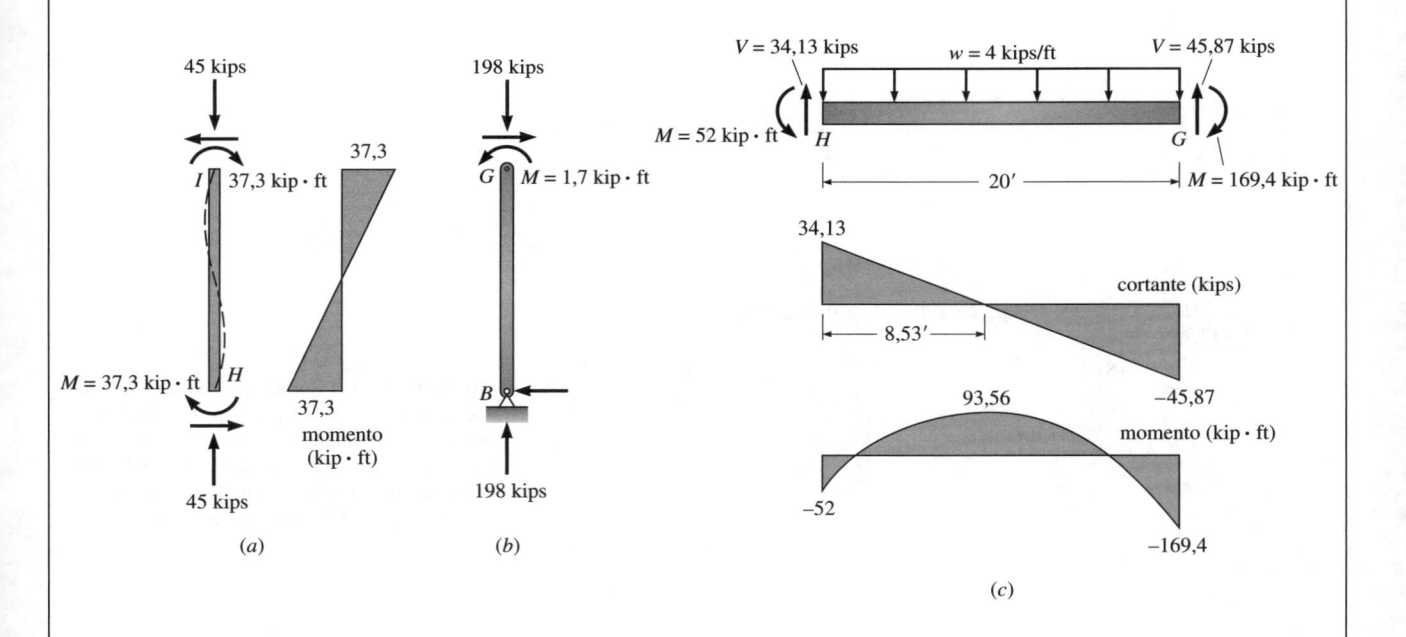

Figura 15.20: Resultados da análise aproximada do pórtico: (*a*) coluna *HI*; (*b*) coluna *BG*; (*c*) diagramas de cortante e momento da viga *HG*.

15.8 Análise para carga lateral em pórticos não contraventados

Embora estejamos interessados principalmente nos métodos aproximados de análise de pórticos não contraventados *de vários pavimentos* com nós rígidos, iniciaremos nossa discussão com a análise de um pórtico não contraventado retangular simples de um pavimento. A análise dessa estrutura simples (1) fornecerá uma compreensão de como as forças laterais tensionam e deformam um pórtico rígido e (2) introduzirá as suposições básicas necessárias para a análise aproximada de pórticos mais complexos de vários pavimentos. As cargas laterais nos prédios normalmente são produzidas pelo vento ou por forças de inércia geradas pelos movimentos do solo durante um terremoto.

Quando as cargas gravitacionais são muito maiores do que as cargas laterais, os projetistas dimensionam o pórtico de um prédio inicialmente para cargas gravitacionais. Então, o pórtico resultante é examinado para várias combinações de cargas gravitacionais e laterais, conforme especificado pelo código de construção governante.

Como vimos na Seção 15.7, exceto quanto às colunas externas, as cargas gravitacionais produzem principalmente força axial em colunas. Como as colunas transmitem carga axial em tensão direta eficientemente, seções transversais relativamente pequenas são capazes de suportar grandes valores de carga axial; além disso, os projetistas tendem a usar seções de coluna compactas por motivos arquitetônicos. Uma seção compacta é mais fácil de esconder em um prédio do que uma seção maior. Como a seção compacta tem rigidez à flexão menor do que uma seção maior, frequentemente a rigidez à flexão de uma coluna é relativamente pequena, comparada à sua rigidez axial. Como resultado, valores de carga lateral pequenos a moderados, contidos principalmente pela flexão das colunas, produzem deslocamentos laterais significativos em pórticos não contraventados de vários pavimentos. Portanto, como regra geral, os engenheiros experientes fazem todo o esforço para evitar o projeto de pórticos de prédio não contraventados que precisem resistir a cargas laterais. Em vez disso, eles incorporam pilares-parede ou contraventamentos diagonais no sistema estrutural para transmitir as cargas laterais eficientemente.

Na Seção 15.9, descreveremos os procedimentos para avaliar a força produzida por cargas laterais em pórticos de prédio de vários andares não contraventados. Esses procedimentos incluem os métodos do *portal* e da *viga em balanço*. O método do portal é considerado melhor para prédios baixos (digamos, cinco ou seis andares) nos quais o cortante é contido pela flexão de curvatura dupla das colunas. Para prédios mais altos, o método da viga em balanço, que considera que o pórtico do prédio se comporta como uma viga em balanço vertical, produz os melhores resultados. Embora os dois métodos produzam estimativas razoáveis das forças nos membros de um pórtico de prédio, nenhum deles fornece uma estimativa das deflexões laterais. Como as deflexões laterais podem ser grandes em prédios altos, também deve ser feito um cálculo da deflexão como parte de um projeto completo.

Análise aproximada de um pórtico com apoios sobre pinos

O pórtico rígido da Figura 15.21a, suportado por pinos em A e D, é indeterminado no primeiro grau. Para analisar essa estrutura, devemos fazer uma

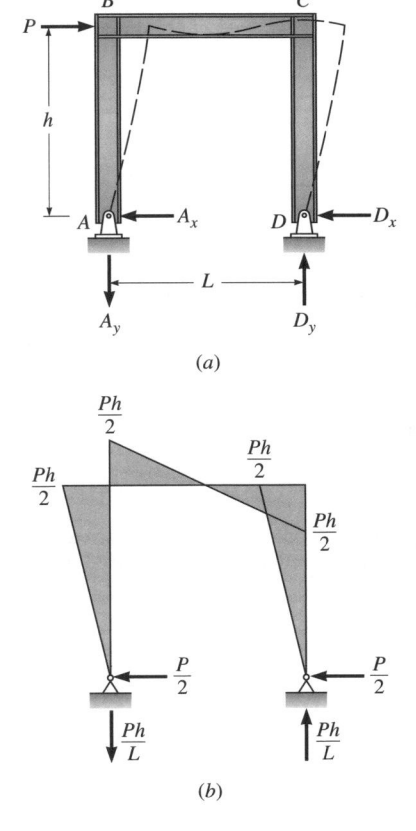

Figura 15.21: (*a*) Pórtico carregado lateralmente; (*b*) reações e diagramas de momento; o ponto de inflexão ocorre no meio do vão da viga.

suposição sobre a distribuição das forças. Se as pernas do pórtico são idênticas, a rigidez à flexão dos dois membros é idêntica (os dois membros também têm a mesma restrição de extremidade). Como a carga lateral se divide proporcionalmente à rigidez à flexão das colunas, podemos supor que a carga lateral se divide igualmente entre as colunas, produzindo reações horizontais iguais a $P/2$ na base. Uma vez feita essa suposição, as reações verticais e as forças internas podem ser calculadas pela estática. Para calcular a reação vertical em D, somamos os momentos sobre A (Figura 15.21a):

$$\circlearrowleft^+ \quad \Sigma M_A = 0$$
$$Ph - D_y L = 0$$
$$D_y = \frac{Ph}{L} \uparrow$$

Calcule A_y.

$$\uparrow^+ \quad \Sigma F_y = 0$$
$$-A_y + D_y = 0 \qquad \text{e} \qquad A_y = D_y = \frac{Ph}{L} \downarrow$$

Os diagramas de momento dos membros são mostrados na Figura 15.21b. Como o momento no meio do vão da viga é zero, ocorre ali um ponto de inflexão e a viga flexiona em curvatura dupla. (A forma defletida é mostrada pela linha tracejada na Figura 15.21a.)

Análise aproximada de um pórtico cujas colunas são fixas na base

Se a base das colunas em um pórtico rígido for fixa em relação à rotação, as pernas flexionarão em curvatura dupla (ver Figura 15.22). Nas colunas, a posição do ponto de inflexão depende da relação da rigidez à flexão da viga com a da coluna. O ponto de inflexão nunca estará localizado abaixo da meia altura da coluna e, mesmo assim, esse limite inferior só é teoricamente possível quando a viga é infinitamente rígida. À medida que a rigidez da viga se reduz em relação à rigidez da coluna, o ponto de inflexão se move para cima. Para um pórtico típico, o projetista pode supor que o ponto de inflexão está localizado a uma distância de aproximadamente 60% da altura da coluna acima da base. Na prática, é difícil construir um apoio fixo, pois a maioria das fundações não é completamente rígida. Se o apoio fixo girar, o ponto de inflexão se elevará.

Como o pórtico da Figura 15.22 é indeterminado no terceiro grau, devemos fazer *três* suposições sobre a distribuição das forças e a localização dos pontos de inflexão. Uma vez feitas essas suposições, a magnitude aproximada das reações e das forças nos membros pode ser calculada pela estática. Se as colunas têm tamanho idêntico, podemos supor que a carga lateral se divide igualmente entre elas, produzindo reações horizontais na base (e cortantes em cada coluna) iguais a $P/2$. Conforme discutimos anteriormente, pode-se supor que os pontos de inflexão nas colunas se desenvolvem a 60% (0,6) da altura da coluna acima da base. Por fim, embora não seja realmente necessário para uma solução (se forem usadas as três primeiras suposições), podemos supor que um ponto de inflexão se desenvolve no meio do vão da viga. Essas suposições são utilizadas para analisar o pórtico do Exemplo 15.11.

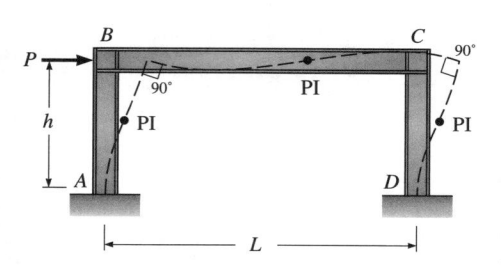

Figura 15.22: Um pórtico rígido carregado lateralmente, com colunas de extremidade fixa.

EXEMPLO 15.11

Estime as reações na base do pórtico da Figura 15.23a, produzidas pela carga horizontal de 4 kips no nó B. As colunas são idênticas.

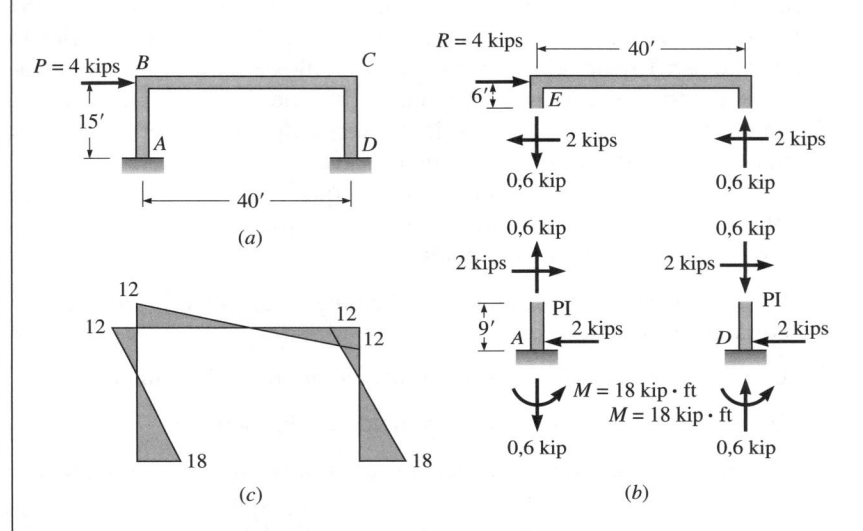

Figura 15.23: (a) Dimensões do pórtico; (b) corpos livres acima e abaixo dos pontos de inflexão nas colunas (forças em kips e momentos em kip · ft); (c) diagrama de momento (kip · ft).

Solução

Suponha que a carga de 4 kips se divide igualmente entre as duas colunas, produzindo cortantes de 2 kips em cada coluna e reações horizontais de 2 kips em A e D. Suponha que os pontos de inflexão (PI) em cada coluna estejam localizados a 0,6 da altura da coluna (ou 9 pés) acima da base. Corpos livres do pórtico, acima e abaixo dos pontos de inflexão, estão mostrados na Figura 15.23b. Considerando o corpo livre superior, somamos os momentos sobre o ponto de inflexão na coluna da esquerda (ponto E) para calcular uma força axial $F = 0{,}6$ kip na coluna da direita. Em seguida, invertemos as forças nos pontos de inflexão do corpo livre superior e as aplicamos nos segmentos da coluna inferior. Então, usamos as equações da estática para calcular os momentos na base.

$$M_A = M_D = (2\text{ kips})(9\text{ ft}) = 18\text{ kip} \cdot \text{ft}$$

15.9 Método do portal

Sob carga lateral, os pisos de pórticos de vários pavimentos com nós rígidos defletem horizontalmente à medida que as vigas e colunas flexionam-se em curvatura dupla. Se desprezarmos as pequenas deformações axiais das vigas, podemos supor que todos os nós de determinado piso defletem lateralmente pela mesma distância. A Figura 15.24 mostra as deformações de um pórtico de dois pavimentos. Os pontos de inflexão (momento zero), denotados por pequenos círculos escuros, estão localizados nos pontos centrais (ou próximos deles) de todos os membros. A figura também mostra diagramas de momento típicos de colunas e vigas (momentos plotados no lado da compressão).

O método do portal, um procedimento que visa a estimar forças em membros de pórticos de vários pavimentos carregados lateralmente, é baseado nas três suposições a seguir:

1. Os cortantes nas colunas internas são duas vezes maiores do que os cortantes nas colunas externas.
2. Um ponto de inflexão ocorre em meia altura de cada coluna.
3. Um ponto de inflexão ocorre em meio vão de cada viga.

A primeira suposição reconhece que as colunas internas normalmente são maiores do que as colunas externas, pois suportam carga maior. Normalmente, as colunas internas suportam cerca de duas vezes mais área de piso do que as colunas externas. Contudo, as colunas externas também suportam a carga de paredes externas, além das cargas de piso. Se as áreas de janela são grandes, o peso das paredes externas é mínimo. Por outro lado, se as paredes externas são construídas de alvenaria pesada e as áreas de janela são pequenas, as cargas suportadas pelas colunas externas podem ter magnitude semelhante àquela suportada pelas colunas internas. Sob essas condições, talvez o projetista queira modificar a distribuição de cortante especificada na suposição 1. O cortante distribuído para colunas que suportam um piso em particular será proporcional aproximadamente à sua rigidez à flexão (EI/L).

Como todas as colunas que suportam determinado piso têm o mesmo comprimento e supostamente são construídas do mesmo material, sua rigidez à flexão será proporcional ao momento de inércia da seção trans-

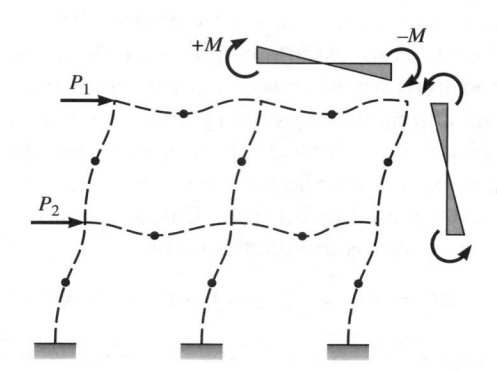

Figura 15.24: Forma defletida do pórtico rígido; pontos de inflexão mostrados no centro de todos os membros por meio de pontos pretos.

versal. Portanto, se as seções transversais das colunas puderem ser estimadas, provavelmente o projetista queira distribuir os cortantes proporcionalmente aos momentos de inércia das colunas.

A segunda suposição reconhece que as colunas em pórticos carregados lateralmente flexionam-se em curvatura dupla. Como os pisos acima e abaixo de uma coluna normalmente têm tamanho semelhante, eles aplicam aproximadamente a mesma restrição nas extremidades superiores e inferiores de cada coluna. Portanto, os pontos de inflexão se desenvolverão em meia altura das colunas ou próximo disso.

Se as colunas do piso inferior são conectadas em pinos, a coluna flexiona-se em curvatura simples. Para esse caso, o ponto de inflexão (momento zero) está na base.

A última suposição reconhece que os pontos de inflexão ocorrem no meio do vão das vigas (ou próximo dele) em pórticos carregados lateralmente. Como o cortante é constante por todo o comprimento, a viga flexiona-se em curvatura dupla e os momentos em cada extremidade têm a mesma magnitude e atuam no mesmo sentido. Observamos esse comportamento anteriormente nas vigas das figuras 15.21 e 15.22. As etapas da análise de um pórtico rígido de vários pavimentos pelo método do portal estão descritas a seguir:

1. Passe uma seção imaginária entre quaisquer dois pisos, através das colunas em sua meia altura. Como a seção passa pelos pontos de inflexão de todas as colunas, somente cortante e carga axial atuam no corte. O cortante total distribuído para todas as colunas é igual à soma de todas as cargas laterais acima do corte. Suponha que o cortante nas colunas internas seja duas vezes maior do que o cortante nas colunas externas, a não ser que as propriedades das colunas indiquem que alguma outra distribuição de forças é mais apropriada.

2. Calcule os momentos nas extremidades das colunas. Os momentos de extremidade de coluna são iguais ao produto do cortante da coluna pela altura de meio pavimento.

3. Calcule o momento na extremidade das vigas, considerando o equilíbrio dos nós. Comece com um nó externo e prossiga sistematicamente através do piso, considerando corpos livres das vigas e nós. Como se supõe que todas as vigas têm um ponto de inflexão em meio vão, os momentos em cada extremidade de uma viga são iguais e atuam no mesmo sentido (horário ou anti-horário). Em cada nó, os momentos nas vigas equilibram os das colunas.

4. Calcule o cortante em cada viga, dividindo a soma dos momentos de extremidade da viga pelo comprimento do vão.

5. Aplique os cortantes da viga nos nós adjacentes e calcule a força axial nas colunas.

6. Para analisar um pórtico inteiro, comece no topo e resolva para baixo. O procedimento é ilustrado no Exemplo 15.12.

EXEMPLO 15.12

Analise o pórtico da Figura 15.25a, usando o método do portal. Suponha que as placas de base reforçadas nos apoios A, B e C produzem extremidades fixas.

Solução

Passe a seção horizontal 1 (ver número no círculo) pelo meio da fileira de colunas que suportam o teto e considere o corpo livre superior mostrado na Figura 15.25b. Estabeleça o cortante em cada coluna, igualando a carga lateral acima do corte (3 kips no nó L) à soma dos cortantes de coluna. V_1 representa o cortante nas colunas externas e $2V_1$ é igual ao cortante na coluna interna.

$$\xrightarrow{+} \Sigma F_x = 0$$

$$3 - (V_1 + 2V_1 + V_1) = 0 \quad \text{e} \quad V_1 = 0{,}75 \text{ kip}$$

Calcule os momentos nos topos das colunas, multiplicando as forças de cortante nos pontos de inflexão por 6 pés, a altura de meio pavimento. Os momentos aplicados pela coluna nos nós superiores são mostrados pelas setas curvas. A reação do nó na coluna é igual e oposta.

Isole o nó L (ver Figura 15.25c). Calcule $F_{LK} = 2{,}25$ kips, somando as forças na direção x. Como o momento da viga deve ser igual e oposto ao momento na coluna por causa do equilíbrio, $M_{LK} = 4{,}5$ kip · ft. Tanto V_L como F_{LG} são calculados depois que o cortante na viga LK é calculado (ver Figura 15.25d). Aplique valores de F_{LK} e M_{LK} iguais e de direção oposta no corpo livre da viga da Figura 15.25d. Como o cortante é constante ao longo de todo o comprimento e se supõe que um ponto de inflexão está localizado em meio vão, o momento M_{KL} na extremidade direita da viga é igual a 4,5 kip · ft e atua no sentido horário na extremidade da viga. Observamos que todos os momentos de extremidade em todas as vigas, em todos os níveis, atuam na mesma direção (no sentido horário). Calcule o cortante na viga, somando os momentos sobre K.

$$V_L = \frac{\Sigma M}{L} = \frac{4{,}5 + 4{,}5}{24} = 0{,}375 \text{ kip}$$

Retorne ao nó L (Figura 15.25c). Como a carga axial na coluna é igual ao cortante na viga, F_{LG} = tração de 0,375 kip. Passe para o nó K (ver Figura 15.25e) e use as equações de equilíbrio para avaliar todas as forças desconhecidas que atuam no nó. Isole a próxima fileira de vigas e colunas entre as seções 1 e 2 (ver Figura 15.25f). Avalie os cortantes nos pontos de inflexão das colunas ao longo da seção 2.

$$\xrightarrow{+} \Sigma F_x = 0$$

$$3 + 5 - 4V_2 = 0$$

$$V_2 = 2 \text{ kips}$$

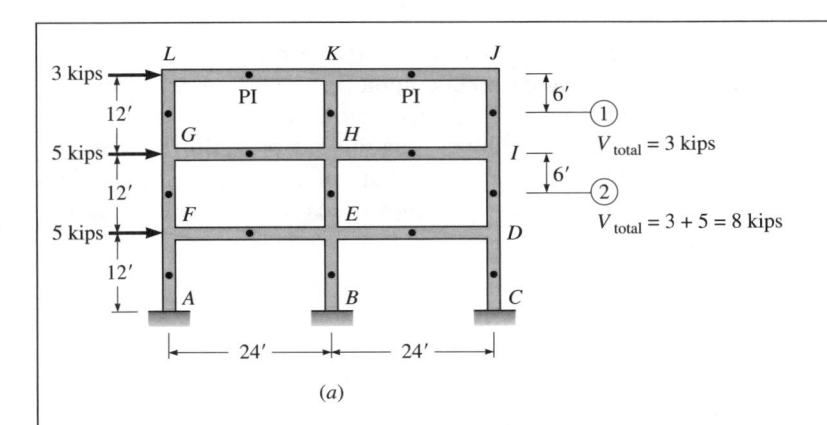

Figura 15.25: Análise pelo método do portal. (a) Detalhes do pórtico rígido; (b) corpo livre do teto e das colunas cortado pela seção 1, que passa pelos pontos de inflexão das colunas; (c) corpo livre do nó L (forças em kips e momentos em kip · ft); (d) corpo livre da viga LK usado para calcular os cortantes nas vigas; (e) corpo livre do nó K; (f) corpo livre do piso e das colunas localizado entre as seções 1 e 2 em (a) (momentos em kip · ft).

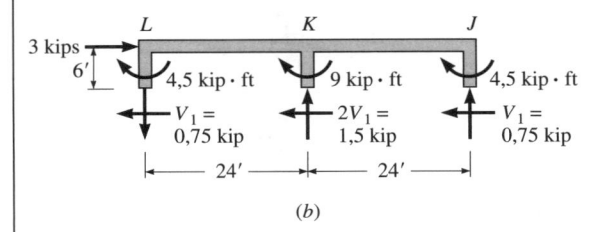

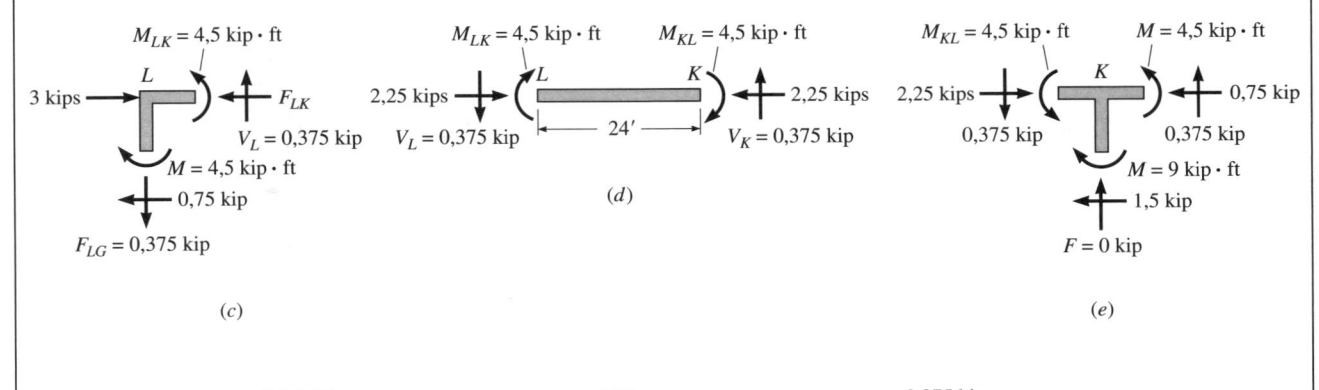

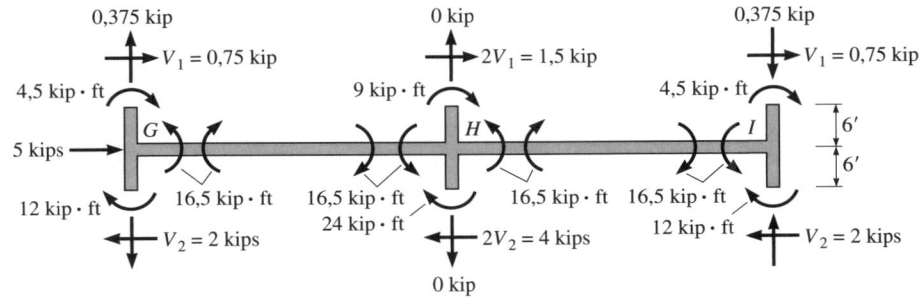

[continua]

[*continuação*] Avalie os momentos aplicados nos nós *G*, *H* e *I*, multiplicando o cortante pelo comprimento de meia coluna (ver setas curvas). Começando com um nó externo (*G*, por exemplo), calcule as forças nas vigas e as cargas axiais nas colunas, seguindo o procedimento utilizado anteriormente para analisar o piso superior. Os valores finais de cortante, carga axial e momento são mostrados no esboço do prédio na Figura 15.26.

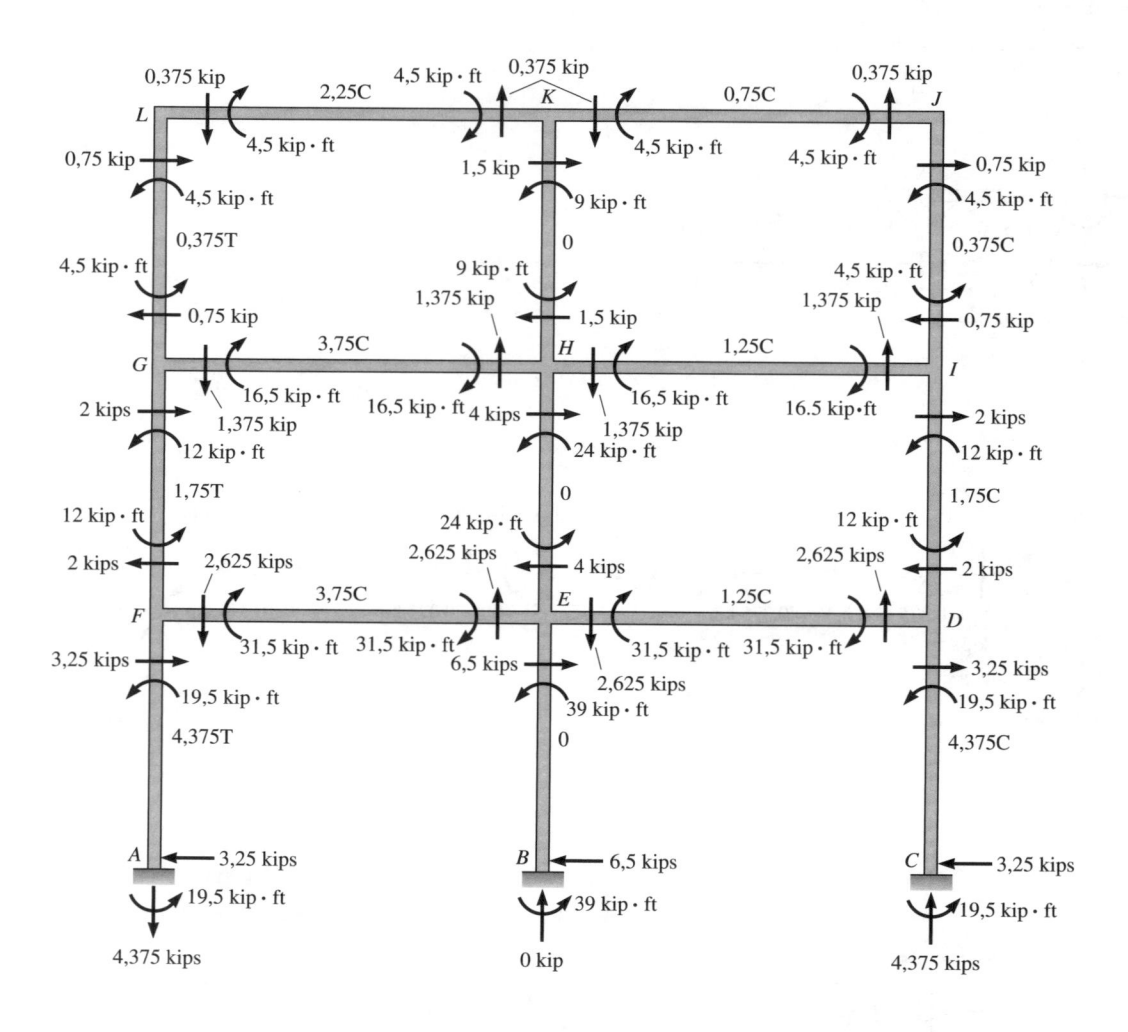

Figura 15.26: Resumo da análise do portal. As setas indicam a direção das forças aplicadas nos membros pelos nós. Inverta as forças para mostrar a ação dos membros nos nós. As forças axiais estão rotuladas com um C para compressão e com um T para tensão. Todas as forças em kips; todos os momentos em kip · ft.

Análise de uma viga Vierendeel

O método do portal também pode ser usado para a análise aproximada de uma viga Vierendeel (ver Figura 15.27a). Em uma viga desse tipo, as diagonais são omitidas para fornecer uma área retangular clara e aberta entre as cordas e verticais. Quando as diagonais são removidas, uma parte significativa da ação da viga é perdida (isto é, as forças não são mais transmitidas exclusivamente pela geração de forças axiais nos membros). A força cortante, que deve ser transmitida através das cordas superiores e inferiores, gera momentos fletores nesses membros. Como a principal função dos membros verticais é fornecer um momento de resistência nos nós para equilibrar a soma dos momentos aplicados pelas cordas, eles são mais fortemente tensionados.

Para a análise da viga Vierendeel, supomos que (1) as cordas superiores e inferiores têm o mesmo tamanho e, portanto, o cortante se divide igualmente entre as cordas; e (2) todos os membros flexionam-se em curvatura dupla e um ponto de inflexão se desenvolve no meio do vão. No caso da viga de quatro painéis simetricamente carregada da Figura 15.27, nenhum momento fletor se desenvolve no membro vertical em meio vão, pois ele fica no eixo de simetria. A forma defletida é mostrada na Figura 15.27d.

Para analisar uma viga Vierendeel pelo método do portal, passamos seções verticais pelo centro de cada painel (através dos pontos de inflexão, nos quais $M = 0$). Então, estabelecemos o cortante e as forças axiais nos pontos de inflexão. Uma vez conhecidas as forças nos pontos de inflexão, todas as outras forças podem ser calculadas pela estática. Os detalhes da análise estão ilustrados no Exemplo 15.13.

644 Capítulo 15 Análise aproximada de estruturas indeterminadas

EXEMPLO 15.13

Faça uma análise aproximada da viga Vierendeel da Figura 15.27, usando as suposições do método do portal.

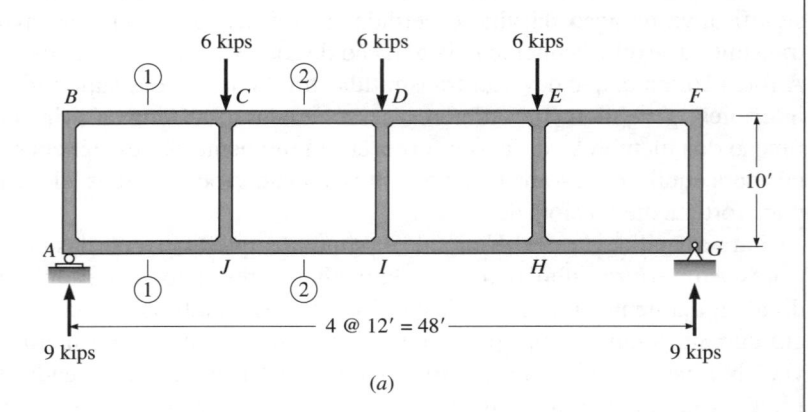

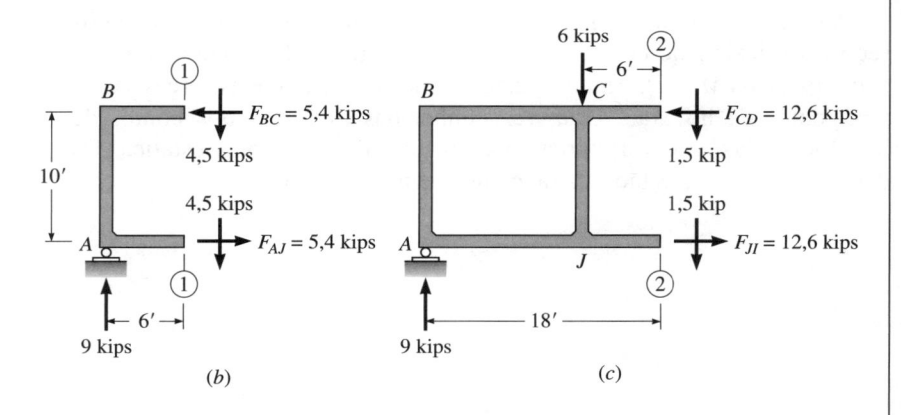

Figura 15.27: (a) Detalhes da viga Vierendeel; (b) corpo livre usado para estabelecer as forças nos pontos de inflexão do primeiro painel; (c) corpo livre para calcular as forças nos pontos de inflexão do segundo painel; (d) forma defletida: pontos de inflexão denotados por pontos pretos, momentos que atuam nas extremidades do membro indicados por setas curvas, cortantes e forças axiais em kips, momentos em kip · ft. Estrutura simétrica em relação à linha central.

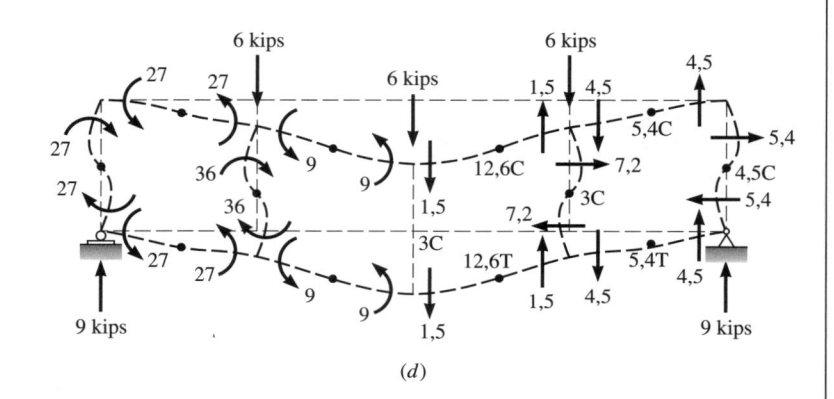

Solução

Como a estrutura é determinada externamente, as reações são calculadas pela estática. Em seguida, a seção 1-1 é passada pelo centro do primeiro painel, produzindo o corpo livre mostrado na Figura 15.27b. Como a seção passa pelos pontos de inflexão nas cordas, nenhum momento atua nas extremidades dos membros no corte. Supondo que o cortante é igual em cada corda, o equilíbrio na direção vertical exige que forças cortantes de 4,5 kips se desenvolvam para equilibrar a reação de 9 kips no apoio A. Em seguida, somamos os momentos sobre um eixo através do ponto de inflexão inferior (na intersecção da seção 1-1 com o eixo longitudinal da corda inferior) para calcular uma força axial de 5,4 kips em compressão na corda superior:

$$\circlearrowleft^+ \Sigma M = 0$$
$$9(6) - F_{BC}(10) = 0$$
$$F_{BC} = 5{,}4 \text{ kips}$$

O equilíbrio na direção x estabelece que uma força de tração de 5,4 kips atua na corda inferior.

Para avaliar as forças internas nos pontos de inflexão do segundo painel, cortamos o corpo livre mostrado na Figura 15.27c, passando a seção 2-2 pelo ponto central do segundo painel. Como antes, dividimos o cortante não equilibrado de 3 kips entre as duas cordas e calculamos as forças axiais nas cordas, somando os momentos sobre o ponto de inflexão inferior:

$$\circlearrowleft^+ \Sigma M = 0$$
$$9(18) - 6(6) - F_{CD}(10) = 0$$
$$F_{CD} = 12{,}6 \text{ kips}$$

Os resultados da análise são mostrados no esboço da forma defletida na Figura 15.27d. Os momentos aplicados pelos nós nos membros estão na metade esquerda da figura. Os cortantes e as forças axiais, na metade direita. Graças à simetria, as forças são idênticas nos membros correspondentes em um ou outro lado da linha central.

Um estudo das forças na viga Vierendeel da Figura 15.27d indica que a estrutura atua parcialmente como uma treliça e parcialmente como uma viga. Como os momentos nas cordas são produzidos pelo cortante, eles são maiores nos painéis de extremidade, onde o cortante tem seu valor máximo, e menores nos painéis em meio vão, onde existe o cortante mínimo. Por outro lado, como parte do momento produzido pelas cargas aplicadas é contida pelas forças axiais nas cordas, a força axial é máxima nos painéis centrais, onde o momento produzido pelas cargas de painel é máximo.

15.10 Método da viga em balanço

O método da viga em balanço, um segundo procedimento para estimar forças em pórticos carregados lateralmente, é baseado na *suposição de que um pórtico de prédio se comporta como uma viga em balanço*. Nesse método, supomos que a seção transversal da viga imaginária é composta das áreas da seção transversal das colunas. Por exemplo, na Figura 15.28b, a seção transversal da viga imaginária (cortada pela seção A-A) consiste nas quatro áreas A_1, A_2, A_3 e A_4. Em qualquer seção horizontal através do pórtico, supomos que as tensões longitudinais nas colunas — assim como aquelas em uma viga — variam linearmente a partir do centroide da seção transversal. As forças nas colunas, geradas por essas tensões, constituem o conjugado interno que equilibra o momento de tombamento produzido pelas cargas laterais. O método da viga em balanço, assim como o método do portal, presume que pontos de inflexão se desenvolvem no meio de todas as vigas e colunas.

Para analisar um pórtico pelo método da viga em balanço, executamos os passos a seguir.

1. Corte corpos livres de cada andar, junto com as metades superiores e inferiores das colunas incorporadas. Os corpos livres são cortados passando-se seções pelo meio das colunas (a meio caminho entre os pisos). Como as seções passam pelos pontos de inflexão, somente forças axiais e cortantes atuam em cada coluna nesse ponto.
2. Avalie a força axial em cada coluna, nos pontos de inflexão de determinado andar, igualando os momentos internos produzidos pelas forças de coluna ao momento produzido por todas as cargas laterais acima da seção.
3. Avalie os cortantes nas vigas, considerando o equilíbrio vertical dos nós. O cortante nas vigas é igual à diferença das forças axiais nas colunas. Comece em um nó externo e prossiga lateralmente pelo pórtico.
4. Calcule os momentos nas vigas. Como o cortante é constante, o momento da viga é igual a

$$M_G = V\left(\frac{L}{2}\right)$$

5. Avalie os momentos de coluna, considerando o equilíbrio dos nós. Comece com os nós externos do piso superior e prossiga para baixo.
6. Estabeleça os cortantes nas colunas, dividindo a soma dos momentos de coluna pelo comprimento da coluna.
7. Aplique os cortantes de coluna nos nós e calcule as forças axiais nas vigas, considerando o equilíbrio das forças na direção x.

Os detalhes do método são ilustrados no Exemplo 15.14.

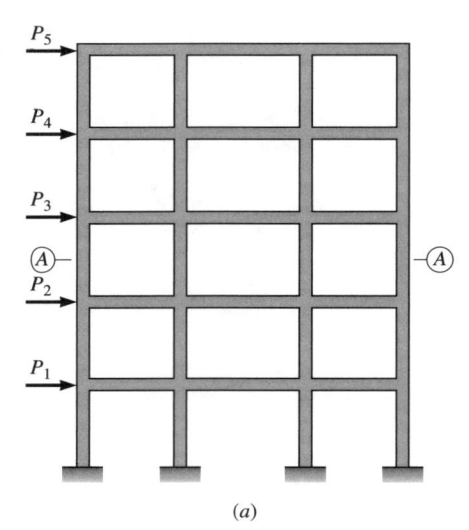

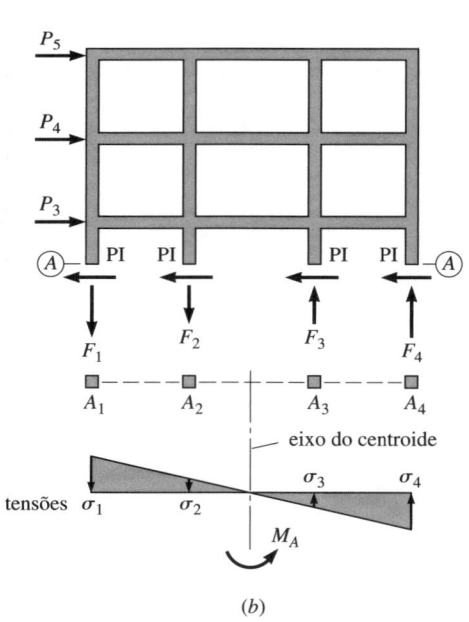

Figura 15.28: (*a*) Pórtico carregado lateralmente; (*b*) corpo livre do pórtico cortado pela seção A-A; tensões axiais nas colunas (σ_1 a σ_4) com variação linear presumida a partir do centroide das quatro áreas de coluna.

EXEMPLO 15.14

Use o método da viga em balanço para estimar as forças no pórtico carregado lateralmente mostrado na Figura 15.29a. Suponha que a área das colunas internas é duas vezes maior do que a área das colunas externas.

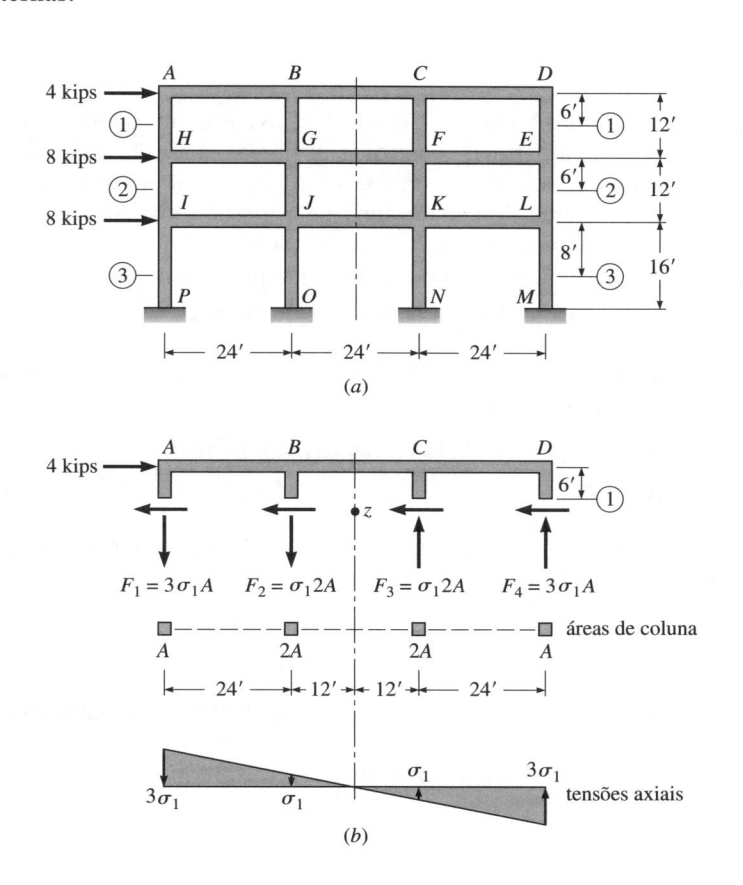

Figura 15.29: Análise pelo método da viga em balanço: (a) pórtico contínuo sob carga lateral; (b) corpo livre do teto e colunas incorporadas cortados pela seção 1-1; tensão axial nas colunas com variação linear presumida com relação à distância do centroide das quatro áreas de coluna.

Solução

Estabeleça as forças axiais nas colunas. Passe a seção 1-1 pela estrutura em meia altura das colunas do piso superior. O corpo livre acima da seção 1-1 é mostrado na Figura 15.29b. Como o corte passa pelos pontos de inflexão, somente cortante e força axial atuam nas extremidades de cada coluna. Calcule o momento na seção 1-1, produzido pela força externa de 4 kips em A. Some os momentos sobre o ponto z, localizado na intersecção do eixo de simetria com a seção 1-1:

$$\text{Momento externo } M_{\text{ext}} = (4 \text{ kips})(6 \text{ ft}) = 24 \text{ kip} \cdot \text{ft} \quad (1)$$

Calcule o momento interno na seção 1-1, produzido pelas forças axiais nas colunas. A variação suposta da tensão axial nas colunas é mostrada na Figura 15.29b. Denotaremos arbitrariamente a tensão axial

[continua]

[*continuação*]

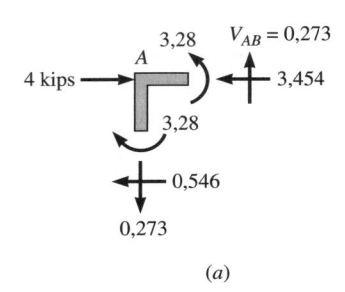

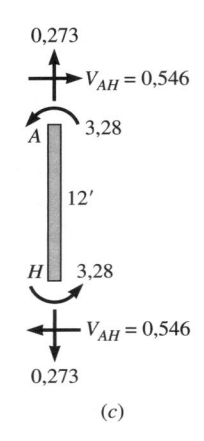

Figura 15.30: (*a*) Corpo livre do nó *A*, usado inicialmente para estabelecer $V_{AB} = 0{,}273$ kip; (*b*) corpo livre da viga *AB*, usado para estabelecer os momentos de extremidade na viga; (*c*) corpo livre da coluna, usado para calcular o cortante. Todos os momentos expressos em kip · ft e todas as forças em kips.

nas colunas internas como σ_1. Como a tensão nas colunas tem variação linear presumida a partir do centroide das áreas, a tensão nas colunas externas é igual a $3\sigma_1$. Para estabelecer a força axial em cada coluna, multiplicamos a área de cada coluna pela tensão axial indicada. Em seguida, calculamos o momento interno, somando os momentos das forças axiais nas colunas sobre um eixo que passa pelo ponto *z*.

$$M_{int} = 36F_1 + 12F_2 + 12F_3 + 36F_4 \qquad (2)$$

Expressando as forças na Equação 2 em termos da tensão σ_1 e das áreas de coluna, podemos escrever

$$M_{int} = 3\sigma_1 A(36) + 2\sigma_1 A(12) + 2\sigma_1 A(12) + 3\sigma_1 A(36)$$
$$= 264\sigma_1 A \qquad (3)$$

Igualando o momento externo dado pela Equação 1 ao momento interno dado pela Equação 3, encontramos

$$24 = 264\sigma_1 A; \quad \sigma_1 A = \frac{1}{11}$$

Substituindo o valor de $\sigma_1 A$ nas expressões de força de coluna, temos

$$F_1 = F_4 = 3\sigma_1 A = \frac{3}{11} = 0{,}273 \text{ kip}$$

$$F_2 = F_3 = 2\sigma_1 A = \frac{2}{11} = 0{,}182 \text{ kip}$$

Calcule a força axial nas colunas do segundo piso. Passe a seção 2-2 pelos pontos de inflexão das colunas do segundo piso e considere o corpo livre da estrutura inteira acima da seção. Calcule o momento na seção 2-2, produzido pelas cargas externas.

$$M_{ext} = (4 \text{ kips})(12 + 6) + (8 \text{ kips})(6) = 120 \text{ kip} \cdot \text{ft} \qquad (4)$$

Calcule o momento interno na seção 2-2, produzido pelas forças axiais nas colunas. Como a variação da tensão nas colunas cortadas pela seção 2-2 é a mesma ao longo da seção 1-1 (ver Figura 15.29*b*), o momento interno em qualquer seção pode ser expresso pela Equação 3. Para indicar que as tensões atuam na seção 2-2, mudaremos o subscrito na tensão para 2. Igualando os momentos internos e externos, encontramos

$$120 \text{ kip} \cdot \text{ft} = 264\sigma_2 A; \quad \sigma_2 A = \frac{5}{11}$$

As forças axiais nas colunas são

$$F_1 = F_4 = 3\sigma_2 A = \frac{15}{11} = 1,364 \text{ kip}$$

$$F_2 = F_3 = 2\sigma_2 A = \frac{10}{11} = 0,91 \text{ kip}$$

Para encontrar as forças axiais nas colunas do primeiro piso, passe a seção 3-3 pelos pontos de inflexão e considere o prédio inteiro acima da seção como um corpo livre. Calcule o momento na seção 3 produzido por todas as cargas externas atuando acima da seção.

$$M_{ext} = (4 \text{ kips})(32) + (8 \text{ kips})(20) = (8 \text{ kips})(8) = 352 \text{ kip} \cdot \text{ft}$$

Iguale o momento externo de 352 kip · ft ao momento interno dado pela Equação 3. Para indicar que as tensões atuam na seção 3-3, o símbolo de tensão na Equação 3 é subscrito com o número 3.

$$264\sigma_3 A = 352; \quad \sigma_3 A = \frac{3}{4}$$

Calcule as forças nas colunas.

$$F_1 = F_4 = 3\sigma_3 A = 3\left(\frac{4}{3}\right) = 4 \text{ kips}$$

$$F_2 = F_3 = 2\sigma_3 A = 2\left(\frac{4}{3}\right) = 2,67 \text{ kips}$$

Com as forças axiais estabelecidas em todas as colunas, o equilíbrio das forças nos membros do pórtico pode ser calculado pela aplicação das equações de equilíbrio estático nos corpos livres dos nós, colunas e vigas, em sequência. Para ilustrar o procedimento, descreveremos as etapas necessárias para calcular as forças na viga AB e na coluna AH.

Calcule o cortante na viga AB, considerando o equilíbrio de forças verticais aplicadas no nó A (ver Figura 15.30a).

$$\overset{+}{\uparrow} \Sigma F_y = 0 \quad 0 = -0,273 + V_{AB} \quad V_{AB} = 0,273 \text{ kip}$$

Calcule os momentos de extremidade na viga AB. Como é presumido que existe um ponto de inflexão em meio vão, os momentos de extremidade têm magnitude igual e atuam no mesmo sentido.

$$M = V_{AB}\frac{L}{12} = 0,273(12) = 3,28 \text{ kip} \cdot \text{ft}$$

Aplique o momento de extremidade da viga no nó A e some os momentos para estabelecer que o momento no topo da coluna é igual a 3,28 kip · ft (o momento na parte inferior da coluna tem o mesmo valor).

Calcule o cortante na coluna AH. Como se presume que ocorre um ponto de inflexão no centro da coluna, o cortante na coluna é igual a

[continua]

[*continuação*]

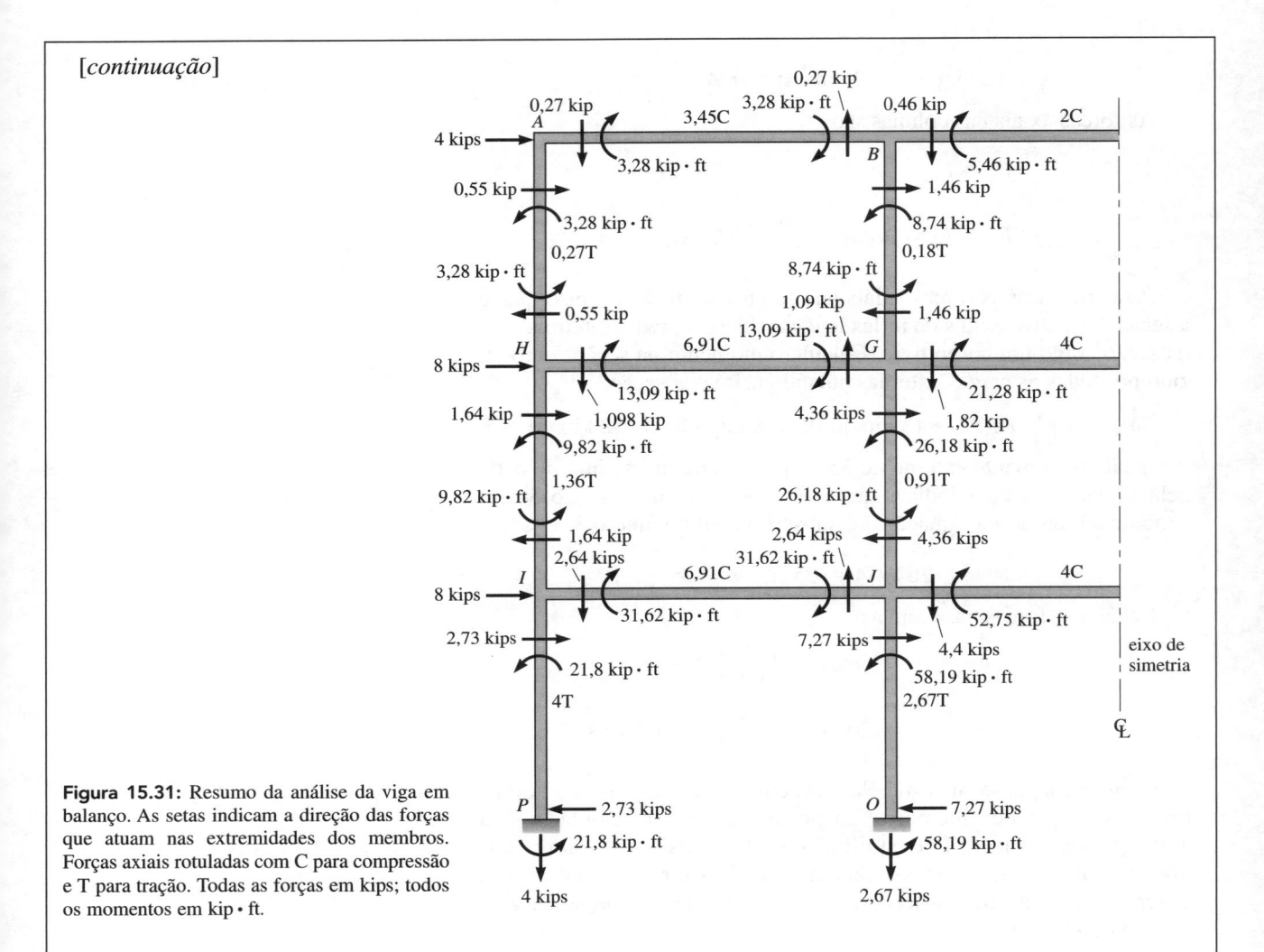

Figura 15.31: Resumo da análise da viga em balanço. As setas indicam a direção das forças que atuam nas extremidades dos membros. Forças axiais rotuladas com C para compressão e T para tração. Todas as forças em kips; todos os momentos em kip·ft.

$$V_{AH} = \frac{M}{L/2} = \frac{3{,}28}{6} = 0{,}547 \text{ kip}$$

Para calcular a força axial na viga *AB*, aplicamos o valor de cortante de coluna acima no nó *A*. O equilíbrio de forças na direção *x* estabelece que a força axial na viga é igual à diferença entre 4 kips e o cortante na coluna *AH*.

Os valores de força finais — aplicadas pelos nós nos membros — estão resumidos na Figura 15.31. Devido à simetria da estrutura e à antissimetria da carga, os cortantes e momentos nos pontos correspondentes em um ou outro lado do eixo de simetria vertical devem ser iguais. As pequenas diferenças que ocorrem no valor das forças — que devem ser iguais — são devido ao erro de arredondamento.

Resumo

- Como é difícil evitar erros ao analisar estruturas altamente indeterminadas com muitos nós e membros, os projetistas normalmente conferem os resultados de uma análise por computador (ou, ocasionalmente, o resultado de uma análise feita por meio de um dos métodos clássicos discutidos anteriormente) fazendo uma análise aproximada. Além disso, durante a fase inicial do projeto, quando são estabelecidas as proporções dos membros, os projetistas usam uma análise aproximada para estimar as forças de projeto para que possam selecionar as proporções iniciais dos membros.
- Este capítulo abordou vários dos métodos mais comuns utilizados para fazer uma análise aproximada. À medida que os projetistas adquirem um maior entendimento do comportamento estrutural, com alguns cálculos simples eles conseguem estimar as forças entre 10% e 15% dos valores exatos na maioria das estruturas.
- Um procedimento simples para analisar uma estrutura contínua é estimar a localização dos pontos de inflexão (onde o momento é zero) em um vão específico. Isso permite ao projetista cortar um diagrama de corpo livre estaticamente determinado. Para ajudar a localizar os pontos de inflexão (nos quais a curvatura muda de côncava para cima para côncava para baixo), o projetista pode esboçar a forma defletida.
- A força nas cordas e nos membros diagonais e verticais de treliças contínuas pode ser estimada tratando-se a treliça como uma viga contínua. Depois de construídos os diagramas de cortante e momento, as forças de corda podem ser estimadas dividindo-se o momento em determinada seção pela altura da treliça. As componentes verticais das forças nos membros diagonais são presumidas como iguais ao cortante na mesma seção da viga.
- Os métodos clássicos de análise aproximada de pórticos de vários pavimentos para cargas de vento laterais ou forças de terremoto pelo método do portal e da viga em balanço foram apresentados nas seções 15.9 e 15.10.

PROBLEMAS

P15.1. Faça uma análise aproximada (suponha a localização de um ponto de inflexão) para estimar o momento no apoio B da viga na Figura P15.1. Desenhe os diagramas de cortante e momento da viga. Confira os resultados pela distribuição de momentos ou use o programa de computador. EI é constante.

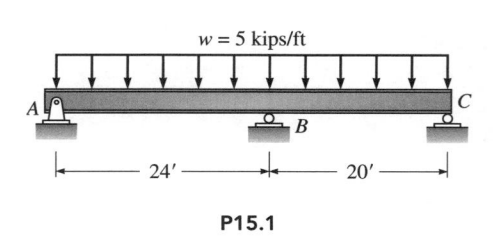

P15.2. Estime a localização dos pontos de inflexão em cada vão na Figura P15.2. Calcule os valores de momento nos apoios B e C e desenhe os diagramas de cortante e momento. EI é constante.

Caso 1: $L_1 = 3$ m
Caso 2: $L_1 = 12$ m

Confira os resultados usando distribuição de momentos.

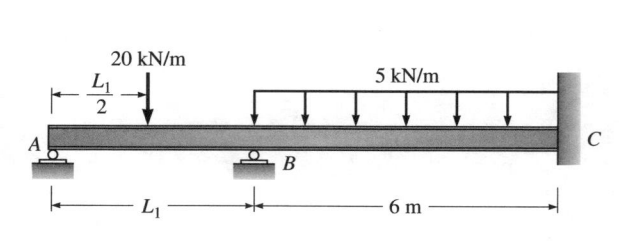

P15.3. Suponha os valores de momentos de extremidade de membro e calcule todas as reações na Figura P15.3 com base em sua suposição. Dado: EI é constante. Se $I_{BC} = 8I_{AB}$, como você ajustaria suas suposições de momentos de extremidade de membro?

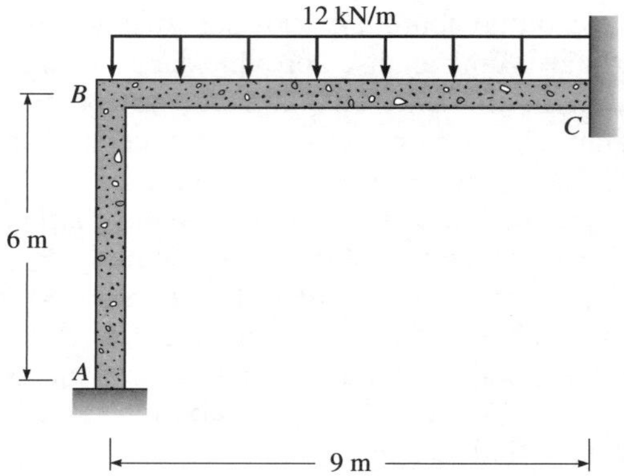

P15.4. Supondo a localização do ponto de inflexão na viga da Figura P15.4, estime o momento em B. Em seguida, calcule as reações em A e C. Dado: EI é constante.

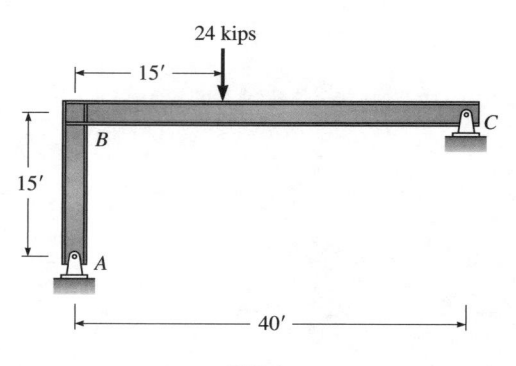

P15.5. Estime o momento no apoio C da viga da Figura P15.5 e o momento positivo máximo no vão CD, supondo a localização de um dos pontos de inflexão nesse vão.

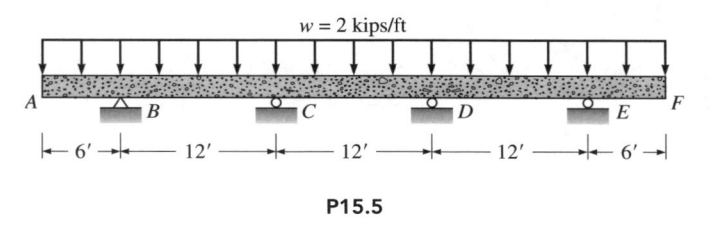

P15.8. O pórtico da Figura P15.8 deve ser construído com uma viga alta para limitar as deflexões. Contudo, para satisfazer requisitos arquitetônicos, a largura das colunas será a menor possível. Supondo que os momentos nas extremidades da viga são 25% dos momentos de extremidade fixa, calcule as reações e desenhe o diagrama de momento da viga.

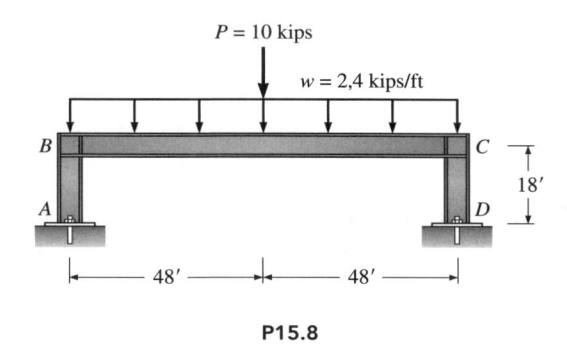

P15.5

P15.8

P15.6. Estime o momento no apoio C na Figura P15.6. Com base em sua estimativa, calcule as reações em B e C.

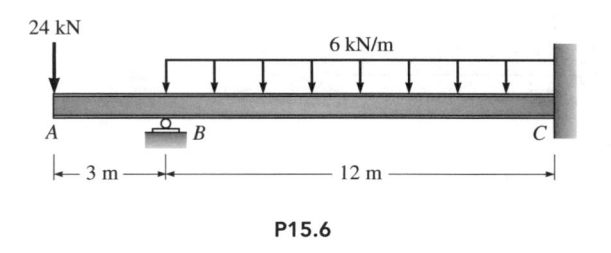

P15.9. As seções transversais das colunas e da viga do pórtico da Figura P15.9 são idênticas. Faça uma análise aproximada do pórtico, estimando a localização dos pontos de inflexão na viga. A análise deve incluir a avaliação das reações de apoio e o desenho dos diagramas de momento da coluna AB e da viga BC.

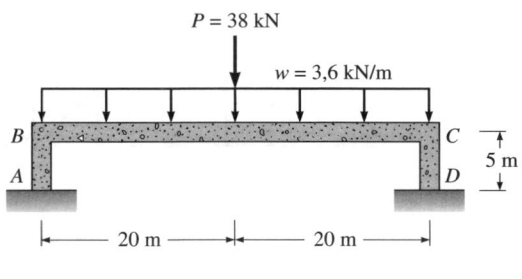

P15.6

P15.7. A viga é indeterminada no segundo grau. Suponha a localização do número mínimo de pontos de inflexão necessários para analisar a viga. Calcule todas as reações e desenhe os diagramas de cortante e momento. Confira os resultados usando distribuição de momentos.

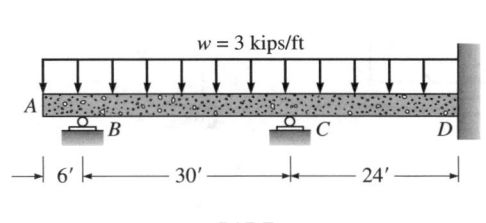

P15.7

P15.9

P15.10. Faça uma análise aproximada da treliça da Figura P15.10, tratando-a como uma viga contínua de seção transversal constante. Como parte da análise, avalie as forças nos membros *DE* e *EF* e calcule as reações em *A* e *K*.

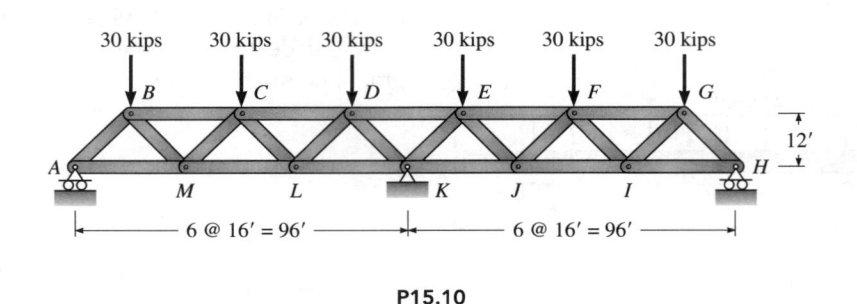

P15.10

P15.11. Use uma análise aproximada da treliça contínua da Figura P15.11 para determinar as reações em *A* e *B*. Avalie também as forças nas barras *a*, *b*, *c* e *d*. Dado: $P = 9$ kN.

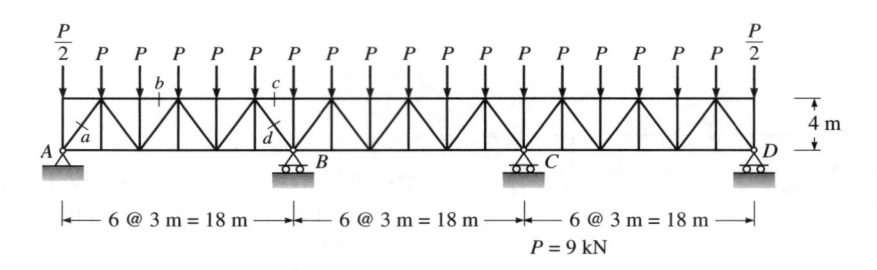

P15.11

P15.12. Estime a deflexão no meio do vão da treliça da Figura P15.12, tratando-a como uma viga de seção transversal constante. A área das cordas superiores e inferiores é 10 pol². $E = 29\,000$ kips/pol². A distância entre os centroides das cordas superiores e inferiores é igual a 9 ft.

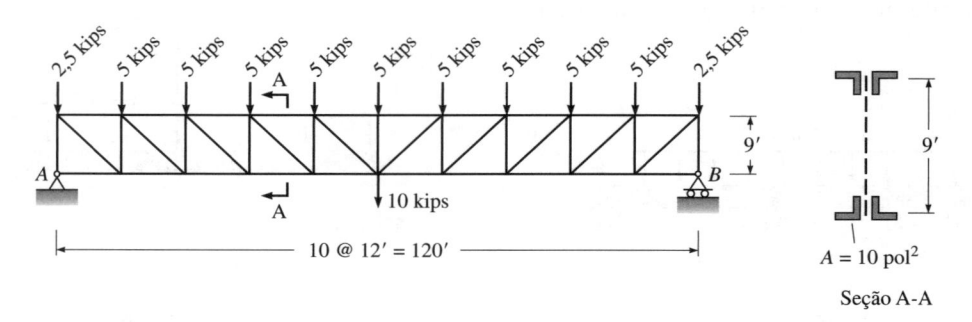

$A = 10$ pol²

Seção A-A

P15.12

P15.13. Determine os valores de força aproximados em cada membro da treliça da Figura P15.13. Suponha que as diagonais podem transmitir tração ou compressão.

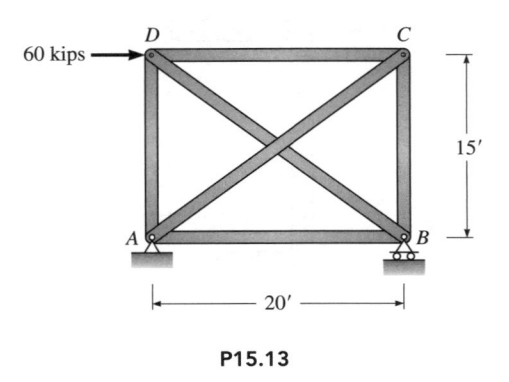

P15.14. Determine os valores de força de barra aproximados nos membros da treliça da Figura P15.14 para os dois casos a seguir.

(*a*) As barras diagonais são delgadas e só podem transmitir tração.

(*b*) As barras diagonais não flambam e podem transmitir tração ou compressão.

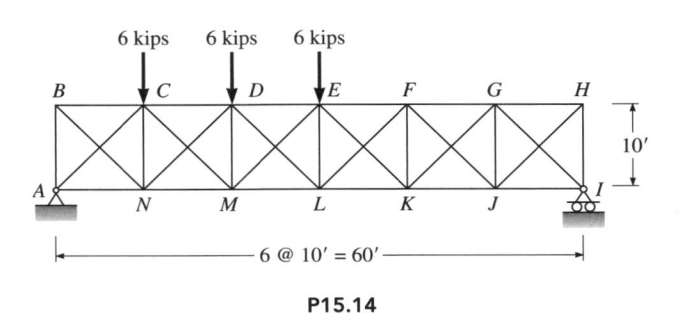

P15.13

P15.14

P15.15. (*a*) Todas as vigas do pórtico da Figura P15.15 têm a mesma seção transversal e suportam uma carga gravitacional uniformemente distribuída de 3,6 kips/ft. Estime o valor aproximado da carga axial e do momento no topo das colunas *AH* e *BG*. Estime também o cortante e o momento em cada extremidade das vigas *IJ* e *JK*. (*b*) Supondo que todas as colunas têm 12 pol e são quadradas ($I = 1\,728$ pol^4) e que o momento de inércia de todas as vigas é igual a 12 000 pol^4, faça uma análise aproximada do segundo piso, considerando as vigas do segundo piso e as colunas incorporadas (acima e abaixo) como um pórtico rígido.

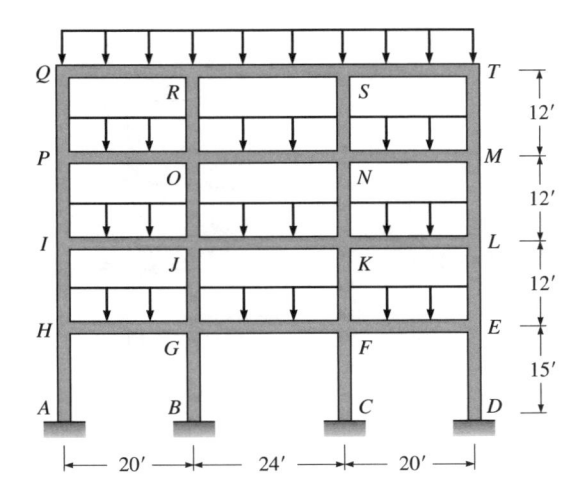

P15.15

P15.16. (*a*) Faça uma análise aproximada para calcular as reações e desenhe os diagramas de momento da coluna *AB* e da viga *BC* da Figura P15.16. (*b*) Repita os cálculos supondo que a base das colunas se conecta em apoios articulados em *A* e *D*. *EI* é constante para todos os membros.

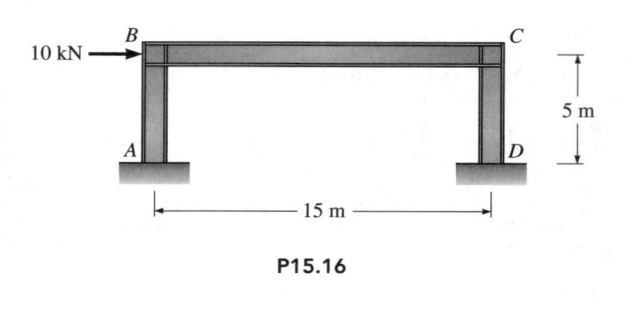

P15.18. Determine os momentos e as forças axiais nos membros do pórtico da Figura P15.18, pelo método do portal. Compare os resultados com aqueles produzidos pelo método da viga em balanço.

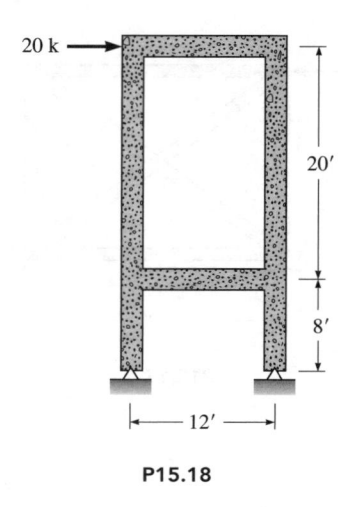

P15.16

P15.17. Fazendo uma análise aproximada da viga Vierendeel da Figura P15.17, determine os momentos e as forças axiais que atuam nos corpos livres dos membros *AB*, *BC*, *IB* e *HC*.

P15.19. Determine os momentos e as forças axiais nos membros do pórtico da Figura P15.19 pelo método do portal. Compare os resultados com aqueles produzidos pelo método da viga em balanço. Suponha que a área das colunas internas é duas vezes a área das colunas externas.

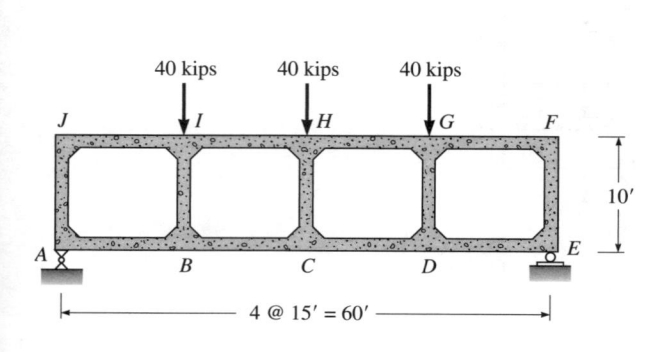

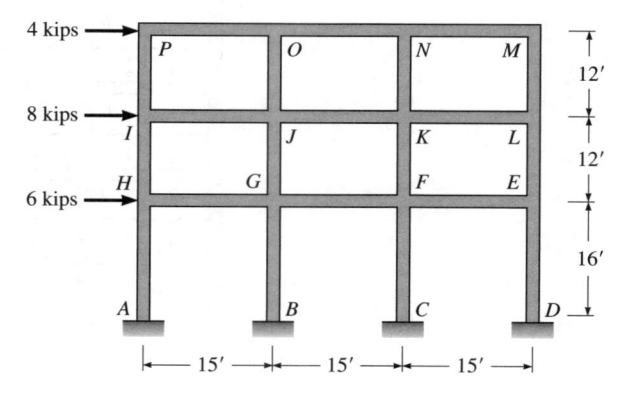

P15.18

P15.17

P15.19

P15.20. Analise o pórtico de dois pavimentos da Figura P15.20 pelo método do portal. Repita a análise pelo método da viga em balanço. Suponha que a área das colunas internas é duas vezes a área das colunas externas. Suponha que as placas de base que conectam todas as colunas nas fundações podem ser tratadas como um apoio de pino.

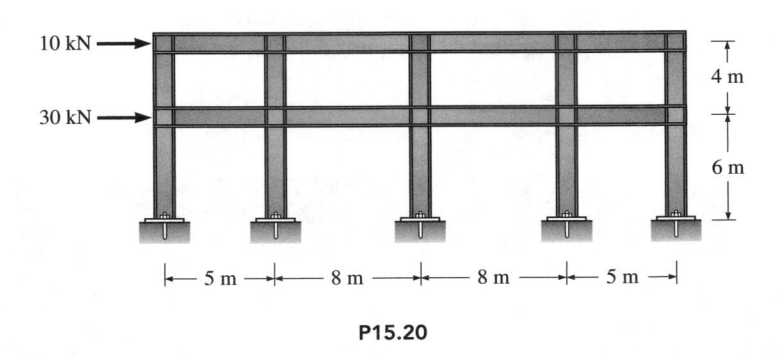

P15.20

Montagem da treliça espacial tridimensional utilizada para sustentar uma antena de radar (ALTAIR) de mais de 45 m (150 ft) de diâmetro. Um programa de computador usando uma formulação matricial foi usado pela empresa Simpson, Gumpertz and Heger, Inc., para analisar essa complexa estrutura para uma variedade de condições de cargas estáticas e dinâmicas.

CAPÍTULO 16

Introdução ao método da rigidez geral

16.1 Introdução

Este capítulo fornece uma transição dos métodos clássicos de análise manual, como o método da flexibilidade (Capítulo 11) ou o método da inclinação-deflexão (Capítulo 12), para a análise por computador, que segue um conjunto de instruções programadas. Antes que os computadores se tornassem disponíveis, nos anos 1950, as equipes de engenheiros podiam demorar vários meses para produzir uma análise aproximada de um pórtico espacial tridimensional altamente indeterminado. Atualmente, entretanto, uma vez que o engenheiro especifique as coordenadas dos nós, o tipo de nó (articulado ou fixo), as propriedades das barras e a distribuição das cargas aplicadas, o programa de computador pode produzir uma análise exata em poucos minutos. A saída do computador especifica as forças em todas as barras, as reações e os componentes de deslocamento de nós e apoios.

Embora agora estejam disponíveis sofisticados programas de computador para analisar as estruturas mais complexas, compostas de cascas, placas e pórticos espaciais, neste capítulo introdutório limitaremos a discussão às estruturas planares (treliças, vigas e pórticos), compostas de membros elásticos lineares. Para minimizar os cálculos e esclarecer os conceitos, consideraremos apenas as estruturas cinematicamente indeterminadas no primeiro grau. Posteriormente, nos capítulos 17 e 18, usando notação matricial, estenderemos o método da rigidez para estruturas mais complexas, com vários graus de indeterminação cinemática.

Para estabelecer os procedimentos analíticos utilizados em uma análise por computador, usaremos uma forma modificada do método da inclinação-deflexão — um método de rigidez no qual as equações de equilíbrio nos nós são escritas como deslocamentos de nó desconhecidos. O método da rigidez elimina a necessidade de selecionar redundantes e uma estrutura liberada, conforme discutido no Capítulo 11.

Iniciaremos o estudo do método da rigidez na Seção 16.2, comparando as etapas básicas necessárias para analisar um sistema indeterminado de duas barras conectadas com pino simples, tanto pelo método da flexibilidade como pelo método da rigidez. Em seguida, estenderemos o método da rigidez para a análise de vigas, pórticos e treliças indeterminados. No apêndice é fornecida uma breve revisão das operações matriciais, que fornecem um formato conveniente para programar os cálculos necessários para analisar estruturas indeterminadas por computador.

16.2 Comparação entre os métodos da flexibilidade e da rigidez

Os métodos da flexibilidade e da rigidez representam dois procedimentos básicos utilizados para analisar estruturas indeterminadas. Discutimos o método da flexibilidade no Capítulo 11. O método da inclinação--deflexão, abordado no Capítulo 12, é uma formulação da rigidez.

No *método da flexibilidade*, escrevemos *equações de compatibilidade* em termos de *forças redundantes* desconhecidas. No *método da rigidez* escrevemos *equações de equilíbrio* em termos de *deslocamentos de nó* desconhecidos. Ilustraremos a principal característica de cada método analisando a estrutura de duas barras da Figura 16.1*a*. Nesse sistema, que é estaticamente indeterminado no primeiro grau, as barras carregadas axialmente se conectam a um apoio central que está livre para deslocar-se horizontalmente, mas não verticalmente. Nessa estrutura, os nós são designados por um número em um quadrado e as barras, por um número em um círculo.

Método da flexibilidade

Para analisar a estrutura da Figura 16.1*a*, selecionamos como *redundante* a reação horizontal F_1 no nó 1. Produzimos uma *estrutura liberada* determinada e estável, imaginando que o pino no nó 1 é substituído por um rolo. Para analisar a estrutura, carregamos a estrutura liberada separadamente com (1) a carga aplicada (Figura 16.1*b*) e (2) a redundante F_1 (Figura 16.1*c*). Então, superpomos os deslocamentos no nó 1 e achamos a solução da redundante.

Como o apoio 3 na estrutura liberada é o único capaz de resistir à força horizontal, a carga de 30 kips inteira da Figura 16.1*b* é transmitida pela barra 2. Quando a barra 2 é comprimida, os nós 1 e 2 se deslocam para a direita uma distância Δ_{10}. Esse deslocamento é calculado pela Equação 10.8. Ver propriedades da barra na Figura 16.1*a*.

$$\Delta_{10} = \frac{F_{20}L_2}{A_2E_2} = \frac{-30(150)}{0,6(20000)} = -\frac{3}{8} \text{ pol} \qquad (16.1)$$

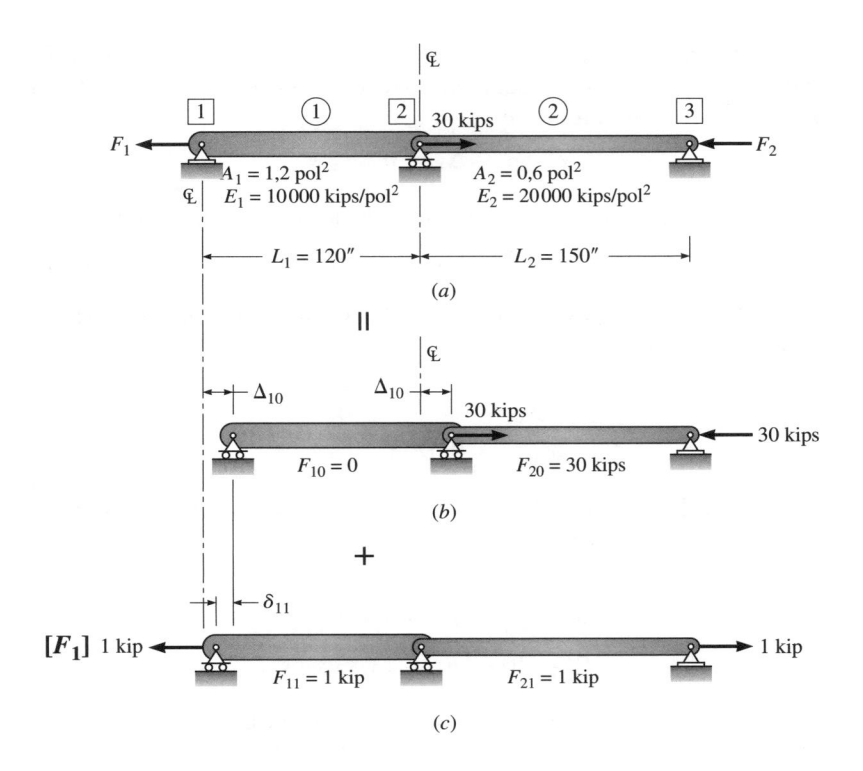

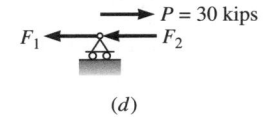

Figura 16.1: Análise pelo método da flexibilidade: (a) detalhes da estrutura; (b) carga de projeto aplicada na estrutura liberada; (c) redundante F_1 aplicada no nó 1 da estrutura liberada; (d) forças atuando no apoio 2.

em que o sinal menos indica que Δ_{10} tem direção oposta à redundante.

Agora, aplicamos um valor unitário da redundante na estrutura liberada (Figura 16.1c) e usamos a Equação 16.1 para calcular o deslocamento horizontal δ_{11} devido ao alongamento das barras 1 e 2.

$$\delta_{11} = \frac{F_{11}L_1}{A_1E_1} + \frac{F_{21}L_2}{A_2E_2} \qquad (16.2)$$

$$= \frac{1(120)}{1,2(10000)} + \frac{1(150)}{0,6(20000)} = 0,0225 \text{ pol}$$

Para determinar a reação F_1, escrevemos uma *equação de compatibilidade* baseada no requisito geométrico de que o deslocamento horizontal no apoio 1 deve ser zero:

$$\Delta_1 = 0 \tag{16.3}$$

Expressando a Equação 16.3 em termos dos deslocamentos, temos

$$\Delta_{10} + \delta_{11}F_1 = 0 \tag{16.4}$$

Substituindo os valores numéricos de Δ_{10} e δ_{11} na Equação 16.4 e resolvendo para F_1, calculamos

$$F_1 = \frac{-\Delta_{10}}{\delta_{11}} = \frac{\frac{3}{8}}{0{,}0225} = 16{,}67 \text{ kips}$$

Para calcular F_2, consideramos o equilíbrio na direção horizontal do apoio central (Figura 16.1*d*).

$$\xrightarrow{+} \quad \Sigma F_x = 0$$
$$30 - F_1 - F_2 = 0$$
$$F_2 = 30 - F_1 = 13{,}33 \text{ kips}$$

O deslocamento real do nó 2 pode ser encontrado calculando-se o alongamento da barra 1 ou o encurtamento da barra 2.

$$\Delta L_1 = \frac{F_1 L_1}{A_1 E_1} = \frac{16{,}67(120)}{1{,}2(10000)} = 0{,}167 \text{ pol}$$

$$\Delta L_2 = \frac{F_2 L_2}{A_2 E_2} = \frac{13{,}33(150)}{0{,}6(20000)} = 0{,}167 \text{ pol}$$

Método da rigidez

A estrutura da Figura 16.1*a* (repetida na Figura 16.2*a*) será novamente analisada, agora pelo método da rigidez. Como apenas o nó 2 está livre para se deslocar, a estrutura é *cinematicamente indeterminada* no primeiro grau. Sob a ação da carga de 30 kips da Figura 16.2*b*, o nó 2 se move a uma distância Δ_2 para a direita. Como a *compatibilidade das deformações* exige que o alongamento da barra 1 seja igual ao encurtamento da barra 2, podemos escrever

$$\Delta L_1 = \Delta L_2 = \Delta_2 \tag{16.5}$$

Usando as equações 16.1 e 16.5, expressamos as forças em cada barra em termos do deslocamento do nó 2 e das propriedades das barras.

$$F_1 = \frac{A_1 E_1}{L} \Delta L_1 = \frac{1{,}2(10000)}{120} \Delta_2 = 100 \Delta_2$$
$$F_2 = \frac{A_2 E_2}{L} \Delta L_2 = \frac{0{,}6(20000)}{150} \Delta_2 = 80 \Delta_2 \tag{16.6}$$

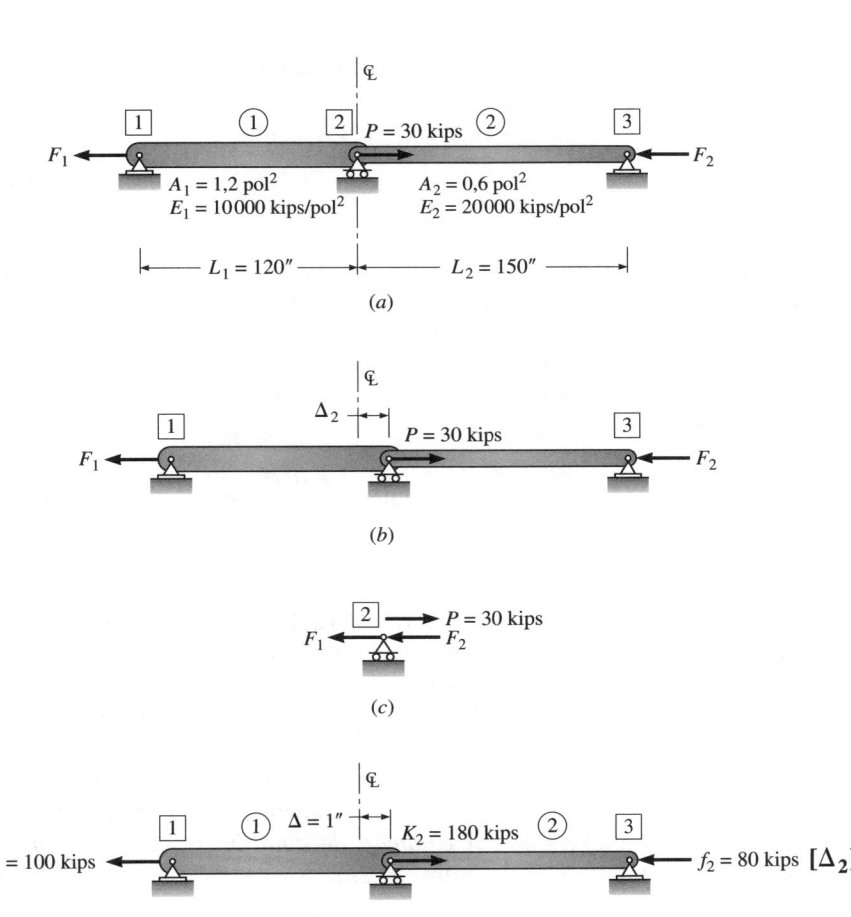

Figura 16.2: (*a*) Estrutura cinematicamente indeterminada no primeiro grau; (*b*) posição deformada da estrutura carregada; (*c*) corpo livre do nó 2; (*d*) forças produzidas por um deslocamento unitário do nó 2; (*e*) corpo livre do apoio central.

O equilíbrio horizontal do nó 2 (ver Figura 16.2*c*) fornece

$$\Sigma F_x = 0 \quad (16.7)$$
$$30 - F_1 - F_2 = 0$$

Expressando as forças na Equação 16.7 em termos do deslocamento Δ_2 dado pela Equação 16.6 e resolvendo para Δ_2, temos

$$30 - 100\,\Delta_2 - 80\,\Delta_2 = 0 \quad (16.8)$$
$$\Delta_2 = \tfrac{1}{6} \text{ pol}$$

Para estabelecer as forças de barra, substituímos o valor de Δ_2 acima na Equação 16.6.

$$F_1 = 100\,\Delta_2 = 100(\tfrac{1}{6}) = 16{,}67 \text{ kips}$$
$$F_2 = 80\,\Delta_2 = 80(\tfrac{1}{6}) = 13{,}33 \text{ kips} \qquad (16.9)$$

A Equação 16.8 também pode ser estabelecida de uma maneira ligeiramente diferente. Vamos introduzir um deslocamento unitário de 1 pol no nó 2, como mostrado na Figura 16.2d. Usando a Equação 16.1, a força K_2 exigida para manter o nó nessa posição pode ser calculada pela soma das forças necessárias para alongar a barra 1 e comprimir a barra 2 por 1 pol.

$$K_2 = \frac{A_1 E_1}{L_1}(1\text{ pol}) + \frac{A_2 E_2}{L_2}(1\text{ pol}) \qquad (16.10)$$
$$= 180 \text{ kips}/1\text{ pol}$$

Como o deslocamento real do nó 2 não é de 1 pol, mas de Δ_2, devemos multiplicar todas as forças e deflexões (Figura 16.2) pela magnitude de Δ_2, conforme indicado pelo símbolo entre colchetes à direita do nó 3. Para que o bloco esteja em equilíbrio, a magnitude de Δ_2, o deslocamento do nó 2, deve ser grande o suficiente para desenvolver apenas 30 kips de resistência. Como a força de restrição exercida pelas barras é uma função linear do deslocamento do nó 2, o deslocamento Δ_2 real do nó pode ser determinado escrevendo-se a *equação de equilíbrio* para as forças na direção horizontal no nó 2 (Figura 16.2e).

$$\rightarrow+ \quad \Sigma F_x = 0$$
$$-f_1\,\Delta_2 - f_2\,\Delta_2 + 30 = 0$$

Substituindo $f_1 = 100$ kips e $f_2 = 80$ kips, temos

$$-100\,\Delta_2 - 80\,\Delta_2 = -30$$

e
$$\Delta_2 = \frac{30}{180} = \frac{1}{6} \text{ pol}$$

A quantidade K_2 é chamada *coeficiente de rigidez*. Se as duas barras são tratadas como uma grande mola, o coeficiente de rigidez mede a resistência (ou rigidez) do sistema à deformação.

A maioria dos programas de computador é baseada no método da rigidez. Esse método elimina a necessidade de o projetista selecionar uma estrutura liberada e permite que a análise seja automatizada. Uma vez que o projetista identifique os nós que estão livres para se deslocar e especifique as coordenadas do nó, o computador é programado para introduzir deslocamentos unitários e gerar os coeficientes de rigidez necessários, estabelecer e resolver as equações de equilíbrio do nó e calcular todas as reações, deslocamentos de nó e forças de barra.

16.3 Análise de uma viga indeterminada pelo método da rigidez geral

No exemplo da Figura 16.3, estendemos o método da *rigidez geral* para a análise de uma viga indeterminada — um elemento estrutural cujas deformações são produzidas por momentos fletores. Esse exemplo também fornecerá a base para a análise de pórticos indeterminados (com a formulação matricial, abordada no Capítulo 18). Conforme você observará, o método utiliza procedimentos e equações desenvolvidos anteriormente nos capítulos 12 e 13, que apresentaram os métodos da inclinação--deflexão e da distribuição de momentos.

A Figura 16.3a mostra uma viga contínua de seção transversal constante. Como o único deslocamento desconhecido da viga contínua é a rotação θ_2 que ocorre no nó 2, a estrutura é *cinematicamente indeterminada no primeiro grau* (Seção 12.6).

Como primeiro passo na análise, antes que as cargas sejam aplicadas, grampeamos o nó 2 para impedir a rotação, produzindo com isso duas vigas de extremidade fixa (Figura 16.3b). Em seguida, aplicamos a carga de 15 kips, a qual produz os momentos de extremidade fixa MEF_{12} e MEF_{21}. Usando a Figura 12.5a para avaliar esses momentos, temos

$$MEF_{12} = -\frac{PL}{8} = -\frac{15(16)}{8} = -30 \text{ kip} \cdot \text{ft}$$

$$MEF_{21} = \frac{PL}{8} = \frac{15(16)}{8} = 30 \text{ kip} \cdot \text{ft}$$

Adotamos arbitrariamente a convenção de sinais usada anteriormente nos capítulos 12 e 13; isto é, *os momentos e rotações no sentido horário nas extremidades dos membros são positivos, e os momentos e rotações no sentido anti-horário são negativos.*

A Figura 16.3c mostra as forças em um corpo livre do nó 2. Como nenhuma carga atua no vão de 8 pés neste estágio, ele permanece não tensionado e não aplica nenhuma força no lado direito do nó 2.

Para levar em conta a rotação θ_2 que ocorre na viga real (Figura 16.3d), em seguida, em uma etapa separada, causamos no nó 2 uma rotação unitária de -1 rad no sentido anti-horário e bloqueamos a viga em sua posição deformada. Essa rotação produz momentos de extremidade de membro que podem ser avaliados usando-se os dois primeiros termos da equação da inclinação-deflexão (Equação 12.16). Denotaremos esses momentos com o sobrescrito DN, que significa deslocamento de nó, neste caso, uma rotação de nó. Como a rotação unitária é *no sentido anti-horário*, todos os momentos produzidos por ela são *negativos*.

No vão 1-2

$$M^{DN}_{12} = \frac{2EI}{L}[2(0) + (-1)] = \frac{2EI}{16}[0 + (-1)] = -\frac{EI}{8} \quad (16.11)$$

$$M^{DN}_{21} = \frac{2EI}{L}[2(-1) + 0] = \frac{2EI}{16}[2(-1) + 0] = -\frac{EI}{4} \quad (16.12)$$

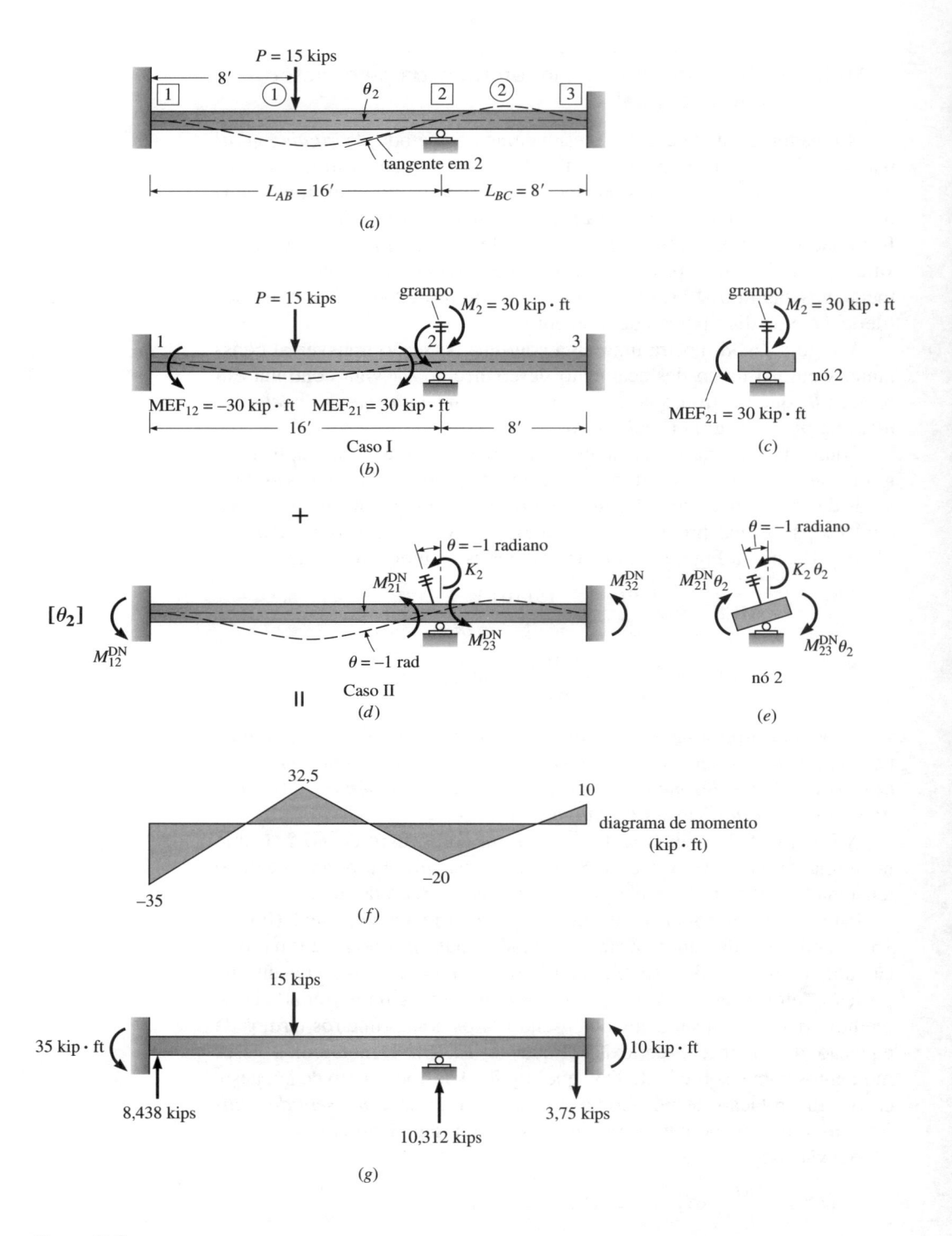

Figura 16.3

No vão 2-3

$$M_{23}^{DN} = \frac{2EI}{L}[2(-1) + 0] = \frac{2EI}{8}(-2) = -\frac{EI}{2} \qquad (16.13)$$

$$M_{32}^{DN} = \frac{2EI}{L}[2(0) + (-1)] = \frac{2EI}{8}(-1) = -\frac{EI}{4} \qquad (16.14)$$

No diagrama de corpo livre do nó 2, mostrado na Figura 16.3e, observamos que o momento K_2 (o coeficiente de rigidez) aplicado pelo grampo para manter a rotação unitária é igual à soma de $M_{21}^{DN} + M_{23}^{DN}$ (dados pelas equações 16.12 e 16.13); isto é,

$$K_2 = M_{21}^{DN} + M_{23}^{DN} = -\frac{EI}{4} + \left(-\frac{EI}{2}\right) = -\frac{3EI}{4} \qquad (16.15)$$

Como o comportamento é linearmente elástico, para estabelecer a deformação real e os momentos de extremidade de membro, devemos multiplicar a rotação unitária e os momentos que ela produz (Figura 16.3d) pela rotação real θ_2. Denotamos essa operação mostrando θ_2 entre colchetes à esquerda do apoio fixo no nó 1.

Como não existe nenhum momento externo nem grampo no nó 2 da viga real, segue-se que M_2 na Figura 16.3c é igual a $\theta_2 K_2$ na Figura 16.3e; isto é, para que o nó esteja em equilíbrio

$$\circlearrowleft^+ \quad \Sigma M_2 = 0$$
$$30 + K_2 \theta_2 = 0 \qquad (16.16)$$

Substituindo o valor de K_2, dado pela Equação 16.15, na Equação 16.16, temos

$$30 - \frac{3EI\theta_2}{4} = 0$$

Resolvendo para θ_2, temos

$$\theta_2 = \frac{40}{EI} \quad \text{radianos} \qquad (16.17)$$

Uma vez determinado θ_2, os momentos de extremidade de membro podem ser avaliados pela superposição dos casos mostrados nas figuras 16.3b e d. Por exemplo, para avaliar o momento na viga imediatamente à esquerda do nó 2, escrevemos a seguinte *equação de superposição*, substituindo na Equação 16.18 o valor de M_{21}^{DN} dado pela Equação 16.12 e θ_2 dado pela Equação 16.17; encontramos, então,

$$M_{21} = \text{MEF}_{21} + M_{21}^{DN}\theta_2 \qquad (16.18)$$

$$M_{21} = 30 + \left(-\frac{EI}{4}\right)\left(\frac{40}{EI}\right) = 20 \text{ kip} \cdot \text{ft no sentido horário}$$

No apoio fixo (nó 3),

$$M_{32} = 0 + M_{32}^{DN}\theta_2 = 0 + \left(-\frac{EI}{4}\right)\left(\frac{40}{EI}\right) = -10 \text{ kip} \cdot \text{ft}$$

em que o sinal de menos indica que M_{32} é no sentido anti-horário.

Após o cálculo dos momentos de extremidade de membro, as forças cortantes e as reações podem ser calculadas usando-se diagramas de corpo livre de cada viga. O diagrama de momento completo é mostrado na Figura 16.3f. As reações finais são mostradas na Figura 16.3g.

Resumo do método da rigidez geral

A análise da viga contínua da Figura 16.3a é baseada na superposição de dois casos. No caso 1, grampeamos todos os nós que estão livres para girar e aplicamos a carga de projeto. A carga de projeto gera momentos de extremidade fixa na viga e um momento igual no grampo. Se houvesse cargas nos dois vãos, o momento no grampo seria igual à diferença do momento de extremidade fixa que atua no nó central. Nesse ponto, a estrutura absorveu a carga; entretanto, o nó foi bloqueado por um grampo e não pode girar.

Para eliminar o grampo, devemos removê-lo e permitir que o nó gire. Essa rotação produzirá momentos adicionais nos membros. Neste estágio, estamos interessados principalmente na magnitude dos momentos nas extremidades de cada membro. Como não sabemos a magnitude da rotação, em um caso 2 separado introduzimos arbitrariamente uma rotação unitária de 1 radiano e bloqueamos a viga na posição deformada. Agora, o grampo do caso 2 aplica um momento, denominado *coeficiente de rigidez*, que mantém a viga na posição girada. Como causamos um valor de rotação específico (isto é, 1 rad), podemos calcular os momentos nas extremidades de cada membro usando a equação da inclinação-deflexão. O momento no grampo é calculado a partir de um corpo livre do nó. Se, agora, multiplicarmos as forças e os deslocamentos do caso 2 pela *magnitude real da rotação de nó* θ_2, todas as forças e deslocamentos (incluindo o momento no grampo e a rotação no nó 2) serão reduzidos proporcionalmente para o valor correto. Como não existe nenhum grampo na viga real, segue-se que a soma dos momentos no grampo dos dois casos deve ser igual a zero. Consequentemente, agora o valor de θ_2 pode ser determinado escrevendo-se uma equação de equilíbrio que expresse que a soma dos momentos no grampo, do caso 1 e do caso 2, deve ser igual a zero. Uma vez conhecido θ_2, todas as forças do caso 2 podem ser avaliadas e somadas diretamente às do caso 1.

EXEMPLO 16.1

Analise o pórtico rígido da Figura 16.4a pelo método da rigidez geral. *EI* é constante.

Solução

Como o único deslocamento desconhecido é a rotação θ_2 no nó 2, o pórtico é cinematicamente indeterminado no primeiro grau; portanto, a solução exige uma equação de equilíbrio de nó, escrita no nó 2. No primeiro passo, imaginamos que um grampo é aplicado no nó 2, o qual impede a rotação e produz dois membros de extremidade fixa (Figura 16.4b). Quando as cargas de projeto são aplicadas, momentos de extremidade fixa se desenvolvem na viga, mas não na coluna, pois o grampo impede a rotação do topo da coluna. Usando a equação dada na Figura 12.5c, esses momentos de extremidade fixa na viga são

$$\text{MEF} = \pm \frac{2PL}{9} = \pm \frac{2(24)(18)}{9} = \pm 96 \text{ kN} \cdot \text{m} \quad (1)$$

A Figura 16.4c mostra um detalhe dos momentos de extremidade fixa atuando em um corpo livre do nó 2.

Em seguida, introduzimos uma rotação unitária no sentido horário de 1 rad no nó 2 e grampeamos o nó na posição deformada. Os momentos produzidos pela rotação unitária são sobrescritos com DN (de deslocamento de nó). Como queremos o efeito da rotação real θ_2 produzida pelas cargas de 24 kN, devemos multiplicar esse caso por θ_2, conforme indicado pelo símbolo θ_2 entre colchetes à esquerda da Figura 16.4d. Expressamos os momentos causados pela rotação unitária no nó 2 nos termos das propriedades do membro, usando a *equação da inclinação-deflexão* (Equação 12.16). Como nenhuma carga atua entre as extremidades dos membros e como não ocorre nenhum recalque de apoio para esse caso, os termos ψ_{NF} e MEF_{NF} na Equação 12.16 são iguais a zero, e a equação da inclinação-deflexão se reduz a

$$M_{NF} = \frac{2EI}{L}(2\theta_N + \theta_F) \quad (2)$$

Usando a Equação 2, avaliamos em seguida os momentos de extremidade de membro produzidos pela rotação unitária do nó.

$$M_{12}^{DN} = \frac{2EI}{6}(0 + 1) = \frac{EI}{3} \quad (3)$$

$$M_{21}^{DN} = \frac{2EI}{6}[2(1) + 0] = \frac{2EI}{3} \quad (4)$$

$$M_{23}^{DN} = \frac{2EI}{18}[2(1) + 0] = \frac{2EI}{9} \quad (5)$$

$$M_{32}^{DN} = \frac{2EI}{18}[2(0) + 1] = \frac{EI}{9} \quad (6)$$

[*continua*]

[*continuação*]

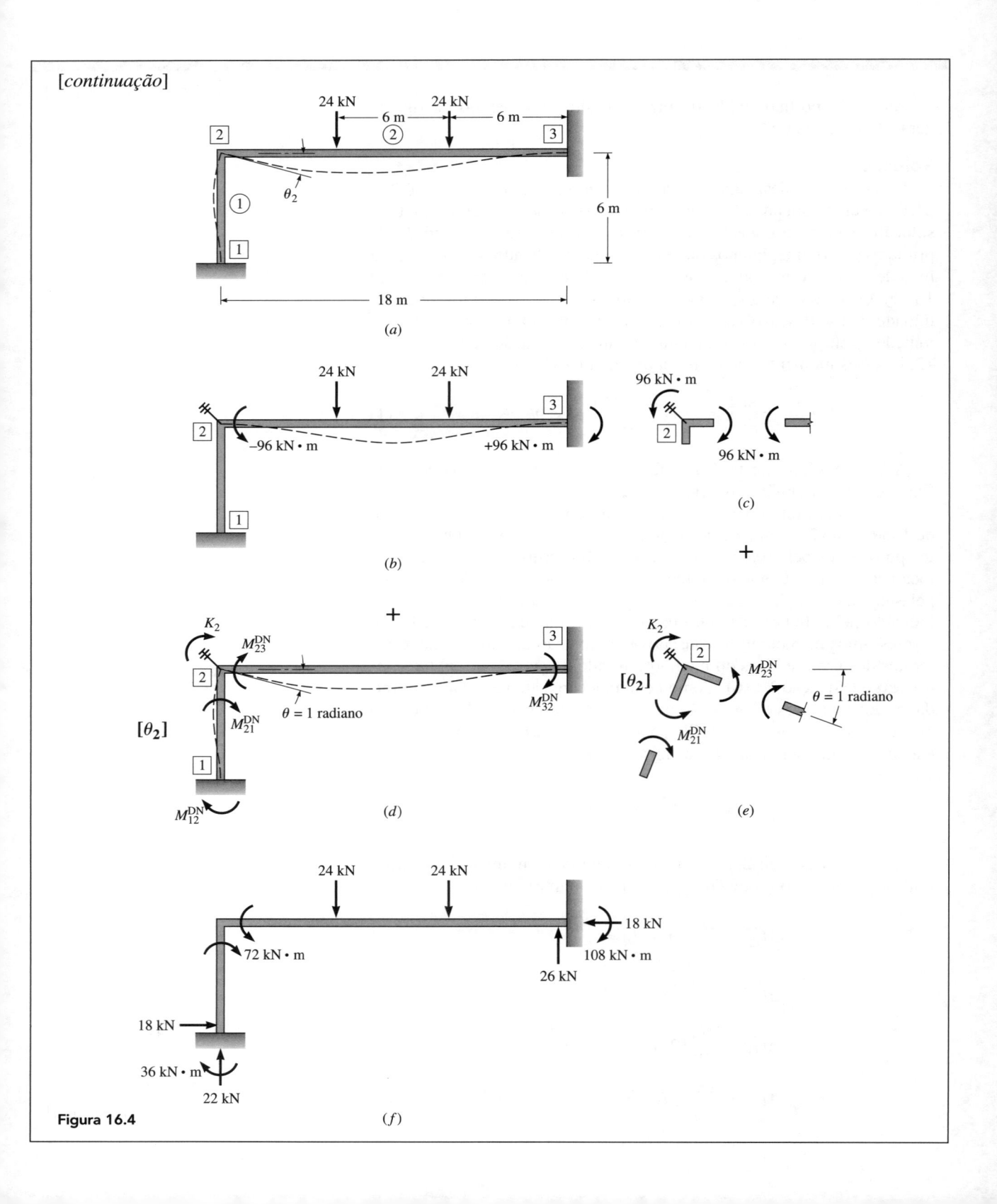

Figura 16.4

O momento total K_2 aplicado pelo grampo é igual à soma dos momentos aplicados nas extremidades das vigas ligadas ao nó 2 (Figura 16.4e).

$$K_2 = M_{21}^{DN} + M_{23}^{DN}$$

$$K_2 = \frac{2EI}{3} + \frac{2EI}{9} = \frac{8EI}{9} \qquad (7)$$

Para o grampo ser removido, o equilíbrio exige que a soma dos momentos que atuam sobre o grampo no nó 2 (Figura 16.4c e e) seja igual a zero.

$$\circlearrowleft^+ \quad \Sigma M_2 = 0$$

$$K_2 \theta_2 - 96 = 0 \qquad (8)$$

Substituindo na Equação 8 o valor de K_2 dado pela Equação 7 e resolvendo para θ_2, temos

$$\frac{8EI}{9}\theta_2 - 96 = 0$$

$$\theta_2 = \frac{108}{EI} \qquad (9)$$

Para estabelecer a magnitude do momento na extremidade de cada membro, superpomos as forças em cada nó, mostradas na Figura 16.4b e d; isto é, multiplicamos os valores de momento devido à rotação unitária (equações 3, 4, 5 e 6) pela rotação real θ_2 e somamos todos os momentos de extremidade fixa.

$$M_{12} = \theta_2 M_{12}^{DN} = \frac{108}{EI}\left(\frac{EI}{3}\right) = 36 \text{ kN} \cdot \text{m} \qquad \text{no sentido horário}$$

$$M_{21} = \theta_2 M_{21}^{DN} = \frac{108}{EI}\left(\frac{2EI}{3}\right) = 72 \text{ kN} \cdot \text{m} \qquad \text{no sentido horário}$$

$$M_{23} = \theta_2 M_{23}^{DN} + \text{MEF}_{23} = \frac{108}{EI}\left(\frac{2EI}{9}\right) - 96 = -72 \text{ kN} \cdot \text{m} \qquad \text{no sentido anti-horário}$$

$$M_{32} = \theta_2 M_{32}^{DN} + \text{MEF}_{32} = \frac{108}{EI}\left(\frac{EI}{9}\right) + 96 = 108 \text{ kN} \cdot \text{m} \qquad \text{no sentido horário}$$

O restante da análise é feito usando-se diagramas de corpo livre de cada membro para estabelecer os cortantes e as reações. Os resultados finais estão resumidos na Figura 16.4f.

EXEMPLO 16.2

As barras conectadas com pino da Figura 16.5a estão ligadas ao nó 1 em um apoio de rolo. Determine a força em cada barra e a magnitude do deslocamento horizontal Δ_x do nó 1, produzido pela força de 60 kips. Área da barra 1 = 3 pol², área da barra 2 = 2 pol² e $E = 30\,000$ kips/pol².

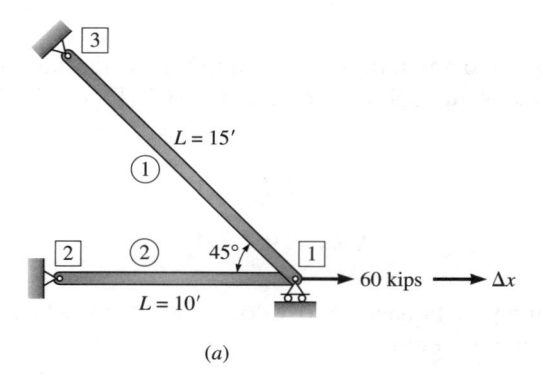

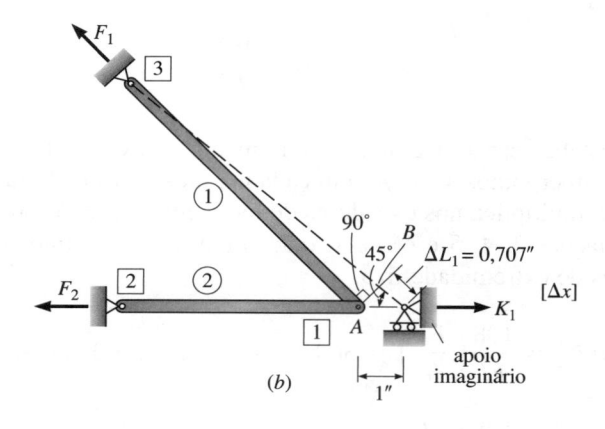

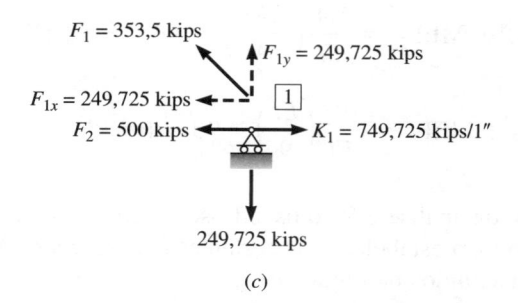

Figura 16.5: (a) Detalhes da estrutura; (b) nó 1 deslocado 1 pol para a direita e ligado ao apoio imaginário; (c) forças no nó 1 produzidas por um deslocamento horizontal de 1 pol.

Solução

Primeiro, deslocamos o rolo 1 pol para a direita e o conectamos a um apoio de pino imaginário (Figura 16.5b) que desenvolve uma reação de K_1 kips para manter o nó em sua nova posição. Como o deslocamento horizontal do nó 1, mostrado em escala exagerada na Figura 16.5b, é muito pequeno comparado ao comprimento das barras, supomos que sua inclinação permanece em 45° na posição deformada. Para estabelecer o alongamento da barra 1, marcamos seu comprimento não tensionado original na barra deslocada, girando o comprimento original em torno do pino no nó 3. Visto que a extremidade da barra não tensionada se move no arco de um círculo, do ponto A para B, o deslocamento inicial de sua extremidade é perpendicular à posição original do eixo da barra. Visto que precisamos das forças de barra devido ao deslocamento real, que é uma fração de uma polegada, multiplicamos as forças e os deslocamentos mostrados na Figura 16.5b por Δ_x.

A partir da geometria do triângulo de deslocamento no nó 1 (Figura 16.5b), calculamos ΔL_1:

$$\Delta L_1 = (1 \text{ pol})(\cos 45) = 0{,}707 \text{ pol}$$

Com o alongamento de cada barra estabelecido, podemos usar a Equação 16.1 para calcular a força em cada barra.

$$F_1 = \frac{\Delta L_1 \, A_1 E}{L_1} = 0{,}707(3)(30\,000) = 353{,}5 \text{ kips}$$

$$F_2 = \frac{\Delta L_2 \, A_2 E}{L_2} = 1(2)(30\,000) = 500 \text{ kips}$$

Então, calculamos as componentes horizontais e verticais de F_1.

$$F_{1x} = F_1 \cos 45 = 353{,}5(0{,}707) = 249{,}725 \text{ kips}$$

$$F_1 = F_1 \operatorname{sen} 45 = 353{,}5(0{,}707) = 249{,}72 \text{ kips}$$

Para avaliar K_1, somamos as forças aplicadas ao pino (Figura 16.5c) na direção horizontal.

$$\Sigma F_x = 0$$

$$K_1 - F_{1x} - F_2 = 0$$

$$K_1 = F_{1x} + F_2 = 249{,}725 + 500 = 749{,}725 \text{ kips}/1''$$

Para calcular o deslocamento real, multiplicamos a força K_1 da Figura 16.5c por Δ_x, o deslocamento real.

$$K_1 \, \Delta_x = 60 \text{ kips}$$

$$749{,}725 \, \Delta_x = 60$$

$$\Delta_x = 0{,}08 \text{ pol}$$

Comparação entre as análises de treliças e vigas pelo método da rigidez geral

A análise de treliças pelo método da rigidez geral difere ligeiramente da análise de vigas e pórticos. Na análise de uma viga ou de um pórtico, vimos que o primeiro passo é transferir o efeito das cargas aplicadas entre as extremidades de um membro para momentos na extremidade de nós bloqueados para escrever equações de equilíbrio de nó. Essa etapa não é exigida na análise de treliças, pois as cargas são aplicadas somente nos nós. No caso da treliça analisada na Figura 16.5, que era livre para deslocar somente na direção horizontal, só foi necessário introduzir um deslocamento horizontal unitário (1 pol) e calcular a força K_1 associada, exigida para conter o sistema estrutural alongado em sua posição deslocada. A força K_1 foi avaliada escrevendo-se uma equação de equilíbrio, somando as forças ou componentes das forças na direção x. Para calcular o deslocamento real Δ_x, quando o comportamento é linearmente elástico, basicamente estabelecemos uma proporção: K_1, a força resultante, está para 1 pol assim como 60 kips, a força real, está para a deflexão real Δ_x.

$$\frac{K_1}{1 \text{ pol}} = \frac{60}{\Delta_x}$$

em que $K_1 = \Sigma F_x$

e
$$\Delta_x = \frac{(60)(1 \text{ pol})}{K_1}$$

Se um nó de treliça tem dois graus de liberdade, são necessários deslocamentos unitários e equações de equilíbrio nas direções horizontal e vertical.

EXEMPLO 16.3

Analise o pórtico rígido da Figura 16.6a pelo método da rigidez geral.

Solução

O pórtico rígido da Figura 16.6a é cinematicamente indeterminado no terceiro grau, pois os nós 2 e 3 podem girar e a viga pode se deslocar lateralmente. Contudo, como a estrutura e a carga são simétricas com relação a um eixo vertical pelo centro do pórtico, as deflexões formam um padrão simétrico. Portanto, as rotações θ_2 e θ_3 dos nós 2 e 3 têm magnitude igual e não ocorre nenhum deslocamento lateral do pórtico. Essas condições permitem uma solução baseada em uma única equação de equilíbrio, arbitrariamente escrita no nó 2.

Iniciamos a análise bloqueando os nós 2 e 3 para impedir a rotação (Figura 16.6b) e aplicamos a carga de projeto, produzindo momentos de extremidade fixa na viga, em que

$$\text{MEF} = \pm \frac{PL}{8} = \pm \frac{20(36)}{8} = \pm 90 \text{ kip} \cdot \text{ft} \quad (1)$$

A Figura 16.6c mostra os momentos atuando no nó 2 da viga e da coluna, assim como o grampo (as forças cortantes foram omitidas por clareza).

Em seguida, introduzimos simultaneamente rotações de 1 rad no sentido horário no nó 2 e −1 rad no sentido anti-horário no nó 3, e bloqueamos os nós na posição deformada (Figura 16.6d). Os momentos na viga e nas colunas nos nós 2 e 3, produzidos pelas rotações, têm magnitude idêntica, mas atuam em direções opostas. Usando os dois primeiros termos da equação da inclinação-deflexão no nó 2, calculamos os momentos na extremidade esquerda da viga e os momentos na parte superior e inferior da coluna da esquerda.

$$M_{23}^{\text{DN}} = \frac{2EI}{36}[2(1) + (-1)] = \frac{EI}{18} \quad (2)$$

$$M_{21}^{\text{DN}} = \frac{2EI}{12}[2(1) + 0] = \frac{EI}{3} \quad (3)$$

$$M_{12}^{\text{DN}} = \frac{2EI}{12}[2(0) + 1] = \frac{EI}{6} \quad (4)$$

[continua]

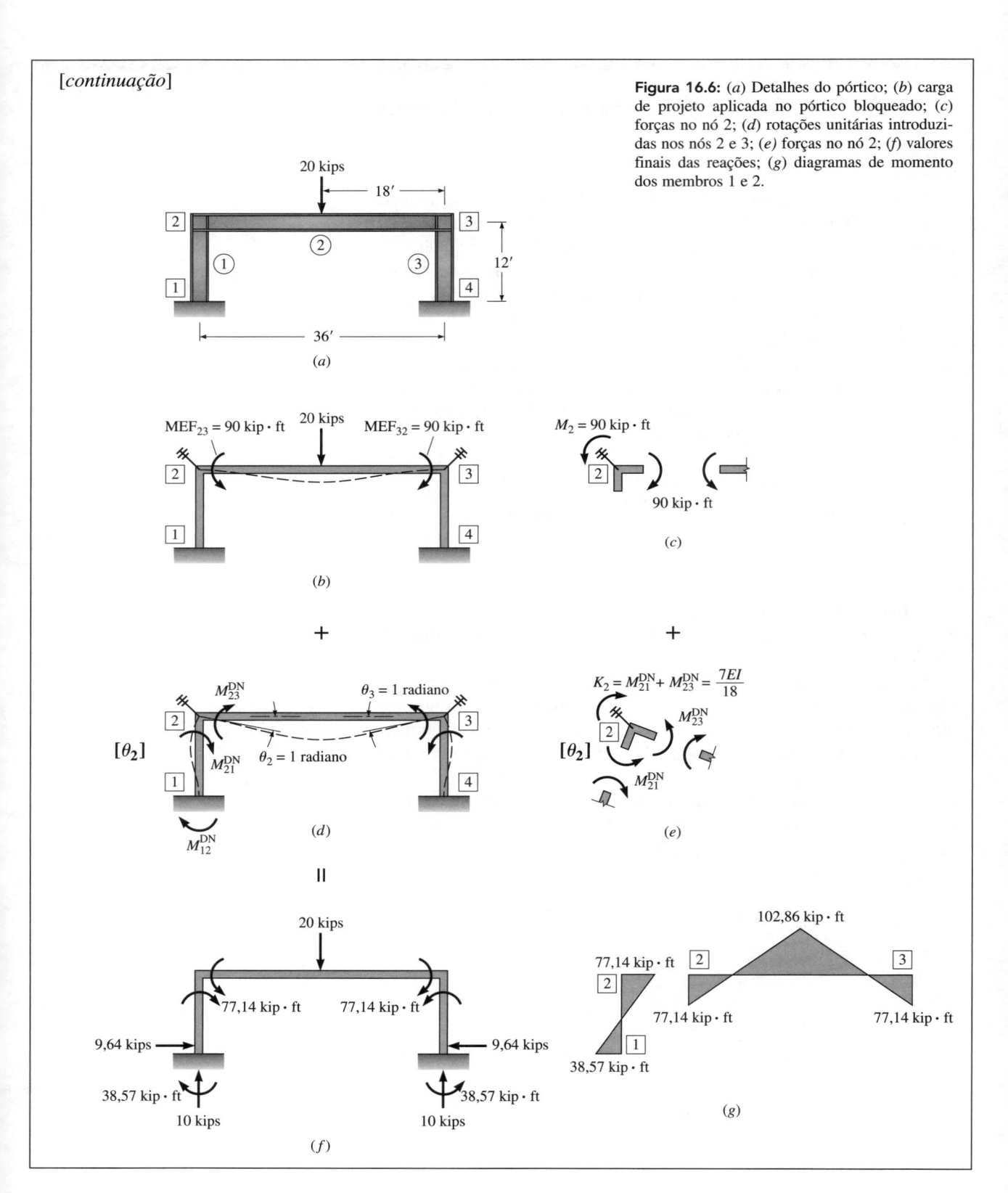

Figura 16.6: (*a*) Detalhes do pórtico; (*b*) carga de projeto aplicada no pórtico bloqueado; (*c*) forças no nó 2; (*d*) rotações unitárias introduzidas nos nós 2 e 3; (*e*) forças no nó 2; (*f*) valores finais das reações; (*g*) diagramas de momento dos membros 1 e 2.

O momento K_2 exercido pelo grampo no nó 2 (Figura 16.6e) é igual à soma dos momentos aplicados no nó 2.

$$\circlearrowleft^+ \quad \Sigma M_2 = 0 \qquad (5)$$

$$K_2 = M_{21}^{DN} + M_{23}^{DN} \qquad (6)$$

Substituindo as equações 2 e 3 na Equação 6, temos

$$K_2 = \frac{EI}{3} + \frac{EI}{18} = \frac{7EI}{18} \qquad (7)$$

Para estabelecer o momento produzido pela rotação real, multiplicamos todas as forças e deslocamentos da Figura 16.6d por θ_2.

Como a soma dos momentos atuando no grampo do nó 2 nas figuras 16.6c e e deve ser igual a zero, escrevemos a equação de equilíbrio

$$\circlearrowleft^+ \quad \Sigma M_2 = 0$$

$$\theta_2 K_2 - 90 = 0 \qquad (8)$$

Substituindo na Equação 8 o valor de K_2 dado pela Equação 7, temos

$$\theta_2 \frac{7EI}{18} = 90$$

$$\theta_2 = \frac{231{,}42}{EI} \qquad (9)$$

O momento final em qualquer seção é calculado combinando-se os momentos nas seções correspondentes da Figura 16.6b e d.

No nó 2 da viga,

$$M_{23} = \text{MEF}_{23} + \theta_2 M_{23}^{DN}$$

$$= -90 + \frac{231{,}42}{EI}\left(\frac{EI}{18}\right) = -77{,}14 \text{ kip} \cdot \text{ft no sentido anti-horário}$$

A partir da simetria,

$$M_{32} = M_{23} = 77{,}14 \text{ kip} \cdot \text{ft} \quad \text{no sentido horário}$$

$$M_{21} = \theta_2 M_{21}^{DN} = \frac{231{,}42}{EI}\left(\frac{EI}{3}\right) = 77{,}14 \text{ kip} \cdot \text{ft} \quad \text{no sentido horário}$$

$$M_{12} = \theta_2 M_{12}^{DN} = \frac{231{,}42}{EI}\left(\frac{EI}{6}\right) = 38{,}57 \text{ kip} \cdot \text{ft} \quad \text{no sentido horário}$$

Os resultados finais estão mostrados na Figura 16.6f e g.

Resumo

- O *método da rigidez geral* apresentado neste capítulo é a base da maioria dos programas de computador utilizados para analisar todos os tipos de estruturas determinadas e indeterminadas, incluindo estruturas planares e treliças, pórticos e cascas tridimensionais. O método da rigidez elimina a necessidade de selecionar redundantes e uma estrutura liberada, exigidas pelo método da flexibilidade.
- No método da rigidez geral, os deslocamentos de nó são as incógnitas. Com todos os nós no início bloqueados artificialmente, deslocamentos unitários são introduzidos em cada nó e são calculadas as forças associadas aos deslocamentos unitários (conhecidas como *coeficientes de rigidez*). Nesta discussão introdutória, consideramos vigas, pórticos e treliças com um único deslocamento linear ou rotacional desconhecido. Em estruturas com vários nós livres para deslocar, o número de deslocamentos desconhecidos será igual ao grau de indeterminação cinemática. Se programas são escritos para estruturas tridimensionais com nós rígidos, seis deslocamentos desconhecidos (três lineares e três rotacionais) são possíveis em cada nó não restringido. Para essas situações, a rigidez à torção, assim como a rigidez axial e à flexão dos membros, devem ser consideradas na avaliação dos coeficientes de rigidez.
- Em um programa de computador típico, o projetista deve selecionar um sistema de coordenadas para estabelecer a localização dos nós, especificar as propriedades de membro (como área, momento de inércia e módulo de elasticidade) e especificar o tipo de carregamento. Para dimensionar os membros inicialmente, os projetistas costumam realizar uma análise aproximada (consultar Capítulo 15).

PROBLEMAS

P16.1. A estrutura da Figura P16.1 é composta de três barras conectadas por pinos. As áreas das barras estão mostradas na figura. Dados: $E = 30\,000$ kips/pol².
(*a*) Calcule o coeficiente de rigidez K associado a um deslocamento vertical de 1 pol do nó A. (*b*) Determine o deslocamento vertical em A, produzido por uma carga vertical de 24 kips dirigida para baixo. (*c*) Determine as forças axiais em todas as barras.

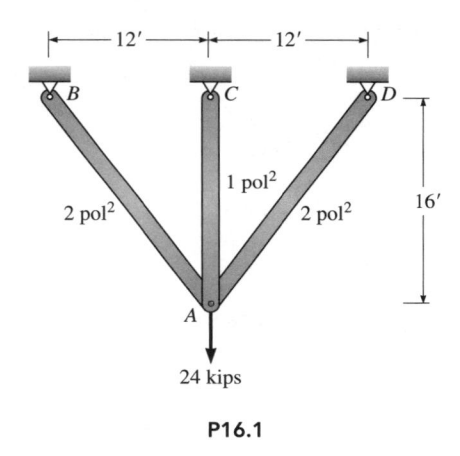

P16.2. A viga em balanço da Figura P16.2 está apoiada em mola no nó B. A rigidez da mola é 10 kips/pol.
(*a*) Calcule o coeficiente de rigidez associado a um deslocamento vertical de 1 pol no nó B. (*b*) Calcule a deflexão vertical da mola, produzida por uma carga vertical de 15 kips atuando para baixo em B. (*c*) Determine todas as reações de apoio produzidas pela carga de 15 kips.

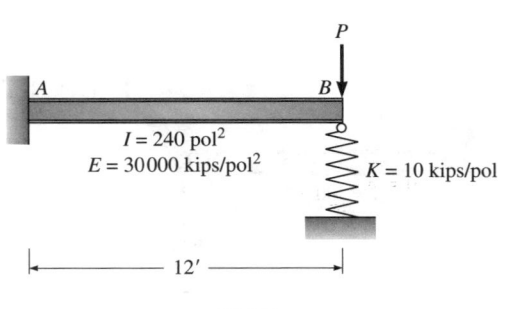

16.3. O sistema estrutural da Figura P16.3 é composto de barras de aço — duas vigas em balanço e uma coluna — conectadas através de um nó articulado em B. Dados: $E = 29\,000$ kips/pol², $I_{AB} = I_{BC} = 600$ pol e $A_{BD} = 3{,}6$ pol².
(*a*) Calcule o coeficiente de rigidez K associado a um deslocamento vertical de 1 pol no nó B. (*b*) Determine a magnitude da força P, se ela produz uma deflexão vertical de $\frac{1}{8}$ pol no nó B.

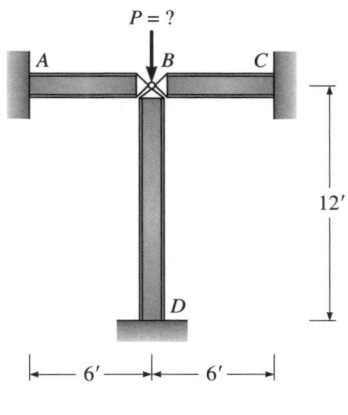

P16.4. Analise a viga da Figura P16.4 pelo método da rigidez descrito na Seção 16.3. Depois de determinados os momentos de extremidade de membro, calcule todas as reações e desenhe os diagramas de momento. EI é constante.

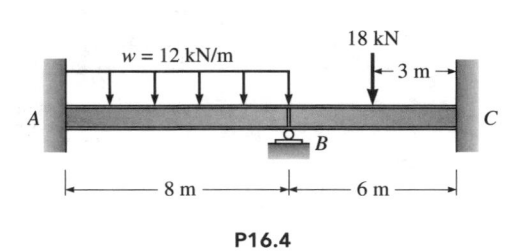

P16.1

P16.3

P16.2

P16.4

P16.5. Analise o pórtico rígido de aço da Figura P16.5 pelo método da rigidez da Seção 16.3. Depois de avaliados os momentos de extremidade de membro, calcule todas as reações e o diagrama de momento da viga BC. Os apoios em A e C são especificados para produzir extremidades fixas.

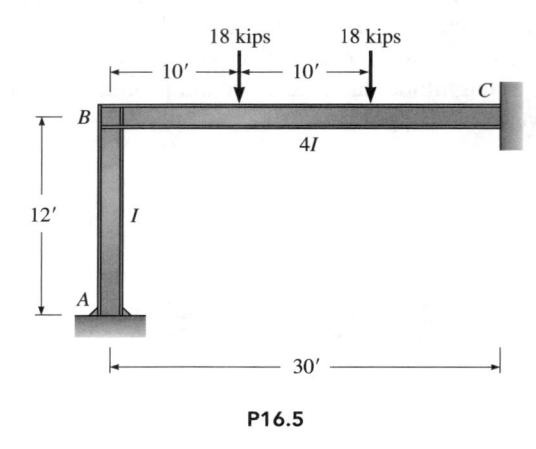

P16.8. O sistema de barras conectadas em pino da Figura P16.8 é alongado horizontalmente 1 pol e conectado ao apoio de pino 4. Determine as componentes horizontais e verticais da força que o apoio deve aplicar nas barras. Área da barra 1 = 2 pol², área da barra 2 = 3 pol² e E = 30 000 kips/pol². K_{2x} e K_{2y} são os coeficientes de rigidez.

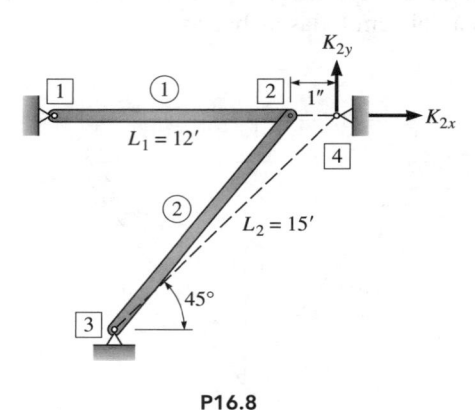

P16.6. Analise a viga da Figura P16.6 pelo método da rigidez geral. Calcule todas as reações e desenhe os diagramas de cortante e momento. Dados: EI é constante.

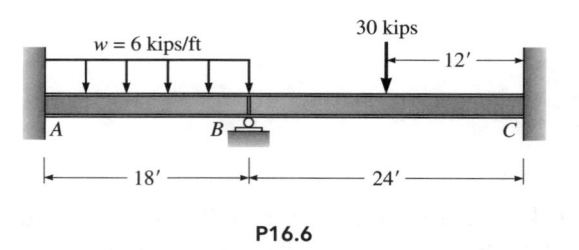

P16.9. A viga em balanço da Figura P16.9 está conectada em uma barra por um pino no nó 2. Calcule todas as reações. Dados: E = 30 000 kips/pol². Suponha que apenas a deflexão vertical no nó 2 é significativa.

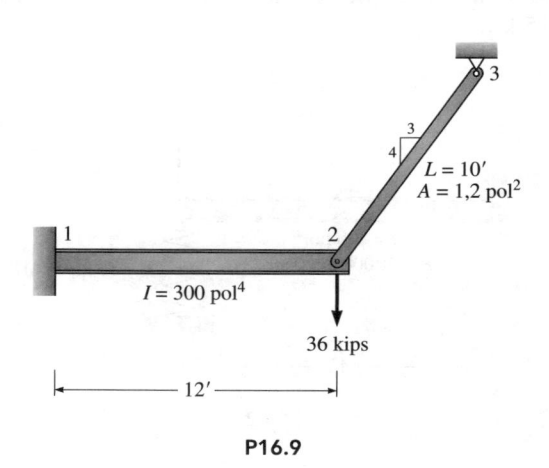

P16.7. Analise o pórtico de concreto armado da Figura P16.7 pelo método da rigidez geral. Determine todas as reações. E é constante.

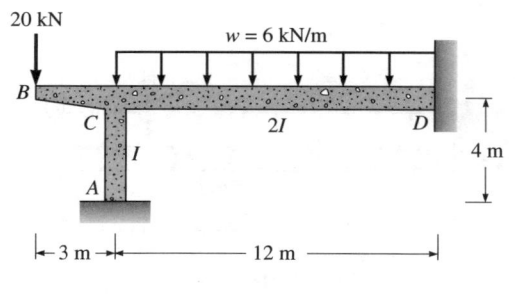

P16.10 e P16.11. Analise os pórticos rígidos das figuras P16.10 e P16.11 pelo método da rigidez geral, usando simetria para simplificar a análise. Calcule todas as reações e desenhe os diagramas de momento de todos os membros. Além disso, E é constante.

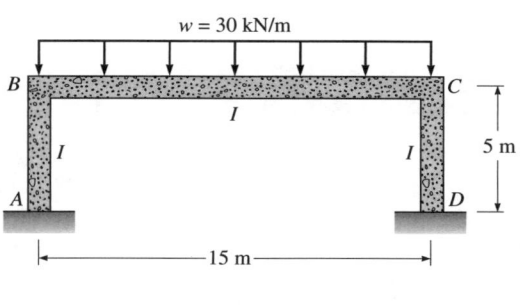

P16.10

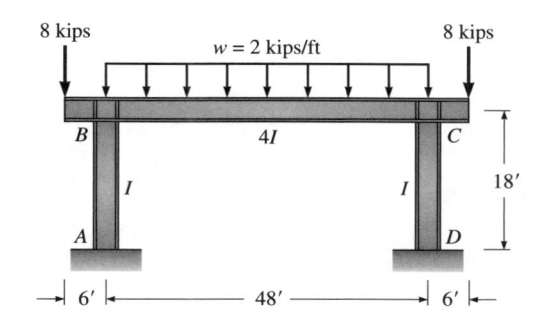

P16.11

Uma grande cúpula geodésica forma o pavilhão norte-americano na Expo '67, feira mundial promovida em Montreal, Canadá.

CAPÍTULO 17

Análise matricial de treliças pelo método da rigidez direta

17.1 Introdução

Neste capítulo, apresentaremos o *método da rigidez direta*, um procedimento que fornece a base para a maioria dos programas de computador utilizados para analisar estruturas. O método pode ser aplicado em quase todos os tipos de estrutura, por exemplo, treliças, vigas contínuas, pórticos indeterminados, placas e cascas. Quando é aplicado em placas e cascas (ou outros tipos de problemas que podem ser subdivididos em elementos bidimensionais e tridimensionais), o método é chamado de *método dos elementos finitos*.

Assim como o método da flexibilidade do Capítulo 11, o método da rigidez direta exige que dividamos a análise de uma estrutura em diversos casos básicos que, quando superpostos, são equivalentes à estrutura original. Contudo, em vez de escrever equações de compatibilidade em termos de forças redundantes desconhecidas e coeficientes de flexibilidade, escrevemos equações de equilíbrio de nó em termos de deslocamentos de nó desconhecidos e *coeficientes de rigidez* (forças produzidas por deslocamentos unitários). Conhecidos os deslocamentos de nó, as forças nos membros da estrutura podem ser calculadas a partir de relações força-deslocamento.

Para ilustrar o método, analisaremos a treliça de duas barras da Figura 17.1*a*. Identificamos nós de treliça ou *nós* com números em círculos e barras com números em quadrados. Sob a ação da carga vertical de 10 kips no nó 2, as barras se deformam e o nó 2 se desloca horizontalmente por uma distância Δ_x e, verticalmente, por uma distância Δ_y. Esses deslocamentos são as *incógnitas* no método da rigidez. Para estabelecer o sentido positivo e negativo das forças e deslocamentos nas direções horizontal e vertical, introduzimos um sistema de coordenadas *xy* global no nó 2. A *direção x* é denotada pelo número 1 e a *direção y*, pelo número 2. As direções positivas são indicadas pelas pontas de seta.

No método da rigidez, realizamos a análise da treliça superpondo os dois casos de carga a seguir:

Caso I. A estrutura é carregada no nó 2 por um conjunto de forças que deslocam o nó por uma distância unitária para a direita, mas não permitem nenhum deslocamento vertical. Então, as forças e os deslocamentos associados aos deslocamentos unitários são multiplicados pela magnitude de Δ_x para produzir as forças e os deslocamentos associados ao deslocamento Δ_x real. Essa multiplicação está indicada por Δ_x entre colchetes à direita do esboço na Figura 17.1b.

Caso II. A estrutura é carregada no nó 2 por um conjunto de forças que deslocam o nó verticalmente por uma distância unitária, mas não permitem nenhum deslocamento horizontal. Então, as forças e os deslocamentos são multiplicados pela magnitude de Δ_y, para produzir as forças e os deslocamentos associados ao deslocamento Δ_y real (ver Figura 17.1c).

Se a estrutura responde à carga de maneira linear e elástica, a superposição desses dois casos é equivalente ao caso real. O caso I fornece o deslocamento horizontal exigido e o caso II, o deslocamento vertical.

Na Figura 17.1b, K_{11} e K_{21} representam as forças necessárias para deslocar o nó 2 por 1 pol para a direita. Na Figura 17.1c, K_{22} e K_{12} denotam as forças necessárias para deslocar o nó 2 por 1 pol para cima. São usados subscritos para denotar a direção das forças e do deslocamento unitário com referência ao sistema de coordenadas x-y local no nó 2. O primeiro subscrito especifica a direção da força. O segundo denota a direção do deslocamento unitário. As forças associadas a um *deslocamento unitário* são denominadas *coeficientes de rigidez*. Esses coeficientes podem ser avaliados referindo-se ao membro orientado com relação ao eixo horizontal por um ângulo ϕ na Figura 17.2. Na Figura 17.2a, a posição inicial do membro não tensionado é mostrada por uma linha tracejada. É causado um deslocamento horizontal unitário em uma extremidade do membro, enquanto o deslocamento vertical é impedido. Esse deslocamento faz o membro alongar por uma quantidade cos ϕ, que resulta em uma força axial F igual a $(AE/L) \cos \phi$. A componente horizontal F_x e a componente vertical F_y da força axial representam a contribuição desse membro para K_{11} e K_{12}, respectivamente, na Figura 17.1b. Analogamente, para avaliar a contribuição do membro para K_{12} e K_{22}, é causado um deslocamento vertical unitário, que produz uma deformação axial sen ϕ. Ver componentes correspondentes da força na Figura 17.2b. Essas expressões relacionam a força longitudinal em uma barra carregada axialmente (restrita em uma extremidade) aos deslocamentos unitários nas direções horizontal e vertical na extremidade oposta.

Não há necessidade de supor a direção dos deslocamentos de nó reais. Especificamos o sentido positivo dos deslocamentos unitários arbitrariamente. (Neste livro, supomos que os deslocamentos positivos estão na

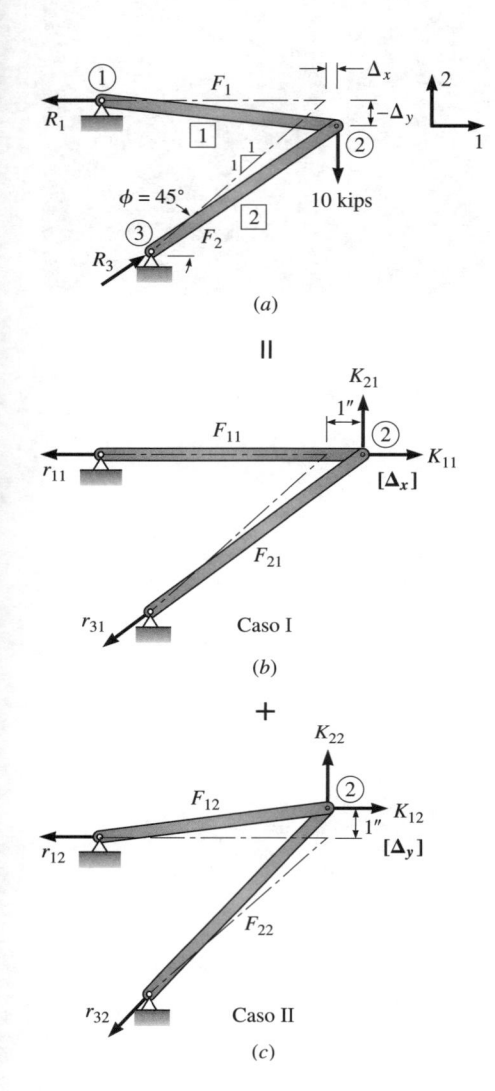

Figura 17.1: (a) Deslocamentos horizontal e vertical Δ_x e Δ_y produzidos pela carga de 10 kips no nó 2; inicialmente a barra 1 é horizontal: a barra 2 inclina-se para cima em ângulo de 45°; (b) forças (coeficientes de rigidez) K_{21} e K_{11} necessárias para produzir um deslocamento horizontal unitário do nó 2; (c) forças K_{22} e K_{12} necessárias para produzir um deslocamento vertical unitário do nó 2.

Seção 17.1   Introdução   685

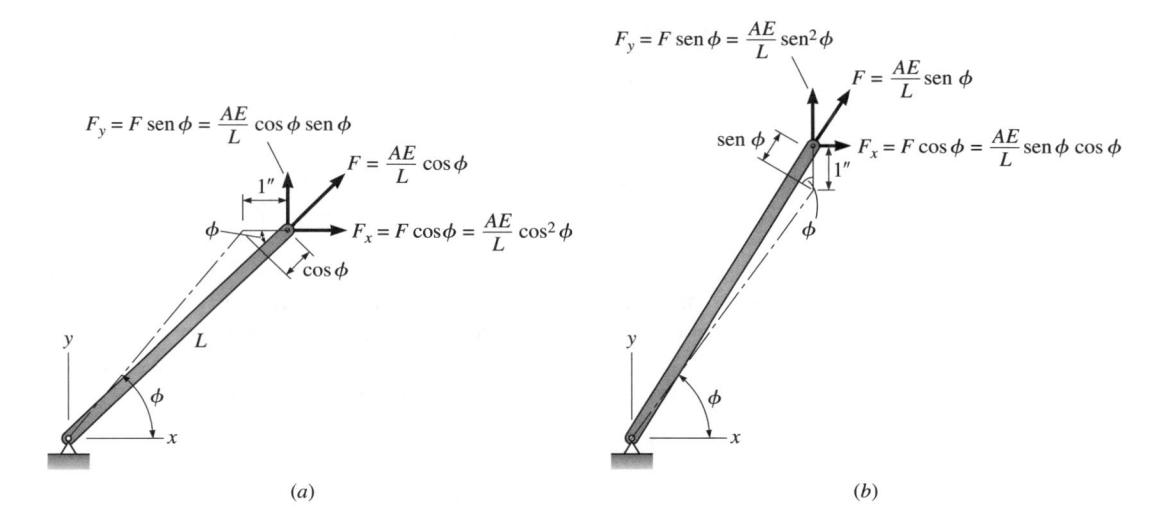

(a)

(b)

Figura 17.2: Coeficientes de rigidez de uma barra carregada axialmente, com área A, comprimento L e módulo de elasticidade E: (a) forças geradas por um deslocamento horizontal unitário; (b) forças geradas por um deslocamento vertical unitário.

mesma direção do sentido positivo dos eixos da coordenada local.) Se a solução das equações de equilíbrio (uma etapa da análise que discutiremos em breve) produz um valor de deslocamento positivo, o deslocamento se dá na mesma direção do deslocamento unitário. Inversamente, um valor de deslocamento negativo indica que o deslocamento real tem direção oposta ao deslocamento unitário.

Para estabelecer os valores de Δ_x e Δ_y da treliça da Figura 17.1a, resolvemos duas equações de equilíbrio. Essas equações são estabelecidas pela superposição das forças no nó 2 da Figura 17.1b e c e, então, igualando-se sua soma aos valores das forças de nó reais na estrutura original (ver Figura 17.1a).

$$\rightarrow^+ \quad \Sigma F_x = 0 \qquad K_{11}\Delta_x + K_{12}\Delta_y = 0 \qquad (17.1)$$

$$\uparrow^+ \quad \Sigma F_y = 0 \qquad K_{21}\Delta_x + K_{22}\Delta_y = -10 \qquad (17.2)$$

As equações 17.1 e 17.2 podem ser escritas em forma matricial como

$$\mathbf{K}\mathbf{\Delta} = \mathbf{F} \qquad (17.3)$$

em que

$$\mathbf{K} = \begin{bmatrix} K_{11} & K_{12} \\ K_{21} & K_{22} \end{bmatrix} \qquad \mathbf{\Delta} = \begin{bmatrix} \Delta_x \\ \Delta_x \end{bmatrix} \qquad \mathbf{F} = \begin{bmatrix} F_1 \\ F_2 \end{bmatrix} = \begin{bmatrix} 0 \\ -10 \end{bmatrix} \qquad (17.4)$$

em que **K** = matriz de rigidez da estrutura (isto é, seus elementos são coeficientes de rigidez)
$\mathbf{\Delta}$ = matriz coluna de deslocamentos de nó desconhecidos
F = matriz coluna de forças de nó aplicadas

Para determinar os valores de Δ_x e Δ_y (os elementos da matriz $\mathbf{\Delta}$), multiplicamos previamente os dois lados da Equação 17.3 por $\mathbf{K}^{-1}$, o inverso de $\mathbf{K}$.

$$\mathbf{K}^{-1}\mathbf{K}\mathbf{\Delta} = \mathbf{K}^{-1}\mathbf{F}$$

Como $\mathbf{K}^{-1}\mathbf{K} = 1$,

$$\mathbf{\Delta} = \mathbf{K}^{-1}\mathbf{F} \tag{17.5}$$

Após o cálculo de Δ_x e Δ_y, as reações e forças de barra podem ser determinadas pela superposição das forças correspondentes que atuam nos apoios e nos membros mostrados nos casos I e II; isto é, multiplicamos as forças no caso I por Δ_x e somamos o produto às forças correspondentes no caso II, multiplicadas por Δ_y. Por exemplo,

Reação no apoio 1: $\quad R_1 = r_{11}\Delta_x + r_{12}\Delta_y \tag{17.6a}$

Força na barra 1: $\quad F_1 = F_{11}\Delta_x + F_{12}\Delta_y \tag{17.6b}$

Para ilustrar os detalhes do método da rigidez, analisaremos a treliça da Figura 17.1a, supondo as seguintes propriedades de barra:

Áreas de barra: $\quad A_1 = A_2 = A$

Módulo de elasticidade: $\quad E_1 = E_2 = E$

Comprimento da barra: $\quad L_1 = L_2 = L$

Avaliamos os coeficientes de rigidez na Figura 17.1b com a ajuda da Figura 17.2a, em que $\phi = 0°$ para a barra 1 e $\phi = 45°$ para a barra 2. Para esses ângulos, os respectivos valores de sen ϕ e cos ϕ são

Barra 1: $\quad \cos 0° = 1 \quad\quad \operatorname{sen} 0° = 0$

Barra 2: $\quad \cos 45° = \dfrac{\sqrt{2}}{2} \quad\quad \operatorname{sen} 45° = \dfrac{\sqrt{2}}{2}$

Embora as propriedades (A, E e L) das duas barras sejam idênticas, identificaremos inicialmente os termos que se aplicam a cada barra usando variáveis com subscritos. Usando a Figura 17.2a para avaliar os coeficientes de rigidez na Figura 17.1b, temos

$$K_{11} = \sum \frac{AE}{L}\cos^2\phi = \frac{A_1E_1}{L_1}(1)^2 + \frac{A_2E_2}{L_2}\left(\frac{\sqrt{2}}{2}\right)^2 \tag{17.7}$$

$$K_{21} = \sum \frac{AE}{L}\cos\phi\operatorname{sen}\phi = \frac{A_1E_1}{L_1}(1)(0) + \frac{A_2E_2}{L_2}\left(\frac{\sqrt{2}}{2}\right)^2 \tag{17.8}$$

Avaliamos os coeficientes de rigidez na Figura 17.1c com a Figura 17.2b.

$$K_{22} = \sum \frac{AE}{L}\operatorname{sen}^2\phi = \frac{A_1E_1}{L_1}(0)^2 + \frac{A_2E_2}{L_2}\left(\frac{\sqrt{2}}{2}\right)^2 \tag{17.9}$$

$$K_{12} = \sum \frac{AE}{L} \operatorname{sen}\phi \cos \phi = \frac{A_1 E_1}{L_1}(0)(1) + \frac{A_2 E_2}{L_2}\left(\frac{\sqrt{2}}{2}\right)^2 \quad (17.10)$$

Escrevendo os coeficientes de rigidez nas equações 17.7 a 17.10 em termos de A, E e L, combinando os termos e substituindo-os na Equação 17.4, podemos escrever a matriz de rigidez da estrutura **K** como

$$\mathbf{K} = \begin{bmatrix} \dfrac{3AE}{2L} & \dfrac{AE}{2L} \\ \dfrac{AE}{2L} & \dfrac{AE}{2L} \end{bmatrix} = \frac{AE}{2L} \begin{bmatrix} 3 & 1 \\ 1 & 1 \end{bmatrix} \quad (17.11)$$

Usando a Equação 16.10 para avaliar $\mathbf{K}^{-1}$, calculamos

$$\mathbf{K}^{-1} = \frac{L}{AE} \begin{bmatrix} 1 & -1 \\ -1 & 3 \end{bmatrix} \quad (17.12)$$

Substituindo $\mathbf{K}^{-1}$ dado pela Equação 17.12 e **F** dado pela Equação 17.4 na Equação 17.5 e multiplicando, temos

$$\begin{bmatrix} \Delta_x \\ \Delta_y \end{bmatrix} = \frac{L}{AE} \begin{bmatrix} 1 & -1 \\ -1 & 3 \end{bmatrix} \begin{bmatrix} 0 \\ -10 \end{bmatrix} = \frac{L}{AE} \begin{bmatrix} 10 \\ -30 \end{bmatrix}$$

isto é,

$$\Delta_x = \frac{10L}{AE} \qquad \Delta_y = -\frac{30L}{AE} \quad (17.13)$$

Agora, as forças de barra são calculadas pela superposição dos casos I e II. Para avaliar as forças axiais produzidas pelos deslocamentos unitários, usamos a Figura 17.2. Para a barra 1 ($\phi = 0°$),

$$F_1 = \Delta_x F_{11} + \Delta_y F_{12} \quad (17.6b)$$

em que $F_{11} = F = (AE/L) \cos \phi$ (Figura 17.2a) e $F_{12} = F = (AE/L) \operatorname{sen} \phi$ (Figura 17.2b).

$$F_1 = \frac{10L}{AE} \frac{AE}{L}(1) + \left(-\frac{30L}{AE}\right)\frac{AE}{L}(0) = 10 \text{ kips}$$

Para a barra 2 ($\phi = 45°$),

$$F_2 = \Delta_x F_{21} + \Delta_y F_{22}$$

em que $F_{21} = F = (AE/L) \cos \phi$ na Figura 17.2a e $F_{22} = F = (AE/L) \operatorname{sen} \phi$ na Figura 17.2b.

$$F_2 = \frac{10L}{AE} \frac{AE}{L}\left(\frac{\sqrt{2}}{2}\right) + \left(-\frac{30L}{AE}\right)\left(\frac{AE}{L}\right)\left(\frac{\sqrt{2}}{2}\right) = -10\sqrt{2} \text{ kips}$$

17.2 Matrizes de rigidez de membro e da estrutura

Para permitir que o método da rigidez (apresentado na Seção 17.1) seja programado automaticamente a partir dos dados de entrada (isto é, coordenadas do nó, propriedades de membro, cargas de nó etc.), apresentaremos agora um procedimento ligeiramente diferente para gerar a *matriz de rigidez da estrutura* **K**. Nesse procedimento modificado, geramos a *matriz de rigidez de membro* **k** de membros individuais da treliça e, então, combinamos essas matrizes para formar a matriz de rigidez da estrutura **K**.

A matriz de rigidez de membro de uma barra carregada axialmente relaciona as forças axiais nas extremidades do membro aos deslocamentos axiais em cada extremidade. Os elementos da matriz de rigidez de membro são inicialmente expressos em termos de um *sistema de coordenadas local* ou *do membro* cujo eixo x' é colinear com o eixo longitudinal do membro. Como a inclinação dos eixos longitudinais de barras individuais normalmente varia, antes de podermos combinar as matrizes de rigidez de membro devemos transformar suas propriedades a partir dos sistemas de coordenadas do membro individual para as de um *sistema de coordenadas global* único para a estrutura. Embora a orientação do sistema de coordenadas global seja arbitrária, normalmente localizamos sua origem em um nó externo na base da estrutura. Para uma estrutura planar, posicionamos os eixos x e y nas direções horizontal e vertical.

Na Seção 17.3, apresentaremos um procedimento para construir a matriz de rigidez do membro **k'** em termos de um sistema de coordenadas local. Para as ocasiões em que o sistema de coordenadas local de todas as barras da treliça coincidir com o sistema de coordenadas global, a Seção 17.4 apresentará um procedimento para montar a matriz de rigidez da estrutura a partir das matrizes de rigidez de membro. Após a matriz de rigidez da estrutura ser estabelecida, a Seção 17.5 descreverá um procedimento para determinar os deslocamentos nodais, as reações, as deformações do membro e as forças desconhecidas. A Seção 17.6 discutirá o caso mais geral de barras de treliça inclinadas com relação ao sistema de coordenadas global; para esse caso, será apresentado um procedimento para estabelecer a matriz de rigidez de membro **k** em termos do sistema de coordenadas global. A Seção 17.7 descreverá uma estratégia alternativa para construir **k** a partir de **k'**, usando uma matriz de transformação.

17.3 Construção da matriz de rigidez de membro para uma barra individual de treliça

Para gerar a matriz de rigidez de membro de uma barra carregada axialmente, consideraremos o membro n com comprimento L, área A e módulo de elasticidade E da Figura 17.3a. Os nós do membro são denotados pelos números 1 e 2. Também mostramos um sistema de coordenadas local com origem em 1 e os eixos x' e y' superpostos na barra. Supomos que a direção positiva das forças e dos deslocamentos horizontais é a direção positiva do eixo x' (isto é, dirigidos para a direita). Conforme mostrado na Figura 17.3b, primeiramente introduzimos um deslocamento Δ_1 no nó 1, enquanto supomos que o nó 2 está restringido por um apoio de pino temporário. Expressando as forças de extremidade em termos de Δ_1, usando a Equação 16.6, temos

$$Q_{11} = \frac{AE}{L}\Delta_1 \quad \text{e} \quad Q_{21} = -\frac{AE}{L}\Delta_1 \quad (17.14)$$

As forças de extremidade produzidas pelo deslocamento Δ_1 são identificadas por dois subscritos. O primeiro denota a localização do nó no qual a força atua e o segundo, a localização do deslocamento. O sinal de menos de Q_{21} é necessário porque ela atua na direção negativa de x'. Conforme vimos na Seção 17.1, as forças de extremidade Q_{11} e Q_{21} também poderiam ter sido geradas pela introdução de um deslocamento unitário no nó 1 e multiplicando-se os coeficientes de rigidez $K_{11} = AE/L$ e $K_{21} = -AE/L$ pelo deslocamento Δ_1 real.

Analogamente, se o nó 1 é restringido, enquanto o nó 2 se desloca na direção positiva por uma distância Δ_2, as forças de extremidade são

$$Q_{12} = -\frac{AE}{L}\Delta_2 \quad \text{e} \quad Q_{22} = \frac{AE}{L}\Delta_2 \quad (17.15)$$

Para avaliar as forças resultantes Q_1 e Q_2 em cada extremidade do membro em termos dos deslocamentos de extremidade Δ_1 e Δ_2 (ver Figura 17.3d), somamos os termos correspondentes das equações 17.14 e 17.15, resultando

$$Q_1 = Q_{11} + Q_{12} = \frac{AE}{L}(\Delta_1 - \Delta_2)$$
$$Q_2 = Q_{21} + Q_{22} = \frac{AE}{L}(-\Delta_1 + \Delta_2) \quad (17.16)$$

A Equação 17.16 pode ser expressa em notação matricial como

$$\begin{bmatrix} Q_1 \\ Q_2 \end{bmatrix} = \begin{bmatrix} \dfrac{AE}{L} & -\dfrac{AE}{L} \\ -\dfrac{AE}{L} & \dfrac{AE}{L} \end{bmatrix} \begin{bmatrix} \Delta_1 \\ \Delta_2 \end{bmatrix} \quad (17.17)$$

ou
$$\mathbf{Q} = \mathbf{k}'\boldsymbol{\Delta} \quad (17.18)$$

em que a matriz de rigidez do membro no sistema de coordenadas local é

$$\mathbf{k}' = \begin{bmatrix} \dfrac{AE}{L} & -\dfrac{AE}{L} \\ -\dfrac{AE}{L} & \dfrac{AE}{L} \end{bmatrix} = \frac{AE}{L}\begin{bmatrix} 1 & -1 \\ -1 & 1 \end{bmatrix} \quad (17.19)$$

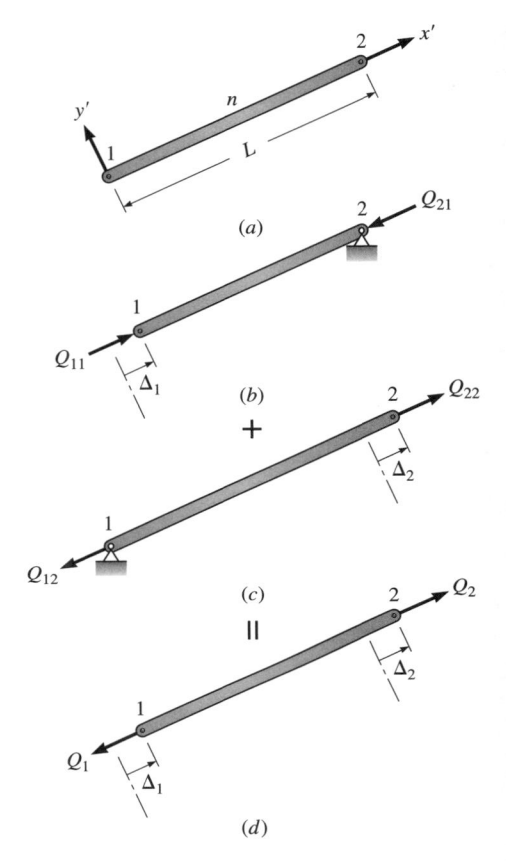

Figura 17.3: Coeficientes de rigidez de uma barra carregada axialmente: (a) barra mostrando o sistema de coordenadas local com origem no nó 1; (b) deslocamento introduzido no nó 1 com o nó 2 restringido; (c) deslocamento introduzido no nó 2 com o nó 1 restringido; (d) forças e deslocamentos de extremidade da barra real, produzidos pela superposição de (b) e (c).

e Δ é o vetor de deslocamento. O apóstrofo é adicionado a $\mathbf{k}'$ para indicar que a formulação é dada nos termos das coordenadas locais x' e y' do membro. Como todos os elementos AE/L na matriz $\mathbf{k}'$ podem ser interpretados como a força associada a um deslocamento axial unitário de uma extremidade do membro quando a extremidade oposta está restringida, eles são os coeficientes de rigidez e podem ser denotados como

$$k = \frac{AE}{L} \tag{17.20}$$

Observamos também que a soma dos elementos em cada coluna de $\mathbf{k}'$ é igual a zero. Essa condição resulta porque os coeficientes em cada coluna representam as forças produzidas por um deslocamento unitário de um nó, enquanto o outro nó está restringido. Como a barra está em equilíbrio na direção x', as forças devem somar zero. Além disso, todos os coeficientes ao longo da diagonal principal devem ser positivos, pois esses termos estão associados à força que atua no nó em que um deslocamento positivo é introduzido na estrutura e, de modo correspondente, a força se dá na mesma direção (positiva) do deslocamento.

Note que a matriz de deslocamento Δ na Equação 17.17 contém somente deslocamentos Δ_1 e Δ_2 ao longo do eixo do membro. Os deslocamentos de extremidade na direção y' não precisam ser incluídos na formulação, pois esses movimentos transversais não produzem força interna nos membros da treliça, de acordo com a teoria das pequenas deformações.

17.4 Montagem da matriz de rigidez da estrutura

Se uma estrutura consiste de várias barras e o sistema de coordenadas local dessas barras coincide com o sistema de coordenadas global, então a matriz de rigidez $\mathbf{K}$ da estrutura pode ser gerada por um dos dois métodos a seguir:

1. Introdução de deslocamentos em cada nó com todos os outros nós restringidos.
2. Combinação das matrizes de rigidez das barras individuais.

Ilustraremos o uso dos dois métodos gerando a matriz de rigidez da estrutura do sistema de duas barras mostrado na Figura 17.4a.

Método 1. Superposição das forças produzidas por deslocamentos nodais

Conforme mostrado na Figura 17.4b a d, introduzimos deslocamentos em cada nó, enquanto todos os outros nós são restringidos, e calculamos as forças de nó usando a Equação 16.6 [isto é, $Q = (AE/L)\Delta = k\Delta$]. Os deslocamentos e as forças são positivos quando dirigidos para a direita. Defina $k_1 = A_1 E_1/L_1$ e $k_2 = A_2 E_2/L_2$.

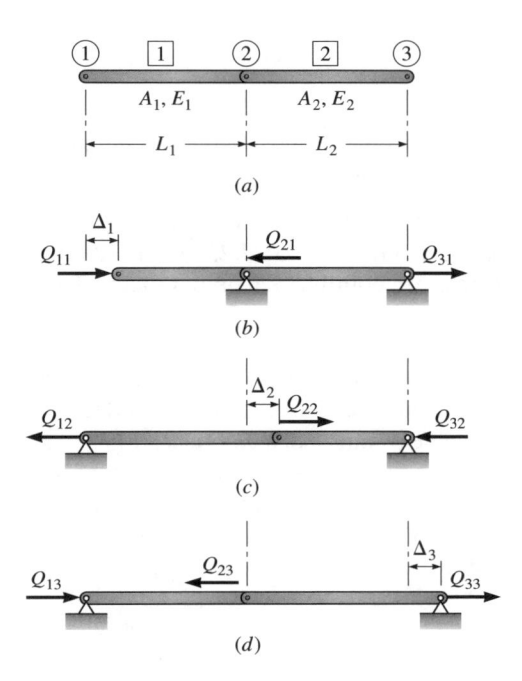

Figura 17.4: Condições de carga usadas para gerar a matriz de rigidez da estrutura: (*a*) propriedades do sistema de duas barras; (*b*) forças de nó produzidas por um deslocamento positivo Δ_1 do nó 1 com os nós 2 e 3 restringidos; (*c*) forças de nó produzidas por um deslocamento positivo do nó 2 com os nós 1 e 3 restringidos; (*d*) forças de nó produzidas por um deslocamento positivo do nó 3 com os nós 1 e 2 restringidos.

Caso 1. O nó 1 se desloca Δ_1; os nós 2 e 3 são restringidos (ver Figura 17.4*b*). Como a barra 2 não deforma, nenhuma reação se desenvolve no nó 3.

$$Q_{11} = k_1\Delta_1 \qquad Q_{21} = -k_1\Delta_1 \qquad Q_{31} = 0 \qquad (17.21)$$

Caso 2. O nó 2 se desloca Δ_2; os nós 1 e 3 são restringidos (ver Figura 17.4*c*).

$$Q_{12} = -k_1\Delta_2 \qquad Q_{22} = (k_1 + k_2)\Delta_2 \qquad Q_{32} = -k_2\Delta_2 \qquad (17.22)$$

Caso 3. O nó 3 se desloca Δ_3; os nós 2 e 3 são restringidos (ver Figura 17.4*d*).

$$Q_{13} = 0 \qquad Q_{23} = -k_2\Delta_3 \qquad Q_{33} = k_2\Delta_3 \qquad (17.23)$$

Para expressar as forças de nó resultantes Q_1, Q_2 e Q_3 em termos dos deslocamentos nodais, somamos as forças Q em cada nó, dadas pelas equações 17.21, 17.22 e 17.23.

$$\begin{aligned} Q_1 &= Q_{11} + Q_{12} + Q_{13} = k_1\Delta_1 \quad -k_1\Delta_2 \\ Q_2 &= Q_{21} + Q_{22} + Q_{23} = -k_1\Delta_1 + (k_1 + k_2)\Delta_2 - k_2\Delta_3 \quad (17.24) \\ Q_3 &= Q_{31} + Q_{32} + Q_{33} = \qquad\qquad\qquad -k_2\Delta_2 \quad k_2\Delta_3 \end{aligned}$$

Expressando as três equações acima em notação matricial, temos

$$\begin{bmatrix} Q_1 \\ Q_2 \\ Q_3 \end{bmatrix} = \begin{bmatrix} k_1 & -k_1 & 0 \\ -k_1 & k_1 + k_2 & -k_2 \\ 0 & -k_2 & k_2 \end{bmatrix} \begin{bmatrix} \Delta_1 \\ \Delta_2 \\ \Delta_3 \end{bmatrix} \qquad (17.25)$$

ou
$$Q = K\Delta \quad (17.26)$$

em que Q = matriz coluna de forças nodais
Δ = matriz coluna de deslocamentos nodais
K = matriz de rigidez da estrutura

Conforme discutimos anteriormente, os coeficientes em cada coluna da matriz de rigidez da Equação 17.25 somam zero, pois constituem um conjunto de forças em equilíbrio. Como a matriz é simétrica (o princípio de Maxwell-Betti), a soma dos coeficientes em cada linha também deve ser igual a zero.

Se as forças nodais no vetor Q da Equação 17.26 são especificadas, parece inicialmente que podemos determinar os deslocamentos de nó multiplicando previamente os dois lados da Equação 17.26 pelo inverso da matriz de rigidez da estrutura K. Contudo, as três equações representadas pela Equação 17.25 não são independentes, pois a linha 2 é uma combinação linear das linhas 1 e 3. Para provar isso, podemos produzir a linha 2 somando as linhas 1 e 3, após elas serem multiplicadas por –1. Como estão disponíveis somente duas equações independentes para resolver as três incógnitas, a matriz K é singular e não pode ser invertida (consultar a Seção 16.8). O fato de não podermos resolver as três equações de equilíbrio indica que a estrutura é instável (isto é, não está em equilíbrio). A instabilidade ocorre porque nenhum apoio foi especificado para a estrutura (ver Figura 17.4a). Conforme discutiremos em breve, se forem fornecidos apoios suficientes para produzir uma estrutura estável, podemos dividir a matriz em submatrizes que possam ser resolvidas para achar os deslocamentos nodais desconhecidos.

Método 2. Construção da matriz de rigidez da estrutura pela combinação das matrizes de rigidez de membro

A matriz de rigidez da estrutura da Figura 17.4 também pode ser gerada pela combinação das matrizes de rigidez de membro das barras 1 e 2. Usando a Equação 17.19, podemos escrever as matrizes de rigidez de membro das duas barras como

$$\mathbf{k}'_1 = \begin{bmatrix} \overset{1}{k_1} & \overset{2}{-k_1} \\ -k_1 & k_1 \end{bmatrix}\begin{matrix}1\\2\end{matrix} \qquad \mathbf{k}'_2 = \begin{bmatrix} \overset{2}{k_2} & \overset{3}{-k_2} \\ -k_2 & k_2 \end{bmatrix}\begin{matrix}2\\3\end{matrix} \quad (17.27)$$

Subscritos são adicionados aos coeficientes de rigidez para identificar a barra cujas propriedades representam. Também rotulamos a parte superior de cada coluna com um número que identifica o deslocamento de nó em particular associado aos elementos da coluna e numeramos as linhas à direita de cada colchete para identificar a força nodal associada aos elementos da linha.

Construímos um sistema de coordenadas xy global no nó 1, de modo que esse sistema coincida com o sistema de coordenadas $x'y'$ local das barras individuais. Como o eixo x' de cada barra coincide com o eixo x do sistema de coordenadas global, temos $\mathbf{k}_1 = \mathbf{k}'_1$ e $\mathbf{k}_2 = \mathbf{k}'_2$. Como os elementos da primeira e da segunda colunas de cada matriz na Equação 17.27 referem-se a nós diferentes, somar essas duas matrizes diretamente não tem nenhum significado físico. Para permitir a adição das matrizes, as expandimos para a mesma ordem da matriz de rigidez da estrutura (3, neste caso, para deslocamentos horizontais nos três nós), adicionando uma linha extra e uma coluna extra.

$$\mathbf{k}_1 = \begin{bmatrix} \overset{1}{k_1} & \overset{2}{-k_1} & \overset{3}{0} \\ -k_1 & k_1 & 0 \\ 0 & 0 & 0 \end{bmatrix}\begin{matrix}1\\2\\3\end{matrix} \quad \mathbf{k}_2 = \begin{bmatrix} \overset{1}{0} & \overset{2}{0} & \overset{3}{0} \\ 0 & k_2 & -k_2 \\ 0 & -k_2 & k_2 \end{bmatrix}\begin{matrix}1\\2\\3\end{matrix} \quad (17.28)$$

Por exemplo, os coeficientes na matriz $\mathbf{k}_1$ (Equação 17.27) relacionam as forças nos nós 1 e 2 ao deslocamento dos mesmos nós. Para eliminar na matriz expandida (Equação 17.28) o efeito dos deslocamentos no nó 3 sobre as forças nos nós 1, 2 e 3, os elementos na terceira coluna da matriz expandida devem ser definidos iguais a zero, pois esses termos serão multiplicados pelo deslocamento do nó 3. Analogamente, como a matriz 2×2 $\mathbf{k}_1$ original não influencia a força no nó 3, os elementos da linha inferior da matriz devem ser todos definidos iguais a zero. Um raciocínio semelhante exige que expandamos a matriz $\mathbf{k}_2$ para uma matriz 3×3, adicionando zeros na primeira linha e na primeira coluna. Como as matrizes expandidas dadas pela Equação 17.28 são da mesma ordem, podemos somar seus elementos diretamente para produzir a matriz de rigidez da estrutura $\mathbf{K}$.

$$\mathbf{K} = \mathbf{k}_1 + \mathbf{k}_2 = \begin{bmatrix} \overset{1}{k_1} & \overset{2}{-k_1} & \overset{3}{0} \\ -k_1 & k_1 & 0 \\ 0 & 0 & 0 \end{bmatrix}\begin{matrix}1\\2\\3\end{matrix} + \begin{bmatrix} 0 & \overset{2}{0} & \overset{3}{0} \\ 0 & k_2 & -k_2 \\ 0 & -k_2 & k_2 \end{bmatrix}\begin{matrix}1\\2\\3\end{matrix} = \begin{bmatrix} \overset{1}{k_1} & \overset{2}{-k_1} & \overset{3}{0} \\ -k_1 & k_1+k_2 & -k_2 \\ 0 & -k_2 & k_2 \end{bmatrix}\begin{matrix}1\\2\\3\end{matrix}$$

(17.29)

A matriz de rigidez dada pela Equação 17.29 é idêntica àquela produzida pelo método 1 (ver Equação 17.25).

Na aplicação real, não é necessário expandir as matrizes de rigidez de membro individuais para construir a matriz de rigidez da estrutura. Mais simplesmente, inserimos os coeficientes de rigidez da matriz de rigidez de membro nas linhas e colunas apropriadas da matriz de rigidez da estrutura. Na Equação 17.29, a matriz de rigidez do membro individual está circundada por linhas tracejadas para mostrar sua posição na matriz de rigidez da estrutura.

17.5 Solução do método da rigidez direta

Montada a matriz de rigidez da estrutura $\mathbf{K}$ e estabelecida a relação força-deslocamento (Equação 17.26), descrevemos nesta seção como se faz para avaliar o vetor de deslocamento de nó desconhecido $\mathbf{\Delta}$ e as reações de apoio de uma estrutura. Conforme discutimos na Seção 17.1, o primeiro passo na análise da rigidez é calcular os deslocamentos nodais desconhecidos. Essa etapa consiste em resolver um conjunto de equações de equilíbrio (por exemplo, ver equações 17.1 e 17.2) nas quais os deslocamentos nodais são as incógnitas. Os termos que compõem essas equações de equilíbrio são submatrizes das três matrizes **Q**, **K** e **Δ** da Equação 17.26. Essas submatrizes podem ser estabelecidas separando-se as matrizes da Equação 17.26 de modo que os termos associados aos nós que estão livres para se deslocar sejam separados dos termos associados aos nós restringidos pelos apoios. Essa etapa exige que todas as linhas associadas aos graus de liberdade sejam deslocadas para o topo da matriz. (Quando uma linha é deslocada para cima, a coluna correspondente também precisa ser deslocada para a esquerda de maneira semelhante.) Se a análise matricial for feita à mão, podemos executar essa etapa numerando os nós não restringidos antes dos nós restringidos. O resultado dessa reorganização e partição nos permitirá expressar a Equação 17.26 em termos das seguintes submatrizes:

$$\begin{bmatrix} \mathbf{Q}_f \\ \mathbf{Q}_s \end{bmatrix} = \begin{bmatrix} \mathbf{K}_{11} & \mathbf{K}_{12} \\ \mathbf{K}_{21} & \mathbf{K}_{22} \end{bmatrix} \begin{bmatrix} \mathbf{\Delta}_f \\ \mathbf{\Delta}_s \end{bmatrix} \quad (17.30)$$

em que $\mathbf{Q}_f$ = matriz contendo valores de carga nos nós livres para se deslocar
$\mathbf{Q}_s$ = matriz contendo reações de apoio desconhecidas
$\mathbf{\Delta}_f$ = matriz contendo deslocamentos de nó desconhecidos
$\mathbf{\Delta}_s$ = matriz contendo deslocamentos de apoio

Multiplicando as matrizes na Equação 17.30, temos

$$\mathbf{Q}_f = \mathbf{K}_{11}\mathbf{\Delta}_f + \mathbf{K}_{12}\mathbf{\Delta}_s \quad (17.31)$$

$$\mathbf{Q}_s = \mathbf{K}_{21}\mathbf{\Delta}_f + \mathbf{K}_{22}\mathbf{\Delta}_s \quad (17.32)$$

Se os apoios não se movem (isto é, $\mathbf{\Delta}_s$ é uma matriz nula), as equações acima se reduzem a

$$\mathbf{Q}_f = \mathbf{K}_{11}\mathbf{\Delta}_f \quad (17.33)$$

$$\mathbf{Q}_s = \mathbf{K}_{21}\mathbf{\Delta}_f \quad (17.34)$$

Como os elementos em $\mathbf{Q}_f$ e $\mathbf{K}_{11}$ são conhecidos, a Equação 17.33 pode ser resolvida para $\mathbf{\Delta}_f$ multiplicando-se previamente os dois lados da equação por $\mathbf{K}_{11}^{-1}$, resultando em

$$\mathbf{\Delta}_f = \mathbf{K}_{11}^{-1}\mathbf{Q}_f \quad (17.35)$$

Substituindo o valor de $\mathbf{\Delta}_f$ na Equação 17.34, temos as reações de apoio

$$\mathbf{Q}_s = \mathbf{K}_{21}\mathbf{K}_{11}^{-1}\mathbf{Q}_f \quad (17.36)$$

No Exemplo 17.1, aplicamos o método da rigidez na análise de uma treliça simples. O método não depende do grau de indeterminação da estrutura e é aplicado da mesma maneira em estruturas determinadas e indeterminadas.

EXEMPLO 17.1

Determine os deslocamentos de nó e as reações da estrutura da Figura 17.5 pela partição da matriz de rigidez da estrutura.

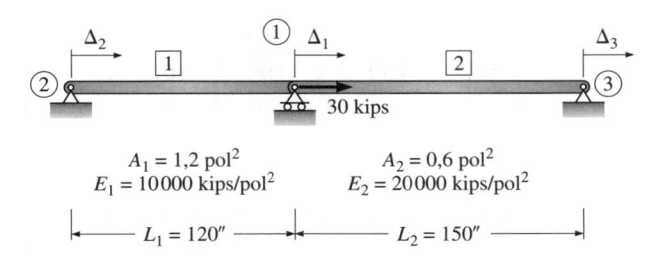

Figura 17.5

$A_1 = 1{,}2\ \text{pol}^2$
$E_1 = 10\,000\ \text{kips/pol}^2$
$L_1 = 120''$

$A_2 = 0{,}6\ \text{pol}^2$
$E_2 = 20\,000\ \text{kips/pol}^2$
$L_2 = 150''$

Solução

Numere os nós, começando com os que estão livres para se deslocar. O sentido positivo dos deslocamentos e das forças em cada nó está indicado pelas setas. Como as barras só transmitem força axial, consideramos apenas os deslocamentos na direção horizontal.

Calcule a rigidez $k = AE/L$ de cada membro.

$$k_1 = \frac{1{,}2(10\,000)}{120} = 100\ \text{kips/pol}$$

$$k_2 = \frac{0{,}6(20\,000)}{150} = 80\ \text{kips/pol}$$

Avalie as matrizes de rigidez de membro, usando a Equação 17.19. Como o sistema de coordenadas local de cada barra coincide com o sistema de coordenadas global, $\mathbf{k}' = \mathbf{k}$.

$$\mathbf{k}_1 = k_1 \begin{bmatrix} 1 & -1 \\ -1 & 1 \end{bmatrix} = \begin{bmatrix} \overset{1}{100} & \overset{2}{-100} \\ -100 & 100 \end{bmatrix} \begin{matrix} 1 \\ 2 \end{matrix}$$

$$\mathbf{k}_2 = k_2 \begin{bmatrix} 1 & -1 \\ -1 & 1 \end{bmatrix} = \begin{bmatrix} \overset{1}{80} & \overset{3}{-80} \\ -80 & 80 \end{bmatrix} \begin{matrix} 1 \\ 3 \end{matrix}$$

[continua]

[*continuação*]

Defina a matriz de rigidez da estrutura **K** combinando os termos das matrizes de rigidez de membro $\mathbf{k}_1$ e $\mathbf{k}_2$. Estabeleça a Equação 17.3 como segue:

$$\begin{bmatrix} Q_1 = 30 \\ \hline Q_2 \\ Q_3 \end{bmatrix} = \begin{bmatrix} \overset{1}{100 + 80} & \overset{2}{-100} & \overset{3}{-80} \\ \hline -100 & 100 & 0 \\ -80 & 0 & 80 \end{bmatrix} \begin{bmatrix} \Delta_1 \\ \hline \Delta_2 = 0 \\ \Delta_3 = 0 \end{bmatrix}$$

Separe as matrizes conforme indicado pela Equação 17.30 e resolva para Δ_1 usando a Equação 17.35. Como cada submatriz contém um elemento, a Equação 17.35 se reduz a uma equação algébrica simples.

$$\boldsymbol{\Delta}_f = \mathbf{K}_{11}^{-1}\mathbf{Q}_f$$

$$\Delta_1 = \frac{1}{180}(30) = \frac{1}{6} \text{ pol}$$

Resolva para as reações, usando a Equação 17.36.

$$\mathbf{Q}_s = \mathbf{K}_{21}\mathbf{K}_{11}^{-1}\mathbf{Q}_f$$

$$\begin{bmatrix} Q_2 \\ Q_3 \end{bmatrix} = \begin{bmatrix} -100 \\ -80 \end{bmatrix} \begin{bmatrix} \frac{1}{180} \end{bmatrix} [30] = \begin{bmatrix} -16{,}67 \\ -13{,}33 \end{bmatrix}$$

em que
$$Q_2 = \frac{1}{180}(-100)30 = -16{,}67 \text{ kips}$$

$$Q_3 = \frac{1}{180}(-80)30 = -13{,}33 \text{ kips}$$

Portanto, as reações nos nós 2 e 3 são de –16,67 e –13,33 kips respectivamente. Os sinais de menos indicam que as forças atuam para a esquerda.

17.6 Matriz de rigidez de membro de uma barra de treliça inclinada

Para ilustrar a construção da matriz de rigidez da estrutura da Seção 17.4, analisamos uma treliça simples com barras horizontais. Como a orientação do membro e dos sistemas de coordenadas globais dessas barras é idêntica, **k'** é igual a **k** e podemos inserir as matrizes 2 × 2 de rigidez de membro diretamente na matriz de rigidez da estrutura. Contudo, esse método não pode ser aplicado a uma treliça com barras inclinadas. Nesta seção, desenvolveremos a matriz de rigidez de membro **k** para uma barra inclinada em termos de coordenadas globais para que o método da rigidez direta possa ser estendido para treliças com membros diagonais.

Na Figura 17.6a, mostramos um membro inclinado *ij*. O nó *i* é denotado como extremidade *próxima* e o nó *j* como extremidade *distante*. A posição inicial do membro não tensionado é mostrada por uma linha tracejada. O eixo local do membro, x', faz um ângulo ϕ com o eixo x do sistema de coordenadas global cuja origem está localizada no nó *i*. Atribuímos uma *direção positiva para a barra colocando uma seta dirigida do nó i para o nó j ao longo do eixo da barra*. Atribuindo uma direção positiva para cada barra, poderemos levar em conta o sinal (mais ou menos) das funções seno e co-seno que aparecem nos elementos da matriz de rigidez de membro.

Para gerar as relações força-deslocamento de uma barra inclinada no sistema de coordenadas global, introduzimos, em sequência, deslocamentos nas direções x e y em cada extremidade do membro. Esses deslocamentos são rotulados com dois subscritos. O primeiro identifica a localização do nó onde o deslocamento ocorre; o segundo denota a direção do deslocamento com relação aos eixos globais.

As componentes da força nas extremidades da barra e a magnitude do deslocamento de nó ao longo do eixo da barra gerado pelos respectivos deslocamentos na Figura 17.6 são avaliados usando a Figura 17.2. Como as forças e deformações da Figura 17.2 são produzidas por deslocamentos unitários, elas devem ser multiplicadas pela magnitude real dos deslocamentos na Figura 17.6. Os deslocamentos da Figura 17.6 estão apresentados em uma escala exagerada para mostrar as relações geométricas claramente. Como, na verdade, os deslocamentos são pequenos, podemos supor que a inclinação da barra não é alterada pelos deslocamentos de extremidade. Tratando x_i, y_i, x_j e y_j como as coordenadas dos nós *i* e *j*, respectivamente, sen ϕ e cos ϕ podem ser expressos em termos das coordenadas dos nós *i* e *j* como

$$\operatorname{sen} \phi = \frac{y_j - y_i}{L} \qquad \cos \phi = \frac{x_j - x_i}{L} \qquad (17.37)$$

em que

$$L = \sqrt{(x_j - x_i)^2 + (y_j - y_i)^2} \qquad (17.38)$$

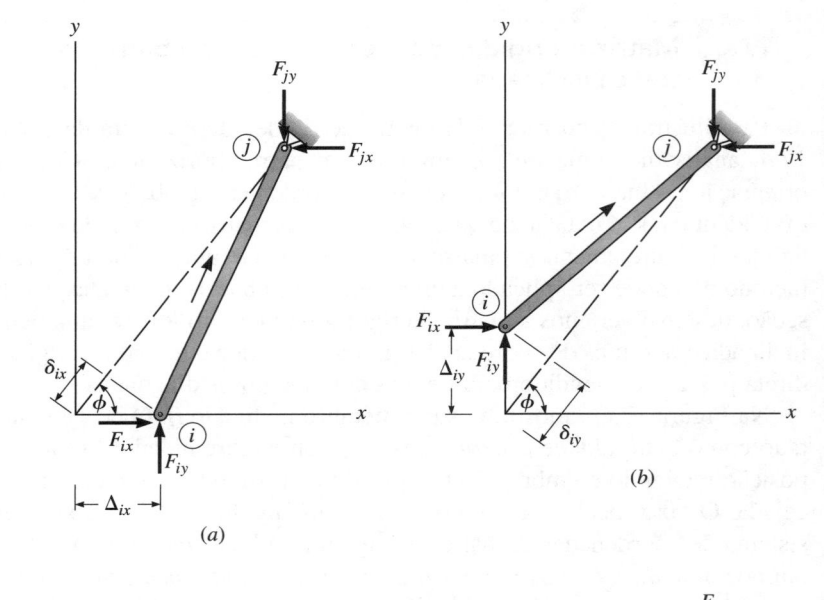

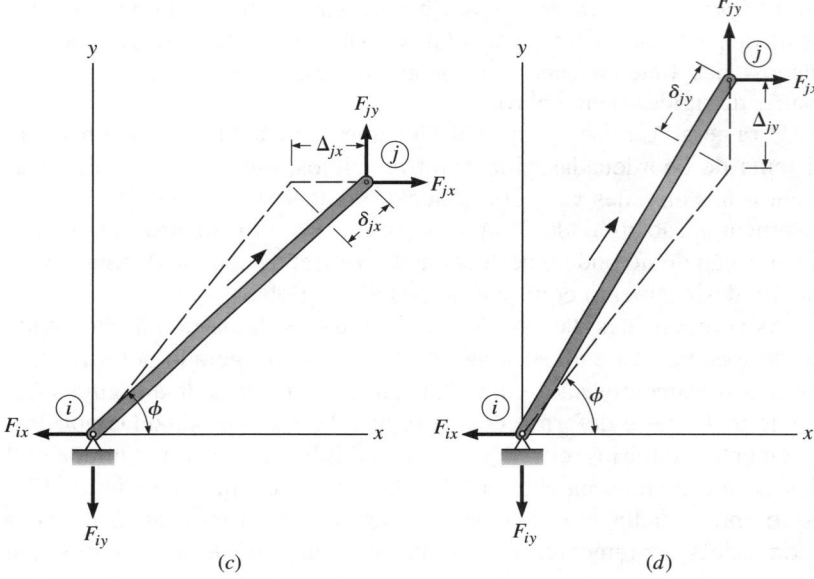

Figura 17.6: Forças causadas por: (a) deslocamento horizontal Δ_{ix}; (b) deslocamento vertical Δ_{iy}; (c) deslocamento horizontal Δ_{jx}; (d) deslocamento vertical Δ_{jy}.

Caso 1. Introduza um deslocamento horizontal Δ_{ix} no nó i com a extremidade j da barra restringida, produzindo uma força axial F_i na barra (ver Figura 17.6a).

$$F_i = \frac{AE}{L}\delta_{ix} \quad \text{em que } \delta_{ix} = (\cos\phi)\Delta_{ix} \qquad (17.39)$$

$$F_{ix} = F_i \cos \phi = \frac{AE}{L}(\cos^2 \phi)\Delta_{ix}$$

$$F_{iy} = F_i \operatorname{sen} \phi = \frac{AE}{L}(\cos \phi)(\operatorname{sen} \phi)\Delta_{ix}$$

$$F_{jx} = -F_{ix} = -\frac{AE}{L}(\cos^2 \phi)\Delta_{ix} \qquad (17.40)$$

$$F_{jy} = -F_{iy} = -\frac{AE}{L}(\cos \phi)(\operatorname{sen} \phi)\Delta_{ix}$$

Caso 2. Introduza um deslocamento vertical Δ_{iy} no nó i com a extremidade j da barra restringida (ver Figura 17.6b).

$$F_i = \frac{AE}{L}\delta_{iy} \qquad \text{em que } \delta_{iy} = (\operatorname{sen} \phi)\Delta_{iy} \qquad (17.41)$$

$$F_{ix} = \frac{AE}{L}(\operatorname{sen} \phi)(\cos \phi)\Delta_{iy}$$

$$F_{iy} = \frac{AE}{L}(\operatorname{sen}^2 \phi)\Delta_{iy}$$

$$F_{jx} = -F_{ix} = -\frac{AE}{L}(\operatorname{sen} \phi)(\cos \phi)\Delta_{iy} \qquad (17.42)$$

$$F_{jy} = -F_{iy} = -\frac{AE}{L}(\operatorname{sen}^2 \phi)\Delta_{iy}$$

Caso 3. Introduza um deslocamento horizontal Δ_{jx} no nó j com a extremidade i da barra restringida (Figura 17.6c).

$$\delta_{jx} = (\cos \phi)\Delta_{jx} \qquad (17.43)$$

Os valores de força de nó são idênticos aos dados pelas equações 17.40, mas com Δ_{jx} substituído por Δ_{ix} e os sinais invertidos; isto é, as forças no nó j atuam para cima e para a direita, e as reações no nó i atuam para baixo e para a esquerda.

$$F_{ix} = -\frac{AE}{L}(\cos^2 \phi)\Delta_{jx}$$

$$F_{iy} = -\frac{AE}{L}(\operatorname{sen} \phi)(\cos \phi)\Delta_{jx}$$

$$F_{jx} = \frac{AE}{L}(\cos^2 \phi)\Delta_{jx} \qquad (17.44)$$

$$F_{jy} = \frac{AE}{L}(\operatorname{sen} \phi)(\cos \phi)\Delta_{jx}$$

Caso 4. Introduza um deslocamento vertical Δ_{jy} no nó j com a extremidade i da barra restringida (Figura 17.6d).

$$\delta_{jy} = (\operatorname{sen} \phi)\Delta_{jy} \tag{17.45}$$

Os valores de forças de nó são idênticos aos dados pelas equações 17.42, mas com Δ_{jy} substituído por Δ_{iy} e os sinais invertidos.

$$\begin{aligned}
F_{ix} &= -\frac{AE}{L}(\operatorname{sen} \phi)(\cos \phi)\Delta_{jy} \\
F_{iy} &= -\frac{AE}{L}(\operatorname{sen}^2 \phi)\Delta_{jy} \\
F_{jx} &= \frac{AE}{L}(\operatorname{sen} \phi)(\cos \phi)\Delta_{jy} \\
F_{jy} &= \frac{AE}{L}(\operatorname{sen}^2 \phi)\Delta_{jy}
\end{aligned} \tag{17.46}$$

Se ocorrerem deslocamentos horizontais e verticais nos nós i e j, as componentes da força do membro Q em cada extremidade poderão ser avaliadas somando-se as forças dadas pelas equações 17.40, 17.42, 17.44 e 17.46; isto é,

$$\begin{aligned}
Q_{ix} &= \Sigma F_{ix} = \frac{AE}{L}[(\cos^2 \phi)\Delta_{ix} + (\operatorname{sen} \phi)(\cos \phi)\Delta_{iy} - (\cos^2 \phi)\Delta_{jx} - (\operatorname{sen} \phi)(\cos \phi)\Delta_{jy}] \\
Q_{iy} &= \Sigma F_{iy} = \frac{AE}{L}[(\operatorname{sen} \phi)(\cos \phi)\Delta_{ix} + (\operatorname{sen}^2 \phi)\Delta_{iy} - (\operatorname{sen} \phi)(\cos \phi)\Delta_{jx} - (\operatorname{sen}^2 \phi)\Delta_{jy}] \\
Q_{jx} &= \Sigma F_{jx} = \frac{AE}{L}[-(\cos^2 \phi)\Delta_{ix} - (\operatorname{sen} \phi)(\cos \phi)\Delta_{iy} + (\cos^2 \phi)\Delta_{jx} + (\operatorname{sen} \phi)(\cos \phi)\Delta_{jy}] \\
Q_{jy} &= \Sigma F_{jy} = \frac{AE}{L}[-(\operatorname{sen} \phi)(\cos \phi)\Delta_{ix} - (\operatorname{sen}^2 \phi)\Delta_{iy} + (\operatorname{sen} \phi)(\cos \phi)\Delta_{jx} + (\operatorname{sen}^2 \phi)\Delta_{jy}]
\end{aligned} \tag{17.47}$$

Fazendo $\cos \phi = c$ e $\operatorname{sen} \phi = s$, podemos escrever o conjunto de equações precedente em notação matricial como

$$\begin{bmatrix} Q_{ix} \\ Q_{iy} \\ Q_{jx} \\ Q_{jy} \end{bmatrix} = \frac{AE}{L} \begin{bmatrix} c^2 & sc & -c^2 & -sc \\ sc & s^2 & -sc & -s^2 \\ -c^2 & -sc & c^2 & sc \\ -sc & -s^2 & sc & s^2 \end{bmatrix} \begin{bmatrix} \Delta_{ix} \\ \Delta_{iy} \\ \Delta_{jx} \\ \Delta_{jy} \end{bmatrix} \tag{17.48}$$

ou

$$\mathbf{Q} = \mathbf{k}\mathbf{\Delta} \tag{17.49}$$

em que **Q** = vetor de forças de extremidade de membro referenciadas ao sistema de coordenadas global
k = matriz de rigidez de membro em termos de coordenadas globais
Δ = matriz de deslocamentos de nós referenciados ao sistema de coordenadas global

O deslocamento axial δ_i do nó i na direção do eixo longitudinal do membro pode ser expresso, em termos das componentes horizontal e vertical do deslocamento no nó i, pela soma das equações 17.39 e 17.41. Analogamente, as equações 17.43 e 17.45 podem ser somadas para estabelecer o deslocamento axial no nó j.

$$\delta_i = \delta_{ix} + \delta_{iy} = (\cos\phi)\Delta_{ix} + (\text{sen}\,\phi)\Delta_{iy}$$

$$\delta_j = \delta_{jx} + \delta_{jy} = (\cos\phi)\Delta_{jx} + (\text{sen}\,\phi)\Delta_{jy} \tag{17.50}$$

As expressões acima também podem ser representadas pela equação matricial

$$\begin{bmatrix} \delta_i \\ \delta_j \end{bmatrix} = \begin{bmatrix} c & s & 0 & 0 \\ 0 & 0 & c & s \end{bmatrix} \begin{bmatrix} \Delta_{ix} \\ \Delta_{iy} \\ \Delta_{jx} \\ \Delta_{jy} \end{bmatrix} \tag{17.51}$$

ou
$$\boldsymbol{\delta} = \mathbf{T}\boldsymbol{\Delta} \tag{17.52}$$

em que **T** é uma matriz de transformação que converte as componentes dos deslocamentos de extremidade do membro em coordenadas globais para os deslocamentos axiais na direção do eixo do membro.

A força axial F_{ij} na barra ij depende da deformação axial final do membro; isto é, da diferença nos deslocamentos de extremidade $\delta_j - \delta_i$. Essa força pode ser expressa em termos da rigidez AE/L do membro como

$$F_{ij} = \frac{AE}{L}(\delta_j - \delta_i) \tag{17.53}$$

EXEMPLO 17.2

Determine os deslocamentos de nó e as forças de barra na treliça da Figura 17.7 pelo método da rigidez direta. Propriedades dos membros: $A_1 = 2$ pol^2, $A_2 = 2,5$ pol^2 e $E = 30\,000$ kips/pol^2.

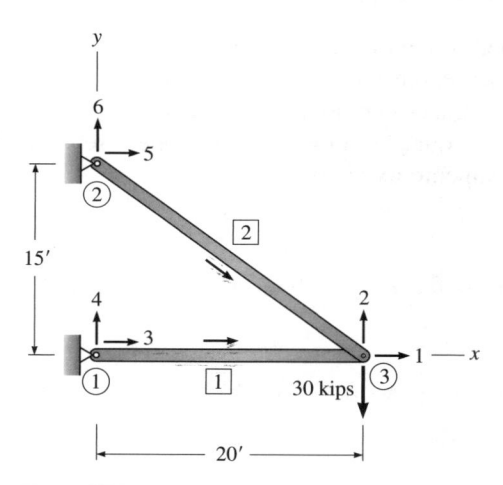

Figura 17.7

Solução

As barras e nós da treliça são identificados por números em quadrados e círculos, respectivamente. Selecionamos arbitrariamente a origem do sistema de coordenadas global no nó 1. Setas são mostradas ao longo do eixo de cada barra para indicar a direção dos nós próximos para os distantes. Em cada nó, estabelecemos a direção positiva das componentes dos deslocamentos e forças globais com duas setas numeradas. A coordenada na direção x recebe o número menor, pois as linhas da matriz de rigidez de membro na Equação 17.48 são geradas pela introdução de deslocamentos na direção x antes dos de direção y. Conforme discutimos na Seção 17.4, numeramos as direções em sequência, começando com os nós que estão livres para se deslocar. Por exemplo, na Figura 17.7, começamos pelo nó 3 com as componentes de direção 1 e 2. Depois de numerarmos as componentes do deslocamento nos nós não restringidos, numeramos as coordenadas nos nós restringidos. Essa sequência de numeração produz uma matriz de rigidez da estrutura que pode ser separada em partes de acordo com a Equação 17.30, sem deslocar as linhas e colunas.

Construa matrizes de rigidez de membro (ver Equação 17.48). Para o membro 1, o nó 1 é o nó próximo e o nó 3 é o nó distante. Calcule o seno e o co-seno do ângulo de inclinação com a Equação 17.37.

$$\cos\phi = \frac{x_j - x_i}{L} = \frac{20 - 0}{20} = 1 \quad \text{e} \quad \text{sen}\,\phi = \frac{y_j - y_i}{L} = \frac{0 - 0}{20} = 0$$

$$\frac{AE}{L} = \frac{2(30000)}{20(12)} = 250 \text{ kips/pol}$$

$$\mathbf{k}_1 = 250 \begin{bmatrix} \overset{1}{1} & \overset{2}{0} & \overset{3}{-1} & \overset{4}{0} \\ 0 & 0 & 0 & 0 \\ -1 & 0 & 1 & 0 \\ 0 & 0 & 0 & 0 \end{bmatrix}$$

Para o membro 2, o nó 2 é o nó próximo e o nó 3 é o nó distante:

$$\cos\phi = \frac{20 - 0}{25} = 0{,}8 \qquad \text{sen}\,\phi = \frac{0 - 15}{25} = -0{,}6$$

$$\frac{AE}{L} = \frac{2{,}5(30000)}{25(12)} = 250 \text{ kips/pol}$$

$$\mathbf{k}_2 = 250 \begin{bmatrix} \overset{1}{0{,}64} & \overset{2}{-0{,}48} & \overset{5}{-0{,}64} & \overset{6}{0{,}48} \\ -0{,}48 & 0{,}36 & 0{,}48 & -0{,}36 \\ -0{,}64 & 0{,}48 & 0{,}64 & -0{,}48 \\ 0{,}48 & -0{,}36 & -0{,}48 & 0{,}36 \end{bmatrix}$$

Ajuste as matrizes para a relação força-deslocamento da Equação 17.30 (isto é, $\mathbf{Q} = \mathbf{K}\boldsymbol{\Delta}$). A matriz de rigidez da estrutura é montada inserindo-se os elementos das matrizes de rigidez de membro $\mathbf{k}_1$ e $\mathbf{k}_2$ nas linhas e colunas apropriadas.

$$\begin{bmatrix} Q_1 = 0 \\ Q_2 = -30 \\ \hline Q_3 \\ Q_4 \\ Q_5 \\ Q_6 \end{bmatrix} = 250 \begin{bmatrix} \overset{1}{1{,}64} & \overset{2}{-0{,}48} & \overset{3}{-1} & \overset{4}{0} & \overset{5}{0{,}64} & \overset{6}{0{,}48} \\ -0{,}48 & 0{,}36 & 0 & 0 & 0{,}48 & -0{,}36 \\ -1 & 0 & 1 & 0 & 0 & 0 \\ 0 & 0 & 0 & 0 & 0 & 0 \\ -0{,}64 & 0{,}48 & 0 & 0 & 0{,}64 & -0{,}48 \\ 0{,}48 & -0{,}36 & 0 & 0 & -0{,}48 & 0{,}36 \end{bmatrix} \begin{bmatrix} \Delta_1 \\ \Delta_2 \\ \Delta_3 = 0 \\ \Delta_4 = 0 \\ \Delta_5 = 0 \\ \Delta_6 = 0 \end{bmatrix}$$

Separe as matrizes acima como indicado na Equação 17.30 e resolva para os deslocamentos desconhecidos Δ_1 e Δ_2, usando a Equação 17.33.

[continua]

[*continuação*]

$$\mathbf{Q}_f = \mathbf{K}_{11}\mathbf{\Delta}_f$$

$$\begin{bmatrix} 0 \\ -30 \end{bmatrix} = 250 \begin{bmatrix} 1{,}64 & -0{,}48 \\ -0{,}48 & 0{,}36 \end{bmatrix} \begin{bmatrix} \Delta_1 \\ \Delta_2 \end{bmatrix}$$

Resolvendo para os deslocamentos, temos

$$\mathbf{\Delta}_f = \begin{bmatrix} \Delta_1 \\ \Delta_2 \end{bmatrix} = \begin{bmatrix} -0{,}16 \\ -0{,}547 \end{bmatrix}$$

Substitua os valores de Δ_1 e Δ_2 na Equação 17.34 e resolva para as reações de apoio $\mathbf{Q}_s$.

$$\mathbf{Q}_s = \mathbf{K}_{21}\mathbf{\Delta}_f$$

$$\begin{bmatrix} Q_3 \\ Q_4 \\ Q_5 \\ Q_6 \end{bmatrix} = 250 \begin{bmatrix} -1 & 0 \\ 0 & 0 \\ -0{,}64 & 0{,}48 \\ 0{,}48 & -0{,}36 \end{bmatrix} \begin{bmatrix} -0{,}16 \\ -0{,}547 \end{bmatrix} = \begin{bmatrix} 40 \\ 0 \\ -40 \\ 30 \end{bmatrix}$$

O sinal de menos indica que uma força ou deslocamento tem sentido oposto à direção indicada pelas setas nos nós.

Calcule os deslocamentos de extremidade de membro δ em termos das coordenadas do membro, com a Equação 17.51. Para a barra 1, i = nó 1 e j = nó 3, cos ϕ = 1 e sen ϕ = 0.

$$\begin{bmatrix} \delta_1 \\ \delta_3 \end{bmatrix} = \begin{bmatrix} 1 & 0 & 0 & 0 \\ 0 & 0 & 1 & 0 \end{bmatrix} \begin{bmatrix} \Delta_3 = 0 \\ \Delta_4 = 0 \\ \Delta_1 = -0{,}16 \\ \Delta_2 = -0{,}547 \end{bmatrix} = \begin{bmatrix} 0 \\ -0{,}16 \end{bmatrix} \quad \textbf{Resp.}$$

Substituindo esses valores de δ na Equação 17.53, calculamos a força de barra no membro 1 como

$$F_{13} = 250[0 \ -0{,}16]\begin{bmatrix} -1 \\ 1 \end{bmatrix} = -40 \text{ kips (compressão)} \quad \textbf{Resp.}$$

Para a barra 2, i = nó 2 e j = nó 3, cos ϕ = 0,8 e sen ϕ = 0,6.

$$\begin{bmatrix} \delta_2 \\ \delta_3 \end{bmatrix} = \begin{bmatrix} 0{,}8 & -0{,}6 & 0 & 0 \\ 0 & 0 & 0{,}8 & -0{,}6 \end{bmatrix} \begin{bmatrix} \Delta_5 = 0 \\ \Delta_6 = 0 \\ \Delta_1 = -0{,}16 \\ \Delta_2 = -0{,}547 \end{bmatrix} = \begin{bmatrix} 0 \\ 0{,}20 \end{bmatrix}$$

Substituindo na Equação 17.53, temos

$$F_{23} = 250[0 \ 0{,}20]\begin{bmatrix} -1 \\ 1 \end{bmatrix} = 50 \text{ kips (tração)} \quad \textbf{Resp.}$$

EXEMPLO 17.3

Analise a treliça da Figura 17.8 pelo método da rigidez direta. Construa a matriz de rigidez da estrutura sem considerar se os nós são restringidos ou livres em relação ao deslocamento. Em seguida, reorganize os termos e separe a matriz para que os deslocamentos de nó desconhecidos Δ_f possam ser determinados pela Equação 17.30. Use $k_1 = k_2 = AE/L = 250$ kips/pol e $k_3 = 2AE/L = 500$ kips/pol.

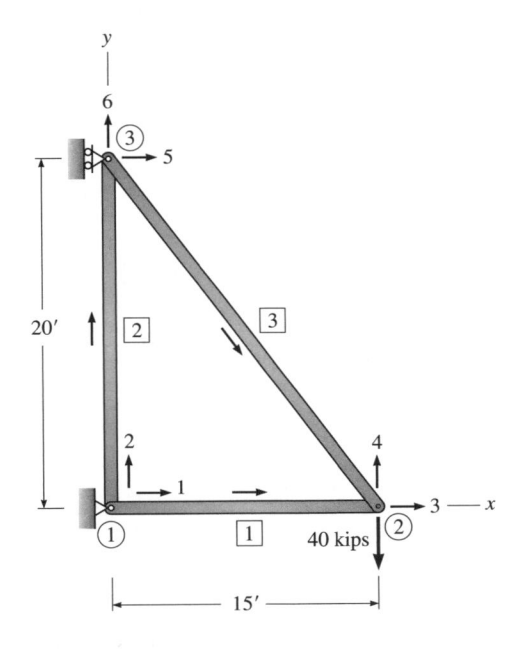

Figura 17.8: Treliça com sistema de coordenadas global com origem no nó 1.

Solução

Numere os nós arbitrariamente, como mostrado na Figura 17.8. Setas são mostradas ao longo do eixo de cada barra da treliça para indicar a direção da extremidade próxima até a extremidade distante do membro. Estabeleça, então, para cada nó, sequencialmente, a direção positiva das componentes dos deslocamentos e forças globais com duas setas numeradas, sem considerar se o nó é restringido em relação ao movimento. Superponha na treliça um sistema de coordenadas global com origem no nó 1. Monte as matrizes de rigidez de membro usando a Equação 17.48. Para a barra 1, i = nó 1 e j = nó 2. Usando a Equação 17.37,

$$\cos \phi = \frac{x_j - x_i}{L} = \frac{15 - 0}{15} = 1$$

[continua]

[*continuação*]

$$\operatorname{sen} \phi = \frac{y_j - y_i}{L} = \frac{0 - 0}{15} = 0$$

$$\mathbf{k}_1 = 250 \begin{bmatrix} \overset{1}{1} & \overset{2}{0} & \overset{3}{-1} & \overset{4}{0} \\ 0 & 0 & 0 & 0 \\ -1 & 0 & 1 & 0 \\ 0 & 0 & 0 & 0 \end{bmatrix} \begin{matrix} 1 \\ 2 \\ 3 \\ 4 \end{matrix}$$

Para a barra 2, i = nó 1 e j = nó 3.

$$\cos \phi = \frac{0 - 0}{20} = 0 \qquad \operatorname{sen} \phi = \frac{20 - 0}{20} = 1$$

$$\mathbf{k}_2 = 250 \begin{bmatrix} \overset{1}{0} & \overset{2}{0} & \overset{5}{0} & \overset{6}{0} \\ 0 & 1 & 0 & -1 \\ 0 & 0 & 0 & 0 \\ 0 & -1 & 0 & 1 \end{bmatrix} \begin{matrix} 1 \\ 2 \\ 5 \\ 6 \end{matrix}$$

Para a barra 3, i = nó 3 e j = nó 2.

$$\cos \phi = \frac{15 - 0}{25} = 0{,}6 \qquad \operatorname{sen} \phi = \frac{0 - 20}{25} = -0{,}8$$

$$\mathbf{k}_3 = 500 \begin{bmatrix} \overset{5}{0{,}36} & \overset{6}{-0{,}48} & \overset{3}{-0{,}36} & \overset{4}{0{,}48} \\ -0{,}48 & 0{,}64 & 0{,}48 & -0{,}64 \\ -0{,}36 & 0{,}48 & 0{,}36 & -0{,}48 \\ 0{,}48 & -0{,}64 & -0{,}48 & 0{,}64 \end{bmatrix} \begin{matrix} 5 \\ 6 \\ 3 \\ 4 \end{matrix}$$

Some $\mathbf{k}_1$, $\mathbf{k}_2$ e $\mathbf{k}_3$ inserindo os elementos das matrizes de rigidez de membro na matriz de rigidez da estrutura nos locais apropriados. Multiplique os elementos de $\mathbf{k}_3$ por 2 para que todas as matrizes sejam multiplicadas pelo mesmo valor escalar *AE/L*, isto é, 250.

$$\mathbf{K} = 250 \begin{bmatrix} \overset{1}{1} & \overset{2}{0} & \overset{3}{-1} & \overset{4}{0} & \overset{5}{0} & \overset{6}{0} \\ 0 & 1 & 0 & 0 & 0 & -1 \\ -1 & 0 & 1{,}72 & -0{,}96 & -0{,}72 & 0{,}96 \\ 0 & 0 & -0{,}96 & 1{,}28 & 0{,}96 & -1{,}28 \\ 0 & 0 & -0{,}72 & 0{,}96 & 0{,}72 & -0{,}96 \\ 0 & -1 & 0{,}96 & -1{,}28 & -0{,}96 & 2{,}28 \end{bmatrix} \begin{matrix} 1 \\ 2 \\ 3 \\ 4 \\ 5 \\ 6 \end{matrix}$$

Estabeleça as matrizes de força-deslocamento da Equação 17.30, deslocando as linhas e colunas da matriz de rigidez da estrutura para que os elementos associados aos nós que se deslocam (isto é, componentes de direção 3, 4 e 6) estejam localizados no canto superior esquerdo. Isso pode ser feito deslocando primeiro a terceira linha para a parte superior e, depois, a terceira coluna para a primeira coluna. Então, o procedimento é repetido para as componentes de direção 4 e 6.

$$\begin{bmatrix} Q_3=0 \\ Q_4=-40 \\ Q_6=0 \\ \hdashline Q_1 \\ Q_2 \\ Q_5 \end{bmatrix} = 250 \begin{bmatrix} \overset{3}{1{,}72} & \overset{4}{-0{,}96} & \overset{6}{0{,}96} & \overset{1}{-1} & \overset{2}{0} & \overset{5}{-0{,}72} \\ -0{,}96 & 1{,}28 & -1{,}28 & 0 & 0 & 0{,}96 \\ 0{,}96 & -1{,}28 & 2{,}28 & 0 & -1 & -0{,}96 \\ \hdashline -1 & 0 & 0 & 1 & 0 & 0 \\ 0 & 0 & -1 & 0 & 1 & 0 \\ -0{,}72 & 0{,}96 & -0{,}96 & 0 & 0 & 0{,}72 \end{bmatrix} \begin{bmatrix} \Delta_3 \\ \Delta_4 \\ \Delta_6 \\ \hdashline \Delta_1=0 \\ \Delta_2=0 \\ \Delta_5=0 \end{bmatrix} \begin{matrix} 3 \\ 4 \\ 6 \\ 1 \\ 2 \\ 5 \end{matrix}$$

Separe a matriz e resolva os deslocamentos de nó desconhecidos, usando a Equação 17.33.

$$\mathbf{Q}_f = \mathbf{K}_{11}\mathbf{\Delta}_f$$

$$\begin{bmatrix} 0 \\ -40 \\ 0 \end{bmatrix} = 250 \begin{bmatrix} 1{,}72 & -0{,}96 & 0{,}96 \\ -0{,}96 & 1{,}28 & -1{,}28 \\ 0{,}96 & -1{,}28 & 2{,}28 \end{bmatrix} \begin{bmatrix} \Delta_3 \\ \Delta_4 \\ \Delta_6 \end{bmatrix}$$

Resolvendo o conjunto de equações acima, temos

$$\begin{bmatrix} \Delta_3 \\ \Delta_4 \\ \Delta_6 \end{bmatrix} = \begin{bmatrix} -0{,}12 \\ -0{,}375 \\ -0{,}16 \end{bmatrix} \quad \textbf{Resp.}$$

Resolva as reações de apoio, usando a Equação 17.34.

$$\mathbf{Q}_s = \mathbf{K}_{21}\mathbf{\Delta}_f \tag{17,34}$$

$$\begin{bmatrix} Q_1 \\ Q_2 \\ Q_5 \end{bmatrix} = 250 \begin{bmatrix} -1 & 0 & 0 \\ 0 & 0 & -1 \\ -0{,}72 & 0{,}96 & -0{,}96 \end{bmatrix} \begin{bmatrix} -0{,}12 \\ -0{,}375 \\ -0{,}16 \end{bmatrix} = \begin{bmatrix} 30 \\ 40 \\ -30 \end{bmatrix} \quad \textbf{Resp.}$$

EXEMPLO 17.4

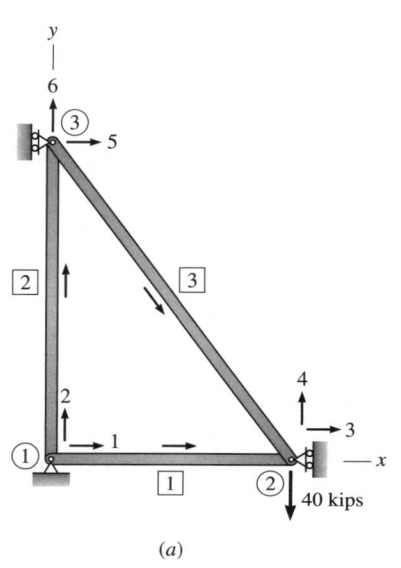

Se o deslocamento horizontal do nó 2 na treliça do Exemplo 17.3 é restringido pela adição de um rolo (ver Figura 17.9), determine as reações.

Solução

A matriz de rigidez da estrutura da treliça foi estabelecida no Exemplo 17.3. Embora a adição de um apoio extra crie uma estrutura indeterminada, a solução é obtida da mesma maneira. As linhas e colunas associadas aos graus de liberdade que estão livres para se deslocar são deslocadas para o canto superior esquerdo da matriz de rigidez da estrutura. Essa operação produz as seguintes matrizes de força-deslocamento:

$$\begin{bmatrix} Q_4 = -40 \\ Q_6 = 0 \\ \hline Q_1 \\ Q_2 \\ Q_3 \\ Q_5 \end{bmatrix} = 250 \begin{bmatrix} \overset{4}{1{,}28} & \overset{6}{-1{,}28} & \overset{1}{0} & \overset{2}{0} & \overset{3}{-0{,}96} & \overset{5}{0{,}96} \\ -1{,}28 & 2{,}28 & 0 & 0 & 0{,}96 & -0{,}96 \\ \hline 0 & 0 & 1 & 0 & -1 & 0 \\ 0 & -1 & 0 & 1 & 0 & 0 \\ -0{,}96 & 0{,}96 & -1 & 0 & 1{,}72 & -0{,}72 \\ 0{,}96 & -0{,}96 & 0 & 0 & -0{,}72 & 0{,}72 \end{bmatrix} \begin{bmatrix} \Delta_4 \\ \Delta_6 \\ \Delta_1 = 0 \\ \Delta_2 = 0 \\ \Delta_3 = 0 \\ \Delta_5 = 0 \end{bmatrix} \begin{matrix} 4 \\ 6 \\ 1 \\ 2 \\ 3 \\ 5 \end{matrix}$$

Separe a matriz acima e resolva os deslocamentos de nó desconhecidos, usando a Equação 17.33.

$$\mathbf{Q}_f = \mathbf{K}_{11}\mathbf{\Delta}_f$$

$$\begin{bmatrix} -40 \\ 0 \end{bmatrix} = 250 \begin{bmatrix} 1{,}28 & -1{,}28 \\ -1{,}28 & 2{,}28 \end{bmatrix} \begin{bmatrix} \Delta_4 \\ \Delta_6 \end{bmatrix}$$

A solução do conjunto de equações acima fornece

$$\begin{bmatrix} \Delta_4 \\ \Delta_6 \end{bmatrix} = \begin{bmatrix} -0{,}285 \\ -0{,}160 \end{bmatrix}$$

Resolva as reações usando a Equação 17.34.

$$\mathbf{Q}_s = \mathbf{K}_{21}\mathbf{\Delta}_f$$

$$\begin{bmatrix} Q_1 \\ Q_2 \\ Q_3 \\ Q_5 \end{bmatrix} = 250 \begin{bmatrix} 0 & 0 \\ 0 & -1 \\ -0{,}96 & 0{,}96 \\ 0{,}96 & -0{,}96 \end{bmatrix} \begin{bmatrix} -0{,}285 \\ -0{,}160 \end{bmatrix} = \begin{bmatrix} 0 \\ 40 \\ 30 \\ -30 \end{bmatrix} \quad \textbf{Resp.}$$

Os resultados são mostrados na Figura 17.9b. As forças de barra podem ser calculadas com as equações 17.52 e 17.53.

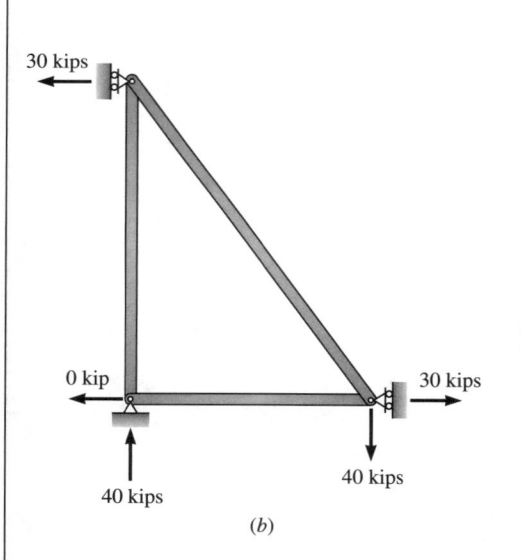

Figura 17.9: (a) Detalhes da treliça; (b) resultados da análise.

17.7 Transformação de coordenadas de uma matriz de rigidez de membro

Na Seção 17.3, deduzimos a matriz 2 × 2 de rigidez de membro **k′** de uma barra de treliça com relação a um sistema de coordenadas local (ver Equação 17.19). Na análise de uma treliça composta de membros inclinados em vários ângulos, foi mostrado na Seção 17.6 que a montagem da matriz de rigidez da estrutura **K** exige que expressemos todas as matrizes de rigidez de membro em termos de um sistema de coordenadas global comum. Para uma barra de treliça individual cujo eixo forma um ângulo ϕ com o eixo x global (ver Figura 17.10), a matriz 4 × 4 de rigidez de membro **k** em coordenadas globais é dada pela matriz do meio na Equação 17.48. Embora tenhamos deduzido essa matriz a partir de princípios básicos na Seção 17.6, ela é mais comumente gerada a partir da matriz de rigidez de membro **k′** formulada em coordenadas locais, usando-se uma matriz de transformação **T** construída a partir da relação geométrica entre os sistemas de coordenadas local e global. A equação usada para fazer a transformação de coordenadas é

$$\mathbf{k} = \mathbf{T}^T \mathbf{k}' \mathbf{T} \qquad (17.54)$$

em que **k** = matriz 4 × 4 de rigidez de membro referenciada nas coordenadas globais

k′ = matriz 2 × 2 de rigidez de membro referenciada no sistema de coordenadas local

T = matriz de transformação; isto é, matriz que converte o vetor 4 × 1 de deslocamento **Δ** em coordenadas globais no vetor 2 × 1 de deslocamento axial **δ** na direção do eixo longitudinal da barra

A matriz **T** foi deduzida anteriormente na Seção 17.6 e aparece na Equação 17.51.

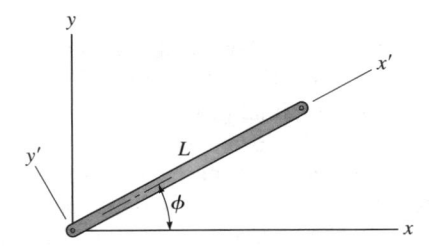

Figura 17.10: Coordenadas globais mostradas pelo sistema xy; coordenadas do membro ou locais mostradas pelo sistema $x'y'$.

EXEMPLO 17.5

Mostre que a matriz de rigidez de membro **k** em coordenadas globais, que aparece na Equação 17.48, pode ser gerada a partir da matriz de rigidez de membro **k'** em coordenadas locais (ver Equação 17.19) usando a Equação 17.54.

Solução

$$\mathbf{k} = \mathbf{T}^T \mathbf{k}' \mathbf{T}$$

$$= \begin{bmatrix} c & 0 \\ s & 0 \\ 0 & c \\ 0 & s \end{bmatrix} \frac{AE}{L} \begin{bmatrix} 1 & -1 \\ -1 & 1 \end{bmatrix} \begin{bmatrix} c & s & 0 & 0 \\ 0 & 0 & c & s \end{bmatrix} = \begin{bmatrix} c^2 & sc & -c^2 & -sc \\ sc & s^2 & -sc & -s^2 \\ -c^2 & -sc & c^2 & sc \\ -sc & -s^2 & sc & s^2 \end{bmatrix} \quad \textbf{Resp.}$$

Conforme observamos, o produto dessa operação produz a matriz de rigidez de membro que aparece inicialmente na Equação 17.48.

Resumo

- O software de computador para análise estrutural geralmente é programado usando-se a matriz de rigidez. Em forma matricial, a equação de equilíbrio é

$$\mathbf{K}\Delta = \mathbf{F}$$

em que **K** é a matriz de rigidez da estrutura, **F** é um vetor coluna das forças que atuam nos nós de uma treliça e **Δ** é um vetor coluna dos deslocamentos de nó desconhecidos.

- O elemento $\mathbf{k}_{ij}$, que está localizado na i-ésima linha e j-ésima coluna da matriz **K**, é denominado coeficiente de rigidez. O coeficiente $\mathbf{k}_{ij}$ representa a força de nó na direção (ou grau de liberdade) de i, devido a um deslocamento unitário na direção de j. Com essa definição, a matriz **K** pode ser construída pela mecânica básica. Contudo, para aplicações de computador, é mais conveniente montar a matriz de rigidez da estrutura a partir das matrizes de rigidez de membro.

- Um sistema de coordenadas x'–y' local pode ser construído para cada barra da treliça (ver Figura 17.3). Com uma deformação axial em cada nó na direção longitudinal (x'), uma matriz 2×2 de rigidez de membro **k'** em coordenadas locais foi apresentada na Equação 17.19. Para os casos em que a estrutura não tem barras inclinadas e as coordenadas locais dos membros coincidem com as coordenadas globais (x–y) da treliça, a Seção 17.4 ilustrou um procedimento para construir a matriz de rigidez da estrutura pela combinação das matrizes de rigidez de membro (ver Equação 17.29).

- A equação de equilíbrio precisa ser dividida em partes para separar os graus de liberdade que podem se mover daqueles que não podem (isto é, aqueles restringidos por apoios); as forças de nó correspondentes aos graus de liberdade que não podem se mover são as reações de apoio. Da divisão da equação de equilíbrio, como na Equação 17.30, resultam duas equações. A primeira, Equação 17.33, é usada para calcular os deslocamentos de nó desconhecidos, $\mathbf{\Delta}_f$. Uma vez determinado $\mathbf{\Delta}_f$, as reações de apoio, $\mathbf{Q}_s$, podem ser determinadas com a Equação 17.34.

- Quando existem barras inclinadas em uma treliça, é mais útil expressar a matriz de rigidez de membro usando um sistema de coordenadas global. A forma geral de tal matriz 4 × 4 de rigidez de membro, $\mathbf{k}$, foi apresentada na Equação 17.48. A matriz $\mathbf{k}$ pode ser construída a partir da mecânica básica, descrita na Seção 17.6. Alternativamente, $\mathbf{k}$ pode ser obtida de $\mathbf{k}'$, usando-se a matriz de transformação de coordenadas descrita na Seção 17.7.
- Depois de calculados os deslocamentos de nó desconhecidos, a partir da equação de equilíbrio, as deformações axiais nas duas extremidades de um membro podem ser determinadas a partir da Equação 17.52. Com essa informação, a força axial do membro é calculada com a Equação 17.53.

PROBLEMAS

P17.1. Usando o método da rigidez, escreva e resolva as equações de equilíbrio necessárias para determinar as componentes horizontal e vertical da deflexão no nó 1 da Figura P17.1. Para todas as barras, $E = 200$ GPa e $A = 800$ mm².

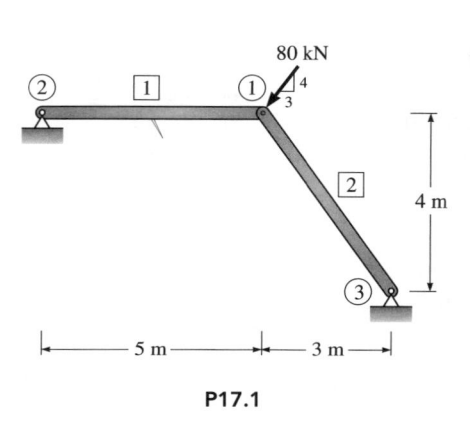

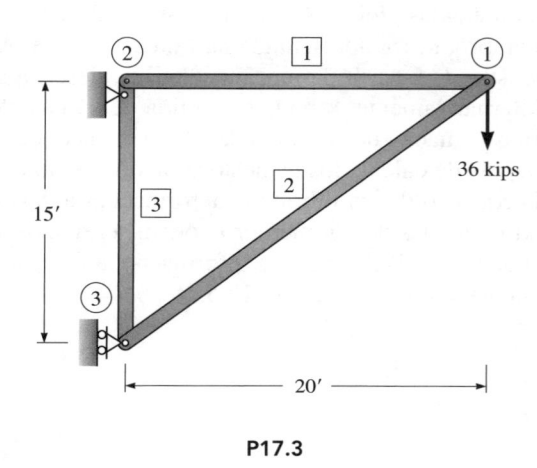

P17.2. Usando o método da rigidez, determine as componentes horizontal e vertical do deslocamento do nó 1 na Figura P17.2. Calcule também todas as forças de barra. Para todas as barras, $L = 20$ ft, $E = 30000$ kips/pol² e $A = 3$ pol².

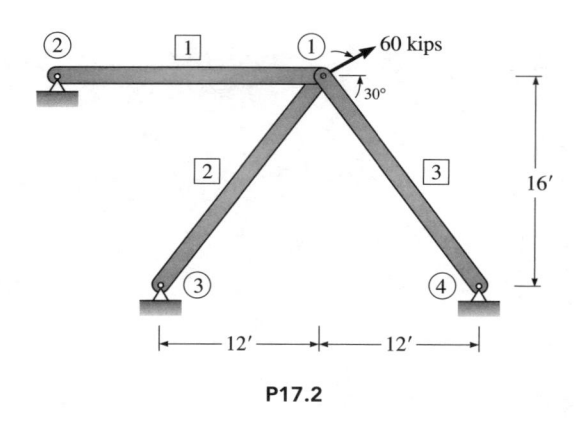

P17.3. Monte a matriz de rigidez da estrutura para a Figura P17.3. Separe a matriz conforme indicado pela Equação 17.30. Calcule todos os deslocamentos de nó e reações usando as equações 17.34 e 17.35. Para todas as barras, $A = 2$ pol² e $E = 30000$ kips/pol².

P17.4. Monte a matriz de rigidez da estrutura para a treliça da Figura P17.4. Use a matriz dividida para calcular o deslocamento de todos os nós e reações. Calcule também as forças de barra. Área das barras 1 e 2 = 2,4 pol², área da barra 3 = 2 pol² e $E = 30000$ kips/pol².

P17.1

P17.3

P17.2

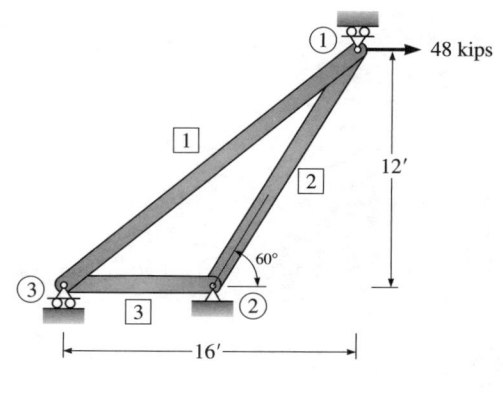

P17.4

P17.5. Determine todos os deslocamentos de nó, reações e forças de barra para a treliça da Figura P17.5. AE é constante para todas as barras. $A = 2$ pol², $E = 30\,000$ kips/pol².

P17.6. Determine todos os deslocamentos de nó, reações e forças de barra para a treliça da Figura P17.6. Para todas as barras, $A = 1\,500$ mm² e $E = 200$ GPa.

P17.5

P17.6

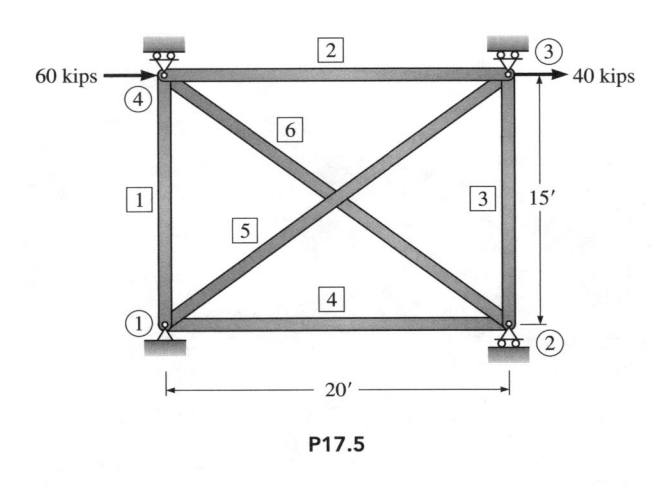

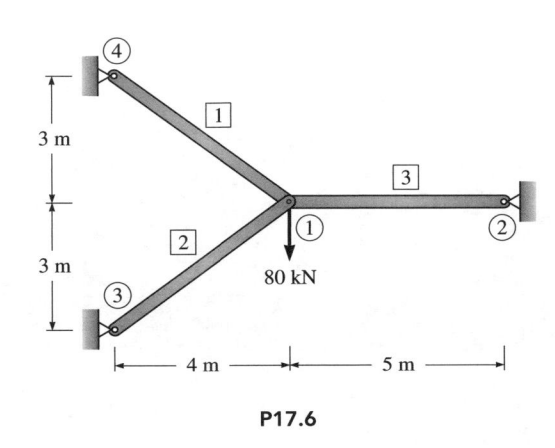

Desmoronamento do teto sobre a Hartford Civic Center Arena (consulte a Seção 1.7 para ver os detalhes). A falha do teto abaixo, suportado pela treliça espacial mostrada na foto no início do Capítulo 3, serve como lembrança de que os resultados de uma análise por computador não são melhores do que as informações fornecidas pelo engenheiro. Embora os engenheiros atuais tenham acesso a poderosos programas de computador que podem analisar até a estrutura mais complexa, ainda devem ter muito cuidado na modelagem da estrutura e na seleção correta das cargas.

CAPÍTULO 18

Análise matricial de vigas e pórticos pelo método da rigidez direta

18.1 Introdução

No Capítulo 17, discutimos a análise de treliças usando o método da rigidez direta. Neste capítulo, estenderemos o método para estruturas nas quais as cargas podem ser aplicadas nos nós, assim como nos membros entre os nós, causando tanto forças axiais como cortantes e momentos. Enquanto para as treliças tivemos que considerar como incógnitas somente os deslocamentos de nó na montagem das equações de equilíbrio, para pórticos devemos adicionar rotações de nó. Consequentemente, três equações de equilíbrio, duas para forças e uma para momento, podem ser escritas para cada nó em um pórtico plano.

Mesmo que a análise de um pórtico plano usando o método da rigidez direta envolva três componentes de deslocamento por nó (θ, Δ_x, Δ_y), frequentemente podemos reduzir o número de equações a serem resolvidas desprezando a mudança no comprimento dos membros. Em vigas ou pórticos típicos, essa simplificação introduz pouco erro nos resultados.

Na análise de qualquer estrutura usando o método da rigidez, o valor de qualquer quantidade (por exemplo, cortante, momento ou deslocamento) é obtido a partir da soma de duas partes. A primeira parte é obtida da análise de uma *estrutura restringida*, na qual todos os nós são restringidos em relação ao movimento. Os momentos causados nas extremidades de cada membro são de extremidade fixa. Esse procedimento é semelhante ao utilizado no método da distribuição de momentos no Capítulo 13. Após as forças de restrição finais serem calculadas e os sinais invertidos em cada nó, na segunda parte da análise essas forças de restrição são aplicadas na estrutura original para determinar o efeito causado pelos deslocamentos de nó.

A superposição das forças e deslocamentos das duas partes pode ser explicada usando-se como exemplo o pórtico da Figura 18.1*a*. Esse pórtico é composto de dois membros conectados por um nó rígido em *B*.

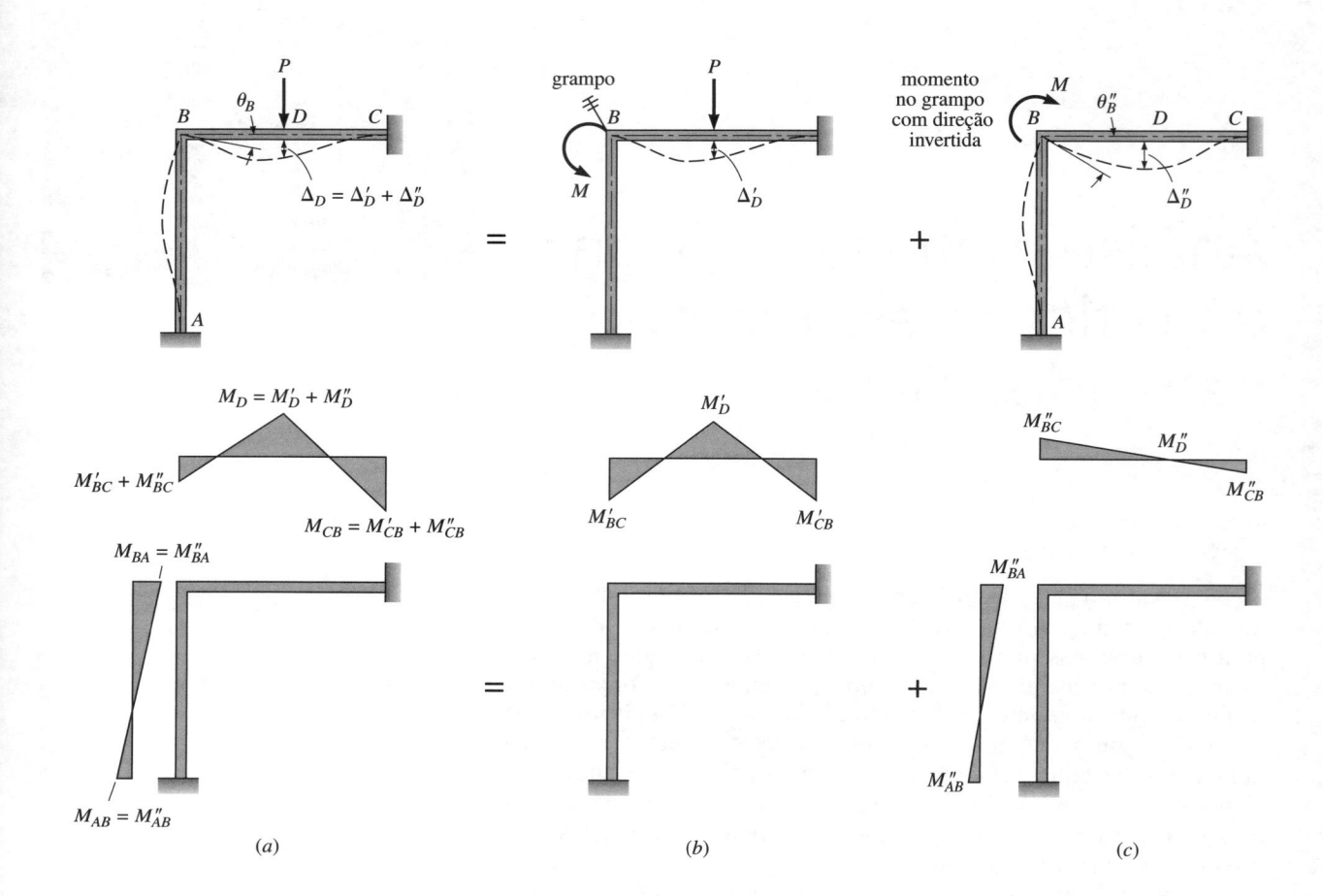

Figura 18.1: Análise pelo método da rigidez: (a) forma defletida e diagramas de momento (parte inferior da figura) produzidos pela carga vertical em D; (b) cargas aplicadas na estrutura restringida; o grampo imaginário em B impede a rotação, produzindo duas vigas de extremidade fixa; (c) forma defletida e diagramas de momento produzidos por um momento oposto àquele aplicado pelo grampo em B.

Sob a carga mostrada, a estrutura deformará e desenvolverá cortante, momentos e forças axiais nos dois membros. Por causa das alterações no comprimento causadas pelas forças axiais, o nó B experimentará, além de uma rotação θ_B, pequenos deslocamentos nas direções x e y. Como esses deslocamentos são pequenos e não afetam consideravelmente as forças de membro, os desprezamos. Com essa simplificação, podemos analisar o pórtico como tendo somente *um grau de indeterminação cinemática* (isto é, a rotação do nó B).

Na primeira parte da análise, que designamos como *condição restringida*, introduzimos uma restrição rotacional (um grampo imaginário) no nó B (ver Figura 18.1b). A adição do grampo transforma a estrutura em duas vigas de extremidade fixa. A análise dessas vigas pode ser prontamente realizada usando-se tabelas (por exemplo, ver Tabela 12.5). A forma defletida e os diagramas de momento correspondentes (diretamente sob o esboço do pórtico) são mostrados na Figura 18.1b. As forças e deslocamentos associados a esse caso estão sobrescritos com um apóstrofo.

Como o momento M no sentido anti-horário aplicado pelo grampo em B não existe na estrutura original, devemos eliminar seu efeito. Fazemos isso na segunda parte da análise, encontrando a rotação θ_B do nó *B*, produzida por um momento aplicado de magnitude igual, mas sentido *oposto*, ao momento aplicado pelo grampo. Os momentos e deslocamentos nos membros para a segunda parte da análise estão sobrescritos com dois apóstrofos, como mostrado na Figura 18.1c. Os resultados finais, mostrados na Figura 18.1a, derivam da superposição direta dos casos da Figura 18.1b e c.

Notamos que não apenas os momentos finais obtidos pela soma dos valores no caso restrito àqueles produzidos pela rotação de nó θ_B, mas também qualquer outra força ou deslocamento, podem ser obtidos da mesma maneira. Por exemplo, a deflexão diretamente sob a carga Δ_D é igual à soma das deflexões correspondentes em *D* na Figura 18.1b e c; isto é,

$$\Delta_D = \Delta'_D + \Delta''_D$$

18.2 Matriz de rigidez da estrutura

Na análise de uma estrutura usando o método da rigidez direta, começamos introduzindo restrições (isto é, grampos) suficientes para impedir o movimento de todos os nós não restringidos. Então, calculamos as forças nas restrições como a soma das forças de extremidade fixa dos membros que se encontram em um nó. As forças internas em outros locais de interesse ao longo dos elementos também são determinadas para a condição restringida.

Na etapa seguinte da análise, determinamos os valores de deslocamentos de nó para os quais as forças de restrição desaparecem. Isso é feito primeiramente aplicando-se as forças de restrição de nó, mas com o sinal invertido, e depois resolvendo um conjunto de equações de equilíbrio que relacionam as forças e os deslocamentos nos nós. Em forma matricial, temos

$$\mathbf{K}\boldsymbol{\Delta} = \mathbf{F} \quad (18.1)$$

em que **F** é a matriz coluna ou vetor de forças (incluindo momentos) nas restrições fictícias, mas com o sinal invertido, **Δ** é o vetor coluna de deslocamentos de nó selecionados como graus de liberdade e **K** é a matriz de rigidez da estrutura.

O termo *grau de liberdade* (*GL*) refere-se às componentes do deslocamento de nó independentes utilizadas na solução de um problema em particular pelo método da rigidez direta. O número de graus de liberdade pode ser igual ao número de todas as componentes de deslocamento de nó possíveis (por exemplo, 3 vezes o número de nós livres em pórticos planos) ou menor, se forem introduzidas suposições de simplificação (como desprezar as deformações axiais dos membros). Em todos os casos, o número de graus de liberdade e o grau de indeterminação cinemática são idênticos.

Uma vez calculados os deslocamentos de nó Δ, as ações de membro (isto é, os momentos, cortantes e forças axiais produzidos por esses deslocamentos) podem ser prontamente calculadas. A solução final resulta da adição desses resultados àqueles do caso restringido.

Os elementos individuais da matriz de rigidez da estrutura **K** podem ser calculados pela introdução sucessiva de deslocamentos unitários correspondentes a um dos graus de liberdade, enquanto todos os outros graus de liberdade são restringidos. As forças externas no local dos graus de liberdade necessárias para satisfazer o equilíbrio da configuração deformada são os elementos da matriz **K**. Mais explicitamente, um elemento típico k_{ij} da matriz de rigidez da estrutura **K** é definido deste modo: k_{ij} = força no grau de liberdade i devido a um deslocamento unitário do grau de liberdade j; quando o grau de liberdade j recebe um deslocamento unitário, todos os outros graus de liberdade são restringidos.

18.3 A matriz 2 × 2 de rigidez rotacional de um membro sob flexão

Nesta seção, deduziremos a matriz de rigidez de membro para um elemento individual sob flexão, usando somente rotações de nó como graus de liberdade. A matriz 2 × 2 que relaciona momentos e rotações nas extremidades do membro é importante, pois pode ser usada diretamente na solução de muitos problemas práticos, como em vigas contínuas e pórticos contraventados onde as translações de nó são impedidas. Além disso, é um item básico na dedução da matriz 4 × 4 de rigidez de membro mais geral, a ser apresentada na Seção 18.4.

A Figura 18.2 mostra uma viga de comprimento L com momentos de extremidade M_i e M_j. Como convenção de sinal, as rotações de extremidade θ_i e θ_j são positivas no sentido horário e negativas no sentido anti-horário. Analogamente, os momentos de extremidade no sentido horário também são positivos e os momentos no sentido anti-horário são negativos. Para destacar o fato de que a dedução a seguir é independente da orientação do membro, o eixo do elemento é desenhado com uma inclinação arbitrária α.

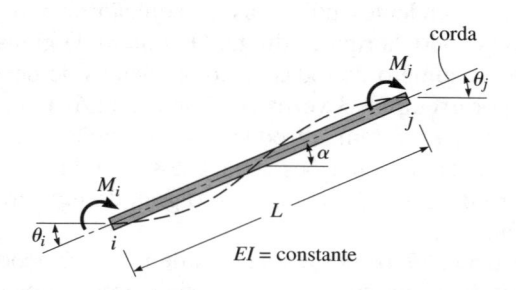

Figura 18.2: Rotações de extremidade produzidas por momentos de extremidade do membro.

Em notação matricial, a relação entre os momentos de extremidade e as rotações de extremidade resultantes pode ser escrita como

$$\begin{bmatrix} M_i \\ M_j \end{bmatrix} = \overline{\mathbf{k}} \begin{bmatrix} \theta_i \\ \theta_j \end{bmatrix} \quad (18.2)$$

em que $\overline{\mathbf{k}}$ é a matriz 2×2 de rigidez rotacional do membro.

Para determinar os elementos dessa matriz, usamos a equação da inclinação-deflexão para relacionar os momentos de extremidade e as rotações (ver as equações 12.14 e 12.15). A convenção de sinal e a notação nessa formulação são idênticas àquelas usadas na dedução original da equação da inclinação-deflexão, no Capítulo 12. Como nenhuma carga é aplicada ao longo do eixo do membro e nenhuma rotação de corda ψ ocorre (tanto ψ como MEF são iguais a zero), os momentos de extremidade podem ser expressos como

$$M_i = \frac{2EI}{L}(2\theta_i + \theta_j) \quad (18.3)$$

e

$$M_j = \frac{2EI}{L}(\theta_i + 2\theta_j) \quad (18.4)$$

As equações 18.3 e 18.4 podem ser escritas em notação matricial como

$$\begin{bmatrix} M_i \\ M_j \end{bmatrix} = \frac{2EI}{L} \begin{bmatrix} 2 & 1 \\ 1 & 2 \end{bmatrix} \begin{bmatrix} \theta_i \\ \theta_j \end{bmatrix} \quad (18.5)$$

Comparando as equações 18.2 e 18.5, segue-se que a matriz de rigidez rotacional do membro é

$$\overline{\mathbf{k}} = \frac{2EI}{L} \begin{bmatrix} 2 & 1 \\ 1 & 2 \end{bmatrix} \quad (18.6)$$

Ilustraremos agora o uso das equações precedentes resolvendo alguns exemplos. Para analisar uma estrutura é necessário identificar primeiro o grau de liberdade. Após o grau de liberdade ser identificado, o processo de solução pode ser convenientemente dividido nos cinco passos a seguir:

1. Analisar a estrutura restringida e calcular as forças de fixação nos nós.
2. Montar a matriz de rigidez da estrutura.
3. Aplicar as forças de fixação de nó, mas com o sinal invertido, na estrutura original e, então, calcular os deslocamentos de nó desconhecidos usando a Equação 18.1.
4. Avaliar os efeitos dos deslocamentos de nó (por exemplo, deflexões, momentos, cortantes).
5. Somar os resultados dos passos 1 e 4 para obter a solução final.

EXEMPLO 18.1

Usando o método da rigidez direta, analise o pórtico mostrado na Figura 18.3a. A mudança no comprimento dos membros pode ser desprezada. O pórtico consiste em dois membros de rigidez à flexão constante EI, conectados em B por um nó rígido. O membro BC suporta uma carga concentrada P atuando para baixo no meio do vão. O membro AB suporta uma carga uniforme w atuando para a direita. A magnitude de w (em unidade de carga por comprimento unitário) é igual a $3P/L$.

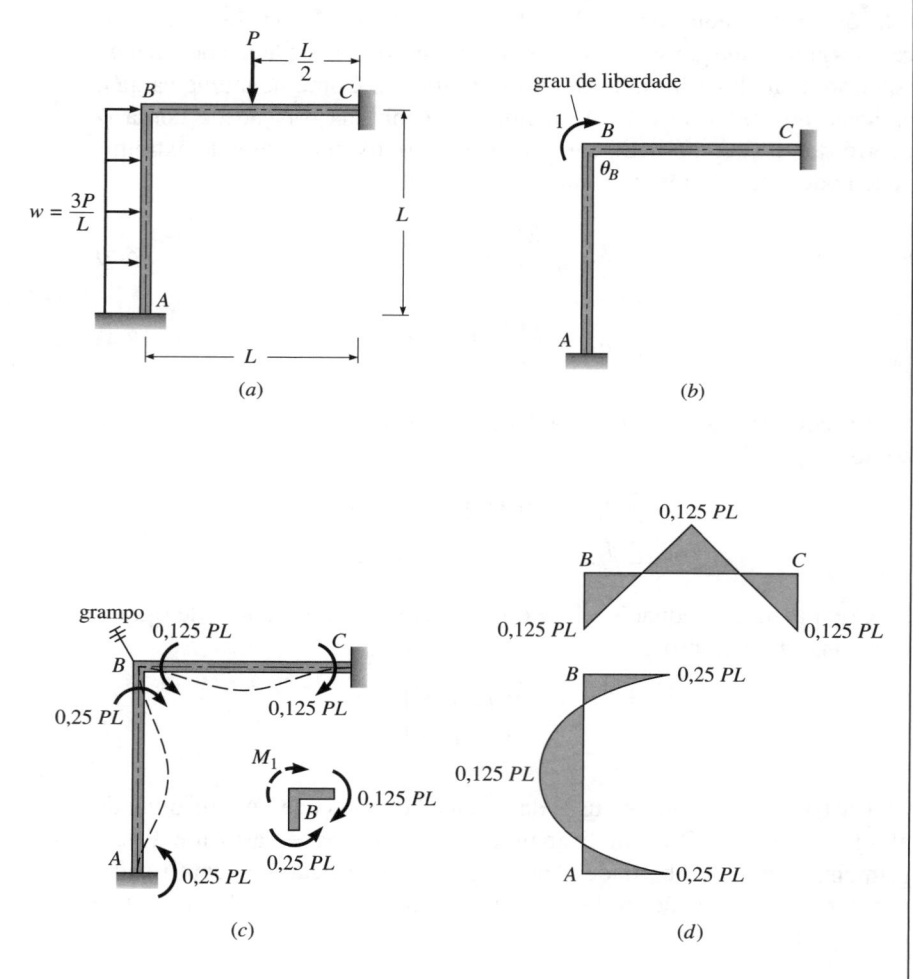

Figura 18.3: (a) Detalhes do pórtico; (b) a seta curva indica o sentido positivo da rotação de nó em B; (c) momentos de extremidade fixa na estrutura restringida produzidos pelas cargas aplicadas (cargas omitidas do esboço por clareza); o grampo em B aplica o momento M_1 na estrutura (ver detalhe no canto inferior direito da figura); (d) diagramas de momento da estrutura restringida.

Solução

Com as deformações axiais desprezadas, o grau de indeterminação cinemática é igual a 1 (essa estrutura foi discutida na Seção 18.1). A Figura 18.3b ilustra a direção positiva (no sentido horário) selecionada para o grau de liberdade rotacional no nó B.

Passo 1: Análise da estrutura restringida Com a rotação no nó B restringida por um grampo temporário, a estrutura é transformada em duas vigas de extremidade fixa (Figura 18.3c). Os momentos de extremidade fixa (ver Figura 12.5d) do membro AB são

$$M'_{AB} = -\frac{wL^2}{12} = -\frac{3P}{L}\left(\frac{L^2}{12}\right) = -\frac{PL}{4} \qquad (18.7)$$

$$M'_{BA} = -M'_{AB} = \frac{PL}{4} \qquad (18.8)$$

e do membro BC (ver Figura 12.5a),

$$M'_{BC} = -\frac{PL}{8} \qquad (18.9)$$

$$M'_{CB} = -M'_{BC} = \frac{PL}{8} \qquad (18.10)$$

A Figura 18.3c mostra os momentos de extremidade fixa e a forma defletida do pórtico restringido. Para ilustrar o cálculo do momento de restrição M_1, um diagrama de corpo livre do nó B também é mostrado no canto inferior direito da Figura 18.3c. Por clareza, os cortantes que atuam no nó foram omitidos. A partir do requisito do equilíbrio rotacional do nó ($\Sigma M_B = 0$), obtemos

$$-\frac{PL}{4} + \frac{PL}{8} + M_1 = 0$$

a partir do que, calculamos

$$M_1 = \frac{PL}{8} \qquad (18.11)$$

Neste problema de 1 grau de liberdade, o valor de M_1 com seu sinal *invertido* é o único elemento no vetor de força de restrição **F** (ver Equação 18.1). A Figura 18.3d mostra os diagramas de momento dos membros na estrutura restringida.

[*continua*]

[*continuação*]

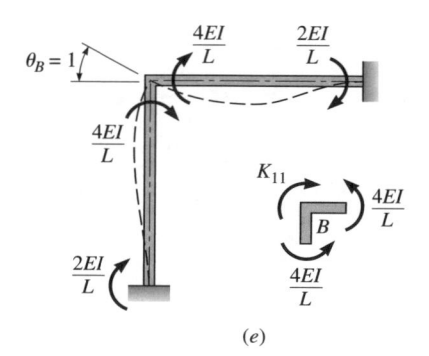

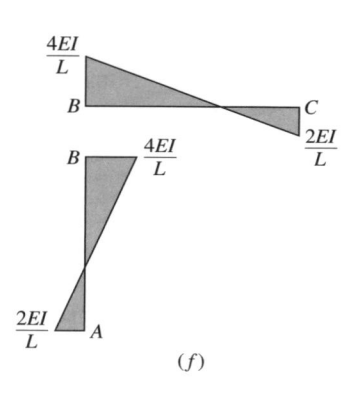

Figura 18.3: (*e*) Momentos produzidos por uma rotação unitária do nó *B*; o coeficiente de rigidez K_{11} representa o momento necessário para produzir a rotação unitária; (*f*) diagramas de momento produzidos pela rotação unitária do nó *B*.

Passo 2: Montagem da matriz de rigidez da estrutura Para montar a matriz de rigidez, introduzimos uma rotação unitária no nó *B* e calculamos o momento necessário para manter a configuração deformada. A forma defletida do pórtico, produzida por uma rotação unitária no nó *B*, é mostrada na Figura 18.3*e*. Substituindo $\theta_A = \theta_C = 0$ e $\theta_B = 1$ rad na Equação 18.5, calculamos os momentos nas extremidades dos membros *AB* e *BC* como

$$\begin{bmatrix} M_{AB} \\ M_{BA} \end{bmatrix} = \frac{2EI}{L} \begin{bmatrix} 2 & 1 \\ 1 & 2 \end{bmatrix} \begin{bmatrix} 0 \\ 1 \end{bmatrix} = \begin{bmatrix} \dfrac{2EI}{L} \\ \dfrac{4EI}{L} \end{bmatrix}$$

e

$$\begin{bmatrix} M_{BC} \\ M_{CB} \end{bmatrix} = \frac{2EI}{L} \begin{bmatrix} 2 & 1 \\ 1 & 2 \end{bmatrix} \begin{bmatrix} 1 \\ 0 \end{bmatrix} = \begin{bmatrix} \dfrac{4EI}{L} \\ \dfrac{2EI}{L} \end{bmatrix}$$

Esses momentos estão mostrados no esboço da estrutura deformada na Figura 18.3*e*. O momento necessário no nó *B* para satisfazer o equilíbrio pode ser determinado facilmente a partir do diagrama de corpo livre mostrado no canto inferior direito da Figura 18.3*e*. Somando os momentos no nó *B*, calculamos o coeficiente de rigidez K_{11} como

$$K_{11} = \frac{4EI}{L} + \frac{4EI}{L} = \frac{8EI}{L} \tag{18.12}$$

Neste problema, o valor dado pela Equação 18.12 é o único elemento da matriz de rigidez **K**. Os diagramas de momento dos membros correspondentes à condição $\theta_B = 1$ rad são mostrados na Figura 18.3*f*.

Passo 3: Solução da Equação 18.1 Como este problema tem somente um grau de liberdade, a Equação 18.1 é uma equação algébrica simples. Substituindo os valores calculados anteriormente de **F** e **K** dados pelas equações 18.11 e 18.12, respectivamente, temos

$$\mathbf{K}\Delta = \mathbf{F} \tag{18.1}$$

$$\frac{8EL}{L}\theta_B = -\frac{PL}{8} \tag{18.13}$$

Resolvendo para θ_B, temos

$$\theta_B = -\frac{PL^2}{64EI} \tag{18.14}$$

O sinal menos indica que a rotação do nó B é no sentido anti-horário; isto é, de sentido oposto ao definido como positivo na Figura 18.3*b*.

Passo 4: Avaliação dos efeitos dos deslocamentos de nó Como os momentos produzidos por uma rotação unitária do nó B são conhecidos do passo 2 (ver Figura 18.3*f*), os momentos produzidos pela rotação de nó real são prontamente obtidos pela multiplicação das forças na Figura 18.3*f* por θ_B dado pela Equação 18.14; continuando, encontramos

$$M''_{AB} = \frac{2EI}{L}\theta_B = -\frac{PL}{32} \quad (18.15)$$

$$M''_{BA} = \frac{4EI}{L}\theta_B = -\frac{PL}{16} \quad (18.16)$$

$$M''_{BC} = \frac{4EI}{L}\theta_B = -\frac{PL}{16} \quad (18.17)$$

$$M''_{CB} = \frac{2EI}{L}\theta_B = -\frac{PL}{32} \quad (18.18)$$

O apóstrofo duplo indica que esses momentos estão associados à condição de deslocamento de nó.

Passo 5: Cálculo dos resultados finais Os resultados finais são obtidos somando-se os valores da condição restringida (passo 1) com aqueles produzidos pelos deslocamentos de nó (passo 4).

$$M_{AB} = M'_{AB} + M''_{AB} = -\frac{PL}{4} + \left(-\frac{PL}{32}\right) = -\frac{9PL}{32}$$

$$M_{BA} = M'_{BA} + M''_{BA} = \frac{PL}{4} + \left(-\frac{PL}{16}\right) = \frac{3PL}{16}$$

$$M_{BC} = M'_{BC} + M''_{BC} = -\frac{PL}{8} + \left(-\frac{PL}{16}\right) = -\frac{3PL}{16}$$

$$M_{CB} = M'_{CB} + M''_{CB} = \frac{PL}{8} + \left(-\frac{PL}{32}\right) = \frac{3PL}{32}$$

Os diagramas de momento do membro também podem ser avaliados combinando-se os diagramas do caso restringido com aqueles correspondentes aos deslocamentos de nó. Contudo, uma vez conhecidos os momentos de extremidade, é muito mais fácil construir os diagramas de momento individuais usando os princípios básicos da estática. Os resultados finais são mostrados na Figura 18.3*g*.

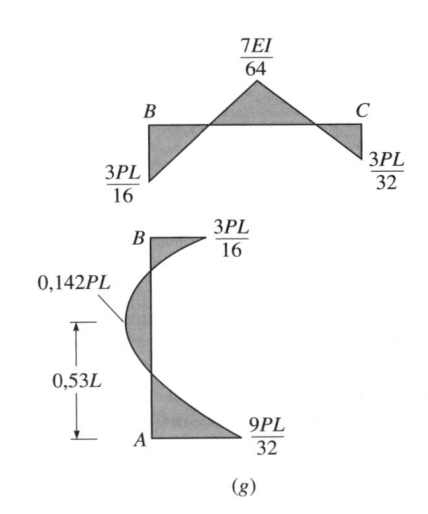

Figura 18.3: (*g*) Diagramas de momento finais produzidos pela superposição dos momentos em (*d*) com os de (*f*) multiplicados por θ_B.

EXEMPLO 18.2

Construa o diagrama de momento fletor da viga contínua de três vãos mostrada na Figura 18.4a. A viga, que tem uma rigidez à flexão constante EI, suporta uma carga concentrada de 20 kips atuando no centro do vão BC. Além disso, uma carga uniformemente distribuída de 4,5 kips/ft atua por todo o comprimento do vão CD.

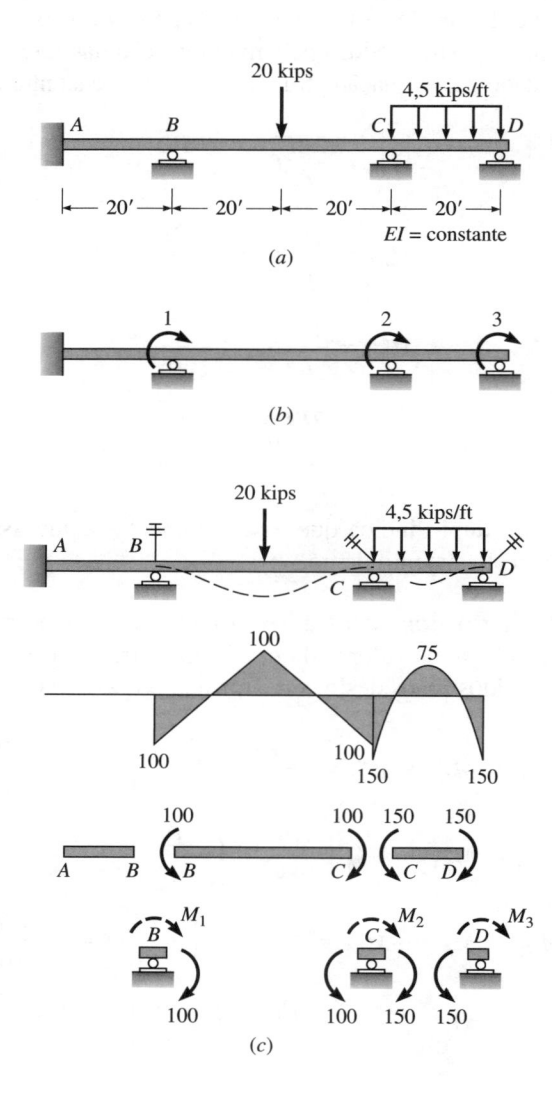

Figura 18.4: (a) Detalhes da viga contínua; (b) as setas curvas indicam a direção positiva das rotações de nó desconhecidas em B, C e D; (c) momentos causados na estrutura restringida pelas cargas aplicadas; as figuras inferiores mostram os momentos atuando nos diagramas de corpo livre dos nós bloqueados (cortantes e reações omitidos por clareza).

Solução

Uma inspeção da estrutura indica que o grau de indeterminação cinemática é 3. As direções positivas selecionadas para os 3 graus de liberdade (rotações nos nós B, C e D) são mostradas com setas curvas na Figura 18.4b.

Passo 1: Análise da estrutura restringida Os momentos de extremidade fixa causados na estrutura restringida pelas cargas aplicadas são calculados com as fórmulas da Figura 12.5. A Figura 18.4c mostra o diagrama de momento da condição restrita e os diagramas de corpo livre dos nós utilizados para calcular as forças nas restrições. Considerando o equilíbrio do momento, calculamos os momentos de restrição como segue:

Nó B: $\quad\quad M_1 + 100 = 0 \quad\quad M_1 = -100 \text{ kip} \cdot \text{ft}$

Nó C: $\quad -100 + M_2 + 150 = 0 \quad\quad M_2 = -50 \text{ kip} \cdot \text{ft}$

Nó D: $\quad\quad -150 + M_3 = 0 \quad\quad M_3 = 150 \text{ kip} \cdot \text{ft}$

Invertendo o sinal desses momentos de restrição, construímos o vetor de força **F**:

$$\mathbf{F} = \begin{bmatrix} 100 \\ 50 \\ -150 \end{bmatrix} \text{kip} \cdot \text{ft} \quad\quad (18.19)$$

Passo 2: Montagem da matriz de rigidez da estrutura As forças nas extremidades dos membros, resultantes da introdução dos deslocamentos unitários em cada um dos graus de liberdade, são mostradas na Figura 18.4d a f. Os elementos da matriz de rigidez da estrutura são prontamente calculados a partir dos diagramas de corpo livre dos nós. Somando os momentos, a partir da Figura 18.4d, calculamos:

$$-0{,}2EI - 0{,}1EI + K_{11} = 0 \quad\text{e}\quad K_{11} = 0{,}3EI$$

$$-0{,}05EI + K_{21} = 0 \quad\text{e}\quad K_{21} = 0{,}05EI$$

$$K_{31} = 0 \quad\text{e}\quad K_{31} = 0$$

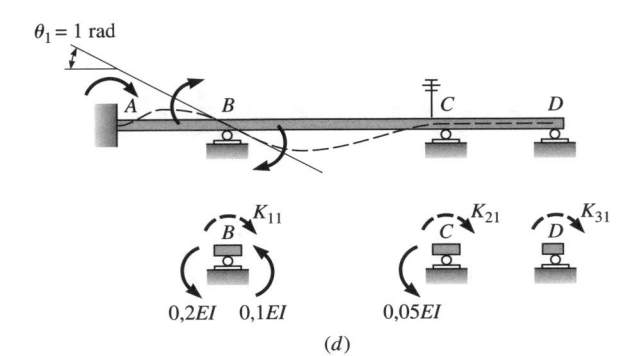

Figura 18.4: (d) Coeficientes de rigidez produzidos por uma rotação unitária do nó B com os nós C e D restringidos.

[*continua*]

[*continuação*]

A partir da Figura 18.4*e*,

$$-0{,}05EI + K_{12} = 0 \quad \text{e} \quad K_{12} = 0{,}05EI$$
$$-0{,}1EI - 0{,}2EI + K_{22} = 0 \quad \text{e} \quad K_{22} = 0{,}3EI$$
$$-0{,}1EI + K_{32} = 0 \quad \text{e} \quad K_{32} = 0{,}1EI$$

A partir da Figura 18.4*f*,

$$K_{13} = 0 \quad \text{e} \quad K_{13} = 0$$
$$-0{,}1EI + K_{23} = 0 \quad \text{e} \quad K_{23} = 0{,}1EI$$
$$-0{,}2EI + K_{33} = 0 \quad \text{e} \quad K_{33} = 0{,}2EI$$

Organizando esses coeficientes de rigidez em forma matricial, produzimos a seguinte matriz de rigidez da estrutura **K**:

$$\mathbf{K} = EI \begin{bmatrix} 0{,}3 & 0{,}05 & 0 \\ 0{,}05 & 0{,}3 & 0{,}1 \\ 0 & 0{,}1 & 0{,}2 \end{bmatrix} \tag{18.20}$$

Conforme anteciparíamos da lei de Betti, a matriz de rigidez da estrutura **K** é simétrica.

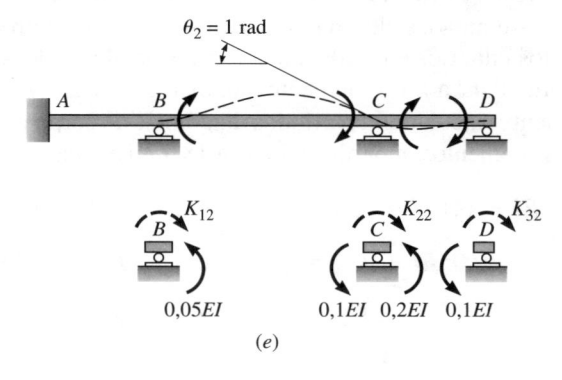

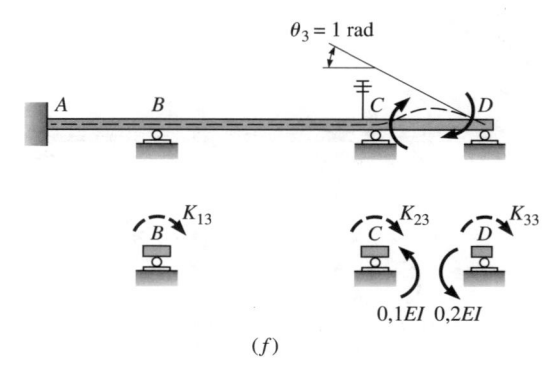

Figura 18.4: (*e*) Coeficientes de rigidez produzidos por uma rotação unitária do nó *C* com os nós *B* e *D* restringidos; (*f*) coeficientes de rigidez produzidos por uma rotação unitária do nó *D* com os nós *B* e *C* restringidos.

Passo 3: Solução da Equação 18.1 Substituindo os valores de **F** e **K** (dados pelas equações 18.19 e 18.20) calculados anteriormente na Equação 18.1, temos

$$EI \begin{bmatrix} 0{,}3 & 0{,}05 & 0 \\ 0{,}05 & 0{,}3 & 0{,}1 \\ 0 & 0{,}1 & 0{,}2 \end{bmatrix} \begin{bmatrix} \theta_1 \\ \theta_2 \\ \theta_3 \end{bmatrix} = \begin{bmatrix} 100 \\ 50 \\ -150 \end{bmatrix} \quad (18.21)$$

Resolvendo a Equação 18.21, calculamos

$$\begin{bmatrix} \theta_1 \\ \theta_2 \\ \theta_3 \end{bmatrix} = \frac{1}{EI} \begin{bmatrix} 258{,}6 \\ 448{,}3 \\ -974{,}1 \end{bmatrix} \quad (18.22)$$

Passo 4: Avaliação do efeito dos deslocamentos de nó Os momentos produzidos pelas rotações de nó reais são determinados multiplicando-se os momentos produzidos pelos deslocamentos unitários (ver Figura 18.4d a f) pelos deslocamentos reais e superpondo-se os resultados. Por exemplo, os momentos de extremidade no vão BC são

$$M''_{BC} = \theta_1(0{,}1EI) + \theta_2(0{,}05EI) + \theta_3(0) = 48{,}3 \text{ kip} \cdot \text{ft} \quad (18.23)$$

$$M''_{CD} = \theta_1(0{,}05EI) + \theta_2(0{,}1EI) + \theta_3(0) = 57{,}8 \text{ kip} \cdot \text{ft} \quad (18.24)$$

A avaliação dos momentos de extremidade do membro produzidos pelos deslocamentos de nó usando superposição exige que, para uma estrutura de grau de liberdade n, adicionemos n casos unitários em escala apropriada. Essa estratégia torna-se cada vez mais trabalhosa à medida que o valor de n aumenta. Felizmente, podemos avaliar esses momentos em uma única etapa, usando as matrizes de rigidez rotacional do membro individual. Por exemplo, considere o vão BC, para o qual os momentos de extremidade devido aos deslocamentos de nó foram calculados anteriormente por superposição. Se substituirmos as rotações de extremidade θ_1 e θ_2 (dadas pela Equação 18.22) na Equação 18.5, com $L = 40$ pés, obteremos

$$\begin{bmatrix} M''_{BC} \\ M''_{CB} \end{bmatrix} = \frac{2EI}{40} \begin{bmatrix} 2 & 1 \\ 1 & 2 \end{bmatrix} \frac{1}{EI} \begin{bmatrix} 258{,}6 \\ 448{,}3 \end{bmatrix} = \begin{bmatrix} 48{,}3 \\ 57{,}8 \end{bmatrix} \quad (18.25)$$

Evidentemente, esses resultados são idênticos àqueles obtidos pela superposição nas equações 18.23 e 18.24.

[*continua*]

[continuação]

Procedendo de maneira semelhante para os vãos AB e CD, verificamos que

$$\begin{bmatrix} M''_{AB} \\ M''_{BA} \end{bmatrix} = \frac{2EI}{20}\begin{bmatrix} 2 & 1 \\ 1 & 2 \end{bmatrix}\frac{1}{EI}\begin{bmatrix} 0 \\ 258{,}6 \end{bmatrix} = \begin{bmatrix} 25{,}9 \\ 51{,}7 \end{bmatrix} \quad (18.26)$$

$$\begin{bmatrix} M''_{CD} \\ M''_{DC} \end{bmatrix} = \frac{2EI}{20}\begin{bmatrix} 2 & 1 \\ 1 & 2 \end{bmatrix}\frac{1}{EI}\begin{bmatrix} 448{,}3 \\ -974{,}1 \end{bmatrix} = \begin{bmatrix} -7{,}8 \\ -150{,}0 \end{bmatrix} \quad (18.27)$$

Os resultados estão plotados na Figura 18.4g.

Passo 5: Cálculo dos resultados finais A solução completa é obtida somando-se os resultados do caso restrito da Figura 18.4c àqueles produzidos pelos deslocamentos de nó da Figura 18.4g. Os diagramas de momento resultantes estão plotados na Figura 18.4h.

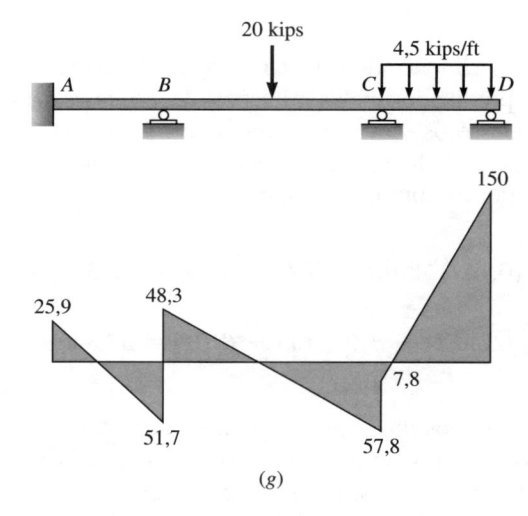

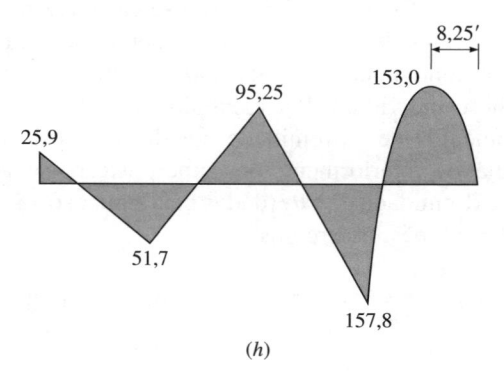

Figura 18.4: (g) Momentos produzidos pelas rotações de nó reais; (h) diagramas de momento finais (em unidades de kip · ft).

18.4 A matriz 4 × 4 de rigidez de membro em coordenadas locais

Na Seção 18.3, deduzimos a matriz 2 × 2 de rigidez rotacional de membro para a análise de uma estrutura na qual os nós só podem girar, mas não transladar. Agora, deduziremos a matriz de rigidez de membro para um elemento sob flexão, considerando como graus de liberdade as rotações de nó e os deslocamentos transversais de nó; a deformação axial do membro ainda será ignorada. Com a matriz 4 × 4 resultante, podemos estender a aplicação do método da rigidez direta para a solução de estruturas com nós que transladam e giram como resultado de uma carga aplicada.

Para propósitos educacionais, a matriz 4 × 4 de rigidez de membro em coordenadas locais será deduzida de três maneiras diferentes.

Dedução 1: Usando a equação de inclinação-deflexão

A Figura 18.5a mostra um elemento sob flexão de comprimento L com momentos de extremidade e cortantes; a Figura 18.5b ilustra os deslocamentos de nó correspondentes. A convenção de sinal é a seguinte: os momentos e rotações no sentido horário são positivos. Os cortantes e deslocamentos de nó transversais são positivos quando estão na direção do eixo y positivo.

As direções positivas das coordenadas locais são as seguintes: o eixo x' local se estende ao longo do membro, do nó próximo i até o nó distante j. O eixo z' positivo é sempre dirigido para o papel e y' é tal que os três eixos formam um sistema de coordenadas dextrogiro.

Definindo o momento de extremidade fixa (MEF) igual a zero nas equações 12.14 e 12.15 (supondo que não exista nenhuma carga entre os nós), temos

$$M_i = \frac{2EI}{L}(2\theta_i + \theta_j - 3\psi) \quad (18.28)$$

e

$$M_j = \frac{2EI}{L}(2\theta_j + \theta_i - 3\psi) \quad (18.29)$$

em que a rotação de corda ψ da Equação 12.4c é

$$\psi = \frac{\Delta_j - \Delta_i}{L} \quad (18.30)$$

O equilíbrio ($\Sigma M_j = 0$) exige que os cortantes e momentos de extremidade na Figura 18.5a estejam relacionados como se segue:

$$V_i = -V_j = \frac{M_i + M_j}{L} \quad (18.31)$$

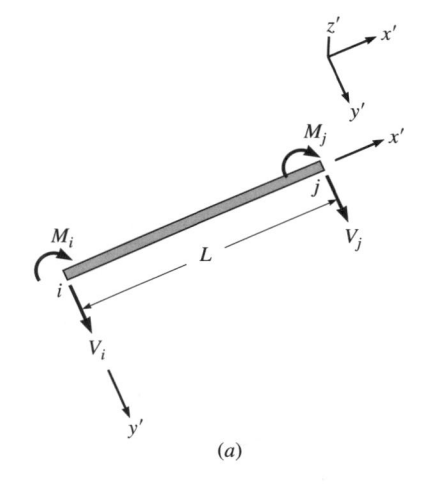

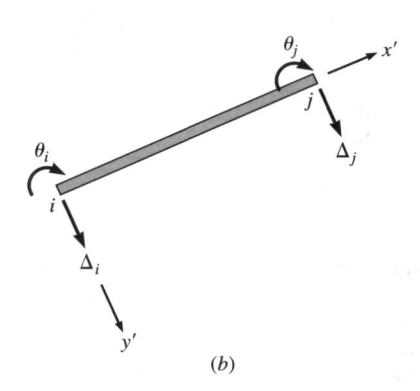

Figura 18.5: (a) Convenção para cortantes e momentos de extremidade positivos; (b) convenção para rotações de nó e deslocamentos de extremidade positivos.

Substituindo a Equação 18.30 nas equações 18.28 e 18.29 e, então, substituindo essas equações na Equação 18.31, produzimos as quatro equações a seguir:

$$M_i = \frac{2EI}{L}\left(2\theta_i + \theta_j + \frac{3}{L}\Delta_i - \frac{3}{L}\Delta_j\right) \quad (18.32)$$

$$M_j = \frac{2EI}{L}\left(\theta_i + 2\theta_j + \frac{3}{L}\Delta_i - \frac{3}{L}\Delta_j\right) \quad (18.33)$$

$$V_i = \frac{2EI}{L}\left(\frac{3}{L}\theta_i + \frac{3}{L}\theta_j + \frac{6}{L^2}\Delta_i - \frac{6}{L^2}\Delta_j\right) \quad (18.34)$$

$$V_j = -\frac{2EI}{L}\left(\frac{3}{L}\theta_i + \frac{3}{L}\theta_j + \frac{6}{L^2}\Delta_i - \frac{6}{L^2}\Delta_j\right) \quad (18.35)$$

Podemos escrever essas equações em notação matricial como

$$\begin{bmatrix} M_i \\ M_j \\ V_i \\ V_j \end{bmatrix} = \frac{2EI}{L} \begin{bmatrix} 2 & 1 & \frac{3}{L} & -\frac{3}{L} \\ 1 & 2 & \frac{3}{L} & -\frac{3}{L} \\ \frac{3}{L} & \frac{3}{L} & \frac{6}{L^2} & -\frac{6}{L^2} \\ -\frac{3}{L} & -\frac{3}{L} & -\frac{6}{L^2} & \frac{6}{L^2} \end{bmatrix} \begin{bmatrix} \theta_i \\ \theta_j \\ \Delta_i \\ \Delta_j \end{bmatrix} \quad (18.36)$$

em que a matriz 4 × 4, junto com o multiplicador $2EI/L$, é a matriz 4 × 4 de rigidez do membro $\mathbf{k}'$.

Dedução 2: Usando a definição básica do coeficiente de rigidez

A matriz 4 × 4 de rigidez de membro também pode ser deduzida usando-se a estratégia básica de introdução de deslocamentos unitários em cada um dos graus de liberdade. As forças externas no grau de liberdade necessárias para satisfazer o equilíbrio em cada configuração deformada são os elementos da matriz de rigidez de membro na coluna correspondente a esse GL. Consulte a Figura 18.6 para as deduções a seguir.

Deslocamento unitário no GL 1 (θ_i = 1 rad)

O esboço correspondente está mostrado na Figura 18.6b; os momentos de extremidade calculados com a Equação 18.5 são os habituais $4EI/L$ e $2EI/L$. Os cortantes nas extremidades são prontamente calculados a partir

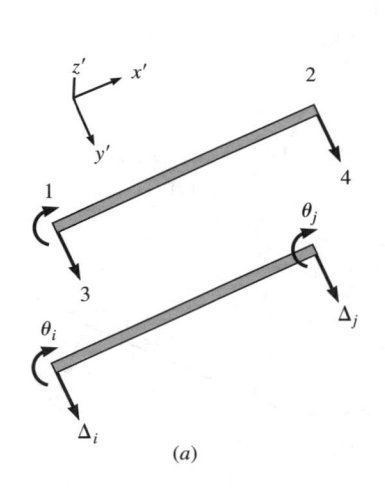

Figura 18.6: (a) Sentido positivo dos deslocamentos de nó desconhecidos indicados pelas setas numeradas; (b) coeficientes de rigidez produzidos por uma rotação unitária da extremidade esquerda da viga no sentido horário, com todos os outros deslocamentos de nó impedidos; (c) coeficientes de rigidez produzidos por uma rotação unitária da extremidade direita da viga no sentido horário, com todos os outros deslocamentos de nó impedidos.

da estática. (O sentido positivo dos deslocamentos está indicado pelas setas numeradas na Figura 18.6a.) A partir desses cálculos, obtemos

$$k'_{11} = \frac{4EI}{L} \qquad k'_{21} = \frac{2EI}{L} \qquad k'_{31} = \frac{6EI}{L^2} \qquad k'_{41} = -\frac{6EI}{L^2} \qquad (18.37)$$

Esses quatro elementos constituem a primeira coluna da matriz **k'**.

Deslocamento unitário no GL 2 ($\theta_j = 1$ rad)

O esboço dessa condição está ilustrado na Figura 18.6c; procedendo como antes, obtemos

$$k'_{12} = \frac{2EI}{L} \qquad k'_{22} = \frac{4EI}{L} \qquad k'_{32} = \frac{6EI}{L^2} \qquad k'_{42} = -\frac{6EI}{L^2} \qquad (18.38)$$

Os quatro elementos constituem a segunda coluna da matriz **k'**.

Deslocamento unitário no GL 3 ($\Delta_i = 1$)

A partir do esboço da Figura 18.6d, podemos ver que esse padrão de deslocamento, no que diz respeito às distorções do membro, é equivalente a uma rotação positiva de $1/L$, medida da corda da viga até a configuração deformada da viga. (Note que os movimentos de corpo rígido não introduzem momentos nem cortantes no elemento de viga.) Substituindo essas rotações na Equação 18.5, obtemos os seguintes momentos de extremidade:

$$\begin{bmatrix} M_i \\ M_j \end{bmatrix} = \frac{2EI}{L} \begin{bmatrix} 2 & 1 \\ 1 & 2 \end{bmatrix} \frac{1}{L} \begin{bmatrix} 1 \\ 1 \end{bmatrix} = \frac{6EI}{L^2} \begin{bmatrix} 1 \\ 1 \end{bmatrix} \qquad (18.39)$$

Os momentos de extremidade e os cortantes correspondentes (calculados a partir da estática) estão representados na Figura 18.6d; novamente, temos

$$k'_{13} = \frac{6EI}{L^2} \qquad k'_{23} = \frac{6EI}{L^2} \qquad k'_{33} = \frac{12EI}{L^3} \qquad k'_{43} = -\frac{12EI}{L^3} \qquad (18.40)$$

Esses quatro elementos constituem a terceira coluna da matriz **k'**.

Deslocamento unitário no GL 4 ($\Delta_j = 1$)

Neste caso, a rotação da corda da viga até a configuração final do membro, como mostrado na Figura 18.6e, é no sentido anti-horário e, portanto, negativa. Procedendo exatamente da mesma maneira de antes, o resultado é

$$k'_{14} = -\frac{6EI}{L^2} \qquad k'_{24} = -\frac{6EI}{L^2} \qquad k'_{34} = -\frac{12EI}{L^3} \qquad k'_{44} = \frac{12EI}{L^3} \qquad (18.41)$$

Esses quatro elementos constituem a quarta coluna da matriz **k'**.

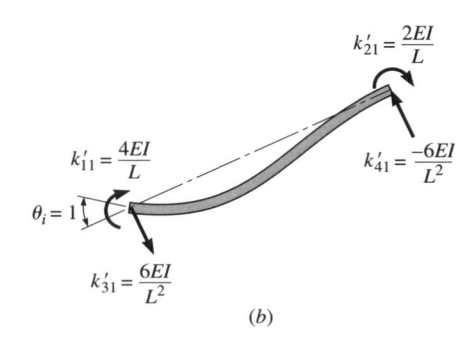

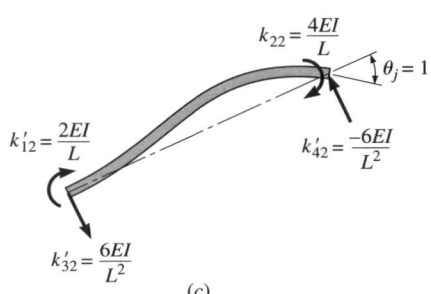

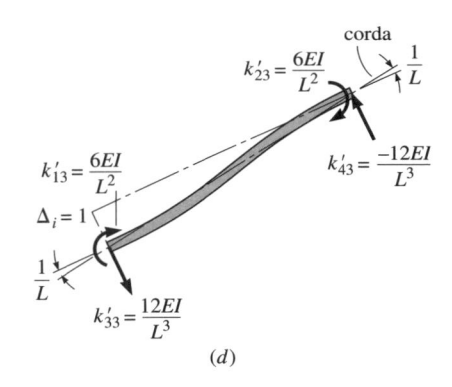

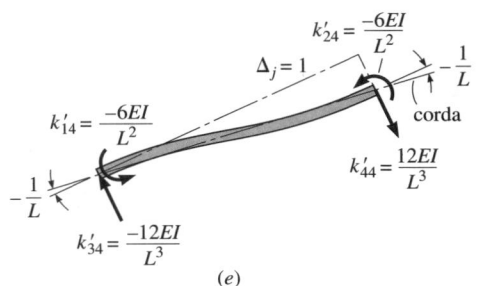

Figura 18.6: (d) Coeficientes de rigidez produzidos por um deslocamento vertical unitário da extremidade esquerda, com todos os outros deslocamentos de nó impedidos; (e) coeficientes de rigidez produzidos por um deslocamento vertical unitário da extremidade direita, com todos os outros deslocamentos de nó impedidos.

Organizando esses coeficientes em um formato matricial para a matriz de rigidez de membro, temos

$$\mathbf{k}' = \frac{2EI}{L} \begin{bmatrix} 2 & 1 & \dfrac{3}{L} & -\dfrac{3}{L} \\ 1 & 2 & \dfrac{3}{L} & -\dfrac{3}{L} \\ \dfrac{3}{L} & \dfrac{3}{L} & \dfrac{6}{L^2} & -\dfrac{6}{L^2} \\ -\dfrac{3}{L} & -\dfrac{3}{L} & -\dfrac{6}{L^2} & \dfrac{6}{L^2} \end{bmatrix} \quad (18.42)$$

A Equação 18.42 é idêntica à matriz deduzida anteriormente com a equação da inclinação-deflexão (ver Equação 18.36).

Dedução 3: Usando a matriz 2 × 2 de rigidez rotacional com transformação de coordenadas

Como vimos na dedução anterior, no que dizem respeito às distorções, os deslocamentos transversais do membro sob flexão são equivalentes às rotações de extremidade com relação à corda. Como as rotações com relação à corda são uma função das rotações com relação ao eixo x' local e dos deslocamentos transversais, podemos escrever

$$\begin{bmatrix} \theta_{ic} \\ \theta_{jc} \end{bmatrix} = \mathbf{T} \begin{bmatrix} \theta_i \\ \theta_j \\ \Delta_i \\ \Delta_j \end{bmatrix} \quad (18.43)$$

em que $\mathbf{T}$ é a matriz de transformação e o subscrito c foi adicionado para distinguir entre as rotações medidas com relação à corda e as rotações com relação ao eixo x' local.

Os elementos da matriz de transformação $\mathbf{T}$ podem ser obtidos com a ajuda da Figura 18.7. A partir dela, temos

$$\theta_{ic} = \theta_i - \psi \quad (18.44)$$

$$\theta_{jc} = \theta_j - \psi \quad (18.45)$$

em que a rotação de corda ψ é dada por

$$\psi = \frac{\Delta_j - \Delta_i}{L} \quad (18.30)$$

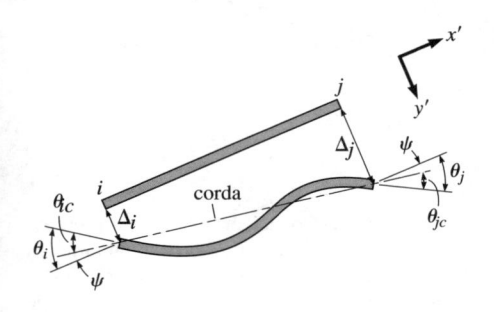

Figura 18.7: Forma defletida de um elemento de viga cujos nós giram e se deslocam lateralmente.

Substituindo a Equação 18.30 nas equações 18.44 e 18.45, obtemos

$$\theta_{ic} = \theta_i + \frac{\Delta_i}{L} - \frac{\Delta_j}{L} \qquad (18.46)$$

$$\theta_{jc} = \theta_j + \frac{\Delta_i}{L} - \frac{\Delta_j}{L} \qquad (18.47)$$

Escrevendo as equações 18.46 e 18.47 em notação matricial, produzimos

$$\begin{bmatrix} \theta_{ic} \\ \theta_{jc} \end{bmatrix} = \begin{bmatrix} 1 & 0 & \frac{1}{L} & -\frac{1}{L} \\ 0 & 1 & \frac{1}{L} & -\frac{1}{L} \end{bmatrix} \begin{bmatrix} \theta_i \\ \theta_j \\ \Delta_i \\ \Delta_j \end{bmatrix} \qquad (18.48)$$

A matriz 2×4 na Equação 18.48 é, por comparação com a Equação 18.43, a matriz de transformação **T**.

Da Seção 17.7 sabemos que, desde que dois conjuntos de coordenadas sejam geometricamente relacionados, então, se a matriz de rigidez é conhecida em um conjunto de coordenadas, ela pode ser transformada para o outro pela seguinte operação:

$$\mathbf{k'} = \mathbf{T}^T \overline{\mathbf{k}} \mathbf{T} \qquad (18.49)$$

em que $\overline{\mathbf{k}}$ é a matriz 2×2 de rigidez rotacional (Equação 18.6) e $\mathbf{k'}$ é a matriz 4×4 de rigidez de membro em coordenadas locais. Substituindo a matriz **T** na Equação 18.48 e a matriz de rigidez rotacional da Equação 18.6 para $\overline{\mathbf{k}}$, obtemos

$$\mathbf{k'} = \begin{bmatrix} 1 & 0 \\ 0 & 1 \\ \frac{1}{L} & \frac{1}{L} \\ -\frac{1}{L} & -\frac{1}{L} \end{bmatrix} \frac{2EI}{L} \begin{bmatrix} 2 & 1 \\ 1 & 2 \end{bmatrix} \begin{bmatrix} 1 & 0 & \frac{1}{L} & -\frac{1}{L} \\ 0 & 1 & \frac{1}{L} & -\frac{1}{L} \end{bmatrix}$$

A multiplicação das matrizes mostradas acima gera a mesma matriz de rigidez de elemento de viga deduzida anteriormente e apresentada como Equação 18.42; a verificação fica como exercício para o leitor.

EXEMPLO 18.3

Analise o pórtico plano mostrado na Figura 18.8a. O pórtico é feito de duas colunas de momento de inércia I, rigidamente conectadas a uma viga horizontal cujo momento de inércia é $3I$. A estrutura suporta uma carga concentrada de 80 kips atuando horizontalmente para a direita, à meia altura da coluna AB. Despreze as deformações devido às forças axiais.

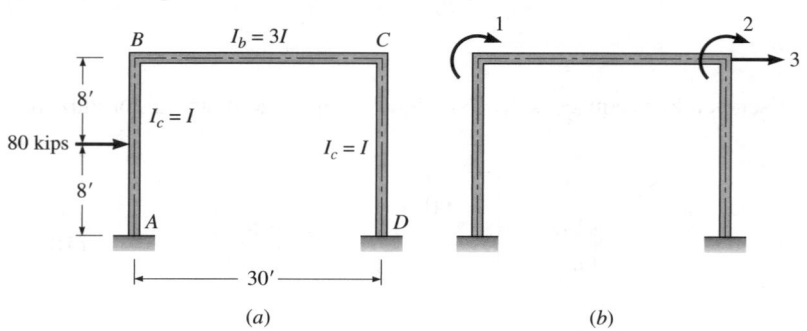

Figura 18.8: Análise de um pórtico não contraventado: (a) detalhes do pórtico; (b) definição do sentido positivo dos deslocamentos de nó desconhecidos.

Solução

Como as deformações axiais são desprezadas, os nós B e C não se movem verticalmente, mas têm o mesmo deslocamento horizontal. Na Figura 18.8b, usamos setas para mostrar o sentido positivo das três componentes do deslocamento de nó independentes. Agora, aplicaremos o procedimento de solução de cinco etapas utilizado nos exemplos anteriores.

Passo 1: Análise da estrutura restringida Com os graus de liberdade bloqueados por um grampo em B, assim como um grampo e um apoio horizontal em C, o pórtico é transformado em três vigas de extremidade fixa independentes. Os momentos na estrutura restringida estão mostrados na Figura 18.8c. As forças de restrição são calculadas usando-se os diagramas de corpo livre mostrados na parte inferior da Figura 18.8c.

Notamos que a restrição horizontal no nó C, que impede o deslocamento horizontal do pórtico (GL 3), pode ser colocada no nó B ou no nó C, sem afetar os resultados. Portanto, a escolha do nó C no esboço da Figura 18.8c é arbitrária. Também notamos que a simplificação introduzida pelo fato de desprezarmos as deformações axiais não implica que não existam forças axiais. Significa apenas que se supõe que as cargas axiais são transmitidas, sem produzir encurtamento nem alongamento das barras.

A partir dos diagramas de corpo livre da Figura 18.8c, calculamos as forças de restrição como

$$-160{,}0 + M_1 = 0 \qquad M_1 = 160{,}0$$
$$M_2 = 0$$
$$40{,}0 + F_3 = 0 \qquad F_3 = -40{,}0$$

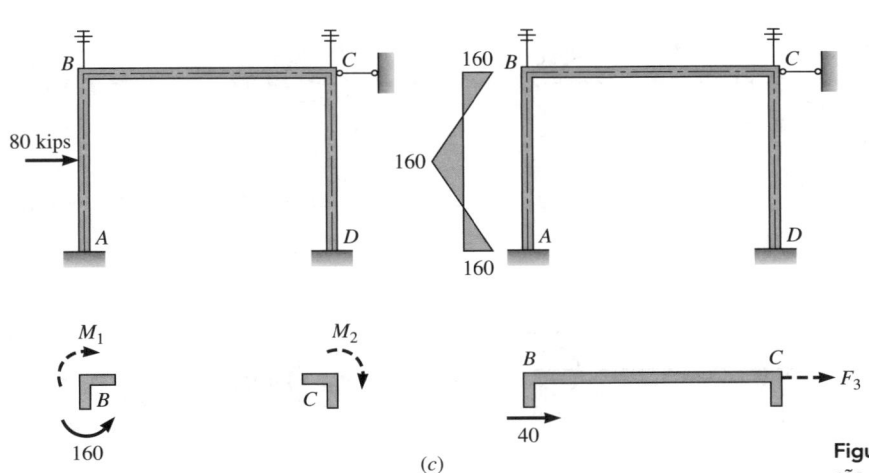

Figura 18.8: (*c*) Cálculo das forças de restrição correspondentes aos três deslocamentos de nó desconhecidos; momentos em kip · ft.

Invertendo o sinal das forças de restrição para construir o vetor de força **F**, temos

$$\mathbf{F} = \begin{bmatrix} -160{,}0 \\ 0 \\ 40{,}0 \end{bmatrix} \quad (18.50)$$

em que as forças são em kips e os momentos em kip · ft.

Passo 2: Montagem da matriz de rigidez da estrutura As configurações deformadas, correspondentes aos deslocamentos unitários em cada grau de liberdade, são mostradas na Figura 18.8*d*. Os momentos na extremidade dos membros, nos esboços correspondentes às rotações unitárias dos nós *B* e *C* (isto é, GL 1 e 2, respectivamente), são mais facilmente calculados a partir da matriz 2 × 2 de rigidez rotacional do membro, da Equação 18.5. Usando os diagramas de corpo livre apropriados, calculamos

$$-0{,}25EI - 0{,}4EI + K_{11} = 0 \quad \text{ou} \quad K_{11} = 0{,}65EI$$
$$-0{,}2EI + K_{21} = 0 \quad \text{ou} \quad K_{21} = 0{,}20EI$$
$$0{,}0234EI + K_{31} = 0 \quad \text{ou} \quad K_{31} = -0{,}0234EI$$
$$-0{,}4EI - 0{,}25EI + K_{22} = 0 \quad \text{ou} \quad K_{22} = 0{,}65EI$$
$$0{,}0234EI + K_{32} = 0 \quad \text{ou} \quad K_{32} = -0{,}0234EI$$

Os elementos da terceira linha da matriz de rigidez da estrutura são avaliados introduzindo-se um deslocamento horizontal unitário no topo do pórtico (GL 3). As forças nas barras são calculadas como se segue. Na Figura 18.8*d*, vemos que, para essa condição, a barra *BC* permanece não

[*continua*]

[continuação]

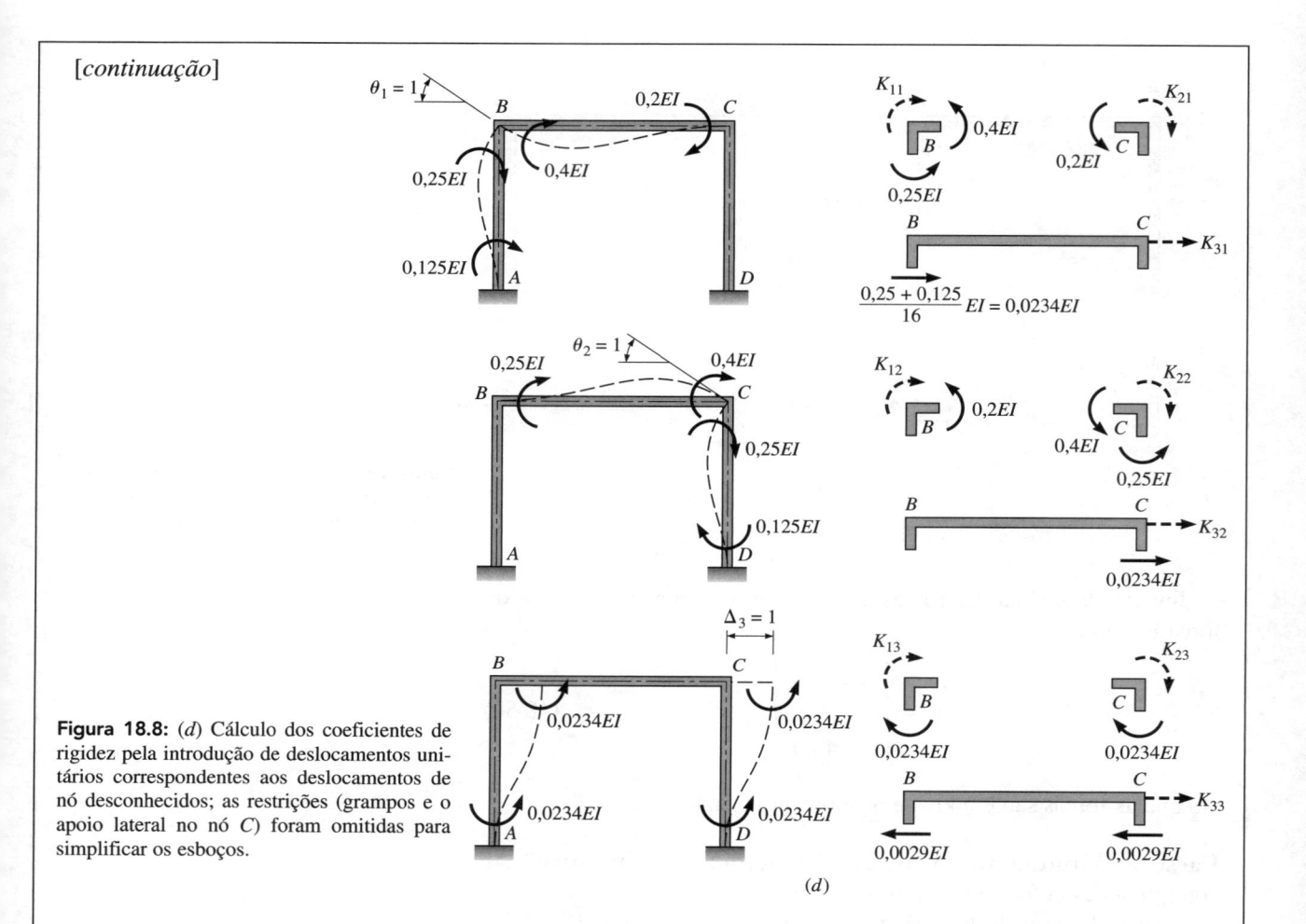

Figura 18.8: (d) Cálculo dos coeficientes de rigidez pela introdução de deslocamentos unitários correspondentes aos deslocamentos de nó desconhecidos; as restrições (grampos e o apoio lateral no nó C) foram omitidas para simplificar os esboços.

deformada, não tendo assim nem momentos nem cortantes. As colunas, barras AB e DC, estão sujeitas ao padrão de deformação dado por

$$\begin{bmatrix} \theta_i \\ \theta_j \\ \Delta_i \\ \Delta_j \end{bmatrix} = \begin{bmatrix} 0 \\ 0 \\ 0 \\ 1 \end{bmatrix}$$

em que os subscritos i e j são usados para designar os nós próximos e distantes, respectivamente. Observe que, definindo as colunas como indo de A para B e de D para C, os dois eixos y locais estão de acordo com a convenção de sinal estabelecida anteriormente, dirigida para a direita, tornando assim o deslocamento $\Delta = 1$ positivo.

Os momentos e cortantes em cada coluna são obtidos pela substituição dos deslocamentos mostrados acima na Equação 18.36; isto é,

$$\begin{bmatrix} M_i \\ M_j \\ V_i \\ V_j \end{bmatrix} = \frac{2EI}{L} \begin{bmatrix} 2 & 1 & \dfrac{3}{L} & -\dfrac{3}{L} \\ 1 & 2 & \dfrac{3}{L} & -\dfrac{3}{L} \\ \dfrac{3}{L} & \dfrac{3}{L} & \dfrac{6}{L^2} & -\dfrac{6}{L^2} \\ -\dfrac{3}{L} & -\dfrac{3}{L} & -\dfrac{6}{L^2} & \dfrac{6}{L^2} \end{bmatrix} \begin{bmatrix} 0 \\ 0 \\ 0 \\ 1 \end{bmatrix}$$

Substituindo $L = 16$ pés, temos

$$\begin{bmatrix} M_i \\ M_j \\ V_i \\ V_j \end{bmatrix} = EI \begin{bmatrix} -0{,}0234 \\ -0{,}0234 \\ -0{,}0029 \\ 0{,}0029 \end{bmatrix}$$

Esses resultados são mostrados na Figura 18.8d. A partir do equilíbrio das forças na direção horizontal na viga, calculamos

$$-0{,}0029EI - 0{,}0029EI + K_{33} = 0 \quad \text{ou} \quad K_{33} = 0{,}0058EI$$

O equilíbrio dos momentos nos nós B e C exige que $K_{13} = K_{23} = -0{,}0234EI$.

Organizando esses coeficientes em forma matricial, produzimos a matriz de rigidez da estrutura

$$\mathbf{K} = EI \begin{bmatrix} 0{,}65 & 0{,}20 & -0{,}0234 \\ 0{,}20 & 0{,}65 & -0{,}0234 \\ -0{,}0234 & -0{,}0234 & 0{,}0058 \end{bmatrix}$$

Como verificação dos cálculos, observamos que a matriz de rigidez da estrutura $\mathbf{K}$ é simétrica (lei de Betti).

Passo 3: Solução da Equação 18.1 Substituindo $\mathbf{F}$ e $\mathbf{K}$ na Equação 18.1, geramos o seguinte conjunto de equações simultâneas:

$$EI \begin{bmatrix} 0{,}65 & 0{,}20 & -0{,}0234 \\ 0{,}20 & 0{,}65 & -0{,}0234 \\ -0{,}0234 & -0{,}0234 & 0{,}0058 \end{bmatrix} \begin{bmatrix} \theta_1 \\ \theta_2 \\ \Delta_3 \end{bmatrix} = \begin{bmatrix} -160{,}0 \\ 0{,}0 \\ 40{,}0 \end{bmatrix}$$

Resolvendo, temos

$$\begin{bmatrix} \theta_1 \\ \theta_2 \\ \Delta_3 \end{bmatrix} = \frac{1}{EI} \begin{bmatrix} -57{,}0 \\ 298{,}6 \\ 7793{,}2 \end{bmatrix}$$

As unidades são radianos e pés.

[*continua*]

[*continuação*]

Passo 4: Avaliação do efeito dos deslocamentos de nó Conforme explicado no Exemplo 18.2, os efeitos dos deslocamentos de nó são mais facilmente calculados usando-se as matrizes de rigidez de elemento individuais. Esses cálculos produzem os seguintes valores de deslocamento nas extremidades de cada membro. Para a barra *AB*,

$$\begin{bmatrix} \theta_A \\ \theta_B \\ \Delta_A \\ \Delta_B \end{bmatrix} = \frac{1}{EI} \begin{bmatrix} 0 \\ -57,0 \\ 0,0 \\ 7793,2 \end{bmatrix}$$

para a barra *BC*,

$$\begin{bmatrix} \theta_B \\ \theta_C \\ \Delta_B \\ \Delta_C \end{bmatrix} = \frac{1}{EI} \begin{bmatrix} -57,0 \\ 298,6 \\ 0 \\ 0 \end{bmatrix}$$

e para a barra *DC*,

$$\begin{bmatrix} \theta_D \\ \theta_C \\ \Delta_D \\ \Delta_C \end{bmatrix} = \frac{1}{EI} \begin{bmatrix} 0 \\ 298,6 \\ 0 \\ 7793,2 \end{bmatrix}$$

Os resultados obtidos pela substituição desses deslocamentos na Equação 18.36 (com os valores apropriados de *L* e da rigidez à flexão *EI*) são mostrados graficamente na Figura 18.8*e*.

Passo 5: Cálculo dos resultados finais A solução completa é obtida superpondo-se os resultados do caso restringido (Figura 18.8*c*) e os efeitos dos deslocamentos de nó (Figura 18.8*e*). Os diagramas de momento finais para as barras do pórtico estão plotados na Figura 18.8*f*.

Figura 18.8: (*e*) Momentos produzidos pelos deslocamentos de nó; (*f*) resultados finais. Todos os momentos em kip · ft.

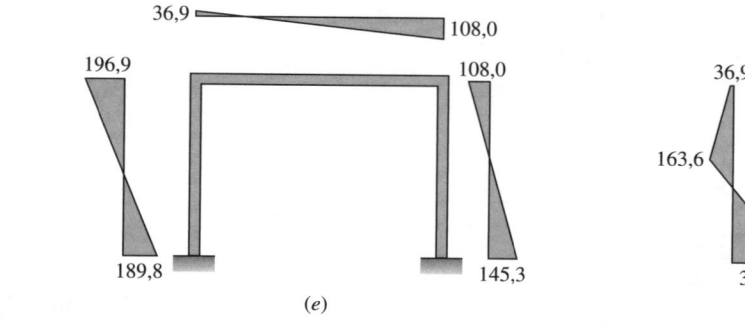

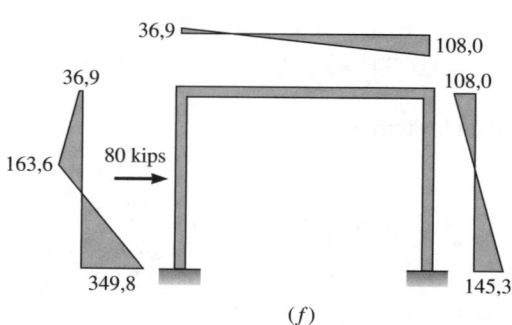

18.5 A matriz 6 × 6 de rigidez de membro em coordenadas locais

Embora praticamente todos os membros de estruturas reais estejam sujeitos a deformações axiais e de flexão, frequentemente é possível obter soluções precisas usando-se modelos analíticos nos quais somente um modo de deformação (de flexão ou axial) é considerado. Por exemplo, conforme mostramos no Capítulo 17, a análise de treliças pode ser realizada utilizando-se uma matriz de rigidez de membro que relaciona as cargas axiais e as deformações; os efeitos de flexão, embora estejam presentes (pois os nós reais não se comportam como pinos sem atrito e o peso próprio de um membro produz momento), são desprezíveis. Em outras estruturas, como as vigas e pórticos tratados nas seções anteriores deste capítulo, muitas vezes as deformações axiais têm efeito desprezível, e a análise pode ser feita considerando-se apenas as deformações de flexão. Quando for necessário incluir as duas componentes da deformação, nesta seção deduziremos uma matriz de rigidez de membro em coordenadas locais que nos permitirá considerar os efeitos axiais e de flexão simultaneamente.

Quando as deformações de flexão e axiais são consideradas, cada nó tem 3 graus de liberdade; assim, a ordem da matriz de rigidez de membro é 6. A Figura 18.9 mostra a direção positiva dos graus de liberdade (deslocamentos de nó) em coordenadas locais; note que a convenção de sinal para rotações de extremidade e deslocamentos transversais (graus de liberdade 1 a 4) é idêntica à utilizada anteriormente na dedução da matriz de rigidez de membro dada pela Equação 18.36. Os deslocamentos na direção axial (graus de liberdade 5 e 6) são positivos na direção do eixo x' positivo, o qual, conforme determinado anteriormente, vai do nó próximo para o distante.

Os coeficientes na matriz 6 × 6 de rigidez de membro podem ser obtidos prontamente a partir das informações deduzidas anteriormente para os elementos de viga e treliça.

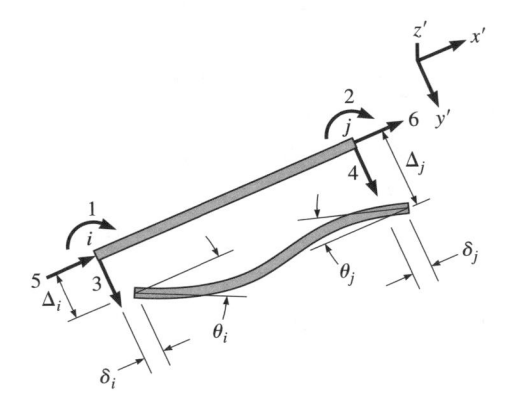

Figura 18.9: Sentido positivo do deslocamento de nó para um membro sob flexão.

Deslocamentos unitários nos GL 1 a 4

Esses padrões de deslocamento foram mostrados na Figura 18.6; os resultados foram calculados na Seção 18.4 e estão contidos nas equações 18.37, 18.38, 18.40 e 18.41. Também observamos que, como esses deslocamentos não introduzem nenhum alongamento axial,

$$k'_{51} = k'_{52} = k'_{53} = k'_{54} = k'_{61} = k'_{62} = k'_{63} = k'_{64} = 0 \quad (18.51)$$

Deslocamentos unitários nos GL 5 e 6

Essas condições foram consideradas na dedução da matriz 2×2 de rigidez de membro para uma barra de treliça, no Capítulo 17. A partir da Equação 17.15, calculamos

$$k'_{55} = k'_{66} = -k'_{56} = -k'_{65} = \frac{AE}{L} \quad (18.52)$$

Como nenhum momento nem cortante são causados por essas deformações axiais, segue-se que

$$k'_{15} = k'_{25} = k'_{35} = k'_{45} = k'_{16} = k'_{26} = k'_{36} = k'_{46} = 0 \quad (18.53)$$

Observe que os coeficientes nas equações 18.51 e 18.53 satisfazem a simetria (lei de Betti).

Organizando todos os coeficientes de rigidez em uma matriz, obtemos a matriz 6×6 de rigidez de membro em coordenadas locais como

$$
\mathbf{k'} = \begin{array}{c} \text{GL:} \\ \\ \\ \end{array}
\begin{bmatrix}
\dfrac{4EI}{L} & \dfrac{2EI}{L} & \dfrac{6EI}{L^2} & -\dfrac{6EI}{L^2} & 0 & 0 \\
\dfrac{2EI}{L} & \dfrac{4EI}{L} & \dfrac{6EI}{L^2} & -\dfrac{6EI}{L^2} & 0 & 0 \\
\dfrac{6EI}{L^2} & \dfrac{6EI}{L^2} & \dfrac{12EI}{L^3} & \dfrac{-12EI}{L^3} & 0 & 0 \\
-\dfrac{6EI}{L^2} & -\dfrac{6EI}{L^2} & -\dfrac{12EI}{L^3} & \dfrac{12EI}{L^3} & 0 & 0 \\
0 & 0 & 0 & 0 & \dfrac{AE}{L} & -\dfrac{AE}{L} \\
0 & 0 & 0 & 0 & -\dfrac{AE}{L} & \dfrac{AE}{L}
\end{bmatrix}
\begin{array}{c} 1 \\ 2 \\ 3 \\ 4 \\ 5 \\ 6 \end{array}
\quad (18.54)
$$

Ilustraremos o uso da Equação 18.54 no Exemplo 18.4.

EXEMPLO 18.4

Analise o pórtico da Figura 18.10*a* considerando as deformações axiais e de flexão. Os valores da rigidez à flexão e axial *EI* e *AE* são os mesmos para os dois membros e iguais a 24×10^6 kip·pol² e $0,72 \times 10^6$ kips, respectivamente. A estrutura suporta uma carga concentrada de 40 kips que atua verticalmente para baixo no centro do vão *BC*.

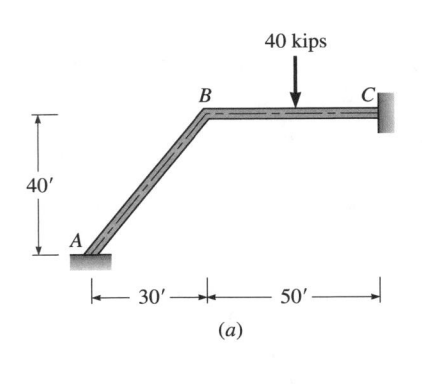

Solução

Com os alongamentos axiais considerados, a estrutura tem 3 graus de indeterminação cinemática, conforme mostrado na Figura 18.10*b*. O procedimento de solução de cinco etapas está mostrado a seguir.

Passo 1: Análise da estrutura restringida Com os 3 graus de liberdade bloqueados no nó *B*, o pórtico é transformado em duas vigas de extremidade fixa. Os momentos para esse caso são mostrados na Figura 18.10*c*. A partir do equilíbrio do diagrama de corpo livre do nó *B*,

$$X_1 = 0 \quad \text{ou} \quad X_1 = 0$$
$$Y_2 + 20,0 = 0 \quad \text{ou} \quad Y_2 = -20,0$$
$$M_3 + 250,0 = 0 \quad \text{ou} \quad M_3 = -250,0 \text{ kip·ft} = -3000 \text{ kip·pol}$$

Invertendo o sinal dessas forças de restrição para construir o vetor de força **F**, temos

$$\mathbf{F} = \begin{bmatrix} 0 \\ 20,0 \\ 3000,0 \end{bmatrix} \tag{18.55}$$

As unidades são kips e polegadas.

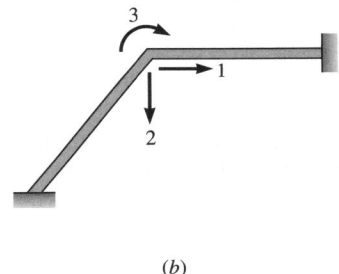

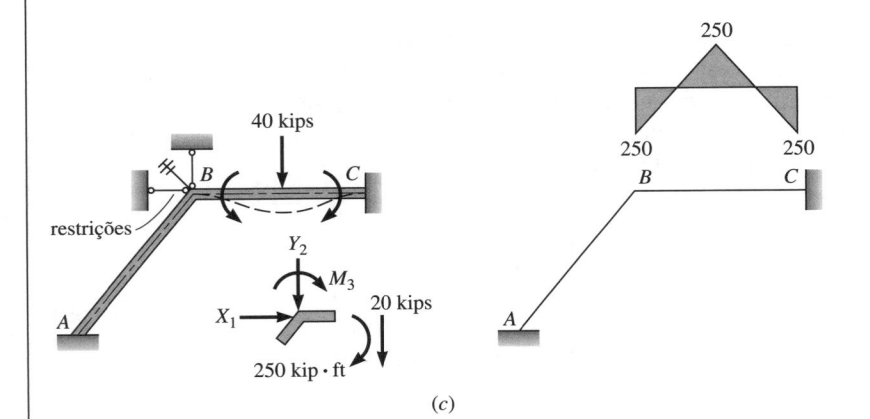

Figura 18.10: (*a*) Detalhes do pórtico; (*b*) sentido positivo dos deslocamentos de nó desconhecidos.

Figura 18.10: (*c*) Forças na estrutura restringida produzidas pela carga de 40 kips; somente o membro *BC* é tensionado. Momentos em kip·ft.

[*continua*]

[*continuação*]

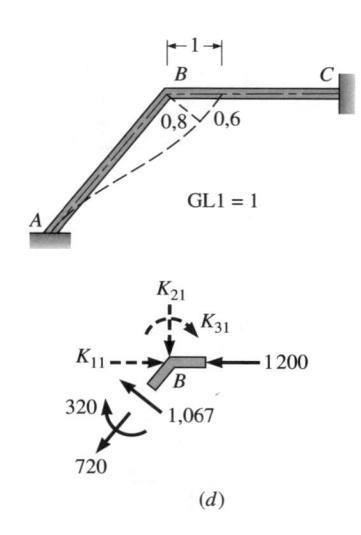

Figura 18.10: (*d*) Coeficientes de rigidez associados a um deslocamento horizontal unitário do nó *B*.

Passo 2: Montagem da matriz de rigidez da estrutura As matrizes de rigidez em coordenadas locais para os membros *AB* e *BC* são idênticas, pois suas propriedades são as mesmas. Substituindo na Equação 18.54 os valores numéricos por *EI*, *AE* e o comprimento *L*, que é 600 pol, temos

$$\mathbf{k}' = 10^2 \begin{bmatrix} 1\,600 & 800 & 4 & -4 & 0 & 0 \\ 800 & 1\,600 & 4 & -4 & 0 & 0 \\ 4 & 4 & 0{,}0133 & -0{,}0133 & 0 & 0 \\ -4 & -4 & -0{,}0133 & 0{,}0133 & 0 & 0 \\ 0 & 0 & 0 & 0 & 12 & -12 \\ 0 & 0 & 0 & 0 & -12 & 12 \end{bmatrix} \quad (18.56)$$

A configuração deformada correspondente a um deslocamento de 1 pol do grau de liberdade 1 é mostrada na Figura 18.10*d*. As deformações expressas em coordenadas locais para o membro *AB* são

$$\begin{bmatrix} \theta_A \\ \theta_B \\ \Delta_A \\ \Delta_B \\ \delta_A \\ \delta_B \end{bmatrix} = \begin{bmatrix} 0 \\ 0 \\ 0 \\ 0{,}8 \\ 0 \\ 0{,}6 \end{bmatrix} \quad (18.57)$$

e para o membro *BC* são

$$\begin{bmatrix} \theta_B \\ \theta_C \\ \Delta_B \\ \Delta_C \\ \delta_B \\ \delta_C \end{bmatrix} = \begin{bmatrix} 0 \\ 0 \\ 0 \\ 0 \\ 1 \\ 0 \end{bmatrix} \quad (18.58)$$

As unidades são radianos e polegadas.

As forças nos membros são obtidas, então, multiplicando-se as deformações do membro pelas matrizes de rigidez do elemento. Multiplicando previamente as equações 18.57 e 18.58 pela Equação 18.56, para o membro *AB*, obtemos

$$\begin{bmatrix} M_i \\ M_j \\ V_i \\ V_j \\ F_i \\ F_j \end{bmatrix} = \begin{bmatrix} -320{,}0 \\ -320{,}0 \\ -1{,}064 \\ 1{,}064 \\ -720{,}0 \\ 720{,}0 \end{bmatrix} \quad (18.59)$$

e para o membro BC,

$$\begin{bmatrix} M_i \\ M_j \\ V_i \\ V_j \\ F_i \\ F_j \end{bmatrix} = \begin{bmatrix} 0 \\ 0 \\ 0 \\ 0 \\ 1\,200,0 \\ -1\,200,0 \end{bmatrix} \qquad (18.60)$$

Nas equações 18.59 e 18.60, os subscritos i e j são usados para designar os nós próximo e distante, respectivamente. Essas forças de extremidade de membro, com o sinal invertido, podem ser usadas para construir o diagrama de corpo livre do nó B na Figura 18.10d. A partir desse diagrama, calculamos as forças necessárias para o equilíbrio dessa configuração deformada.

$$K_{11} - 1\,200 - (720 \times 0{,}6) - (1{,}067 \times 0{,}8) = 0 \quad \text{ou} \quad K_{11} = 1\,632{,}85$$

$$K_{21} + (720 \times 0{,}8) - (1{,}067 \times 0{,}6) = 0 \quad \text{ou} \quad K_{21} = -575{,}36$$

$$K_{31} + 320{,}0 = 0 \quad \text{ou} \quad K_{31} = -320{,}0$$

Na Figura 18.10e, mostramos a configuração deformada para um deslocamento unitário no grau de liberdade 2. Procedendo como antes, encontramos as deformações do membro. Para o membro AB,

$$\begin{bmatrix} \theta_A \\ \theta_B \\ \Delta_A \\ \Delta_B \\ \delta_A \\ \delta_B \end{bmatrix} = \begin{bmatrix} 0 \\ 0 \\ 0 \\ 0{,}6 \\ 0 \\ -0{,}8 \end{bmatrix} \qquad (18.61)$$

Figura 18.10: (e) Coeficientes de rigidez produzidos por um deslocamento vertical unitário do nó B.

e para o membro BC,

$$\begin{bmatrix} \theta_B \\ \theta_C \\ \Delta_B \\ \Delta_C \\ \delta_B \\ \delta_C \end{bmatrix} = \begin{bmatrix} 0 \\ 0 \\ 1 \\ 0 \\ 0 \\ 0 \end{bmatrix} \qquad (18.62)$$

Multiplicando as deformações nas equações 18.61 e 18.62 pelas matrizes de rigidez do elemento, obtemos as seguintes forças de membro. Para o membro AB,

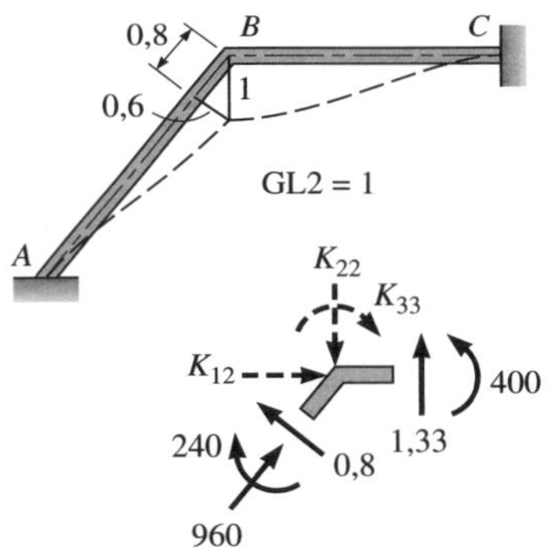

[*continua*]

[*continuação*]

$$\begin{bmatrix} M_i \\ M_j \\ V_i \\ V_j \\ F_i \\ F_j \end{bmatrix} = \begin{bmatrix} -240,0 \\ -240,0 \\ -0,8 \\ 0,8 \\ 960,0 \\ -960,0 \end{bmatrix} \quad (18.63)$$

e para o membro BC,

$$\begin{bmatrix} M_i \\ M_j \\ V_i \\ V_j \\ F_i \\ F_j \end{bmatrix} = \begin{bmatrix} 400,0 \\ 400,0 \\ 1,333 \\ -1,333 \\ 0 \\ 0 \end{bmatrix} \quad (18.64)$$

Dadas as forças de membro internas, as forças externas necessárias para o equilíbrio nos graus de liberdade são prontamente encontradas; referindo-nos ao diagrama de corpo livre do nó B na Figura 18.10*e*, calculamos os seguintes coeficientes de rigidez:

$$K_{12} + (960 \times 0,6) - (0,8 \times 0,8) = 0 \quad \text{ou} \quad K_{12} = -575,36$$
$$K_{22} - (960 \times 0,8) - (0,8 \times 0,6) - 1,33 = 0 \quad \text{ou} \quad K_{22} = 769,81$$
$$K_{32} + 240 - 400 = 0 \quad \text{ou} \quad K_{32} = -160,0$$

Por fim, introduzindo um deslocamento unitário no grau de liberdade 3, obtemos os seguintes resultados (ver Figura 18.10*f*). As deformações do membro AB são

$$\begin{bmatrix} \theta_A \\ \theta_B \\ \Delta_A \\ \Delta_B \\ \delta_A \\ \delta_B \end{bmatrix} = \begin{bmatrix} 0 \\ 1 \\ 0 \\ 0 \\ 0 \\ 0 \end{bmatrix} \quad (18.65)$$

e para o membro BC,

$$\begin{bmatrix} \theta_B \\ \theta_C \\ \Delta_B \\ \Delta_C \\ \delta_B \\ \delta_C \end{bmatrix} = \begin{bmatrix} 1 \\ 0 \\ 0 \\ 0 \\ 0 \\ 0 \end{bmatrix} \quad (18.66)$$

As forças do membro AB são

$$\begin{bmatrix} M_i \\ M_j \\ V_i \\ V_j \\ F_i \\ F_j \end{bmatrix} = \begin{bmatrix} 8\,000 \\ 160\,000 \\ 400 \\ -400 \\ 0 \\ 0 \end{bmatrix} \quad (18.67)$$

e para o membro BC,

$$\begin{bmatrix} M_i \\ M_j \\ V_i \\ V_j \\ F_i \\ F_j \end{bmatrix} = \begin{bmatrix} 160\,000 \\ 80\,000 \\ 400 \\ -400 \\ 0 \\ 0 \end{bmatrix} \quad (18.68)$$

A partir do diagrama de corpo livre do nó B na Figura 18.10f, obtemos os seguintes coeficientes de rigidez:

$$K_{13} + 400 \times 0{,}8 = 0 \quad \text{e} \quad K_{13} = -320$$
$$K_{23} + 400 \times 0{,}6 - 400 = 0 \quad \text{e} \quad K_{23} = 160$$
$$K_{33} - 160\,000 - 160\,000 = 0 \quad \text{e} \quad K_{33} = 320\,000$$

Organizando os coeficientes de rigidez em notação matricial, obtemos a seguinte matriz de rigidez da estrutura:

$$\mathbf{K} = \begin{bmatrix} 1\,632{,}85 & -575{,}36 & -320{,}0 \\ -575{,}36 & 769{,}81 & 160{,}0 \\ -320{,}0 & 160{,}0 & 320\,000{,}0 \end{bmatrix} \quad (18.69)$$

Passo 3: Solução da Equação 18.1 Substituindo $\mathbf{F}$ e $\mathbf{K}$ na Equação 18.1, produzimos o seguinte sistema de equações simultâneas:

$$\begin{bmatrix} 1\,632{,}85 & -575{,}36 & -320{,}0 \\ -575{,}36 & 769{,}81 & 160{,}0 \\ -320{,}0 & 160{,}0 & 320\,000{,}0 \end{bmatrix} \begin{bmatrix} \Delta_1 \\ \Delta_2 \\ \theta_3 \end{bmatrix} = \begin{bmatrix} 0 \\ 20{,}0 \\ 3\,000{,}0 \end{bmatrix} \quad (18.70)$$

Figura 18.10: (f) Coeficientes de rigidez produzidos por uma rotação unitária do nó B.

Resolvendo a Equação 18.70, temos

$$\begin{bmatrix} \Delta_1 \\ \Delta_2 \\ \theta_3 \end{bmatrix} = \begin{bmatrix} 0{,}014 \\ 0{,}0345 \\ 0{,}00937 \end{bmatrix} \quad (18.71)$$

As unidades são radianos e polegadas.

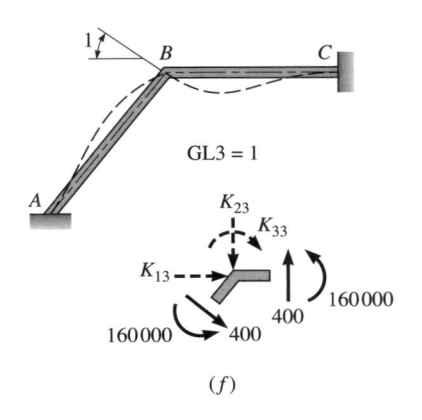

[*continua*]

[*continuação*]

Passo 4: Avaliação do efeito dos deslocamentos de nó Os efeitos dos deslocamentos de nó são calculados multiplicando-se as matrizes de rigidez de membro individuais pelas deformações de membro correspondentes em coordenadas locais, que estão definidas na Figura 18.9. As deformações de membro podem ser calculadas a partir dos deslocamentos globais (Equação 18.71), usando-se as relações geométricas estabelecidas nas figuras 18.10*d*, *e* e *f*. Considere, por exemplo, a deformação axial do membro *AB*. A deformação axial δ_A no nó *A* é zero, pois se trata de uma extremidade fixa. As deformações axiais δ_B produzidas por um deslocamento unitário nas direções horizontal, vertical e rotacionais do nó *B* são 0,6, −0,8 e 0,0, respectivamente. Portanto, os deslocamentos de nó calculados na Equação 18.71 produzem a seguinte deformação axial no nó *B*:

$$\delta_B = (0{,}014 \times 0{,}6) + (0{,}0345 \times -0{,}8) + (0{,}00937 \times 0{,}0) = -0{,}0192$$

Seguindo esse procedimento, as seis componentes das deformações locais do membro *AB* são

$$\theta_A = 0$$
$$\theta_B = 0{,}00937$$
$$\Delta_A = 0$$
$$\Delta_B = (0{,}014 \times 0{,}8) + (0{,}0345 \times 0{,}6) = -0{,}0319$$
$$\delta_A = 0$$
$$\delta_B = (0{,}014 \times 0{,}6) + (0{,}0345 \times -0{,}8) = -0{,}0192$$

Analogamente, para o membro *BC*,

$$\theta_B = 0{,}00937$$
$$\theta_C = 0$$
$$\Delta_B = 0{,}0345$$
$$\Delta_C = 0$$
$$\delta_B = 0{,}014$$
$$\delta_C = 0$$

Multiplicando essas deformações pela matriz de rigidez de membro (Equação 18.54), obtemos as forças de membro dos deslocamentos de nó. Para o membro *AB*,

$$\begin{bmatrix} M''_{AB} \\ M''_{BA} \\ V''_{AB} \\ V''_{BA} \\ F''_{AB} \\ F''_{BA} \end{bmatrix} = \begin{bmatrix} 736{,}98 \\ 1486{,}71 \\ 3{,}706 \\ -3{,}706 \\ 23{,}04 \\ -23{,}04 \end{bmatrix} \qquad (18.72)$$

e para a barra BC,

$$\begin{bmatrix} M''_{BC} \\ M''_{CB} \\ V''_{BC} \\ V''_{CB} \\ F''_{BC} \\ F''_{CB} \end{bmatrix} = \begin{bmatrix} 1513,29 \\ 763,54 \\ 3,79 \\ -3,79 \\ 16,80 \\ -16,80 \end{bmatrix} \quad (18.73)$$

Os resultados dados pelas equações 18.72 e 18.73 estão plotados na Figura 18.10g. Note que as unidades do momento na figura são kip · ft.

Passo 5: Cálculo dos resultados finais A solução completa é obtida como sempre, pela adição do caso restringido (Figura 18.10c) aos efeitos dos deslocamentos de nó (Figura 18.10g). Os resultados estão plotados na Figura 18.10h.

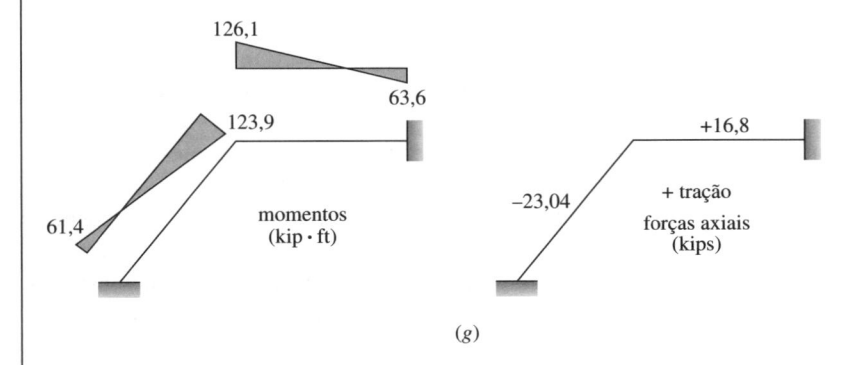

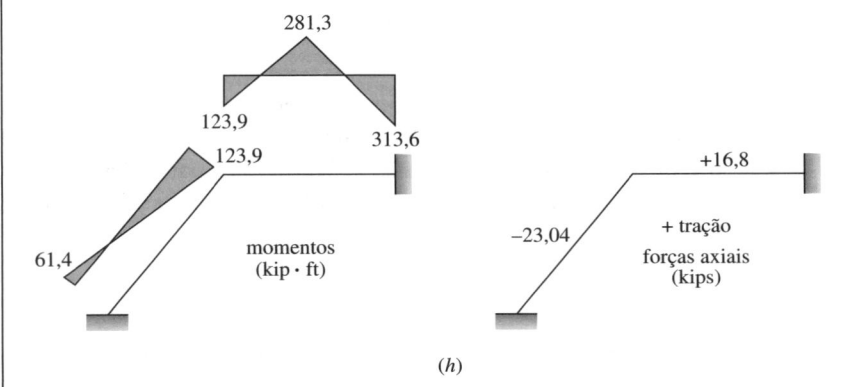

Figura 18.10: (g) Diagramas de momento e forças axiais produzidas pelos deslocamentos reais do nó B; (h) resultados finais.

18.6 A matriz 6 × 6 de rigidez de membro em coordenadas globais

A matriz de rigidez de uma estrutura pode ser montada introduzindo-se um deslocamento unitário nos graus de liberdade selecionados (com todos os outros nós restringidos) e, então, calculando-se as forças de nó correspondentes necessárias para o equilíbrio. Essa estratégia, embora mais eficiente com calculadoras manuais, não é muito conveniente para aplicações de computador.

A técnica realmente utilizada para montar a matriz de rigidez da estrutura em aplicações de computador é baseada na adição das matrizes de rigidez de membro individuais em um sistema de coordenadas global. Nessa estratégia, discutida inicialmente na Seção 17.2 para o caso de treliças, as matrizes de rigidez de membro individuais são expressas em termos de um sistema de coordenadas comum, normalmente identificado como sistema de coordenadas global. Uma vez expressas dessa forma, as matrizes de rigidez de membro individuais são expandidas para o tamanho da matriz de rigidez da estrutura (pela adição de colunas e linhas de zeros, quando necessário) e, então, somadas diretamente.

Nesta seção, deduziremos a matriz de rigidez geral de membro de viga-coluna em coordenadas globais. Na Seção 18.7, o processo da soma direta, por meio do qual essas matrizes são combinadas para fornecer a matriz de rigidez total para a estrutura, será ilustrado com um exemplo.

A matriz 6 × 6 de rigidez de membro de um elemento de viga-coluna foi deduzida em coordenadas locais na Seção 18.5 e apresentada como a Equação 18.54. Uma dedução em coordenadas globais pode ser realizada exatamente da mesma maneira, usando-se a estratégia básica da introdução de um deslocamento unitário em cada nó e calculando-se as forças de nó exigidas. Contudo, o processo é bastante complicado por causa das relações geométricas envolvidas. Uma dedução mais simples e concisa pode ser realizada usando-se a matriz de rigidez de membro em coordenadas locais e a expressão de transformação de coordenadas apresentada na Seção 17.7. Por conveniência, neste desenvolvimento a equação da transformação de coordenadas, originalmente denotada como Equação 17.54, é repetida como Equação 18.74.

$$\mathbf{k} = \mathbf{T}^T \mathbf{k}' \mathbf{T} \tag{18.74}$$

em que $\mathbf{k}'$ é a matriz de rigidez de membro em coordenadas locais (Equação 18.54), $\mathbf{k}$ é a matriz de rigidez de membro em coordenadas globais e $\mathbf{T}$ é a matriz de transformação. A matriz $\mathbf{T}$ é formada a partir das relações geométricas existentes entre as coordenadas locais e globais. Em forma matricial

$$\boldsymbol{\delta} = \mathbf{T}\boldsymbol{\Delta} \tag{18.75}$$

em que $\boldsymbol{\delta}$ e $\boldsymbol{\Delta}$ são os vetores de deslocamentos de nó locais e globais, respectivamente.

Consulte a Figura 18.11*a* e *b* para o membro *ij* expresso nos sistemas de coordenadas locais e globais, respectivamente. Note que as componentes da translação são diferentes em cada extremidade, mas a rotação é idêntica. A relação entre o vetor de deslocamento local **δ** e o vetor de deslocamento global **Δ** é estabelecida como se segue. A Figura 18.11*c* e *d* mostra as componentes do deslocamento no sistema local de coordenadas produzidas pelos deslocamentos globais Δ_{ix} e Δ_{iy}, no nó *i*, respectivamente. A partir da figura,

$$\delta_i = (\cos \phi)(\Delta_{ix}) - (\operatorname{sen} \phi)(\Delta_{iy}) \qquad (18.76)$$

$$\Delta_i = (\operatorname{sen} \phi)(\Delta_{ix}) + (\cos \phi)(\Delta_{iy}) \qquad (18.77)$$

Analogamente, introduzindo Δ_{jx} e Δ_{jy}, respectivamente, no nó *j* (ver Figura 18.11*e* e *f*), as seguintes expressões podem ser estabelecidas:

$$\delta_j = (\cos \phi)(\Delta_{jx}) - (\operatorname{sen} \phi)(\Delta_{jy}) \qquad (18.78)$$

$$\Delta_j = (\operatorname{sen} \phi)(\Delta_{jx}) + (\cos \phi)(\Delta_{jy}) \qquad (18.79)$$

Junto com duas equações de identidade para rotações de nó ($\theta_i = \theta_i$ e $\theta_j = \theta_j$), a relação entre **δ** e **Δ** é

$$\begin{bmatrix} \theta_i \\ \theta_j \\ \Delta_i \\ \Delta_j \\ \delta_i \\ \delta_j \end{bmatrix} = \begin{bmatrix} 0 & 0 & 1 & 0 & 0 & 0 \\ 0 & 0 & 0 & 0 & 0 & 1 \\ s & c & 0 & 0 & 0 & 0 \\ 0 & 0 & 0 & s & c & 0 \\ c & -s & 0 & 0 & 0 & 0 \\ 0 & 0 & 0 & c & -s & 0 \end{bmatrix} \begin{bmatrix} \Delta_{ix} \\ \Delta_{iy} \\ \theta_i \\ \Delta_{jx} \\ \Delta_{jy} \\ \theta_j \end{bmatrix} \qquad (18.80)$$

em que $s = \operatorname{sen} \phi$, $c = \cos \phi$ e a matriz 6 × 6 é a matriz de transformação **T**.

A partir da Equação 18.74, a matriz de rigidez de membro em coordenadas globais é

$$\mathbf{k} = \mathbf{T}^T \mathbf{k}' \mathbf{T}$$

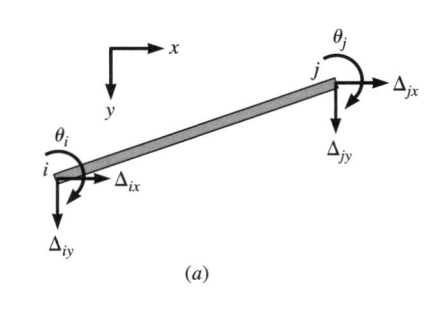

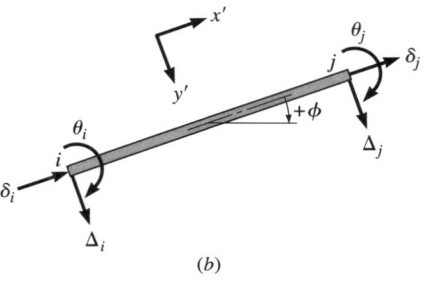

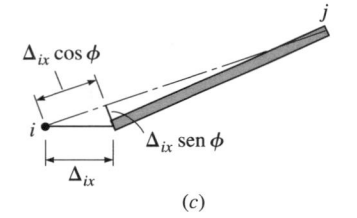

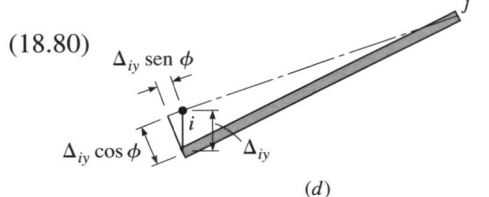

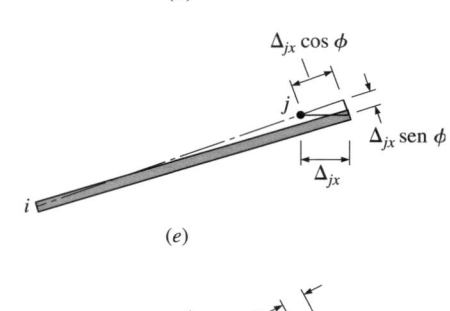

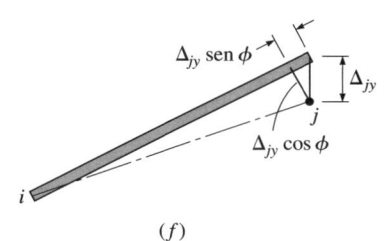

Figura 18.11: (*a*) Componentes de deslocamento do membro em coordenadas globais; (*b*) componentes de deslocamento do membro em coordenadas locais; (*c*) componentes de deslocamento locais produzidos por um deslocamento global Δ_{ix}; (*d*) componentes de deslocamento locais produzidos por um deslocamento global Δ_{iy}; (*e*) componentes de deslocamento locais produzidos por um deslocamento global Δ_{jx}; (*f*) componentes de deslocamento locais produzidos por um deslocamento global Δ_{jy}.

$$= \begin{bmatrix} 0 & 0 & s & 0 & c & 0 \\ 0 & 0 & c & 0 & -s & 0 \\ 1 & 0 & 0 & 0 & 0 & 0 \\ 0 & 0 & 0 & s & 0 & c \\ 0 & 0 & 0 & c & 0 & -s \\ 0 & 1 & 0 & 0 & 0 & 0 \end{bmatrix} \begin{bmatrix} \dfrac{4EI}{L} & \dfrac{2EI}{L} & \dfrac{6EI}{L^2} & -\dfrac{6EI}{L^2} & 0 & 0 \\ \dfrac{2EI}{L} & \dfrac{4EI}{L} & \dfrac{6EI}{L^2} & -\dfrac{6EI}{L^2} & 0 & 0 \\ \dfrac{6EI}{L^2} & \dfrac{6EI}{L^2} & \dfrac{12EI}{L^3} & \dfrac{-12EI}{L^3} & 0 & 0 \\ -\dfrac{6EI}{L^2} & -\dfrac{6EI}{L^2} & -\dfrac{12EI}{L^3} & \dfrac{12EI}{L^3} & 0 & 0 \\ 0 & 0 & 0 & 0 & \dfrac{AE}{L} & -\dfrac{AE}{L} \\ 0 & 0 & 0 & 0 & -\dfrac{AE}{L} & \dfrac{AE}{L} \end{bmatrix} \begin{bmatrix} 0 & 0 & 1 & 0 & 0 & 0 \\ 0 & 0 & 0 & 0 & 0 & 1 \\ s & c & 0 & 0 & 0 & 0 \\ 0 & 0 & 0 & s & c & 0 \\ c & -s & 0 & 0 & 0 & 0 \\ 0 & 0 & 0 & c & -s & 0 \end{bmatrix}$$

$$\mathbf{k} = \frac{EI}{L} \begin{bmatrix} Nc^2 + Ps^2 & sc(-N+P) & Qs & -(Nc^2 + Ps^2) & -sc(-N+P) & Qs \\ & Ns^2 + Pc^2 & Qc & sc(N-P) & -(Ns^2 + Pc^2) & Qc \\ & & 4 & -Qs & -Qc & 2 \\ & & & Nc^2 + Ps^2 & sc(-N+P) & -Qs \\ & & & & Ns^2 + Pc^2 & -Qc \\ \text{Simétrica em relação à diagonal principal} & & & & & 4 \end{bmatrix} \quad (18.81)$$

em que **k'** vem da Equação 18.54, $N = A/I$, $P = 12/L^2$ e $Q = 6/L$.

18.7 Montagem de uma matriz de rigidez da estrutura — método da rigidez direta

Uma vez expressas as matrizes de rigidez de membro individuais em coordenadas globais, elas podem ser somadas diretamente utilizando-se o procedimento descrito no Capítulo 17. A combinação de matrizes de rigidez de membro individuais para formar a matriz de rigidez da estrutura pode ser simplificada com a introdução da notação a seguir na Equação 18.81. Separando após a terceira coluna (e linha), podemos escrever a Equação 18.81 na forma compacta como

$$\mathbf{k} = \begin{bmatrix} \mathbf{k}_N^m & \mathbf{k}_{NF}^m \\ \mathbf{k}_{FN}^m & \mathbf{k}_F^m \end{bmatrix} \quad (18.82)$$

em que os subscritos N e F referem-se respectivamente aos nós próximos e distantes do membro, e o sobrescrito m é o número atribuído ao membro em questão no esboço estrutural. Os termos em cada uma das submatrizes da Equação 18.82 são prontamente obtidos da Equação 18.81 e não serão repetidos aqui.

Para ilustrar a montagem da matriz de rigidez da estrutura pela soma direta, vamos considerar mais uma vez o pórtico mostrado na Figura 18.10. A matriz de rigidez dessa estrutura foi deduzida no Exemplo 18.4 e rotulada como Equação 18.69.

EXEMPLO 18.5

Usando o método da rigidez direta, monte a matriz de rigidez da estrutura para o pórtico da Figura 18.10a.

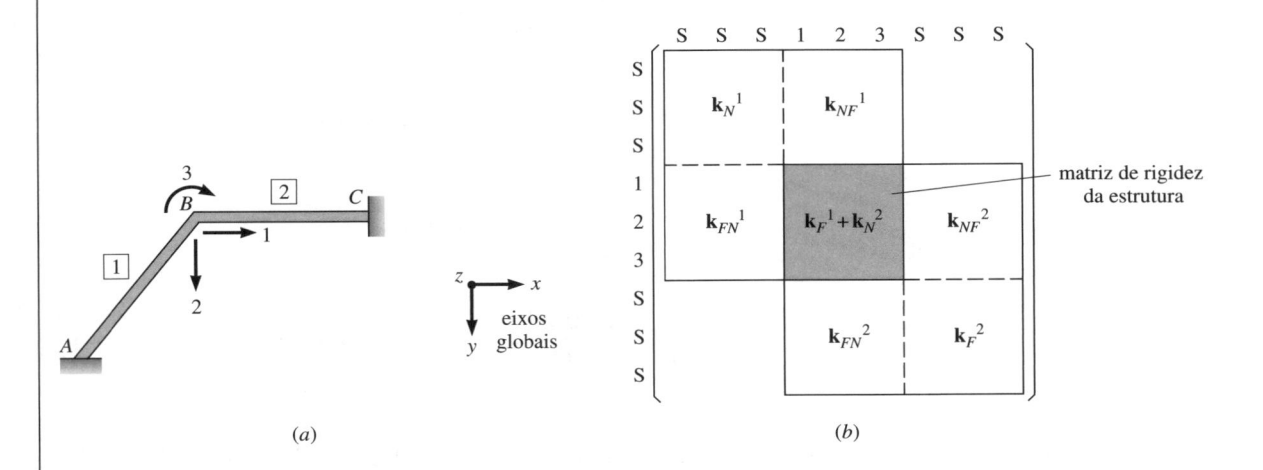

Figura 18.12: (a) Pórtico com 3 graus de liberdade; (b) montagem da matriz de rigidez da estrutura a partir das matrizes de rigidez de membro.

Solução

A Figura 18.12a ilustra a estrutura e identifica os graus de liberdade. Note que os graus de liberdade são numerados na ordem x, y, z e estão mostrados no sentido positivo dos eixos globais; essa ordem é necessária para aproveitar a forma especial da Equação 18.82.

Como o pórtico considerado tem três nós, o número total de componentes do deslocamento de nó independentes antes que qualquer apoio seja introduzido é 9. A Figura 18.12b mostra as matrizes de rigidez dos dois membros (expressas no formato da Equação 18.82), corretamente localizadas dentro do espaço da matriz 9 × 9. Por causa das condições de apoio específicas, as colunas e linhas rotuladas com S (de *support*, apoio em inglês) podem ser excluídas, deixando assim apenas uma matriz 3 × 3 de rigidez da estrutura.

Como se vê na Figura 18.12b, em termos dos membros individuais a matriz de rigidez da estrutura é dada por

$$\mathbf{K} = \mathbf{k}_F^1 + \mathbf{k}_N^2 \qquad (18.83)$$

em que $\mathbf{k}_F^1$ se refere à submatriz do membro 1 na extremidade distante e $\mathbf{k}_N^2$ se refere à submatriz do membro 2 na extremidade próxima. As matrizes da Equação 18.83 são avaliadas a partir da Equação 18.81, como se segue. Para o membro 1, $\alpha = 53{,}13°$ (positivo, pois é no sentido

[continua]

[*continuação*] horário a partir do eixo *x* local para global); portanto, $s = 0{,}8$ e $c = 0{,}6$. A partir dos dados do Exemplo 18.4,

$$N = \frac{A}{I} = \frac{0{,}72}{24{,}0} = 0{,}03 \text{ pol}^{-2}$$

$$P = \frac{12}{L^2} = \frac{12}{600^2} = 33{,}33 \times 10^{-6} \text{pol}^{-2}$$

$$Q = \frac{6}{L} = \frac{6}{600} = 0{,}01 \text{ pol}^{-1}$$

$$\frac{EI}{L} = \frac{24{,}0 \times 10^6}{600} = 40\,000 \text{ kip} \cdot \text{pol}$$

Para o membro 2, $\alpha = 0°$, $s = 0$, $c = 1$ e os valores de N, P, Q e EI são iguais aos do membro 1. Substituindo esses resultados numéricos na Equação 18.81, calculamos

$$\mathbf{k}_F^1 = \begin{bmatrix} 432{,}85 & -575{,}36 & -320 \\ -575{,}36 & 768{,}48 & -240 \\ -320 & -240 & 160\,000 \end{bmatrix} \begin{matrix} 1 \\ 2 \\ 3 \end{matrix} \quad (18.84)$$

e

$$\mathbf{k}_N^2 = \begin{bmatrix} 1\,200 & 0 & 0 \\ 0 & 1{,}33 & 400 \\ 0 & 400 & 160\,000 \end{bmatrix} \begin{matrix} 1 \\ 2 \\ 3 \end{matrix} \quad (18.85)$$

Por fim, substituindo as equações 18.84 e 18.85 na Equação 18.83, obtemos a matriz de rigidez da estrutura pela soma direta.

$$\mathbf{K} = \begin{bmatrix} 1\,632{,}85 & -575{,}36 & -320 \\ -575{,}36 & 769{,}81 & 160 \\ -320 & 160 & 320\,000 \end{bmatrix} \quad \textbf{Resp.} \quad (18.86)$$

A matriz $\mathbf{K}$ na equação acima é idêntica à Equação 18.69, que foi deduzida no Exemplo 18.4 com a estratégia do deslocamento unitário.

Resumo

- Para a análise de uma estrutura em viga ou pórtico indeterminados pelo método da matriz de rigidez, um procedimento de cinco etapas foi apresentado neste capítulo. O procedimento exige que a estrutura seja analisada primeiramente como um sistema restringido. Após as forças de restrição de nó serem determinadas, a segunda parte da análise exige a solução da seguinte equação de equilíbrio para a estrutura não restringida (ou original):

$$\mathbf{K}\mathbf{\Delta} = \mathbf{F}$$

em que $\mathbf{K}$ é a matriz de rigidez da estrutura, $\mathbf{F}$ é o vetor de coluna das forças de restrição de nó, mas com os sinais invertidos, e $\mathbf{\Delta}$ é o vetor de coluna dos deslocamentos de nó desconhecidos.
- A matriz de rigidez da estrutura $\mathbf{K}$ pode ser montada a partir das matrizes de rigidez de membro, pelo método da rigidez direta. Quando são consideradas apenas rotações nos dois nós de extremidade, a matriz 2×2 de rigidez de membro é expressa pela Equação 18.6, e o processo de solução de cinco etapas apresentado na Seção 18.3 pode ser utilizado para analisar uma viga indeterminada ou um pórtico contraventado, quando translações de nó são impedidas.
- Quando translações de nó estão presentes, mas a deformação axial do membro pode ser ignorada, é usada a matriz 4×4 de rigidez de membro baseada no sistema de coordenadas local na Figura 18.5, dada pela Equação 18.42.
- Quando são consideradas deformações de flexão e axiais, cada nó tem 3 graus de liberdade. A matriz 6×6 de rigidez de membro $\mathbf{k}'$, baseada no sistema de coordenadas local, na Figura 18.9, é apresentada na Equação 18.54.
- Contudo, para aplicações computadorizadas, é desejável expressar a matriz de rigidez de membro em um sistema de coordenadas comum (ou global), para que possa ser usado um processo de soma direta para estabelecer a matriz de rigidez da estrutura $\mathbf{K}$. A matriz de rigidez de membro $\mathbf{k}$, apresentada na Equação 18.81, no sistema de coordenadas global, pode ser construída a partir de $\mathbf{k}'$, usando-se o conceito de transformação de coordenadas. Uma vez estabelecida a matriz de rigidez $\mathbf{k}$ para cada membro, a matriz de rigidez da estrutura $\mathbf{K}$ é formada pela soma das matrizes de rigidez de membro (ver Seção 18.7).

PROBLEMAS

P18.1. Usando o método da rigidez, analise a viga contínua de dois vãos mostrada na Figura P18.1 e desenhe os diagramas de cortante e momento. EI é constante.

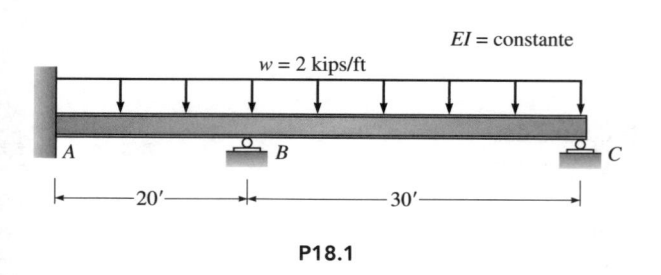

P18.2. Desprezando as deformações axiais, encontre os momentos de extremidade no pórtico mostrado na Figura P18.2.

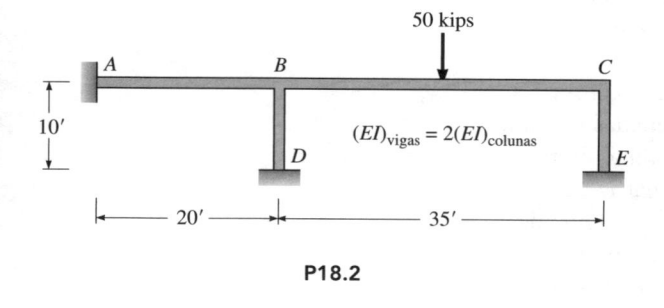

P18.3. Usando o método da rigidez, analise o pórtico da Figura P18.3 e desenhe os diagramas de cortante e momento dos membros. Despreze as deformações axiais. EI é constante.

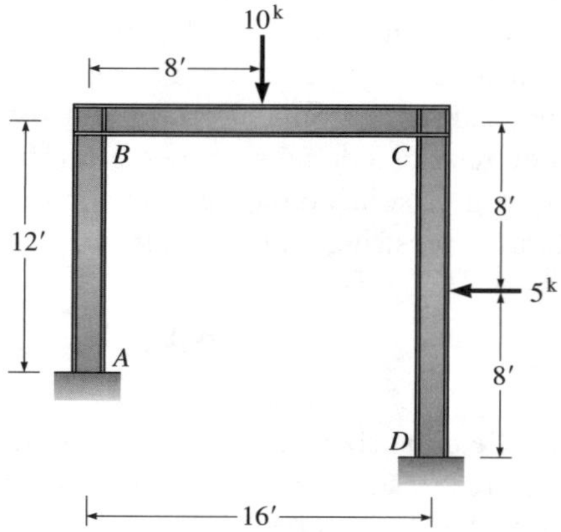

P18.4. Usando a solução do Problema P18.3, calcule as forças axiais nos membros do pórtico. (Use diagramas de corpo livre que relacionem as cargas axiais de um membro com os cortantes de outro.)

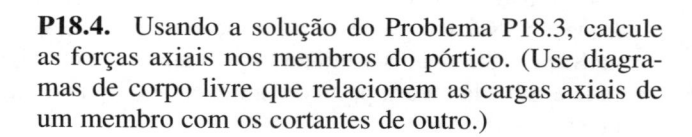

P18.5. Escreva a matriz de rigidez correspondente aos graus de liberdade 1, 2 e 3 da viga contínua mostrada na Figura P18.5.

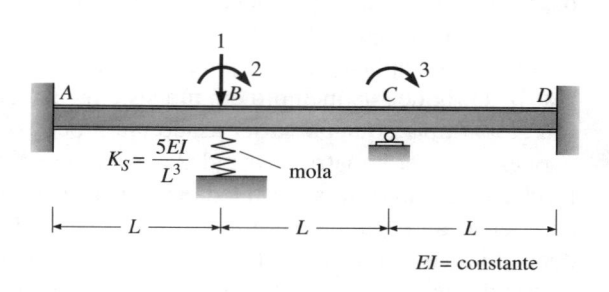

P18.6. No Problema P18.5, encontre a força na mola localizada em B, se a viga $ABCD$ suporta uma carga uniforme w para baixo ao longo de todo o comprimento.

P18.7. Para o pórtico mostrado na Figura P18.7, escreva a matriz de rigidez em função dos 3 graus de liberdade indicados. Use ambos o método da introdução de deslocamentos unitários e a matriz de rigidez de membro da Equação 18.36.

P18.8. Resolva o Problema P18.7 usando a soma direta das matrizes globais de rigidez de elemento.

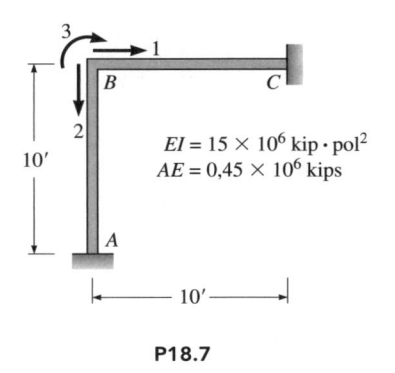

$EI = 15 \times 10^6$ kip·pol^2
$AE = 0{,}45 \times 10^6$ kips

P18.7

APÊNDICE

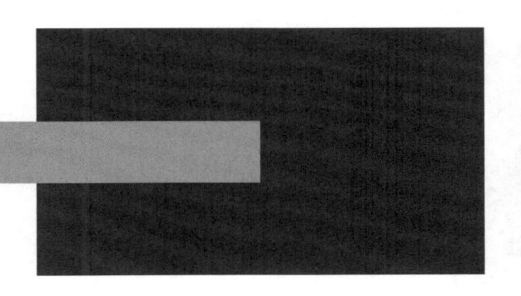

Revisão das operações básicas com matrizes

A.1 Introdução à notação matricial

A análise matricial de estruturas pelo método da rigidez consiste na programação de um computador para gerar inicialmente um conjunto de equações de equilíbrio em termos de deslocamentos de nó desconhecidos. Vamos supor que a análise de uma estrutura simples produza o seguinte conjunto de equações algébricas:

$$k_{11}\delta_1 + k_{12}\delta_2 = P_1$$
$$k_{21}\delta_1 + k_{22}\delta_2 = P_2 \quad (A.1)$$

em que δ_1 e δ_2 = deslocamentos de nó desconhecidos

P_1 e P_2 = forças de nó especificadas

k_{11}, k_{12}, k_{21} e k_{22} = coeficientes de rigidez conhecidos

As operações matriciais são definidas de modo que possamos representar as equações A.1 pelas três matrizes a seguir (termos entre colchetes):

$$\begin{bmatrix} k_{11} & k_{12} \\ k_{21} & k_{22} \end{bmatrix} \begin{bmatrix} \delta_1 \\ \delta_2 \end{bmatrix} = \begin{bmatrix} P_1 \\ P_2 \end{bmatrix} \quad (A.2)$$

A representação acima pode ser ainda mais simplificada representando-se cada matriz por uma letra ou símbolo em *negrito*.

$$\text{Matriz de deslocamento } \boldsymbol{\delta} = \begin{bmatrix} \delta_1 \\ \delta_2 \end{bmatrix}$$

$$\text{Matriz de rigidez } \mathbf{K} = \begin{bmatrix} k_{11} & k_{12} \\ k_{21} & k_{22} \end{bmatrix} \quad (A.3)$$

$$\text{Matriz de força } \mathbf{P} = \begin{bmatrix} P_1 \\ P_2 \end{bmatrix}$$

Usando a notação de (A.3), podemos escrever a Equação A.2 como

$$\mathbf{K}\boldsymbol{\delta} = \mathbf{P} \tag{A.4}$$

Nas próximas seções, descreveremos as características das matrizes e as operações necessárias para resolver a Equação A.4 para os valores de deflexões desconhecidas na matriz $\boldsymbol{\delta}$.

A.2 Características das matrizes

Matriz é um arranjo retangular de termos entre colchetes, organizados em linhas e colunas. Normalmente, é designada por uma letra ou caractere em negrito. Por exemplo, podemos escrever a matriz **A** contendo m linhas e n colunas como

$$\mathbf{A} = \begin{bmatrix} a_{11} & a_{12} & \cdots & a_{1n} \\ a_{21} & a_{22} & \cdots & a_{2n} \\ \vdots & & & \\ a_{m1} & a_{m2} & \cdots & a_{mn} \end{bmatrix} \tag{A.5}$$

A localização dos termos individuais, chamados de *elementos*, é identificada por dois subscritos. O primeiro subscrito denota a linha e o segundo identifica a coluna na qual o elemento está localizado. Por exemplo, na matriz acima, o termo a_{ij} representa o elemento na i-ésima linha e j-ésima coluna. Os elementos de uma matriz podem consistir em quase qualquer tipo de quantidade; por exemplo, funções trigonométricas, forças, outras matrizes e coeficientes de rigidez.

A *ordem* ou tamanho de uma matriz é denotado pelo número de linhas e colunas. Por exemplo, na Equação A.5, a matriz **A** é de ordem $m \times n$ (m por n). Se os valores de m e n são diferentes, a matriz é *retangular*. Se a matriz contém o mesmo número (digamos, n) de linhas e colunas, é denominada *matriz quadrada* e diz-se que é de ordem n. Uma matriz quadrada de ordem 3 seria

$$\begin{bmatrix} 2 & 5 & 4 \\ 5 & 6 & 3 \\ 4 & 3 & 6 \end{bmatrix}$$

Diz-se que os elementos de uma matriz quadrada cujos subscritos são iguais, isto é, $i = j$, ficam na *diagonal principal*. Na matriz acima, a diagonal principal está mostrada pela linha inclinada para baixo e para a direita. Todos os outros termos ($i \neq j$) são denominados elementos de fora da diagonal.

Outros tipos comuns de matrizes estão descritos a seguir.

1. *Matriz diagonal.* Todos os termos fora da diagonal são iguais a zero; por exemplo,

$$\mathbf{D} = \begin{bmatrix} 2 & 0 & 0 \\ 0 & 6 & 0 \\ 0 & 0 & 6 \end{bmatrix}$$

2. *Matriz unidade ou identidade.* É uma matriz diagonal na qual todos os elementos da diagonal principal são iguais a 1. Qualquer matriz multiplicada por uma matriz unidade permanece inalterada. Uma matriz unidade de terceira ordem é

$$\mathbf{I} = \begin{bmatrix} 1 & 0 & 0 \\ 0 & 1 & 0 \\ 0 & 0 & 1 \end{bmatrix}$$

3. *Matriz triangular inferior.* Todos os elementos acima da diagonal principal são iguais a zero.

$$\mathbf{T} = \begin{bmatrix} 3 & 0 & 0 \\ 2 & 4 & 0 \\ 1 & -4 & 1 \end{bmatrix}$$

4. *Matriz linha.* Todos os elementos estão localizados em uma única linha. Ela também é chamada de *vetor linha* ou matriz *unidimensional*. Uma matriz **B** 1×4 é assim representada:

$$\mathbf{B} = \begin{bmatrix} b_1 & b_2 & b_3 & b_4 \end{bmatrix}$$

5. *Matriz coluna.* É uma matriz com uma só coluna. Por exemplo, uma matriz **F** 3×1:

$$\mathbf{F} = \begin{bmatrix} F_1 \\ F_2 \\ F_3 \end{bmatrix}$$

6. *Matriz nula.* Nessa matriz, todos os elementos são iguais a zero.

$$\mathbf{0} = \begin{bmatrix} 0 \\ 0 \\ 0 \end{bmatrix}$$

7. *Matriz simétrica.* É uma matriz quadrada na qual $a_{ij} = a_{ji}$. Por exemplo,

$$\mathbf{A} = \begin{bmatrix} 1 & 6 & 4 \\ 6 & 3 & 2 \\ 4 & 2 & 9 \end{bmatrix}$$

A.3 Operações com matrizes

Os matemáticos estabeleceram as operações básicas com matrizes descritas nesta seção para atender a vários objetivos. Isso inclui

1. Resolver equações simultâneas.
2. Transformar forças e deformações, calculadas com relação ao sistema de coordenadas da estrutura, em forças e deslocamentos equivalentes, paralelos e perpendiculares aos eixos principais dos membros individuais.

Igualdade de matrizes

Se duas matrizes **A** e **B** são iguais, elas devem ser da mesma ordem e os elementos correspondentes devem ser iguais; isto é,

$$a_{ij} = b_{ij}$$

Adição e subtração de matrizes

Somente matrizes de mesma ordem podem ser somadas ou subtraídas. O resultado da adição de duas matrizes **A** e **B** produz uma matriz **C** de mesma ordem. Cada elemento de **C** é formado pela adição dos elementos correspondentes em **A** e **B**. Se a matriz **B** é subtraída da matriz **A**, os termos correspondentes em **B** são subtraídos dos de **A**. Por exemplo:

$$\mathbf{A} = \begin{bmatrix} 2 & 0 & 4 \\ 5 & 1 & 3 \end{bmatrix} \quad \mathbf{B} = \begin{bmatrix} 7 & 6 & 4 \\ 1 & 2 & 1 \end{bmatrix}$$

$$\mathbf{A} + \mathbf{B} = \mathbf{C} = \begin{bmatrix} 9 & 6 & 8 \\ 6 & 3 & 4 \end{bmatrix}$$

$$\mathbf{A} - \mathbf{B} = \mathbf{D} = \begin{bmatrix} -5 & -6 & 0 \\ 4 & -1 & 2 \end{bmatrix}$$

Multiplicação de uma matriz por um escalar β

Para multiplicar uma matriz por um escalar β, multiplicamos cada elemento da matriz por β. Por exemplo, se

$$\mathbf{A} = \begin{bmatrix} 2 & -1 \\ -1 & 4 \end{bmatrix} \quad \text{e} \quad \beta = EI$$

então

$$\beta\mathbf{A} = \begin{bmatrix} 2EI & -EI \\ -EI & 4EI \end{bmatrix}$$

Multiplicação de matrizes

Duas matrizes **A** e **B** só podem ser multiplicadas (são compatíveis) quando o número de colunas na matriz **A** é igual ao número de linhas na matriz **B** (dizemos que a matriz **A** *multiplica previamente* a matriz **B**). Para formar os elementos c_{ij} da matriz **C**, que é o produto das matrizes **A** e **B**, formamos o produto interno dos elementos na i-ésima linha de **A** e j-ésima coluna de **B**; isto é, multiplicamos os termos sucessivos na i-ésima linha da primeira matriz pelos da j-ésima coluna da segunda matriz e somamos os produtos. Isso pode ser expresso como

$$c_{ij} = \sum_{k=1}^{n} a_{ik} b_{kj} \tag{A.6}$$

em que k representa o número de colunas em **A** e o número de linhas em **B**.

O resultado do produto **AB** é uma matriz **C** cuja ordem é igual ao número de linhas de **A** e de colunas de **B**. Em outras palavras, se a ordem de **A** é 2×3 e a ordem de **B** é 3×4, a matriz **C** será de ordem 2×4.

Para apresentar o procedimento, calculamos o produto **AB** de uma matriz linha **A** e uma matriz coluna **B**. Cada elemento é identificado por dois subscritos para relacionar a operação com a Equação A.6.

$$\mathbf{AB} = \mathbf{C}$$

$$\begin{bmatrix} A_{11} & A_{12} & A_{13} \end{bmatrix} \begin{bmatrix} B_{11} \\ B_{21} \\ B_{31} \end{bmatrix} = \begin{bmatrix} C_{11} \end{bmatrix}$$

Como as três colunas de **A** são iguais às três linhas de **B**, as matrizes são compatíveis para multiplicação. A matriz **C**, que consiste em um único termo, será de ordem 1×1. Usando a Equação A.6, calculamos

$$C_{11} = A_{11}B_{11} + A_{12}B_{21} + A_{13}B_{31}$$

Para estender a Equação A.6 à multiplicação de matrizes grandes, calculamos o valor dos elementos c_{32} e c_{21} na matriz **C** que resulta quando a matriz **B** é previamente multiplicada pela matriz **A**.

$$\mathbf{AB} = \mathbf{C}$$

$$\begin{bmatrix} a_{11} & a_{12} \\ a_{21} & a_{22} \\ a_{31} & a_{32} \end{bmatrix} \begin{bmatrix} b_{11} & b_{12} & b_{13} \\ b_{21} & b_{22} & b_{23} \end{bmatrix} = \begin{bmatrix} c_{11} & c_{12} & c_{13} \\ c_{21} & c_{22} & c_{23} \\ c_{31} & c_{32} & c_{33} \end{bmatrix}$$

A Equação A.6 indica que avaliamos o elemento c_{32} multiplicando os termos da terceira linha de **A** pelos da segunda coluna de **B**.

$$c_{32} = a_{31}b_{12} + a_{32}b_{22}$$

Analogamente, avaliamos c_{21} formando o produto da linha 2 de **A** e da coluna 1 em **B**.

$$c_{21} = a_{21}b_{11} + a_{22}b_{21}$$

Para ilustrar a multiplicação de matrizes, calculamos **C** = **AB**, em que

$$\mathbf{A} = \begin{bmatrix} 3 & 1 \\ -1 & 2 \end{bmatrix} \qquad \mathbf{B} = \begin{bmatrix} 2 & 6 & 2 \\ 4 & 5 & 7 \end{bmatrix}$$
$$\quad (2 \times 2) \qquad\qquad\qquad (2 \times 3)$$

$$\mathbf{C} = \begin{bmatrix} 3(2) + 1(4) & 3(6) + 1(5) & 3(2) + 1(7) \\ -1(2) + 2(4) & -1(6) + 2(5) & -1(2) + 2(7) \end{bmatrix}$$

Simplificando, temos

$$\mathbf{C} = \begin{bmatrix} 10 & 23 & 13 \\ 6 & 4 & 12 \end{bmatrix}$$

Observamos também que o produto **BA** não pode ser formado, pois o número de colunas em **B** não é igual ao número de linhas em **A**. Em geral, o produto de duas matrizes não é *comutativo* (isto é, **AB** ≠ **BA**); por exemplo, calcule os produtos **AB** e **BA**.

$$\mathbf{A} = \begin{bmatrix} 2 & 4 \\ 5 & 6 \end{bmatrix} \qquad \mathbf{B} = \begin{bmatrix} -1 & 3 \\ 2 & 4 \end{bmatrix}$$

$$\mathbf{AB} = \begin{bmatrix} 6 & 22 \\ 7 & 39 \end{bmatrix} \qquad \mathbf{BA} = \begin{bmatrix} 13 & 14 \\ 24 & 32 \end{bmatrix}$$

Como as leis distributivas e associativas são válidas para matrizes, podemos escrever as seguintes relações: (1) a ordem de multiplicação de mais de duas matrizes é opcional; isto é,

$$(\mathbf{AB})\mathbf{C} = \mathbf{A}(\mathbf{BC}) \qquad\qquad (A.7)$$

e (2)
$$\mathbf{A}(\mathbf{B} + \mathbf{C}) = \mathbf{AB} + \mathbf{AC} \qquad\qquad (A.8)$$

Transposição de uma matriz

A transposição de uma matriz **A** é uma segunda matriz $\mathbf{A}^T$ na qual as linhas de **A** são inseridas como colunas. Por exemplo, a transposição de uma matriz linha **A** é uma matriz coluna $\mathbf{A}^T$.

$$\mathbf{A} = \begin{bmatrix} 2 & 3 & 4 \end{bmatrix} \qquad \mathbf{A}^T = \begin{bmatrix} 2 \\ 3 \\ 4 \end{bmatrix}$$

Se a matriz é simétrica, sua transposição é idêntica à matriz original.

$$\mathbf{A} = \begin{bmatrix} 4 & 5 & 6 \\ 5 & 3 & 1 \\ 6 & 1 & 2 \end{bmatrix} \qquad \mathbf{A}^T = \begin{bmatrix} 4 & 5 & 6 \\ 5 & 3 & 1 \\ 6 & 1 & 2 \end{bmatrix}$$

Outras propriedades das transposições que podem ser necessárias são: (1) a transposição do produto de duas matrizes **BA** é igual ao produto de suas transposições na ordem inversa; isto é,

$$(\mathbf{BA})^T = \mathbf{A}^T \mathbf{B}^T \qquad (A.9)$$

e (2)
$$(\mathbf{A} + \mathbf{B})^T = \mathbf{A}^T + \mathbf{B}^T \qquad (A.10)$$

Divisão de uma matriz

A divisão é uma operação na qual subdividimos os elementos de uma matriz em matrizes menores (submatrizes). Definimos as submatrizes dentro da matriz original passando traços entre as linhas ou colunas. Por exemplo, a matriz **A** abaixo é separada em quatro submatrizes $\mathbf{A}_{11}$, $\mathbf{A}_{12}$, $\mathbf{A}_{21}$ e $\mathbf{A}_{22}$.

$$\mathbf{A} = \begin{bmatrix} a_{11} & a_{12} & a_{13} & a_{14} \\ a_{21} & a_{22} & a_{23} & a_{24} \\ a_{31} & a_{32} & a_{33} & a_{34} \end{bmatrix} = \begin{bmatrix} \mathbf{A}_{11} & \mathbf{A}_{12} \\ \mathbf{A}_{21} & \mathbf{A}_{22} \end{bmatrix}$$

em que
$$\mathbf{A}_{11} = \begin{bmatrix} a_{11} & a_{12} & a_{13} \\ a_{21} & a_{22} & a_{23} \end{bmatrix} \qquad \mathbf{A}_{12} = \begin{bmatrix} a_{14} \\ a_{24} \end{bmatrix}$$

$$\mathbf{A}_{21} = \begin{bmatrix} a_{31} & a_{32} & a_{33} \end{bmatrix} \qquad \mathbf{A}_{22} = \begin{bmatrix} a_{34} \end{bmatrix}$$

Dividimos uma matriz por vários motivos. Em um caso, determinado grupo de elementos pode ter um significado físico especial. Por exemplo, em uma análise estrutural, definimos matrizes separadas contendo forças, deslocamentos e coeficientes de rigidez. Como parte da solução, dividiremos essas matrizes em um conjunto de submatrizes que contêm termos associados aos nós que estão livres para se deslocar e matrizes que contêm termos associados aos nós restringidos por apoios. Em outro caso, talvez queiramos subdividir uma matriz grande em submatrizes menores para adequá-la à capacidade de um computador.

Procedimentos para combinar matrizes divididas

1. *Adição e subtração de matrizes divididas.* Se duas matrizes divididas que precisam ser adicionadas ou subtraídas devem ser da mesma ordem e separadas de forma idêntica. A soma de duas matrizes **A** + **B** é uma matriz **C** de mesma ordem. Os termos de **C** são iguais à soma dos elementos correspondentes em **A** e **B**. A subtração é semelhante à adição, com a exceção de que os termos da matriz **C** são formados pela subtração dos elementos de **B** dos elementos correspondentes em **A**.

2. *Multiplicação*. Para multiplicar duas matrizes divididas **A** e **B**, elas devem ser subdivididas em submatrizes *compatíveis*. Se a matriz **B** precisa ser previamente multiplicada pela matriz **A**, o número de colunas nas submatrizes de **A** deve ser igual ao número de linhas nas submatrizes de **B**. Para ilustrar esse procedimento, dividiremos a matriz **A** abaixo nas quatro submatrizes mostradas e efetuaremos a operação **AB** = **C**.

$$\mathbf{A} = \begin{bmatrix} 4 & 1 & 3 & 5 & 0 \\ 6 & 2 & 7 & 1 & 1 \\ 4 & 8 & 3 & 9 & 3 \end{bmatrix} \quad \mathbf{B} = \begin{bmatrix} 1 & 2 \\ 0 & 1 \\ 2 & 3 \\ 1 & 4 \\ 3 & -1 \end{bmatrix}$$

Como **A** é separada entre a terceira e a quarta colunas, devemos separar **B** entre a terceira e a quarta linhas. Também vamos supor que **A** é dividida entre a segunda e a terceira linhas. Essa etapa não exige que **B** também seja dividida. Por outro lado, se quiséssemos produzir submatrizes menores, também poderíamos separar **B** entre as colunas 1 e 2.

Expressando **A** e **B** em termos de suas submatrizes, temos

$$\mathbf{A} = \begin{bmatrix} \mathbf{A}_{11} & \mathbf{A}_{12} \\ \mathbf{A}_{21} & \mathbf{A}_{22} \end{bmatrix} \quad \mathbf{B} = \begin{bmatrix} \mathbf{B}_{11} \\ \mathbf{B}_{21} \end{bmatrix} \quad (A.11)$$

em que

$$\mathbf{A}_{11} = \begin{bmatrix} 4 & 1 & 3 \\ 6 & 2 & 7 \end{bmatrix} \quad \mathbf{A}_{12} = \begin{bmatrix} 5 & 0 \\ 1 & 1 \end{bmatrix} \quad \mathbf{A}_{21} = \begin{bmatrix} 4 & 8 & 3 \end{bmatrix}$$

$$\mathbf{A}_{22} = \begin{bmatrix} 9 & 3 \end{bmatrix} \quad \mathbf{B}_{11} = \begin{bmatrix} 1 & 2 \\ 0 & 1 \\ 2 & 3 \end{bmatrix} \quad \mathbf{B}_{21} = \begin{bmatrix} 1 & 4 \\ 3 & -1 \end{bmatrix} \quad (A.12)$$

Formando o produto **AB** com as matrizes da Equação A.11, temos

$$\mathbf{AB} = \begin{bmatrix} \mathbf{A}_{11} & \mathbf{A}_{12} \\ \mathbf{A}_{21} & \mathbf{A}_{22} \end{bmatrix} \begin{bmatrix} \mathbf{B}_{11} \\ \mathbf{B}_{21} \end{bmatrix} = \begin{bmatrix} \mathbf{A}_{11}\mathbf{B}_{11} + \mathbf{A}_{12}\mathbf{B}_{21} \\ \mathbf{A}_{21}\mathbf{B}_{11} + \mathbf{A}_{22}\mathbf{B}_{21} \end{bmatrix} \quad (A.13)$$

Substituindo na Equação A.13 os valores numéricos das submatrizes dados pelas equações A.12, temos

$$\mathbf{AB} = \begin{bmatrix} \begin{bmatrix} 4 & 1 & 3 \\ 6 & 2 & 7 \end{bmatrix} \begin{bmatrix} 1 & 2 \\ 0 & 1 \\ 2 & 3 \end{bmatrix} + \begin{bmatrix} 5 & 0 \\ 1 & 1 \end{bmatrix} \begin{bmatrix} 1 & 4 \\ 3 & -1 \end{bmatrix} \\ \begin{bmatrix} 4 & 8 & 3 \end{bmatrix} \begin{bmatrix} 1 & 2 \\ 0 & 1 \\ 2 & 3 \end{bmatrix} + \begin{bmatrix} 9 & 3 \end{bmatrix} \begin{bmatrix} 1 & 4 \\ 3 & -1 \end{bmatrix} \end{bmatrix} \quad (A.14)$$

Multiplicando as matrizes na Equação A.14, temos

$$\mathbf{AB} = \begin{bmatrix} \begin{bmatrix} 10 & 18 \\ 20 & 35 \end{bmatrix} + \begin{bmatrix} 5 & 20 \\ 4 & 3 \end{bmatrix} \\ \begin{bmatrix} 10 & 25 \end{bmatrix} + \begin{bmatrix} 18 & 33 \end{bmatrix} \end{bmatrix} \quad (A.15)$$

Somando as matrizes na Equação A.15, temos

$$\mathbf{C} = \mathbf{AB} = \begin{bmatrix} 15 & 38 \\ 24 & 38 \\ 28 & 58 \end{bmatrix} \quad (A.16)$$

Evidentemente, o produto **AB** das matrizes originais não separadas produziria o mesmo resultado dado pela Equação A.16.

A.4 Determinantes

Para inverter uma matriz — operação necessária para encontrar as incógnitas em um conjunto de equações simultâneas —, devemos avaliar um *determinante*. Determinante é um número associado aos elementos de uma matriz quadrada. Para definir que um grupo de elementos é um determinante, os elementos são englobados por duas linhas verticais. Por exemplo, denotamos o determinante de uma matriz **A** de segunda ordem como

$$|\mathbf{A}| = \begin{vmatrix} a_{11} & a_{12} \\ a_{21} & a_{22} \end{vmatrix} \quad (A.17)$$

O valor de um determinante é igual à soma algébrica de todos os produtos possíveis contendo um elemento de cada linha e de cada coluna do grupo. Cada produto recebe um sinal de mais ou de menos, com base na seguinte regra: *se os elementos em cada produto são organizados de modo que seus primeiros subscritos estejam em ordem crescente, o produto é positivo se o número de inversões (um número menor após um número maior) na ordem dos segundos subscritos é par, e negativo se o número de inversões é ímpar.* Para ilustrar essa regra, avaliaremos o determinante na Equação A.17, formando os seguintes produtos:

1. Nenhuma inversão: $+a_{11}a_{22}$
2. Uma inversão: $-a_{12}a_{21}$

Somando os produtos (1) e (2) para avaliar o determinante, calculamos

$$|\mathbf{A}| = a_{11}a_{22} - a_{12}a_{21}$$

Para que um sistema de equações lineares tenha uma solução única, o determinante da matriz de coeficientes não deve ser igual a zero. Um determinante zero indica que uma das linhas (ou colunas) é uma combinação linear de outra linha (ou coluna).

Quando um determinante é grande, a expansão de Laplace fornece um procedimento eficiente para avaliar sua magnitude. A expansão de Laplace exige o uso de *cofatores*. Se linha e coluna que contêm um elemento a_{ij} são excluídas, o *determinante* dos termos restantes é denominado o *menor* M_{ij} de a_{ij}. Então, o *cofator* de a_{ij}, denotado por C_{ij}, é definido como

$$C_{ij} = (-1)^{i+j} M_{ij} \qquad (A.18)$$

A expansão de Laplace define: *o valor de um determinante é igual à soma dos produtos dos elementos e seus cofatores para qualquer linha (ou coluna) dada*. Para ilustrar a expansão de Laplace, avaliaremos o determinante da matriz abaixo, usando os elementos da primeira linha e seus cofatores.

$$|\mathbf{A}| = \begin{vmatrix} 3 & 1 & -2 \\ 0 & 2 & 1 \\ 2 & 1 & 4 \end{vmatrix}$$

$$|\mathbf{A}| = 3(-1)^{1+1}\begin{vmatrix} 2 & 1 \\ 1 & 4 \end{vmatrix} + 1(-1)^{1+2}\begin{vmatrix} 0 & 1 \\ 2 & 4 \end{vmatrix} + (-2)(-1)^{1+3}\begin{vmatrix} 0 & 2 \\ 2 & 1 \end{vmatrix}$$

$$= 3(7) + (-1)(-2) + (-2)(-4) = 31$$

A.5　Inversa de uma matriz

Na Seção A.1, indicamos que o conjunto de equações lineares A.1 pode ser representado pela equação *matricial*

$$\mathbf{K}\boldsymbol{\delta} = \mathbf{P} \qquad (A.4)$$

em que as matrizes são definidas pelas equações A.3. Se a Equação A.4 fosse uma equação algébrica, poderíamos achar a solução de $\boldsymbol{\delta}$ dividindo os dois lados da equação por $\mathbf{K}$. Contudo, esse procedimento não é aplicável às equações matriciais, pois a operação de divisão de matrizes não está definida.

Se **K** é uma matriz quadrada, podemos encontrar a solução de **δ** multiplicando previamente os dois lados da Equação A.4 por uma matriz chamada *inversa* de **K**. A inversa, que tem a mesma ordem de **K**, é denotada pelo símbolo $\mathbf{K}^{-1}$. A operação de pré-multiplicação ou pós-multiplicação de uma matriz pela sua inversa produz a matriz identidade **I**; isto é,

$$\mathbf{K}^{-1}\mathbf{K} = \mathbf{K}\mathbf{K}^{-1} = \mathbf{I} \quad (A.19)$$

Na Equação A.4, podemos achar a solução dos termos da matriz **δ** multiplicando previamente os dois lados da equação por $\mathbf{K}^{-1}$:

$$\mathbf{K}^{-1}\mathbf{K}\boldsymbol{\delta} = \mathbf{K}^{-1}\mathbf{P} \quad (A.20)$$

Como $\mathbf{K}^{-1}\mathbf{K} = \mathbf{I}$ e $\mathbf{I}\boldsymbol{\delta} = \boldsymbol{\delta}$, a Equação A.20 se reduz a

$$\boldsymbol{\delta} = \mathbf{K}^{-1}\mathbf{P} \quad (A.21)$$

Se a matriz **K** na Equação A.4 não tem uma inversa (é *singular*), o conjunto de equações simultâneas não tem uma solução única.

A inversa de uma matriz quadrada **A** é calculada pela seguinte equação:

$$\mathbf{A}^{-1} = \frac{\mathbf{A}^a}{|\mathbf{A}|} \quad (A.22)$$

em que $|\mathbf{A}|$ é o determinante da matriz **A** e $\mathbf{A}^a$ é a matriz *adjunta* de **A**.

Para estabelecer a matriz adjunta, substituímos cada elemento da matriz **A** por seu cofator (Equação A.18) para produzir a matriz *cofator* $\mathbf{A}^c$. Então, a matriz adjunta é definida como a transposição da matriz cofator; isto é,

$$\mathbf{A}^a = (\mathbf{A}^c)^T \quad (A.23)$$

Para ilustrar o uso da inversa, resolveremos o conjunto de equações simultâneas a seguir para os valores desconhecidos de x:

$$\begin{aligned} 2x_1 + 4x_2 + x_3 &= 7 \\ 3x_1 - x_2 + x_3 &= 4 \\ 2x_1 + x_2 - x_3 &= 6 \end{aligned} \quad (A.24)$$

Expressando as equações A.24 em notação matricial, escrevemos

$$\mathbf{AX} = \mathbf{C} \quad (A.25)$$

em que

$$\mathbf{A} = \begin{bmatrix} 2 & 4 & 1 \\ 3 & -1 & 1 \\ 2 & 1 & -1 \end{bmatrix} \quad \mathbf{X} = \begin{bmatrix} x_1 \\ x_2 \\ x_3 \end{bmatrix} \quad \mathbf{C} = \begin{bmatrix} 7 \\ 4 \\ 6 \end{bmatrix} \quad (A.26)$$

Calcule a matriz cofator de **A**.

$$\mathbf{A}^c = \begin{bmatrix} \begin{vmatrix} -1 & 1 \\ 1 & -1 \end{vmatrix} & -\begin{vmatrix} 3 & 1 \\ 2 & -1 \end{vmatrix} & \begin{vmatrix} 3 & -1 \\ 2 & 1 \end{vmatrix} \\ -\begin{vmatrix} 4 & 1 \\ 1 & -1 \end{vmatrix} & \begin{vmatrix} 2 & 1 \\ 2 & -1 \end{vmatrix} & -\begin{vmatrix} 2 & 4 \\ 2 & 1 \end{vmatrix} \\ \begin{vmatrix} 4 & 1 \\ -1 & 1 \end{vmatrix} & -\begin{vmatrix} 2 & 1 \\ 3 & 1 \end{vmatrix} & \begin{vmatrix} 2 & 4 \\ 3 & -1 \end{vmatrix} \end{bmatrix} \quad (A.27)$$

Simplifique $\mathbf{A}^c$, avaliando os determinantes na Equação A.27.

$$\mathbf{A}^c = \begin{bmatrix} 0 & 5 & 5 \\ 5 & -4 & 6 \\ 5 & 1 & -14 \end{bmatrix} \quad (A.28)$$

Transponha os elementos de $\mathbf{A}^c$ para produzir a matriz adjunta $\mathbf{A}^a$.

$$\mathbf{A}^a = \begin{bmatrix} 0 & 5 & 5 \\ 5 & -4 & 1 \\ 5 & 6 & -14 \end{bmatrix} \quad (A.29)$$

Calcule o determinante de $\mathbf{A}$ (consultar a Seção A.4).

$$|\mathbf{A}| = 25 \quad (A.30)$$

Calcule a inversa de $\mathbf{A}$ usando a Equação A.22.

$$\mathbf{A}^{-1} = \frac{1}{25} \begin{bmatrix} 0 & 5 & 5 \\ 5 & -4 & 1 \\ 5 & 6 & -14 \end{bmatrix} \quad (A.31)$$

Multiplique previamente os dois lados da Equação A.25 por $\mathbf{A}^{-1}$.

$$\mathbf{A}^{-1}\mathbf{A}\mathbf{X} = \mathbf{A}^{-1}\mathbf{C} \quad (A.32)$$

Como $\mathbf{A}^{-1}\mathbf{A} = \mathbf{I}$, a Equação A.32 se reduz a

$$\mathbf{X} = \mathbf{A}^{-1}\mathbf{C}$$

$$\begin{bmatrix} x_1 \\ x_2 \\ x_3 \end{bmatrix} = \frac{1}{25} \begin{bmatrix} 0 & 5 & 5 \\ 5 & -4 & 1 \\ 5 & 6 & -14 \end{bmatrix} \begin{bmatrix} 7 \\ 4 \\ 6 \end{bmatrix} = \begin{bmatrix} 2 \\ 1 \\ -1 \end{bmatrix}$$

e $x_1 = 2$, $x_2 = 1$, e $x_3 = -1$.

Embora a multiplicação de uma matriz quadrada de coeficientes por sua inversa forneça uma notação conveniente para representar a solução de um conjunto de equações lineares, o cálculo de uma inversa é um método ineficiente para resolver um conjunto de equações simultâneas, comparado aos outros procedimentos numéricos. Na prática, os programadores geralmente utilizam a eliminação de *Gauss* ou uma de suas muitas variações.

GLOSSÁRIO

Ação de diafragma: A capacidade de lajes de piso e teto rasas de transferir cargas no plano para os membros de apoio.

Análise de primeira ordem: Análise baseada na geometria original da estrutura, na qual as deformações são consideradas insignificantes.

Análise de segunda ordem: Análise que leva em conta o efeito dos deslocamentos dos nós nas forças em uma estrutura submetida a deslocamentos significativos.

Análise dinâmica: Análise que considera as forças de inércia criadas pelo movimento de uma estrutura. Esse tipo de análise exige que a estrutura seja modelada levando em conta sua rigidez, massa e o efeito do amortecimento.

Área de influência: A área de uma laje ou parede suportada por uma viga ou coluna em particular. Normalmente, para colunas, a área em volta é delimitada pelas linhas centrais dos painéis adjacentes.

Barlavento: O lado de um prédio que fica defronte ao vento. O vento produz uma carga direta sobre a parede de barlavento.

Barra zero: Barra de uma treliça que permanece não tracionada sob uma condição de carregamento em particular.

Carga acidental (sobrecarga): Carga que pode ser acrescentada ou retirada de uma estrutura, como equipamentos, veículos, pessoas e materiais.

Carga gravitacional: Consulte *Peso próprio*.

Carga ponderada: Carga estabelecida pela multiplicação da carga de projeto por um fator de carga — normalmente maior que 1 (parte do fator de segurança).

Cargas de serviço: Cargas de projeto especificadas pelos códigos de construção.

Cargas sísmicas: Cargas produzidas pelo movimento do terreno, associado aos terremotos.

Carregamento Cooper E 80: O carregamento contido no manual AREMA para engenharia de estradas de ferro. Consiste nas cargas das rodas de duas locomotivas, seguidas por uma carga uniforme representando o peso dos vagões.

Carregamento-padrão: Posicionamento de carga móvel nos locais que maximizam as forças internas em uma seção específica de uma estrutura. Linhas de influência são utilizadas para esse propósito.

Cisalhamento de base: As forças totais de inércia ou do vento atuando em todos os andares de um prédio que são transmitidas para as fundações.

Código de construção: Conjunto de disposições que controlam o projeto e a construção em determinada região. Suas cláusulas estabelecem requisitos de projeto arquitetônico, estrutural, mecânico e elétrico mínimos para prédios e outras estruturas.

Coeficiente de flexibilidade: A deformação produzida por um valor unitário de carga ou momento.

Conexão da alma: Consulte *Conexão de cisalhamento*.

Conexão de cisalhamento: Ligação que pode transferir cisalhamento, mas nenhum momento significativo. Normalmente, refere-se à carga transferida por cantoneiras conectadas às almas das vigas que estão sendo ligadas a colunas ou a outras vigas.

Confiabilidade: Capacidade de uma estrutura de funcionar com segurança sob todas as condições de carregamento.

Construção monolítica: Estrutura na qual todas as partes atuam como unidade contínua.

Contraventamento: Sistema de escoramento cujo objetivo é transferir as cargas de vento laterais para o chão e reduzir os deslocamentos laterais produzidos pelas forças do vento.

Contraventamento em X: Barras diagonais leves em forma de X que vão do topo de uma coluna até a parte inferior da coluna adjacente. Junto com vigas secundárias e colunas, o contraventamento em X age como uma treliça para transportar as cargas laterais para as fundações e reduzir os deslocamentos laterais.

Deformação: A relação de uma mudança no comprimento dividida pelo comprimento original.

Deslocamento lateral: Liberdade dos nós de uma estrutura para se deslocar lateralmente quando carregados.

Deslocamento virtual: Deslocamento devido a uma força externa, usado no método do trabalho virtual.

Desprendimento de vórtices: Fenômeno causado pelo vento que é refreado pelo atrito da superfície do membro sobre a qual está passando. Pequenas massas de partículas de ar, inicialmente refreadas, aceleram quando deixam o membro, criando ciclos de variação na pressão atmosférica que causam vibrações na peça estrutural.

Diagrama de corpo livre: O esboço de uma estrutura ou de parte de uma estrutura mostrando todas as forças e dimensões necessárias para uma análise.

Diagramas de momento por partes: Os diagramas de momento são traçados para forças individuais para produzir formas geométricas simples cujas áreas e centroides são conhecidos (consultar a tabela no final do livro).

Ductibilidade: A capacidade de materiais ou estruturas suportarem grande deformação sem ruptura. É o oposto do comportamento rígido.

Efeito *P*-delta: Momentos adicionais criados pela força axial devido aos deslocamentos laterais do eixo longitudinal de um membro.

Elo: Consultar *Membro de duas forças*.

Energia cinética: Energia possuída por um corpo em movimento. Sua magnitude varia com o quadrado da velocidade e sua massa.

Escora: Uma parede ou elemento que transfere carga da extremidade de um membro da estrutura para a fundação.

Escoras diagonais: Consultar *Contraventamento*.

Estrutura hiperestática: Estrutura cujas reações e forças internas não podem ser determinadas pelas equações da estática.

Estrutura idealizada: Esboço simplificado de uma estrutura — normalmente um desenho feito com linhas — que mostra as cargas e dimensões, com as condições de apoio presumidas.

Estrutura planar: Estrutura cujos membros estão todos localizados no mesmo plano.

Fator de carga: Parte do fator de segurança aplicado aos membros dimensionados à resistência última, em que o projeto é baseado na resistência à ruptura dos membros.

Flambagem: Um tipo de falha de colunas, placas e cascas, quando carregadas em compressão. Quando a carga de flambagem é atingida, a forma inicial não é mais estável e se desenvolve uma forma curva.

Flecha do cabo: Distância vertical entre o cabo e sua corda.

Forças de inércia: Forças produzidas em uma estrutura móvel por sua própria massa.

Geometricamente instável: Refere-se a uma configuração de apoio que não é capaz de conter os deslocamentos de corpo rígido em todas as direções.

Impacto: A força aplicada pelos corpos em movimento, quando a energia cinética é convertida em força adicional. A magnitude da energia cinética é uma função da massa do corpo e da velocidade elevada ao quadrado.

Índice de esbeltez: Parâmetros l/r (nos quais l é o comprimento do membro e r é o raio de giração) que medem a esbeltez de um membro. A resistência compressiva das colunas diminui à medida que o índice de esbeltez aumenta.

Longarina: Uma viga estendida na direção longitudinal de uma ponte que suporta a laje de piso em seus flanges superiores e transfere a carga para as transversinas.

Membro de duas forças: Também chamado elo. Membro que só transmite carga axial. Nenhuma carga é aplicada entre as extremidades do membro.

Módulo de elasticidade: Medida da rigidez de um material, definida como a relação da tensão dividida pela deformação e representada pela variável E.

Módulo de seção: Propriedade da área da seção transversal que mede a capacidade de um membro de resistir a momento.

Momento de inércia: Propriedade de uma área de seção transversal que é uma medida da capacidade de curvatura de uma seção.

Não prismático: Refere-se a um membro cuja área de seção transversal varia ao longo do comprimento de seu eixo longitudinal.

Nós: Pontos em que as vigas de piso se ligam às vigas mestras ou treliças. Também são as ligações das barras de treliças.

Parede resistente: Uma parede estrutural, normalmente construída de alvenaria ou concreto armado, que suporta as cargas do piso e do teto.

Período natural: O tempo que uma estrutura leva para passar por um ciclo de movimento completo.

Peso próprio: Também chamado de *carga gravitacional*. A carga associada ao peso de uma estrutura e seus componentes, como paredes, tetos, tubulações, condutos de ar etc.

Pilar: Parede de concreto armado ou alvenaria que é carregada pelos apoios de uma estrutura e transfere as cargas para as fundações.

Pilar-parede: Parede estrutural muito rígida que transmite as cargas laterais de todos os pavimentos para as fundações.

Placa de ligação: Placas utilizadas para formar os nós de uma treliça. As forças entre as barras que chegam ao nó são transferidas pela placa de ligação.

Ponto de inflexão: O ponto ao longo do eixo de uma viga em que a curvatura muda de positiva para negativa.

Pórtico contraventado: Pórtico estrutural cujos nós ficam livres para girar, mas não se deslocam lateralmente. Sua resistência ao deslocamento lateral é fornecida pelo contraventamento ou pela ligação com pilares-parede ou apoios fixos.

Pórtico rígido: Estrutura composta de barras solicitadas à flexão ligadas por nós rígidos.

Pórtico sem contraventamento: Pórtico cuja rigidez lateral depende da rigidez à flexão de suas barras.

Pressão do vento estática: O valor da carga uniformemente distribuída, listado em um código de construção, que representa a pressão exercida pelo vento sobre as paredes ou tetos. A pressão é uma função da velocidade do vento em determinada região, da elevação acima do solo e da rugosidade da superfície do terreno.

Princípio da superposição: As tensões e deformações produzidas por um conjunto de forças são idênticas àquelas produzidas pela adição dos efeitos das forças individuais.

Princípio de Bernoulli: Uma redução na pressão atmosférica é produzida por um aumento na velocidade do vento quando ele flui em volta de obstruções em seu caminho. Os códigos de construção consideram esse efeito ao estabelecerem o modelo da força do vento nas paredes e nos tetos dos prédios.

Protensão: Indução de tensões úteis em um membro por meio de barras tensionadas ou cabos ancorados no membro.

Região de furacão: Regiões costeiras onde ocorrem ventos de grande velocidade (aproximadamente 140 km/h ou mais).

Rigidez à flexão absoluta: O momento, aplicado à extremidade articulada de uma viga cuja outra extremidade é fixa, exigido para produzir uma rotação de 1 radiano.

Sobrecarga: Consulte *Carga acidental*.

Sotavento: O lado de um prédio oposto ao lado impactado pelo vento.

Tensão: Força por área unitária.

Tensão de membrana: Tensão no plano que se desenvolve em cascas e placas a partir de cargas aplicadas.

Trabalho-energia: Lei que diz o seguinte: a energia armazenada em uma estrutura deformável é igual ao trabalho realizado pelas forças que atuam na estrutura.

Trabalho virtual: Técnica baseada no trabalho-energia para calcular um único componente do deslocamento.

Viga-caixão: Uma viga retangular vazada. O peso é reduzido pela eliminação de material no centro da viga, mas a rigidez à flexão não é significativamente afetada.

Viga-coluna: Coluna que suporta força axial e momento. Quando a carga axial é grande, ela reduz a rigidez à flexão da coluna.

Viga de piso: Membro de um sistema de pavimentos posicionado transversalmente à direção do vão. Normalmente, as transversinas pegam a carga das longarinas e a transferem para os nós das peças estruturais principais, como treliças, vigas mestras ou arcos.

Viga mestra: Uma viga grande que geralmente suporta uma ou mais vigas secundárias.

Viga Vierendeel: Treliça com ligações rígidas que não contém barras diagonais. Para essa estrutura, o cisalhamento é transmitido pelas cordas superior e inferior e cria grandes tensões oriundas da flexão.

RESPOSTAS DOS PROBLEMAS DE NUMERAÇÃO ÍMPAR

CAPÍTULO 2

P2.1 900 lb/ft

P2.3 25,14 lb/ft para unidade de 20 pol de largura

P2.5 (a) 600 ft² para suposição de carga uniforme; 500 ft² para distribuição de carga afunilada nas extremidades. (b) 300 ft² para distribuição de carga uniforme; 350 ft² para distribuição de carga afunilada. (c) 550 ft² para distribuição de carga uniforme; 650 ft² para distribuição de carga afunilada. (d) 500 ft²; (e) 2 200 ft²

P2.7 18,81 kips para a coluna do terceiro andar; 43,03 kips para a coluna do primeiro andar

P2.9 Força total = 80 460 N

P2.11 Pressão do vento de projeto para a parede a barlavento: 8,43 lb/ft² até 15 pés de altura e 9,17 lb/ft² de 15 a 16 pés; parede a sotavento: –2,44 lb/ft² (sucção); telhado a barlavento: –3,34 lb/ft² (sucção); telhado a sotavento; –7,32 lb/ft² (sucção)

P2.13 Cortante de base sísmico = 258 kips. As cargas laterais do teto ao segundo piso são 76,1; 76,1; 55; 34,8; e 16 kips, respectivamente

P2.15 T = 0,5 segundo

CAPÍTULO 3

P3.1 R_{AX} = 6 kips, R_{BY} = 19,38 kips, R_{AY} = 8,62 kips

P3.3 R_{AY} = 34,4 kN, R_{AX} = 4,2 kN

P3.5 R_{AX} = 3,167 kips, R_{AY} = 12,75 kips, R_{EY} = 35,25 kips, R_{EX} = 18,167 kips

P3.7 R_{DY} = 3 kN, M_A = 12 kN · m, R_{CY} = 7 kN

P3.9 A_Y = 80 kips, $R_{EY} = R_{DY}$ = 15 kips, $R_B = A_X$ = 62,5 kips

P3.11 R_{AY} = 48 kN, R_D = 8 kN, R_{EY} = 106 kN, R_{AX} = 36 kN

P3.13 R_A = 8 kN, R_D = 33,75 kN, R_{EY} = 1,75 kN, R_{EX} = 40 kN

P3.15 R_{AX} = 4 kips, R_{AY} = 4,5 kips, R_{FY} = 9 kips, R_{HY} = 10,5 kips

P3.17 A_Y = 53,33 kN, A_X = 40 kN, D_Y = 30 kN, E_Y = 83,33 kN

P3.19 R_D = 75 kN, A_X = 72 kN, A_Y = –21 kN

P3.21 A_Y = 5,13 kips, A_X = 21,6 kips, C_Y = 0,27 kip

P3.23 R_{AY} = 60 kN, R_{GX} = 48,57 kN, R_{AX} = 48,57 kN, R_{GY} = 60 kN

P3.25 R_{AY} = 65,83 kips, R_{AX} = 8 kips, R_{DY} = 121,37 kips

P3.27 A_Y = 90 kN, A_X = 10 kips, R_B = 70 kips, barra BED, E_Y = 105 kN, e E_X = 30 kN

P3.29 R_{AX} = 5,6 kips, R_{AY} = 5,6 kips, R_{EX} = 20 kips, R_{EY} = 40 kips R_{CX} = 25,6 kips, R_{CY} = 38,4 kips

P3.31 (a) Indeterminada 1º; (b) indeterminada 3º; (c) instável; (d) indeterminada 2º; (e) indeterminada 3º; (f) indeterminada 4º

P3.33 M_A = 610 ft · kips, BF = 29,73 kips, CG = 11 kips, DE = 64 kips

CAPÍTULO 4

P4.1 (a) Estável, indeterminada no segundo grau; (b) estável, indeterminada no segundo grau; (c) instável; (d) estável, indeterminada no segundo grau; (e) estável, indeterminada no primeiro grau; (f) estável, indeterminada no primeiro grau; (g) estável, determinada

P4.3 F_{AB} = 20 kN, F_{AG} = 15 kN, F_{DF} = 0, F_{EF} = 25 kN

P4.5 F_{AJ} = 17,5 kips, F_{CD} = –15 kips, F_{DG} = –45,96 kips

P4.7 F_{AD} = 7,5 kN, F_{DE} = –27,5 kN

P4.9 F_{AB} = 38,67 kips, F_{AC} = 4,81 kips

P4.11 F_{AB} = –14,12 kips, F_{CE} = 30 kips

P4.13 F_{BH} = –26,5 kips, F_{CG} = 6,5 kips, F_{EF} = 4,7 kips

P4.15 F_{CG} = 36,58 kips, F_{CD} = 40 kips, F_{EF} = –50 kips

P4.17 F_{AB} = 123,8 kN, F_{AF} = –39,58 kN

P4.19 F_{AH} = 16,67 kN, F_{AB} = –52,71 kN, F_{BH} = 0 kN

P4.21 F_{AB} = –42 kN, F_{AD} = 0 kN, F_{BF} = 59,4 kN

P4.23 F_{AB} = 6,875 kN, F_{BG} = –6,25 kN, F_{CG} = 3,75 kN

P4.25 Instável

P4.27 F_{BG} = 48 kips, F_{FH} = –101,82 kips

P4.29 F_{AB} = –67,88 kN, F_{CG} = 66 kN

P4.31 F_{AB} = –23,04 kN, F_{LK} = 22,86 kN, F_{EK} = –22,86 kN

P4.33 F_{JD} = 55,72 kips, F_{LC} = 40,02 kips, F_{KJ} = –142,05 kips, F_{BL} = 0

P4.35 F_{MC} = 6,67 kips, F_{IJ} = –13,33 kips, F_{MI} = –6,67 kips

P4.37 F_{AB} = 40 kips, F_{BH} = –100 kips

P4.39 F_{AB} = 16,97 kN, F_{BG} = 0 kN, F_{CG} = 24 kN

P4.41 F_{AG} = –4 kN, F_{BG} = 3 kN, F_{BC} = –20 kN

P4.43 F_{AB} = –30 kips, F_{CJ} = –18 kips, F_{DI} = 36 kips

Respostas dos problemas de numeração ímpar **773**

P4.45 $F_{AJ} = 30$ kN, $F_{JI} = 108{,}66$ kN, $F_{EH} = 40{,}75$ kN

P4.47 Caso 1, nó 1: $\delta_x = 0{,}0$ pol,
nó 2: $\delta_x = 0{,}492$ pol, $\delta_y = 0{,}11$ pol.
Caso 2: para $A = 6$ pol², $\delta_X = 0{,}217$ pol

P4.49 (a) $F_1 = 64{,}8$ kips, $F_2 = 71{,}9$ kips, $F_{8,9} = 54$ kips,
$F_{10} = -24$ kips, $F_{11} = 21{,}5$ kips, $F_{12} = 0$,
$\Delta_{MEIOVÃO} = 0{,}892$ pol; (b) $F_{5,6} = 57$ kips, $M_{@jt.6} = 7{,}22$ ft·kips, $\sigma_{MÁX.} = 63{,}2$ ksi

CAPÍTULO 5

P5.1 $V_{B-C} = -53{,}75$ kips, $M_B = -53{,}5$ ft·kips,
$M_C = -187{,}5$ ft·kips

P5.3 $V = 1 - \dfrac{x^2}{4}; M = 12 + x - \dfrac{x^3}{12}$

P5.5 Origem em B, SEGMENTO BC;
$V = -4 - 3x; M = -16 - 4x - \dfrac{3}{2}x^2$

P5.7 SEGMENTO BC; $0 \le x \le 3$; origem em B;
$V = 17{,}83 - 5x; M = -40 + 37{,}83x - \dfrac{5}{2}(4 + x)^2$

P5.9 $V_{AB} = 44{,}833 - 4x_1; M_{AB} = 44{,}833x_1 - 2x_1^2$

P5.11 $M = 35x - x^2 - \dfrac{x^3}{36}; M_{máx.} = 228{,}13$ kip·ft

P5.13 $M_{máx.} = 218{,}4$ kip·ft

P5.15 $M_{máx.} = -650$ kip·ft em D

P5.17 $DF_X = 20$ kips, $DF_Y = 15$ kips, $AC = 70$ kips, $E_Y = 35$ kips,
$V_{MÁX.} = 40$ kips, $M_{MÁX.} = 204{,}1$ ft·kips

P5.19 $R_D = 26{,}5$ kN; $R_{AY} = 7{,}5$ kN; $R_{AX} = 0$

P5.21 $M_A = -120$ kN·m; $R_{AY} = 15$ kN; $R_{DY} = 15$ kN

P5.23 $R_{AY} = -24{,}667$ kN; $R_{AX} = 20$ kN; $R_{BY} = 74{,}7$ kN

P5.25 $M_A = -120$ kip·ft; $V_A = 50$ kips

P5.27 $R_{AY} = 9$ kN; $V_B = -18$ kN; $M_{máx.} = 20{,}78$ kN·m

P5.29 $R_{AY} = 43$ kips; $R_{AX} = 24$ kips; $R_{DY} = 29$ kips

P5.31 Máx. $+M = 23{,}3$ kN·m, $M_B = 9$ kN·m

P5.33 Máx. $+M = 81$ kN·m, máx. $-M = 90$ kN·m

P5.35 $B_X = -9{,}75$ kN; $B_Y = -4$ kN; $F_Y = 31$ kN, $F_X = 3{,}75$ kN,
máx. $V = 66$ kN

P5.37 $A_x = -25{,}5$ kips; $M_B = 18$ kip·ft; $F_Y = 19{,}5$ kips,
$F_X = 8{,}5$ kips

P5.39 $M_{CB} = 120$ ft·kips, $M_{CE} = 200$ ft·kips,
$M_{BE} = -80$ ft·kips

P5.41 Membro BE, $M_{máx.} = 34{,}03$ kip·ft, $M_{BA} = 18$ ft·kips,
$M_{BC} = 0$, $M_{BE} = -18$ ft·kips

P5.43 Máx. $V = 36{,}25$ kips; máx. $M = 117{,}45$ kip·ft

P5.45 (a) Indeterminada 1°, (b) indeterminada 6°, (c) instável,
(d) indeterminada 4°, (e) indeterminada 1°

P5.47 $R_{1Y} = 6{,}2$ kips, $R_{2Y} = 61{,}8$ kips, $R_{3Y} = 118$ kips,
$M_3 = 319{,}2$ ft·kips

P5.49 Caso 1: $\Delta_D = 2{,}786$ pol $\gg \Delta_{Dmáx.} = 0{,}48$ pol;
Caso 2: $\Delta_D = 0{,}837$ pol, Caso 3: $\Delta_D = 0{,}275$ pol

CAPÍTULO 6

P6.1 $A_Y = 60$ kips, $A_X = 75$ kips, $T_{AB} = 96$ kips, $T_{BC} = 80{,}78$ kips,
comprimento do cabo = 114,3 pés

P6.3 $A_Y = 35{,}6$ kips, $D_Y = 12{,}4$ kips, $T_{MÁX.} = 86{,}8$ kips

P6.5 $A_X = B_X = 2\,160$ kips, $B_X = 2\,160$ kips, $B_Y = 1\,440$ kips
$A_Y = 0$, $T_{MÁX.} = 2\,531{,}4$ kips

P6.7 $T = 28{,}02$ kips

P6.9 $A_Y = 37{,}67$ kN, $T_{máx.} = 100{,}65$ kN, $H = 93{,}33$ kN,
$B_Y = 14{,}33$ kN

P6.11 $A_Y = 18$ kN, $A_X = 78{,}75$ kN, $T_{MÁX.} = 80{,}78$ kips

P6.13 Peso necessário do anel de tração = 11,78 kips;
$T_{máx.} = 25{,}28$ kips, $A_{CABO\ NECESSÁRIA} = 0{,}23$ pol²

CAPÍTULO 7

P7.1 Para $h = 12$ ft, $T = 969{,}33$ kips;
para $h = 24$ ft, $T = 576{,}28$ kips

P7.3 À esquerda de 'D' $M = 375$ ft·kips, $V = 27{,}85$ kips,
$T_{AXIAL} = 91{,}86$ kips

P7.5 $A_X = 30{,}5$ kN, $A_Y = 38{,}75$ kN, $C_Y = 21{,}25$ kN,
$C_X = 12{,}5$ kN

P7.7 Carga em C: $A_X = 3{,}33$ kips; carga em D: $A_X = 6{,}67$ kips

P7.9 $A_X = 41{,}875$ kN, $A_Y = 27{,}75$ kN, $E_Y = 32{,}25$ kN,
$E_X = 56{,}875$ kN

P7.11 $h = 38{,}46$ pés

P7.13 Máx. $\Delta_X = 4{,}1$ pol, máx. $\Delta_Y = 4{,}1$ pol.

CAPÍTULO 8

P8.1 R_A, ordenadas: 1 em A, 0 em D;
M_C: 0 em A, 5 kip·ft no meio do vão

P8.3 R_A: 1 em A, $-\frac{2}{7}$ em D; M_B: 0 em A, $\frac{24}{7}$ em B;
V_C: $-\frac{4}{7}$ em B, $-\frac{2}{7}$ em D

P8.5 V_E: 0,5 em C, $-\frac{1}{2}$ em G

P8.7 F_{CE}: 0 em A, $-2{,}29$ em D

P8.9 M_A: 0 em A, -12 kip·ft em B, 6 kip·ft em D
R_A: 1 em A, 1 em B, $-\frac{1}{2}$ em D

P8.11 R_c: 0 em A, $\frac{7}{5}$ em B, $\frac{1}{2}$ em D

P8.13 V_{AB}: $\frac{4}{5}$ em B, $\frac{3}{5}$ em C
M_E: $\frac{48}{5}$ em C, $\frac{96}{5}$ em E

P8.15 V_{BC}: -2 em A, 0,625 na articulação, 0,25 em D;
M_C: -8 em A, 10 na articulação

P8.17 R_I:1 em B, $\frac{2}{3}$ em C; V (à direita de I): $\frac{2}{3}$ em C;
V_{CE}: $-\frac{1}{2}$ em D, $-\frac{1}{3}$ em C e $\frac{1}{3}$em E

P8.19 R_H: 1 em B, 0 em D, e $-\frac{1}{6}$ em E

P8.21 Carga em B: $R_G = 0,8$ kip,
$V_F = -0,2$ kips, $M_F = 3$ kip · ft

P8.23 $F_{AB} = -1,18$ em L; $F_{BK} = -\sqrt{2}/3$ em L;
$F_{KL} = \frac{5}{6}$ em L

P8.25 $F_{AD} = -\frac{5}{11}$ em B, $F_{EF} = -0,566$ em B,
$F_{EM} = 0,884$ em M, $F_{NM} = -\frac{3}{4}$ em B

P8.27 F_{CD}: $-\frac{2}{3}$ em L e $+\frac{2}{3}$ em J;
F_{BL}: $-\sqrt{2}/3$ em M e J

P8.29 Carga em C: $D_Y = 1$, $D_X = -1$, $A_Y = -1$, $M_{1-1} = 0$,
$M_{2-2} = 3$

P8.31 Carga em C: $F_{BC} = 0$, $F_{CA} = -0,938$ kip, $F_{CD} = 0,375$ kip,
$F_{CG} = 0,375$ kip

P8.33 Carga em C: $F_{AL} = 0$, $F_{KJ} = 0,75$ kip

P8.35 $M_{máx.} = 208,75$ kip · ft, $V_{máx.} = 33,33$ kips

P8.37 (a) $V_{máx.} = 49,67$ kN, $M_{máx.} = 280,59$ kN · m
(b) no meio do vão $M_{máx.} = 276$ kN · m

P8.39 $M_{máx.} = 323,26$ kip · ft, $V_{máx.} = 40,2$ kips

P8.41 (a) Máx. $R_B = 83,2$ kips;
(c) Máx. + $M_E = 138$ kip · ft

P8.43 em B, $V = 60$ kN; em C, $V = 39$ kN;
em D, $V = 24$ kN

P8.45 R_{AY}: 1 em A, $\frac{1}{2}$ em B, 0 em C; R_{AX}: 0 em A, 1,25 em B,
0 em C

P8.47 $F_{CD} = -2$ kN em D e E; $F_{ML} = -1$ em D;
F_{EL}: $-\sqrt{2}/3$ em G

P8.48 R_A: 1 no apoio, 0,792 em 2, $-0,3$ em 6;
$R_B = 0,056$ em 1;
M_A: 0 no apoio, 3,84 em 2, 1,92 em 4 e 2 em 6

CAPÍTULO 9

P9.1 $\theta_B = -PL^2/2EI$, $\delta_B = PL^3/3EI$

P9.3 $\Delta_{máx.}$ em $x = 0,4725L$;
$\Delta_{máx.} = -0,094ML^2/EI$

P9.5 $\theta_A = -ML/4EI$, $\theta_B = 0$

P9.7 $\theta_B = \theta_C = -960/EI$, $v_B = -3840/EI$,
$v_C = -7680/EI$

P9.9 $\theta_A = -40/EI$, $\theta_E = 40/EI$, $v_B = -320/3EI$

P9.11 $\theta_A = 360/EI$, $\Delta_A = -1800/EI$,
$\Delta_E = 540/EI$ para cima

P9.13 $\theta_A = 114PL^2/768EI$, $v_B = 50PL^3/1536EI$

P9.15 $\theta_C = -282/EI$, $\delta_C = -1071/EI$

P9.17 $\theta_B = 0$, $\Delta_B = 0,269$ pol para baixo

P9.19 $\theta_C = 0,00732$ rad, $\Delta_{DH} = 0,309$ pol

P9.21 $\theta_B = 144/EI$, $\Delta_C = 1728/EI$ (para cima)

P9.23 $\theta_A = 450/EI$, $\delta_{DH} = 2376/EI$, $\delta_{DV} = 1944/EI$

P9.25 $F = 1,375P$

P9.27 $\theta_{BR} = 0,0075$ rad, $v_D = 0,07$ m

P9.29 $\theta_A = v_B = -607,5/EI$, $\delta_B = M_B = -3645/EI$ (para baixo)

P9.31 $\theta_C = -67,5/EI$, $\delta_C = -175,5/EI$,
$\delta_{máx} = 54/EI$ (para cima)

P9.33 $\delta_{máx} = -444,8/EI$, $\theta_{BL} = -72/EI$,
$\theta_{BR} = -48/EI$

P9.35 $\theta_{BL} = 90/EI$, $\theta_{BR} = 95/EI$, $v_B = 720/EI$

P9.37 $\theta_{CL} = 10,4/EI_{CF}$, $\theta_{CR} = 104,2/EI_{CF}$, $v_C = 416,7/EI_{CF}$

P9.39 Contraflecha de 0,27 pol para cima

P9.41 Caso 1: $\Delta_{1^a\_2^a}$ rel. = 1,25 pol, $\Delta_{2^a\_3^a}$ rel. = 0,65 pol;
Caso 2: $\Delta_{1^a\_2^a}$ rel. = 5,81 pol, $\Delta_{2^a\_3^a}$ rel. = 9,77 pol;
Caso 3: $\Delta_{1^a\_2^a}$ rel. = 0,136 pol, $\Delta_{2^a\_3^a}$ rel. = 0,104 pol

CAPÍTULO 10

P10.1 $\delta_{BH} = 0,70$ pol, $\delta_{BV} = 0,28$ pol

P10.3 $\delta_{CX} = 0,02$ m

P10.5 (a) $\delta_{EX} = 0,18$ pol, $\delta_{EY} = -0,135$ pol;
(b) $\delta_{EY} = -0,81$ pol

P10.7 (a) $\delta_{DV} = 0,895$ pol; (b) $\delta_{BH} = \frac{8}{3}$ pol

P10.9 $\delta_{CY} = 0,41$ pol ↓, $\delta_{CX} = 0$

P10.11 $\delta_{BY} = 1,483$ pol ↓

P10.13 $\delta_{BX} = 1$ pol →, $\delta_{BY} = \frac{3}{4}$ pol ↓,
$\Delta\theta_{BC} = 0,004167$ rad

P10.15 $\delta_{AX} = 2$ pol

P10.17 $P = 3wL/8$

P10.19 $\delta_C = 11,74$ mm

P10.21 Na linha central $\delta = 0,86$ pol,
$\theta_A = 0,43°$ ou $0,00745$ rad

P10.23 $\delta_B = 24468,7/EI$, $\theta_C = 2568,75/EI$

P10.25 $\delta_{CY} = 0,73$ pol $\Delta L_{BD} = 0,292$ pol

P10.27 $\delta_C = 0,113$ m

P10.29 $\delta_{BY} = 1,74$ pol

P10.31 $\delta_{BY} = 0,592$ pol, $\Delta L_{DE} = 4$ pol

P10.33 $\delta_{BY} = 0,432$ pol

P10.35 $\theta_B = 0,00031$ rad, $\Delta_{CX} = 44,1$ mm

P10.37 $\delta_{CY} = 0,134$ pol

P10.39 $\delta_{CV} = 77$ mm

P10.41 $\Delta_C = 7,88$ pol

P10.42(b) Reações $A_X = 8,26$ kips, $A_Y = 16,13$ kips;
no centro da viga: $\delta_Y = 0,371$ pol,
$M = 70,83$ kip · ft

CAPÍTULO 11

P11.1 $M_A = 90{,}72$ kip · ft, $R_{AY} = 20{,}45$ kips, $R_{CY} = 15{,}55$ kips

P11.3 $R_{AY} = 6{,}71$ kips, $M_A = 40{,}65$ kip · ft, $R_{CY} = -6{,}71$ kips. Se I é constante, $M_A = 30$ kip · ft

P11.5 $M_B = -40$ kip · ft, $R_{AY} = R_{CY} = 7{,}7778$ kips, $R_B = 14{,}4444$ kips

P11.7 $R_A = 18{,}9$ kips, $M_A = 30{,}8$ kip · ft, $R_B = 21{,}15$ kips

P11.9 $M_A = 5wL^2/16$, $R_{AY} = 13wL/16$, $R_{CY} = 3wL/16$, $M_C = 3wL^2/16$

P11.11 (a) $M_A = 18$ kip · ft, $R_A = -4{,}5$ kips, $R_B = 10{,}5$ kips, $R_D = 6$ kips; (b) $M_A = -34{,}1$ kip · ft, $R_{AY} = -0{,}16$ kip, $R_B = 7{,}16$ kips, $R_D = 6$ kips

P11.13 $R_A = R_B = wL/2$, $M_A = M_B = wL^2/12$

P11.15 $R_A = 0{,}688$ kip, $M_A = -9{,}63$ kip · ft

P11.17 $R_{AX} = 32{,}9$ kips, $R_{AY} = 35{,}33$ kips, $R_D = 84{,}67$ kips, $F_{AB} = -58{,}88$ kips, $F_{BD} = -100$ kips

P11.19 $R_{BX} = 18{,}53$ kips, $R_{BY} = 24{,}71$ kips, $R_{AX} = -18{,}53$ kips, $R_{DY} = 55{,}29$ kips, $F_{BC} = -30{,}89$ kips, $F_{AC} = 18{,}53$ kips

P11.21 $R_{BX} = -29{,}9$ kips, $R_{BY} = 45$ kips, $F_{AD} = 22{,}39$ kips, $F_{CD} = 29{,}85$ kips

P11.23 $R_{AY} = 12{,}8$ kN, $R_{AX} = 2{,}13$ kN, $R_{CY} = 11{,}2$ kN, $R_{CX} = 2{,}13$ kN

P11.25 $R_{AX} = 8{,}57$ kips, $R_{AY} = 34{,}28$ kips, $R_{CX} = -8{,}57$ kips, $R_{CY} = 25{,}71$ kips

P11.27 $R_{AX} = -4$ kips, $M_A = 31{,}98$ kip · ft, $R_{AY} = 0{,}89$ kip

P11.29 $R_{AY} = -15$ kips, $R_{EY} = 52{,}5$ kips, $R_{DY} = 22{,}5$ kips, $\Delta_C = 10\,800/EI$

P11.31 $R_{AX} = 65{,}29$ kips, CABO: $F_{CE} = 81{,}6$ kips

P11.33 $R_{AX} = 1{,}99$ kN, $R_{AY} = 48{,}17$ kN, $R_{EY} = 19{,}83$ kN, $R_{EX} = -1{,}99$ kN

P11.35 $R_{AY} = 38{,}4$ kips, $R_{AX} = 9{,}23$ kips, $R_{DX} = 9{,}23$ kips, $R_{DY} = 38{,}4$ kips

P11.37 $M_A = 119{,}6$ kN · m, $R_{AY} = 26{,}96$ kN, $R_C = 3{,}04$ kN

P11.39 $F_{AC} = 117{,}22$ kN, $\Delta_{AV} = 4{,}69$ mm

P11.41 $R_{AX} = 0$ kip, $R_{AY} = -11{,}11$ kips, $R_{CX} = -16{,}67$ kips, $R_{CY} = 60{,}01$ kips, $R_{CX} = -23{,}33$ kips, $R_{CY} = 31{,}11$ kips, $F_{BD} = -23{,}33$ kips, $F_{BC} = -20{,}03$ kips

P11.43 $R_{AY} = 50$ kN, $R_{AX} = 50$ kN, $F_{BC} = -50$ kN, $F_{AB} = F_{CD} = -70{,}71$ kN

P11.45 $R_{EY} = 232{,}18$ kips, $R_{DY} = R_{FY} = 116{,}09$ kips

CAPÍTULO 12

P12.1 MEF$_{AB} = -3PL/16$, MEF$_{BA} = 3PL/16$

P12.3 $M_{AB} = -40$ kip · ft, $R_B = 14{,}5$ kips

P12.5 $R_{AX} = 3{,}5$ kips, $M_A = 14$ kip · ft, $R_{AY} = 46{,}9$ kips, $M_C = 162{,}4$ kip · ft

P12.7 $R_B = 10{,}29$ kips, $R_C = 16{,}29$ kips, $R_D = 2{,}57$ kips, $M_D = -6{,}86$ kip · ft

P12.9 $R_A = 29{,}27$ kips, $R_B = 30{,}73$ kips, $\Delta_C = 0{,}557$ pol

P12.11 $M_A = 13{,}09$ kip · ft, $M_{BA} = -26{,}18$ kip · ft, $R_A = 3{,}27$ kips, $R_B = 12{,}27$ kips, $\Delta = 698{,}1/EI$

P12.13 $M_A = 14{,}36$ kip · ft, $R_{AX} = 5{,}27$ kips, $R_{AY} = 1{,}6$ kip, $M_B = 5{,}84$ kip · ft

P12.15 $M_{AB} = -76{,}56$ kN · m, $R_A = 12{,}312$ kN, $R_B = -21{,}024$ kN

P12.17 $M_{AB} = -109{,}565$ kN · m, $M_{BA} = -70{,}434$ kN · m, $R_{AX} = 15$ kN, $R_{AY} = 7{,}043$ kN

P12.19 $R_{AX} = 0{,}62$ kip, $R_{AY} = 22{,}715$ kips, $M_A = 4{,}84$ kN · m, $R_{BX} = 1{,}96$ kN, $R_{BY} = 54{,}245$ kN, $M_B = 3{,}92$ kN · m

P12.21 $R_{AY} = 8{,}8$ kips, $R_{AX} = 3{,}1$ kips, $M_{AB} = -7{,}23$ kip · ft

P12.23 $R_{AY} = 27{,}61$ kN, $M_{AB} = 55{,}25$ kN · m, $R_{AX} = 27{,}625$ kN

P12.25 $M_{AB} = -93{,}72$ kN · m, $R_{AY} = -16$ kN, $R_{AX} = 20{,}62$ kN

P12.27 $R_{AX} = 1{,}12$ kips, $M_{BA} = 13{,}45$ kip · ft

P12.29 $M_{AB} = -116{,}66$ kN · m, $M_{BA} = -58{,}33$ kN · m, $M_{DC} = 116{,}66$ kN · m

CAPÍTULO 13

P13.1 $R_{AY} = 16{,}53$ kips, $M_A = 83{,}56$ kip · ft, $M_B = -72{,}89$ kip · ft, $M_C = 59{,}56$ kip · ft, $R_{CY} = 23{,}17$ kips

P13.3 $R_{AY} = 49{,}8$ kips, $M_A = -90{,}9$ kip · ft, $M_C = -43{,}3$ kip · ft, $M_B = -43{,}3$ kip · ft

P13.5 $R_{AY} = 34{,}857$ kips, $M_A = -101{,}143$ kip · ft, $R_B = 76{,}571$ kips, $R_C = 44{,}571$ kips

P13.7 $R_A = -4{,}64$ kips, $M_A = 13{,}9$ kip · ft, $R_B = 17{,}97$ kips, $R_C = 40$ kips, $R_D = 12{,}67$ kips, $M_B = -27{,}86$ kip · ft, $M_C = -47{,}96$ kip · ft

P13.9 $R_{AY} = 34{,}87$ kips, $R_{BY} = R_{CY} = 93{,}13$ kips, $M_B = M_C = 164{,}33$ kip · ft

P13.11 $M_D = M_A = 80{,}47$ kip · ft, $R_{AX} = 16{,}14$ kips, $R_{AY} = R_{DY} = 30$ kips

P13.13 $M_A = 2{,}60$ kN · m, $R_{AX} = 0{,}865$ kN, $R_{AY} = 1{,}95$ kN, $R_{DX} = 1{,}73$ kN, $M_D = 3{,}46$ kN · m, $R_{CY} = 12{,}97$ kN, $R_{CX} = 0{,}865$ kN

P13.15 $R_{AY} = 22{,}27$ kips, $R_{AX} = R_{DX} = 2{,}78$ kips, $R_{DY} = 76{,}72$ kips, $M_D = 11{,}1$ kip · ft

P13.17 $R_{AY} = 23{,}84$ kips, $R_{AX} = 0{,}96$ kip, $M_A = 63{,}15$ kip · ft, $M_E = 0{,}7$ kip · ft, $E_Y = 48{,}93$ kips, $E_X = 0{,}21$ kip, $F_Y = 31{,}23$ kips, $F_X = 0{,}75$ kip

P13.19 $R_{BY} = 31{,}94$ kN, $R_{CY} = 19{,}0$ kN, $R_{EY} = 6{,}05$ kN, $M_E = 33{,}1$ kN · m

P13.21 $M_{AB} = -17{,}62$ kip · ft, $M_{BA} = -35{,}24$ kip · ft, $R_{AY} = 7{,}76$ kips, $M_{CB} = 151{,}04$ kip · ft

P13.23 $R_{AY} = 2{,}21$ kips, $R_{AX} = 0{,}69$ kip, $M_A = 13{,}25$ kip · ft, $R_{DX} = 1{,}71$ kip, $R_{DY} = 14{,}71$ kips, $R_{CX} = 1{,}03$ kip, $R_{CY} = 11{,}5$ kips

P13.25 $R_{AX} = 5{,}99$ kips, $R_{AY} = 3{,}16$ kips, $M_A = 43{,}60$ kip·ft, $R_{FX} = 8{,}02$ kips, $R_{FY} = 0$ kip, $M_F = 51{,}69$ kip·ft, $M_{CB} = 22{,}25$ kip·ft, $M_{CF} = 44{,}49$ kip·ft, $\Delta = 0{,}543$ pol,

P13.27 $R_{AY} = 39{,}8$ kips, $R_{AX} = 7$ kips, $M_A = 36{,}96$ kip·ft, $R_{DX} = 9{,}4$ kips, $R_{DY} = 40{,}2$ kips, $M_D = 52{,}14$ kip·ft

CAPÍTULO 14

P14.1 Ordenadas de R_A: 1; 0,593; 0,241; 0; –0,083.
Ordenadas de M_C: 0; –0,667; –0,833; 0; 3,75;

P14.3 Ordenadas de R_A = 1; 0,691; 0,406; 0,168; 0; –0,082; –0,094; –0,059; 0; 0,047

P14.5 Esboços qualitativos no site da Web

P14.7 Ordenadas de M_C: $A = 0$, $B = -6$ kip·ft, $C = 0$, $D = 0$

CAPÍTULO 15

Nota: como a análise aproximada dos problemas P15.1 a P15.9 exige uma suposição, as respostas individuais variarão.

P15.1 Para suposição de PI (ponto de inflexão) no vão $AB = 0{,}25L = 6$ ft, $M_B = -360$ kip·ft. Pela distribuição de momento: $M_B = -310$ kip·ft

P15.3 Para suposição de PI = 0,2L = 8 ft à direita do nó B: $A_X = 8{,}48$ kips, $A_Y = 18{,}18$ kips, $M_B = 127{,}2$ kip·ft e $C_Y = 5{,}82$ kips. Pela distribuição de momento: $C_X = 8{,}85$ kips, $C_Y = 5{,}68$ kips, $M_B = 132{,}95$ kip·ft

P15.5 Para suposição de PI = 0,2L = 2,4 ft para os apoios C e D no vão CD: máx + momento = 13,0 kip·ft, $M_C = 23{,}0$ kip·ft. Pela distribuição de momento, máx. + momento = 14,4 kip·ft, $M_C = 21{,}6$ kip·ft

P15.7 Para suposição de PI = 0,25L lado esquerdo do apoio central e PI = 0,2L fora da parede; $R_B = 54{,}15$ kips, $R_C = 99{,}17$ kips e $M_D = 95{,}9$ kip·ft. Pela distribuição de momento: $R_B = 56{,}53$ kips, $R_C = 93{,}79$ kips e $M_D = 91{,}97$ kip·ft

P15.9 Para suposição de PI = 0,2L na viga: $M_A = 306{,}4$ kip·ft, $A_X = 183{,}84$ kips, $A_Y = 91$ kips. Pela distribuição de momento: $M_A = 315{,}29$ kip·ft, $A_X = 189{,}18$ kips, $A_Y = 91$ kips

P15.11 Analise a treliça como uma viga contínua: $R_B = 59{,}4$ kips, F_B = compr. de 18,9 kips, $F_D = 34{,}88$ kips

P15.13 BD: F = compr. de 37,5 kips; CB: F = compr. de 22,5 kips; CD: F = compr. de 30 kips

P15.15 Para suposição de PI = 0,2L = 2,4 ft dos apoios C e D no vão CD: máx. + momento = 13,0 kip·ft, $M_c = 23{,}0$ kip·ft. Pela distribuição de momento, máx. + momento = 14,4 kip·ft, $M_c = 21{,}6$ kip·ft

P15.17 Membro AB: $V = 30$ kips, $M = 225$ kip·ft, $F = 45$ kips; membro BI: $V = 60$ kips, $M = 300$ kip·ft, $F = 20$ kips

P15.19 Método do portal, base da coluna externa: $M = 24$ kip·ft, força horiz. = 3 kips, força axial = 7,46 kips para baixo

P15.21 Método da viga em balanço, base da coluna externa: $M = 19{,}65$ kip·ft, força horiz. = 2,46 kips e força axial = 6,11 kips para baixo

CAPÍTULO 16

P16.1 (a) $K = 476{,}25$ kips/pol, (b) $\Delta = 0{,}050$ pol, (c) $F_{AB} = F_{AD} = 10{,}08$ kips, $F_{AC} = 7{,}87$ kips

P16.3 $K_{11} = 1\,004{,}7$ kips/pol, $P = 125{,}59$ kips

P16.5 $K_2 = \frac{13}{15}EI$, $\theta_2 = 138{,}46/EI$
$M_A = 23{,}08$ kip·ft, $M_B = 156{,}92$ kip·ft

P16.7 $K_2 = -\frac{5}{3}EI$, $M_{CD} = -67{,}2$ kN·m, $A_X = 2{,}7$ kN, $M_{DC} = 74{,}4$ kN·m

P16.9 Nó 3: $F = 42{,}96$ kips; nó 1: $R_X = 25{,}78$ kips, $R_Y = 1{,}62$ kip, $M = 19{,}42$ kip·ft

P16.11 $A_X = 16$ kips, $A_Y = 56$ kips, $M_A = 96$ kip·ft

CAPÍTULO 17

P17.1 $\Delta_X = -96L/AE$; $\Delta_Y = -172L/AE$

P17.3 Nó 1: $\Delta_X = 0{,}192$ pol, $\Delta_Y = 0{,}865$ pol para baixo

P17.5 Nó 3: $\Delta_X = 0{,}46$ pol, barra 2: $F = 16{,}77$ kips C; barra 4: $F = 43{,}23$ kips T

CAPÍTULO 18

P18.1 $M_A = 13{,}89$ kip·ft, $A_Y = 12{,}08$ kips, $B_Y = 63{,}66$ kips, $C_Y = 24{,}26$ kips

P18.3 $M_A = 14{,}01$ kip·ft, $A_X = 2{,}69$ kips, $A_Y = 5{,}28$ kips, $M_D = 10{,}81$ kip·ft, $D_X = 2{,}31$ kips, $D_Y = 4{,}72$ kips

P18.5 $\begin{bmatrix} 24/L^2 + 5/L^2 & 0 & 6/L \\ 0 & 8 & 2 \\ 6/L & 2 & 4 \end{bmatrix}$

CRÉDITOS

CAPÍTULO 1
Abertura: Biblioteca do Congresso dos EUA; **1.1:** © Kenneth Leet; **1.2:** Cortesia da Godden Collection, NISEE, Universidade da Califórnia, Berkeley; **1.3:** © Michael Maslan Historic Photographs/Corbis; **1.4a:** Cortesia da Godden Collection, NISEE, Universidade da Califórnia, Berkeley; **1.4b:** Cortesia da Godden Collection, NISEE, Universidade da Califórnia, Berkeley.

CAPÍTULO 2
Abertura: © Chia-Ming Uang; **2.1:** © AP/Wide World Photos; **2.2:** Cortesia do Departamento de Transportes da Califórnia; **2.3:** © Chia-Ming Uang; **2.4a:** Cortesia de F. Seible, Departamento de Engenharia de Estruturas, Universidade da Califórnia, San Diego; **2.4b:** Cortesia de R. Reitherman, CUREE.

CAPÍTULO 3
Abertura: © Howard Epstein, Universidade de Connecticut; **3.1:** © Kenneth Leet; **3.2:** Cortesia da Alfred Benesch & Company; **3.3:** Cortesia da Godden Collection, NISEE, Universidade da Califórnia, Berkeley.

CAPÍTULO 4
Abertura: Cortesia da Autoridade Portuária de Nova York e Nova Jersey; **4.1:** Cortesia da Ewing Cole Cherry Brott Architects and Engineers, Filadélfia, PA; **4.2:** Cortesia da Godden Collection, NISEE, Universidade da Califórnia, Berkeley.

CAPÍTULO 5
Abertura: Cortesia do Departamento de Auto-estradas de Massachusetts; **5.1:** © Kenneth Leet; **5.2:** © Kenneth Leet; **5.3:** Cortesia da Bergmann Associates.

CAPÍTULO 6
Abertura: Cortesia da Autoridade Portuária de Nova York e Nova Jersey; **6.1, 6.2:** Cortesia da Portland Cement Association.

CAPÍTULO 7
Abertura: Departamento de Viagens e Turismo de Massachusetts, Divisão de Tecnologia do Comércio; **7.1:** Cortesia da Godden Collection, NISEE, Universidade da Califórnia, Berkeley.

CAPÍTULO 8
Abertura: GEFYRA S.A. (2. Rua Rizariou—152 33 Halandri/Grécia). Nikos Daniilidis (107. Rua Zoodohou Pigis—114 73 Atenas/Grécia).

CAPÍTULO 9
Abertura: Foto do Banks Photo Service, cortesia da Simpson Gumpertz and Heger, Inc.

CAPÍTULO 10
Abertura: Fotografia de Urbahn-Roberts-Seelye-Moran, cortesia da Simpson Gumpertz and Heger, Inc.

CAPÍTULO 11
Abertura: Cortesia da Arvid Grant and Associates.

CAPÍTULO 12
Abertura: Cortesia da Simpson Gumpertz and Heger, Inc.

CAPÍTULO 13
Abertura: Cortesia da Simpson Gumpertz and Heger, Inc.

CAPÍTULO 14
Abertura: Cortesia do Banco da Reserva Federal de Boston.

CAPÍTULO 15
Abertura: Cortesia da Autoridade Portuária de Nova York e Nova Jersey.

CAPÍTULO 16
Abertura: Cortesia da Simpson Gumpertz and Heger, Inc.

CAPÍTULO 17
Abertura: Cortesia da Simpson Gumpertz and Heger, Inc.

CAPÍTULO 18
Abertura: © The Hartford Courant, Arman Hatsian.

ÍNDICE REMISSIVO

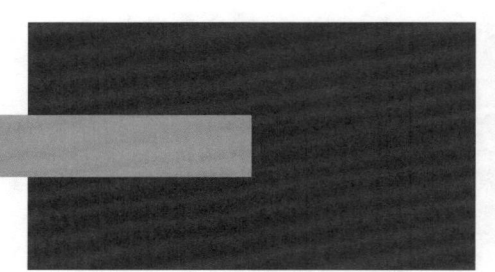

A

Abóbadas, 243
Ação composta, definida, 18
Ação de diafragma, 47
Acumulação de água, definida, 63
American Association of State Highway and Transportation Officials (AASHTO), 27, 41, 283–285
American Concrete Institute (ACI), 27
American Forest & Paper Association (AFPA), 27
American Institute of Steel Construction (AISC), 27, 349
American Railway Engineering and Maintenance of Way Association (Arema), 27, 43, 285
American Society of Civil Engineers (ASCE), 28, 37–38, 55–56
Amortecedores, uso de, 46
Análise aproximada, 603–657
    carga vertical de um pórtico rígido, 611–614
    cargas axiais, 628, 631–632
    cargas gravitacionais, 605–611, 626–634
    cargas laterais, 635–637, 646–650
    colunas, 631–632, 632–634, 636–637, 638–642
    cortante de extremidade, estimando em vigas, 628
    deflexões, estimando para treliças, 621–622
    diagonais duplas, treliças com, 623–625
    estruturas indeterminadas, 603–657
    introdução à, 603–604
    método da viga em balanço, 646–650
    método do portal, 638–645
    momentos de extremidade, estimando valores de, 609–611
    momentos em colunas externas, 632–634

ponte Bayonne, projeto da, 602
pontos de inflexão (PI), 605–606, 636–637, 638–639
pontos de inflexão, supondo a localização de, 605–606
pórtico com colunas fixas na base, 636–637
pórticos apoiados sobre pino, 635–636
pórticos não contraventados, 635–637
pórticos rígidos, 611–614
pórticos rígidos de vários pavimentos, 626–634
propósitos de uso da, 603–604
treliças, 615–620, 621–622, 623–625, 643–645
treliças contínuas, 615–620
valores de cortante e momento, aproximando em vigas de piso, 628–630
viga Vierendeel, 643–645
vigas, 605–611, 626–628, 628–630
vigas contínuas, 605–611
vigas de piso, forças em, 626–628
Análise estrutural, 2–25, 660–664
    análise por computador, 23–24
    arcobotantes, 8–10
    cálculos, preparação de, 24–25
    comparação entre métodos da flexibilidade e da rigidez, 660–664
    definida, 3
    desenvolvimento histórico da, 8–11
    distribuição de momentos, 10
    elementos estruturais, 3–4, 11–20, 20–21
    estruturas bidimensionais, analisando, 4
    estruturas monolíticas, 10
    introdução à, 2–25
    método da flexibilidade, 660–662
    método da rigidez geral, 662–664
    ponte do Brooklyn, projeto da, 2
    processo de projeto, 5–7
    resistência e utilidade, 7
    sistema de coluna e verga, 8

sistema estrutural estável, formação, 20–22
Análise matricial, 682–713, 714–755
    grau de liberdade (GL), 717–718, 730–732, 740
    matriz de rigidez da estrutura ($\mathbf{K}$), 688, 690–693, 693–696, 717–718, 722, 725–726, 735–737, 742–745, 750–752
    matriz de rigidez de membro ($\mathbf{k}$), 688, 688–690, 692–693, 697–708, 709–710, 718–728, 729–738, 739–747, 748–750
    matriz de rigidez rotacional, 718–728, 732–733
    matriz de transformação, 709–710, 732–733
    método da rigidez direta por, 682–713, 714–755
    sistema de coordenadas global, 688, 748–750
    sistema de coordenadas local (membro), 688, 729–738, 739–747
    solução de, 693–696
    treliças, 682–713
    vigas e pórticos, 714–755
Análise por computador, 23–24, 148–150
    estrutural, 23–24
    primeira ordem, 23
    treliças, 148–150
Anemômetros, medida da velocidade do vento, 44
Apoios, 81–84, 340–342, 380
    articulações, 341–342
    classificação de, 82–83
    estática de estruturas e, 81–84
    extremidade fixa, 84
    influência de, 82, 84
    método da viga conjugada, 340–342
    pino, 82
    reações exercidas dos, 82–84
    rolos, 341
Apoio elástico, vigas sobre, 455–457

A

Arcobotantes, uso de, 8–10
Arcos, 14–15, 232–234, 240–254, 282–283
   abóbada, 243
   carga uniformemente distribuída, forma funicular suportando, 245–247
   encontros, 14–15
   estabelecendo a forma funicular usando cabos, 232–234
   extremidade fixa, 242–243
   funicular, 232–234, 245–247
   introdução aos, 241
   ponte French King, projeto da, 240
   tipos de, 241–243
   treliçados, linhas de influência de, 282–283
   triarticulados, 244–245
   uso de, 14–15
Arcos com extremidades fixas, 242–243
Área de influência, 30–31, 35
   colunas, 35
   sistemas de piso em vigamento, 30–31
   vigas, 30–31
Área de influência, redução de sobrecarga, 38
Articulações, uso de, 341–342

B

Balanço, vigas, 169
Barra. *Ver também* Membros
Barras zero, 132–134

C

Cabo de suspensão, uso de, 11
Cabos, 15–17, 224–239
   arco funicular, estabelecendo o aspecto de, usando, 232–234
   características dos, 226–227
   cargas verticais, análise de apoio, 228–229
   flecha, 15
   força, variação da, 227
   introdução aos, 225–226
   membro determinado, 228
   membros flexíveis como, 15–17
   parábolas, 15
   polígono funicular, 228
   ponte George Washington, projeto da, 224
   problemas de projeto, 225
   teorema geral, 229–232
   uso de, 15–17
Cálculos, 24–25, 362–419
   métodos de trabalho-energia para deflexões, 362–419
   preparação dos, para análise estrutural, 24–25
Carga gravitacional, 22, 46, 228–229, 605–611, 611–614, 626–634
   análise aproximada para, 605–611, 611–614, 626–634
   análise de cabo suportando, 228–229
   análise de pórtico rígido de vários pavimentos, 626–634
   análise de pórtico rígido, 611–614
   análise de viga contínua, 605–611
   carga vertical de um pórtico rígido, 611–614
   definida, 46
   projeto de pórtico para, 22
Cargas, 7, 26–71, 77–80, 168–169, 180–183, 228–229, 256–307, 370, 549–553, 588–598, 605–611, 611–614, 626–634, 635–637, 638–645, 646–650
   acumulação de água, 63
   análise aproximada de, 605–611, 611–614, 626–634, 635–637, 638–645, 646–650
   axiais, 628, 631-632
   cabo suportando cargas verticais, análise de, 228–229
   carga, cortante e momento, relação entre, 180–183
   cargas de roda, série de, 291–292
   códigos de construção, 28
   códigos estruturais, 27
   colunas, 630–632, 632–634
   combinações de, 64–65
   componentes de projeto e pesos, 34
   diagramas de cortante e momento de, 180–183
   distribuídas, 77–80, 269–272
   fictícias, 370
   forças de terremoto, 46–48, 59–63
   gerais, 549–553
   gravitacionais, 22, 228–229, 605–611, 626–634
   laterais, 635–637, 638–645, 646–650
   linhas de influência, 256–307, 588–598
   método da viga em balanço para análise de, 646–650
   método do portal para análise de, 638–645
   neve, 63
   permanente, 29–36, 590
   ponderadas, 168–169
   pórtico não contraventado, análise de, para, 549–554, 635–637
   prédios de vários andares, linhas de influência de padrões, 588–598
   projeto de piso de prédio, 37
   real, 370
   resistência ponderada exigida, 64–65
   serviço, 7
   sistema P, 370
   sistema Q, 370
   sobrecarga, 36–43, 256–306, 588–598
   terremoto de Chi-Chi, força do, 26
   trabalho virtual, 370
   únicas concentradas, 269, 291
   uso de, 28
   vento, 43–58
   verticais, 228–229, 611–614
   vigas, fatores para, 168
Cargas de roda, série de, 291–292
Cargas de serviço, definidas, 7
Cargas de vento, 43–58. *Ver também* Equações
   ação de diafragma, 47
   anemômetros, 44
   coeficiente de exposição à pressão causada pela velocidade, 50
   coeficiente de pressão externa, 51–52
   desprendimento de vórtices, 45–46
   equações para previsão de, 48–52
   fator de importância, 49
   fator de rajada, 51
   fator topográfico, 51
   fatores de arrasto, 44
   introdução às, 43–45
   pilares-paredes, 47, 48
   prédios baixos, procedimento simplificado para, em, 55–58
   pressão, 43–45, 48–52
   sistemas de contraventamento estrutural, 46–48
Cargas distribuídas, 77–80, 269–272
   cargas estaticamente equivalentes, 78
   linhas de influência para, 269–271
   nós, 78
   resultante de, 77–80
   variação parabólica, 78
   variação trapezoidal, 78
Cargas laterais, 22, 635–637, 638–645, 646–650
   análise aproximada de, 635–637, 638–645, 646–650

método da viga em balanço para análise de, 646–650
método do portal para análise de, 638–645
pórticos apoiados sobre pinos, 636–637
pórticos de vários pavimentos, 638–645, 646–650
pórticos não contraventados, 635–637
projeto para, 22
Cargas permanentes, 29–36, 590
área de influência, 30–31, 35
componentes de projeto e pesos, 34
laje quadrada, 31
linhas de influência para colunas de prédio de vários andares, 590
momentos produzidos pelas, 590
paredes, ajuste para, 29
sistemas de piso em vigamento, distribuição de, para, 29–31
uso de, 29
utilidades, ajuste para, 29
Cargas ponderadas, 168–169
fator de redução, 169
fatores de carga, 168
projeto de viga, 168–169
resistência de projeto, 168
Cascas (finas), 18–20
tensões atuando no plano de, 18–20
tensões de membrana, 19
uso de, 18–20
Cisalhamento de base, 59–61, 61–63
definido, 59
procedimento da força lateral equivalente para, 59–61
sísmico, distribuição de, 61–63
Códigos de construção, 27–28
Códigos estruturais, 27
Coeficiente de pressão externa, 51–52
Coeficiente de rigidez, 545, 664, 683, 684, 730–732. *Ver também* Deslocamento unitário
dedução da matriz de rigidez de membro usando, 730–732
deslocamento unitário, 684, 730–732
método da rigidez direta, 683, 684
método da rigidez geral, 664
pórticos não contraventados, 545
Coeficientes de exposição à pressão causada pela velocidade, 50
Colunas, 11–12, 35, 171–172, 631–632, 632–634, 636–637, 638–642

análise aproximada de, 631–632, 632–634, 636–637, 638–642
área de influência, 35
cargas gravitacionais, 632–634
externas, momentos produzidos em, 632–634
fixas na base para pórticos, 636–637
forças axiais em, 631–632
método do portal, 638–642
momento P-delta, 172
momento principal, 172
momento secundário, 172
pontos de inflexão, 636–637, 638–639
pórticos com, 171–172, 636–637
uso de, 11–12
Compatibilidade das deformações, 662
Comportamento inelástico, determinação de deflexão em treliças pelo, 380
Compressão, 11–12, 14–15
membros axialmente carregados em, 11–12
membros curvos em, 14–15
Condição, equações de, 94–96
Conjugado, 74, 365
forças, 74–77
trabalho de um, 365
Construção, equação de, 94–96
Contraventamento, 46–48, 170, 478–493, 543
método da inclinação-deflexão para análise de, 478–493
pórticos, 170, 478–493, 543
sistemas estruturais, 46–48
Contravento, uso de, 46
Convenção de sinal do sentido horário, 471, 479, 665
Cortante, 173, 180–183, 185, 187, 295–296, 628
carga, cortante e momento, relação entre, 180
definido, 173
diagramas para vigas, 180–183, 185, 187
máximo em vigas, 295–296
momento fletor, e, 12
Cortante de extremidade, estimando em vigas, 628
Curvas, 309–316
cortante e momento, 177, 180–197
deflexão de, em vigas, 309–316
elásticas, equação diferencial de, 311–313
método da integração dupla, 309–316
rasas, geometria de, 310–311

D

Deflexões, 308–361, 362–419, 621–622
análise do trabalho virtual para, 370–386, 387–398
cálculo de, 362–419
cálculos do trabalho real para, 368–369
curvas, 309–316
deslocamentos virtuais, 401–403
energia de deformação, 366–368
erro de fabricação em treliças, determinação de, 378–379
estimando para análise por aproximação, 621–622
ferramentas de projeto para vigas, 349–351
introdução às, 309
lei de Maxwell-Betti das, recíprocas, 404–407
máximas, diagramas de momento e equações para, 351
método da carga elástica, 336–339
método da integração dupla, 309–316
método da viga conjugada, 340–348
método de trabalho-energia, 368–369
método dos momentos das áreas, 317–335
mudança de temperatura em treliças, determinação de, 378–379
ponte do Rio Brazos, colapso da, 308
pórticos, 308–361, 387–398
prédio de montagem de veículos da Nasa, projeto do, 362
princípio de Bernoulli dos deslocamentos virtuais, 401–403
somatório finito, 399
trabalho de força e momentos, 364–366
treliças, 370–386, 621–622
vigas, 308–361, 387–398
Deslocamento lateral, 494–503, 543–548
análise de inclinação-deflexão de estruturas livres para, 494–503
análise pela distribuição de momentos de pórticos livres para, 543–548
definido, 494
equação do cortante, 495
Deslocamento relativo, 436–437
Deslocamento unitário, 543, 545, 684, 730–732, 740. *Ver também* Coeficientes de rigidez
coordenadas locais, 730–732, 740

graus de liberdade (**GL**) em, 730–732, 740
matriz 4 × 4 de rigidez de membro para, 730–732
matriz 6 × 6 de rigidez de membro para, 740
método da rigidez direta, 684
pórticos não contraventados, 543
Deslocamentos, 684–687, 690–692, 697–708, 730–732. *Ver também* Deslocamentos de nó; Deslocamentos unitários
   horizontais, 684, 698–699
   método da rigidez direta de nodais, superpondo forças produzidas por, 690–692
   relações força-deslocamento, 697–708
   superpondo, 684–687
   verticais, 684, 699–700
Deslocamentos de nó, 149–150, 469–471, 660, 665–668, 683–684, 690–692, 717–718, 722–723, 727–728, 737–738, 745–747
   avaliação dos efeitos de, 723, 727–728, 738, 746–747
   comparação de, para análise por computador, 149–150
   desconhecidos, 469–471
   determinação de, 722–723, 727, 737, 475
   grau de liberdade (**GL**), 717–718
   matriz 4 × 4 de rigidez de membro, em, 737–738
   matriz 6 × 6 de rigidez de membro em, 745–747
   matriz de rigidez da estrutura, 690–692, 717–718
   matriz de rigidez rotacional para, 722–723, 727–728
   método da inclinação-deflexão, 469–471
   método da rigidez direta, 683–684
   método da rigidez geral, 660, 665–668
   nodal, superpondo forças produzidas por, 690–692
Deslocamentos virtuais, 401–403
Desprendimento de vórtices, 45–46
   amortecedores, uso de, 46
   contraventamento, uso de, 46
Desvio tangencial, 317, 319–320
Determinadas, 73, 90, 97–105, 110–112, 142–147, 209, 228. *Ver também* Estruturas indeterminadas
   definidas, 73

equação de equilíbrio estático e, 90
estrutura rígida única, critérios para, 103
estruturas, 73, 97–105, 110–112
estruturas indeterminadas, comparação com, 110–112
estruturas rígidas interligadas, critérios para, 103
externamente, 99, 209
membro de cabo, 228
pórticos, 209
reações, influência de em, 97–105
treliças, 142–147
Determinantes, avaliação de para matrizes, 765–766
Diagonais duplas, análise de treliças com, 623–625
Diagramas de corpo livre, 86–88
Diagramas de cortante e momento, 177, 180–197
   carga, cortante e momento, relação entre, 180
   construção de, 180–197
   esboçando, 187–188
   partes de viga em balanço, plotada por, 177
   vigas, projeto de, usando, 180–197
Diagramas de momento, 180–183, 185, 187–188, 326, 472
   carga, cortante e momento, relação entre, 180–183
   deflexão, determinação de, por "partes", 326
   negativo, esboçando vigas defletidas, 183
   positivo, esboçando vigas defletidas, 183
   viga simples, 472
Divisão de uma matriz, 763–765

E

Elementos estruturais, 3–4, 11–20, 20–22
   ação composta, 18
   análise, procedimento para, 3–4
   apoio de pino, 22
   arcos, 14–15
   cabo de suspensão, 11
   cabos, 15–17
   cascas, finas, 18–20
   colunas, 11–12
   elementos de superfície curvos, 18–20
   flexão, carga suportada por, 18
   hangares, 11

índice de esbeltez, 11
lajes, 18
membros axialmente carregados, 11–12, 12–14
membros curvados, 14–15
membros flexíveis, 15–17
parafusos de ancoragem, 21–22
pino sem atrito, 22
placas, 18
placas dobradas, 18
pórticos rígidos, 18
projeto de prédio de um andar, 20–22
sistema estrutural estável, formando com, 20–22
treliças planas, 12–14
vigas, 12
Encontros, 14–15
Energia de deformação, 366–368, 370, 380, 388–389, 399
   barras de treliça, 366–367
   comportamento inelástico, determinação de, 380
   somatório finito, 399
   valores de integrais de produto, usando, 389
   vigas, 367–368, 389
   virtual, 370, 388–389
Equações, 48–52, 55, 60–61, 61–62, 64, 88–93, 94–96, 97, 98, 173–179, 351, 421, 470, 471–477, 660, 664
   carga de neve de projeto, 63
   cargas de vento, para previsão de, 48–52, 55
   combinações de carga, 64
   compatibilidade, 421, 660
   condição, 94–96
   construção, 94
   cortante de base, procedimento da força lateral equivalente, 59–60
   cortante de base sísmico, distribuição de, 61–63
   cortante e momento, 173–179
   deflexão máxima, 351
   equilíbrio estático, 88–93, 97
   forças sísmicas laterais, 63
   inclinação-deflexão, 470, 471–477
   inconsistente (incompatível), 98
   pressão do vento causada pela velocidade, 49
   pressão do vento de projeto, 51, 55
   pressão estática do vento, 48
Equações de cortante e momento, 173–179

diagrama, plotado por partes de viga em balanço, 180
forças de, 173
resultante de forças externas, 174
vigas e pórticos, 173–180
Equações de equilíbrio para o método da rigidez geral, 660, 664. *Ver também* Equilíbrio estático
Equilíbrio estático, 88–93, 97
definido, 88
equações de, 88–93, 97
estruturas determinadas e, 90
segunda lei de Newton, 88
Erro de fabricação, 378–379, 443, 539–542
análise pela distribuição de momentos para, 539–542
análise pelo método da flexibilidade para, 443
estruturas indeterminadas, efeitos sobre, 443
treliças, determinação de deflexões em, por, 378–379
vigas e pórticos, efeitos sobre, 539–542
Esboço, 183–197, 202–207, 576–579. *Ver também* Diagramas de corpo livre; Linhas de influência
diagrama de cortante, 185, 187
diagrama de momento, 185, 187–188
formas defletidas, 183–197, 202–207
linhas de influência, 576–579
momento negativo na, 183
momento positivo na, 183
ponto de inflexão, 188
pórticos, 202–207
regras para precisão, 203
vigas, 183–197, 202–207
Estabilidade, 20–22, 74, 97–106, 106–109, 134–141, 142–147. *Ver também* Estruturas instáveis
classificação de estruturas para, 16–19
definida, 74
estrutura rígida única, critérios para, 103
estruturas, 73, 74, 97–106
estruturas rígidas interligadas, critérios para, 103
método das seções, 134–141
projeto, montagem de elementos para, 20–22
reações, influência da, nas, 97–106
treliças, 142–147

Estática, 72–73. *Ver também* Forças; Estruturas
Estimando, *ver* Análise aproximada
Estrutura de base, 421
Estrutura geometricamente instável, 100
Estrutura liberada, 421, 422
Estrutura restringida, 715–717, 721, 725, 734–735, 741
análise de, 721, 725, 734–735, 741
condição, 716
indeterminação cinemática, 716
matriz 4 × 4 de rigidez de membro, para, 734–735
matriz 6 × 6 de rigidez de membro para, 741
matriz de rigidez rotacional para, 721, 725
método da rigidez direta usando, 715–717
Estruturas, 72–120
apoios, 81–84
classificação de, 106–109
comparação entre determinada e indeterminada, 110–112
condição, equações de, 94–96
construção, equação de, 94–96
definidas, 73
determinação de, 73, 97–106, 110–112
diagramas de corpo livre (FBD), 86–88
equilíbrio estático, equações de, 88–93, 97
estabilidade de, 74, 97–105
estática de, 72–120
forças, 74–81
idealizando, 85–86
indeterminação de, 73–74, 110–112
instáveis, 97–98
introdução às, 73–74
projeto da treliça espacial do Hartford Civic Center, 72
reações, influência de, nas, 97–105
Estruturas bidimensionais, procedimento para análise, 4
Estruturas indeterminadas, 73–74, 90, 110–112, 143, 207–210, 420–467, 574–600, 602–657
análise aproximada de, 602–657
análise de, com vários graus de indeterminação, 448–454
definidas, 73–74
equação de equilíbrio estático e, 90
erros de fabricação, efeitos sobre, 443

estrutura rígida única, critérios para, 103
estruturas determinadas, comparação com, 110–112
estruturas rígidas interligadas, critérios para, 103
externamente, 143, 209
fechando uma lacuna em, 426–435
internamente, 143
liberações internas, análise de, usando, 436–442
linhas de influência, 574–600
método da flexibilidade, análise de, pelo, 420–467
mudanças de temperatura, efeitos de, sobre estruturas, 443, 446–447
recalques de apoio, efeitos sobre redundantes em estruturas, 443–445
redundantes em, 421–422
vigas e pórticos, 207–210
Estruturas instáveis, 97–98, 100
determinação de, 97–98
geometricamente, 100
Estruturas monolíticas, desenvolvimento de, 10
Estruturas planares, definidas, 4

F

Fator de direção do vento, 51
Fator de distribuição, método da distribuição de momentos, 519
Fator de impacto, cargas móveis, 41
Fator de importância, cargas de vento, 49
Fator de importância de ocupação, forças de terremoto, 61
Fator de modificação de resposta, 60–61
Fator de rajada, cargas de vento, 51
Fator de redução, vigas, 169
Fator de transmissão, cálculo de, 555–557, 559
Fator topográfico, cargas de vento, 51
Fatores de arrasto, pressão do vento e, 44
Fatores sísmicos, forças de terremoto, 60
Fechando uma lacuna em estruturas indeterminadas, 426–435
Flexão, carga suportada por, 18
Forças, 46–48, 59–63, 74–80, 127, 128–131, 132–134, 227, 436–442
Ver também Cargas
axiais, 628, 631–632
barra, 128–131, 132–134
barras zero, 132–134
cabo, variação de, 227

cargas distribuídas, 77–79
cisalhamento de base, 59–61, 61–63
colunas, 630–634
compressão, 127
conjugado, 74
de tração, 127
estática de estruturas e, 74–81
inércia, 59
inspeção, determinação de, por, 129
internas, 436–442
laterais sísmicas, 63
laterais, 635–637
lei dos senos, 75–76
lineares, 74
método dos nós, determinação de, pelo, 128–131
princípio da transmissibilidade, 81
redundantes como pares de, internas, 436–442
regra da mão direita, 74
resultantes, 76–77, 77–80
sistema de forças planares, 76–77
terremoto, 46–48, 59–63
vigas de piso, 626–628
Forças de barra, 128–131, 132–134
inspeção, determinação de, por, 129
método dos nós, determinação de, pelo, 128–131
zero, 132–134
Forças sísmicas, 59–63
ação de diafragma, 47
cisalhamento de base, 59–61, 61–63
cisalhamento de base sísmico, distribuição de, 61–63
fator de importância da ocupação, 61
fator de modificação de resposta, 60–61
forças de inércia, 59
forças sísmicas laterais, 63
mapas sísmicos, 60
ocorrência de, 59
pilares-paredes, 47, 48
procedimento da força lateral equivalente, 59–60
sistemas de contraventamento estrutural, 46–48
Forma defletidas, esboçando, 183–197, 202–207
pórticos, 202–207
vigas, 183–197, 202–207
Formas funiculares, 228, 232–234, 245–247
arcos, 232–234, 245–247
polígono, 228

G

Grau de indeterminação, ver Indeterminação
Grau de liberdade (**GL**), 717–718, 730–732, 740
coordenadas locais em, 730–732, 740
definido, 717
deslocamento unitário em, 730–732, 740
matriz 4 × 4 de rigidez de membro para, 730–732
matriz 6 × 6 de rigidez de membro para, 740
matriz de rigidez da estrutura, 717–718

H

Hangares, uso de, 11

I

Idealizando estruturas, 85–86
Inclinação, mudança na, 317–318, 324
Incógnitas, método da rigidez direta, 683
Indeterminação, 101–103, 207–210, 448–454, 504
cinemática, 504
determinação da, 101–102
estruturas compostas de vários corpos rígidos, 102–103
grau de, 101–102, 207–210
restrições e, 101–102, 209
vários graus de, análise de estruturas com, 448–454
vigas e pórticos, 207–210
Indeterminação cinemática, 504, 662, 665, 716
estrutura restringida, 716
método da inclinação-deflexão, 504
método da rigidez geral, 662, 665, 716
Índice de esbeltez, definido, 11
Inércia, forças de, 59
Infra-estrutura, ajuste da carga permanente para, 29
International Code Council, 28
Inversa de uma matriz, 766–768

L

Lajes, 18, 31
distribuição da carga permanente para, 31
uso de, 18

Lei de Maxwell–Betti das deflexões recíprocas, 404–407
Lei dos senos, 75–76
Liberações internas, método da flexibilidade usando, 436–442
Linhas de influência, 256–306, 574–600
arco treliçado, 282–283
carga permanente, momentos produzidos por, 590
cargas distribuídas, 269–272
construção de, 258–265, 279–282, 282–283, 576–579
cortante e momento, 257, 260–261
cortante máximo, 295–296
distribuição de momentos, construção de, usando, 576–579
estruturas indeterminadas, para, 574–600
introdução às, 575–576
método do aumento-diminuição, 286–290
momento de sobrecarga máximo absoluto, 291–294
ordenada negativa, 280
padrões de sobrecarga para maximizar forças, 588–598
prédio do Banco Central, projeto do, 574
prédios de vários andares, 588–598
princípio de Müller–Breslau, 266–269, 580–581
qualitativas, 582–587
sinal de menos, significado do, 581
sobrecargas, 256–306, 588–598
treliças, 278–282
única carga concentradas, 269, 291
uso de, 269–271
vigas, 258–265, 269–271, 269–296, 582–587
vigas contínuas, 583–586
vigas mestras suportando sistemas de piso, 272–277
Linhas de influência qualitativas, 582–587
Longarinas, sistemas de piso, 272

M

Magnitude, redundantes, 455
Magnitude real, 425, 668
redundantes, 425
rotação de nó, 668
Matriz coluna, 759
Matriz de rigidez da estrutura (**K**), 688,

690–693, 693–696, 717–718, 722, 725–726, 735–737, 742–745, 750–752
  análise estrutural usando, 717–718
  combinação de matrizes de rigidez de membro, construção de, por, 692–693
  deslocamentos nodais, superpondo forças produzidas por, 690–692
  grau de liberdade (**GL**), 717–718
  introdução à, 688
  matriz 4 × 4 de rigidez de membro para, 735–737
  matriz 6 × 6 de rigidez de membro para, 742–745
  matriz de rigidez rotacional para, 722, 725–726
  método da rigidez direta, 693–696, 750–752
  montagem de, 690–693, 722, 725–726, 735–737, 742–745, 750–752
  pórtico, montagem de, para, 751–752
  solução de, usando o método da rigidez direta, 693–696
  superpondo forças produzidas por deslocamentos nodais, 690–692
Matriz de rigidez de membro (**K**), 688–690, 692–693, 697–708, 709–710, 718–728, 729–738, 739–747, 748–750
  barra de treliça inclinada, de uma, 697–708
  coeficiente de rigidez, dedução usando, 730–732
  combinando para construir a matriz de rigidez da estrutura, 692–693
  construção de, 688–690
  deslocamentos de nó, 737–738, 746–747
  deslocamentos unitários nos graus de liberdade (**GL**), 730–732, 740
  equação da inclinação-deflexão, dedução usando, 729–730
  estrutura restringida, análise de, 734–735, 741
  introdução à, 688
  matriz 2 × 2 de rigidez rotacional, 718–728, 732–733
  matriz, transformação de, 709–710, 732–733
  membro 4 × 4, 729–738
  membro 6 × 6, 739–747, 748–750
  método de rigidez da estrutura, montagem de, 735–737, 742–745

  sistema de coordenadas global para, 688, 748–750
  sistema de coordenadas local (membro) para, 688, 729–738, 739–747
  transformação de coordenadas de, 709–710, 732–733
Matriz de rigidez rotacional, 718–728, 732–733
  deslocamentos de nó, 722–723, 727–728
  estrutura restringida análise de, 721, 725
  matriz 4 × 4 de rigidez de membro, determinação de, usando, 729–738
  matriz de rigidez da estrutura, montagem de, 722, 725–726
  membro de flexão, para uma 2 × 2, 718–728
  processo de solução, 720–723
Matriz de transformação, 709–710, 732–733
Matriz identidade, 759
Matriz linha, 759
Matriz nula, 759
Matriz quadrada, 758
Matriz retangular, 758
Matriz simétrica, 759
Matriz unidade, 759
Membros carregados axialmente, 11–12, 12–14, 628, 631–632
  análise aproximada de, 628, 631–632
  índice de esbeltez, 11
  cabo de suspensão, 11
  colunas, 11–12
  compressão, em, 11–12
  tração, em, 11
  treliças planas, 12–14
Membros curvos, 14–15, 18–20
  arcos, 14–15
  cascas finas, 18–20
  compressão, axialmente carregados em, 14–15
  elementos de superfície, 18–20
Membros flexíveis, 15–17, 718–728
  cabos, 15–17
  matriz de rigidez rotacional para, 718–728
Membros não prismáticos, 399, 555–565
  análise pela distribuição de momentos de, 555–565
  definidos, 399
  fator de transmissão, 555–557, 559
  inércia variável em uma extremidade, 564
  inércia variável nas duas extremidades, 565

  momento de extremidade fixa (**MEF**), 558, 561–562
  rigidez à flexão absoluta, 557, 559–561
  rigidez à flexão absoluta reduzida, 557–558
Membros prismáticos, 399
Método da carga elástica, 336–339
  convenção de sinais, 337
  deflexões de vigas pelo, 336–339
  mudança de ângulo, 336–337
  uso de, 336
Método da distribuição de momentos, 512–573, 576–579
  carregamento geral, análise de pórtico não contraventado para, 549–553
  coeficiente de rigidez, 545
  desenvolvimento do, 514–519
  deslocamento lateral, análise de pórticos livres para, 543–548
  deslocamento unitário, 543, 545
  fator de distribuição, 519
  fator de transmissão, 555–557, 559
  introdução ao, 513–514
  linhas de influência, construção de, usando, 576–579
  membros não prismáticos, 555–565
  momento de extremidade distribuído (**MED**), 516
  momento de extremidade fixa (**MEF**), 515–516, 558, 561–562
  momento transmitido (**MT**), 516
  momentos não equilibrados (**MNE**), 516
  ponte da East Bay Drive, projeto da, 512
  pórticos, análise de, pelo, 543–548, 549–553, 554–555
  pórticos de vários pavimentos, análise de, 554–555
  pórticos não contraventados, análise de, 543, 549–553
  rigidez à flexão absoluta, 517, 557–558, 559–561
  rigidez à flexão relativa, 518
  rigidez de membro, modificação da, 528–542
  sem translação de nó com, 519–520
  vigas, análise de, pelo, 520–527
Método da flexibilidade, 420–467, 660–664
  análise de estruturas com vários graus de determinação, 448–454

análise estrutural, exemplo de, 660–662
apoios elásticos, viga sobre, 455–457
coeficiente de flexibilidade, 425–426
deformações consistentes, análise pelo, 454
deslocamento relativo, 436–437
equações de compatibilidade e, 421, 660
erros de fabricação, efeitos sobre estruturas indeterminadas, 443
estrutura de base, 421
estrutura liberada, 421, 422
estruturas indeterminadas, análise pelo, 420–467
fechamento de uma lacuna, 426–435
forças internas, redundantes como pares de, 435
fundamentos do, 422–426
introdução ao, 421
liberações internas, análise de estruturas indeterminadas usando, 436–442
magnitude real, 425
método da rigidez, comparação com, 660–664
mudanças de temperatura, efeitos da, em estruturas indeterminadas, 443, 446-447
ponte East Huntington, projeto da, 420
recalques de apoio, efeitos sobre estruturas indeterminadas, 443–445
redundantes e, 421–422, 422–426, 436–442, 443–445
Método da inclinação-deflexão, 468–511, 729–730
análise de estruturas pelo, 478–493, 494–503
convenção de sinal para o sentido horário, 471, 479
dedução da matriz de rigidez de membro usando, 729–730
deslocamento lateral, análise de estruturas livres para, 494–503
deslocamentos de nó desconhecidos, 469–471
diagrama de momento de viga simples, 472
equação, 470, 471–477, 729–730
falha de prédio de concreto armado, 468
ilustração de, 469–471
indeterminação cinemática, 504
introdução ao, 469

momento de extremidade fixa (**MEF**), 474–476
pórticos, análise de, 468–511
pórticos contraventados, 478
procedimento para, 479
rigidez à flexão relativa, 475
simetria usada para simplificar a análise, 486–489
vigas, análise de, 468–511
Método da integração dupla, 309–316
curvas elásticas, 311–313
curvas rasas, 310–311
deflexões de vigas pelo, 306–316
equação diferencial, 311–313
geometria de, 310–311
uso de, 309–310
Método da rigidez direta, 682–713, 714–755
análise matricial pelo, 682–713, 714–755
coeficientes de rigidez e, 683, 684
deslocamento unitário, 684
deslocamentos de nó e, 683–684
incógnitas, 683
introdução ao, 683–687, 715–717
matriz de rigidez da estrutura, 688, 690–693, 693–696
matriz de rigidez de membro, 688, 688–690, 692–693, 697–708, 709–710
método dos elementos finitos, 683
nós, 683
sistema de coordenadas *xy*, 683
solução de, 693–696
treliças, análise matricial de, usando, 682–713
vigas e pórticos, análise matricial de, usando, 714–755
Método da rigidez geral, 658–681
análise estrutural, exemplo de, 662–664
análise pelo, 665–673, 674–677
coeficiente de rigidez, 664
compatibilidade de deformações, 662
condição de restrição 716
convenção de sinal para o sentido horário, 665
deslocamentos de nó, 660, 665–667
equação de superposição, 667–668
equações de equilíbrio e, 660, 664
estrutura restringida 715–717
estruturas cinematicamente indeterminadas, 662, 665, 716

flexibilidade e, comparação de, 660–664
introdução ao, 659–660
magnitude real de rotação de nó, 668
rotação de nó, 668
treliça, análise de, pelo, 674–677
treliça espacial, projeto da, para a antena de rádio ALTAIR, 658
viga, análise de, indeterminada, 665–673
Método da superposição, *ver* Método da flexibilidade
Método da viga conjugada, 340–348
apoio fixo imaginário, 340
apoios conjugados, 340–341
articulações, uso de, 341–342
procedimento do, 343
rolos, uso de, 341
uso de, 340
vigas conjugadas, construção de, 342–348
Método da viga em balanço, 646–650
Método das deformações consistentes, *ver* Método da flexibilidade
Método das seções, 134–141
Método do aumento-diminuição, 286–290
Método do portal, 638–645
colunas, 638–642
pórticos de vários pavimentos, 638–642
viga Vierendeel, 643–645
Método dos elementos finitos, *ver* Método da rigidez direta
Método dos momentos das áreas, 317–335
aplicação do, 320–323
dedução do, 317–320
deflexões de vigas ou pórticos pelo, 317–335
desvio tangencial, 317, 319–320
diagrama de momento por "partes", usando, 326
mudança na inclinação, 317–319, 324
tangente de referência inclinada, análise usando, 329–331
viga com momento de inércia variável, 325
viga simétrica, análise de, 327
Método dos nós, 128–131
Métodos de rigidez, 658–681, 682–713, 714–755. *Ver também* Método da inclinação-deflexão
análise estrutural, exemplo de, 662–664

direta, 682–713, 714–755
geral, 658–681
incógnitas, 683
método da flexibilidade, comparação com, 660–664
método dos elementos finitos, 683
sistema de coordenadas xy, 683
treliças, análise matricial de, usando, 682–713
vigas e pórticos, análise matricial de, usando, 714–755
Métodos de trabalho-energia, 362–419. *Ver também* Trabalho virtual
cálculo de deflexões para, 362–419
deflexões pelos, 368
energia de deformação, 366–368
introdução aos, 363–364
lei de Maxwell–Betti das deflexões recíprocas, 404–407
princípio de Bernoulli dos deslocamentos virtuais, 401–403
somatório finito, 399
trabalho real, método do, 364, 368–369
trabalho virtual, método de, 364, 370–386, 387–398
treliça, aplicados a uma, 369
Momento de extremidade distribuído (**MED**), 516
Momento de extremidade fixa (**MEF**), 474–476, 515–516, 558, 561–562
membros não prismáticos, 558, 561–562
método da distribuição de momentos, 515–516, 558, 561–562
método da inclinação-deflexão, 474–476
Momento de inércia variável, deflexão de viga com, 325
Momento de carga móvel máximo absoluto, 291–294
cargas de roda, série de, 291–292
envelope do momento, 291
única concentrada, 291
Momento de transmissão (**MT**), 516
Momento P-delta, colunas, 172
Momento principal, colunas, 172
Momento secundário, colunas, 172
Momentos, 10, 12, 172, 173, 180–183, 185, 187–188, 291–294, 474–476, 515–516, 558, 561–562, 590, 609–611. *Ver também* Diagramas de cortante e momento; Equações de cortante e momento

carga máximo absoluto, 291–294
cargas permanentes, produzidos por, 590
curvas, 180–183, 185, 187–188
definidos, 173
distribuição, uso de, 10
envelope, 291
extremidade, estimativa de valores, 609–611
extremidade distribuídos (**MED**), 516
extremidade fixa (**MEF**), 474–476, 515–516, 558, 561–562
flexão, cisalhamento e, 12
método da distribuição de momentos, 515–516, 558, 561–562
método da inclinação-deflexão, 474–476
não equilibrados (**MNE**), 516
P-delta, 172
principal, 172
secundário, 172
transmitido (**MT**), 516
Momentos de extremidade, estimando valores de, 609–611
Momentos não equilibrados (**MNE**), 516
Momentos zero, *ver* Pontos de inflexão (**PI**)
Mudanças na temperatura, 378–379, 443, 446–447, 539
análise pela distribuição de momentos para, 539
estruturas indeterminadas, efeitos sobre, 443, 446–447
treliças, determinação de deflexões em, por, 378–379

N

Nós, 78, 128–131, 149–150, 272, 469–471, 519–520, 683, 690-692
cargas distribuídas, 78
deslocamentos, comparação de, 149–150
deslocamentos de, superposição forças produzidas pelos, 690–692
deslocamentos desconhecidos, 469–471
forças, comparação de, 150
método da distribuição de momentos sem translação, 519–520
método dos, 128–131
nós de treliça, 683
rígidas, dados para, 149

O

Operações de matriz, 757–768
adição e subtração de, 760
características das, 758–759
comutativa, 762
determinantes, 765–766
diagonal principal, 758
divisão, 763–765
formação de matriz quadrada, 758
formação de matriz retangular, 758
igualdade de, 760
inversa, 766–768
multiplicação de, 760, 761–762
negrito, 757–758
notação, 757–758
ordem, 758
tipos de matrizes, 759
transposição, 762–763

P

Parábola, 15
Parafusos de ancoragem, uso de, 21–22
Paredes, ajuste da carga permanente para, 29
Pino sem atrito, uso de, 22
Placas, uso de, 18
Placas dobradas, uso de, 18
Pontes, 41–43, 283–286, 286–290. *Ver também* Treliças
estradas de ferro, 283–285
fator de impacto, 41, 285–286
ferrovias, 285
método do aumento-diminuição, 286–290
sobrecargas para, 41–43, 283–286, 286–290
Ponto de inflexão, *ver* Pontos de inflexão (**PI**)
Ponto de inflexão (**PI**), 188, 605–606, 636–637, 638–639
análise aproximada, 605–606, 636–637, 638–639
colunas, 636–637, 638–639
determinação de, 188
esboçando, 188
método do portal, 638–639
suposição da localização de, 605–606
vigas, 188
Pórticos, 18, 166–223, 308–361, 387–398, 468–511, 534–538, 539–542, 543–548, 549–554, 554–555, 626–634, 635–638, 638–642,

714–755. *Ver também* Pórticos de vários pavimentos
análise aproximada de, 626–634, 635–637, 638–639
análise de inclinação-deflexão de, indeterminados, 468–511
análise matricial de, 714–755
análise pela distribuição de momentos de, 543–548, 549–553, 554–555
apoiados sobre pinos, 635–636
cálculo de deflexões, 387–398
carga geral, análise de pórtico não contraventado para, 549–553
carga vertical de um pórtico rígido, 611–614
cargas gravitacionais e, 626–634
cargas laterais e, 635–637
coeficiente de rigidez, 545
colunas e, 171–172, 631–634, 636–637, 638–639
colunas fixas na base, com, 636–637
contraventados, 170, 478–493, 543
deflexões de, 308–361, 387–398
deslocamento lateral, análise de pórticos livres para, 543–548
deslocamento unitário, 543, 545
desmoronamento do teto da Hartford Civic Center Arena, 714
determinados externamente, 29
equações de cortante e momento, 173–179
erro de fabricação, efeitos de, sobre, 539–542
esboçando as formas defletidas de, 202–207
estrutura restringida, 715–717
flexíveis, 171–172
grau de indeterminação, 207–210
introdução aos, 170–172
matriz 4 × 4 de rigidez de membro, análise de, usando, 734–738
matriz 6 × 6 de rigidez de membro, análise de, usando, 741–747
matriz de rigidez da estrutura (**K**), montagem da, para, 751–752
método da rigidez direta, 714–755
método do portal, 638–642
método dos momentos das áreas para deflexão de, 317–335
momento *P*-delta, 172
momento principal, 172
momento secundário, 172

operações para análise de, 172–173
pontos de inflexão (**PI**), 638–639
rigidez de membro, modificação da, 534–538
superposição, princípio da, 198–202
trabalho virtual, análise de, pelo, 387–398
vigas de piso, 628–630
vigas e, 166–223, 627–628
Pórticos de vários pavimentos, 554–555, 626–634, 638–642, 646–650
análise aproximada de, 626–634
análise pela distribuição de momentos de, 554–555
carga gravitacional, análise para, 626–634
carregadas lateralmente, análise para, 646–650
colunas, 631–632, 632–634, 638–639
cortante de extremidade em vigas, estimativa de, 628
forças axiais, 628, 631–632
forças em vigas de piso, 626–628
método da viga em balanço, análise de, 646–650
método do portal, 638–642
pontos de inflexão (PI), 638–639
rígidas, 626–634
valores de cortante e momento em vigas de piso, 628–630
vigas de piso, 626–628, 628–630
Pórticos não contraventados, 170, 206, 494–503, 543–548, 549–553, 635–637. *Ver também* Deslocamento lateral
análise aproximada de, 635–637
análise de inclinação-deflexão de, 478–493
análise pela distribuição de momentos de, 543–548, 549–553
apoiados em pino, 635–636
carga geral, análise de, para, 549–554
cargas laterais, 635–637
coeficiente de rigidez, 545
colunas fixas na base, 636–637
definidos, 170
deslocamento lateral e, 543–548
deslocamento unitário, 543, 545
esboçando, 206
Pórticos rígidos, 18, 171, 611–614, 626–634. *Ver também* Pórticos de vários pavimentos

análise aproximada de, 611–614, 626–634
carga gravitacional, análise de, para, 636–634
carga vertical de, análise para, 611–614
de vários pavimentos, 626–634
força axial de, 171
uso de, 18
vigas-pilares, 18
Prédio de um andar, projeto e montagem de elementos para, 20–22
Prédios, 20–22, 27–28, 36–43, 55–58, 61. *Ver também* Pórticos; Pórticos de vários pavimentos
baixos, cargas de vento em, 55–58
cargas permanentes de projeto para componentes de, 34
códigos, 27–28
códigos de construção, 27
fator de importância da ocupação, 61
sobrecargas de, 36–37
sobrecargas de piso de projeto, 37
um andar, projeto e montagem de elementos para, 20–22
Prédios baixos, procedimento simplificado para cargas de vento em, 55–58
Prédios de vários andares, 588–598
cargas permanentes, momentos produzidos por, 590
linhas de influência para, 588–598
padrões de carga móvel para maximizar forças em, 588–598
Pressão, 43–45, 48–52, 55
coeficiente de exposição à pressão causada pela velocidade, 50
coeficiente de pressão externa, 51–52
elevação do vento, 44–45
fatores de arrasto, 44
velocidade do vento, 49–50
vento, 43–45, 48–52
vento, causada pela velocidade
vento, de projeto, 51, 55
vento, estática, 48
Princípio de Bernoulli dos deslocamentos virtuais, 401–403
Princípio de Müller–Breslau, 266–269, 580–581
Procedimento da força lateral equivalente, 59–61
Processo de projeto, 5–7, 20–22, 85–86
avaliação do, 6

carga gravitacional, pórtico para, 22
carga lateral, 22
conceitual, 5
fases de análise, 6–7
fases finais, 6–7
idealizando estruturas, 85–86
montando elementos para estrutura estável, 20–22
prédio de um andar, 20–22
preliminar, 5–6
relação de análise para, 5–7
resistência e utilidade, 7
Projeto de resistência, vigas, 168–169
Projeto preliminar, 5

R

Reações, 72–120. *Ver também* Forças; Estruturas
apoios e, 82–84
definidas, 73
determinação e, 97–105
equações de condição, determinação de, usando, 94–96
equações de equilíbrio estático, determinação de, usando, 88–93, 97
estabilidade e, 97–105, 106–109
estática de estruturas e, 72–120
externas, 107–109
influência de, em estruturas, 97–105
Recalques de apoio, 380, 443–447, 539–541
análise pela distribuição de momentos para, 539–541
correspondentes à redundante, 443–444
estruturas indeterminadas, efeitos sobre, 443–447
não correspondentes à redundante, 444–445
treliças, determinação de deflexões em, por, 380
Redundantes, 102, 421–422, 422–426, 436–442, 443–445
coeficiente de flexibilidade, 425–426
conceito de, 421–422
definidas, 102
deslocamento relativo, 436–437
forças internas, como pares de, 436
magnitude real, 425
método da flexibilidade e, 422–426

movimento de apoio correspondente às, 443–444
recalque de apoio não correspondente às, 444–445
Regra da mão direita, 74
Resistência e utilidade de estruturas, 7
Resistência ponderada exigida, 64–65
Resultante, 76–77, 77–80, 174
cargas distribuídas, 77–80
definida, 76
forças externas, 174
sistema de forças planar, 76–77
Rigidez à flexão, 475, 517, 518, 557–558, 559–561
absoluta, 517, 557–558, 559–561
absoluta reduzida, 557–558
membros não prismáticos, 557–558, 559–561
método da distribuição de momentos, 517, 518, 557–558, 559–561
método da inclinação-deflexão, 475
relativa, 475, 518
Rolos, uso de, 341
Rotação de nó, 665–667, 668
determinação de, 665–668
magnitude real de, 668

S

Seções, *ver* Método das seções
Seção transversal, 167–168
módulo da seção, 168
vigas, determinação de, 167–168
Simetria usada para simplificar a análise de inclinação-deflexão, 486–489
Sinal de menos, significado do, para linhas de influência, 581
Sistema de coluna e verga, desenvolvimento de, 8
Sistema de coordenadas global, 688, 748–750
Sistema de coordenadas local (membro), 688, 709–710, 729–738, 739–747
análise de pórtico usando matriz de rigidez de membro, 734–738, 741–747
matriz, 709–710, 732–733
matriz 4 × 4 de rigidez de membro no, 729–738
matriz 6 × 6 de rigidez de membro no, 739–747

matriz de rigidez de membro no, 688
transformação de 2 × 2 para 4 × 4
Sistema de coordenadas xy, método da rigidez direta, 683
Sistema de forças planares, resultante de, 76–77
Sistema P, trabalho virtual, 370
Sistema Q, trabalho virtual, 370
Sistemas de contraventamento estrutural, 46–48
Sistemas de coordenadas, 683, 688, 709–710, 729–738, 739–747, 748–750
globais, 688, 748–750
locais (membro), 688, 709–710, 729–738, 739–747
transformação de uma matriz de rigidez de membro, 709–710, 732–733
xy, 683
Sistemas de piso, *ver* Sistemas de piso com vigamento
Sistemas de piso com vigamento, 30–31, 272–277. *Ver também* Vigas de piso
área de influência de viga, 30–31
lajes quadradas, 31
linhas de influência para, 272–277
longarinas, 272
nós, 272
peso próprio de, distribuição de, 30–31
vigas mestras, 272–277
Sobrecargas, 36–43, 256–306, 588–598
arco treliçado, 282–283
área de influência, 38
cargas de roda, série de, 291–292
cargas distribuídas, 269–270
cortante máximo, 295–296
estruturas determinadas, para, 256–307
fator de impacto, 41, 285–286
forças, 256–307
linhas de influência para, 256–307, 588–598
método do aumento-diminuição, 286–290
momento máximo absoluto, 291–294
padrões para maximizar forças, 588–598
pontes, 41–43, 283–286
pontes de ferrovias, 285
pontes de rodovias, 283–285
prédios, 36–37

prédios de vários andares, 588–598
princípio de Müller–Breslau, 266–269
redução de, 38
treliças, 278–283
únicas concentradas, 269, 291
uso de, 36
uso de projeto para pisos de prédio, 37
vigas, 257, 258–265, 295–296
vigas mestras suportando sistemas de piso, 272–277
Somatório finito, 399
Superposição, 198–202, 667–668. *Ver também* Método da flexibilidade
equação, 667–668
princípio da, 198–202
Superposição, forças produzidas por deslocamentos nodais, 690–692

T

Tensões, 18–20
Atuando no plano de elemento, 18–20
membrana, 19
meio, fator de trabalho, 366, 367
Trabalho, 364–366
conjugado, de um, 365
definido, 364
fator meio, 366
força e deslocamentos, 364–366
momento e deslocamento angular, 365
relações lineares, 366
Trabalho real, *ver* Métodos de trabalho-energia
Trabalho virtual, 364, 370–386, 387–398, 399
carga fictícia, 370
cargas reais, 370
comportamento inelástico, determinação de, 380
deflexões determinadas pelo, 364, 370–386, 387–398
energia de deformação virtual, 370, 388–389
erro de fabricação, determinação de deflexões pelo, 378–379
externo, 370
membros não prismáticos, 399
membros prismáticos, 399
método do, 364, 370–386, 387–398
mudanças de temperatura, determinação de deflexões por, 378–379
pórticos, análise de, pelo, 387–398

recalques de apoio, cálculo de deslocamentos por, 380
sistema P, 370
sistema Q, 370
somatório finito, 399
treliças, análise de, por, 370–386
uso de, 364
vigas, análise de, pelo, 387–398
Tração, 11, 15–17
membros axialmente carregados em, 11
membros flexíveis em, 15–17
Transmissibilidade, princípio da, 81
Transposta de uma matriz, 762–763
Treliças, 12–14, 122–164, 278–283, 369, 370–386, 615–620, 621–622, 623–625, 643–645, 674–677, 682–713
análise da rigidez geral de, 674–677
análise de, por aproximação, 615–620, 621–622, 623–625, 643–645
análise do trabalho virtual de, 370–386
análise estrutural de, 127–128
análise matricial de, 682–713
análise por computador de, 148–150
arco treliçado, 282–283
barra de treliça inclinada, matriz de rigidez de membro de uma, 697–708
barras zero, 132–134
cálculo de deflexões, 369, 370–386
complexas, 127
comportamento inelástico, determinação de, 380
compostas, 127
contínuas, 615–620
cúpula geodésica, exemplo de, 682
de ponte, 278
definidas, 123
deflexões, 369, 370–386, 621–622
determinação, 142–147
diagonais duplas, análise de, com, 623–625
erro de fabricação, determinação de deflexões por, 378–379
estabilidade de, 134–141, 142–147
estimando deflexões, 621–622
estrado superior, 278
força de compressão, 127
força de tração, 127
forças de barra, 128–131, 132–134
inspeção, determinação de forças de barra por, 129
introdução às, 123–126

linhas de influência para, 278–283
método da rigidez direta de análise, 682–713
método das seções, 134–141
método do portal de análise, 643–645
método dos nós, 128–131
métodos de trabalho-energia aplicados às, 369
mudanças de temperatura, determinação de deflexões por, 378–379
nós, 128–131, 149, 150
Outerbridge Crossing, projeto da, 122
planas, 12–14
recalques de apoio, cálculo de deslocamentos por, 380
simples, 126
tipos de, 126–127
Vierendeel, 643–645

V

Valores de cortante e momento, 257, 260–261, 628–630
cálculo aproximado de, 628–630
linhas de influência, 257, 260–261
vigas de piso, 628–630
Viga Vierendeel, análise aproximada da, 643–645
Vigas, 12, 30–31, 81–84, 166–223, 257, 258–265, 291–294, 295–296, 308–361, 367–368, 387–398, 455–457, 468–511, 514, 520–527, 528–533, 539–542, 582–587, 605–611, 626–631, 665–673, 714–755
análise matricial de, 714–755
análise pela distribuição de momentos de, 514, 520–527
análise por aproximação de, 605–611, 626–631
apoios, 81–84, 340–341
apoios elásticos, método da flexibilidade para, 455–457
área de influência, 30–31
balanço, 169
cálculos de deflexões, 387–398
carga única concentrada, 291
cargas axiais em, 628
cargas de roda em, 291–294
cargas gravitacionais, análise por aproximação de, 605–611
cargas ponderadas, 168
cisalhamento e momento de flexão, 12

com apoios simples, 169, 336–339
conjugadas, construção de, 342–348
contínuas, 169, 514, 583–586, 605–611
cortante de extremidade, estimando, 628
cortante máximo, 295–296
deflexões de, 308–361, 387–398
diagrama de momento por "partes", usando, 326
diagramas de cortante e momento, 180–197
energia de deformação, 367–368
equações de cortante e momento, 173–180
erro de fabricação, efeitos de, em, 539–542
esboçando as formas defletidas de, 183–197, 202–207
extremidade fixa, 169
fator de redução, 169
ferramentas de projeto para, 349–351
forças no piso, 626–628
grau de indeterminação, 207–210
inclinação, mudança na, 317–319, 324
indeterminadas, análise da rigidez geral de, 665–673
indeterminadas, método da inclinação-deflexão para análise de, 468–511
introdução às, 167–170
linhas de influência, 257, 258–265
linhas de influência qualitativas para, 582–587
método da carga elástica para deflexão de, 336–339
método da integração dupla para deflexão de, 309–316
método da rigidez direta, 714–755
método da viga conjugada, determinação da deflexão de, 340–348
método dos momentos das áreas para deflexão de, 317–335
módulo da seção, 168
momento de inércia variável, deflexão de, com, 325
momento de sobrecarga máximo absoluto, 291–294
momentos de extremidade, estimando valores de, 609–611
operações para análise de, 172–173
piso, 626–628, 628–631
ponte Shrewsbury-Worcester, projeto da, 166
pontos de inflexão, supondo a localização de, 605–606
pórticos de vários pavimentos, 626–631
pórticos e, 166–223
projeto de resistência, 168
resistência de projeto, 168
rigidez de membro, modificação, 528–533
seção transversal, 167–168
simetria, análise de, 327
sobrecargas, 257, 258–265, 291–294, 295–296
superposição, princípio da, 198–202
tangente de referência inclinada, análise usando, 329–331
trabalho virtual, análise de pórticos, 387–398
uso de, 12
valores de cortante e momento, 257, 261, 628–630
viga em balanço, 169, 530–533
Vigas com apoios simples, 169, 336–339
   método da carga elástica para deflexão de, 336–339
   uso de, 169
Vigas contínuas, 169, 514, 583–586, 605–611
   análise aproximada, 605–611
   análise pela distribuição de momentos de, 514
   cargas gravitacionais, análise aproximada de, 605–611
   definidas, 169
   linhas de influência para, 583–586
   momentos de extremidade, estimando valores de, 609–611
   pontos de inflexão, supondo a localização de, 605–606
Vigas de piso, 626–628, 628–630
   análise aproximada de, 626–628, 628–630
   forças em, 626–628
   prédios de vários andares, 626–628, 628–631
   valores de cortante e momento, aproximando em, 628–631
Vigas mestras, 272–277
   linhas de influência para, 272–277
   longarinas, 272
   nós, 272
   ponte de vigamento rebaixado, 272
   sistemas de piso, suportando, 272–277
Vigas-pilares, uso de, 18

Tabela 1: Diagramas de momento e equações de deformação máxima

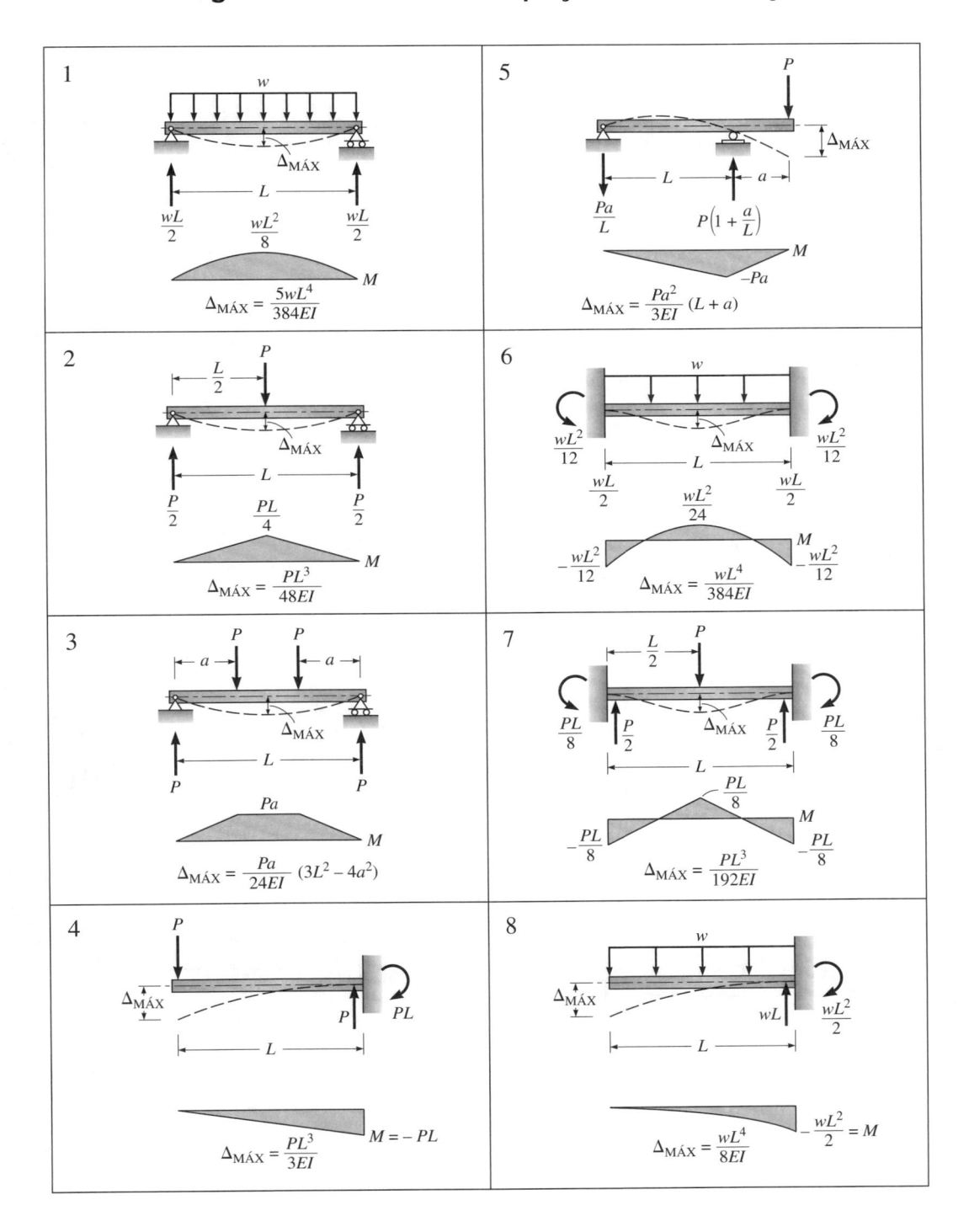

1. Viga biapoiada com carga distribuída w.
Reações: $\frac{wL}{2}$, $\frac{wL}{2}$. Momento máximo: $\frac{wL^2}{8}$.
$$\Delta_{MÁX} = \frac{5wL^4}{384EI}$$

2. Viga biapoiada com carga concentrada P no meio do vão ($L/2$).
Reações: $\frac{P}{2}$, $\frac{P}{2}$. Momento máximo: $\frac{PL}{4}$.
$$\Delta_{MÁX} = \frac{PL^3}{48EI}$$

3. Viga biapoiada com duas cargas P simétricas a uma distância a dos apoios.
Momento máximo: Pa.
$$\Delta_{MÁX} = \frac{Pa}{24EI}(3L^2 - 4a^2)$$

4. Viga em balanço (engastada à direita) com carga P na extremidade livre.
Reações: P, PL. $M = -PL$.
$$\Delta_{MÁX} = \frac{PL^3}{3EI}$$

5. Viga biapoiada com balanço de comprimento a e carga P na extremidade do balanço.
Reações: $\frac{Pa}{L}$, $P\left(1 + \frac{a}{L}\right)$. Momento: $-Pa$.
$$\Delta_{MÁX} = \frac{Pa^2}{3EI}(L + a)$$

6. Viga biengastada com carga distribuída w.
Momentos de engastamento: $\frac{wL^2}{12}$. Reações: $\frac{wL}{2}$. Momento no meio do vão: $\frac{wL^2}{24}$.
$$\Delta_{MÁX} = \frac{wL^4}{384EI}$$

7. Viga biengastada com carga concentrada P no meio do vão.
Momentos de engastamento: $\frac{PL}{8}$. Reações: $\frac{P}{2}$. Momento central: $\frac{PL}{8}$.
$$\Delta_{MÁX} = \frac{PL^3}{192EI}$$

8. Viga em balanço (engastada à direita) com carga distribuída w.
Reação: wL. Momento: $-\frac{wL^2}{2} = M$.
$$\Delta_{MÁX} = \frac{wL^4}{8EI}$$

Tabela 2: Momentos de engastamento perfeito

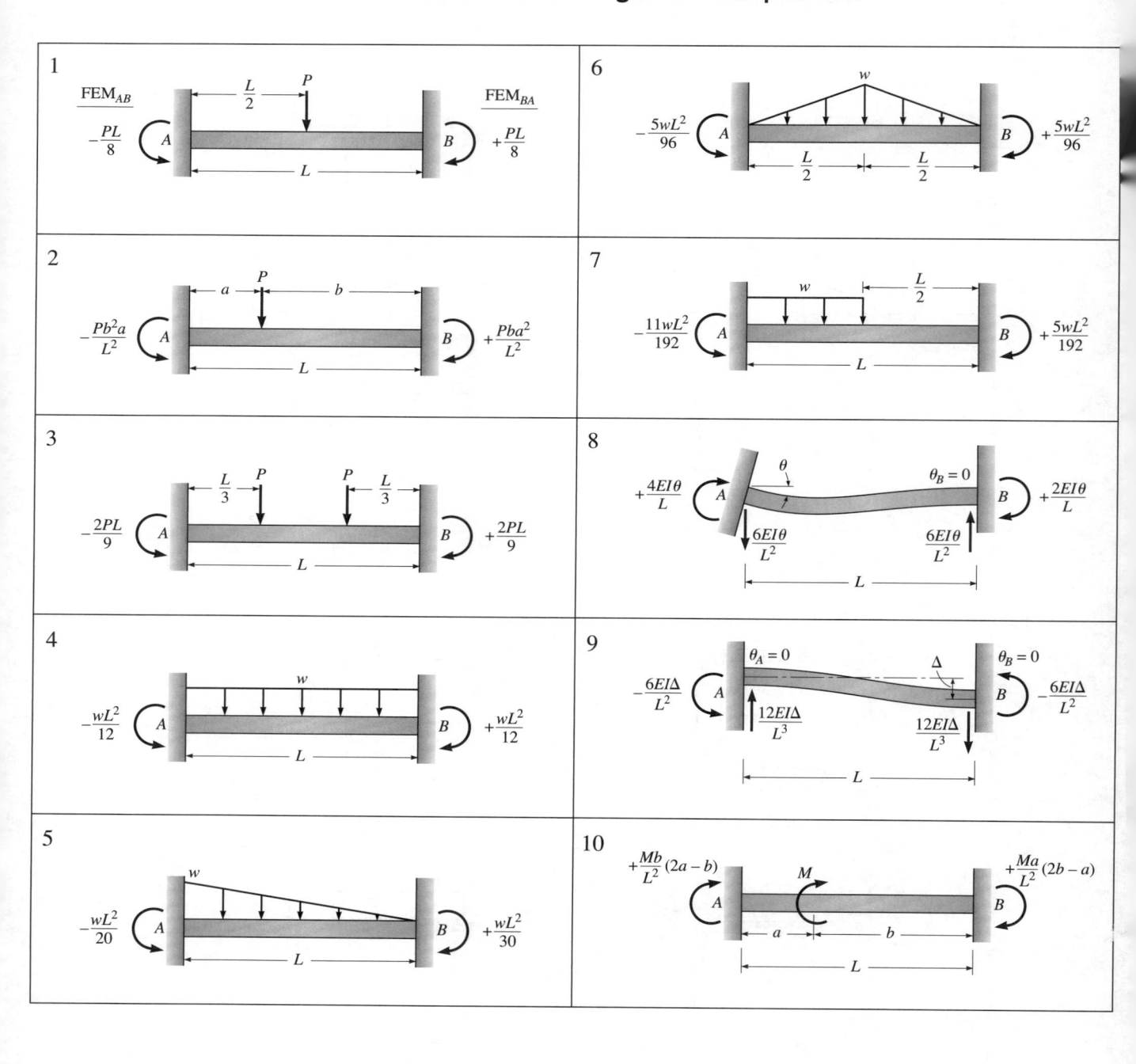

1.
$\text{FEM}_{AB} = -\dfrac{PL}{8}$; $\text{FEM}_{BA} = +\dfrac{PL}{8}$
Carga P no meio do vão ($L/2$).

2.
$-\dfrac{Pb^2 a}{L^2}$; $+\dfrac{Pba^2}{L^2}$
Carga P a uma distância a de A e b de B.

3.
$-\dfrac{2PL}{9}$; $+\dfrac{2PL}{9}$
Duas cargas P aos terços ($L/3$).

4.
$-\dfrac{wL^2}{12}$; $+\dfrac{wL^2}{12}$
Carga uniformemente distribuída w em todo o vão L.

5.
$-\dfrac{wL^2}{20}$; $+\dfrac{wL^2}{30}$
Carga triangular com máximo w em A.

6.
$-\dfrac{5wL^2}{96}$; $+\dfrac{5wL^2}{96}$
Carga triangular simétrica com pico no meio do vão ($L/2 + L/2$).

7.
$-\dfrac{11wL^2}{192}$; $+\dfrac{5wL^2}{192}$
Carga uniforme w sobre a metade esquerda do vão ($L/2$).

8.
$+\dfrac{4EI\theta}{L}$; $+\dfrac{2EI\theta}{L}$; reações $\dfrac{6EI\theta}{L^2}$
Rotação θ em A, $\theta_B = 0$.

9.
$-\dfrac{6EI\Delta}{L^2}$; $-\dfrac{6EI\Delta}{L^2}$; reações $\dfrac{12EI\Delta}{L^3}$
Recalque Δ com $\theta_A = 0$ e $\theta_B = 0$.

10.
$+\dfrac{Mb}{L^2}(2a - b)$; $+\dfrac{Ma}{L^2}(2b - a)$
Momento M aplicado a distâncias a de A e b de B.

Tabela 3: Propriedades das áreas

Forma	Figura	Área	Distância do centróide $\bar{x}$
(a) Triângulo		$\dfrac{bh}{2}$	$\dfrac{b+c}{3}$
(b) Triângulo retângulo		$\dfrac{bh}{2}$	$\dfrac{b}{3}$
(c) Parábola		$\dfrac{2bh}{3}$	$\dfrac{3b}{8}$
(d) Parábola		$\dfrac{bh}{3}$	$\dfrac{b}{4}$
(e) Parábola de terceiro grau		$\dfrac{bh}{4}$	$0,2b$
(f) Retângulo		bh	$\dfrac{b}{2}$

Tabela 4: Valores de integrais de produto $\int_{x=0}^{x=L} M_Q M_P \, dx$

M_P \ M_Q	Retângulo M_1, L	Triângulo M_1, L	Trapézio M_1, M_2, L	Triângulo M_1 com a, b, L
Retângulo M_3, L	$M_1 M_3 L$	$\frac{1}{2} M_1 M_3 L$	$\frac{1}{2}(M_1 + M_2) M_3 L$	$\frac{1}{2} M_1 M_3 L$
Triângulo M_3 (crescente), L	$\frac{1}{2} M_1 M_3 L$	$\frac{1}{3} M_1 M_3 L$	$\frac{1}{6}(M_1 + 2M_2) M_3 L$	$\frac{1}{6} M_1 M_3 (L + a)$
Triângulo M_3 (decrescente), L	$\frac{1}{2} M_1 M_3 L$	$\frac{1}{6} M_1 M_3 L$	$\frac{1}{6}(2M_1 + 2M_2) M_3 L$	$\frac{1}{6} M_1 M_3 (L + b)$
Trapézio M_3, M_4, L	$\frac{1}{2} M_1 (M_3 + M_4) L$	$\frac{1}{6} M_1 (M_3 + 2M_4) L$	$\frac{1}{6} M_1 (2M_3 + M_4) L$ $+ \frac{1}{6} M_2 (M_3 + 2M_4) L$	$\frac{1}{6} M_1 M_3 (L + b)$ $+ \frac{1}{6} M_1 M_4 (L + a)$
Triângulo M_3 com c, d, L	$\frac{1}{2} M_1 M_3 L$	$\frac{1}{6} M_1 M_3 (L + c)$	$\frac{1}{6} M_1 M_3 (L + d)$ $+ \frac{1}{6} M_2 M_3 (L + c)$	Para $c \leq a$: $\left(\frac{1}{3} - \frac{(a-c)^2}{6ad}\right) M_1 M_3 L$
Parábola M_3, L	$\frac{2}{3} M_1 M_3 L$	$\frac{1}{3} M_1 M_3 L$	$\frac{1}{3}(M_1 + M_2) M_3 L$	$\frac{1}{3} M_1 M_3 \left(L + \frac{ab}{L}\right)$
Parábola M_3 (crescente), L	$\frac{1}{3} M_1 M_3 L$	$\frac{1}{4} M_1 M_3 L$	$\frac{1}{12}(M_1 + 3M_2) M_3 L$	$\frac{1}{12} M_1 M_3 \left(3a + \frac{a^2}{L}\right)$